普通高等教育“十一五”国家级规划教材

全国高等医药院校规划教材

供医学院校研究生、长学制学生及临床医师培训使用

医学生物化学与分子生物学

第 4 版

主　编　魏文祥　王明华　何凤田

主　审　吴士良

副主编　周迎会　徐　岚　姜　智　俞慧君
范　雁　顾建兰　沈宏杰

编　委　（按姓氏拼音排序）
卜友泉　曹志飞　戴双双　范　雁
高上上　顾范博　顾建兰　何凤田
华　东　黄新祥　姜　智　姜旭淦
连继勤　刘　君　彭　淼　钱　晖
仇　灏　邵雪君　沈宏杰　孙自[illegible]
万　瑛　汪家敏　王金志　王明华
王泽荣　魏文祥　徐　岚　徐顺高
易光辉　赵　昀　周泉生　周迎会

科学出版社

北　京

内 容 简 介

本书为普通高等教育"十一五"国家级规划教材,并于2016年入选为"十二五"江苏省高等学校重点教材。全书共分为32章，分属生物化学、分子生物学、临床及专题三篇，主要涉及生物分子的结构与功能、遗传信息传递、信号转导及疾病、肿瘤转移的分子生物学及临床生化等内容。本书内容新颖，对基因组学、蛋白质组学、糖组学与代谢组学均有专门介绍，与临床医学密切相关的肿瘤生化、血液（含白血病）生化及骨、心血管生化更有详述，因此与医学相关性强。

本书主要面向医药类研究生和医学长学制学生，也可用作临床医师进修培训班（含研究生班）的教材及医学院校教师参考书。

图书在版编目（CIP）数据

医学生物化学与分子生物学 / 魏文祥，王明华，何凤田主编. —4版. —北京：科学出版社，2017.6

普通高等教育"十一五"国家级规划教材・全国高等医药院校规划教材

ISBN 978-7-03-053669-3

Ⅰ.①医… Ⅱ.①魏… ②王… ③何… Ⅲ.①医用化学–生物化学–高等学校–教材 ②医药学–分子生物学–高等学校–教材 Ⅳ.①Q5 ②Q7

中国版本图书馆CIP数据核字（2017）第137787号

责任编辑：张天佐 胡治国 / 责任校对：郭瑞芝

责任印制：赵 博 / 封面设计：陈 敬

科学出版社 出版

北京东黄城根北街16号

邮政编码：100717

http://www.sciencep.com

北京市文林印务有限公司 印刷

科学出版社发行 各地新华书店经销

*

2005年4月第 一 版 开本：787×1092 1/16

2017年6月第 四 版 印张：39

2019年1月第十五次印刷 字数：1 088 000

定价：118.00元

（如有印装质量问题，我社负责调换）

前　言

20 世纪以来，生物化学得到了飞速的发展，而在 20 世纪 50 年代，由 Watson 和 Crick 奠基的分子生物学更是在生命科学史上具有里程碑意义的发展，生物化学与分子生物学作为一门传统又新颖的学科，其重要性自不待言，而随着 20 世纪 90 年代人类基因组计划的起始和初步成功，也敲响了 21 世纪作为生命科学世纪的晨钟并预示着新的时代的来临。《医学生物化学与分子生物学》自吴士良教授领衔主编的第 1 版于 2005 年由科学出版社出版全国发行以来，深受广大师生的欢迎，畅销全国，已被国内苏州大学、第三军医大学、重庆医科大学、江苏大学、江南大学、南华大学、南通大学和湖北医药学院等 20 余所高等院校所采用。本书十多年来已再版 3 次，印刷十几次，对国内高校生物化学教学起到辐射与示范作用。2011 年，本教材被列为普通高等教育“十一五” 国家级规划教材，2016 年入选为“十二五”江苏省高等学校重点教材。

《医学生物化学与分子生物学》（第 4 版）在原有版本的基础上对全书的内容进行了结构优化，内容更新和增减。新版全书分为三个部分。第 1 篇为生物化学篇，内容包括蛋白质结构与功能、蛋白质组学及其研究技术、物质代谢、糖组学及其与疾病的关系、酶学与酶工程相关内容、受体与细胞信号转导等。第 1 篇主要应用于本科生和硕士研究生的生物化学内容的教学。第 2 篇为分子生物学篇，内容包括基因和基因组、表观遗传学、核酸与蛋白质的生物合成、基因表达调控、基因工程技术等，主要适用于生命科学与医学专业的分子生物学内容的教学与研究。第 3 篇为临床及专题篇，主要包括肿瘤、白血病、心血管等疾病与分子生物学的关系，并介绍了近年来发展的生物芯片等分子生物学的常用技术。第 3 篇适用于博士研究生的教学，尤其适用于基础和临床医学专业长学制学生的教学与讨论。本书力求以新颖的知识体系激发学子们的创新思维。

参加本版教材编写工作的有苏州大学、第三军医大学、南通大学、重庆医科大学、江苏大学、江南大学、南华大学和湖北医药学院的多位教授和老师，在此一并致以衷心的谢意。尤其要感谢苏州大学及江苏省教育厅为本书列入“十二五”江苏省高等学校重点教材所给予的大力支持。

由于“十二五”江苏省高等学校重点教材要求出版的时间较为紧迫，更由于我们的学术水平有限，本书难免存在缺点或者不当之处，我们恭候同行专家和广大读者的批评指正，以便今后进一步改进和完善本书的编撰工作。

魏文祥

2017 年 5 月 20 日于苏州

目　录

第 1 篇　生物化学篇

第 1 章　蛋白质的结构与功能

蛋白质（protein）普遍存在于生物界，是生物体的基本组成成分之一，也是生物体中含量最丰富的生物大分子（biomacromolecule）。它约占人体固体成分的 45%，在细胞中可达细胞干重的 70%以上。蛋白质分布广泛，种类繁多，结构和功能复杂，承担着生物体内各种生理功能的任务。酶、抗体、大部分凝血因子、多肽激素、转运蛋白、收缩蛋白、基因调控蛋白等都是蛋白质，但结构与功能截然不同。它们在物质代谢、机体防御、血液凝固、肌肉收缩、细胞信号转导、个体生长发育、组织修复等方面发挥着不可替代的重要作用。研究蛋白质的分子结构、组成和某些理化性质，需要纯的、均一的、甚至是结晶的蛋白质样品。研究活性蛋白质的生物学功能，需要样品保持它的天然构象，尽量避免因变性而丧失活性。因此，在实际工作中，要根据研究工作和生产的具体目的和要求，制订出分离和纯化蛋白质的合理程序。

第一节　蛋白质的分子组成与分子结构

一、蛋白质的分子组成

蛋白质的元素组成：所有蛋白质都含有碳（50%～55%）、氢（6%～7%）、氧（19%～24%）、氮（13%～19%），大多数蛋白质含有硫，有些蛋白质还含有少量磷或金属元素铁、铜、锌、锰、钴、钼等，个别蛋白质还含有碘。

氨基酸（amino acid）是蛋白质的基本组成单位。存在于自然界中的氨基酸有 300 余种，但组成人体蛋白质的氨基酸仅有 20 种基本氨基酸。除甘氨酸和脯氨酸外，其余均为 *L*-*α*-氨基酸（图 1-1）。

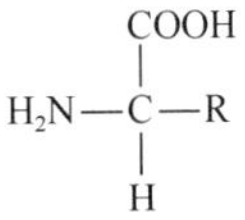

图 1-1　氨基酸分子的结构通式

各种蛋白质的含氮量相对恒定，平均为 16%，即 1g 氮相当于 6.25g 蛋白质。蛋白质是体内的主要含氮物，因此可以根据公式：每克样品中含氮克数×6.25×100=100 克样品中所含蛋白质克数（g%）来推算出蛋白质的大约含量。

二、蛋白质的分子结构

（一）蛋白质的一级结构

蛋白质分子中氨基酸通过肽键（peptide bond）相连。肽键是由一个氨基酸的 *α*-羧基与另一个氨基酸的 *α*-氨基脱水缩合构成（图 1-2）。肽链中的氨基酸分子称为氨基酸残基（residue），各氨基酸残基的 R 基团，统称为多肽链的侧链（side chain）。不同的 R 基团使多肽链折叠成独特的空间结构，并赋予多肽或蛋白质不同的理化性质和功能。

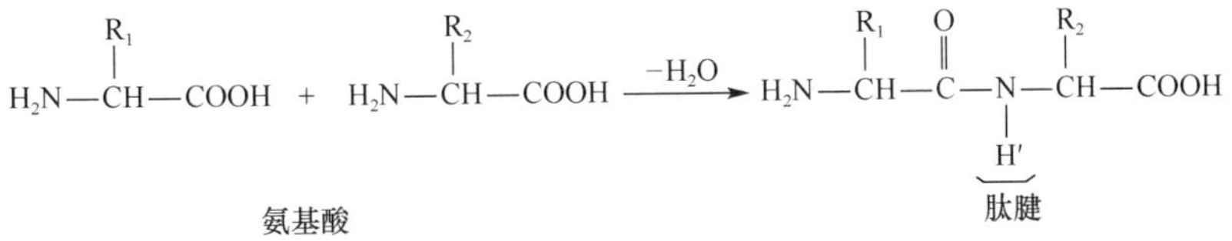

图 1-2　肽键的形成

蛋白质的一级结构（primary structure）是指蛋白质多肽链中氨基酸残基的排列顺序（sequence），即氨基酸序列（amino acid sequence），也是蛋白质最基本的结构。它是由基因上遗传密码的排列顺序所决定。一级结构中的主要化学键是肽键，通过肽键连接起来，成为多肽链，由两个半胱氨酸脱氢而成的二硫键也属于一级结构范畴。迄今已有约一千多种蛋白质的一级结构被研究确定，如胰岛素、胰核糖核酸酶、胰蛋白酶等。

蛋白质的一级结构决定了蛋白质的二级、三级等高级结构，成百亿的天然蛋白质各有其特殊的生物学活性，决定每一种蛋白质的生物学活性的结构特点，首先在于其肽链的氨基酸序列，由于组成蛋白质的20种氨基酸各具特殊的侧链，侧链基团的理化性质和空间排布各不相同，当它们按照不同的序列关系组合时，就可形成多种多样的空间结构和不同生物学活性的蛋白质分子。因此，一级结构是蛋白质空间构象的基础，蛋白质有什么样的一级结构，就必有其相应的空间构象。

（二）蛋白质的空间构象

在正常情况下，蛋白质并不是以完全伸展的多肽链存在，而是以紧密折叠的结构行使其生理功能。而且，一个特定蛋白质行使其功能的能力通常是由它的三维结构或空间构象决定的。蛋白质的这种天然折叠结构取决于氨基酸排列顺序、与溶剂分子的相互作用以及溶剂的pH和离子组成。其中，氨基酸排列顺序是最重要的因素。蛋白质的空间构象包括二级结构、三级结构和四级结构。

1. 蛋白质的二级结构 蛋白质的二级结构（secondary structure）是指某段多肽链主链骨架有规律的盘绕和折叠，即蛋白质分子中某段肽链主链原子的相对空间位置，与R侧链无关。二级结构的主要形式是α-螺旋（α-helix）和β-折叠（β-pleated sheet），此外还有β-转角（β-turn）和无规卷曲（random coil）。

在许多蛋白质分子中，还存在有介于二级结构与三级结构之间的超二级结构（super secondary structure），这是指多肽链内几个具有二级结构的肽段在空间上相互接近、相互作用，形成特殊的空间构象，也称为模体（motif）。目前发现的超二级结构有三种基本组合形式：αα、βαβ和ββ（图1-3）。αα（图1-3A）经常是由两股平行或反向平行排列的右手螺旋段相互缠绕而成的左手卷曲螺旋，是纤维状蛋白质如α-角蛋白、肌球蛋白和原肌球蛋白的主要结构元件，也存在于球状蛋白质中。βαβ（图1-3B）是由两段平行的β-折叠股和一段作为连接链（connector）的α-螺旋组成，β股之间有氢键相连，作为连接链的除了α-螺旋，还可以是无规卷曲。最常见的βαβ组合是由三段平行的β股和两段α-螺旋构成，称为Rossman折叠（βαβαβ）。ββ（图1-3C）是在球状蛋白质中由一条多肽链的若干段β-折叠股反向平行组合而成的，两个β股之间通过一个短回环（发夹）连接起来。

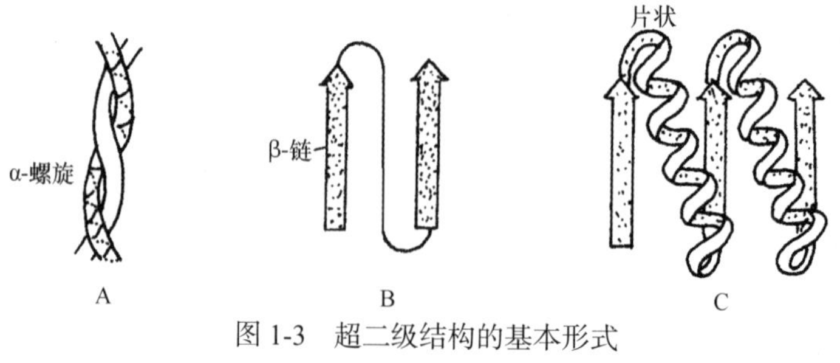

图1-3 超二级结构的基本形式

超二级结构还可以形成紧密、稳定并且在蛋白分子构象上明显可分的区域，称为结构域（domain），这是介于二级和三级结构之间的另一种结构层次。例如，免疫球蛋白（Ig）分子通过链内二硫键折叠成12个能行使特定功能的球形单位，即结构域，每个球形结构域为一个功能区，具有相应的生理功能（图 1-4）。常见结构域的氨基酸残基数在 100～400 个，最小的结构域只含有 40～50 个氨基酸残基，大结构域的氨基酸残基超过 400 个。结构域之间的肽链松散弯曲，形成分子内裂隙结构。裂隙内有许多非极性氨基酸残基，因而是疏水的，不允许水分子进入，但能容纳蛋白质的辅基或酶的底物分子。结构域之间的连接具有一定的柔韧性，这使得每个结构域都能进行较大幅度的相对运动，使分子内裂隙开放或关闭，以便于蛋白质分子与其他分子相互作用，因此这些部位往往是活性中心和变构中心之所在。底物可在此与酶结合并产生效应，变构调节物亦可结合在此处，产生变构效应。

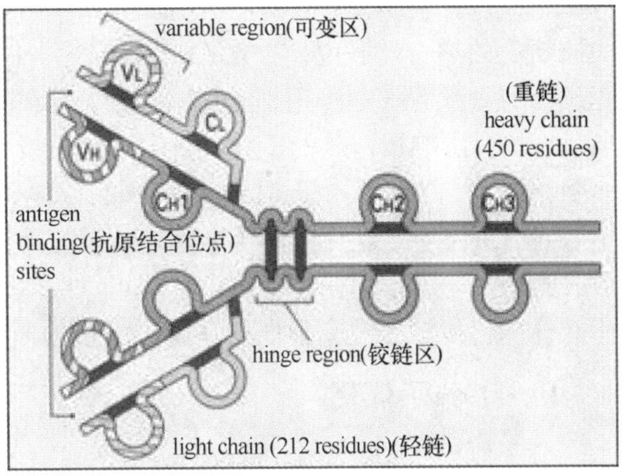

图 1-4　免疫球蛋白的 12 个结构域

2. 蛋白质的三级结构　蛋白质的三级结构（tertiary structure）是指在二级结构、模序、乃至结构域的基础上，由于侧链 R 基团的相互作用，整条肽链进一步折叠和盘曲，形成球状、棒状、椭圆形、纤维状等。三级结构包括整条肽链所有原子在三维空间的排布位置，但不包括亚基间的相互作用。氨基酸侧链之间的疏水作用、氢键、范德瓦耳斯力和盐键是维持三级结构的主要力量。带有极性基团（羟基、羧基、酰胺基、氨基、胍基等）的亲水性氨基酸残基大多分布在分子表面，形成亲水面；而没有极性基团的疏水性氨基酸残基大多埋在分子内部，形成疏水核。这对稳定蛋白质的构象有十分重要的作用，而且这些疏水区域常常是蛋白质分子的功能部位或活性中心。

3. 蛋白质的四级结构　上述蛋白质的二、三级结构通常仅指一条多肽链的卷曲和折叠。然而在体内，有些蛋白质含有两条或多条多肽链，在这类蛋白质中，每一条多肽链都有其完整的三级结构，被称为该蛋白质的亚基（subunit），以 α、β、γ 等命名。有时也按照功能的不同称之为调节亚基（R）和催化亚基（C）。蛋白质的四级结构（quaternary structure）就是指蛋白质分子中亚基的空间排列和相互间的布局。亚基之间一般呈对称的三维空间排布，并以非共价键相连。例如，血红蛋白是由 2 个 α 亚基和 2 个 β 亚基通过 8 个离子键组成的四聚体，每个亚基都结合 1 分子血红素（heme）辅基（图 1-5），具有运输 O_2 和 CO_2 的功能。

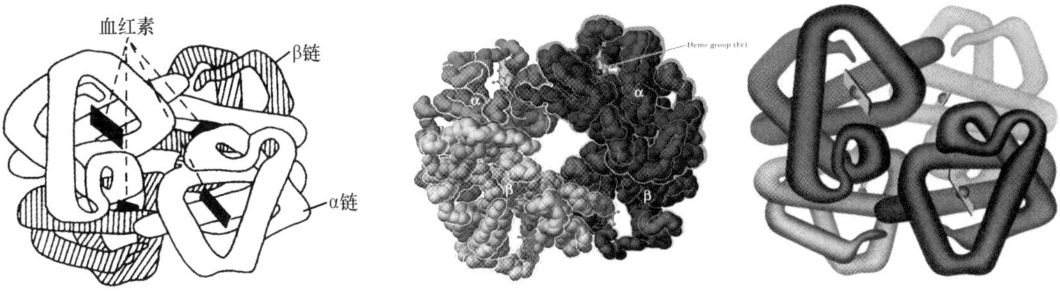

图 1-5　血红蛋白结构示意图

第二节　蛋白质折叠和结构预测

一、体内蛋白质折叠

研究蛋白质的折叠机制对保留蛋白质活性、维持蛋白质稳定性和包涵体蛋白质折叠复性等具有重要意义。在 20 世纪 60 年代，Anfinsen 通过研究核糖核酸酶 A 阐明去折叠的蛋白质在体外可以自发进行再折叠，仅仅是氨基酸序列本身已经包含了蛋白质正确折叠的所有信息，并提出蛋白质折叠的热力学假说，为此 Anfinsen 获得 1972 年诺贝尔化学奖。尽管氨基酸序列在蛋白质的正确折叠中起着核心作用，但其他各种各样的因素，包括信号序列、辅助因子、分子伴侣及环境条件，均会影响蛋白质的折叠。新生蛋白质折叠并组装成有功能的蛋白质，并非都是自发的，在多数情况下是需要其他蛋白质帮助的。目前已经有许多参与蛋白质折叠的折叠酶和分子伴侣得到了鉴定，蛋白质“自发折叠”的经典概念发生了转变和更新，但这并不与折叠的热力学假说相矛盾，而是在动力学上完善了热力学观点。在体外，蛋白质的重折叠没有额外的分子参与，其折叠比在体内慢得多，效率很低。在体内，蛋白质折叠是在催化剂的帮助下进行的。

（一）分子伴侣

分子伴侣（molecular chaperone）是细胞中一类保守蛋白质，可识别肽链的非天然构象，促进各功能域和整体蛋白质的正确折叠。而且在蛋白质折叠完毕后与之分离，不构成这些蛋白质执行功能时的组分。细胞内至少有两种分子伴侣家族。

1. 热休克蛋白 热休克蛋白（heat shock protein，HSP）是细胞在高温应激及其他逆境中被诱导产生或增加的，包括 HSP70、HSP40 和 GrpE 三个家族。其中，HSP70 具有 ATP 酶活性，HSP40 能激活 HSP70 的 ATP 酶活性，GrpE 为核苷酸交换因子。热休克蛋白促进蛋白质折叠的基本作用原理是：结合并保护待折叠多肽片段，再释放该片段进行折叠，形成 HSP70 和多肽片段依次结合-解离的循环。具体机制如下：HSP40 结合待折叠多肽片段，并将其导向 HSP70-ATP 复合物。HSP40 激活 HSP70 的 ATP 酶活性，水解 ATP 生成 ADP，产生稳定的 HSP40-HSP70-ADP-多肽复合物。GrpE 与 HSP40 作用，促进 ATP 交换 ADP，使复合物变得不稳定而迅速解离，该多肽片段被释放并进行正确折叠。多肽各区段依次进行上述的结合-解离循环，完成折叠过程。

2. 伴侣素 伴侣素（chaperonins）是分子伴侣的另一家族，与真核细胞的 HSP60 和 HSP10 同源的大肠杆菌（*E.coli*）的 GroEL 和 GroES 家族即属于此类，主要作用是为非自发性折叠蛋白质提供能折叠形成天然空间构象的微环境。具体机制如下：GroEL 由 2 组 60kDa 同亚基 7 聚体形成桶状空腔，组成未封闭的复合物。待折叠肽链进入该空腔后，GroES 的 10kDa 同亚基 7 聚体可作为“盖子”瞬时封闭 GroEL 复合物，为该肽链完成折叠提供微环境。伴随 ATP 水解释能，GroEL 复合物构象周期性改变，引起 GroES“盖子”解离和折叠后的肽链释放。以上过程不断重复，直至蛋白质形成天然空间构象（图 1-6）。

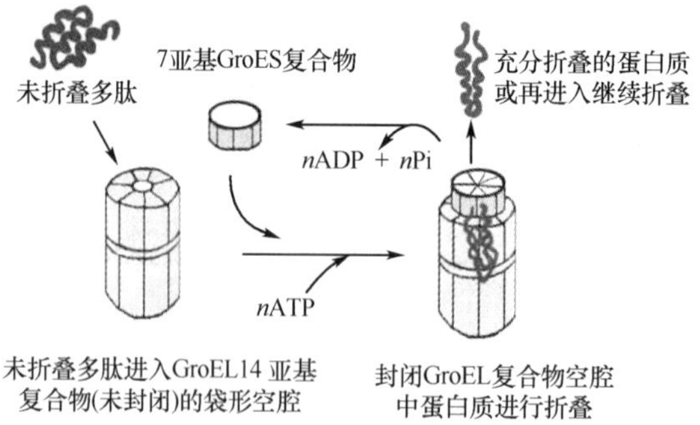

图 1-6 伴侣素 GroEL/GroES 系统促进蛋白质折叠机制

（二）蛋白质二硫键异构酶

新生蛋白质中正确配对的二硫键的形成受蛋白质二硫键异构酶（protein disulfide isomerase，PDI）的催化，这一过程主要在细胞内质网进行。PDI 与多肽主链结合，优先与含半胱氨酸残基的肽段发生作用，通过二硫键的改组使蛋白质很快找到热力学上最稳定的配对方式。

（三）肽-脯氨酰顺反异构酶

天然蛋白质肽链中肽酰-脯氨酸之间的肽键 94%是反式构型，其余为顺式构型，自发的异构化很慢。肽-脯氨酰顺反异构酶（peptide prolylcis-trans isomerase，PPI）催化顺反异构体之间的转换，是蛋白质三维构象形成的限速酶。

二、蛋白质结构预测

一种生物体的基因组决定了构成该生物体的所有蛋白质，基因的碱基排列顺序决定了蛋白质的氨基酸序列。虽然蛋白质由氨基酸的线性序列组成，但它们只有折叠成特定的空间构象后才具有相应的活性和生物学功能。了解蛋白质的空间结构不仅有利于认识蛋白质的功能，也有利于认识蛋白质是如何执行其功能的。因此，确定蛋白质的结构对于生物学研究非常重要。只要掌握了蛋白质的折叠规律，那么，从它的一级结构出发，就可以预测其三维结构。20 世纪 60 年代后期，Anfinsen 首先发现变性蛋白质在允许重新折叠的实验条件下可以重新折叠到原来的结构，并提出蛋白质折叠的信息隐含在蛋白质的一级结构中。自此，科学家们对蛋白质结构的预测进行了大量的研究，分子生物学家将有可能直接运用适当的计算方法，从氨基酸序列出发，预测蛋白质的空间结构。

（一）二级结构的预测

某些残基如 Glu、Met、Ala 和 Leu 在 α-螺旋中出现的频率比在其他二级结构元件中高，而 Gly 和 Pro 在 α-螺旋中出现频率很低，在 β-转角中却很高。在 β-折叠片中，Val、Ile 和芳香族氨基酸出现频率很高，而 Asp、Glu 和 Pro 出现频率却很低。这表明，不同氨基酸残基形成各种二级结构的倾向性是不同的。预测蛋白质的二级结构大多以已知三维结构的蛋白质为依据，用人工神经网络、遗传算法等技术构建预测方法。一般对于 α-螺旋预测精度较好，对 β-折叠差些，而对 α-螺旋和 β-折叠之外的无规则二级结构效果更差。常用的蛋白质二级结构预测方法有 Chou-Fasman 算法、GOR 算法、多序列列线预测、基于神经网络的序列预测、基于已有知识的预测方法及混合方法。目前预测准确率在 70%以上的都是混合方法，其中，同源性比较方法、神经网络方法和 GOR 算法应用最为广泛。

（二）三级结构的预测

蛋白质三级结构的预测方法通常包括同源性建模和从头开始的预测方法。同源性建模是利用已知结构的蛋白质序列来比对某一个蛋白质的序列，即靶序列，如果靶序列和已知结构序列的全长有很高的相似性，在合理的信任度上，我们可以使用已知结构作为靶蛋白质的模板。同源建模的过程通常并不统一，但基本思路是一致的，基本包括如下几个步骤：①利用靶序列来搜索已知蛋白质结构；②产生靶序列和模板序列最可能的完整比对；③以模板结构骨架作为模型，建立蛋白质骨架模型；④在靶序列或者模板序列的有空位区域，使用环建模过程代替合适长度的片段；⑤给骨架模型加上侧链；⑥优化侧链的位置；⑦使用能量最小和已知的优化知识来优化结构。

在进行序列比对时，最容易使用 BLASTP 程序比对 NRL-3D 或 SCOP 数据库中的序列。如果发现有超过 100 个碱基并且有远高于 40%序列相同率的匹配序列，则未知序列蛋白与该匹配序列蛋白将有非常相似的结构。在这种情况下，同源性建模在预测该未知蛋白精细结构方面会有非常大的作用（表 1-1）。

表 1-1　蛋白质结构预测相关程序及数据库

数据库	说明	网址
PDB	蛋白质三维结构	http：//www.rcsb.org/pdb
SWISS-PROT	蛋白质序列数据库	http：//kr.expasy.org/sprot/

续表

数据库	说明	网址
PIR	蛋白质序列数据库	http：//pir.georgetown.edu/
OWL	非冗余蛋白质序列	http：//www.bioinf.man.ac.uk/dbbrowser/OWL/
EMBL	核酸序列数据库	http：//www.embl-heidelberg.de/
TrEMBL	EMBL 的翻译数据库	http：//kr.expasy.org/sprot/
GenBANK	核酸序列数据库	http：//www.ncbi.nih.gov/Genbank/
PROSITE	蛋白质功能位点	http：//kr.expasy.org/prosite/
SWISS-MODEL	从序列模建结构	http：//www.expasy.org/swissmod/SWISS-MODEL.html
SWISS-3DIMAGE	三维结构图示	http：//us.expasy.org/sw3d/
DSSP	蛋白质二级结构参数	http：//www.cmbi.kun.nl/gv/dssp/
FSSP	已知空间结构的蛋白质家族	http：//www.ebi.ac.uk/dali/fssp/fssp.html
SCOP	蛋白质分类数据库	http：//scop.mrc-lmb.cam.ac.uk/scop/
CATH	蛋白质分类数据库	http：//www.biochem.ucl.ac.uk/bsm/cath/
Pfam	蛋白质家族和结构域	http：//pfam.wustl.edu/

第三节 蛋白质的结构与功能的关系

研究蛋白质结构与功能的关系，是从分子水平上认识生命的一个极为重要的领域。各种蛋白质都有特异的生物学功能，而所有这些功能又是以其特异的结构为基础的。

一、蛋白质一级结构与功能的关系

（一）一级结构是空间构象的基础

前已叙及，形成 β-折叠要求氨基酸的侧链较小，才能容许两条肽链或肽段彼此靠近，而多个酸性或多个碱性氨基酸残基相邻，则妨碍 α-螺旋的形成。因此，多肽链中氨基酸的种类及排列顺序决定了肽链的折叠和卷曲方式。

（二）一级结构与功能的关系

1. 一级结构相似的多肽或蛋白质具有相似的空间构象及功能 例如，不同哺乳动物来源的胰岛素，都是由 21 个氨基酸残基的 A 链和 30 个氨基酸残基的 B 链组成。在不同哺乳动物对比中，胰岛素的 51 个氨基酸残基中有 24 个残基是恒定不变的，它们的一级结构虽不完全相同，但与其空间结构形成有关的氨基酸残基却完全一致，且二硫键的配对和空间构象也极相似，因而都执行着相同的调节糖代谢等生理功能。

2. 关键部位氨基酸残基的改变会引起蛋白质空间构象的改变乃至功能的异常 例如，镰状红细胞性贫血（sickle cell anemia）患者由于基因突变，血红蛋白中有一个氨基酸残基发生了改变，即 HbA（正常血红蛋白）β 链的第 6 位为谷氨酸，而 HbS（患者血红蛋白）的 β 链的第 6 位是缬氨酸，亲水侧链被非极性的疏水侧链所取代（图 1-7），这样在 β6Val 与 β1Val 之间出现了一个因疏水作用而形成的局部结构。这一结构能使脱氧 HbS 进行线性缔合，导致氧结合能力过低，使得整个红细胞扭成镰刀状，导致溶血性贫血。可见一个氨基酸的变异，能引起空间结构改变，从而影响血红蛋白的正常功能。这种由蛋白质分子发生变异所导致的疾病，被称为“分子病”，为基因突变所致。

		1	2	3	4	5	6	7	8
HbA	H_2N—	Val—	His—	Leu—	Thr—	Pro—	Glu—	Glu—	Lys
HbS	H_2N—	Val—	His—	Leu—	Thr—	Pro—	Val—	Glu—	Lys

图 1-7 HbA 与 HbS 的一级结构对比

二、蛋白质空间构象与功能的关系

蛋白质的空间构象是其特定生物学功能的基础，空间构象发生改变，功能随之改变。

（一）变性——蛋白质功能丧失

1. 变性的概念 蛋白质的二级结构以氢键来维系局部主链构象稳定，三、四级结构主要依赖于氨基酸残基侧链之间的相互作用，从而保持蛋白质的天然构象。但在某些物理和化学因素作用下，其特定的空间构象被破坏，有序的空间结构变成无序的空间结构，从而导致其理化性质的改变和生物活性的丧失，称为蛋白质的变性（denaturation）。一般认为蛋白质的变性主要发生二硫键和非共价键的破坏，而不涉及一级结构中氨基酸序列的改变。也就是说，生物活性的丧失是变性蛋白质的主要表现，而空间结构的破坏是蛋白质变性的结构基础。

2. 变性因素 鸡蛋清能够全溶于水，但经过煮沸之后就凝固，不再溶于水，这是众所周知的蛋白质变性现象。造成蛋白质变性的因素有多种，一类是化学因素，包括酸、碱、有机溶剂（如乙醇、甲醇、丙酮、乙醚等）、尿素、表面活性剂（如十二烷基磺酸钠）、生物碱试剂（如三氯乙酸）及重金属离子等。另一类是物理因素，包括加热、紫外线、X射线、超声波、高压及剧烈振荡等。蛋白质变性后，其溶解度降低，黏度增加，结晶能力消失，生物活性丧失，易被蛋白酶水解。

3. 变性的可逆性 若蛋白质变性程度较轻，去除变性因素后，有些蛋白质仍可恢复或部分恢复其原有的构象和功能，称为复性（renaturation）。例如，血红蛋白经酸变性后，加碱中和可恢复其原有性质的2/3；胰蛋白酶在酸性溶液中短时间加热（70～100℃）变性后，如适当冷却，仍可恢复其原有性质；在核糖核酸酶溶液中加入尿素和β-巯基乙醇，使其丧失生物活性，而经透析方法去除尿素和β-巯基乙醇，核糖核酸酶又可恢复其原有的构象，生物学活性也几乎全部重现。但是许多蛋白质变性后，空间构象严重被破坏，不能复原，称为不可逆性变性。

（二）变构——蛋白质活性调节方式

一个蛋白质与它的配体（或其他蛋白质）结合后，蛋白质的空间结构发生改变，使它适合于功能的需要，这一类变化称为变构效应或别构效应（allosteric effect）。具有变构效应的蛋白质称为变构蛋白（allosteric protein）。能引起蛋白质发生变构效应的物质称为变构效应物（allosteric effector）。变构效应物都是正常体内的代谢物，如H^+、CO_2、O_2、ATP、AMP、CTP及酶的底物等，也有某些生理活性物质如激素等。

血红蛋白是最早发现具有变构效应的蛋白质，下面以它为例阐述蛋白质空间结构的改变与功能之间的关系。

1. 血红蛋白（hemoglobin，Hb）的结构 血红蛋白存在于动物的红细胞中，是O_2和CO_2的运载体。血红蛋白含有辅基血红素，血红素是铁卟啉化合物（图1-8），由4个吡咯环通过4个甲炔基相连成为一个环形，Fe^{2+}居于环中央。Fe^{2+}有6个配位键，其中4个与吡咯环的N配位结合，1个配位键和肌红蛋白的93位（F8）组氨酸残基结合，氧则与Fe^{2+}形成第6个配位键，接近第64位（E7）组氨酸。

血红蛋白分子是由4个亚基组成的四聚体，每个亚基结构中间有一个疏水局部，可结合1个血红素并携带1分子氧，因此1分子Hb共结合4分子氧。成年人红细胞中的Hb由两条α肽链和两条β肽链（$\alpha_2\beta_2$）组成，α链含141个氨基酸残基，β链含146个氨基酸残基。胎儿期主要为$\alpha_2\gamma_2$，胚胎期为$\alpha_2\varepsilon_2$。亚基之间通过8对盐键（图1-9）紧密结合，形成亲水的球状蛋白。

2. 血红蛋白的变构效应 Hb与O_2呈可逆结合，形成HbO_2（氧合血红蛋白）。HbO_2占血液中总Hb的百分数称为氧饱和度，它随氧分压而改变的曲线（氧解离曲线）呈S形，提示Hb的四个亚基与O_2结合有四个不同的平衡常数。当第一个亚基与O_2结合后，促进第二、第三个亚基与O_2结合，当第三个亚基与O_2结合后，又大大促进第四个亚基与O_2结合。Perutz等利用X射线衍射技术，分析 Hb 和 HbO_2 结晶的三维结构图谱，认为这种与 O_2 结合的特征与其空间构象改变有关。

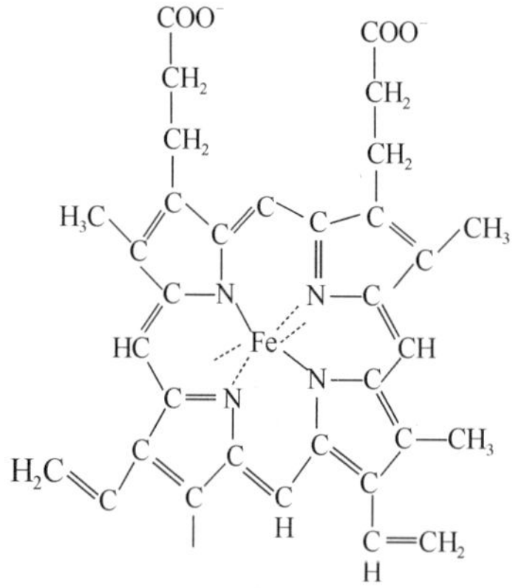

图 1-8 血红素结构

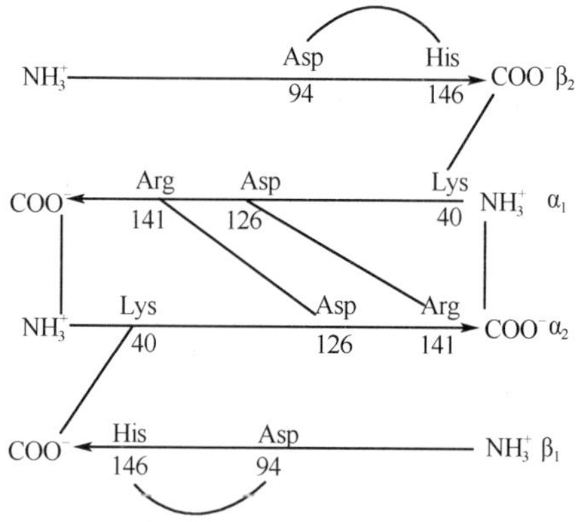

图 1-9 Hb 亚基间的盐键

未结合氧时，Hb 的 α_1/β_1 和 α_2/β_2 呈对角排列，结构较为紧密，称为紧张态（tense state，T 态），T 态 Hb 与 O_2 的亲和力小。随着 O_2 的结合，四个亚基羧基末端之间的盐键断裂，使 α_1/β_1 和 α_2/β_2 的长轴形成 15°的夹角，结构显得相对松弛，称为松弛态（relaxed state，R 态）（图 1-10），R 态 Hb 与 O_2 的亲和力大。T 态转变成 R 态是在逐个结合 O_2 的过程中完成的。在脱氧 Hb 中，Fe^{2+}的半径比卟啉环中间的孔大，因此 Fe^{2+}不能进入卟啉环小孔，高出卟啉环平面 0.075nm。当第 1 个 O_2 与血红素 Fe^{2+}结合后，Fe^{2+}的半径变小，可进入到卟啉环的小孔中（图 1-11），引起 F 肽段微小的移动，造成两个 α 亚基间盐键断裂，使亚基间结合松弛。这种构象的细微变化可促进第二个亚基与 O_2 结合，最后使四个亚基全处于 R 态。这种一个亚基与 O_2 结合后引起亚基的构象变化，就是典型的变构效应。小分子 O_2 是变构效应剂，Hb 则是变构蛋白。携 O_2 的 Hb 亚基促进不携 O_2 的亚基与 O_2 结合的现象称为正协同效应（positive cooperativity）。协同效应是指一个亚基与其配体（Hb 中的配体为 O_2）结合后，能影响此寡聚体中另一亚基与配体的结合能力。如果是促进作用则称为正协同效应；反之则为负协同效应。

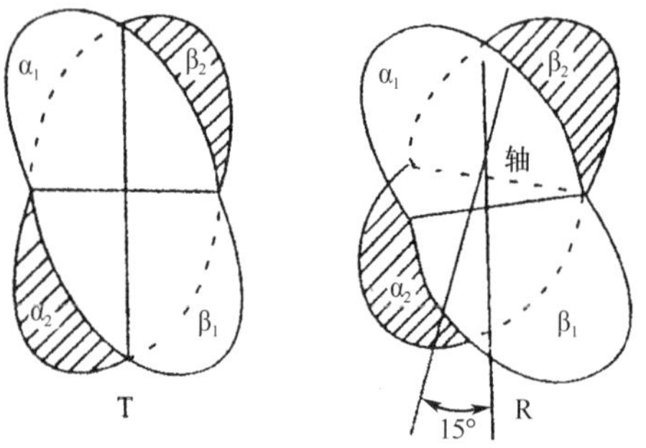

图 1-10 Hb T 态与 R 态的互变

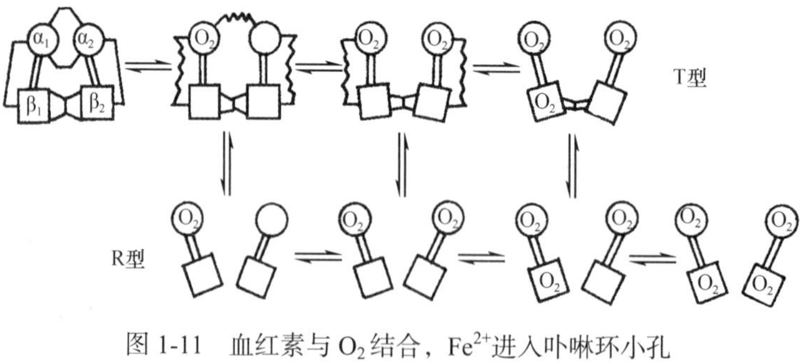

图 1-11 血红素与 O_2 结合，Fe^{2+}进入卟啉环小孔

（三）蛋白质构象改变与疾病发生

生物体内蛋白质的合成、加工和成熟是一个复杂的过程，其中多肽链的正确折叠对其正确构象形成和功能正常发挥至关重要。若蛋白质的折叠发生错误，尽管其一级结构不变，但空间构象发生改变，其功能受到影响，严重时可导致疾病发生，有人将此类疾病称为蛋白构象疾病。

有些蛋白质错折叠后相互聚集，常形成抗蛋白水解酶的淀粉样纤维沉淀，产生毒性而致病，表现为蛋白质淀粉样纤维沉淀的病理改变，疯牛病就属于这样一类疾病。

疯牛病是由朊病毒蛋白（prion protein，PrP）引起的一组人和动物神经退行性病变，这类疾病具有传染性、遗传性或散在发病的特点，其在动物间的传播是由 PrP 组成的传染性颗粒完成的。PrP 是染色体基因编码的蛋白质。正常动物和人的 PrP 为分子质量 33～35kDa 的蛋白质，水溶性强，对蛋白酶敏感，二级结构为多个 α-螺旋，称为 PrP^C。富含 α-螺旋的 PrP^C 在某种未知蛋白质的作用下可转变成致病分子，其二级结构全为 β-折叠，称为 PrP^{SC}，它与 PrP^C 的一级结构完全相同。可见 PrP^C 转变成 PrP^{SC} 只涉及蛋白质分子 α-螺旋重新折叠成 β-折叠的过程。PrP^{SC} 对蛋白酶不敏感，水溶性差，而且对热稳定，可以相互聚集，最终形成淀粉样纤维沉淀而致病。

第四节　蛋白质的分离与纯化

一、蛋白质分离纯化的一般程序

蛋白质的分离（separation，isolation）和纯化（purification）工作是生物化学中一项艰巨而繁重的任务，对于任何一种蛋白质都应该尽可能选择一套适当的分离纯化程序以获得高纯度的制品。蛋白质纯化的总目标是增加制品的纯度（purity）或比活（specific activity），以增加单位蛋白质重量中所需蛋白质的含量或生物活性，并设法除去变性的蛋白质和杂蛋白。分离纯化某一特定蛋白质的一般程序可以分为以下几个步骤。

（一）材料的预处理及细胞破碎

分离提纯某一种蛋白质时，首先要把蛋白质从组织或细胞中以溶解的状态释放出来，并保持其天然状态和生物活性。所以要根据不同的情况，选择适当的方法，将组织和细胞破碎。常用的破碎组织细胞的方法有以下几种。

1. 机械破碎法　这种方法是利用机械力的剪切作用，使细胞破碎。常用设备有高速组织捣碎机、匀浆器、研钵等。

2. 渗透破碎法　这种方法是在低渗条件使细胞溶胀而破碎。

3. 反复冻融法　生物组织经冻结后，细胞内液结冰膨胀而使细胞胀破。这种方法简单方便，但那些对温度变化敏感的蛋白质不宜采用此法。

4. 超声波法　使用超声波振荡器使细胞膜上所受张力不均从而导致细胞破碎。

5. 酶法　例如，使用溶菌酶破坏微生物细胞等。

（二）蛋白质的抽提

蛋白质抽提是指选择适当的缓冲液溶剂把蛋白质提取出来。抽提缓冲液的 pH、离子强度、组成成分等条件的选择应根据欲制备的蛋白质的性质而定。例如，膜蛋白的抽提，抽提缓冲液中一般要加入表面活性剂如十二烷基磺酸钠、tritonX-100 等，使膜结构破坏，利于蛋白质与膜的分离。在抽提过程中，应注意控制温度，避免剧烈搅拌，以防止蛋白质变性。

（三）蛋白质粗制品的获得

当获得蛋白质提取液（有时还杂有核酸和多糖等）后，选用适当的方法将所要的蛋白质与其他杂蛋白分离开来，以获取蛋白质粗制品。比较方便的有效方法是根据蛋白质溶解度的差异进行分离。常用的有下列几种方法。

1. 盐析法　不同蛋白质盐析所需要的盐饱和度不同，所以可通过调节盐浓度将目的蛋白沉淀析出。被盐析沉淀下来的蛋白质仍保持其天然性质，并且能再度溶解。

2. 等电点沉淀法 不同蛋白质的等电点不同，可用等电点沉淀法使它们相互分离。

3. 有机溶剂沉淀法 中性有机溶剂如乙醇、丙酮，它们的介电常数比水低，能使大多数球状蛋白质在水溶液中的溶解度降低，进而从溶液中沉淀出来，因此可用来沉淀蛋白质。此外，有机溶剂会破坏蛋白质表面的水化层，促使蛋白质分子变得不稳定而析出。由于有机溶剂会使蛋白质变性，使用该法时，要注意在低温下操作，选择合适的有机溶剂浓度。

（四）样品的进一步纯化

用等电点沉淀法、盐析法等所得到的蛋白质一般含有其他蛋白质杂质，必须进一步分离提纯才能得到有一定纯度的样品。常用的纯化方法有凝胶过滤层析、离子交换层析、亲和层析等，有时还需要几种方法联合使用才能得到较高纯度的蛋白质样品。

结晶是蛋白质分离纯化的最后步骤，只有某种蛋白质在溶液中数量上占优势时才能形成结晶。结晶过程本身也伴随着一定程度的纯化，而重结晶又可以除去少量夹杂的蛋白质。由于结晶中从未发现过变性蛋白质，因此蛋白质的结晶不仅是纯度的一个标志，也是断定蛋白制品处于天然状态的有力指标。结晶也是进行X射线晶体学分析的前提。蛋白质纯度和浓度越高，就越容易结晶。结晶的最佳条件是使溶液略处于过饱和状态，可借助于控制温度、加盐盐析、加有机溶剂或调节pH等方法来获得适度的过饱和溶液。

二、蛋白质的分离纯化方法

可以根据蛋白质在溶液中的不同性质对其进行分离纯化。

（一）根据分子大小不同的纯化方法

蛋白质分子最明显的特征之一就是颗粒大，并且不同的蛋白质分子大小不同，因此可以利用一些较简便的方法使蛋白质和小分子物质分开，并使蛋白质混合物也得到分离。根据蛋白质分子大小不同进行分离的方法主要有透析、超滤、离心和凝胶过滤等。透析和超滤是分离蛋白质时常用的方法。

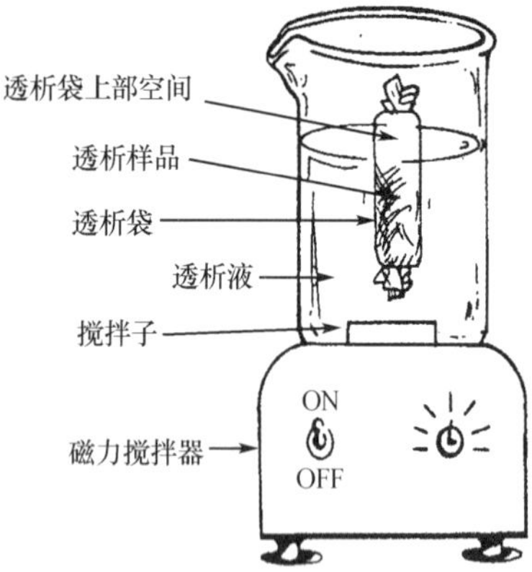

图1-12 透析装置

1. 透析与超滤

（1）透析（dialysis）：是利用半透膜将蛋白质和其他小分子物质如无机盐、单糖等分开，也可以将分子大小不同的蛋白质分开。半透膜的孔有大有小，根据待分离物质的分子质量来选择适当的半透膜。将待纯化的蛋白质溶液装在半透膜做成的透析袋内，放入透析液（蒸馏水或缓冲液），适时更换透析液，直至透析袋内无机盐等小分子物质减少到最小值为止（图1-12）。

（2）超滤（ultrafiltration）：是利用压力或离心力，强行使水和其他小分子溶质通过半透膜，而蛋白质被截留在膜上，以达到浓缩和脱盐的目的。可以选择不同孔径的滤膜截留不同分子质量的蛋白质。

这两种方法都可以将蛋白质大分子与以无机盐为主的小分子分开。它们经常和盐析、盐溶方法联合使用，在进行盐析或盐溶后可以利用这两种方法除去引入的无机盐。由于超滤过程中滤膜表面容易被吸附的蛋白质堵塞，以致超滤速度减慢，截流物质的分子质量也越来越小。所以在使用超滤方法时要选择合适的滤膜，也可以选择切向流过滤得到更理想的效果。

2. 凝胶过滤 凝胶过滤也称分子排阻层析或分子筛层析，是根据分子大小分离蛋白质混合物最有效的方法之一。柱中最常用的填充材料是葡聚糖凝胶（sephadex gel）和琼脂糖凝胶（agarose gel），为惰性的多孔网状结构物质。当不同分子大小的蛋白质流经凝胶层析柱时，比凝胶孔径大的分子不能进入其内部，而是被排阻在凝胶颗粒外部，在颗粒之间的空隙中向下移动，并最先流出柱外。小分子物质能进入凝胶颗粒内部，因此流程较长。这样，不同大小的分子因所经路径不同而得到分离，大分子物质先被洗脱出来，小分子物质后被洗脱出来(图1-13)。

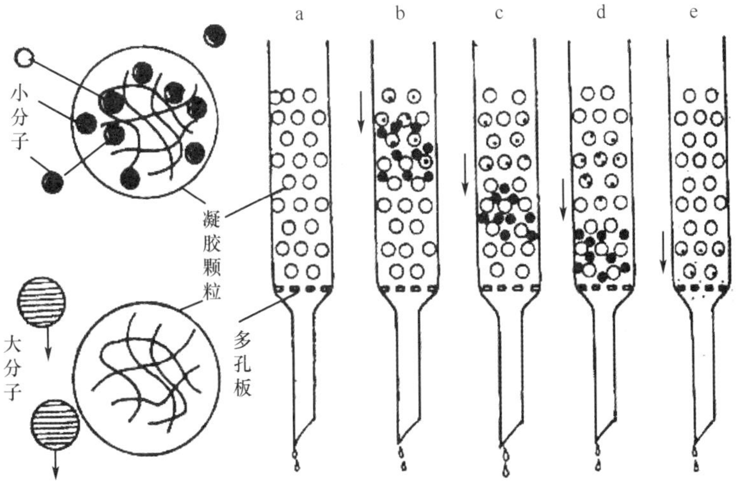

图1-13 凝胶过滤原理

a. 层析前；b. 样品进入凝胶内部；c. 大小分子分离；d. 大分子流程短，先被洗脱；e. 小分子流程长，后被洗脱

(二)根据溶解度不同的纯化方法

1. 蛋白质的盐析 中性盐对蛋白质的溶解度有显著影响。在低盐浓度时，随着盐浓度升高，蛋白质的溶解度增加，这种现象称盐溶(salting in)；当盐浓度继续升高时，蛋白质的溶解度不同程度地下降并先后析出，这种现象称盐析(salting out)。盐析时若溶液pH在蛋白质等电点则效果更好。由于各种蛋白质分子大小和亲水程度不同，故盐析所需的盐浓度也不一样，因此调节混合蛋白质溶液中的中性盐浓度可使各种蛋白质分段沉淀。

2. 等电点沉淀 蛋白质在静电状态时，颗粒之间的静电斥力最小，因而溶解度也最小。各种蛋白质的等电点有差别，因此可以通过调节溶液的pH达到某一蛋白质的等电点而使之沉淀。此法常与盐析法结合使用。

(三)根据带电性质不同进行分离

根据蛋白质的电荷不同分离蛋白质混合物的方法有电泳、等电聚焦、离子交换层析等。

1. 电泳 在外电场的作用下，带电颗粒向着与其所带净电荷相反的电极移动的现象称为电泳(electrophoresis)。蛋白质在电场中移动的速度和方向，取决于它所带电荷的性质、数目、分子质量大小和形状等。带电少、分子质量大的蛋白质，泳动速度慢；反之，泳动速度快。因此，混合在一起的蛋白质按照各自的带电特点，移动不同的距离从而得以分离。电泳结束后，用蛋白质显色剂显色，可看到一条条被分离的蛋白质条带。

最常用的蛋白质电泳方法是SDS-聚丙烯酰胺凝胶电泳(sodium dodecyl sulfatepolyacrylamide gel electrophoresis)，简称SDS-PAGE。它以聚丙烯酰胺凝胶为支持物，一般制成凝胶柱或凝胶板。用还原剂SDS，即十二烷基硫酸钠，加热处理蛋白质样品，蛋白质分子中的二硫键将被还原，并且每1g蛋白质可定量结合1.4gSDS，亚基的构象呈长椭圆棒状(图1-14)。由于与蛋白质结合的SDS呈解离状态，使蛋白质亚基带上大量负电荷，其数值大大超过蛋白质原有的电荷密度，掩盖了不同亚基间原有的电荷差异，使各种蛋白质-SDS复合物具有相同的电荷密度，电泳时纯粹靠凝胶的分子筛效应进行分离，有效迁移率与分子质量的对数呈线性关系(图1-15)。因此，SDS-PAGE 不仅是一种很好的蛋白质分离方法，也是一种十分有效的测定蛋白质分子质量的方法。值得注意的是，SDS-PAGE 测得的是蛋白质亚基的分子质量。对寡聚蛋白来说，为了正确反映其完整的分子结构，还应用连续密度梯度电泳或凝胶过滤等方法测定天然构象状态下的分子质量及分子中肽链（亚基）的数目。

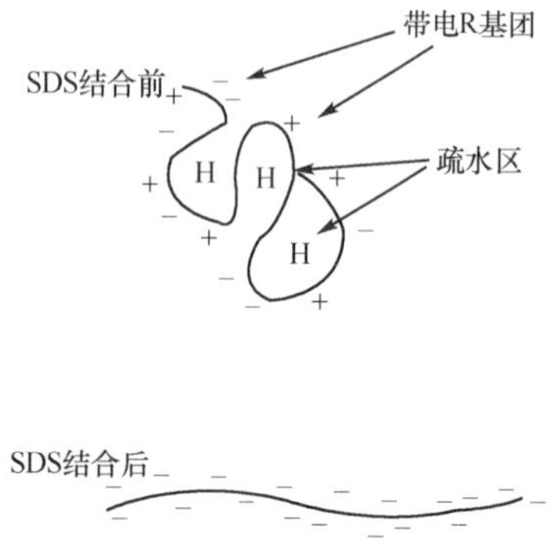

图 1-14 SDS 与蛋白质结合

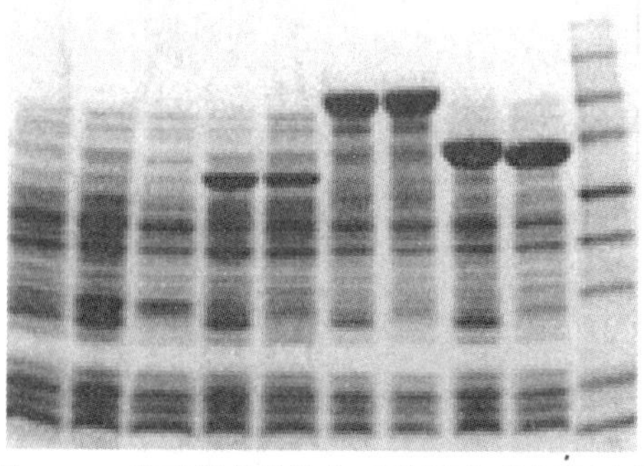
图 1-15 考马斯亮蓝染色后的蛋白质电泳图谱

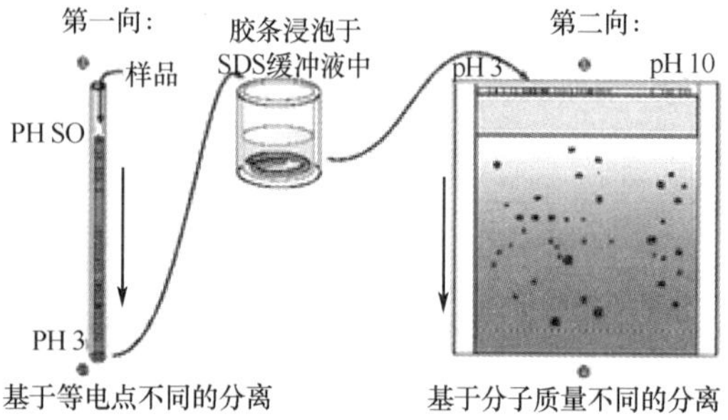

图 1-16 双向电泳

2. 等电聚焦 等电聚焦（isoelectric focusing，IEF）是使蛋白质混合物在具有 pH 梯度的介质（如浓蔗糖溶液）中进行分离。在外电场作用下，各种蛋白质将移向并聚焦（停留）在与其等电点相等的 pH 梯度处。等电聚焦和 SDS-PAGE 的组合称为双向电泳（two-dimensional electrophoresis），即先进行等电聚焦，按照等电点分离蛋白质混合物，再进行 SDS-PAGE，按照分子大小分离混合蛋白，经染色得到的电泳图是二维分布的蛋白质图谱（图 1-16）。

3. 离子交换层析 离子交换层析（ion exchange chromatography，IEC）是以离子交换剂为固定相，依据流动相中的组分离子与交换剂上的平衡离子进行可逆交换时结合力大小的差别而进行分离的一种层析方法。它可分为阳离子交换层析和阴离子交换层析。离子交换剂有阳离子交换剂（如羧甲基纤维素、CM-纤维素）和阴离子交换剂（如二乙氨基乙基纤维素）。当蛋白质处于不同的 pH 条件下，其带电状况也不同。被分离的蛋白质溶液流经离子交换层析柱时，带有与离子交换剂相反电荷的蛋白质被吸附在离子交换剂上，随后用改变 pH 或离子强度办法将吸附的蛋白质洗脱下来，其中结合较弱的蛋白质首先被洗脱下来。在图 1-17 中，阴离子交换树脂颗粒填充在层析柱内。由于阴离子交换剂带正电荷，能吸引带负电荷的蛋白质，然后再用含阴离子的强电解质（如 Cl^-）洗柱，含负电量少的蛋白质首先被洗脱下来。增加 Cl^-浓度，蛋白质则按携带负电荷的多少依次被洗脱下来，于是混合蛋白

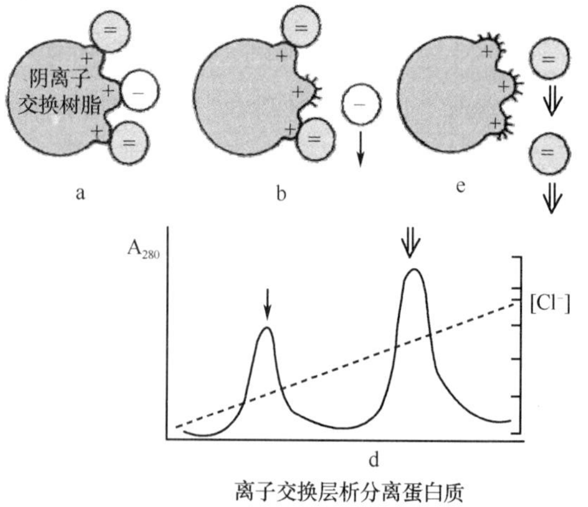

图 1-17 离子交换层析分离蛋白质

a. 样品全部交换并吸附到树脂上；b. 负电荷较少的分子用较稀的 Cl^-或其他负离子溶液洗脱；c. 电荷多的分子随 Cl^-浓度增加依次洗脱；d. 洗脱图

A_{280} 表示为 280nm 的吸光度

质被分离开来。离子交换层析已被应用于浓缩苹果汁中蛋白质的提纯和抗凝血蛋白的提取等。

（四）展望

在实际工作中，很难用单一方法实现蛋白质的分离和纯化，通常需要利用几种方法联合才能提纯出一种蛋白质。理想的蛋白质分离纯化方法，要求产品纯度和总回收率越高越好，但实际上两者难以兼顾。因此，当需要提纯某种蛋白质时，首先要明确分离纯化的目的和蛋白质的性质，以便选择最佳的分离纯化方法，从而得到理想的效果。

随着蛋白质分离纯化技术的发展，将不断促进对蛋白质性质的研究；同时对蛋白质性质的研究也将反过来提高蛋白质分离纯化的技术，两者的相互促进必将会对生命科学的进步作出重大贡献。

思　考　题

1. 试述氨基酸种类及主要性质。
2. 简述蛋白质一、二、三、四级结构概念。
3. 解释以下名词：等电点，模体，结构域，亚基。
4. 以血红蛋白为例，说明蛋白质结构与功能的关系。
5. 试述蛋白质分离纯化鉴定常用技术方法。

（姜　智）

第 2 章 酶与酶分子工程

生命活动离不开酶的催化作用。在酶的作用下，机体内的物质代谢有条不紊地进行；同时又在许多因素的影响下，酶对代谢发挥着巧妙的调节作用。

酶（enzyme）是由组织细胞合成的以蛋白质为主的生物催化剂，是对化学反应具有强大的催化性，对作用底物有严格选择性的生物催化剂。

酶的高效率和专一性，及其不需要在高温、强酸、强碱的条件下发挥作用是普通的化学催化剂所无法比拟的，其研究成果给催化理论、催化剂的设计、药物的设计和作用原理的了解、疾病的诊断和治疗以及遗传和变异等方面提供了理论依据和新的概念。

第一节 酶的化学本质与特性

一、酶的化学本质

大多数酶是生物细胞产生的，以蛋白质为主要成分的生物催化剂，但是继 1982 年发现核糖体核糖核酸（rRNA）的前体在鸟苷的存在下能自身催化生成成熟的 rRNA 后，1983 年又证实，仅核糖核酸酶 P（RNase P）中的核糖核酸部分就能催化 tRNA 的成熟，从而对酶的概念提出了新的挑战。这类具有酶催化活性的 RNA 称为核酶（ribozyme）。此外，端粒酶（telomerase）是由结合蛋白、RNA 和催化亚基三个部分所组成；抗体酶（abzyme）是专一作用于抗原分子的、有催化活性的、有特殊生物功能的蛋白质。

二、酶促反应特点

酶具有一般催化剂的共同性质，酶与一般催化剂的区别在于：酶对所催化的化学反应有强大的催化能力和催化效率；酶对底物有严格的选择性；酶的活性与含量受多种因素的调控，保证了生命现象的正常运行；酶的化学本质主要是蛋白质。某些理化因素（如高温、强酸、强碱等）作用可使酶发生变性而失活。故酶促反应往往是在常温、常压和接近中性的温和条件下进行的。

由于酶有极高的催化效率，在体外难以进行或进行缓慢的化学反应，在体内受酶的催化都可顺利而快速地进行，从而保证了在体内温和条件下进行各种新陈代谢反应；另一方面，只要酶量有轻度的改变，即可表现为酶促反应的显著改变，故极有利于在体外测定酶促反应的变化，以了解酶分子数的改变，从而提高早期诊断某些疾病的试验敏感度。

酶对底物的选择性称酶的特异性，又称为专一性。一种酶只催化一种反应或只对一种底物起作用，这种选择性称为绝对特异性；如果一种酶可作用于一类化合物或一种化学键，这种不太严格的选择性称为相对特异性；如果一种酶只作用于旋光异构体中的一种异构体，这种选择性就称为立体异构特异性。细胞内参与代谢的酶其特异性较高，能使一种酶的作用产物成为另一种酶的作用底物，多种酶的协同连续作用，就形成了流水作业式的代谢反应体系，从而保证体内代谢反应有规则地、循序渐进地进行。

第二节　酶的分类与命名

一、酶的分类

按照国际酶学委员会（IEC）的规定，酶按催化反应的类型可分为六大类。

（1）氧化还原酶类（oxidoreductases）：催化氧化还原反应。

（2）转移酶类（transferases）：催化功能基团的转移或交换。

（3）水解酶类（hydrolases）：催化水解反应。

（4）裂合酶类（lyases）：催化水、氨或二氧化碳的去除或加入。

（5）异构酶类（isomerases）：催化各种类型的异构作用。

（6）合成酶类（ligases）：催化消耗 ATP 的成键反应。

在此基础上，每一大类又可根据酶作用底物的性质进一步细分为各种亚类，乃至亚亚类。

二、酶的命名

1. 习惯命名法

（1）一般采用底物加反应类型而命名，如蛋白水解酶、乳酸脱氢酶、磷酸己糖异构酶等。

（2）对水解酶类，只用底物名称即可，如蔗糖酶、胆碱酯酶、蛋白酶等。

（3）有时在底物名称前冠以酶的来源，如血清谷氨酸-丙酮酸转氨酶、唾液淀粉酶等。

2. 系统命名法　鉴于新酶的不断发现和过去文献中对酶命名的混乱，国际酶学委员会规定了一套系统命名法，使一种酶只有一种名称。它包括酶的系统命名和 4 个用数字分类的酶编号，如对催化下列反应酶的命名：

$$\text{ATP} + \text{D-葡萄糖} \longrightarrow \text{ADP} + \text{D-葡萄糖-6-磷酸}$$

该酶的正式系统命名是：ATP：葡萄糖磷酸转移酶，它标明酶的所有底物与反应性质，底物名称之间以"："分隔。它的分类数字是：E.C 2.7.1.1.，E.C 代表按国际酶学委员会的规定命名，第 1 个数字 2 代表酶属于哪一类（转移酶类），第 2 个数字 7 代表亚类（磷酸转移酶类），第 3 个数字 1 代表亚亚类（以羟基作为受体的磷酸转移酶类），第 4 个数字 1 代表酶在亚亚类中的排序。

国际酶学委员会规定，在以酶作为主要论题的文章里，应该把它的编号、系统命名和来源在第一次叙述时写出，以后可按习惯，采取习惯命名或系统命名的名称。

第三节　酶的分子结构与功能

一、酶的化学组成

酶和其他蛋白质一样，根据其组成成分可分为简单蛋白质和结合蛋白质两类。

有些酶的活性仅仅决定于它的蛋白质结构，如水解酶类（淀粉酶、蛋白酶、脂酶、纤维素酶、脲酶等），这些酶的结构由简单蛋白质构成，故称为单纯酶；另一些酶，其结构中除含有蛋白质外，还含有非蛋白质部分，如大多数氧化还原酶类，这些酶由结合蛋白质构成，因而称为结合酶（conjugated enzyme）。在结合酶中，蛋白质部分称为酶蛋白（apoenzyme），非蛋白部分统称为辅助因子（cofactor）。辅助因子又可分成辅酶（coenzyme）和辅基（prosthetic group）两类。酶蛋白与辅助因子结合成的完整分子称为全酶（holoenzyme），即全酶 = 酶蛋白 + 辅助因子（辅酶或辅基）。只有全酶才有催化活性，将酶蛋白和辅助因子分开后均无催化作用。

根据酶蛋白的特点和分子大小又把酶分成四类：

1. 单体酶　单体酶只有一条多肽链。属于这类的酶很少，大多是催化水解反应的酶，它们的相对分子质量较小，为13 000～35 000。这类酶有核糖核酸酶、胰蛋白酶、溶菌酶等。

2. 寡聚酶 这类酶由几条至几十条多肽链亚基组成，这些多肽链或相同，或不同。多肽链之间不是共价结合，彼此很容易分开。寡聚酶相对分子质量从35 000到几百万。己糖激酶、3-磷酸甘油醛脱氢酶等属于这类酶。

3. 多酶体系 多酶体系是由几种酶彼此嵌合形成的复合体。它有利于一系列反应的连续进行。这类多酶复合物的相对分子质量很高，一般都在几百万以上。在脂肪酸合成中的脂肪酸合成酶复合体就是一种多酶体系。

4. 多功能酶 还有一些酶在一条肽链上同时具有多种不同的催化功能，又称为串联酶，如氨基甲酰磷酸合成酶Ⅱ、天冬氨酸氨基甲酰转移酶等。

二、酶的辅助因子

酶的辅助因子包括辅酶和辅基。这是按其与酶蛋白结合的牢固程度来区分的。与酶蛋白结合比较疏松（一般为非共价结合）并可用透析方法除去的称为辅酶（coenzyme，Co）；与酶蛋白结合牢固（一般以共价键结合），不能用透析方法除去的称为辅基（prosthetic group）。

辅酶及辅基从其化学本质来看可分为三类：一类为无机金属元素，如铜、锌、镁、锰、铁等（表2-1）；另一类为小分子的有机物，如维生素及其衍生物、铁卟啉等。维生素是一类在机体中含量很少，但具有重要生理功能的物质。多数维生素及其衍生物在活细胞中主要是构成许多酶的辅酶或辅基；还有一类是蛋白质辅酶。

体内酶的种类很多，而辅酶（或辅基）的种类却较少。通常一种酶蛋白只能与一种辅酶结合而成为一种专一性结合酶。但一种辅酶往往能与不同的酶蛋白构成许多不同专一性的结合酶。例如，NAD^+和$NADP^+$可与许多种酶蛋白构成多种专一性不同的脱氢酶类。可见决定酶催化作用的专一性和高效率是酶蛋白部分，而辅酶或辅基在酶促反应中常参与化学反应，它们决定酶促反应的类型。辅酶或辅基在酶促反应中主要起着递氢、传递电子或转移某些化学基团的作用。

表2-1 某些金属酶和金属激活酶

金属离子	酶
Fe^{2+}或Fe^{3+}	细胞色素
Cu^{2+}	细胞色素氧化酶
Zn^{2+}	羧基肽酶
Mg^{2+}	己糖激酶
Mn^{2+}	精氨酸酶
Ca^{2+}	α-淀粉酶（也需Cl^-）
K^+	丙酮酸激酶（也需Mn^{2+}或Mg^{2+}）
Na^+	质膜ATP酶（也需K^+及Mg^{2+}）
Mo^{3+}	黄嘌呤氧化酶
Se^{2+}	谷胱甘肽过氧化物酶

（一）金属离子对酶的作用

有些酶本质是金属蛋白质，金属离子与酶蛋白牢固结合，如黄嘌呤氧化酶中含Cu^{2+}、Mo^{3+}；有些酶本身不含金属离子，必须加入金属离子才有活性，称金属活化酶。此种金属离子也常称为激活剂（activator），如Mg^{2+}可活化各种激酶。金属离子在酶分子中的作用有以下几方面。

（1）维持酶分子活性构象，甚至参与活性中心，如羧基肽酶A中的Zn^{2+}。

（2）金属离子在酶分子中通过本身的氧化还原而传递电子，如各种细胞色素中的Fe^{3+}

与 Cu^{2+}。

（3）在酶与底物之间起桥梁作用，将酶与底物连接起来，如各种激酶依赖 Mg^{2+}与 ATP 结合，再发挥作用。

（4）中和电荷，减少静电斥力，有利于底物与酶的结合。

（二）维生素与辅酶的关系

维生素（vitamin）是一类维持细胞正常功能所必需的小分子有机化合物，动物体内不能合成或合成不足，必须由食物供应或补充。

维生素分脂溶性和水溶性两大类。脂溶性维生素有维生素 A、维生素 D、维生素 E、维生素 K 四族，各有其重要生理功能。在水溶性维生素中，除维生素 C 外，总称为 B 族维生素。几乎所有的 B 族维生素，均参与辅酶组成，因此也是许多酶发挥其催化活性所必要的组成部分。

维生素参与组成的辅酶或辅基及其作用见表 2-2。

表 2-2　维生素参与组成的辅酶或辅基及其在催化中的作用

维生素	辅酶或辅基	缩写	转移的基团
烟酰胺（维生素 PP）	烟酰胺腺嘌呤二核苷酸，辅酶 I	NAD^+	H^+、电子
烟酰胺（维生素 PP）	烟酰胺腺嘌呤二核苷酸磷酸，辅酶 II	$NADP^+$	H^+、电子
维生素 B_2	黄素腺嘌呤二核苷酸	FAD	氢原子
维生素 B_1	焦磷酸硫胺素	TPP	醛基
维生素 B_6	磷酸吡哆醛		氨基
泛酸	辅酶 A	CoA	酰基
生物素	生物素		二氧化碳
叶酸	四氢叶酸	FH_4	一碳单位
维生素 B_{12}	辅酶 B_{12}		氢原子、烷基
硫辛酸	硫辛酸		酰基

某种维生素不足时可发生相应的缺乏症。有些维生素缺乏症的生化机制尚不完全清楚。B 族维生素缺乏往往会导致各种酶促反应的障碍，以致代谢失常。

（三）蛋白质类辅酶

某些蛋白质起辅酶作用，它们自身不起催化作用，但为某些酶所必需。这些辅酶称基团转移蛋白（group transfer proteins）或蛋白质类辅酶（protein coenzyme），他们一般是较小的分子，而且比多数酶具有更高的热稳定性。蛋白质类辅酶参与基团转移反应或氧化还原反应，主要是通过递氢或递电子而起作用。金属离子、铁硫复合体（iron-sulfur cluster）和血红素（heme group）通常是存在于这些蛋白质类辅酶中的反应中心。如细胞色素是含有血红素辅基的蛋白质类辅酶。

三、必需基因和活性中心

酶的活性中心（active center）或活性部位（active site）是酶分子中能与底物特异地结合并催化底物转变为产物的具有特定三维结构的区域。酶分子中氨基酸残基的侧链由不同的化学基团组成，其中一些与酶的活性密切相关的化学基团称作酶的必需基团（catalytic group），有的必需基团可有结合基团（binding group）和催化基团（catalytic group）之分，前者的作用是识别与结合底物和辅酶，形成酶-底物过渡态复合物，后者的作用是影响底物中的某些化学键的稳定性，催化底物发生化学反应，进而转变成产物（图 2-1）。酶活性中心内的这些必需基团在一级结构上可能相距较远，但在空间结构上相互接近，共同组成酶的活性中心。辅助因子常参与酶活性中心的组成。

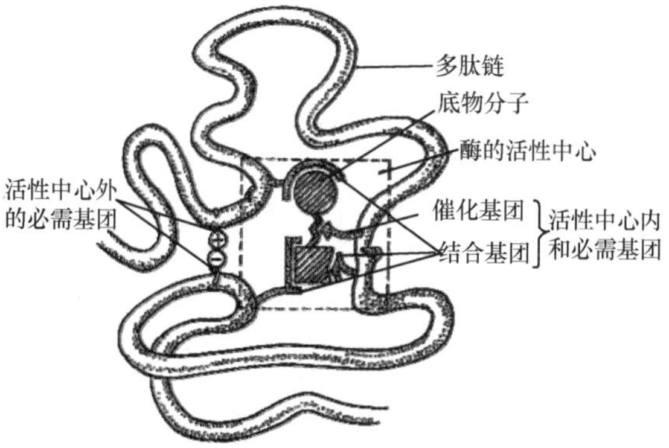

图 2-1 酶的活性中心示意图

酶的活性中心具有三维结构，往往形成裂缝或凹陷。这些裂缝或凹陷由酶的特定空间构象所维持，深入到酶分子内部，且多由氨基酸残基的疏水基团组成，形成疏水“口袋”。例如，溶菌酶的活性中心是一裂隙结构，可以容纳 6 个 *N*-乙酰氨基葡糖环（A、B、C、D、E、F）。溶菌酸的催化基团是 35 位 Glu 和 52 位 Asp，催化 D 环的糖苷键断裂。101 位 Asp 和 108 位 Trp 是该酶的结合基团（图 2-2）。

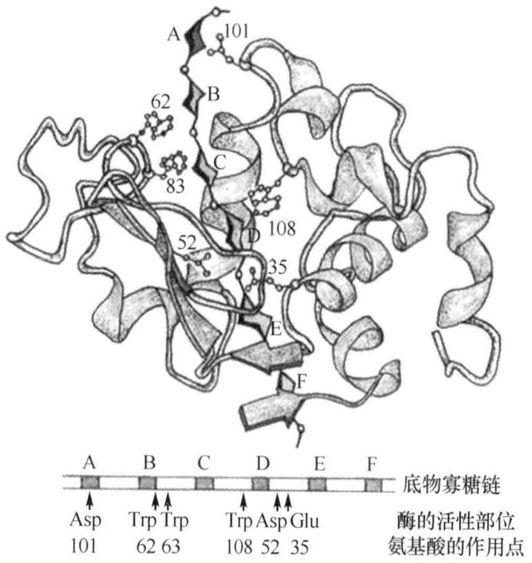

图 2-2 溶菌酶的活性中心

溶菌酶催化肽多糖中糖苷键水解，其活性中心是一裂隙，可以容纳肽多糖的 6 个 *N*-乙酰氨基葡糖环；图中 A、B、C、D、E、F 代表每个单糖基的位置，活性中心中的必需基团有 Glu35、Asp52、Asp101 和 Trp108，其中前两个必需基团是催化基团，水解 D、E 之间的糖苷键

酶活性中心外的必需基团虽然不直接参与催化作用，却为维持酶活性中心的空间构象和（或）作为调节剂的结合部位所必需。酶的必需基团常见的有丝氨酸残基的羟基、组氨酸残基的咪唑基、半胱氨酸残基的巯基，以及酸性氨基酸残基的羧基等。

四、酶原的激活

某些酶在细胞内合成或初分泌时没有活性，这些无活性的酶的前身称为酶原（zymogen）。在一定条件下，使酶原转变为有活性酶的作用称为酶原激活（zymogen activation）。酶原的激活机制主要是分子内肽链的一处或多处断裂同时使分子构象发生一定程度的改变从而形成酶活性中心所必要的构象。例如，胰蛋白酶原在激活过程中，赖氨酸-异亮氨酸之间的肽键被打断，失去一个六肽，断裂后的 N 端肽链的其余部分解脱张力的束缚。使它能像一个放松的弹簧一样卷起来，这样就使酶蛋白的构象发生变化，并由于把与催化有关的组氨酸 $_{46}$、天冬氨酸 $_{90}$ 带至丝氨酸 $_{183}$ 附近，形成一个合适的排列，因而就自动地产生了活性中心。激活胰蛋白酶原的蛋白水解酶是肠激酶，而胰蛋白酶一旦生成后，也可自身激活。胰蛋白酶原激活过程的模式图见图 2-3。

除消化道的蛋白酶外，血液中有关凝血和纤维蛋白溶解的酶类，也都以酶原的形式存在。

酶原激活的生理意义在于避免细胞产生的蛋白酶对细胞进行自身消化；并使酶在特定的部位和环境中发挥作用，保证体内代谢的正常进行。

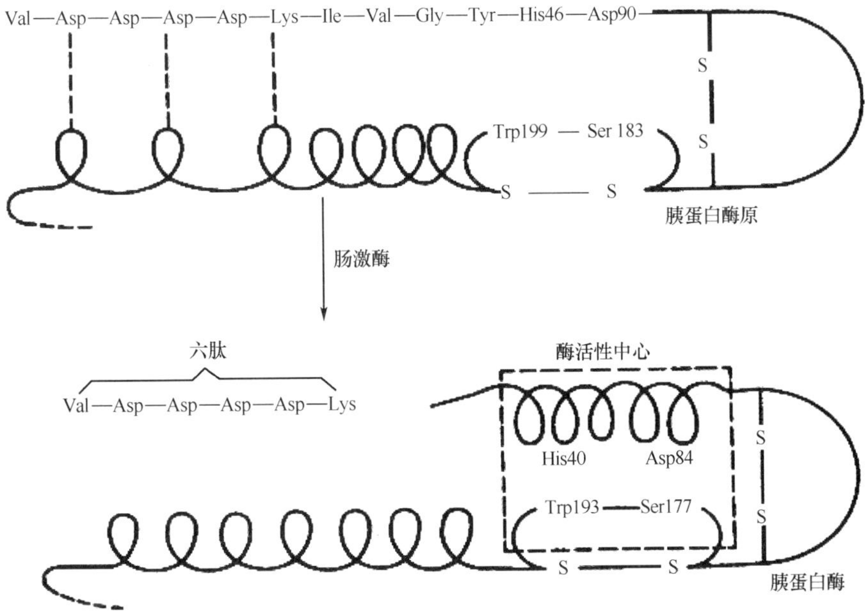

图 2-3　胰蛋白酶原激活过程示意图

五、同　工　酶

同工酶（isoenzyme）是指能催化相同的化学反应，但分子结构不同的一组酶，它不仅存在于同一机体的不同组织中，也存在于同一细胞的不同亚细胞结构中，它们在生理上、免疫上、理化性质上都存在很多差异。

同工酶是由两个以上的亚基聚合而成，其分子结构的不同处主要是所含亚基组合情况不同，在非活性中心部分组成不同，但它们与酶活性有关的结构部分均相同，已发现的同工酶有数百种。

其中研究最多的是乳酸脱氢酶（LDH）。有五种乳酸脱氢酶同工酶存在于哺乳动物中，它们都催化同样的反应。

它们的相对分子质量都相近，大约为 140 000，由四个亚基组成，每个亚基的相对分子质量约为 35 000。四个亚基有两种类型，分别叫做 H 亚基和 M 亚基。五种同工酶的亚基组成分别为 H_4（心肌中以此为主）、H_3M、H_2M_2、HM_3 及 M_4（骨骼肌中以此为主）（图 2-4）。在五种不同形式的 LDH 中，H_4 叫作 LDH-1（或 LDH-A），H_3M 叫作 LDH-2，H_2M_2 叫作 LDH-3，HM_3 叫作 LDH-4，M_4 叫作 LDH-5（或 LDH-B）。两种类型亚基在许多方面有所差别，最重要的差别是氨基酸组成及 K_m 等动力学性质不同。因氨基酸组成不同，则带电情况不同，所以可用电泳法把不同类型的 LDH 分开，电泳图谱见图 2-5。两种类型亚基对底物的米氏常数显著不同。骨骼肌 LDH 对底物丙酮酸的 K_m 值高，因此，当丙酮酸浓度增加时，酶反应速度增大。离心肌 LDH 对丙酮酸底物

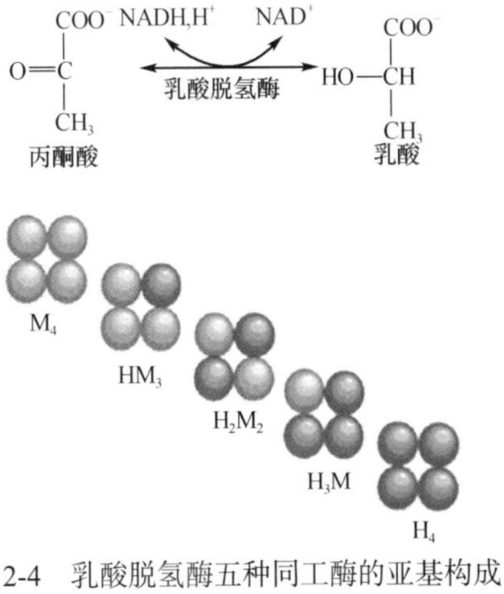

图 2-4　乳酸脱氢酶五种同工酶的亚基构成

的 K_m 值低，丙酮酸浓度增大时，酶很快饱和，反应速度不能随着底物浓度的增加而增大，而且在高浓度丙酮酸时活力被抑制。这样，肌肉中 LDH-5 多，而心、脑中 LDH-1 多。肌肉中可产生大量的乳酸，心、脑则相反，在高浓度丙酮酸条件下，丙酮酸不能转变为乳酸、被迫进入三羧酸循环，氧化供给能量（见糖代谢章）。说明不同器官存在的同工酶与各器官的代谢环境相适应，起着不同的生理功能。

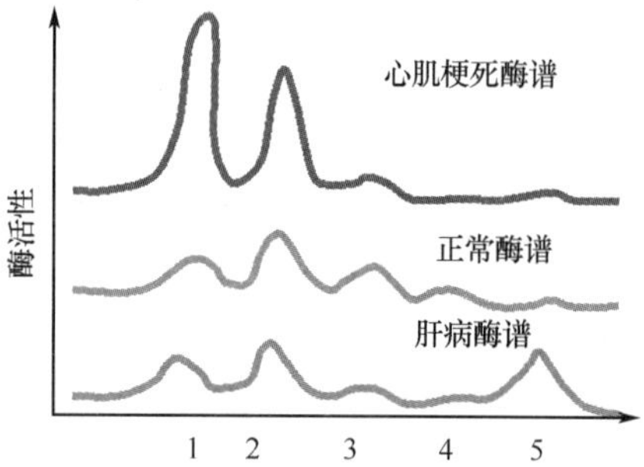

图 2-5 心肌梗死和肝病患者血清 LDH 同工酶谱的变化

近年来同工酶的研究已应用于疾病的诊断。正常情况下，血清中 LDH 活力很低，多半由红细胞渗出的。当某一器官或组织病变时，LDH 同工酶释放到血液中，血清的 LDH 同工酶电泳图谱就会发生一定变化。例如，冠心病及冠状动脉血栓引起的心肌受损患者血清中 LDH-1 与 LDH-2 含量增高，而肝细胞受损患者血清中 LDH-5 增高（图 2-5）。

第四节 酶的作用机制

一、酶能显著降低反应活化能

在任何化学反应中，只有那些含能量达到或超过一定限度的“活化分子”才能发生变化、形成产物。能引起反应的最低的能量水平称反应能阈（energy barrier），分子由常态转变为活化状态所需的能量称为活化能（activation energy）。活化能是指在一定温度下，1mol 反应物达到活化状态所需要的自由能，单位是焦耳/摩尔（J/mol），化学反应速度与反应体系中活化分子的浓度成正比。反应所需活化能越少，能达到活化状态的分子就越多，其反应速度必然越大。催化剂的作用是降低反应所需的活化能，以致相同的能量能使更多的分子活化，从而加速反应的进行。

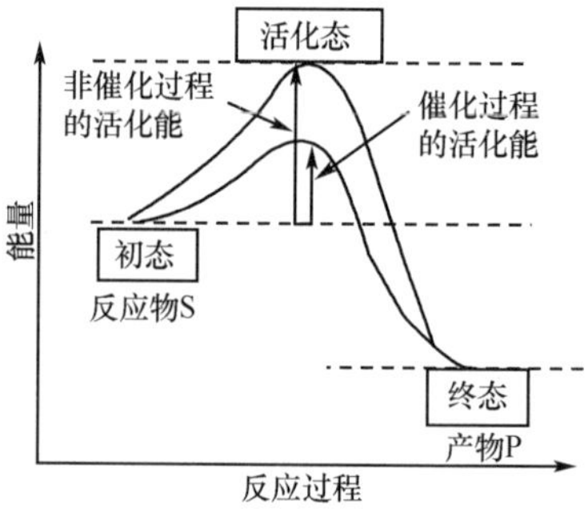

图 2-6 酶促反应活化能的变化

酶能显著地降低活化能，故能表现为高度的催化效率（图 2-6）。例如，H_2O_2 的分解，在无催化剂时，活化能为 75kJ/mol，用胶状钯作催化剂时，只需活化能 50kJ/mol，当有过氧化氢酶催化时，活化能下降到 8kJ/mol。

二、中间复合物学说和酶作用的过渡态

大量资料证明，在酶促反应中，酶（E）总是先与底物（S）形成不稳定的酶-底物复合物（ES），再分解成酶（E）和产物（P），E 又可与 S 结合，继续发挥其催化功能，所以少量酶可催化大量底物。

$$\underset{\text{酶}}{E} + \underset{\text{底物}}{S} \rightleftharpoons \underset{\text{中间产物}}{ES} \longrightarrow \underset{\text{酶}}{E} + \underset{\text{产物}}{P}$$

由于 E 与 S 结合，形成[ES]，致使 S 分子内的某些化学键发生极化呈现不稳定状态或称过渡态（transition states），大大降低了 S 的活化能，使反应加速进行。

酶的活性中心不仅与底物结合，而且与过渡态中间物结合，其结合作用比底物与活性中心的结合更紧，当形成过渡态中间复合物时，要释放一部分结合能，使过渡态中间物处于更低的能级，因此整个反应的活化能进一步降低，反应大大加速。

底物同酶结合成中间复合物是一种非共价结合，依靠氢键、离子键、范德瓦耳斯力等次级键来维系。

1. 诱导契合作用使酶与底物密切结合　1958 年，D.E.Koshland 提出酶-底物结合的诱导契合假说（induced-fit hypothesis），认为酶在发挥催化作用前须先与底物结合，这种结合不是锁与钥匙的机械关系，而是在酶与底物相互接近时，两者在结构上相互诱导、相互变形和相互适应，进而结合并形成酶-底物复合物（图 2-7）。此假说后来得到 X 射线衍射分析的有力支持。诱导契合作用使得具有相对特异性的酶能够结合一组结构并不完全相同的底物分子，酶构象的变化有利于其与底物结合，并使底物转变为不稳定的过渡态，易受酶的催化攻击而转化为产物。

2. 邻近效应与定向排列使诸底物正确定位于酶的活性中心　在两个以上底物参加的反应中，底物之间必须以正确的方向相互碰撞，才有可能发生反应。酶在反应中将诸底物结合到酶的活性中心，使它们相互接近并形成有利于反应的正确定向关系（图 2-8）。这种邻近效应（proximity effect）与定向排列（orientation arrangement）实际上是将分子间的反应变成类似于分子内的反应，从而提高反应速率。

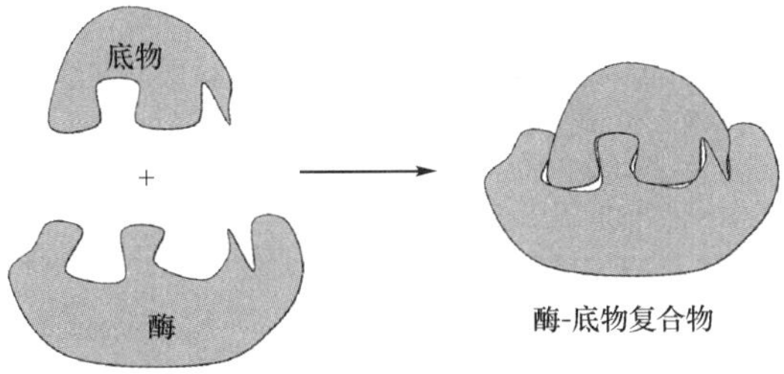

图 2-7　酶与底物结合的诱导契合作用

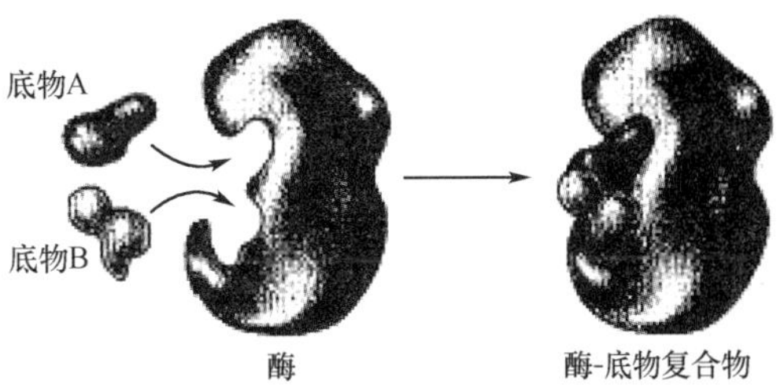

图 2-8　酶与底物的邻近效应与定向排列

3. 表面效应使底物分子去溶剂化　酶的活性中心多形成疏水“口袋”（图 2-9），这样就造成一种有利于酶与其特定底物结合并催化其反应的环境。酶促反应在此疏水环境中进行，使底物分子脱溶剂化（desolvation），排除周围大量水分子对酶和底物分子中功能基团的干扰性吸引和排斥，防止水化膜的形成，有利于底物与酶分子的密切接触和结合，这种现象称为表面效应（surface effect）。

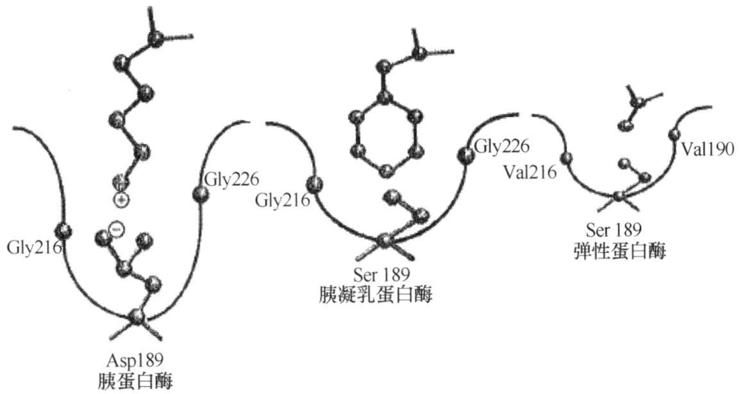

图 2-9　胰蛋白酶、胰凝乳蛋白酶和弹性蛋白酶活性中心“口袋”

三、酶的催化机制呈现多元催化作用

酶分子所含有的多种功能基团具有不同的解离常数，即使同一种功能基团处不同的微环境时，解离程度也有差异。酶活性中心上有些基团是质子供体（酸），有些基团是质子受体（碱）。

这些基因参与质子的转移，可使反应速率提高 10^2～10^5 倍。这种催化作用称为酸-碱催化作用（general acid-base catalysis）。

酶对底物还具有亲核催化和亲电子催化作用。亲核催化（nucleophilic catalysis）是酶活性中心亲核基因（如丝氨酸蛋白酶的 Ser—OH、巯基酶的 Cys—SH、谷氨酰胺合成酶的 Tyr—OH 等）释出的电子攻击过渡态底物上具有部分正电性的原子或基团，形成瞬时共价键。瞬时共价键形成后，底物被激活，并很容易进一步水解形成产物和游离的酶，此时又表现出共价催化（covalent catalysis）。亲电催化（electrophilic catalysis）是酶活性中心内亲电子基团与富含电子的底物形成共价键。由于酶分子的氨基酸侧链缺乏有效的亲电子基团，常常需要缺乏电子的辅助因子的参加。

实际上许多酶促反应常常涉及多种催化机制的参与，共同完成催化反应。例如，胰凝乳蛋白酶 195 位的丝氨酸残基上—OH 是催化基因，此—OH 的氧原子含有未配对电子，在 57 位组氨酸残基碱催化的帮助下，对肽键进行亲核攻击，使其断裂。胰凝乳蛋白酶与肽链羧基侧形成共价的酰基酶，后者再水解生成游离的酶（图 2-10）。

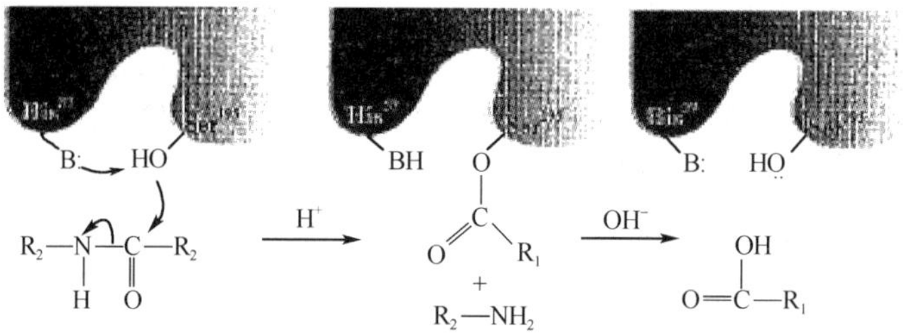

图 2-10 胰凝乳蛋白酶的共价催化和酸-碱催化机制

第五节 酶促反应的动力学

酶促反应的动力学是讨论酶催化反应的速度及各种因素对反应速度的影响。这对研究酶的作用机制有重要意义。影响酶促反应速度的因素很多，诸如酶浓度、底物浓度、温度、pH、抑制剂和激活剂等。

一、底物浓度对酶反应速度的影响

根据 Henri 的“酶-底物中间复合体”学说，酶促反应中，酶先与底物形成中间复合物，再转变成产物，并重新释放出游离的酶。

$$S + E \rightleftharpoons ES \longrightarrow E + P$$

在酶浓度恒定的条件下，当底物浓度很小时，酶未被底物饱和，这时反应速度取决于底物的浓度，底物浓度越大，单位时间内 ES 生成也越多，而反应速度取决于 ES 的浓度，故反应速度也随之增高。当底物浓度加大后，酶逐渐被底物饱和，反应速度的增加和底物的浓度就不成正比，继而底物增加至极大值，所有酶分子均被底物饱和，所有的 E 均转变成 ES，此时的反应速度不会进一步增高。因此，当[S]对 V 作图时，就形成一条双曲线（图 2-11）。

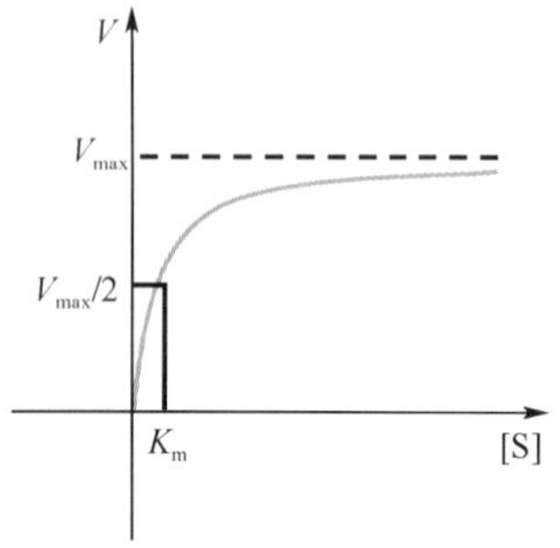

图 2-11 底物浓度（[S]）和酶反应速度（V）的关系

K_m 值等于酶促反应速度为最大反应速度一半时的底物浓度

图 2-11 的曲线可分为三段：

第一段：反应速度与底物浓度呈正比关系，表现为一级反应。

第二段：介于零级与一级之间的混合级反应。

第三段：已接近于零级反应，当底物浓度远远超过酶浓度（[S]≫[E]）时，反应速度也达极限值，即 $V=V_{max}$（最大速度）。

（一）米氏方程及其推导

根据中间复合物理论，Michaelis 和 Menten 对图 2-11 的曲线加以数学处理，提出酶促反应动力学的基本原理，即米氏方程：

$$V = \frac{V_{max}[S]}{K_m + [S]}$$

米氏方程反映了底物浓度与酶促反应速度间的定量关系，式中 V_{max} 为最大反应速度，[S] 为底物浓度，K_m 为米氏常数，V 为底物浓度不足以产生最大速度时的反应速度。

根据上述理论和单底物反应、酶促反应可按下式进行：

$$E + S \underset{K_2}{\overset{K_1}{\rightleftharpoons}} ES \xrightarrow{K_3} E + P \qquad (2\text{-}1)$$

式中，K_1、K_2 分别为 $E + S \rightleftharpoons ES$ 正逆反应两方向的速度常数，K_3 为 ES 形成 P + E 的速度常数。由于反应处于初速度阶段时，S 的消耗很少，产物 P 的量极少，故由 P + E 逆行而重新生成 ES 的可能性可不予考虑，此时反应速度取决于 ES 的浓度：

$$V = K_3\,[ES] \qquad (2\text{-}2)$$

从式（2-1）可知，ES 的生成和解离速度各为：

$$\text{ES 的生成速度} = K_1[E][S] \qquad (2\text{-}3)$$

$$\text{ES 的解离速度} = (K_2+K_3)\,[ES] \qquad (2\text{-}4)$$

当处于衡定状态时，ES 复合物的生成速度与分解速度相等，即得下式：

$$K_1[E][S] = (K_2+K_3)\,[ES] \qquad (2\text{-}5)$$

将式（2-5）重排

$$[ES] = \frac{[E][S]}{(K_2+K_3)/K_1} \qquad (2\text{-}6)$$

将（K_2+K_3）/K_1 复合常数用 K_m（米氏常数）来表示，则式（2-6）成为：

$$[ES] = [E][S]/K_m \qquad (2\text{-}7)$$

如 E 的起始浓度为$[E_0]$，恒态时$[E] = [E_0]-[ES]$　（2-8）

通常底物浓度比酶浓度过量得多，即[S]≫[E]，所以 ES 的形成不会明显降低[S]。故而[S]的降低可忽略不计。

将式（2-8）代入式（2-7），得到：

$$[ES] = ([E_0]-[ES])\,[S]/K_m \qquad (2\text{-}9)$$

从式（2-9）中求解[ES]。

$$[ES] = [E_0]\frac{[S]/K_m}{1+[S]/K_m} \qquad (2\text{-}10)$$

或

$$[ES] = [E_0][S]/K_m + [S] \qquad (2\text{-}11)$$

将式（2-11）代入式（2-2），得

$$V = K_3[E_0][S]/K_m + [S] \qquad (2\text{-}12)$$

当[S]为极大时，全部 E 均转为 ES，$[ES] = [E_0]$，此时 V 即为最大速度 V_{max}，亦即 $V = V_{max}$。

故

$$V_{max} = K_3\,[E_0] \quad [E_0] = V_{max}/K_3 \qquad (2\text{-}13)$$

将式（2-13）代入式（2-12）即得

$$V = V_{max}[S]/K_m + [S] \qquad (2\text{-}14)$$

式（2-14）就是米氏方程，它表明了底物浓度与反应速度间的定量关系。若将该式移项、

加项及整理可得

$$VK_m + V[S] = V_{max}[S] \quad (2\text{-}15)$$

$$VK_m + V[S] - V_{max}[S] - V_{max}K_m = -V_{max}K_m \quad (2\text{-}16)$$

$$(V - V_{max})([S] + K_m) = -V_{max}K_m \quad (2\text{-}17)$$

因 V_{max} 和 K_m 均为常数，而 V 及[S]为变数，故式（2-17）实际上可写成（$x - a$）（$y + b$）= K。这是典型的双曲线方程。可见米氏方程与实验结果是相符的。

当[S]和 K_m 相比如果小得多时，则式(2-14)分母中[S]可略去不计，而得到：$V = V_{max}/K_m[S]$。这说明反应对底物为一级反应，其速度与[S]成正比，即图 2-11 曲线的第一段，反之，当[S]和 K_m 相比要大得多时，式（2-14）分母中 K_m 可略去不计，而得到：$V = V_{max}[S]/[S] = V_{max}$，说明此时反应速度达最大的恒定值，与底物的浓度无关，反应为零级反应，即图 2-11 曲线的第三段。

（二）米氏常数（K_m）的意义和应用

当酶促反应处于 $V = 1/2V_{max}$ 时，则米氏方程为：

$$V_{max}/2 = V_{max}[S]/K_m + [S]$$

$K_m + [S] = 2[S]$，故 $K_m = [S]$。这就是说，米氏常数 K_m 为酶促反应速度达到最大反应速度一半时的底物浓度。它的单位是 mol/L（摩尔/升），是酶的特征性常数。当 pH、温度和离子强度等因素不变时，K_m 是恒定的。K_m 值的范围一般在 10^{-7}～10^{-1}mol/L。

米氏常数在酶学和代谢研究中均为重要特征数据。

（1）同一种酶如果有几种底物，就有几个 K_m，其中 K_m 值最小的底物一般称为该酶的最适底物或天然底物。不同的底物有不同的 K_m 值，这说明同一种酶对不同底物的亲和力不同。一般用 $1/K_m$ 近似地表示酶对底物亲和力的大小，$1/K_m$ 越大，表示酶对该底物的亲和力越大，酶促反应易于进行。

（2）已知某个酶的 K_m，可计算出在某一底物浓度时，某反应速度相当于 V_{max} 的百分率。例如，当$[S] = 3K_m$时，代入式（2-14）得

$$V = V_{max} \cdot 3K_m/K_m + 3K_m = 3/4V_{max} = 75\%\ V_{max}$$

（3）在测定酶活性时，如果要使得测得的初速度基本上接近 V_{max} 值，而过量的底物又不至于抑制酶活性时，一般[S]值需为 K_m 值的 10 倍以上。

（4）催化可逆反应的酶，对正逆两向底物的 K_m 往往是不同的。测定这些 K_m 值的差别及细胞内正逆两向底物的浓度，可以大致推测该酶催化正逆两向反应的效率，这对了解酶在细胞内的主要催化方向及生理功能有重要意义。

（5）当一系列不同的酶催化一个代谢过程的连锁反应时，如能确定各种酶的 K_m 及其相应底物的浓度，还有助于寻找代谢过程的限速步骤。例如，酶 1、2、3 分别催化 A→B→C→D 三步连锁反应，它们相对底物 A、B、C 的 K_m 分别为 10^{-2}、10^{-3}、10^{-4}mol/L，而细胞内 A、B、C 的浓度均接近 10^{-4}mol/L，则可推知限速反应是 A→B 的一步。

（6）了解酶的 K_m 值及其底物在细胞内的浓度，可以推知该酶在细胞内是否受到底物浓度的调节。如酶的 K_m 远低于细胞内的底物浓度（低 10 倍以上），说明该酶经常处于底物饱和状态，底物浓度的稍许变化不会引起反应速度有意义的改变。反之，如酶的 K_m 大于底物浓度，则反应的速度对底物浓度的变化就十分敏感。

（7）测定不同抑制剂对某个酶 K_m 及 V_{max} 的影响，可以区别该抑制剂是竞争性还是非竞争性抑制剂（见下述）。

（三）米氏常数的求法

从酶的 V-[S]图上可以得到 V_{max}，再从 $1/2V_{max}$ 可求得相应的[S]即为 K_m 值。但实际上用这个方法来求 K_m 值是行不通的，因为即使用很大的底物浓度，也只能得到趋近于 V_{max} 的反应速度，而达不到真正的 V_{max}，因此测不到准确的 K_m 值。为了得到准确的 K_m 值，可以把米氏方程的形式加以改变，使它成为相当于 $y = ax + b$ 的直线方程，然后用外推法求出 K_m 值。

1. Lineweaver Burk 方程（双倒数作图法）　将米氏方程两边取倒数：

$$\frac{1}{V}=\frac{K_m+[S]}{V_{max}\cdot[S]}$$

即

$$\frac{1}{V}=\frac{K_m}{V_{max}}\cdot\frac{1}{[S]}+\frac{1}{V_{max}} \tag{2-18}$$

右式即称为 Lineweaver Burk 方程。这一线性方程，用 $1/V$ 对 $1/[S]$作图即得到一条直线（图 2-12），直线的斜率为 K_m / V_{max}，$1/V$ 的截距为 $1/V_{max}$，当 $1/V = 0$ 时，$1/[S]$的截距为$-1/K_m$。

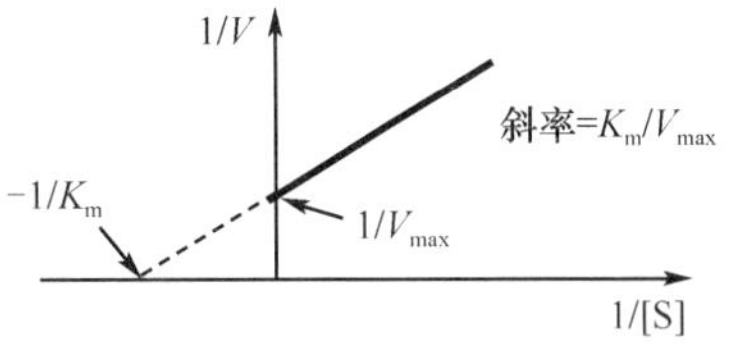

图 2-12　双倒数（Lineweaver Burk）作图法

$$0=\frac{K_m}{V_{max}}\cdot\frac{1}{[S]}+\frac{1}{V_{max}}$$

因此，

$$\frac{1}{[S]}=\frac{-(1/V_{max})}{K_m/V_{max}}=-\frac{1}{K_m}$$

2. Hanes 作图法　式（2-18）的两侧均乘以[S]，可得：

$$[S]/V = 1/V_{max}[S] + K_m/V_{max} \tag{2-19}$$

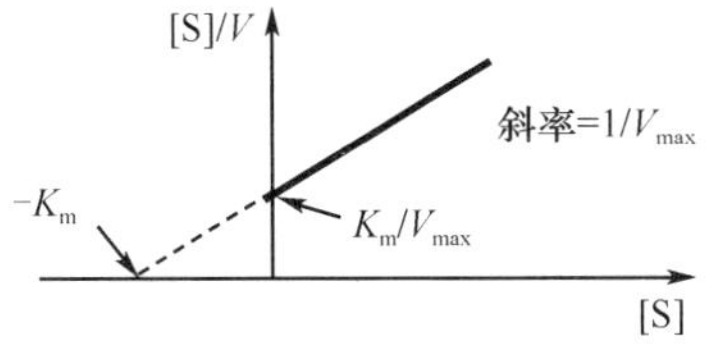

图 2-13　Hanes 作图法

式（2-19）也是直线方程式，称为 Hanes 方程式。用[S]/V 对[S]作图（图 2-13），所得直线的斜率为 $1/V_{max}$，$[S]/V$ 轴上的截距为 K_m/V_{max}，而[S]轴上的截距为$-K_m$（因为 $[S]/V = 0.1/V_{max}[S] = -K_m/V_{max}$，故 $[S] = -K_m$）。Hanes 法的优点为数据点在坐标图中的分布较平坦，但因[S]/V 包含两个变数，这就增大了误差，且统计处理也复杂得多。

二、pH 的影响与最适 pH

大多数酶的活性受 pH 影响较大。在一定 pH 下酶表现最大活力，高于或低于此 pH，活力均降低。酶表现最大活力时的 pH 称为酶的最适 pH。pH 对不同酶的活性影响不同（图 2-14）。典型的最适 pH 曲线是钟罩形曲线。

各种酶在一定条件下都有一定的最适 pH。一般说来大多数酶的最适 pH 在 5～8，植物和微生物酶的最适 pH 多在 4.5～6.5，动物体内的酶其最适 pH 在 6.5～8.0。但也有例外，如胃蛋白酶最适 pH 是 1.5，肝中精氨酸酶的最适 pH 是 9.8。

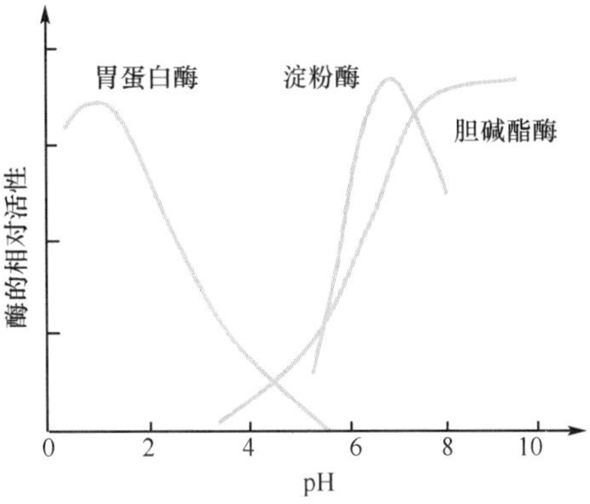

图 2-14　pH 对某些酶活性的影响

pH 对酶反应速度的影响，主要有下列原因。

1. 影响酶和底物的解离　酶的活性基团的解离受 pH 的影响，有的酶必须处于解离状态方能很好地与底物结合，在这种情况下，酶和底物解离最大时的 pH 有利于酶促反应的加速。如胃蛋白酶与带正电荷的蛋白质分子相结合最为敏感，乙酰胆碱酯酶也只有底物（乙酰胆碱）带正电荷时，酶与底物最易结合。相反，有的酶（如蔗糖酶、木瓜蛋白酶）则要求底物处于兼性离子时最易结合。因此，这些酶的最适 pH 在底物的等电点附近。所以，pH 对不同酶和底物的影响不同，对其酶促反应速度的影响也就不同。

2. 影响酶分子的构象 过高过低的 pH 会改变酶的活性中心的构象，或甚至改变整个酶分子的结构使其变性失活。

三、温度的影响与最适温度

酶促反应时，随着反应体系温度的升高，底物分子的热运动加快，增加分子碰撞的机会，提高酶促反应速率；但当温度升高达到一定临界值时，温度的升高可使酶变性，使酶促反应速率下降。大多数酶在60℃时开始变性，80℃时多数酶的变性已不可逆。酶促反应速率达最大时的反应系统的温度称为酶的最适温度（optimum temperature）。反应系统的温度低于最适温度时，温度每升高 10℃，反应速率可增加 1.7～2.5 倍。当反应温度高于最适温度时，反应速率则因酶变性而降低（图 2-15）。哺乳类动物组织中酶的最适温度多在 35～40℃。

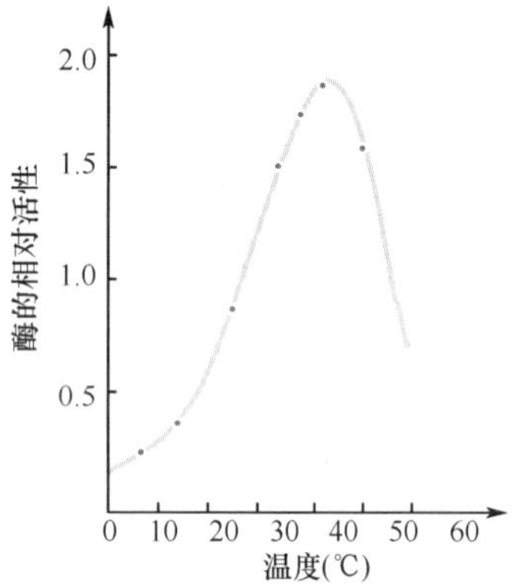

图 2-15 温度对唾液淀粉酶活性的影响

能在较高温度生存的生物，细胞内酶的最适反应温度亦较高。1969 年从美国黄石国家森林公园火山温泉中分离得到一种能在 70～75℃环境中生长的栖热水生菌（*Thermus aquaticus*），从该菌的 YT1 株中提取到的 *Taq* DNA 聚合酶，其最适温度为 72℃，95℃时该酶的半寿期长达 40min。此酶作为工具酶已被广泛应用于 DNA 的体外扩增。

酶的最适温度不是酶的特征性常数，它与反应时间有关。酶在低温下活性降低，随着温度的回升酶活性逐渐恢复。医学上用低温保存酶和菌种等生物制品就是利用了酶的这一特性。临床上采用低温麻醉时，机体组织细胞中的酶在低温下活性低下，物质代谢速率减慢，组织细胞耗氧量减少，对缺氧的耐受性升高，对机体具有保护作用。

四、酶浓度的影响

在一定条件下，酶的浓度与反应初速度成正比。因为酶催化反应时，酶先要与底物形成中间产物，当底物浓度大大超过酶浓度时反应达到最大速度，这时增加酶浓度可增加反应速度，反应速度与酶浓度成正比关系（图 2-16）。

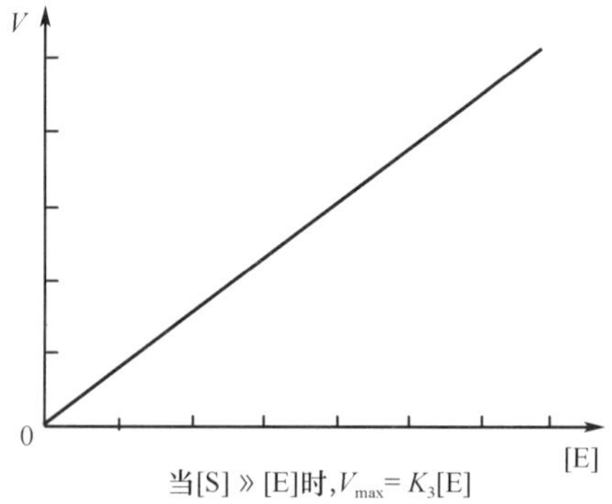

当[S] » [E]时，$V_{max}=K_3[E]$

图 2-16 反应速度与酶浓度的关系

五、激活剂的影响

凡能提高酶的活性，加速酶促反应进行的物质都称为激活剂（activator）。酶的激活剂可以是一些简单的无机离子，无机阳离子如 Na^+、K^+、Ca^{2+}、Mg^{2+}、Cu^{2+}、Zn^{2+}、Co^{2+}、Cr^{3+}、Fe^{2+}等，无机阴离子如 Cl^-、Br^-、I^-、CN^-、NO_3^-、PO_4^{3-}等。Cl^-是唾液淀粉酶最强的激活剂。RNA 酶需 Mg^{2+}，脱羧酶需要 Mg^{2+}、Mn^{2+}、Co^{2+}为激活剂。激活作用可能有这几方面的机制：①与酶分子中的氨基酸侧链基团结合，稳定酶催化作用所需的空间结构；②作为底物（或辅酶）与酶蛋白之间联系的桥梁；③作为辅酶或辅基的一个组成部分协助酶的催化作用。

一些小分子的有机物如抗坏血酸、半胱氨酸、还原型谷胱甘肽等，对某些含巯基的酶具有激活作用，这是由于这些酶需要其分子中的巯基处于还原状态才具有催化作用。例如，木瓜蛋白酶及 3-磷酸甘油醛脱氢酶在分离提取过程中，其分子上的巯基较易氧化成双硫键而使活力降低，当加入上述任何一种化合物后，能使二硫键还原成巯基从而提高酶活力。还有些酶的催化作用易受某些抑制剂的影响，凡能除去抑制剂的物质也可称为激活剂，如乙二胺四乙酸（EDTA），它是金属螯合剂，能除去重金属杂质，从而解除重金属对酶的抑制作用。

激活剂的作用是相对的，一种酶的激活剂对另一种酶来说，也可能是一种抑制剂。不同浓度的激活剂对酶活性的影响也不相同。

六、抑制剂的影响

酶分子中的必需基团（主要是指酶活性中心上的一些基团）的性质受到某种化学物质的影响而发生改变，导致酶活性的降低或丧失称为抑制作用。能对酶起抑制作用的物质称为酶抑制剂（inhibitor）。抑制剂通常对酶有一定的选择性，一种抑制剂只能引起某一类或某几类酶的抑制。根据抑制剂和酶结合的紧密程度不同，酶的抑制作用分为不可逆抑制与可逆性抑制两大类。

很多药物是酶的抑制剂，通过对病原体内某些酶的抑制作用或改变体内某些酶的活性而发挥其治疗功效，了解酶的抑制作用是阐明药物作用机制和设计研究新药的重要途径。

（一）不可逆抑制

不可逆性抑制剂与酶活性中心的必需基团以共价键结合而引起酶活性丧失，此类抑制剂不能用透析、超滤等物理方法除去而恢复酶活力。抑制作用随着抑制剂浓度的增加而逐渐增加，当抑制剂的量大到足以和所有的酶结合，则酶的活性就完全被抑制。

1. 非专一性不可逆抑制 抑制剂与酶分子中一类或几类基团作用，不论是必需基团与否，皆进行共价结合。由于酶的必需基团也被抑制剂作用，故可使酶失活。

某些重金属离子（Pb^{2+}、Ag^{+}、Hg^{2+}），有机砷化合物及对氯汞苯甲酸等，能与酶分子的巯基进行不可逆结合，许多以巯基为必需基团的酶（称为巯基酶），会因此而被抑制。例如，路易士气（一种化学毒气）能不可逆地抑制体内巯基酶的活性，从而引起神经系统、皮肤、黏膜、毛细血管等病变和代谢功能紊乱。

用二巯基丙醇（british anti-lewisite，BAL）和二巯基丁二酸钠等含巯基的化合物可使酶复活。

2. 专一性不可逆抑制剂 抑制剂专一作用于酶的活性中心或其必需基团，进行共价结合，从而抑制酶的活性。有机磷杀虫剂专一作用于胆碱酯酶活性中心的丝氨酸残基，使其磷酰化而产生不可逆抑制酶活性，有机磷杀虫剂的结构与底物越近似，其抑制越快，有人称其为假底物（pseudosubstrate）。当胆碱酯酶被有机磷杀虫剂抑制后，乙酰胆碱不能及时分解，导致乙酰胆碱过多而产生一系列胆碱能神经过度兴奋症状。解磷定等药物可与有机磷杀虫剂结合，使酶与有机磷杀虫剂分离而复活。

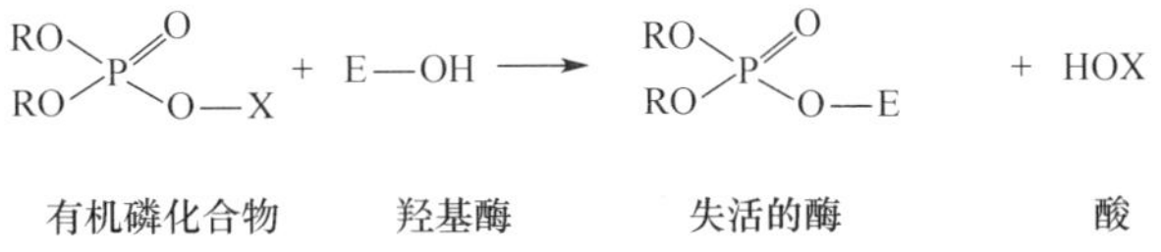

有些专一性不可逆抑制剂在与酶作用时，通过酶的催化作用，其中某一基团被活化，使抑制剂与酶发生共价结合从而抑制了酶活性，如同酶的自杀，此类抑制剂称为自杀底物（suicide substrate）。例如，新斯的明（neostigmine）抑制胆碱酯酶时，先被胆碱酯酶水解，所产生的二甲氨基甲酰基可结合到酶活性中心的丝氨酸羟基而抑制酶活性，故有骨骼肌兴奋作用。

（二）可逆抑制

抑制剂与酶以非共价键结合而引起酶活性的降低或丧失，可用透析等物理方法除去抑制剂，恢复酶的活性。这里仅介绍三种典型的可逆性抑制作用。

1. 竞争性抑制（competitive inhibition） 竞争性抑制是较常见而重要的可逆抑制。它是指抑制剂（I）和底物（S）对游离酶（E）的结合有竞争作用，互相排斥，酶分子结合 S 就不能结合 I，结合 I 就不能结合 S。这种情况往往是抑制剂和底物争夺同一结合位置。此外还有些因素也可以造成两者和酶的结合互相排斥。比如，两者的结合位置虽然不同，但由于空间障碍使得 I 和 S 不能同时结合到酶分子上，故不可能存在 IES 三联复合体。可用下式表示：

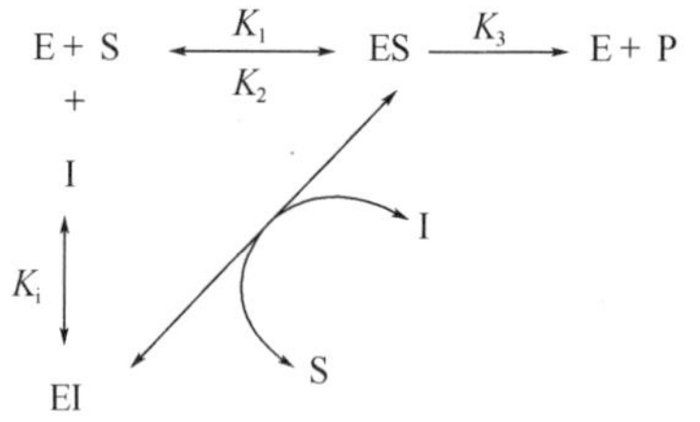

反应式中 K_I 为 EI 的解离常数，又称抑制常数。抑制剂与酶形成二元复合物 EI，增加底物浓度可使 EI 转变为 ES。

按照米氏方程的推导方法，竞争性抑制剂存在时的米氏方程为：

$$V=\frac{V_{\max}[\mathrm{S}]}{K_{\mathrm{m}}(1+\frac{[\mathrm{I}]}{K_{\mathrm{i}}})+[\mathrm{S}]}$$

将上述方程两边同时取倒数，测得其双倒数方程为：

$$\frac{1}{V}=\frac{K_{\mathrm{m}}}{V_{\max}}(1+\frac{[\mathrm{I}]}{K_{\mathrm{i}}})\frac{1}{[\mathrm{S}]}+\frac{1}{V_{\max}}$$

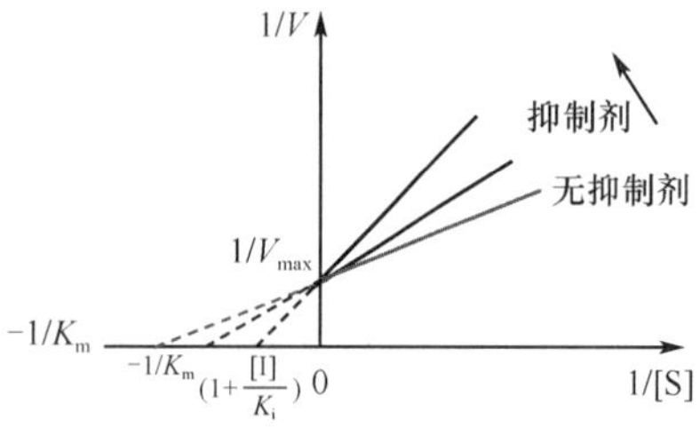

图 2-17 竞争性抑制剂的双倒数作图

若以 I/V 对 I/[S]作图，得图 2-17。

与无抑制剂时相比竞争抑制剂存在时的直线斜率增大，此时横轴截距所代表的表观 K_m（apparent K_m）增大，即酶对底物的亲和力降低，但不影响 V_{max}。

由于抑制剂和酶的结合是可逆的，抑制程度取决于抑制剂与酶的相对亲和力及与底物浓度的相对比例。例如，丙二酸对琥珀酸脱氢酶的抑制作用是竞争性抑制作用，当丙二酸与琥珀酸的浓度比为 1∶50 时，酶活性便被抑制 50%。若增大琥珀酸浓度，此抑制作用可被削弱。

磺胺类药物也是典型的竞争性抑制剂。对磺胺敏感的细菌在生长和繁殖时不能利用现成的叶酸，只能利用对氨基苯甲酸合成二氢叶酸，而磺胺类药物与对氨基苯甲酸结构类似，竞争占据细菌体内二氢叶酸合成酶，从而抑制细菌生长所必需的二氢叶酸的合成。二氢叶酸可再还原为四氢叶酸，后者是合成核酸所必需的，磺胺抑制了细菌二氢叶酸的合成，使细菌核酸的合成受阻，从而抑制了细菌的生长和繁殖而人体能从食物中直接利用叶酸，故其代谢不受磺胺影响。

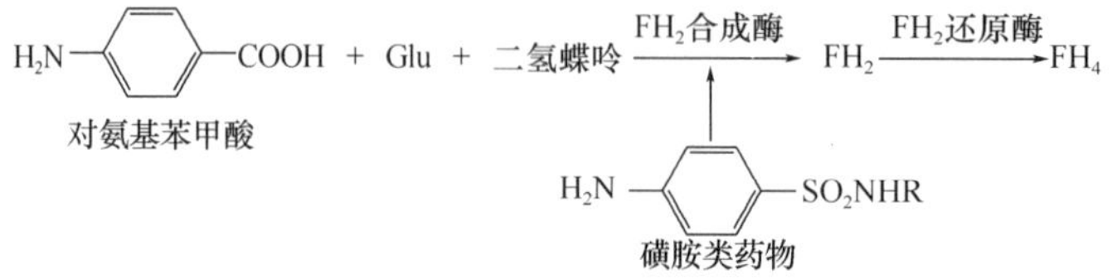

抗菌增效剂 TMP（甲氧苄啶）可增强磺胺药的药效，因为它的结构与二氢叶酸有类似之处，

是细菌二氢叶酸还原酶的强烈抑制剂，它与磺胺药配合使用，可使细菌的四氢叶酸合成受到双重阻碍，因而严重影响细菌的核酸及蛋白质合成。

竞争性抑制剂原理是药物设计的根据之一，如抗癌药阿拉伯糖胞苷、5-氟尿嘧啶等都是利用竞争性抑制剂而设计出来的。

2. 非竞争性抑制（noncompetitive inhibition）　非竞争性抑制是指底物 S 和抑制 I 与酶的结合互不相关，既不排斥，也不促进，S 可与游离 E 结合，也可和 EI 复合体结合。同样 I 可和游离 E 结合，也可和 ES 复合体结合，但 IES 不能释放出产物。

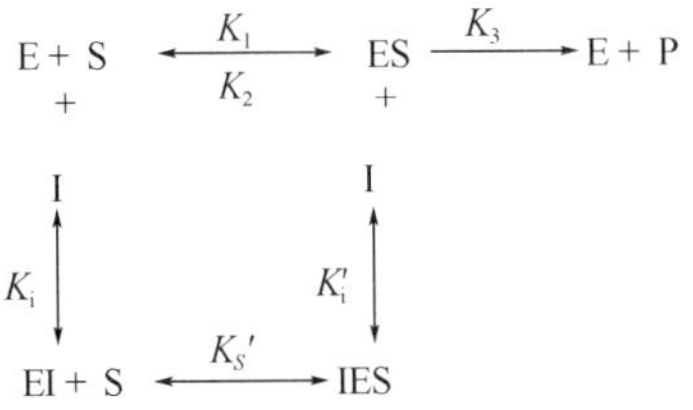

非竞争性抑制剂存在时的米氏方程为：

$$V=\frac{V_{max}[S]}{(K_m+[S])(1+\frac{[I]}{K_i})}$$

其双倒数方程为：

$$\frac{1}{V}=\frac{K_m}{V_{max}}(1+\frac{[I]}{K_i})\frac{1}{[S]}+\frac{1}{V_{max}}(1+\frac{[I]}{K_i})$$

若以 $1/V$ 对 $1/[S]$作图，得图 2-18。

非竞争性抑制剂存在时，直线的斜率增大，而 K_m 不变，即非竞争性抑制剂不影响酶对底物的亲和力，但使 V_{max} 降低。亮氨酸对精氨酸酶的抑制、毒毛花苷对细胞膜 Na^+, K^+-ATP 酶的抑制、麦芽糖对 α 淀粉酶的抑制都属于非竞争性抑制。

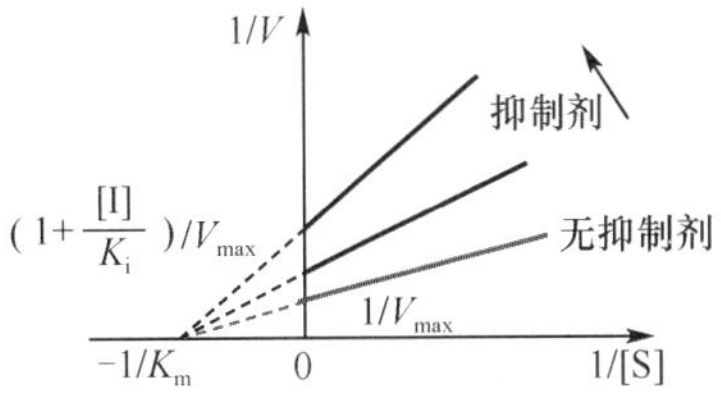

图 2-18　非竞争性抑制作用双倒数作图

3. 反竞争性抑制剂的结合位点由底物诱导产生　与非竞争性抑制剂一样，此类抑制剂也是与酶活性中心外的调节位点结合。不同的是，没有底物结合时，游离的酶并不能与抑制剂结合，当底物与酶结合后，酶才能与抑制剂结合。因此，抑制剂仅与酶-底物复合物结合，使中间产物 ES 的量下降。这种抑制作用称为反竞争性抑制作用（uncompetitive inhibition）。

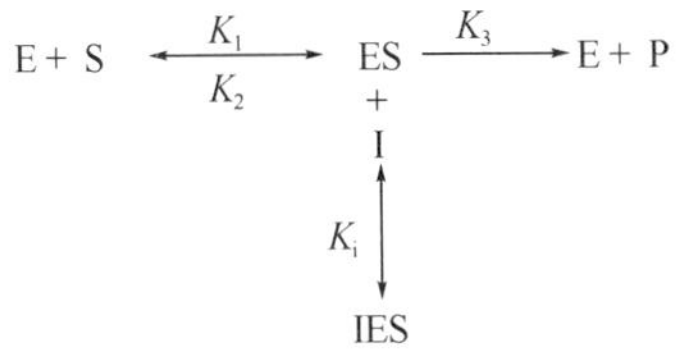

反竞争性抑制剂存在时的米氏方程式：

$$V=\frac{V_{max}[S]}{K_m+(1+\frac{[I]}{K_i})[S]}$$

其双倒数方程为：

$$\frac{1}{V}=\frac{K_m}{V_{max}}\cdot\frac{1}{[S]}+\frac{1}{V_{max}}(1+\frac{[I]}{K_i})$$

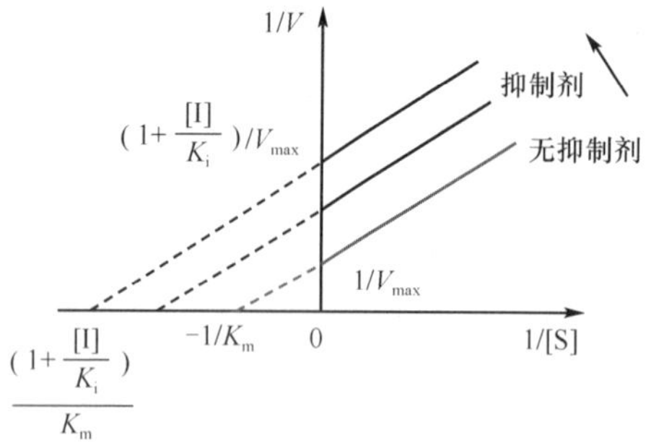

图 2-19 反竞争性抑制作用双倒数作图

同样，若以 1/V 对 1/[S]作图，得图 2-19。

反竞争性抑制剂不改变直线的斜率，但使酶促反应的 V_{max} 降低，这是由于一部分 ES 与 I 结合，生成不能转变为产物的 IES 的缘故。反竞争性抑制剂使酶促反应的表观 K_m 降低。其原因是由于 IES 的形成，使 ES 量下降，增加酶对底物的亲和力，从而增进底物与酶结合的作用。苯丙氨酸对胎盘型碱性磷酸酶的抑制属于反竞争性抑制作用。

现将三种可逆性抑制作用的特点比较列于表 2-3。

表 2-3 三种可逆性抑制作用的比较

作用特点	无抑制剂	竞争性抑制剂	非竞争性抑制剂	反竞争性抑制剂
I 的结合部位		E	E、ES	ES
动力学特点				
表观 K_m	K_m	增大	不变	减小
V_{max}	V_{max}	不变	降低	降低
双倒数作图				
横轴截距	$-1/K_m$	增大	不变	减小
纵轴截距	$1/V_{max}$	不变	增大	增大
斜率	K_m/V_{max}	增大	增大	不变

第六节 酶的调节

细胞内许多酶的活性是可以调节的。通过适当的调节，有些酶可在有活性和无活性或者高活性和低活性两种状态之间转变。此外，某些酶在细胞内的量也可以发生改变，从而改变酶在细胞内的总活性。细胞根据内外环境的变化而调整细胞内代谢时，都是通过对关键酶的活性进行调节而实现的。

一、酶活性的调节

酶活性的调节属于对酶促反应速率的快速调节，包括酶的别构调节和酶促化学修饰调节。

(一) 别构调节

体内一些代谢物可与某些酶的活性中心外的某个部位非共价可逆结合，引起酶的构象改变，从而改变酶的活性，酶的这种调节方式称为酶的别构调节（allosteric regulation），也称为变构调节。受别构调节的酶称为别构酶（allosteric enzyme），引起别构效应的物质称为别构效应剂（allosteric effector）。酶分子与别构效应剂结合的部位称为别构部位（allosteric site）或调节部位（regulatory site）。有些酶的调节部位与催化部位存在于同一亚基；有的则分别存在于不同的亚基，从而有催化亚基和调节亚基之分。根据别构效应剂对别构酶的调节效果，有别构激活剂（allosteric activator）和别构抑制剂（allosteric inhibitor）之分。别构效应剂可以是代谢途径的终产物、中间产物、酶的底物或其他物质。

别构酶分子中常含有多个（偶数）亚基，具有多亚基的别构酶也与血红蛋白一样，存在着协同效应，包括正协同效应和负协同效应。如果效应剂与酶的一个亚基结合，此亚基的别构效应使相邻亚基也发生别构，并增加对此效应剂的亲和力，这种协同效应称为正协同效应；反之则为负协同效应。如果效应剂是底物本身，正协同效应的底物浓度为 S 形曲线（图 2-20）。别构激活剂使别构酶的 S 形曲线左移，别构抑制剂使 S 形曲线右移。

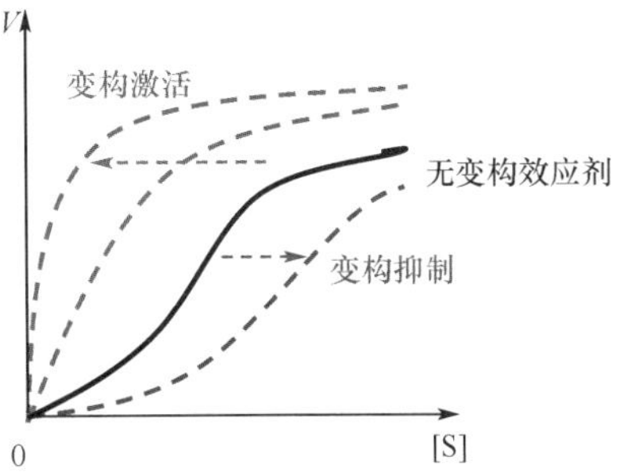

图 2-20　别构酶的 S 形曲线

变构激活作用使变构酶的 S 形曲线左移，变构抑制作用使 S 形曲线右移

（二）酶的化学修饰调节

调节剂通过共价键与酶分子结合，以增、减酶分子上的基团从而调节酶的活性状态与非活性状态的相互转化。例如，动物组织中的糖原磷酸化酶即为典型的共价调节酶。糖原磷酸化酶有活力强的磷酸化酶 a 与活力弱的磷酸化酶 b 两种形式，前者多肽链上丝氨酸残基的—OH 与磷酸基共价连接形成具有最大活力的磷酸化酶 a，而磷酸化酶磷酸酶能水解去掉磷酸基使磷酸化酶 a 转变为活力低的磷酸化酶 b；磷酸化酶 b 经磷酸化酶激酶催化又可同 ATP 作用转变为磷酸化酶 a（图 2-21）。

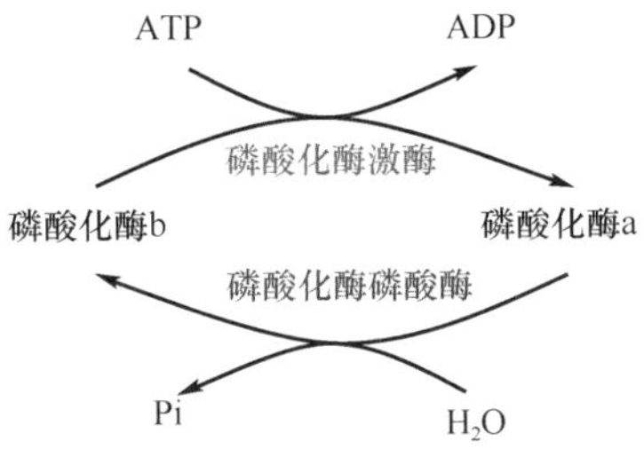

图 2-21　酶的磷酸化与脱磷酸化

通过酶分子的磷酸基共价修饰与去除，使磷酸化酶的活力得到调节。迄今已发现有 100 多种酶在其被翻译后要进行化学修饰以调节酶活力。主要化学修饰类型有 6 种：①磷酸化/去磷酸化；②乙酰化/去乙酰化；③腺苷酰化/去腺苷酰化；④尿苷酰化/去尿苷酰化；⑤甲基化/去甲基化；⑥S—S/—SH。

酶原的激活也是酶活性调节的一种方式，从而保证酶在特定环境和部位发挥其催化作用。

二、酶含量的调节

酶含量的调节是对酶促反应速率的缓慢调节，细胞可以通过改变酶蛋白合成与分解的速率来调节酶的含量，进而影响酶促反应速率。

（一）酶蛋白合成可被诱导或阻遏

某些底物、产物、激素、生长因子及某些药物等可以在转录水平上影响酶蛋白的生物合成。一般在转录水平上能促进酶合成的物质称为诱导物（inducer），诱导物诱发酶蛋白合成的作用称为诱导作用（induction）。反之，在转录水平上能减少酶蛋白合成的物质称为辅阻遏物（co-repressor），辅阻遏物与无活性的阻遏蛋白结合而影响基因的转录，这种作用称为阻遏作用（repression）。酶基因被诱导表达后，尚需经过转录水平和翻译水平的加工修饰等过程，所以从诱导酶的合成到其发挥效应，一般需要几小时以上方可见效。但是，一旦酶被诱导合成后，即使去除诱导因素，酶的活性仍然持续存在，直到该酶被降解或抑制。因此，与酶活性的调节相比，酶合成的诱导与阻遏是一种缓慢而长效的调节。例如，胰岛素可诱导合成 HMG-CoA 还原酶，促进体内胆固醇合成，而胆固醇则阻遏 HMG-CoA 还原酶的合成；糖皮质激素可诱导磷酸烯醇式丙酮酸羧激酶的合成，促进糖异生。镇静催眠类药物苯巴比妥可诱导肝微粒体单加氧酶合成。

（二）酶的降解与一般蛋白质降解途径相同

细胞内各种酶的半寿期相差很大。如鸟氨酸脱羧酶的半寿期很短，仅 30min，而乳酸脱氢酶的半寿期可长达 130h。组织蛋白的降解途径有：①组织蛋白降解的溶酶体途径（非 ATP 依赖性蛋白质降解途径），由溶酶体内的组织蛋白酶非选择性催化分解一些膜结合蛋白、长半寿期蛋白和细胞外的蛋白；②组织蛋白降解的胞质途径（ATP 依赖性泛素介导的蛋白降解途径），主要降解异常或损伤的蛋白质，以及几乎所有短半寿期（10min～2h）的蛋白质。

第七节 酶与医学的关系

作为机体生理事件发生率的决定要素，酶在健康和疾病之间起着核心作用。食物的消化分解以提供能量和构建机体所需的材料；将这些消化吸收的材料装配成蛋白质、生物膜及用于编码遗传信息的DNA；利用能量驱使细胞产生运动；机体通过精细协调酶的活动，使所有这些生理活动都成为可能。在健康状态下，所有生理过程都是有序、受调节的，维持在一种动态的平衡。但在病理状态下，这种动态平衡被严重打破。例如，肝硬化这种严重组织损伤可以减弱肝细胞中催化尿素合成所需酶的合成能力，导致肝细胞不能将有毒的氨转变成无毒的尿素，随之出现氨中毒乃至最终的肝性脑病。有时甚至仅仅一个酶活性的减弱就导致极端严重的生理后果。

严重组织损伤（如心脏或肺栓塞）或不受控制的细胞生长（如前列腺癌），组织特异性的酶会释放到血液中，检测血清中这些胞内酶的活性将给医生提供宝贵的诊断和预后信息。

一、酶在疾病诊断上的应用

血清中有很多酶，是血清蛋白的一个重要组成部分，来自血细胞和各种组织。除少数血清酶在血中发挥重要催化功能外，大多数血清酶的活性很低。但当体内某些器官或组织发生病变时，往往会影响一些血清酶的活性，因此，测定血清酶活力在疾病诊断上具有重要意义。

血清酶活力测定已广泛用于诊断肝胆疾病、心肌梗死、肿瘤、骨骼疾病等。

（一）血清酶测定应用于肝胆疾病的诊断

当肝脏病变时，可引起血清中很多酶活力的变化，主要有以下几种。

1. 氨基转移酶 包括血清谷草转氨酶（SAST）与血清谷丙转氨酶（SALT），血清氨基转移酶是急性黄疸型肝炎前期最早出现的异常指标，因为它是肝细胞损伤最敏感的指标之一。

2. 卵磷脂-胆固醇转酰基酶（LCAT） 该酶由肝脏合成而分泌入血，催化卵磷脂和游离胆固醇之间的转脂肪酰基作用而生成溶血卵磷脂及胆固醇酯（见脂类代谢）。在肝病时，血清中的酶活力降低。

3. γ-谷氨酰转肽酶（γ-GT） 该酶催化下述反应：

谷氨酰–半胱氨酸–甘氨酸+L-氨基酸 $\xrightarrow{\gamma\text{-GT}}$ γ-谷氨酰-L-氨基酸+半胱氨酸–甘氨酸
（GSH）

活动性肝病患者血清中γ-GT含量升高，故γ-GT是活动性肝病的诊断指标。

（二）血清酶的测定应用于急性心肌梗死的诊断

应用于心肌梗死的血清酶主要有血清谷草转氨酶、乳酸脱氢酶（LDH）和肌酸激酶（CK），其中LDH与CK具有较高阳性率与特异性。

1. LDH同工酶 LDH_1在心肌中含量最高，心肌梗死时，释放LDH_1明显高于其他同工酶，因而患者血清中LDH_1/LDH_2比值明显升高。

2. CK同工酶 CK-MB（M及B表示亚基）同工酶是诊断心肌梗死的最好指标，心肌梗死时，血清中CK-MB可增高6倍。

（三）血清酶的测定应用于诊断肿瘤

1. γ-GT 前面提到，γ-GT可作为活动性肝病的指标，它对肝癌的诊断也有一定意义。实验证明：原发性或继发性肝癌时，血清中γ-GT含量均见升高。

2. 半乳糖基转移酶（Gal T）同工酶 该酶有Ⅰ、Ⅱ两种同工酶。正常人血清中只有Gal T-

Ⅰ，而癌症患者血清中的 Gal T-Ⅰ虽仅略高于正常，但可出现 Gal T-Ⅱ，阳性率为 73%～83%。所以 Gal T-Ⅱ是一个较好的癌症诊断指标。

二、酶在治疗上的应用

用于治疗疾病的酶类药物主要有以下几类。

1. 助消化酶　该类药物中有胃蛋白酶、胰酶、纤维素酶及麦芽淀粉酶等。

2. 消炎酶　有胰蛋白酶、凝乳蛋白酶、溶菌酶、菠萝蛋白酶、木瓜蛋白酶、枯草杆菌蛋白酶、胶原酶、黑曲霉蛋白酶等。这些酶能水解炎症部位纤维蛋白及脓液中黏蛋白，适用于消炎、消肿、消疮、排脓及促进伤口愈合。

3. 防治冠心病用酶　胰弹性蛋白酶具有 β 脂蛋白酶的作用，能降低血脂、防治动脉粥样硬化。激肽释放酶（血管舒缓素）有舒张血管作用，临床用于治疗高血压和动脉粥样硬化。

4. 止血酶和抗血栓酶　止血酶有凝血酶和凝血酶致活酶。抗血栓酶有纤溶酶、尿激酶与链激酶，但后两者的作用是使无活性的纤溶酶原转化为有活性的纤溶酶，使血液中纤维蛋白溶解，防止血栓形成。

蛇毒降纤酶、蚓激酶、组织纤溶酶原激活剂（t-PA）也是有效的抗栓剂。

5. 抗肿瘤酶类　L-天冬酰胺酶能水解破坏肿瘤细胞生长所需的 L-天冬酰胺，临床上用于治疗淋巴肉瘤和白血病。谷氨酰胺酶也有类似作用。

6. 其他酶类药物　细胞色素 C 是呼吸链电子传递体，可用于治疗组织缺氧。超氧化物歧化酶用于治疗类风湿关节炎和放射病。青霉素酶治疗青霉素过敏。透明质酸酶用于药物扩散剂并治疗青光眼。

第八节　酶分子工程

一、酶分子工程简介

酶工程（enzyme engineering）是生物工程的主要内容之一，是随着酶学研究迅速发展，特别是酶的应用推广使酶学和工程学相互渗透结合、发展而成的一门新的技术科学。酶分子工程（molecular engineering of the enzyme）是酶工程在分子水平上的体现。在了解催化机制的基础上人为地提高酶的催化效率是酶分子工程的主要目标，并由此创造出高催化效率、经济实用的酶。

酶分子工程主要是利用物理的、化学的或分子生物学的方法对酶分子进行改造，包括对酶分子中功能基团进行化学修饰、酶的固定化、抗体酶、模拟酶等，以适应医药业、工业、农业等的某种需要。

二、固定化酶

酶是一类蛋白质，其高级结构对环境十分敏感，各种理化因素和生物因素均有可能使酶丧失生物活力。即使在酶反应的最适条件下，酶也会失活，随着反应时间的延长，反应速度会逐渐下降，反应后不易回收，只能采用分批法进行生产。20 世纪 50 年代发展起来的固定化技术为酶的应用开拓了广阔的前景。

（一）固定化酶的概念

人们通过有目的地将酶包裹于聚合基质或连接于载体分子而限制酶的移动；也可采用酶的交联，通过蛋白质交联或无活性材料的加入，从而产生了无数用不同材料的固定方法；连接于合成材料载体显示出更多的优越性等。

所谓固定化酶（immobilized enzyme）是指在一定空间内呈闭锁状态存在的酶，能连续地进行反应，反应后的酶可以回收重复使用。例如，将一种不能透过高分子化合物的半透膜置入容器内，并加入酶及高分子底物，使之进行酶促反应，低分子生成物就会连续不断地透过滤膜，而酶因其不能透过滤膜而被回收再利用。

（二）酶的固定化方法

酶的固定化方法很多，但对任何酶都适用的方法是没有的。酶的固定化方法通常按照用于结合的化学反应的类型进行分类（表2-4）。

表2-4 酶的固定化方法

固定化方法	分类	固定化方法	分类
非共价结合法	结晶法	化学结合法	交联法
	分散法		共价结合法
	物理吸附法	包埋法	微囊法
	离子结合法		网格法

（三）固定化酶方法的优缺点比较（表2-5）

表2-5 酶的固定化方法比较

特性	物理吸附法	离子结合法	包埋法	共价结合法	交联法
制备	易	易	易	难	难
结合力	中	弱	强	强	强
酶活力	高	高	高	中	中
底物专一性	无变化	无变化	无变化	有变化	有变化
再生	可能	可能	不可能	不可能	不可能
固定化费用	低	低	中	中	高

由表2-5可见，没有一个方法是十全十美的，几种方法各有利弊。包埋、共价结合、共价交联三种虽结合力强，但不能再生、回收；吸附法制备简单，成本低，能回收再生，但结合差，在受到离子强度、pH变化影响后，酶会从载体上游离下来，在使用价格较高的酶与载体时可行；包埋法各方面较好，但不适用于大分子底物和产物。表2-5比较了各种固定化酶的一些突出优缺点，这些酶可以是结合到合适的载体上的，也可以是以交联形式固定化的，或是以酶晶体形式存在。然而，做出最佳的选择还要依据于特定的技术需要和资金考虑。定义“产量”（productivity）时，需考虑纯度、质量和体系，要有发酵体积，分析产品时需要有固定化酶的活性。并且，固定化酶催化反应的整个过程还需与其他技术相竞争：如发酵和整个细胞的生物转化。

酶的固定化可以节省花费并且有许多技术优点。因为不同的酶种类具有不同的特性，对于不同的靶物质需要不同的反应技术，所以，有必要开发出更有效的酶固定化的方法和技术。

（四）固定化酶在医药上的应用

固定化酶在工业、医学、分析工作及基础研究等方面有广泛用途。现仅着重介绍与医药有关的几方面。

1. 药物生产中的应用 医药工业是固定化酶用得比较成功的一个领域，并已显示其巨大的优越性。例如，酶法水解RNA制取5′-核苷酸，5′-磷酸二酯酶制成固定化酶用于水解RNA制备5′-核苷酸，其效果比用液相酶提高了15倍。此外，青霉素酰化酶、谷氨酸脱羧酶、延胡索酸酶、L-天冬氨酸酶、L-天冬氨酸-*β*-脱羧酶等都已制成固定化酶用于药物生产。

2. 亲和层析中的应用 亲和层析是利用生物大分子能与其相应的专一分子可逆结合的特

性而发展的一种层析方法。例如，抗体和抗原、酶和底物或抑制剂、核糖核酸与其互补的脱氧核糖核酸间都存在专一的亲和力，若将其一方固定化在载体上，就可根据它们之间的专一结合力而将被分离的大分子物质吸附于载体上，洗去杂质后再将它解离，就可得到纯的物质。

3. 医疗上的应用 制造新型的人工肾，这种人工肾是由微胶囊的脲酶和微胶囊的离子交换树脂的吸附剂组成。前者水解尿素产生氨，后者吸附除去产生的氨，以降低患者血液中过高的非蛋白氮。

三、酶的人工模拟

（一）模拟酶的概念

酶是高效的催化剂，它的应用日趋广泛。但是，酶对热敏感、稳定性差和来源有限等缺点限制了它的规模开发和利用。于是，新的催化剂——模拟酶就逐渐被研制和开发了。

模拟酶又称人工酶或酶模型，是利用有机化学、生物化学等方法设计和合成一些较天然酶简单的非蛋白质分子或蛋白质分子，以这些分子作为模型来模拟酶对其作用底物的结合和催化过程，也就是说，模拟酶是在分子水平上模拟酶活性部位的形状、大小及其微环境等结构特征，以及酶的作用机制和立体化学等特性的一门科学。可见，模拟酶是从分子水平上模拟生物功能的一门边缘科学。

（二）模拟酶研究进展

由于对酶的结构及其作用机制取得了重大进展，对许多酶的结构及其作用机制都能在分子水平上得到解释，大大促进了人工模拟酶的发展。例如，国内有人合成了具有谷胱甘肽过氧化物酶活力的三肽：谷氨酰-硒半胱氨酰-甘氨酸。在众多的模拟酶中，抗体酶（abzyme）的出现和快速发展使人们能够根据酶的催化理论设计更复杂的模拟酶。底物与酶的活性中心结合时底物发生变形改变，产生过渡态。如果将底物的过渡态类似物作为抗原，注入动物体内产生抗体，则抗体在结构上与过渡态类似物相互适应并可相互结合，该抗体更具有催化该过渡态反应的酶活性。当抗体与底物结合时，就可使底物转变为过渡态进而发生催化反应，这种具有催化功能的抗体分子称为抗体酶。模拟酶具有天然酶的高效、特异催化作用，由于是小分子稳定的化合物，应用方便，具有酶所没有的优越性。同时，模拟酶还克服了天然酶提取纯化的复杂性、耗材多、产量低、酶的不稳定性、生物大分子在应用上的抗原性等许多不便。人工制作的模拟酶对于酶的作用原理研究提供有价值的材料，同时在工农业生产、医疗服务、新药开发等领域具有广阔的开发应用前景，已为人们所瞩目。

四、核 酶 工 程

（一）核酶的概念

1981 年，美国 Colorado 大学的 Cech 等首次发现四膜虫的核糖体前体 RNA 可以在没有蛋白质存在的情况下自身催化切除内含子，完成加工过程，这一具有催化活性的 RNA 的发现改变了传统上“酶是蛋白质”的观念，从此对具有催化活性的 RNA 分子，即核酶（ribozyme）的结构、催化机制及应用的研究日益深入。

核酶由于具有许多优点而受到重视，如用于治疗的核酶注射人体内不会产生免疫原性，对具有切割活力的核酶可以更加自由地设计其切割 RNA 的位点。分子进化工程的诞生使核酶的研究迅速发展，人工进化出自然界中不存在的多种功能的核酶，这些研究成果在理论和实际应用中都有着巨大的意义。

（二）核酶的结构

R.Symons 等在比较了一些植物类病毒、抗病毒和卫星病毒 RNA 自身剪切规律后提出锤头结构（hammerhead structure）状二级结构模型（图 2-22）。它是由 13 个保守核苷酸残基和 3

个螺旋结构域构成的。Symons 等认为，只要具备锤头状二级结构和 13 个保守核苷酸，剪切反应就会在锤头结构的右上方 GUX 序列的 3′端自动发生。无论是天然的还是人工合成的锤头结构都由两部分构成：催化结构域（R）和底物结合结构域（S）。

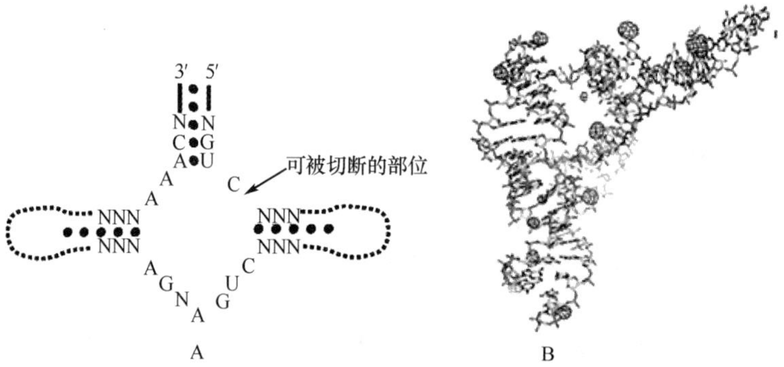

图 2-22 锤头型核酶的二级结构和空间立体结构示意图

A. N 代表任意核苷酸；X 可以是 A、U 或者 C，但不能是 G；Ⅰ、Ⅱ和Ⅲ是锤头结构中的双螺旋区；箭头向切割位点。B. 锤头型核酶的立体结构模型，白色是核酶，灰色链是底物 RNA 分子，在磷酸骨架上结合有镁离子

由于核酶结构的阐明，可以用人工合成的小片段 RNA，配合在欲破坏其结构的 RNA 或 DNA 分子上，使成为锤头结构，这就是人工设计的核酶。

（三）核酶的应用前景

1. 作为 RNA 限制性内切酶 核酶的切割反应具有特异性，它可以识别底物 RNA 的特定序列并在专一位点上进行切割，其特异性接近 DNA 限制性内切酶，高于 RNase，因此，可利用核酶的这种特性发展一套序列特异的 RNA 内切酶，应用于 RNA 分子生物学的研究。

2. 作为抗病因子 分子生物学家已开始根据不同生物来源的靶 RNA 序列作为底物设计不同的核酶，人工合成它们的序列，利用基因工程技术进行克隆或用作目的基因转到动物、植物或微生物中使其在体内表达，可有效地抑制相应靶 RNA，从而达到抗病毒和基因治疗的目的。Sarver 等的实验结果为艾滋病的治疗提供了新途径。另外，抗肝炎病毒的核酶和一些特异切割癌基因的核酶也正用于肝炎、肿瘤和器官移植后排斥反应等疾病的治疗。因此，核酶在病毒基因工程中的作用将不可限量，很可能带来战胜艾滋病的福音。

此外，核酶在人类基因组研究等分子生物学实验中也有一定的应用。在细胞水平利用核酶进行 Knockout 实验，对特定的基因进行封闭，抑制其表达，结合基因芯片的分析技术，来确定这一基因在细胞中的作用。

思 考 题

1. 试述酶的概念。
2. 试述以下名词概念：同工酶，K_m，V_{max} 和活性中心。
3. 简述米氏方程形式及意义。
4. 举例说明竞争性抑制。
5. 酶和医学有哪些关系？举例说明。

（姜 智 范 雁）

第 3 章　物质代谢及调节

第一节　糖　代　谢

一、糖的消化与吸收

人类食物中的糖有淀粉、糖原、蔗糖、乳糖、麦芽糖、葡萄糖、果糖及纤维素等。其中除葡萄糖、果糖等单糖外，都必须经过消化道中水解酶类分解为单糖后才被吸收，但人体不分泌水解纤维素的酶，所以纤维素不被消化，但纤维素能促进肠道蠕动，有防止便秘等功用。唾液中含有唾液淀粉酶（最适 pH6～7），催化淀粉分子内的 α-1，4-糖苷键水解。此酶水解作用的发生与食物在口腔中被咀嚼的程度和停留的时间有关。食糜吞入胃后，在胃酸逐渐浸润使唾液淀粉酶失活之前，唾液淀粉酶还能继续发挥作用。胃液中不含水解糖类的酶类，小肠是糖消化的主要场所，肠液中有胰腺分泌的胰淀粉酶（α-淀粉酶），它使淀粉分子水解，产生麦芽糖、麦芽三糖、α-糊精。而食物中所含的少量蔗糖及乳糖分别被蔗糖酶、乳糖酶所水解，最后生成葡萄糖、果糖与半乳糖等单糖，有些人由于乳糖酶缺乏，在食用牛奶后乳糖消化吸收障碍，会引起腹胀、腹泻等症状。

人及哺乳动物糖的吸收过程全部在小肠中进行。多糖消化成单糖后被吸收进入肠黏膜细胞，再进入小肠壁内的毛细血管，然后汇合于门静脉而入肝。肝中的单糖可再由静脉进入血液循环，运送至全身各个组织。

消化吸收进入体内的糖主要是葡萄糖，故在体内以葡萄糖形式进行运输，以糖原形式储存，并可在机体各组织器官进行代谢，供给机体所需的能量，也可转变为非糖物质。

糖类是生物体能量的主要来源，人类的食物主要为淀粉，糖原又是动物体内糖的储存形式，它们均由葡萄糖所组成，本节将以葡萄糖代谢为中心进行重点介绍人和动物体内糖的分解代谢主要有三种途径：①在供氧不足的缺氧情况下葡萄糖进行无氧分解而生成乳酸；②在氧供应充足时，机体内葡萄糖进行有氧氧化，彻底氧化成二氧化碳和水，从而获得生物体所需的能量；③磷酸戊糖途径。其中，有氧氧化是糖分解代谢的主要途径。

二、糖的无氧分解

机体在缺氧情况下，葡萄糖或糖原在胞液中经一系列酶促反应分解成乳酸的过程，称糖的无氧氧化（anaerobic oxidation）（图 3-1）。

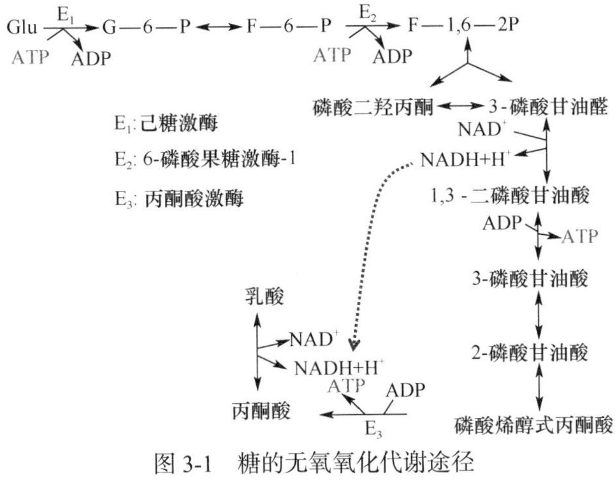

图 3-1　糖的无氧氧化代谢途径

（一）糖的无氧分解过程

由于这个分解的中间代谢过程与酵母的发酵过程基本相似，故又称为糖酵解（glycolysis）。糖的无氧分解整个过程分为两大阶段：第一阶段为葡萄糖或糖原转变生成丙酮酸的过程，称为糖酵解途径（glycolytic pathway）；第二阶段为丙酮酸被还原为乳酸的过程。糖的无氧分解或糖的有氧氧化，从葡萄糖到丙酮酸所经历的反应过程都是相同的。

1. 糖酵解途径 糖酵解是一系列的酶促反应过程，催化反应的酶均存在于细胞质中，故糖酵解的全部反应均在细胞质中进行。

（1）葡萄糖及糖原的磷酸化：糖酵解过程中，以葡萄糖为起始的步骤通过ATP进行磷酸化而生成6-磷酸葡萄糖。

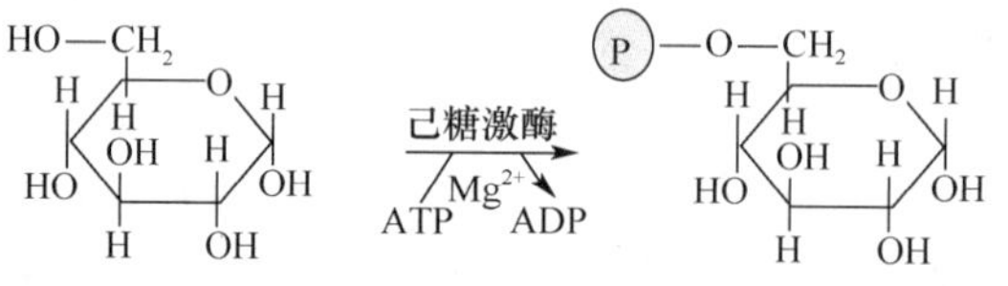

该反应不可逆，是糖酵解的第一个限速步骤。磷酸化后的葡萄糖不能自由通过细胞膜而逸出细胞。催化此反应的是己糖激酶（hexokinase），它需要Mg^{2+}，是糖酵解的第一个关键酶（key enzyme）。哺乳类动物体内已发现有4种己糖激酶同工酶（Ⅰ～Ⅳ型）。肝细胞中存在的是Ⅳ型，称为葡萄糖激酶（glucokinase），它有两个特点：一是对葡萄糖的亲和力很低，其K_m值为10mmol/L左右，而其他己糖激酶的K_m值在0.1mmol/L左右；二是受激素调控，它对葡萄糖-6-磷酸的反馈抑制并不敏感。这些特性使葡萄糖激酶对于肝维持血糖稳定至关重要，只有当血糖显著升高时，肝才会加快对葡萄糖的利用，起到缓冲血糖水平的调节作用。

糖酵解作用如从糖原开始时，在磷酸化酶与脱支酶催化下生成1-磷酸葡萄糖，再变位生成6-磷酸葡萄糖，此过程不消耗ATP。

$$\text{糖原} \xrightarrow{\text{磷酸化酶}} \text{1-磷酸葡萄糖} \xrightarrow{\text{变位酶}} \text{6-磷酸葡萄糖}$$

（2）6-磷酸果糖的生成：上面生成的6-磷酸葡萄糖在磷酸己糖异构酶（phosphoglucose isomerase）的催化下，生成6-磷酸果糖。该酶催化时需要Mg^{2+}，在细胞内反应是可逆的。

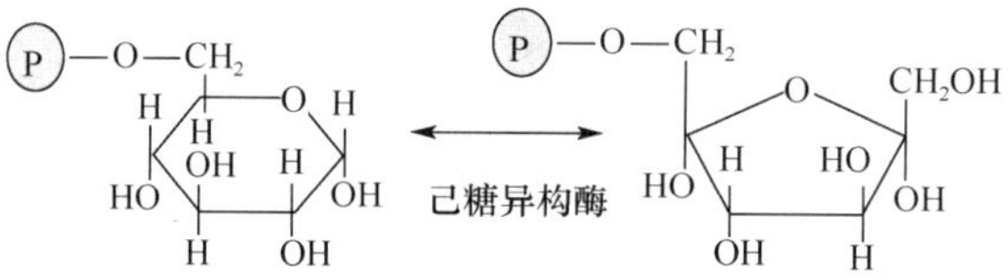

（3）1，6-二磷酸果糖的生成：在6-磷酸果糖激酶-1（6-phosphofructokinase-1）的催化下，再用去1分子ATP，使6-磷酸果糖在1位上磷酸化生成1，6-二磷酸果糖。

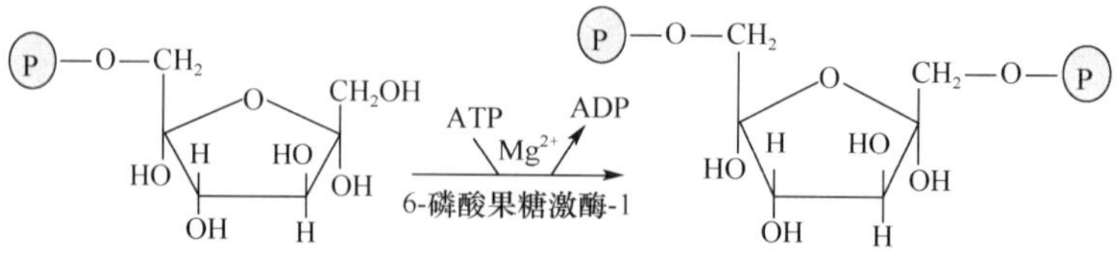

这一过程需要Mg^{2+}，6-磷酸果糖激酶-1也是糖酵解过程的主要调节酶，该酶所催化的反应在细胞内基本上是不可逆的，这是酵解过程的第二个限速步骤。

（4）1，6-二磷酸果糖裂解成2分子磷酸丙糖：1分子1，6-二磷酸果糖在醛缩酶（aldolase）

催化下裂解成2分子磷酸丙糖，即磷酸二羟丙酮和3-磷酸甘油醛，此步反应是可逆的。

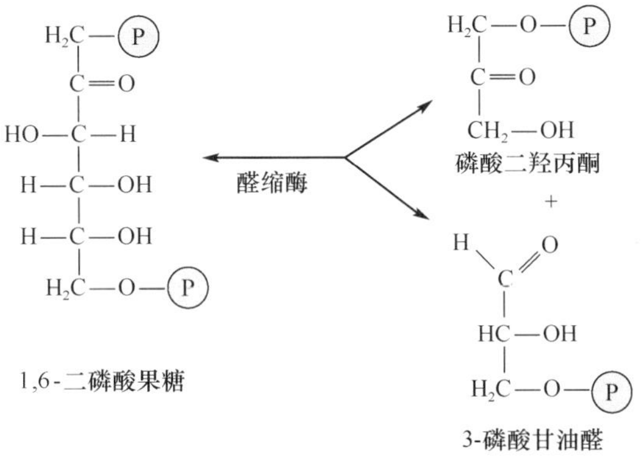

（5）磷酸丙糖的互变：磷酸二羟丙酮和3-磷酸甘油醛是同分异构体，磷酸二羟丙酮只有转变成3-磷酸甘油醛后才能继续分解，催化这个反应的酶是磷酸丙糖异构酶。

在体内这个反应是可逆的，平衡时磷酸二羟丙酮占90%以上，但由于3-磷酸甘油醛往下不断继续分解，总在不断减少，所以反应向3-磷酸甘油醛方向进行。

上述的5步反应为糖酵解的耗能阶段，1分子葡萄糖经两次磷酸化反应消耗2分子ATP，产生了2分子3-磷酸甘油醛，之后的5步反应才开始产生能量。

（6）3-磷酸甘油醛的氧化：3-磷酸甘油醛经 3-磷酸甘油醛脱氢酶的催化，并在磷酸的参与下脱氢氧化同时磷酸化生成1，3-二磷酸甘油酸，脱下的氢则由脱氢酶的辅酶NAD^+接受，在醛基脱氢氧化过程中底物水平磷酸化形成高能磷酸化合物。

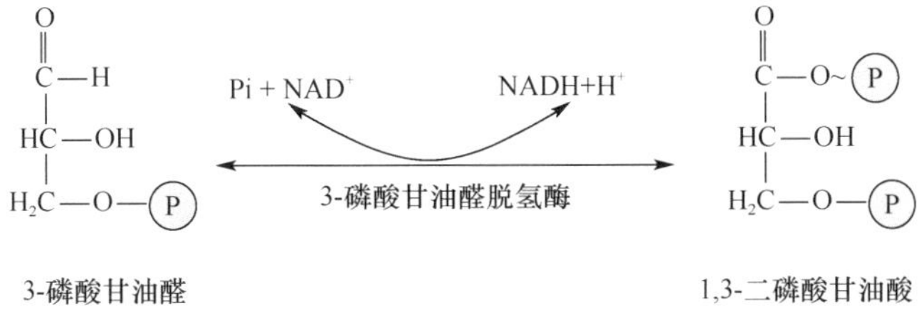

（7）1，3-二磷酸甘油酸转变成 3-磷酸甘油酸：1，3-二磷酸甘油酸分子的高能磷酸基团可以转移给ADP从而形成ATP，反应由磷酸甘油酸激酶所催化，这是个可逆反应。

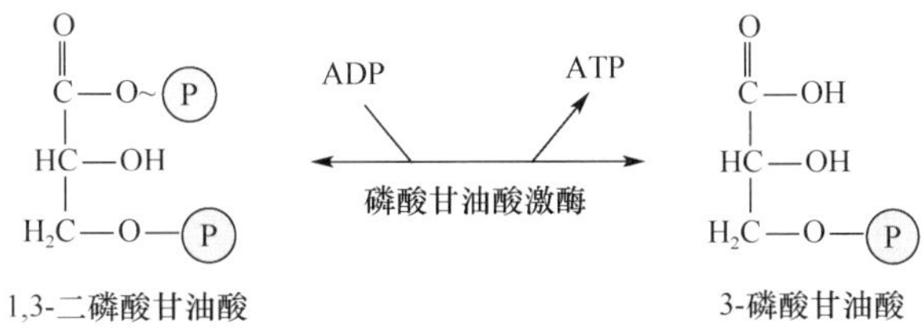

经过这两个连续的反应，3-磷酸甘油醛的醛基氧化为羧基，通过底物磷酸化的方式，形成ATP储存起来。

（8）2-磷酸甘油酸的生成：3-磷酸甘油酸在磷酸甘油酸变位酶的催化下生成2-磷酸甘油酸。

这一反应需要 Mg^{2+}，在细胞内反应完全是可逆的。

（9）磷酸烯醇式丙酮酸的生成：2-磷酸甘油酸脱水转变为磷酸烯醇式丙酮酸（phosphoenolpyruvate，PEP），反应时可引起分子内部的电子重排和能量重新分布，形成了一个高能磷酸键。这是糖酵解过程中第二个底物磷酸化产生高能磷酸化合物的反应，它由烯醇化酶（enolase）催化。

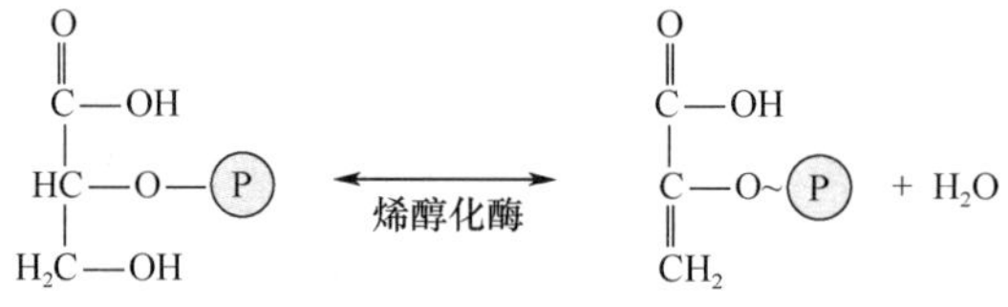

（10）丙酮酸的生成：磷酸烯醇式丙酮酸通过丙酮酸激酶的催化作用，将其高能磷酸基团转移到 ADP 分子，形成 ATP 而储存，这是糖酵解过渡中第二次底物水平磷酸化。

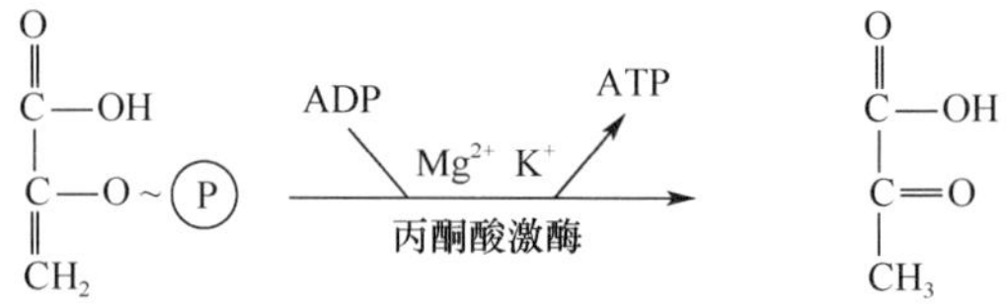

丙酮酸激酶需要 Mg^{2+}和 K^{+}参与，这是酵解过程的第三个限速步骤。此反应在细胞内是不可逆的。

2. 乳酸的生成 最后一步反应是丙酮酸被还原成为乳酸，还原剂为 3-磷酸甘油醛氧化时得到的 NADH + H^{+}，反应由乳酸脱氢酶催化。

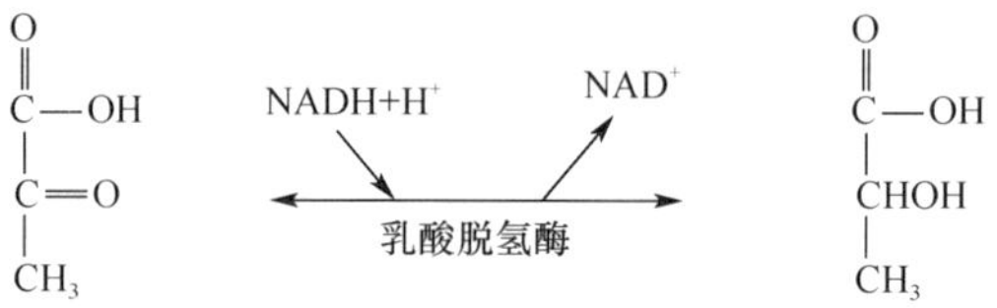

糖酵解过程有三步反应不可逆，催化这三步反应的酶分别为己糖激酶、磷酸果糖激酶与丙酮酸激酶，它们都是酵解过程的关键酶。己糖激酶受反应产物 6-磷酸葡萄糖的反馈抑制，但肝脏中的葡萄糖激酶则不受此影响。磷酸果糖激酶的活性受 ATP、柠檬酸等的抑制，而 AMP、2，6-二磷酸果糖可激活此酶活性。丙酮酸激酶为酵解反应的第三个关键酶，它受 ATP 的抑制，而肝脏中的丙酮酸激酶受到丙氨酸的抑制，这对肝脏内糖异生有重要作用。酵解过程若从葡萄糖开始，1 分子葡萄糖可净生成 2 分子 ATP，若从糖原开始，可净生成 3 分子 ATP（表 3-1）。

表 3-1 糖酵解中产生的能量

反应	ATP
葡萄糖→6-磷酸葡萄糖	−1
6-磷酸果糖→1，6-二磷酸果糖	−1
1，3-二磷酸甘油酸→3-磷酸甘油酸	2×1
磷酸烯醇式丙酮酸→丙酮酸	2×1

（二）糖酵解的生理意义

糖酵解是生物界普遍存在的供能途径，其主要的生理意义是作为机体在无氧或缺氧条件下获得能量的一种有效方式，也是机体在应激状态下产生能量，以满足机体生理需要的重要途径。例如，剧烈运动时，肌肉中 ATP 大量消耗，糖酵解过程加速，为肌肉运动提供能量。一般生理情况下，体内大多数组织氧气供应充分，很少进行糖酵解反应。但体内某些组织细胞，如成熟的红细胞、神经细胞、白细胞、骨髓、视网膜细胞等在不缺氧的情况下也以糖酵解供应能量。此外，当人们由平原进入高原的初期，组织细胞以增强酵解过程来适应缺氧的环境。

某些病理情况下，例如，严重贫血、大量失血、呼吸障碍、循环障碍等，机体均因氧气供给不足，使酵解过程增强，甚至因酵解反应过度，会导致乳酸堆积而发生乳酸中毒；肿瘤组织糖分解代谢特点之一是即使氧供给充分，仍以无氧酵解为主，因此癌块中央乳酸堆积强度增加，促使组织坏死。

糖酵解途径是一条重要的糖代谢通路。此反应过程中所生成的丙酮酸是无氧酵解与有氧分解的交叉点。在无氧情况下被还原为乳酸；有氧情况下，进入线粒体彻底氧化为 CO_2 与 H_2O，并生成 ATP。

三、糖的有氧分解

机体利用氧将葡萄糖彻底氧化成 CO_2 和 H_2O 的过程称为有氧氧化（aerobic oxidation）。有氧氧化是体内糖分解供能的主要方式。

（一）糖的有氧分解过程

糖的有氧氧化是在细胞的胞液、线粒体进行的，大致可分为三个阶段。第一阶段是葡萄糖循酵解途径氧化成丙酮酸；第二阶段丙酮酸由丙酮酸脱氢酶复合体催化生成乙酰辅酶 A（乙酰 CoA）；第三阶段是乙酰 CoA 经过三羧酸循环（tricarboxylic acid cycle，TCA）的代谢过程，最终氧化成 CO_2 和 H_2O。第一阶段反应如前所述，在此主要介绍丙酮酸氧化脱羧和三羧酸循环。

1. 葡萄糖分解为丙酮酸　葡萄糖或糖原经多步化学反应生成丙酮酸，此过程与糖酵解第一阶段过程基本相同。在有氧的情况下，丙酮酸不被还原为乳酸，而是进入线粒体继续氧化；此过程中脱氢生成的 NADH 转入线粒体，与 O_2 化合生成水并释放能量生成 ATP。

2. 丙酮酸氧化脱羧生成乙酰 CoA　丙酮酸氧化脱羧反应是由丙酮酸脱氢酶复合体催化的，该酶复合体存在于线粒体中，包括丙酮酸脱氢酶、二氢硫辛酰转乙酰酶、二氢硫辛酰脱氢酶三种不同的酶和六种辅助因子：焦磷酸硫胺素（TPP）、FAD、NAD^+、CoA、Mg^{2+}及硫辛酸（lipoic acid）。这一复合体催化丙酮酸氧化脱羧的过程见图 3-2，反应不可逆。

总反应式为：

$$CH_3COCOOH + CoASH + NAD^+ \longrightarrow CH_3COCoA + CO_2 + NADH + H^+$$

该酶复合体的各组分紧密相连，在整个丙酮酸氧化脱羧反应过程中，中间产物不离开酶复合体，使得催化效率大大提高。催化丙酮酸氧化脱羧的丙酮酸脱氢酶复合体是糖有氧氧化过程中的关键酶，受到很多因素的调节。

氧化脱羧反应的第 1 步由丙酮酸脱氢酶（E_1）催化，其辅基为 TPP。丙酮酸羰基的双键打开，与 TPP 噻唑环上碳 2 位上结合成 α-羟丙酸基-TPP，再脱去 CO_2 成为羟乙基-TPP。第 2 步为羟乙基-TPP 将乙酰基和氢原子转移到二氢硫辛酰转乙酰酶（E_2）的辅基硫辛酸的两个硫原子上生成乙酰硫辛酸。第 3 步为乙酰基从硫辛酸的硫原子转移到 CoA 的巯基上，此时已生成乙酰 CoA，即离开酶复合体而成产物。但 E_2 的辅基硫辛酸已成还原型，必须恢复成氧化型才能继续催化丙酮酸的氧化脱羧反应，所以第 4 步是还原型硫辛酸上的 2 个氢原子经二氢硫辛酸脱氢酶（E_3）的催化转移到其辅酶 FAD 上。第 5 步为还原型的 $FADH_2$ 再被 NAD^+氧化，最后生成的

NADH 可进入呼吸链被氧化而继续参与反应。丙酮酸氧化脱羧反应在体内是不可逆的。

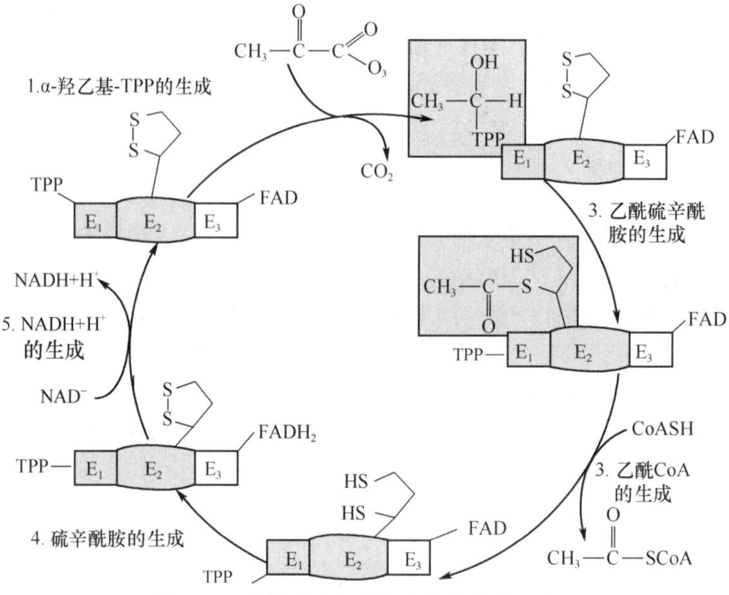

图 3-2 丙酮酸脱氢酶复合体的催化机制

3. 三羧酸循环 三羧酸循环（tricarboxglic acid cycle，TCA cycle）又称为柠檬酸循环（citric acid cycle），因该循环途径最先是由 H. A. Krebs 于 1937 年发现，故又称 Krebs 循环。整个三羧酸循环在线粒体中进行，上述丙酮酸氧化脱羧生成的乙酰 CoA 可通过三羧酸循环完全氧化成 CO_2 和 H_2O。三羧酸循环的全部化学反应过程如图 3-3 所示。

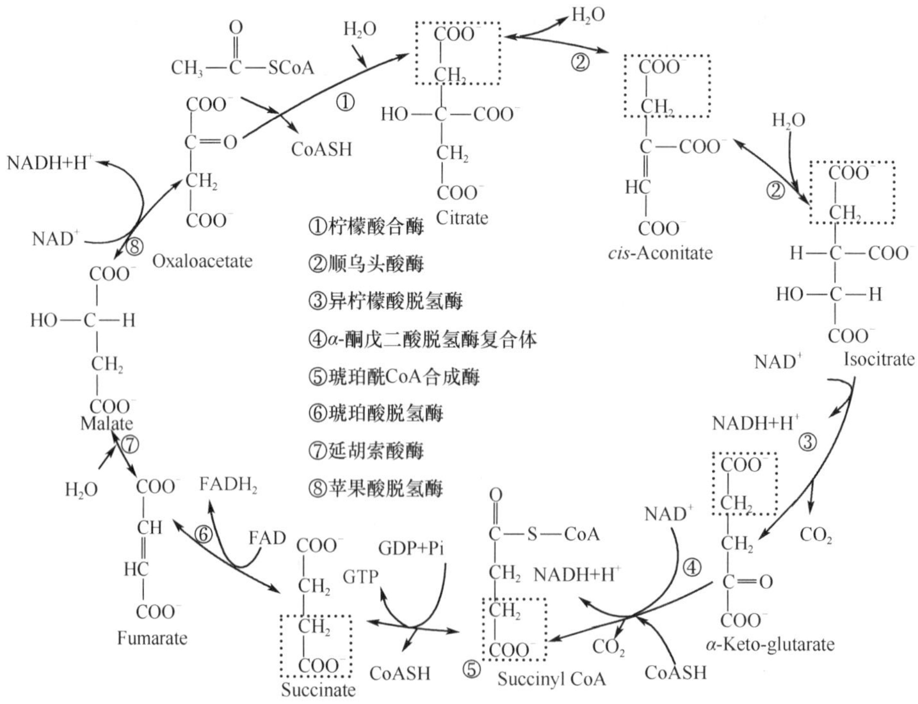

图 3-3 三羧酸循环

三羧酸循环的化学反应过程为：

（1）乙酰 CoA 与草酰乙酸缩合成柠檬酸：这是 TCA 循环的第一步反应，是由柠檬酸合酶（citrate synthetase）催化的，该酶是一个调节酶，也是 TCA 循环过程中的一步限速反应。

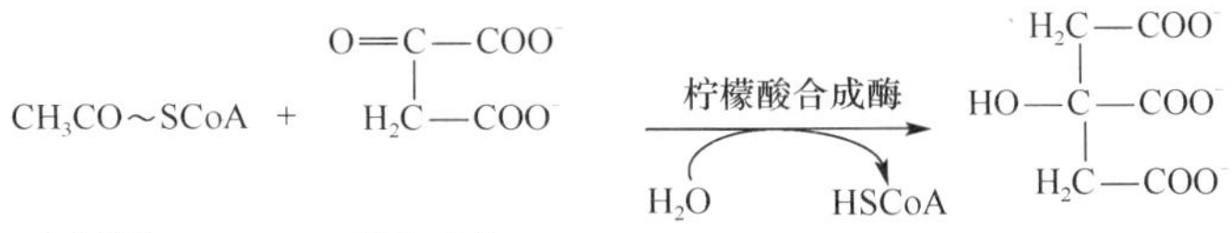

乙酰辅酶A　草酰乙酸　柠檬酸

（2）柠檬酸转变成异柠檬酸：柠檬酸先脱水成顺乌头酸，再加水生成异柠檬酸，催化这两步反应的酶是顺乌头酸酶（aconitase）。

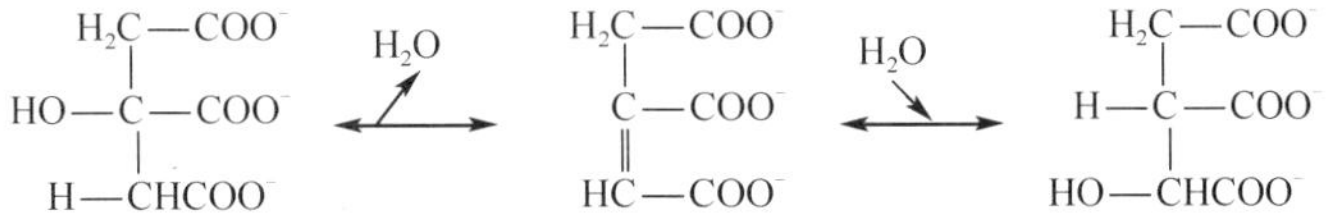

柠檬酸　顺乌头酸　异柠檬酸

（3）异柠檬酸脱氢脱羧生成 *α*-酮戊二酸：

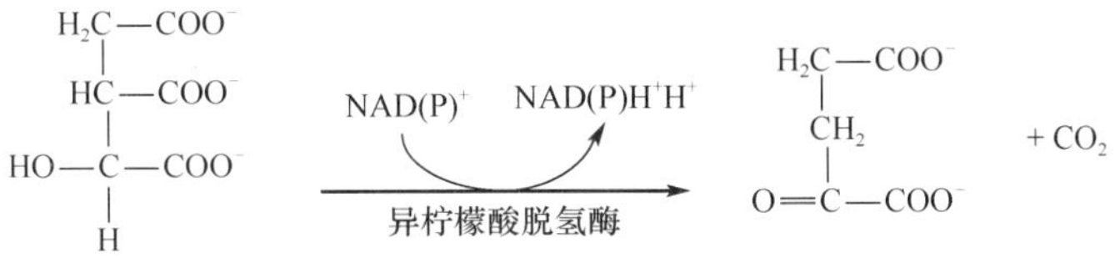

异柠檬酸　*α*-酮戊二酸

反应由异柠檬酸脱氢酶所催化，此步反应是三羧酸循环中的第二步限速步骤。

（4）*α*-酮戊二酸氧化脱羧生成琥珀酰 CoA：

α-酮戊二酸　琥珀酰CoA

这一反应由 *α*-酮戊二酸脱氢酶复合体催化，复合体包括 *α*-酮戊二酸脱氢酶、二氢硫辛酰转琥珀酰酶、二氢硫辛酰脱氢酶这三种酶和 TPP、CoA、NAD^+、FAD、硫辛酸等辅酶及 Mg^{2+}，反应历程与丙酮酸的氧化脱羧相似。

（5）琥珀酰 CoA 转变成琥珀酸：琥珀酰 CoA 脱去其 CoA 基团不是通过简单的水解，而是通过有鸟苷二磷酸（GDP）和磷酸参加的一种保存能量的反应。

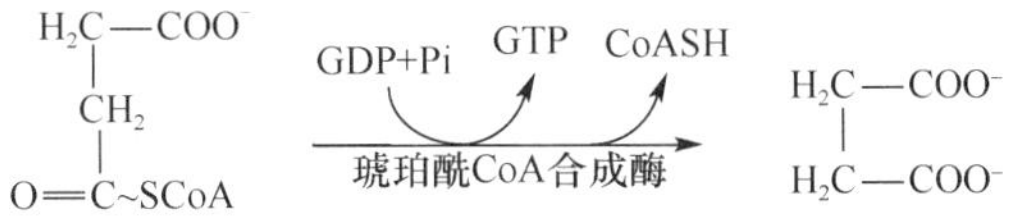

琥珀酰CoA　琥珀酸

催化此反应的酶是：琥珀酰 CoA 合成酶，它将琥珀酰 CoA 的高能硫酯基团转换成高能磷酸基团，因而导致 GDP 和磷酸化合成 GTP。这是三羧酸循环中唯一的一次底物水平磷酸化。

（6）琥珀酸脱氢生成延胡索酸：反应由琥珀酸脱氢酶催化，其辅基为 FAD，丙二酸是其竞争性抑制剂。

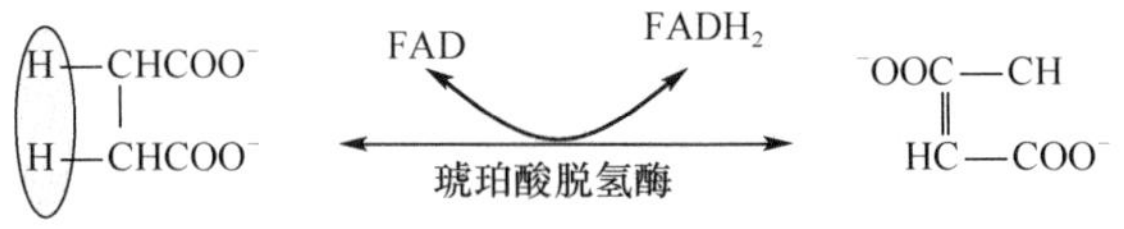

琥珀酸　　　　　　　　　　延胡索酸

（7）延胡索酸的水合作用：延胡索酸可逆性的水化作用生成苹果酸。

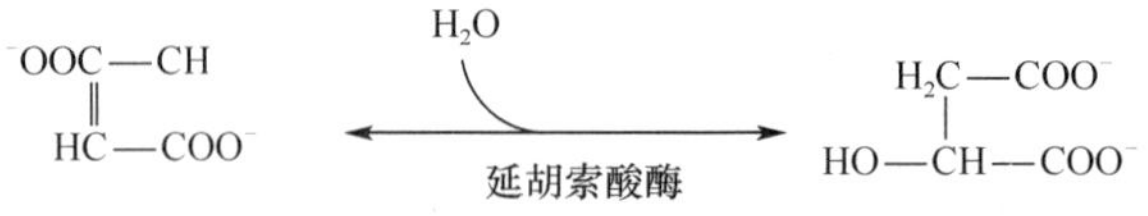

延胡索酸　　　　　　　　　　苹果酸

（8）苹果酸脱氢生成草酰乙酸：这是 TCA 循环的最后一步反应，由苹果酸脱氢酶催化，其辅酶为 NAD^+。

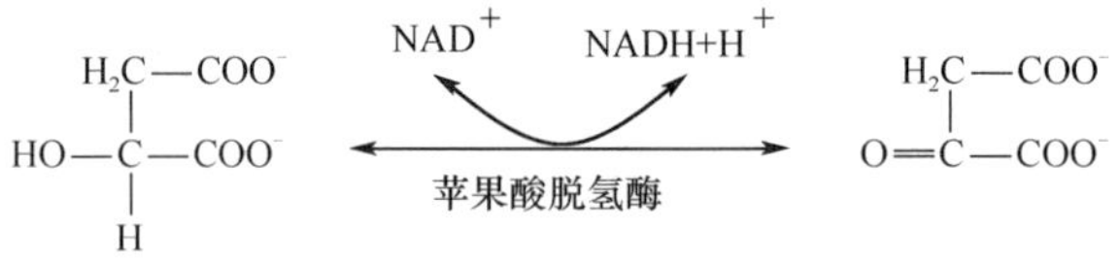

苹果酸　　　　　　　　　　草酰乙酸

在柠檬酸循环反应过程中，从 2 个碳原子的乙酰 CoA 与 4 个碳原子的草酰乙酸缩合生成 6 个碳原子的柠檬酸开始，反复地脱氢氧化，共发生 4 次脱氢反应，其中 3 次脱氢（3 对氢原子）由 NAD^+接受，1 次（一对氢或 2 个电子）由 FAD 接受，这些电子传递体将电子传给氧生成氧离子。羟基氧化成羧基后，通过脱羧方式生成 CO_2。1 分子乙酰 CoA 进入柠檬酸循环生成 2 分子 CO_2，这是体内 CO_2 的主要来源。柠檬酸循环反应中，每循环一轮只能以底物水平磷酸化生成 1 个 GTP。柠檬酸循环的总反应为：

$$CH_3CO\sim SCoA + 3NAD^+ + FAD + GDP + Pi + 2H_2O \longrightarrow 2CO_2 + 3NADH + 3H^+ + FADH_2 + HSCoA + GTP$$

（二）糖有氧分解的生理意义

糖的有氧氧化是人与动物体内产生能量的主要过程。在机体内糖的有氧氧化各个阶段中脱去的氢原子通过生物氧化体系和氧化合成水的过程中都偶联着 ADP 转变成 ATP 的磷酸化反应，即氧化过程所释放的自由能截获为高能磷酸化合物，以 ATP 的形式储存起来，以供生理活动需要，现将葡萄糖有氧分解过程中形成 ATP 的各步反应和形成数列于表 3-2。

从表 3-2 中可以看出，1 分子葡萄糖完全氧化共产生 32（或 30）分子 ATP。每对氢原子通过 NADH 呼吸链传递至氧时能形成 2.5 分子 ATP。而每对氢原子通过 FAD 呼吸链传递至氧时只形成 1.5 分子 ATP。其余少量 ATP 通过底物磷酸化获得。在动物的肝、肾、心等组织中，1 分子葡萄糖完全氧化可获得 32 分子 ATP，但在骨骼肌及脑组织中，1 分子葡萄糖完全氧化只能获得 30 分子 ATP（表 3-2）。这是由于胞质中的 NADH 必须穿梭进入线粒体才能氧化生成 H_2O，不同组织具有不同的穿梭机制。

表 3-2　每分子葡萄糖有氧氧化时产生的 ATP 分子数

	反应过程	辅酶	ATp
第一阶段	葡萄糖→6-磷酸葡萄糖	NAD^+	−1
	6-磷酸果糖→1，6-二磷酸果糖		−1
	2×3-磷酸甘油醛→2×1，3-二磷酸甘油酸		2×2.5 或 2×1.5
	2×1，3-二磷酸甘油酸→2×3-磷酸甘油酸		2×1
	2×磷酸烯醇式丙酮酸→2×丙酮酸		2×1

续表

	反应过程	辅酶	ATp
第二阶段	2×丙酮酸→2×乙酰 CoA	NAD^+	2×2.5
第三阶段	2×异柠檬酸→2×α-酮戊二酸	NAD^+	2×2.5
	2×α-酮戊二酸→2×琥珀酰 CoA	NAD^+	2×2.5
	2×琥珀酰 CoA→2×琥珀酸		2×1
	2×琥珀酸→2×延胡索酸	FAD	2×1.5
	2×苹果酸→2×草酰乙酸	NAD^+	2×2.5

净生成　32 或 30ATP

TCA 循环是体内多种物质代谢的共同途径，TCA 循环不仅是糖有氧分解的重要途径，也是脂类、氨基酸彻底氧化成 CO_2 和 H_2O 的必经途径。这些物质经各自的特殊方式转变成 TCA 循环的中间物，再进入循环逐步氧化成 CO_2 和 H_2O。此外，体内许多物质及许多代谢反应均可通过 TCA 循环而相互转变及彼此联系。

四、磷酸戊糖途径

糖无氧分解和有氧分解是体内糖分解代谢的主要途径，但不是唯一途径，许多组织细胞还有另一种葡萄糖降解途径，即磷酸戊糖途径（pentose phosphate pathway），又称为磷酸己糖旁路（hexose monophosphate shunt，HMS）。参与磷酸戊糖途径的酶类都分布在动物细胞质中，动物体中约有 30%的葡萄糖通过此途径分解。

（一）磷酸戊糖途径的反应过程

1. 氧化阶段　从 6-磷酸葡萄糖开始，经过脱氢、脱羧反应生成 5-磷酸核酮糖。同时生成 2 分子 $NADPH + H^+$及 1 分子 CO_2。

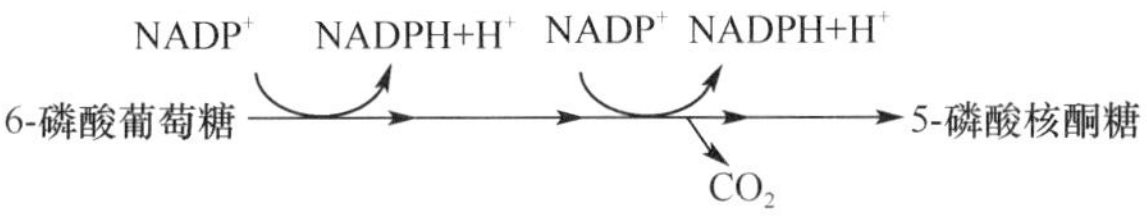

6-磷酸葡萄糖脱氢酶的活性决定 G-6-P 进入磷酸戊糖途径的流量，为限速酶。此酶的活性主要受 $NADPH/NADP^+$比例的影响，当比例升高时，磷酸戊糖途径受抑制；反之，则被激活。

2. 基团转移反应　5-磷酸核酮分子经过异构化互变生成 5-磷酸核糖、5-磷酸木酮糖。

以上 3 种磷酸戊糖经过一系列基团转移反应，产生三碳、四碳、五碳、六碳及七碳糖的中间产物，最终生成 6-磷酸果糖（6-磷酸果糖可转变成 6-磷酸葡萄糖）和 3-磷酸甘油醛，都可参与到糖酵解途径中（图 3-4）。

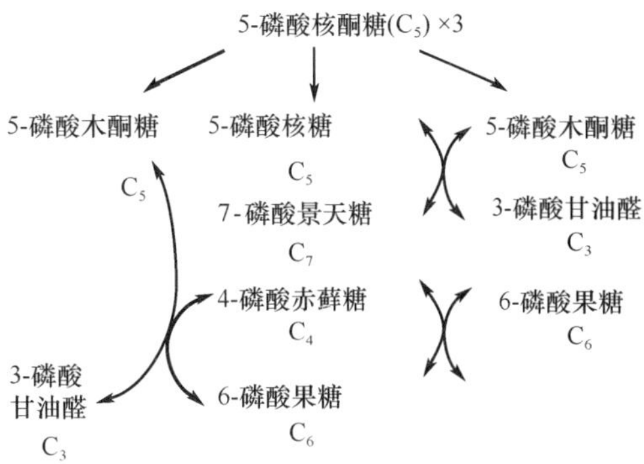

图 3-4　基团转移反应

磷酸戊糖途径的总反应式为：

$$3\times 6\text{-磷酸葡萄糖} + 6NADP^+ \longrightarrow 2\times 6\text{-磷酸果糖} + 3\text{-磷酸甘油醛} + 6NADPH + 6H^+ + 3CO_2$$

（二）磷酸戊糖途径的生理意义

磷酸戊糖途径虽非生物体氧化供能的主要方式，但却有两个重要的生理功能。一是提供 NADPH 形式的还原当量，这是胞液中 NADPH 的重要来源，参与多种生物代谢反应。另一功能是提供5-磷酸核糖，用于核苷酸和核酸的生物合成。

NADPH 在体内有重要生理功能：①参与多种生物合成的还原反应，如合成脂肪、胆固醇及类固醇激素等都需大量 NADPH，所以脂类合成旺盛的组织，如肝脏、脂肪、乳腺、肾上腺皮质等的磷酸戊糖途径比较活跃。②NADPH 是谷胱甘肽及血红蛋白处于还原状态所必需的物质；NADPH 也是谷胱甘肽还原酶的辅酶，它可使氧化型谷胱甘肽（G-S-S-G）转变成还原型谷胱甘肽（GSH），对保护细胞中含巯基酶及蛋白质免受氧化损伤等均有重要作用。③NADPH 参与体内羟化反应，为加单氧酶系的供氢体，因而与肝脏中药物、毒物和一些激素的生物转化有关。④NADPH 参与体内中性粒细胞和巨噬细胞产生离子态氧的反应，因而有杀菌作用。

红细胞对 GSH 的缺失特别敏感，当红细胞中 6-磷酸葡萄糖脱氢酶缺陷(先天性遗传性疾病)时，酶活性降低引起 NADPH 不足，继而使 GSH 浓度下降，红细胞易遭破坏而发生溶血。这类患者尤其在服用某些可导致 H_2O_2 生成的药物（如抗疟药伯氨喹啉、磺胺类药物及解热镇痛药阿司匹林等）或食用含氧化剂的食物（如蚕豆）后诱发，故称为蚕豆病。

（三）磷酸戊糖途径的调节

6-磷酸葡萄糖有几条代谢途径。6-磷酸葡萄糖脱氢酶是磷酸戊糖途径的第一个酶，此反应在生理条件下是不可逆的，该酶活力是此途径的第一个调节位点。此酶活力受 NADPH/ $NADP^+$ 比例的影响，因 NADPH 与 $NADP^+$ 竞争与酶结合，故对酶有强烈的抑制作用，所以当比例升高时磷酸戊糖途径被抑制，比例降低时被激活。因此磷酸戊糖途径的流量取决于 NADPH 的需求。

五、糖原的合成与分解

糖原（glycogen）是动物体内糖的储存形式。摄入体内的糖类大部分转变成脂肪后储存于脂肪组织内，只有一小部分以糖原形式储存，肝糖原的变动较大，人体肝糖原总量为 70～100g，肌糖原为 180～300g。肌糖原可供肌肉收缩的需要，肝糖原则是糖的重要来源。对于某些依靠葡萄糖作为能量来源的组织，如脑、红细胞等尤为重要。

（一）糖原的合成

体内由葡萄糖生成糖原的过程称为糖原合成（glycogenesis），主要发生在肝和骨骼肌。糖原的合成包括下列几步反应。

1. 6-磷酸葡萄糖的生成 此反应和糖的分解代谢开始时葡萄糖的磷酸化相同，在细胞内不能逆行。催化逆向反应的是 6-磷酸葡萄糖磷酸酶，它存在于肝。

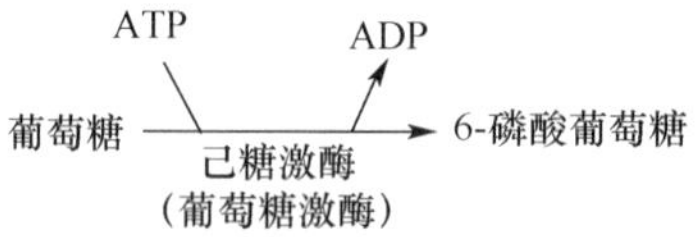

2. 1-磷酸葡萄糖的生成 这一反应是糖的分解代谢过程中 1-磷酸葡萄糖转变为 6-磷酸葡萄糖的逆反应，由磷酸葡萄糖变位酶催化：

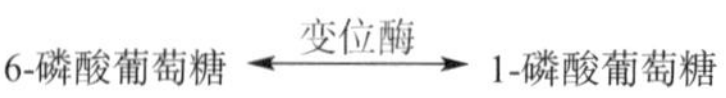

3. 尿苷二磷酸葡萄糖的生成 1-磷酸葡萄糖与尿苷三磷酸（UTP）在 1-磷酸葡萄糖尿苷酰转移酶（又称 UDPG 焦磷酸化酶）的催化下，生成尿苷二磷酸葡萄糖（UDPG），同时放出焦磷酸（PPi），焦磷酸水解有利于合成代谢的进行。UDPG 可看做“活性葡萄糖”，是糖原合成的葡萄糖供体。

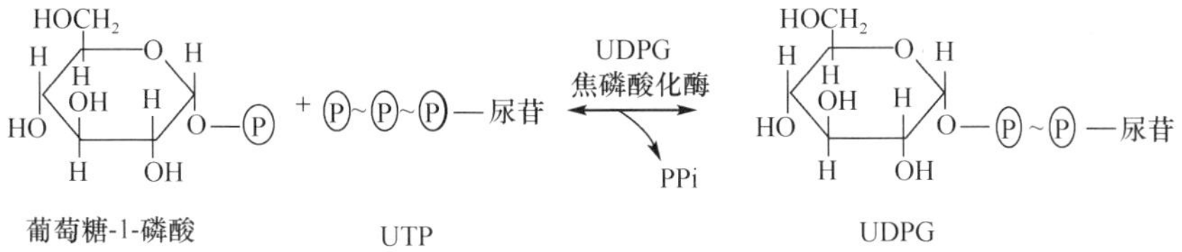

4. 尿苷二磷酸葡萄糖连接形成直链和支链 UDPG 在体内作为葡萄糖的供体，在糖原合酶（glycogen synthase）作用下，葡萄糖基转移到较小糖原分子（糖原引物）的非还原末端形成 α-1, 4-糖苷键，上述反应反复进行可使糖链不断延长。此反应不可逆。

$$\text{糖原}_n + \text{UDPG} \xrightarrow{\text{糖原合成酶}} \text{糖原}_{n+1} + \text{UDP}$$

UDPG 的葡萄糖基不能直接与游离葡萄糖连接，而只能与糖原引物相连。糖原引物是指细胞内原有的较小的糖原分子，这些寡糖链的合成依赖一种糖原蛋白（glycogenin）作为葡萄糖基的受体。糖原蛋白是一种自身糖基化酶，将 UDPG 分子的葡萄糖基连接到自身的酪氨酸残基上，这种糖基化的糖原蛋白可作为糖原合成的引物。

糖原合酶是糖原合成过程中的关键酶，它只能使糖链不断延长，但不能形成分支。当糖链长度达到 12～18 个葡萄糖基时，分支酶（branching enzyme）将一段糖链（6～7 个葡萄糖基）转移到邻近的糖链上，以 α-1，6-糖苷键相接，从而形成分支（图 3-5）。分支不仅可提高糖原的水溶性，更重要的是可增加非还原端数目，以便磷酸化酶迅速分解糖原。

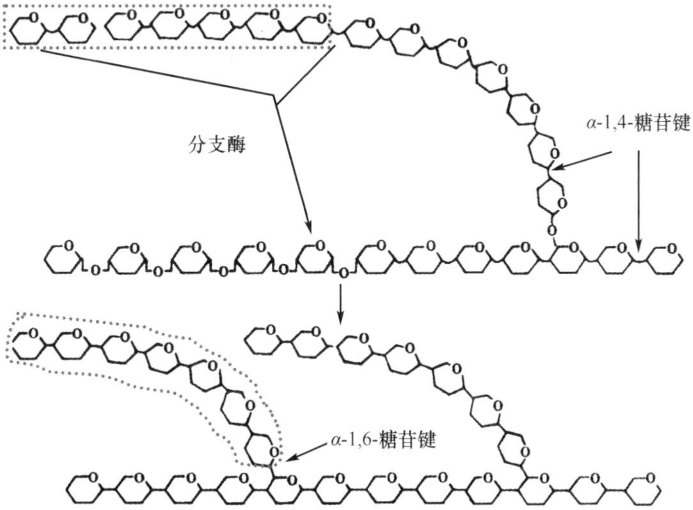

图 3-5 糖原分支的形成

糖原合成是耗能的过程。葡萄糖磷酸化时消耗 1 个 ATP，焦磷酸水解成 2 分子磷酸时又损失 1 个高能磷酸键，共消耗 2 个 ATP。

（二）糖异生作用和 Cori 循环

非糖物质转变为葡萄糖或糖原称为糖异生作用（gluconeogenesis）。非糖物质主要指体内代谢物如丙酮酸、乳酸、生糖氨基酸、甘油等。生理情况下，肝脏是糖异生的主要器官，长期饥饿时，肾脏的糖异生作用增强。

糖异生的途径基本上是酵解的逆向过程，但不是可逆过程。尽管糖酵解途径中大多数反应是可逆的，但己糖激酶、磷酸果糖激酶、丙酮酸激酶 3 个关键酶催化的反应不可逆，构成所谓“能障”，必须通过另外 4 个关键酶的催化，方能完成与酵解反向的糖异生过程。糖异生是耗能的合成过程，反应过程在胞液和线粒体内发生。

1. 糖异生反应过程如下

（1）丙酮酸羧化支路：与糖酵解途径中丙酮酸激酶对应的酶在糖异生途径中是磷酸烯醇式丙酮酸羧激酶和丙酮酸羧化酶，在这两个酶的催化下，丙酮酸逆向转变为磷酸烯醇式丙酮酸。两步反应共消耗1分子ATP与1分子GTP。丙酮酸羧化酶仅存在于线粒体中，故胞液中的丙酮酸必须进入线粒体，才能羧化形成草酰乙酸，但草酰乙酸不能直接透过线粒体膜，需要转化成苹果酸或天冬氨酸才能转运回胞液（图3-6）；磷酸烯醇式丙酮酸羧激酶在线粒体和胞液中都存在。

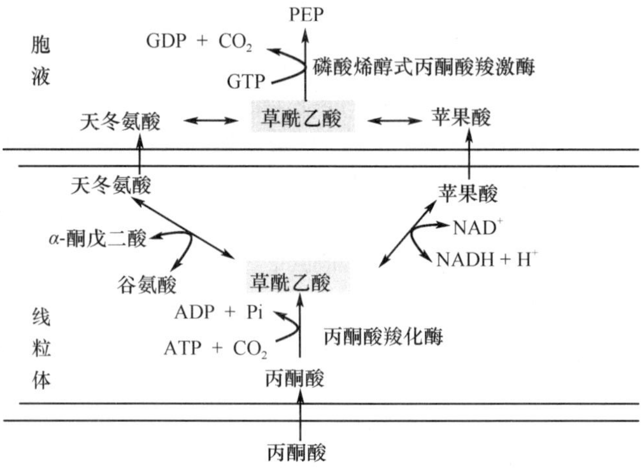

图3-6 草酰乙酸穿过线粒体的方式

形成磷酸烯醇式丙酮酸后，可沿糖酵解的逆反应生成3-磷酸甘油酸，3-磷酸甘油酸生成1，3-二磷酸甘油酸时，需消耗1分子ATP，由1，3-二磷酸甘油酸生成3-磷酸甘油醛需消耗1分子$NADH + H^+$。由此可见糖异生是一个耗能的过程。

（2）1，6-二磷酸果糖水解生成6-磷酸果糖：反应由果糖二磷酸酶催化。

$$1，6\text{-二磷酸果糖} + H_2O \xrightarrow{\text{果糖二磷酸酶}} 6\text{-磷酸果糖} + Pi$$

（3）6-磷酸葡萄糖水解生成葡萄糖：与己糖激酶对应的酶是葡萄糖-6-磷酸酶，它催化6-磷酸葡萄糖水解为葡萄糖。

$$6\text{-磷酸葡萄糖} + H_2O \xrightarrow{\text{葡萄糖-6-磷酸酶}} \text{葡萄糖} + Pi$$

从丙酮酸异生为葡萄糖的总反应式如下：

$$2\text{丙酮酸} + 4ATP + 2GTP + 2NADH + 2H^+ + 2H_2O \longrightarrow \text{葡萄糖} + 2NAD^+ + 4ADP + 2GDP + 6Pi$$

乳酸是通过转化成丙酮酸进入糖异生途径的，甘油则是先转变成α-磷酸甘油，再转化成磷酸二羟丙酮进入糖异生途径。在糖异生途径中，细胞能量（ATP/AMP）变化是影响糖异生关键酶活性的重要因素，同时2，6-二磷酸果糖也分别是磷酸果糖激酶的激活剂和果糖二磷酸酶的抑制剂。

2. 糖异生的生理意义

（1）作为补充血糖的重要来源，此作用主要是在空腹或饥饿情况下，肝脏利用非糖物质异生为糖，可保持血糖浓度的相对恒定。这对于保证某些主要依赖葡萄糖供能的组织（如脑）的功能具有重大意义。

（2）回收乳酸能量，防止乳酸中毒。在某些生理或病理情况下，如剧烈运动时，肌糖原酵解产生大量乳酸，部分乳酸虽可由尿排出，但大部分则经血液运到肝脏，通过糖异生作用合成肝糖原或葡萄糖，以补充血糖，血糖再被肌肉利用，又因缺氧而酵解生成乳酸，如此形成乳酸循环（Cori 循环，图 3-7），所以糖异生途径对乳酸的再利用、肝糖原更新、补充肌肉消耗的糖及防止发生乳酸中毒等方面都有一定意义。

（3）长期饥饿时，肾糖异生增强，有利于维持酸碱平衡。长期禁食后，酮体代谢旺盛，引起体液 pH 降低，促进肾小管中磷酸烯醇式丙酮酸羧激酶的合成，从而使肾的糖异生作用增强。肾中 α-酮戊二酸因异生成糖而减少，可促进谷氨酰胺脱氨生成谷氨酸和进一步的谷氨酸脱氨。肾小管细胞将脱下的 NH_3 分泌入管腔中，与原尿中 H^+结合，从而降低原尿 H^+的浓度，有利于排氢保钠，对防止酸中毒有重要作用。

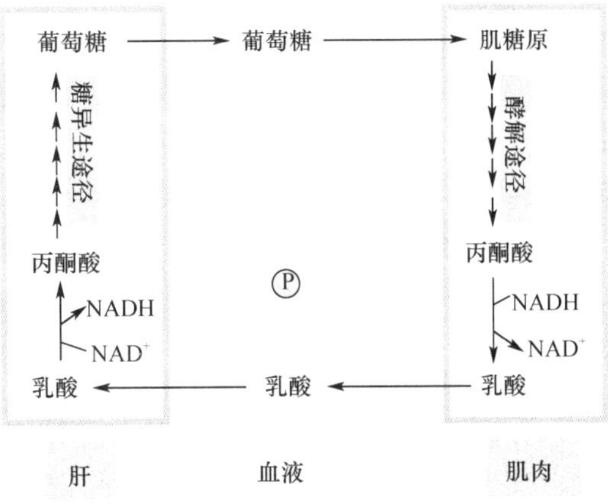

图 3-7　乳酸循环

（三）糖原分解作用

糖原分解（glycogenolysis）一般是指肝糖原分解为游离葡萄糖的过程，它不是糖原合成的逆反应。肝糖原和肌糖原分解的起始阶段一样，至生成 6-磷酸葡萄糖开始分道扬镳。在肝内，6-磷酸葡萄糖生成游离葡萄糖，以补充血糖；在骨骼肌，6-磷酸葡萄糖进入糖酵解途径，为肌收缩提供能量。

1. 糖原磷酸化酶分解 *α*-1，4-糖苷键　糖原分解的第一步是从糖链的非还原端开始，由糖原磷酸化酶（glycogen phosphorylase）催化分解 1 个葡萄糖基，生成 1-磷酸葡萄糖，此反应不可逆。糖原磷酸化酶是糖原分解过程中的关键酶，它只能作用于 α-1，4-糖苷键而非 α-1，6-糖苷键，因此只能分解糖原的直链。由于糖原分解成 1-磷酸葡萄糖的反应是磷酸解，自由能变动较小，理论上此反应可逆。但是细胞内无机磷酸盐的浓度约为 1-磷酸葡萄糖的 100 倍，所以实际上反应只能向糖原分解方向进行。

2. 脱支酶分解 *α*-1，6-糖苷键　当 α-1，4-糖苷键裂解至距分支点约 4 个葡萄糖基时，由于空间位阻，糖原磷酸化酶不能再发挥作用。这时由葡聚糖基转移酶催化，将 3 个葡萄糖基转移到邻近糖链的末端，仍以 α-1，4-糖苷键连接。分支处仅剩下 1 个葡萄糖基以 α-1，6-糖苷键连接，在 α-1，6-葡萄糖苷酶作用下水解成游离葡萄糖。目前认为葡聚糖基转移酶和 α-1，6-葡萄糖苷酶是同一酶的两种活性，合称脱支酶（debranching enzyme）（图 3-8）。除去分支后，糖原磷酸化酶即可继续发挥作用。

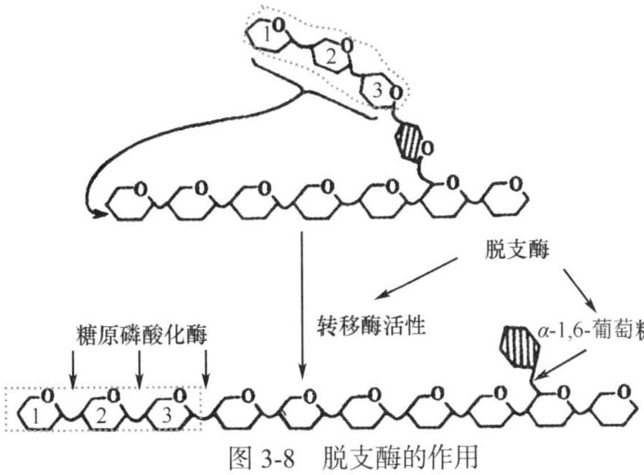

图 3-8　脱支酶的作用

在糖原磷酸化酶和脱支酶的共同作用下，糖原分解产物中约85%为1-磷酸葡萄糖，15%为游离葡萄糖。1-磷酸葡萄糖继续转变为6-磷酸葡萄糖。肝内存在葡萄糖-6-磷酸酶（glucose-6-phosphatase），可将6-磷酸葡萄糖水解成葡萄糖释放入血，因此饥饿时肝糖原能够补充血糖，维持血糖稳定。而肌组织中缺乏此酶，6-磷酸葡萄糖只能进行糖酵解，故肌糖原不能分解成葡萄糖，只能给肌收缩提供能量。需要注意的是，从6-磷酸葡萄糖进入糖酵解直接跳过了葡萄糖磷酸化的起始步骤，因此糖原中的1个葡萄糖基进行无氧氧化净产生3个ATP。

六、血糖及其调节

血糖指血液中的葡萄糖。正常人空腹时血糖浓度是相当恒定的，维持在3.89～6.11mmol/L。进食后，由于大量葡萄糖吸收入血，血糖含量暂时升高，不久即恢复正常。在短期内没有糖吸收到体内时，血糖也可维持在正常水平。血糖含量维持在一定水平，对于保证人体各组织器官特别是脑组织正常功能活动极为重要。血糖含量之所以能维持恒定是由于某些生理因素、神经及激素的控制作用，使血糖的来源和去路处于相对平衡，血糖浓度在一定范围内保持恒定。

（一）血糖的来源与去路

血糖的来源有：①食物中的淀粉等糖类经消化吸收为葡萄糖进入血液成为血糖的主要来源；②肝脏储存的肝糖原逐渐分解为葡萄糖入血，所以肝糖原分解是空腹时血糖的直接来源；③非糖物质如甘油、某些有机酸及生糖氨基酸等，通过糖异生作用变成葡萄糖以补充血糖。

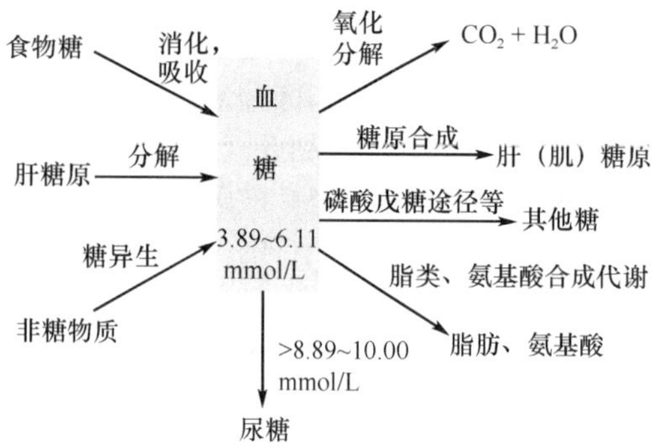

图3-9 血糖的来源与去路

血糖的去路有：①葡萄糖在各种组织中彻底氧化分解供能，这是血糖的主要去路；②一些组织如肝脏、肌肉，可合成肝糖原、肌糖原，它们是糖的储存形式，亦可转变为其他糖类衍生物；③转变为非糖物质，如脂肪、多种有机酸及非必需氨基酸；④当血糖浓度超过肾糖阈8.9mmol/L时，即超过了肾小管的重吸收能力，部分糖随尿排出。血糖的来源与去路总结为图3-9。

（二）激素对血糖的调节

在高等动物体内激素在中枢神经系统的控制下对代谢起调节作用。在调节糖代谢的主要激素中胰岛素（insulin）是唯一降低血糖的激素。胰高血糖素（glucagon）、肾上腺素（epinephrine）及肾上腺皮质激素中的糖皮质激素能使血糖升高。

1. 胰岛素 胰岛素是胰腺β细胞分泌的一种蛋白质激素，是体内唯一的降血糖激素。它的分泌受血糖浓度的调节，血糖升高即引起胰岛素的分泌，血糖降低则分泌减少。胰岛素降血糖是多方面作用的结果，其主要调节作用是：①胰岛素促进肌肉、脂肪组织细胞膜载体转运葡萄糖进入细胞，同时诱导分解利用血糖的关键酶的合成，从而加速糖的利用；②胰岛素诱导糖原合成酶的生成，同时还能抑制糖原磷酸化酶作用，因此它既能促进糖原合成又能减少糖原分解；③胰岛素抑制糖异生关键酶的活性，以抑制糖异生。上述共同作用的结果，使血糖浓度降低。

2. 胰高血糖素 胰高血糖素是胰腺α细胞分泌的一种多肽激素，是升血糖激素。主要作用首先为：促进肝糖原分解，血糖升高；其次是：促进糖异生，使非糖物质（丙酮酸、乳酸和氨基酸等）迅速异生为糖。

3. 肾上腺素 肾上腺素是强有力的升血糖激素，主要在应激状态下发挥作用，对血糖浓度的调节与胰高血糖素相似。但除可促进肝糖原分解外，还促进肌糖原经糖酵解分解成乳酸，乳酸是糖异生的原料，可间接升高血糖。

4. 糖皮质激素　糖皮质激素是肾上腺皮质分泌的类固醇激素，可引起血糖升高。主要作用为：抑制肝外组织自血液中吸取葡萄糖，并能促进肌肉中蛋白质的分解，产生的氨基酸是糖异生的原料。另外，促进糖异生关键酶的合成，从而促进糖异生。

5. 生长素　生长素主要表现为对抗胰岛素的作用，使血糖浓度升高。

（三）糖代谢的紊乱

神经系统功能紊乱、内分泌失调及先天性某些酶缺陷，均可引起糖代谢障碍。人类和动物糖代谢反常的表现为糖尿，尿中有超常的葡萄糖或其他糖类出现。糖尿有生理性的和病理性的两类。生理性糖尿是由于生理状况暂时变化而引起的，如由于一次性食入大量的糖，血糖含量暂时超过肾糖阈而出现糖尿，这称为饮食性糖尿。又例如，当人的情绪特别紧张时，由于交感神经兴奋和肾上腺素一时分泌增多，也会出现高血糖和糖尿，称为情绪性糖尿。这些都属于生理现象，经过一定时间或情绪稳定后即可恢复正常。

1. 高血糖和糖尿病　空腹时血糖浓度高于 7.1mmol/L 称为高血糖。如果血糖值超过肾糖阈值 8.89mmol/L，尿中还可出现尿糖，就称为糖尿病（diabetes mellitus）。

糖尿病是病理性糖尿，其主要症状是高血糖，常伴有糖尿和多尿症。在病理学上糖尿病是表现为不同类型和不同程度的一类复杂的疾病。大多由胰岛素分泌不足所致。从实验糖尿病动物研究认为体内糖代谢紊乱首先是葡萄糖转运受阻，同时糖异生作用加强，以及由乙酰辅酶 A 合成脂肪下降。糖尿病动物除脑组织外，较少利用葡萄糖的氧化作为能源，这样造成细胞内能量供应不足，患者常有饥饿感而多食；多食又进一步使血糖来源增多，使血糖含量更加升高，血糖含量超过肾糖阈时，葡萄糖通过肾从尿中大量排出而出现糖尿；随着糖的大量排出，必然带走大量水分，因而引起多尿；体内因失水过多，血液浓缩，渗透压增高，引起口渴，因而多饮；由于糖氧化供能发生障碍，导致体内脂肪及蛋白质分解加强，使身体逐渐消瘦，体重减轻。因此有糖尿病的所谓“三多一少”（多食、多饮、多尿及体重减少）的症状，严重的糖尿病患者还会出现酮血症及酸中毒。

除上述糖尿病所引起的高血糖和糖尿外，有些肾小管重吸收功能降低的患者，肾糖阈比正常人低，即使血糖含量在正常范围，也可出现糖尿，称肾性糖尿。因此，临床上遇到高血糖或糖尿现象时，须全面检查，综合分析，才能得出正确的诊断结论。临床上常需做一些生化检查以辅助诊断，常选用口服葡萄糖耐量试验。

口服葡萄糖耐量试验是先测被检查者早晨空腹时的血糖含量，然后一次进食葡萄糖 75g，每隔 30 分钟测定一次血糖含量，以时间为横坐标，血糖含量为纵坐标，绘成曲线，称为葡萄糖耐量曲线（图 3-10）。

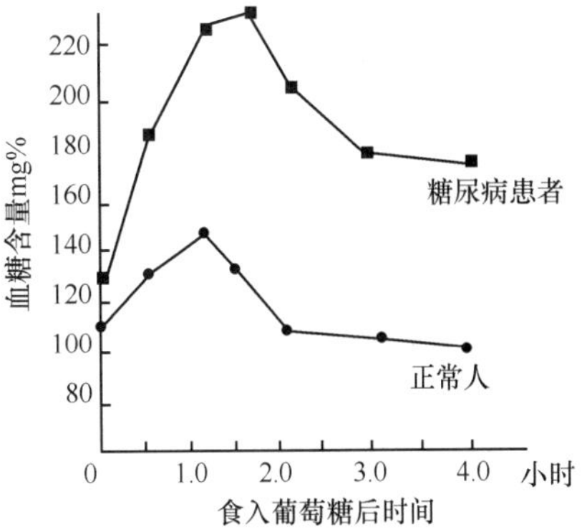

图 3-10　葡萄糖耐量曲线

（1mg%=0.055mmol/L）

2. 低血糖症与低血糖昏迷　血糖浓度低于 3.92mmol/L（70mg%）时，可出现低血糖症，其表现为饥饿感和四肢无力，以及因低血糖刺激而引起的交感神经兴奋和肾上腺素分泌增加的症状，如脸色苍白、心慌、多汗、头晕、手颤等。

低血糖症多见于胰腺 β 细胞增多或癌症等使胰岛素分泌增多，或治疗时应用胰岛素过量，和某些对抗胰岛素的激素分泌减少以及长期不能进食或严重肝疾病患者。

脑组织对低血糖比较敏感，因为脑组织功能活动所需的能量主要来自糖的氧化，但脑组织含糖原极少，需要不断从血液中提取葡萄糖氧化供能，当血糖浓度过低时，脑组织因缺乏能源而导致功能障碍，出现头昏、心悸、饥饿感及出冷汗等。若血糖浓度继续下降低于2.52mmol/L（45mg%）时，就会严重影响大脑的功能，出现惊厥和昏迷，一般称为“低血糖昏迷”或“低血糖休克”。临床上遇到这种情况时，只需及时给患者静脉注入葡萄糖溶液，症状就会得到缓解。

第二节 生 物 氧 化

物质在生物体内进行氧化称为生物氧化（biological oxidation），主要是指糖、脂肪、蛋白质等在体内分解时逐步释放能量，最终生成二氧化碳和水的过程。

生物氧化中物质的氧化方式遵循以下基本规律：

（1）遵循氧化还原一般规律，氧化方式有加氧、脱氢、失电子。

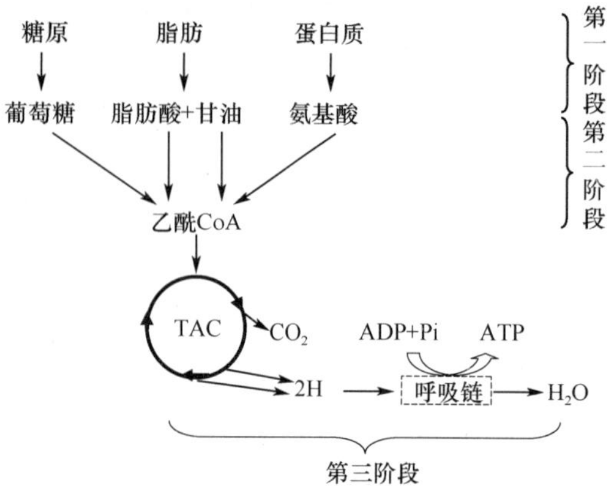

图 3-11 生物氧化的一般过程

（2）物质体外燃烧和体内氧化时所消耗的氧量、终产物（CO_2和H_2O）和释放能量均相同。

（3）生物氧化是在细胞内温和环境中（体温，pH接近中性），在一系列酶的催化下反应逐步进行的，能量逐步释放有利于机体捕获能量，提高ATP生成的效率。

（4）进行广泛的加水脱氢反应使物质能间接获得氧，并增加脱氢的机会；脱下的氢与氧结合产生H_2O，有机酸脱羧产生CO_2。

线粒体内生物氧化大致可分为三个阶段（图3-11）：

第一阶段：糖原、脂肪、蛋白质分解为其基本组成单位。

第二阶段：葡萄糖、脂肪酸、氨基酸经一系列反应生成乙酰CoA。

第三阶段：三羧酸循环（TAC）和氧化磷酸化。

一、线粒体氧化体系

代谢物脱下的成对氢（2H）通过多种酶和辅酶所催化的连锁反应逐步传递，最终与氧结合生成水，在传递过程中释放的能量使ADP磷酸化生成ATP。这一系列酶和辅酶称为氧化呼吸链（oxidative respiratory chain）。真核细胞ATP的生成主要在线粒体中进行，在氧化呼吸链中，参与传递反应的酶复合体按一定顺序排列在线粒体内膜上，发挥传递电子或氢的作用。其中传递氢的酶蛋白或辅助因子称为递氢体，传递电子的则称为电子传递体，所以氧化呼吸链又称电子传递链（electron transfer chain）。

（一）氧化呼吸链的组成

氧化呼吸链的组分存在于线粒体内膜上。用胆酸或脱氧胆酸处理线粒体内膜，可将呼吸链分离为四种具有递电子功能的酶复合体（表3-3，图3-12）：

复合体Ⅰ——称NADH-泛醌还原酶（NADH脱氢酶）；

复合体Ⅱ——称琥珀酸-泛醌还原酶（琥珀酸脱氢酶）；

复合体Ⅲ——称泛醌-细胞色素c还原酶；

复合体Ⅳ——称细胞色素c氧化酶（细胞色素aa_3）

表 3-3　人线粒体呼吸链复合体

复合体	酶名称	质量（kD）	多肽链数	功能辅基	含结合位点
复合体Ⅰ	NADH-泛醌还原酶	850	42	FMN，Fe-S	NADH（基质侧） CoQ（脂质核心）
复合体Ⅱ	琥珀酸-泛醌还原酶	140	4	FAD，Fe-S	琥珀酸（基质侧） CoQ（脂质核心）
复合体Ⅲ	泛醌-细胞色素 c 还原酶	250	11	血红素 b_L，b_H，c_1，Fe-S	Cyt c（膜间隙侧）
复合体Ⅳ	细胞色素 c 氧化酶	162	13	血红素 a，血红素 a_3，Cu_A，Cu_B	Cyt c（膜间隙侧）

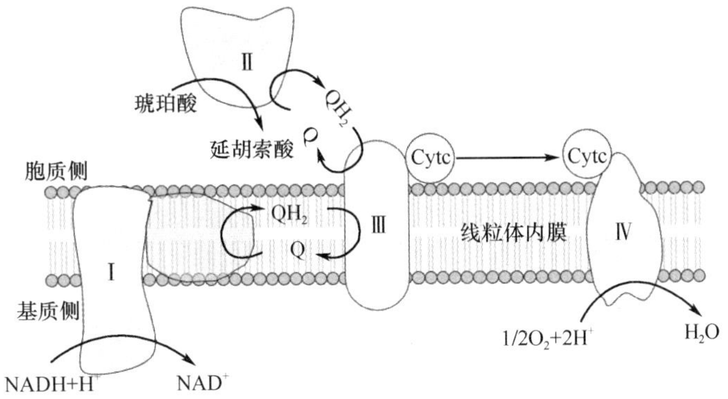

图 3-12　呼吸链各复合体位置示意图

1. 复合体Ⅰ　NADH-泛醌还原酶，接受来自 $NADH+H^+$ 的电子并转移给泛醌（ubiquinone）。

复合体Ⅰ

$$NADH \rightarrow FMN;\ Fe\text{-}S_{N\text{-}1a,\ b};\ Fe\text{-}S_{N\text{-}4};\ Fe\text{-}S_{N\text{-}3};\ Fe\text{-}S_{N\text{-}2} \rightarrow CoQ$$

组成：包括黄素蛋白（flavoprotein），辅基为 FMN（flavin mononucleotide）；铁硫蛋白（iron-sulfur protein），辅基为铁硫簇（iron-sulfur cluster，Fe-S）等，呈 L 形，一端突出于线粒体基质中。

在三羧酸循环和脂肪酸β-氧化等过程的脱氢反应中，大部分代谢物脱下的 2H 是由氧化型烟酰胺腺嘌呤二核苷酸（nicotinamide adenine dinucleotide，NAD^+）接受，形成还原型烟酰胺腺嘌呤二核苷酸（$NADH + H^+$）。NAD^+（图 3-13）是脱氢酶类的辅酶，分子中烟酰胺芳香环中的氮为五价，易接受电子被还原，还原时能接受 2H 中的双电子成为三价氮，同时芳香环也接受一个氢质子进行加氢反应，为双电子传递体。烟酰胺在加氢反应时只能接受 1 个氢质子和 2 个电子，游离出一个 H^+ 在溶液中，因此将还原型的 NAD^+ 写成 $NADH + H^+$（NADH）（图 3-14）。还原型的 NADH 可失去电子被氧化而生成 NAD^+，其电子被复合体 I 接受并传递给泛醌。

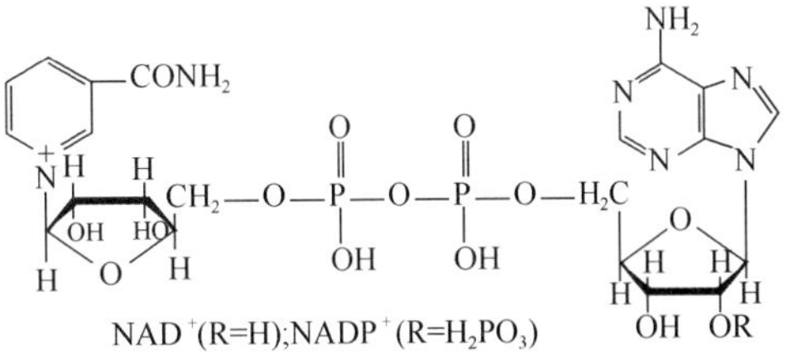

图 3-13　NAD（P）$^+$ 的结构式

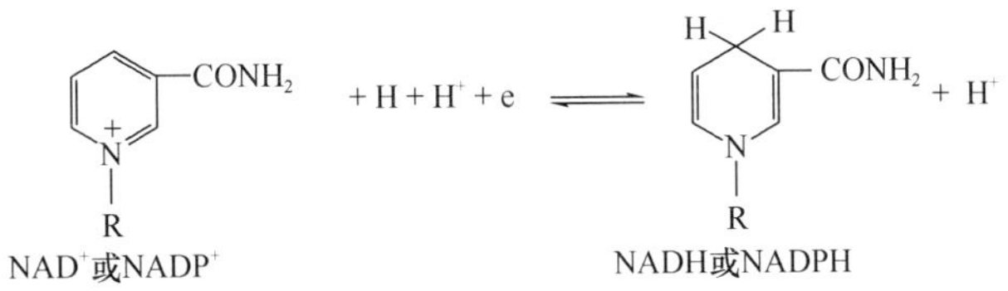

图 3-14　NAD（P）$^+$的加氢和 NAD（P）H 的脱氢反应

（1）黄素蛋白：FMN 中含有核黄素，其发挥功能的结构是异咯嗪环，属于递氢体。异咯嗪环可接受 1 个质子和 1 个电子形成不稳定的 FMNH·，再接受 1 个质子和 1 个电子转变为还原型 $FMNH_2$。反之，$FMNH_2$ 氧化时也逐步脱去电子和质子，属于单、双电子传递体（图 3-15）。

核黄素氧化还原机制：

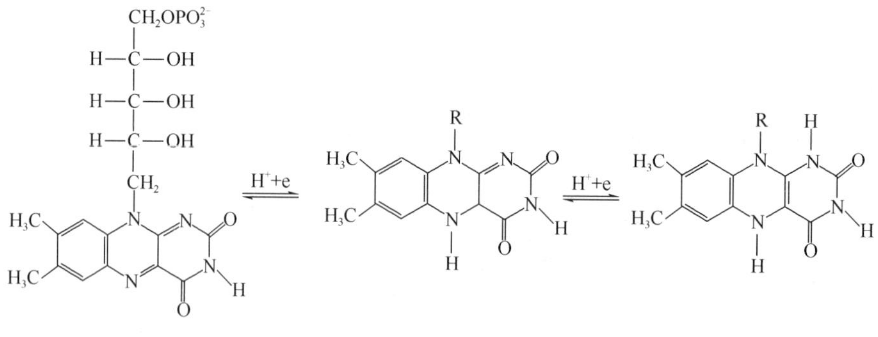

异咯嗪

FMN　　FMN　　$FMNH_2$

图 3-15　FMN 的加氢和 $FMNH_2$ 的脱氢反应

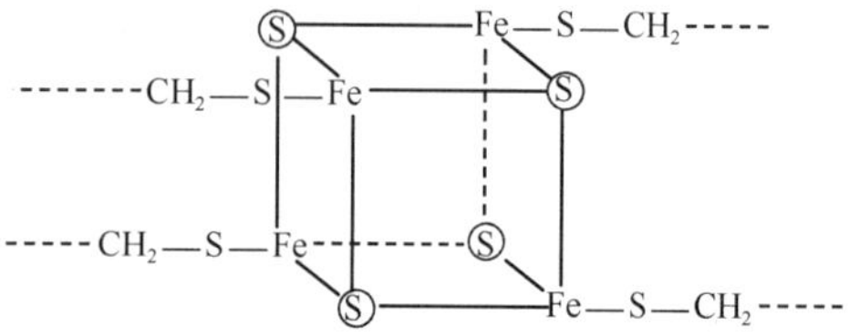

图 3-16　铁硫簇 Fe_4S_4 结构示意图

（2）铁硫蛋白：Fe-S 辅基含有等量的铁原子和硫原子（如 Fe_2S_2，Fe_4S_4），通过其中的铁原子与铁硫蛋白中半胱氨酸残基的硫相连（图 3-16）。铁硫簇中的铁原子可进行 $Fe^{2+} \rightleftharpoons Fe^{3+} + e$ 反应而传递电子，属于单电子递体。铁硫蛋白一般与其他复合体成分结合在一起发挥作用。

（3）泛醌：即辅酶 Q（coenzyme Q，CoQ），是一种脂溶性醌类化合物，它有较长的多个异戊烯构成的侧链，因侧链的疏水作用，它能在线粒体内膜内迅速扩散，具有流动性。它极易从线粒体内膜中分离出来，故不包含在上述复合体中。人的 CoQ 侧链由 10 个异戊烯单位组成，用 CoQ_{10} 表示。泛醌和 FMN 类似，能进行可逆的电子传递，有 3 种氧化还原状态，接受 1 个电子和 1 个质子还原成半醌型泛醌（QH·），再接受 1 个电子和 1 个质子还原成二氢泛醌（QH_2），后者可逆向逐步失去质子和电子再被氧化成泛醌（图 3-17）。

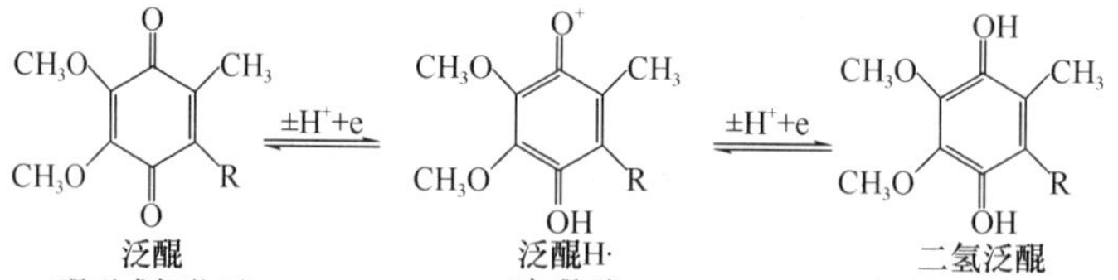

泛醌　　泛醌H·　　二氢泛醌
(醌型或氧化型)　　(半醌型)　　(氢醌型或还原型)

图 3-17　泛醌的加氢和脱氢反应

2. 复合体Ⅱ　琥珀酸-泛醌还原酶，将琥珀酸脱下的氢传递给泛醌。

复合体Ⅱ

琥珀酸 → $Fe\text{-}S_1$；b_{560}；FAD；$Fe\text{-}S_2$；$Fe\text{-}S_3$ → CoQ

组成：黄素蛋白，辅基为 FAD（flavin adenine dinucleotide）；铁硫蛋白；细胞色素 b_{560}（cytochrome b_{560}，Cyt b_{560}）。

复合体Ⅱ实际是三羧酸循环中的琥珀酸脱氢酶，其辅基 FAD 的结构母核与 FMN 相同，也是通过异咯嗪环进行电子传递。

细胞色素类是一类以铁卟啉为辅基的催化电子传递的酶类，由于吸收光谱不同，参与呼吸链组成的细胞色素有 a、b、c 三类，每一类中又因最大吸收峰的微小差别再分为几种亚类。

细胞色素 b、细胞色素 c 的铁卟啉都是铁卟啉Ⅸ，与血红素相同；细胞色素 a 的卟啉环中有一个甲基被甲酰基取代，一个乙烯基侧链被多聚异戊烯长链取代。细胞色素 b 是跨膜蛋白，有 b_{560}、b_{562}、b_{566} 三个亚类（图 3-18）。细胞色素 c 是以乙烯基与蛋白部分的半胱氨酸残基（—SH）连接，松弛地结合于线粒体内膜表面，有 c、c_1 两个亚类。人细胞色素 a 和细胞色素 a_3 结合紧密，很难分离，故称之为 Cyt aa_3。细胞色素类铁卟啉辅基的铁原子可进行 $Fe^{2+} \rightleftharpoons Fe^{3+}+e$ 反应而传递电子，属于单电子递体。

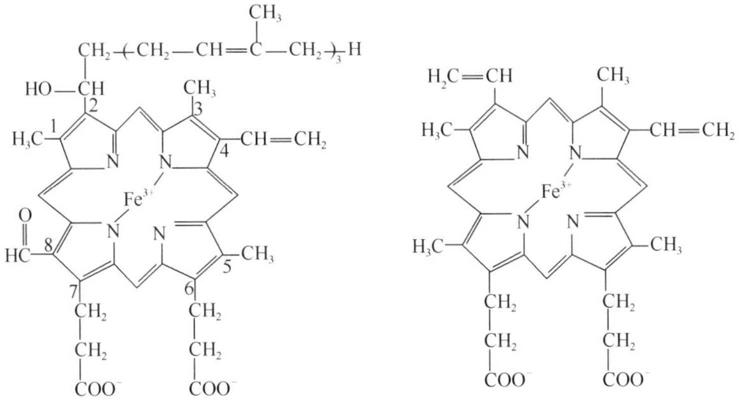

图 3-18 细胞色素的血红素 a 辅基和血红素 b 辅基

3. 复合体Ⅲ 泛醌从复合体Ⅰ或Ⅱ募集还原当量并穿梭传递到复合体Ⅲ，后者再将电子传递给细胞色素 c，故又称为泛醌-细胞色素 c 还原酶。

复合体Ⅲ

$$QH_2 \rightarrow b_{562};\ b_{566};\ Fe\text{-}S;\ c_1 \rightarrow Cyt\ c$$

组成：细胞色素 b（Cyt b_{562}，Cyt b_{566}）、Cyt c_1、铁硫蛋白。

Cyt c 呈水溶性，与线粒体内膜外表面结合不紧密，极易与线粒体内膜分离，故不包含在上述复合体中。

4. 复合体Ⅳ 又称细胞色素 c 氧化酶，将电子从细胞色素 c 传递给氧。

复合体Ⅳ

$$还原型\ Cyt\ c \rightarrow Cu_A \rightarrow a \rightarrow a_3 \rightarrow Cu_B \rightarrow O_2$$

组成：Cyt aa_3。细胞色素 a、细胞色素 a_3 和 2 个铁卟啉辅基及与之相连的 Cu。Cyta 和 Cyt a_3 很难分开，合称为 Cyt aa_3。其中 2 个铜原子分别连接 2 个铁卟啉辅基，铜原子可以进行 $Cu^+ \rightleftharpoons Cu^{2+}+e$ 氧化还原反应传递电子。

（二）氧化呼吸链成分的排列顺序

1. 实验根据

（1）根据呼吸链各组分的标准氧化还原电位（$E^{0'}$），由低到高的排列顺序（电位低容易失去电子）（表 3-4）。

表 3-4 呼吸链中各种氧化还原对的标准氧化还原电位

氧化还原对	$E^{0'}$（V）
$NAD^+/NADH+H^+$	−0.32
$FMN/FMNH_2$	−0.30

续表

氧化还原对	$E^{0'}$（V）
$FAD/FADH_2$	–0.06
Cyt b Fe^{3+}/Fe^{2+}	0.04 或（0.10）
$Q_{10}/Q_{10}H_2$	0.07
Cyt c_1 Fe^{3+}/Fe^{2+}	0.22
Cyt c Fe^{3+}/Fe^{2+}	0.25
Cyt a Fe^{3+}/Fe^{2+}	0.29
Cyt a_3 Fe^{3+}/Fe^{2+}	0.38
1/2 O_2/H_2O	0.82

（2）底物存在时，利用呼吸链特异的抑制剂阻断某一组分的电子传递，在阻断部位以前的组分处于还原状态，后面组分处于氧化状态。根据各组分的氧化和还原状态吸收光谱的改变分析其排列次序。

（3）利用呼吸链各组分特有的吸收光谱，以离体线粒体无氧时处于还原状态作为对照，缓慢给氧，观察各组分被氧化的顺序。

（4）在体外将呼吸链拆开和重组，鉴定四种复合体的组成和排列。

2. 氧化呼吸链途径

（1）NADH 氧化呼吸链，该途径的电子传递顺序是：

NADH → 复合体Ⅰ → CoQ → 复合体Ⅲ → Cyt c → 复合体Ⅳ → O_2

（2）$FADH_2$ 氧化呼吸链，又称琥珀酸氧化呼吸链，该途径的电子传递顺序是：

琥珀酸 → 复合体Ⅱ → CoQ → 复合体Ⅲ → Cyt c → 复合体Ⅳ → O_2

呼吸链特点：凡是脱下的氢交给 NADH，进入 NADH 氧化呼吸链；凡是脱下的氢交给 $FADH_2$，进入琥珀酸氧化呼吸链。

3. 呼吸链电子传递的生理意义

（1）增强氧的氧化能力：体内氧不能直接与氢结合生成水，代谢物脱下的氢经呼吸链传递，就能与氧化合生成水，所以增强氧的氧化能力。

（2）逐步释放能量：逐步释放的能量有利于 ATP 的形成。

以上所述是讲述 H_2O 的生成过程，那么 ATP 又是如何生成的呢?

二、氧化磷酸化

细胞内由 ADP 磷酸化生成 ATP 的方式有两种，一种是与脱氢反应偶联，直接将高能代谢物分子中的能量转移至 ADP（或 GDP），生成 ATP（或 GTP）的过程，称为底物水平磷酸化（糖代谢中已叙述）。而 ATP 形成的主要方式是氧化磷酸化（oxidative phosphorylation），即由代谢物脱下的氢，经线粒体氧化呼吸链电子传递生成水，同时逐步释放能量，此释能过程与驱动 ADP 磷酸化生成 ATP 相偶联，故又称为偶联磷酸化。

（一）氧化磷酸化偶联部位

1. 实验根据

（1）P/O 比值：一对电子通过氧化呼吸链传递给 1 个氧原子生成 1 分子 H_2O，其释放的能量使 ADP 磷酸化合成 ATP，此过程需要消耗氧和磷酸。P/O 比值是指氧化磷酸化过程中，每消耗 1mol 氧原子所消耗的无机磷的摩尔数，即所能合成成 ATP 的摩尔数。

已知 *β*-羟丁酸的氧化是通过 NADH 氧化呼吸链，测得 P/O 比值接近 2.5，即生成 2.5 分子 ATP。琥珀酸氧化时，测得 P/O 比值接近 1.5，即生成 1.5 分子 ATP，因此表明在 NADH 与 CoQ

之间存在偶联部位。抗坏血酸氧化的 P/O 比值接近 1，还原型 Cyt c 则经 Cyt aa_3 被氧化，P/O 比值接近 1。从 β-羟丁酸、琥珀酸和还原型 Cyt c 氧化时 P/O 比值的比较表明，NADH 呼吸链存在三个偶联部位；琥珀酸呼吸链存在两个偶联部位（表 3-5）。

表 3-5　线粒体离体实验测得的一些底物的 P/O 比值

底物	呼吸链的组成	P/O 比值	可能生成的 ATP 数
β-羟丁酸	NAD^+ → 复合体Ⅰ→CoQ→复合体Ⅲ→Cyt c→复合体Ⅳ→ O_2	2.4～2.8	2.5
琥珀酸	复合体Ⅱ→ CoQ →复合体Ⅲ→ Cyt c → 复合体Ⅳ→O_2	1.7	1.5
抗坏血酸	Cyt c → 复合体Ⅳ→O_2	0.88	1
细胞色素 c（Fe^{2+}）	复合体Ⅳ→O_2	0.61～0.68	1

（2）自由能变化：根据热力学公式（$\Delta G^{0'} = -nF\Delta E^{0'}$）可计算 pH7.0 时标准自由能变化。通过各段测得的标准氧化还原电位变化（NADH→CoQ、CoQ→Cyt c、Cyt aa_3→1/2 O_2）计算出标准自由能的变化，可见以上三个偶联部位均足够提供生成 ATP 所需能量（图 3-19）。

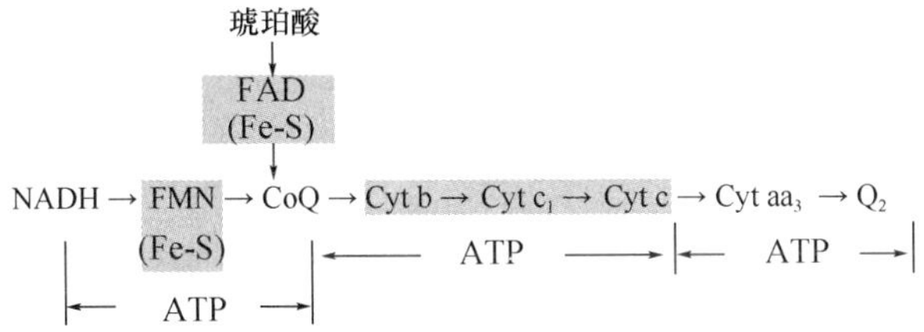

图 3-19　氧化磷酸化偶联部位

2. 氧化磷酸化偶联部位　从图 3-19 可见，代谢物脱下的一对氢，经 NADH 氧化呼吸链传递生成水，可生成 2.5 分子 ATP；代谢物脱下的一对氢，经 $FADH_2$ 氧化呼吸链传递生成水，可生成 1.5 分子 ATP。

（二）氧化磷酸化偶联机制

1. 化学渗透学说（chemiosmotic hypothesis）　化学渗透学说是 20 世纪 60 年代由英国科学家 Peter Mitchell 提出的，其本人因此获得 1978 年诺贝尔化学奖。

其基本要点是：

（1）呼吸链各组分不均一分布在内膜中，间隔、定向排列；复合体具有质子泵功能，驱动 H^+从线粒体基质侧泵出至内膜的膜间腔侧，3 个复合体可构成 3 个回路。

（2）线粒体内膜不允许 H^+自由通过，H^+质子从线粒体内膜基质侧到内膜外侧，产生膜内外质子电化学梯度（跨膜电位差），以此储存能量。

（3）每个回路均有质子泵作用，共泵出三对氢质子，当氢质子回流时，通过 ATP 合酶驱动 ADP 与 Pi 生成 ATP。

Mitchell 的假说中还有不少问题，如泵出质子对的确切数目，与 ATP 合成的关系，呼吸链排列顺序等，近来还有不同意见。但到目前为止，这个假说的基本概念仍为多数人接受，还没有其他假说可以取代。图 3-20 归纳了氧化呼吸链电子传递和氧化磷酸化的过程。

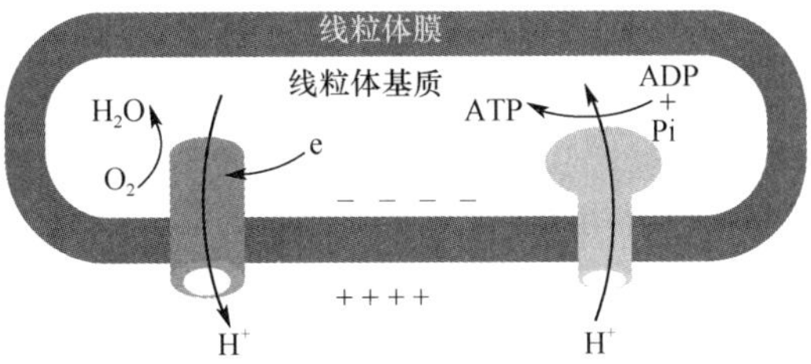

图 3-20　化学渗透假说简单示意图

2. ATP 合酶（ATP synthase）

（1）ATP 合酶结构：由 F_0（疏水部分）和 F_1（亲水部分）组成（图 3-21）。

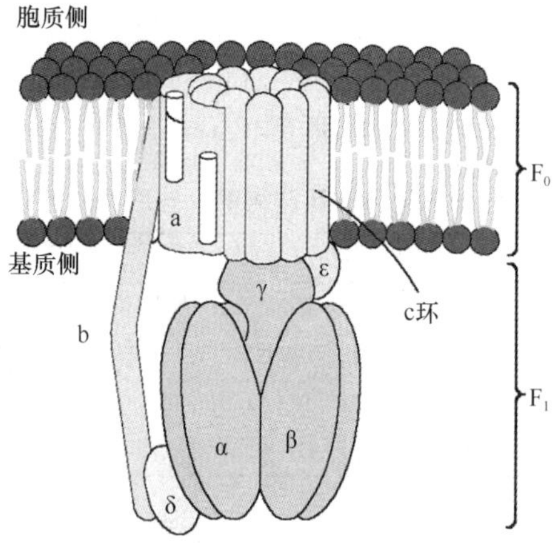

图 3-21 ATP 合酶结构模式图

F_1：构成 ATP 合酶头部和一部分柄部

特点：①五种不同亚基构成 $\alpha_3\beta_3\gamma\delta\varepsilon$，约 371kDa。还有较小的肽，8～10 条多肽链。②功能：生成 ATP。如分离 F_1，则丧失生成 ATP 的功能，但保留 ATP 的水解活性。③β 亚基必须和 α 亚基结合才具有催化活性（αβγ），具有六个结合核苷酸部位。γ 亚基控制质子通道的闸门作用；δ 亚基可能参与质子通道的形成。

F_0：构成 ATP 合酶的底部和部分柄部

特点：①由 a、b、c 三类亚基构成 ab_2c_n；②构成质子通道；③具有寡霉素敏感蛋白（oligomycin- sensitivity-conferring protein，OSCP）结构域，当存在有寡霉素时，不能生成 ATP。

（2）ATP 合成机制：美国科学院院士，加州大学的 P. D. Boyer 教授提出 ATP 合成的机制是结合变化机制和旋转催化机制。他的卓越成就使他获得了 1997 年诺贝尔化学奖。

在此着重简单介绍结合变构机制的基本要点：①β 亚基三种构象的变化：开放型（O）无活性，与 ATP 亲和力低；疏松型（L）无活性，可与 ADP 和 Pi 底物疏松结合；紧密结合型（T）有 ATP 合成活性，与 ATP 结合紧密。②γ 亚基转动时，会依次接触 3 组 αβ 单元中的 β 亚基，导致 β 亚基的构象进行协调性的循环变化。③质子流能量驱动合酶的 γ 亚基进行转动，使 β 亚基构象从 L 型变构为 T 型，用于合成 ATP；再次转动使 T 型 β 亚基变构为 O 型，有利于合成的 ATP 的释放。

ATP 生成所需的能量（氢质子跨膜电位）原则上用于促进 ATP 合酶上紧密结合的 ATP 的释放和 ADP、Pi 的结合（图 3-22）。为此，人们常常将 ATP 比喻为生物体内的能量货币，ATP 合酶比喻为制造货币的“印钞机”。

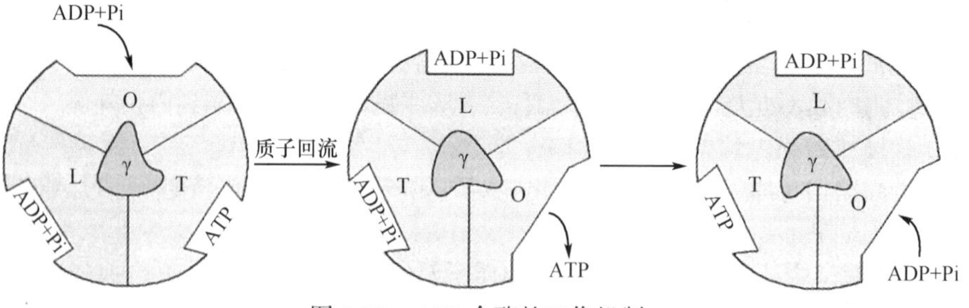

图 3-22 ATP 合酶的工作机制

三、氧化磷酸化的影响因素

（一）抑制剂

1. 呼吸链抑制剂 此类抑制剂能阻断呼吸链中某些部位的电子传递。各种抑制剂对呼吸链的阻断位点见图 3-23。

2. 解偶联剂 它们使氧化与磷酸化偶联过程脱离。

如二硝基苯酚为脂溶性物质，在线粒体内膜可自由移动，进入基质侧释放出 H^+，返回胞质侧结合 H^+，从而破坏了电化学梯度。机体内也存在内源性的解偶联剂，能使组织产热。例如，人（尤其是新生儿）、哺乳类动物中存在棕色脂肪组织，该组织的线粒体内膜中存在一种特别的蛋白，称为解偶联蛋白（uncoupling protein，UCP_1），在线粒体内膜形成质子通道，H^+可经此通道返回线粒体基质中，同时释放热能，因此棕色脂肪组织是产热御寒组织。

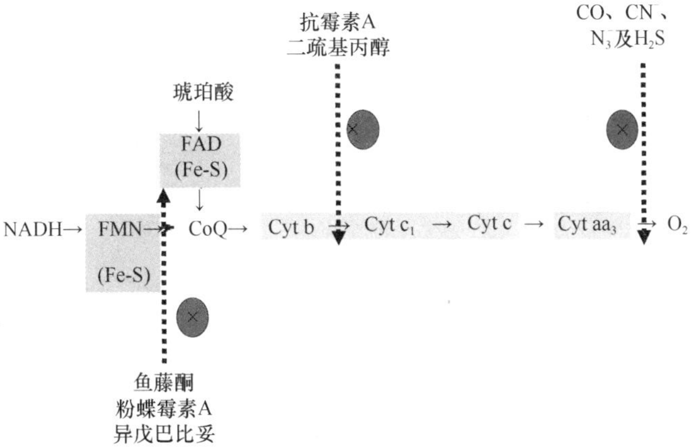

图 3-23 各呼吸链抑制剂阻断位点

3. 氧化磷酸化抑制剂 这类抑制剂对电子传递及 ADP 磷酸化均有抑制作用。例如，寡霉素可与 ATP 合酶 F_0 的寡霉素敏感蛋白结合，阻止质子从 F_0 质子通道回流，抑制 ATP 合酶活性。由于线粒体内膜两侧质子电化学梯度增高影响呼吸链质子泵的功能，继而抑制电子传递。

（二）ADP 的调节作用

氧化磷酸化的速率主要受 ADP 的调节。当 ADP/ATP 比例增高，氧化磷酸化速率加快；反之比例下降，则速率减慢。

（三）甲状腺素

甲状腺素诱导细胞膜上 Na^+，K^+-ATP 酶的生成，使 ATP 加速分解为 ADP 和 Pi，ADP 增多促进氧化磷酸化，甲状腺素还可使解偶联蛋白基因表达增强，因而引起耗氧和产热均增加。所以甲状腺功能亢进症患者基础代谢率增高。

（四）线粒体 DNA 突变

线粒体 DNA（mitochondrial DNA，mtDNA）呈裸露的环状双螺旋结构，缺乏蛋白质保护和损伤修复系统，容易受到本身氧化磷酸化过程中产生的氧自由基的损伤而发生突变，使 ATP 生成减少而致病。mtDNA 突变部位、突变程度和各器官对 ATP 的需求不同，会产生不同的疾病，但功能障碍首先出现在耗能较多的组织，如脑组织。随着年龄的增长，如果 mtDNA 突变严重累积，可导致帕金森病、老年性痴呆等退行性疾病的发生。

四、ATP 在能量代谢中的核心作用

（一）高能磷酸键与高能化合物

ATP 是高能磷酸化合物，可直接为细胞的各种生理活动提供能量，同时也有利于细胞对能量代谢进行严格调控。

高能磷酸键是指那些水解时能释放较多自由能的含有磷酸基的化合物，通常其水解释放的

标准自由能 ΔG 大于 25kJ/mol，如磷酸烯醇式丙酮酸、磷酸肌酸等；水解时释放能量较多的磷酸酯键，称之为高能磷酸键，通常以“～P”符号表示。此外，生物体内还包括其他的高能磷酸化合物和含有高能硫酯键的 CoA 等。

（二）能量的利用和储存

1. 能量的利用 生物氧化过程中释放的能量大约有 40%以化学能形式生成 ATP。除 ATP 外，体内还有其他的核苷多磷酸，如 GTP、UTP、CTP 等。它们分别在蛋白质、糖原、磷脂等的生物合成中起重要作用。这些核苷多磷酸的生成和补充，都有赖于 ATP。由此可见，生物体内能量的储存和利用都以 ATP 为中心。

2. 能量的储存形式 ATP 可将～P 转移给肌酸生成磷酸肌酸（creatine phosphate，CP），作为在肌肉和脑组织中能量的一种储存形式。当机体消耗 ATP 过多而致 ADP 增多时，磷酸肌酸将～P 转移给 ADP，生成 ATP，供生理活动之用。

五、通过线粒体内膜的物质转运

线粒体对物质通过的选择性主要依赖于内膜中不同的转运载体对各种物质进行转运，以保证生物氧化的顺利进行（表 3-6）。

表 3-6 线粒体内膜的某些转运蛋白对代谢物的转运

转运蛋白	进入线粒体	出线粒体
ATP-ADP 转位酶	ADP^{3-}	ATP^{4-}
磷酸盐转运蛋白	$H_2PO_4^- + H^+$	
二羧酸转运蛋白	HPO_4^{2-}	苹果酸
α-酮戊二酸转运蛋白	苹果酸	*α*-酮戊二酸
天冬氨酸-谷氨酸转运蛋白	谷氨酸	天冬氨酸
单羧酸转运蛋白	丙酮酸	OH^-
三羧酸转运蛋白	苹果酸	柠檬酸
碱性氨基酸转运蛋白	鸟氨酸	瓜氨酸
肉碱转运蛋白	脂酰肉碱	肉碱

（一）胞质中 NADH 的氧化

胞质中生成的 NADH 不能自由透过线粒体内膜，故线粒体外 NADH 所携带的氢必须通过某种转运机制才能进入线粒体进行氧化磷酸化。这种转运机制主要有 *α*-磷酸甘油穿梭（glycerophosphate shuttle）和苹果酸-天冬氨酸穿梭（malate-asparate shuttle）两种。

1. *α*-磷酸甘油穿梭 主要存在于脑和骨骼肌中。线粒体外的 $NADH + H^+$在胞质中 *α*-磷酸甘油脱氢酶催化下，使磷酸二羟丙酮还原成 *α*-磷酸甘油，后者通过线粒体外膜，再经位于线粒体膜间隙的 *α*-磷酸甘油脱氢酶（辅基是 FAD）催化生成磷酸二羟丙酮和 $FADH_2$。磷酸二羟丙酮可穿出线粒体外膜至胞质，继续进行穿梭，而 $FADH_2$ 则进入琥珀酸氧化呼吸链，生成 1.5 分子 ATP（图 3-24）。

2. 苹果酸-天冬氨酸穿梭 主要存在于肝和心肌中。胞质中的 $NADH+H^+$在苹果酸脱氢酶催化下，使草酰乙酸还原成苹果酸，后者通过线粒体内膜上的 *α*-酮戊二酸转运蛋白进入线粒体，又在线粒体内苹果酸脱氢酶的作用下重新生成草酰乙酸和 $NADH + H^+$。$NADH + H^+$进入 NADH 氧化呼吸链，生成 2.5 分子 ATP。线粒体内生成的草酰乙酸经天冬氨酸转氨酶的作用生成天冬氨酸，后者经酸性氨基酸转运蛋白运出线粒体再转变成草酰乙酸，继续进行穿梭（图 3-25）。

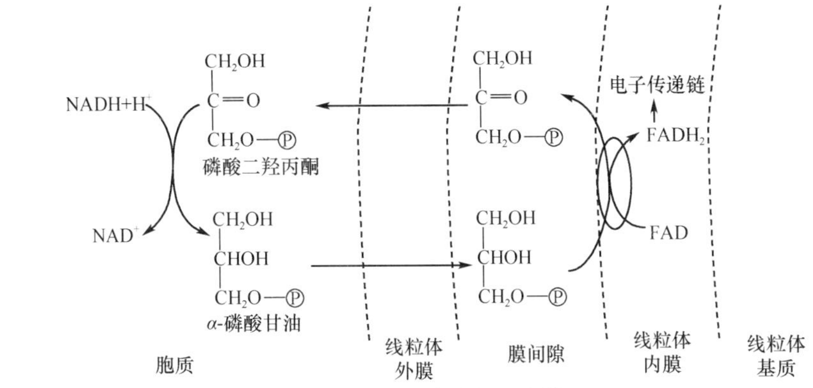

图 3-24　α-磷酸甘油穿梭

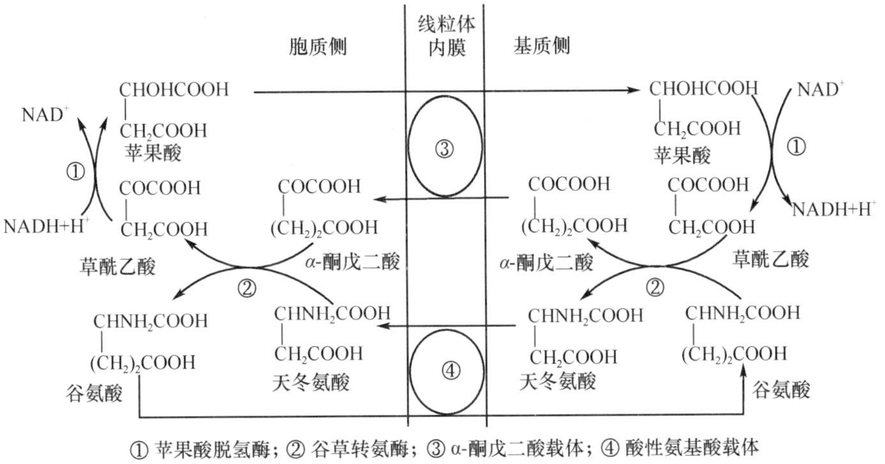

图 3-25　苹果酸-天冬氨酸穿梭

（二）腺苷酸载体

腺苷酸载体又称 ATP-ADP 载体，ADP 与 ATP 经该载体反向交换。此时胞质中的 $H_2PO_4^-$ 经磷酸盐载体与 H^+同向转运到线粒体内（图 3-26）。

（三）线粒体蛋白质的跨膜转运

90%以上线粒体蛋白质是核 DNA 编码的，蛋白质前体由线粒体外膜表面的解折叠酶使其结构松散，由总插入蛋白引导进入线粒体基质，通过加工肽酶切除导向信息的氨基酸前序列，生成成熟的基质蛋白质。

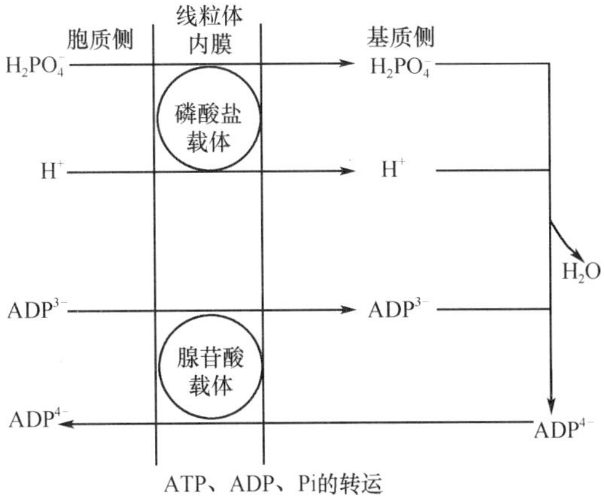

图 3-26　ATP、ADP、Pi 的转运

六、线粒体外氧化体系

除线粒体外，细胞的微粒体和过氧化物酶体也是生物氧化的主要场所，其中存在一些不同于线粒体的氧化酶类，组成特殊的氧化体系，其特点是在氧化过程中不伴有偶联磷酸化，不能生成 ATP，但在体内代谢物、药物和毒物的生物转化及活性氧的清除等方面发挥重要作用。

（一）微粒体中的氧化酶类

加单氧酶（monooxygenase）或羟化酶（hydroxylase）催化相关底物分子加入一个氧原子使其羟化，另一个氧原子被氢（来自 NADPH+H^+）还原成水（图 3-27），故又称为混合功能氧化酶或羟化酶。

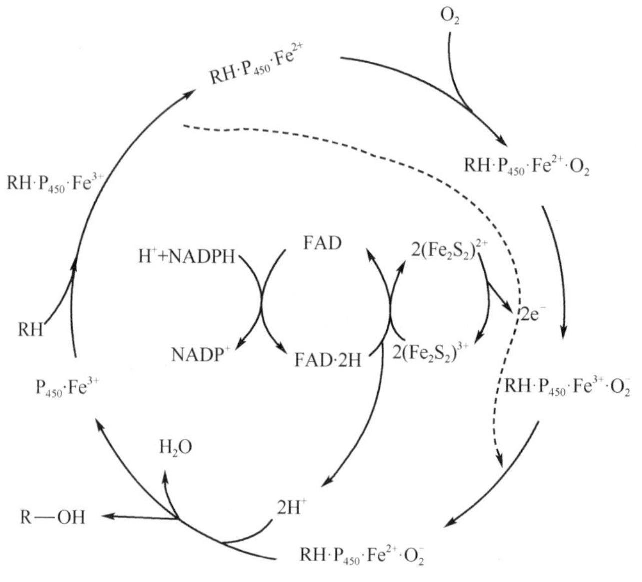

图 3-27　加单氧酶的反应过程

首先氧化型细胞色素 P_{450} 结合底物（RH）形成 P_{450}-Fe^{3+}-RH，继而在 NADPH-细胞色素 P_{450} 还原酶（其辅基有 NADPH、含 FAD 的黄素蛋白、含 Fe-S 的铁氧还蛋白）催化下，由 NADPH 供给电子（H^+留在介质中），经 FAD、铁氧还蛋白传递，接受 1 个电子被还原成 P_{450}-Fe^{2+}-RH，加入 O_2 并再接受 1 个电子使氧分子活化，结果底物被羟化（R—OH）并释放，而另一个氧原子接受电子还原成氧离子，并与介质中 $2H^+$结合成水。

（二）过氧化物酶体中的氧化酶类

1. 过氧化氢酶（catalase）　广泛分布于血液、骨髓、黏膜、肾脏和肝脏等组织。酶分子结构中含有铁卟啉环，1 个分子酶蛋白中含有 4 个铁原子。它可促使 H_2O_2 分解为分子氧和水，清除体内的过氧化氢，从而使细胞免于遭受 H_2O_2 的毒害，是生物防御体系的关键酶之一。

2. 过氧化物酶（perioxidase）　乳汁、白细胞、血小板等体液或细胞中含有过氧化物酶，它催化 H_2O_2 直接氧化酚类或胺类化合物。临床上判断粪便中有无隐血时，就是利用白细胞中含有过氧化物酶的活性，将联苯胺氧化成蓝色化合物。红细胞等组织中还有一种含硒的谷胱甘肽过氧化物酶，利用还原型谷胱甘肽（GSH）催化破坏过氧化氢或过氧化脂质，具有保护生物膜及血红蛋白免遭损伤的作用。

（三）超氧化物歧化酶（superoxide dismutase，SOD）

生物氧化过程中，氧分子必须接受 4 个电子才能完全还原成 $2O^{2-}$，再与 H^+结合成水。如果电子供给不足，就形成超氧阴离子（$\cdot O_2^-$）或氧阴离子（$\cdot O^-$）（占耗 O_2 的 1%～4%）；体内其他物质（如黄嘌呤）氧化时也可产生 $\cdot O_2^-$，它们都属于氧自由基，化学性质活泼，可使磷脂分子中不饱和脂肪酸氧化生成过氧化脂质，损伤细胞膜。自由基具有高度的氧化活性，它们极不稳定，活性极高，可以攻击细胞膜、线粒体膜，还可与膜中的不饱和脂肪酸反应，造成脂质过氧化增强；脂质过氧化产物又可分解为更多的自由基，引起自由基的连锁反应。这样，膜结构的完整性受到破坏，引起肌肉、肝细胞、线粒体、DNA、RNA 等广泛损伤从而引起各种疾病，诸如炎症、癌症、扩张型心肌病、老年性白内障、哮喘等疾患，严重危害人体健康。

SOD 是机体内天然存在的超氧自由基清除因子，它催化 1 分子 $\cdot O_2^-$氧化生成 O_2，另一分子 $\cdot O_2^-$ 氧化生成 H_2O_2，此反应称为歧化反应。

$$2 \cdot O_2^- + 2H^+ \rightarrow H_2O_2 + O_2$$

尽管生成的过氧化氢仍是对机体有害的活性氧，但体内的过氧化氢酶和过氧化物酶会立即将其分解为完全无害的水。这样，三种酶便组成了一个完整的防氧化链条。

第三节 脂 类 代 谢

脂类（lipids）包括脂肪（三酰甘油）和类脂，脂类种类多且结构复杂，决定了其在体内功能的多样性和复杂性。其生物学功能主要有：①生物膜的结构成分；②储存能量并氧化供能；③转变为固醇类激素；④转变为胆汁酸促进其他脂类物质的消化吸收。

脂类分子不由基因编码，独立于从基因到蛋白质的遗传信息系统之外，决定了其在生命活动或疾病发生发展中的特殊重要性。脂代谢异常在心脑血管病发生中作用的证实和脂类作为细胞信号传递分子的发现，表明脂类与正常生命活动、健康、疾病发生的关系十分密切，脂类代谢研究将再次成为生命科学和医药学的前沿领域。

一、脂类的消化吸收

膳食中的脂类主要为脂肪，此外还有少量磷脂及胆固醇等。脂肪在口腔里不起化学变化，因唾液中无消化脂肪的酶。胃液中含有少量脂肪酶（lipase），可能是由肠液中的胰脂肪酶回流至胃，但成人胃液的 pH 在 1～2，不适于脂肪酶的作用，故脂肪在成人胃中亦不能消化。婴儿的胃液 pH 在 5 左右，奶中的脂肪已经乳化，故脂肪在婴儿胃中可有少量被消化。

脂肪的消化主要在肠中进行，胰液和胆汁经胰管和胆管分泌到十二指肠，胰液中含有胰脂酶、辅脂酶、胆固醇酯酶等，它能水解部分脂肪成为甘油及游离脂肪酸，但大部分脂肪仅局部水解成单酰甘油，单酰甘油进一步由另一种脂酶水解成甘油和脂肪酸。

$$\text{三酰甘油} \xrightarrow[\text{辅脂酶}]{\text{胰脂酶}} \text{2-单酰甘油} + 2\times\text{脂肪酸}$$

$$\text{磷脂} \xrightarrow{\text{磷脂酶}A_2} \text{溶血磷脂} + \text{脂肪酸}$$

$$\text{胆固醇酯} \xrightarrow{\text{胆固醇酯酶}} \text{胆固醇} + \text{脂肪酸}$$

脂类不溶于水，不能与消化酶充分接触。胆汁中的胆汁酸盐是强有力的乳化剂，可将脂类乳化成细小微团（micelles），极大地增加脂肪酶与脂肪的接触面，以利于脂肪的水解。此外，胆汁酸盐又激活胰脂肪酶，可以促进脂肪的水解，这是胆汁酸盐帮助脂肪消化的另一作用。

脂肪及其消化产物主要在十二指肠下段及空肠上段吸收。食入脂肪含少量由中链（6～10C）、短链（2～4C）脂肪酸构成的三酰甘油，它们经胆汁酸盐乳化后可直接被肠黏膜细胞摄取，继而在细胞内脂肪酶作用下，水解成脂肪酸及甘油（glycerol），通过门静脉进入血循环。脂质消化产生的长链（12～16C）脂肪酸、2-单酰甘油、胆固醇和溶血磷脂等，在小肠进入肠黏膜细胞。长链脂肪酸在小肠黏膜细胞首先被转化成脂酰 CoA（acyl CoA），再在滑面内质网脂酰 CoA 转移酶（acyl CoA transferase）催化下，由 ATP 供能，被转移至 2-单酰甘油羟基上，重新合成三酰甘油。再与粗面内质网上合成的载脂蛋白（apolipoprotein，apo）B_{48}、

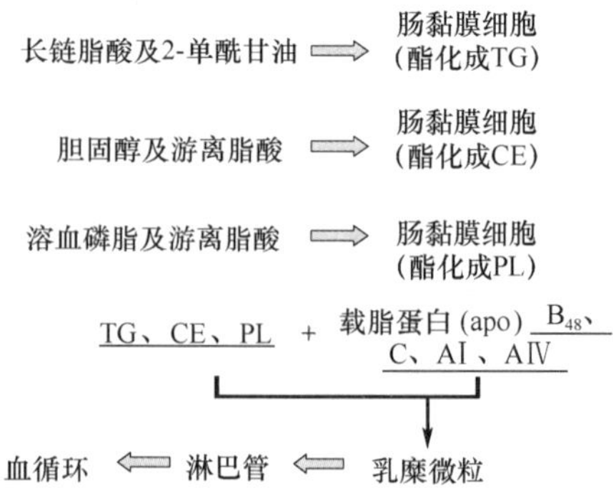

图 3-28 脂肪消化产物的吸收

C、AⅠ、AⅣ等及磷脂、胆固醇共同组装成乳糜微粒（chylom- icron，CM），被肠黏膜细胞分泌，经淋巴系统进入血液循环（图 3-28）。

体内脂类过多，尤其是饱和脂肪酸、胆固醇过多，在肥胖、高脂血症、动脉粥样硬化、2 型糖尿病、高血压和癌症等发生中具有重要作用。小肠被认为是介于机体内、外脂类物质之间的选择性屏障。小肠的脂类消化吸收能力调节的分子机制可能涉及小肠特殊的分泌物质或特异的基因表达产物，可能是预防体脂过多，治疗相关疾病，开发新药物，采用膳食干预措施的新靶标。

二、脂肪的代谢

（一）脂肪的分解代谢

1. 脂肪动员 储存于脂肪细胞中的脂肪，被脂肪酶逐步降解为游离脂肪酸（free fatty acid，FFA）及甘油，释放入血，供其他组织氧化利用，这一过程称为脂肪动员（fat mobilization）。

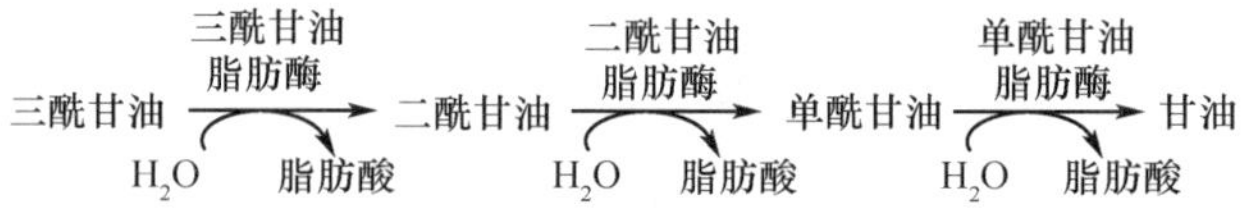

三酰甘油脂肪酶是脂肪分解的限速酶，可受多种激素调控，故称为激素敏感性脂肪酶。能促进脂肪分解的激素称为脂解激素，如肾上腺素、胰高血糖素、促肾上腺皮质激素（ACTH）及促甲状腺激素（TSH）等。胰岛素、前列腺素 E_2（PGE_2）及烟酸等抑制脂肪的分解，对抗脂解激素的作用。活化的脂肪酶使脂肪水解成脂肪酸和甘油，这两种水解产物再分别进行氧化分解。

2. 甘油的氧化分解 甘油可直接经血液运输至肝、肾、肠等组织利用。在甘油激酶（glycerokinase）作用下，甘油转变为 3-磷酸甘油；然后脱氢生成磷酸二羟丙酮，循糖代谢途径分解或转变为葡萄糖（图 3-29）。肝的甘油激酶活性最高，脂肪动员产生的甘油主要被肝摄取利用，而脂肪及骨骼肌组织因甘油激酶活性很低，对甘油的摄取利用很有限。

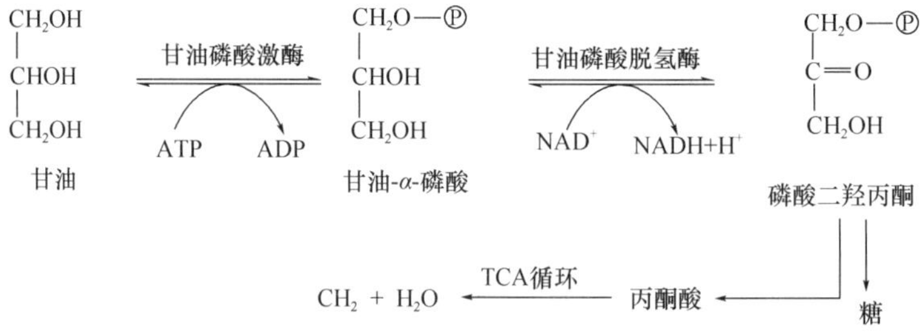

图 3-29 甘油的氧化分解

3. 脂肪酸的 *β*-氧化分解 脂肪酸不溶于水，在血液中与清蛋白结合后，运送至全身各组织被氧化分解。脂肪酸是人及哺乳动物的主要能源物质，除脑组织外，大多数组织都能氧化脂肪酸，以肝脏和肌肉最为活跃。脂肪酸氧化的途径是 1904 年由 Knoop 提出的，由于脂肪酸在体内氧化分解从羧基端 *β*-碳原子开始，每次断裂 2 个碳原子，故称“*β*-氧化作用”。

（1）脂肪酸活化为脂酰 CoA：长链脂肪酸氧化前必须进行活化，内质网及线粒体外膜上的脂酰 CoA 合成酶（acyl-CoA synthetase）在 ATP、CoASH 及 Mg^{2+}存在的条件下，催化脂肪酸活化，生成脂酰 CoA。

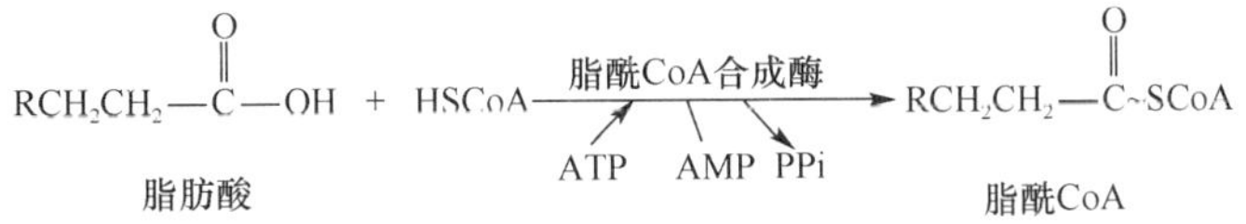

脂肪酸活化后生成脂酰 CoA，增加了水溶性，从而提高了脂肪酸的代谢活性。反应过程中生成的焦磷酸立即被细胞内的焦磷酸酶水解，阻止了逆反应的进行。故 1 分子脂肪酸活化，实际上消耗了 2 个高能磷酸基团。

（2）脂酰 CoA 进入线粒体：脂肪酸活化在胞质中进行，而催化脂肪酸氧化的酶系是在线粒体基质内，活化的脂酰 CoA 必须进入线粒体内才能代谢。长链脂酰 CoA 不能直接通过线粒体内膜，需要通过一种特异的转运载体而通过线粒体内膜，这个载体就是肉碱（carnitine，或称 L-*β*-羟-*γ*-三甲氨基丁酸）。线粒体内膜外侧的肉碱和脂酰 CoA 在肉碱脂酰 CoA 转移酶 Ⅰ（CAT Ⅰ）的催化生成脂酰肉碱，随即可通过线粒体内膜，再在肉碱脂酰 CoA 转移酶 Ⅱ（CAT Ⅱ）催化下脱去肉碱，又形成脂酰 CoA，这样脂酰 CoA 就可以在线粒体的基质中进行 *β*-氧化。肉碱转运过程如图 3-30 所示。

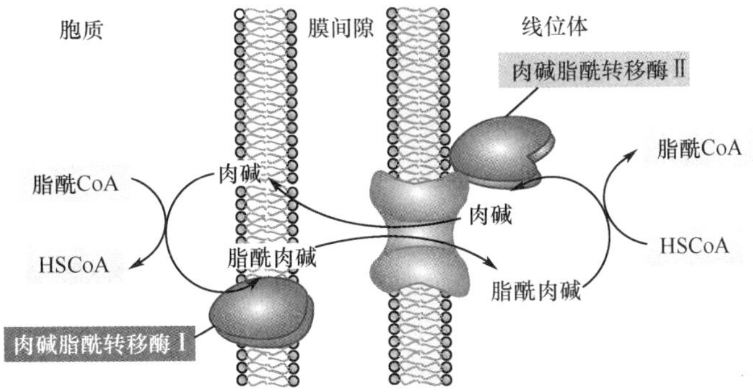

图 3-30 长链脂酰 CoA 进入线粒体的机制

脂酰 CoA 进入线粒体是脂肪酸 *β*-氧化的限速步骤，肉碱脂酰转移酶 Ⅰ 是脂肪酸 *β*-氧化的关键酶。当饥饿、高脂低糖膳食或糖尿病时，机体没有充足的糖供应，或不能有效利用糖，需脂肪酸供能，肉碱脂酰转移酶 Ⅰ 活性增加，脂肪酸氧化增强。相反，饱食后肉碱脂酰转移酶 Ⅰ 活性下降，脂酰酸氧化被抑制。

（3）脂肪酸的 *β*-氧化：线粒体基质中存在由多个酶结合在一起形成的脂肪酸 *β*-氧化氧化酶系，在该酶系多个酶顺序催化下，从脂酰基 *β*-碳原子开始，进行脱氢、加水、再脱氢及硫解四步反应（图 3-31），完成一次 *β*-氧化。

1）脱氢反应：脂酰 CoA 经脂酰 CoA 脱氢酶催化，从 *α*-和 *β*-碳原子上各脱下氢，生成 Δ^2 反烯脂酰 CoA。此脱氢酶的辅基为 FAD。

2）水合反应：Δ^2 反烯脂酰 CoA 在烯脂酰 CoA 水化酶的催化下，在双键上加水生成 L（+）-*β*-羟脂酰 CoA。

3）再脱氢反应：L（+）-*β*-羟脂酰 CoA 在 L-*β*-羟脂酰 CoA 脱氢酶的催化下，脱去 *β*-碳原子与羟基上的氢原子生成 *β*-酮脂酰 CoA，该脱氢酶的辅酶为 NAD^+。

4）硫解断链：*β*-酮脂酰 CoA 在 *β*-酮硫解酶的催化下，*β*-酮脂酰 CoA 与 CoASH 作用，硫解产生 1 分子乙酰 CoA 比原来减少了 2 个碳原子的脂酰 CoA。

综上所述，1 分子脂酰 CoA 通过脱氢、加水、再脱氢和硫解等 4 步反应（为一次 *β*-氧化）后生成 1 分子乙酰 CoA 和减少了 2 个碳原子的脂酰 CoA。新生成的脂酰 CoA 可继续重复上述

4 步反应直至完全分解为乙酰 CoA 为止。生成的乙酰 CoA 主要在线粒体通过三羧酸循环彻底氧化；在肝，部分乙酰 CoA 转变成酮体，通过血液运送至肝外组织氧化利用。生成的 $FADH_2$、NADH 经呼吸链氧化，偶联 ADP 磷酸化产生 ATP。

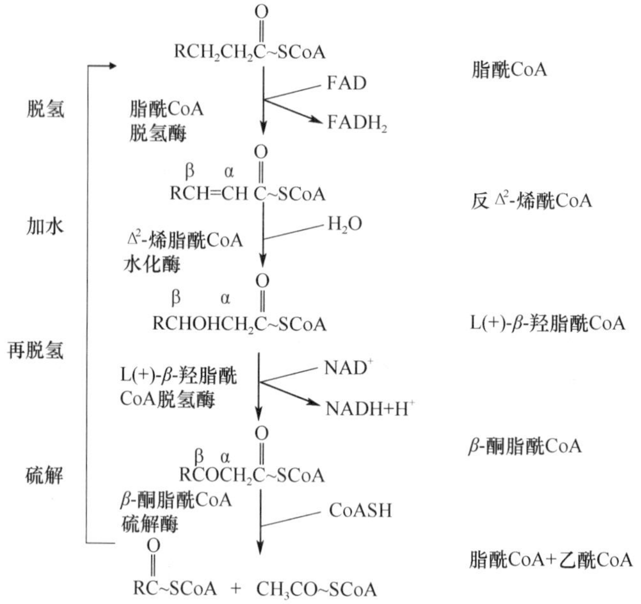

图 3-31 脂肪酸的 β-氧化过程

脂肪酸 β-氧化产生的乙酰 CoA 通过 TCA 循环彻底氧化成二氧化碳和水并释放能量。现以软脂酸为例计算其完全氧化生成的 ATP 分子。以软脂酸为例，软脂酸为十六碳酸，1 分子软脂酸彻底氧化分解，需经 7 次 β-氧化循环，共生成 8 分子乙酰 CoA、7 分子 $FADH_2$ 和 7 分子 NADH。每分子 $FADH_2$ 可通过呼吸链产生 1.5 分子 ATP，而 NADH 也可通过呼吸链产生 2.5 分子 ATP；每分子乙酰 CoA 经 TCA 循环彻底氧化可产生 10 分子 ATP。脂肪酸经活化成脂酰 CoA 时，消耗 ATP 分子中 2 个高能磷酸基团可视为消耗 2 分子 ATP，所以 1 分子软脂酸完全氧化成二氧化碳和水生成的 ATP 分子是：

共经 7 次 β-氧化，产生 $7 \times (1.5 + 2.5) = 28$ 分子 ATP

共产生 8 分子乙酰 CoA，产生 $8 \times 10 = 80$ 分子 ATP

氧化分解共产生 28+80=108 分子的 ATP，再减去开始活化时消耗 2 分子 ATP，共生成 $108 - 2 = 106$ 分子 ATP。

4. 脂肪酸的其他氧化方式 脂肪酸除了进行 β-氧化作用外，还有少量可进行其他方式氧化，如 α-氧化和 ω-氧化作用。

（1）α-氧化作用：在哺乳动物的肝和脑组织中进行，由微粒体氧化酶系催化，使游离的长链脂肪酸的 α-碳上被氧化成羟基，生成 α-羟脂酸。长链的 α-羟脂酸是脑组织中脑苷脂的重要成分。α-羟脂酸继续氧化脱羧就成为少一个碳原子的脂肪酸。

（2）ω-氧化作用：是动物体内十二碳以下的短链脂肪酸，在肝微粒体氧化酶系催化下，通过末端碳原子（称为 ω-位）氧化成 ω-羟脂酸，再进一步氧化成二羧酸。

反应中还有细胞色素 P_{450} 参与，生成的二羧酸可转运到线粒体，从分子任何一端进行 β-氧化，最后生成琥珀酰 CoA 可直接进入 TCA 循环彻底氧化成二氧化碳和水。

（3）不饱和脂肪酸的氧化：不饱和脂肪酸的氧化途径和饱和脂肪酸的氧化途径基本相似，但还需要另外两个酶，即异构酶和差向异构酶。例如，油脂酰 CoA 为 A9 顺式，通过三次 β-氧化至十二碳烯脂酰 CoA 即成为 Δ^3 顺式，此产物不能被 β-氧化过程中的水合酶作用，但通过 Δ^3 顺 Δ^2 反烯脂酰 CoA 异构酶的作用，可将 Δ^3 顺式转变为 Δ^2 反式的结构，生成的 Δ^2 反烯脂酰 CoA 即为 β-氧化过程中烯脂酰 CoA 水合酶的正常底物，可按 β-氧化途径继续分解。

对于多不饱和脂肪酸如亚油酸、亚麻酸等，除上述异构酶外还需要另一个差向异构酶，使 β-羟脂酰 CoA 从 D 型转变成 L 型结构。

（4）奇数碳原子脂肪酸的氧化：人体含有极少量奇数碳原子脂肪酸，β-氧化后除生成乙酰 CoA 外，最后可得到丙酰 CoA，丙酰 CoA 经丙酰 CoA 羧化酶、异构酶及甲基丙二酸单酰 CoA 变位酶催化可转变为琥珀酰 CoA，然后通过 TCA 循环而被氧化。

5. 酮体的生成和利用　脂肪酸在肝内经 β-氧化产生的大量乙酰 CoA，部分被转变成酮体（ketoue bodies），酮体包括乙酰乙酸（acetoacetate）、β-羟丁酸（β-hydroxybutyrate）及丙酮（acetone），三者统称为酮体（ketone bodies）。

（1）酮体的生成

1）脂肪酸在线粒体中经 β-氧化生成的大量乙酰 CoA 在硫解酶（thiolase）催化下，缩合成乙酰乙酰 CoA，并释出 1 分子 CoASH。

2）乙酰乙酰 CoA 在羟甲基戊二酸单酰 CoA 合成酶（HMG CoA synthetase）催化下，再与 1 分子乙酰 CoA 缩合生成羟甲基戊二酸单酰 CoA（HMG CoA）并释出 1 分子 CoASH。

3）羟甲基戊二酸单酰 CoA 在 HMG CoA 裂解酶的作用下，裂解生成乙酰乙酸和乙酰 CoA。

4）乙酰乙酸在 β-羟丁酸脱氢酶的催化下，被还原成 β-羟丁酸，部分乙酰乙酸可在酶催化下脱羧而成丙酮（图 3-32）。

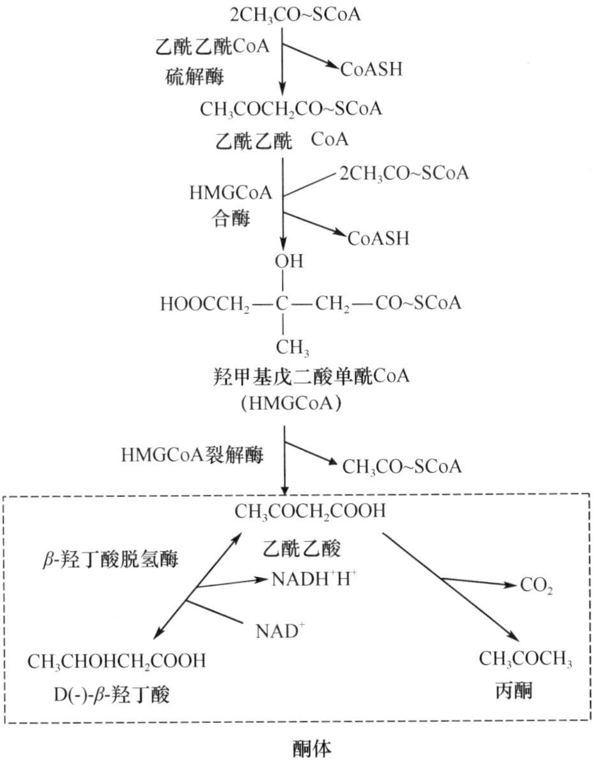

图 3-32　酮体的生成

（2）酮体在肝外组织氧化利用

1）琥珀酰 CoA 转硫酶：心、肾、脑及骨骼肌的线粒体具有较高的酶活性。在有琥珀酰 CoA

存在时，此酶能使乙酰乙酸活化，生成乙酰乙酰 CoA。在肾、心和脑线粒体中尚有乙酰乙酸硫激酶，可直接活化乙酰乙酸生成乙酰乙酰 CoA。

2）乙酰乙酰 CoA 硫解酶：心、肾、脑及骨骼肌线粒体中还有乙酰乙酰 CoA 硫解酶，使乙酰乙酰 CoA 硫解，生成 2 分子乙酰 CoA，后者即可进入三羧酸循环彻底氧化。

（3）酮体代谢生理意义：酮体分子小，溶于水，能在血液中运输，还能通过血脑屏障、肌组织的毛细血管壁，很容易被运输到肝外组织利用。心肌和肾皮质利用酮体能力大于利用葡萄糖能力。脑组织虽然不能氧化分解脂肪酸，却能有效利用酮体。当葡萄糖供应充足时，脑组织优先利用葡萄糖氧化供能；但在葡萄糖供应不足或利用障碍时，酮体是脑组织的主要能源物质。

正常情况下，血中仅含少量酮体，为 0.03～0.5mmol/L（0.3～5mg/dl）。在饥饿或糖尿病时，由于脂肪动员加强，酮体生成增加。严重糖尿病患者血中酮体含量可高出正常人数十倍，导致酮症酸中毒（ketoacidosis）。血酮体超过肾阈值，便可随尿排出，引起酮尿（ketonuria）。此时，血丙酮含量也大大增加，通过呼吸道排出，产生特殊的“烂苹果气味”。

（二）脂肪的合成代谢

脂肪组织和肝是体内合成脂肪的主要部位，其他许多组织如肾、脑、肺、乳腺等组织也都能合成脂肪。合成脂肪的原料是 *α*-磷酸甘油和脂肪酸，脂肪酸的合成代谢是在细胞质中进行的。

1. α-磷酸甘油 肝、肾等组织含有甘油激酶，可催化游离甘油磷酸化生成 *α*-磷酸甘油，供三酰甘油合成；脂肪细胞甘油激酶活性很低，主要由糖酵解中间产物磷酸二羟丙酮还原而成。

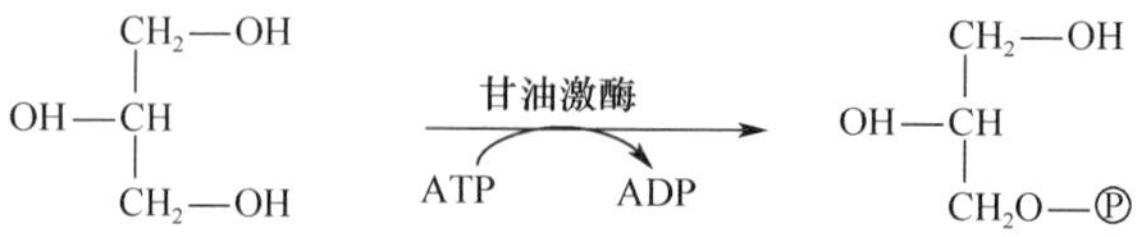

2. 软脂酸的生物合成

（1）脂肪酸的生物合成的部位和原料：哺乳类动物脂肪酸合成酶系存在于肝、肾、脑、肺、乳腺及脂肪组织的胞质中，肝脏合成软脂酸的能力最强，是人体合成脂肪酸的主要场所，其合成脂肪酸的能力是脂肪组织的 8～9 倍。脂肪酸组织虽也能合成脂肪酸和脂肪，但以摄取并储存小肠吸收的脂肪和肝脏合成的脂肪为主。

乙酰 CoA 是软脂酸合成的基本原料，主要由葡萄糖分解供给。乙酰 CoA 在线粒体生成，而合成脂肪酸的酶系存在于胞质中，乙酰 CoA 不能自由通过线粒体内膜，必须通过柠檬酸-丙酮酸循环才能进入胞质（图 3-33）。在此循环中，乙酰 CoA 首先在线粒体内与草酰乙酸缩合生成柠檬酸，通过线粒体内膜上的载体转运即可进入胞质；胞质中 ATP-柠檬酸裂解酶使柠檬酸裂解，释出乙酰 CoA 及草酰乙酸。进入胞质的乙酰 CoA 即可用于合成脂肪酸，而草酰乙酸则在苹果酸脱氢酶的作用下还原成苹果酸，再经线粒体内膜载体转运至线粒体内。苹果酸也可在苹果酸酶作用下氧化脱羧、产生 CO_2 和丙酮酸，脱下的氢将 $NADP^+$ 还原成 NADPH；丙酮酸可通过线粒体内膜上的载体转运至线粒体内，重新生成线粒体内草酰乙酸，然后继续与乙酰 CoA 缩合，将乙酰 CoA 运转至胞质，用于软脂酸合成。

软脂酸合成还需要 ATP、NADPH、HCO_3^-（CO_2）及 Mn^{2+} 等原料。NADPH 主要来自磷酸戊糖途径，在乙酰 CoA 转运过程中，细胞质苹果酸酶催化苹果酸氧化脱羧也可提供少量 NADPH。

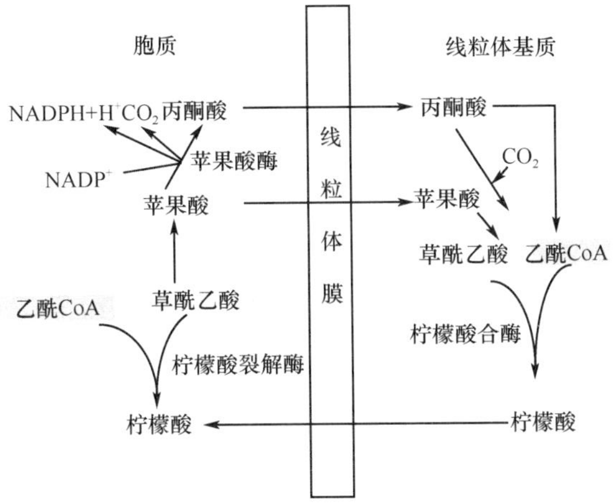

图 3-33　柠檬酸-丙酮酸循环

（2）脂肪酸合成酶系及反应过程

1）丙二酸单酰 CoA 的合成：乙酰 CoA 羧化成丙二酸单酰 CoA 是脂肪酸合成的第一步反应，此反应不可逆，由乙酰 CoA 羧化酶（acetyl CoA carboxylase）所催化。

$$\text{ATP} + \text{HCO}_3^- + \text{乙酰CoA} \longrightarrow \text{丙二酸单酰CoA} + \text{ADP} + \text{Pi}$$

这步反应为脂肪酸合成的关键步骤，故乙酰 CoA 羧化酶是脂肪酸合成酶系中的限速酶。

乙酰 CoA 羧化酶有两种存在形式，一种是无活性的单体，相对分子质量约 4 万，另一种是有活性的多聚体，相对分子质量为 60 万～80 万，通常由 10～20 个单体构成，呈线性排列，催化活性增加 10～20 倍。有些物质能促进或保持聚合体的构象，如柠檬酸、异柠檬酸可以使酶发生变构，激活酶的活性；高糖饮食能增加酶的活性；但长链脂酰 CoA 及高脂肪膳食则能抑制此酶活性。生物素是乙酰 CoA 羧化酶的辅基，起转移羧基的作用。

2）脂肪酸的合成：从乙酰 CoA 及丙二酸单酰 CoA 合成长链脂肪酸，实际上是一个重复加成的过程，每次延长 2 个碳原子。16 碳软脂酸的合成，需经过连续 7 步重复加成（缩合）反应。大肠杆菌中的脂肪酸合成酶是由 7 种酶蛋白和酰基载体蛋白（acyl carrier protein，ACP）组成的多酶复合体。哺乳类动物脂肪酸合酶是由两个相同亚基首尾相连形成的二聚体。每个亚基有 3 个结构域。结构域 1 含有乙酰基转移酶（AT）、丙二酸单酰转移酶（MT）及 β-酮脂酰合酶（KS），与底物的“进入”、缩合反应有关；结构域 2 含有 β-酮脂酰还原酶（KR）、β-羟脂酰脱水酶（HD）及烯脂酰还原酶（ER），催化还原反应。该结构域还含有 ACP；结构域 3 含有硫酯酶（thioesterase，TE），与脂肪酸的释放有关。

细菌、动物脂肪酸合成过程类似。细菌软脂酸合成步骤（图 3-34）包括：乙酰 CoA 在乙酰转移酶作用下被转移至 ACP 的巯基（—SH），再从 ACP 转移至 β-酮脂酰合酶的半胱氨酸巯基上；丙二酸单酰 CoA 在丙二酸单酰转移酶作用下，先脱去 HSCoA，再与 ACP 的—SH 缩合、连接；β-酮脂酰合酶上连接的乙酰基与 ACP 上的丙二酸单酰基缩合、生成 β-酮丁酰 ACP，释放 CO_2；由 NADPH 供氢，β-酮丁酰 ACP 在 β-酮脂酰还原酶作用下加氢，还原成 D-（–）-β-羟丁酰 ACP；D-（–）-β-羟丁酰 ACP 在脱水酶作用下，脱水生成反式 Δ^2 烯丁酰 ACP；由 NADPH 供氢，反式 Δ^2 烯丁酰 ACP 在烯酰还原酶作用下，再加氢生成丁酰-ACP。

丁酰-ACP 是脂肪酸合酶复合体催化合成的第一轮产物。通过这一轮反应，即酰基转移、缩合、还原、脱水、再还原等步骤，产物碳原子由 2 个增加至 4 个。然后，丁酰基由 E_2-泛-SH（即 ACP 的—SH）转移至 E_1-半胱-SH，E_2-泛-SH 又可与另一丙二酸单酰基结合、进行缩合、还原、脱水、再还原等步骤的第二轮循环。经 7 次循环后，生成 16 碳的软脂酰-E_2；由硫脂酶水解，软脂酸从脂肪酸合酶复合体释放。

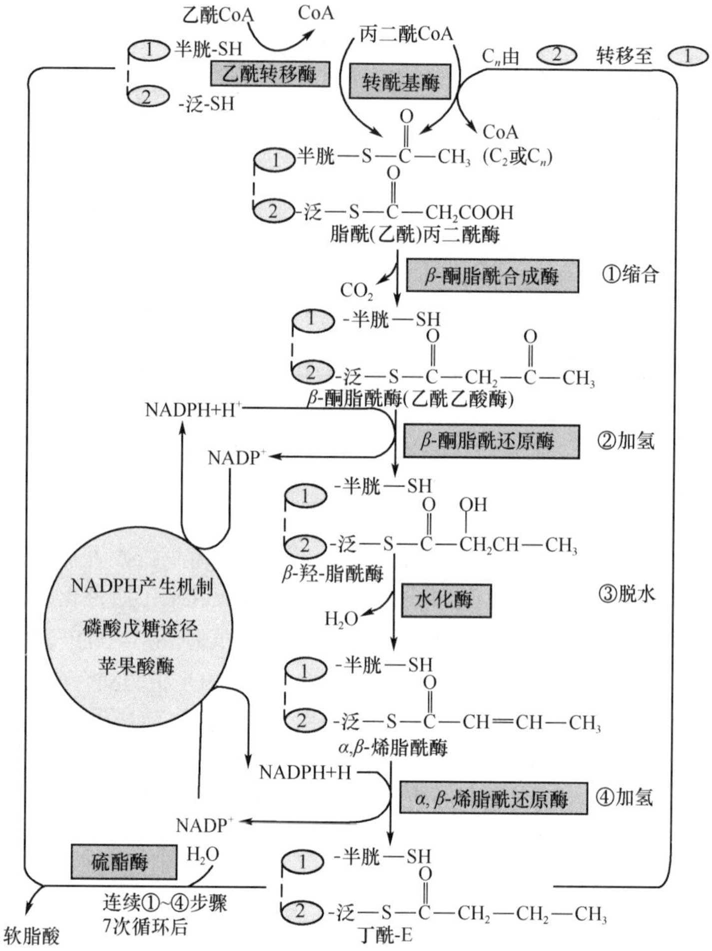

图 3-34 软脂酸的生物合成

软脂酸合成的总反应式为：

$$CH_3COSCoA + 7\,HOOCH_2COSCoA + 14NADPH + H^+ \longrightarrow CH_3(CH_2)_{14}COOH + 7\,CO_2 + 6H_2O + 8HSCoA + 14NADP^+$$

（3）脂肪酸碳链的增长和去饱和：脂肪酸合成酶系只能合成到 16 碳的软脂酸，进一步延长碳链成硬脂酸等高级脂肪酸的作用，可由两个酶系统经两条途径完成。一条是由线粒体中的酶系统将脂肪酸延长，另一条是由粗糙内质网中的酶系统将碳链延长。

线粒体脂肪酸延长酶系：在线粒体内软脂酰 CoA 与乙酰 CoA 缩合生成 *β*-酮硬脂酰 CoA，然后由 NADPH 提供氢还原为 *β*-羟硬脂酰 CoA，又经脱水成 Δ^2-硬脂烯酰 CoA，再由 NADPH 提供氢还原为硬脂酰 CoA，其反应基本类似于 *β*-氧化的逆过程，需要以 NADPH 为辅酶。每次增加 2 个碳原子，可延长到 24 或 28 个碳原子的饱和脂肪酸，但其中以硬脂酸为最多。这一体系也可延长不饱和脂肪酸的碳链。

内质网脂肪酸延长酶系：脂肪酸作为引物，利用丙二酸单酰 CoA 作为 2C 的供体，NADPH 为氢的供体，从羧基末端延长，其中间过程与脂肪酸合成酶系相同，只是由辅酶 A 代替 ACP 作为脂酰基载体。

不饱和脂肪酸的合成：人体内含有的不饱和脂肪酸主要有棕榈油酸（16∶1，Δ^9）、油酸

（18：1，Δ^{9}）、亚油酸（18：2，$\Delta^{9,12}$）、亚麻酸（18：3，$\Delta^{9,12,15}$）及花生四烯酸（20：4，$\Delta^{5,8,11,14}$）等。前两种单不饱和脂肪酸可由人体自身合成，而后三种多不饱和脂肪酸，必须从食物摄取。哺乳动物不能合成多不饱和脂肪酸，是因为动物只有 Δ^4、Δ^5、Δ^8 及 Δ^9 去饱和酶，缺乏 Δ^9 以上去饱和酶，而植物则含有 Δ^9、Δ^{12} 及 Δ^{15} 去饱和酶。

3. 脂肪的生物合成

（1）脂肪酸作为三酰甘油合成的基本原料，必须先活化成脂酰 CoA，才能参与三酰甘油合成。

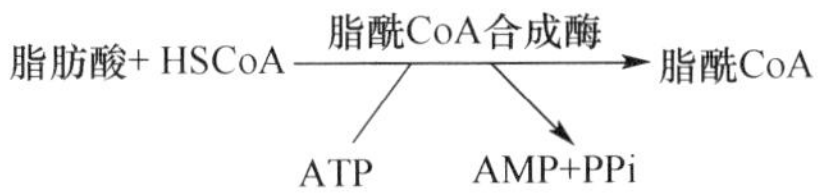

（2）小肠黏膜上皮细胞中，脂酰 CoA 的脂酰基转移至消化吸收的脂肪分解产物 2-甘油一酯的羟基上合成脂肪。该合成方式称为甘油一酯途径。

（3）肝和脂肪组织中，2 分子脂酰 CoA 经过转酰基酶的催化，将脂酰基转移到磷酸甘油分子上，生成磷酸甘油二酯，又称磷脂酸，然后经水解脱去磷酸，再与另一分子脂酰 CoA 作用，结果就生成脂肪。该合成方式称为甘油二酯途径（图 3-35）。

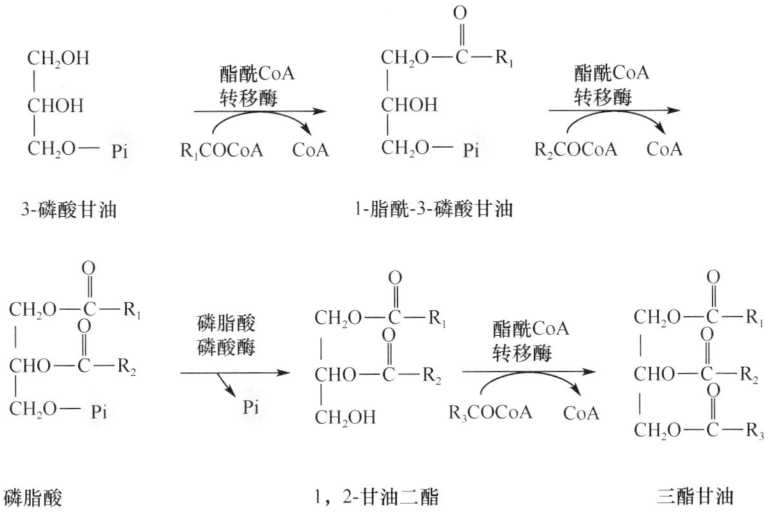

图 3-35 脂肪合成的甘油二酯途径

三、磷脂代谢

磷脂按其化学结构分为两大类：甘油磷脂和鞘磷脂。甘油磷脂是生物膜中含量最多的脂类物质，它以 3-磷酸甘油为核心结构，在 C1 和 C2 位的羟基被脂肪酸酯化，C3 位上的磷酸基团被各种不同的小分子羟基化合物酯化，形成各种甘油磷脂。鞘磷脂以鞘氨醇为骨架，C2 位的氨基被一分子脂肪酸酯化，C1 位的羟基与磷酸胆碱结合形成鞘磷脂。

（一）磷脂的分解代谢

1. 甘油磷脂的降解 生物体内存在多种降解甘油磷脂的磷脂酶（phospholipase，PLA），包括磷脂酶 A_1、磷脂酶 A_2、磷脂酶 B_1、磷脂酶 B_2、磷脂酶 C 及磷脂酶 D，它们分别作用于甘油磷脂分子中不同的酯键（图 3-36），降解甘油磷脂。

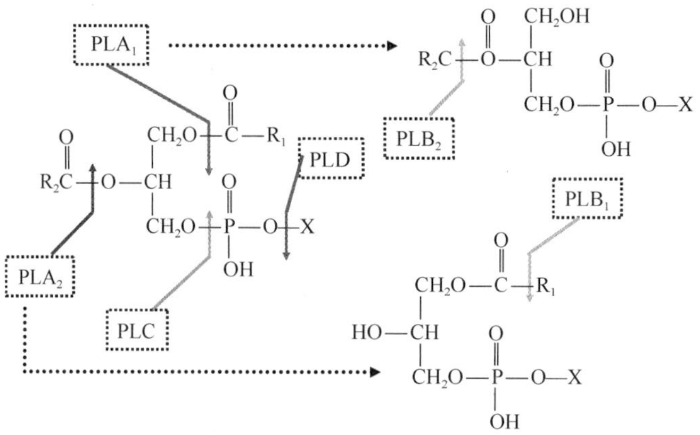

图 3-36 磷脂酶对磷脂的水解（X 为含氮碱）

溶血磷脂 1 具较强表面活性，能使红细胞膜或其他细胞膜破坏从而引起溶血或细胞坏死。溶血磷脂还可进一步水解，如溶血磷脂 1 在溶血磷脂酶 1（即磷脂酶 B_1）作用下，水解与甘油 1 位—OH 缩合的酯键，生成不含脂肪酸的甘油磷酸胆碱，溶血磷脂就失去了对细胞膜结构的溶解作用。

2. 神经鞘磷脂的降解 神经鞘脂酶（sphingomyelinase）存在于脑、肝、脾、肾等组织细胞溶酶体，属磷脂酶 C 类，能使磷酸酯键水解，产生磷酸胆碱及 *N*-脂酰鞘氨醇。如先天性缺乏此酶，则鞘磷脂不能降解，在细胞内积存，引起肝、脾肿大及痴呆等鞘磷脂沉积病状。

（二）磷脂的生物合成

1. 合成的部位 与脂肪的合成不同，全身各组织细胞内质网均有合成磷脂的酶系，因此均能合成甘油磷脂，但以肝、肾及肠等组织最为活跃。

2. 合成的原料及辅助因子 体内磷脂一部分是直接由食物中来，一部分是在各组织细胞内经过一系列酶的催化而合成的。合成的原料为磷酸、甘油、脂肪酸、胆碱、胆胺及丝氨酸、肌醇等。除脂肪酸、甘油主要由葡萄糖转化而来外，其中必需脂肪酸只能由食物供应，胆碱也可由食物供给，亦可在体内合成。蛋白质分解所产生的甘氨酸、丝氨酸及蛋氨酸即可作为合成胆胺、胆碱的原料。丝氨酸本身也是合成磷脂酰丝氨酸的原料。甘氨酸在体内能转变成丝氨酸，脱羧后可转变成胆胺（乙醇胺），再由蛋氨酸提供甲基经甲基化形成胆碱。

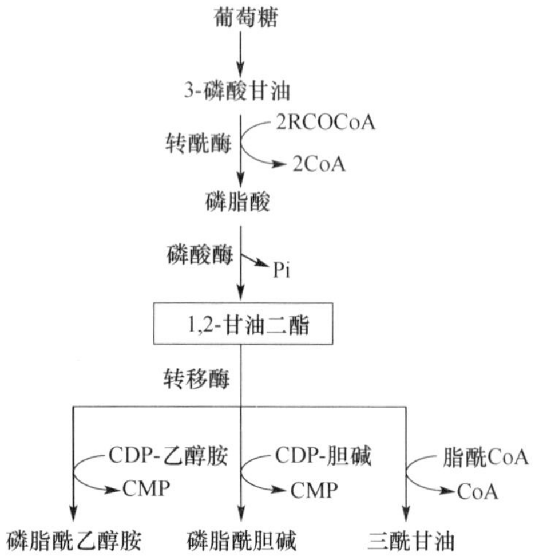

图 3-37 磷脂酰胆碱及磷脂酰乙醇胺合成途径

3. 合成的基本过程

（1）磷脂酰胆碱（phosphatidyl choline，PC）及磷脂酰乙醇胺（phosphatidyl ethanolamine，PE）：主要通过二酰甘油的合成途径进行合成。这两类磷脂在体内含量最多，占组织及血液中磷脂的 75%以上。二酰甘油是合成的重要中间物，胆碱及乙醇胺由活化的 CDP-胆碱及 CDP-乙醇胺提供（图 3-37）。

PC 是真核生物细胞膜含量最丰富的磷脂，在细胞增殖和分化过程中具有重要作用，对维持正常细胞周期具有重要意义。一些疾病如肿瘤、阿尔茨海默病（Alzheimer disease，AD）和脑卒中（stroke）等的发生与 PC 代谢异常密切相关。国内外科学家们正在努力探讨 PC 代谢在细胞增殖、分化和细胞周期中，在如癌、阿尔茨海默症和脑卒中等疾病发生中的作用及其机制。一旦取得突破，将为相关疾病的预防、诊断和治疗提供新靶点。

（2）磷脂酰肌醇、磷脂酰丝氨酸及心磷脂的合成：主要通过 CDP-甘油二酯途径合成。肌醇、丝氨酸无需活化，CDP-甘油二酯是该途径重要中间物，与丝氨酸、肌醇或磷脂酰甘油缩合，生成磷脂肌醇、磷脂酰丝氨酸及二磷脂酰甘油（心磷脂）（图 3-38）。

甘油磷脂合成在内质网膜外侧面进行。胞质存在一类促进磷脂在细胞内膜之间交换的蛋白质，称磷脂交换蛋白（phospholipid exchange proteins），催化不同种类磷脂在膜之间交换，使新合成的磷脂转移至不同细胞器膜上，更新膜磷脂。例如，在内质网合成的心磷脂可通过这种方式转至线粒体内膜，构成线粒体内膜特征性磷脂。

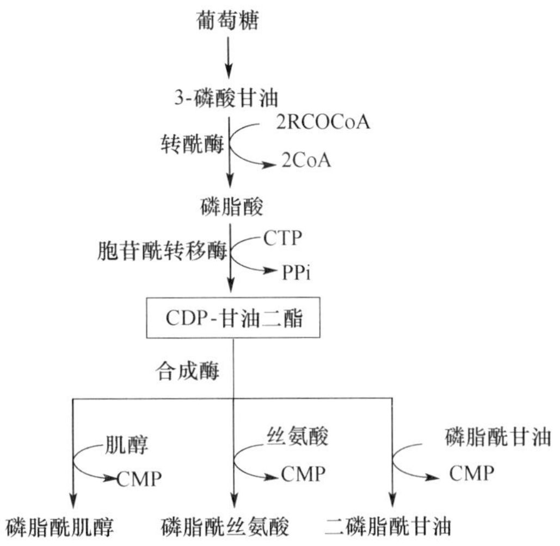

图 3-38　磷脂酰肌醇、磷脂酰丝氨酸及二磷脂酰甘油的合成

Ⅱ型肺泡上皮细胞可合成由 2 分子软脂酸构成的特殊磷脂酰胆碱，生成的二软脂酰胆碱是较强乳化剂，能降低肺泡表面张力，有利于肺泡伸张。新生儿肺泡上皮细胞合成二软脂酰胆碱障碍，会引起肺不张。

四、胆固醇代谢

人体内的胆固醇（cholesterol）广泛分布于全身各组织中，是生物膜的组成成分，也是人体内合成胆汁酸、类固醇激素和维生素 D_3 的原料，人体的胆固醇可从食物中得到，也可由体内合成，且以后者为主。食物来源的胆固醇称为外源性胆固醇；体内合成的胆固醇称为内源性胆固醇。

（一）胆固醇的合成

1. 胆固醇合成的部位和原料　除成年动物脑组织和成熟红细胞外，几乎全身所有组织都能合成胆固醇，肝脏的合成能力最强，占全身合成总量的 3/4 以上。除此之外，小肠、皮肤、骨髓、肾上腺等也都具有较强的合成能力。

合成胆固醇的原料是来自糖、脂肪和氨基酸分解代谢产生的乙酰 CoA，并需 ATP 供能和 NADPH 供氢。胆固醇生物合成的酶系存在于胞质和内质网中。

2. 胆固醇合成的基本过程　胆固醇的合成过程可分为三个阶段。

（1）甲基二羟戊酸的生成：2 分子乙酰 CoA 缩合成乙酰乙酰 CoA，再与另一分子乙酰 CoA 反应，生成 β-羟基-β-甲基戊二酸单酰 CoA（HMG CoA），在 HMG-CoA 还原酶的催化下，由 NADPH 供氢生成甲基二羟戊酸（MVA）（图 3-39）。HMG CoA 还原酶是胆固醇合成的限速酶。洛伐他丁（lovastatin）、普伐他丁（pravastatin）等药品是其选择性抑制剂，可抑制肝胆固醇的合成，临床上用于治疗高胆固醇血症。

（2）鲨烯的合成：MVA 经磷酸化、脱羧、脱羟基等反应，再缩合生成含 30C 的鲨烯。

（3）胆固醇的合成：鲨烯经内质网单加氧酶、环化酶催化，生成羊毛脂固醇，再经氧化、脱羧、还原等反应生成 27C 的胆固醇。胆固醇合成过程见图 3-40。

3. 胆固醇合成的调节　胆固醇合成过程中，HMG CoA 还原酶为限速酶，各种因素通过对该酶的影响可以达到调节胆固醇合成的作用。

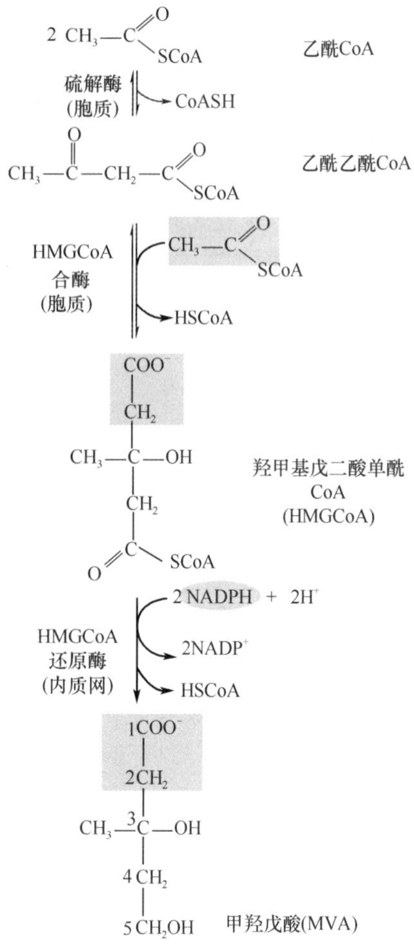

图 3-39 甲羟戊酸的合成

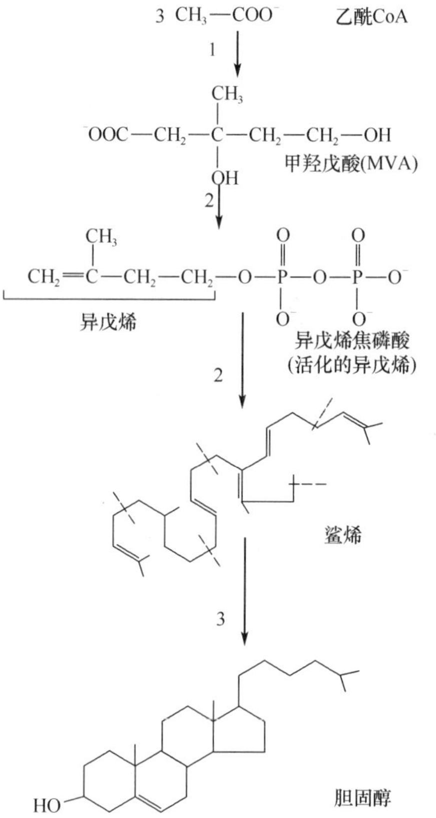

图 3-40 胆固醇合成过程

（1）研究发现，肝 HMG CoA 还原酶活性具有昼夜节律性，午夜最高，中午最低。

（2）HMG CoA 还原酶活性受别构调节、化学修饰调节，磷酸化可使其失活，脱磷酸可恢复活性。

（3）胆固醇可反馈抑制 HMG CoA 还原酶的活性，并减少该酶的合成，从而达到降低胆固醇合成的作用。血中胆固醇主要由低密度脂蛋白（LDL）携带运输，借助细胞膜上的 LDL 受体介导内吞作用进入细胞。当胞内胆固醇过高，可抑制 LDL 受体的补充，从而减少由血中摄取的胆固醇。

现知遗传性家族高胆固醇血症患者体内严重缺乏 LDL 受体，因此 LDL 携带的胆固醇不能被摄取，来自膳食的胆固醇不能从血液中被迅速清除，故血中胆固醇浓度过高，当体内总胆固醇过高，超过合成生物膜、胆汁酸及类固醇激素等的需要时，胆固醇及其酯则沉积在动脉内皮下的巨噬细胞中（这些细胞是由迁移到动脉内皮下的血单核细胞分化而成的），引起内皮下变形，进而导致血小板在动脉内壁集聚。若同时伴有动脉壁损伤或胆固醇转运障碍，则易在动脉内膜形成脂斑，继续发展可使动脉管腔变狭窄。可见动脉粥样硬化与血中高水平的胆固醇有关，特别与存在于 LDL 中的胆固醇水平有关。

（4）胰岛素能促进酶的脱磷酸作用，使酶活性增加，有利于胆固醇合成；此外，胰岛素还能诱导 HMG CoA 还原酶的合成，从而增加胆固醇合成。甲状腺素亦可促进该酶的合成，使胆固醇合成增多，但其同时又促进胆固醇转变为胆汁酸，增加胆固醇的转化，而且此作用强于前者，故当甲状腺功能亢进时，患者血清胆固醇含量反而下降。胰高血糖素等通过第二信使 cAMP

影响蛋白激酶，加速 HMG CoA 还原酶磷酸化失活，从而抑制此酶，减少胆固醇合成。

（二）胆固醇的转化

胆固醇的母核——环戊烷多氢菲在体内不能被降解，但侧链可被氧化、还原或降解，实现胆固醇的转化。

胆固醇在体内可作为细胞膜的重要成分。此外，它还可以转变为多种具有重要生理作用的物质，在肾上腺皮质可以转变成肾上腺皮质激素；在性腺可以转变为性激素，如雄激素、雌激素和孕激素（progestogen）；在皮肤，胆固醇可被氧化为 7-脱氢胆固醇，后者经紫外线照射转变为维生素 D_3；在肝脏，胆固醇可氧化成胆汁酸，促进脂类的消化吸收，这是胆固醇在体内代谢的主要去路。

五、血浆脂蛋白代谢

（一）血脂

血浆中所含的脂类统称为血脂，包括三酰甘油、磷脂、胆固醇及其酯，以及游离脂酸等。血脂只占体重的 0.04%，血脂含量受膳食、年龄、性别、职业及代谢等的影响，波动范围很大（表 3-7），因而是临床上了解患者脂类代谢情况的一个重要窗口。

表 3-7　正常成人 12～14 小时空腹血脂的组成及含量

组成	血浆含量		空腹时主要来源
	mg/ml	mmol/L	
总脂	400～700（500）*		
甘油三酯	10～150（100）	0.11～1.69（1.13）	肝
总胆固醇	100～250（200）	2.59～6.47（5.17）	肝
胆固醇酯	70～200（145）	1.81～5.17（3.75）	
游离胆固醇	40～70（55）	1.03～1.81（1.42）	
总磷脂	150～250（200）	48.44～80.73（64.58）	肝
磷脂酰胆碱	50～200（100）	16.1～64.6（32.3）	肝
神经磷脂	50～130（70）	16.1～42.0（22.6）	肝
脑磷脂	15～35（20）	4.8～13.0（6.4）	肝
游离脂肪酸	5～20（15）		脂肪组织

*括号内为均值

（二）血浆脂蛋白的分类、组成及结构

1. 血浆脂蛋白的分类　不同脂蛋白所含脂质和蛋白质不一样，其理化性质如密度、颗粒大小、表面电荷、电泳行为、免疫学性质及生理功能均有不同（表 3-8）。一般采用电泳法和超速离心法进行血浆脂蛋白的分类。

（1）电泳法：不同脂蛋白的质量和表面电荷不同，在一定外加电场作用下，电泳迁移率不同。α-脂蛋白（α-lipoprotein）泳动最快，相当于 α1-球蛋白位置；前 β-脂蛋白（pre-β-lipoprotein）次之，相当于 α_2-球蛋白位置；β-脂蛋白（β-lipoprotein）在前 β-脂蛋白之后，相当于 β-球蛋白的位置；乳糜微粒（chylomicron，CM）不泳动，停留在点样的位置上（图 3-41）。

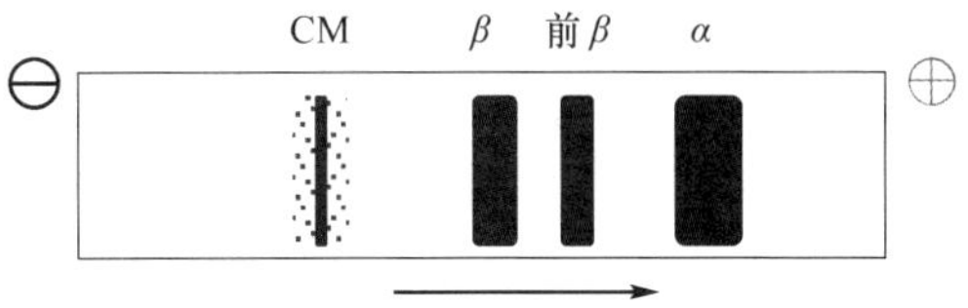

图 3-41　血浆脂蛋白琼脂糖凝胶电泳谱

（2）超速离心法：不同脂蛋白中蛋白质、脂类成分所占比例不同，因而分子密度不同（三酰甘油含量多者密度低，蛋白质含量多的分子密度高），在一定离心力作用下，分子沉降速度或漂浮率不同，因此可将脂蛋白分为四类，即乳糜微粒（CM）、极低密度脂蛋白（very low density lipoprotein，VLDL）、低密度脂蛋白（low density lipoprotein，LDL）和高密度脂蛋白（high density lipoprotein，HDL）。其分别相当于电泳分类中的CM、前β-脂蛋白、β-脂蛋白及α-脂蛋白。除上述几类脂蛋白以外，还有一种中间密度脂蛋白（intermediate density lipoprotein，IDL），其密度位于VLDL与LDL之间，这是VLDL代谢的中间产物。HDL在代谢过程中分子中蛋白与脂类成分有变化，可将HDL再分为HDL_1、HDL_2与HDL_3。HDL_1是在高胆固醇膳食时才出现，HDL_2为成熟的HDL，HDL_3为新生的HDL。

2. 血浆脂蛋白的组成 血浆脂蛋白是脂类与蛋白质的复合体，血浆脂蛋白中的蛋白质称为载脂蛋白（apolipoprotein，Apo）。迄今已从人血浆脂蛋白分离出20多种载脂蛋白，主要有Apo A、Apo B、Apo C、Apo D及Apo E等五大类）（表3-8）。载脂蛋白在不同脂蛋白的分布及含量不同，Apo B_{48}是CM特征载脂蛋白，LDL几乎只含Apo B_{100}，HDL主要含Apo AⅠ及Apo AⅡ。

表3-8 正常成人血浆脂蛋白分类、性质及组成

密度		CM	VLDL	LDL	HDL
		<0.95	0.95～1.006	1.006～1.063	1.063～1.210
组成	脂类	含TG最多，80%～90%	含TG50%～70%	含胆固醇及其酯最多，40%～50%	含脂类50%
	蛋白质	最少，1%	5%～10%	20%～25%	最多，约50%
载脂蛋白组成		Apo B_{48}，EAⅠ，AⅡ，AⅣ，CⅠ，CⅡ，CⅢ	Apo B_{100}，CⅠ，CⅡ，CⅢ，E	Apo B_{100}	Apo AⅠ，AⅡ

载脂蛋白在分子结构上具有一定特点，往往含有较多的双性α-螺旋结构，表现出两面性，分子的一侧极性较高可与水溶剂及磷脂或胆固醇极性区结合，构成脂蛋白的亲水面，分子的另一侧极性较低可与非极性的脂类结合，构成脂蛋白的疏水核心区。

载脂蛋白除参与脂蛋白的构成外，不同的脂蛋白还有其特殊的功能。ApoA Ⅰ能激活LCAT，促进HDL的成熟；ApoC Ⅱ是脂蛋白脂肪酶（LPL）的激活剂，促进CM和VLDL的分解代谢，而ApoC Ⅲ抑制了LPL的活性；Apo B_{100}和Apo E参与LDL受体的识别。

（三）血浆脂蛋白的代谢

1. 乳糜微粒 由肠黏膜细胞合成，经淋巴进入血液，是运输外源性三酰甘油的主要形式，CM的半衰期为5～15分钟，其代谢过程如下：

（1）三酰甘油、胆固醇酯、磷脂和Apo B_{48}、Apo A在肠黏膜细胞内质网中形成新生的CM。

（2）新生的CM通过高尔基体分泌，经淋巴入血，接受HDL提供的Apo C和Apo E形成成熟的CM。

（3）Apo C激活脂肪组织、心肌和肌肉组织毛细血管内皮细胞表面的脂蛋白脂肪酶（LPL），使CM中的三酰甘油降解，释放出脂肪酸，大部分被肌肉和脂肪组织所利用，小部分存在于血浆中。CM表面的Apo A和Apo C重新转移到HDL，磷脂部分被水解，CM被降解为CM残粒。

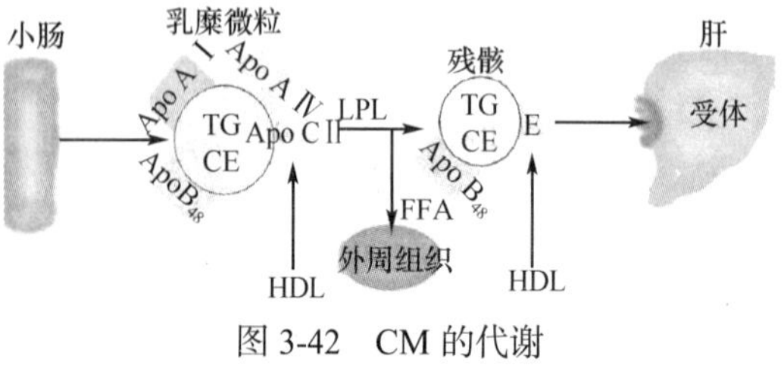

图3-42 CM的代谢

（4）CM残粒被肝细胞摄取，其余各组分在肝脏内降解或参与组成VLDL（图3-42）。

2. 极低密度脂蛋白 VLDL在肝脏合成，主要转运肝脏合成的内源性三酰甘油，VLDL的半衰期为6～12小时，其代谢过程如下：

(1)甘油、胆固醇(酯)、磷脂和 Apo B_{100} 在肝细胞内质网内合成新生的 VLDL。

(2)新生的 VLDL 由高尔基体分泌，经淋巴入血，接受 HDL 提供的 Apo C 和 Apo E 形成血浆 VLDL。

(3)VLDL 在脂蛋白脂肪酶的作用下，三酰甘油被降解，释放出脂肪酸，为肝外组织所摄取，Apo C 被转移到 HDL，VLDL 逐步变小，形成中间密度脂蛋白(IDL)。

(4)IDL 中的三酰甘油进一步被水解，Apo C 也进一步转移到 HDL 中，同时接受 HDL 的胆固醇酯进入脂蛋白颗粒内部，形成 LDL(图 3-43)。

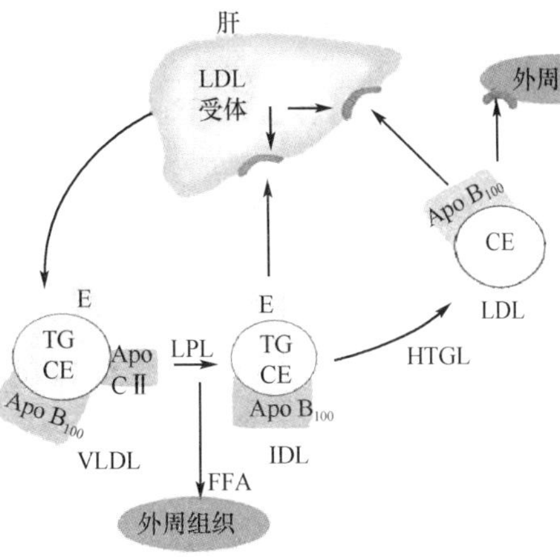

图 3-43 VLDL 的代谢

3. 低密度脂蛋白 LDL 在血浆中由 VLDL 转变而来，主要的生理作用是转运肝细胞合成的胆固醇至肝外，半衰期为 2～4 天，其代谢过程如下：

人类成纤维细胞、动脉壁平滑肌细胞和淋巴细胞表面都存在 LDL 受体，它能识别 LDL 中的 Apo B_{100} 和 Apo E，LDL 通过胞饮作用进入细胞并与溶酶体溶合。LDL 的蛋白质部分被降解为氨基酸后可被再利用；胆固醇酯被酸性酯酶降解为游离胆固醇及脂肪酸，细胞内游离胆固醇除直接参与形成细胞膜外，还对细胞内胆固醇代谢的调节起到重要的作用。

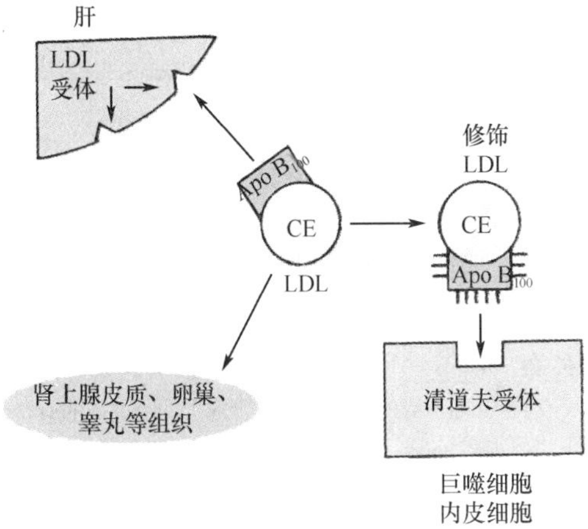

图 3-44 LDL 的代谢

此外，血浆中的 LDL 还可被修饰，修饰的 LDL，如氧化修饰 LDL(oxidized LDL，Ox-LDL)可被清除细胞即单核-吞噬细胞系统中的巨噬细胞及血管内皮细胞清除。这两类细胞膜表面具有清道夫受体(scavenger receptor，SR)，摄取清除血浆中的修饰 LDL。LDL 代谢途径见图 3-44。

4. 高密度脂蛋白 HDL 主要转运全身各组织的胆固醇和磷脂到肝脏，并作为 Apo C 和 Apo E 的储存库，在 VLDL 和 CM 的代谢中发挥重要的作用(图 3-45)。

(1)磷脂、胆固醇、Apo AⅠ、Apo C 和 Apo E 在肝细胞内合成新生的 HDL，释放入血。新生的 HDL 呈圆盘状脂质双层结构。

(2)肝细胞合成分泌的卵磷脂：胆固醇脂酰转移酶(LCAT)随新生的 HDL 一同分泌入血，并结合到新生的 HDL 表面，在新生的 HDL 与富含胆固醇的周围组织细胞膜及 CM、VLDL 接触时，接受胆固醇和磷脂，由 LCAT 催化胆固醇酯化，并转移至新生 HDL 内部，从而形成球形的 HDL_3。另一部分胆固醇酯在 HDL 中 Apo D 的作用下，随同 Apo C、Apo E 一起转移到 CM、VLDL 中，由相应的受体介导被肝细胞摄取，所以 Apo D 又被称为胆固醇酯转移蛋白。

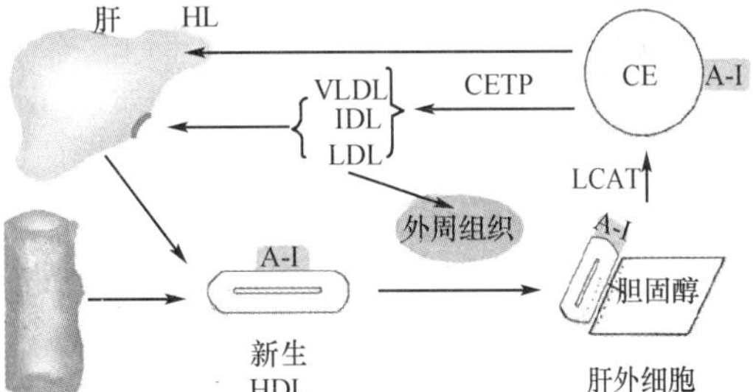

图 3-45 HDL 的代谢

（3）HDL_3 再进一步积累胆固醇酯，并接受由 CM、VLDL 降解过程中释放的磷脂、Apo AⅠ、Apo AⅡ，转变为密度较小而颗粒较大的 HDL_2。

（4）HDL_2 有部分在通过肝脏时被肝脂肪酶作用，释放出磷脂和胆固醇后转变成 HDL_3 入血，形成循环；另一部分再进一步积累胆固醇酯，形成成熟的 HDL。成熟的 HDL 可被肝细胞 HDL 受体识别，转入肝内进行降解（图 3-45）。

由此可见，HDL 的主要功能是将肝外细胞释放的胆固醇转运到肝脏，这一过程也称为胆固醇的逆向转运（reverse cholesterol transport，RCT），这样可以防止胆固醇在血中聚积，防止动脉粥样硬化，血中 HDL_2 的浓度与冠状动脉粥样硬化呈负相关。

六、高脂血症与血浆脂蛋白代谢紊乱

（一）高脂血症

血浆胆固醇和（或）三酰甘油含量超过正常范围上限称为高脂血症（hyperlipidemia）。实际上是血浆中某一类或某几类脂蛋白水平升高，所以又称为高脂蛋白血症。一般以成人空腹 12～14 小时，血浆三酰甘油超过 2.26mmol/L（200mg/dl），胆固醇超过 6.21mmol/L（240mg/dl），儿童胆固醇超过 4.14mmol/L（160mg/dl）为高脂血症诊断标准。传统的分类方法将高脂血症分为六型（表 3-9）。

表 3-9 高脂血症分型

类型	脂蛋白变化	血脂的变化		病因
		主要升高的脂类	次要升高原脂类	
Ⅰ	CM 增高	三酰甘油	胆固醇	LPL 或 ApoCⅡ遗传缺陷
Ⅱa	LDL 增高	胆固醇		LDL 受体的合成或功能的遗传缺陷
Ⅱb	LDL、VLDL 增高	胆固醇	三酰甘油	遗传因素影响不大，主要受膳食影响
Ⅲ	LDL 增高	胆固醇	三酰甘油	ApoE 异常干扰了 CM 及 VLDL 残粒的吸收
Ⅳ	VLDL 增高	三酰甘油		分子缺陷不清，多由于肥胖、饮酒过量或糖尿病所致
Ⅴ	CM、VLDL 增高	三酰甘油	胆固醇	实际为Ⅰ型和Ⅳ型的混合症

高脂血症还可分为原发性和继发性两大类。原发性高脂血症发病原因不明，已证明有些是遗传性缺陷。继发性高脂血症是继发于其他疾病如糖尿病、肾病和甲状腺功能减退等。

（二）血浆脂蛋白代谢相关基因遗传性缺陷引起脂蛋白异常血症

现已发现，参与脂蛋白代谢的关键酶如 LPL 及 LCAT，载脂蛋白如 Apo AⅠ，Apo B、Apo CⅡ、Apo C Ⅲ和 Apo E，以及脂蛋白受体如 LDL 受体等的遗传性缺陷，都能导致血浆脂蛋白代谢异常，引起脂蛋白异常血症。例如，Brown 及 Goldstein 对 LDL 受体的研究证明了 LDL 受体缺陷是引起家族性高胆固醇血症的重要原因。

第四节 氨基酸代谢

蛋白质是生命的物质基础，蛋白质代谢在生命活动过程中具有十分重要的作用。由于蛋白质在体内首先分解成氨基酸，而后再进一步代谢，所以氨基酸代谢是蛋白质代谢的中心内容。氨基酸代谢包括合成代谢和分解代谢两方面，本节重点讨论分解代谢。

在体内，蛋白质分解需由食物蛋白来补充，才能维持正常的生命活动。因此，在讨论氨基酸代谢之前，先介绍蛋白质的营养作用及其消化、吸收。

一、蛋白质的生理功能和营养作用

（一）蛋白质的生理功能

蛋白质是细胞组织的主要成分，其主要功能是参与细胞组织结构和支持作用，维持组织细胞的生长、更新、修复及合成重要含氮化合物。同时，体内具有多种特殊功能的蛋白质，如酶、多肽类激素、抗体和某些调节蛋白等，担负着物质运输、肌肉收缩、血液凝固等多种重要生理功能。可见，蛋白质是生命活动的重要物质基础。

蛋白质也是能源物质，每克蛋白质在体内氧化分解可释放约 17kJ 能量。但是氧化供能只是蛋白质的次要功能，糖代谢和脂代谢可代替蛋白质氧化供能。

（二）蛋白质的需要量和营养价值

1. 蛋白质的需要量 氮平衡（nitrogen balance）是指摄入蛋白质的含氮量与排泄物（主要为粪便和尿）中含氮量之间的关系，它反映体内蛋白质的合成与分解代谢的总结果。因此，测定含氮量可大概了解蛋白质在体内的代谢状况。人体氮平衡有三种情况：

（1）氮总平衡：摄入氮 = 排出氮。它表示体内蛋白质的合成与分解相当，如营养正常的成年人。

（2）氮正平衡：摄入氮＞排出氮。它表示体内蛋白质合成量大于分解量，如儿童、孕妇及恢复期患者。

（3）氮负平衡：摄入氮＜排出氮。它表示体内蛋白质合成量小于分解量，如营养不良及消耗性疾病患者。

由此可见，摄取足量的蛋白质对维持氮总平衡和氮正平衡是必要的。成人每日蛋白质最低生理需要量为 30～50g，要长期保持氮的总平衡，我国营养学会推荐成人每日蛋白质需要量为 80g。

2. 蛋白质的营养价值

组成蛋白质的氨基酸有 20 种，在营养学上可分为两类：即必需氨基酸（essential amino acid）和非必需氨基酸（nonessential amino acid）。必需氨基酸是指机体内需要而又不能自身合成，必须由食物供给的氨基酸，共有 8 种，包括亮氨酸、异亮氨酸、苏氨酸、缬氨酸、赖氨酸、甲硫氨酸、苯丙氨酸和色氨酸。其余 12 种氨基酸在体内可以合成，不一定由食物供应，在营养学上称为非必需氨基酸。

蛋白质的营养价值（nutrition value）是指食物蛋白质在体内的利用率。蛋白质营养价值的高低主要取决于食物蛋白质中必需氨基酸的种类和比例。一般来说，含必需氨基酸种类多、比例高的蛋白质，其营养价值高；反之营养价值低。

营养价值较低的蛋白质混合食用，其必需氨基酸可以互相补充而提高营养价值，这种作用称为蛋白质的互补作用。例如，小米中赖氨酸含量低，而色氨酸较多，大豆则相反，两者单独食用的营养价值都不太高，若混合食用可相互补充所需氨基酸的不足，提高营养价值。

二、蛋白质的消化、吸收和腐败

（一）蛋白质的消化

食物蛋白质的消化由胃开始，但主要在小肠进行。通过消化使食物蛋白质由大分子转变为小分子，便于吸收；还可消除食物蛋白质的抗原性，防止过敏、毒性反应。蛋白质消化的实质是一系列酶促水解反应。

1. 胰液蛋白酶及其作用 小肠中蛋白质的消化主要依靠胰酶来完成，这些酶的最适 pH 为 7.0 左右。胰液中的蛋白酶基本上分为两类：即内肽酶（endopeptidase）和外肽酶（exopeptidase）。

内肽酶可以水解蛋白质肽链内部的一些肽键，包括胰蛋白酶（trypsin）、胰凝乳蛋白酶（chymotrypsin）、弹性蛋白酶（elastase）等，这些酶对不同氨基酸组成的肽键有一定的专一性。外肽酶主要有羧基肽酶和氨基肽酶，它们自肽链的羧基或氨基末端开始，每次水解脱去一个氨基酸残基。

胰液细胞分泌的胰酶最初均为无活性的蛋白酶原，进入十二指肠后，胰蛋白酶原迅速被肠激酶（enterokinase）激活，激活的胰蛋白酶又将胰凝乳蛋白酶原、弹性蛋白酶原和羧基肽酶原激活。胰蛋白酶的自身激活作用不强，故在胰腺内不致大量激活。此外，胰液中还存在胰蛋白酶抑制剂，可以保护胰脏，以免自身消化。

2. 肠黏膜细胞的消化作用 蛋白质经胃液和胰液中蛋白酶的消化，产物中仅有1/3为氨基酸，其余2/3为寡肽。肠黏膜细胞的刷状缘和胞质中存在寡肽酶（oligopeptidase）的作用，如氨基肽酶（aminopeptidase）及二肽酶（dipeptidase），前者从氨基末端逐个水解出氨基酸，生成二肽，再经二肽酶水解为氨基酸（图3-46）。

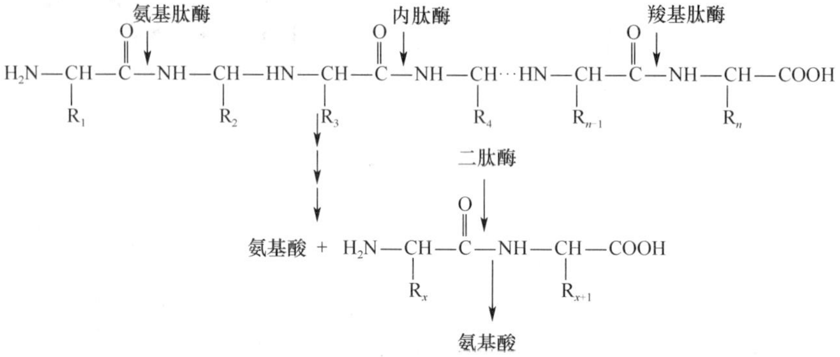

图3-46 蛋白水解酶作用示意图

（二）氨基酸和寡肽的吸收

食物蛋白质被消化成氨基酸和寡肽后，主要在小肠通过主动转运机制被吸收。

1. 通过转运蛋白完成氨基酸和寡肽的吸收 小肠黏膜细胞膜上存在转运氨基酸和寡肽的载体蛋白（carrier protein），其能与氨基酸或寡肽、Na^+组成三联体，由ATP供能将氨基酸或寡肽和Na^+转运入细胞内，Na^+则借钠泵排出细胞外。

2. 通过 *γ*-谷氨酰基循环完成氨基酸的吸收 小肠黏膜细胞、肾小管细胞和脑组织吸收氨基酸还可通过*γ*-谷氨酰基循环（*γ*-glutamyl cycle）进行。此循环由Meister提出，故又称Meister循环。其反应过程首先由谷胱甘肽对氨基酸进行转运，然后再进行谷胱甘肽的合成，由此构成一个循环。*γ*-谷氨酰基转移酶是关键酶，位于细胞膜外，其余的酶均存在于胞质中（图3-47）。

（三）未消化吸收蛋白质在肠中的腐败作用

食物中的蛋白质，大约有95%被消化吸收。未被消化和吸收的蛋白质及其消化产物氨基酸，在大肠下部受肠道细菌的分解作用，此分解作用称为腐败作用（putrefaction）。腐败作用的产物大多有害，如胺、氨、苯酚、吲哚及硫化氢等；也可产生少量的脂肪酸及维生素等可被机体利用的物质。

1. 胺的生成 肠道细菌的蛋白酶使蛋白质水解生成氨基酸，经氨基酸脱羧酶催化产生有毒的胺类，如酪氨酸和苯丙氨酸脱羧生成的酪胺及苯乙胺，吸收后若未能在肝内处理而直接进入脑组织，则分别经*β*-羟化可形成*β*-多巴胺（羟酪胺，octopamine）和苯乙醇胺，它们的化学结构与儿茶酚胺类神经递质相似，可取代正常神经递质从而影响脑功能，称假神经递质。临床上肝功能衰竭或有门体侧支循环的患者，若进食芳香族氨基酸含量较多的食物，或有上消化道出血时，容易引起肝性脑病。

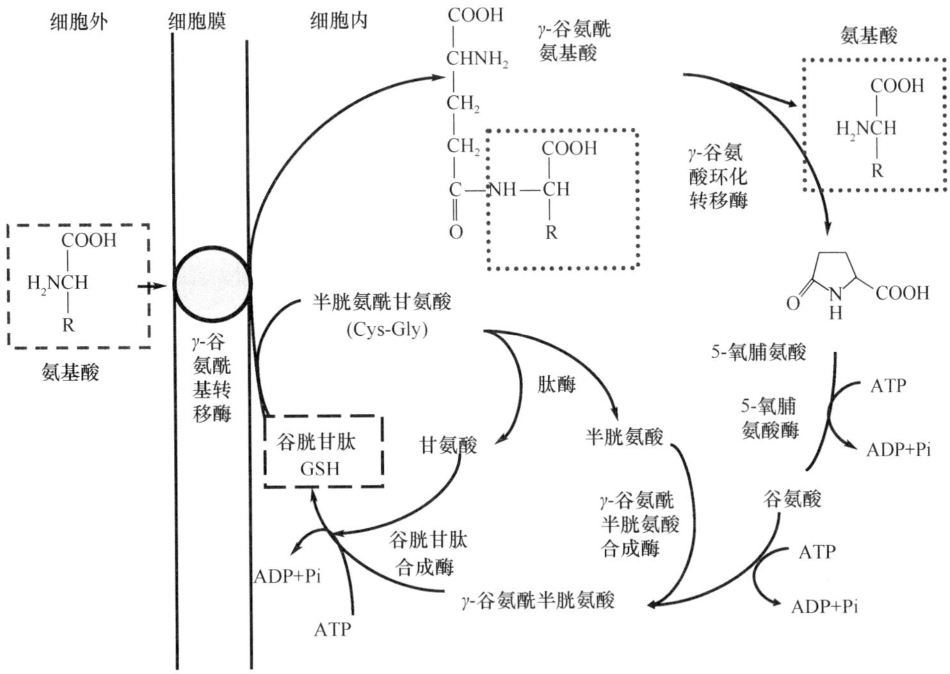

图 3-47　γ-谷氨酰基循环

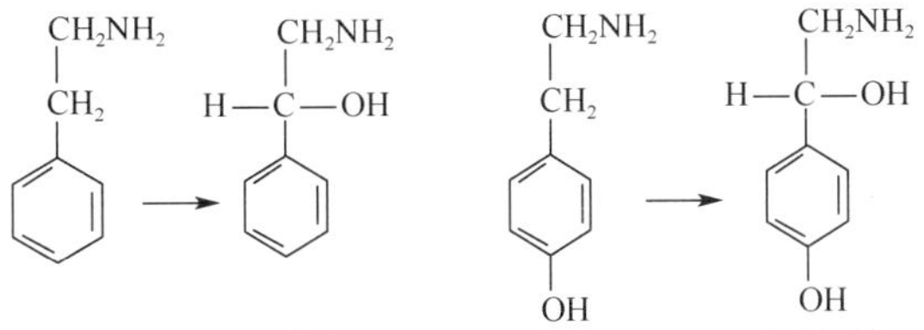

苯乙胺　苯乙醇胺　酪胺　β-多巴胺

2. 氨的生成　未被吸收的氨基酸在肠道细菌的作用下，通过脱氨基作用生成氨，这是肠道氨的重要来源之一。另一来源是血液中的尿素渗入肠道，经肠道细菌尿素酶的水解而生成氨。这些氨均可被吸收入血液，在肝脏合成尿素。降低肠道的 pH，可减少氨的吸收。

3. 酚、吲哚及硫化氢的生成　通过腐败作用还可产生其他有害物质，如苯酚、吲哚及硫化氢等，这些有害物质大部分随粪便排出，只有一小部分被吸收，经肝的代谢转变而解毒，不会发生中毒现象，但习惯性便秘者毒物吸收增多。

三、氨基酸的一般代谢

人体内蛋白质处于不断降解（degradation）和合成的动态平衡。不同的蛋白质在体内的寿命差异很大。蛋白质的半衰期（half-life）即蛋白质降低其原浓度一半所需要的时间，用 $t_{1/2}$ 表示，不同蛋白质其 $t_{1/2}$ 各不同。体内许多关键酶的 $t_{1/2}$ 都很短，如胆固醇合成的关键酶 HMG CoA 还原酶的 $t_{1/2}$ 为 0.5～2 小时。关键酶含量的改变使机体可以灵活地调整代谢产物的流量和浓度，从而满足机体的生理需要。真核细胞内蛋白质的降解有两条途径：一是不依赖 ATP 的过程，在溶酶体内进行，主要降解细胞外来的蛋白质、膜蛋白和长寿命的细胞内蛋白质。另一是依赖 ATP 和泛素（ubiquitin）的过程，在胞质中进行，主要降解异常蛋白和短寿命的蛋白质。泛素是一种小分子蛋白质，能与被选中降解的蛋白质共价结合，使后者标记（泛素化）并被激活，然后蛋白酶体（proteasome）特异性地识别泛素标记的蛋白质并将其降解（图 3-48）。

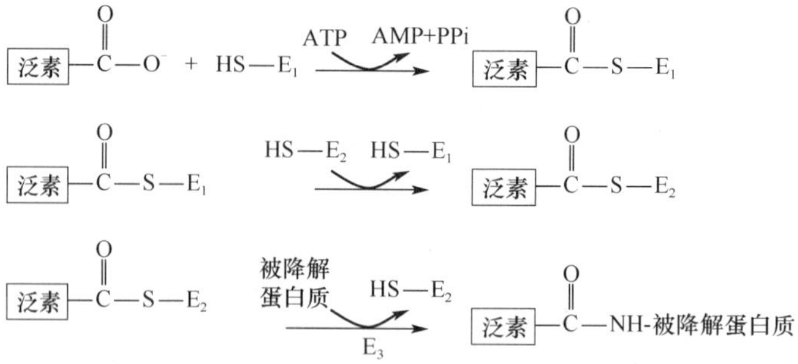

E₁：泛素活化酶；E₂：泛素结合酶；E₃：泛素蛋白连接酶

图 3-48　蛋白质降解的泛素化反应

体内各种来源的氨基酸，通过血液循环在各组织之间转运，构成氨基酸代谢库，以保证各组织对氨基酸代谢的需要。机体各组织蛋白质在体内不断更新，新的不断合成，旧的也不断受细胞内酶的作用而水解。但是，不同组织细胞，因生理活动的需要不同，其蛋白质的更新率亦各异。正常情况下，体内氨基酸的来源与去路处于动态平衡。外源性与内源性的氨基酸共同构成“氨基酸代谢库”（amino acid pool）参与体内代谢（图 3-49）。

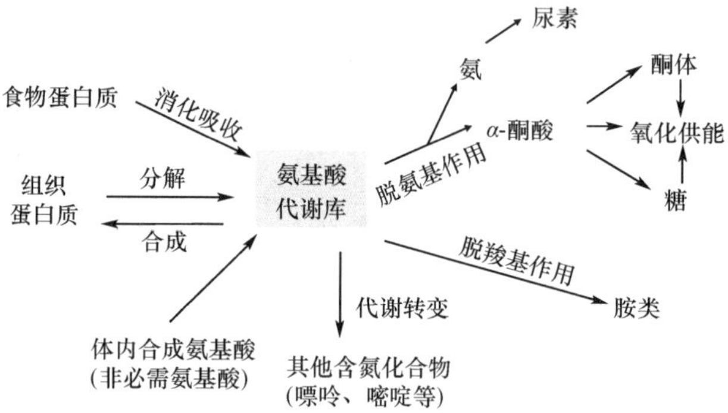

图 3-49　体内氨基酸代谢的概况

组成蛋白质的 20 种氨基酸，它们化学结构上的共性是都有 α-氨基和 α-羧基，而它们之间的差异仅 R-基团不同。因此，它们在体内的分解代谢过程虽各有其特点，但也有共同的代谢途径。氨基酸分解代谢重点讨论 α-氨基的共同分解代谢规律，适当介绍个别氨基酸的代谢特点。

（一）氨基酸的脱氨基作用

氨基酸分解代谢的主要步骤是脱氨基作用，脱氨基的方式有转氨基作用、氧化脱氨基、联合脱氨基及非氧化脱氨基等。

1. 转氨基作用（transamination）　转氨基作用是在氨基转移酶（transaminase）的催化下，可逆地把某一 α-氨基酸的氨基转移给 α-酮酸，结果是氨基酸脱去氨基生成相应的 α-酮酸，而原来的 α-酮酸得到此氨基生成相应的氨基酸。

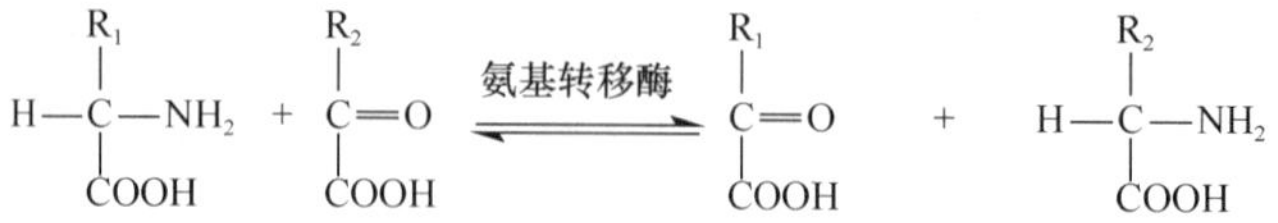

大多数氨基酸可参与转氨基作用，但甘氨酸、赖氨酸、脯氨酸、羟脯氨酸等除外。体内存在着多种氨基转移酶，不同氨基酸与 α-酮酸之间的转氨基作用只能由专一的氨基转移酶催化。在各种氨基转移酶中，以 L-谷氨酸和 α-酮酸的氨基转移酶最为重要。例如，丙氨酸转氨

酶（alanine transaminase，ALT）和天冬氨酸转氨酶（aspartate transaminase，AST）在体内广泛存在，但各组织中的含量不同（表 3-10）。

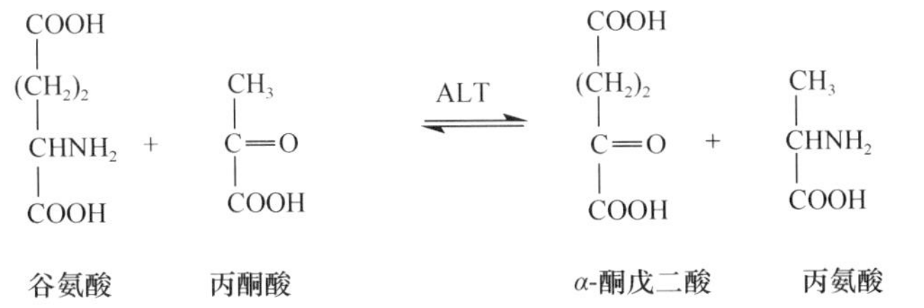

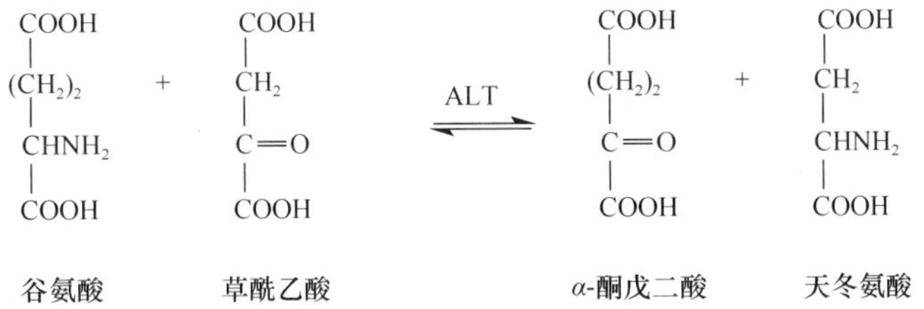

表 3-10 正常人各组织中 ALT 及 AST 活性（单位/g 组织）

组织	ALT	AST	组织	ALT	AST
心	7100	156 000	胰腺	2000	28 000
肝	44 000	142 000	脾	1200	14 000
骨骼肌	4800	99 000	肺	700	10 000
肾	19 000	91 000	血清	16	20

临床上转氨作用也常作为一些疾病诊断和治疗时必要的参考指标。由表 3-10 可见，正常时 ALT 和 AST 这两种氨基转移酶主要分布在细胞内，特别是肝和心脏，而血清中的活性最低。若因疾病使细胞膜通透性增加、组织坏死或细胞破裂等，可有大量氨基转移酶从细胞内释放入血，结果使血清氨基转移酶活性增高。例如，心肌梗死患者，血清 AST 异常增高；肝病患者，尤其是急性传染性肝炎，血清 ALT 和 AST 皆异常升高。

新药研究中，有关治疗肝疾病的药物，或涉及肝解毒的药物等，也常测定氨基转移酶的活性作为重要的观察指标。

2. L-谷氨酸的氧化脱氨基作用 转氨基作用使许多氨基酸的氨基被聚集在 *α*-酮戊二酸上生成 L-谷氨酸。L-谷氨酸是哺乳类动物组织中唯一能以相当高的速率进行氧化脱氨反应的氨基酸。L-谷氨酸的氧化脱氨基作用由 L-谷氨酸脱氢酶（L-glutamate dehydrogenase）催化完成，此酶广泛存在于肝、肾和脑等组织中，属于一种不需氧脱氢酶，也是唯一既能利用 NAD^+又能利用 $NADP^+$接受还原当量的酶。

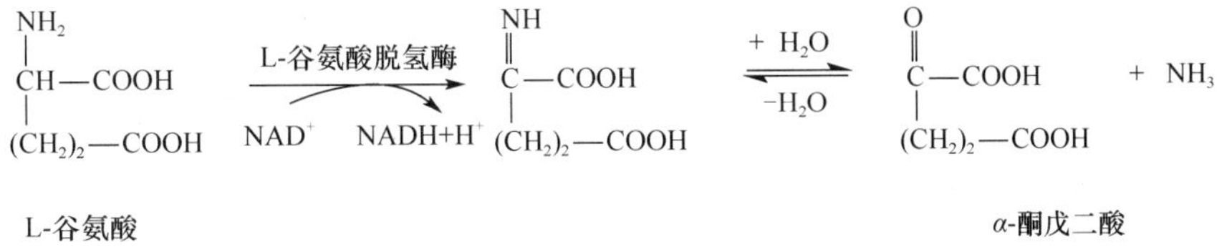

3. 联合脱氨基作用 转氨作用是体内一种重要的脱氨方式，但是通过转氨作用只有氨基的转移，而无游离氨的释放，其最终结果只是一种新的氨基酸代替原来的氨基酸。研究发现，体内氨基酸的脱氨主要是联合脱氨作用，即转氨基作用与脱氨基作用联合进行。联合脱氨基作用

有两种方式。

（1）转氨作用偶联氧化脱氨作用：α-氨基酸与 α-酮戊二酸经转氨作用生成谷氨酸，后者在L-谷氨酸脱氢酶的催化下，经氧化脱氨作用而释出游离氨。反应过程如下：

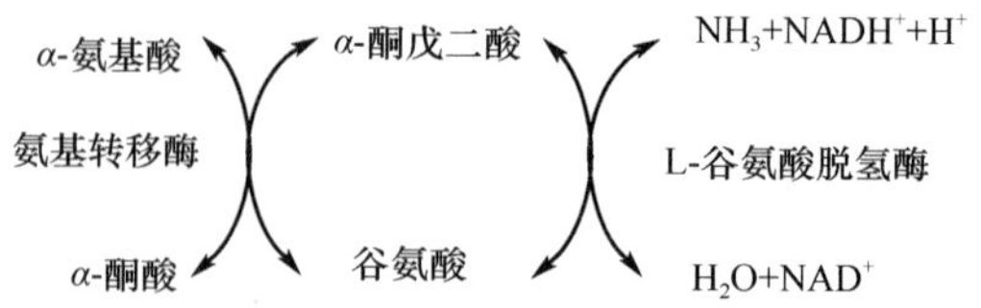

转氨作用的氨基受体是 α-酮戊二酸，因为氧化脱氨时，L-谷氨酸脱氢酶的活性高而特异性强。只有 α-酮戊二酸作为转氨作用的氨基受体，才能生成谷氨酸。而其他 α-酮酸虽可参与转氨作用，但它们生成的相应氨基酸因缺乏适当的酶，而不易进一步氧化脱氨。

由于 L-谷氨酸脱氢酶在肝、肾、脑中活性最强，因此这些组织中氨基酸可通过上述方式脱氨。但骨骼肌、心脏等组织此酶含量较低，需经另外方式脱氨。

（2）转氨基偶联嘌呤核苷酸循环：这是存在于骨骼肌和心肌中的一种特殊的联合脱氨基作用方式。在骨骼肌和心肌中，腺苷酸脱氨酶的活性较高，该酶可催化 AMP 脱氨基，此反应与转氨基反应相联系，即构成嘌呤核苷酸循环的脱氨基作用（图 3-50）。

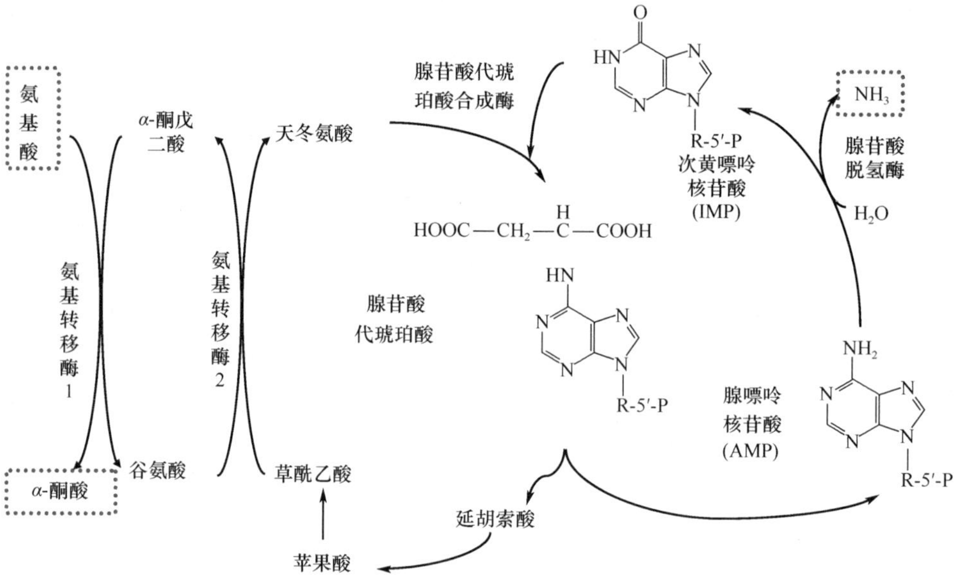

图 3-50 嘌呤核苷酸循环

4. 氨基酸氧化酶催化的脱氨基作用 在肝肾组织中还存在一种 L-氨基酸氧化酶，属黄素酶类，其辅基是 FMN 或 FAD。该酶将氨基酸氧化成 α-亚氨基酸，接着再加水分解成相应的 α-酮酸，并释放铵离子。

（二）氨的代谢

氨是机体正常代谢产物，具有毒性。正常人血氨浓度一般不超过 60μmol/L，某些原因引起血氨浓度升高，可导致神经组织，特别是脑组织功能障碍，称为氨中毒。正常情况下，机体不会发生氨的堆积而导致氨中毒，因为氨在体内有较完整的解毒机制，以消除氨对机体的有害影响。关于氨的代谢实际上是对氨的解毒过程。

血氨的来源：氨基酸脱氨基作用产生的氨是体内氨的主要来源；胺类物质的氧化、嘌呤或嘧啶的分解、酰胺化合物的水解等也可产生氨；肠道食物蛋白的腐败，尿素肠肝循环经肠道细菌尿素酶水解产生的氨，也是体内氨的重要来源；肾小管上皮细胞分泌的氨主要来自谷氨酰胺。

血氨的去路：在肝脏转变为尿素，这是最主要的去路；合成非必需氨基酸及其他含氮化合物；合成天冬酰胺和谷氨酰胺；分泌的 NH_3 在酸性条件下生成 NH_4^+，随尿排出。

1. 氨在血液中的转运形式　氨是有毒物质，各组织产生的氨如何以无毒的形式经血液运输到肝合成尿素或运至肾以铵盐形式由尿排出？现已阐明，氨在血液中主要以丙氨酸和谷氨酰胺两种形式运输。

（1）丙氨酸-葡萄糖循环：肌肉中的氨基酸将氨基转给丙酮酸生成丙氨酸，后者经血液循环转运至肝脏再脱氨基，生成的丙酮酸经糖异生转变为葡萄糖后再经血液循环转运至肌肉重新分解产生丙酮酸，这一循环过程就称为丙氨酸-葡萄糖循环（图 3-51）。通过这个循环，骨骼肌中的氨以无毒的丙氨酸形式运往肝，同时，肝又为骨骼肌提供了生成丙酮酸的葡萄糖。

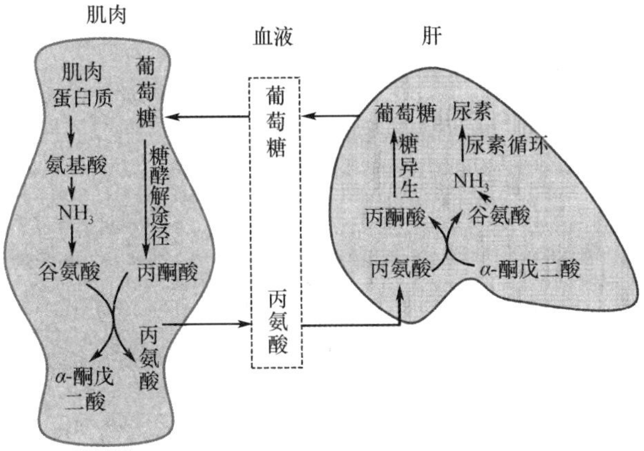

图 3-51　丙氨酸-葡萄糖循环

（2）谷氨酰胺的运氨作用：肝外组织，如脑、骨骼肌、心肌在谷氨酰胺合成酶（glutamine synthetase）的催化下，氨与谷氨酸合成谷氨酰胺，以谷氨酰胺的形式将氨基经血液循环带到肝脏，再由谷氨酰胺酶（glutaminase）将其分解，产生的氨即可用于合成尿素。因此，谷氨酰胺对氨具有运输、储存和解毒作用。

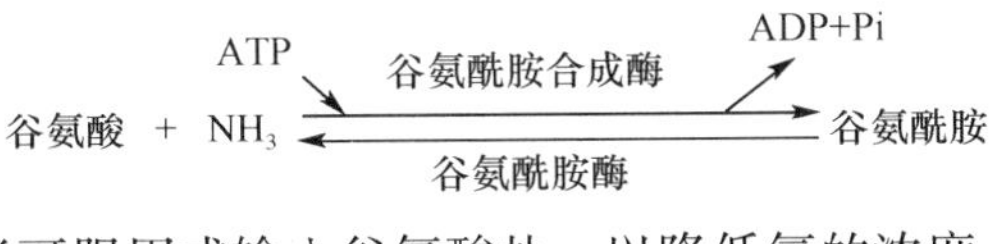

临床上对氨中毒患者可服用或输入谷氨酸盐，以降低氨的浓度。谷氨酰胺还可以提供氨基使天冬氨酸转变成天冬酰胺。正常细胞能合成足量的天冬酰胺供蛋白质合成所需。但白血病细胞却不能或很少能合成天冬酰胺，必须依靠血液从其他器官运输而来。临床上应用天冬酰胺酶（asparaginase）使天冬酰胺水解成天冬氨酸，从而减少血中天冬酰胺，达到治疗白血病的目的。

2. 鸟氨酸循环与尿素的合成　体内氨的主要代谢去路是用于合成尿素，只有少部分氨在肾以铵盐形式随尿排出。合成尿素的主要器官是肝脏，但在肾及脑中也可少量合成。尿素生成的过程由德国学者 Hans Krebs 和 Kurt Henseleit 于 1932 年提出，称为鸟氨酸循环（orinithine cycle），又称尿素循环（urea cycle）或 Krebs-Henseleit 循环（图 3-52）。

鸟氨酸循环的反应步骤：尿素合成是经鸟氨酸循环的反应过程来完成，催化这些反应的酶存在于胞液和线粒体中。反应过程比较复杂，大体可分为以下五步。

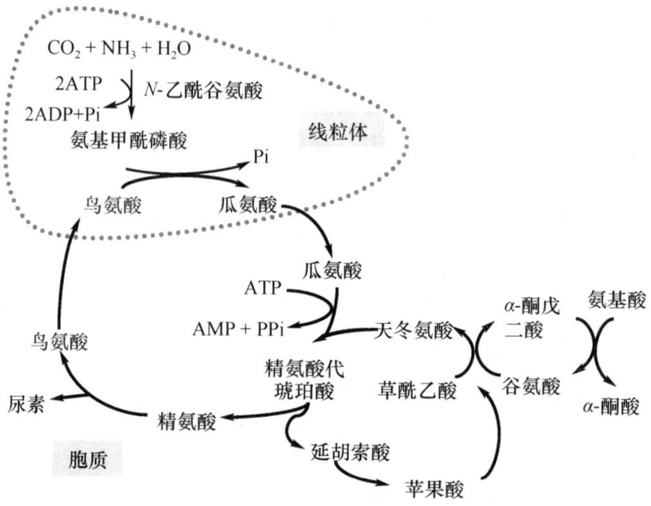

图 3-52 尿素生成的鸟氨酸循环

（1）氨基甲酰磷酸的合成：反应由氨基甲酰磷酸合成酶催化，它存在于肝细胞线粒体，需ATP、Mg^{2+}参与，*N*-乙酰谷氨酸是此酶的变构激活剂。

$$CO_2 + NH_3 + H_2O + 2ATP \xrightarrow[(N\text{-乙酰谷氨酸，}Mg^{2+})]{\text{氨基甲酰磷酸合成酶 I}} H_2N-\overset{\overset{\displaystyle O}{\|}}{C}-O\sim PO_3^{2-} + 2ADP + Pi$$

（2）瓜氨酸的合成：氨基甲酰磷酸与鸟氨酸反应生成瓜氨酸，鸟氨酸转氨甲酰酶催化此反应，它存在于肝细胞线粒体。

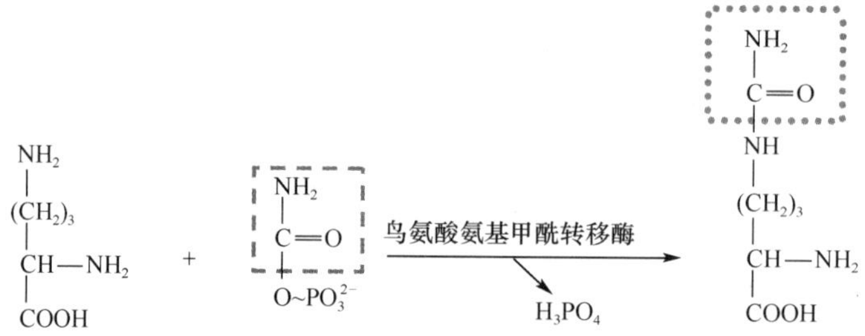

鸟氨酸　　氨基甲酰磷酸　　瓜氨酸

（3）精氨酸的合成：肝细胞线粒体合成的瓜氨酸经线粒体膜载体转运到胞质，与天冬氨酸缩合转变为精氨酸，反应分两步进行。①瓜氨酸与天冬氨酸生成精氨酸代琥珀酸；②精氨酸代琥珀酸裂解生成精氨酸与延胡索酸。

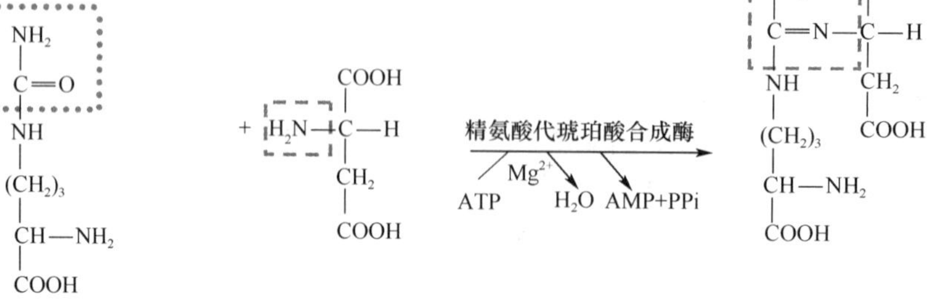

瓜氨酸　　天冬氨酸　　精氨酸代琥珀酸

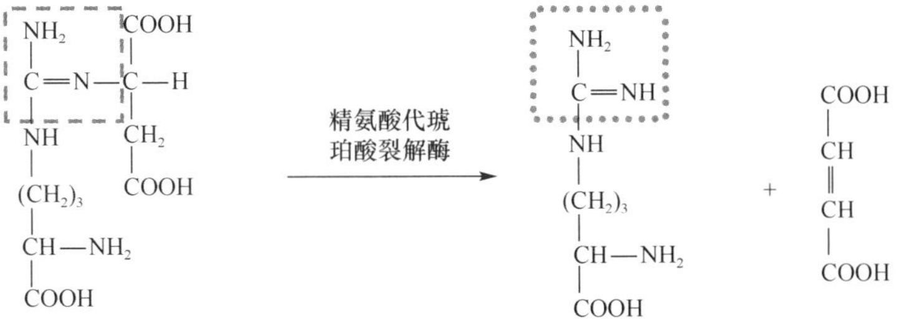

精氨酸代琥珀酸　　　　　　　　　　精氨酸　　　　延胡索酸

（4）尿素的生成：精氨酸在精氨酸酶的作用下水解生成尿素及鸟氨酸，后者经膜载体转运到线粒体，再参与尿素生成循环。

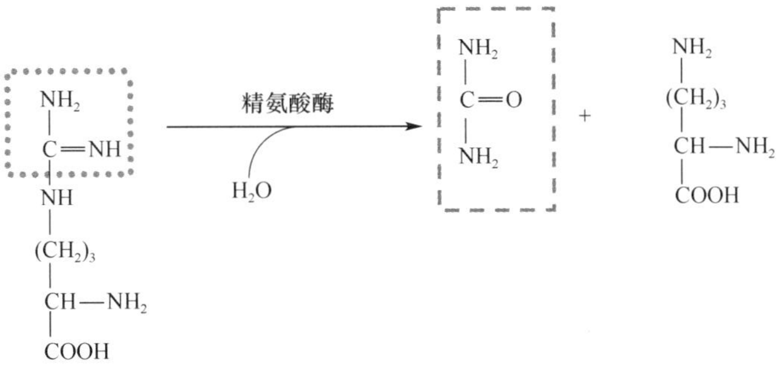

精氨酸　　　　　　　　　　尿酸　　　　鸟氨酸

鸟氨酸循环的特点：①合成主要在肝脏的线粒体和胞质中进行；②合成一分子尿素需消耗 3 个 ATP，4 个高能磷酸键；③精氨酸代琥珀酸合成酶是尿素合成的关键酶；④尿素分子中的两个氮原子，一个来源于 NH_3，一个来源于天冬氨酸。

$$2NH_3 + CO_2 + 3\,ATP \xrightarrow{\text{酶}} H_2N-\overset{\overset{\displaystyle O}{\|}}{C}-NH_2 + 2ADP + AMP + 4Pi$$

合成尿素是肝细胞的一种重要生物学功能。因此，当肝功能严重损伤时，尿素合成受阻，使血氨浓度升高，称为高血氨症，可导致氨中毒。

肝细胞中参与尿素合成的各种酶活性是不同的。其中以精氨酸代琥珀酸合成酶的活性最低，是鸟氨酸循环合成尿素的限速酶，可调节尿素合成的速度。此外，食物蛋白也影响尿素的合成速度。如高蛋白膳食使尿素合成加速，而低蛋白膳食则相反。

（三）α-酮酸的代谢

氨基酸经脱氨作用除产生氨外，还生成 α-酮酸。不同的氨基酸生成 α-酮酸各异，它们在体内的代谢途径也各异，主要有以下途径。

1. 合成非必需氨基酸　氨基酸脱氨基反应是可逆地，经转氨基作用或还原氨基化反应可生成相应的氨基酸，这是机体合成非必需氨基酸的重要途径。

2. 转变成糖及脂类　根据在动物体内实验结果发现，有些氨基酸在体内可沿糖异生作用转化为糖，这些氨基酸称为生糖氨基酸，如丙氨酸、谷氨酸、天冬氨酸、半胱氨酸等；有些氨基酸可沿脂肪酸分解或合成途径生成酮体或脂肪酸，称之为生酮氨基酸，如亮氨酸、赖氨酸；其余氨基酸可转变为糖也可转变为酮体，则称为生糖兼生酮氨基酸，如酪氨酸、苯丙氨酸、异亮氨酸等。

3. 氧化产生能量　氨基酸分解生成三羧酸循环的中间产物，可通过三羧酸循环和氧化磷酸

化彻底氧化为 H_2O 和 CO_2，同时生成 ATP。

四、个别氨基酸的代谢

氨基酸除了以上共同的代谢途径外，有些氨基酸也有其特殊的代谢方式。例如，氨基酸的脱羧作用、一碳单位等。在降解过程中，可以产生不同的中间产物，其中有许多物质具有生物活性，有重要的生理意义。

（一）氨基酸的脱羧基作用

体内部分氨基酸也可进行脱羧基作用（decarboxylation）生成相应的胺，催化这类反应的酶是氨基酸脱羧酶（decarboxylase），其辅酶是磷酸吡哆醛。胺类含量虽然不高，但具有显著的生物活性。若在体内堆积，则会引起神经系统或心血管系统功能紊乱。但由于体内存在胺氧化酶，使其分解，因此一般不会造成严重后果。

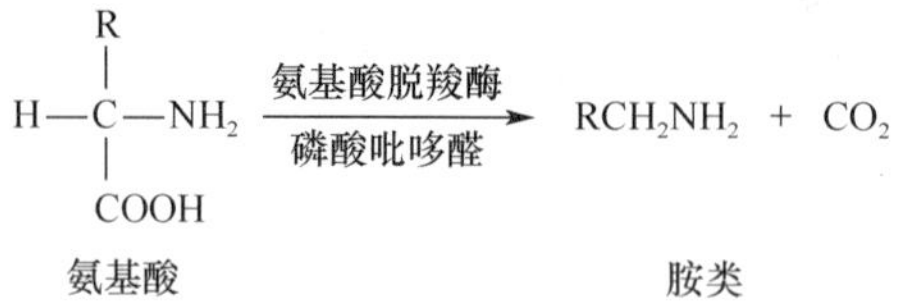

1. γ-氨基丁酸 谷氨酸在谷氨酸脱羧酶的作用下，脱去 α-羧基生成 γ-氨基丁酸（γ-aminobutyric acid，GABA）。此酶在脑及肾组织中活性很高，所以脑中 GABA 含量较高。

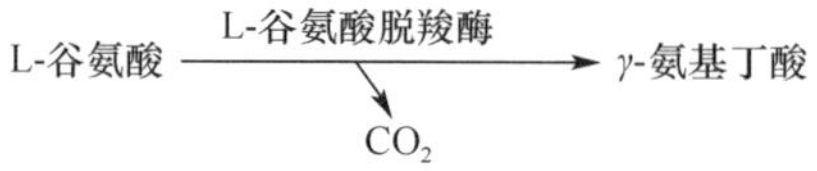

GABA 是一种抑制性神经递质，对中枢神经有抑制作用。临床上用维生素 B_6 治疗妊娠呕吐和小儿搐搦，其原理就是维生素 B_6 参与构成谷氨酸脱羧酶辅酶，促进谷氨酸脱羧生成较多的 GABA，从而抑制神经阻滞兴奋性。

2. 牛磺酸 半胱氨酸可经氧化、脱羧生成牛磺酸（taurine），后者是结合胆汁酸的重要成分。胆汁酸在脂类的消化吸收、维持胆固醇在胆汁的溶解状态等方面起重要作用。此外，现已发现脑组织中含有较多的牛磺酸，可能具有更为重要的生理功能。

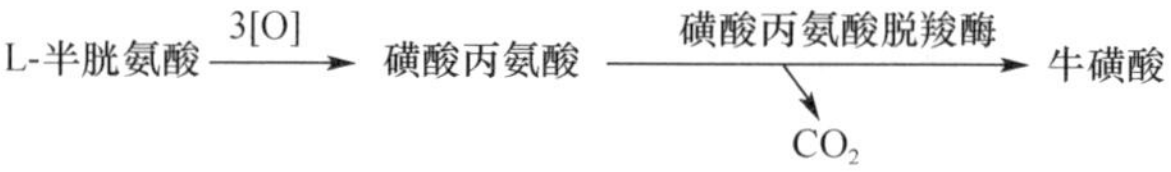

3. 组胺 组氨酸通过组氨酸脱羧酶催化脱羧生成组胺（histamine）。它由许多组织如脑、肺、肝、肌肉、肠黏膜等的肥大细胞所分泌。组胺具有强烈的血管舒张作用，可增加毛细血管通透性，过敏反应的发生与刺激肥大细胞释放过量组胺所引起的局部水肿有关；还可促进胃黏膜分泌胃蛋白酶原及胃酸等作用。

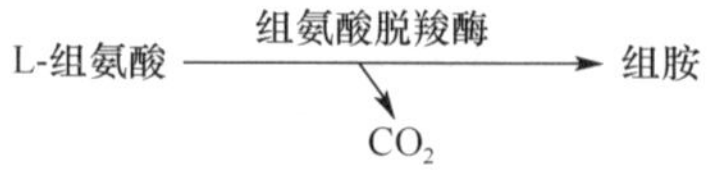

4. 5-羟色胺 色氨酸首先经色氨酸羟化酶催化生成 5-羟色氨酸，再经 5-羟色氨酸脱羧酶催化脱羧生成 5-羟色胺（5-hydroxytryptamine，5-HT）。

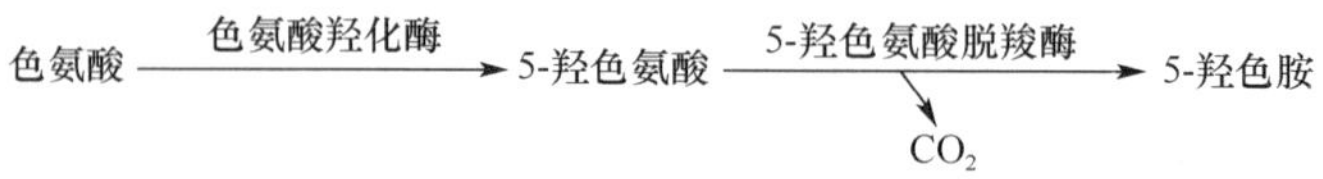

5-羟色胺最早从血清中发现，故又名血清素。5-羟色胺广泛存在于哺乳动物组织中，特别

在脑中含量较高，也存在于胃肠、血小板及乳腺细胞中。脑中的 5-羟色胺可作为神经递质，起抑制作用；在外周组织，5-羟色胺有收缩血管的作用。在体内，5-羟色胺经单胺氧化酶催化生成 5-羟醛及 5-羟吲哚乙酸等随尿排出。

5. 多胺 体内广泛存在鸟氨酸脱羧酶，它催化鸟氨酸脱羧生成腐胺。蛋氨酸在腺苷转移酶和 ATP-Mg^{2+}催化下生成 *S*-腺苷蛋氨酸（SAM），SAM 提供丙胺基与腐胺合成精脒与精胺。腐胺、精脒和精胺总称为多胺或聚胺（polyamines）。

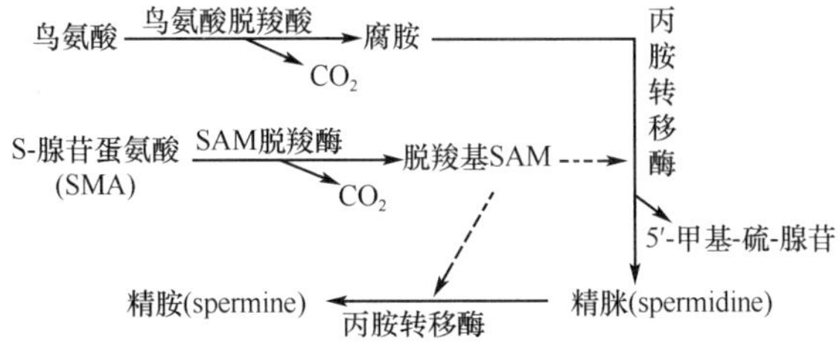

多胺有多种生理功能，多胺分子带有许多正电荷，能与带负电荷的 DNA 及 RNA 结合，这对于稳定核酸的结构、促进蛋白质的生物合成器重要作用。精脒和精胺是调节细胞生长的重要物质。凡生长旺盛或迅速生长的组织（如胚胎、再生肝、肿瘤组织）等，作为多胺合成限速酶的鸟氨酸脱羧酶活性均较强，多胺的含量也较高。临床上常以测定患者血液或尿液中多胺的含量，作为辅助诊断癌症及观察病情的生化指标之一。

（二）一碳单位的代谢

1. 一碳单位的概念与四氢叶酸 某些氨基酸在分解代谢过程中可以产生含有一个碳原子的基团，称为一碳单位（one carbon unit）。体内的一碳单位有：甲基（$—CH_3$，methyl）、甲烯基（$—CH_2—$，methylene）、甲炔基（—CH═，methenyl）、甲酰基（—CHO，formyl）、亚胺甲基（—CH═NH，formimino）等。但 CO_2 不属于这种类型的一碳单位。

一碳单位不能游离存在，必须与四氢叶酸（tetrahydrofolic acid，FH_4 或 THFA）结合转运和参与代谢。FH_4 是一碳单位的载体，在一碳单位代谢代谢中起辅酶作用。叶酸为 B 族维生素之一，食物中叶酸在体内经二氢叶酸还原酶作用，逐步加氢还原形成四氢叶酸。

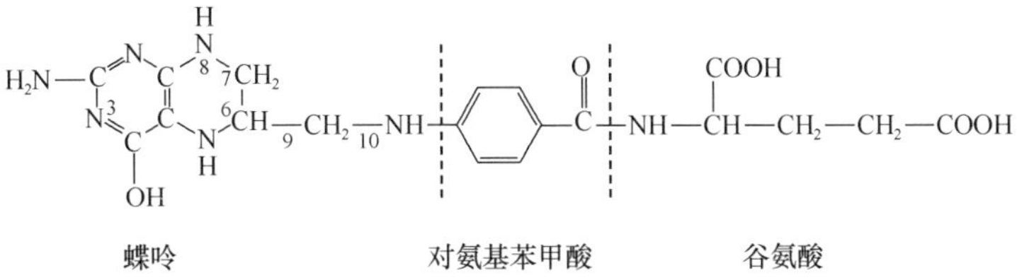

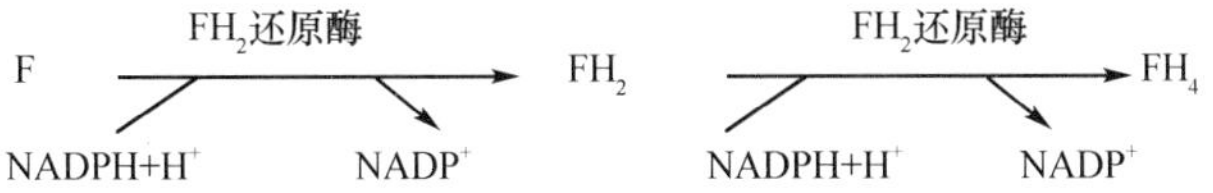

FH_4 分子上第 5 位和第 10 位 N 原子是携带一碳单位的位置，分别用 N^5、N^{10} 表示，如 N^5，N^{10}-甲烯四氢叶酸（N^5，$N^{10}—CH_2—FH_4$）的结构式如下：

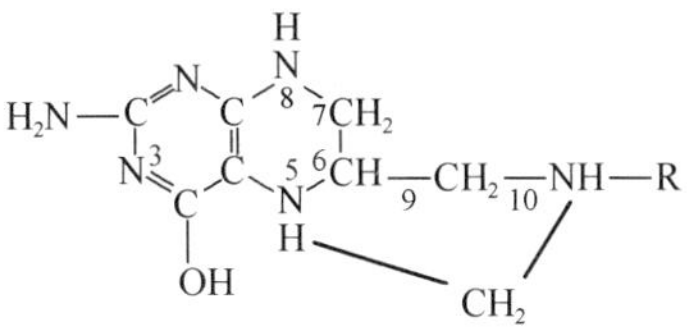

2. 一碳单位的来源与氨基酸代谢 一碳单位的主要来源于丝氨酸、甘氨酸、组氨酸及色氨酸的代谢。

（1）甘氨酸和丝氨酸：丝氨酸在羟甲基转移酶催化下生成甘氨酸的过程中产生 N^5, N^{10}—CH_2—FH_4，而甘氨酸则在甘氨酸裂解酶作用下也会产生 N^5，N^{10}—CH_2—FH_4。

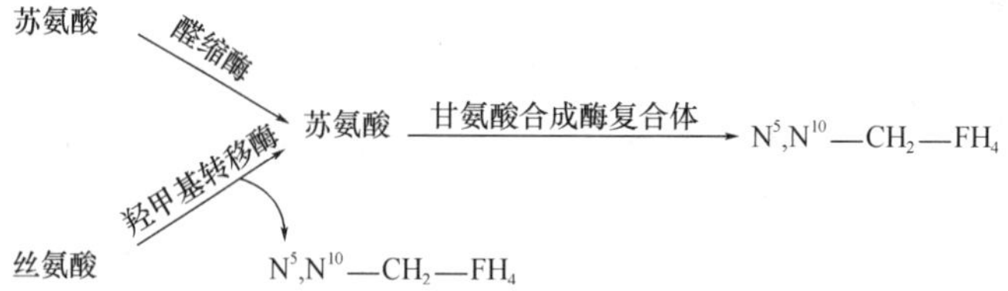

N^5，N^{10}-甲烯四氢叶酸可为合成胸腺嘧啶提供甲基。缺乏叶酸可影响 DNA 合成，妨碍细胞分裂增值，骨髓中红细胞生成障碍而导致巨幼红细胞性贫血。

（2）组氨酸：在体内经酶促分解产生亚氨甲基谷氨酸，FH_4 接受其分子中的亚氨甲基，生成 N^5—CH═NH—FH_4。N^5—CH═NH—FH_4 再经脱氨作用生成 N^5，N^{10}═CH_2—FH_4。

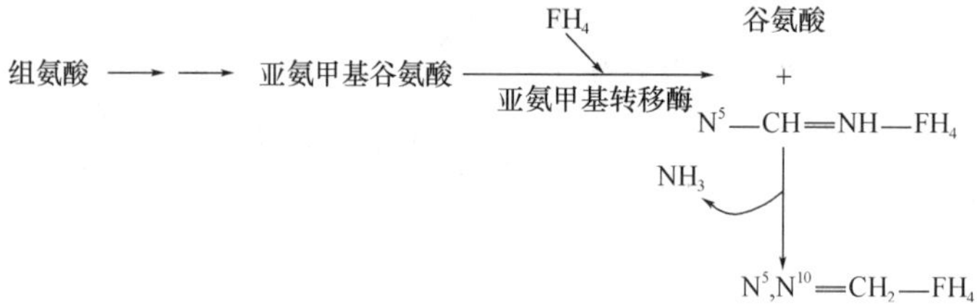

N^5，N^{10}-甲炔四氢叶酸四氢叶酸参与合成嘌呤碱中 C8 原子。叶酸缺乏者，不仅嘌呤核苷酸合成受影响，尿中排出亚氨甲基谷氨酸增多，临床上可据此判断体内是否缺乏叶酸。

（3）色氨酸：色氨酸分解过程中产生甲酸，可与四氢叶酸结合生成 N^{10}-甲酰四氢叶酸（N^{10}—CHO—FH_4）。N^{10}-甲酰四氢叶酸参与合成嘌呤碱中的 C2 原子。

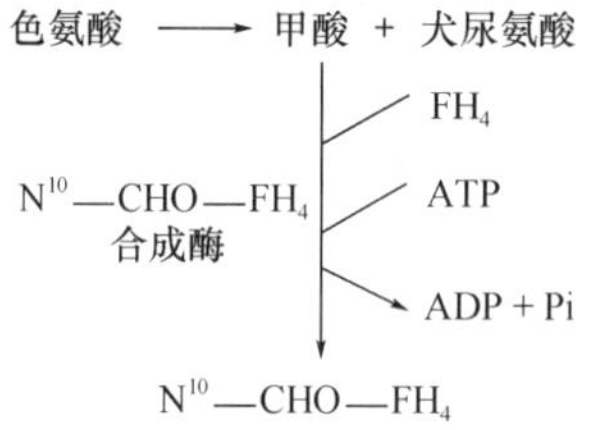

3. 一碳单位的相互转变 各种不同形式一碳单位中碳原子的氧化状态不同。在适当条件下，它们之间可与通过氧化还原反应而相互转变。不过，N^5-甲基四氢叶酸的生成是不可逆的，因此它的含量最多，是细胞内四氢叶酸的储存形式。

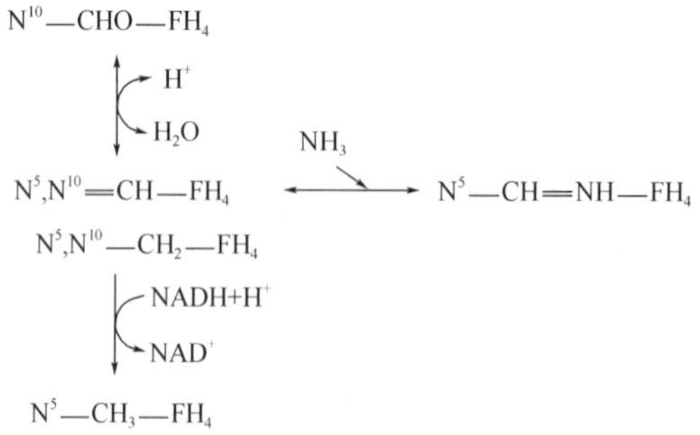

4. 一碳单位的生理功能 一碳单位的主要生理功能是作为合成嘌呤和嘧啶核苷酸的原料，因此一碳单位是氨基酸和核苷酸代谢的联系纽带，与细胞的增殖、细胞生长和机体发育等重要过程密切相关。一碳单位代谢障碍可引起某些疾病，如巨幼红细胞性贫血等。磺胺药及某些抗肿瘤药（甲氨蝶呤等）也正是分别通过干扰细菌及肿瘤细胞的叶酸、四氢叶酸合成，进一步影

响一碳单位代谢与核酸合成而发挥其药理作用。

（三）含硫氨基酸的代谢

含硫氨基酸有蛋氨酸、半胱氨酸和胱氨酸。甲硫氨酸与一碳单位代谢关系密切，也能转变成半胱氨酸；半胱氨酸和胱氨酸可以通过氧化还原互变，但不能转变成甲硫氨酸。

1. 甲硫氨酸与转甲基作用　甲硫氨酸中含有 *S*-甲基，可参与多种转甲基的反应生成多种含甲基的生理活性物质。但是在转甲基之前，首先必须与 ATP 反应生成 *S*-腺苷蛋氨酸（*S*-adenosyl methionine，SAM）。SAM 中的甲基是高度活化的，称活性甲基，SAM 称为活性蛋氨酸。

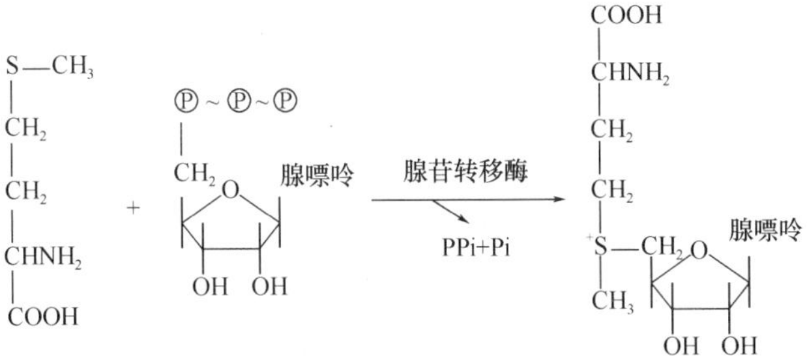

甲硫氨酸　　ATP　　*S*-腺苷蛋氨酸(SAM)

2. 甲硫氨酸循环　SAM 在甲基转移酶（methyltransferase）的催化下，将活性甲基转移给各种甲基受体，然后水解去除腺苷生成同型 *S*-腺苷半胱氨酸（*S*-adenosylhomocystine，SAH），SAH 水解释出腺苷变为同型半胱氨酸（homocystine，hCys）。同型半胱氨酸在甲基转移酶催化下，从 $N^5—CH_3—FH_4$ 获得甲基，重新生成甲硫氨酸，形成一个循环过程，称为甲硫氨酸循环（methionine cycle）（图 3-53）。

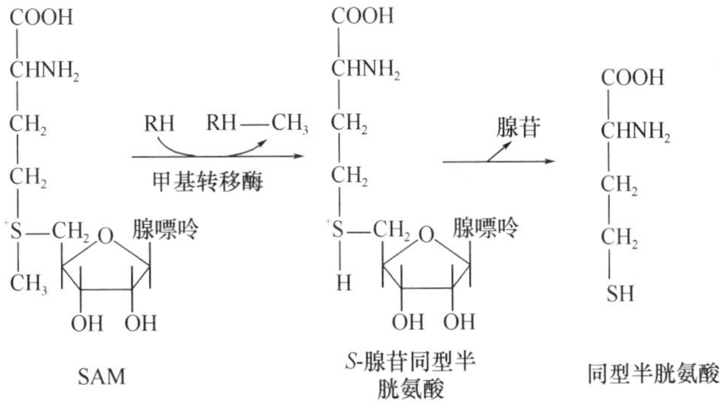

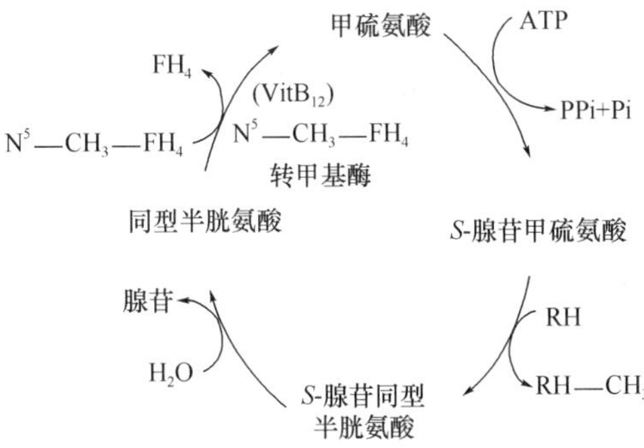

图 3-53　甲硫氨酸循环

此循环的生理意义在于由 $N^5—CH_3—FH_4$ 供给甲基合成蛋氨酸，再通过此循环的 SAM 提供甲基。体内一些重要生理功能的化合物，如肾上腺素、胆碱、甜菜碱、肉毒碱、肌酸等都是从SAM中获得甲基的。

N^5—CH_3—FH_4同型半胱氨酸甲基转移酶的辅酶是维生素B_{12}。维生素B_{12}缺乏会引起甲硫氨酸循环受阻。临床上可以见到维生素B_{12}缺乏引起的巨幼细胞性贫血。

尽管蛋氨酸循环可生成蛋氨酸，但体内不能合成同型半胱氨酸，只能由甲硫氨酸转变而来，所以体内实际上不能合成甲硫氨酸，必须由食物供给。

3. 肌酸的合成 肌酸（creatine）和磷酸肌酸（creatine phosphate）在能量储存及利用中起重要作用。两者互变使体内ATP供应具有后备潜力。肌酸以甘氨酸为骨架，精氨酸提供脒基、SAM供给甲基，在脒基转移酶和甲基转移酶的催化下合成。当体内ATP富余时，在肌酸激酶（creatine kinase，CK）催化下，肌酸转变成磷酸肌酸储备起来。肌酸广泛分布于骨骼肌、心肌、大脑等组织中。

CPK有三种同工酶，由M亚基（肌型）与B亚基（脑型）组成MM型（骨骼肌）、BB型（脑组织）和MB型（心肌）。心肌梗死时，血中MB型CPK活性增高，可作辅助诊断的指标之一。肾功能障碍时，检查血或尿中肌酐含量以帮助诊断。

4. 半胱氨酸和胱氨酸的代谢

（1）半胱氨酸和胱氨酸的互变：半胱氨酸含巯基（—SH），胱氨酸含有二硫键（S—S—），两者可通过氧化还原而互变。在蛋白质分子中两个半胱氨酸残基间所形成的二硫键对维持蛋白质分子构象起重要作用，半胱氨酸的巯基是许多蛋白质或酶的活性基团。

（2）活性硫酸根代谢：含硫氨基酸经分解代谢可生成H_2S，H_2S氧化成为硫酸。其中一部分以无机盐形式从尿中排出，一部分经活化生成3′-磷酸腺苷-5′-磷酸硫酸（3′-phosphoadenosine-5′-phosphosulfate，PAPS），即活性硫酸根。PAPS的性质活泼，是硫酸基团的供体，参与肝脏的生物转化。此外，PAPS也可参与硫酸角质素及硫酸软骨素等分子中硫酸化氨基多糖的合成。

（四）芳香族氨基酸的代谢

芳香族氨基酸包括苯丙氨酸、酪氨酸和色氨酸。在体内苯丙氨酸经苯丙氨酸羟化酶作用生成酪氨酸，其代谢途径也相近。

1. 苯丙氨酸转变为酪氨酸 苯丙氨酸在体内苯丙氨酸羟化酶（phenylalanine hydroxylase）催化下转变为酪氨酸。该酶主要存在于肝脏，其辅酶为四氢生物嘌呤，此羟化反应不可逆，所以酪氨酸不能转变为苯丙氨酸。

当先天性缺乏苯丙氨酸羟化酶时，苯丙氨酸可通过转氨基作用生成苯丙酮酸，苯丙酮酸大量随尿排出，称为苯丙酮酸尿症（phenylketonuria，PKU）。有此遗传病的患儿，由于苯丙酮酸的堆积对中枢神经系统有毒性，影响大脑发育，因而智力迟钝。早期发现时可控制饮食中苯丙氨酸含量，可使症状缓解并能控制其发展。

2. 儿茶酚胺与黑色素的合成 酪氨酸经酪氨酸羟化酶（tyrosine hydroxylase）催化生成3，4-二羟苯丙氨酸（3，4-dihydroxyphenylalanine，DOPA），简称多巴。此酶也是以四氢生物蝶呤为辅酶的加单氧酶，多巴经多巴脱羧酶催化生成多巴胺（dopamine）。多巴胺在多巴胺-*β*-羟化酶催化下使β碳原子羟化，生成去甲肾上腺素（norepinephrine）。而后由SAM提供甲基转变成肾上腺素（epinephrine）。多巴胺、去甲肾上腺素、肾上腺素统称为儿茶酚胺（catecholamine），是中枢神经系统重要的神经递质。酪氨酸羟化酶是儿茶酚胺合成的限速酶，受终产物的反馈调节。

在黑色素细胞中，酪氨酸在酪氨酸酶催化下羟化生成多巴，后者再经氧化、脱羧等反应转变成吲哚-5，6-醌，而后进入合成黑色素的途径。人体若缺乏酪氨酸酶，黑色素合成障碍，皮肤、毛发乃至虹膜缺乏黑色素，称为白化病（albinism）。

第五节　核苷酸代谢

核苷酸是核酸的基本结构单位，是体内核酸合成的重要原料。此外，ATP 是生物能量代谢中通用的高能化合物；某些核苷三磷酸可作为合成代谢物的活性载体；核苷酸的衍生物参与组成许多重要的辅酶，如 NAD^+、FAD、CoASH 等；某些核苷酸或衍生物是重要的调节分子，如 cAMP 和 cGMP 分别为多种激素作用的第二信使。

由于核苷酸是核酸合成的原料；核酸在降解中也是首先水解成各种单核苷酸，因此，核酸的代谢实质上就是核苷酸的代谢。

一、核酸的消化与吸收

食物中的核酸多以核蛋白的形式存在，核蛋白在胃中受胃酸的作用，分解成核酸与蛋白质。核酸进入小肠后，在胰液和肠液中各种核酸酶作用下逐步水解（图 3-54）。核苷酸及其水解产物均可被肠黏膜细胞吸收，这些成分绝大部分被分解或转变而排出体外，只有 5%左右以碱基或核苷的形式进入血液循环，被运送至其他组织细胞。机体内的核苷酸主要由机体细胞自身合成，因此，核苷酸不是营养必需物质。

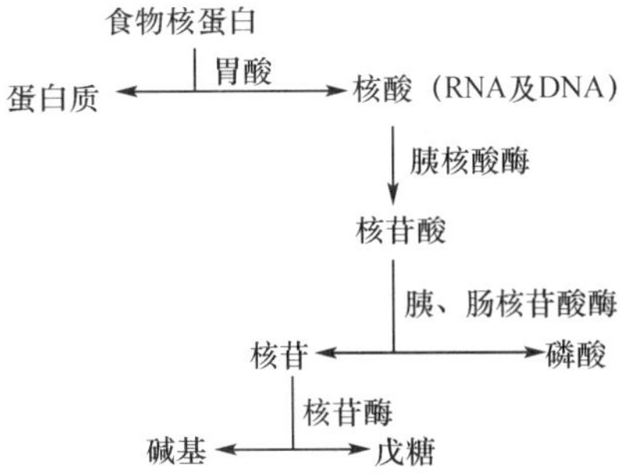

图 3-54　核酸的消化

二、核苷酸的合成代谢

（一）嘌呤核苷酸的合成代谢

嘌呤核苷酸包括腺嘌呤核苷酸（AMP）与鸟嘌呤核苷酸（GMP），它们是 RNA 分子的基本组成单位。其合成可通过从头合成途径（de novo synthesis pathway）和补救合成途径（salvage synthesis pathway）而产生。

1. 嘌呤核苷酸从头合成途径　机体利用磷酸核糖、氨基酸、一碳单位及 CO_2 等简单物质为原料逐步合成嘌呤核苷酸的过程，称为从头合成途径，从头合成途径主要在肝脏、小肠黏膜及胸腺中进行。用同位素示踪技术证实，嘌呤环中各碳原子及氮原子是由氨基酸（甘氨酸、天冬氨酸和谷氨酰胺）、CO_2 和一碳单位提供的（图 3-55）。

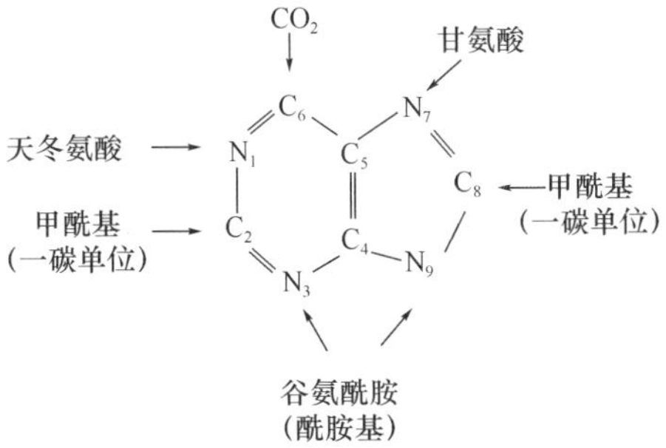

图 3-55　嘌呤环合成的原料来源

嘌呤核苷酸的从头合成途径主要在胞质中进行，磷酸核糖焦磷酸先与合成嘌呤碱的原料相结合，再经过一系列变化而合成次黄嘌呤核苷酸（inosine monophosphate，IMP）；然后分别转变为 AMP 和 GMP。

（1）IMP 的合成：IMP 的合成经过 11 步反应完成。①由葡萄糖经磷酸戊糖途径产生的 5-磷酸核糖（R-5-P），先经磷酸核糖焦磷酸激酶（也称 PRPP 合成酶）催化生成 5-磷酸核糖焦磷酸（phosphoribosyl pyrophosphate，PRPP），它可参与各种核苷酸的合成，此反应需 ATP 供能，是合成核苷酸的关键性反应。ATP 尚能激活 PRPP 合成酶。②由谷氨酰胺提供酰胺基取代 PRPP 中 C_1 的焦磷酸基团，形成 5-磷酸核糖胺（5-phosphoribosylamine，PRA）。此反应由磷酸核糖酰胺转移酶（amidotransferase）所催化，该酶为关键酶，是嘌呤合成的限速步骤，受嘌呤核苷酸的反馈抑制。③甘氨酸与 PRA 缩合，生成甘氨酰胺核苷酸（GAR），由 ATP 供能。④由 N^5,

N^{10}-甲炔-FH_4提供甲酰基，使 GAR 甲酰化生成甲酰甘氨酰胺核苷酸（FGAR）。⑤谷氨酰胺提供酰胺基转移到正在生成的嘌呤环上，生成甲酰甘氨脒核苷酸（FGAM），此反应消耗 1 分子 ATP。⑥FGAM 脱水环化生成 5-氨基咪唑核苷酸（AIR），此反应也需要 ATP 参与。至此，嘌呤环中的咪唑环部分合成了。⑦CO_2连接到咪唑环上，作为嘌呤碱中C_6的来源，生成 5'-氨基咪唑-4-羧酸核苷酸（CAIR）。⑧及⑨在 ATP 参与下，天冬氨酸与 CAIR 缩合，生成的产物再脱去 1 分子延胡索酸而裂解为 5'-氨基咪唑-4-甲酰胺核苷酸（AICAR）。⑩N^{10}-甲酰-FH_4提供一碳单位，由 AICAR 甲酰转移酶催化 AICAR 甲酰化，生成 5'-甲酰胺基咪唑-4-甲酰胺核苷酸（FAICAR）。FAICAR 脱水环化生成 IMP。反应过程见图 3-56。

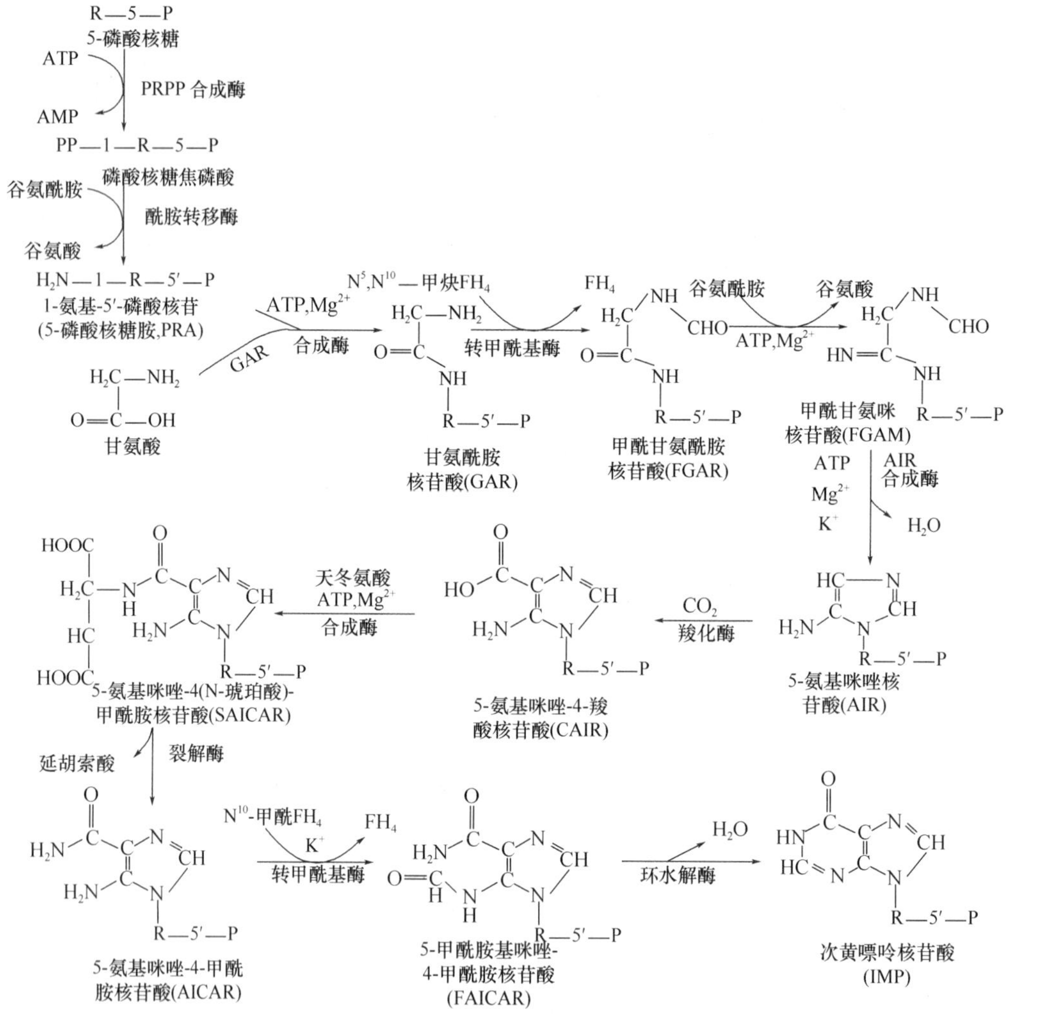

图 3-56 IMP 的合成

（2）由 IMP 生成 AMP 和 GMP：IMP 是嘌呤核苷酸合成的前体或重要中间产物，IMP 可以分别迅速转变为 AMP 和 GMP（图 3-57）。AMP 的生成分两步进行。①天冬氨酸的氨基与 IMP 相连生成腺苷酸代琥珀酸，由腺苷酸代琥珀酸合成酶催化，GTP 水解供能。②在腺苷酸代琥珀酸裂解酶作用下脱去延胡索酸生成 AMP。GMP 的生成也由两步反应完成。①IMP 由 IMP 脱氢酶催化，以 NAD^+为受氢体，氧化生成黄嘌呤核苷酸（XMP）。②谷氨酰胺提供酰胺基取代 XMP 中 C2 上的氧生成 GMP，此反应由 GMP 合成酶催化，由 ATP 水解供能。

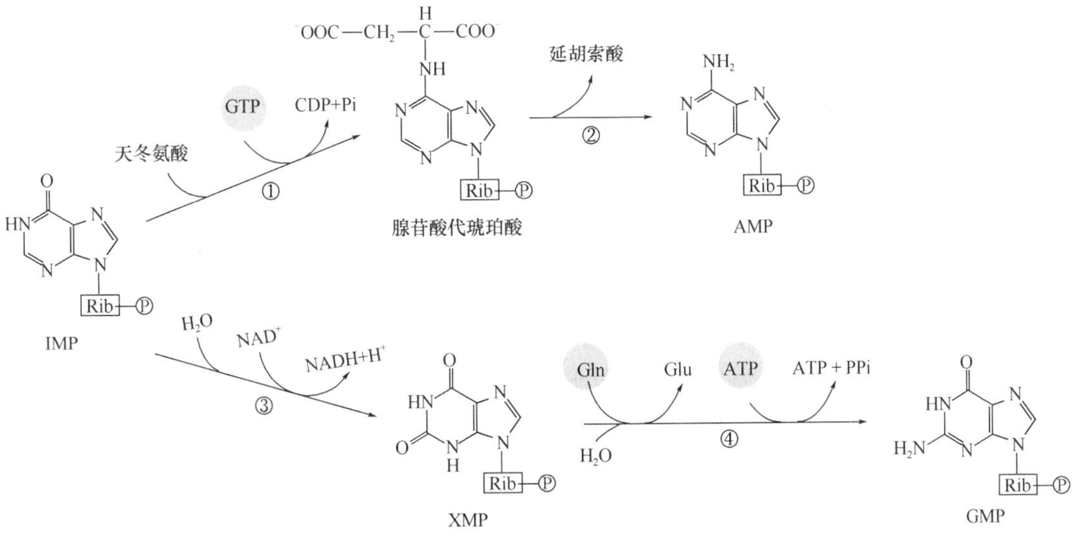

①腺苷酸代琥珀酸合成酶; ②腺苷酸代琥珀酸裂解酶; ③IMP脱氢酶; ④GMP合成酶

图 3-57　由 IMP 分别生成 AMP 和 GMP

（3）AMP 生成 ADP 和 ATP：要参与核酸的合成，核苷一磷酸（NMP）必须先转变为核苷二磷酸（NDP），再进一步转变为核苷三磷酸（NTP）。反应由相应的激酶催化发生磷酸化。

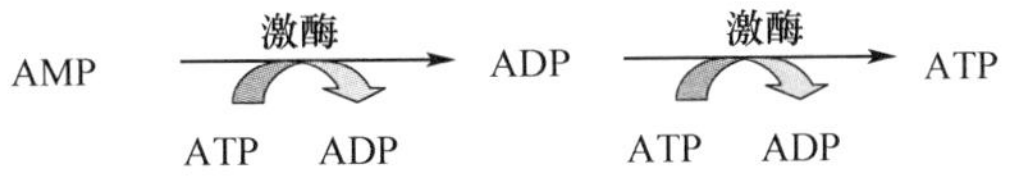

核苷酸激酶对底物中核糖或脱氧核糖无特异性。

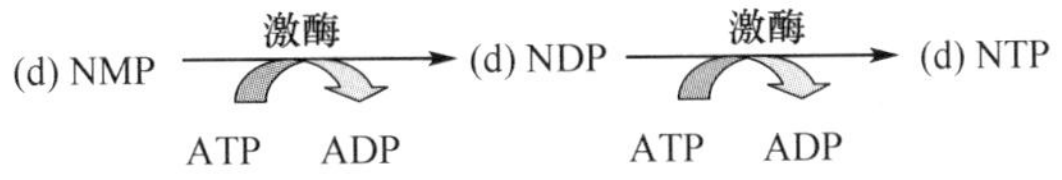

（4）嘌呤核苷酸从头合成的调节：从头合成是体内合成嘌呤核苷酸的主要途径，此过程要消耗氨基酸等原料及大量 ATP。机体对合成速度有着精细的调节。合成途径以反馈调节方式为主，其合成调节网可见图 3-58。

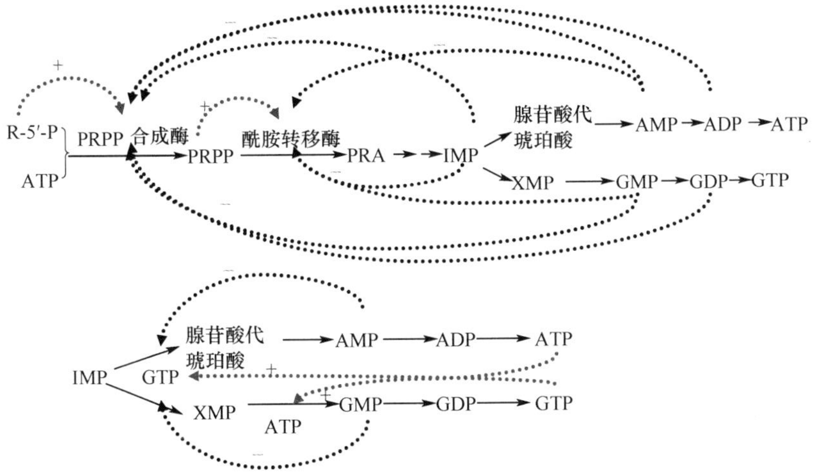

图 3-58　嘌呤核 苷酸从头合成的调节

IMP 途径的调节主要在合成的前两步反应，即催化 PRPP 和 PRA 的生成。核糖磷酸焦磷酸激酶受 ADP 和 GDP 的反馈抑制。磷酸核糖酰胺转移酶受到 ATP、ADP、AMP 及 GTP、GDP、GMP 的反馈抑制。ATP、ADP 和 AMP 结合酶的一个抑制位点，而 GTP、GDP 和 GMP 结合酶另一抑制位点。因此，IMP 的生成速率受腺嘌呤和鸟嘌呤核苷酸的独立和协同调节。此外，PRPP 可变构激活磷酸核糖酰胺转移酶。

第二水平的调节作用于 IMP 向 AMP 和 GMP 转变过程。GMP 反馈抑制 IMP 向 XMP 转变，AMP 则反馈抑制 IMP 转变为腺苷酸代琥珀酸，从而防止生成过多 AMP 和 GMP。此外，腺嘌呤和鸟嘌呤的合成是平衡的。GTP 加速 IMP 向 AMP 转变，而 ATP 则可促进 GMP 的生成，这样使腺嘌呤和鸟嘌呤核苷酸的水平保持相对平衡，以满足核酸合成的需要。

2. 嘌呤核苷酸的补救合成途径 人的脑、骨髓、白细胞、血小板、脾等组织缺乏“从头合成”途径，必须依靠从肝运来的嘌呤或核苷，进行补救合成途径。与从头合成不同，补救合成过程较简单，消耗能量亦较少。由两种特异性不同的酶参与嘌呤核苷酸的补救合成，即腺嘌呤磷酸核糖转移酶（APRT）和次黄嘌呤-鸟嘌呤磷酸核糖转移酶（HGPRT），前者催化 AMP 的生成，后者催化 IMP 和 GMP 的生成。

$$\text{腺嘌呤} + \text{PRPP} \xrightarrow{\text{APRT}} \text{AMP} + \text{PPi}$$

$$\text{次黄嘌呤} + \text{PRPP} \xrightarrow{\text{HGPRT}} \text{IMP} + \text{PPi}$$

$$\text{鸟嘌呤} + \text{PRPP} \xrightarrow{\text{HGPRT}} \text{GMP} + \text{PPi}$$

$$\text{腺嘌呤核苷} \xrightarrow[\text{ATP} \rightarrow \text{ADP}]{\text{腺苷激酶}} \text{AMP}$$

Lesh-Nyham 综合征是由于 HGPRT 的严重遗传缺陷所致。患者表现为尿酸增高及神经异常，如脑发育不全、智力低下、攻击和破坏性行为、常咬伤自己的嘴唇、手和足趾，故亦称“自毁容貌症”。

（二）嘧啶核苷酸的合成代谢

嘧啶核苷酸包括 CMP 与 UMP，它们也有从头合成和补救合成两条途径。

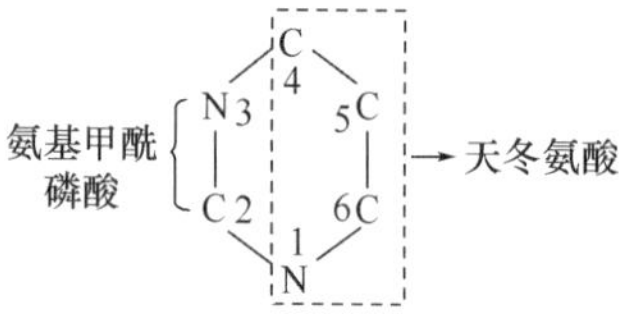

图 3-59 嘧啶环合成的原料来源

1. 嘧啶核苷酸的从头合成途径 同位素示踪技术证明，嘧啶核苷酸中嘧啶碱合成的原料来自谷氨酰胺、CO_2 和天冬氨酸等（图 3-59）。

嘧啶核苷酸的合成主要在肝中进行，是先合成嘧啶环，然后再与磷酸核糖相连而成。

（1）尿嘧啶核苷酸（UMP）的合成：由 6 步反应完成，反应过程见图 3-60。①嘧啶合成的第一步是生成氨基甲酰磷酸，由氨基甲酰磷酸合成酶Ⅱ（CPS-Ⅱ）生成。正如氨基酸代谢中所讨论的，氨基甲酰磷酸也是尿素合成的起始原料。但尿素合成中所需氨基甲酰磷酸是在肝线粒体中由 CPS-Ⅰ催化合成，而嘧啶合成中的 CPS-Ⅱ在细胞质，用谷氨酰胺提供氮源。②由天冬氨酸氨基甲酰转移酶（aspartate transcarbamoylase，ATCase）催化天冬氨酸与氨基甲酰磷酸缩合生成氨甲酰天冬氨酸。此反应为嘧啶合成的限速步骤。③由二氢乳清酸酶催化氨基甲酰天冬氨酸脱水形成具有嘧啶环的二氢乳清酸。④由二氢乳清酸脱氢酶催化二氢乳清酸脱氢生成乳清酸（orotate acid）。⑤在乳清酸磷酸核糖转移酶催化下，乳清酸与 PRPP 结合生成乳清酸核苷酸。⑥由乳清酸核苷酸脱羧酶催化脱羧生成 UMP。

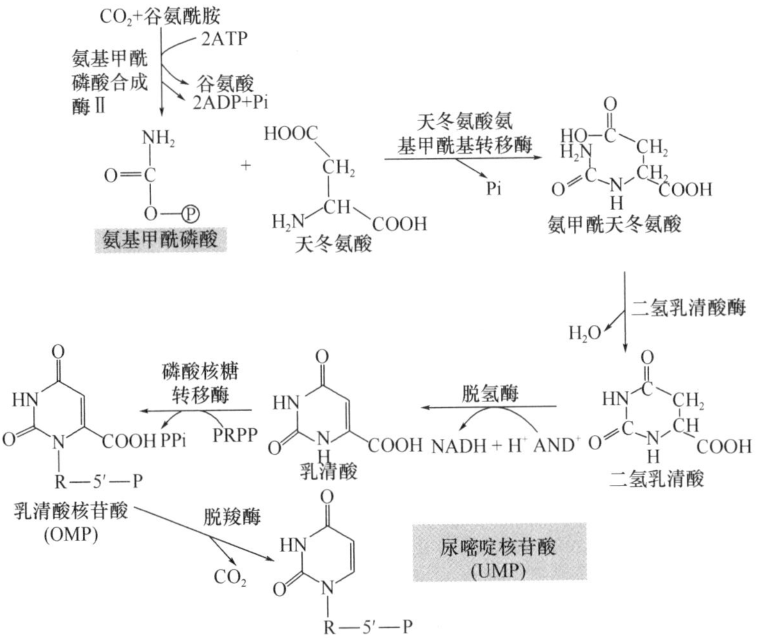

图 3-60 UMP 的生物合成

（2）胞嘧啶核苷酸的合成：机体能将 ATP 的高能磷酸基团转移给 UMP 生成 UDP 和 UTP，在 CTP 合成酶催化下，由谷氨酰胺提供氨基，可使 UTP 转变成 CTP。

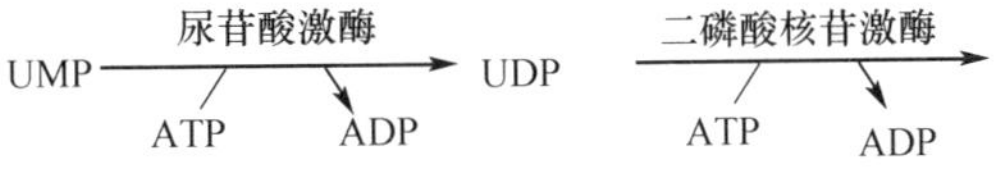

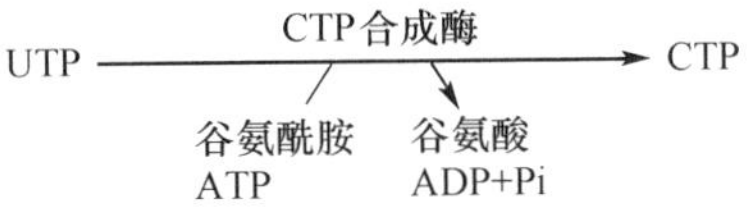

（3）嘧啶核苷酸从头合成的调节：在细菌中，天冬氨酸氨基甲酰转移酶是嘧啶核苷酸从头合成的主要调节酶；在动物细胞中，嘧啶核苷酸合成主要由 CPS-Ⅱ调控。UMP 抑制其活性，而 ATP 和 PRPP 为其激活剂（图 3-61）。

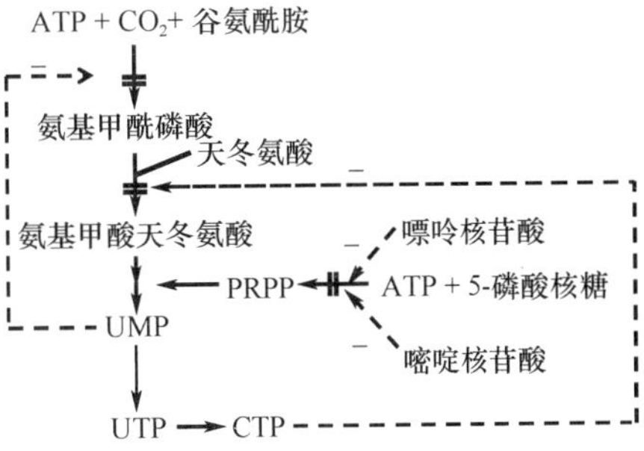

图 3-61 嘧啶核苷酸从头合成的调节

2. 嘧啶核苷酸的补救合成途径 嘧啶磷酸核糖转移酶是嘧啶核苷酸补救合成的主要酶，催化的反应通式为：

$$\text{嘧啶} + \text{PRPP} \xrightarrow{\text{嘧啶磷酸核糖转移酶}} \text{磷酸嘧啶核苷} + \text{PPi}$$

尿苷激酶也是一种补救合成酶，催化尿苷生成尿苷酸；脱氧胸苷可通过胸苷激酶而生成脱氧胸苷酸。此酶在正常肝中活性很低，再生肝中酶活性升高，在恶性肿瘤中该酶活性也明显升高并与恶性程度有关。

（三）脱氧核苷酸的合成

脱氧核苷酸是在二磷酸核苷水平经还原反应生成的，由核苷酸还原酶催化，NADPH 作为这一反应的还原力（图 3-62）。这一反应的过程比较复杂。核苷酸还原酶从 NADPH 获得电子时，需要一种硫氧化还原蛋白（thioredoxin）作为电子载体。硫氧化还原蛋白有还原型和氧化型两种，还原型含2个巯基，氧化型则含二硫键，因此还原型硫氧化还原蛋白可作为核苷酸的天然还原剂。DNA合成需要的dTMP则由UMP先还原成dUMP，然后再甲基化生成。

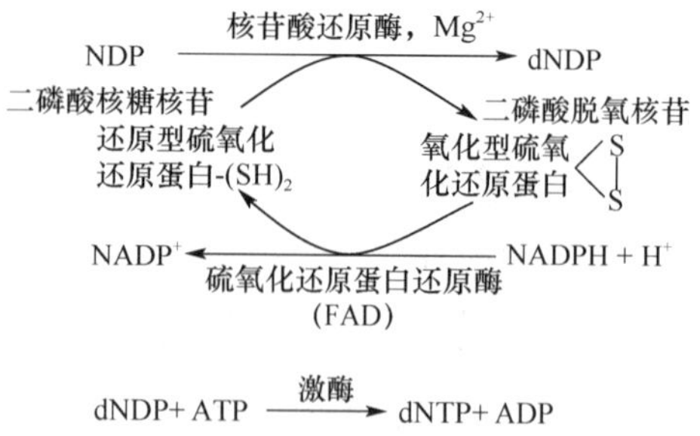

图3-62　脱氧核苷酸的生成

三、核苷酸的分解代谢

细胞内核苷酸在相应核苷酸酶的催化下，脱去磷酸成为核苷，核苷在核苷磷酸化酶催化下生成游离碱基和1-磷酸核糖。产生的碱基可参加补救合成途径，亦可进一步分解。

1. 嘌呤的分解代谢　体内嘌呤碱的分解主要在肝脏、小肠及肾脏中进行。首先，腺嘌呤和鸟嘌呤在各自脱氨酶作用下水解脱去氨基，分别生成次黄嘌呤和黄嘌呤。脱氨反应也可以在核苷或核苷酸水平上进行。动物体内腺嘌呤脱氨酶含量极少，而腺嘌呤核苷或腺嘌呤核苷酸脱氨酶活性较高，所以，腺嘌呤的脱氨分解主要在其核苷或核苷酸水平上进行，然后再水解成次黄嘌呤，并在黄嘌呤氧化酶(xanthine oxidase)的催化下逐步氧化为黄嘌呤和尿酸（uric acid）（图3-63）。人和猿类等缺乏分解尿酸的能力，因此，尿酸是人、猿、鸟类及爬虫类体内嘌呤碱分解的最终产物。

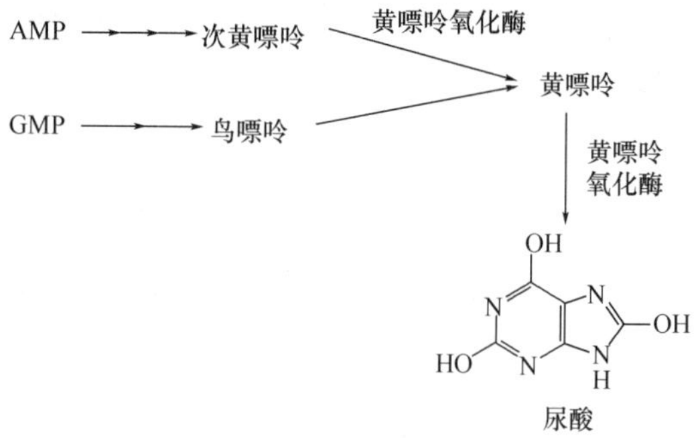

图3-63　嘌呤核苷酸的分解代谢

2. 嘧啶的分解代谢　在哺乳动物中，嘧啶的分解代谢主要在肝脏中进行。分解代谢过程中有脱氨基、氧化、还原及脱羧基等反应。胞嘧啶脱氨基转变为尿嘧啶。尿嘧啶还原成二氢尿嘧啶，并水解开环，最终生成NH_3、CO_2及β-丙氨酸。胸腺嘧啶分解成β-氨基异丁酸（β-amino- isobutyric acid），其可直接随尿排出或进一步分解。食入含DNA丰富的食物、经放射线治疗或化学治疗的肿瘤患者，以及白血病患者，尿中β-氨基异丁酸排出量增多。嘧啶核苷酸分解代谢见图3-64。

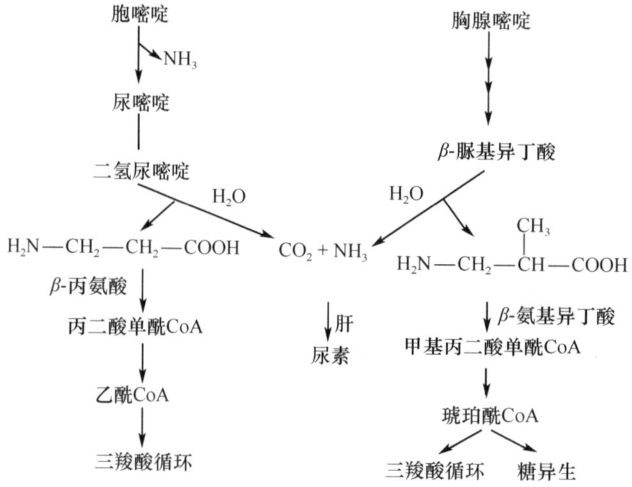

图3-64　嘧啶核苷酸的分解代谢

四、核苷酸代谢与医学的关系

（一）先天性缺陷所造成的代谢异常

1. 高尿酸血症与痛风　尿酸是人体内嘌呤类化合物代谢的最终产物，水溶性较差。正常人血浆中尿酸含量为 0.12～0.36mmol/L（2～6mg/dl）。男性平均为 0.27mmol/L（4.5mg/dl），女性平均为 0.21mmol/L（3.5mg/dl）左右。当食入高嘌呤食物、体内核酸大量分解（如白血病、恶性肿瘤等）或肾疾病时，血中尿酸水平升高，当超过 0.48mmol/L（8mg/dl）时，尿酸盐将过饱和而形成结晶，沉积于关节、软组织、软骨及肾等处，而导致关节炎、尿路结石及肾疾患，称为痛风症（gout）。痛风症多见于成年男性，其发病机制尚未阐明。临床上常用别嘌醇（allopurinol）治疗痛风症。别嘌醇与次黄嘌呤结构类似，只是分子中 N7 与 C8 互换了位置，故可抑制黄嘌呤氧化酶，从而抑制尿酸的生成（图 3-65）。同时，别嘌呤在体内经代谢转变，与 PRPP 生成别嘌呤核苷酸，不仅消耗了 PRPP，使其含量下降，而且还能反馈抑制 PRPP 酰胺转移酶，阻断嘌呤核苷酸的从头合成。

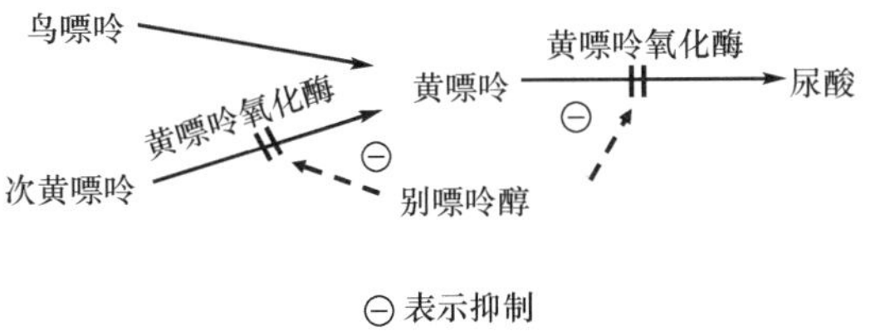

图 3-65　别嘌醇的抑制作用

2. 乳清酸尿症（orotic aciduria）　乳清酸尿症是一种嘧啶核苷酸代谢异常的遗传性疾病，患者主要表现为尿中排出大量乳清酸、生长迟缓和重度贫血。这是由于患者体内的乳清酸磷酸核糖转移酶和乳清酸脱羧酶的缺陷所致。临床用尿嘧啶或胞嘧啶治疗乳清酸尿症，尿嘧啶经磷酸化可生成 UMP，抑制 CPS-Ⅱ活性，从而抑制嘧啶核苷酸的从头合成。

（二）核苷酸合成的抑制剂

临床上常利用一些抑制剂来限制细胞的增殖，尤其是一些快速生长的细胞，如肿瘤或细菌的核苷酸合成，以进行癌症的化学治疗或者治疗细菌性感染引起的疾病。

此类抑制剂是结构上类似于核苷酸合成代谢产物或中间产物的化合物，即所谓的“抗代谢物”主要有以下几类：

1. 氨基酸类似物　例如，谷氨酰胺参与嘌呤核苷酸和 CTP 的合成，其类似物氮杂丝氨酸（重氮乙酰丝氨酸），6-重氮-5-氧正亮氨酸可干扰核苷酸合成对 Gln 的利用，因而被用作抗菌和抗肿瘤药物。

2. 叶酸类似物　四氢叶酸作为一碳基团载体参与嘌呤核苷酸的合成，dTMP 的合成也需要亚甲基四氢叶酸提供甲基，因此叶酸类似物可竞争性地与二氢叶酸还原酶结合，抑制二氢叶酸的再生，从而抑制核苷酸的合成，它们也被用作抗菌和抗肿瘤药物。

3. 碱基和核苷类似物　如 6-氮嘌呤、8-氮杂鸟嘌呤、6-硫鸟嘌呤、5-氟尿嘧啶、阿胞苷和环西他滨（环胞苷）等，常用作抗肿瘤和抗病毒药物。碱基和核苷类似物直接抑制核苷酸合成过程中的有关的酶类或掺入核酸分子形成异常的 DNA 或 RNA，从而影响核酸功能，导致突变。

第六节　物质代谢的联系与调节

一、物质代谢的特点

1. 体内各种物质代谢相互联系，构成统一整体　物质代谢是生命现象的基本特征，是生命活动的物质基础。糖、脂、蛋白质等代谢并不是孤立进行的，每时每刻都是各种物质代谢在同时进行着，彼此间需要相互协调，以确保细胞乃至机体的正常功能。

2. 物质代谢受到精细的调节　人体物质代谢是由许多连续的和相关的代谢途径所组成，而代谢途径（如糖的氧化、脂肪酸的合成等）又是由一系列的酶促化学反应组成。在正常情况下，各种代谢途径几乎全部按照生理的需求，有节奏、有规律地进行；同时，为适应体内外环境的变化，需及时地调整酶促反应速度，保持整体的动态平衡。可见，体内物质代谢是在严密的调控下进行的。调节一旦不足以协调各种物质代谢之间的平衡，不能适应机体内外环境改变的需要，就会使细胞、机体的功能失常，导致人体疾病的发生。

3. 各组织器官物质代谢各具特色 机体各组织、器官具有各自不同的特定功能，因而在这些组织、器官的细胞中形成了特定的酶谱。例如，肝是调节、联系全身器官代谢的中心机构，通过乳酸循环可将肌肉、肝代谢联系起来；又例如，脂肪组织分解脂肪产生的甘油运至肝，通过糖异生作用可生成糖，大量脂肪酸可在肝中生成酮体，酮体又可成为肝外组织很好的能源物质。

4. 各种代谢物均有共同的代谢池，代谢存在动态平衡 糖、脂、蛋白质等主要营养物质，可以从食物中摄取，也可以在体内自身合成，它们在体内形成共同的代谢池，根据机体的营养状态和需要，进入各种代谢途径进行代谢。

5. ATP 是能量储存与利用的共同形式 糖、脂、蛋白质等营养物质经氧化分解释放出的化学能，其大部分储存在可供生命活动直接利用的 ATP 中。且 ATP 的储存供应状况可以调节各代谢途径，从而将产能的营养物质分解代谢与耗能的物质合成代谢联系在一起。

6. NADPH 提供合成代谢所需还原当量 体内许多生物合成反应需要还原当量，体内还原当量的主要提供者是 NADPH，它主要来源于葡萄糖的磷酸戊糖途径。所以，NADPH 将氧化反应与还原反应联系起来。

二、物质代谢的相互联系

糖、脂、蛋白质代谢之间相互联系，相互转变，一种物质代谢障碍可引起其他物质代谢紊乱。

（一）能量代谢上的相互联系

糖、脂、蛋白质代谢可互相替代并互相制约。

一般情况下，以糖、脂供能为主，蛋白质是组成细胞的重要成分，通常并无多余储存，机体尽量节约蛋白质的消耗，且糖、脂代谢之间相互制约，如脂肪分解加强会抑制糖分解。

在疾病状态下患者不能进食或无食物供应时，肝糖原很快耗尽，机体将通过分解蛋白质加速糖异生来供能，脂肪酸分解也加强。

如持续饥饿，长期糖异生增加会使蛋白质大量分解，不利于机体，此时，脂肪分解大大加强，以脂肪酸和酮体为主要能源。

（二）物质代谢之间的联系

1. 糖代谢和脂肪代谢的联系

（1）糖可以转变为脂肪：葡萄糖代谢产生乙酰 CoA，羧化成丙二酰 CoA，进一步合成脂肪酸，糖分解也可产生甘油，与脂肪酸结合成脂肪，糖代谢产生的柠檬酸，ATP 可变构激活乙酰 CoA 羧化酶，故糖代谢可为脂肪酸合成提供原料，促进这一过程的进行。

（2）脂肪大部分不能变为糖：脂肪分解产生甘油和脂肪酸。脂肪酸分解生成乙酰 CoA，但乙酰 CoA 不能逆行生成丙酮酸，从而不能循糖异生途径转变为糖。甘油可以在肝、肾等组织变为磷酸甘油，进而转化为糖，但甘油与大量由脂肪酸分解产生的乙酰 CoA 相比是微不足道的，故脂肪绝大部分不能转变为糖。

2. 糖与氨基酸代谢的联系

（1）大部分氨基酸可变为糖：除生酮氨基酸（亮氨酸、赖氨酸）外，其余 18 种氨基酸都可脱氨基生成相应的 α-酮酸，这些酮酸再转化为丙酮酸，即可生成糖。

（2）糖只能转化为非必需氨基酸：糖代谢的中间产物如丙酮酸等可通过转氨基作用合成非必需氨基酸，体内的 8 种必需氨基酸，于体内不能转化合成。

3. 脂肪代谢与氨基酸代谢的联系

（1）蛋白质可以转变为脂肪：各种氨基酸经代谢都可生成乙酰 CoA，由乙酰 CoA 可合成脂肪酸和胆固醇，脂肪酸可进一步合成脂肪。

（2）脂肪绝大部分不能变为氨基酸：脂肪分解成为甘油、脂肪酸，甘油可转化为糖代谢中间产物，再转化为非必需氨基酸，脂肪酸分解成乙酰 CoA，不能转变为糖，也不能转化为非必需氨基酸。脂肪分解产生甘油与大量乙酰 CoA 相比含量太少，所以脂肪也大部分不能变为氨基酸。所以食物中的蛋白质不能为糖、脂代替，蛋白质却可代替糖、脂。

4. 核酸代谢与氨基酸代谢的联系　氨基酸是核酸合成的重要原料，如嘌呤合成需要甘氨酸、天冬氨酸、谷氨酰胺及氨基酸代谢产生的一碳单位。合成核苷酸所需的核糖由葡萄糖代谢的磷酸戊糖途径提供。糖、脂、氨基酸代谢途径的相互联系见图 3-66。

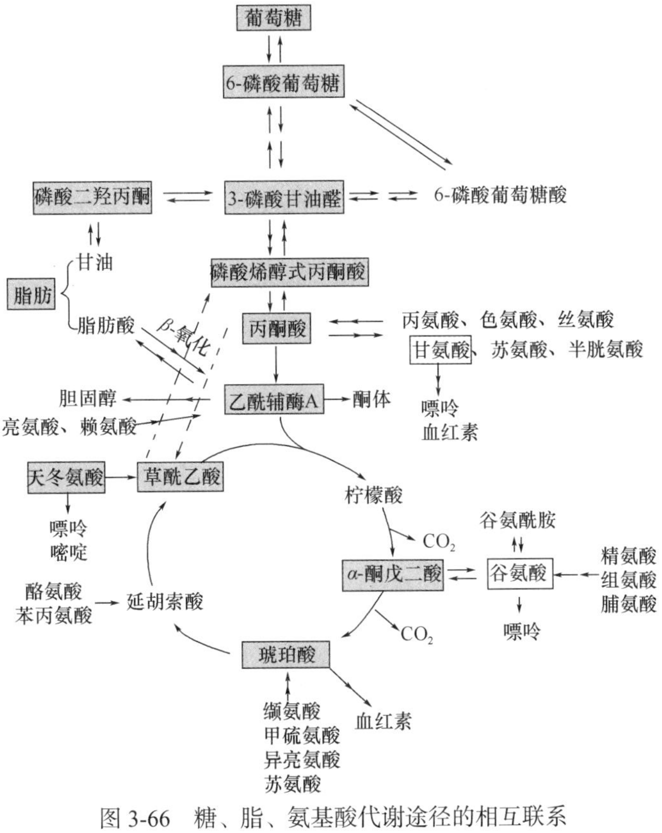

图 3-66　糖、脂、氨基酸代谢途径的相互联系

三、物质代谢调节的主要方式

代谢调节是生物在长期进化过程中逐步形成的一种适应能力。进化程度越高的生物，其代谢调节的机制越复杂。单细胞生物受细胞内代谢物浓度变化的影响，改变其各种相关酶的活性和酶的含量，从而调节代谢的速度，这是细胞水平的代谢调节，是生物体在进化上较为原始的调节方式。较复杂的多细胞生物，出现了内分泌细胞。高等生物不仅细胞水平代谢调节更为精细，还出现了内分泌细胞及器官，形成了通过激素发挥代谢调节作用的激素水平代谢调节。高等动物还有功能复杂的神经系统，形成了在中枢神经系统控制下，多种激素互相协调，对整体

代谢进行综合调节，称之为整体水平的调节。以上所述三级代谢调节中，细胞水平代谢调节是基础，激素及神经水平的代谢调节需通过细胞水平代谢调节来实现。

（一）细胞水平的代谢调节

1. 细胞内酶的分隔分布 从物质代谢过程中可知，酶在细胞内是区隔分布的。代谢上有关的酶，常常组成一个酶体系，分布在细胞的特定区域或亚细胞结构中。例如，糖酵解酶系和糖尿合成、分解酶系存在于胞质中；三羧酸循环酶系和脂肪酸 β-氧化酶系定位于线粒体；核酸合成的酶系则绝大部分集中在细胞核内。这样的酶的隔离分布为代谢调节创造了有利条件，使某些调节因素可以较为专一地影响某一细胞组分中的酶的活性，而不致影响其他组分中的酶的活性，从而保证了整体反应的有序性。

2. 关键酶活性的调节 物质代谢实质上是一系列的酶促反应，代谢速度的改变并不是由于代谢途径中全部酶活性的改变，而常常只取决于某些甚至某一个关键酶活性的变化。此酶通常是整条通路中催化最慢一个反应的酶，称为限速酶。它的活性改变不但可以影响整个酶体系催化反应的总速度，甚至还可以改变代谢反应的方向。例如，细胞中 ATP/AMP 的比值增加可以抑制磷酸果糖激酶（和丙酮酸激酶）的活性，这不但减慢了糖酵解的速度，还可以通过激活果糖-1，6-二磷酸酶而使糖代谢方向倾向于糖异生。因此，改变某些关键酶的活性是体内代谢调节的一种重要方式。

人体代谢的细胞水平调节，从速度方面来说有两种方式，一种是快速调节，一般在数秒或数分钟内即可发生。这种调节是通过激活或抑制体内原有的酶分子来调节酶促反应速度的，是在温度、pH、作用物和辅酶等因素不变的情况下，通过改变酶分子的构象或对酶分子进行化学修饰来实现酶促反应速度的迅速改变的。另一种是迟缓调节，一般经数小时后才能实现。这种方式主要是通过改变酶分子的合成或降解速度来调节细胞内酶分子的含量。这部分内容在第 2 章中已介绍。

（二）激素水平的调节

这是高等生物体内代谢调节的重要方式。激素作用有较高的组织特异性和效应特异性。激素与靶细胞上特异受体结合，引起细胞信号转导，表现为一系列的生物学效应。

按激素受体在细胞的部位不同，可将激素分两大类。

1. 膜受体激素 这类激素与受体结合后，将信息传递到细胞内，通过变构调节，化学修饰来调节相关酶的活性从而调节代谢，也可对基因表达进行调控。

2. 胞内受体激素 这类激素与胞内受体结合，通过影响基因转录，进而促进或阻遏蛋白质或酶的合成，从而对细胞代谢进行调节。

（三）整体调节

在神经系统主导下，调节激素释放，并通过激素整合不同组织器官的各种代谢，实现整体调节，使机体适应饱食、空腹、饥饿、应激等不同状态，维持整体代谢平衡。

思 考 题

1. 试解释以下名词：乳酸循环、酮体、氧化磷酸化、氨基转移酶。
2. 糖酵解和糖异生有哪些异同点？
3. 酮体如何生成？
4. 氨基酸在体内主要代谢途径是什么？
5. 糖、脂、蛋白质在人体内主要作用分别是什么？

（范 雁 顾建兰）

第 4 章 蛋白质组学

20 世纪中期以来，随着 DNA 双螺旋结构的提出和蛋白质空间结构的 X 射线解析，开始了分子生物学时代，对遗传信息载体 DNA 和生命功能的主要体现者蛋白质的研究，成为生命科学研究的主要内容。20 世纪 90 年代初期启动的人类基因组计划（HGP），经过了各国科学家多年的努力，取得了巨大的成就。随着人类基因组计划的实施和推进，生命科学研究已进入了后基因组时代。在后基因组时代，研究重心从揭示生命的所有遗传信息转移到在整体水平上对功能的研究。

这种转向的第一个标志是产生了功能基因组学（functional genomics）这一新学科，即从基因组整体水平上对基因的活动规律进行阐述。尽管现在已有多个物种的基因组被测序，但在这些基因组中通常有一半以上基因的功能是未知的。目前功能基因组中所采用的策略，如基因芯片、基因表达序列分析（serial analysis of gene expression，SAGE）等，都是从细胞 mRNA 的水平反映蛋白质表达的水平。但事实上并不是完全如此，从 DNA→mRNA→蛋白质，存在三个层次的调控，即转录水平调控（transcriptional control）、翻译水平调控（translational control）及翻译后水平调控（post-translational control）。从 mRNA 角度考虑，实际上仅包括了转录水平调控，不能全面代表蛋白质表达水平。实验也证明，组织中 mRNA 的表达丰度与翻译后的蛋白质丰度之间并非简单的线性关系，尤其对于低丰度蛋白质来说，相关性更差。更重要的是，蛋白质复杂的翻译后修饰、蛋白质的亚细胞定位或迁移、蛋白质–蛋白质相互作用等则几乎无法从 mRNA 水平来判断。毋庸置疑，蛋白质是生理功能的执行者，是生命现象的直接体现者，对蛋白质结构和功能的研究将直接阐明生命在生理或病理条件下的变化机制。蛋白质本身的存在形式和活动规律，如翻译后修饰、蛋白质间相互作用及蛋白质构象等问题，仍依赖于直接对蛋白质的研究来解决。虽然蛋白质的可变性和多样性等特殊性质导致了蛋白质研究技术远远比核酸技术要复杂和困难得多，但正是这些特性参与和影响着整个生命过程。蛋白质组与基因组相对应，也是一个整体的概念，是基因组表达的全部蛋白质。但两者又有根本不同之处：一个有机体只有一个确定的基因组，组成该有机体的所有不同细胞都共享一个基因组；但基因组内各个基因表达的条件和表达的程度则随时间、地点和环境条件而不同，因而它们表达的模式，即表达产物的种类和数量随时间、地点和环境也是不同的。所以，蛋白质组是一个动态的概念。它不仅在同一个有机体的不同组织和不同细胞中不同；在同一有机体的不同发育阶段，直至最后消亡的全过程中也在不断变化；机体处于不同生理状态下不同；在不同外界环境下也是不同的。正是这种复杂的基因表达模式，表现了各种复杂的生命活动。实际上每一种生命运动形式，都是特定蛋白质群体在不同时间和空间出现，并发挥功能的不同组合的结果。正因为如此，目前生命科学的前沿热点已经从基因组学转向蛋白质组学。蛋白质组的研究，无疑将成为 21 世纪生命科学研究中继基因组研究的主要任务。其研究可以实现与基因组的对接与确认，直接揭示人类重大疾病发生与发展的病理机制。

传统的对单个蛋白质进行研究的方式已无法满足后基因组时代的要求。这是因为：①生命现象的发生往往是多因素影响的，必然涉及多个蛋白质；②多个蛋白质的参与是交织成网络的，或平行发生，或呈级联因果；③在执行生理功能时蛋白质的表现是多样的、动态的，并不像基因组那样基本固定不变。因此要对生命的复杂活动有全面和深入的认识，必然要在整体、动态、网络的水平上对蛋白质进行研究。因此在 20 世纪 90 年代中期，国际上产生了一门新兴学科——蛋白质组学（proteomics），它是在整体水平上研究细胞内蛋白质的组成、性质、相互作用和调节网络，经典的方法是用双向电泳测定蛋白质的差异表达，再用高灵敏度的质谱进行鉴定，最后利用数据库进行搜索和匹配，确定蛋白质的种类。

蛋白质组的研究不仅能为生命活动规律提供物质基础，也能为众多疾病发病机制的阐明及攻克提供理论根据和解决途径。通过对正常个体及病理个体间的蛋白质组比较分析，我们可以找到某些“疾病特异性的蛋白质分子”，它们可成为新药物设计的分子靶点，或者也会成为疾病的早期诊断提供分子标志。确实，那些世界范围内销路最好的药物往往本身是蛋白质或其作用靶点为某种蛋白质分子。因此，蛋白质组学研究不仅是探索生命奥秘的必需工作，也为人类健康事业带来巨大的利益。

第一节 蛋白质组学定义

1994年澳大利亚学者 Wilkins 和 Williams 等在澳大利亚的一次科学会议上首次提出蛋白质组（proteome）这个概念，该词是由英文单词蛋白质（protein）的前半部分加上基因组（genome）的后半部分组合而成，指的是一个基因组所表达的全部蛋白质，即某一物种、个体、器官、组织乃至细胞的全部蛋白质。与以往的蛋白质化学的研究不同，蛋白质组研究的对象不是单一或少数的蛋白质，它着重的是全面性和整体性，需要获得体系内所有蛋白质组分的物理、化学及生物学参数，如分子质量、等电点、表达量等。它是动态的，有它的时间性、调节性；进而能够在细胞和生命有机体的整体水平上阐明生命现象的本质和活动规律。

生物功能的主要体现者是蛋白质，而蛋白质有其自身特有的活动规律，仅仅从基因的角度来研究是远远不够的。基因组基本上是固定不变的，只从基因组 DNA 序列尚不能回答：基因的表达时间、表达量、蛋白质翻译后加工和修饰的情况、亚细胞分布等。科学家们发现，基因组中绝大部分基因及其功能仍处于未知状态，需要从蛋白质水平予以解释。蛋白质组学（proteomics），就是从整体的角度，分析细胞内动态变化的蛋白质组成成分、表达水平与修饰状态，了解蛋白质之间的相互作用与联系，揭示蛋白质功能与细胞生命活动规律的一个新的研究领域。

与基因组相比，人类蛋白质数量更大，相互作用更复杂，并直接造成细胞生命活动的基础，任何生理、病理变化或药物影响的结果，都与蛋白质成分和数量的改变密切相关。从理论上说，通过对蛋白质动态的观察分析，可以探查出疾病早期最微小的指标和征兆。

蛋白质组研究是人类基因组计划完成后的后基因组时代中的一个很重要的内容。基因的主要功能是通过其表达产物蛋白质来完成的，而蛋白质也具有相对独立的修饰、转运和相互间作用的能力，具有对外界因素反应的协调能力，有其独特的自身活动规律，蛋白质组学研究，才能更加贴近对生命现象和生命本质的了解。蛋白质组学研究不仅对了解生命现象和生命本质有重要意义，在疾病诊断、药物基因组研究、药物靶点、药物筛选等方面均有广泛的应用前景。

第二节 蛋白质组学的研究内容及研究技术

蛋白质组学研究的核心内容是系统识别一个细胞或组织中表达的每一个蛋白质，确定每个蛋白质的突出特征，如丰度、修饰状态、在多蛋白复合体中复杂状态等。归纳起来可主要分为四个方面：①对蛋白质的大规模识别和翻译后加工修饰的细微特征分析。②在较大的疾病谱中分析蛋白质的水平。③研究蛋白质与蛋白质之间的相互作用。由于仅仅根据一种蛋白质与其他蛋白质的同源性或三维结构来预测其功能非常困难，所以确定某种蛋白质复合体的组成或细胞结构，成为蛋白质功能分析的中心环节。④蛋白质结构的解析，特别是三维结构的解析、种类分析、数量确定等。该部分内容属于传统的结构生物学，但现在多数人主张将其纳入蛋白质组学的研究内容。

蛋白质组学研究的途径有两条。一条是像基因组学的研究一样，力图“查清”人类（3～4）

万多基因编码的所有蛋白质，建立蛋白质组学数据库。这种“穷尽”基因组可能编码的“一切”蛋白质的想法，一度吸引了大量研究者的热情。但是，蛋白质组的提出很大程度上是基因组研究观念上和逻辑上的延伸，这与当初基因组的提出有明显的差别。基因组研究的发起和升温，是由于大规模基因组测序技术的实现和其后高通量的基因芯片技术的发展所推动的。而蛋白质组迄今还不具有相应的技术基础。随着对蛋白质组学的深入理解和具体工作的开展，人们逐渐认识到在短时间内建立人类蛋白质组学“完整的”数据库和实现网络资源共享是难以实现的，或者说条件尚未成熟。而且这种建立涵盖全部人类蛋白质数据库的耗时费钱的工作，在没有弄清楚具体蛋白质的结构、功能、表达调控和亚细胞定位之前，其应用前景也不是十分明确和直接。最近几年中，在这方面的研究和投资与蛋白质组学兴起初期相比，已明显有所“降温”。蛋白质组学研究的另一条途径，则是着重于寻找和筛选任何有意义的因素引起的两个样本之间的差异蛋白质谱，揭示细胞生理和病理状态的进程与本质、对外界环境刺激的反应途径，以及细胞调控机制，同时获得对某些关键蛋白的定性和功能分析。可以说差异蛋白质组学是结构蛋白质组学研究的一个分支，这类研究，现在正获得国内外蛋白质组学众多研究者日益增多的关注。主要依赖高分辨率、可重复性的双向凝胶电泳（two-dimensional gel electrophoresis，2DE）技术，结合计算机定量分析电泳图谱、分子扫描仪和机器人自动提取凝胶斑点中的蛋白质，并进一步用质谱仪对分离的蛋白质鉴定，再运用现代生物信息学的知识和技术对所得到的数据进行处理，已可对蛋白质以及它们执行的生命活动作出尽可能精细、准确和本质的简述。由于蛋白质发生修饰后其电泳特性将发生改变，这些技术可以直接测定蛋白质的含量，并有助于发现蛋白质翻译后的修饰调节，如磷酸化—去磷酸化、乙酰化—去乙酰化、羧基化、甲基化和糖基化等。这种多水平、多方面的调节构成了人体内庞大而复杂的调节体系，精确地调节了人体内的各种生理、生化反应。

蛋白质间的相互作用归纳起来有以下几方面：①分子和亚基的聚合；②分子杂交；③分子识别；④分子组装；⑤多酶复合体。通过分析一个蛋白质是否能和功能已知的蛋白质相互作用可得到揭示其功能的线索。近年来，酵母双杂交系统是研究蛋白质相互作用时常用的方法。同时，研究者也在不断改进此方法。最近发现在研究蛋白质相互作用时通过纯化蛋白质复合物并用质谱进行识别是很有价值的。

双向电泳技术、计算机图像分析与大规模数据处理技术及质谱技术被称为蛋白组研究的三大基本支撑技术。蛋白质组研究的技术路线见图 4-1。从细胞、体液或组织等生物样品中提取的蛋白质，经 2DE 分离、染色，得到蛋白质表达谱。采用计算机图像分析技术，可对图谱上的蛋白质点进行定位、定量、图谱比较、差异点寻找等。对胶上蛋白质点的鉴定可以采用两种不同的技术路线。一种是采用膜转印技术，将电泳胶上的蛋白质转印到膜上（硝酸纤维素膜或 PVDF 膜），然后采用 Edman 降解或氨基酸组成分析等传统生物化学的进行分析，将分析结果输入特定的程序并进行数据库检索，从而实现对蛋白质的鉴定。另一种是以质谱为基本技术的蛋白质鉴定技术路线。将胶上蛋白质点直接进行蛋白酶切，回收酶切肽段，采用 MALDI-TOF-MS 测定肽质量指纹谱（peptide mapping fingerprint，PMF），或者采用电喷雾串联质谱（ESI-MS-MS）测定肽序列，分别进行数据库检索，实现蛋白质的鉴定。

可以说，蛋白质组学的发展既是技术所推动的，也是受技术限制的。蛋白质组学研究成功与否，很大程度上取决于其技术方法水平的高低。蛋白质研究技术远比基因技术复杂和困难。不仅氨基酸残基种类远多于核苷酸残基（20/4），而且蛋白质有着复杂的翻译后修饰，如磷酸化和糖基化等，给分离和分析蛋白质带来很多困难。此外，通过表达载体进行蛋白质的体外扩增和纯化也并非易事，从而难以制备大量的蛋白质。蛋白质组学的兴起对技术有了新的需求和挑战。蛋白质组的研究实质上是在细胞水平上对蛋白质进行大规模的平行分离和分析，往往要同时处理成千上万种蛋白质。因此，发展高通量、高灵敏度、高准确性的研究技术平台是现在乃至相当一段时间内蛋白质组学研究中的主要任务。当前在国际蛋白质组研究技术平台的技术基础和发展趋势有以下几方面。

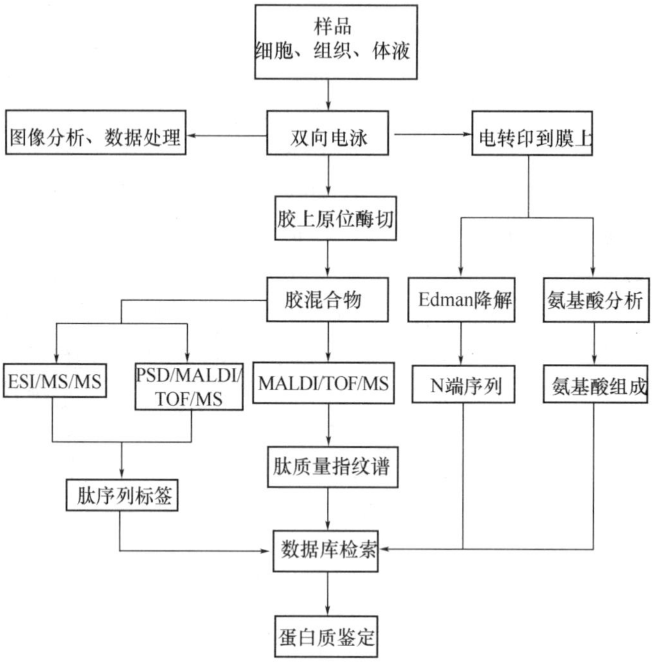

图 4-1 蛋白质组研究的技术路线流程图

一、样品的制备

通常可采用细胞或组织中的全蛋白质组分进行蛋白质组分析。也可以进行样品预分级，即采用各种方法将细胞或组织中的全体蛋白质分成几部分，分别进行蛋白质组学研究。样品预分级的主要方法包括根据蛋白质溶解性和蛋白质在细胞中不同的细胞器定位进行分级，如专门分离出细胞核、线粒体或高尔基体等细胞器的蛋白质成分。样品预分级不仅可以提高低丰度蛋白质的上样量和检测，还可以针对某一细胞器的蛋白质组进行研究。

对临床组织样本进行研究，寻找疾病标记，是蛋白质组研究的重要方向之一。但临床样本都是各种细胞或组织混杂，而且状态不一。如肿瘤组织中，发生癌变的往往是上皮类细胞，而这类细胞在肿瘤中总是与血管、基质细胞等混杂。所以，常规采用的癌和癌旁组织或肿瘤与正常组织进行差异比较，实际上是多种细胞甚至组织蛋白质组混合物的比较。而蛋白质组研究需要的通常是单一的细胞类型。目前在组织水平上的蛋白质组样品制备方面也有新的进展，如采用激光捕获微解剖（laser capture microdissection，LCM）方法分离癌变上皮类细胞。

二、样 品 分 离

蛋白质组学的目的是实现对一个基因组所编码的全部蛋白质及其相互作用的研究。如何实现对细胞、组织或体液所含有的成千上万个蛋白质的有效分离，是蛋白质组研究所要解决的首要问题。理想的蛋白质分离方法首先要具备超高分辨率，能够将成千上万个蛋白质包括它们的修饰物同时分离并与后续的鉴定技术有效衔接。

（一）二维凝胶电泳技术（2DE）及相关技术

1. 原理 二维凝胶电泳又称双向凝胶电泳，是蛋白质组学研究中的核心技术之一，是目前常用的唯一一种能够连续地在一块胶上分离数千种蛋白质的方法。完整的双向凝胶电泳分析包括样品制备、等电聚焦、平衡转移、SDS-PAGE斑点染色、图像捕捉和图谱分析等步骤。

双向凝胶电泳在1975年由O'Farrell及Klose和Scheele等发明，是一项广泛应用于分离细胞、组织或其他生物样品中蛋白质混合物的技术。它根据蛋白质的不同特点分两相分离蛋白质。第一相是等电聚焦（IEF）电泳，根据蛋白质等电点的不同进行分离。IEF时，蛋白质处于一个pH梯度中，在电场的作用下，蛋白质将移向其静电荷为零的点，静电荷为正的蛋白质将移向负极，静电荷为负的将移向正极，直到到达其等电点，如果蛋白质在其等电点附近扩散，那么它将带上电荷重新移回等电点。这就是IEF的聚集效应，它可以在等电点附近浓集蛋白质，从而分离电荷差别极微的蛋白。

pH梯度的形成最初是在一个细的包含两性电解质的聚丙烯酰胺凝胶管中进行。在电流的作用下，两性电解质可形成一个pH梯度。但由于两性电解质形成的pH梯度不稳定、易漂移、重复性差，20世纪80年代以后，研究人员研制了固定pH梯度的胶条（IPG）。此种胶条的形成需要一些能与丙烯酰胺单体结合的分子，每个含有一种酸性或碱性缓冲基团。制作时，将一种含有不同酸性基团的该分子溶液和一种含有不同碱性基团的该分子溶液混合，两种溶液中均含有丙烯酰胺单体和催化剂，不同分子的浓度决定 pH 的范围。聚合时丙烯酰胺成分与双丙烯酰胺聚合形成聚丙烯酰胺凝胶。

第二相是SDS-聚丙烯酰胺凝胶电泳（SDS-PAGE），根据蛋白质的相对分子质量不同进行分离。此相是在包含SDS的聚丙烯酰胺凝胶中进行。SDS是一种阴离子去污剂，它能缠绕在多肽骨架上使蛋白质带负电，所带电荷与蛋白质的相对分子质量成正比，在SDS-聚丙烯酰胺凝胶中蛋白质相对分子质量的对数与它在胶中移动的距离基本呈线性关系。SDS-PAGE装置有水平和垂直两种形式，垂直装置可同时跑多块胶，如Amersham Pharmacia Biotech的Ettan DALT Ⅱ系统可同时跑12块胶，提高了操作的平行性。

经过2DE以后，二维平面上每一个点一般代表一种蛋白质，这样成千种不同的蛋白即可被分离，有关蛋白质的等电点、相对分子质量及每种蛋白的数量信息也可以得到。

2. 检测技术 蛋白质组学分析对2DE后的染色技术要求很高，除了标准的敏感性要求外，还要求染色技术的线性和均一性。目前有多种染色方法，如考马斯亮蓝染色、银染色及荧光染色等。银染色比考马斯亮蓝染色灵敏度高，已有学者对这两种方法进行了比较。例如，Cash等在检测肺炎链球菌红霉素敏感株和抵抗株表达的蛋白时，用考马斯亮蓝G250染色，发现了200多种蛋白，pI为4～7，相对分子质量为15 000～110 000，在相同的pI和相对分子质量范围下用银染色检测到360多种蛋白。但是银染色的线性效果并不是很好，并且对质谱分析干扰大。考马斯亮蓝染色线性、均一性较高，对质谱干扰较小，但其敏感性较低。较理想的是荧光染色，Rabilloud等比较了两种荧光剂RuBps和Sypro Ruby的效果，发现其敏感性、线性都很好，对质谱干扰小，但其成本较高。实验时，可以根据不同的目的选用不同的方法。

3. 分析技术 2DE图像所产生的大量蛋白质点单纯用肉眼分析无法完成。目前有多种图像分析软件可用于胶的图像分析，如Melanie Ⅱ（BioRad）、PD Quest（BioRad）、Phoretix 2D Full（又称2D Image Master Elite，Amersham Pharmacia Biotech）等，这些软件可以完成蛋白质点的识别、匹配等，具有很强的分析功能，但其缺点是需要很多的图像手工校对，一般分析一个图像需要8～10小时。

4. 评价 2DE是目前唯一一种能溶解大量蛋白质并进行定量的方法，具有高通量、重复性好、敏感性较高等优点。它能同时分离和定量数千种甚至上万种蛋白。它的分辨率极高，等电聚焦相可以区分pI相差0.1的蛋白质，SDS-PAGE相可以区分相对分子质量相差1000的蛋白质。

其缺点是由于蛋白表达水平的差异较大，一些低丰度的蛋白不易检测。另外某些基因的表达产物在2D胶中呈多点或不同基因的表达产物共点，使2D胶数据的比较、定量更加复杂。2DE

分离的蛋白数量受诸多因素影响，疏水性的膜蛋白（往往是药物设计最好的靶点）很难用此法分离，同时染色技术的灵敏度和线性范围不足以呈现所有分离的蛋白质。目前，人们采用多种方法来减少这些缺点，如通过增加上样量分离低丰度蛋白，应用窄范围固定 pH 梯度胶条、蛋白层析等技术提高分离的蛋白数目；应用荧光染色提高检测灵敏度等。

（二）色谱-质谱技术

为了解决 2DE 方法存在的问题，另一种高效分离方法，即高效液相色谱方法（HPLC）获得了越来越多的应用，特别是各种模式色谱联用组成多维色谱分离技术逐渐被采用。通常与质谱联用的多维色谱分离方法是基于两种或两种以上具有不同分离原理特性方法的优化和组合，其峰容量为最后一种模式色谱对前一种（或几种）模式色谱分离所得的所有馏分进一步分离的色谱峰的总和。分离方法的选择除了根据分离对象和目的的不同考虑不同分离方法及组合方式外，还应考虑质谱鉴定的要求及最后从蛋白质数据库检索的需要。

1. 一维色谱与质谱联用技术 在对生物大分子进行质谱分析时，常用的两种“软”电离源为基质辅助激光解吸电离源（MALDI）和电喷雾电离源（ESI）[参考本节三、蛋白质的鉴定（二）质谱技术]。为了使蛋白质或肽混合物分离和鉴定能自动进行，一般将电喷雾源的质谱或串联质谱（ESI-MS 或 ESI-MS/MS）与 nL（纳升）级反相高效液相色谱（RP-HPLC）系统联用，避免其他模式色谱（如离子交换色谱）将有害的盐离子带入质谱系统，增大系统噪声，影响检测灵敏度。这种联用技术的出现，使得对复杂体系的蛋白质的在线分离和鉴定达到前所未有的高灵敏度（检测浓度达 10^{-18}～10^{-15}mol/L）和分析速度（分析蛋白质速度达每天 200～300 种），借助于计算机的联机检索，使得对蛋白质混合体系进行高通量筛选和鉴定达到了很高的程度。此外，在此技术基础上衍生出多种分离鉴定技术，如一维凝胶分离鉴定技术、免疫亲和沉淀-质谱鉴定技术，甚至直接对全细胞裂解液进行液相色谱-质谱分析。

2. 二维色谱与质谱联用技术

（1）离子交换色谱-反相液相色谱与质谱联用技术：根据电荷和疏水性差异，对蛋白质混合物酶解所得的复杂多肽混合物进行离子交换色谱分离后，对收集的馏分再进行反相液相色谱分离，并通过 MS/MS 对多肽进行序列分析，最后在计算机上利用一种数学算法对所获得的序列与从基因组翻译的蛋白质序列进行比较，确定出多肽所对应的蛋白质。

（2）亲和色谱-反相液相色谱与质谱联用技术：用亲和色谱柱对某类具有特异性亲和力的蛋白质或多肽进行提取，其后的技术路线与离子交换色谱-反相液相色谱与质谱联用技术类似。这种方法对研究翻译后蛋白质修饰，特别是磷酸化修饰具有重要意义。

（3）色谱聚焦-反相液相色谱与质谱联用技术：在用离子交换色谱对生物大分子进行分离时，既可采用盐梯度洗脱，也可采用 pH 梯度洗脱。但在实验中，人们常常采用盐梯度洗脱，而较少采用 pH 梯度洗脱。由于选择 pH 梯度对生物大分子混合物进行分离是基于生物大分子电荷和 pI 的不同，这与等电聚焦电泳的原理相似。等电聚焦电泳对生物大分子的成功分离已有几十年的历史，那么在离子交换色谱中进行 pH 梯度分离时是否具有“聚焦”作用，可否达到等电聚焦电泳所具有的分离度和实验可操作性？Sluyterman 等从理论上对色谱聚焦的原理进行了分析，并用实验进行了验证，表明色谱聚焦不但可行，而且能达到等电聚焦电泳同样的分离效率。与离子交换色谱分离采用的 pH 梯度洗脱的差异是：色谱聚焦分离是在离子交换剂的表面形成 pH 梯度，而不是在流动相中形成 pH 梯度。色谱聚焦的装置简单，易于操作，并能与反相液相色谱和质谱实现在线联用，其技术路线与上述 2 种方法基本相同。该方法的特点是容易进行自动化操作，并能制作出包含 pI 和相对分子质量、类似于二维电泳的蛋白质图谱，因此，提供了一种新的适用于差异蛋白质表达的研究方法。

（三）双向高效柱层析

所谓双向高效柱层析，实际上是先进行一次分子筛柱层析，从柱上流出的蛋白峰自动进入第二向层析，通常是利用蛋白质疏水性质进行分离的反向柱层析。第二次分离的原理与双向电泳中利用蛋白质等电点分离完全不同，因此两种方法起到互相补充的作用。和双向电泳相比，双向高效柱层析的优点是可以适当放大，分离得到较多的蛋白量以供鉴定；另一个优点是流出的蛋白峰可以直接连通进入质谱进行鉴定，避免了“印记”步骤——即将凝胶上的蛋白印记到 PVDF（Polyvinylidene difluoride）膜上以供进一步分析用，以及由此引起的缺点。

三、蛋白质的鉴定

对二维凝胶电泳或二维色谱分离的蛋白质，如何进行快速、灵敏、准确地识别与鉴定，是蛋白质组学所面临的又一重大挑战。

（一）氨基酸组成分析

测定氨基酸组成的常用方法有酸水解等，酸水解可破坏某些氨基酸，因此必须用已知的蛋白质校正，也可采用放射性标记法和蛋白酶水解法，此外 Edman 降解法也可测定氨基酸的组成。

通过测定蛋白质中各种氨基酸所占的摩尔百分数或摩尔比率，将测得的数据与数据库中已知蛋白总的理论值比较，得出匹配分数值，分数值越小，表示与真正蛋白质越接近。该方法具有经济快速等优点，但灵敏度较低。

（二）质谱技术

1. 原理　对 2DE 所产生的上千个蛋白用传统的方法如 Edman 降解法等进行分析将是一个很艰巨的任务。质谱技术的发展解决了这一难题。它需三个步骤，首先通过离子化装置将分子转化为气态离子，接着通过质谱分析器按照质荷比（*m/z*）的不同进行分离，最后转化到离子检测装置。目前，用来分析蛋白质和肽的样品离子化技术主要包括基质辅助激光解吸附质谱技术（MALDI）和电喷雾质谱技术（ESI-MS）。

MALDI 的基本原理是将分析物分散在基质分子中形成晶体，当用激光照射晶体时，由于基质分子经辐射所吸收的能量，导致能量蓄积并迅速产热，从而使基质晶体升华，致使基质和分析物膨胀并进入气相。MALDI 所产生的质谱图多为单电荷离子，因而质谱图中的离子与多肽和蛋白质的质量有一一对应关系，是由德国科学家 Karas 和 Hillenkamp 发现的。MALDI 采用的分析器是飞行时间分析器（TOF）相结合，TOF 主要用来测量分析物飞过固定的路径所需的时间。本技术适合分析绝大多数蛋白质，特别适合分析多肽和蛋白质的混合物。另一种鉴别蛋白质的方法是串联质谱（MS/MS）。在这种情况下，经质谱分析的肽段进一步断裂并再次进行质谱分析，这样可得到肽序列的部分信息。

ESI-MS 是由美国耶路大学 Fenn 教授和他的同事提出的，原理为在毛细管的出口处施加一高电压，所产生的高电场使从毛细管流出的液体雾化出细小的液滴，随着溶剂蒸发，液滴表面的电荷强度逐渐增大，最后液滴崩解为大量带一个或多个电荷的离子，致使分析物以单电荷或多电荷离子的形式进入气相。电喷雾离子化的特点是产生高电荷离子而不是碎片离子，使质量电荷比降低到多数质量分析仪器都可以检测的范围，因而大大扩展了相对分子质量的分析范围，离子的真实相对分子质量也可以根据质荷比及电荷数算出。现在可用软件将蛋白质的一组多电荷离子转换成通常的质谱图。ESI 源最常用的分析器是单级四极分析器和三级四极分析器，单级四极分析器组成的 ESI-MS 主要用于测定多肽和蛋白质的相对分子质量。而 ESI 源与三级四极分析器组成的串联质谱仪（ESI-MS/MS），在分析混合物时有高度的专一性。

2. 评价 质谱技术能清楚地鉴定蛋白质并能准确地测量肽和蛋白质的相对分子质量、氨基酸序列及翻译后的修饰。目前MS/MS是唯一能够迅速测序N端封闭或共价修饰肽段的方法。质谱技术很灵活，能与多种蛋白分离、捕获技术联用，对普通的缓冲液成分相对耐受，能快速鉴定大量蛋白质点，而且很灵敏，在一些情况下，仅需10～15fmol的蛋白，这在只能得到极少量样品的情况下是很有用的。在实际工作中可将几种技术结合应用，如串联质谱与Edman微测序技术相结合、MALDI质谱与纳米电子喷射质谱相结合，这些技术相互互补，为分析2DE所分离的大量蛋白质提供了有效的手段。

质谱技术是一项强大的分离分析技术，但它只能分离气体状态的带电分子，而且一次只能分析带正电或带负电的分析物。质谱分析很难区分两种同源性极高的蛋白。由于质谱分析只是描述蛋白的少量多肽，因此可能把删节的蛋白当成是原来的蛋白。通常只用于酵母等基因组序列已知的个体。

四、蛋白质—蛋白质相互作用的研究

蛋白质是生物体功能的执行者。蛋白质可以与其他生物大分子，如核酸、糖类、脂类，尤其是其他的蛋白质分子发生相互作用。在细胞内，蛋白质–蛋白质相互作用是酶作用于特异底物的手段，还指导了信号传导、细胞分裂、DNA复制、转录起始，决定了蛋白质短暂的和持久的存在形式。在细胞外，由于蛋白质–蛋白质之间的相互作用，使得细胞之间建立了联系：在一个细胞表面表达的配体与邻近细胞的受体结合，或者分泌的配体蛋白与较远细胞的受体结合。认识和了解蛋白质之间的相互作用，建立基因组蛋白质连锁图和蛋白质作用网络图，对于认识生命活动有着重要意义。近年来已经发展了许多技术检测蛋白质–蛋白质之间的相互作用。

（一）酵母双杂交系统

酵母双杂交系统的建立是基于对真核生物调控转录起始过程的认识。众所周知，细胞起始基因转录需要有反式转录激活因子的参与。转录激活因子在结构上是组件（modular），即这些因子往往由两个或两个以上相互独立的结构域构成，其中有DNA结合结构域（DNA binding domain，简称DB）和转录激活结构域（activation domain，AD），它们是转录激活因子发挥功能所必需的。单独的DB虽然能和启动子结合，但是不能激活转录，而不同转录激活因子的DB和AD形成的杂合蛋白具有正常的激活转录的功能。例如，酵母转录因子GAL4的DNA结合功能域（DB）与大肠杆菌的一个酸性激活结构域B42融合得到的杂合蛋白仍然可结合到Gal4结合位点并激活转录。DB与AD分别能与多肽X和Y结合，由DB和AD形成的融合蛋白现在一般分别称之为“诱饵”（bait）和“猎物”或靶蛋白（prey或target protein）。如果在X和Y之间存在相互作用，那么分别位于这两个融合蛋白上的DB和AD就能形成有活性的转录激活因子，从而激活相应基因的转录与表达。这个被激活的、能显示“诱饵”和“猎物”相互作用的基因称之为报告基因（reporter gene）。通过对报告基因表达产物的检测，反过来可判别作为“诱饵”和“猎物”的两个蛋白质之间是否存在相互作用。用酵母双杂交系统检测蛋白质之间的相互作用通常会存在假阳性或假阴性的问题，已有许多学者对此系统进行了改进，主要对报告基因、“诱饵”表达载体和“猎物”表达载体等做了一些改进。这些改造后的基因在启动子区有相同的转录激活因子激活。通过这种双重或多重选择既提高了检测灵敏又减少了假阳性现象。并且将其扩展到检测DNA–蛋白质、RNA–蛋白质、小分子–蛋白质之间的相互作用上。

双杂交技术只能反映蛋白质间可能发生作用，还必须结合其他试验才能确认，尤其是要与生理功能研究结合。虽然如此，该项技术在蛋白质间的相互作用研究、筛选新的蛋白质及研究蛋白质功能等方面仍发挥着重要的作用。

（二）表面等离子共振技术（SPR）

SPR 的原理是利用平面单色偏振光与金属膜内表面电子发生等离子共振时 SPR 角（反射光强度最小时的入射角）与金属表面结合的生物分子的质量呈正比，如将“诱饵”蛋白作为配基，固化在几十纳米的金属膜表面加入“猎物”蛋白溶液，这样就可以通过 SPR 角的改变来反映“诱饵”蛋白与“猎物”蛋白形成的蛋白质复合物，从而反映两者的相互作用。SPR 技术测定分子相互作用的优越性：①反应物无需标记甚至纯化；②反应过程可实时监控，多组反应的第一步可以分别记录，因此可以实现复合物的分析，实时记录反应的结合与分离。

（三）免疫共沉淀技术

从全细胞提取物中共沉淀蛋白的技术是一种很有价值的检测蛋白质–蛋白质之间物理作用的方法。当使用抗体时，这种技术就称作免疫共沉淀。共沉淀技术可以用来研究各种条件下已知蛋白之间的相互作用，还可以鉴定复合物中的组分。细胞裂解后在非变性条件下制备总蛋白提取物，以一种蛋白的抗体特异地免疫沉淀这种蛋白，然后用第二种蛋白或更多种蛋白的抗体做免疫印迹，检测它们是否被第一种蛋白共沉淀。

（四）免疫荧光技术

免疫荧光技术是根据抗原抗体反应的原理，先将已知的抗原或抗体标记上荧光标志物，再用这种荧光抗体（或抗原）作为分子探针检查细胞或组织内的相应抗原（或抗体）。抗原抗体结合后，免疫复合物由于带有荧光标记，可以在荧光显微镜下被发现。免疫荧光技术分为直接法、间接法和补体法。以不同的荧光素标记不同的蛋白质可以同时观察两种或两种以上蛋白的分布情况，包括它们的共定位分布。荧光技术与共聚焦显微镜的结合使用能更加有效的实现细胞共定位。共焦激光扫描显微镜的共聚焦系统是利用点光源代替了传统光学显微镜的场光源，使探测点和照明点共扼，从而有效地抑制了同一平面上测量点的杂散荧光，同时亦可抑制来自样品非焦平面上的荧光，由此可获得生物样品的高反差、高分辨率和高灵敏度的二维图像。共聚焦激光扫描显微镜同时还具有纵向分辨能力，可对细胞及组织进行无损伤光学切片，获得样品的系列光学切片及样品不同深度、不同层面的信息，然后通过其三维重建和三维显示功能，可以显示样本的空间结构和蛋白质的空间定位。

五、生物信息学分析

分子生物学的发展把生命活动的物质基础追溯到核酸和蛋白质两大类生物大分子，它们构成了生物数据库的主要部分。关于这些生物大分子的结构、相互作用和功能的研究，也产生着大量数据。生物信息学是生物科学与计算机科学及应用数学等多门学科相互交叉而形成的一门新兴学科。组织数据并从数据中提取生物学新知识。具体地说，生物信息学是把基因组 DNA 序列信息分析作为源头，找到基因组序列中代表蛋白质和 RNA 基因的编码区；同时，阐明基因组中大量存在的非编码区的信息实质，破译隐藏在 DNA 序列中的遗传语言规律；在此基础上，归纳、整理与基因组遗传信息释放及其调控有关的转录谱和蛋白质谱的数据，从而认识代谢、发育、分化、进化的规律。生物信息学还利用基因组中编码区的信息进行蛋白质空间结构的模拟和蛋白质功能的模拟，并将此类信息与生物体和生命过程的生理生化信息相结合，阐明其分子机制，最终进行蛋白质、核酸的分子设计、药物设计和个体化的医疗保健设计。有理由相信，今日生物学数据的巨大积累将导致重大生物学规律的发现。

目前生物信息学已广泛渗透到各个领域中，如 2DE 及质谱分析后对蛋白质描述的一种方法是肽质量指纹图谱，这种方法需要精确地确定多肽经过蛋白酶消化后少数几个肽的相对分子质量，然后搜索 GenBank、PIR、SWISS-PROT Database 及 EMBL（TrEMBL）等数据库。下面简略介绍几种重要的蛋白质序列数据库。

SWISS-PROT 是对数据人工审读很严格的库。可以说，只有实际存在的蛋白质才被收入。每一条数据都有详细注释，包括功能、结构域、翻译后的修饰等，以及齐全的引文和与许多其他数据库的链接。一般说，任何蛋白质序列数据的搜寻和比较都应当从 SWISS-PROT 开始。其网址是 http：//www.expasy.ch/sprot/。

TrEMBL 是从 EMBL 库中的核酸序列翻译出来的氨基酸序列，已经完成了自动注释。它又分成两部分：SP-TrEMBL 的条目已由专家人工分类并且赋予了 SWISS-PROT 库的索取号，但还没有通过人工审读被最终收入 SWISS-PROT；REM-TrEMBL 包含由于某种原因还没有被收入 SWISS-PROT 的条目。其网址是 ftp：//ftp.ebi.ac.uk（/pub/databases/tremble/）。如果想取得 SWISS-PROT 和 Tr-EMBL 中全部条目的清单，可访问 http：//www.expasy.ch/sprot/sprot-retrive-list.html。

PIR 是蛋白质信息资源（Protein Information Resource）的缩写。这是一个国际蛋白质序列数据库，它包含所有序列已知的自然界中野生型蛋白质的信息。此数据库的主要目的是提供按同源性和分类学组织的综合的非冗余的数据库。其网址是 http：//www-nbrf.georgetown.edu/pir/。

此外，网上还有许多关于 2DE 二维胶的数据库，如：

Caulobacter Crescentus：http：//www.pans.org；

Wormpepdatabase：http：//www.proteome.com/database；

Yeast protein database：http：//www.proteome.com/YPD home.html/

六、结构域蛋白质组学研究

以上介绍的各项技术由于本身的局限性，都无法彻底达到对哺乳动物细胞整个蛋白质组进行全面实时研究的目的。在期待技术或者方法上得到突破的同时，科学家们都在从不同的视角研究蛋白质中各自感兴趣的部分，以蛋白质结构域（domain）为单位进行蛋白质组学研究就是一个独特的视角、结构域是蛋白质的基本结构单位和功能单位，决定着蛋白质的主要功能，如 E_3B_1/Abi_2/Arg bp_1/NESH 是含有 SH_3（Src homology 3）结构域的蛋白质家族，通过与 AB1 家族酪氨酸激酶相互作用而调节细胞的生长和转化。结构域作为一个重要的进化单元，可以在基因组中重复出现，这表明某个结构域在基因组中的重复和重排可能是影响该基因编码的蛋白质功能的一个重要因素，结构域的核苷酸序列比较保守，可以经若干代的进化比较完整地保留下来，这也证明结构域对于蛋白质的功能无可替代的重要性。

（一）以噬菌体表面呈现技术、酵母双杂交技术和生物信息学方法研究 SH_3 结构域

首先构建一个九肽库并融合到 λfdpvⅢ噬菌体基因上，应用噬菌体表面呈现技术得到能够识别酿酒酵母蛋白质组中 SH_3 结构域的共有的肽段配基，然后将随机九肽库中与共有的肽段配基符合率最高的 20%的九肽选出来形成预测的蛋白质相互作用数据库。进而用酵母双杂交实验来检测所有与 SH_3 结构域可能存在的相互作用，得到一个实验的蛋白质相互作用数据库，最后将噬菌体表面呈现技术预测得到的蛋白质相互作用数据库与实验得到的蛋白质相互作用数据库进行数据比较，两个数据库只有部分叠交，迭交后得到的数据库较原来的数据库错误率降低。

（二）运用定向肽库技术研究 PDZ 结构域

Songyang 和 Fanning 等用定向肽库技术（the oriented peptide library technique）研究九个 PDZ（PSD-95/DLG/ZO-1）结构域结合肽的特异性。他们构建了序列为 KNXXXXXXXXCOOH

和KNXXXXXX（S/T/Y）XXCOOH的定向肽库，其中X代表除半胱氨酸和色氨酸以外的任意一种氨基酸，K、N、S、T、Y分别为赖氨酸、天冬酰胺、丝氨酸、苏氨酸和酪氨酸。发现PDZ结构域选择性结合由肽段C端的3～7个氨基酸残基组成的结构。其中一个PDZ结构域家族包括盘状大蛋白，它选择的肽段C端氨基酸残基是E-（S/T）-X-（V-I），X代表任何氨基酸。另一个PDZ结构域家族包括LIN-2、P55、Tiam-1，它们选择性结合的肽段C端的3个残基为疏水性或芳香族氨基酸。通过研究PDZ结构域选择性结合什么样的肽段，这些肽段有什么样的C端，它在哪些生理病理过程中发挥作用，就可以推测出与其结合的PDZ结构域的功能。

（三）蛋白质芯片技术检测蛋白质的相互作用

蛋白质芯片是高通量、微型化和自动化的蛋白质分析技术。近年的研究表明蛋白质相互作用通常发生在蛋白质结构域与其配基中的8～15个氨基酸大小的结构之间，Alexsandra等应用蛋白质芯片技术检测与WW、SH2、SH3、PDZ、FHA、PH、FF、FHA/PTB、KH和14.3.3等结构域相互作用的小分子肽段。将这些蛋白质结构域以GST融合蛋白质的形式在大肠杆菌中过表达纯化后，加到预先包被硝化纤维聚合物的玻璃载片上，构建了能和含有SH_3和WW结构域的蛋白质相互作用的信号分子Sam68和能与含有WW结构域的剪接体相关蛋白质相互作用的核蛋白SamB′的定向多肽库，经生物素标记的多肽与cy3-链菌抗生物素蛋白结合纯化后，与固定了GST融合蛋白质玻璃载片室温共同孵化，洗脱、干燥，GeneTAC^{TM} LSIV扫描机读取荧光信号，发现筛选每一个多肽库后，在玻璃载片的SH_3、WW区域都发现了独特的结合序列，表明玻璃载片上排列的蛋白质结构域仍然有功能，它们的结合特性未受损伤。

另外，他们还将多肽库换成含有已知蛋白质Sam68和SamB′的MCF7细胞内源性蛋白质混合物，用上述相同的蛋白质芯片进行筛选，洗脱后再次筛选Sam68和SamB′的抗体，洗脱后筛选FITC标记的二抗，洗脱，扫描读取标记信号，发现筛选结果与多肽库筛选结果非常相似，可见合成的多肽库结合特性，反映了内源性蛋白质的结合特性。

此方法的优点是可以一次大量筛选多个结构域，反应条件温和，蛋白质可以保持天然的结构，筛选迅速，可以应用不同的荧光标志物，且筛选内源性蛋白质混合物比较灵敏。

（四）常用的结构和结构域数据库及相关检索方法

蛋白质结构域对于了解蛋白质的结构和功能意义重大。目前建立在结构域数据上的蛋白质家族数据库有PROSITE、PRINTS、Pfam、SMART、SWISSPROT、ProDom和BLOCKS等。值得一提的还有InterPro，它是将蛋白质的结构域和功能位点加以统一而建立的数据库资源。InterPro联合PROSITE、PRINTS、Pfam和ProDom四个独立完整的蛋白质结构域数据库组成万维网站点，共包含3052个条目，再现了574个结构域、2418个蛋白质家族、46个重复序列和14个翻译后加工位点。因为每个数据库都有各自的分类原则和积分标准，将它们结合起来可以更准确地归类蛋白质家族和描绘结构域。此外，PDB、SCOP、CATH、HOMSTRAD、CAMPASS等为蛋白质结构数据库，它们运用不同的原理来识别结构相似的蛋白质超家族，由于结构域在进化过程中比序列保守，一些通过核苷酸序列识别不到的蛋白质超家族在这些数据库中可以识别到。而且这些数据库大部分是建立在结构域基础上，结构域范围很容易在整个蛋白质结构中找到。

关于数据库检索的方法很多，我们以CATH数据库为例，它的常用检索方法有以下几种：①PSIBLAST比较法，这种方法可以在序列相似的基础上迅速地进行结构相似物对比；②IMPALA比较法，在搜索新蛋白质的结构序列和全基因编码的蛋白质结构序列时速度较快；③SSAP比较法，是一种敏感的结构相似比较法，此法的优点是识别相似物时错误率非常低；④GRATH比较法，是在三种蛋白质分类（全α蛋白质、全β蛋白质和α/β蛋白质）基础上来确定新结构的；⑤CONALIGN 比较法，可以利用模型来识别差别较大的相似物；⑥DomainFinder 比较法，可以在基因序列相似的基础上鉴定结构域区域。

常用的蛋白质数据库检索工具有 BLAST 和 FASTA，它们都可以进行标准的蛋白质序列相似性搜索；ExPASy 软件中的 AACompldent 程序是根据氨基酸组成来辨认蛋白质的，该程序在 SWISS-PROT 和 TREMBL 数据库中搜索氨基酸组成相似的蛋白质；AACompsim 程序与前者相似，只是它是在 SWISS-PROT 数据库中进行搜索的，还可以发现蛋白质之间比较弱的相似关系。

作为一门新兴学科，蛋白质组学从产生的那一刻起就不是一个封闭的、概念化的知识体系，而是一个研究领域。分子生物学、生物信息学的迅猛发展及各种高科技检测手段的不断出现都赋予了该领域新的内涵。例如，双向电泳矢量图已经应用于蛋白质翻译后修饰种类和程度等预测方面；Humphery-Smith 等创建了蛋白质重叠群（proteomic contig），可扩大双向电泳的 pH 滴度范围和分子范围，分辨更多的蛋白质组分，对蛋白质的差异的表达进行准确的定量分析这一概念的提出，更是标志着蛋白质组技术的不断改进和完整，蛋白质组学研究正由定性向准确的定量方向发展；一步消化法（OSDT）、平行胶内消化（PIGD）和双平行消化（DPD）三种方法能实现 2DE 胶上样品的酶解和转移的平行化，这样就可以利用 MALDI-TOF-MS 一次性分析和测定大量的蛋白质样品；多维色谱整合串联质谱（MLCT-MS）技术能够克服 2DE 分离 PI 过大或过小及疏水性强的蛋白质等缺陷，为人类研究蛋白质组开创新的思路；稳定同位素标记法和同位素亲和标签法（ICAT）解决了 2DE 图像斥力和分析方面的难题，因此能很好地定量分析微量蛋白质。蛋白质芯片是生物芯片技术在蛋白质组学研究中的应用，它具有高通量、微型化及自动化等优点，在蛋白质的生物活性及大分子与蛋白质之间相互作用等方面展示了独有的魅力。

第三节 蛋白质组学的应用

蛋白质组学从一开始就呈现出基础研究与实际应用并驾齐驱的趋势，例如，在感染性疾病的研究中，通过对引起感染性疾病的病原的整体研究，同时结合血清学进行分析，鉴定出与疾病相关的新的标志物，该技术在疾病的诊断、治疗预防、致病源发病机制及开发新药等方面正发挥着越来越大的作用。蛋白质组在恶性肿瘤的研究方面也有广阔的前景，它从蛋白质整体的水平上研究恶性肿瘤的发病机制，从而使攻克这一难关成为可能，目前已应用于肝癌、膀胱癌、前列腺癌等研究中。此外蛋白质组学还广泛应用于生命起源研究，生物的进化历程，以及开发新的蛋白质等领域。作为一门新兴学科，蛋白质组学的历史还不是很久，但它已经被广泛应用于各个方面，给人类展示了一幅美好的前景，也许人类揭开生命科学的诸多奥秘的梦想已为期不远，突出的表现在以下几个方面。

一、蛋白质组学在肿瘤研究中的应用

蛋白质组学在各种不同类型的癌症研究中在提示肿瘤的病理过程，发现肿瘤标志蛋白，在治疗及诊断方面发挥了巨大的作用，如色素瘤、肺癌、肝癌、膀胱癌、肾癌等多种常见癌症的研究。在对肿瘤的研究中，蛋白质组通过对肿瘤发生的不同阶段蛋白质的变化进行分析，可以阐明肿瘤蛋白表达水平的变化与肿瘤发生发展的相互关系及其规律，还可检测、分析和确定肿瘤不同时期的标记蛋白，这种蛋白质可以作为抗癌药物筛选的作用靶点。不仅对抗癌药物的发现有指导意义，还可形成肿瘤诊断学、治疗学的理论基础。

肿瘤是一种涉及多种分子事件的疾病，目前研究的热点包括发现新的肿瘤标志物以提高早期诊断及肿瘤分型诊断水平；筛选更有效的治疗药物及病患的个体化治疗等。蛋白质组学为肿瘤的研究提供了新的平台，可以实现同时大规模地对细胞内的蛋白质表达进行定性、定量分析，

从整体网络的水平了解细胞内信号转导通路，从而有希望发现控制肿瘤进程的关键分子，为肿瘤的诊断、分型、药物研制带来新的思路和途径。

（一）确定新的肿瘤标志物

一些学者致力于将色谱、质谱联用的方法应用于肿瘤的研究。Simpson 等采用非多孔的反相高效液相色谱法（non-porous reversed-phase high-performance liquid chromatography, RPHPLC）分离，在线连接电离子喷雾质谱直接进行鉴定的方法，检测不同肿瘤进程中蛋白质表达的变化，鉴定了一些与乳腺癌或直肠癌相关的癌蛋白。另有学者采用两维液相色谱分离（即强离子交换和非多孔的反相高效液相色谱法分离），基质辅助激光解析电离飞行时间质谱鉴定的方法分析了人红白血病细胞内蛋白质。表 4-1 列出了近年来肿瘤蛋白质组学研究中，新鉴定的一些具有标志物潜力的肿瘤相关性蛋白质分子。

表 4-1　肿瘤蛋白质组学研究中发现的具有肿瘤标志物意义的相关性蛋白质

肿瘤类型	肿瘤相关性蛋白质
肺癌	TAO1，TAO2
乳腺癌	P50.9
膀胱癌	Psoriasin，Galectin 7，Stratifin
直结肠癌	Calgranulin B
肾细胞癌	Ubiquinol，Cytochrome C reductase
卵巢癌	OP18，PHSP60，HSP90，Calreticulin，Tropomyosin-1，2
前列腺癌	Oncoprotein 18，Elongation factor-2，Glutathion S，Tranferase P，Superoxide dismutase-e，Triosephosphatase isomerase，Cytokeratin 18
神经母细胞瘤	P19/nm23-H1

（二）阐明肿瘤发生机制

研究表明许多与肿瘤进程相关的基因突变所影响的都是编码信号通路相关蛋白质的基因，定义肿瘤形成中的信号网络具有重要的意义。蛋白质组学对蛋白质间相互作用的研究，可以阐明肿瘤细胞中信号转导、功能性调节的一些基本问题。目前在定义肿瘤进程中信号转导网络方面也已取得了一些进展。例如，Pandy 等采用表皮生长因子、血小板衍生因子处理 Hela 细胞，用抗磷酸酪氨酸抗体进行免疫沉淀，同时分析信号转导过程中的一系列磷酸化的蛋白质，揭示了 Vav-2 及其他一些蛋白质在生长因子信号转导中的作用。Lewis 等选择性激活或抑制活化丝裂原激活蛋白激酶（mitogen-activated protein kinases，MAPK）通路，鉴定了 MAPK 通路中的 20 种新的转导蛋白。而以往对上述通路中关键信号转导分子的鉴定常常需要很多研究小组历经十余年的时间才能完成。

（三）开发抗肿瘤的新药

在新药研究中蛋白质组学方法主要应用于受体或标志物的鉴定，以及受体的评价及毒理学，蛋白质相互作用及其功能的研究，药物代谢产生的研究。

造成癌症患者高死亡率的主要原因之一是肿瘤的转移，利用蛋白组学技术，通过对高低转移细胞株蛋白质图谱的比较来寻找与肿瘤转移相关的蛋白质，同样也可以以高转移株中特异表达的蛋白质为靶点，开发抑制肿瘤转移的新药。再如，现今大多数抗癌药物都伴有严重的毒副作用，同时对癌症患者进行单一化疗或联合放疗、过热疗法时，经常面临癌细胞对细胞抑制剂耐药性的问题，如果能发现与细胞毒性密切相关的蛋白质、在耐药细胞株中表达异常的蛋白质，就可能以此为靶点设计用于联合用药的新方案。

二、蛋白质组学在抗感染、疫苗研究中的应用

随着蛋白质组研究技术及其相关技术的快速发展，蛋白质组学方法已被用于研究细菌在外界环境变化时其表达蛋白的变化情况，如对霍乱弧菌、大肠杆菌在不同酸碱条件下蛋白的表达变化的研究，表明这些病原菌会随环境的改变而调节蛋白表达以使其达到最大的致病能力；对细菌某些特异抗原的识别可以为一些疾病提供诊断标记，Ronald 等应用 2DE Western blot 及串联质谱分离并鉴定了结合杆菌中的一种 Mtb18 蛋白，通过酶联免疫吸附试验（ELISA），在 27 例 HIV 阳性结合病患者中 25 例相应抗体阳性，在 67 例 HIV 阴性的结合患者中 38 例此抗体阳性，而在 11 例仅 HIV 阳性的患者中无反应，因此，据称 Mtb18 蛋白有望成为血清学诊断结合尤其是同时感染 HIV 的患者的有效抗原。

结合基因组学，比较疾病和健康的样本、药物处理和未处理样品，诱发和未被诱变的样本，有望找到病原生物的有效疫苗候选分子及新药或药物靶点。运用 2DE 技术对微生物已经进行了大量的研究，包括对不同临床分离株或变异株遗传变异的分析，毒力因子的鉴定和体内蛋白质的选择表达等。只有将 2DE 技术与 MS 联用才是对蛋白质组的完整研究。Jungblut 等在对结核分枝杆菌和卡介苗（BCG）的比较研究中，他们用 MALDI-MS 鉴定了 263 种蛋白质，其中 8 种是 BCG 所特有的，13 种是结核分枝杆菌所特有的，因此是设计的疫苗和药物作用的靶标。寄生虫不同发育阶段的 2DE 电泳图谱联合 MS 可用于鉴定阶段特异蛋白，通过对 2DE 电泳中有区别的斑点的印迹分析，能鉴别出具有免疫原性的蛋白质。

三、蛋白质组学在药物毒理中的应用

蛋白质组学在药物毒理中的应用主要分为两大部分：①在临床前、临床中发现毒性标志物（单一物质或表达谱）以预测或早期发现药物毒性；②药物毒理机制的研究。与传统方法相结合，蛋白质组学在鉴定药物毒理机制上具有广阔的应用前景，能更准确地预测药物在人体中所发生的毒性。在机制研究的基础上，蛋白质组学更适用于药物毒性筛选和预测。确立毒性作用和蛋白质标志物之间的关系就意味着可以利用这些标志物进行新化合物的毒性筛选。应用灵敏的蛋白质组学技术可以在比传统方法（如组织病理和临床化学）剂量更低、时间更短的情况下鉴定毒性作用。这样就可以在研究的早期预测药物潜在的毒性作用，并对先导化合物进行毒性排序，从而有效地节省大量时间和经费。

如蛋白质组学在肝脏毒性的预测中的应用。肝脏是人体物质代谢和解毒的重要场所，因此也是一个容易发生毒性的器官。在药物研究和开发中，常常因为一些肝脏毒性的药物不良反应（ADR）致使许多候选药物失败。因此，在新药评价时都把肝功能作为检测指标。Anderson 等研究了不同药物作用于动物肝脏后的蛋白质表达谱，从而建立了肝脏毒性蛋白质组库。利用这个肝脏毒性蛋白质组库，在一定程度上可以鉴定、区分和预测药物的肝脏毒性，因为鉴定出的特定蛋白质与毒性损伤机制具有一定的关系。Arce 等利用蛋白质组学技术研究了降糖药 SDZOGU693 的毒理机制。研究发现 SDZOGU693 能够诱导肝细胞肥大，线粒体蛋白质显著增加，并鉴定出 29 个与肝功能改变有关的蛋白质，结果表明 SDZOGU693 可以诱导线粒体增生，它们都与 SDZOGU693 的肝脏毒性有关。Cunningham 等研究 H_1 受体拮抗剂马来酸美吡拉敏（mepyramine，pyrilamine）及其类似物非基因毒致癌剂美沙吡林（methapyrilene）的毒性时发现，虽然它们的结构相似，但在肝脏中却具有完全不同的蛋白质表达图谱，与马来酸美吡拉敏相比，美沙吡林使肝脏蛋白质表达发生了更大的改变。结果说明蛋白质组学在药物先导物的筛选中具有重要的作用。

蛋白质数据库的建立有助于预测肝脏毒性。通过与数据库中一些工具药所产生的蛋白质图

谱相比，根据它们之间的相关性就可以预测一个新药的潜在肝脏毒性。如果相关性较强，则就应该在肝脏毒性方面比较注意这个药物的使用。但数据库是一定的工具药物在一定的剂量和时间点的情况下建立的。因此，在应用数据库时要注意保持相应的一致性。通过建立信息丰富的数据库将会提高蛋白质组学对毒性的预测性。

四、其　　他

此外，蛋白质组学为细胞和组织中的酪氨酸磷酸化蛋白质的系统研究提供了必要的技术。活细胞中存在着数千种酪氨酸磷酸化蛋白质，用蛋白质组学方法对这些蛋白质及其磷酸化部位进行研究鉴定，可以使我们拥有一个大数据库，获得有关酪氨酸磷酸化作用在健康和疾病状况下的信号传导过程的一些新的重要信息，并建立诊断方法和特殊药物筛选的靶标。这种方法还可以建立一个用于研究其他修饰蛋白质如 Ser/Thr 磷酸化、甲基化、乙酰化、异戊二烯化和糖基化等蛋白质的模型体系。用蛋白质组学方法研究蛋白质酪氨酸磷酸化对研究高等真核生物的调控机制非常重要，对于生命科学领域的影响将是非常深远的，它同时也处于蛋白质组学和信号传导领域的前沿。

第四节　蛋白质组研究的现状和前景

一、国外研究状况

随着基因组原始数据库的不断积累，一个以破译、解读及开发基因组功能信息为主要内容的研究新阶段已经开始，它的主要内容有功能基因组学（functional genomics）、蛋白质组学（proteomics）、比较基因组学（comparative genomics）、生物信息学等，蛋白质组学正是作为其中的重要支柱在 20 世纪 90 年代中期应运而生。也正因为如此，*Nature*、*Science* 杂志在 2001 年 2 月公布人类基因组草图的同时，分别发表了“*And now for the proteome*”、“*Proteomics in genome land*”的述评与展望，将蛋白质组学的地位提到前所未有的高度，认为是功能基因组学这一前沿研究的战略制高点，蛋白质组学将成为新世纪最大战略资源——人类基因争夺战的重要“战场”。近年，*Nature*、*Science* 和 *Cell* 及其他一些重要杂志接连刊登有关蛋白质组学的评论文章或原始论著，明确表明了蛋白质组学已经成为新世纪生命科学研究的前沿。至 2001 年以来，人类蛋白质组计划已经启动了 7 项主要计划，包括：人类血浆蛋白质组计划、人类肝脏蛋白质组计划、人类脑蛋白质组计划、大规模抗体计划、蛋白质组标准计划、糖蛋白质组计划及模式蛋白质组计划。

蛋白质组学的第一篇原始论著 1995 年发表于国际上并不著名的 *Electrophoresis*。如果说蛋白质组学刚诞生时没有立即得到国际生命科学界主流的高度重视，那么近几年已发生巨大的变化。美国国立卫生研究院（NIH）所属的国家肿瘤研究所（NCI）投入了大量经费支持蛋白质组研究，其中 1000 万美元用于在密执安医学院建立一个有关肺、直肠、乳腺和卵巢等肿瘤的蛋白质组数据库；此外，美国国家肿瘤研究所和美国食品与药物管理局联合，投入数百万美元，资助建立一个有关癌症不同发病阶段和治疗阶段的蛋白质组数据库。美国能源部不久前也启动了蛋白质组项目，旨在研究涉及环境和能源的微生物和低等生物的蛋白质组。欧洲共同体目前正资助酵母蛋白质组研究。英国生物技术和生物科学研究委员会最近也资助了 3 个研究中心，对一些已完成或即将完成全基因组测序的生物进行蛋白质组研究。在法国，新成立了 5 个区域性遗传基地（genopoles），它们将得到为期三年的资助，每年约为 500 万美元，这些经费将平均用于基因组、转录组（transcriptome）和蛋白质组研究。德国的联邦研究部提供 700 多万美元，在 Rostock 建立了一个蛋白质组学中心。1997 年澳大利亚政府即着手建立第一个全国性的蛋白质组研究网 APAF（Australian Proteome Analysis Facility）。APAF 为该国的有关实验室提供一流的仪器设备，并把它们整合在一起进行大规模的蛋白质组研究。日本的科学与技术委员会也已先期由政府出资 300 万美元开展蛋白质组研究。2005 年德国美因茨大学 BeckerE 等对结肠癌的研究显示 TGF-B 及其信号转导在结肠癌的发生和进展中起重要作用，并且这些发现必将促进基于抑制 TGF-B 依赖性 IL-6 信号转导的结肠癌治疗新方法的发展。在亚太经济合作组织的支持下，2001 年诺贝尔生理学或医学奖得主哈特维尔不久前刚刚在美国、中国、日本等 6 个国家的科学家联合进行的肿瘤标志物国际合作研究计划，目标是利用人类蛋白质组学研究手段，来分析和找到更多的肿瘤特异性标志物，实现对肿瘤的早期检测和诊断。由此可见，蛋白质组学虽然问世时间不长，但鉴于其战略的重要性和技术的先进性，许多国家在这一新型领域争先恐后、均已投入巨资全面启动此领域的研究。

蛋白质组学的前沿大致分为三大方向：①针对有基因组或转录组数据库的生物体或组织/细胞，建立其蛋白质组或亚蛋白质组（或蛋白质表达谱）及其蛋白质组连锁群，即 Compositional Proteomics 研究；②以重要生命过程或人类重大疾病为对象，进行重要生理/病理体系或过程的比较蛋白质组学研究，即 Comparative Proteomics 研究；③蛋白质组学支撑技术平台和生物信息学的研究。

国外大部分蛋白质组表达谱的研究论文发表于 2000 年下半年以后，且大多建立在已完成基因表达谱的基础上，表明目前在基因组或转录组基础上开展蛋白质组表达谱的研究是一个新的方向。人类重大疾病的蛋白质组研究通常采用比较蛋白质组分析方法。近年来，蛋白质组学技术在研究细胞的增殖、分化、异常转化、肿瘤形成等方面进行了有力的探索，涉及白血病、乳腺癌、结肠癌、膀胱癌、前列腺癌、肺癌、肾癌和神经母细胞瘤等，鉴定了一批肿瘤相关蛋白，为肿瘤的早期诊断、药靶的发现、疗效判断和预后提供了重要依据。高通量、高灵敏度和规模化的双向凝胶电泳-质谱是目前最流行和较可靠的技术平台；酵母双杂交技术已被用于研究蛋白质连锁群和蛋白质功能网络系统，且分别发表于 *Nature* 与 *Science*。生物信息学方法在蛋白质组学研究领域亦得到有效的利用，其中突出的代表是 Eisenberg D 等联合采用 Phylogenetic profiles 法、Rosetta stone 法和 Gene neighbour 法，成功地建立了酵母 SIR（silencing information regulator）作用网络和酵母 Prion 功能连锁网络。

二、国内研究状况

在 1995 年国际上发表第一篇蛋白质组学的研究论文后不久，国家自然科学基金委员会即酝酿并于 1997 年设立了重大项目“蛋白质组学技术体系的建立”。在此前后，中国科学院生物化学研究所、军事医学科学院与湖南师范大学迅速启动了蛋白质组研究，建立并分别组合了二维电泳蛋白质组分离技术、2D-PAGE 图像分析技术和蛋白质鉴定的质谱技术；先后举办了三次全国性的蛋白质组学术研讨会，并在国际上较早提出了功能蛋白质组学的研究战略。

经过几年努力，中国科学院上海生命科学研究院、军事医学科学院与复旦大学相继成立了专门的蛋白质组学研究中心。整体上，我国蛋白质组学技术平台的建设有了飞跃的发展，若干研究单位重点建立了技术平台，并在方法学的跟踪与创新上做了不少工作，使现有技术平台已经达到国际先进水平。我国科学家已经在蛋白质组分析技术与方法、在重大疾病如肝癌、维 A 酸诱导白血病细胞凋亡启动模型及维 A 酸定向诱导胚胎干细胞向神经系统分化的模型等的比较蛋白质组研究，以及一些重要生理和病理体系的蛋白质组成分研究方面获得了不少成就，并在国际蛋白质组学核心刊物上发表了系列高水平的论文。对不断涌现的新技术，如衍生出的多种分离和鉴定模式，我国已经进行了很好的跟踪和发展，在某些方面孕育着新的突破。

从蛋白质群体角度进行研究的功能蛋白质组学是中国科学家在蛋白质组领域中提出的一个

创新策略。我国提出人类主要疾病的蛋白质组学研究，集中在蛋白质组动态变化的功能蛋白质组研究上，越过了总蛋白组这一难关而更具实践意义。1999 年，我国关于蛋白质组研究的国家自然科学基金重大项目已经启动。

我国的“疾病基因组学”研究已取得明显的成就，在神经系统遗传病致病基因、肝癌、心血管疾病、白血病等相关基因、造血干/祖细胞、下丘脑-垂体-肾上腺轴系统、海马体、胎肝、心血管和神经系统等组织或细胞的基因表达谱（即转录组）方面均做出了与国际前沿水平相当的工作，且有我国的特色与优势。所取得的丰富数据将直接成为本项目开展对应蛋白质组学研究的基础与出发点。我国在重大疾病的功能蛋白质组学研究方面也取到了良好的起步，已进行肝癌细胞系及正常肝细胞蛋白质组的比较分析研究，发现了两者间不同的蛋白表达群。此外，还进行了我国自行建立的肝癌高/低转移细胞系、肺癌高/低转移细胞系、原位食管癌/转移食管癌间的比较蛋白质组研究，初步发现了一批与肿瘤转移相关的蛋白质群。同时，心肌细胞与应激损伤的心肌细胞的比较蛋白质组研究也已有一定的基础。上述研究一方面证明我国已有的蛋白质组学技术平台已能支撑一定规模的研究，另一方面亦为我国在国际蛋白质组学研究领域争得了一席之地，同时为未来的发展奠定了良好的基础。但是，现有的规模与层次难以提供我国医药卫生事业与生物技术产业迅猛发展所急需的、强有力的蛋白质组学学术与技术支持，难以适应我国基因组学等现代生命科学前沿领域对蛋白质组学的广泛需求，难以应对国际在蛋白质组学这一战略“高地”的激烈竞争，因此，国家及企业对蛋白质组学的大力支持刻不容缓。2005 年 11 月，军事医学科学院作为牵头单位，联合中国科学院、中国医学科学院、清华大学、江中制药等国内优秀科研和药物研发企业，在国家科学技术部、国家发展改革委员会和北京市科学技术委员会的大力支持下，组建了北京蛋白质研究中心。该中心集蛋白质组学科学研究，人才培养为一体，并作为国际总部全面负责人类肝脏蛋白质组计划的组织、实施与管理，成为连接学术界和企业界、连接中国与世界的桥梁。

三、存在的问题

（一）方法学上

由于不同蛋白质的物理化学性质差别很大，此外蛋白质的各种修饰和相互作用更增加了蛋白质的复杂性。仅仅通过一两种技术，显然不可能完成对蛋白质组内成千上万种不同性质的蛋白质的检测。其次，不同种类的蛋白质的量在细胞内有着很大的差别。例如，在酵母细胞中，有些细胞周期调控蛋白不到 100 个分子，而糖基酶则可能有 200 万个分子。蛋白质组研究要同时分析各种各样的蛋白质，因此需要排除巨量的蛋白质类型的干扰，把微量的蛋白质类型从蛋白质混合物中鉴定出来。

二维凝胶电泳-质谱仍是目前最流行和较可靠的技术平台，但其通量、灵敏度和规模化均有待进一步加强。二维凝胶电泳有分离容量的先天限制，染色转移等环节操作困难费时，低丰度蛋白难以辨别，和质谱技术的联用已成为瓶颈。因此，国际上开始重视研究以色谱/电泳-质谱为主的技术平台。另一方面，酵母双杂交技术虽已被用于研究蛋白质连锁群和蛋白质功能网络系统，但仍缺乏快速、高效的手段获取复杂蛋白质相互作用的多维信息。蛋白质组的生物信息学研究，虽然已有成功的先例，但其应用范围与准确率仍需提高，所面临的更大挑战是如何进行信息综合，准确分析蛋白质的相互作用，界定相互作用连锁群。

（二）学术上

任何一种生物的基因组中，基因通常只是其中的一小部分，要想从混杂有大量非编码核苷酸序列的基因组中找出基因，如同沙里淘金。基因组研究的结果表明，一个基因组拥有的“基因”数目是由两部分组成的：通过实验证明确有蛋白质产物的真实基因；根据起始密码和终止密码序列所确定的潜在基因。这两类基因都称为“开放阅读框”（open reading frame，ORF）。当一个基因组的序列测定之后，目前用于确定其含有的 ORF 方法有着较高的出错率。此外，人们已发现还有许多“假基因”（pseudogene），这些假基因虽有 ORF，却从不表达；再加上基因在表达过程中还存在 mRNA 编辑和蛋白质剪接(protein splicing)，许多蛋白质很难找到直接对应的 ORF。如果基因组的“所有基因”都很难确定，我们从何知道蛋白质组的“全部”蛋白质?

细胞内的大部分蛋白质通常在合成结束后，都被进行过化学基团的修饰，修饰过的蛋白质理化性质和生物学功能，均不同于未修饰的蛋白质。如果把一个修饰蛋白视为一种新的蛋白质，而由于不存在度量修饰蛋白质种类的尺度，那么对于蛋白质组蛋白质种类的确定将是一种“无限”的工作。

在个体发育的不同阶段或细胞的不同活动时期，细胞内产生的蛋白质种类是不一样的。蛋白质的另一个重要特征是：不同的蛋白质通常分布在细胞的不同部位，它们的功能与其空间定位密切相关，要想真正了解蛋白质的功能，通常还需要知道蛋白质所处的空间位置。

蛋白质组具有一个不同于基因组的重要特性，即蛋白质彼此间有着直接的影响。某一个蛋白质功能的实现，通常离不开它与其他蛋白质之间的相互作用。蛋白质之间的相互作用有两种类型：一类是蛋白质相互作用的网络，细胞内的许多活动如信号转导等都是通过一个复杂而广泛的蛋白质相互作用网络实现的。另一类是蛋白质复合体组成，如负责转录、复制过程的蛋白复合体，这类复合体只有在执行功能时才聚合在一起，任务完成后就解离。

可见，既是整体又是动态的蛋白质组的研究任务有多么繁重，它是为阐明生命活动本质所不可缺少的基因组研究的后续部分，是我们要面临的“无尽挑战”。

四、蛋白质组学发展趋势

在基础研究方面，近年来蛋白质组学研究技术已被应用到各种生命科学领域，如细胞生物学、神经生物学等。在研究对象上，覆盖了原核生物、真核生物、植物和动物等范围，涉及各种重要的生物学现象，如信号转导、细胞分化、蛋白质折叠等。在未来的发展中，蛋白质组学的研究领域将更加广泛。

在应用研究方面，蛋白质组学将成为寻找疾病分子标记和药物靶学标最有效的方法之一。在对癌症、早老性痴呆等人类重大疾病的临床诊断和治疗方面蛋白质组学技术也有十分诱人的前景，目前国际上许多大型药物公司正投入大量的人力和物力进行蛋白质组学方面的应用性研究。

在技术发展方面，蛋白质组学的研究方法将出现多种技术并存，各有优势和局限的特点，而难以像基因组研究一样形成比较一致的方法。除了发展新方法外，更强调各种方法间的整合和互补，以适应不同蛋白质的不同特征。另外，蛋白质组学与其他学科的交叉也将日益显著和重要，这种交叉是新技术新方法的活水之源，特别是，蛋白质组学与其他大规模科学如基因组学，生物信息学等领域的交叉，构成组学生物技术研究方法，所呈现出的系统生物学研究模式，已成为生命科学最令人激动的前沿。

思 考 题

1. 什么是蛋白质组学?
2. 蛋白质组学研究的内容是什么?
3. 蛋白质组学主要研究方法有哪些?
4. 医学上涉及蛋白质组学的研究有哪些？举例说明。

（姜 智 顾建兰）

第 5 章 代谢组学

代谢组学（metabonomics/metabolomics）是在 20 世纪 90 年代中期效仿基因组学和蛋白质组学的研究思想发展起来的一门新兴学科，是研究关于生物体被扰动后（如基因的改变或者环境变化后）其代谢产物（内源性代谢物质）种类、数量及其变化规律的科学，是系统生物学（systems biology）的重要组成部分。代谢组学着重研究生物整体、器官或者组织的内源性代谢物质的代谢途径及其所受内外在因素的影响及随时间变化的规律，并揭示代谢物与生理病理变化之间的关系。在基因分析、病理阐述、药物设计和疾病诊断及治疗效果预测等医学相关领域的代谢组学的研究和应用，称为医学代谢组学。代谢组学通过现代高效液相色谱/高分辨质谱联用仪等技术分析体液中的代谢物组成谱，并利用多变量统计分析技术，把所有代谢物的组成信息都整合到一起，为系统和整体层面上比较和分析生物的代谢特性开辟了新的技术路线。代谢组学技术在临床诊断、药物开发、微生物和植物、营养科学中的重要性已经越来越显著，将成为临床、基础医学和药学研究的重要研究手段。

第一节 代谢组和代谢组学

代谢组学的概念来源于代谢组（metabonome）。代谢组是指某一生物或细胞在一特定生理时期内所有的低分子质量代谢产物。代谢组学则是在新陈代谢的动态进程中，系统研究代谢产物的变化规律，揭示机体生命活动代谢本质的科学。代谢组学以组群指标分析为基础，以高通量高精密的仪器检测和数据分析为手段，以信息建模与系统整合为目标。

代谢物是代谢组学的研究对象，其大都是相对分子质量在 1000 以下的小分子化合物。代谢物是细胞调控过程的终产物，它们的种类和数量变化被视为生物系统对基因或环境变化的最终响应。代谢物反映了细胞所处的环境，这又与细胞的营养状态、药物和环境污染物的作用及其他外界因素的影响密切相关。

代谢组学的出现是生命科学研究的必然。基因组学和蛋白质组学分别从基因和蛋白质层面探寻生命活动，而代谢物才是基因表达的最终产物，在酶的作用下生成。实际上细胞内许多生命活动发生在代谢物层面，如细胞信号转导、能量传递、细胞间通信等都受到代谢物的调控。虽然与基因和蛋白质相比，代谢产物分子较小，但通过深入研究机体的代谢产物，可以判断机体是否处于正常状态，而仅研究基因和蛋白质是无法得出这样的结论的。

代谢组学研究的生物标本主要是血液、尿液、细胞和组织的提取液和细胞培养液等，主要检测鉴定技术包括核磁共振（nuclear magnetic resonance，NMR）、质谱（mass spectrometry，MS）、气相色谱（gas chromatography，GC）、高效液相色谱（high performance liquid chromatography，HPLC）和毛细管电色谱（capillary electrochromatography，CEC）、电感耦合等离子质谱技术（ICP/MS）等，其中以 NMR 为主。通过检测一系列样品的 NMR 谱图，再结合模式识别方法，可以判断出生物体的病理生理状态，并有可能找出与之相关的生物标志物（biomarker），为相关预警信号提供一个预知平台。此外，紫外吸收、荧光散射、光散射、发射性检测等分离分析手段及其组合都应用于代谢组学的研究中。例如，采用 GC-MS 和 NMR 技术联用或 HPLC 和 LC/MS 技术联用，可以同时检测出数百种化合物。目前，代谢组学研究已经能诊断出一些代谢类疾病，如糖尿病、肥胖症、代谢综合征等，已经研究清楚的普通代谢途径包括柠檬酸循环、糖酵解和花生四烯酸/炎症途径。

第二节 代谢组学的分析流程

代谢组学的分析流程包括样品制备、代谢物成分分析鉴定和数据分析与解释。由于代谢物的种类繁多，而目前可用的成分检测和数据分析方法又多种多样，所以根据研究对象的不同，采用的样品制备、分离鉴定手段及数据分析方法也各不相同。

一、样品制备

代谢组学的研究样品主要是尿液、血浆或血清、唾液及细胞和组织的提取液。在样品搜集过程中，要注意以下几点：①种族和家系；②性别；③饮食状况；④作息习惯；⑤一般状况，如体重等；⑥用药情况。以上情况的改变均可能导致代谢谱的变化，在进行实验设计时需要考虑这些因素的影响。

样品的制备过程中还应遵循以下原则：①尽量多地保留样品中的各组分；②制备方法要有利于样品中各组分的相互分离；③不能改变样品中各组分的相对浓度；④以尽量少的步骤达到目的；⑤注意内参的加入。

二、代谢物成分分析鉴定

色谱/质谱联用与核磁共振为当前代谢组学研究中分析鉴定代谢物成分的两大核心技术。

（一）色谱/质谱联用

色谱/质谱联用包括气相色谱/质谱联用（GC/MS）和液相色谱/质谱联用（LC/MS）。首先利用色谱仪对样品进行分离；接着，利用质谱仪对气相色谱中的每一个峰以 1 秒的间隔进行扫描，获得每个峰的质谱图。每个峰所代表的化合物的分子结构可以通过其碎片峰的类型和质/荷比（*m/z* 值）结合有关质谱数据库来进行鉴定，含量可以通过峰面积的大小来确定。为了区分异构体，有关代谢产物须再用核磁共振进行结构解析。

（二）核磁共振

对于代谢产物来说，不仅只有质谱峰这一个特征。更进一步说，质谱并不能检测出所有的代谢产物。这并不是因为质谱的灵敏度不够，而是由于质谱只能检测离子化的物质。对于那些在质谱仪中不能被离子化的代谢产物，采用核磁共振的方法，可以弥补质谱分析的不足。

与色谱/质谱联用相比，核磁共振灵敏度较低，但也有其明显的优势：①没有偏性，对样品中所有物质的灵敏度一样，而质谱有离子化程度和基质干扰等问题；②具有无损伤性，不会破坏样品的结构和性质，可在接近生理条件下进行实验，可在一定的温度和缓冲液 pH 范围内选择实验条件；③可进行实时和动态的检测，可设计多种编辑手段，实验方法灵活多样。因此，核磁共振很适合研究代谢产物中的复杂成分。

如今，这两种方法在代谢组学研究中已经普遍使用。研究人员通常将这两种方法结合使用以获得大量数据用于分析。

三、数据分析与解释

样品成分分析鉴定之后，得到的是海量的、多维的信息，需要对所获得的数据进行相应的整合处理，这也是代谢组学研究中十分关键的步骤。数据分析涉及生物信息学、化学信息学、化学计量学、计算生物学等技术对数据进行预处理和建模分析。目前已经有商品化的代谢组学专门分析软件，如 WATERS 公司的 Markerlyks 和 PDI 公司的 Profile，这使得代谢组学分析相对简化。

在代谢组学应用中，数据处理一般包括预处理、模式识别、模型验证及变量筛选等步骤。在得到原始图谱后，首先需要对数据进行预处理，保留与分类有关的大部分信息，消除多余的干扰因素的影响，使得数据结构标准化。数据预处理过程包括归一法、数据转化、中心化、标准化等步骤，是后续单维和多维统计分析、生物标志物筛选的重要前提。单维统计用来评价单个变量和变化，主要有参数检验和非参数检验两种。多维分析能够同时考察所有变量，并寻找变量内部的关联，主要的方法分为非监督性（un-supervised）学习方法和监督性（supervised）学习方法。

（一）非监督性学习方法

这类方法用来探索完全未知的数据特征，对原始数据信息依据样本特性进行归类，并采用相应的可视化技术直观地表达出来。应用在此领域的常见方法有：主成分分析（principal components analysis，PCA）、非线性映射（nonlinear mapping，NLM）、簇类分析（hierarchical cluster analysis，HCA）等。

（二）监督性学习方法

监督性方法在已有的可供学习的训练样本的基础上建立信息组（class information），并利用所建立的组对未知数据进行辨识、归类和预测。应用于该领域的常见方法有：线性判别分析（linear discrimination analysis）、偏最小二乘法-显著性分析（PLS-discrimination analysis）、人工神经元网络（artificial neural networks，ANN）等。

（三）数据库及专家系统

代谢组学数据分析的最终目的在于建立相应的数据库和专家系统，这有利于联结代谢组学与其他系统生物学分支。研究者已经建立了多个代谢通路相关的数据库，如 KEGG（http://www.genome.jp/kegg/）、Biocyc（http://biocyc.org/），包含了 Ecocyc 和 Metacyc 两个数据库、Human Metabolome Database（http://hmdb.ca/）、PathDB（http://www.ncgr.org/pathdbd）、UMBBD（http://umbbd.msi.umn.edu/）和 BRENDA（http://www.brenda-enzymes.info/）等。每一种数据库都有自己的特点，在进行代谢物通路分析时可根据不同的需求选择不同的数据库。

第三节 代谢组学的应用

一、在代谢途径描述中的应用

描述某一代谢途径的首要工作就是对该途径中的所有代谢物进行系统研究，在找到该途径中的一系列底物、产物、中间体和关键酶的基础上，阐明这条代谢途径的关键调节位点和调节机制。用代谢组学手段可以方便地找到调节位点，因为在该处，底物和关键酶的浓度将会发生相反的变化。

二、在疾病机制研究中的应用

代谢组学在疾病机制中的研究主要应用于肿瘤、遗传病和一些常见病。例如，有研究者应用 NMR 研究高血压大鼠与正常大鼠尿液的代谢谱差异，结果发现牛磺酸、肌酸及一些未鉴定的代谢物存在明显的差异。

为了更好地应用代谢组资料进行疾病的机制研究，一些研究者将代谢组技术和其他技术相结合进行疾病机制的探索，如应用代谢组结合蛋白质组和组织病理学方法研究肝癌的发病机制等。代谢在肥胖方向上的研究也得到了国内外研究人员的一致关注，通过对同一动物体内不同生物样本的代谢组分析，能够较全面地了解机体的总体代谢特征，为系统性描述肥胖等复杂代谢性异常的病理生理机制提供全面的信息。

三、在疾病诊断中的应用

机体的病理生理变化引起代谢产物发生相应的改变，通过对某些代谢产物进行分析，并与正常人的代谢产物相互比较，有助于发现疾病的生物标志物，达到辅助临床诊断的目的。

在心血管疾病的诊断和研究中，运用 HPLC/MC-MS 技术，通过研究冠心病患者在运动负荷试验前后的血样骨骼肌 AMP 异化相关的乳酸和其他代谢物的变化，进行心肌缺血的诊断，并通过代谢功能与趋势分析揭示枸橼酸代谢通路异常在心肌缺血过程中所起的重要作用。NMR 技术也被用于研究冠心病患者血清的代谢组变化，不仅能对冠心病进行有无的诊断，而且还能判断病情的轻重。基于 NMR 技术、色质谱联用技术和其他技术，如傅里叶变换红外光谱质谱联用（FTIR/MS）、毛细管电泳质谱联用技术（CE/MS）等分离鉴定技术应用于代谢组学的研究，代谢组学技术近年来被应用于肿瘤前期诊断和预后监测。也有学者以毛细管气相色谱结合模式识别方法研究 2 型糖尿病血清代谢组的变化，结果发现通过血清脂肪酸谱能有效地将 2 型糖尿病患者和正常人区分开。利用 NMR 结合模式识别方法检测血清的代谢谱，也能够判断是否罹患艾滋病。

四、在药理学研究中的应用

作为系统性的研究方法，代谢组学能够鉴别和确证药理与疾病模型。代谢组图谱能够同时反映代谢网络中多种生物化学通路上的海量的化合物，区别不同种属、不同品系动物模型的代谢状态，用于鉴别与人体疾病状态的差异，选择与人类疾病、毒性和药效合适的动物模型。尤其是在中草药上的研究，代谢组学技术发挥了重要的作用。

代谢组在药理学方面的研究也集中于毒理学研究。例如，有学者为了鉴定对乙酰氨基酚肝毒性引起的生化变化，进行了肝组织的基因表达谱、肝组织的提取物和血浆代谢组研究，从生化途径对三组资料进行分析。在完整肝组织中，肝葡萄糖和肝糖原下降，血浆中的脂肪成分、丙酮酸盐、乙酸盐和乳酸盐增加，提取物中丙氨酸和乳酸盐增加。这些资料提示肝脏的糖酵解率增加。这一研究结果和基因表达谱的变化是一致的，两种技术相结合起到互补的作用。

五、在基因功能研究中的应用

代谢产物是基因表达的终产物，基因表达上极微小的变化也可导致代谢物的大幅改变。以前往往通过可见的表型改变来判断基因表达水平的升降，耗时较长。而且有时候基因表达变化并未引起表型改变，但此时某些代谢产物的含量却会发生变化。这时，利用代谢组学方法检测代谢物的变化就可以判断基因表达水平的变化，从而推断基因的功能及其对代谢物的影响。

思 考 题

1. 什么是代谢组学？
2. 研究代谢组学有哪些方法？
3. 举例说明医学和代谢组学的相关性。

（高上上）

第 6 章 糖组学

糖生物学是 20 世纪 80 年代末兴起的一门生命科学的前沿学科，继后基因组学蛋白质组学之后，已发展成为专门的学科——糖组学（glycomics）。它涉及糖类结构与功能方面的研究。具体地又包括糖类的生物合成、代谢和功能，识别聚糖的蛋白质如凝集素，疾病相关的糖生物学问题以及糖生物学研究技术。有关它的代谢概述已在糖蛋白章节中介绍，与疾病关系则在相关章节介绍。

糖组指单一个体的全部聚糖。类似基因组学和蛋白质组学，“糖组学”指对糖组的全部聚糖结构分析，确定编码糖链特别是糖蛋白分子连接糖链的基因和蛋白质糖基化的机制。糖组学主要解决 4 个方面的问题：①什么是基因编码糖链，即基因信息，主要为糖基转移酶基因信息；②可能糖基化位点中实际被糖基化的位点，即糖基化位点信息；③聚糖结构，即结构信息；④糖基化功能，即功能信息。

本章内容主要包括：①聚糖：医学糖组学的主题；②糖复合物：糖蛋白和糖脂；③糖基转移酶。

第一节 聚糖：医学糖组学的主题

1988 年，牛津大学的 Raymond A.Dwek 提出糖生物学。1991 年，日本政府宣布实施“糖工程前沿计划”，包括糖工程和糖生物学。2000 年，平林淳和笠井献提出“糖组学”的概念。美国于 2001 年正式启动了“功能糖组学”的研究[1]。从此，糖组学的研究开始升温。

本文以聚糖为主题语词，提出一个四段式的医学糖组学研究的理论框架，旨在建立一个独立、完整、逻辑结构清晰的医学糖组学理论体系。

一、聚糖的定义

根据糖基数目的不同，糖分为单糖和聚糖。

1. 单糖 单糖是一类由多羟基醛或多羟基酮和它们的一些衍生物组成的有机化合物，是构成聚糖的基本单位[2]。

2. 聚糖 化学上，聚糖是由若干单糖脱水缩合形成的化合物。构成聚糖的单糖至少有 11 种[3]，详见表 6-1。

表 6-1 构成聚糖的单糖[3, 4]

编号	单糖（中文名）	单糖（英文名）	单糖（英文缩写）
1	葡萄糖	Glucose	Glc
2	半乳糖	Galactose	Gal
3	甘露糖	Mannose	Man
4	岩藻糖	Fucose	Fuc
5	*N*-乙酰氨基葡萄糖	*N*-Acetylglucosamine	GlcNAc
6	*N*-乙酰氨基半乳糖	*N*-Acetylgalactosamine	GalNAc
7	唾液酸（即神经氨酸）	Sialic acid（Neuraminic acid）	Sia（NeuAc）
8	木糖	Xylose	Xyl
9	阿拉伯糖	Arabinose	Ara
10	葡糖醛酸	Glucuronic acid	GlcUA
11	艾杜糖醛酸	Iduronic acid	IdUA

假定构成聚糖的单糖数目为 n，$1<n<20$ 的聚糖被称为寡糖或低聚糖；$n\geqslant 20$ 的聚糖被称为多糖或高聚糖。聚糖结构是高度可变的，首先单糖有异构体，其次单糖间有不同连接方式，再次单糖间可形成分支结构。例如，6 种不同结构的单糖可形成 10^8 种聚糖异构体[3]。

生物学上，作为继核酸与蛋白质的第三类信息分子，聚糖虽然单体数目不大，不能凭借大分子质量储存大量生物信息，但其复杂多变的结构却装载着丰富的生物信息，从而在生命活动中扮演重要角色。如果把 ATCG 四种碱基连接成总长 30 亿 bp 的人类基因组 DNA，20 种氨基酸构成千变万化的蛋白质，比作巨量的单词组成一本词典，则由 10 种常见的单糖组成纷繁复杂的聚糖，或可比作 7 个音符谱成生命的一个乐章[3]。由此可见，如果要彻底揭示生命的奥秘，则聚糖背后的生物功能信息是非挖掘出来不可的。

二、糖形成糖复合物

糖连接其他分子可以形成糖复合物，包括糖蛋白、蛋白聚糖、糖脂和糖苷。除了蛋白聚糖，糖复合物中的聚糖绝大多数是寡糖。这一连接过程即糖基化，分为非酶促糖基化和酶促糖基化[2, 4]。

1. 非酶促糖基化 非酶促糖基化是由葡萄糖、6-磷酸葡萄糖、果糖等醛糖的醛基与蛋白质分子中氨基酸（通常为赖氨酸）的氨基缩合形成 Shiffs 碱，经分子重排形成更稳定的糖化产物。这些糖化产物可继续逐渐缩合、交联，形成不溶性、抗酶解和不可逆性的晚期糖化终末产物（advanced glycation end products，AGEs）。根据目前研究，AGEs 结构尚未明确，与动脉硬化、衰老、糖尿病慢性并发症的关系密切[2]。

2. 酶促糖基化 根据连接方式不同，酶促糖基化可分为 N-连接糖基化、O-连接糖基化、GPI 锚定糖基化和少量 S-连接糖基化[4~6]。

N 糖基化发生在粗面内质网中。其过程如下：①聚糖合成与蛋白质合成同步进行；②通过载体将聚糖整体转移至多肽，连接在天冬酰胺的氨基侧链处；③聚糖的加工[4]。

O 糖基化在翻译完成后发生于高尔基体，采取 O-连接核心的加成反应，即从第一个 GalNAc 连接在蛋白质的丝氨酸或苏氨酸侧链的羟基处开始，所有单糖按步骤逐个添加，不存在整体转移，也不需要载体[4]。

GPI 锚定糖基化即膜蛋白的糖基化，蛋白质通过肽链的 C 端共价连接到糖基磷脂酰肌醇锚定在膜脂上[4, 5]。

图 6-1 细胞膜上的聚糖

尽管蛋白聚糖结构各异，其生物合成却遵循同一途径：首先合成核心蛋白，继之第一个糖基与核心蛋白的一个丝氨酸残基或天冬氨酸形成 O 或者 *N*-连接糖苷键，然后单糖分子以 UDP-糖的形式在糖基转移酶的催化下，逐个以共价键连接[3]。蛋白聚糖是细胞外基质（extra cellular matrix，ECM）强度的基础[3, 4]。

糖脂包括建构在脑酰胺上的糖鞘脂和建构在磷脂酰甘油上的糖基磷脂，前者提供细胞间识别的标志，后者提供一种蛋白质在胞膜上的锚定机制。葡萄糖鞘脂的合成始于内质网膜胞质表面 UDP-Glc 提供第一个葡萄糖残基，经过跨膜反转，脂质体通过分泌途径，接近核苷酸供体，继续添加糖基。半乳糖鞘脂与此类似，只是第一步发生在膜腔内侧，且不须翻转。在糖脂运送至细胞表面的过程中，脂筏的形成可能起一定作用。糖基磷脂的生物合成机制尚未完全搞清[4]。

糖组学的任务之一就是建立编码糖基转移酶的基因的数据库，总结酶、编码酶的基因、酶与底物的对应关系、酶催化的反应及其特异性等信息。在这个领域，日本的研究是卓有成效的，并且其未来发展空间与潜力巨大[7]。

3. 糖基化位点的预测 通过比较已知糖基化部位周围的氨基酸序列，可以推测出糖基化位点的一些规律和酶的催化特性。寻找蛋白质糖基化位点信息可搜索 O-GlycoBase 数据库，而在蛋白质数据库如 SWISS-PROT 可以发现更多的糖蛋白信息[8]。

联合蛋白质组学，糖基化通过影响蛋白质的构象影响其功能，如蛋白质的正确折叠、细胞内定位、抗原性、细胞黏附和病原体的结合等[9]。所以，建立记录糖蛋白、蛋白聚糖的结构与功能信息（包括糖基化位点信息）的数据库是糖组学与蛋白质组学的共同任务之一。在这方面，日本的研究工作也是成果显著的[7]。

三、聚糖研究策略

由于单糖结构简单，在生物信息的蕴藏量上，单糖的研究价值远不如聚糖。因此，下面仅把酶促糖基化的参与者“聚糖”作为关注对象。

聚糖的研究包括分离、纯化、结构分析、序列测定、功能分析和细胞定位分析。可供选择的方法有：电泳、凝集素亲和层析、高效液相色谱、质谱、核磁共振、X 射线技术、凝集素芯片、糖芯片、聚糖抗体、荧光标记、同位素标记、糖苷酶酶切、聚糖的人工合成等[10, 11]。

目前，核磁共振已成为聚糖结构分析最重要的方法之一，可确定聚糖的构型、连接位置、分支和微观多样性[4, 10]。质谱技术（包括电喷雾质谱和基质辅助激光解吸飞行时间质谱）也可以准确测定聚糖的组成序列与立体结构，其缺点在于昂贵的成本、复杂的技术和对操作人员的高要求[11]。高通量的凝集素芯片也可检测聚糖结构，并反映其变化，缺点在于仅可特异性结合聚糖的 3～5 个糖基，准确性欠佳[11]。

德里卡莫在回顾了很多特异性试验的结果的基础上，提出一个规则：DNA→RNA→糖基转移酶，联合“一种酶，一连键”规则[4]，认为最终决定特定聚糖结构的可能是特定的糖基转移酶。根据这一思路，采用 RNA 干扰等技术，抑制特定糖基转移酶的表达，可以从反面研究聚糖的功能。也可利用基因技术将肽链的糖基化位点 Asn-X-Ser/Thr 中的 Asn 或 Ser/Thr 定点突变，使此点不能被糖基化，逆向研究聚糖的功能。最后，借助内切或外切糖苷酶切下聚糖，可单独研究聚糖的结构并观察其生物学功能的改变[2]。

四、糖在医学上的意义

1. 基础医学研究中的聚糖 聚糖可以位于细胞的表面，参与细胞间的识别、黏附与信号传导。另外，聚糖也参与蛋白质的折叠的质量控制，正确折叠的蛋白质运输至高尔基体进一步修饰，错误折叠的蛋白质与凝集素相遇后，引发内质网相关蛋白质降解（endoplasmic reticulum-associated protein degradation，ERAD）[4]。

糖链本身的存在或者异常的糖基化过程均在生命活动中扮演了重要角色。例如，自身免疫性疾病中的免疫球蛋白糖链异常[4]，正常生殖过程中透明带糖蛋白 ZP3 的聚糖的作用，抑制肿瘤的转移，在病原体侵入人体的过程中，聚糖扮演受体角色，帮助病原体识别、结合、侵袭细胞，在猪作为供体的异种器官移植领域，也面临着人体天然抗体与糖分子的结合的主要障碍[3]。

蛋白聚糖和细胞表面的糖脂与神经系统的发育、脑的老化等关系密切[4]。另外，蛋白聚糖对于维持 ECM 的强度，阻止肿瘤的侵袭转移意义重大，与老年人的骨质疏松也有关[3]。

2. 聚糖服务于临床诊断 凝集素是一类特异可逆结合聚糖的蛋白质或者糖蛋白，所以基于荧光标记或者酶标记技术的凝集素探针或者聚糖抗体可以用来定性、定位检测特定糖蛋白上的聚糖。

临床化验中使用甲胎蛋白来诊断原发性肝癌，可是在肝炎或肝外肿瘤中也可见血清甲胎蛋白升高。研究发现，原发性肝癌的血清甲胎蛋白核心高度岩藻糖基化，通过凝集素探针可把肝癌与其他肿瘤或者肝炎区分开来[4]。

高通量的凝集素芯片技术可高效率地测定体液（例如血清、尿液等）中的聚糖表达谱，并寻找疾病相关的特异性标志物，以丰富诊断技术，提高诊断的水平、及时性与特异性[11]。

五、医学糖组学前景

医学糖组学是与基因组学和蛋白质组学相互联系的，其自身的发展也离不开物理学和化学的一些理论与技术。虽然很多有关聚糖的知识已被揭示出来，还存在许多未知的聚糖的结构与功能信息。随着时间的推移，相信越来越多的糖组学知识会被揭示并且利用在医学领域，服务于人类的健康。

参考文献

[1] 沈业寿，陶文娟. 真菌的应用研究——真菌多糖[J]. 安徽大学学报（自然科学版），2003，27（1）：93-97.
[2] 侯温甫，杨文鸽. 聚糖及其蛋白质糖基化[J]. 生物技术通报，2005，3：14-17.
[3] 张树政. 糖生物学与糖生物工程[M]. 北京：清华大学出版社，2002，17-19，41，50-56，73，102，112，138.
[4] Maureen E. Taylor，Kurt Drickamer，张树政. 糖生物学导论[M]. 北京：化学工业出版社，2006，5，11，13，15-16，44，47，50，57，64，84，96，177-179，186-197.
[5] 王山，李钰. 蛋白质的糖组学研究进展[J]. 细胞生物学杂志. 2006，28：127-131.
[6] 赵云鹏，高春芳. 2007. 糖组学研究在肝病中的应用进展[J]. 第二军医大学学报，28（5）：538-541.
[7] Hisashi Narimatsu. 2008. Comprehensive discovery of glycol-biomarkers using novel glycomics technologies. 2008 年全国糖生物学学术会议.
[8] 周永达，时春娟，张剑波，等. 2006. 糖类的生物信息学资源. 中国生物化学与分子生物学报，22（3）：184-189.
[9] 朱俐燕，吴士良. 2007. 蛋白质的糖基化作用分类及相关数据库. 生命的化学. 2007，27（2）：108-111.
[10] 孙兴权，李静，耿美玉，等. 糖组学研究中糖蛋白聚糖结构分析技术. 化学进展. 2007，19（1）：130-135.
[11] Peter Gemeiner，Danica Mislovicova，Jan Tkac，et al. Lectinomics. Ⅱ. A highway to biomedical/clinical diagnostics[J]. Biotechnology Advances. 2008，doi：10.1016.

第二节 糖复合物：糖蛋白和糖脂

糖蛋白包括蛋白聚糖都是由糖与蛋白质两部分以共价键连接而组成。一般来说，糖蛋白分子中的蛋白质百分比大于糖，而蛋白聚糖则相反，两者的糖链结构也迥然不同，功能也有差异。

糖蛋白的糖链可分为 *N*-糖链和 *O*-糖链两型，*N*-糖链与肽链中 Asn-X-Ser 模序中的天冬酰胺残基的酰胺 *N* 连接，*O*-糖链与肽链中特定丝氨酸残基侧链上的—OH 共价连接。*N*-糖链可分成高甘露糖型、复杂型和杂合型三种类型，它们都是由 14 个糖基的长萜醇焦磷酸寡糖结构经加工而成，每一步加工都有特异的糖苷酶和糖基转移酶参与。糖蛋白的糖链参与许多生物学功能。

蛋白聚糖的糖链称糖胺聚糖，由二糖重复单位组成，体内重要的糖胺聚糖有透明质酸、硫酸软骨素、硫酸皮肤素、肝素、硫酸乙酰肝素和硫酸角质素等。蛋白聚糖是主要的细胞外基质成分，具有多种生物学功能。

糖脂是一类两亲化合物，其脂质部分亲脂，糖链部分亲水。细胞中糖脂主要是作为膜的组分存在，其脂质部分包埋在脂质双分子层内，亲水的部分伸在膜外。糖脂可分为 4 类：分子中含鞘氨醇的鞘糖脂、含甘油脂的甘油糖脂、由磷酸多萜醇衍生的糖脂及由类固醇衍生的糖脂。鞘糖脂按其所含的单糖的性质可分为两大类：中性鞘糖脂和酸性鞘糖脂。鞘糖脂的分子由糖链、脂肪酸和一个（神经）鞘氨醇的长链碱基三部分组成。鞘糖脂的合成与糖基转移酶的功能相关。糖脂具有多种生物学功能。

细胞外基质成分主要包括胶原蛋白、透明质酸、蛋白聚糖和糖蛋白。细胞外基质是细胞完成若干生理功能必须依赖的物质。胶原是结缔组织的主要蛋白质成分，目前胶原至少已发现的有18型，其中常见的有5型。胶原一般由3条α肽链以右手螺旋的方式形成三股螺旋，重复出现的Gly-Pro-X模序是三股螺旋特定空间构象所依赖的一级结构。

纤连蛋白（FN）和层黏连蛋白（LN）是普遍存在于细胞外基质中的蛋白质。FN是由2条多肽链组成的糖蛋白，主要由成纤维细胞合成，而血浆FN主要来自肝细胞。FN的广泛分布决定了它功能的多样性。LN分子由α链、β链和γ链通过二硫键连接而成，LN主要介导上皮细胞及内皮细胞附着于基底膜，从而影响细胞的生长、分化等。

新近的观点认为核酸、蛋白质和糖是三类主要的生物多聚体。DNA是生命的蓝图，它包含着传给子代的遗传信息并作为模板合成RNA，RNA再翻译成在生物体的细胞中组成各种结构和催化各种反应的蛋白质分子。蛋白质中的一类——糖基转移酶，参与合成各种不同功能的糖，这些糖有的储存并供给能量，有的起支持作用。一些小的单糖和蛋白质、脂类相连形成糖蛋白、糖脂从而修饰细胞表面，介导细胞的粘连和识别。过去的50年中生物分子研究都聚焦在核酸和蛋白质上，与其不同的是，由于对其进行进一步快速研究所需要的工具手段的限制，对于糖的研究进展不大。进入21世纪以来，人们对于糖的研究日益重视，“糖组学”被正式提出，糖组这一术语包括了细胞、组织或生物体中有关聚糖的全面知识。目前，糖组学的研究工具在不断进展，糖生物学研究正日新月异地向前发展着。

单糖、寡糖或多糖以共价键与蛋白质或脂类结合形成糖复合物（glycoconjugate，又称糖缀合物），包括糖蛋白、蛋白聚糖和糖脂。大多数真核细胞都能合成相应的糖蛋白（glycoprotein）和蛋白聚糖（proteoglycan，PG）。人体内大多数蛋白质都是糖蛋白，它们包括可溶性糖蛋白和膜糖蛋白两类，其中有部分存在于细胞外基质。蛋白聚糖又称蛋白多糖，广泛存在于各种生物体，特别是构成细胞外基质的主要成分之一。糖蛋白和蛋白聚糖都是由糖与蛋白质两部分由共价键相连接而组成，但一般来说，糖蛋白分子中的蛋白质重量百分比大于糖，而蛋白聚糖则常反之。此外，两者的糖链结构也不相同，由此两者在代谢与功能方面存在诸多差异。糖脂是糖类通过还原末端以糖苷键与脂类连接起来的化合物，广泛地分布于生物界。

细胞外基质主要由纤维状的胶原蛋白、透明质酸、蛋白聚糖和糖蛋白构成，又称细胞外间质。现在已知，细胞外基质不仅构成了细胞生长的重要外环境，而且是细胞发挥诸多生物学功能的必需物质。

一、糖 蛋 白

糖蛋白是由一种或多种糖通过共价键与肽链氨基酸残基结合而形成的复合蛋白质。不同的糖蛋白含糖量差别很大，一般是糖含量小于蛋白质含量。糖蛋白遍布于自然界各种生物，它在细胞合成后，一部分分泌到细胞外，另一部分作为细胞膜结构成分留在细胞内。人体内大部分蛋白质如某些血浆蛋白、激素、胶原蛋白及细胞质膜、高尔基复合体膜、微粒体膜上的蛋白质，都属于糖蛋白（表6-2）。

表6-2 糖蛋白种类

来源	种类
血型物质	ABO、MN血型糖蛋白
血浆蛋白	免疫球蛋白、运铁蛋白、补体、凝血因子、载体蛋白
激素	绒毛膜促性腺激素、促卵泡激素、促黄体激素、促甲状腺激素
酶	糖基转移酶、淀粉酶、核糖核酸酶等
其他	黏液蛋白、胶原蛋白、干扰素、纤维黏连蛋白（FN）、层黏连蛋白（LN）、哺乳类凝集素、视紫红质等

（一）糖蛋白的结构

糖蛋白分子中蛋白质部分的结构与一般蛋白质类似，只是肽链中与糖链相连的氨基酸组成具有特殊的序列，而糖链的结构则有多种单糖及其衍生物构成。单糖之间通过糖苷键相互连接时，由于糖分子中的羟基较多，又有α、β构型之分，因此两个单糖之间可以有多种连接方式，一个单糖也可以连接多个单糖而形成糖链的分支，且不同糖蛋白中糖链的长短又不一致，使得糖蛋白糖链结构显得十分复杂。

糖蛋白中糖链的结构大小不一，少者仅有一个单糖，复杂的寡糖链可由 12～15 个单糖残基衍生物组成，甚至可多达 20～30 个单糖残基。组成糖蛋白分子中聚糖的单糖有 7 种：葡萄糖、半乳糖、甘露糖、*N*-乙酰半乳糖胺（又名 *N*-乙酰氨基半乳糖）、*N*-乙酰葡萄糖胺（又名 *N*-乙酰氨基葡萄糖）、岩藻糖（fucose，Fuc）和 *N*-乙酰神经氨酸（*N*-acetylneuraminic acid，NeuAc）。

根据糖蛋白肽链分解产生的糖肽分析结果，目前根据糖肽连接类型，将糖蛋白中的糖链分为以下两大类（图 6-2）。

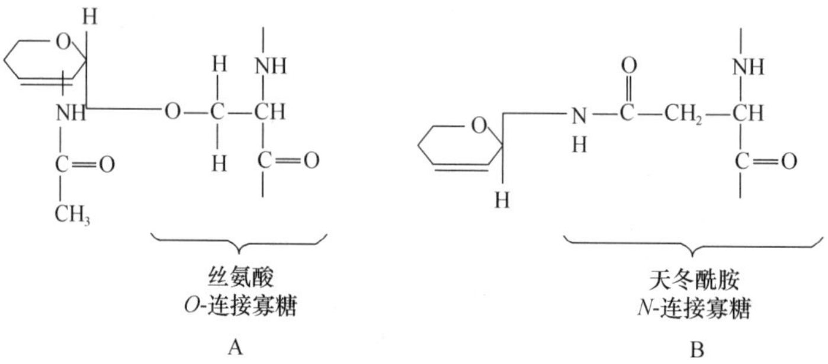

图 6-2 *N*-连接糖蛋白和和 *O*-连接糖蛋白

A. *N*-连接糖蛋白；B. *O*-连接糖蛋白

1. *N*-连接糖蛋白

（1）糖基化位点：寡糖中的 *N*-乙酰葡糖胺的异头碳与多肽链中天冬酰胺残基的γ位酰胺氮原子共价连接，形成 *N*-连接糖蛋白。但是并非糖蛋白分子中所有天冬酰胺残基都可连接寡糖，只有特定的氨基酸序列，即 Asn-X-Ser/Thr（其中 X 为脯氨酸以外的任何氨基酸）3 个氨基酸残基组成的序列子（sequon，称为天冬酰胺序列子）才有可能，这一序列子被称为糖基化位点。1 个糖蛋白分子可存在若干个 Asn-X-Ser/Thr 序列子，这些序列子只能视为潜在糖基化位点，能否连接上寡糖还取决于周围的立体结构。

（2）*N*-连接聚糖结构：在脊椎动物中，细胞外 *N*-连接聚糖以高甘露糖亚型、杂合亚型和复合亚型（图 6-3、图 6-4）的形式存在。杂合型结构的定义是指那些同时具有取代的甘露糖残基（与 GlcNAc 相连）和未取代的甘露糖残基的 *N*-连接聚糖。复合型的 *N*-连接聚糖是指那些 α3-和 α6-连接的甘露糖残基都被 GlcNAc 部分所取代的 *N*-连接聚糖。当分析来自各种细胞的总 *N*-连接聚糖时，大多数脊椎动物细胞外 *N*-连接聚糖被发现是复合亚型。三型 *N*-连接聚糖都有一个由 2 分子 GlcNAc 和 3 分子 Man 组成的五糖核心。高甘露糖型在核心五糖上连接了 2～9 个 Man，复杂型在核心五糖上可连接 2、3、4 或 5 个分支糖链，如天线状，天线末端常连有 *N*-乙酰神经氨酸（唾液酸的一种）。杂合型则兼有两者的结构，也即一半分子为天线，另一半分子为 Man。

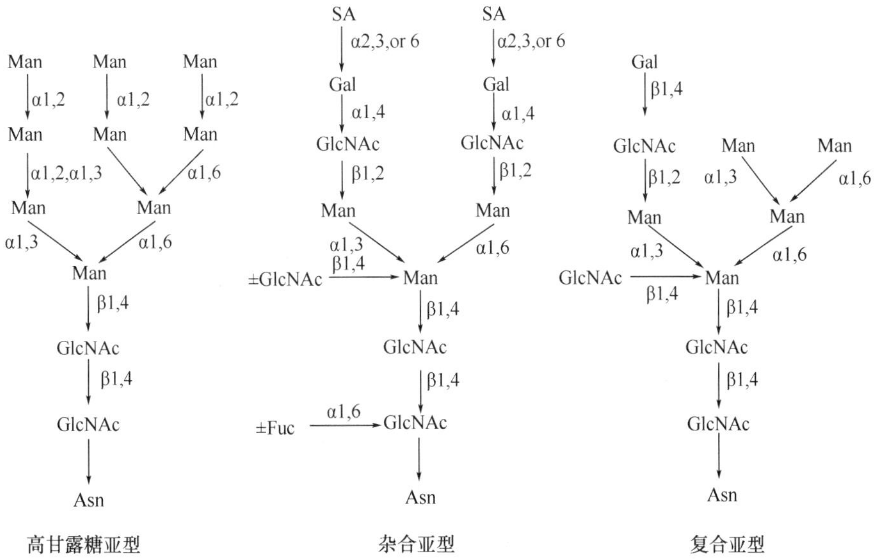

图 6-3 *N*-连接聚糖

Man：甘露糖；GlcNAc：*N*-乙酰葡萄糖胺；SA：唾液酸；
Gal：半乳糖；Fuc：岩藻糖；Asn：天冬酰胺；±：为可有可无的糖基

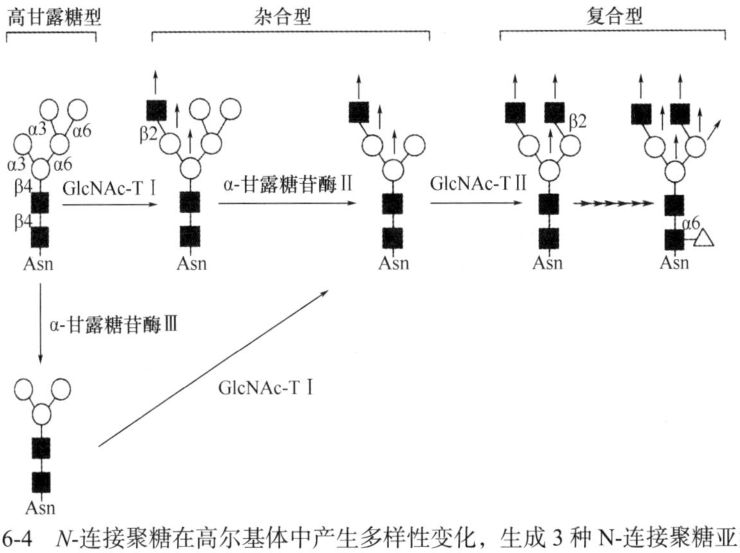

图 6-4 *N*-连接聚糖在高尔基体中产生多样性变化，生成 3 种 N-连接聚糖亚型

■：GlcNAc；○：Man；△：Fuc

（3）*N*-连接聚糖的合成：*N*-连接聚糖的合成场所是在粗面内质网和高尔基体中，可与蛋白质肽链的合成同时进行。在内质网上以长萜醇（dolichol，又称长醇、多萜醇）作为糖链载体，在糖基转移酶的作用下先将 UDP-GlcNAc 分子中的 GlcNAc 转移至长萜醇，再逐个加上糖基（糖基必须活化成 UDP 或 GDP 的衍生物，才能作为糖基供体底物参与反应）。每一步反应都必须有特异性的糖基转移酶催化，直至形成含有 14 个糖基的长萜醇焦磷酸寡糖结构，其中含 14 个糖基的寡糖作为一个整体被转移至肽链糖基化位点中的天冬酰胺的酰胺氮上（图 6-5、图 6-6）。寡糖链再依次在内质网和高尔基体进行加工，先由糖苷水解酶除去葡萄糖和部分甘露糖，然后加上不同的单糖，成熟为各型 *N*-连接聚糖。

（4）*N*-连接聚糖的多样性变化：杂合型和复合型的 *N*-连接聚糖可以带有两个或多个含 GlcNAc 的分支结构，如前所述，这种分支结构被形象地比作天线。在形成多天线的 *N*-连接

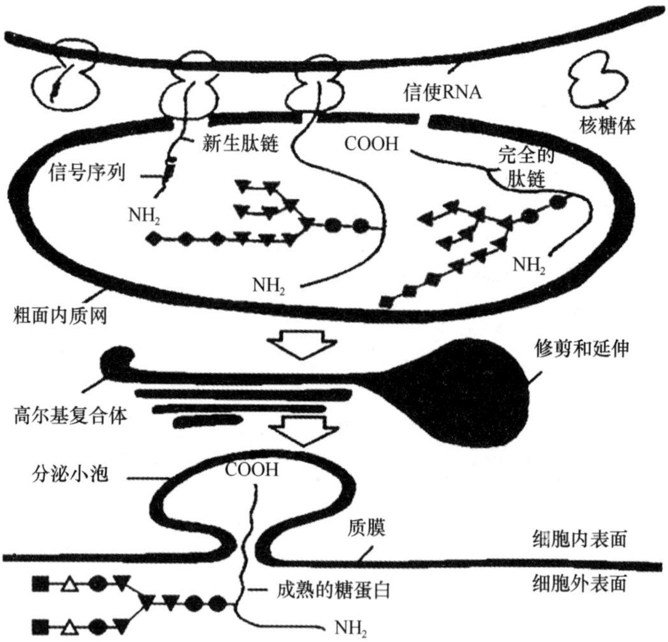

图 6-5　糖蛋白生物合成示意图

◆：Glc；△Gal；▼：Man；●：GalNAc；■：NeuNAc

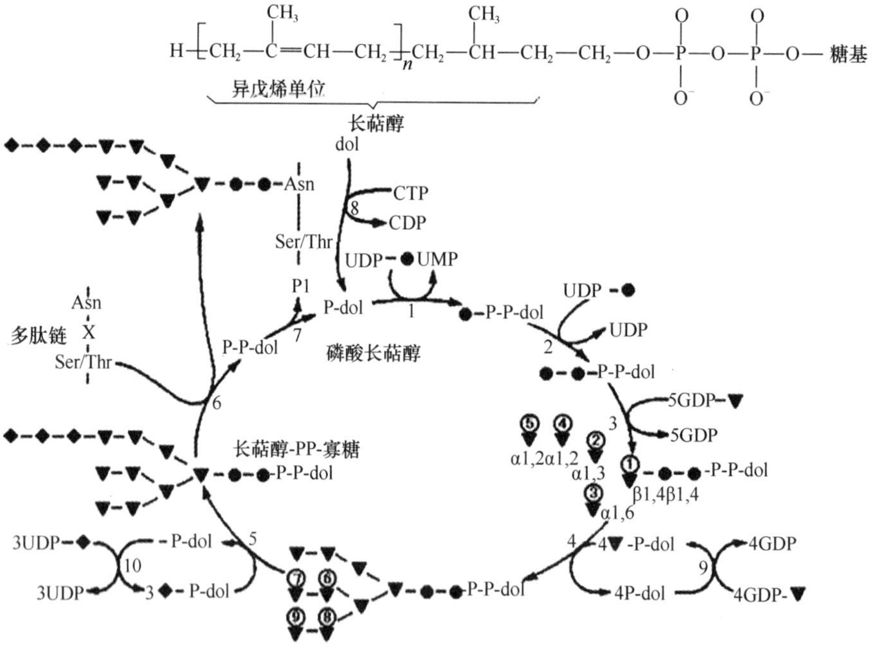

图 6-6　长萜醇-P-P 寡糖的合成

◆：G；▼：Man；●：GlcNAc；dol：长萜醇

聚糖结构时，GlcNAc 残基可以通过 6 种不同的 GlcNAc 转移酶（Ⅰ～Ⅵ）连接到三甘露糖基（图 6-7、图 6-8）。在某些脊椎动物糖蛋白的 *N*-连接聚糖中，已观察到的分支多达 5 个。杂合型 *N*-连接聚糖可以是单天线或双天线结构，或者在 GlcNAcT-Ⅰ和 GlcNAcT-Ⅵ作用下，在α-1,3 连接的甘露糖上有两个分支。某些反应能抑制别的反应，这就使得在任何一个 *N*-连接聚糖的结构上只有一种由 GlcNAc 转移酶催化产生的连接。这可能是由于对同一底物多种酶之间竞争的结果。例如，GlcNAcT-Ⅲ能作用于杂合型的*N*-连接聚糖 $GlcNAc_1\ Man_5GlcNAc_2$-Asn，如果这个酶起作用，α-甘露糖苷酶就不能切掉两个外侧的甘露糖残基；这样，*N*-连接聚糖就永远是“未加工的杂合型”亚型。

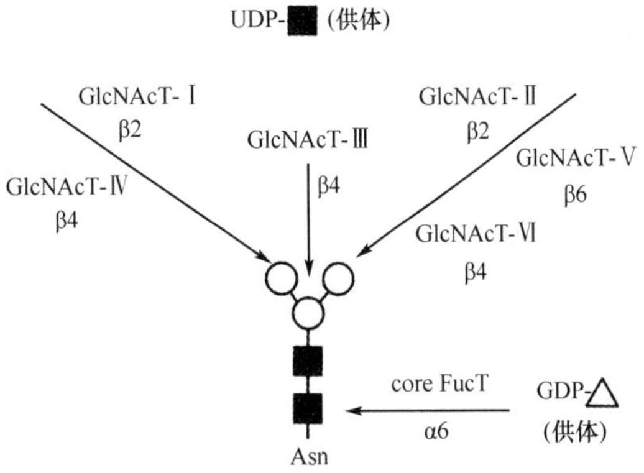

图 6-7 *N*-连接聚糖核心结构的岩藻糖基化

UDP-GlcNAc 转移酶、GDP-α-1，6 岩藻糖基转移酶与核心结构岩藻糖基化有关

■：GalNAc；○：Man；△：Fuc

在 *N*-连接聚糖中，核心结构岩藻糖基化是共同的结构特征。在内质网和早期高尔基体的加工反应之后，许多脊椎动物 *N*-连接聚糖被岩藻糖基转移酶修饰，岩藻糖以 α-1，6 键连接到 GlcNAc 残基上，这个 GlcNAc 又与天冬酰胺相连（图 6-4 和图 6-7）。这种修饰可以在经过 GlcNAcT-Ⅰ作用后的杂合型和复合型 *N*-连接聚糖上见到，但它被由 GlcNAcT-Ⅲ连接的双 GlcNAc 所抑制。另一种核心岩藻糖基化反应通常发生在植物和无脊椎动物的 *N*-连接聚糖上，其中岩藻糖也是以 α-1，3 键连接到与天冬酰胺相连的 GlcNAc 上。

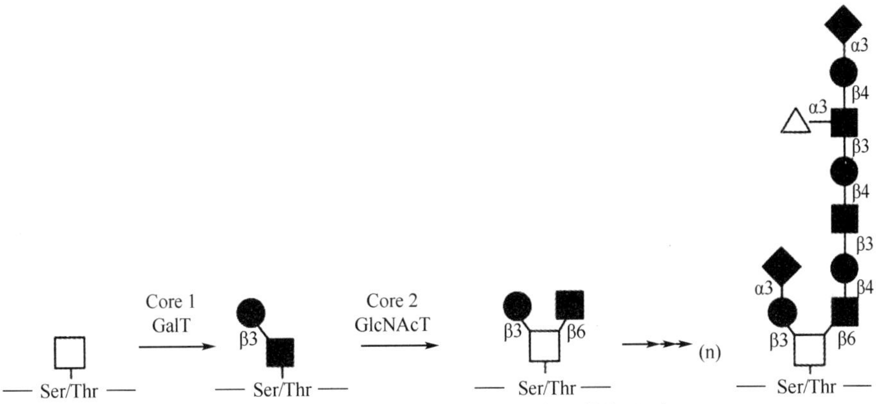

图 6-8 Core 1 和 Core 2 型 O-连接聚糖的生成

受控于 Core 1 GalT 和 Core 2 GlcNAcT 的活性

■：GalNAc；●：Gal；△：Fuc；◆：唾液酸，泛指的（Sia）

2. *O*-连接糖蛋白

（1）*O*-糖链结构比 *N*-糖链简单，但种类比 *N*-糖链多。寡糖中的 *N*-乙酰半乳糖胺与多肽链的丙氨酸、丝氨酸或苏氨酸残基的羟基相连而形成 *O*-连接糖蛋白，其糖基化位点的确切序列子还不清楚，但通常存在于糖蛋白分子表面丝氨酸和苏氨酸比较集中且周围常有脯氨酸的序列中，大多数 *O*-糖基化可能发生在*β*-转角的地方。*O*-连接聚糖通常先由 *N*-乙酰半乳糖胺与半乳糖构成核心二糖，核心二糖可重复延长及分支，再连接上岩藻糖、*N*-乙酰葡糖胺等单糖。与大多数 N-连接聚糖相比，*O*-连接聚糖结构的分支较少。

（2）*O*-连接聚糖的合成：与 *N*-连接聚糖合成不同，*O*-连接聚糖合成在多肽链合成之后进行，而且没有糖链载体。在 GalNAc 糖基转移酶作用下，UDP-GalNAc 中的 GalNAc 基被转移至多肽链的丝氨酸（或苏氨酸）的羟基上，形成 *O*-连接，再逐个加上糖基，每一种糖基都有其相应的专一性糖基转移酶。整个过程从内质网开始，到高尔基体内完成。

（3）*O*-连接聚糖的多样性变化

1）核心结构亚型的形成：在多肽 GalNAcT 作用下产生的 *O*-连接聚糖有 4 种共同的核心

结构（core）亚型，这些亚型的产生是基于单糖与未取代的 GalNAc（Gal NAcα-Ser/Thr）之间有不同的连接反应。大多数 *O*-连接聚糖含有 Core1 亚型结构，由半乳糖与 CalNAc 以 β-1，3 键相连而成。对应的糖基转移酶是 Core 1β-1，3 半乳糖基转移酶（Core1GalT）（图 6-8）。Core2 型 *O*-连接聚糖的产生通过 GlcNAcT 以 β-1，6 键与 GalNAc 相连。Core 2 型 *O*-连接聚糖的产生要求以 Core 1 型结构为底物，所以 Core 2 结构也含有 Core 1 结构，Core 1 型 *O*-连接聚糖的定义是指 Core 2 GlcNAcT 还未作用的 *O*-连接聚糖。由于在结构中存在多个乳糖胺（Galβ-1，4 GlcNAc）单位及在末端连有岩藻糖和唾液酸，Core 2 型 *O*-连接聚糖可以延长成单天线或双天线。Core3 型 *O*-连接聚糖的生成受 Core 3 GlcNAcT 酶活性的控制。像 Core 1 GalT 一样，该酶用 Gal NAcα-Ser/Thr 作底物（图 6-9）。这样，在一些细胞类型中或某些特定糖蛋白中，Core3 型 *O*-连接聚糖的形成可以依赖于 Core 1 GalT 和 Core 3 GlcNAcT 酶的竞争。因为 Core 2 GlcNAcT 需要一个半乳糖残基以 β-1，3 连接到下面的 GalNAc 上，因此 Core 3 GlcNAcT 的作用抑制了 Core 2 GlcNAcT 起作用的能力。虽然如此，Core 3 型 *O*-连接聚糖也可能是依靠 Core 4 GlcNAcT 活性生成双天线 *O*-连接聚糖的结构障碍（图 6-9）。一般来说，除了肠道，几乎没有哪个组织具有高水平的 Core 3 GlcNAcT 和 Core 4 GlcNAcT 酶活力。正常情况下，肠道是高产糖蛋白的部位。

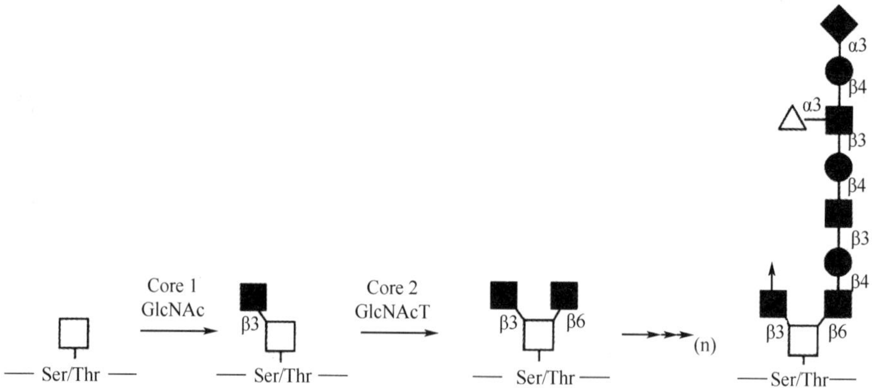

图 6-9 Core3 和 Core4 *O*-连接聚糖的生成

受控于 Core3GalT 和 Core 4 GlcNAcT 的活性

■：GalNAc；●：Gal；△：Fuc；◆：Sia

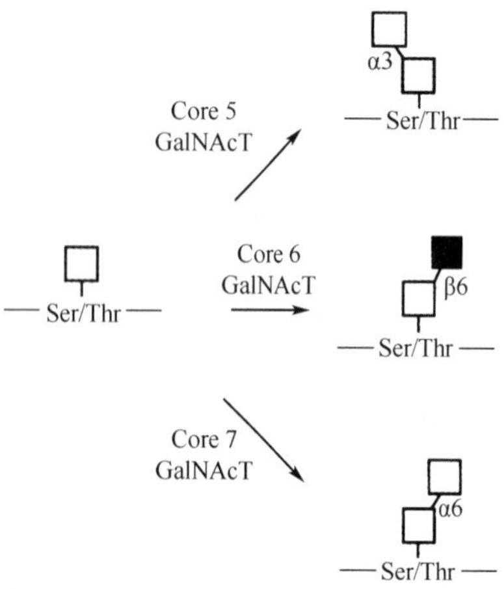

图 6-10 较不常见的 *O*-连接聚糖核心结构亚型的寡糖结构

2）较不常见的 *O*-连接聚糖核心结构亚型：从 Core 1 型到 Core 4 型 *O*-连接聚糖组成了体内产生的 *O*-连接聚糖的大多数结构，其中多数是 Core 2 亚型。但是，已有报道对 GalNAcα-Ser/Thr 结构还有其他的修饰（图 6-10）。例如，在几种脊椎动物物种中已发现有 Core 5 型 *O*-连接聚糖（GalNAc α-1，3Gal NAcα-Ser/Thr），这种结构存在于一些人类腺癌和组成胚胎肠道的细胞上；对 Core 6 *O*-连接聚糖（GalNAc β-1，6Gal NAcα-Ser/Thr）在人类胚胎肠道和卵巢囊肿的黏蛋白中已有报道，但也有认为 Core 6 型 *O*-连接聚糖是在样品制备和分析过程中，β-半乳糖苷酶作用于 Core 2 型 *O*-连接聚糖所得的降解产物；在研究牛颌下腺的 *O*-连接聚糖中，有人报道发现了 Core 7 型 *O*-连接聚糖（GalNAcαGal NAcα-Ser/Thr）；还有人观察到岩藻糖以 α1-2 键与 Gal NAcα-Ser/Thr 相连，这种修饰似乎并不阻止其他核心结构 *O*-连接聚糖的生成。由于 *O*-连接聚糖多样性变化的不断复杂化，新的核心结构亚型不断被发现，尽管其中大多数的含量相对很低而且分散于特定的组织和细胞类型中。

（二）糖蛋白中寡糖链的功能

（1）对糖蛋白理化性质的影响：例如，唾液酸维持黏液蛋白的黏稠性，使它起到润滑剂作用。研究表明，唾液酸使黏液高度黏稠，是由于它的 pKa 值极低，在生理 pH 条件下，它的羧基完全解离，使黏液蛋白带上较多的负电荷所致。糖蛋白中寡糖还可起到稳定蛋白构象的作用，从而防止糖蛋白在细胞内沉积或为细胞内蛋白酶水解，所以含糖丰富的蛋白质，对蛋白水解酶具有相当的抵御能力。这可能是由于糖位于蛋白质的β-转折处，起局部保护作用，阻止蛋白水解酶到达肽链，从而使糖蛋白增强抗蛋白水解酶的作用。此外，绝大多数的糖蛋白的生物学活性不需要寡糖部分。如未糖基化的纤维粘连蛋白在促使细胞铺开，介导细胞黏着于胶原基质方面的功能，与天然糖基化产物一样有效。人绒毛膜促性腺素（human chorionic gonadotrophin，HCG）与受体的结合、干扰素的抗病毒作用等都不需要蛋白分子中的寡糖参与。但对少数糖蛋白，其中寡糖对于维持生物学活性却是必需的。例如，去唾液酸糖蛋白激素、促红细胞生成素，在体内试验时完全失去活性。

（2）生物识别功能：生物识别是重要的生命现象。它包括三个范畴的识别：分子—分子、细胞—分子、细胞—细胞之间的识别。例如，糖是糖蛋白激素认识靶细胞受体的标记；糖是红细胞血型的抗原免疫决定簇，具免疫保护作用；糖是细胞质膜上区别和分化的标记，控制细胞的生长；糖在细胞之间传递信息，促细胞黏附、接触抑制；糖参与细胞分化和器官形成；糖是清除循环系统中糖蛋白的信号，如脱去唾液酸的糖蛋白半衰期缩短；糖是病毒、细菌、原虫细胞表面的受体；炎症浸润使循环中的白细胞被招募到炎症部位的血管内皮细胞上，滚动、黏附和透出血管，其与内皮细胞表面的选凝素（selectin）和白细胞上的特异糖配体的识别和结合有关。选凝素是含糖识别结构域（carbohydrate-recognition domain，CRD）的凝集素样糖蛋白，包括 L-选凝素、E-选凝素和 P-选凝素三种，主要分布于白细胞（L-选凝素）、内皮细胞（E-选凝素）和血小板（P-选凝素）。与选凝素特异结合的糖配体是唾液酸化的 Lewis 抗原（SLe^x、SLe^a）。血管内皮细胞的 E-选凝素在炎症反应时表达增加，它们通过 CRD 与白细胞的 SLe^x、SLe^a 等结合引起初始阶段较弱的黏附，后期有多种其他分子在两种细胞间参与较强的黏附；淋巴细胞归巢是淋巴细胞从循环中再回流到淋巴组织的过程，所涉及的糖配体-选凝素识别和结合过程与炎症浸润过程相似。

（3）糖链结构与功能的关系：糖链结构具有种属专一性和器官专一性。例如，从牛血清纯化的纤维黏连蛋白（fibronectin，FN，又称纤连蛋白）含有四种不同的、天冬酰胺连接的糖链，而从人血清分离到的 FN 只有两种类型的复杂型糖链。人和大鼠的 α_1-酸性糖蛋白的糖链也具有十分显著的结构差别。

（4）恶变细胞糖链结构发生改变：正常细胞中普遍存在生长调节现象，在细胞恶变后就失去这种调节，表明细胞被识标志改变。至今观察到的与细胞恶变有关的现象，是含有岩藻糖的大分子量糖肽的出现和增加。在绒毛膜癌患者的尿中绒毛膜促性激素与正常孕妇尿 HCG 和胎盘 HCG 的糖链结构完全不同，反映在寡糖结构式改变和岩藻糖基化增加。比较正常人和慢性白血病患者的白细胞的糖肽，白细胞表面的天冬酰胺连接的糖蛋白，经链霉蛋白酶水解、离子交换层析、Bio-Gel P-10 凝胶过滤，获得中性糖肽。白血病患者的白细胞糖肽中，唾液酸与己糖的比值较正常白细胞显著降低，支链中 *N*-乙酰葡萄糖基转移酶的水平增加。恶变的甲状腺球蛋白中，含有生物合成未完全的、末端缺唾液酸糖链结构、外围有α-岩藻糖基的较大分子量的糖链。目前有观点认为，O-连接聚糖的生物合成与 T 抗原的形成密切相关。

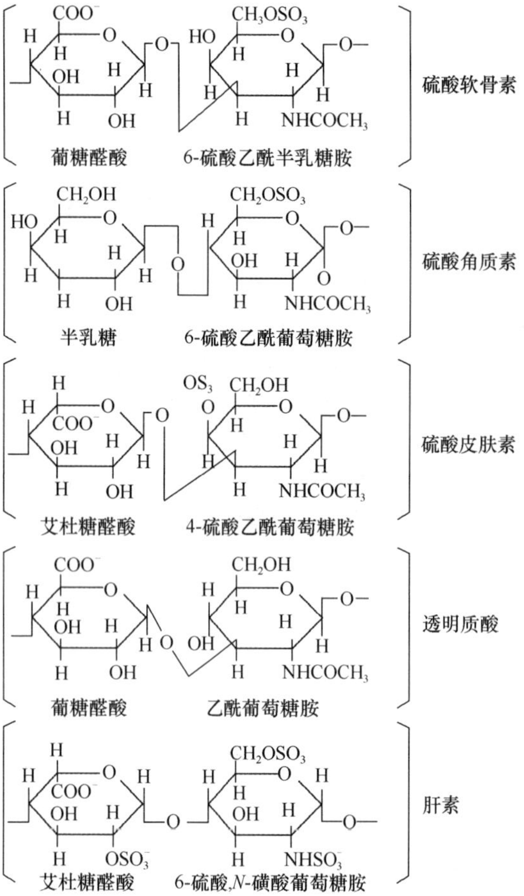

图 6-11 糖胺聚糖的二糖单位

二、蛋白聚糖

蛋白聚糖旧称黏蛋白，是细胞外基质四大成分之一。它是由蛋白质与糖胺聚糖(glycosaminoglycan，GAG)共价结合形成的一类糖蛋白。但它与一般的糖蛋白又有区别，蛋白聚糖含糖百分率比糖蛋白高，约为 95%以上，而且在寡糖链结构上存在根本差别。蛋白聚糖的糖链称糖胺聚糖，由二糖重复单位组成，不分支，二糖重复单位中一个是糖胺，另一个是糖醛酸。糖胺聚糖分子中含有大量的羧基、硫酸基等负电基团，因此是一种负电性较强的生物大分子。在组织中，蛋白聚糖因吸收大量的水而被赋予黏性和弹性，具有稳定和支持细胞的作用，有较强的亲水性。

1. 糖胺聚糖的结构 机体内重要的糖胺聚糖有 6 种：硫酸软骨素类(chondroitin sulfates)、硫酸皮肤素(dermatan sulfate)、硫酸角质素(keratan sulfate)、透明质酸(hyaluronic acid，hyaluronan，HA)、肝素(heparin)和硫酸类肝素(heparan sulfate)。除透明质酸外，其他的糖胺聚糖都带有硫酸。它们的二糖单位见图 6-11。

与糖胺聚糖共价结合的蛋白质称为核心蛋白，两者结合形成蛋白聚糖，典型的结构如软骨蛋白聚糖，它由硫酸软骨素、硫酸角质素和透明质酸等许多糖胺聚糖链连接到核心蛋白而形成(图 6-12)。核心蛋白含有相应的糖胺聚糖取代结构域，一些蛋白聚糖通过核心蛋白特殊结构域锚定在细胞表面或细胞外基质的大分子中。丝甘蛋白聚糖(serglycin)是核心蛋白最小的蛋白聚糖，含有肝素，主要存在于造血细胞和肥大细胞的储存颗粒中，是一种典型的细胞内蛋白聚糖。饰胶蛋白聚糖(decorin)的核心蛋白相对分子质量为 3.6 万，富含亮氨酸重复序列的模体，因能够修饰胶原蛋白而得名。黏结蛋白聚糖(syndecan)是细胞膜表面的主要蛋白聚糖之一，其核心蛋白相对分子质量为 3.2 万，含有胞质结构域、插入膜质的疏水结构域和胞外结构域，胞外结构域连有硫酸肝素和硫酸软骨素。核心蛋白种类较多，加上与核心蛋白相连的糖胺聚糖链的种类、长度及硫酸化的程度等复杂因素使蛋白聚糖的种类更为繁多。

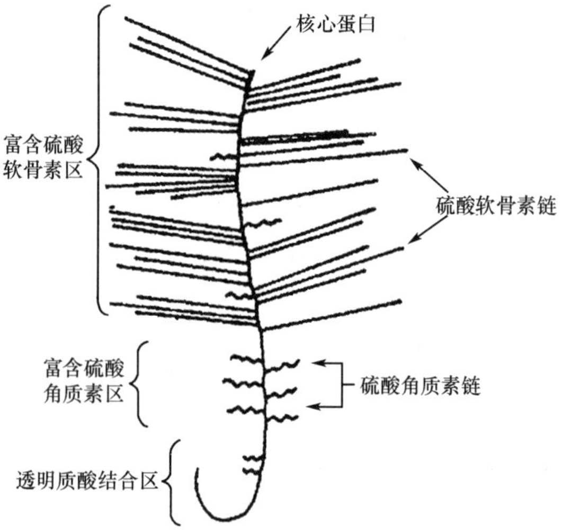

图 6-12 蛋白聚糖单体结构模型

2. 蛋白聚糖的生物合成 蛋白聚糖核心蛋白的合成与其他蛋白质相同，在粗面内质网进行。新生肽链在翻译的同时，切除 N 端的信号肽，以 *O*-连接或 *N*-连接的方式在丝氨酸或天冬酰胺残基上进行糖链加工。糖链的延长和加工修饰主要在高尔基体内进行，以单糖的 UDP

衍生物为供体，在多肽链上逐个加上单糖，并不是先合成二糖单位。每一单糖都有其特异性的糖基转移酶，催化糖链依次延长。糖链合成后再进行修饰，糖胺的氨基来自谷氨酰胺，硫酸来自“活性硫酸”即3′-磷酸腺苷-5′-磷酰硫酸（PAPS）。葡糖醛酸在差向异构酶的作用下，转变为艾杜糖醛酸。

3. 蛋白聚糖的功能

（1）构成结缔组织的基质：广泛分布于软骨、皮肤、角膜、肠黏膜、动脉壁等处。此外还存在于关节液、眼房水、细胞表面及细胞内颗粒之中。

（2）参与维持体内水和电解质的平衡：由于PG分子上的羧基和硫酸基使PG成为含高密度负电荷的多阴离子物质，赋予PG高黏度和高弹性；PG通过静电作用，影响其他阴、阳离子的移动，从而吸收大量水而控制细胞外的含水量。特别是糖胺聚糖中的透明质酸，它们具有弹性螺旋结构及凝胶样特性，能结合大量水分，对水的流动性产生较大的影响。透明质酸本身体积很大，与水的结合能力也大。每克透明质酸能结合500ml水。当透明质酸的浓度增加，可促进水的保留并维持结缔组织的弹性。黏液性水肿患者（甲低）皮肤中透明质酸含量比正常人高6～16倍。随年龄增长皮肤中糖胺聚糖逐渐解聚，相对分子质量减小，所以老年人皮肤中水分也随着减少；而雌激素则增加皮肤中糖胺聚糖聚合程度，因此可保留水。在炎症时局部透明质酸含量增高，因此导致局部水肿。

（3）促进肾脏的浓缩功能：肾组织可不断合成糖胺聚糖，增加渗透压，以促进肾脏浓缩尿的作用。肾小管中存在的透明质酸与透明质酸酶系统起着控制水分排出与重吸收的作用。其中透明质酸能提高肾小管膜对水的通透性。

（4）PG 在炎症、感染与免疫中的作用：透明质酸是机体的天然防御系统，透明质酸可对细菌穿过细胞产生阻力，形成屏蔽。有些毒性强的细菌能产生透明质酸酶，分解透明质酸，从而进入细胞或机体。炎症发生时，局部组织糖胺聚糖含量升高。一旦炎症消失，GAG含量则恢复正常。

在炎症或外伤后进行修复时，首先在伤口的边缘，GAG激活成纤维细胞，然后在伤口的中间产生大量基质成分，包括 GAG 与胶原，以利于伤口修复成为正常组织。硫酸软骨素促进人和动物外伤修复。硫酸皮肤素与胶原纤维形成有关，但如产生基质成分过多，纤维过度增生，则形成病理性的瘢痕疙瘩。

（5）PG有保护眼的作用：在房水及玻璃体中，GAG可维持正常的折射率，当眼球受到外部较大压力时，透明质酸可作为缓冲物以保护眼球。但当角膜中糖胺聚糖含量过多时，也会影响角膜基质中胶原纤维的平面排列情况，出现角膜翳。

（6）为体液润滑剂，特别是透明质酸可引起润滑作用：在胸腔、心包腔及关节腔等部位的液体中，其黏性都与 HA 含量有关。病理状态时，HA 分子降解，黏度下降，润滑功能减弱，增龄时关节滑液中HA浓度减少，分子量降低，润滑功能也减弱，此时关节易受损伤。

（7）可防止结石形成：GAG带许多负电荷，易与胆汁酸盐、碳酸钙等形成大分子而防止在胆、肾或尿道中形成结石。例如，4-硫酸软骨素可防止草酸钙结石的形成。

（8）肝素促进血管壁释放脂蛋白脂酶，降解脂蛋白：注射肝素以后，血液中脂蛋白脂酶增多。肝素等GAG与脂蛋白结合，将脂蛋白携带到脂肪细胞表面以利于脂蛋白脂肪酶将其分解，所以肝素有促进脂肪分解、调节血脂含量的作用。

表6-3 蛋白聚糖与糖蛋白的区别

区别		蛋白聚糖	糖蛋白
糖链	含量	较蛋白部分多	一般少于蛋白部分，或仅含极少量（>1%），但少数可较多
	组成	主要为糖醛酸及*N*-乙酰氨基己糖	不含糖醛酸，常含*N*-乙酰氨基己糖、甘露糖、半乳糖，末端为唾液酸及岩藻糖

续表

区别	蛋白聚糖	糖蛋白
糖基排列	二糖单位连成大分子长链	大多为分支寡糖链，有时仅为二糖或三糖链
与肽链连接方式	一般为 *O*-糖苷键连接，有时可游离存在	*O*-糖苷键或 *N*-糖苷键连接
分布	主要在细胞外，各种结缔组织基质中	分布广泛，细胞内外皆有
生理功能	维持各种结缔组织功能为主	广泛，许多黏液蛋白、血浆蛋白及膜蛋白等结构蛋白皆属糖蛋白

三、糖　　脂

根据国际纯化学和应用化学联盟和国际生化联盟（International Union of Pure and Applied Chemistry-International Union of Biochemistry，IUPAC-IUB）命名委员会所下的定义，糖脂是糖类通过还原末端以糖苷键与脂类连接起来的化合物。糖脂是一类两亲化合物，其脂质部分是亲脂（lipophilic）的，而糖链部分是亲水（hydrophilic）的。在细胞中，糖脂主要是作为膜（特别是质膜）的组分而存在，其脂质部分包埋在脂质双分子层内，而亲水的部分则伸在膜外。鉴于脂质部分的不同，糖脂可分为4类：分子中含（神经）鞘氨醇（sphingosine，又可写作 sphingol、4-sphingenine）的鞘糖脂（glycosphingolipid，glycosylsphingolipid，GSL）；分子中含甘油脂（glycerolipid）的甘油糖脂（glyceroglycolipid）；由磷酸多萜醇衍生的糖脂（polyprenol phosphate glycoside）；由类固醇衍生的糖脂（steryl glycoside）。

糖脂广泛地分布于生物界。哺乳动物的组织和器官中所含的糖脂主要是鞘糖脂，鞘糖脂的组成、结构与分布具有种属和组织专一性。鞘糖脂在植物界的分布不很普遍，而甘油糖脂则主要存在于植物界和微生物中，哺乳动物虽然含有甘油糖脂，但分布不普遍，主要存在于睾丸和精子的质膜，以及中枢神经系统的髓磷脂（myelin，又称髓鞘脂）中。本章仅讨论医学上较重要的鞘糖脂。

1. 鞘糖脂的分类　鞘糖脂按其所含的单糖的性质可分为两大类，即中性鞘糖脂（neutral glycosphingolipid）和酸性鞘糖脂（acidic glycosphingolipid）。前者糖链中只含中性糖类，后者糖链中除了中性糖以外，还含有唾液酸[sialic acid，SA，又叫神经氨酸（neuraminic acid，NeuAc，NANA）]或硫酸化的单糖。含唾液酸的鞘糖脂又称为神经节苷脂（ganglioside，Gg），含硫酸化单糖的鞘糖脂又称为硫酸鞘糖脂[（sulfoglycosphingolipid），也称作硫苷脂（sulfatide，脑硫脂）]。

含岩藻糖的鞘糖脂常被称作岩藻糖脂（fucolipid），许多具有血型活性的鞘糖脂都是岩藻糖脂。

鞘糖脂的糖链结构繁杂，组成单糖的种类和数目、糖链中各单糖相互连接的顺序、位点及异头构型等，似有无穷的变化，但仔细分析这些结构的话，可以根据核心糖链即与脂质部分相邻的3～4个糖的结构特点，将鞘糖脂分为若干系列。常见的几种系列的缩写符号和核心糖链的结构见表6-3。

2. 鞘糖脂的结构　鞘糖脂的分子由糖链、脂肪酸和一个叫做（神经）鞘氨醇的长链碱基（long chain base）3部分组成。其亲脂（疏水）部分为神经酰胺（ceramide），由鞘氨醇的氨基被脂肪酸酰化而成，亲水的糖链则以 $\beta_{1,1}$糖苷键与神经酰胺的伯醇羟基相连接。整个分子的结构见图6-13。

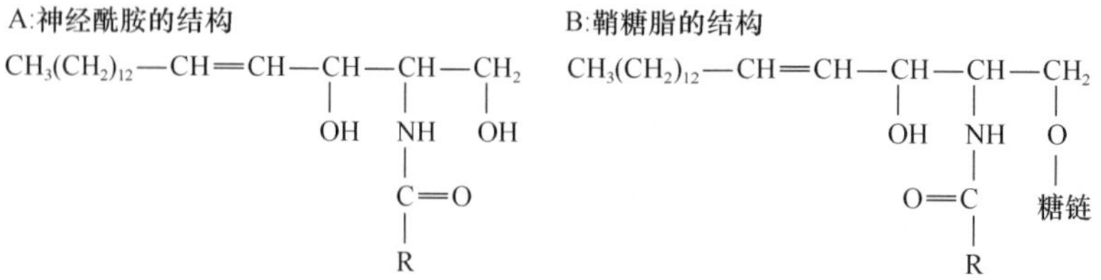

图6-13　神经酰胺和鞘糖脂的结构

R：脂肪酸

（1）疏水部分的结构

1）长链碱基：目前已知天然存在的长链碱基的同系物在 60 种以上。但动物鞘糖脂中最常见的长链碱基是具有 18 个碳原子的、不饱和的 4-烯鞘氨醇（4-sphingosine），通常就把它叫做鞘氨醇；其次是饱和的二氢鞘氨醇（dihydrosphingosine，或叫 sphinganine）和 4-羟双氢鞘氨醇（4-hydroxysphingosine）及不饱和的廿碳鞘氨醇（eicosasphingosine）（图 6-14）。由于 4-羟双氢鞘氨醇是真菌和植物鞘糖脂中的主要长链碱基，所以又叫做植物鞘氨醇（phytosphingosine），但事实上它并不仅仅局限于植物中，在人的肾脏，食草动物如牛、马等的组织中也都分离到含有相当数量 4-羟双氢鞘氨醇的鞘糖脂。

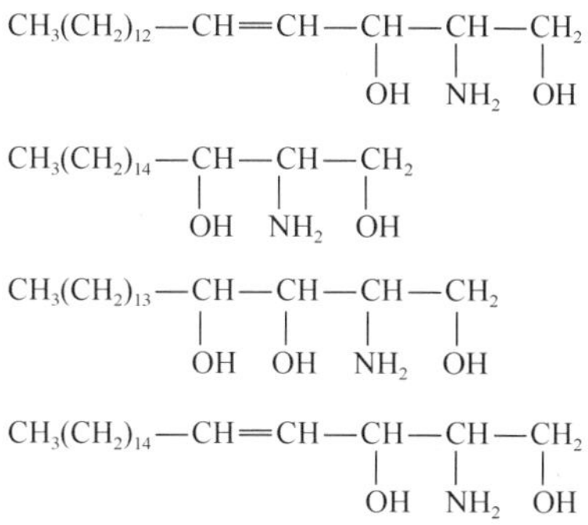

4-烯鞘氨醇
或鞘氨醇

二氢鞘氨醇

4-羟双氢鞘氨醇
或植物鞘氨醇

廿碳鞘氨醇

图 6-14　几种常见的长链碱基

2）脂肪酸：鞘糖脂分子中的脂肪酸一般是碳原子数在 14～26 的长链脂肪酸，有饱和的，也有不饱和的。尤以含 16～24 碳的饱和的和不饱和程度较低的脂肪酸居多。与甘油脂类相比，鞘糖脂所含的不饱和脂肪酸较少，因此也比较稳定。另外有些鞘糖脂，譬如脑、肾和小肠等组织的鞘糖脂中还含有相当数量的 *α*-羟基脂肪酸。

不同的长链碱基和不同的脂肪酸可以生成不同的神经酰胺，所以鞘糖脂的神经酰胺部分也可以呈现出微不均一性。

（2）糖链的结构和命名：鞘糖脂分子的亲水部分，即糖链部分的结构复杂多变。糖链的长短、组成和结构可以相差很大。有的糖链很短，只含有 1 个单糖，如脑苷脂（cerebroside），其糖链部分仅由 1 个半乳糖或葡萄糖基构成，而有的鞘糖脂含单糖高达 20～30 个，因而被称为巨糖脂（macroglycolipid，megaloglycolipid）。

自然界中已发现的单糖多达 200 种以上，但通常出现在脊椎动物鞘糖脂中的单糖只有 6 种，它们是 D-葡萄糖（Glc）、D-半乳糖（Gal）、*N*-乙酰氨基葡萄糖（GlcNAc）、*N*-乙酰氨基半乳糖（GalNAc）、L-岩藻糖（Fuc）和唾液酸（NeuAc）。近年来发现在无脊椎动物的鞘糖脂中还含有甘露糖（Man）、木糖（Xyl）及糖醛酸，但这些糖并不普遍。

糖链结构的繁琐复杂也给命名和书写带来诸多不便。目前所用的命名和缩写方法是 IUPAC-IUB 命名委员会于 1977 年通过并推荐的半系统命名法。这种命名法主要是根据鞘糖脂所属的系列来命名的，即把系列名称作为前缀，冠于名称之前，并根据寡糖链中多含的单糖数目，分别称为二糖基（-biaosyl）、三糖基（-triosyl）、四糖基（-tetraosyl）神经酰胺。至于鞘糖脂的缩写，则用 sph（sphingosine 的缩写）表示鞘氨醇，用 cer（ceramide 的缩写）表示神经酰胺，用系列名称的缩写（表 6-4）来表示寡糖链的结构，系列名称缩写后面加 Ose_n 来表示该寡糖链中所含的单糖数目 *n*（Ose 是英文字尾表示糖），也有干脆将 Ose 省略掉，在系列名称的缩写字母的右下角直接加上数字来表示寡糖链的结构和链中的单糖数目。譬如属于乳糖系列且含有 4 个单糖的鞘糖脂就被称为乳糖四糖基神经酰胺（lacto tetraosylceramide），缩写成 $\mathrm{LcOse_4Cer}$ 或 $\mathrm{Lc_4Cer}$。

表 6-4 各种系列的中性鞘糖脂的缩写符号及核心糖链结构

系列名称	缩写	核心糖链的结构
红细胞系列（globo series）	Gb	GalNAcβ$_{1,3}$Galα$_{1,4}$Galβ$_{1,4}$Glcβ$_{1,1'}$Cer
异红细胞系列（isoglobo series）	iGb	GalNAcβ$_{1,3}$Galα$_{1,3}$Galβ$_{1,4}$Glcβ$_{1,1'}$Cer
乳糖系列（lacto series）	Lc	Galβ$_{1,3}$GlcNAcβ$_{1,3}$Galβ$_{1,4}$Glcβ$_{1,1'}$Cer
新乳糖系列（neolacto series）	nLc	Galβ$_{1,4}$GlcNAcβ$_{1,3}$Galβ$_{1,4}$Glcβ$_{1,1'}$Cer
神经节系列（ganglio series）	Gg	Galβ$_{1,3}$GlcNAcβ$_{1,4}$Galβ$_{1,4}$Glcβ$_{1,1'}$Cer
粘系列（muco series）	Mu	Galβ$_{1,3}$Galβ$_{1,4}$Galβ$_{1,4}$Glcβ$_{1,1'}$Cer
半乳糖系列（gala series）	Ga	Galα$_{1,4}$Galβ$_{1,1'}$Cer
节肢系列（arthro series）	Ar	GalNAcβ$_{1,4}$ GlcNAcβ$_{1,3}$Manβ$_{1,4}$Glcβ$_{1,1'}$Cer
软体系列（mollu series）	Ml	GlcNAcβ$_{1,2}$Manα$_{1,3}$Manβ$_{1,4}$Glcβ$_{1,1'}$Cer

至于更为复杂的鞘糖脂（即含有5个或5个以上单糖组成的直链或分支糖链的鞘糖脂），需首先根据其核心糖链的结构进行命名，然后把多出的部分都看作取代基，逐一表示出来，在名称前用罗马数字（从神经酰胺一侧开始数）表示第几个单糖被取代，在罗马数字的右上角用阿拉伯数字表示糖苷键连接的位置，然后再指明异头构型和取代基的名称。故下列鞘糖脂可用Ⅳ^3-*α*-半乳糖-新乳糖四糖基神经酰胺（Ⅳ^3-*α*-galactosylneolactotetraosylceramide）来表示，缩写为Ⅳ^{3}αGal-nLc$_4$Cer。

Galα1，3Galβ1，4GlcNAcβ1，3 Galβ1，4Glcβ1，1′Cer

又如：Galα1，3（Fucα1，2）Galβ1，3 GlcNAcβ1，3 Galβ1，4Glcβ1，1′Cer 则命名为Ⅳ^2-*α*-岩藻糖基-Ⅳ^3-*α*-半乳糖基乳糖四糖基神经酰胺（Ⅳ^2-*α*-fucosy1-Ⅳ^3-*α*-galactosyllactotetraosylceramide），缩写成Ⅳ^{2}αFuc-Ⅳ^{3}αGal-Lc$_4$Cer。

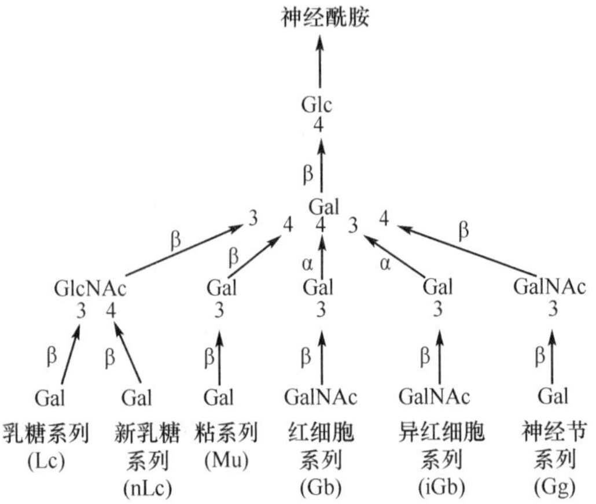

图 6-15 各种系列中性鞘糖脂的核心糖链结构

显而易见，用半系统命名和缩写来应付结构复杂的鞘糖脂（譬如巨糖脂）仍十分冗长繁琐。所幸的是，绝大多数鞘糖脂的寡糖链较短，在10个糖基以下。

鞘糖脂的系列名称和缩写已经表示了核心糖链的组成、糖基的连接顺序、糖苷键的异头构型和连接位置。图6-15有助于比较和记忆各系列的核心糖链结构。

要指出的是上述鞘糖脂的分类和命名并不是绝对的，如有些鞘糖脂分子中既含唾液酸，又含岩藻糖，把它们称作岩藻糖脂或神经节苷脂都可以。另外，随着分离纯化技术的进步和分析鉴定方法的不断发展，新的鞘糖脂不断被发现，有一些鞘糖脂的核心糖链上具有分支结构，属于混合型系列（如乳糖-神经节混合系列，lacto-ganglio series），也有些结构很难归入上述系列中的鞘糖脂。

3. 鞘糖脂的代谢 鞘糖脂和神经节苷脂分子均是由神经酰胺和糖基两部分组成。除Cer的生物合成外，GSL和Gg的合成都与糖基转移酶的功能相联系。糖基转移酶可将特异性糖基核苷酸上的糖转移到Cer或与Cer相连的寡糖上。糖基核苷酸的形式如下：UDP-Gal、UDP-Glc、UDP-GalNAc、UDP-GlcNAc、CMP-NeuAc和GDP-Fuc，是糖的活化形式。大多数糖基转移酶存在于高尔基体上，是膜蛋白，这些酶十分不稳定。

（1）脑苷脂：是神经髓鞘的重要组分，是神经酰胺的衍生物。它的化学结构与神经鞘磷脂的区别在于以半乳糖基或葡萄糖基取代了磷酸胆碱，其脂肪酰基由二十四碳烷酸构成。肝、脑和乳腺内的糖基转移酶能催化 UDP-半乳糖或 UDP-葡萄糖的糖基转移到神经酰胺分子上，即可合成半乳糖或葡萄糖脑苷脂。同时己糖异构酶能使 UDP-半乳糖和 UDP-葡萄糖相互转变。若糖基的 C3 上结合一分子硫酸即生成硫苷脂。硫酸需由 3′-磷酸腺苷 5′-磷酸硫酸（PAPS）提供。脑组织的髓鞘含脑硫脂（图 6-16）。

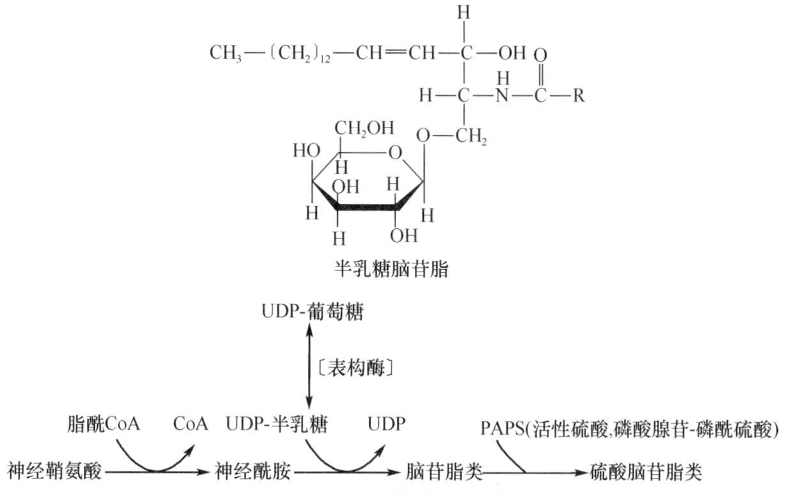

图 6-16 脑苷脂的生物合成

（2）神经节苷脂：是含有唾液酸残基的酸性鞘糖脂。在脑组织内，以神经酰胺为基础，逐步由 UDP-葡萄糖（UDP-Glc）和 UDP-半乳糖（UDP-Gal）将糖基转入，再由 CMP-唾液酸（CMP-NANA）将唾液酸转入，由 UDP-乙酰半乳糖胺将乙酰半乳糖胺代入，即生成神经节苷脂（图 6-17）。

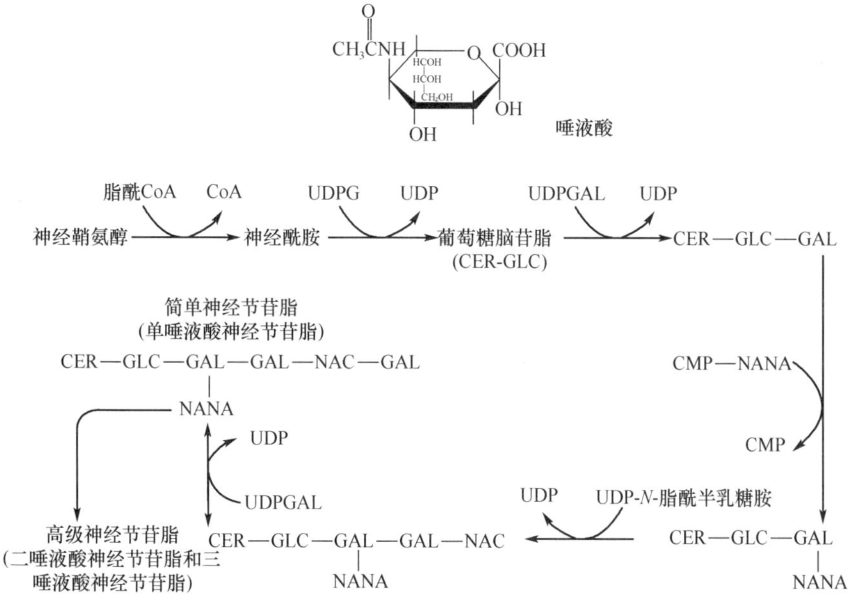

图 6-17 神经节苷脂的生物合成

神经节苷脂中含唾液酸数目不等；结构复杂，种类很多。已从脑组织中分离出 30 种以上的神经节苷脂，其在脑灰质中含量最高。神经节苷脂亦是神经元细胞膜突触的重要成分，参与神经传导过程。由于神经节苷脂中糖基和唾液酸含有带电荷的亲水基团，而神经酰胺为疏水的基团。向细胞膜表面外侧突出的糖基能形成许多结合位点，可作为激素受体（hormone receptor），从而影响细胞内的各种生理和代谢活动。

鞘糖脂的降解是逐步进行的，细胞溶酶体中的各种特异糖苷酶（glycosidase）能水解脑苷脂和神经节苷脂中的糖基，神经氨酸酶（neuraminidase）能使神经节苷脂水解除去乙酰氨基糖类。先天性缺乏这些酶者，即可引起神经节苷脂沉积症，出现肌肉软弱、脑组织膨胀、视力损伤等症状。

4. 糖脂的功能 糖脂的功能可简要归纳如下：细胞质膜外层的重要组分，提供了结构上的稳定和强度；细胞表面标记和抗原及免疫学功能；参与细胞-细胞周期相互作用和识别；分化标志；参与细胞生长调节，癌变和信息传递；与生物活性因子的相互作用：作为细胞毒素、糖蛋白激素、病毒的受体；影响细胞质膜蛋白的功能；参与细胞黏附。

5. 糖脂与疾病 在各种不同的疾病状态下，细胞中鞘糖脂包括神经节苷脂的含量和组分都会发生明显的改变。这些改变有些是遗传性的，如各种鞘糖脂贮积症；也有的是获得性的，如恶性肿瘤和神经疾患。糖脂组分的改变会导致细胞功能的失常，出现特征性的病理变化和临床症状，而其机制是糖脂代谢酶系中某个或某些酶的先天性或后天性失常。前者常是酶基因或酶激活蛋白基因的缺损引起，而后者则主要是基因调控的失常。恶性肿瘤时糖脂的代谢异常和糖蛋白糖链失常具有同样的重要意义，它们和肿瘤的某些恶性行为有密切关系，并可形成借以诊断的肿瘤糖脂标志。又因糖脂和细胞黏附及信号传导有关，某些糖脂或其降解产物还有望用于抑制肿瘤的转移。另外，神经系统是最富含糖脂的组织，很多神经疾病都有糖脂代谢的紊乱或者糖脂代谢失常本身就是某些神经疾患的病因。

四、细胞外基质成分

细胞是生物体的基本组成单位。绝大多数哺乳类动物细胞之间存在着成分复杂的细胞外基质（extracellular matrix，ECM）。ECM的成分主要由三类成分构成：①结构蛋白，如纤维状的胶原蛋白、弹性蛋白等；②专一蛋白（specialized protein），如纤连蛋白、层粘连蛋白（laminin，LN）和纤维蛋白（fibrillin）等；③蛋白聚糖。这些组分按不同比例形成生物体内多种类型的ECM，每一类型执行着特定的功能。随着ECM在生理和病理过程中的重要作用不断被发现，对其功能的研究正日益受到重视。ECM绝不仅仅包裹着细胞，它是细胞完成若干生理功能必须依赖的物质。细胞的形态、运动及分化均与ECM密切相关；胚胎发育过程中，许多胚胎细胞都要迁移并通过ECM，以到达合适的部位而增殖分化；ECM能够结合许多生长因子和激素，给细胞提供众多信号，调节细胞的功能；急、慢性感染性炎症时，ECM的生物化学成分将会发生改变。

胶原是结缔组织的主要蛋白质成分，约占机体总蛋白的25%，不同类型胶原有截然不同的形态和功能。例如，骨和牙的坚硬结构，主要是含有胶原蛋白和钙磷聚合物。胶原蛋白也有柔韧性，形成的胶原纤维具有很强的抗张力作用。例如，皮肤胶原蛋白编织成疏松的纤维网状结构，而血管壁胶原排列成螺旋网状结构，执行着各自的特有功能。几乎所有类型的胶原都是由结缔组织细胞——成纤维细胞所分泌的，但某些上皮细胞也能分泌少量的胶原。

胶原分子能溶于微温的稀酸中，经超速离心后典型的胶原分子可分得3个组分，即α、β、γ，其中β和γ组分分别是α组分的二聚体和三聚体。α组分又分为α1、α2、α3和α4，它们在氨基酸组成上有所不同，但肽链长度近似。

目前胶原至少已发现有20多型，其中较常见的胶原分子组成及分布列于表6-5。

表6-5 各型胶原蛋白特点与分布

类型	肽链组成	分布	性状和生理功能
Ⅰ型	$[\alpha1(\text{Ⅰ})]_2\alpha2$	皮肤、肌、筋膜、骨等	形成大的纤维（45～100nm直径）Lys羟化少、Hyl占6%～8%
Ⅰ型	$[\alpha2(\text{Ⅰ})]_3$	培养细胞、肿瘤组织	Hyp、Hyl含量比上述Ⅰ型多、功能不明

续表

类型	肽链组成	分布	性状和生理功能
Ⅱ型	[α1（Ⅱ）]$_3$	软骨组织重要胶原成分	约505Lys羟化，60%～70%Hyl和糖结合
Ⅲ型	[α1（Ⅲ）]$_3$	广泛分布于血管内膜、皮肤等	分子内有二硫键，Pro羟化高，5～40nm细纤维
Ⅳ型	由[α1（Ⅳ）]$_2$α2（Ⅳ）二种肽链组成	各组织基底膜	3-Hyp含量高，Lys羟化与糖结合，与基底膜有关，Hyl占60%～70%
Ⅴ型	α1（Ⅴ）、α2（Ⅴ）、α3（Ⅴ）	胎盘、肌肉软组织、细胞表皮	50%～79% Lys羟化
Ⅵ型	三种多肽链组成	胎盘、子宫、皮肤、血管内膜	别名短链胶原，分子长100nm，存在二硫键
Ⅶ型	一种多肽链组成	上皮基底膜下的支持纤维、羊膜	别名长链胶原，分子长450nm
Ⅷ型	EC1、EC2、EC3三种分子质量不同肽链组成	内皮、胶原细胞瘤、角膜	无二硫键，为糖蛋白，不与FN、LN、肝素结合，对pepsin敏感，消化成Mr50 000片段
Ⅸ型	α1（Ⅸ）α2（Ⅸ）α3（Ⅸ）	软骨	蛋白多糖，含二硫键，可能与形成软骨细纤维有关
Ⅹ型	一种低分子肽链	软骨基质	分子长138nm，为Ⅰ，Ⅱ，Ⅲ，Ⅳ型的1/2，无二硫键，现发现与骨化有关
Ⅺ型	1、2、3	软骨	具有调节Ⅱ型胶原功能
Ⅻ型	间断的三股螺旋	胚胎皮肤、筋膜、软骨	与Ⅰ型胶原和Ⅲ型胶原相互作用
ⅩⅢ型		表面组织、小肠黏膜	
ⅩⅣ型	间断的三股螺旋	软骨、皮肤、筋膜、胎盘	
ⅩⅤ型		心肌、骨骼肌的基底膜	连接硫酸软骨素蛋白多糖
ⅩⅥ型		羊膜表皮之下	
ⅩⅦ型	非螺旋胶原	鳞状上皮细胞	一个跨膜胶原，以半桥粒联合，是在自身免疫疾病大水疱性类疱疮中被自身抗体识别的抗原
ⅩⅧ型	结构与ⅩⅤ型胶原相似，主要特征是胶原区与非胶原区的交替排列	肝、肾、脾、肺的基底膜的组成成分之一	参与细胞外基质与细胞之间的信号转导，抑制肿瘤的生长，参与创伤修复过程

第三节 糖基转移酶

寡糖、多糖、糖脂和糖蛋白等糖复合物的合成需要特异性糖基供体、糖基接受体和糖基转移酶（glycosyltransferase，GT）的参与来合成糖链部分，其中，GT发挥着最重要的作用。GT催化转移活化的糖基供体上的糖基到糖类或非糖类受体上，并形成特殊的糖苷键。在生物体内它们显示了明显的多样性，包括供体、受体和产物的特殊性，寡糖或多糖的生物合成可以包括几百个不同的，有选择的GT的作用，因而也潜在产生了几乎是无限量的糖复合物，寡糖或多糖。虽然已对GT参与的糖基化途径进行了广泛的研究，现主要的问题仍是关于糖基化的亚细胞组织的分子基础和细胞怎样能够调节特异性糖链的表达。由于越来越多的证据表明细胞表面的糖链在发育、分化和癌肿的形成，细胞黏附、侵袭和转移中能介导多种细胞的相互作用而更引人关注。恶性转化的一个特征就是细胞表面糖基化的改变，其通过影响黏附分子的功能导致细胞-细胞和细胞-基质相互作用的改变。同时，随着人类基因组计划的实施和测序技术的发展，越来越多的GT被克隆或其ORF被发现，因此其命名及分类也日益受到关注，以便更好地研究其功能和进化，本文拟对GT家族的分类、进化、亚细胞定位、组织或细胞表达谱及其功能作一综述。

一、GT的命名和分类

传统上GT根据IUBMB（The International Union of Biochemistry and Molecular Biology）推荐来分类，即基于供体、受体和产物的特异性。例如，UDP-*N*-乙酰-*α*-D-半乳糖胺：多肽 *N*-乙酰半乳糖胺转移酶，供体为UDP-*N*-乙酰-*α*-D-半乳糖胺，受体为多肽；再如UDP-*N*-乙酰葡萄糖胺：Gal（β1，4）Glc（NAc）-R β1，3-*N*-乙酰葡萄糖胺转移酶，供体为UDP-*N*-乙酰葡萄糖胺，受体为Gal（β1，4）Glc（NAc）-R，产物以$\beta_{1,3}$糖苷键相连。

但通常根据GT转运的糖的类型来命名，如*N*-乙酰葡萄糖胺转移酶、半乳糖转移酶、岩藻糖转移酶、唾液酸转移酶分别转移乙酰葡萄糖胺、半乳糖、岩藻糖、唾液酸至不同的受体底物。在糖基转移酶家族里，转移酶的亚家族产生特异性的连接，即产生不同的糖苷键，如β-1，4-半乳糖转移酶、β-1，3-半乳糖转移酶、α-1，3-半乳糖转移酶分别从UDP-半乳糖转运半乳糖至受体底物分子形成β-1，4、β-1，3和α-1，3-糖苷键。每个亚家族又含有若干个成员，如β1，4GalT至少含Ⅰ～Ⅷ八个成员。具体的分类见表6-6。然而，这一分类系统有几个局限性，即①它需要掌握一个酶的供体、受体和产物的全况，EC（enzyme commission）序号才能给予它；②EC的序号并不能充分适应有几个底物的酶；③EC的序号不能反映酶的内在结构和催化机制的特征。无疑，在后基因组时代，随着人类全基因组序列的获得，大量的GT序列被揭开，得到了大量的ORF，但由于GT大多为膜结合蛋白，很难从生化上来定特征，因而，同目前已知功能、结构、特异性等的酶相比，几千个在公共数据库公认的GT序列与其形成了明显的差距。为了充分利用基因组资源，有必要去理解酶的序列本身，以及这些序列与酶的结构、催化机制和特异性的关系。

表6-6 GT的分类

enzyme		gene name	Accession NO
fucosyltransferase	alpha1，2-fucosyltransferase	FUT1	M35531
		FUT2	U17894
	alpha1，3/4-fucosyltransferase	FUT3	
	alpha1，3-fucosyltransferase	FUT4	NM002033
		FUT5	NM002034
		FUT6	NM000150
		FUT7	NM004479
		FUT9	NM006581
	alpha1，6-fucosyltransferase	FUT8	Y17976
	protein o-fucosyltransferase	POFUT1	AF375884
sulfotransferase	heparan sulfate D-glucosaminyl 3-*O*-sulfotransferase	HS3OST-1	AF019386
		HS3OST-2	AF105374
		HS3OST-3A	AF105376
		HS3OST-3B	AF105377
		HS3OST-4	AF105378
	heparan sulfate *N*-deacetylase/sulfotransferase	HSNDST-1	NM001543
		HSNDST-2	U36601
		HSNDST-3	AF074924
		NDST4	NM022569
	heparan sulfate 2-*O*-sulfotransferase	HS2ST1	NM012262
	chondroitin D-*N*-acetylgalactosamine-6-*O*-sulfotransferase	C6ST-1	NM004273
		C6ST-2	AB037187
	keratan sulfate *D*-galactose-6-*O*-sulfotransferase	KSST	NM003654
	D-*N*-acetylglucosamine-6-*O*-sulfotransferase	GlcNAc6ST	AB021124
	intestinal D-*N*-acetylglucosamine-6-*O*-sulfotransferase	I-GlcNAc6ST	NM012126

续表

	enzyme	gene name	Accession NO
sulfotransferase	heparan-sulfate 6-sulfotransferase	HS6ST-1	NM004807
		HS6ST-2	—
		HS6ST-3	—
	L-selectin ligand sulfotransferase（*N*-acetylglucosamine-6-*O*-ST）	LSST	AF131235
	HNK-1 sulfotransferase	HNK-1ST	AF033827
	chondroitin D-*N*-acetylgalactosamine-4-*O*-sulfotransferase	C4ST-1	AF239820
		C4ST-2	AF239822
	dermatan/chondroitin uronyl-2-*O*-sulfotransferase	CS/DS2OST	AB020316
	dermatan-4-sulfotransferase-1	D4ST-1	AF401222
	galactosylceramide D-Gal-3-*O*-sulfotransferase	GalCerST	NM004861
	galactose 3-*O*-sulfotransferase	Gal3ST-1	NM022134
		Gal3ST-2	
		Gal3ST-3	NM033036
		Gal3ST-4	AF316113
		GalNAc4-ST-1	NM022467
		GalNAc4-ST-2	NM031422
	N-Acetylgalactosamine 4-Sulfate 6-*O*-sulfotransferase	GalNAc4S-6ST	NM014863
sialyltransferase	CMP-NeuAc：alpha-2，3-sialyltransferase	ST3Gal Ⅰ	AF059321
	CMP-NeuAc：beta-galactoside alpha-2，3-sialyltransferase	ST3Gal Ⅱ	NM006927
	CMP-NeuAc：Gal beta1，3（4）GlcNAc alpha 2，3-sialyltransferase	ST3Gal Ⅲ	NM006279
		ST3Gal Ⅳ	X74570
	CMP-NeuAc：lactosylceramide alpha-2，3-sialyltransferase	ST3Gal Ⅴ	AF105026
	CMP-NeuAc：alpha-2，3-sialyltransferase	ST3Gal Ⅵ	AF119391
	CMP-NeuAc：galactoside alpha-2，6-sialyltransferase	ST6Gal Ⅰ	NM003032
	CMP-NeuAc：N-acetylgalactosaminide alpha-2，6-sialyltr - ansferase	ST6GalNAc Ⅰ	Y11339
		ST6GalNAc Ⅱ	NM006456
		ST6GalNAc Ⅲ	
		ST6GalNAc Ⅳ	NM014403
		ST6GalNAc Ⅴ	
		ST6GalNAc Ⅵ	NM013443
	CMP-NeuAc：N-acetylgalactosaminide alpha-2，8-sialyltransferase	ST8Sia Ⅰ	L32867
		ST8Sia Ⅱ	NM006011
		ST8Sia Ⅲ	NM015879
		ST8Sia Ⅳ	NM005668
		ST8Sia Ⅴ	NM013305
		GD3/GT3 synthase	X77922
galactosyltransferase	alpha1，4-galactosyltransferase	Gb3 synthase/p	NM017436
	alpha1，3-galactosyltransferase	B（ABO）	NM020469
		iGb3 synthase	—
		Gal（alpha1-3）Gal	—

续表

	enzyme	gene name	Accession NO
galactosyltransferase	human beta 1，3-galactosyltransferase	β3GalT1	NM020981
		β3GalT2	NM003783
		β3GalT3	NM003781
		β3GalT4	AB026730
		β3GalT5	NM033171
		β3GalT6	
		C1GALT	NM020156
	human beta 1，4-galactosyltransferase	β4GalT1	NM001497
		β4GalT2	NM003780
		β4GalT3	NM003779
		β4GalT4	NM003778
		β4GalT5	NM004776
		β4GalT6	NM004775
		β4GalT7	AF142675
	UDP-Galactose ceramide galactosyltransferase	CGT	NM003360
		XGalT1	AB028600
GalNAcT	alpha1，3-*N*-acetylgalactosaminyltransferase	A（ABO）	
	alpha1，4-*N*-acetylgalactosaminyltransferase	forssman synthase	NM021996
	UDP-GalNAc：polypeptide *N*-acetylgalactosaminyltransferase	GalNAcT Ⅰ	NM020474
		GalNAcT Ⅱ	NM004481
		GalNAcT Ⅲ	NM004482
		GalNAcT Ⅳ	NM003774
		GalNAcT Ⅴ	XM050509
		GalNAcT Ⅵ	NM007210
		GalNAcT Ⅶ	NM017423
		GalNAcT Ⅷ	NM017417
		GalNAcT Ⅸ	NM021808
		GalNAcT Ⅹ	NM017540
		GalNAcT Ⅺ	NM022087
		GalNAcT Ⅻ	NM024642
		GalNAcT XIII	XM054951
		GalNAcT XIV	AB078144
	UDP-GalNAc：beta-1，4-*N*-acetylgalactosaminytransferase	GM2/GD2 synthase	NM001478
GlcNAcT	beta-1，6-*N*-acetylglucosaminyltransferase	β6GnT（C2GnT-M）	M97347
	core 2/core4 beta-1，6-*N*-acetylglucosaminyltransferase	C2/4 GnT	NM004751
	core 2 beta-1，6-*N*-acetylglucosaminyltransferase	core2-GnT	NM001490
	I beta-1，6-*N*-acetylglucosaminyltransferase	IGnT	NM001491
	O-linked *N*-acetylglucosaminyltransferase	O-GnT	U77413
	I- beta-1，3-*N*-acetylglucosaminyltransferase	iGnT	AF029893
	beta-1，3-*N*-acetylglucosaminyltransferase	β3GnT1	NM006577
		β3GnT2	
		β3GnT3	NM014256

续表

	enzyme	gene name	Accession NO
GlcNAcT		β3GnT4	NM030765
		β3GnT5	AB045278
	alpha-3-D-mannoside-beta-1，2-*N*-acetylglucosaminyltransferase	MGAT Ⅰ	M55621
	alpha-6-D-mannoside-beta-1，2-*N*-acetylglucosaminyltransferase	MGAT Ⅱ	NM002408
	mannoside-beta-1，4-*N*-acetylglucosaminyltransferase	MGAT Ⅲ	NM002409
	alpha-3-D-mannoside-beta-1，4-*N*-acetylglucosaminyltransferase	MGAT4A	NM012214
		MGAT4B	NM014275
	alpha-3（6）-D-mannoside-beta-1，6-*N*-acetylglucosaminyltransferase	MGAT5	NM002410
	alpha-1，4-*N*-acetylglucosaminyltransferase	alpha4GnT	NM016161
	manic fringe（Drosophila）homolog	MFNG	NM002405
	lunatic fringe		
	radical fringe		
hyaluronan synthase	hyaluronan synthase1	HAS Ⅰ	NM001523
	putative hyaluronan synthase2	HAS Ⅱ	NM005328
	hyaluronan synthase3	HAS Ⅲ	NM005329
mannosyltransferase	protein *O*-mannosyltransferase	POMT1	AF095136
	putative protein *O*-mannosyltransferase	POMT2	NM013382
	beta-mannosyltransferase		BE048443
	beta-1，4-mannosyltransferase	HMT-1	NM019109
Glucosyltransferase	Glucosylceramide synthase	GlcCerT	NM003358
glucuronyltransferase	glucuronyltransferase Ⅰ（glycosaminoglycan-protein）		AB009598
	beta-1，3-glucuronyltransferase	GlcAT-D	—
		GlcAT-P	AB029396
glucuronyl/N-acetylglucosaminyltransferase	hereditary multiple exostoses gene	EXT1	S79639
		EXT2	NM000401
		EXT3	
		EXTL1	NM004455
		EXTL2	AB009284
		EXTL3	NM001440
chondroitin synthase	chondroitin synthase	ChSy	AB071402
	acetylglucosaminyltransferase-like protein	LARGE	AJ007583

为了克服 IUBMB 分类系统的局限并反映 GT 序列数据的增长，Campbell 等采用基于氨基酸序列相似性的分类方法，分析了 600 条序列，把 GT 归为 27 个家族。目前，GT 序列已超过 7000 多条。为了更好地适应后基因组时代的需要，Pedro 等提出了 GT 的发展的等级家族的分类方法，如图 6-18 所示。

3-D 结构的比较，目前认为是建立蛋白间关系的最强有力的手段，即使缺乏可检测的序列相似性。随着 X 衍射晶体学的发展目前已测定了多种 GT 的 3-D 结构，归纳起来却只发现两种折叠方法（FOLD）：GT-A 和 GT-B（图 6-18）。GT-A 以 Bacillus subtilis 的 SpsA 为代表，其最早被测定。GT-A 折叠是单个结构域（domain）折叠；而 GT-B 有两个结构域面对面组成，中间有一凹槽，作为配体结合的部位，目前酶-配体的构型、关系还没有获得很好的解决。迄今为止，以核苷酸-糖为供体的 GT 其核苷酸在 GT-A 中结合在 N 端，而在 GT-B 中结合在 C 端，而受体分子刚好相反。除了已测定结构的分子外，Octavio L.Franco 等采用折叠识别的方法，在 GT-2、GT-12、GT-16、GT-21、GT-25、GT-27、GT-45、GT-54 和 GT-55 的基础上，把 GT-60、GT-62 和 GT-64 归为 GT-A。

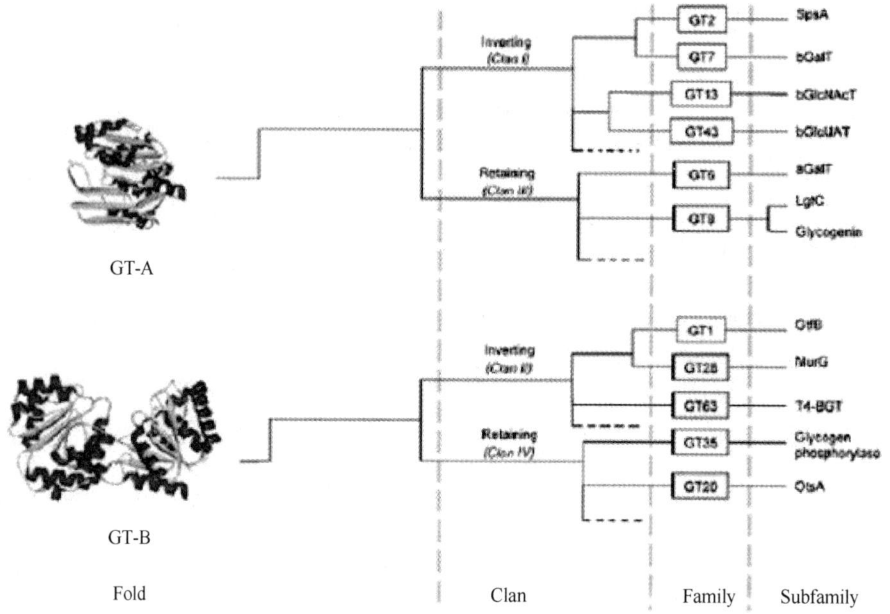

图 6-18 GT 的等级家庭分类系统

GT 催化的反应根据形成的糖苷键的立体化学结构是否与糖基供体完全相同而分为两种，一种为保持（retaining）的 GT，其形成的糖苷键和糖基供体完全相同，均为 α 构型；另一种为颠换（inverting）的 GT，其糖基供体为 α 构型，而形成的糖苷键为 β 构型（图 6-19）。上述所说的两种折叠方式并不能决定催化反应产生的立体化学构型，如图 6-18 所示，GT-A 和 GT-B 均含有两种反应机制。

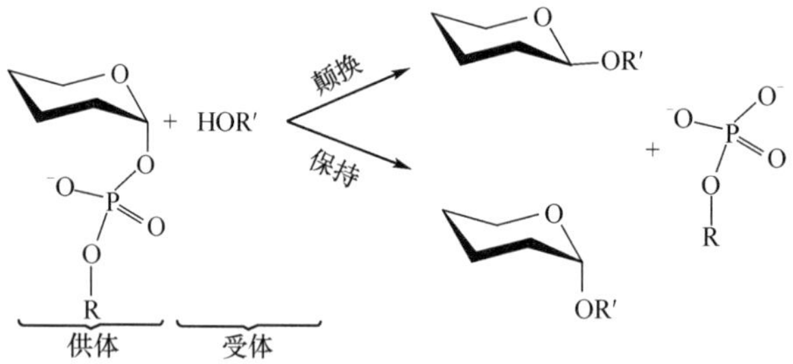

图 6-19 GT 的催化机制示意图

因此，根据相似的折叠方式和完全相同的催化机制又把 GT 归为四个族（clan）（图 6-18），颠换的 GT 分为Ⅰ和Ⅲ族，保持的 GT 分为Ⅱ和Ⅳ族。在每一族内，根据氨基酸序列的相似性又分为多种 GT 家族，如Ⅰ族含糖基转移酶家族 GT2、GT7、GT13、GT43 等，Ⅲ族含 GT6、GT8 等。目前大概有 26%和 29%的 GT 家族可可信地分别归为 GT-A 和 GT-B，余下的 45%未发现与两种折叠方式的相似性，提示可能存在新的与酶活性有关的结构框架。

在每个 GT 家族中，又含有多种 GT，每种 GT 又可构成一个亚家族，如多肽-*N*-乙酰氨基半乳糖转移酶（pp-GalNAcT）目前已发现 20 种，ppGalNAcT1～T20。

共同的折叠方式、族、家族和亚家族的分类方法，各个层次都有其利弊，归为共同的折叠方式可检测远的进化关系，但 GT 的功能预测力很弱；而在亚家族水平归类可提供最大的功能预测力，但是导致有几百个不同的分类。因此，一个分类系统必须包括不同的等级水平以满足不同使用者的需求。

二、GT 的进化

随着人类全基因组序列的测定，大量的 GT 基因从这些基因组序列中被发现，而在远古生物中只有 GT2 和 GT4 两个 GT 家族，那么，在基因组进化过程中它们是怎样来增加家族成员的呢？Kaneko 等运用分子进化分析的方法来推测 GT 的进化途径，通过分析 55 个主要与 *N*-或 *O*-糖基化有关的 GT 基因，进化树显示 GT 通过基因复制和趋异进化来增加其数目。以 *α*-1，3-岩藻糖转移酶（*α*-1，3-Fucosyl-transferase，*α*-1，3-FucT）为例，其从 GDP-岩藻糖转运一个岩藻糖至 2 型链 Galβ-1，4-GlcNAc-R 的 N-乙酰葡萄糖胺（GlcNAc）上，形成 *α*-1，3-糖苷键。编码 *α*-1，3-FucT 的基因组成一个 *α*-1，3-FucT 家族，至今人类有 6 个基因被克隆，分别为 FucTⅢ，Ⅳ，Ⅴ，Ⅵ，Ⅶ和Ⅸ。图 6-20 所示为 *α*-1，3-FucT 的进化树，表明 FucTⅨ首先分化，然后是 FucTⅣ，再是 FucTⅢ和Ⅶ通过基因复制也分化出来。FucTⅨ在把岩藻糖转运至 GlcNAc 残基上时表现出与其他几种酶完全不同的特异性，它偏向于岩藻糖基化聚乳糖胺链上的末端 GlcNAc 残基，而 FucTⅢ、Ⅳ、Ⅴ、Ⅵ偏向于岩藻糖基化内部的 GlcNAc 残基，FucTⅦ只能转运岩藻糖至已唾液酸化的受体，酶的活性与进化树非常一致。另外，Kaneko 等还评估了几个 GT 家族的基因进化率和趋异时间，以人类和啮齿属（包括小鼠、大鼠和中国仓鼠）的每个 GT 基因同义和非同义核苷酸替代来代表进化率，结果 GT 基因在每个家族有不同的进化率，不依赖于 GT 家族，不因为酶参与合成核心结构而进化慢，而末端糖基转移酶如岩藻糖基转移酶，唾液酸转移酶等进化快。有趣的是同属 FucT 家族的 FucTⅨ显示最低的进化率，而 FucTⅢ、Ⅵ显示最高的进化率。结果显示 GT 基因的增加允许氨基酸的改变，并产生各种不同特异性的酶。

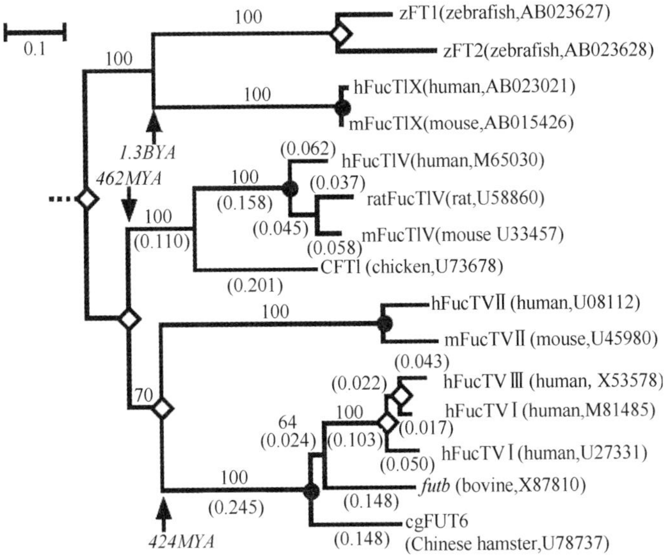

图 6-20 α-1，3-FucT 的进化树

Rafael Oriol 等分析与 *N*-糖基化和磷脂酰肌醇糖链锚（GPI）相关的，均利用脂相关的供体和受体底物的 14 个种系的 64 种甘露糖基转移酶和葡萄糖基转移酶，提出它们是一个共同的祖先基因通过几次连续的基因复制，并伴随趋异进化所产生的。我们知道，*N*-糖基化起始于内质网（ER）的胞质面，通过 GT 以 UDP-GlcNAc 或 GDP-Man 为供体连续加上 2 个 *N*-乙酰葡萄糖

胺和 5 个甘露糖到脂载体-多萜醇（dolichyl pyrophosphate，Dol）上，然后脂连接的七糖通过 RFT1 翻转酶转位于 ER 腔侧面，再在那里以 Dol-P-Man 和 Dol-P-Glu 为供体在 GT 作用下连续加上 4 个甘露糖和 3 个葡萄糖，最终形成 G-寡糖。供体 Dol-P-Man 和 Dol-P-Glu 是在细胞质从 GDP-Man 和 UDP-Glc 合成的。Schenk 等提出存在特异的翻转酶把它们从胞质面转位到 ER 的腔侧面，但至今还未克隆。然后 G-寡糖整个地转移至新生肽链的 Asn-X-Ser/Thr 序列的特定的 Asn 上。而磷脂酰肌醇聚糖锚（GPI）也在 ER 合成，其 4 个甘露糖也是在 ER 内加上的。第一个甘露糖通过 PIG-M，一个 α_4-甘露糖基转移酶加上；第二个甘露糖通过 α_6-甘露糖基转移酶加上，但还未克隆，第三、四甘露糖是分别由两个 α_2-甘露糖基转移酶——PIG-B 和 SMP3 加上，这 4 个酶同样以 Dol-P-Man 为供体，形成同 ALG 的 N-糖链相似的连接。

Rafael Oriol 等把应用相同的供体、受体和形成相同连接的 GT 归为同一家族，α_2-，α_3-，α_4-或 α_6-甘露糖基转移酶和 α_2-或 α_3-葡萄糖基转移酶。而含有共同的肽模序（motif）、完全相同的氨基酸位点和相似的穿膜结构域（transmembrane domain，TMD）的家族归为超家族，有 $\alpha_{2/6}$、$\alpha_{3/4}$ 甘露糖基转移酶和 $\alpha_{2/3}$ 葡萄糖基转移酶，通过对 14 个种系的 64 种甘露糖基转移酶和葡萄糖基转移酶的分析，预测它们有相似的 TMD 结构域，以 PIG-B 为例，如图 6-21 所示，即具有多跨膜结构。它们均含有一长一短两个长度非常保守的模序，且它们的相对位置和间距也很保守。长的模序位于第一、第二两个 TMD 之间的一个大环上，对不同的超家族均含有较高比例的完全相同的氨基酸位点，可能是 GT 的活性位点所在。因此，以 Dol-P-单糖为供体的 GT 可能沿着一条共同的进化途径而来。存在一个理论上的祖先基因，其编码的蛋白质含一长和一短两个保守的肽模序、保守的多跨膜 TMD 结构域，通过基因复制，

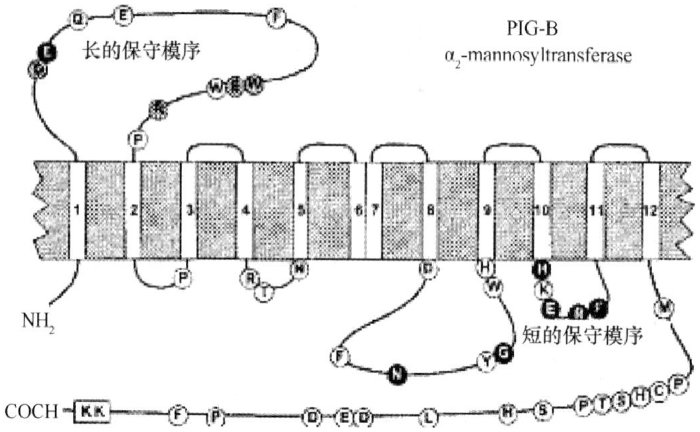

图 6-21 以 Dol-P-单糖为底物的 PIG-B 的 TMD 结构示意图

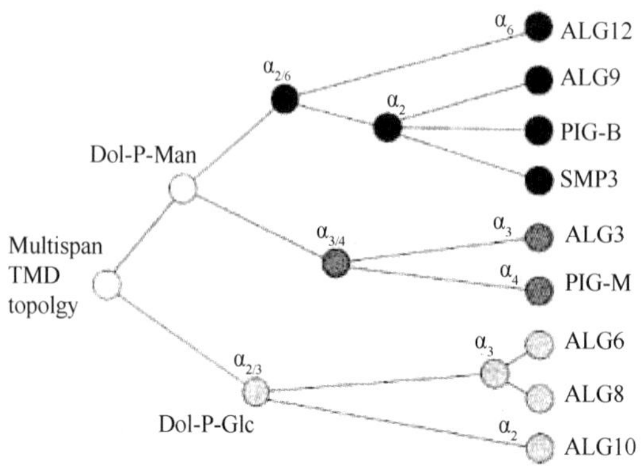

图 6-22 以 Dol-P-单糖为底物的甘露糖基转移酶和葡萄糖基转移酶的进化图

伴随趋异进化，产生了两个主要的基因：甘露糖基转移酶和葡萄糖基转移酶基因，见图 6-22。甘露糖基转移酶的第二次复制可能又产生了 $\alpha_{2/6}$ 和 $\alpha_{3/4}$-甘露糖基转移酶，$\alpha_{2/6}$ 的复制可能又产生了 α_6-甘露糖基转移酶和 α_2-甘露糖基转酶的祖先，进一步复制产生了 ALG9、PIG-B 和 SMP3；$\alpha_{3/4}$-甘露糖基转移酶的复制产生了 ALG3 和 PIG-M；$\alpha_{2/3}$-葡萄糖基转移酶的复制产生了 α_2-葡萄糖转移酶：ALG10 和 α_3-葡萄糖基转移酶的祖先，复制又产生了 ALG6 和 ALG8。因此，糖基转移酶

可能是由一个或数个祖先基因，通过基因复制和趋异进化，适应环境的变化而逐步进化成多至数百个的糖基转移酶。

三、GT的亚细胞定位

GT本身是一种蛋白质，其含有可变数目的潜在N-糖基化位点。例如，小鼠β-1，3-GalT-（GalT2），其含有唯一的潜在*N*-糖基化位点（Asp-X-Ser），糖基化与否与其活性和细胞内运送有关。抑制*N*-糖基化或去除*N*-糖基化位点将使其缺乏酶活性并大部集中在ER；如果加入葡萄糖苷酶Ⅰ和Ⅱ的抑制物，扰乱*N*-聚糖在ER中的修剪，结果导致酶活性下降为原来的40%左右，并将其驻留在ER；如果把含*N*-聚糖的碳端功能域用GFP替代，保留其胞质尾、穿膜区和茎区，结果能引导GFP排出ER，并定位于高尔基体，说明N-聚糖影响GalT2腔侧的构型，此是酶活性和ER外排构型的获得所必需，但并非驻留在高尔基体中所必需，决定因素看来位于N端功能域。目前克隆并测序的GT除位于ER外，几乎都位于高尔基体，均为Ⅱ型膜蛋白，有一短的N端胞质尾，一16～25个氨基酸的单跨膜结构域，接一延长的茎区，再接一大的位于腔侧面的C端催化域。而高尔基体可分为几个功能不同的区，依次为顺面高尔基网络（cis-Golgi network，CGN）、高尔基堆（包括顺面、中间和反面高尔基池cis、medial和trans cisternae）、反面高尔基网络（trans-Golgi network，TGN）。TGN是一些晚期高尔基体翻译后修饰的场所，如唾液酸化、硫酸化等。随着GT的纯化，可产生特异性的抗体用来作免疫组织化学，采用免疫组织化学的方法，Roth 等定位β-1，4-半乳糖基转移酶（β-1，4-GalT）于反面高尔基体；定位α-2，6-唾液酸转移酶（α-2，6-ST）于TGN证明了GT的高度特异性定位；Nilsson等共定位*N*-乙酰氨基葡萄糖基转移酶Ⅰ（GlcNAc-TⅠ）和β-1，4-GalT，发现这两个酶在高尔基堆有不同的分布，然而，其分布并不是完全分立的，而是有相当的重叠，证明不同的高尔基区间有唯一的酶混合物，但不是有一套不同的酶。Caroline Whitehouse研究示α-2，3-SalT位于中间及反面高尔基体，也有些位于TGN，同样支持上述结论。并且，在不同的细胞中，一些GT也有不同的分布，如α-2，6-ST在肝细胞和肠的杯状细胞中主要分布在顺面高尔基体，而在大肠吸收细胞分布在整个高尔基堆，这些结果证明GT在高尔基体的分布具有相当的可塑性，而不是严格、分立地来划分GT。那这些GT是如何定位并驻留在高尔基体的呢？目前已知人类有几百个GT，而各种寡糖、多糖和糖复合物更是不计其数，那么高尔基体是如何组织来获得所需的糖基化功能，并形成各种细胞所需的特异的糖链呢？

随着在转染的哺乳动物细胞中完整的GT的表达，导致了非常有效的高尔基定位。用于鉴别假定的驻留信号的策略通常为产生含有限的高尔基GT的序列，融合一个报告分子的杂合或嵌合分子。分析这些杂合分子在转染细胞内定位，即如果假定的驻留信号被替代后，扰乱了其高尔基定位，在细胞表面出现了GT的变异体，那么这部分序列就对其驻留作用。

目前认为哺乳动物GT的跨膜结构域引导，或至少部分引导杂种分子定位于高尔基体，并且，β-1，4-GalT和GlcNAc-TⅠ的跨膜结构域能特异性地分别定位杂种分子于反面和中间高尔基体。但不同研究者的一些结果是彼此矛盾的，不同的GT间的结果的差别可能反映了区间特异性的差别，目前阶段没有证据表明GT定位在不同区间是通过相同的机制来驻留的。同一GT的研究缺乏一致性可能是由于：①细胞依赖性差别；②蛋白表达水平的差别导致细胞内分布的差异；③所检测GT的精确区域的差异，再加上不同的报告分子可能极大地影响所研究区段的构建；④监测定位所用方法的敏感性差别；⑤存在GT的不止一个区域可独立作用驻留杂种分子于高尔基体。如一些研究者发现α-2，6-ST的跨膜结构域和侧翼序列足够定位报告分子于特定细胞的高尔基体，但很清楚高尔基的驻留并不依赖跨膜结构域中的特异性序列，Dahdal等在一个α-2，6-ST杂种分子的跨膜结构域中取代5个氨基酸区段而不影响其驻留。Munro更是用相似长度的聚亮氨酸取代了它的全部跨膜区（含胞质尾和部分茎区）也不影响其驻留，并发现疏水跨膜结构域的长度是 α-2，6-ST 保持有效驻留高尔基体的关键特征，当把跨膜结构域延长至 23 个亮氨酸残基时，α-2，6-ST 在细胞表面表达增加。同时也发现侧翼带电残基和疏水跨膜结构域的精确关系对驻留 α-2，6-ST 在高尔基体的 TGN 是重要的；Low 等简单地交换两个细胞表面蛋白的跨膜结构域导致其在运输通过高尔基体时被阻滞更是预示了侧翼序列和跨膜结构域的精确安排可影响 α-2，6-ST 从高尔基体的排出。

当然，除了跨膜结构域，其他区段，特别是茎区对 α-2，6-ST 的高尔基定位发挥作用。

总之，资料提示在许多情况下，高尔基的驻留并不由一个具体的，连续的序列模序（motif）所决定，而是能被分子的不同区段所介导。因此，包含胞质尾、跨膜区和腔面结构域的多信号可共同作用介导有效的高尔基定位。

对于 GT 驻留于高尔基体的机制，有两种模式：GT 的聚集，即寡聚物的形成；脂介导的筛选。Nilsson 等提出在一个特定区间的不同的酶相互作用（同类识别）形成一大的异源寡聚物结构，从而阻止其进入在高尔基池膨胀边缘形成的小泡中。他们把 ER 驻留模序加到 GlcNAc-TⅠ的胞质尾，不仅使 GlcNAc-TⅠ定位于 ER，而且部分驻留了另一个中间高尔基体酶——α 甘露糖苷酶Ⅱ，相反，反面高尔基体酶——β1，4-GalT 并不再定位在 ER。考虑到糖基化过程是 GT 的协调作用过程，因此，异源寡聚物的形成是一个非常有吸引力的提议。脂介导的筛选模式是基于以下两个发现：高尔基蛋白的跨膜结构域的长度通常比质膜蛋白短和在分泌途径上有一个胆固醇浓度梯度，将引起高尔基的脂质双分子层厚度增加。因而提出高尔基驻留蛋白从一个非驻留蛋白，基于它们跨膜片段的长度分散到不同的脂膜区而被驻留。实验证据来自于发现 α-2，6-ST 的跨膜结构域的长度对其驻留的重要性。总之，GT 特异性定位是复杂的，在不同的区间各个机制可能有所不同。

四、GT 的组织、细胞表达谱及功能

GT 的不同亚细胞定位或许可以解释糖基化的顺序，即依次挨个加上糖基。在寡聚物形成机制中，一组 GT 组成寡聚物，那也有可能某个糖基化过程在某个亚细胞区寡聚物上形成，再随着顺面、中间和反面高尔基依次转运、糖基化。也可解释为什么某些底物不能被糖基化，只有在某些 GT 作用下，加上几个糖基后，才能被后续的 GT 所作用，因为有可能某些结构特征的糖复合物由于其结构特征而不能被转运至后续的亚区，不能与相应的 GT 接触，而不能完成糖基化过程。同时，不同的组织细胞为适应自身的环境、功能，细胞表面的糖链的种类、结构等各不相同，相应的 GT 的种类、表达水平等也不相同，而表现出各自特有的表达谱。在发生癌变时，其表达谱也会相应地发生改变，因而，表达谱差异的研究有助于肿瘤的研究、肿瘤标志物的筛选、肿瘤的诊断及治疗等。

以 *O*-聚糖为例，其合成首先是在 pp-GalNAcT 作用下加 GalNAc 至 Thr/Ser，再通过不同的核心结构延伸，通常通过聚乳糖胺单位，最终加在同一核心蛋白上的最终结构因不同组织，不同糖基转移酶表达谱而不同。由于 *O*-糖基化过程中糖基是挨个依次加上的，高尔基体中 *O*-聚糖合成有关的酶的种类、分布及其活性的关系将影响 *O*-聚糖或糖蛋白的最终结构。pp-GalNAcT 主要分布于近侧高尔基体，中间和远侧高尔基体也有分布，在肿瘤细胞中其分布会发生紊乱，大量存在于远侧高尔基体，结果使最终的糖链结构发生改变，变为更小、更少的 *O*-聚糖，结果导致癌相关肽表位的暴露。pp-Gal-NAcT 是一个大的家族，目前已有 pp-GalNAc-T1-T14 被克隆。每个 pp-GalNAcT 有不同的功能，如以 MUC1 为底物，其有 5 个潜在的 *O*-糖基化位点，pp-Gal-NAcT1、2、3 仅能糖基化其中的 3 个，而 pp-GalNAcT4 能糖基化余下的两个位点，并且 pp-GalNAcT4 偏向于糖基化已部分 GalNAc 化的多肽底物，显示 MUC1 的糖基化是一个高度

有序的过程，以一个特殊的级联反应方式进行。pp-GalNAcTs 有不同的表达谱，pp-GalNAcT1、2、3、6 组织表达谱较广，而其他的分布则较有限，如 pp-GalNAcT12 在小肠、胃、胰腺和大肠中表达水平相当高，在睾丸、甲状腺和脾中度表达，其他组织则很低或不可检测；细胞系中则表达相当低或不可检测，如大肠和胃癌细胞系表达水平要比相应的组织低。

再如 α-2, 3-SalT 和 GlcNAcT，它们是与肺癌恶性转变相关的关键的糖基转移酶。α-2, 3-SalT 催化转移 Sal 到核心 1——Galβ-1, 3-GalNAc，并终止链的延伸，而 β-1, 6-GlcNAcT 转运 GlcNAc 至 GalNAc 形成核心 2 分支，导致链的延伸，发现在某些肺癌中 α-2, 3-SalT 活性上升 8～10 倍，而 GlcNAcT 活性要么下降，要么消失。由于在肺癌中 α-2, 3-SalT 上升，β-1, 6-GlcNAcT 下降，同时 α-2, 3-SalT 和 β-1, 6-GlcNAcT 在高尔基体中显示某些分布重叠，这将在某种程度上导致它们直接竞争，因此其活性的改变将影响 *O*-聚糖的最终结构。并且 MUC1 黏蛋白在肺癌中表达上调，不同的糖基化谱导致癌相关的黏蛋白抗原性异于正常黏蛋白。另外，在 *N*-聚糖方面，Xu 等研究星形细胞瘤和正常脑组织中 β-1, 4-GalT Ⅰ, Ⅱ, Ⅴ的表达，已知 β-1, 4-GalT 负责转运 UDP-Gal 至末端 N-GlcNAc 残基，以 β-1, 4-糖苷键相连，合成 *N*-聚糖上的 *N*-乳糖胺。结果显示 β-1, 4-GalT Ⅰ转录物在正常成人脑中缺乏，而在Ⅱ、Ⅲ、Ⅳ期星形细胞瘤中可检测到；β-1, 4-GalT Ⅱ在正常脑组织中少量存在，而在Ⅱ、Ⅲ、Ⅳ期星形细胞瘤中表达增高；β-1, 4-GalT Ⅴ存在于正常脑组织中，并随着肿瘤进程而增高，在Ⅳ期达到最高，并且恶性程度与 β-1, 4-GalT Ⅴ的表达相关。同时进行 Western blot 印迹反应，发现星形细胞瘤比正常脑组织有更强的半乳糖基化条带，并且有蛋白带仅在肿瘤中被半乳糖基化。

总之，随着糖组研究的兴起，更多不同种属的 GT 将被克隆及定性，GT 的结构、功能、进化、亚细胞定位和组织细胞表达谱将会有更深、更广泛全面的了解，将更有利于我们探索生命的奥秘，有利于我们对肿瘤的发生、发展、治疗和预后的了解。

第四节 多肽：*N*-乙酰氨基半乳糖转移酶的研究进展

随着糖组学的提出和发展，近年来对 *O*-糖基化的研究也越来越多。多肽：*N*-乙酰氨基半乳糖转移酶是催化 *O*-聚糖合成的第一步，是将 UDP-GalNAc 上的 GalNAc 基团转移至蛋白质多肽链上特定序列中的 Thr 或 Ser 从而合成 GalNAc-$α_1$-O-Ser/Thr 多肽，简写为 ppGaNTase-T 或 ppGalNAc-T。随着分子克隆的应用，"一个酶，一个连接"的观念不是都通用的，一些多糖可能是由一组高度相关的糖基转移酶共同催化而成。因此，在每一个 ppGaNTase-T 的生物功能被明确描述之前，对每一个家族成员都必须进行鉴定和定性。

一、命 名

1967 年，ppGaNTase-T1 首先由 McGuire 和 Roseman 在绵羊的颌下腺中发现，后 Sugiura 和 Elhammar 分别在 1982 年和 1986 年从重腹水性肝癌和牛初乳中提纯和克隆，分子质量分别为 55kDa 和 70kDa。20 世纪 90 年代后，已有多种 ppGaNTase-T 分别在富有黏蛋白的组织中被提纯和克隆。现已知 ppGaNTase-T 是一个大家族，不同编号的 ppGaNTase-T 之间有较大的同源性（40%～60%），而人的 T2 和牛的 T1 有 98%的同源性。虽然 *N*-乙酰氨基半乳糖转移酶的催化作用看上去很简单，但是通过计算机基因序列分析，估计人类基因组中有 24 个 ppGaNTase-T 家族成员。

20 世纪，对 ppGaNTase-T 的命名是根据基因被克隆先后顺序而定的，但是其中某些酶的功能还没有被证明。1996 年 Meurer 等发现的 ppGaNTase-T 后来被证明是假基因。为了避免更多的错误，2003 年 Ten Hagen 等建议按照酶功能鉴定的先后顺序来重新排定 ppGaNTase-T 的次序。

其中 White 等发现的 T8，虽然没有进行酶功能鉴定，由于已经出现在公共数据库中，所以现在还是保留它。Marth 和 Hennett 等分别在 1996 年和 1995 年发现的 T8 在 2002 年被 Zhang 等进行了功能鉴定并重新命名为 T13。Ten Hagen 等在 2001 年发现的 T9 为了避免和 Toba 等发现的 T9 混淆，现改名为 T10。以此类推，现在总共发现并鉴定的有 15 个 ppGaNTase-T 家族成员。

二、进 化 历 史

在进化历史上，ppGaNTase-T 拥有悠久的历史。虽然还没有在酿酒酵母（*Saccharomyces cerevisae*）中发现 *O*-连接的 GalNAc 存在，但是 1986 年 Kawaguchi 等报道了在大团囊虫草（*Cordyceps ophioglossoides*）中发现了 β-1，3-GalNAc-Ser/Thr 葡聚糖。具有意义的是，后来陆续在线虫和果蝇中发现 ppGaNTase-T 家族。

2001 年，Mika 等分析了一些糖基转移酶家族，绘制了系统进化树。他们认为（12～15）亿年前，当多细胞动物从早期真核细胞进化而来的时候，β-1，4-半乳糖转移酶是从 ppGaNTase-T 分化形成的。和其他糖基转移酶在脊椎动物进化早期出现基因复制不同的是，ppGaNTase-T 早在（8～12）亿年前就已经出现了基因复制。同时，他们还分析了糖基转移酶的进化率。糖基转移酶的进化率是根据其与人和啮齿动物的糖基转移酶的同源率来确定的。在研究的 55 种糖基转移酶中，T7 的进化率最底，T5 在 ppGaNTase-T 家族中进化率最高，总排名第 9。

三、结构和功能

ppGaNTase 家族是二型膜蛋白，有一个 4～22 aa 的 N 端处于胞质中，继以 15～25 个 aa 的穿膜锚定结构域，通过一个长短不一的茎部与 C 侧伸入高尔基体管腔内大于 450 aa 的催化区相连接。N 端的胞质中尾部的功能还不知道。锚定结构域被认为与糖基转移酶的定位有关；但并不是所有的糖基转移酶都是这样，T5 拥有一个家族中最长的茎部（>400 aa），包括 7 个潜在的 N-连接糖基结合位点。它已经被证明参与催化结构域伸展入高尔基体和（或）在高尔基复合体内与其他蛋白质协调相互作用。

现在有很多人正在研究 ppGaNTases 家族的晶体结构，但是一直到现在还没有被确定下来。在这个过渡阶段，序列分析和计算机模型已经被用来研究该酶家族的结构特征、酶的活性和专一性。利用生物信息学和基因定点突变的技术，Hagen 等在 1999 年提出 ppGaNTases 家族共同拥有一个被 α 螺旋围绕的平行 β 折叠。现在，三个明确的结构域已经被鉴定（图 6-23）。

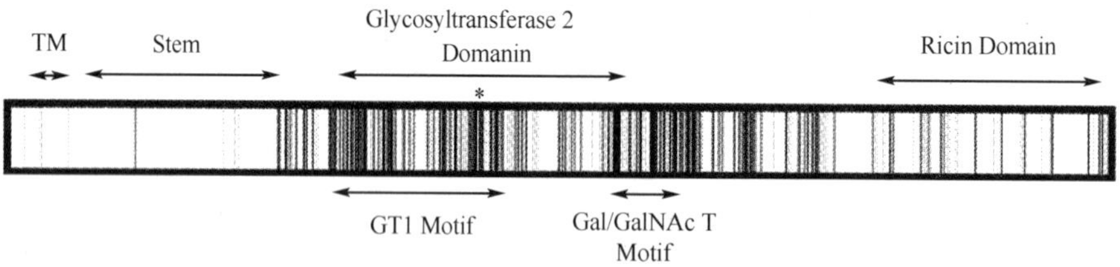

图 6-23 ppGaNTases-T 结构模式图

第一个结构域包括 112 个 aa，包括糖基转移酶模式 1（GT1），其中 $D^{209}XH^{211}$（DXH）序列的晶体结构已经测定。它能够螯合活性必需的 Mn^{2+}离子，并通过 Mn^{2+}和供体底物 GalNac 或糖核结合。迄今为止的数据显示，在第一个结构域中还包括高度保守的 E^{127} 和 D^{156} 残基。在 T1 中这两个残基之一突变为谷氨酰氨就能使该酶活性丧失至少 98.8%。在 T1、T2、T3、T4 和 T6 中含有保守的 Cys^{212} 和 Cys^{214} 残基。在 T1 中，这两个残基可通过氢键与 UDP-GalNAc 中的 UDP 结合。第二个结构域由 41 个 aa 组成，包括 $D^{310}XXXXXWGGENXE^{322}$ 序列（X 指任意 aa，下同），其中 WGGE（D）序列也存在于 β-1，4-半乳糖转移酶家族中，故称为 Gal/GalNAcT 模体。

该结构域中如果 E^{319} 或者 E^{322} 其中一个突变为 G，则导致酶活性丧失 98%以上。所有的 ppGaNTases 家族 C 端都有蓖麻素蛋白样的结构域（ricin domain），除了从线虫（*Caenorhabditis elegans*）中提取的 gly-8。总共有 3 个蓖麻素蛋白样结构域，分别是 α、β 和 γ 三个重复序列，每个序列都包含一个 CLD 和一个 QXW 模体（motif）。在小鼠 T1 中，这些模体的缺失对 T1 的表达和催化活性起增强作用。而且，CLD^{444} 和 QXW^{468} 中的天冬氨酸或谷氨酸残基发生突变的话，并不影响酶的活力。有趣的是，在人 T4 中如果 α 重复序列中的 CLD 模体突变为 CLH，则失去对糖基化底物的催化作用，但对某些无糖基化的多肽的催化活性不受影响，这是由于在该家族中各成员之间的 CLD 和 QXW 模体之间序列的变异。这表明，蓖麻素蛋白样结构域可能和酶底物专一性结合有关系。

四、催化特性和底物专一性

ppGaNTase-T 家族成员因具有同源性，故能催化类同的反应。即将 UDP-GalNAc 上的糖基转移至蛋白质特定肽段序列的 Thr 或 Ser 上。这些肽段往往是前后排列的重复序列（tandem repeat）。Gerken 等在对猪和犬颌下腺黏蛋白（PSM 和 CSM）的研究中，发现 T1 和 T2 在催化过程中，相邻残基的糖基化对位点特异性糖基化起重要调节作用。相邻位点糖基化程度越高，T1 和 T2 对它们的催化活性越低；相邻的脯氨酸越多，催化活性越高。同时，糖基化位点附近氨基酸的电荷和空间结构对酶活力的发挥十分重要，如一般在不能形成 α 螺旋残基的蛋白质附近的 Thr 和 Ser 才能被 GalNAc 化。天然的糖黏蛋白和合成肽段都可作为 ppGaNTase-T 的底物。各型 ppGaNTase-T 对这些底物有相当的重叠，即一种肽可作为几个 ppGaNTase-T 的底物，但活力高低不同。一般来说，T1～T3 的底物谱比较广。而 T4、T5、T7、T10（原 T9）和 T13 较狭。至今尚未找到一个只被一种 ppGaNTase-T 作用的肽段。

各型 ppGaNTase-T 对受体底物也有一定的专一性，这是 ppGaNTase-T 之所以现在有十几种亚型和组织分布不同的重要原因。例如，T3 和 T6 的结构十分相似，纤连蛋白中的某个片段只能受这两种酶作用，而不受其他 ppGaNTase-T 的催化。不同组织含有不同的黏蛋白，其肽段的氨基酸序列不同，与这些特定序列相匹配的 ppGaNTase-T 亚型也就不同，有些 ppGaNTase-T 不能以未经任何糖基化的多肽为底物，只能以已有的 *O*-GalNAc 化的糖肽为底物，如 T7 和 T10。此外，共用同一底物的不同 ppGaNTase-T 如 T1、T2 和 T3，对底物中不同位点的糖基化速度也不同。

各型 ppGaNTase-T 对受体底物的专一性还表现在，如以人 MUC2 的前后重复序列为底物，以人结肠癌中的 ppGaNTase-T1、T2、T3 或重组 T1、T2、T3 的混合物为酶制剂。可发现产物中的 Thr 残基被大量 GalNAc 化，不止 3 个，而是 6、8 和 11 个。分别使用单纯的重组 T1、T2 或 T3 后，发现只有 T3 才能使 MUC2 中有 3～5 个 Thr 被 GalNAc 化。又如人 MUC1 中的重复序列 AHGVTSAPDTRPAPGSTAPPA 受纯化的 T1、T2、T3 作用后，只发现 3 个糖化位点（下划线部位）。而 T4 则可使另外的 Ser 和 Thr 被 GalNAc 化，故在 T1～T4 的作用下可使该序列中所有的 Ser 和 Thr 被糖基化。这些酶作用往往是有先后的，T4 作用可在 T1～T3 之前，也可之后。但 T7 和 T10 则必须在 T1～T3 之后。

当一个 ppGaNTase-T 可催化 2 个或更多位点的 O-GalNAc 化时，位点的糖化也有先后的。例如，T2 和 T15 催化 MUC5AC 重复序列 GTTPSVPTTSTTSA，T15 首先催化 Thr^{3}，然后 Thr^{2} 或 Thr^{13} 或 Ser^{11}，最后有 7 个位点被糖基化 GTTPSVPTTSTTSA（下划线部位）。而 T2 首先催化 Thr^{9}，然后 Thr^{3} 或 Thr^{5}，最后有 5 个位点被糖基化 GTTPSVPTTSTTSA（下划线部位）。位于催化+3，+1 和（或）–1 的脯氨酸残基对糖基化有促进作用。XTPXP 模式被认为是 *O*-糖基化起始的信号序列。ppGaNTase-T 家族成员催化的大部分 *O*-糖基化起始位点都遵循这个脯氨酸规律（proline rule）。

这些都更精确地表明，各型 ppGaNTase-T 对受体底物具有一定的专一性。

由于 ppGaNTase-T 是一个大家族，所以，将来还会有更多的家族成员被发现。同时，由于 ppGaNTase-T 分子的晶体结构还没有鉴定，对它的结构和功能的研究仍然是研究的主要方向。2001 年，Shimura 等发现人脑中有一种蛋白质——αSp22（α-synuclein）与帕金森病密切有关。帕金森泛素连接酶（ubiquitin ligase）以 αSp22 为底物，该酶功能的缺失会造成 αSp22 在体内的过度积累。研究还表明，αSp22 是 *O*-连接的糖基化蛋白质。它是由 αSp16（16 kDa）被 *O*-糖基化生成 αSp22（22 kDa），从而使人们猜测 ppGaNTase-T 家族是否与帕金森病有关。2003 年，随着 T13 在神经细胞中发现并鉴定，研究 ppGaNTase-T 家族是否与帕金森病有关成为一个新的研究。

第五节 *N*-乙酰氨基葡萄糖转移酶家族

N-乙酰氨基葡萄糖转移酶是一组催化转移 GlcNAc 的酶类，参与天冬酰胺连接型（N-）聚糖或丝氨酸/苏氨酸（O-）聚糖合成加工。根据 *N*-乙酰氨基葡萄糖转移酶催化的位点、底物和功能的不同可以分为几个亚家族，本文对其 7 个亚家族分别进行简略的介绍。

一、连接 GlcNAc 到甘露糖残基上的 *N*-乙酰氨基葡萄糖转移酶（催化五种天线合成）

把唾液酸-Gal-GlcNAc-称为天线，根据催化起始位置的不同分为五种天线。六种 GnTs 将 UDP-GlcNAc 中的 GlcNAc 添加到 N-聚糖核心的甘露糖残基上，起始这五种天线的合成[1]。

1. GnT Ⅰ（EC 2.4.1.101） UDP-GlcNAc：*α*-D-甘露糖苷 β_2-*N*-乙酰氨基葡萄糖转移酶 I，第一个被发现的 *N*-聚糖 GlcNAc 转移酶，是一个二型跨膜蛋白，由 447 个氨基酸残基组成，位于中间高尔基体。它将 UDP-GlcNAc 中的 GlcNAc 催化到 $Man_5GlcNAc_2Asn$ 中 α-1，3 连接的甘露糖末端。它在哺乳动物中表达广泛但在酵母和细菌中没有发现。人编码 GnTI 的基因是 MGAT1，位于染色体 5q35，其编码区在一个外显子中[2]。鼠的基因 Mgat Ⅰ 位于 11 号染色体。GnTI 有两个转录产物 2.9kb 和 3.3kb，短的主要在肝脏表达，长的主要在脑中表达。研究发现 Ggat1 突变的小鼠缺失 GnT Ⅰ 酶，在妊娠中期死亡，但是缺乏 GnT Ⅰ 的体外细胞和植物仍然可以存活并且健康。

2. GnT Ⅱ UDP-GlcNAc：*α*-D-甘露糖苷 β-1，2-*N*-乙酰氨基葡萄糖转移酶 Ⅱ，普遍表达于哺乳动物组织中。GnT Ⅱ 将 UDP-GlcNAc 中的 GlcNAc 以 β-1，2 连接的方式催化到 N-聚糖核心的 Manα-1，6 臂上，在合成复合 *N*-聚糖的过程中发挥重要作用[3]。

复合 *N*-聚糖的合成可分为 3 个步骤，第一步主要发生在细胞质及粗面内质网中合成 $Glc_3Man_9GlcNAc_2$-磷酸长萜醇，第二步首先是 $Glc_3Man_9GlcNAc_2$-磷酸长萜醇上的 $Glc_3Man_9GlcNAc_2$ 转移到新生糖蛋白的 Asn 残基上然后生成 $Man_5GlcNAc_2$-Asn-x。第三步主要发生在高尔基体中，首先 Gnt Ⅰ 作用于 $Man_5GlcNAc_2$-Asn-x，然后 Mannosidase Ⅱ 把 $Man_5GlcNAc_2$-Asn-x 上的两个甘露糖基切掉形成 GNT Ⅱ 的底物。GNT Ⅱ 将 UDP-GlcNAc 中的 GlcNAc 以 β-1，2 连接的方式转移到 N-聚糖核心的 Man*α*-1，6 臂上。GnT Ⅰ、GnT Ⅱ 是根据它们在复合 N 聚糖合成途径中的顺序编号的。

3. GnT Ⅲ（EC2.4.1.144） β-1，4-甘露糖基糖蛋白：β-1，4-*N*-乙酰氨基葡萄糖转移酶 Ⅲ。它将 UDP-GlcNAc 中的 GlcNAc 以 β-1，4 连接的方式转移到 *N*-聚糖核心的 β-Man 上，其功能是催化生成以 β-1,4 键连接于 *N*-糖链 β2-Man 上的平分型 GlcNAc，一旦生成平分型 GlcNAc 糖链，就不能再分支，即其他糖基转移酶 GnTⅡ、GnTⅣ和 GnTⅤ不能再作用，但仍可延长加上β-1，4-Gal 和 β-1，3-GlcNAc，因此 GnT Ⅲ是 *N*-糖链合成的关键酶。GnTⅢ的 cDNA 表达大概 53kDa 的蛋白，是一个二型跨膜蛋白，分为胞质中的 N 端尾，跨膜区、茎区、催化区。GnTⅢ在肾及脑组织中活性高，而在成年肝组织特别是肝实质细胞中却活性很低，但形成肝细胞癌时酶活升高至 100 倍或更高。GnTⅢ活性在幼年肝组织中高，而在成年肝组织很低。由于 GnTⅢ抑制了其他糖基转移酶的作用，实验中发现转染 GnTⅢ后会引起一系列生物学变化如糖蛋白受体表皮生长因子、神经生长因子等的修饰会引起信号转导路径的改变，从而影响细胞的迁移能力、侵袭性能、癌变、凋亡等活动[4]。

4. GnT Ⅳ UDP-*N*-乙酰氨基葡萄糖：*α*-1，3-D-甘露糖苷 β-1，4-*N*-乙酰氨基葡萄糖转移酶Ⅳ。它将 UDP-GlcNAc 中的 GlcNAc 以 β-1,4 连接的方式催化到 N-连接寡糖核结构的 GlcNAc-β-1，2-Manα-1，3 臂上。编码该酶的基因是 MGAT4，从人小肠中扩增到两条同源的 cDNA，GnTⅣa 和 GnTⅣb[5]，后来 Furakawa 等又报道了可能的第三个基因 h-GnT-Ⅳ-H，但它的酶学特点还不是很清楚。GnTⅣa 位于染色体 2q12，GnTⅣb 位于 q35，h-GnT-Ⅳ-H 位于 12q21。其表达的蛋白是典型的二型跨膜蛋白，牛和人的 GnTⅣa 有两个潜在的 N-糖基化的位点，人 GnTⅣb 有 3 个潜在的 N-糖基化的位点，位于高尔基体内腔的多肽部分。GnTⅣb 在组织中普遍表达而 GnTⅣa 只在一些特定的组织中表达。复杂型 N-连接的寡糖并不是都有相同的天线数，通常是 2～5 个，每个分支都由特定的 GnT 催化产生，GnTⅣ和 GnTⅤ共同作用可以产生多天线糖链。很多报道表明 GnTⅤ产物的表达和肿瘤的发生和器官的病变密切相关，但对 GnTⅣ很少有报道，因为缺少其产物的特定探针，但是 GnTⅣ的功能性作用不亚于 GnTⅤ。

5. GnT Ⅴ UDP-*N*-乙酰氨基葡萄糖：*α*-6-D-甘露糖苷 β-1，6-*N*-乙酰氨基葡萄糖转移酶Ⅴ。主要分布在高尔基体中，催化 UDP-GlcNAc 中的 GlcNAc 以 β-1，2 连接的方式转移到 GlcNAcβ-1，2Manα-1，6 Manβ-1，6GlcNAc 中 α 连接的 Man 残基的 6-OH 位上，是将聚-*N*-乙酰葡萄糖胺加到 N-糖链的一个限速酶，起着决定 N-糖链类型及复杂型糖链结构的重要作用。编码其基因的是 MGAT5。人的 GnTⅤ产物有 740 个氨基酸，多肽段 S213-S740 是催化域对酶的活性很重要，跨膜区由 17 个氨基酸组成，胞质区由 12 个氨基酸组成。

研究表明 GnTⅤ在很多恶性肿瘤中增多，其产物 GlcNAcβ-1，6 Manα-1，6 结构有利于外链的延伸，可进一步合成 *N*-乙酰氨基乳糖重复顺序，已发现上述结构与细胞的恶性转化和肿瘤的转移有密切关系。Dennis 等采用 L-PHA 凝集素（可以特异识别 β-1，6-分支糖链结构）分析了几种不同的肿瘤细胞，发现 β-1，6 分支结构糖链的增加与 GnTⅤ活性增高完全一致。Yagel 等则证实肿瘤细胞表面 β-1，6-分支天冬酰胺连接型糖链的存在促进其对基膜的入侵，β-1，6-分支寡糖已成为乳腺癌和结肠癌肿瘤恶化的标志[6]。

6. GnT Ⅵ 它将 UDP-GlcNAc 中的 GlcNAc 以 β-1，4-连接的方式催化到 GlcNAcβ-1，6（GlcNAcβ-1，2）Manα-1，6 Manβ-（CH_2）$_8COOCH_3$的 α6-Man 臂上，但对二天线寡糖不起作用（GnTⅠ，GnTⅡ对二天线寡糖起作用），α6-Man 臂上 β-1，6 被糖基化（GnTⅤ）是 GnTⅥ活性的必要条件。其活性主要是在母鸡输卵管中，大部分哺乳动物组织缺少 GnTⅥ活性。GnTⅥ的 cDNA 和 GntⅣ的 h-GnT-Ⅳ-H 很相似，h-GnT-Ⅳ-H 与它的相似程度甚至超过 GntⅣ的另外两个基因[7]。

二、β3-*N*-乙酰氨基葡萄糖转移酶（又叫 iGnT，主要催化合成 *N*-或 *O*-聚糖或糖脂的多聚乳糖胺糖链）

它将 UDP-GlcNAc 中的 GlcNAc 通过 β-1，3 连接催化到 Galβ-1，4-Glc（NAc）的 Gal 上，在 *N*-聚糖中通常由 β-1，4-半乳糖基转移酶基因家族的重要成员 GalT4 后继催化。

β-1，3-*N*-乙酰氨基葡萄糖转移酶命名为 i 延伸酶，因为它将 β-1，3-GlcNAc 添加到 *N*-乙酰半乳糖胺形成 Galβ-1，4-GlcNAcβ-1，3-Galβ-1，4-GlcNAc，即 i-抗原。目前发现了 7 个 *β*-1，3-*N*-乙酰氨基葡萄糖转移酶成员，其中 β3 GnT1、β3 GnT2、β3 GnT4、β3 GnT5 将 *β*-1，3-GlcNAc 催化到半乳糖上或者半乳糖胺上，β3 GnT3（或者称为核 β3 GnT3）将 *β*-1，3-GlcNAc 催化到 Galβ-1，3-GlcNAc 上，作用于核 1 *O*-聚糖，扩展核 1，也可以作用于核 2 支链的 *O*-聚糖。β3 GnT6 和 β3 GnT7 分别在小鼠和奈瑟球菌中发现。研究发现 iGnT 作用于三、四天线聚糖是效率比较高，但不作用于 Galβ-1，4（Fucα1，3）GlcNAc-R 结构[8]。

研究发现肿瘤细胞中聚乙酰半乳糖胺及功能性寡聚糖 sialylLex、diLex 增多，促进肿瘤的浸润转移。这些功能性寡聚糖除了由在核 2 支链 *O*-聚糖合成外，也可以由核心 1 在 iGnT 的作用下延伸而成。实验证明 β3 GnT3 和核 2 GnT 都可以合成二天线 *O*-聚糖。

β3-乙酰氨基葡萄糖基转移酶（β3GnT8）/β1，3 半乳糖基转移酶（β3GalT7）基因（AY277592 EC2.4.1-）是由本实验室通过电子克隆方法在国际上首先克隆得到并初次命名为 β-1，3-半乳糖基转移酶（β3GalT7）的一个 β3 糖基转移酶大家族的新基因，对这个基因我们实验室已经进行了克隆和表达的研究，之后日本学者[9]对其进行酶活测定后重命名为 β3-乙酰氨基葡萄糖基转移酶（β3GnT8）。近期本室对其催化功能进行进一步的验证研究即分别进行 β-1，3-半乳糖基转移酶和 β3-*N*-乙酰氨基葡萄糖转移酶反应体系的酶促反应，利用高效液相色谱法进行结果检测，表明 β3GalT7 同时具有较弱的 β-1，3-半乳糖基转移酶和较高的 β3-*N*-乙酰氨基葡萄糖转移酶的活性，故建议重命名为 β3-乙酰氨基葡萄糖基转移酶（β3GnT8）/β-1，3-半乳糖基转移酶（β3GalT7），简写为 β3GnT8/β3GalT7[10]。

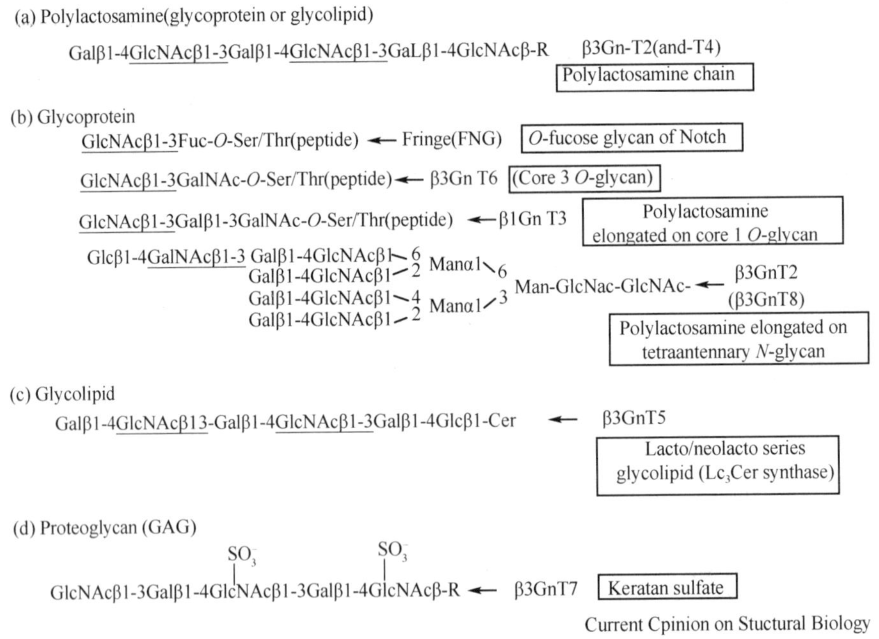

Schematic representation of the detailed structure synthesized by each β3GnT. Hisashi Narimatsu，Current Opinion in Structure Biology.2006，16：567-575

三、β3-*N*-乙酰氨基葡萄糖转移酶（Fringe）

Fringe 在 Mn^{2+}的作用下，将 UDP-GlcNAc 中的 GlcNAc 连到 L-岩藻糖的 3′-OH 上：UDP-GlcNAc + Fucose → UDP + GlcNAc-β-1，3-Fucose。Fringe 之所以这样命名是因为发现该

酶在果蝇的腹脊边界形成过程中起重要作用。在脊椎动物中发现了三种 Fringe：Lfng、Mfng、Rfng。Lfng、Mfng 具有岩藻糖特异性的 β3-*N*-乙酰氨基葡萄糖转移酶活性。虽然目前对 Rfng 的报道还不多，但有实验室把 Rfng 转染 CHO 细胞后，发现在 EGF 重复区的 *O*-岩藻糖上发生 β-1，3 连接了 GlcNAc 的现象，提示 Rfng 也有相同的活性。

Fringe 提供了一个很好的例子说明糖修饰在信号转导中所起的作用。最近研究表明 Fringe 是通过改变 EGF 重复顺序中 *O*-岩藻糖的结构来改变 Notch（凹槽）受体和其配体之间的反应[8]。*O*-岩藻糖的修饰发生在 EGF 重复区第 2、3 个保守的半胱氨酸之间的位点上，C2-X-X-G-G-S/T-C3，X 为任意氨基酸，S/T 是修饰位点。Fringe 通过 β 连接将 GlcNAc 连到 *O*-岩藻糖的 3′-OH 上，从而形成 NeuAcα2，3/6Galβ-1，4-GlcNAcβ-1，3-Fuc 的四糖结构。Fringe 在修饰 Notch（凹槽）受体信号中起着重要作用，说明信号转导是通过改变受体的糖基化水平来调节的。

四、β6-*N*-乙酰氨基葡萄糖转移酶（IGnT）

它将 UDP-GlcNAc 中的 GlcNAc 催化到线性 *N*-乙酰半乳糖胺的 β-1，4-Gal（NAc）-R。通常由 β-1，4-GalT1 后续催化反应生成 I 抗原，I 抗原可以进一步被修饰表达一些功能性的寡聚糖，如 SialylLew^X。研究表明 IGnT 同时具有核 2，核 4β6GnT 的活性[11]。

在人的发育过程中，胎儿和新生儿红血球表达 i 抗原，而成人红血球表达 I 抗原。i 抗原和 I 抗原的表位分别是线性聚 N-乙酰半乳糖胺 Galβ1，4 GlcNAcβ 1，3Galβ1，4GlcNAc-R 和支链聚 *N*-乙酰半乳糖胺 Galβ1，4 GlcNAcβ1，3（Galβ1，4 GlcNAcβ1，6）Galβ1，4GlcNAc –R。I 抗原的表达取决于 IGnT，猜想 IGnT 表达的作用是进行发育上的调节。

目前发现至少有两类 IGnT：

1. cIGnT（centrally acting IGnT） 作用于 Galβ1，4 GlcNAcβ1，3<u>Gal</u>β1，4Glc（NAc）-R 中心的半乳糖上（划线）形成 Galβ1，4 GlcNAcβ1，3（GlcNAcβ1，6）<u>Gal</u>β1，4Glc（NAc）-R，是奇胎瘤细胞、猪小肠细胞、人祖红细胞中 IGnT 的主要形式。

2. dIGnT（predistal action IGnT） 作用于 GlcNAcβ1，3Galβ1，4Glc（NAc）-R 产生 GlcNAc β1，3（GlcNAcβ1，6）<u>Gal</u>β1，4Glc（NAc）-R。

五、核 2β6-*N*-乙酰氨基葡萄糖转移酶（C2GnT）

C2GnT 将 UDP-GlcNAc 中的 GlcNAc 通过 β-1，6 连接的方式，催化转移到核 1，Galβ1，3GalNAcα1，3-Ser/Thr 的 αGalNAc 残基上，形成 Galβ1，3（GlcNAcβ1，6）GalNAcα1，3-Ser/Thr.。核 2 支链形成后通常被 β4 半乳糖基转移酶家族中的 β1，4GalT4 继续催化形成 *O*-聚糖的 *N*-乙酰半乳糖胺。这个 *N*-乙酰半乳糖胺能够进一步被修饰成功能性寡糖，如 Sialyl Lewis^X。这个酶首先在犬的颌下腺的微粒体中发现，后来在很多黏液素中都有发现。

核 2β6-N-乙酰氨基葡萄糖转移酶有三个成员 C2GnT1、C2GnT2 和 C2GnT3。其中 C2GnT1 和 C2GnT3 相似，而 C2GnT2 还具有 C2GnT，C4GnT 和 IGnT 的综合活性。这三者的活性密切相关，只是受体底物不同。C4GnT 活性主要在黏液素产物中表达，实验证明 C2GnT 和 C4GnT 有一致性，从牛气管分离纯化出来的 C2GnT 具有 40% dIGnT 活性和 100%C4GnT 活性，提示 C4GnT 有可能是 C2GnT 的第二活性。

研究发现 C2GnT 活性的提高和 T 细胞的活化密切相关，在皮质胸腺细胞中大量存在着 C2GnT1 的转录子而高表达 T305 抗原，而在骨髓胸腺细胞中没有 C2GnT1 的转录子而不表达 T305 抗原。C2GnT1 在正常的休眠 T 细胞中很少存在，而在白血病，肠癌和免疫缺陷综合征如 AIDS，Wiskott-Aldrich 中高度表达。

六、α4-*N*-乙酰氨基葡萄糖转移酶

将 UDP-GlcNAc 中的 GlcNAc 通过 α-1，4 连接的方式，催化转移到 *O*-聚糖中的 βGal 残基上，形成 GlcNAcα1，4 Galβ-R。人 α4GnT 的氨基酸序列是一个具有 340 个氨基酸的二型跨膜蛋白，胞质 N 末端只有 3 个氨基酸，跨膜区有 22 个氨基酸，很长的 C 端包括茎区和催化区，在催化区有 4 个潜在的 *N*-糖基化位点[12]，至今还没有发现其他同源的 α4-*N*-乙酰氨基葡萄糖转移酶。研究发现 α4GnT 对核 2 支链的寡聚糖催化效率最高。

七、*O*-GlcNAcT（*O*-GnT）

O-GlcNAcT 将糖供体 UDP-GlcNAc 中的单个 GlcNAc 残基通过 *O*-连接的方式连接到受体肽段丝氨酸/苏氨酸的羟基上。天然的 *O*-GnT，从大鼠的肝脏中纯化得到，是一个很大的全酶，包括两个 110kDa 的 α 亚基和一个 78kDa 的 β 亚基。α 亚基上有酶的活性中心，从大鼠、人及 C.elegans 中克隆到了这个亚基的 cDNA，发现其编码的氨基酸序列和其他已知的糖基转移酶没有同源性。Southern blot 分析发现这个基因不是个多基因家族，而且是一个单拷贝基因定位于 Xq13（人）。Northern blot 分析显示在 1.7～8.0kb 处至少存在 4 个转录区。两个亚基在转录后都被酪氨酸激酶修饰同时自身也被 *O*-GlcNAc 糖基化。

O-GnT 的亚细胞定位显示这个酶定位在细胞核和胞浆。*O*-GlcNAc 糖基化位点的共同特点是一个酸性的氨基酸后面接上一个丝氨酸，一个脯氨酸，然后是丝氨酸和苏氨酸的重复，产生 YSDSPSTST 这样一个受体底物，实验发现 YSDSP 和 YSDSGSTST 都不能作为底物，说明 *O*-GlcNAc 对其底物是有高度选择性的，并且发现多肽中的脯氨酸是非常重要的[13]。

O-GlcNAc 糖基化修饰普遍存在于细胞核与细胞浆蛋白，包括 RNA 聚合酶 2 及其相关的转录因子，细胞骨架蛋白，核孔蛋白，病毒蛋白，热休克蛋白，肿瘤抑制因子及原癌基因产物等，通过调节这些蛋白质的活性，在生命过程的许多方面起作用（如核运输，基因转录及翻译过程中）。在细胞水平对 *O*-GnT 基因进行突变后发现细胞失去生存的能力。对小鼠进行基因敲除实验发现胚胎干细胞失去发育能力，表明蛋白质 *O*-GlcNAc 糖基化修饰是胚胎干细胞存活和个体发育所必需的，这也证实了 *O*-GlcNAc 糖基化在调节细胞新陈代谢中起着重要作用的推想。有迹象表明蛋白质的 *O*-GlcNAc 糖基化修饰还调节蛋白质磷酸化，蛋白质的 *O*-GlcNAc 糖基化与磷酸化修饰间存在相互竞争、相互补充的关系。与经典的糖基化修饰比较，蛋白质的 *O*-GlcNAc 糖基化修饰有 3 个主要特征：①其修饰不在内质网和高尔基体中，绝大多数为胞质蛋白或核蛋白。②*O*-GlcNAc 修饰具有高度的动态性，与蛋白质的磷酸化相似，很可能也起信号转导作用。③被 *O*-GlcNAc 糖基化修饰的蛋白质都是磷蛋白，且糖基化修饰与磷酸化修饰间必有联系[14]。近年来研究表明 *O*-GnT 和老年性痴呆和帕金森综合征关系密切。

从 1984 年 G.W.Hart 等发现蛋白质的 *O*-GlcNAc 糖基化至今只有 20 年，但对该领域的研究已成为当今糖生物学中最热的课题之一。

八、展　望

大量的实验报道证实在很多疾病状态下，合成的糖蛋白其聚糖结构和相应正常组织的同一糖蛋白相比有明显的不同。而糖基转移酶基因的定点突变或过表达均会引起目标糖蛋白上糖链结构的变化，从而诱发一系列生化反应。随着研究技术的发展我们可能会发现这些家族的新成员，也能更深入地研究这些酶的生物学功能，这将更加有利于揭示糖基转移酶在癌变过程及脑功能紊乱中的作用，以期为人类各种疾病特别是癌症的防治提供新途径。

参考文献

[1] Brockhausen I，Carver Jp etc. 1988.Control of glycoprotein synthesis.The use of oligosaccharide substrates and HPLC to study the sequential pathway for *N*-acetylglusaminyltransferase Ⅰ，Ⅱ，Ⅲ，Ⅳ，Ⅴ and Ⅵ in the biosynthesis of highly btanched *N*-glycans by hen oviduct membranes.Biochem Cell Bio 66：1134-1151.

[2] Kumar R，Yang J，Eddy RL.1999. Cloning and expression of the murine gene and chromosomal location of the human gene encoding *N*-acetylglusaminyltransferase I. Glycobiology 9（8）：ix.

[3] Chen SH，Zhou SH，Tan J，Schachter H.1998.Transcriptional regulation of the human UDP-GlcNAc：alpha-6-D-mannoside beta-1-2-*N*-acetylglucosaminyltransferase Ⅱ gene（MGAT2） which controls complex *N*-glycan synthesis.Glycoconjugate J 15：301-308.

[4] Ekuni A，Miyoshi E，Ko JH，et al.2002.A glycomic approach tohepatic tumors in *N*-acetylglucosaminyltransferase Ⅲ （GnT Ⅲ） transgenic mice induced by diethylnitrosamine （DEN）：identification of haptoglobin as a target molecule of GnT Ⅲ. Free Radic Res，36：827-833.

[5] O-guri S，Minowa MT，Yoshida A etc. 1999.Two isozymes of human *N*-acetylsaminyltransferase Ⅳ（GnT Ⅳ）-what are the differences between them?.Glycoconj J，16：S74.

[6] Chakraborty AK，Pawelek JM. GnTV，macrophage and cancer metastasis：a common link. Clin Exp Metastasis，2003，20：365-373

[7] Furukawa T，Youssef EM，Yatsuoka T etc.1999.Cloning and characterization of the human UDP-*N*-acetylglucosamin：α1，3-D-mammoside β-1，4-*N*-acetylsaminyltransferase Ⅵ-homologue gene.J Hum Genet 44：397-401.

[8] Bruckner K，Perez L，Clausen H，Cohen S.2000.Glycosyltransferase activity of Fringe modulates Notch-Delta interactions. Nature，406：411-415.

[9] Hiroyasu Ishida，Akira Togayachi，Tokiko Sakai ect.2005.A novelβ1，3-*N*-acetylgluco-saminyltransferase （β3Gn-T8），which synthesizes poly-*N*-acetyllactosamine，is dramatically upregulated in colon cancer. FEBS letters，579：71-78.

[10] Huang CQ，Zhou JL，Wu SJ，etc.2004.Cloning and the tissue distribution of the human β3GALT7 gene，a member of the β1，3glycosyltransferase family.Glycoconjugate jounal 21：265-271.

[11] Yeh JC，Ong E，Fukuda M.Molecular cloning and expression of a novelβ-1，6-*N*-acetylglucosaminyltransferase that form core 2，core 4，I branches.J Biol Chem 254：3221-3228.

[12] Nakayama J，Yeh JC，Misra AK，Ito etc.1999.Expression cloning of a human α1，4-*N*-acetylglucosaminyltransferase that forms GlcNAcα1，4Galβ-R，a glycan specifically expressed in the gastric gland mucous cell-type mucin.Proc Natl Acad Sci USA，96：8991-8996.

[13] Lubas WA，Hanover JA.2000.Functional expression *O*-linked GlcNAc transferase. Domain structures and substrate specificity.J Biol Chem，275：32015-32022.

[14] Comer FI，Hart GW.2000. *O*-glycosylation of nuclear and cytosolic proteins Dynamic interplay between *O*-GlcNAc and O-phosphate. J Biol Chem，275：29179.

思 考 题

1. 什么是糖组学?
2. 请解释下列名词：*N*-糖基化，糖基转移酶，聚糖，糖胺聚糖。
3. 糖链结构分类特点是什么?
4. 糖链有哪些主要功能?
5. 为什么说聚糖是第三类生物信息大分子?
6. 医学和糖组学有何相关性?

（姜 智）

第 7 章 细胞信号转导

生物体的生长和发育除受到本身遗传信息的影响外，也接受环境信息的影响，并对其作出相应的反应，以适应环境的变化，这是生物进化的根本动力。对多细胞生物，细胞之间必须以不同方式协调它们的行为，同类细胞和不同类型细胞间也必须接受来自彼此间的细胞外部信号，进行相互间的信号交流，才能使由许多单细胞组成的生物体形成一个功能协调和完善的生命活动整体。这充分说明了细胞间的信号交流在生物体内协调细胞功能和分工方面的重要作用，对其中的单细胞而言，也是它适应机体内部小环境改变的必要方式，甚至是单细胞存活的必要条件。一个有生命的细胞是在不断接受外部信号的刺激，并对其作出反应来表现它的生命活力的。细胞外部信号很多，几乎所有的细胞外物理和化学因素，以及由细胞释放的化学介质、递质、多肽、激素、抗原等，都具有刺激细胞产生信号传导的功能。细胞的代谢、增殖、分化和各种表型都受到这些外部信号的影响。在个体发育期间，胚胎细胞交换着各种信号，以确定每个细胞应承担的特殊任务，它应该占据的部位，明确它是否应存活或死亡、或分裂。胚胎发育的后期，大量的各种各样的信号协调着动物生长和日常的生理与行为。在体外培养体系中，组织细胞的培养要求细胞有一定的群体数量，才会出现细胞繁殖集落，否则需要添加生长因子等外源性信号物质刺激细胞的繁殖。这个现象反映了细胞在生存环境中需要相互间的依赖，其物质基础是细胞间产生的一些相互有生物学活性的分泌产物或细胞间直接接触的信号。

这些来自细胞外部的信号物质通过与细胞膜上或胞内受体特异性的结合，经过转换在细胞内部产生一系列的信号转导级联反应，将信号传给相应的反应系统，导致细胞对外界刺激产生迅速的反应。与此同时，有些信息被特定的信号分子传入细胞核，调节基因的表达，完成该信号引发的生物学效应，即细胞间的信息传递是跨膜的信号转导（signal transduction）。信号转导包括以下步骤：特定的细胞释放信息物质→信息物质经扩散或血液循环到达靶细胞（target cell）→与靶细胞的受体（receptor）特异性结合→受体对信号进行转换并启动细胞内信使系统→靶细胞产生生物学效应。人体的信息物质和受体种类繁多，细胞内的信息传递形成一个网络系统（network），故细胞的信息传递极其复杂。

第一节 细胞通讯的分子基础

单细胞生物可以与环境直接交换信息，高等生物则需要一套精细、复杂、多层次的通讯调控系统，以保持所有细胞行为的协调。这种通讯系统以单个细胞为主要活动单位，依据各自应遵循的规律对来自于其他细胞的信息进行反应和整合。生物体依赖这样一个完善的细胞通讯系统的存在以保证机体的健康。

一、细胞间通讯方式

多细胞生物体内细胞间的联系有的属于直接联系，需要细胞间直接的接触方可传递信息；有的是间接联系，不需要细胞相互的直接接触。归纳起来，细胞间主要依靠以下三种方式进行通讯（图 7-1）。

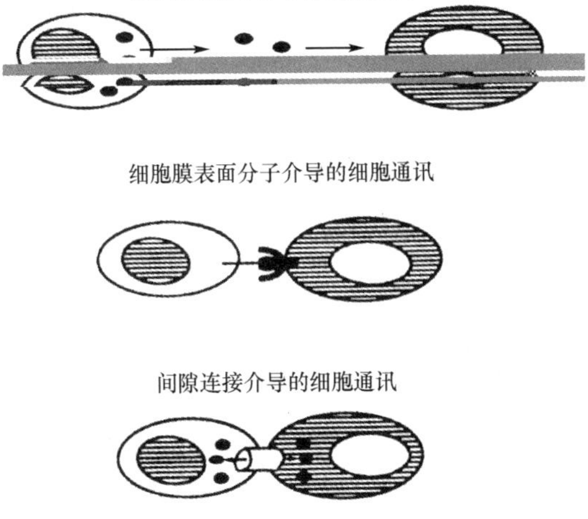

图 7-1 细胞通讯的三种基本方式

（一）细胞间隙连接

细胞间隙连接（gapjunction）是一种存在于两个细胞间的特殊连接性结构，也是一种特殊的蛋白质通道，亦称为细胞间通道。构成这种细胞间通道的蛋白质分子被称为连接蛋白（connexin）或连接子（connexon）。每一个完整蛋白分子是一个由 6 个单体形成的管道状结构，连接蛋白两端分别嵌入两个相邻的细胞，形成一个亲水性孔道，这种孔道允许两个细胞间自由交换分子质量为 1500Da 以下的水溶性分子（图 7-2）。

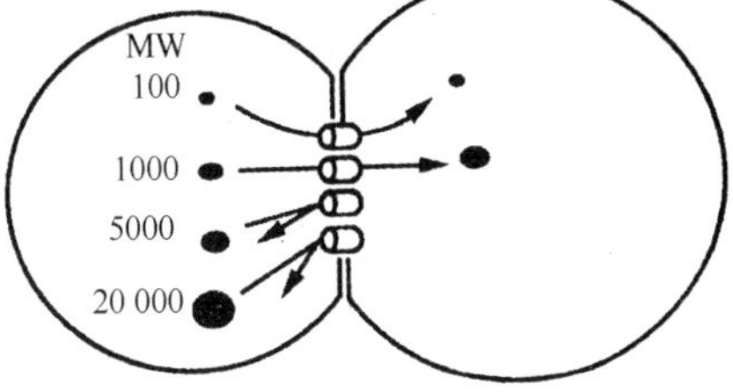

图 7-2 间隙连接功能示意图
荧光标记的不同大小的分子注入细胞后，依靠间隙连接进入另一细胞。图中数字表示相对分子质量

细胞间隙连接这种直接通讯方式使相邻的细胞可以共享一些具有特殊功能的小分子物质，因此可以快速和可逆地促进相邻细胞对外界信号的协同反应。例如，促使细胞发生协同反应的小分子交换可以发生在胰高血糖素作用下的肝细胞，肝细胞在胰高血糖素的作用下，出现细胞内小分子信使环磷酸腺苷的增高。这种小分子信使通过细胞间隙连接扩散到与之相邻的细胞，使周围的细胞在这种小分子信使作用下同时加速糖原分解代谢。这种间隙连接的存在保证了局部迅速、足量的反应。

连接蛋白基因为一个多基因家庭。在肿瘤生长和创伤愈合等过程中，都有某些类型连接蛋白基因表达水平的变化，某些遗传病也与连接蛋白基因的突变有关。因此，间隙连接可能在细胞的生长、分化、发育、定位及细胞形态的维持等方面具有重要的生理和病理意义。

（二）膜表面分子接触通讯

每个细胞的质膜外表面都分布有众多的蛋白、糖蛋白和糖脂分子。这些表面分子作为细胞的触角，可以与其他细胞的膜表面分子特异性地相互识别和相互作用，通过这种方式传递调控信息。接收信息的细胞可发生各种功能变化，如增生、分化、凋亡等，从而达到功能上的相互协调。这种细胞通讯方式称为膜表面分子接触通讯。

膜表面分子接触通讯也属于细胞间的直接通讯。T 细胞的激活是一个典型的例子，T 细胞表面的抗原受体（TCR）不能直接识别可溶性抗原，抗原必须经抗原提呈细胞（APC）处理，降解成多肽，结合于 MHC 分子，形成肽-MHC 复合分子，表达于 APC 表面，才能被 TCR 识别。

T 细胞表面的 TCR 结合 APC 表面的 Ag-MHC 复合分子，同时，T 细胞表面的 CD28 与 APC 表面的 B7 分子结合产生辅助刺激信号。只有在同时接收到这两种信号时，静止 T 细胞才有可能被活化，进而分化为效应功能细胞。

（三）化学信号通讯

细胞间直接通讯需要细胞的紧密接触方可实现。而细胞之间进行远距离调控时，则通过间接通讯方式进行。一些细胞可以分泌化学物质，如将蛋白质或小分子有机化合物分泌至细胞外，这些分子称为化学信号（chemical signal）。这些化学信号作用于其他的细胞（靶细胞），调节其功能，这种通讯方式称为化学通讯。化学通讯是间接的细胞通讯，即细胞间的相互联系不需要它们之间的直接接触，而是以化学信号为介质进行遥控。除化学信号外，某些物理信号（如光、电等）也可在细胞间传递信息，是细胞通讯的重要组成部分。

二、细胞分泌化学信号的作用方式

细胞分泌化学信号主要作用方式有：①内分泌（endocrine），细胞分泌激素到血液中，通过血液循环到体内各部位，作用于靶细胞；②旁分泌（paracrine），细胞分泌化学信号分子到细胞外液中，作用于邻近靶细胞；③自分泌（autocrine），细胞对自身分泌的化学信号分子产生反应；④突触传递（synaptic transmission），突触前神经元分泌神经递质到突触间隙，作用于突触后神经元，这是化学突触传递神经信号（neuronal signal）（图 7-3）。上述各类化学信号分子必须通过靶细胞的受体而发挥作用。

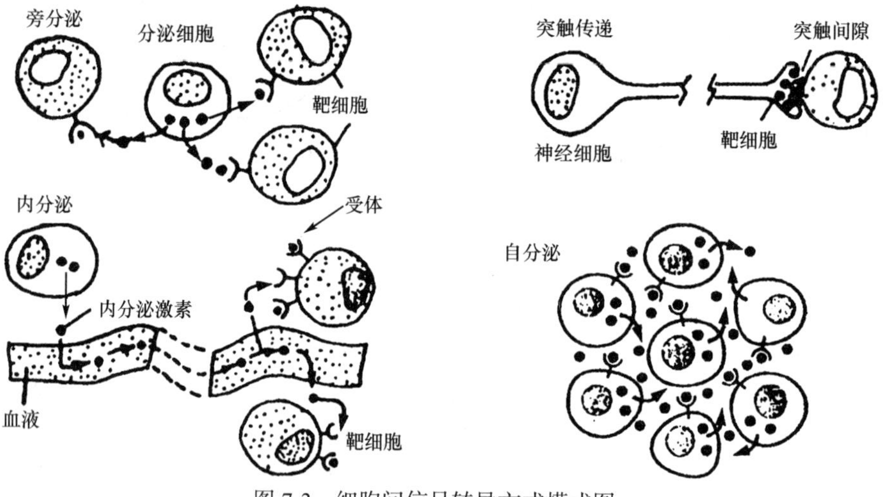

图 7-3 细胞间信号转导方式模式图

三、化学信号的种类

生物体内许多化学物质的主要功能是在细胞间和细胞内传递信息。

（一）细胞间信息物质

凡由细胞分泌的调节靶细胞生命活动的化学物质统称为细胞间信息物质，细胞间信息物质又称作第一信使。目前已知的细胞间信息物质的化学本质为蛋白质和肽类（如生长因子、细胞因子、胰岛素等），氨基酸及其衍生物（如甘氨酸、甲状腺素、肾上腺素等），类固醇激素（如糖皮质激素、性激素等），脂酸衍生物（如前列腺素）和气体（如一氧化氮、一氧化碳）等。根据细胞分泌信息物质的方式又可将细胞间信息物质分为神经递质、内分泌激素、局部化学介质和气体信号分子四大类。

1. 神经递质 神经递质又称突触分泌信号（synaptic signal）。神经递质是神经系统胞间通讯的化学信号分子，由神经元突触前膜释放，如乙酰胆碱和去甲肾上腺素等，其作用时间较短。

2. 内分泌激素 内分泌激素又称内分泌信号（endocrine signal），是由特殊分化的内分泌细胞释放的化学信号分子，它们通过血液循环到达靶细胞，经过受体介导而对靶细胞发生作用，大多数对靶细胞的作用时间较长。

按内分泌激素的化学组成可分为含氮激素和类固醇激素。含氮类激素包括氨基酸衍生物（如肾上腺素、甲状腺素）、小肽类（促甲状腺素释放因子、胰高血糖素、促乳素）、蛋白质类（胰岛素、生长激素）和糖蛋白类（促黄体激素、促甲状腺激素）。类固醇激素包括各种性激素、皮质醇、醛固酮等。按激素受体的性质，可将激素分为胞内受体激素与胞膜受体激素。胞内受体激素包括甲状腺素、类固醇激素，它们的受体在胞液或细胞核中。胞内受体激素很容易通过细胞膜进入靶细胞与受体结合。除甲状腺素外，其他的含氮激素均为胞膜受体激素，他们都是水溶性的，很难直接通过细胞膜的脂质双分子层进入细胞，必须与靶细胞表面的受体结合而引发细胞的应答反应。

3. 局部化学介质 局部化学介质又称旁分泌信号（paracrine signal）。此类信息物质分泌到细胞外液后，进入血液的数量极少，绝大多数通过扩散作用于附近的靶细胞，但又不像神经递质那样由专一突触结构释放。由此可见，局部化学介质既不同于激素又不同于神经递质。体内的局部化学介质包括组胺、花生四烯酸（AA）及其代谢产物[前列腺素（PGs）、血栓素（TXs）和白三烯（LTs）等]、生长因子、细胞生长抑素等。局部化学介质也须与细胞膜受体结合而引发细胞的应答反应，但 AA 的某些代谢产物，如 LTC_4 能以受体非依赖方式，在生理和病理情况下，调节心脏兴奋性。除生长因子外，局部化学介质的作用时间均较短。

4. 气体信号 NO（一氧化氮）是一种结构简单、半衰期短、化学性质活泼的气体信号分子。由于 NO 是疏水性的可溶性气体，它可以在细胞膜上以扩散方式快速传递信息。NO 在和氧与水反应转变为硝酸盐和亚硝酸盐之前半衰期很短（约 6 秒），NO 只能作为许多组织的局部信号分子，溶解的 NO 很容易就可以从产生它的细胞扩散到细胞外，并进入邻近的细胞。NO 合酶（NO synthase，NOS）通过氧化 L-精氨酸的胍基而产生 NO。NOS 可分为固有型（constitutive NO synthase，cNOS）和诱生型（inducible NO synthase，iNOS）两类，前者又分为内皮型（endothelial NO synthase，eNOS）和神经型（neuronal NO synthase，nNos）。cNOS 主要存在于上皮、脑和血小板，在生理状态下，只生成少量 NO。乙酰胆碱、缓激肽、组胺、内皮素等均能刺激血管内皮细胞，导致其质膜上 Ca^{2+}通道开放，细胞内 Ca^{2+}浓度升高，Ca^{2+}与钙调蛋白（calmodulin，CaM）结合而激活 cNOS，增加 NO 的合成。干扰素-α（interferon-α，INF-α）、肿瘤坏死因子-β（tumor necrosis factor-β，TNF-β）、脂多糖（lipopolysaccharide，LPS），白细胞介素-1（interleukin-1，IL-1）等细胞因子可激活核因子-κB（nuclear factor-κB，NF-κB）和干扰素调节因子-1（INF regulatory factor-1）及丝裂原-激活蛋白激酶（mitogen-activated protein kinases，MAPK）等能上调 iNOS 活性而引起 NO 合成增加。

除 NO 外，最近又发现另一种与 NO 相似的气体信息分子—— CO（一氧化碳），它是在血红素单加氧酶氧化血红素（heme）的过程中产生的，CO 具有与 NO 相似的功能。

除上述四种主要的胞间信息传递方式外，还有一些信息物质能与位于分泌细胞自身的受体结合而起调节作用，称为自分泌信号（autocrine signal），如一些癌蛋白。而有些细胞间信息物质可在不同的个体间传递信息，如昆虫的性激素。

（二）细胞内信息物质

在细胞内传递细胞调控信号的化学物质称为细胞内信息物质。细胞内信息物质的组成呈现多样化，包括无机离子，如 Ca^{2+}；脂类衍生物，如二酰甘油（diacylglycerol，DAG 或 DG）、花生四烯酸及其代谢产物、神经酰胺（ceramide，Cer）；糖类衍生物，如三磷酸肌醇（inositol triphosphate，IP_3）；核苷酸，如 cAMP、cGMP；信号蛋白分子多数为原癌基因的产物，如 Ras（*ras* 基因编码的蛋白质）和底物酶。底物酶是一些酶兼底物的大分子，主要表现出酪氨酸或丝氨酸/苏氨酸蛋白激酶活性，如 JAK（Janus kinase 或 Just another kinase，另一类蛋白激酶）、Raf（*raf* 基因编码的蛋白质）等。

通常将一些在细胞内传递信息的小分子化合物称为第二信使（secondary messenger）。即一些本身不能进入细胞的细胞外信息物质，与其受体结合之后，往往通过特定的机制导致细胞内生成特定的分子。这些分子在细胞内的基本作用就是放大细胞外信息，而其浓度随细胞外信息物质与其受体结合而变化，或升高，或降低。第二信使分子在细胞内升高或降低的速度往往很快。目前所知的第二信使分子都是小分子物质，有环腺苷酸（cyclic adenosine monophosphate，cAMP）、环鸟苷酸（cyclic guanosine monophosphate，cGMP）、二酰甘油（diacylglycerol，DAG）、三磷酸肌醇（inositol 1,4,5-triphosphate，IP_3）和钙离子等。

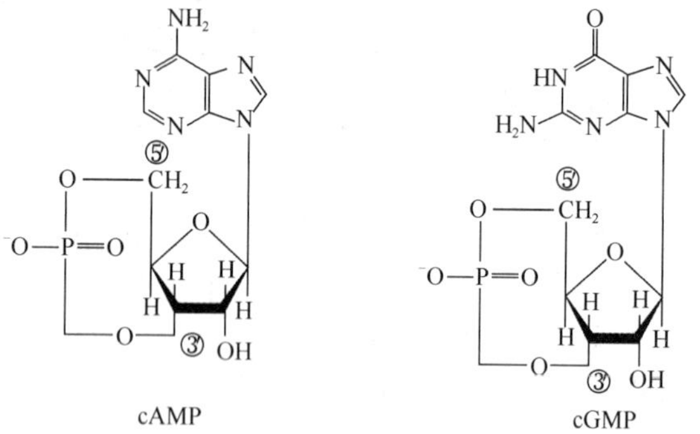

图 7-4　cAMP 和 cGMP 分子式

环-磷酸腺苷（cAMP）（图 7-4）是 ATP 在腺苷酸环化酶催化下生成的。细胞内的 cAMP 浓度会很快升高，也会很快被细胞内的 cAMP 磷酸二酯酶（cAMP phosphodiesterase）降解。cAMP 是很多信息传导通路的中心环节，它在细胞内的浓度受控于细胞膜上的受体及其偶联的 G 蛋白。受体对 cAMP 有两种可能的方向：使其胞内浓度升高；或使其降低。环鸟苷酸（cGMP）（图 7-4）则是 GTP 在鸟苷酸环化酶催化下生成的，其作用及调节机制将在下文详述。

二酰甘油（DG）和三磷酸肌醇（IP_3）是细胞膜中的肌醇磷酸脂（inositol phospholipid）在磷脂酶 C（phospholipase C）催化下生成的两种产物（图 7-5）。

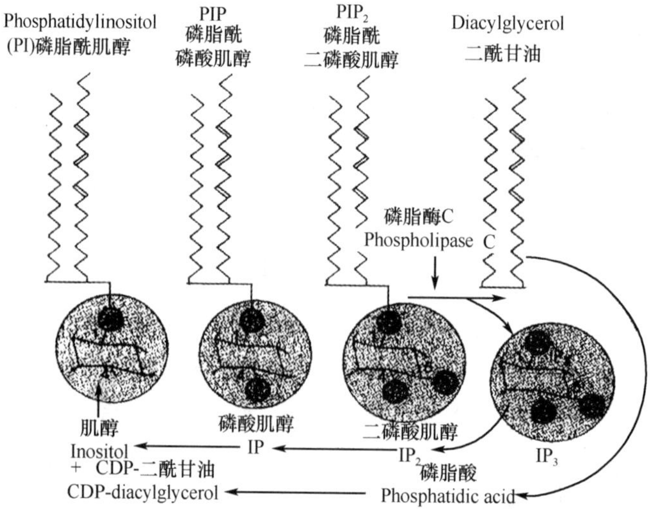

图 7-5　二酰甘油和三磷酸肌醇催化形成过程

膜中肌醇磷脂的代谢及两种信使物质三磷酸肌醇（IP_3）和二酰甘油（DG）的生成。

P 代表磷酸根；IP_3：1,4,5-三磷酸肌醇

钙离子能与激酶或钙结合蛋白上特定的位点结合，并对其功能进行调节。而这些激酶或蛋白在信息传递中又往往是至关重要的因子。无论是细胞外钙离子进入细胞质，或者细胞内钙储池钙离子外流到胞质，都可导致细胞质内钙离子浓度的变化，从而影响激酶或蛋白的活性。因此，钙离子是在信息传递中非常重要的第二信使之一。需要指出的是：花生四烯酸及其代谢产物既可作为一些激素、递质和生物活性因子的第二信使调节细胞的功能，另一方面，细胞受刺激后，细胞内产生的花生四烯酸及其代谢产物可释放至细胞外，作为第一信使以自分泌或旁分泌方式发挥作用。

负责细胞核内外信息传递的物质称为第三信使，是一类可与靶基因特异序列结合的核蛋白，能调节基因的转录，因此又称为 DNA 结合蛋白，发挥着转录因子或转录调节因子的作用。例如，立早基因（immediate-early gene）的编码蛋白质常作为第三信使参与基因调控、细胞增殖与分化及肿瘤的形成等。立早基因多数为细胞原癌基因（如 *c-fos*、AP_1/*c-jun* 等）。

细胞内信息物质在传递信号时绝大部分通过酶促级联反应方式进行。它们最终通过改变细胞内有关酶的活性、开启或关闭细胞膜离子通道及细胞核内基因的转录等，达到调节细胞代谢和控制细胞的生长、繁殖和分化的功能。所有信息物质在完成信息传递后，必须立即灭活。通常细胞通过酶促降解、代谢转化或细胞摄取等方式灭活信息物质。一些细胞外信息物质影响细胞内代谢的可能途径见表 7-1。

表 7-1　细胞外信息物质影响细胞功能的途径

	信息物质	受体	引起细胞内的变化
神经递质	乙酰胆碱、谷氨酸、γ-氨基丁酸	质膜受体	影响离子通道开闭
生长因子	类胰岛素生长因子-1，表皮生长因子、血小板衍生生长因子	质膜受体	引起酶蛋白和功能蛋白的磷酸化和脱磷酸化，改变细胞的代谢和基因表达
激素	蛋白质、多肽及氨基酸衍生物类激素、	质膜受体	同上
	类固醇激素、甲状腺素	胞内受体	调节转录
维生素	维生素 A、维生素 D	胞内受体	同上

四、受　体

（一）受体的概念及基本特性

受体是细胞膜上或细胞内能识别生物活性分子（药物、毒素、神经递质、激素、抗原和细胞黏附分子等）并与之相结合的生物大分子，它们能将生物活性分子产生的信息传递到效应器，从而引起相应的生物效应。这些生物大分子多数是蛋白质，个别的是糖脂。

（二）受体的功能

（1）具有识别和结合的功能：即受体对其相应的配体应有一特异的识别和结合过程。

（2）传导信号功能：受体与其配体结合后，应能将两者相互作用产生的信号传递到第二信使或效应器上，如酶、离子通道等。

（3）产生相应的生物学效应。

（三）配体

配体是能与受体呈特异性结合的生物活性分子。配体可分为激动剂和拮抗剂两大类，与受体结合后产生效应者为激动剂，不产生效应或阻碍激动剂与受体结合产生效应者为拮抗剂。

（四）受体的性质

1. 高度特异性 配体与受体的结合和酶与底物的作用类似，具有很强的专一性。如一种信号分子到达细胞时，只作用于与之相应的受体，如果细胞没有相应受体，就不会对其发生反应。信号分子与受体的特异性结合取决于各自的分子结构，受体的氨基酸序列及其空间结构、糖基化修饰、脂类修饰等都对受体与信号分子的特异性结合具有决定性影响。

信号分子与受体结合的特异性很强，但是并不绝对排斥交叉结合的存在。在机体内，存在着一些不同受体共用一个配体，或一个受体可以与几个配体相结合的现象，这种相对选择性为细胞对外源信号反应的代偿性和有效性提供了基础。最典型的例子是趋化因子受体 CCR5。CCR5 既是趋化因子 RANTES 和 MIP1 的受体，同时又是导致艾滋病的人类免疫缺陷病毒（HIV）和 T 细胞上的辅助受体。该受体发生突变时的人群，可以不受 HIV 的感染，但是对趋化因子的反应依旧正常，这是因为 RANTES 不仅可以用 CCR5 作受体，也可以用另一种受体 CCR4 传递信号，所以该种突变个体对 HIV 病毒感染具有抵抗力，对趋化因子的反应亦不受影响而保持健康状态。

2. 高亲和力 受体与配体的亲和力很高，kd 可达 10^{-8}mol/L，一般高于酶与底物、抗原与抗体相互作用的亲和力，这就保证了很低浓度的信号分子即可充分起到调控作用。

3. 可饱和性 无论受体是位于细胞内还是细胞表面，它们的数目都是有限的。一个靶细胞的受体数目少则数十个到数百个，多则个别受体可达 10^{11} 个。当受体为配体占据时，再提高配体的浓度，也不会增加细胞的效应，这充分体现了细胞对外源环境变化的自身保护作用。

每个细胞的受体数目不是一成不变的，而是处于动态调节中。尤其是细胞外信号分子浓度增加时，可以导致相应受体的表达下调，起到对细胞的保护作用。细胞对信号反应发生“脱敏”（desensitization），即高剂量和长时间的信号分子刺激可以诱导细胞对同一信号耐受的机制之一就是调节细胞中的受体数目。

4. 可逆性 配体与受体的结合，绝大多数是通过氢键、离子键、范德瓦耳斯力等非共价键结合的，因此两者的结合是可逆的。

（五）受体的分类

根据受体在细胞中的不同位置，受体可分为细胞膜表面受体和细胞内受体两大类。

1. 细胞内受体 人体内的激素分疏水性小分子类和水溶性多肽类两大类。类固醇激素包括可的松、雌二醇和睾酮，所有这些分子都是疏水性小分子激素，分子质量在 300Da 左右，可以靠简单扩散方式直接跨越靶细胞膜和位于胞质或胞核内的受体蛋白相结合。这些激素受体是基因转录调节蛋白，在未刺激细胞中是以灭活形式存在的。受体和激素结合后，受体蛋白发生构象改变使其能与 DNA 的相应调节序列相结合；促进或抑制一系列有选择的基因转录。每一类激素有不同的受体蛋白；每一个受体可作用在不同的调节序列上，调节不同的基因。胞内受体与其配体分类见表 7-2。

表 7-2 胞内受体及其配体

受体	配体	孤儿受体
类固醇类：		
GR	糖皮质激素	FTZ-F1
PR	孕激素	NGFI-B
MR	盐皮质激素	HNF-4
AR	雄激素	COUP
ERα，β	雌激素	PPAR

续表

受体	配体	孤儿受体
甲状腺素类：		EAR
TRα，β	甲状腺素	ERR
维生素 D 类：		
VDR	维生素 D_3	
ECR	蜕皮激素	
维 A 酸类：		
RARα，β，γ	全反式维 A 酸	
RXRα，β，γ	9-顺式维 A 酸	

2. 细胞膜表面受体（膜受体） 细胞膜表面受体在膜表面的分布可以是区域性的，也可以是散在的。这类受体都是整合膜蛋白（integral membrane protein），根据其生物化学特性，可分成如下七个类型。

（1）与 G 蛋白偶联的受体（G protein coupled receptor，GPCR）：受体与细胞外信息物质结合后首先激活特殊的 G 蛋白，通过 G 蛋白各亚单位调节效应体系的活性。其效应体系有腺苷酸环化酶（adenylate cyclase）、磷脂酶（phospholipase）、离子通道（ion channel）、cGMP 磷酸二酯酶（cGMP phosphodiesterase）等。

（2）本身是离子通道的受体（receptor as ion channel）：受体本身就是离子通道蛋白。信息物质与之结合后导致通道开放，特定的离子内流或外流。

（3）心钠利尿因子受体（atrial natriuretic factor receptor）：心钠利尿因子与其受体结合导致受体本身具有鸟苷酸环化酶催化部位被激活，最终导致钠内流。

（4）具有激酶部位的受体（receptor that have kinase domain）：受体具有酪氨酸激酶部位。信息物质与受体结合后激酶被激活，导致其胞质内底物蛋白磷酸化。

（5）胞质内酪氨酸激酶激活的受体（receptor activated by cytosolic tyrosine）：这种酪氨酸激酶通常存在于胞质内。它并不是受体分子的一部分，只是在细胞表面的受体被激活时，才通过非共价键与受体联系在一起。因此不同于上述的酪氨酸激酶受体。

（6）本身是磷酸酶的受体（receptor that is phosphatase）：受体被激活使其磷酸酶激活。

（7）细胞因子受体（cytokine receptor）：这类受体在结构上有明显的共性。常共用信息转导亚单位，并且常有通用性。

根据其结构、接收信号的种类、转换信号的方式等可以进一步将受体分为离子通道型受体、G 蛋白偶联受体及催化型受体、酶偶联型受体（图 7-6），后两者又可统称为酶活性受体。

细胞表面的众多受体是细胞感受环境变化的感觉器官，也是它们的生理活动不可缺少的组成部分。很多外源性物质如海洛因、尼古丁、辣椒素、药物等，也是利用这些受体的结构特点，模拟了受体的天然性配体与这些受体的结合，过度激活或阻断该受体的活性，干扰细胞的生理活动。许多药物和药品是以这种方式起作用的，新药开发正致力于研究那些能结合到细胞表面特异受体发挥精确效应的物质。

（六）受体的结构与功能

1. 离子通道型受体 图 7-7 是离子通道型受体结构的示意图。这型受体的共同结构特点是由均一或不均一的亚基在细胞膜上构成一寡聚体，每个亚基有 4～6 个跨膜区，在细胞膜上形成阴或阳离子通道。

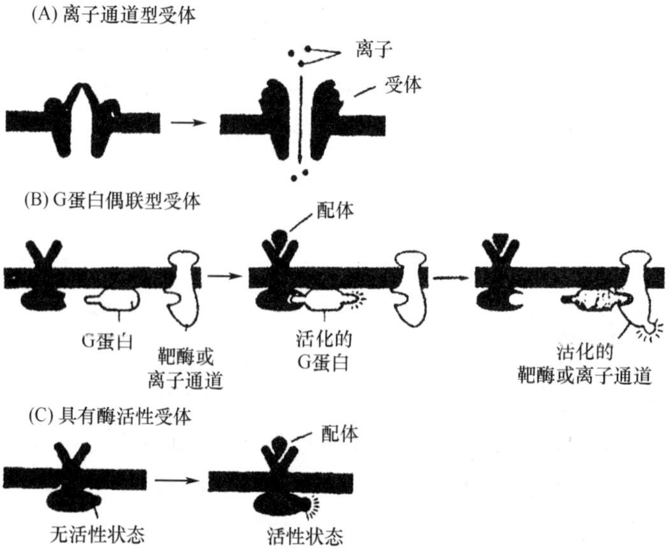

图 7-6 细胞表面受体的类型

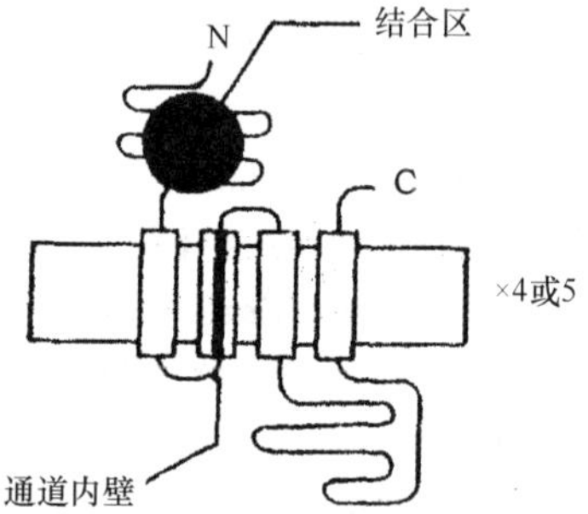

图 7-7 离子通道型受体亚基结构模式

离子通道型受体通常由多个亚基在细胞膜上组装成一个环状，中间形成一个可供离子通过的孔道。它本身具有可以与细胞外信号分子结合的部位，同时又是离子通道，所以也被称为受体/离子通道复合体或离子通道-偶联受体（transmitter-gated ion channels）。由于其结构特点（受体与离子通道偶联），受体结合配体后，可以迅速产生离子通道的开放效应，反应速度快，一般只需要几毫秒的时间。离子通道型受体是神经系统和其他电激发细胞如肌细胞所特有的一类受体，它们又分为配体依赖性复合体和电压依赖性复合体两大类。

配体依赖性复合体又称非电压依赖性复合体，主要常见于神经细胞和神经肌肉接头处，常见的此类受体有烟碱型乙酰胆碱受体（nAchR）、γ-氨基丁酸受体（GABAR）、甘氨酸受体等。依赖于神经递质的离子通道受体属于这类受体，它们在接受神经递质激活后，这类受体构象就发生改变，马上开启或关闭特异类型离子通道，离子受电化学梯度的驱使，急速地涌入或涌出细胞，在 1 毫秒的时间内创造了一个膜电位的变化。例如，Na^+、K^+、Ca^{2+}或 Cl^-离子通道的跨膜流动，导致突触后膜的去极化或超极化，产生生物学效应。电压依赖性复合体以二氢吡啶受体为代表，二氢吡啶受体有对电压敏感的“电位感受器”，调节 L 型钙离子慢通道。

2. G 蛋白偶联受体（G protein coupled receptor，GPCR） 此类受体形成细胞表面受体的最大家族，在哺乳动物已证明有数百个家族成员。它们和多种细胞外信号分子包括激素、局部媒介分子、神经递质起反应，对于它们中的每一个信号分子，都存在着一个不同的受体或者一整套不同的受体。几乎机体内的所有细胞上都分布有 G 蛋白偶联受体。

尽管 G 蛋白偶联受体成员繁多，用克隆技术得到的这类受体已达数百个之多，功能很复杂，能传递细胞的光线、气味、激素、神经递质等外部信息。但是所有 G 蛋白偶联受体都具有相似的结构，即由一条单肽链形成的 7 个α-螺旋，跨跃细胞膜达 7 次，并有 6 个环状结构。其中 7 次跨膜的序列在这类受体中非常保守，而受体的氨基末端、羧基末端和环状结构的长短和序列却有较大差异。肽链一般含 400～500 个氨基酸残基，分细胞外、细胞膜及细胞内三个区（图 7-8）。

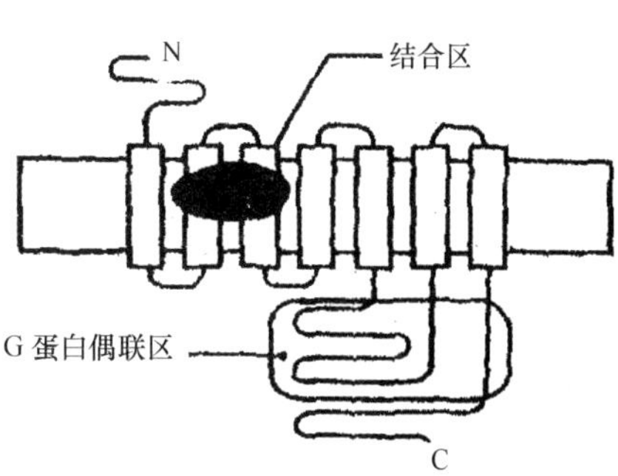

图 7-8　G 蛋白偶联受体结构示意图

细胞膜结构域由 7 个跨膜的α-螺旋构成，跨膜区的氨基酸序列呈高度保守。不同受体膜外 N 端和膜内 C 端在长度和序列上变化很大，在第五和第六跨膜区之间的第三个细胞内环其长度变化也较大。定点突变实验表明第三内环区是与 G 蛋白相连的区域，如果去除或改变这一区的氨基酸，受体仍能与配体结合，但不能与 G 蛋白偶联产生生物效应。

这型受体的配体结合区不是在细胞膜外，而是在跨膜区的α-螺旋片段上。肽链 C 端的丝氨酸和苏氨酸残基为磷酸化部位，蛋白激酶催化时结合磷酸基团。

表 7-3 列出了与不同类型 G 蛋白偶联的受体。

表 7-3　与不同类型 G 蛋白偶联的受体

Gs	Gi	Gp
ACTH 受体	嘌呤 1 受体	α_2 肾上腺素受体
降钙素及相关肽受体	α_2 肾上腺受体	缓激肽受体
β肾上腺素受体	血管紧张素受体	代谢型谷氨酸受体
DA_1 受体	DA_2 受体	M1-Ach 受体
胰糖素受体	GABA-B 受体	$5\text{-}HT_2$ 受体
组胺 H_2 受体	阿片μ和δ受体	P 物质受体
嘌呤 2 受体	5-HT-1A 受体	α-凝血酶受体
LH 受体	生长激素抑制受体	促甲状腺素释放激素受体、加压素受体

G 蛋白偶联型受体的特点：

（1）都是由七个跨膜区的单一肽链构成的；

（2）第五和第六跨膜区之间的第三内环较其他环大，而且是 G 蛋白的结合区；

（3）G 蛋白是一个三聚体，由α、β和γ亚基组成，α亚基具有 GTP 酶活性，α亚基的多样性决定了受体功能的多样性和专一性；

（4）G 蛋白的三聚体与激动剂结合的受体偶联后，α亚基解离并激活效应器（酶或离子通道）；

（5）当α亚基结合的 GTP 被水解，激活效应器的反应即终止，此时α亚基可又与βγ亚基结合。

3. 酶活性受体（单一跨膜片段受体）　酶活性受体也是一类主要的细胞表面受体，绝大多数的生长因子和细胞因子是通过与酶偶联受体结合进行跨膜信号传递的。酶活性受体的分子结构特点：①有一个跨膜区。②胞内部分自带蛋白激酶活性，又称催化型受体；或偶联有蛋白激酶（主要指酪氨酸蛋白激酶），又称酶偶联型受体。酶活性受体蛋白通常是由单个的α-螺旋形成的跨膜部分，单个的α-螺旋不能传递构象的改变，所以酶偶联受体具有不同的转导细胞外信号的机制。信号分子和受体的结合引起两个膜受体分子集合在一起，形成一个二聚体，细胞膜上两个相邻受体的胞内部分接触，相互激活了对方的激酶功能，其结果是两个受体相互磷酸化，并将信号转导至下游信号分子。

酶活性受体大致分为以下五类：

（1）生长因子类受体超家族（酪氨酸蛋白激酶型受体或受体酪氨酸蛋白激酶）：其结构特征为胞内区段具有 PTK（protein tyrosine kinase，酪氨酸蛋白激酶）酶活性区，受体与生长因子结合后，其内在的 PTK 酶活性被激活，可催化自身或底物的酪氨酸（Tyr）磷酸化，受体本身即介导信号转导。典型的有：EGF 受体、胰岛素受体（insulin receptor，IR）、胰岛素样生长因子受体（insulin like growth factor-1 receptor，ICF-1）、血小板衍生生长因子受体（PDGFR）。

（2）细胞因子类受体超家族：其结构特征为胞外四个半胱氨酸残基、WS motif、胞内没有酪氨酸蛋白激酶（PTK）活性区域，受体后信号转导需通过 JAK-STAT 或 Ras 途径参与。

（3）免疫球蛋白类超家族：其结构特征为胞外富含半胱氨酸残基，并含数个 Ig 样的结构域，需要偶联胞质内的酪氨酸蛋白激酶。

（4）TNF 或 NGF 类受体家族：其结构特征为胞外由富含胱氨酸残基四个结构类似区域重复组成。需要偶联胞质内的酪氨酸蛋白激酶。

（5）TGF-β（transforming growth factor β，转化生长因子β）其受体家族：其结构特征为它的胞内部分具有 Ser/Thr（丝氨酸/苏氨酸）激酶活性。

近年还发现了具有鸟苷酸环化酶（guanylate cyclase，GC）活性的受体。

（1）生长因子类受体超家族（酪氨酸蛋白激酶型受体或受体酪氨酸蛋白激酶），是酶活性受体中的一个庞大家族，参与调控细胞的生长与分化。现已发现的这类受体就有 50 多种，是胞质结构域具有蛋白酪氨酸激酶功能的受体，磷酸化经选择的细胞内蛋白上的酪氨酸侧链。这类受体也称为酪氨酸激酶受体，或被称作酪氨酸蛋白激酶型受体或受体酪氨酸蛋白激酶（receptor protein tyrosine kinase，RPTK），受体本身兼具有受体和酪氨酸蛋白激酶（PTK）两种功能。PTK 是一类能催化蛋白质酪氨酸残基（Tyr 或 Y）磷酸化的蛋白激酶。

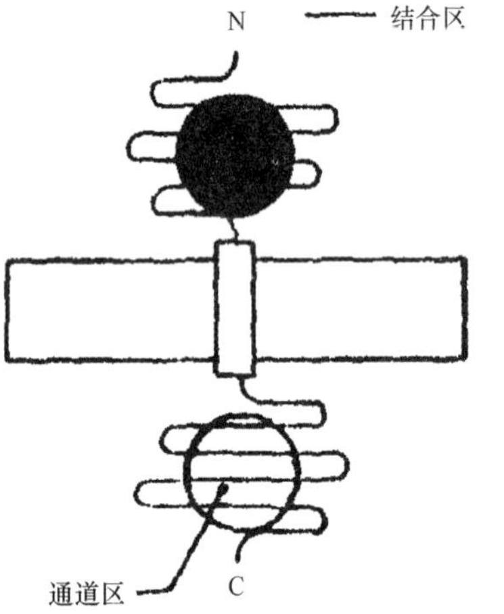

图 7-9 酪氨酸激酶型受体结构示意图

这类受体的基本结构如图 7-9 所示。

此型受体与 G 蛋白偶联型受体一样都是单一肽链构成的受体，区别在于酪氨酸激酶型受体的每条肽链都只有一个α-螺旋跨膜区。跨膜区由 22～26 个氨基酸构成，高度疏水。受体的细胞外区较其他受体大得多，一般有 500～850 个氨基酸残基。由于配体是与膜外区域结合，故不同超家族之间在这一区域的氨基酸组成差别较大。

受体的胞内区分为近膜部分和酪氨酸激酶部分。近膜部分由 41～50 个氨基酸组成，可能有信号修饰作用。激酶部分是受体具有酶活性的催化部位，高度保守。这一部分又分为 ATP 结合和底物结合两个功能区。羧基末端的变化最大，含 70～200 个氨基酸，为非催化区，有修饰催化部位的功能。

在血小板衍生生长因子（PDGF）受体被激活时，被磷酸化的酪氨酸可以结合磷脂酰肌醇激酶（phosphatidylinositol-3 kinase，PI_3K）、GTP 激活蛋白（GTPase-activating protein，GAP）、磷脂酶 C（phospholipase C，PLC）及 c-Src 等信号分子，这些与酪氨酸激酶受体结合的下游信号分子大多数都有一段与 *c-src* 原癌基因表达的蛋白同源的结构被称为 SH2 结构域（src homology-2 domain），该结构域能与 RPTK 的自身磷酸化位点结合。这些分子在受体上的结合位点具有较强的特异性，所以决定了信号传递过程也具有特异性。目前发现还有很多重要的功能蛋白都带有 SH2 结构域，其中包括磷酸酶、磷脂酶、细胞骨架结合蛋白和一些激酶。

Src 是一种酪氨酸蛋白激酶，是原癌基因 *c-src* 的产物，它具有三个基本结构域被分别称为 H_1、H_2 和 H_3，SH 是 Src homology domain 的简称。SH1 具有酪氨酸蛋白激酶活性，SH2 和 SH3 分别由 100 和 50 个左右氨基酸组成，SH2 识别并结合磷酸化酪氨酸的一段序列。SH3 通过脯氨酸和疏水性氨基酸残基与靶蛋白结合，也参与了酪氨酸蛋白磷酸化介导的蛋白与蛋白间的相互识别和结合。

（2）细胞因子类受体超家族：细胞因子受体（包括白介素、干扰素、集落刺激因子、生长激素等）、淋巴细胞抗原受体及部分黏附分子受体。这类受体是数量非常庞大的一个家族，它们的胞内结构域中没有酪氨酸蛋白激酶（PTK）活性区域，受体后信号转导需要通过 JAK-STAT 或 Ras 途径参与来完成。这类受体的胞内近膜区有一个富含脯氨酸（Pro）的“Box”结构，也是 JAK 的结合位点。

（3）TGF-β受体家族（具有丝/苏氨酸激酶活性的受体家族）：以往发现的丝/苏氨酸激酶都是胞内酶，作为比较特殊的一类受体，TGF-β受体家族胞质内含有的酶活性区域具有丝/苏氨酸激酶活性，即单个跨膜α-螺旋受体还包括转化生长因子β（TGFβ）受体。TGFβ虽属于细胞因子家属，但近年来发现，TGFβ家族成员通过受体的 Ser/Thr 蛋白激酶转导信息。TGFβ受体家族被分成两个亚家族——Ⅰ型受体（transforming growth factor β receptor-Ⅰ，TβR-Ⅰ）和Ⅱ型受体（transforming growth factor β receptor-Ⅱ，TβR-Ⅱ）（图 7-10）。TβR-Ⅰ亚家族的氨基酸序列，特别在激酶结构域具高度相似性，而 TβR-Ⅱ亚家族的序列相似性较低。TβR-Ⅰ和 TβR-Ⅱ是糖蛋白，胞外部分相对较短（约为 150 个氨基酸），含有决定该区域折叠的 10 个或更多的半胱氨酸。在跨膜序列附近，三个半胱氨酸特征性地成簇排列。其他半胱氨酸的空间位置多变，但Ⅰ型受体比Ⅱ型受体保守。

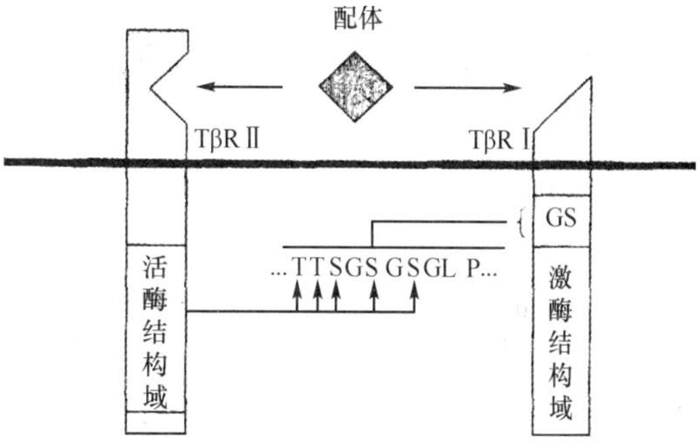

图 7-10 TGFβ的Ⅰ型和Ⅱ型受体

TβR-Ⅰ和 TβR-Ⅱ的激酶结构域具有丝氨酸/苏氨酸蛋白激酶的规范序列。TβR-Ⅱ能进行自身磷酸化和磷酸化 TβR-Ⅰ的丝氨酸和苏氨酸残基。

紧接 TβR-Ⅰ激酶结构域的 N 端，有一个由 30 个氨基酸残基组成的高度保守的 GS 结构域。此区域具特征性的 SGSGSG 序列。经配体诱导，TβR-Ⅱ的激酶能将 TTSGSGSG 序列中的苏氨酸和丝氨酸磷酸化，从而使受体具有了信息转导的活性。TβR-Ⅰ的 GS 结构域是控制 TβR-Ⅰ激酶活性和与底物相互作用的关键区域。

具生物活性的 TGF-β和相关因子通过疏水键或亚基间的二硫键形成二聚体，每个单体有 3 个二硫键，它们相互互锁形成半胱氨酸。

（4）具有鸟苷酸环化酶活性的受体：该类受体分为膜受体和可溶性受体。膜受体的配体包括心钠素（atrial natriuretic peptide，ANP）和鸟苷蛋白。可溶性的鸟苷酸环化酶（soluble guanylate cyclase，GC-S）的配体为 NO 和 CO。

膜受体由同源的三聚体或四聚体组成。每一条亚基包括 N 端的胞外受体结构域、跨膜区域、膜内的蛋白激酶样结构域和 C 端的鸟苷酸环化酶催化结构域（图 7-11）。单个跨膜结构域和胞内近膜区为一长度为 37 个氨基酸残基的片段。蛋白激酶样结构域无激酶活性，目前尚不知它的功能。每条亚基通过胞外受体结构域间的氢键连接成三聚体或四聚体。GC 是一个高度磷酸化的酶，受体与配基结合后，GC 的活性大为提高，随后迅速去磷酸化使 GC 活性复原。

胞液可溶性受体是由α、β两个亚基组成的杂二聚体，分子质量分别为 76kDa 和 80kDa。每个亚基具有一个鸟苷酸环化酶催化结构域和血红素结合结构域。当杂二聚体解聚后，酶活性丧失。酶活性依赖 Mn^{2+}。

在脑、肺、肝及肾等组织中大部分具鸟苷酸环化酶活性的受体是胞液可溶性受体，而在心血管组织细胞、小肠、精子及视网膜杆状细胞则大多数为膜结合型受体。

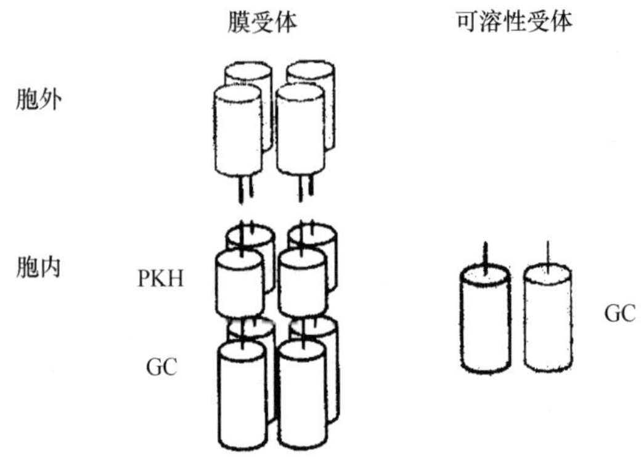

图 7-11 具鸟苷酸环化酶活性的受体结构

PKH：激酶样结构域；GC：鸟苷酸环化酶结构域

4. 胞内受体 胞内受体又称核受体，多为反式作用因子，当与相应配体结合后，能与 DNA 的顺式作用元件结合，调节基因转录。受体激活的生物效应表现在蛋白质合成的变化，因此从配体与受体结合到产生效应之间需要数小时。

通过此型受体产生效应的有甾体类激素，包括糖皮质激素、盐皮质激素、孕激素、雌激素和维生素 D_3，甲状腺素和维 A 酸也通过核受体产生效应。受体的作用部位已经明确在细胞核，但受体的亚细胞定位是近年才清楚的。数年前一直认为受体与配体结合前位于胞质，只有当受体与配体结合后才移向胞核。近年研究已经证明，这类受体有许多本来就位于细胞核中。目前比较肯定的是糖皮质激素和盐皮质激素受体位于细胞质，维生素 D_3 和维 A 酸受体位于胞核。至今仍有争论的是孕激素、雌激素和雄激素受体的定位，多数认为它们的受体分散于胞质和胞核。

图 7-12 是核受体结构示意图。

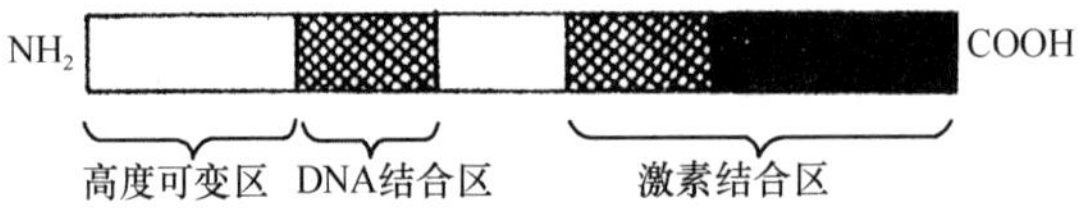

图 7-12 核受体结构示意图

胞内受体是很大的单体蛋白质，含 400～1000 个氨基酸残基，它有两个高度保守区。根据同源性的不同，可以分为四个区域：高度可变区、DNA 结合区、激素结合区和铰链区。高度可变区位于 N 端，长度不一（25～603 个氨基酸），这一区域具有转录激活作用，多数受体的这一区域还是抗体结合区。DNA 结合区有 66～68 个氨基酸，富含半胱氨酸，并有两个“锌指”结构环。这一结构与其他 DNA 结合蛋白结构类似（图 7-13）。

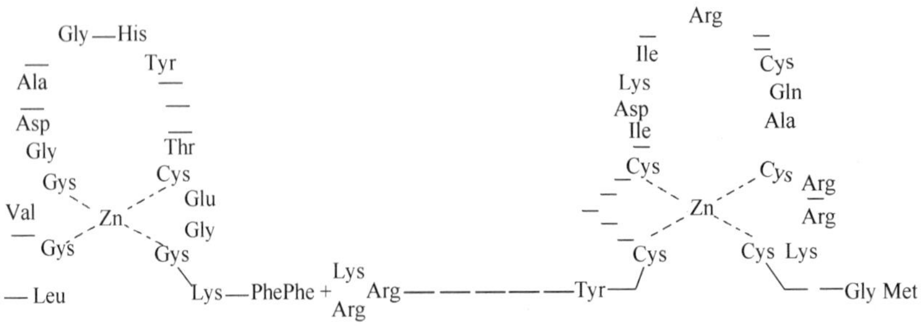

图 7-13 DNA 结合区的“锌指”结构

每个“锌指”大约有 15 个氨基酸残基，四个半胱氨酸残基围绕 Zn 原子构成一个环，环顺 DNA 螺旋旋转。C 端是激素（配体）结合区，由 220～250 个氨基酸构成，其同源性小于 DNA 结合区。这一区域的结构和功能最复杂，主要有以下几种：①与配体结合；②与热休克蛋白（heat shock protein，HSP）结合；③使受体二聚化；④激活转录。

DNA 结合区和配体结合区之间的短序列为铰链区，这一区域可能含与转录子相互作用和触发受体向核内移动的结构。

配体（激素）进入细胞膜后，先与受体结合，使受体进入活化态（图 7-14）。

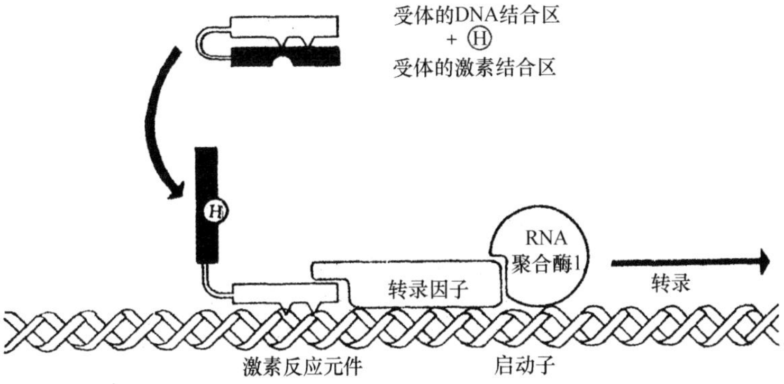

图 7-14　核受体作用示意图

活化态受体的 DNA 结合区和 DNA 分子上的一个特殊区域——激素反应元件（hormone response element，HRE）结合。HRE 是一短的 DNA，同一受体的不同靶基因的 HRE 在序列上有一些不同，但通常是高度同源的。HRE 位于靶基因的启动子上游大约 200 个碱基。受体与 HRE 结合后，通过稳定（正调节）或是干扰促转录因子的结合，调节基因的表达。从加入配体到 RNA 聚合酶活性增加并产生特异 mRNA 一般需要数分钟，到产生效应需数小时到数天。

（七）受体的调节

许多因素可以影响细胞的受体数目和（或）受体对配体的亲和力。

1. 受体数量的调节　若受体的数目减少和（或）对配体的结合力降低与失敏，称之为受体下调（down regulation），反之则称为受体上调（up regulation）。其牵涉的机制一般有：受体合成或分解速度的变化、膜受体介导的内吞（internalization）与受体的再循环、受体的位移或活性部位的暴露等，内吞指的是有些膜受体可内吞后被溶酶体降解。

2. 受体对配体的亲和力调节　受体活性调节的常见机制有以下几种：

（1）磷酸化和脱磷酸化作用：受体磷酸化和脱磷酸化在许多受体的功能调节上起重要作用。例如，胰岛素受体和表皮生长因子受体分子的酪氨酸残基被磷酸化后，能促进受体与相应配体结合，而磷酸化则使类固醇激素受体无力与其配体结合。图 7-15 为 G 蛋白偶联型受体的磷酸化和脱磷酸化作用示意图。

（2）膜磷脂代谢的影响：膜磷脂在维持膜流动性和膜受体蛋白活性中起重要作用。质膜的磷脂酰乙醇胺被甲基化转变成磷脂酰胆碱后，可明显增强肾上腺素β受体激活腺苷酸环化酶的能力。

（3）G 蛋白的调节：G 蛋白可在多种活化受体与腺苷酸环化酶之间起偶联作用，当一受体系统被激活而使 cAMP 水平升高时，就会降低同一细胞受体对配体的亲和力。

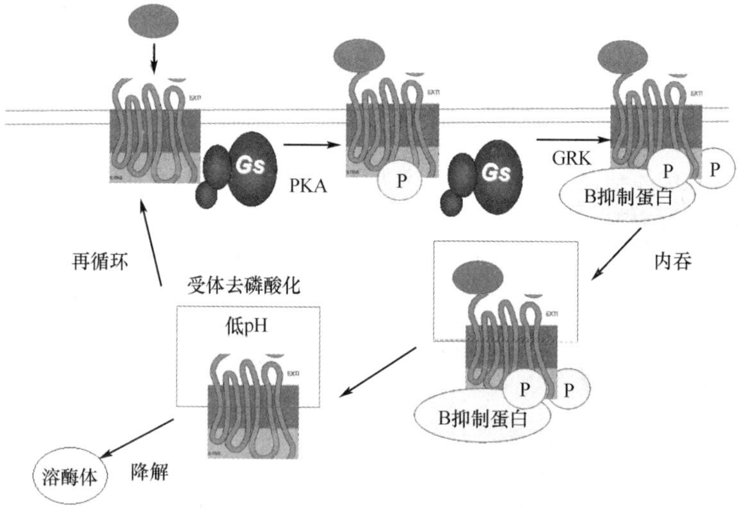

图 7-15 G 蛋白偶联型受体的磷酸化和脱磷酸化作用

PKA：蛋白激酶 A；GRK：G 蛋白偶联受体激酶；Gs：激动型 G 蛋白

五、细胞信号转导的基本方式

（一）细胞信号转导网络的构成

细胞的信号转导过程是由一个复杂的网络系统完成的。这一网络系统的结构基础是一些关键的蛋白质分子和一些小分子活性物质，这些分子均可以称为信号转导分子（signal transducer）。在细胞中，信号转导分子相互作用将信号进行转换和传递，从而构成了不同的信号转导途径（pathway）。不同的信号转导途径之间又存在着交互调控（cross talking），形成了网络（network）控制系统。

（二）信号在细胞内转换和传递的基本方式

化学信号分子结合于细胞表面受体后，将在细胞内产生多种生物化学变化，各种分子的浓度、活性、位置均可以发生改变，从而将细胞外的信号转变为细胞内各种效应装置（代谢途径、基因转录、基因复制、细胞分裂等）可以识别的细胞内信号，亦可以称之为细胞内信使。这些细胞内信使的变化及其在细胞信号转导过程中的作用机制将在第二节详细介绍，这里仅归纳了细胞进行信号传递的基本工作方式。细胞内信使主要通过以下变化将信号进行转换和传递，并以同样方式作用于效应分子，使细胞产生相应的功能状态变化。

1. 小分子信使分子的浓度或细胞内的定位分布发生改变 很多小分子的化学物质可以作为外源信息在细胞内的信使，对相应靶分子的活性具有调节作用。它们在外源信号的作用下可以发生浓度的迅速上升或者下降，进而使其靶分子的活性增高或降低，细胞功能得以改变。

2. 大分子信使的构象变化 许多蛋白质分子可以作为细胞内的信使传递外源信息。这些大分子接受外源信息或其上游分子的信号使自身的构象（conformation）发生改变，从而导致其活性增高或降低，将信号传递到下游分子。这种构象变化与细胞代谢调节中酶活性的变构调节机制是一致的。引起这种变构调节的变构剂可以是上述的小分子细胞内信使，也可以是大分子。信号转导分子的构象变化后，该分子的活性可能增高，亦可能下降。归纳起来，可以引起细胞内大分子信号转导分子发生构象变化的因素包括三种。

（1）蛋白分子的化学修饰：细胞转换和传递信号时，发生的最为重要和关键的变化是细胞内多种蛋白质的化学修饰（chemical modification），其中最主要的是蛋白质的磷酸化（phosphorylation）与去磷酸化（dephosphorylation）。因此，可以认为磷酸化与去磷酸化是细胞转换和传递信号的最主要方式。与变构调节类似，信号转导分子发生磷酸化后，其活性可以升高，亦可以降低。另外一类重要的化学修饰调节是发生于GTP结合蛋白的GTP/GDP结合形式变化。

（2）小分子信使的变构效应：小分子信使作为变构剂结合于靶分子使之发生构象变化，进而促使靶分子的活性改变。例如，cAMP结合于蛋白激酶A使之活化，cGMP结合于蛋白激酶G使之活化等。

（3）大分子信使的变构作用：蛋白质作为大分子信使，也通过与另外的蛋白分子之间的相互作用而导致对方的构象改变，使之发生活性改变。同一种分子的二聚体化或寡聚体化也可以引起分子的构象变化而发生激活或抑制。

3. 蛋白质分子的细胞内定位改变　蛋白质分子的构象变化或磷酸化修饰除了可以导致分子活性发生改变外，也可以使该分子在细胞内的定位发生改变，称为转位（translocation）。定位变化可以是原本位于细胞质的分子转位至细胞的内侧，也可以是向细胞核或其他细胞器的转位，从而将信号传递至相应部位。

4. 蛋白质分子的细胞内水平调节　外源化学信号在传递信号过程中，也可以通过多种渠道影响到相应的信号转导分子和效应分子的合成与分解。这些改变可以归结于基因表达的速度变化，也可以由蛋白质分子的稳定性改变引起。无论是信号转导分子，还是效应分子，浓度的改变都将影响到信号的传递和细胞的应答。

六、细胞内的关键信号转导分子

完成细胞内信号转导过程的关键信号转导分子和关键结构域主要包括以下几类，认识这些基本的信号分子的结构功能是阐明细胞信号转导机制的重要基础。

（一）蛋白激酶与蛋白磷酸酶

蛋白质的磷酸化与去磷酸化是信号转导过程中的最重要的调控方式，负责这一修饰调节的是蛋白激酶（protein kinase）与蛋白磷酸酶（protein phosphotase）。蛋白激酶和蛋白磷酸酶均作用于有限的底物，它们的催化作用的特异性及其在细胞内的分布特异性决定了信号转导途径的精确性。

1. 蛋白激酶　蛋白激酶是指能够将γ-磷酸基因从磷酸供体分子上转移至底物蛋白的氨基酸受体上的一大类酶。磷酸供体可以是ATP，也可以是其他类三磷酸核苷酸。蛋白激酶的命名尚缺乏统一的标准和规则，目前多用3个英文字母命名，如Src、Abl、Fyn、Akt等。大部分的名称是由发现者根据该激酶的来源、结构或功能给予。

由于蛋白激酶常常是多底物的，因此蛋白激酶是根据底物中氨基酸残基的特异性而不是根据底物蛋白的特异性来分类的。蛋白激酶分为五大类：蛋白丝氨酸/苏氨酸激酶，磷酸基团受体为丝氨酸/苏氨酸的羟基；蛋白酪氨酸激酶，磷酸基团受体为酪氨酸的酚羟基；蛋白组/赖/精氨酸激酶，磷酸基团受体为咪唑环、胍基、ε-氨基；蛋白半胱氨酸激酶；磷酸基团受体为巯基；蛋白天冬氨酸激酶，磷酸基团受体为酰基。

蛋白激酶种类繁多，这些蛋白激酶大都属于重要的信号转导分子，其中对细胞功能影响较大的有蛋白激酶A（PKA）、蛋白激酶G（PKG）、蛋白激酶C（PKC）、钙调素依赖的蛋白激酶、蛋白酪氨酸激酶（PTK）、有丝分裂原激活的蛋白激酶（mitogen activated protein kinase，MAPK）等。PKA、PKG、PKC和钙调素依赖的蛋白激酶将在膜受体介导的信号转导机制中提及，这里仅介绍MAPK和PTK两类。

（1）MAPK：属于蛋白丝/苏氨酸激酶，是接收膜受体转换与传递的信号并将其带入细胞核内的一类重要分子，在多种受体信号传递途径中均具有关键性作用。在未受刺激的细胞内，

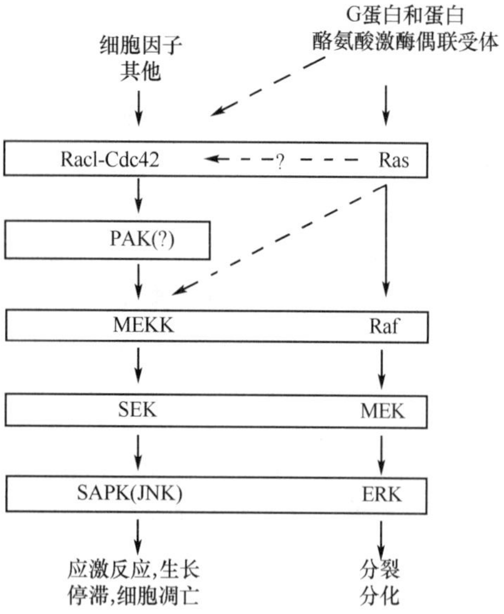

图 7-16 MAPK 的级联激活示意图

MAPK 处于无活性状态。MAPK 由其上游分子 MAPKK（MAPK Kinase）和 MAPKKK（MAPKK Kinase）通过逐级磷酸化反应而激活。细胞受到生长因子或其他因素刺激后，MAPKK 可将 MAPK 中的 Thr-X-Tyr 模体（motif）中的 Thr 和 Tyr 残基同时磷酸化，从而使 MAPK 转变为有活性状态（活化），因此,MAPK 属于丝/苏氨酸和酪氨酸双功能激酶(图 7-16）。MAPK 被激活以后，可转移至细胞核内。在核内，它可使一些转录因子发生磷酸化，从而改变细胞内基因表达的状态。另外，它也可以使一些其他的酶发生磷酸化使之活性发生改变。目前已经知道，MAPK 参与多种细胞功能的调控，尤其是在细胞增殖、分化及凋亡过程中，似乎是多种信号转导途径的共同作用部位。

（2）蛋白酪氨酸激酶（PTK）：其作用于蛋白分子中的酪氨酸残基使之磷酸化，很多细胞信号转导的最早期事件即为多种蛋白质的酪氨酸磷酸化。在细胞的生长与分化过程中，酪氨酸磷酸化大部分具有正向调节作用，无论是生长因子作用后正常细胞的增殖、恶性肿瘤细胞的增殖，还是 T 细胞、B 细胞或肥大细胞的活化都伴随着瞬间发生的多种蛋白质分子的酪氨酸磷酸化。蛋白酪氨酸激酶的抑制剂可以阻断上述细胞的应答反应。根据蛋白酪氨酸激酶在细胞内的位置可以将其分为三类。

1）蛋白酪氨酸激酶受体：这一类蛋白酪氨酸激酶为跨膜蛋白，有受体的功能，其胞外部分为配体结合区，中间有跨膜区，胞内部分含有蛋白酪氨酸激酶的催化结构域。

蛋白酪氨酸激酶受体与配体结合后往往形成二聚体，使酶活性增高，使受体胞内部分的酪氨酸磷酸化增强，磷酸化受体的酶活性进一步增强。此外更重要的是，磷酸化的受体可以募集含有 SH2 结构域的信号分子，从而将信号传递至下游分子。

2）位于胞质部分的蛋白酪氨酸激酶：胞质内亦含有多种蛋白酪氨酸激酶，这些蛋白激酶或接受受体传递的激活信号，或受其他蛋白质的调节而发生活性改变，其主要作用是作为受体和最终效应分子之间的中间介导分子，这些蛋白酪氨酸激酶或者直接与受体形成复合物，或者间接地依次被激活，在传递受体信号过程中起着接力棒的作用。它们的结构见图 7-17。

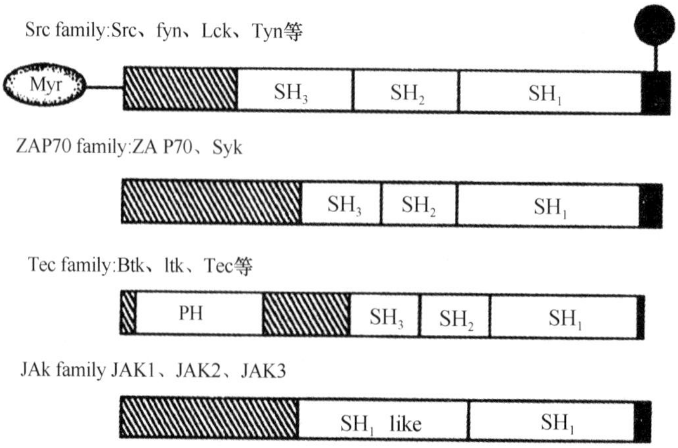

图 7-17 胞质蛋白酪氨酸激酶的结构

3）核内蛋白酪氨酸激酶：蛋白酪氨酸激酶大部分位于胞膜上或胞质内，近年发现核内也存在着蛋白酪氨酸激酶，这对于信号在核内的传递有重要意义。重要的核内蛋白酪氨酸激酶有 Abl 和 Wee。Abl 既存在于胞核内，也存在于胞质中，已发现它参与转录过程和细胞周期的调节；Wee 只存在于核内，它可调节细胞周期素 2（cyclin 2）的活性，抑制其磷酸化，对细胞进入有丝分裂具有调节作用。

2. 蛋白磷酸酶　蛋白磷酸酶是具有催化已经磷酸化的蛋白质分子发生去磷酸化反应的一类酶分子，与蛋白激酶相对应存在，共同构成了磷酸化与去磷酸化这一重要的蛋白质活性的开关系统。无论蛋白激酶对于其下游分子的作用是正调节还是负调节，蛋白磷酸酶都将对蛋白激酶所引起的变化产生衰减信号，即产生使正调节减弱的负向信号，或产生使负调节减弱的正向信号。

与蛋白激酶催化磷酸化反应类似，蛋白磷酸酶亦具有底物特异性。蛋白磷酸酶的分类也与蛋白激酶类似，是根据它所作用的氨基酸残基决定的。另外还有个别的蛋白磷酸酶可同时作用于酪氨酸和丝氨酸残基。

3. 蛋白质可逆磷酸化在信号转导中的作用

（1）参与跨膜信号转导的启动：受体型蛋白激酶胞内区具有内在蛋白激酶的活性，如生长因子受体，它们与配体结合后，受体二聚化、自身磷酸化形成 SH_2 结合的 pY 位点，继而许多含有 SH_2 结构域的信号转导蛋白与 pY（磷酸酪氨酸）位点结合，在受体跨膜信号转导中发挥重要作用，启动胞内的信号转导。非受体型蛋白激酶主要有 Src 家族 PTK 和 JAK 家族 PTK。

（2）参与细胞内信号转导：G 蛋白偶联受体激活胞内效应酶产生第二信使 cAMP、DG 和 IP_3 等，它们再激活相应的蛋白激酶，蛋白激酶磷酸化下游的底物，将信号转导进行下去。MAPK 信号通路是三酶级联反应：MAPKKK→MAPKK→MAPK，通过酶促级联反应导致信号的转导和放大。

（3）参与信号转导的调节：信号转导的分子基础在于蛋白质-蛋白质的相互作用，这种作用可使蛋白质转位、靶向和聚集，形成蛋白质信号模块。在这些过程中，蛋白质的可逆磷酸化参与了调节，有时磷酸化促进蛋白质-蛋白质的结合，有时又促进蛋白质-蛋白质的解离。在细胞信号转导的通路中，蛋白质-蛋白质的结合与解离受磷酸化与去磷酸化动态的调节。

（4）参与信号网络的构建：一个信号通路的蛋白激酶不仅能调控该通路下游底物的活性，而且还能调节其他信号通路成员的活性。例如，cAMP-PKA 信号通路中 PKA 可负调 MAPK 信号通路中的 Raf-1，而 PKC 信号通路中的 PKC 则可正调 Raf-1。可见，不同信号通路的蛋白激酶能互相交叉作用，互相协调和互相制约，构建细胞内信号转导网络。

（二）GTP 结合蛋白

GTP 结合蛋白是一种鸟苷三磷酸结合蛋白（GTP binding proteins），简称 G 蛋白（G protein），是连接受体与效应器（酶或离子通道）之间的中介物质，一类非常重要的信号转导分子。在各种细胞信号转导途径中，GTP 结合蛋白起到开关作用。当其结合的核苷酸为 GTP 时即成为活化形式，可作用于下游分子使相应的信号转导途径开放，而当其结合的 GTP 水解成为 GDP 时（G 蛋白自身具有 GTP 酶活性）则回到非活化状态使相应的信号转导途径关闭。目前已知的参与细胞信号转导的 GTP 结合蛋白有两大类。

1. GTP 结合蛋白三聚体　这是一类与七次跨膜受体相结合的 G 蛋白，以α亚基（Gα）和βγ亚基（Gβγ）异三聚体的形式存在于细胞质膜内侧，G 蛋白不是跨膜蛋白，但能够固定于胞膜内侧。

（1）G 蛋白的结构：异三聚体 G 蛋白的相对分子质量为 100 000 左右，由α、β和γ三种亚基组成。α亚基相对分子质量为 39 000～46 000，不同 G 蛋白的α亚基不同，它是分类的重要依据。

α亚基具有多个功能位点，其中包括可与受体结合并受其活化调节的部位，与βγ亚基相结合的部位、GDP 或 GTP 结合部位及与下游效应分子相互作用的部位等，α亚基还具有 GTP 酶活性，即可把 GTP 水解成 GDP 和无机磷酸。α亚基结合 GDP 时是处于无活性状态的，而与 GTP 结合时成为有活性状态，GTP 的水解又使其返回无活性状态。G 蛋白中的β和γ亚基亦有数种，但不及α亚基种类多，β和γ亚基是疏水蛋白，β亚基相对分子质量为 36 000 左右，γ亚基相对分子质量在 7000～8000。各种 G 蛋白的β和γ亚基非常相似，在细胞内，β和γ亚基以非共价键形成紧密结合的二聚体，只有在蛋白变性条件下方可解离，因此可以认为它们是功能上的单体。βγ亚基的主要作用是与α亚基形成复合体并定位于质膜内侧，βγ亚基亦可直接作用于其下游效应分子。

（2）G 蛋白的作用机制：G 蛋白中介的反应可分为四个阶段。

第一阶段为静止态，这一阶段 GDP 与α亚基处于结合状态。第二阶段，激动剂分子与受体结合，使受体的构象变得易与 G 蛋白结合。当αβγ与受体结合后触发 GDP 磷酸化变成α/GTP 形式，继而α/GTP 从βγ亚基上解离下来，α/GTP 是 G 蛋白的活化形式。第三阶段，α/GTP 在细胞膜内扩散，与不同的靶蛋白效应酶或离子通道相连，引起不同的生物效应。当 GTP 酶水解α/GTP 成α/GDP 时，效应过程终止。第四阶段是α/GDP 从效应靶蛋白上解离，α亚基与βγ亚基重新结合，形成αβγ复合物，从而完成了一个循环。每个循环过程起到信号放大的作用。单一信号分子，即一个激动剂可以激活许多 G 蛋白分子，每个 G 蛋白分子又可与信号分子相连而产生许多第二信使分子，进一步放大至最后生产细胞效应，这就是级联放大理论。图 7-18 是 G 蛋白作用的示意图。

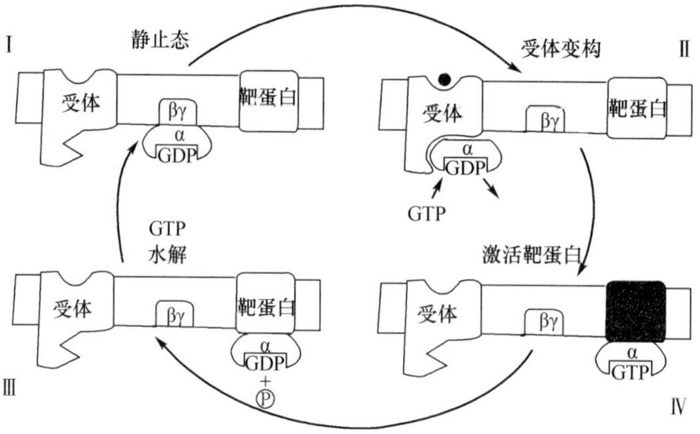

图 7-18 G 蛋白的功能示意图

G 蛋白作用的一个重要特点是一个细胞内的 G 蛋白库可以与不同受体和不同的效应器相偶联。一个特定受体如何完成其特定功能？即如何实现其专一性？如 m-Ach 受体和β肾上腺素受体都是心肌细胞上与 G 蛋白偶联的受体，但两个受体介导了相反的作用，前者使心率减慢，传导速度下降，心肌收缩力减弱，而后者使心率加快，传导加速，心肌收缩力加强。对这一点虽然不完全清楚，但是可以肯定的是 G 蛋白的多样性（尤其是α亚基）决定了受体作用的专一性。

（3）G 蛋白的种类：三聚体 G 蛋白有许多种（表 7-4）。常见的有激动型 G 蛋白（stimulatory G protein，Gs）、抑制型 G 蛋白（inhibitory G protein，Gi）和磷脂酶 C 型 G 蛋白（PI-PLC G protein，Gp）。不同的 G 蛋白能特异地将受体和与之相适应的效应酶偶联起来。各种 G 蛋白的α亚基均有一个可被霍乱毒素或百日咳毒素进行 ADP-核糖基化修饰的部位，并能改变 G 蛋白的功能。霍乱毒素能引起α_s的 ADP 核糖基化，使α_s丧失 GTPase 活性，因此α_s维持在活性状态。百日咳毒素通过促使α_i亚单位上的 ADP 核糖基化并阻止了α_i被激活而使腺苷酸环化酶不可逆地激活。

表 7-4 G 蛋白的分类及耦联受体与效应器

G 蛋白	效应器功能	第二信使	受 体
s	激活腺苷酸环化酶	cAMP↑	β肾上腺素受体
olf	激活腺苷酸环化酶	cAMP↑	嗅觉受体
i	抑制腺苷酸环化酶	cAMP↓	促生长素抑制素受体
	开放 K^+通道	膜电位↑	促生长素抑制素受体
o	关闭 Ca^{2+}通道	膜电位↓	m_2 乙酰胆碱受体
t	激活 cGMP PDE	cAMP↓	视紫红质
q	活化 $PLC_β$	IP_3，DG↑	m_1 乙酰胆碱受体

这些 G 蛋白功能上的差异主要因α亚基结构不同所致，而不同来源的β和γ亚基则十分相似。不同α亚基 G 蛋白的 GTP 结合区是高度同源的。定点突变实验证明 C 端是受体结合区，对于α亚基与βγ亚基的结合区和与效应酶的结合区知道得较少。

2. 低分子质量 G 蛋白（small G protein） 这一类 G 蛋白与 G 蛋白三聚体相比，分子质量要小得多，只有 21kDa，因而称为低分子质量 G 蛋白，又称“小 G 蛋白”，它们都是单体。低分子质量 GTP 结合蛋白在多种细胞信号转导途径中亦具有开关作用。它们主要位于 MAPK 系统的上游，非活化状态时结合 GDP，在外源信号的作用下释放 GDP，结合 GTP，本身即被活化，进而使位于其下游的 MAPK 系统活化；而这些 G 蛋白亦具有 GTP 酶活性，将 GTP 水解成 GDP，G 蛋白本身又回到非活化状态。

在细胞中还存在着一些专门控制低分子质量 G 蛋白活性的调节因子，这些调节因子受膜受体信号的影响，调节低分子质量 G 蛋白活性。在这些调节因子中，有的可以促进 G 蛋白释放 GDP、结合 GTP 的反应，因而能增强低分子质量 G 蛋白的活性，如鸟嘌呤核苷酸交换因子（GEF）和鸟嘌呤核苷酸解离抑制因子（GDI）；有的可以促进 G 蛋白的 GTP 酶活性，促进将 GTP 水解成为 GDP 的反应，因而可以降低低分子质量 G 蛋白活性，如 GTP 酶活化蛋白（GAP）等。

第一个被发现的低分子质量 G 蛋白是 Ras，因此这一类蛋白质被称为 Ras 超家族成员。由于它们均有一个 GTP 酶结构域，亦将之称为 Ras 样 GTP 酶。Ras 超家族成员又可以分为数个亚家族，在细胞内分别控制不同的信号转导途径，每一个成员都有各自的特点。

（三）蛋白质相互作用的调控结合元件

细胞内的信号转导分子有许多都是蛋白质，这种信号载体蛋白被称为信号转导蛋白。信号转导蛋白间相互作用的分子基础是两个信号转导蛋白具有的一些特殊结构域，这些结构域被称为信号域（signaling domain）。这些结构域由 50～100 个氨基酸构成，它们是信号分子相互识别的部位，信号分子通过这些信号域的识别和相互作用而有序衔接，介导信号转导的靶向定位、聚集、连接和信号转导复合物的形成，最终成为不同的信号传递链或称为信号转导途径。这些结构域又被称为调控结合元件（modular binding domain，直译为“膜件结合域”），它们在不同的信号转导分子中具有很高的同源性。目前已经知道了数十种这样的结构域，如下所述。

1. SH2 结构域（src homology 2 domain） 由约 100 个氨基酸组成，介导信号分子与含磷酸酪氨酸蛋白分子的结合。这种结合依赖于酪氨酸残基的磷酸化及其周围的氨基酸残基所构成的模体（motif）。例如：YEEL 与 Src 家族的 SH2 结合，YMXM 与生长因子受体和 PI3Kp85 的 SH2 结合，YVIP 与 PLCγ的 SH2 结合及 YXNX 与 Grb2 的 SH2 结合等。

2. SH3 结构域（src homology 3 domain） 由 50～100 个氨基酸组成，介导信号分子与富含

脯氨酸的蛋白质分子的结合，其亲合力亦与脯氨酸残基及邻近氨基酸残基所构成的模体序列相关。例如：PKLPPRPSK 与 P13K 的亲合力为 9.1μM，PALPPLPRY 与 P13K 的亲合力为 17μM。

3. PH 结构域（pleckstrin homology domain） 由 100～120 个氨基酸组成，其功能尚未完全确定。目前已知它可以与磷脂类分子 PIP_2、PIP_3 等结合。同时也发现，一些蛋白分子，如 PKC 和 G 蛋白的βγ亚单位也可以与 PH 结构域结合。

4. PTB 结构域（protein tyrosine binding domain） 由约 160 个氨基酸组成，与 SH2 一样，PTB 结构域也可以识别一些含磷酸酪氨酸的模体，但其结合模体与 SH2 结构域有所差别。

作为调控结合元件，它们在结构和功能上有如下特点：①一个信号分子可以含有两种以上的结合元件（图 7-19），因此可以同时与两种以上的其他信号分子相结合。例如，在蛋白酪氨酸激酶 Btk 中有 PH 结构域、SH3 结构域和 SH2 结构域等 3 个调控结合元件。②同一类调控结合元件可存在于多种不同的信号转导分子中。例如，PH 结构域存在于 100 余种蛋白激酶、低分子质量 G 蛋白调节分子及细胞骨架蛋白等多种信号转导分子中。这些结合元件的一级结构仍然是不同的，因此对所结合的信号分子具有选择性，这是保证信号分子相互作用具有特异性的基础。③这些结构域本身均为催化结构域。

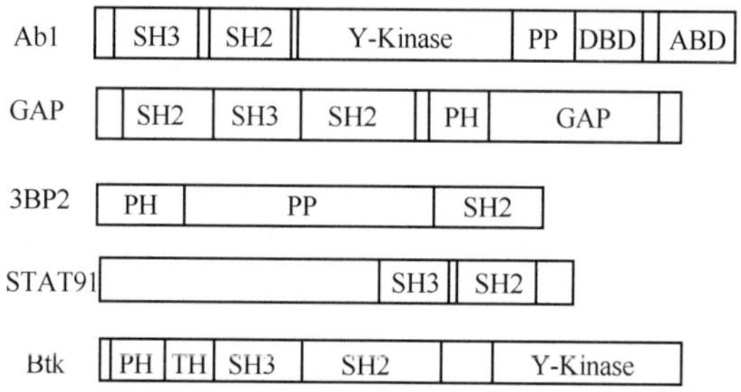

图 7-19 信号转导分子中的调控结合元件

（四）接头蛋白和锚定蛋白

除以上介绍的信号域外，接头蛋白和锚定蛋白在信号转导网络的形成中同样起着重要的作用。接头蛋白（adaptor）是指信号通路间的连接者，如受体酪氨酸激酶信号通路主要由含 SH2 的接头蛋白介导，生长因子结合其受体，受体二聚化并自身产生 pY（磷酸酪氨酸）位点，pY 位点可与含有 SH2 区的 Ras 及磷脂酰肌醇-3-激酶（PI3 激酶或 PI3K）等多种信号转导蛋白结合，而 Ras 和 PI3K 又分别与相应的接头蛋白 Grb2 和 IRS1 结合，将信号传递下去。细胞的区域化是细胞的重要特征之一，信号转导蛋白的分布也具有其区域分布的特性。突触后神经元突触后密集区富含受体和离子通道。锚定蛋白（anchoring proteins）如 PSD-95 能够依靠其 PDZ 信号域与谷氨酸受体亚型 NMDA 受体 2A 或 2B 亚基的 C 端序列结合，并借助其他信号域与神经元一氧化氮合酶（nNOS）结合，这样既锚定和聚集了 NMDA 受体，又将下游的信号蛋白 nNOS 拉向 NMDA 受体钙通道近处，从而有利于 Ca^{2+}激活 nNOS。

信号转导蛋白、接头蛋白和锚定蛋白都含有一定的信号域，它们通过信号域直接进行蛋白质-蛋白质相互作用。某些情况下，通过间接相互作用，如借助一种脚手架蛋白（scaffolding protein）将信号通路中各成员连接在一起。蛋白质间的直接或间接相互作用，形成了信号转导的蛋白质复合物，这种复合物被称为信号转导模块（signaling modules）或细胞信号转导蛋白质模块（protein module in cellular signaling）。例如，MAPK 主要有 ERK、JNK、P38MAPK 三种激酶组成，每一种都是由 MAPKKK、MAPKK、MAPK 三酶级联构成。因此，ERK 信号通路、JNK 信号通路、P38 信号通路各自由三个激酶构成信号转导模块。另外，在 JNK 信号通路中，JIP-1（JNK-interacting protein-1）作为一种脚手架蛋白特异地将 MLK、MKK7、JNK 三个激酶结合在该蛋白上，形成一个 MLK-MKK7-JNK 信号转导模块。JIP-1 在此起着双重调控作用：一方面，通过支架蛋白将三个成员共定位保证其精细的调控，并促进该级联成员的磷酸化；另一方面，将不同的 MAPK 信号通路分隔开以防止与功能无关的 MAPK 信号转导模块间产生对话（cross talk）。

第二节　主要细胞信号转导途径及其作用机制

脂溶性化学信号分子（如类固醇激素、甲状腺素、前列腺素、维生素 A 及其衍生物和维生素 D 及其衍生物等）的受体位于细胞质或细胞核内。细胞内受体介导的信号转导相对较为简单。激素进入细胞，有些可与其胞核内的受体相结合形成激素-受体复合物，有些则先与其在胞质内的受体相结合，然后以激素-受体复合物的形式进入核内，直接作用于 DNA 即可完成信号转导的过程。

与脂溶性的化学信号分子不同，亲水性信号分子（所有的肽类激素、神经递质和各种细胞因子等）均不能进入细胞，它们的受体位于细胞表面。这些受体与信号分子结合后，可以诱导细胞内发生一系列生物化学变化，从而使细胞的功能如生长、分化及细胞内化学物质的分布等发生改变，以适应微环境的变化和机体整体需要。虽然有些信号分子与受体结合后可以发生内化（internalization），但这不是主要的作用方式。这种位于膜表面的受体所介导的信号传递主要表现为各种参与信号传递的信号分子的构象、浓度或分布发生变化，各种信号分子之间发生相互识别和相互作用，归纳起来，细胞转导信号的基本路线和方式可以表示为：

$$\text{外源信号}\rightarrow\text{受体}\rightarrow\left\{\begin{array}{l}\text{小分子信使浓度或分布变化}\\ \text{分子信使}\left\{\begin{array}{l}\text{化学修饰}\\ \text{蛋白质相互作用}\end{array}\right.\end{array}\right\}\text{效应分子构象变化}\rightarrow\text{细胞应答反应}$$

20 世纪 90 年代以来，有关细胞信号转导机制的研究取得了许多重要进展，对于多种信号转导途径有了较为详细的了解。本节将分类介绍一些主要的信号转导途径，其中有些还不能完全定论，有些还有待深入认识。

一、细胞内受体介导的信号转导

目前已知通过细胞内受体调节的激素有糖皮质激素、盐皮质激素、雄激素、孕激素、雌激素、甲状腺素（T_3及T_4）和 1,25-（OH）$_2D_3$等，上述激素除甲状腺素外均为类固醇化合物。细胞内受体又可分为核内受体和胞质内受体，如雄激素、孕激素、雌激素和甲状腺素受体位于细胞核内，而糖皮质激素的受体位于胞质中。

如前所述，这些受体均属于转录因子，并具有锌指结构作为其 DNA 结合区。在没有激素作用时，受体与热休克蛋白（heat shock proteins，Hsps）形成复合物，因此阻止了受体向细胞核的移动及其与 DNA 的结合。当激素与受体结合时，受体构象发生变化，导致热休克蛋白与其解离，暴露出受体核内转移部位及 DNA 结合部位（图 7-20），在胞质中形成的类固醇激素-受体复合物以二聚体形式穿

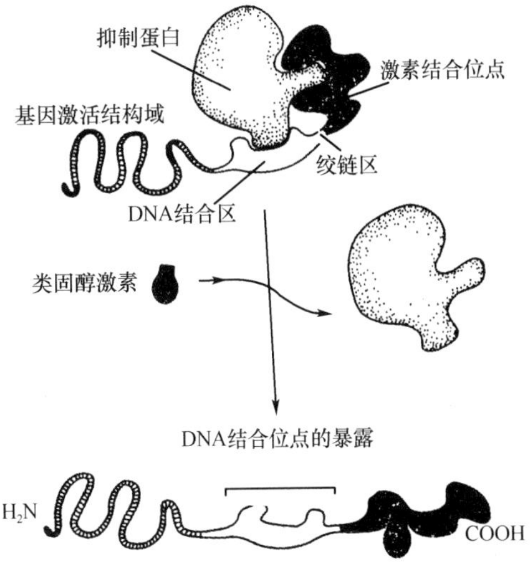

图 7-20　胞内受体的作用机制示意图

过核孔进入核内。在核内，激素-受体复合物作为反式作用因子与DNA特异基因的激素反应元件（hormone response element，HRE）结合，通过与其他转录因子的相互作用，影响RNA聚合酶的作用，从而促进特异基因易于（或难于）转录，进而开放或关闭其下游基因，改变细胞的基因表达谱，并发生细胞功能改变（图7-21）。

类固醇激素诱导的基因转录可分为两个阶段：直接活化少数特殊基因转录的初级反应，迅速发生；初级反应的基因产物再活化其他基因转录产生延迟的次级反应，对初级反应起放大作用。

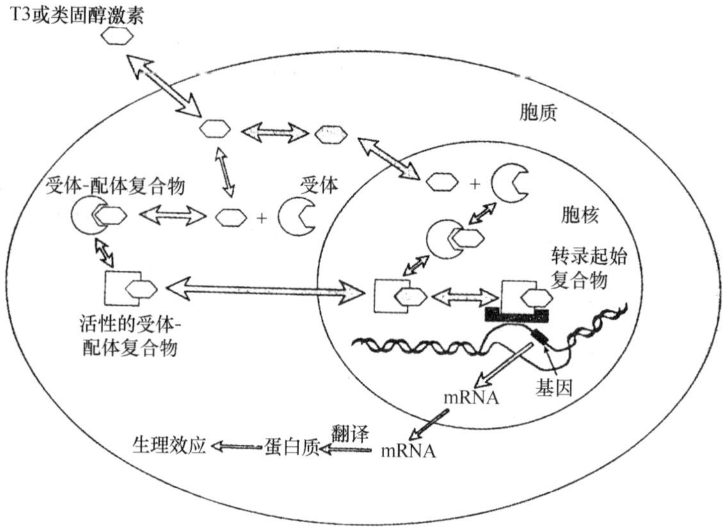

图7-21 类固醇激素与甲状腺素通过胞内受体调节生理过程

甲状腺素进入靶细胞后，能与胞内的核受体结合，甲状腺素-受体复合物可与DNA上的甲状腺素反应元件（TRE）结合，调节基因的表达。此外，在肾、肝、心及肌肉的线粒体内膜上也存在甲状腺素受体，结合后能促进线粒体某些基因的表达，可能与甲状腺素能加速氧化磷酸化有关。

二、离子通道型受体的信号转导

如第一节所述，离子通道型受体是一类自身为离子通道的受体，这类受体组成的离子通道可以是阳离子通道，如乙酰胆碱、谷氨酸和五羟色胺的受体，也可以是阴离子通道，如甘氨酸和γ-氨基丁酸的受体。

受体组成的离子通道与受电位控制的离子通道不同，它们的开放或关闭直接受化学配体的控制，这些配体主要为神经递质。离子通道受体信号转导的最终作用是导致细胞膜电位改变，这类受体是通过将化学信号转变成为电信号而调节细胞功能的。

乙酰胆碱受体是离子通道受体的典型代表，其结构模式见图7-22。乙酰胆碱受体是由5个同源性很高的亚基构成，包括2个α亚基、1个β亚基、1个γ亚基和1个δ亚基。每一个亚基都是一个四次跨膜蛋白，由约500个氨基酸残基构成。推测跨膜部分为4条α-螺旋结构，其中一条α-螺旋含较多的极性氨基酸，正是由于这个亲水区的存在，使得5个亚基共同在膜中形成一个亲水性的通道。乙酰胆碱的结合部位位于α亚基上。

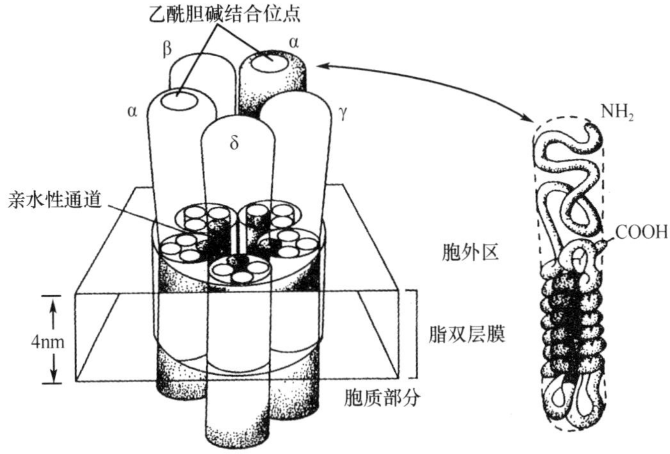

图 7-22 乙酰胆碱受体的结构模式图

乙酰胆碱受体可以三种构象存在（图 7-23）。两分子乙酰胆碱的结合可使之处于通道开放构象，但即使有乙酰胆碱的结合，该受体处于通道开放构象状态的时限仍十分短暂，在几十毫微秒内又回到关闭状态。然后乙酰胆碱与之解离，受体恢复到初始状态，作好重新接受配体的准备。

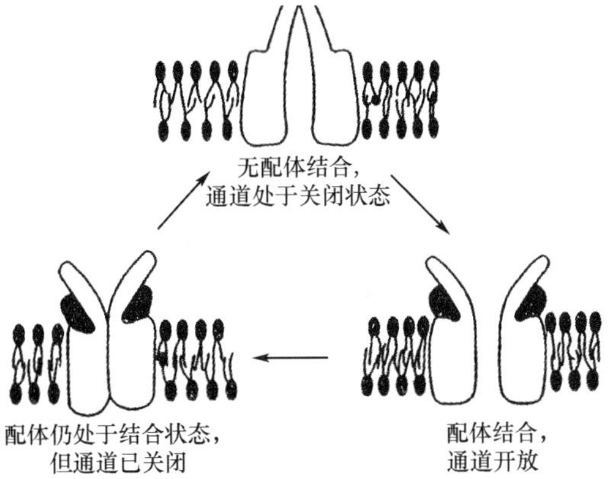

图 7-23 乙酰胆碱受体的三种构象示意图

三、G 蛋白偶联型受体的信号转导

G 蛋白偶联型受体包括多种神经递质、肽类激素和趋化因子的受体，在味觉、视觉和嗅觉中接受外源理化因素的受体亦属 G 蛋白偶联型受体。如前所述，这类受体在结构上均为单体蛋白，氨基端位于细胞外表面，羧基端在胞膜内侧，完整的肽链要反复跨膜七次（图 7-24），因此亦有人将此类受体称为七次跨膜受体。由于肽链反复跨膜，在膜外侧和膜内侧形成了几个环状结构，它们分别负责与配体（化学、物理信号）的结合和细胞内的信号传递。其胞质部分可以与三聚体 G 蛋白相互作用，这种 G 蛋白是该信号传递途径中的第一个信号传递分子，这也是这类受体被称为 G 蛋白偶联型受体的原因。

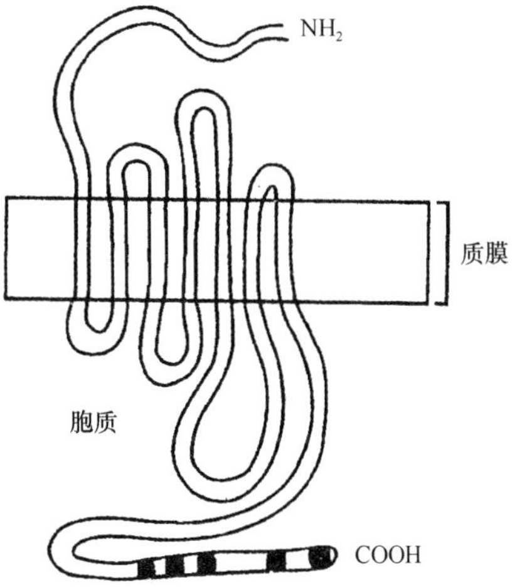

图 7-24 七次跨膜受体（G 蛋白偶联型受体）跨膜结构示意图

G 蛋白偶联受体的信号传递的基本过程包括：①配体与受体结合；②受体激活 G 蛋白；③G 蛋白激活或抑制细胞中的效应分子；④效应分子改变细胞内小分子信使的含量与分布；⑤细胞内小分子信使作用于相应的靶分子，使之构象改变，从而改变细胞的代谢过程及基因表达等功能。

（一）G 蛋白

如上所述，根据 G 蛋白α亚基作用的效应酶，将 G 蛋白分为 Gs、Gi、Gq、Gt、Golf 和 Go 等，各类 G 蛋白在跨膜信号转导中的作用各不相同（表 7-4）。本节将重点介绍 Gs、Gi 和 Gq 的作用。

（二）跨膜信号转导的机制

1. Gs 的作用机制 Gs 是激活型受体（Rs）与腺苷酸环化酶之间的偶联蛋白。当 Gs 处于无活性状态时，它是三聚体，α亚基结合 GDP，此时，受体与腺苷酸环化酶亦无活性。当配体与受体结合后导致受体构象改变，受体暴露出与 Gs 结合的位点，受体与 Gs 在膜上扩散导致二者结合，形成受体-Gs 复合物后，Gs α亚基构象改变，排斥 GDP，结合了 GTP 而活化，于是α亚基与βγ亚基解离，同时暴露出与环化酶结合位点。α亚基与环化酶结合而使后者活化，利用 ATP 生成 cAMP。然后，α亚基上的 GTP 酶活性使结合的 GTP 水解为 GDP，α亚基恢复原来构象，从而与环化酶分离，环化酶活化终止，α亚基重新与βγ亚基复合体结合。如有胞外信号配体与受体结合，以上过程重复进行，否则，受体、Gs 和环化酶即恢复原来无活性状态（图 7-25）。

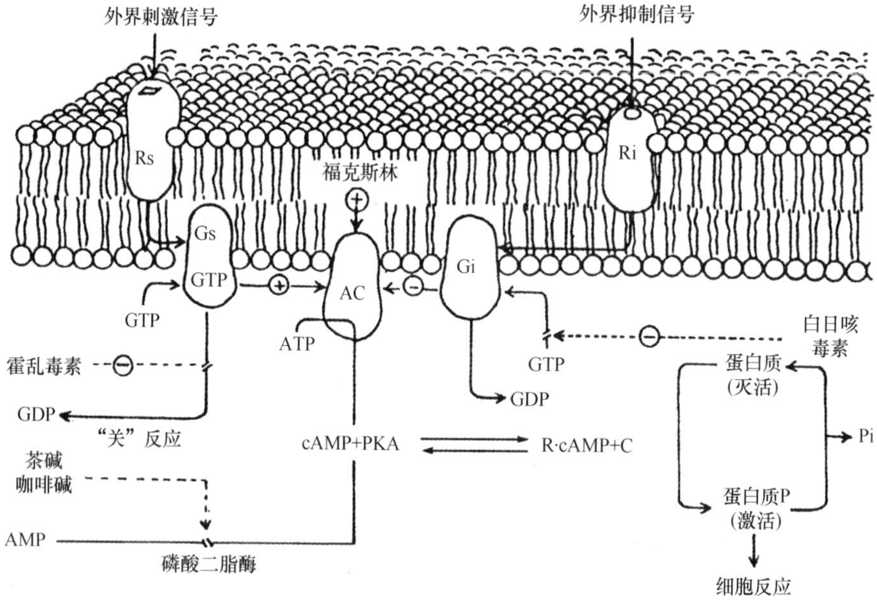

图 7-25 G 蛋白耦联受体的信号转导示意图

霍乱毒素进入胞内，使α亚基失去 GTP 酶活性，导致环化酶持续活化，胞内 cAMP 浓度大大增加，使大量水分进入肠腔，造成严重腹泻。这就是霍乱的主要临床症状。

2. Gi 的作用机制 同一胞外信号能使 cAMP 增加或使其减少，决定于信号所结合的受体类型。肾上腺素有β和α_2 两种受体，前者为激活型受体（Rs），可激活腺苷酸环化酶，导致胞内 cAMP 浓度升高。后者为抑制型受体（Ri），可抑制腺苷酸环化酶，使胞内 cAMP 浓度下降。Gi 与 Gs 的βγ亚基相同，但α亚基不同。当α_2受体与 Gi 结合时，Gi 结合 GTP 代替 GDP，从而使 Gi 的α亚基与βγ亚基分离。其抑制机制有两种可能性：一是 Gi 活化产生的α亚基与环化酶结合而直接抑制它；另一种是 Gi 活化，使β、γ水平增加，增强了 Gs 的α亚基与βγ亚基的结合，间接抑制了环化酶的活性。

百日咳毒素抑制 Gi 结合 GTP，使 Gi 的α亚基不能活化，阻断了 Ri 受体引起的对环化酶的抑制作用；也可能是抑制 Gi 与 Ri 的相互作用，从而抑制 Ri 的作用（图 7-25）。

3. Gq 的作用机制　细胞膜内肌醇磷脂的代谢非常活跃，并且与信号转导相联系，因此，又称为肌醇磷脂信号通路。胞外信号分子与质膜受体结合，通过 Gq 激活 PLCβ，使质膜上磷脂酰肌醇-4,5-二磷酸（PIP_2）水解成 1,4,5-三磷酸肌醇（IP_3）和二酰甘油（DG），即 Gq 的效应酶是 PLCβ。两个第二信使 IP_3 和 DG 分别启动 IP_3/Ca^{2+}和 DG/PKC 信号通路。因此，又把这一信号系统称为“双信使系统”。IP_3 通过作用于内质网上特异的受体使其内部 Ca^{2+}释放，引起胞内 Ca^{2+}水平增加，从而启动胞内 Ca^{2+}信号系统，即通过 Ca^{2+}/钙调素（calmodulin，CaM）依赖的酶类活性变化来调节和控制一系列生物学效应；DG 通过激活 PKC，磷酸化许多蛋白质和酶，从而调节和控制另外一系列的生物学效应（图 7-26），但两者是互相协调、密切配合的。

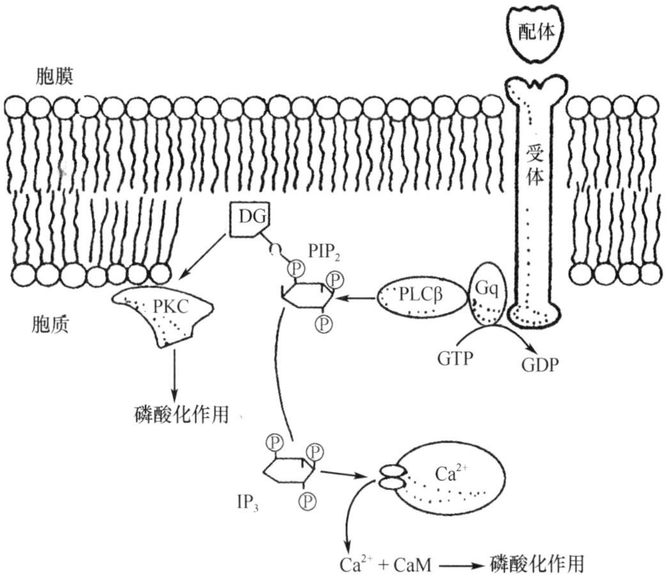

图 7-26　Gq 的信号转导

4. G 蛋白βγ亚单位也直接参与信息传递的调节　早期认为，βγ亚单位仅仅是调节α亚单位的活性，本身并不具有直接调节效应器的活性。近来的研究发现，βγ亚单位同样作为一个功能单位参与整个信号传导过程。Gβγ不仅直接参与调节效应器的活动，而且还是 G 蛋白偶联受体和受体酪氨酸激酶两种跨膜传导系统的交叉点，将两者有机地联系起来。

近年来研究证实，Gβγ除调节腺苷酸环化酶、磷脂酶 C、离子通道及 G 蛋白偶联受体激酶外，还可以激活 Ras、MAPK，参与对各种生长因子激活的酪氨酸激酶传导系统的调节。

（三）第二信使 cAMP 系统

1. cAMP 的产生与灭活　胞外信号分子与靶细胞受体结合，通过 Gs 或 Gi 传递给一个共同的腺苷酸环化酶（AC），使其激活或钝化。当腺苷酸环化酶被激活时，催化 ATP 生成 cAMP。胞内微量的 cAMP 在短时间内迅速增加数倍以至数十倍，从而形成胞内信号。胞内第二信使 cAMP 来行使胞外第一信使的功能。胞外刺激信号消失，胞内 cAMP 被环核苷酸磷酸二酯酶

（PDE）催化水解生成 5′-AMP，将信号灭活。由此可知，胞内 cAMP 浓度决定于这两种酶（AC 和 PDE）活性高低（图 7-27），但是，胞外信号分子控制胞内 cAMP 浓度，是通过控制腺苷酸环化酶活性而不是通过调节磷酸二酯酶活性来完成的。

2. PKA 信号途径 胞内信使 cAMP 产生后，主要是通过蛋白质磷酸化作用继续传递信息。催化蛋白质磷酸化的酶称为蛋白激酶（protein kinase）。cAMP 通过 cAMP 依赖性蛋白激酶（cAMP dependent protein kinase，PKA）来传递信息。PKA 催化靶蛋白的丝氨酸/苏氨酸残基的羟基磷酸化，其磷酸基由 ATP 供给。蛋白磷酸酶催化磷酸蛋白脱去磷酸。因此，蛋白质的磷酸化与去磷酸化是可逆的。

（1）PKA 的结构与调节：PKA 全酶由 4 个亚基组成（R_2C_2），包括 2 个相同的调节亚基（R）和 2 个相同的催化亚基（C）。R 亚基具有与 cAMP 结合的位点，具有调节功能；C 亚基具有激酶的催化活性。全酶（R_2C_2）无酶活性，因此，R 亚基在全酶中对 C 亚基具有抑制作用。R 亚基具有 2 个 cAMP 结合位点，与 cAMP 结合后导致 R 与 C 亚基的解离，使 C 亚基表现出催化活性（图 7-28）。此过程如下方程所示：

$$\underset{\text{（无活性）}}{R_2C_2 + 4cAMP} \rightleftharpoons \underset{\text{（有活性）}}{R_2(4cAMP) + 2C}$$

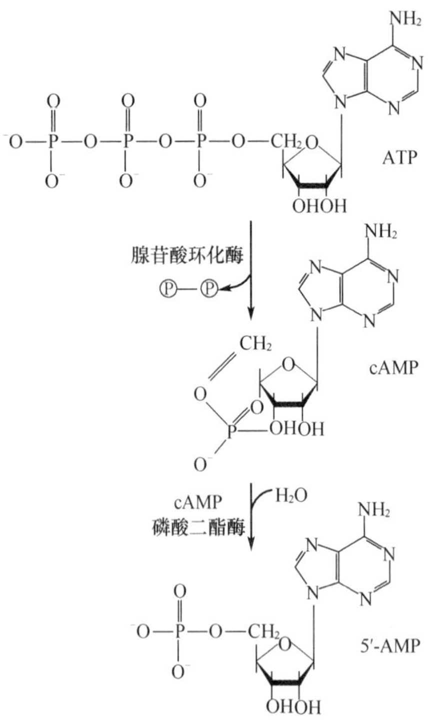

图 7-27 cAMP 的合成与分解

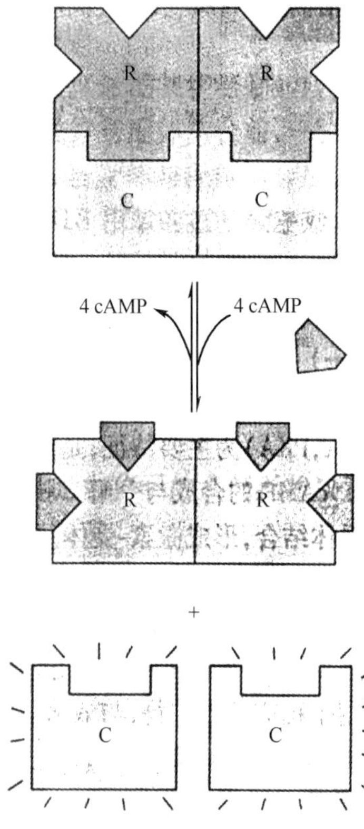

图 7-28 PKA 的激活

R：调节亚基；C：催化亚基

（2）PKA 的作用：cAMP 通过 PKA 介导的作用，既有快速的生理反应，又涉及迟发而持久的基因表达的调控。

在糖代谢中，PKA 催化糖原磷酸化酶激酶磷酸化，后者又使糖原磷酸化酶磷酸化，糖原磷酸化酶被激活，催化糖原磷酸化，使其终端葡萄糖基脱下来，生成 1-P-葡萄糖。与此同时，PKA 催化糖原合酶磷酸化，抑制了该酶活性，从而关闭了糖原合成过程。因此，cAMP 通过 PKA 促进糖原分解及抑制糖原合成，最大限度地增加肌细胞中葡萄糖，满足运动所需要的能量。

PKA 被激活后，其催化亚基由胞质进入胞核内，催化转录因子 CREB（cAMP response element bound protein）磷酸化，磷酸化的 CREB 能与 DNA 上顺式作用元件 CRE（cAMP response element）结合，从而启动靶基因的转录（图 7-29）。

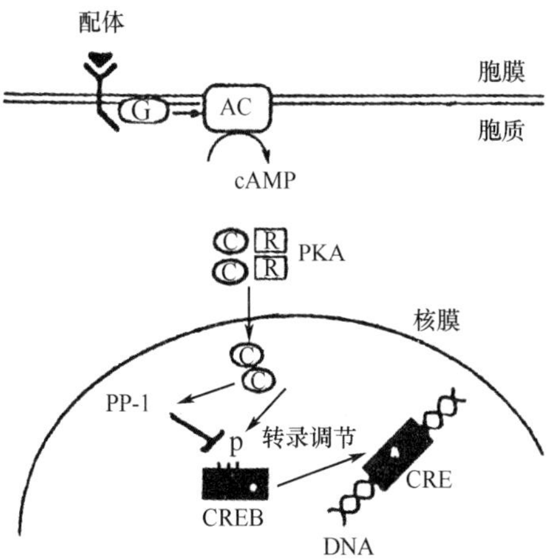

图 7-29　cAMP 信号系统对转录因子 CREB 活性的调节

G：G 蛋白；AC：腺苷酸环化酶；C、R 分别为 PKA 催化亚基和调节亚基

PKA 还可使细胞核内的组蛋白、酸性蛋白及胞质内的核糖体蛋白、膜蛋白、微管蛋白及受体蛋白等磷酸化，从而影响这些蛋白质的功能（表 7-5）。

表 7-5　PKA 对底物蛋白的磷酸化作用

底物蛋白	磷酸化的后果	生理意义
组蛋白	失去对转录的阻遏作用	加速转录，促进蛋白质的生物合成
核中酸性蛋白质	加速转录	加速转录，促进蛋白质的生物合成
核糖体蛋白	加速翻译	促进蛋白质合成
细胞膜蛋白	膜蛋白构象和功能改变	改变膜对水及离子的通透性
微管蛋白	构象和功能改变	影响细胞分泌
心肌肌原蛋白	易于与 Ca^{2+} 结合	加强心肌收缩
心肌肌浆网膜蛋白	加速 Ca^{2+} 摄入肌浆网	加速肌纤维舒张
肾上腺素能β受体蛋白	影响受体功能	脱敏化及下调

（四）第二信使 IP_3/DG 系统

1. 双信使的产生与灭活　肌醇磷脂有三种：磷脂酰肌醇（PI）、磷脂酰肌醇-4-磷酸（PIP）和磷脂酰肌醇-4,5-二磷酸（PIP_2）。PIP_2 是 IP_3 和 DG 的直接前体。信号分子与膜受体结合，通过 Gq 介导，激活磷脂酶 Cβ（PLCβ），催化 PIP_2 水解生成 IP_3 和 DG（图 7-30）。这里是指 Gq 介导激活 PLCβ从而产生双信使分子。另外，生长因子可以通过酪氨酸蛋白激酶受体，无需 G 蛋白的介导就能激活 PLCβ，也可以产生 IP_3 和 DG。

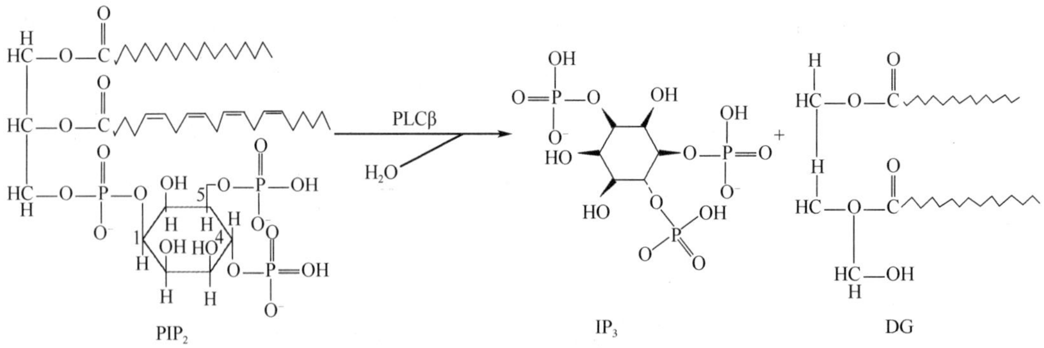

图 7-30 磷脂酰肌醇特异性磷脂酶 Cβ（PLCβ）的作用

IP_3的代谢有两种途径：一是连续脱磷酸生成肌醇，再进入肌醇磷脂代谢合成 PIP_2；二是继续磷酸化生成 IP_4、IP_5，以至 IP_6 等多磷酸肌醇。DG 的代谢也有两种途径：一是被磷酸化生成磷脂酸，进入磷脂代谢循环；二是被水解生成脂肪酸，其中花生四烯酸氧化生成前列腺素、白三烯等。这些产物大多数是活性分子。

2. IP_3/Ca^{2+}信号途径 IP_3进入胞质内，从而将信息传递至胞内。内质网膜上有 IP_3受体，该受体以四聚体形式构成钙通道。当 IP_3 与其受体结合后，受体变构，钙通道开放，内质网中的 Ca^{2+}被动员而释放入胞质内，使胞质内 Ca^{2+}浓度升高。Ca^{2+}作为胞内信使，通过其靶蛋白或靶酶而起作用。由此可见，IP_3 主要是通过胞内钙的动员而启动 Ca^{2+}信号系统而发挥作用的。

3. DG/PKC 信号途径 该途径的第二信使二酰甘油（DG）又称二酯酰甘油（DAG）。如前所述，DG 是 PLCβ或 PLCγ催化 PIP_2 水解的产物。近来发现，磷酯酰胆碱（卵磷脂）也可被激素、受体、G 蛋白介导的信号所激活的 PLD 水解，最终生成 DG。这两种来源的 DG 都能激活蛋白激酶 C（protein kinase C，PKC）。但来自 PIP_2 的 DG 仅引起短暂的 PKC 的激活，与物质代谢调节有关；而由磷脂酰胆碱代谢生成的 DG，则使 PKC 持久的激活，因而与出现较迟的细胞增殖、分化有关（图 7-31）。

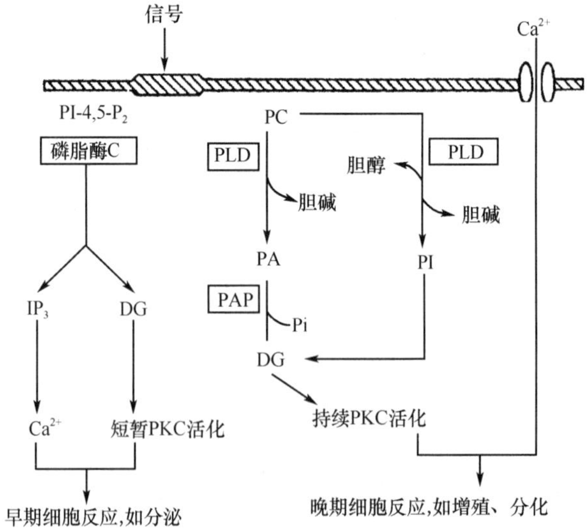

图 7-31 DG 的生成及作用

PLD：磷脂酶 D；PC：磷脂酰胆碱；PAP：磷脂酸磷酸水解酶；PI：磷脂酰肌醇

（1）DG 是脂溶性的，生成后仍留在胞膜内。DG 激活 PKC 的过程尚需 Ca^{2+}和磷脂酰丝氨酸参与。当与 DG 同时生成的 IP_3 使胞质内 Ca^{2+}浓度升高时，Ca^{2+}与 PKC 结合，促进其转位至胞膜，膜上的 DG 才能激活 PKC，磷脂酰丝氨酸则起辅助因子的作用。现已知，PKC 有多种同工酶，它们来自于不同的基因，但对上述各调节因子依赖性的差异很大。

（2）PKC 的生理功能：PKC 广泛地存在于机体的组织细胞内，目前已发现十多种 PKC 同工酶，它们对机体的代谢、基因表达、细胞分化和增殖起作用。

1）对代谢的调节作用：PKC 被激活后可引起一系列靶蛋白的丝氨酸残基和（或）苏氨酸残基发生磷酸化反应。靶蛋白包括质膜受体、膜蛋白和多种酶。PKC 能催化质膜的 Ca^{2+}通道磷酸化，促进 Ca^{2+}流入胞内，提高胞质 Ca^{2+}浓度。PKC 还能催化肌浆网的 Ca^{2+}-ATP 酶磷酸化，使钙进入肌浆网而调节多种生理活动，同时使 Ca^{2+}浓度处于动态平衡。总之，PKC 通过对靶蛋白的磷酸化反应而改变功能蛋白的活性和性质，影响细胞内信息的传递，而启动一系列生理、生化反应。

2）对基因表达的调节作用：PKC 对基因的活化过程可分为早期反应和晚期反应两个阶段（图 7-32）。PKC 能磷酸化立早基因的反式作用因子，加速立早基因的表达。立早基因多数为细胞原癌基因（如 *c-fos*、*c-jun* 等），它们表达的蛋白质寿命短暂（半衰期为 1～2 小时），具有跨越核膜传递信息之功能，因此称为“第三信使”。第三信使受磷酸化修饰后，最终活化晚期反应基因并导致细胞增生或核型变化。促癌剂——佛波酯（phorbol ester）正是作为 PKC 的强激活剂而引起细胞持续增生，诱导癌变。

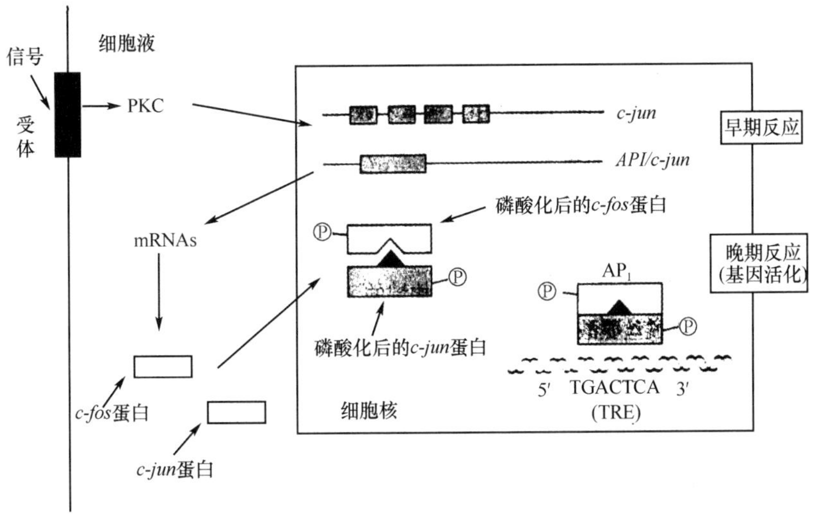

图 7-32　PKC 对基因的早期和晚期活化

（五）第二信使 Ca^{2+}系统

1. Ca^{2+}信号的产生与终止　自 cAMP 第二信使概念提出后，由于钙调素的发现，又提出了另一个胞内第二信使钙离子（Ca^{2+}）。细胞内钙（总钙）以结合态和自由离子态（Ca^{2+}）两种形式存在。胞内自由 Ca^{2+}的分布与转移是形成 Ca^{2+}信号的基础。胞外 Ca^{2+}浓度约为 1mmol/L，而静息态胞质中 Ca^{2+}浓度仅为 0.1μmol/L。胞内外浓度相差 10 000 倍之多。胞内被称为“钙库”的细胞器，如内质网和线粒体，其钙含量较高。细胞处于静息态时，胞质内 Ca^{2+}浓度低；处于激活态时，胞质内 Ca^{2+}浓度升高，从而使 Ca^{2+}成为胞内信号。而控制胞质 Ca^{2+}浓度的主要机制是：胞膜和内质网上的钙泵和 Ca^{2+}通道，以及胞膜上的 Na^{+}-Ca^{2+}交换体。钙泵是一种 Ca^{2+}-ATP 酶，它能将胞质 Ca^{2+}转移到胞外或内质网；在转移 Ca^{2+}时消耗 ATP，并需要 Mg^{2+}，故又称 Ca^{2+}-Mg^{2+}-ATP 酶，它是一种膜结合蛋白。钙通道有两类：电压门控 Ca^{2+}通道（voltage-gated Ca^{2+} channel）和受体门控 Ca^{2+}通道（receptor-gated Ca^{2+} channel）。前者通道的启闭受控于胞膜电压的变化，后者则由配体结合受体后而调控。Na^{2+}-Ca^{2+}交换体不直接消耗ATP，利用胞内、外Na^{+}的浓度梯度，向胞外排出1个Ca^{2+}换进3个Na^{2+}（图7-33）。

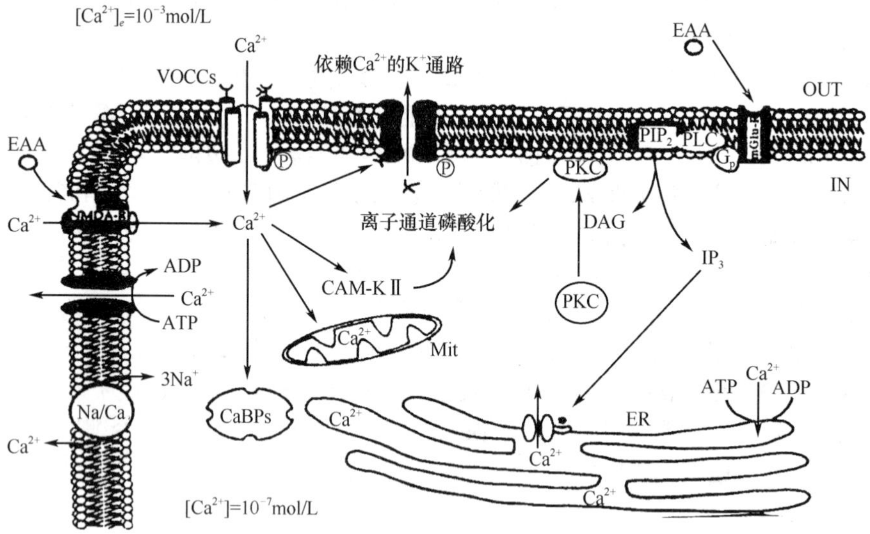

图7-33 胞内Ca^{2+}平衡的机制

当细胞受胞外信号刺激时，Ca^{2+}分别通过胞膜和内质网上的Ca^{2+}通道，由胞外和内质网进入胞质中，使胞质中Ca^{2+}迅速由静息态浓度升到激活态浓度，使胞内Ca^{2+}信号产生。在胞外刺激信号消失时，依靠质膜和内质网上钙泵和胞膜上Na^{+}-Ca^{2+}交换体，使胞质Ca^{2+}排出胞外和转移到内质网中，使胞内Ca^{2+}信号消失。应该指出的是，Ca^{2+}要准确传递各种复杂信号，Ca^{2+}信号表现出一种时空性，即有一恒定基线，周期性出现Ca^{2+}峰，称为Ca^{2+}振荡或Ca^{2+}波。

2. CaM（calmodulin，钙调蛋白或钙调素） 胞内信号产生后，要与其靶分子（靶蛋白或靶酶）作用而传递信息，继而产生生物学效应。cAMP的靶分子是PKA，DG的靶分子是PKC，IP_3的靶分子是IP_3受体。Ca^{2+}信使的靶分子是Ca^{2+}结合蛋白（CaBPs），也就是说Ca^{2+}信使传递是通过CaBPs介导的。在CaBPs中，已知其生理功能的CaBP则称为钙调节蛋白（CRPs）。现已知生理功能的CRPs有CaM和肌钙蛋白等。CaM与Ca^{2+}结合被激活后，可调节酶或离子通道的活性；有的CaBP本身就是酶；有的与Ca^{2+}结合只起缓冲作用，调节胞内Ca^{2+}浓度。

（1）CaM是胞内最广泛的Ca^{2+}靶分子，或者说Ca^{2+}主要通过CaM传递其信息。CaM是由148个氨基酸组成，相对分子质量为16 670，含有4个结构域，每个结构域可结合1个Ca^{2+}，结合是通过酸性氨基酸残基中的羧基，以离子键方式结合，这样1分子的CaM可以结合4个Ca^{2+}（图7-34）。

（2）CaM本身无活性，只有与Ca^{2+}结合形成Ca^{2+}-CaM复合物才发挥其调节作用。Ca^{2+}与CaM结合，导致CaM构象变化，然后该复合物再与其靶蛋白相互作用。Ca^{2+}-CaM有众多的靶酶或靶蛋白，而其中的Ca^{2+}-CaM依赖的蛋白激酶（Ca^{2+}/CaM dependent protein kinase，CaM Ks）是Ca^{2+}信号传递的主要途径。

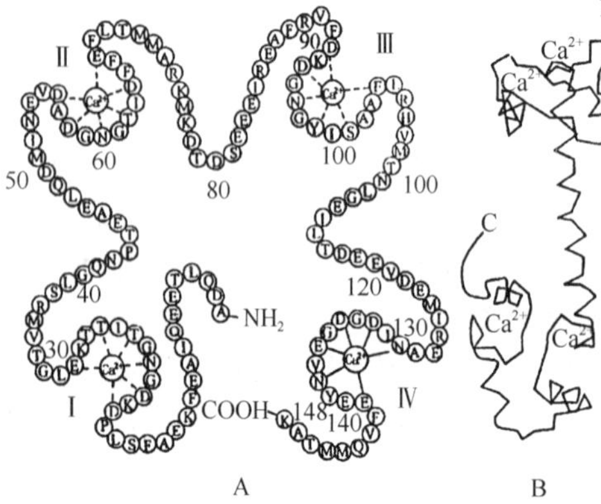

图7-34 CaM一级结构

A：一级结构；B：三维晶体结构α碳链骨架

3. CaM 激酶信号通路 CaM 激酶可分为特异性 CaM 激酶和多功能性 CaM 激酶，肌球蛋白轻链激酶（MLCK）和磷酸化酶激酶都属 Ca^{2+}/CaM 依赖性蛋白激酶，这两个激酶的底物专一性很强，它们分别是肌球蛋白轻链和磷酸化酶，属于特异性 CaM 激酶。多功能性 CaM 激酶包括 CaMKⅠ、CaMKⅡ CaMKⅣ。CaMKⅡ在脑组织中含量很高，在 Ca^{2+}信息传递中起重要作用，该酶底物很多，故又称多功能蛋白激酶，全酶由 50 000 的α亚基和 60 000 的β亚基组成，每个亚基都有催化部位和 CaM 结合部位，该酶活性除受 Ca^{2+}-CaM 调节外，还受 Ca^{2+}/CaM 依赖性自身磷酸化的调节，自身磷酸化导致两种结果：一是酶活性被激活；二是酶活性不再依赖 Ca^{2+}-CaM，这一性质与学习、记忆有关的长时程增强（LTP）的诱导和维持有关。Ca^{2+}-CaM 底物谱非常广，可以磷酸化许多蛋白质的丝氨酸和（或）苏氨酸残基，使之激活或失活。Ca^{2+}-CaM 激酶既能激活腺苷酸环化酶又能激活环腺苷酸磷酸二酯酶，即它既加速 cAMP 的生成又加速 cAMP 的降解，使信息迅速传至细胞内，又迅速消失。Ca^{2+}-CaM 不仅参与调节 PKA 的激活和抑制，还能激活胰岛素受体的酪氨酸蛋白激酶活性。Ca^{2+}通过 CaMKⅡ、PKC 和其他信号通路还参与基因表达的调控，因此与细胞的增殖、分化有关，Ca^{2+}-CaM 在细胞的信息传递中起非常重要的作用。

一些代谢的关键酶，如糖原合酶、丙酮酸激酶、丙酮酸脱氢酶、丙酮酸羧化酶等都受 Ca^{2+} 和磷酸化共同调节。目前尚不能肯定是由 CaM 直接参与调节，还是 Ca^{2+}-CaM 依赖性蛋白激酶参与上述调节过程。

四、催化型受体和酶偶联型受体的信号转导

G 蛋白偶联受体的跨膜信号转导主要由三个成分构成，即受体、G 蛋白和效应酶；胞外信号分子与受体结合，通过 G 蛋白将信息传递给效应酶；效应酶产生第二信使，将信息在胞内向下游传递下去。在催化受体和酶偶联受体的跨膜信号转导中，前者受体本身具有酶活性，后者受体本身无酶活性，但与酪氨酸蛋白激酶相耦联。这两种情况都不需要其他蛋白质参与介导。

（一）催化型受体的信号转导

许多生长因子受体本身具有酶活性，所以这类受体又称为催化受体（catalytic receptor）。例如，转化生长因子-βs（transforming growth factor-βs，TGF-βs）受体具有丝氨酸/苏氨酸蛋白激酶活性，心房肽（atrial natriuretic peptide，ANP）受体具有鸟苷酸环化酶活性，而大多数生长因子，如表皮生长因子（epidermal growth factor，EGF）、血小板衍生的生长因子（platelet-derived growth factor，PDGF）和胰岛素等的受体本身具有酪氨酸蛋白激酶活性。

1. 酪氨酸蛋白激酶受体的信号转导

（1）受体的结构：如上所述，具有酪氨酸蛋白激酶（protein tyrosine kinase，PTK）的受体，又称为受体酪氨酸蛋白激酶（receptor tyrosine kinase，RTK）。其结构共同点是整个分子可分成 3 个结构区，即细胞外的配体结合区、细胞内部具有 PTK 活性的区域和连接这两个区域的跨膜结构区。跨膜结构区仅含一个疏水结构域，一次跨膜。胞内 PTK 活性区，不仅能催化其底物的酪氨酸磷酸化，而且能催化自身的酪氨酸磷酸化（图 7-35）。

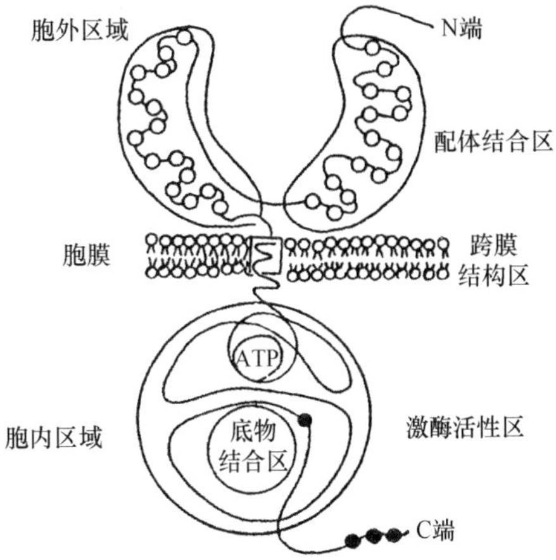

图 7-35 RTK 结构示意图
○为半胱氨酸；●为酪氨酸残基

当配基与受体结合后，受体大多数发生二聚化，二聚体的 PTK 被激活，彼此可使对方的某些酪氨酸

残基磷酸化，这一过程称为自身磷酸化（autophosphorylation）；而非催化型受体的某些酪氨酸残基则被非受体型 PTK 磷酸化。

细胞内存在一些连接物蛋白（adaptor protein），它们具有 SH2 结构域。磷酸化的受体通过连接物蛋白可偶联其他效应蛋白，这些效应物蛋白本身具酶活性，故可逐级传递信息并将效应级联放大。

（2）PTK 跨膜信号转导：生长因子与其受体结合，引起受体构象变化，受体二聚化或寡聚化，受体聚合的同时被激活，被激活的受体往往发生自身酪氨酸的磷酸化，继而对其蛋白质底物的酪氨酸进行磷酸化，将信息向下游传递。被激活的受体可因与其配体的解离而钝化，恢复到无活性的单体状态（图 7-36）。

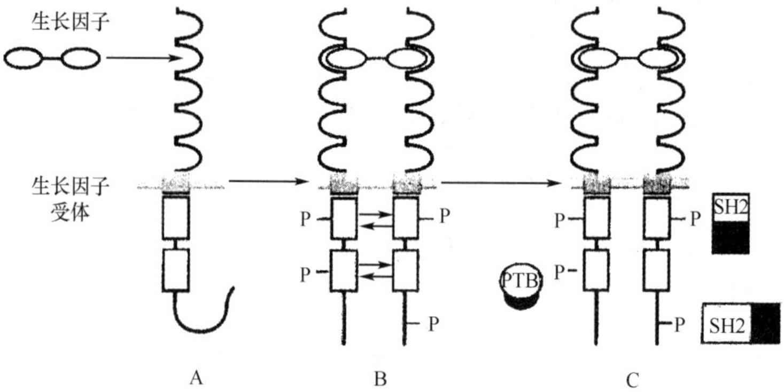

图 7-36 催化型受体的信号转导

A. 生长因子受体结构；B. 接受配体后发生二聚化而激活；C. 信息向下游传递

（3）Ras-MAPK 信号通路：PTK 的底物 SH 结构域（src homology domain），即 SH2 和 SH3。自身磷酸化的 PTK 与其底物的 SH2 结合，从而启动下游信号的转导，如通过 PLCγ可产生 IP_3 和 DG 双信使通路。这里重点讨论 RTK 所启动的 Ras-MAPK 通路。

1）Ras 蛋白循环：Ras 蛋白是由一条多肽链组成的单体蛋白，由原癌基因 *ras* 编码而得名。Ras 蛋白的分子质量为 21kDa，故又名 p21 蛋白，因其分子质量小于与七个跨膜螺旋受体偶联的 G 蛋白，故被称作小 G 蛋白。Ras 是膜结合型蛋白，性质类似于 G 蛋白中的 G_α亚基，它的活性与其结合 GTP 或 GDP 直接有关，Ras 与 GDP 结合时无活性。Grb2（growth factor receptor-bound protein2，生长因子受体结合蛋白）和鸟苷酸释放因子（guanine-nucleotide releasing factors，GRFs）SOS 均有 SH2 和 SH3 结构域。当生长因子与受体结合并使受体自身磷酸化时，Grb2 的 SH2 结构域与自身磷酸化的受体结合，而 Grb2 的 SH3 结构与 SOS 结合。Ras 在 SOS 作用下释放 GDP，结合 GTP，从而被激活，但 Ras 只有较弱的 GTP 水解能力；而在 GTP 酶激活蛋白（GTPase activating proteins，GAPs）作用下，加速活化态 Ras 迅速水解 GTP，从而使其钝化。GAPs 是直接与自身磷酸化的受体相结合的。这样，Ras 分别在 SOS 和 GAPs 的作用下，启动和终止其活性，形成 Ras 循环（图 7-37）。

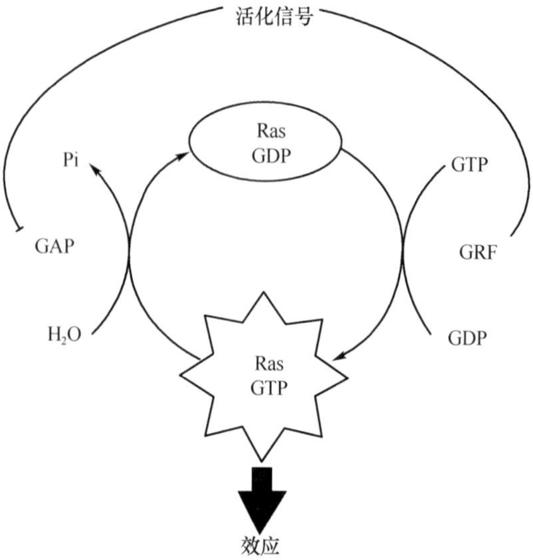

图 7-37 Ras 蛋白循环

2）蛋白激酶级联反应：活性态 Ras 激活 Raf-1（MAPKKK，即 MAPKK 激酶，一种丝氨酸/苏氨酸蛋白激酶）催化 MEK（MAPKK，即 MAPK 激酶，一种双重底物特异性蛋白激酶，即可使苏氨酸/酪氨酸磷酸化）磷酸化而激活，MEK 进一步使 ERKs（extracellular signal-regulated kinase，细胞外信号调节激酶）磷酸化而激活，ERKs 又称 MAPK（mitogen activated protein kinase，有丝分裂原活化蛋白激酶），是一种丝氨酸/苏氨酸蛋白激酶。活化的 ERK 进入核内使转录因子磷酸化而被活化，调节与生长有关的基因转录。ERK 亦可使 MAPK 磷酸酶（MKP1）磷酸化而被激活，反馈作用 ERK，使其脱磷酸失活，减弱此信号途径产生的反应。由此可见，Raf-1→MEK→ERK 形成蛋白激酶级联反应（图 7-38）。

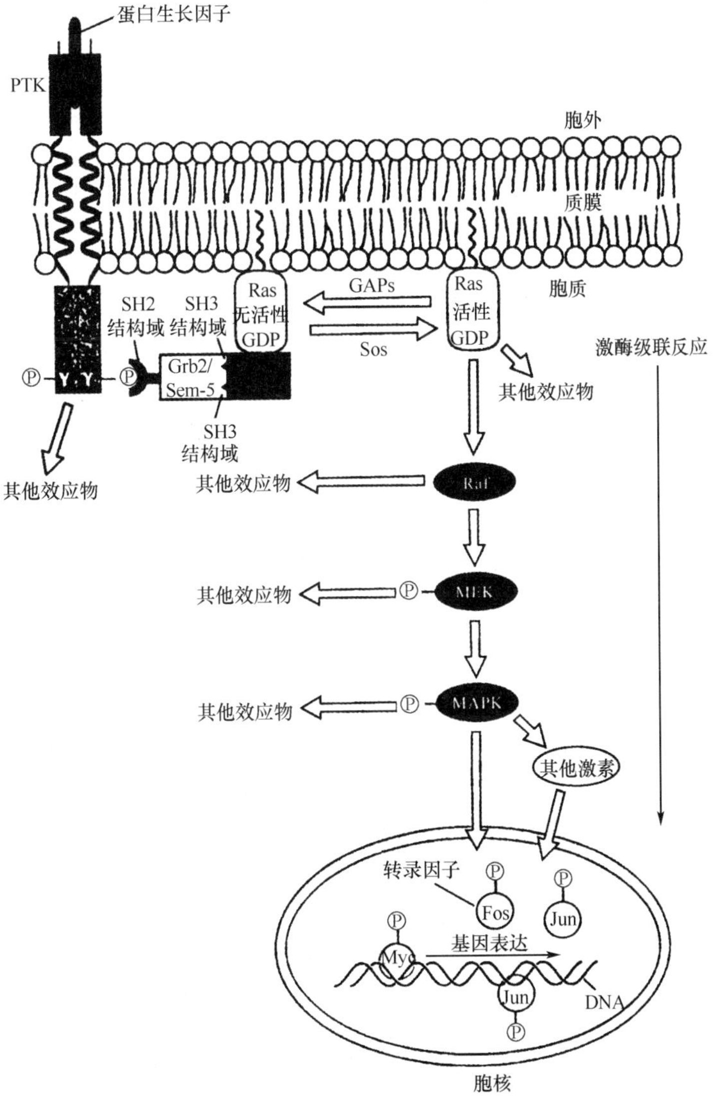

图 7-38 蛋白激酶级联反应

这里应着重指出两点：第一，除生长因子通过其受体介导，激活了上述 Ras-MAPK 途径外，G 蛋白偶联受体介导的信号及 Ca^{2+}信使也可能参与 MAPK 途径的调节，即受体型 PTK 活化后还可通过激活腺苷酸环化酶、多种磷脂酶（如 PLCβ、磷脂酶 A 和鞘磷脂酶）等发挥调控基因表达的作用（图 7-39）；第二，MAPK 是一个超级家族，其成员除 ERK 外，还有 SAPK/JNK（stress-activated protein kinase/c-Jun-N-terminal kinase）和 P38MAPK。它们与 ERK 一样，通过各自三酶级联反应而被激活。ERK 与细胞增殖、存活有关，而 SAPK/JNK 和 P38MAPK 与炎性细胞因子和细胞应激如紫外线及高渗透性引起的细胞凋亡有关。

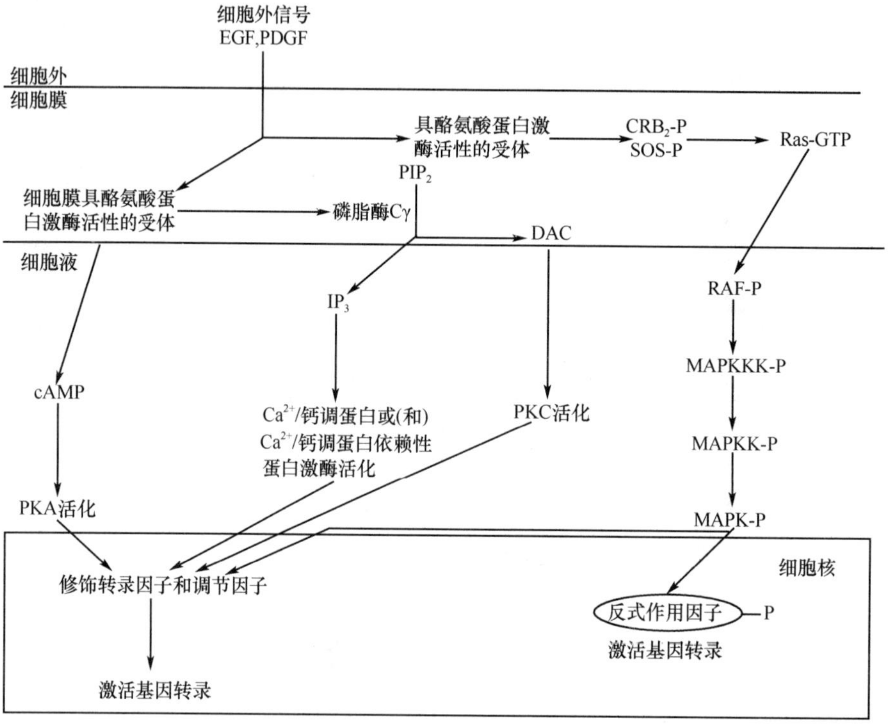

图 7-39 受体型酪氨酸蛋白激酶激活基因表达的途径

（4）PI3K-AKT（PKB）信号通路：磷脂酰肌醇-4，5-二磷酸（PIP_2）除如上所述的可被 PLCβ 或 PLCγ 水解生成双信使 IP_3 和 DAG 外，还可以被 PI3K（phosphatidylinositol 3-kinase，磷脂酰肌醇-3-激酶，PI_3 激酶）催化生成磷脂酰肌醇-3，4，5-三磷酸（PIP_3）。PI3K 有一个催化亚基（P110）和一个调节亚基（P85）。P85 亚基内有 SH2 结构域，生长因子受体如胰岛素受体被激活后，一方面受体与胰岛素受体底物-1（insulin receptor substrate-1，IRS-1）结合进入 Ras-MAPK 通路；另一方面还开启了 IRS-1-PI3K-AKT（PKB）通路，即 PI3K 的 P85 亚单位借助于 SH2 结构域与 IRS-1 的磷酸酪氨酸位点结合，激活 P110 的活性。同时 RTK 激活后还可以通过 Ras 激活 PI3K；PI3K 激活的另一个通路是在 GPCR 被激活时由异三聚体 G 蛋白释放出来的 βγ 复合物介导。生成的 PIP_3 可与 PDK1 和 Akt（亦称 protein kinase B，PKB）的 PH 结构结合，从而激活 PDK1 和 Akt。Akt 完全激活还需要 PDK1 对其磷酸化，Akt 参与葡萄糖代谢，同时具有抗凋亡效应，对细胞分裂亦有促进作用。有一种肿瘤抑制蛋白 PTEN 具有脂类磷酸酶的活性，能够水解 PIP_3 生成 PIP_2，是 PI3K 催化的逆反应，被认为是 Akt 的一个负调节。由于 Akt 有着很强的促增殖和抗凋亡活性，PTEN 就能够抗增殖和促凋亡，因而能够抑制肿瘤的形成，图 7-40 为胰岛素受体通过 PI3K-AKT（PKB）信号通路调控糖代谢的示意图。

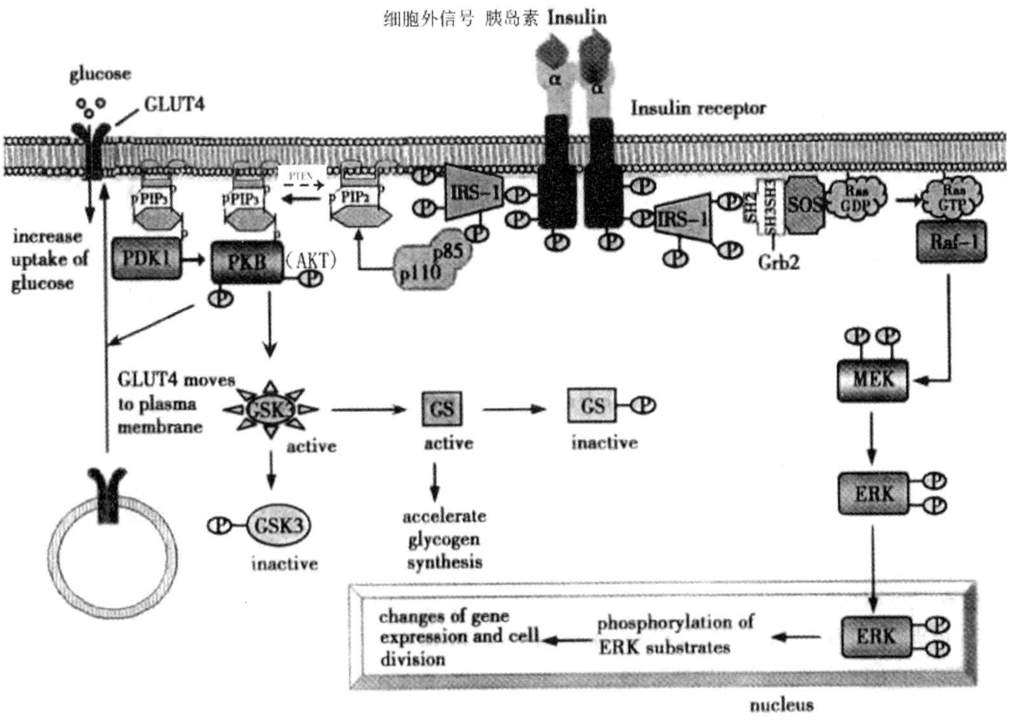

图 7-40　胰岛素受体介导的 PI3K-AKT（PKB）信号通路

GLUT4：葡萄糖运载体 4（glucose transporter 4）；GS：糖原合酶（glycogen synthase）；GSK3：糖原合酶激酶 3（glycogen synthase kinase 3）

2. 鸟苷酸环化酶受体的信号转导　具有鸟苷酸环化酶的受体又称受体鸟苷酸环化酶（receptor guanylate cyclase，RGC），它是一次性跨膜受体，胞外部分结合配体，胞内部分具有鸟苷酸环化酶催化结构域，其配体是心房肌细胞分泌的肽类激素心房钠尿肽（atrial natriuretic peptides，ANPs）。ANPs 与受体结合激活受体胞内部分鸟苷酸环化酶活性，催化 GTP 生成 cGMP，后者作为第二信号激活 cGMP 依赖的蛋白激酶 G（cGMP-dependent protein kinase，PKG），引起蛋白质的丝氨酸/苏氨酸残基磷酸化。cGMP 广泛存在于动物各组织中，其含量为 cAMP 的 1/100～1/10。

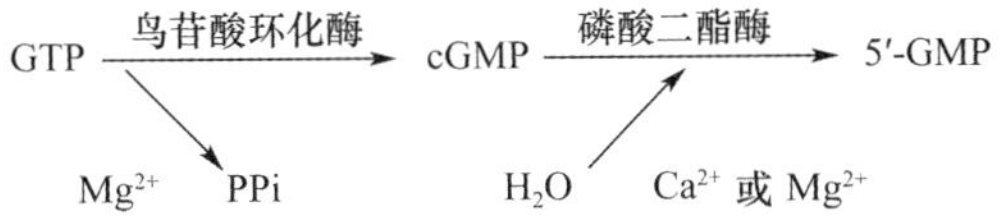

ANP 是小分子质量的肽，由心房细胞合成的大分子蛋白质前体（ANF）衍生而来。当心脏的血流负载过大时，心房细胞分泌 ANP，该信息分子与靶细胞膜上的具鸟苷酸环化酶活性的受体结合后，即能激活鸟苷酸环化酶，后者催化 GTP 转变成 cGMP。cGMP 能激活 PKG，催化有关蛋白或有关酶类的丝氨酸/苏氨酸残基磷酸化，产生生物学效应，即松弛血管平滑肌和增加尿钠，并且它能间接地影响交感神经系统和肾素-血管紧张素-醛固酮系统，从而降低血压。NO 是新发现的神经递质和血液调节物质。NO 通过与血红素的相互作用激活胞液内的具鸟苷酸环化酶活性的可溶性受体，引起酶的 K_{cat}（周转数）增加 200 倍，使 cGMP 生成增加，cGMP 又能激活蛋白激酶 G，导致血管平滑肌松弛，临床上常用的硝酸甘油等血管扩张剂就是因为它们能自发产生与 NO，从而通过上述途径松弛血管平滑肌，扩张血管。CO 能与鸟苷酸环化酶的血红素 Fe^{2+}结合，激活鸟苷酸环化酶，使细胞内 cGMP 浓度增高，达到与 NO 相同的效应。

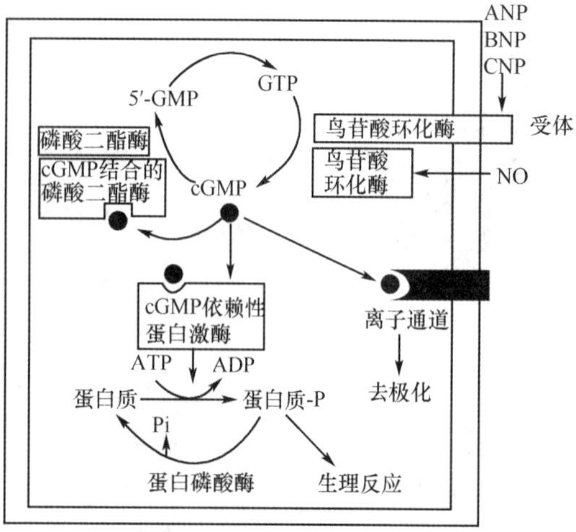

图 7-41 鸟苷酸环化酶介导的信号通路

PKG 的结构与 PKA 完全不同，它为一单体酶，分子中有一个 cGMP 结合位点。

鸟苷酸环化酶有质膜结合的和胞质内可溶性的两种。上述 ANP 激活的是质膜结合的受体鸟苷酸环化酶。胞质内可溶性鸟苷酸环化酶（CGC）的配体是 NO，NO 由一氧化氮合酶（NOS）催化 L-精氨酸生成。NO 与 CGC 分子中的血红素结合，从而激活 CGC，使 cGMP 水平升高。作为第二信使 cGMP 的效应蛋白除 cGMP 依赖性蛋白激酶（PKG）外，还有 cGMP 门控阳离子通道，促进 Ca^{2+}内流；cGMP 特异性磷酸二酯酶，水解环核苷酸（图 7-41）。

3. 转化生长因子β受体介导的信号转导 转化生长因子家族包括 TGF-β（transform growth factor β）、活化素（activin）和骨形态发生蛋白（bone morphogenetic proteins，BMPs）等信号分子。转化生长因子家族能调节增殖、分化、迁移和凋亡等多种细胞反应。

转化生长因子β是一个与细胞的分化和发育密切相关的细胞因子，TGF-β受体自身具有蛋白丝氨酸激酶催化结构域。当 TGF-β与受体结合时，受体得以活化。活化的受体催化一类重要的信号分子 Smad 发生丝氨酸磷酸化，磷酸化的 Smad 分子形成同源寡聚体或异源寡聚体后进入细胞核（图 7-42），调节相应基因的转录速度，最后影响细胞的分化。细胞内有数种 Smad 分子存在，各自属于负责 TGF-β家族的不同成员的信号转导，有的是作为共同作用的分子（Smad 4），有的还具有负调控作用（Smad 6、Smad 7）。

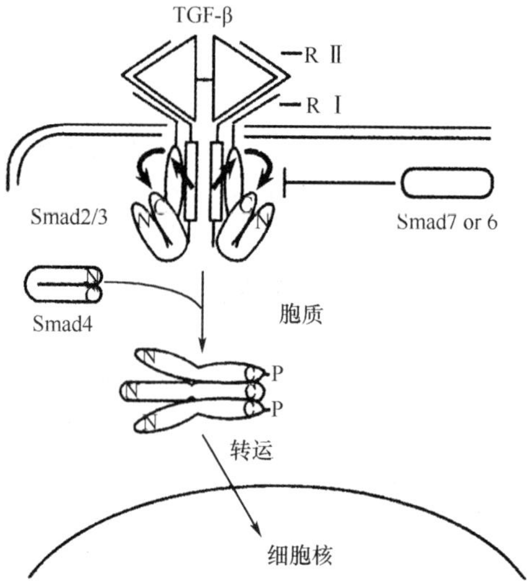

图 7-42 TGFβ受体介导的信号转导

TGF-β诱导 TβR-Ⅰ和 TβR-Ⅱ形成异源性的复合物，开始跨膜信息转导。TβR-Ⅱ催化 TβR-Ⅰ的结构域的丝氨酸和苏氨酸残基磷酸化，从而活化了 TβR-Ⅰ。此外，TβR-Ⅱ磷酸化近膜区的 Ser 165，它能正性或负性调节 TGF-β的应答反应。

SMAD 家族是最早被证实的 TβR-Ⅰ激酶的底物。SMAD 是 *Drosophila Mother against dpp* （*Mad*）和 *C elegans*（*Sma*）两个基因的名字的融合。目前将已克隆出的 SMAD 归结成三大类：受体调节的 SMADs（receptor-regulated-SMAD，R-SMADs）、共同的偶配体 SMADs（common-partner-SMAD，Co-SMADs）和抑制性 SMADs（inhibitory-SMADs，I-SMADs）。不同的 SMAD 亚家族可组成不同的 SMAD 复合物，定位于不同的基因，激活或阻抑基因的表达。

（二）酪氨酸蛋白激酶偶联型受体的信号转导

1. 酪氨酸蛋白激酶偶联型受体 酪氨酸蛋白激酶偶联型受体（tyrosine kinase-linked receptors）本身不具有内在的酶催化活性，但胞内部分含有非受体酪氨酸蛋白激酶（nonreceptor tyrosine kinases）的结合位点，这类受体是多亚基组成的不均一复合物，配体与受体结合并使多亚基成分聚合，激活与之结合的非受体酪氨酸蛋白激酶，后者磷酸化其靶蛋白实现信号转导。非受体酪氨酸蛋白激酶有两个家族：一是 JAK（just another kinase 或 janus kinase）PTK 家族，另一个是 Src PTK 家族。很多细胞因子（cytokine）包括白细胞介素（interleukins，Ils）、干扰素（interferons，INFs）等，其受体胞内部分能与 JAK 结合，而 T 淋巴细胞和 B 淋巴细胞抗原受体的细胞内部分能与 Src 家族 PTK 结合，启动信号转导。

2. JAK-STAT 信号途径　与细胞因子受体耦联的 PTK 是 JAK 蛋白激酶家族，它们是胞内一类新的 PTK 家族，现已发现有 JAK_1、JAK_2 和 JAK_3 等。受体二聚化导致与 JAK 亲和力增强，并使其结合到配体-受体复合物上，JAK 因而聚集，其自身磷酸化位点交叉磷酸化，使其蛋白激酶激活，从而对胞内底物蛋白和受体分子磷酸化。JAK 的胞质底物蛋白是一类转录因子家族，称为信号转导子和转录激活子（signal transductors and activators of transcription，STATs），它们在细胞静息状态时以非磷酸化的单体存在，当细胞被细胞因子刺激后，通过 JAK 而磷酸化后激活，借助 STAT 分子中 SH2 结构形成二聚体，穿过核膜结合到 DNA 的特定序列上以调节基因表达，完成了 JAK-STAT 信号途径（图 7-43）。

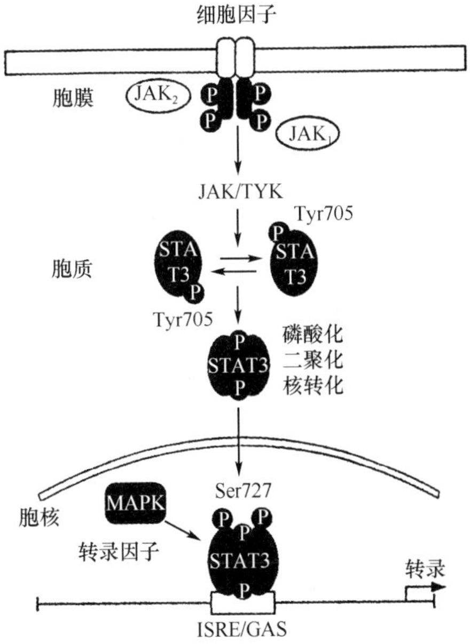

图 7-43　JAK-STAT 信号转导

一部分生长因子和大部分细胞因子，如生长激素（growth hormone，GH）、干扰素、红细胞生成素（erythropoietin，EPO）、粒细胞集落刺激因子（granulocyte colony stimulating factor，G-CSF）和一些白细胞介素，如 IL-2、IL-6 等，其受体分子缺乏酪氨酸蛋白激酶活性，但它们能借助细胞内的非受体型酪氨酸蛋白激酶 JAKs 完成信息转导。

由于在 JAK-STAT 通路中，激活后的受体可与不同的 JAKs 和不同的 STAT 相结合，因此该途径传递信号更具多样性和灵活性。该途径最先在干扰素信号传递研究中发现（图 7-44），它与 Ras 通路之间是相互独立的，但表皮生长因子等却可通过这两条途径来发挥其作用。

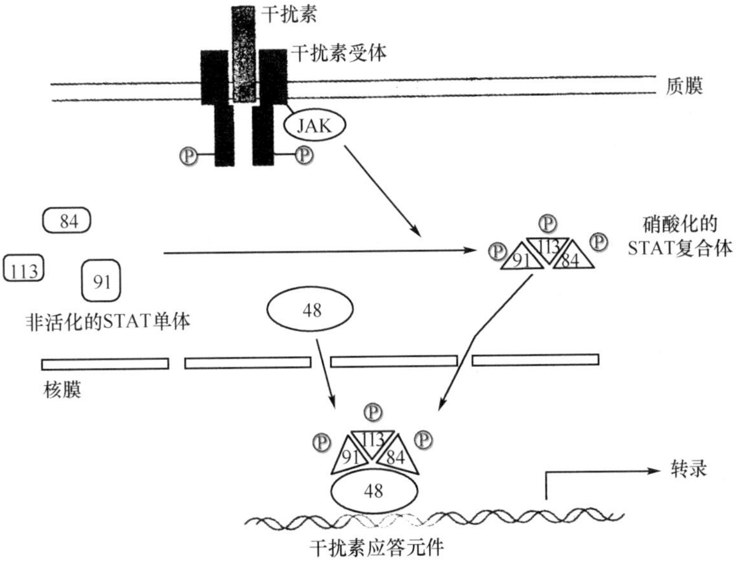

图 7-44　干扰素激活 JAK 和 STAT，并诱导 STAT 复合体核内转移及调节基因转录机制

如上所述，细胞因子与生长因子彼此很难区分，如生长因子 EGF、PDGF 等也激活 STAT 蛋白家族成员，而细胞因子也可激活 Ras-MAPK 信号通路。因此，很可能 Ras-MAPK 信号通路和 JAK-STAT 信号通路是生长因子受体和细胞因子受体的共同信号通路。

五、核因子κB 途径

核因子κB（nuclear factor-κB，NF-κB）亦属于转录因子，主要涉及机体防御反应、组织损伤和应激、细胞分化和凋亡及肿瘤生长抑制过程的信息传递，该系统的发现源于研究免疫球蛋白κ亚基故名。NF-κB 包括 $NF\text{-}\kappa B_1$、$NF\text{-}\kappa B_2$ 和某些癌基因蛋白（如 Rel A）等。

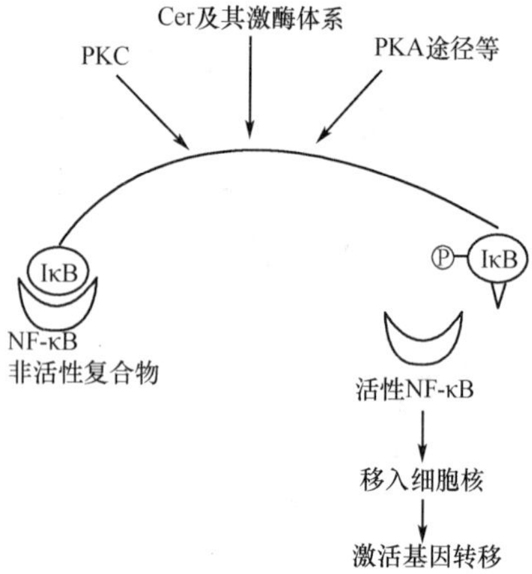

图 7-45　NF-κB 激活过程示意图

大多数类型细胞，NF-κB 在胞质内与抑制性蛋白质（包括 $I\kappa B_\alpha$、$I\kappa B_\gamma$、Bcl-3 等）结合形成无活性的复合物。当肿瘤坏死因子（如 TNF）等作用于相应受体后，可通过第二信使 Cer 等激活此系统，而病毒感染、脂多糖、活性氧中间体、佛波酯、双链 RNA 及前述信息传递途径中活化的 PKC、PKA 等则可直接激活 NF-κB 系统。激活过程是通过磷酸化抑制性蛋白使其构象发生改变而从 NF-κB 脱落，NF-κB 得以活化（图 7-45）。活化的 NF-κB 进入细胞核，形成环状结构与 DNA 接触，并启动或抑制有关基因的转录。

NF-κB 活化过程：结构表达的 NF-κB 活性异源二聚体只存在少数几种细胞系中，如成熟的 B 淋巴结细胞在基础状态下存在一定程度的 NF-κB 活化。在大多数细胞系中，细胞未受到刺激时，NF-κB 处于未活化状态，NF-κB 二聚体与 IκB 单体偶联，以无活性的形式存在于胞质中，不具有调节转录的能力。NF-κB 的激活过程主要通过 IκB 的降解实现，而 IκB 激酶（IKK）的激活又是 IκB 降解的关键。NF-κB 活化主要过程分三步：①多种刺激信号如 LPS、TNF-α、IL-1β等激活胞质蛋白激酶（IKK），激活的 IKK 可催化 IκB 特定位置的丝氨酸残基发生磷酸化，从而使胞质中 NF-κB 三聚体复合物中的 IκB 磷酸化而解离（这一步可被烷化剂或抗氧化剂抑制），生成有活性的 NF-κB，核定位信号暴露，游离的 IκB 与泛素（ubiquitin）结合发生泛素化，再被蛋白酶小体（proteasome）降解（此步可被 proteasome 抑制剂阻断）；②活性形式的 NF-κB，通过核孔进入细胞核，与其他的转录因子和辅助因子形成更高级的增强子复合物，与相应 DNA 分子上炎症反应蛋白调节基因中启动子区域的 NF-κB 结合位点相结合；③启动各种炎症反应基因转录，生成多种炎症反应蛋白 mRNA。NF-κB 活化的前提是：IκB 发生磷酸化和泛素化，在蛋白酶小体作用下裂解。活化的 IKK 催化 IκB 的特异性位点 IκBα $Ser^{32/36}$、IκBβ $Ser^{19/23}$ 发生磷酸化后；泛素经泛素活性酶 E1 激活而转移到泛素连接酶，在泛素连接酶作用下，泛素通过其 C 端甘氨酸与 IκBs 的氨基端赖氨酸残基形成异构肽；蛋白酶小体识别泛素化的 IκB，通过耗能（ATP）过程，使 IκB 降解。IκBα $Ser^{32/36}$ 点突变时，NF-κB 无法活化。许多因素均可激活 NF-κB（表 7-6），活性氧产物在介导 NF-κB 的激活过程中起重要作用，因为抗氧化剂咯啶二硫氨基甲酸酯（PDTC）和 *N*-乙酰半胱氨酸（NAC）能抑制 NF-κB 在多种刺激反应中的激活。

表 7-6　NF-κB 的激活物及由其控制的蛋白质合成

激活物	调控合成的蛋白质
细胞因子	前炎症细胞因子
TNF-α、IL-1β、IL-17	TNF-α、IL-2、IL-1β、IL-6、GM-CSF，M-CSF，G-趋化因子
佛波醇酯、血小板激活因子	IL-8，巨噬细胞炎症蛋白α（MIP12）、巨噬细胞趋化蛋白 I（MCPI）

续表

激活物	调控合成的蛋白质
氧化剂	炎症反应酶类
H_2O_2、臭氧	iNOS、诱导型环氧化物酶-2（iCOX2）、5-脂氧化物酶、胞质型磷脂酶 A_2、超氧化物歧化酶
病毒	半导附因子
柯萨奇病毒、流感病毒、EB 病毒、腺病毒	细胞间黏附分子-1（ICAM-1）、血管细胞黏附分子-1（VCAM-1）、E-选择系（ELAM-1）
其他	
内毒素（LPS）、紫外线	IL-2 受体、T 细胞受体（β链）

上述数条信号转导途径仅仅是多种信号转导途径的代表，尽管 20 世纪 90 年代以来在细胞信号转导的分子机制研究方面已经取得了一些成就，但距离阐明细胞中存在的全部传递网络系统还十分遥远，还有待科学家们的不断努力。

第三节　细胞信号转导过程的基本规律

上述各种受体介导的信号转导过程充分体现了细胞对外源信号反应的复杂性和多样性，这种多层次的转换和传递信号系统的存在对于保证细胞给予外源信号适时、适量的反应是十分重要的。虽然细胞信号转导过程十分复杂，但转导途径和网络的运行存在着一些共同的规律和特点。

一、细胞信号转导过程中信号的发生和终止

细胞对外源信息反应时，信号的发出和终止都是十分迅速的，以满足功能迅速调整的需要，已经产生的信号需要及时终止以便细胞恢复原来的状态。

在利用小分子信使转导信号时，大部分信号分子产生和终止的双向反应都是酶促反应，因此反应非常迅速。例如，cAMP 是在腺苷酸环化酶的作用下由 ATP 生成，又在 cAMP 特异的磷酸二酯酶作用下迅速水解为 5′-AMP。以钙离子为细胞内信使时，Ca^{2+}可以从其储存部位迅速释放，然后又通过细胞 Ca^{2+}泵作用迅速恢复初始状态。

当蛋白质分子作为细胞内信使转导信号时，分子本身的生成和降解速度较慢，主要依靠蛋白质构象的变化，通过活性与非活性分子状态的迅速转换而实现信号的迅速生成和迅速终止。例如，Grb2 分子，通过结合磷酸化的 EGFR 引起自身构象变化而被活化，激活后可结合 SOS 分子，使 SOS 分子发生构象改变而被活化。又例如，蛋白质分子的磷酸化与去磷酸化是酶促进行的双向反应，可使蛋白质分子在活化与非活化状态迅速转换，从而使信号迅速产生和迅速终止。

二、细胞信号转导过程中的级联放大效应

细胞在对外源信号进行转换和传递时，大都具有逐级将信号加以放大的作用。每个信号分子被活化以后，可以激活多个下游信号分子，从而将信号逐级放大。如 G 蛋白偶联型受体介导的信号转导过程和 MAPK 级联反应都是典型的级联反应过程。

三、细胞信号转导途径的通用性和特异性

在各种信号转导途径中，有一些信号转导分子和信号转导途径常常为不同的受体共用，而

不是每一个受体都有自己完全专用的分子和途径，即细胞的信号转导系统对不同的受体具有通用性。例如，Ras-MAPK 途径就是很多受体介导的信号转导途径的共同作用点。细胞信号转导途径的通用性使得细胞内有限的信号转导分子可以满足多种受体信号转导的需求。

尽管很多信号转导途径是通用的，细胞仍可以完成对不同外源信息的特异性识别，针对特定的外源信息产生特定的反应。决定这种特异性反应的因素主要是细胞间信息分子的浓度、相应受体的分布与含量、细胞内信号转导分子的种类和含量等。

四、不同信号转导通路的交叉联系

细胞内存在的不同信号转导通路并不是各自独立存在的，由于细胞内的特殊环境和特殊需要，使得不同途径之间存在着多种交互的联系，即交联对话（cross talk）。即使是 G 蛋白偶联型受体和蛋白酪氨酸激酶相关受体分别介导的两大信号转导途径之间也存在着明确的相互调控作用（图 7-46）。

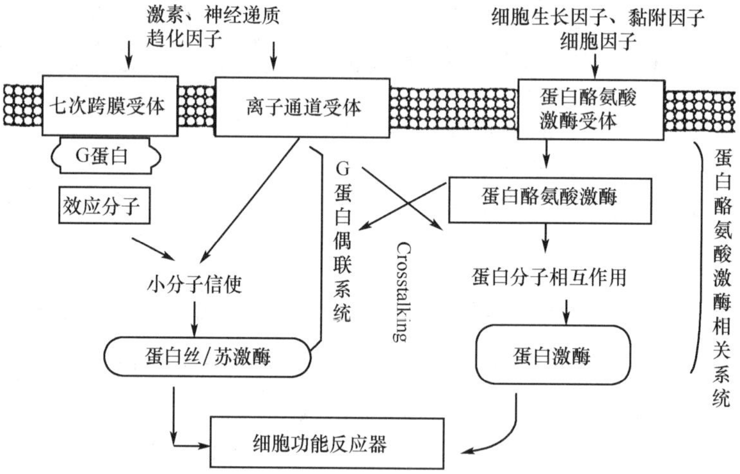

图 7-46 膜受体介导的三种信号转导途径及其相互作用示意图

信念转导途径的交联对话表现为：

（1）一条信息途径的成员，可参与激活另一条信息途径。如甲状腺释放激素与靶细胞膜的受体特异性结合后，通过 Ca^{2+}-磷脂依赖性蛋白激酶系统可激活 PKC，同时细胞内 Ca^{2+}浓度增高还可激活腺苷酸环化酶，生成 cAMP 进而激活 PKA。

（2）两种不同的信息途径可共同作用于同一种效应蛋白，或同一基因调控区而协同发挥作用，不同的信号可以在信号通路的不同部位发生聚合和整合，产生相同或相似的生物学效应。肌糖原磷酸化酶 b 激酶为多亚基蛋白质（αβγδ）4，其中α、β亚基是 PKA 的底物，PKA 通过催化α、β亚基磷酸化而使其活化，该酶的 δ 亚基是钙调蛋白，Ca^{2+}能与其结合而使之活化。PKA 与 Ca^{2+}-CaM（δ 亚基）在细胞核内都可使转录因子 CREB 的 Ser133 磷酸化而激活之。活化的 CREB 可与 DNA 上的顺式作用元件结合而启动多种基因的转录；β 肾上腺素、促甲状腺激素和加压素等分别通过各自的受体激活相同的 Gs 进而进行跨膜信号转导；RTK 型受体、细胞因子受体和 G 蛋白偶联受体等均能激活 MAPK 信号通路。细胞对不同信号的会聚表现出细胞对信号的整合能力。

（3）一种信息分子可作用几条信息转导途径，一种信号可以激活几种不同的信号通路，这种现象被称为信号发散。胰岛素与细胞膜上的受体结合后，可通过胰岛素受体底物（insulin receptor substrate）激活磷酸肌醇-3-激酶（PI-3-kinase），可激活 PLCγ而水解 PIP_2 产生 IP_3 和 Ca^{2+}，进一步激活 PKC，另外还可激活 Ras 途径；乙酰胆碱既可激活离子通道型受体又可以激活 G 蛋白偶联型受体；血管紧张素Ⅱ通过 G 蛋白偶联型受体可以激活 G 蛋白介导的信号通路，还能激活细胞内 Ras-MAPK 信号通路和 JAK-STAT 通路。

（4）不同信号通路间能互相通话（cross talk）。表皮生长因子（EGF）激活其受体，从而激活 MAPK 信号通路，MAPK 可使雌激素受体（ER）的 N 端转录激活区磷酸化从而使其激活，这是膜受体与胞内受体的相互对话；第二信使 cAMP 能激活胞膜上的 Ca^{2+}通道，增加胞内 Ca^{2+}，而 Ca^{2+}又能增加腺苷酸环化酶活性，提高胞内 cAMP 水平，这是 cAMP 和 Ca^{2+}两个第二信使间的对话；通过 Gs 偶联受体激活腺苷酸环化酶，cAMP 激活 PKA，后者使 MAPK 信号通路中的 Raf 磷酸化而被抑制，从而阻断 MAPK 信号通路。

这些广泛存在的交叉调控反应是典型的生物复杂性的体现，不同转导途径之间既可以有相互协同作用，也可以有相互制约的作用，从而形成精细的调控网络。在 MAPK 信号通路中，Raf 的激活是活化 Ras 信号通路、PKC 信号通路和产生磷脂酸的信号通路共同作用的结果。这种复杂的网络给信号转导机制的研究带来了许多困难，所以这些交叉调控在信号转导过程中的具体作用和地位还不很明了，有待进一步研究。

第四节　细胞信号转导研究在医学中的意义

在人类基因组计划完成以后，信号转导机制研究作为后基因组学研究的重要内容将继续成为生命科学的研究热点。信号转导机制研究在医学发展中的意义主要体现在两个方面：①对发病机制的深入认识；②为新的诊断和治疗技术提供靶位。目前，人们在这一方面的认识还有限，本节主要通过结合一些实例说明这一领域发展的重要性。

一、细胞信号转导异常与疾病

（一）信号转导异常的原因

导致信号转导异常的原因有很多，大致可分为以下几种。

1. 生物学因素　如霍乱弧菌产生分泌的霍乱毒素干扰细胞内信号转导通路后，引起烈性肠道传染病。

2. 理化因素　包括机械刺激、电离辐射等，体内某些信号转导成分是致癌物的作用靶点。

3. 遗传因素　包括染色体异常、信号转导蛋白基因突变进而引起信号转导蛋白数量改变或信号转导蛋白功能改变等。某些信号转导蛋白突变后不仅自身无功能，还能抑制或阻断野生型信号转导蛋白的作用，这种作用被称为显性负性作用（dominant negative effect），具有显性负性作用的突变体被称为显性负性突变体（dominant negative mutant）；而某些信号转导蛋白在突变后获得了自发激活和持续性激活的能力则被称为组成型激活突变（constitutively activated mutation）。

4. 免疫学因素　因体内产生抗受体的自身抗体而引起的疾病被称为自身免疫性疾病。

5. 内环境因素。

（二）信号转导异常的发生环节

机体平衡状态的维持是健康的保证，这种平衡状态的维持需要机体所有细胞的功能处于精确的调控之下。感染及其他有害刺激可以导致细胞对外源信号反应的失控，有的信号转导分子的活性会受到抑制，有的会发生持续的活化，从而使细胞失去对环境的适应能力，产生疾病。可以说，各种疾病的发生和发展都可以直接或间接归因于细胞信号转导分子和信号转导过程的异常。无论是配体、受体或受体后信号转导通路的任何一个环节出现障碍都可能会影响到最终效应，使细胞增殖、分化、凋亡、代谢或功能失常，并导致疾病。

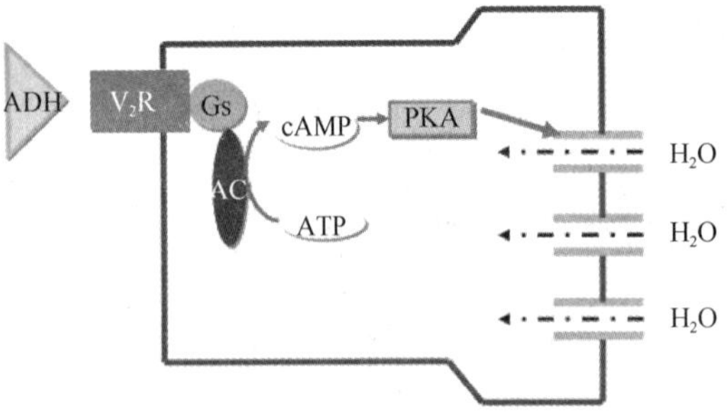

图 7-47 ADH 的信号转导

如尿崩症的发生至少可由抗利尿激素（antidiuretic hormone，ADH）作用的三个环节异常导致。正常情况下 ADH 的作用机制是：ADH-V_2 受体位于远端肾小管或集合管上皮细胞膜上，当 ADH 与受体结合时→激活 Gs→ AC 活性↑→cAMP↑→PKA↑→使微丝微管磷酸化→促进位于胞质内的水通道蛋白插入集合管上皮细胞管腔侧膜→管腔内水进入细胞，即水重吸收↑→肾小管腔内的尿液浓缩→ 按逆流倍增机制→尿量减少（图 7-47）。

当一些原因导致 ADH 分泌减少时则会引起中枢性尿崩症，而 ADH 分泌减少、ADH-V_2受体变异、肾小管上皮细胞水通道蛋白（AQP2）异常这三个环节都可能导致集合管上皮细胞对 ADH 的反应性降低，最后导致家族性尿崩症（familial nephrogenic diabetes insipidus）。ADH 的 V_1受体作用是对血管平滑肌产生加压作用，V_2受体则是引起肾集合管尿液浓缩。

需要注意的是，由于不同受体介导的信号转导通路存在交联对话（crosstalk），并非所有的信号转导蛋白异常都能导致疾病。

1. 受体异常与疾病 因受体的数量、结构或调节功能变化，使受体不能正常介导配体在靶细胞中应有的效应所引起的疾病被称为受体病（receptor disease）。从作用机制上，受体病可分为功能丧失性改变和功能增强性改变。功能丧失性改变包括受体下调（down regulation）即受体数量减少和受体减敏（desensitization），靶细胞对配体刺激的反应性减弱。功能增强性改变则包括受体上调（up regulation）即受体数量增加和受体增敏（hypersensitivity），在缺乏配体时自发激活或对正常配体反应性增强。从发病的原因上，受体病则可分为遗传性受体病（genetic disorders of receptor）和自体免疫性受体病（autoimmune receptor disease）。由于编码受体的基因突变，使受体数量或功能异常导致的受体病被称为遗传性受体病。因体内产生抗受体的自身抗体而引起的疾病则称为自体免疫性受体病，抗受体抗体的产生机制目前尚不很清楚。抗受体抗体的类型有刺激型抗体和阻断型抗体，刺激型抗体可模拟信号分子或配体的作用，激活特定的信号转导通路，使靶细胞功能亢进，如 Graves 病；阻断型抗体与受体结合后，可阻断受体与配体的结合，从而阻断受体介导的信号转导通路的效应，导致靶细胞功能低下，如慢性淋巴细胞性甲状腺炎（桥本病）、重症肌无力。

常见受体异常的病有以下几种：

（1）雄激素受体缺陷与雄激素抵抗症：由于雄激素受体的减少和失活性突变而引起疾病。

（2）胰岛素受体与胰岛素抵抗性糖尿病：①遗传性胰岛素受体异常，包括受体合成减少、受体与配体的亲和力降低，如受体精氨酸^{735}突变为丝氨酸；受体 TPK 活性降低，如甘氨酸^{1008}突变为缬氨酸；胞内区 TPK 结构异常等。②自身免疫性胰岛素受体异常，患者的血液中存在抗胰岛素受体的抗体。

（3）家族性高胆固醇血症（familial hypercholesterolaemia，FH）：也属于遗传性受体病。1939 年，Muller 首次报告了一个有遗传性缺陷的家系，为常染色体显性遗传，纯合子的发病率为 1/100 万，杂合子的发病率为 1/500。患者的病症有血清胆固醇水平升高、跟腱黄色瘤、年轻时发生缺血性心脏病、早发动脉粥样硬化等，探讨其病因是由于编码 LDL（low-density lipoprotein，低密度脂蛋白）受体的基因突变，使细胞表面 LDL 受体减少或缺失，引起脂类代谢紊乱和动脉粥样硬化。LDL 受体突变的类型及分子机制包括内质网受体合成减少、受体装配及转运障碍、受体与配体结合力降低、受体内吞缺陷、受体再循环障碍等。

（4）前面提到的家族性肾性尿崩症，是由于编码 V_2 受体的基因突变使合成的 ADH 受体异常即遗传性 ADH 受体（V_2 型）异常及受体后信号转导异常引起多尿，也是遗传性受体病，该病表现为性连锁隐性遗传，男性儿童发病，症状为多尿、烦渴、多饮，但血浆 ADH 水平无降低。

（5）自身免疫性甲状腺病（autoimmune thyroid diseases）：因抗 TSH（thyroid-stimulating hormone，促甲状腺激素）受体的自身抗体引起的甲状腺功能紊乱。其机制为刺激性抗体模拟 TSH 的作用而促进甲状腺素分泌和甲状腺腺体的生长，患者表现为甲亢、甲状腺弥漫性肿大、突眼，临床称为弥漫性甲状腺肿（Graves'disease），该病发病率女性＞男性。

（6）桥本病（Hashimoto thyroiditis）：与 Graves 病相反，是阻断性抗体与 TSH 受体结合，减弱或消除了 TSH 的作用，抑制了甲状腺素分泌，导致了甲状腺功能减退、黏液性水肿。

（7）重症肌无力（myasthenia gravis）：因存在抗 n-Ach（acetylcholine，乙酰胆碱）受体的抗体而引起的自身免疫性疾病，患者表现为横纹肌稍行活动后即疲乏无力，休息后可恢复。实验性重症肌无力动物或临床重症肌无力患者的血清中可检测到抗 n-Ach 受体的抗体，将重症肌无力患者的血浆注射给小鼠，可诱发类似重症肌无力的变化。

总之，受体的调节有着重要的生理意义，如当体内某种激素/配体剧烈变化时，受体的改变可缓冲激素/配体的变动，以减少有可能导致的代谢紊乱和对细胞的损害。但是过度或长时间的刺激，使靶细胞对配体反应性改变，则会导致疾病的发生或促进疾病的发展；亦可造成长期应用某一药物时出现药效减退。受体接触激素/配体一定时间后其功能减退，对特定配体的反应性减弱的现象被称为脱敏；受体接触激素/配体一定时间后其功能增强，对特定配体的反应性增强则是高敏。

2. 多个环节的信号转导异常与疾病

（1）G 蛋白异常与疾病：多种因素可以导致 G 蛋白偶联型受体介导的信号转导过程异常，以至产生各种疾病状态。这些因素包括受体结构或表达水平的异常、G 蛋白结构或活性异常、效应分子和小分子信使的靶分子异常等。已经确定的缘于 G 蛋白偶联型受体介导的信号转导过程异常的疾病包括某些传染性疾病（霍乱、破伤风、百日咳等）、遗传性疾病（甲状旁腺功能不全等）、对阿片类毒品和乙醇的依赖状态等。

1）霍乱（cholera）：休克霍乱弧菌产生分泌的外毒素（霍乱毒素）进入小肠上皮细胞后有选择性地催化 Gsα 亚基上的精氨酸 ^{201} 核糖化，受到修饰后，α亚基固有的 GTP 酶活性丧失，不能将 GTP 水解成 GDP，从而处于不可逆的激活状态，不断刺激 AC 生成 cAMP，胞质中的 cAMP 含量可增加至正常的 100 倍以上，cAMP 的效应之一是通过 PKA 使小肠上皮细胞膜蛋白构型改变，导致小肠上皮细胞的 Cl^-通道持续开放，大量 Cl^-和水分子持续转运入肠腔，水钠丢失引起引起严重腹泻和脱水。

2）肢端肥大症和巨人症（acromegaly and gigantism）：分泌生长激素（GH）过多的垂体腺瘤中，有 30%～40%是由于编码 Gsα 的基因突变所致，其特征是 Gsα 的精氨酸 ^{201} 被半胱氨酸或组氨酸取代；或谷氨酰胺 ^{227} 被精氨酸或亮氨酸取代，这些突变抑制了 GTP 酶活性，使 Gsα 处于持续激活状态，进而腺苷酸环化酶（AC）活性增强，cAMP 含量增多，垂体细胞生长和分泌功能活跃，GH 增多，临床上表现为肢端肥大症和巨人症。

3）假性甲状旁腺功能减退症（pseudohypoparathyroidism，PHP）：由于靶器官对甲状旁腺激素（parathyroid hormone，PTH）抵抗而产生的综合征。PTH 的生理功能是通过促进远曲小管重吸收钙、抑制近曲小管重吸收磷酸盐、促进肾脏产生 1,25-（OH）$_2D_3$、促进骨钙和骨磷释放等而升高血钙、降低血磷，其信号转导途径是 PTH→受体→Gs →cAMP →功能改变。PHP ⅠA 型产生的原因是由于编码 Gsα 的基因突变→Gsα↓→AC 活性↓→cAMP↓→近端肾小管重吸收磷酸盐↑，血磷↑；远端肾小管重吸收钙↓，尿钙↑和血钙↓；肾小管产生 1,25-（OH）$_2D_3$↓，血钙↓，表现出靶细胞对 PTH 的反应性完全或部分丧失，低血钙、高血磷、血中 PTH 增高、Albright 遗传性骨营养不良等多种先天性生长和骨骼发育缺陷症状。

（2）蛋白酪氨酸激酶相关受体介导的信号转导异常相关疾病：蛋白酪氨酸激酶相关受体介导的信号转导异常相关疾病有多种。很多癌基因产物是该类受体介导的信号转导途径中的重要分子，如 ras、src 家族蛋白酪氨酸激酶等。由于蛋白酪氨酸激酶相关受体多数介导与细胞生长、分化密切相关的细胞外信息，其突变往往会导致细胞生长过度或分化障碍，具体表现为肿瘤的发生和一些与细胞发育相关的遗传性疾病。第一个被发现与人类遗传性疾病相关的蛋白酪氨酸激酶基因是人类 X 染色体连锁遗传性免疫缺陷病-Bruton 综合征的致病基因 *btk*。该基因编码蛋白酪氨酸激酶 Btk（Bruton's tyrosine kinase），属于胞质蛋白酪氨酸激酶中的 Tec 家族。Btk 的功能是参与 B 细胞抗原受体和一些作用于 B 细胞的细胞因子受体介导的信号转导过程，*btk* 基因发生的各种点突变可以直接导致 B 淋巴细胞发育不全，抗体产生障碍。

（三）细胞信号转导与临床

1. 细胞信号转导与肿瘤 恶性肿瘤最显著的特点是肿瘤细胞具有自主生长能力、持续分裂与增殖、失去细胞间及与周围组织间的正常作用关系，因而可向周围组织浸润和扩散。随着分子生物学技术的发展，对癌细胞分子基础的研究也取得了很大进展。目前认为，肿瘤的发生是由于细胞的生长调控机制紊乱造成的。正常细胞的生长、增殖是由两大类基因调控的。一类是原癌基因（protooncogene，pro-onc），促进细胞生长和增殖，并且阻止其终端分化，此为正调信号；另一类是抑癌基因（antioncogene），促进细胞成熟，向终末分化，最后凋亡，此为负调信号。正、负调信号保持着动态平衡，对正常细胞的生长、增殖、分化和死亡进行精确的调控。一旦二者之间的关系被破坏，如正调信号基因功能过盛或负调信号基因失活，必将导致细胞增殖调控的混乱而使细胞恶变。

（1）原癌基因：是指一大类促进细胞分裂的基因群，但当某些原癌基因在环境因子作用下发生突变、DNA 重排、插入、扩增或调控顺序的改变则激活成为癌基因（oncogene）。癌基因有两种：一种为逆转录病毒的癌基因（*v-onc*），另一种是由细胞原癌基因激活成的细胞癌基因（*c-onc*）。研究证明，逆转录病毒基因组中所携带的癌基因并非来自病毒本身，而是这些病毒在感染动物或人体之后从细胞原癌基因上得到的，当这些病毒再次感染动物或人体时，就将其插入细胞基因组中，导致细胞发生癌变。

癌基因可分成几个家族，它们表达蛋白质的功能涉及细胞信息传递和调控等方面，如生长因子、生长因子受体、Ras 蛋白、胞质和质膜蛋白激酶及胞核中转录因子等。在正常细胞中，原癌基因没有被激活时，所表达的上述蛋白质参与正常的细胞信号转导，维持细胞正常增殖、生长和存活，一旦某种原癌基因被激活成癌基因，异常表达某种信号分子，就可使正常细胞发生癌变。例如，Ras 蛋白的相对分子质量为 21 000，简写 p21，编码该蛋白的基因有 *Ha-ras*、*K-ras* 和 *N-ras*。突变 *Ha-ras* 基因产物与结肠癌、肺癌、胰腺癌等有关，*K-ras* 与恶性骨髓瘤等有关，*N-ras* 则多见于泌尿系统癌。

（2）抑癌基因的产物：参与细胞信号转导，它的突变亦能引起细胞癌变，如 *p53* 与乳腺癌、肺癌、肠癌有关，*Rb* 与成视网膜纤维瘤、骨肉瘤有关。

（3）细胞信号转导通路与肿瘤：肿瘤的发生是一个多因素、多阶段、多基因变异累积的复杂的病变过程，多种信号通路可能同时参与了肿瘤的发生，其具体机制还没有阐明，正处于不断的探索之中。现将目前的主要进展简述如下。

1）促细胞增殖的信号转导过强：①生长因子产生增多：发现多种肿瘤组织能分泌生长因子。②受体的改变：某些生长因子受体表达异常增多，如多种肿瘤组织中发现有编码 EGFR 的原癌基因 *c-erb-B* 的扩增及 EGFR 的过度表达。突变使受体组成型激活，如多种肿瘤组织中证实有 RTK 的组成型激活。细胞内信号转导蛋白的改变，如小 G 蛋白 Ras 的基因突变→使 Ras 自身 GTP 酶活性下降→造成 Ras-Raf-MEK-ERK 通路的过度激活→导致细胞的过度增殖与肿瘤的发生。

2）抑制细胞增殖的信号转导过弱：生长抑制因子受体的减少、丧失或者受体后信号转导通路异常均可导致细胞的生长负调控机制减弱或丧失。

3）几条研究较多的肿瘤细胞信号传导通路：其共同特点是通过多种途径将胞外刺激由细胞表面传入细胞内，启动了胞质中的信号转导通路，促进或抑制特定靶基因的表达。

A. MAPK 信号通路：如前所述，MAPK 信号通路介导细胞外信号到细胞内反应。MAPK 主要位于细胞质，被胞外多种信号分子，从神经递质、激素、生长因子、细胞因子到各种应激刺激如辐射伤害、渗透压变化等激活，活化后既可以磷酸化胞质内的靶蛋白，也能进入细胞核作用于对应的转录因子，调节靶基因的表达，进而调节着细胞的生长、分化、分裂、死亡各个阶段的生理活动及细胞间功能同步化过程，并在细胞恶变和肿瘤侵袭转移过程中起重要作用，阻断 MAPK 途径是肿瘤侵袭转移的治疗新方向。*Ras* 蛋白是 MAPK 通路中的分子开关、MAPK 系统的主要调控者，介导生长因子等多种胞外信号转导，其活性状态对细胞的生长、分化、细胞骨架、蛋白质运输和分泌等都具有影响。ras 基因的突变会使 Ras 蛋白处于持续性激活，导致大约 30%的恶性肿瘤发生。

在早期的肠道肿瘤发生过程中，MAPK 途径活化促进 MMP（matrix metalloproteinase，基质金属蛋白酶）-7 的表达。在大肠癌中，活化 Ras-MAPK 通路对诱导 VEGF 的表达起重要的作用。在乳腺癌中，TGF-β 可刺激增殖侵袭和转移，通过激活 p38 MAPK 信号途径促进侵袭转移相关的基因的表达。在卵巢癌细胞株中，TGF-β 可通过激活 MAPK 通路上调 u-PA（urokinase type plasminogen activator，尿激酶型纤溶酶原激活物）的表达，增加肿瘤细胞的侵袭。阻断 MAPK 信号通路，可抑制雌激素依赖性妇科肿瘤如子宫内膜癌、卵巢癌细胞的增殖。

B. PI3-AKT 信号通路：如前所述，PI3K 是与细胞内信号传导有关的脂类第二信使。PI3K 能被许多细胞因子受体活化，包括酪氨酸激酶受体、非酪氨酸激酶受体、胰岛素受体等胞外信号。Akt/PKB 是 PI3K 的主要效应分子，PI3K-Akt/PKB 信号转导途径参与多种生理活动，包括细胞代谢、存活、凋亡、增殖、分化和细胞周期调节，在肿瘤的发生、发展、转移及化疗耐药中扮演重要角色，如促进细胞的异常分化与增殖、抗肿瘤细胞的凋亡、促进肿瘤细胞的侵袭和转移、促进肿瘤新生血管的形成等。

C. JAK-STAT 通路：如前所述，JAK 是酪氨酸蛋白激酶，STATs 是核转录因子，其中 STAT3 在多种肿瘤组织中异常表达和激活，并与多种肿瘤的增殖、分化、细胞凋亡、血管生成、侵袭、转移和免疫逃避密切相关。STAT3 表达高的肿瘤细胞，MMP-2（基质金属蛋白酶-2）表达也较高，基质金属蛋白酶对肿瘤的侵袭转移有着一定的作用，通过转染 STAT3 至侵袭性较差的肿瘤细胞，观察到 STAT3 可直接与 MMP-2 启动子结合并刺激 MMP-2 表达上调，故认为 STAT3 通过刺激 MMP-2 的表达增加了肿瘤的侵袭和转移。具体的例子如：乳腺癌发展过程中激活的 STAT3 与 MMP-9 具有明显相关性；在原位胰腺肿瘤动物模型中，阻断 STAT3 的活性可明显抑制 VEGF 的表达、血管生成和胰腺肿瘤的肝转移；大鼠的黑色素瘤模型中，沉默 STAT3 的活性可明显减少 MMP-2 的表达，降低黑色素瘤的肺转移，增强 STAT3 的活性可以使黑色素瘤细胞 MMP-2、VEGF 表达升高，增加肿瘤的侵袭和血管生成，从而使转移能力增强，激活的 STAT3 蛋白在人黑色素细胞瘤脑转移灶明显高于原发灶；在大鼠乳腺癌模型中用 RNA 干扰技术降低 STAT3 的活性，可明显抑制肿瘤的侵袭和转移；STAT3 转染人肺癌细胞株，可以明显降低 Mcl-1、Cyc1in D1、Bcl-xl 的表达，现多认为以 STAT3 为靶点对于肺癌的治疗具有巨大的潜力。

D. 其他：Wnt 通路、Notch 通路等都参与了肿瘤的细胞信号通路，对肿瘤的发生、发展起着一定的作用。

2. 细胞信号转导与动脉粥样硬化 动脉粥样硬化是影响人类健康最严重、最常见的疾病之一。高血压、高胆固醇血症、内皮细胞损伤、血小板黏聚和高血凝状态等，是诱发动脉粥样硬化的危险因素。目前认为，内皮细胞损伤和平滑肌细胞增生起着关键作用。内皮细胞受损时，*sis* 原癌基因被激活成为癌基因，大量表达 PDGF，进而促进平滑肌细胞、单核/巨噬细胞、成纤维细胞的增生和内膜下迁移，并可引起脂类代谢障碍。可见内皮细胞的损伤是动脉粥样硬化形成过程的一个始动因素；*sis* 癌基因表达过剩，PDGF 生成过多，是内皮细胞损伤引起动脉粥样硬化的关键信号分子。

动脉粥样斑块中细胞成分主要有平滑肌细胞和单核/巨噬细胞，而且最主要的细胞是平滑肌细胞。这种斑块中的平滑肌细胞不同于正常细胞，斑块中的平滑肌细胞由收缩状态转变为合成状态，因此具有分裂和增生能力，可迁移至内膜下增生；脂类代谢紊乱形成泡沫细胞，并使胞外形成指纹状斑块；斑块中的平滑肌细胞因细胞毒极易死亡。由此可见，平滑肌细胞的增殖，迁移至内膜下和代谢的变化是动脉粥样硬化的核心和主要特点。平滑肌细胞增生的原因是当前研究动脉粥样硬化发病机制的一个焦点。

平滑肌细胞的增生与多种生长因子有关，其中最主要的是 PDGF。如前所述，该生长因子通过其酪氨酸蛋白激酶受体，激活胞内 Ras-MAPK 信号途径，调节基因的表达，从而促进细胞的增生，可见细胞信号转导在动脉粥样硬化形成过程中起着重要的作用。

总之，内皮细胞的损伤、高血压、高胆固醇血症等多种因素促进了内皮细胞 *sis* 基因的表达，产生 PDGF；然后 PDGF 再通过受体，促进平滑肌细胞、单核/巨噬细胞和成纤维细胞的增生和内膜下迁移，同时产生和分泌多种生长因子，再通过自分泌和旁分泌的作用，进一步促进平滑肌细胞、单核/巨噬细胞和成纤维细胞的增生。增生的平滑肌细胞和巨噬细胞因脂类代谢紊乱或内摄脂肪增加，进而形成泡沫细胞。同时，这些细胞还可以合成大量的胶原、纤维和多糖沉淀在内膜下，与内膜下细胞外脂肪、泡沫细胞的残骸结合在一起而形成动脉粥样斑块。

3. 细胞信号转导与缺血性脑损伤 脑血管疾病是影响人类健康的重要疾病。在脑血管疾病中以缺血性疾病的发病率占居首位。通常在轻度的缺氧、缺血情况下，脑的代偿机制保护着中枢神经系统免受损伤，但当缺血程度加重时，便会发生不可逆性的神经损伤，导致一系列的临床症状，甚至死亡。因此，研究缺血性脑损伤的分子机制和有效防治措施，具有重大的医学价值和社会意义。

缺血性脑损伤与脑内 Ca^{2+}超载有关。在正常情况下，Ca^{2+}作为胞内信使，几乎参与一切胞外信号转导过程，也是参与胞内代谢活动的重要离子。因此，胞内 Ca^{2+}稳态的维持对于生命活动是至关重要的。脑缺血致使能量代谢障碍，胞内、外离子平衡被破坏，细胞去极化，通过电压内控钙通道和配体门控钙通道，引起 Ca^{2+}内流。突触前神经元去极化导致兴奋性氨基酸（谷氨酸）释放增加和摄取减少，过量谷氨酸过度刺激突触后神经元 NMDA（*N*-甲基-D-天冬氨酸）受体，胞外 Ca^{2+}通过该受体通道进入胞内，造成胞内 Ca^{2+}超载，这是脑缺血 Ca^{2+}内流的主要途径。Ca^{2+}激活其靶酶，如蛋白酶（水解细胞骨架）、磷脂酶（水解膜磷脂）、DNA 酶（水解 DNA），一氧化氮合酶（产生 NO）和蛋白激酶等。因此，谷氨酸的兴奋毒性方要是通过 Ca^{2+}的超载引起的。脑缺血导致氧化还原反应异常，大量自由基产生，而清除自由基的 SOD 酶活性却受到抑制，自由基的最主要攻击目标是生物膜。胞膜的破坏增加了 Ca^{2+}通透性，进一步加重胞内 Ca^{2+}浓度，形成恶性循环。脑缺血导致神经元死亡有两种：一是急性坏死（necrosis）；二是缺血再灌注引起的迟发性坏死，可能与细胞凋亡（apoptosis）有关。细胞凋亡的机制当然也与细胞信号转导有关。谷氨酸的另一种离子型受体海人藻酸受体（kinate receptor）介导的 JNK 信号通路与脑缺血导致的神经元凋亡密切相关。

以上仅列举了少数信号分子异常与疾病的关系，实际存在的疾病过程的信号转导异常远比这些更加复杂和多样，还有待于更进一步的深入研究。

二、信号转导治疗与信号转导药物

随着细胞信号转导机制研究的发展，尤其是对于各种疾病过程中的信号转导异常的不断认识，为发展新的疾病诊断和治疗手段提供了更多的机会。将以信号转导蛋白为靶分子对疾病进行预防和治疗的方法称为信号转导治疗（signal transduction therapy），如以 TPK 为靶分子，采用单克隆抗体阻断配体与受体 TPK 的结合来阻断细胞增殖。

在研究各种病理过程中发现的信号转导分子结构与功能的改变为新药的筛选和开发提供了靶位，由此产生了信号转导药物这一概念。信号转导分子的激动剂和抑制剂是信号转导药物研究的出发点，尤其是各种蛋白激酶的抑制剂更是被广泛用作母体药物进行抗肿瘤新药的研究。一种信号转导干扰药物是否可以用于疾病的治疗而又具有较少的不良反应，主要取决于两点：一是它所干扰的信号转导途径在体内是否广泛存在，如果该途径广泛存在于各种细胞内，其不良反应则很难得以控制；二是药物自身的选择性，对信号转导分子的选择性越高，不良反应就越小。

基于上述两点，人们一方面正在努力筛选和改造已有的化合物，以发现具有更高选择性的信号转导分子的激动剂和抑制剂，同时也在努力了解信号转导分子在不同细胞的分布情况，这些努力已经使得一些药物得以用于临床。例如，已经发现的蛋白酪氨酸激酶 JAK2 的专一抑制剂可以用于 B 细胞白血病的治疗，这是由于 JAK2 仅表达于 B 细胞，因此该药物的不良反应较低。此外，局部应用信号转导分子干扰药物也可以在一定程度上减少药物的全身不良反应。

思　考　题

1. 请解释下列名词：G 蛋白，第二信使，cAMP，受体。
2. 试述细胞内受体介导的主要信号通路。
3. 试述细胞膜受体介导的主要信号通路。
4. 试述涉及 Ca^{2+}的信号通路。
5. 简述与胰岛素相关的信号通路。

（周迎会　王明华）

第 8 章　细胞周期和细胞凋亡

细胞是生物形态结构和生命活动的基本单位，种类繁多，寿命也有长有短，但最终的命运总是两种：其一，通过分裂而增殖；其二，细胞死亡，生命活动消失。细胞周期是一个细胞的整个生命过程，是物质积累和细胞分裂的循环过程，包括两个时相：细胞分裂期（M 期）和分裂间期。分裂间期又包括三个时期：G_1 期、S 期和 G_2 期。分裂间期是细胞增殖的物质准备和积累阶段，分裂期则是细胞增殖的执行过程，通过一次细胞周期，细胞数增加一倍。分裂后的新细胞有些可继续进入细胞周期，有些则以细胞凋亡或坏死的方式消亡。

细胞周期的有序进行，受着严密的调节和控制。高等动物的细胞周期控制机制比较复杂，主要以细胞周期素依赖激酶（CDK）活性为基础，并在细胞周期素的参与和协调下进行。同时，细胞周期还受到一些小分子的 CDK 抑制蛋白、某些生长因子、原癌基因及抑癌基因表达产物的控制。整个调控系统不仅要遵循细胞自身的增殖调控规律，还要遵循生物体整体调控机制的调节，否则细胞将为机体免疫系统所清除或发生癌变，甚至威胁整个生命。由此可见，细胞周期调控是整个生命活动的最基本保证。

细胞凋亡是不同于细胞坏死的另一种细胞死亡方式，是一个主动的、由基因决定的、自动结束生命的过程。与细胞增殖和分化一样，细胞凋亡也是生物经长期进化而获得的一个重要的生命活动过程。在细胞凋亡发生过程中，细胞形态结构发生明显的变化，DNA 电泳呈梯状条带是细胞凋亡的典型特征之一。目前对细胞凋亡的分子机制了解不多，参与细胞凋亡调控的基因主要有两类：促进细胞凋亡与抑制细胞凋亡的基因。细胞凋亡的信号传导途径主要有两条：受体介导通路和非受体依赖通路，皆涉及 caspase 的活化。

第一节　细 胞 周 期

一、细胞周期（cell cycle）

细胞增殖是细胞生命现象的一个重要特征，是生物繁育的基础，与细胞的生长、发育、分化、再生、创伤修复及肿瘤发生密切相关。通过自身分裂细胞，细胞不断自我更新，实现新旧交替。据统计，成人体内每秒钟有 2500 万个细胞进行分裂，体内的血细胞以每分钟 1 亿个的速率被更新。细胞周期是指细胞从上一次细胞分裂结束到下次细胞分裂完成所经历的整个过程，这个过程周而复始，呈现一定的周期性，主要包括两个时期：细胞分裂期（M 期）和细胞分裂间期。细胞从上一次细胞分裂结束到下一次细胞分裂开始的阶段称为细胞分裂间期（interphase），细胞进行分裂的这段时间称为细胞分裂期（M 期）。不同生物细胞的细胞周期时间有差异，绝大部分是在分裂间期，可以是几小时、几天或几周，甚至更长，根据 DNA 的合成情况，分裂间期又分为 G_1 期、S 期和 G_2 期。①G_1 期（DNA 合成前期）：指细胞分裂完成到 DNA 复制前的一段间隙，没有 DNA 合成，但有 RNA、多种蛋白质、糖类和脂类等的合成，这一时期细胞主要的活动是为 DNA 自身复制和蛋白质的合成作准备，染色体状态由凝集转为解凝集，细胞膜转运功能增强。不同的细胞 G_1 期持续时间差别很大，这可能与细胞在此期增加质量有关，各种细胞群体间细胞周期的差异取决于 G_1 期长短。体内大部分细胞在完成上一次分裂后，分化并执行各自功能，此 G_1 期的早期阶段特称 G_0 期。在 G_1 期的晚期阶段，细胞开始为下一次分裂合成 DNA 所需的前体物质、能量和酶类等。②S 期（DNA 合成期）：主要是 DNA 自身复制，细胞启动 DNA 合成即标志从 G_1 期过渡到了 S 期，一直至所有 DNA 复制完毕，S

期结束，细胞内 DNA 含量从二倍体（$2n$）扩增到四倍体（$4n$），哺乳动物细胞 S 期一般为 6～8 小时，其中主要的生物化学变化是遗传物质的复制，即 DNA 的复制及组蛋白、非组蛋白等染色体蛋白的合成，DNA 的准确复制保证了分裂后子细胞遗传物质的平均分配和遗传信息的准确传递。在一个细胞周期中，DNA 仅复制一次。③G_2 期（DNA 合成后期）：指 DNA 复制完成至细胞分裂开始，这段期间细胞有 2 套完整的二倍体染色体，此时 DNA 合成已终止，但仍有 RNA 和与细胞分裂直接相关的蛋白质，如微丝、微管蛋白等的合成，为细胞分裂作准备，线粒体 DNA 在此时复制。在分裂间期，细胞的外观无明显改变。

M 期即细胞分裂期，真核生物的细胞分裂主要包括两种方式：有丝分裂（mitosis）和减数分裂（meiosis），体细胞一般进行有丝分裂，成熟过程中的生殖细胞进行减数分裂，减数分裂是有丝分裂的特殊形式。有丝分裂期细胞的各种合成活动完全停止，进入分裂阶段，此时细胞核有明显变化，核仁解体，核被膜溶解，染色体凝集，单条染色体在显微镜下清晰可见，纺锤体出现，每一套二倍染色体进入一个子细胞，其余细胞组分也随胞质流入两个子细胞，一次细胞周期宣告结束，细胞进入下个细胞周期的 G_1 期。有丝分裂期根据形态学特征也可分为 5 个阶段：前期、前中期、中期、后期和末期，它保证了携带遗传信息的染色体一代代地以相同数目传递下去，从而维持了遗传的稳定性。

细胞分裂是一个复杂的过程，必须在 DNA 复制完成后才能进行。完整的细胞周期包括 G_1 期、S 期、G_2 期和 M 期，根据细胞在细胞周期中 DNA 合成及细胞分裂能力的不同，可把细胞大致分为三大类：①连续分裂的细胞，如造血干细胞、肿瘤细胞、表皮生发层细胞等，这类细胞具持续分裂能力，细胞周期连续运转，机体的生理活动需要这些细胞通过细胞分裂不断自我更新。②不分裂细胞，如横纹肌细胞、神经细胞、白细胞等，丧失了细胞分裂的能力，但保持细胞的生理功能直至死亡。③休眠期细胞，细胞停止分裂，可认为它退出了细胞周期，这种状态细胞也称 G_0 期细胞，在适当刺激下离开 G_0 期，重新进入细胞周期进行有丝分裂。例如，淋巴细胞、肝细胞、肾细胞等，还有结缔组织中的成纤维细胞，平时并不分裂，一旦所在组织部位受损，会马上返回细胞周期，分裂产生大量的成纤维细胞，分布于伤口部位，促使伤口愈合。G_0 期细胞一般休眠在 G_1 期，也有些在 G_2 期，如耳郭细胞，受刺激后可直接进入 M 期。

二、细胞周期的调控点

细胞通过一系列有序的内部事件产生两个完全相同的子代细胞，实现细胞的增殖，这些事件包括细胞生长、DNA 合成、染色体凝缩、核被膜破裂和染色体分离，随后细胞按有序的方式进行分裂。细胞周期的运行，取决于三个重要的调控点（checking-point），这些调控点保证前一事件完成之后，才启动下一个事件，使细胞周期按一定的顺序进行。当细胞处在特殊情况下，如 DNA 损伤、复制不完全或纺锤体形成不正常，细胞周期将被阻断，此时细胞就会停在某一调控点，并启动有关程序对损伤加以修复，待修复完毕后再进入下一阶段。ATM 基因（ataxia telangiectasia-mutated gene）是与 DNA 损伤检验有关的一个重要基因，最早见于毛细血管扩张性共济失调症患者，约 1%的人是 ATM 缺失的杂合子，对电离辐射敏感并易患癌症。ATM 编码蛋白激酶，能结合于损伤 DNA 上，将一些蛋白磷酸化，中断细胞周期。其信号通路有两条：一是激活 Chk1（checkpoint kinase），引起 cdc25 的 Ser^{216} 磷酸化而抑制其活性，使细胞周期中断；二是激活 Chk2，使 p53 磷酸化而激活，p53 作为转录因子，导致 p21 表达，p21 抑制 G_1/S 期的 CDK 的活性，使细胞周期阻断。

细胞周期的三个调控点分别为 G_0/G_1、G_1/S、G_2/M。在正常情况下，哺乳动物体内的大部分细胞处于非增殖状态的休止期（G_0 期），只有在一定条件下才进入 G_1 期，控制从 G_0 期进入 G_1 期的为 G_0/G_1 调控点。DNA 复制的启动发生在 G_1 期，如果能够通过 G_1/S 调控点，细胞就可

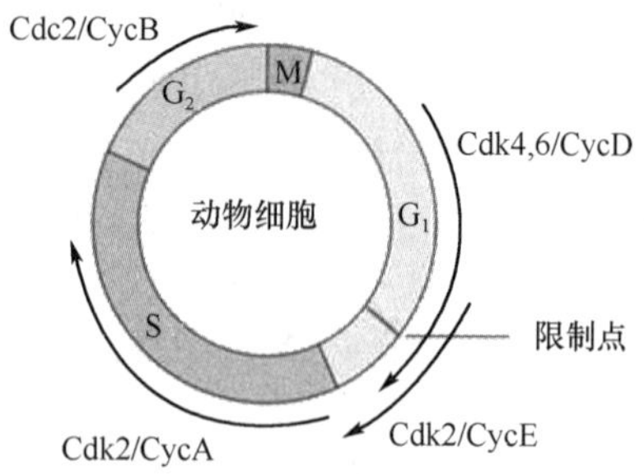

图 8-1 细胞周期的控制点

进入 S 期，该调控点称限制点（restriction point，R 点），通过 R 点的细胞将不可逆地进入 S 期直至完成细胞分裂，否则则可因环境或内部的不利变化而继续留在 G_1 期（图 8-1）。触发细胞有丝分裂发生在 G_2 期的末尾，由于细胞一般不会停留在 G_2 期，相比之下，G_1/S 是大多数二倍体细胞细胞周期的主要调控点，在通过 R 点前必须合成一种不稳定的蛋白质（p105，Rb 蛋白），当它累积到一定量时才能通过 R 点而启动 DNA 合成，这是控制细胞增殖的关键，由此细胞可能有三种不同的命运：继续增殖，暂不增殖，不增殖而分化。

实验证实，细胞周期调控点的调控是多因素参与的过程，是一系列基因严格有序地活化和表达的结果。细胞周期控制体系是由专门调控细胞周期的一系列基因的表达产物所组成的。

三、细胞周期的调控

细胞周期的准确调控对生物的存活、繁殖、发育和遗传均是十分重要的。对低等生物而言，调控细胞周期主要是为了适应环境并以此调节繁殖速度，从而保证物种的繁衍。高等生物的细胞则需面对来自环境和其他细胞、组织的信号，并作出正确的应答，以保证组织、器官和个体的形成、生长及创伤愈合等过程能正常进行，因而需要更为精细的细胞周期调控机制。

目前认为，细胞周期控制系统主要由细胞周期素（cyclin）、细胞周期素依赖激酶（cyclin-dependent kinase，CDK）和 CDK 抑制物（CDK inhibitor，CDKI）三大类蛋白家族所组成。周期素与 CDK 以 cyclin-CDK 复合物的形式发挥作用，其中周期素为调节亚单位，CDK 为催化亚单位，细胞内周期素浓度随细胞周期进程发生周期性的升降变化，从而调节催化亚单位（CDK）的磷酸激酶活性，通过 CDK 调节下游其他蛋白质的 Ser/Thr 残基磷酸化而发挥作用。CDKI 能竞争性地与 CDK 结合，抑制其活性，从而调节细胞周期的进展速度。当前，人们已揭示了细胞周期的主要生物化学过程，并获得了自酵母至人类普通适用的模式，在此主要介绍哺乳动物的细胞周期调控机制。

早在 1960 年，Yoshio Masui 就发现成熟蛙卵的提取物能促进未成熟卵的胚胞破裂，随后这种诱导物质被称为有丝分裂因子（MPF）。到 20 世纪 70 年代，美国的 Leland Hartwell 博士以芽殖酵母为材料，利用遗传学方法发现了上百个突变后会导致细胞周期异常的基因，其中一个称为 cdc28；1990 年英国的 Paul Nurse 博士则以裂殖酵母为实验材料，发现了与 cdc28 非常相似的基因 cdc2，并从高等生物中也克隆到了类似的基因，从而说明细胞周期的基本调节机制在进化过程中是保守的；而 Timothy Hunt 博士则从海胆中发现了 CDK 的结合物——周期素，他们共同构建了细胞周期调控机制的框架，并迅速推动了细胞周期、肿瘤发生与抑制机制等方面的研究，因此共享了 2001 年度诺贝尔生理学或医学奖，也使细胞周期调控研究进入新的发展阶段。

1. 细胞周期素（cyclin） 周期素是一些蛋白质，最早是通过 ^{35}S-Met 标记法，在早期分裂的海胆卵细胞中发现的，其浓度在有丝分裂前增加，有丝分裂后周期素消失，含量发生周期性的波动，因此命名为周期素。周期素不仅能激活 CDK，还决定 CDK 作用的时空性和底物，从而推动细胞周期的前进。目前从酵母和各类动物中已分离出 30 余种周期素，人类周期素有五类：cyclin A、cyclin B、cyclin C、cyclin D、cyclin E，分别参与细胞周期中不同时期的调节。cyclin A 在 G_1 期即开始表达并逐渐积累，一直持续到 G_2/M 期；cyclin B 则从 S 期开始表达并增加，到 G_2 期后期达最大值并一直维持到 M 期的中期阶段，然后迅速降解；cyclin D 在细胞周期中持续表达；而 cyclin E 在 M 期晚期和 G_1 期早期开始表达并逐渐积累，到达 G_1 期的晚期达最大，然后逐渐下降，到 G_2 期降至最低值（图 8-2）。

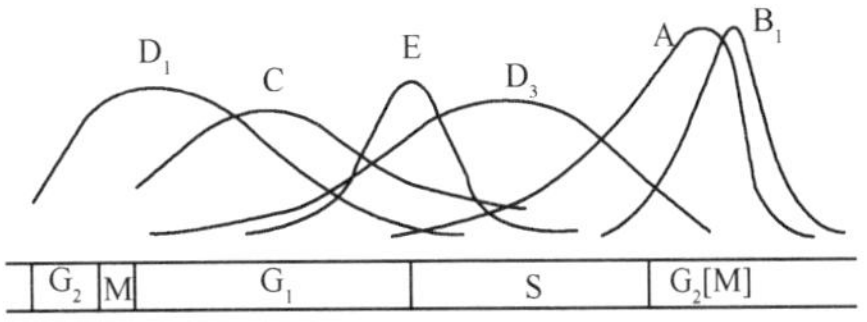

图 8-2 人类周期素在整个细胞周期中的表达

根据细胞周期素在不同时相所发挥的作用，又分 G_1 期周期素（在 G_1 期发挥作用）和 M 期周期素（在 G_2/M 调控点发挥作用），G_1 期周期素包括 cyclinC、cyclin D、cyclin E，M 期周期素包括 cyclinA 和 cyclin B。五类周期素两两相比，有 16.0%～32.6% 的氨基酸残基相同，41.8%～54.4%相似，故在周期素分子中都含有一段 100～150 个氨基酸残基的高度保守序列，是与 CDK 相互结合的关键区，被称为“周期素盒”（cyclin box）。不同的周期素盒识别不同的 CDK，组成不同的 cyclin-CDK 复合物，表现出不同的 CDK 激酶活性。对 M 期周期素，在 N 端有一由 9 个氨基酸残基组成的特殊序列（RXXLGXIXN，X 代表可变氨基酸），称为降解盒（destruction box），通过泛素连接酶催化泛素（ubiquitin）与 cyclinA 和 cyclin B 结合，cyclin 随之被 26S 蛋白酶体（proteasome）水解。用基因突变的方法去除降解盒，将不能被泛素化途径所降解，因而可较长时间地保持活性。G_1 周期素也通过类似的途径降解，但其 N 端无降解盒，C 端有一段特殊 PEST 序列，对 G_1 期周期素的降解起促进作用。在细胞周期的特定时相，cyclin 通过周期性合成、与 CDK 结合、降解，起到了对细胞周期的调节作用。

（1）G_1 期周期素：人类细胞在 G_1 期表达 3 种周期素，cyclinC、cyclinD、cyclinE，细胞在细胞因子等外源性有丝分裂原的刺激下，首先表达 cyclinC、cyclinD，随后再表达 cyclinE。

cyclinC 的水平在 G_1 期中点时达到顶峰，但只略有增加，在细胞周期其他时期内变动很小，提示其在 G_1 期发挥作用。

cyclinD 目前至少已发现三种亚类，包括 cyclinD_1、cyclinD_2 和 cyclinD_3，它们的表达有细胞和组织特异性。一般情况下，一种细胞仅表达两种 cyclin D，即 cyclin D_3 和 cyclin D_1 或 cyclin D_2。cyclinD 与 $CDK_{4、6}$ 结合形成复合物，使下游蛋白如 Rb 磷酸化，磷酸化的 Rb 释放出转录因子 E_2F，促进许多基因转录，如编码 cyclin A、cyclin E 和 CDK_1 的基因，从而使细胞从 G_1 期进入 S 期，如抑制 cyclinD 在 G_1 期表达，细胞将不能进入 S 期。cyclinD 的表达对生长因子有明显的依赖性，生长因子引起周期素表达的确切机理尚不清楚，但已知 cyclinD-$CDK_{4、6}$-pRb-E_2F 结合，cyclinD-$CDK_{4、6}$ 复合物的形成与 Rb 蛋白的正常功能相关，突变后的 Rb 蛋白由于不能与 cyclinD 结合而阻止细胞走出 G_1 期。3 种 D 型 cyclin 与 Rb 蛋白结合能力不同，提示它们在功能上可能并不完全相同，cyclinD_2、cyclin D_3 与非磷酸化的 Rb 蛋白结合稳定，若 Rb 受 CDK_4 激酶作用磷酸化，则两者结合就不稳定了。cyclinD_1 的基因定位于 11q13，在多种恶性肿瘤中有基因放大、重排或畸形表达现象，与人类肿瘤的发生关系密切。

有两种 cyclinE：E_1 和 E_2，它们在 cyclinD 高峰后开始表达增加，在 G_1/S 过渡点处达到最高峰，一直持续到细胞进入 S 期，在细胞进入 S 期后，cyclin E 很快被降解。cyclinE 与 CDK_2 结合，促进细胞通过 G_1/S 限制点而进入 S 期，它作用比 cyclinA 早一些。cyclinE_2 是一个有 404 氨基酸残基的蛋白质，如果细胞合成过多，则迅速通过 G_1 期提前进入 S 期，缩短 G_1 期，提示 cyclinE-CDK_2 复合物是激活 DNA 复制起始因子、使细胞进入 S 期的关键蛋白激酶，cyclinE 可能是 G_1 期的限速因素。转化生长因子 β（transforming growth factor，TGF-β）可有效抑制 cyclin E-CDK_2 的激酶活性，进而将细胞抑制在 G_1 期。

G_1 期周期素在上述细胞周期 G_1/S 转换中有至关重要的作用，但在某些分化的非增殖的细胞中也有 G_1 期周期素的产生，说明在分裂后细胞分化中 G_1 期周期素可能也有十分重要的作用，如非增殖肝细胞中有 cyclinE 的产生，成年大鼠肾小球细胞有 cyclinD_1 的产生。

（2）S 期与 M 期周期素：cyclinA 和 cyclinB 属 S 期和 M 期周期素。cyclinA 的合成早于 cyclinB，在细胞周期中的 DNA 合成之前出现，直增加至有丝分裂前期为止，并在细胞间期就进入细胞核中，大致在有丝分裂中期降解。cyclinA 与 CDK_1、CDK_2 形成复合物，功能主要是启动 DNA 复制。人类 cyclinA 分子质量为 60 kDa，只出现在细胞核，不仅与 CDK 结合，还可与多种蛋白质因子结合，如转录因子 E_2F、Rb 蛋白等，cyclinA 基因的表达可能是 G_1 期周期素诱导的，cyclinA 与 CDK 结合之后才显出酶的活性、可促进 DNA 复制顺利地完成，并且为分裂期所需的蛋白质合成做好准备。

cyclinB 的合成起始于 S 期，在 G_2/M 期过渡中逐渐增加，至有丝分裂中期和后期之间突然降解，其在核膜破裂前才进入细胞核内。人类有两种 cyclinB：B_1 和 B_2，cyclinB_1 只能与 CDK_1 结合，该复合物输入核与它的磷酸化有关，磷酸化出现在 M 期的开始，cyclinB_1 使 CDK_1 接近合适的底物。

M 期周期素的降解是通过泛素化的途径（ubiquitination pathway），在分裂后期促进因子（APC）介导下完成的。泛素由 76 个氨基酸组成，普遍存在于真核细胞，高度保守，故称为泛素，它相当于一种水解蛋白质标签，共价结合泛素的蛋白质经蛋白酶体识别和降解，这是细胞内短寿命蛋白和一些异常蛋白降解的普遍途径。26S 蛋白酶体是一个大型的蛋白酶，可将泛素化的蛋白质分解成短肽。在蛋白质泛素化过程中，泛素激活酶 E_1（ubiquitin-activating enzyme）水解 ATP 获能，通过半胱氨酸残基与泛素的羧基末端形成高能硫酯键而激活泛素，然后 E_1 将泛素交给泛素结合酶 E_2（ubiquitin-conjugating enzyme），最后在泛素连接酶 E_3（ubiquitin-ligase）的作用下将泛素转移到靶蛋白上。参与细胞周期调控的泛素连接酶至少有两类，其中 SCF（skp1-cullin-F-box protein）复合体负责将泛素连接到 G_1/S 期周期蛋白和某些 CDK 抑制物（CDKI）上，APC（anaphase promoting complex）负责将泛素连接到 M 期周期蛋白上。APC 的发现是细胞周期研究领域中又一重大进展。目前研究发现 APC 至少有 8 种成分组成，有 4 种成分已得到鉴定。APC 各种成分在分裂间期中表达，但只有到达 M 期后才表现出活性。Cdc20 是 APC 的正调控蛋白，在分裂中期之前，位于动粒（又称着丝点，kinetochore）上的 Mad2 蛋白可与 Cdc20 结合并抑制后者活性。到了细胞分裂中期，Mad2 从动粒上消失，解除对 Cdc20 的抑制作用，促使 APC 活化，降解 M 期周期素，使 M 期 CDK 激酶活性丧失（图 8-3）。

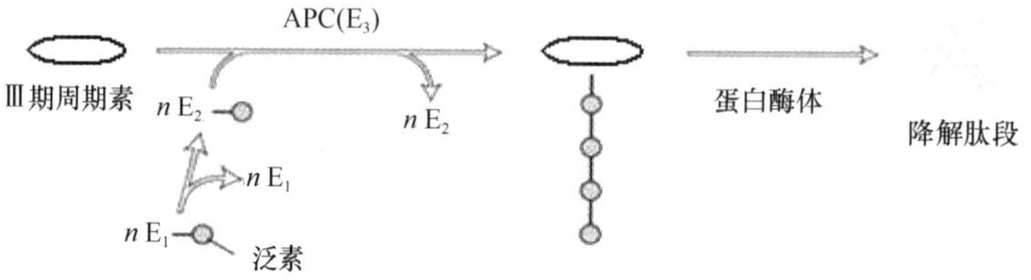

图 8-3 M 期周期素的降解

2. 细胞周期素依赖性激酶（cyclin dependent kinase，CDK） 与细胞周期有关的激酶包括多种 CDK，这些激酶本身并无催化蛋白质磷酸化的活性。在细胞周期的特定时相，它们可与相应的周期素结合成复合物。一方面复合物中 cyclin 作为调节亚基，从而调节复合物的激酶活性和底物特异性；另一方面，通过复合物的 CDK 磷酸化和去磷酸化调节复合物的活性。一旦周期素在特定时相产生后，通过与 CDK 的结合并经化学修饰，使 CDK 具蛋白激酶活性，使某些蛋白（底物蛋白）磷酸化。这些被磷酸化的蛋白质能使细胞进入细胞周期的下一时相。此外，这些复合物的蛋白激酶活性也受抑制剂的调节。

各种 CDK 分子质量在 30～40kDa，其序列同源性约 40%，它们均含有一段相似的激酶结构域，是一段保守序列，与周期蛋白的结合有关。在人的细胞中迄今发现 7 种 CDK，即 CDK_1～CDK_7，人的 CDK 原酶晶体在非活性状态时，至少有两个结构域：一个是 T-loop，另一个是 ATP 结合位点。

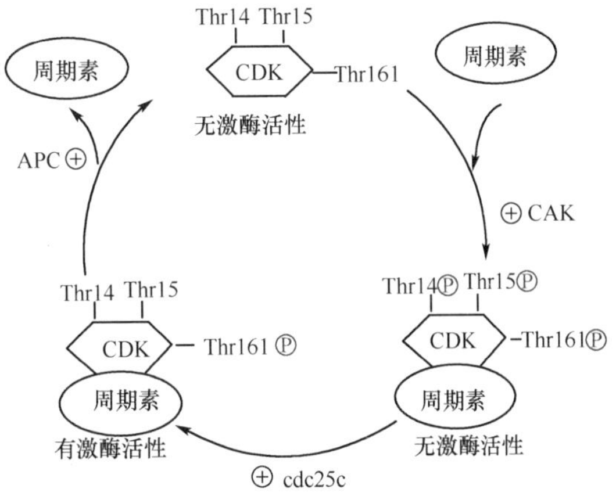

图 8-4　CDK 激酶活性调控示意图

随着 cyclin 的积累，结合周期素的 CDK 增加，但尚无活性，这是因为在 CDK 活化激酶（CDK activating kinase，CAK）催化下，ATP 结合位点的 14 位 Thr 和 15 位 Tyr 磷酸化，Thr14 和 Tyr15 的磷酸化抑制了 CDK 的活性，使蛋白激酶失活，这保证了 CDK-cyclin 能够不断积累，但在需要的时候才突然释放。随后，一方面 CAK 活性下降，另一方面 cdc25 编码的磷酸酶使 CDK 的 Thr14 和 Tyr15 去磷酸化，去除了 CDK 活化的障碍（图 8-4）。周期素与 CDK 结合是 CDK 发挥激酶活性所必需的，但仅周期素与 CDK 结合，并不能使 CDK 激活，只有 T-loop 中 Thr161 残基磷酸化才能使 CDK 得以激活，它的磷酸化是酶活性所必需的。定点突变证实，Thr161 突变，CDK 虽仍能与周期素结合，但无激酶活性。细胞周期的运转依赖 CDK 和周期素的结合和解聚，同时又有 CDK 的磷酸化和去磷酸化来调节。CDK 磷酸化，引起分子构象改变，激酶活性中心暴露而易于与底物相互作用，具激活作用；当激酶活性中心被掩盖则阻碍了与底物相互作用，具抑制作用，这两者磷酸化的位点不同，可分别加以调控。

人类 7 种 CDK 中，CDK_1 是细胞分裂周期基因（cell division cycle gene，*cdc* 基因）2 的产物，分子质量为 34kDa 的蛋白质，常写为 $p34^{cdc2}$，cyclinA 与 cyclinB 可与之形成复合物，引起构象改变，这是形成酶的活性中心所必需的。活化的 CDK_1 可将靶蛋白磷酸化而产生相应的生理效应，通常是底物中某个特定序列中的 Ser 或 Thr 残基磷酸化，CDK_1 磷酸化的底物蛋白包括组蛋白 H_1，核纤层蛋白 A、B、C，核仁蛋白，$p60^{c\text{-}src}$ 和 c-abl 蛋白等。组蛋白 H_1 磷酸化，使染色体凝集；核纤层蛋白磷酸化，导致核纤层解聚、核膜崩解；核膜核仁蛋白磷酸化，促使核仁解体；$p60^{c\text{-}src}$ 磷酸化，既促使细胞骨架重排，又可进一步磷酸化其他物质；c-abl 蛋白磷酸化，促进细胞形态调整，最终促使细胞进入 M 期，开始进行细胞分裂。这些效应的最终结果是细胞周期的不断运行。在 M 期，M 期周期素被降解，导致 CDK_1 失活，同时激活一些磷酸酶，使 CDK_1 的底物被去磷酸化，完成有丝分裂，进入分裂间期。

CDK_2 是由 cdk_2 基因编码的激酶蛋白 $p33^{cdk2}$，在 G_1 后期和 S 早期与 cyclinE 形成复合物，对 H_1 组蛋白进行磷酸化。CDK_2 在 S 早期也与 cyclinA 结合，提示 CDK_2 的活性受 cyclinE 和 cyclinA 的不同调控。在复合物形成后与 Rb 相关蛋白，或 E_2F 转录因子进一步结合，表明 CDK_2 参与 G_1 和 S 期基因表达的调控。

CDK_3 与细胞从 G_1 期进入 S 期相关，突变的 CDK_3 使细胞阻止在 G_1 期，但尚不清楚其结合的周期素种类。

CDK_4 即 $p34^{cdk4}$ 与 cyclin D_1、cyclin D_2 和 cyclin D_3 结合，该复合物使 Rb 蛋白磷酸化，释放出原来与非磷酸化 Rb 蛋白结合的转录因子，进而启动核内靶基因的转录。

CDK_5 在 G_1 期与 cyclin D_1、cyclin D_3 结合，是一种在神经发育中起作用的蛋白激酶，其活化要求 p53 蛋白的结合，具体调节机制尚不清楚。

CDK_6 的氨基酸序列与 CDK_4 有 71%的同源性，功能上也相近，与 cyclin D_1、cyclin D_2、cyclin D_3 结合，主要作用底物为 Rb 蛋白。

CDK_7 即 p40MO15，与 cyclin H 结合成复合物，即 CAK。CAK 能磷酸化 cyclin -CDK 复合物中的多个位点，本身 CDK_7 在 T-loop 中也有一个潜在的磷酸化位点（Thr170）。CAK 活性在整个细胞周期中基本稳定，表明各复合物中 CDK 活性决定于底物，并不是 CAK，它不是细胞周期的限速因素。

3. CDK 抑制物（CDK inhibitor，CDKI） 细胞内存在一些对 CDK 激酶活性起负性调控的蛋白质，称为 CDK 抑制物，能结合和钝化 cyclin -CDK 复合物，从而调节细胞周期过程，目前已知的 CDKI 按结构可分为 2 个家族，即 p21 家族和 p16 家族。

p21 家族包括 p21、p27、p57，p16 家族包括 p16、p15、p18、p19 和 p20 等。

（1）p21 家族

1）p21：*p21* 基因位于染色体 6p21，编码 164 个氨基酸残基的蛋白质，在 N 端有一锌结合的结构域，C 端有 2 个分开的核定位信号，但作用不明。几乎能与所有的 cyclin-CDK 复合物结合，抑制其蛋白激酶活性，使一些细胞增殖所需的蛋白质磷酸化受阻，主要对 G_1 期 CDK（CDK_2、CDK_3、CDK_4、CDK_6）起作用，在 G_1 期对细胞周期起负调控作用。它抑制各种 cyclin -CDK 复合物的蛋白激酶活性。当 DNA 损伤时，p21 能直接作用于复制器（replication machinery），通过抑制 DNA 聚合酶 δ 的功能抑制 DNA 的复制。

2）p27：*p27* 基因定位于 12p13，和 p21 有高度同源性。人类 p27 由 198 个氨基酸残基组成，C 端也有 2 个分开的核定位信号，N 端没有结合锌的结构域。体外结合试验证实，p27 通过与 cyclin 结合而发挥对 cyclin-CDK 的抑制作用。p27 对 CDK 的抑制作用有两方面：一是抑制已激活的 cyclin-CDK 复合物，另一方面是抑制 CDK 的激活过程。p27 能阻止 CDK_2 的 Thr 161 位的磷酸化而抑制其激酶活性。p27 可与多种 cyclin-CDK 形成复合物，抑制其蛋白激酶活性，但主要作用于 G_1 期复合物，抑制 G_1 期向 S 期过渡，使细胞停滞在 G_1 期。近年一些研究提示 p27 可能参与许多种细胞的增殖和分化，可调节细胞的大小和数目。

（2）p16 家族

1）p16：*p16* 基因定位于 9p21，全长 8.5kb，具三个外显子，p16 蛋白是包含 148 个氨基酸残基的小分子蛋白，并由 4 个回钩状重复序列组成其空间构型，这一构型为维持 p16 活性所必需，可促进蛋白质之间的作用。p16 蛋白通过与 cyclinD 竞争结合 CDK_4、CDK_6，阻止它们与相应周期素结合，抑制其蛋白激酶活性，并能够抑制 CDK_4/CDK_6 介导的 Rb 蛋白的磷酸化，阻止细胞从 G_1 期进入 S 期。若 p16 失活则使 CDK_4 活性过度增强，Rb 蛋白磷酸化，同时释放出某些转录因子（如 E_2F）启动核内靶基因的转录，从而导致细胞的过度增殖。

2）p15：*p15* 基因位点与 p16 相邻且串联，编码由 137 氨基酸残基组成的蛋白质，只与 CDK_4 和 CDK_6 结合，与 p16 在结构上高度同源，也有 4 个回钩状重复结构，作用可能也相同，与 p16 不同的是，p15 受 TGF-β 刺激而表达，在介导由 TGF-β 使细胞阻止在 G_1 期中具有重要作用。p15 主要在 G_1 晚期发挥功能，抑制细胞从 G_1 期向 S 期过渡。

四、细胞因子与细胞增殖

单细胞生物的增殖取决于营养，多细胞生物细胞的增殖则取决于机体的需要，这种需要是通过细胞通讯实现的。细胞因子是一类能与特异性、高亲和性的细胞外基质、可溶性受体及细胞膜上受体结合，向细胞内传递信号，刺激细胞增殖的多肽类物质。在刺激细胞由 G_0 期进入 G_1 期的过程中，不同的细胞因子在不同阶段发挥不同的作用。正常情况下，哺乳动物体内大多数细胞处于非增殖状态的 G_0 期，此时细胞主要表达与细胞生长有关的基因，但不合成与细胞周期调控体系有关的蛋白。细胞因子与细胞表面相应的受体结合，使之变构而激活了蛋白激酶活性，可使细胞内靶蛋白的 Tyr 残基发生磷酸化，进一步触发由细胞质到细胞核的一系列信号传递反应。在核内调控蛋白接受了传来的增殖信号后，通过变构激活，与基因组内特定的调控序列发生相互作用，启动与细胞增殖调控相关的特定基因转录，首先激活 *myc*、*jun*、*fos* 等早期反应基因的表达，并进一步活化 cyclin 和 CDK 的合成，从而合成与细胞周期调控体系相关的蛋白，调控细胞周期的进行。由此，细胞运用非常复杂的细胞内机制整合、处理细胞因子传来的增殖信号，推动细胞进入细胞周期。在培养细胞时，不同细胞需要不同的细胞因子。

生长因子是一大类与细胞增殖有关的细胞因子，目前已发现几十种，也称为有丝分裂原（mitogen），如表皮生长因子（EGF）、神经生长因子（NGF）、转化生长因子 β（TGF-β）等，且 TGF-β 具有双重调节作用。生长因子不由特定腺体产生，主要通过旁分泌作用于邻近细胞。生长因子的信号通路主要包括 Ras 途径，cAMP 途径和磷脂酰肌醇途径等。如通过 Ras 途径，可激活 MAPK，MAPK 进入细胞核内，促进细胞增殖相关基因的表达。还通过激活 *c-myc* 促进 cyclin D、SCF、E_2F 等多个基因表达，使细胞进入 G_1 期。

1. 血小板衍生生长因子（platelet-derived growth factor，PDGF） 来源于血小板，是一种热稳定的、具较高正电荷的蛋白，通过二硫键形成二聚体，分子质量约 30 kDa，大多数二倍体细胞的增殖需要 PDGF，能刺激静止细胞进入增殖过程。PDGF 受体分子质量约 80 kDa，为跨膜糖蛋白，具 Tyr 蛋白激酶活性。PDGF 与受体结合后，激活 Tyr 蛋白激酶的活性，磷酸化细胞质内的靶蛋白，如磷脂酶 Cr。磷脂酶 Cr 活化后，催化 DG 和 IP_3 生成，刺激细胞内钙浓度增高，激活蛋白激酶 C，进而磷酸化胞内一系列蛋白质，导致促细胞增殖的原癌基因 *c-fos*、*c-myc* 等表达，促进细胞增殖。

2. 表皮生长因子（epidermal growth factor，EGF） 为小分子质量、热稳定的、由 53 个氨基酸残基构成的多肽，约 6 kDa。EGF 受体是具内在 Tyr 激酶活性的跨膜糖蛋白，分子质量约 170 kDa。EGF 与受体结合后，受体二聚化，其胞质部分-C 端的氨基酸残基快速自身磷酸化，激活 Tyr 蛋白激酶活性，磷酸化磷脂酶 Cr 引起生理效应。

3. 转化生长因子（transforming growth factor，TGF） 是一组诱导非癌细胞表达转化表型的多肽类物质，主要分 TGF-α 和 TGF-β 两大类。低分子质量的 TGF-α 在结构上与 EGF 相关，生物学特性也相似。TGF-β 则包括 5 种亚型，皆由两个相同亚基组成二聚体，分子质量在 24～30kDa。TGF-β 对细胞增殖的调节具双重功能，既可刺激细胞增殖，又能抑制细胞增殖，对不同类型细胞和在不同条件下作用于细胞，其生物学作用不同。TGF-β 通过增加细胞外基质产生或增加细胞因子及其受体的形成而促进细胞增殖，这仅限于少数类型细胞，绝大多数情况下可降低 cyclinE 的表达，抑制 cyclinE 与 CDK_2 形成复合物，通过 p27 与 CDK 结合抑制 CDK 活性，使 Rb 蛋白磷酸化受阻，细胞停留在 G_1 期。此外，它还可诱导 *p15* 基因的转录和翻译，增强了抑制细胞增殖的效果。

五、参与细胞周期调控的原癌基因及抑癌基因

1. 原癌基因 原癌基因活化后其编码蛋白大量表达，从而刺激细胞增殖，这些蛋白质对细胞周期具促进作用。

（1）*c-sis*：这是唯一能产生分泌型蛋白的癌基因，编码血小板衍生生长因子（PDGF）的一个亚基。如果它大量表达，就可自动刺激具有该生长因子受体的肿瘤细胞的生长。

（2）*c-ras*：其编码的蛋白质定位于细胞膜内表面，有类似 G 蛋白的作用，可将信号从细胞膜上的受体传递到产生第二信使的酶，催化底物生成第二信使，从而具传递细胞内信号的功能，并能与一些具有生长效应的蛋白质相互作用。正常的 Ras 蛋白具 GTPase 活性，可灭活 G 蛋白活性。当其点突变时，表达产物失去了 GTPase 的活性，从而与 GTP 结合而长久保持活性，从而维持了对生长刺激的“开放”状态，导致细胞增殖失控。

（3）*c-myc*：人类的 *c-myc* 基因位于 8 号染色体上，编码一种细胞核内的 DNA 结合蛋白，起核内转录因子的作用，促进一些基因的转录。*c-myc* 基因属即刻早期反应基因，能被特异性生长信号，如 PDGF 所刺激，使细胞进入增殖。因此，*c-myc* 的表达是使静止的细胞进入增殖

状态的基本条件。但 *c-myc* 的表达并不只限于 G_0/G_1 期的过渡，而是在整个细胞周期中都有一定程度的表达，与细胞周期后阶段和细胞凋亡也相关。

2. 抑癌基因 抑癌基因正常时，其表达产物或是 CDK 的抑制物（CDKI），如 p15、p16、p21 和 p27 等蛋白，可与 cyclin-CDK 复合物结合而发挥抑制 CDK 的作用，抑制细胞周期的进展；或是其表达产物能通过 CDK 抑制物发挥抑制细胞周期的作用，如 p53 蛋白、Rb 蛋白。

（1）*Rb* 基因：位于染色体 13q14，有 27 个外显子，编码分子质量为 110kDa 的磷蛋白，Rb 蛋白可与 DNA 结合，具有抑制原癌基因 *myc* 和 *fos* 转录活性的作用，是多种 cycklin-CDK 的底物，存在于整个细胞周期中，可在细胞周期的多个阶段起作用。但是，在不同阶段 Rb 蛋白的磷酸化水平不同，只有低磷酸化的 Rb 蛋白具有抑制细胞增殖的活性，因其可与一些转录因子如 E_2F 结合，抑制转录因子的活性，而高磷酸化形式则失去这种功能，E_2F 游离，与一些基因启动子结合，促使与细胞生长有关的一些基因（如 *c-myc*、*cdc2*、*B-myb*）表达，促进细胞周期进行。现认为 Rb 蛋白控制着 R 点，当细胞内环境适于细胞分裂时，Rb 蛋白增加磷酸化而失去活性，导致 R 点的打开，细胞进入 G_1 后期。

（2）*p53* 基因：定位于 17p13，编码的 p53 蛋白是一种转录因子，以二聚体形式与特异 DNA 序列结合，对靶基因的表达进行调控。野生型 p53 蛋白是一种生长抑制性蛋白，它的过度表达可抑制正常和转化细胞的生长，使细胞停滞在 G_1 期，当细胞 DNA 损伤时，p53 对细胞周期进行负调控，抑制 G_1 后期的基因转录，保证基因的稳定表达和细胞分裂的忠实进行。许多肿瘤细胞中 p53 缺失或突变，丧失其对细胞周期的控制作用。

另外，p53 与细胞凋亡有密切关系，*p53* 基因的过量表达导致 $p34^{cdc2}$ 过早激活，使核膜破坏，引起细胞凋亡。

第二节 细胞凋亡

生物体内各种组织细胞的数量经常保持在一种相对恒定的状态，这种稳态的维持有赖于各类细胞有规律地分裂、分化和死亡。细胞数目的改变直接影响到机体的生长发育及生理状况。长期以来，在生物学研究中，人们多注重于对细胞分裂、分化的研究，对细胞死亡现象长期忽视，主要原因有二：①认为细胞死亡是一个由损伤而导致的被动性过程（病理性死亡）；②缺乏合适模型系统进行细胞死亡研究。直到 20 世纪 70 年代初，才找到了研究细胞死亡的理想模型——线虫（*C.elegans*），使细胞死亡的研究进入新的阶段。通过电镜观察发现，就形态变化而言，细胞有两种不同死亡方式：坏死（necrosis）和凋亡（apoptosis）。自 1972 年 Kerr 等首先提出细胞凋亡的概念之后，人们对凋亡细胞的形态、生化特征、发生机制及其调控、生物学意义等各方面进行了大量的研究，发现它的发生机制由基因调控，且与细胞识别和信号传递有关，近十年该研究已成为生命科学研究的一个热点领域。现有的研究成果足以说明细胞凋亡与细胞增殖、分化一样是生物体经长期进化而获得的一种重要生命活动过程，不仅是认识细胞死亡过程的基础，而且对胚胎发育、造血、免疫及人类疾病（包括肿瘤）的研究都具有重要的意义。

一、细胞凋亡（apoptosis）

1. 概述 细胞凋亡是细胞本身和外界环境因素综合作用的结果。澳大利亚学者 Kerr 在进行结扎门静脉分支诱导大鼠肝萎缩时，首次详细描述了程序性细胞死亡和病理性细胞死亡的形态学差异，并称之为 apoptosis。Apoptosis 源自希腊语，本意指花瓣或树叶自然凋零[apo 希腊语为 off（离开），ptosis 是 falling（落下）]，选用这一名词，强调这一种死亡方式是一种自然的生理学过程，指在一定生理或病理条件下细胞内特定基因操纵、调控的细胞死亡方式，也称为程序性细胞死亡（programmed cell death，PCD）。程序性细胞死亡一词最早在发育生物学中提出，用于生物个体发育过程中的某些细胞的自然性死亡（如蝌蚪尾巴的消失，人类胚胎指蹼的消失），严格地说，是诱导特定细胞死亡的先存基因的定时、定空间的激活而导致的细胞生理性死亡现象。Apoptosis 和 PCD 严格意义上讲有区别：PCD 是功能上的概念，强调细胞死亡的分子生物学和生理功能；Apoptosis 则是形态学概念，强调凋亡小体形成和形态学变化过程，可以是病理性的，如疾病所引起的细胞凋亡和抗癌药所致的肿瘤细胞死亡等。最近研究发现 PCD 大多表现为细胞凋亡，但并非所有 PCD 细胞都有凋亡的形态特征。但在一般情况下两者是通用的。

细胞坏死（necrosis）是不同于凋亡的另一种细胞死亡形式，通常由各种致病因子干扰或中断了细胞的代谢活动而引起，是由于细胞暴露于各种强烈的损伤因子作用下，导致细胞膜的损伤，引起细胞内外环境的失衡。细胞坏死又称细胞意外死亡（accidental cell death），引起坏死原因多为血供中断、感染、中毒或强烈的物理化学因素作用。由于引起细胞凋亡和坏死的原因和机制不同，两者在生物化学和形态特征上存在明显区别。

2. 细胞凋亡的特征

（1）形态学变化：凋亡细胞形态学特征是受累细胞单个散在分布，早期形态学改变为细胞核染色质固缩，常聚集于核膜呈境界分明的颗粒状或新月形小体，细胞质浓缩，内质网扩张成泡沫状并与细胞膜融合；细胞变圆，体积缩小，线粒体正常，与邻近细胞脱离；微绒毛和细胞连接消失；细胞膜皱缩、内陷，将细胞自行分割包被形成多个大小不等的膜包小体，称凋亡小体（apoptotic body），从凋亡细胞表面出芽并脱落后形成凋亡小体，其内可保留完整的细胞器和致密的染色质。由于此时，细胞膜内侧的磷脂酰丝氨酸（phosphatidylserine，PS）转为膜的内、外两侧分布，可为巨噬细胞和周围的上皮细胞表面受体识别，因此，凋亡小体形成后可迅速被吞噬清除，且凋亡发生时没有溶酶体及细胞膜破裂，细胞内涵物始终保留在膜结构内，因此不出现明显的炎细胞浸润，通常不引起机体炎症反应和次级损伤。

细胞坏死通常由外界因素造成细胞膜通透性增加，细胞水肿，外形发生不规则变化；内质网高度扩张，线粒体持续膨胀后破裂，溶酶体膜崩解，各种酶外溢使细胞溶解；核染色质发生不规则移位，染色体沉淀为絮状，继而核膜断裂、核碎裂；最后核溶解、消失，坏死细胞由于膜的完整性遭到破坏，细胞内容物溢出，可激发炎症反应（图 8-5）。

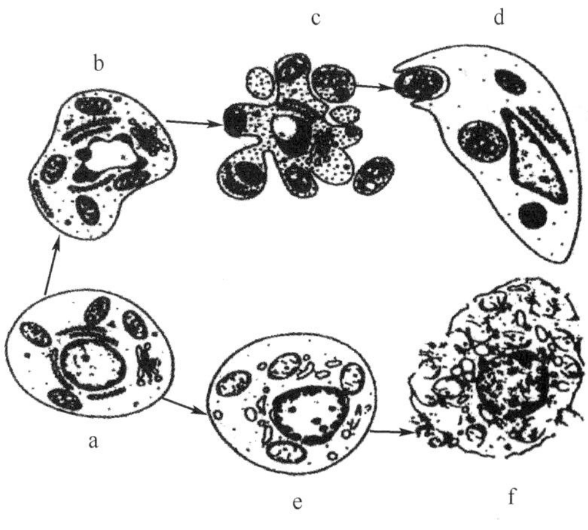

图 8-5　细胞凋亡与细胞坏死的形态学特征

a：正常细胞；b→c→d：细胞凋亡；e→f：细胞坏死

（2）生物化学特征：细胞凋亡的发生是不可逆过程，凋亡一旦启动，就产生一系列生物化学和代谢变化的连续反应，最重要的是基因组 DNA 的降解，从而导致细胞死亡。

1）DNA 片段化：这是细胞凋亡的重要特征，凋亡过程中细胞内 Ca^{2+}、Mg^{2+}水平增加，直接激活依赖 Ca^{2+}、Mg^{2+}的内源性核酸内切酶（endonuclease），将染色体 DNA 在核小体间位点剪切，形成以单核小体或其倍体——寡核小体 DNA（oligo nucleosomal DNA）为特征的 180～200 bp 的整数倍的 DNA 片段。正常组织 DNA 无降解，电泳条带表现为一大分子片段，而凋亡细胞在凝胶电泳图谱上呈阶梯状 DNA 区带图谱（DNA ladder）。坏死细胞 DNA 是随机断裂的，伴有组蛋白降解，电泳图谱为连续分布的纯弥散条带（smear），呈拖尾、涂抹现象（图 8-6）。

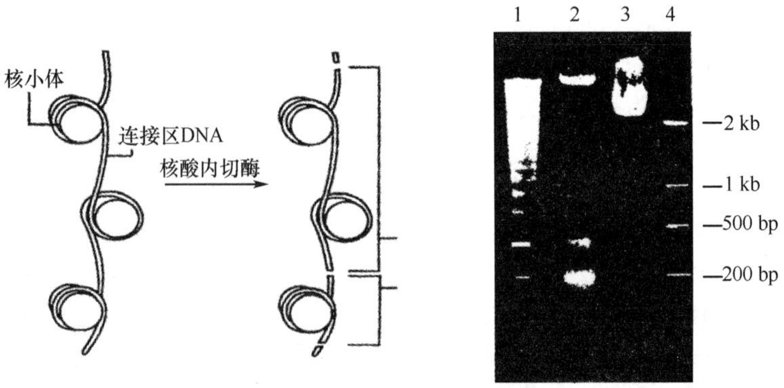

图 8-6 核小体及凋亡细胞 DNA 电泳图

1，2：凋亡细胞的 DNA；3：正常细胞的 DNA；4：DNA marker

2）谷氨酰胺转移酶（transglutaminase，TGase）、钙蛋白酶激活：这也由细胞内 Ca^{2+}水平增高引起。钙蛋白酶引起细胞膜发生改变——PS 显露，细胞骨架崩解，谷氨酰胺转移酶促进谷氨酰胺与赖氨酸之间的交联，使胞质蛋白质之间发生连接，在脂质膜下形成蛋白质网，有助于保持凋亡小体暂时的完整性，防止胞质蛋白的组分外漏，避免炎症反应发生。

3）一些特殊蛋白质、RNA 的产生和合成：与细胞坏死相比，细胞凋亡的启动往往源于细胞内或细胞外的死亡信号，经一系列信息传递，触发某些基因转录和翻译而导致与细胞死亡相关的特殊蛋白质合成，它们作用于细胞的各种结构，引起一系列形态学和生物化学改变，最终导致细胞死亡。但有些细胞，如 CTL（cytotoxic lymphocytes，细胞毒性淋巴细胞）、NK 淋巴细胞等诱导的细胞凋亡，不需合成新的 RNA 和蛋白质。

3. 细胞凋亡和细胞坏死的区别 细胞凋亡和坏死是细胞死亡的两种方式，二者的主要区别见表 8-1。

表 8-1 细胞凋亡与细胞坏死的主要区别

	细胞凋亡	细胞坏死
形态学特征		
细胞体积	缩小、固缩	增大、细胞肿胀
细胞核	染色质边缘化，核固缩、断裂	核浓缩、碎裂、溶解
细胞质	浓缩，胞质气泡，细胞器结构保留	显著肿胀、细胞器破坏
细胞膜	完整，内容物不外溢	破裂，内容物外溢
受累范围	多为单个细胞同一类型	多为连续的大片细胞
炎症反应	无	有
生化特征		
DNA 电泳	阶梯状条带	弥散分布条带
发生条件	多为生理性，形成凋亡小体	只为病理性
基因调节	由凋亡相关基因调控，主动进行	离子平衡调节失调，被动进行
能量代谢	需要能量	不需要能量
合成代谢	有新 RNA 及蛋白质合成	合成代谢终止

4. 生理意义 在生物的生长发育过程中，细胞分裂固然是十分重要的事件，但细胞凋亡是维持机体正常生理功能和自身稳定的重要机制，也是生命过程中不可或缺的内容，它涉及生命活动的众多领域，如胚胎发育、造血、免疫及肿瘤学，是机体生存和发育的基础。

细胞凋亡是细胞的一种自然死亡现象，它与生物整体自然死亡在生物学意义上有显著差别，作为多细胞生物生命过程中不可缺少的组成内容，细胞凋亡是生物赖以存活的需要，贯穿于全部寿命周期中，无论是低等或高等动物，从胚胎开始，每个时期组织结构及外形变化都离不开细胞凋亡，如蝌蚪变青蛙，其尾巴的自然消失就是一种凋亡结果，如凋亡一旦失常，个体即不能正常发育，或发生畸形，或不能存活。

在发育过程中和成熟组织中，细胞发生凋亡的数量是十分惊人的。健康的成人体内，在骨髓和肠中，每小时约有 10 亿个细胞凋亡。依赖细胞凋亡进行新旧交替最具代表性的例子就是人类免疫系统，淋巴细胞发育分化成熟过程中，细胞凋亡更起着关键性的作用。前 T 细胞到达胸腺后，开始表达 T 细胞受体（TCR）抗原。如果 TCR 基因点突变或重排以致不能产生 TCR 抗原分子，那么该细胞就走向凋亡。表达 TCR 抗原的细胞又受到胸腺基质细胞亲和力高低的选择，有高亲和力的不成熟 T 细胞有发生自身免疫反应的危险，因此通过细胞凋亡予以清除。这样 95%的 T 细胞在胸腺内死亡，仅 5%左右 T 细胞进入血液循环。即使进入外周血的 T 细胞还要经多次的选择作用，有些发生凋亡，有些行使正常功能。

前 B 细胞在骨髓、要经过编码免疫球蛋白基因的重排才能正确表达表面免疫球蛋白分子（sIg），不能产生 sIg 的前 B 细胞则发生凋亡，估计约 92%的前 B 细胞被清除，其余则向成熟发展，成熟后 1～2 天即死亡。若遇抗原刺激，启动 *bcl*-2 基因的转录，则抑制细胞凋亡，成为长寿的记忆性 B 细胞，而对自身抗原产生反应，引起自身免疫性疾病。

细胞凋亡是保证多细胞生物个体正常发育成熟和维持正常生理过程所必需的。细胞凋亡过程失调，包括不恰当的激活或抑制，不仅可使生物个体失去机体的稳定性，还会成为许多人类严重疾病的根源。肿瘤不仅是增殖和分化异常的疾病，同样也是凋亡异常的疾病，凋亡异常是肿瘤发生和发展的重要方面，肿瘤细胞凋亡研究对阐明肿瘤发生机制有重大意义，诱导肿瘤细胞凋亡也是治疗肿瘤的一条有效途径。此外，白血病、自身免疫性疾病、许多神经系统变性疾病也都与凋亡异常相关。

二、细胞凋亡的基因调控

细胞增殖和细胞凋亡都是生命的基本现象，是维持体内细胞数量动态平衡的基本措施。早期胚胎发育阶段，通过细胞凋亡清除多余的和已完成使命的细胞，保证胚胎正常发育；在成年阶段，通过细胞凋亡清除衰老和病变的细胞，保证机体健康。和细胞增殖一样，细胞凋亡也是受基因调控的精确过程，细胞接受死亡信号后经过一系列信号传导、基因改变、酶激活等复杂过程启动细胞自杀程序，使细胞发生凋亡，这是一个多基因调控的过程，有关细胞凋亡的确切分子机制目前尚不完全清楚，凋亡相关基因调控的研究将是解决细胞凋亡机制的根本。但实验证明，利用目前常规生物化学和分子生物学方法来研究哺乳动物细胞凋亡的分子机制十分困难，同时许多实验证实，细胞凋亡的分子机制在动物进化过程中存在保守性。线虫因而成为研究细胞凋亡的理想模型。来自土壤中的秀丽隐杆线虫（*Caenorhabditis elegans*）非常特别，虫长 1mm，通体透明，可在显微镜下精确计量其细胞数量和观察生物学行为，整个生长发育中共有 1090 个体细胞，在不同发育时期某些细胞群定期死亡，其中有 131 个产生凋亡。目前在对线虫凋亡研究中已发现多个凋亡相关基因，可分为两大类：细胞死亡基因（cell death gene）和细胞存活基因（cell survival gene）。前者促进细胞凋亡，后者保证细胞存活，这些死亡、存活基因的功能又受到多种基因的调控，其中，细胞死亡基因如线虫的 *ced*-3、*ced*-4，哺乳动物的白细胞介素-1β-转化酶（interleukin-1β-converting enzyme，ICE）基因、*bad*、*bax* 等，其中 *ICE* 基因与线虫的 *ced*-3 同源。细胞存活基因有线虫的 *ced*-9，哺乳动物的 *bcl*-2、*bag*1、*mcl*-1 等，其中 *ced*-9 与 *bcl*-2 同源。这反映细胞凋亡在生物进化过程中存在保守性，细胞死亡基因必须是单独作用，就足以引起细胞死亡并在凋亡时表达，故 *c-myc*、*c-ras* 等原癌基因虽与细胞凋亡密切相关，但通常不被称为细胞死亡基因。

1. 线虫的细胞凋亡调控基因 线虫中与细胞凋亡相关的基因，目前已发现至少 15 种，且多个表达产物在不同阶段起作用，其中研究较为深入的基因是 *ced*-3、*ced*-4 和 *ced*-9。*ced*-3、*ced*-4 两个基因在细胞凋亡的启动和进行中起作用，分别编码 Ca^{2+}结合蛋白和 Ser 磷酸化有关的蛋白，如果这两个基因变异，细胞则不进入凋亡，而且可以分化存活。*ced*-4 主要在胚胎发生时期表达，并依赖于 *ced*-3 的表达，而 *ced*-3 可独立发挥作用。*ced*-9 则抑制细胞凋亡，通过负调控 *ced*-3、*ced*-4 的活性发挥作用。*ced*-1，*ced*-6，*ced*-7 等参与相邻正常细胞对凋亡细胞的吞噬。

2. *bcl*-2 基因 *bcl*-2 是 B 细胞淋巴瘤/白血病（B cell lymphoma/leukermia-2，*bcl*-2）基因的缩写，是一种原癌基因，1984 年从小鼠 B 细胞淋巴瘤中分离得到。人的 *bcl*-2 基因定位于 18 号染色体，包括 3 个外显子，其中第一外显子不编码，因 mRNA 剪接不同，可形成两种编码蛋白，外显子Ⅱ、Ⅲ经剪接形成的蛋白质，是由 239 个氨基酸残基组成、分子质量为 26kDa 的 Bcl-2α；外显子Ⅱ内部开放，读码框架部分形成的是 205 个氨基酸残基组成的、分子质量为 22kDa 的 Bcl-2β。这两个蛋白皆为膜蛋白，前 195 个氨基酸残基是相同的，是主要的功能区，存在于细胞中的线粒体膜、核膜和内质网膜上，在 B 细胞淋巴瘤中发生染色体易位 t（14；18）（q32；21），此时 *bcl*-2 基因可从 18 号染色体易位到 14 号染色体上，受 IgH 启动子、增强子控制，导致过度表达。

bcl-2 的表达可增加细胞对多种促凋亡因素的抗性（包括去除血清和细胞因子、射线、糖皮质激素、细胞毒素等的作用），从而延长细胞的寿命。Bcl-2 蛋白是通过阻断细胞凋亡而促进细胞存活，其抑制细胞凋亡的机制尚不很清楚，可能有以下几个方面：①抗氧化作用，*bcl*-2 的表达蛋白作为一种抗氧化剂，可以调节细胞的氧化还原状态，抑制细胞内活性氧类物质的积聚，因而抑制凋亡；②与凋亡基因 *bax* 的产物形成异源二聚体 Bax/ Bcl-2，由于竞争了导致细胞凋亡的关键性 Bax 同源二聚体的形成，故抑制了细胞凋亡；③影响细胞内 Ca^{2+}的重新分布，抑制 Ca^{2+}激活的内源性核酸内切酶和谷氨酰胺转移酶的作用。

新近的研究表明，Bcl-2 对凋亡的抑制还需完整的膜定位，Bcl-2 的 C 端含 19 个疏水氨基酸，可作为信号锚定序列，负责定位和插入到线粒体外膜，缺乏锚定信号序列的 Bcl-2 只有部分抑制细胞凋亡的功能，而 Bcl-2 的功能并不依赖于线粒体完整的电子传递链。

通过对 *bcl*-2 多个家族成员的研究，发现相关基因共同特点是包含有 BH_1（bcl-2 homologous 1）和 BH_2、BH_3 这三个同源区域。按功能可分为两大类：一类促进细胞凋亡，如 Bax、Bcl-XS、Bad、Bak；一类抑制细胞凋亡，如 Bcl-XL、Mcl-1、AL、Bag1 和一些病毒基因表达产物，如牛痘病毒的 CrmA、杆状病毒的 p35。Bcl-2 家族内部各种蛋白质分子之间通过 BH_1 和 BH_2 的不同组合形成同分或异分二聚体，这种二聚反应可调节细胞内死亡和存活信息的平衡状态，从而决定细胞的存亡。

Bax 蛋白是 1993 年由 Zoltan 等发现并克隆出了 *bax* 基因，该基因全长 4.5kb，由 6 个外显子组成，其 mRNA 通过不同剪切可编码 21 kDa、24 kDa 和 4.5kDa 三种蛋白，Bax 蛋白与 Bcl-2 蛋白有 40%的同源性，两者可形成异源二聚体，本身可能形成同源二聚体，若 Bcl-2 中 BH_1 或 BH_2 区域特定氨基酸被置换后，能形成同源二聚体，不能与 Bax 蛋白形成异源二聚体从而凋亡抑制功能丧失，这说明 Bcl-2 的 BH_1 和 BH_2 对与 Bax 蛋白结合非常重要，Bcl-2 抑制凋亡必须与 Bax 形成异源二聚体来实现，凋亡主要决定于同源和异源二聚体的比例，如 Bax/Bax 比例大于 Bcl-2/Bax 则细胞发生凋亡，否则凋亡将受抑制。*bax* 基因启动子存在 p53 蛋白结合的序列，P53 蛋白可直接作用促进其转录，近年研究证实 50%的 p53 依赖的细胞凋亡需 bax 基因的参与，*bax* 基因的灭活导致肿瘤快速地生长。

Bcl-X 与 Bcl-2 之间氨基酸组成有 44%的同源性，bcl-X 基因经 mRNA 不同剪切形成 Bcl-XS 和 Bcl-XL 两种蛋白，含 233 氨基酸残基的 Bcl-XL 与 Bcl-2 作用相同，抑制细胞凋亡；具 170 氨基酸残基的 Bcl-XS 正好相反，能诱导细胞凋亡，作用机制是通过优先与 Bcl-2 形成异源二聚体，从而使游离出的 Bax 得以形成同源二聚体而诱导凋亡。未成熟胸腺细胞在胸腺内的选择过程中有高水平的 *bcl*-XS mRNA 的转录，Bcl-XS 蛋白通过与 Bcl-2 蛋白结合而诱导细胞发生凋亡，从而得到阴性选择。

3. ICE 家族 线虫中，Ced-3 是细胞凋亡所必需的，哺乳动物细胞中也存在一种与之结构和功能上十分相似的蛋白酶，即白细胞介素-1β-转化酶（Interleukin-1 β-converting enzyme，ICE），又称 caspase 1。1989 年 MJ.Kostun 等在单核细胞中最早分离得到，它能将人白细胞的 IL-1β 前体（31 kDa）在 Asp116-Ala117 之间切开，使之转变成约 17kDa 大小、具有成熟活性的 IL-1β。1992 年，DP.Cerretti 等通过 ICE cDNA 克隆其基因全长为 1.35kb，位于人类 11q23 染色体，表达约 45kDa 的蛋白质，具半胱氨酸蛋白酶活性，与 Ced-3 编码蛋白有 28%的同源性，含 4 个结构域。在哺乳动物 ICE 受 Bcl-2 的抑制，当 Bcl-2 活化时，可直接或间接抑制 ICE 的功能，此时细胞存活；当 Bcl-2 失活时，解除了对 ICE 功能的抑制，ICE 活化，细胞进入凋亡过程。最早发现 ICE 的底物为 IL-1β 前体，但在许多存在有 ICE 的细胞中并未发现有 IL-1β，有些细胞即使稳定地生成 IL-1β，但也未必都凋亡，这一结果提示 ICE 诱导的细胞凋亡可能不是通过 IL-1β 介导的，还存在另外的底物 Pro-caspase3、Pro-caspase7，其催化产物才是真正参与细胞凋亡的分子。

目前在人类细胞中已发现 11 个 ICE 同源物，除 caspase 1 外，还有 caspase 2～11，分为 2 个亚族：ICE 亚族和 ced-3 家族。前者参与炎症反应，后者参与细胞凋亡，又分为两类：一类为执行者（executioner 或 effector），如 caspase3、caspase6、caspase7，它们可直接降解胞内的结构蛋白和功能蛋白，引起凋亡，但不能通过自催化（autocatalytic）或自剪接的方式激活；另一类为启动者（initiator），如 caspase8、caspase9，接受信号后，能通过自剪接而激活，然后引起 caspase 级联反应，如 caspase8 可依次激活 caspase3、caspase6、caspase7。

caspase 家族成员皆有半胱氨酸蛋白酶活性，能特异地断开天冬氨酸残基后的肽键，是新一族的细胞凋亡蛋白酶，caspase 一词源于 cysteine aspartic acid specific protease 的词头和词尾缩写，就反映了这一家族的共同特征，而这种特性使 caspase 能高度选择性地切割某些蛋白，切割的结果或是活化某种蛋白，或是使某种蛋白失活，但并不完全降解一种蛋白。多种 caspase 的存在提示在细胞凋亡过程中，调控体系十分复杂，但均有以下特点：①酶活性依赖于半胱氨酸残基的亲核性；②总在天冬氨酸之后切断底物；③都是异四聚体，由大、小亚基组成，他们由同一基因编码，前体被切割后产生两个活性亚基。

每种 caspase 作用于不同底物，认识 caspase 的作用底物是阐明 caspase 在凋亡发生中的作用的基本条件。现今对 caspase 底物的认识主要来自细胞游离系统（cell-free systems）的研究。聚（ADP 核糖）聚合酶[poly（ADP ribose）polymerase，PARP] 是迄今所知的第一个 caspase 底物，与 DNA 修复、基因完整性的监护有关，当 DNA 受损时，PARP 将 NAD^+的 ADP 转移到与 DNA 修复相关的酶，进而提高其催化效率，同时多聚 ADP-核糖分子也负调节 Ca^{2+}/Mg^{2+}依赖的核酸内切酶活性。在细胞凋亡发生时，caspase-3，7 能催化 PARP 裂解，使 DNA 修复受到抑制并导致 Ca^{2+}/Mg^{2+}依赖的核酸内切酶活性增高，进而裂解核小体间 DNA 和 ATP，有助于细胞凋亡。caspase 3 因而被称为“死亡酶”，PARP 则被称为“死亡底物”。纤层蛋白（lamins）A 是发现的第二个底物，它属于中间纤维丝蛋白家族，其主要作用是支撑核内膜机构，并对染色质有定向和组织作用，caspase6 对它的降解使核纤层崩解。

细胞内合成的 caspase 皆以无活性的酶原（前体）状态存在，经活化后方能执行其功能，活化时需在两个亚基的连接区的天冬氨酸残基位点上进行切割，产生由两个亚基组成的异二聚体，变为有活性的酶。活化后的 caspase-1、4、11 可能不直接参与凋亡信号的转导，主要参与白细胞介素前体的活化；caspase-2、8、9、10 参与细胞凋亡的起始；具体实施细胞凋亡的则是 caspase-3、6、7，caspase-3，7 以 PARP 为催化底物，caspase7 还催化 caspase 6 前体的活化，而 caspase6 则通过降解纤层蛋白 A 而发挥作用。

4. *Fas*/Apo-1 某些细胞表面的受体与配体的相互作用可诱导细胞凋亡。人类 *Fas* 基因在 10q23 上，全长 12kb，含 9 个外显子，表达产物为 45kDa 的 Ⅰ 型跨膜糖蛋白，又称作 Apo-1（CD 95），属肿瘤坏死因子（TNF）/神经生长因子（NGF）受体超家族，这一家族成员在分子结构上均含有细胞外区、跨膜区和胞质区，细胞外区由 3～6 个富含半胱氨酸区组成，彼此间有 24%～30%的同源性；在胞质区有 68 个氨基酸序列高度保守，是传递凋亡信号所必需的，称为死亡区域（death domain）。由于 Fas 蛋白可将死亡信号从细胞膜传入细胞内，常称之为死亡受体。Fas 蛋白通过与其配体（FasL）形成传导信号的三聚体而引起细胞凋亡。FasL 为 40 kDa 的 Ⅱ 型跨膜糖蛋白，与 TNF/NGF 家族成员有高度同源性。Fas 蛋白与其配体 FasL 结合后，可诱导多种蛋白酪氨酸残基磷酸化，诱导鞘磷脂酶（sphingomyelinase）活化，其分解产物神经酰胺（ceramide）可导致细胞周期阻滞和细胞凋亡。Fas 介导的细胞凋亡对维持机体的正常免疫系统起十分重要的作用，且无需细胞核的参与，表明此过程中无须新基因的表达，即胞质中存在整个细胞凋亡所需的全部因子。研究发现，Bcl-2 的过表达可部分抑制由 Fas/Apo-1 介导的细胞凋亡。

三、细胞凋亡的信号传导途径

细胞凋亡是一系列导致细胞解体的分子级联反应。目前发现细胞内主要的凋亡通路有两条：一条是通过胞外信号激活细胞内的凋亡酶 caspase 的受体介导通路（receptor medicated pathway），另一条是通过线粒体释放凋亡酶激活因子激活 caspase 的非受体介导通路（receptor-independent pathway），这些活化的凋亡酶可将细胞内的重要蛋白降解，引起细胞凋亡。

在受体介导细胞凋亡通路中，Fas 配体（FasL）与相应受体 Fas 蛋白结合，形成三聚体，Fas 蛋白通过直接与一种连接器蛋白（Fas associated death domain containing protein，FADD）作用，使 caspase8 的前体聚集在附近，共同构成死亡诱导信号复合物（death inducing signal complex，DISC）。当 caspase8 前体浓度达一定时，可在其大小亚基之间进行切割，产生有活性的 caspase8。caspase8 活化后，引起 caspase2、caspase8、caspase10 等级联活化，最终使 caspase3 前体激活。

在非受体依赖通路中，当细胞内发生一些生物化学事件，诸如放射线辐射、神经酰胺、活性氧（ROS）等引起线粒体膜崩解，触发细胞色素 c（cytochrome c）释放至胞质中，细胞色素 c 是凋亡促进活化因子（apoptosis promoting activating factor，Apaf）中的一种，Apaf 在 dATP 存在时引起 caspase3 的活化，目前主要发现 3 种。Apaf-1 是分子质量约 130kDa 的蛋白质，分子中存在显著的 ced-4 同源区，两侧各有一个结构域，靠近 N 端存在 caspase 募集结构域（caspase recruitment domain，CARD），可直接与 caspase9 前体结合，C 端则有一个由重复序列组成的大的结构域，参与和细胞色素 c 的相互作用。细胞色素 c 可诱导 Apaf-1 寡聚化，使 Apaf-1 构象发生改变并暴露出 CARD 以结合 caspase9 前体，上述物质共同构成凋亡体复合物（apoptosome），引起 caspase9 自身激活。caspase9 对随后的细胞凋亡的发生非常重要，并能放大 caspase 的级联反应。细胞凋亡抑制因子（inhibitors of apoptosis，IAP）能通过 BIR 结构域（baculovirus IAP repeats domain）与 caspase 结合，抑制 caspase9 的活化，而次级线粒体衍生 caspase 活化因子（second mitochondria-derived activator of caspase，SMAC）则可结合 IAP 而使 caspase9 活化。活化后的 caspase9 再进一步活化 caspase3。

由配体-受体起始或由 Apaf 介导的这两条凋亡途径最终皆使 caspase3 活化，活化后的 caspase3 裂解死亡底物，如 PARP 和 caspase 活化 DNA 酶抑制因子（inhibitor of caspase activated DNase，ICAD），从而释放 caspase 活化 DNA 酶（caspase activated DNase，CAD），引起 DNA 片段和染色质凝集。经一系列复杂的生物化学反应，最终，由 caspase 介导的细胞内底物裂解，细胞凋亡（图 8-7）。

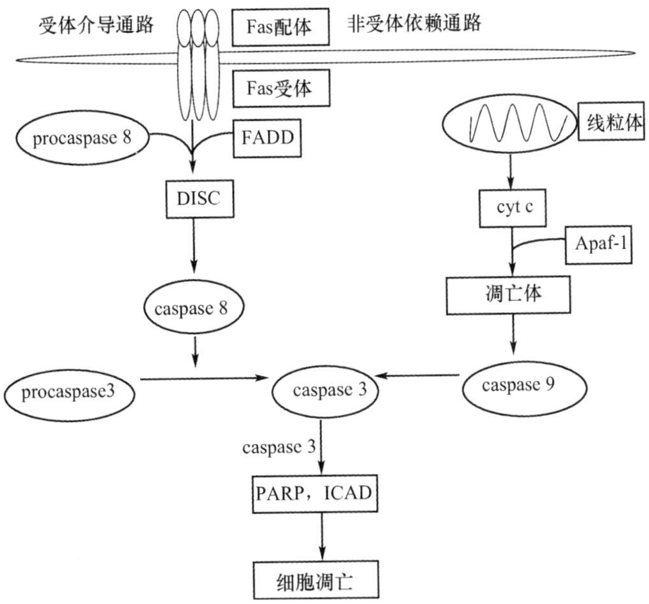

图 8-7　细胞凋亡的两条信号通路

思　考　题

1. 解释：细胞周期，细胞死亡，细胞凋亡。
2. 试述研究肿瘤细胞凋亡的意义。
3. 细胞周期的主要概念是什么？
4. 肿瘤细胞凋亡的主要研究方法有哪些？
5. 近年细胞凋亡研究的热点是什么？

（钱　晖）

第 9 章　血液生物化学

血液是在心脏和血管系统里流动的红色、不透明、具有黏性的液体，由液态的血浆和红细胞、白细胞、血小板等有形成分组成。在离体的血液中加入适量的抗凝剂后静置或离心，可使血细胞下沉，上清液呈浅黄色，即为血浆；离体的血液如不加抗凝剂，在一系列凝血因子的作用下很快形成凝块，便可见凝块收缩，析出淡黄色、清澈、不再凝固的液体，称为血清。血清与血浆的主要区别是血清不含有纤维蛋白原。

血细胞体积较大不易透出血管，但血浆则可以透过毛细血管壁而与血管外的组织间液进行物质交换。组织间液是指存在于各种组织细胞间隙的液体，它既能与血浆交换物质，又能与各种组织细胞交换物质。血浆、组织间液及其他细胞外液一起，构成机体的内环境。

血液在血管内不断地循环是维持人体生命的重要基础。循环的血液将新鲜氧气和各种营养物质携带至组织细胞，同时把 CO_2 及代谢产物运出来。因此，血液在维持机体和外界环境联系、沟通体内各组织器官的联系、维持内环境的相对稳定（如 pH、渗透比、各种化学成分的浓度等）、物质的运输（营养物、代谢产物、代谢调节物等）、机体的防御（免疫监视、血液凝固）等方面起着重要作用。

第一节　血浆蛋白质

血浆蛋白质（plasma protein）的含量在血浆成分中最多，约有 1000 种以上，其中已有所了解的约有 500 种，已被分离的约有 200 种。并非血浆中的蛋白质都叫血浆蛋白，Putnam 提出血浆蛋白应具备以下标准：①新生儿期后就存在于血浆中；②由肝或单核-吞噬细胞系统合成；③主要功能在血管系统内完成；④是被主动地分泌到血液中的蛋白质，而不是组织细胞损伤后漏进的；⑤蛋白质浓度在体液中以血液中为最高；⑥可测出血中半衰期；⑦蛋白质可呈遗传多态性或变异型，但不是由于组织来源不同所致；⑧包括凝血因子、补体及其具有活性的降解产物，但不包括其他蛋白质的水解片段。

一、血浆蛋白质的功能

随着研究的深入，人们对血浆蛋白质的功能的认识不断深化，一种蛋白质可有多种功能；几种不同的蛋白质亦可具有某些相同的功能，有些还有协同作用。

（一）维持正常的胶体渗透压

血浆胶体渗透压是指由血浆蛋白质大分子所形成的渗透压，对血管内外水分的分布影响极大。因为血浆和组织液之间仅隔了血管壁，许多蛋白质不能自由进出血管，使得血管内外蛋白质的种类和数量差别甚大，血浆中蛋白质浓度明显高于组织液，因而血浆中胶体渗透压要比组织液高，能把组织间液水分吸收进血液循环中。

血浆胶体渗透压的高低取决于血浆蛋白分子数的多少。当患者血浆蛋白（主要为清蛋白）明显减少时，血浆胶体渗透压就会降低，从而导致水肿。

（二）运输作用

许多内源性、外源性的难溶于水物质，与血浆蛋白结合后而在血中运输，就可在血液循环中流动。参与运输作用的血浆蛋白主要有前清蛋白、清蛋白及某些球蛋白。

1. 前清蛋白的运输作用　前清蛋白参与甲状腺激素（T_3、T_4）在血液中的转运。人血中维生素 A 以视黄醇形式存在，为脂溶性，须先与视黄醇结合蛋白形成复合物，再与前清蛋白以非共价键缔合成视黄醇-视黄醇结合蛋白-前清蛋白复合物。视黄醇-视黄醇结合蛋白相对分子质量仅 21 000，易从肾小球滤过从尿排出；与前清蛋白形成复合物后，相对分子质量达 85 000，不易从肾小球滤过。

2. 清蛋白的运输作用　清蛋白能与代谢产物、神经递质、维生素、金属离子及药物等许多化合物结合（表 9-1）。

表 9-1　与清蛋白结合和运输的物质

种类	与清蛋白结合的物质
代谢物	脂肪酸、胆红素、色氨酸、尿酸、儿茶酚胺
激素和神经递质	T_3、T_4、皮质醇、皮质酮、醛固酮、雌二醇
维生素	磷酸吡哆醛

有些物质能竞争性地与清蛋白结合。脂肪酸能与胆红素竞争性地结合清蛋白，使胆红素脱离出来；磺胺类药物、苯甲酸、咖啡因等亦可与胆红素竞争清蛋白上的结合位点，使胆红素从清蛋白游离出来，造成胆红素进入脑组织而引起胆红素脑病。

3. 球蛋白的运输作用　血浆中触珠蛋白、血红素结合蛋白、转铁蛋白、皮质激素结合蛋白和甲状腺素结合蛋白能分别专一性地结合和运输血红蛋白、血红素、Fe^{3+}、皮质激素及甲状腺激素。血浆载脂蛋白能运输多种脂类。

（三）营养、修补组织

蛋白质作为内源性氨基酸的营养源用于组织修补。前清蛋白和清蛋白的血浆浓度被视为蛋白质的营养状况指标。

前清蛋白临床评价营养不良的标准是：0.2～0.4g/L 为正常；0.1～0.15g/L 为轻度缺乏；0.05～0.1g/L 为中度缺乏；＜0.05g/L 为严重缺乏。

血浆清蛋白浓度作为个体营养状态的评价标准为：＞35g/L 正常；28～34g/L 轻度缺乏；21～27g/L 中度缺乏；＜21g/L 严重缺乏。当清蛋白浓度低于 28g/L 时，可出现水肿。

（四）免疫作用

血浆中有许多具有免疫作用的球蛋白，包括非特异的补体和特异性的抗体。

（五）凝血和抗凝作用

有些血浆蛋白是凝血因子，如纤维蛋白原；有些是抗凝因子如纤溶酶原。

（六）血浆特异酶

能在血浆中发挥催化作用的酶被称为血浆特异酶。例如，凝血酶原、纤溶酶原等，它们以酶原形式分泌入血，在一定条件下被激活，引起相应的生理或病理变化。还有胆碱酯酶、铜氧化酶（铜蓝蛋白）、卵磷脂胆固醇酰基转移酶（LCAT）和脂蛋白酯酶等。

二、血浆蛋白质的分类

近年来，许多蛋白质化学研究新技术的应用，进一步推动了对血浆蛋白质分类、结构和功能的研究。比较实用的仍然是通过醋酸纤维素薄膜电泳或琼脂糖凝胶电泳获得血浆蛋白质图谱。

（一）电泳分类法

通过醋酸纤维素薄膜或琼脂糖凝胶电泳可将血浆蛋白质分为清蛋白和α_1、α_2、β、γ球蛋白5条主要区带，如果采用聚丙烯酰胺凝胶电泳，在适当条件下可以分出30多个区带。现将血浆中的蛋白质的性质与电泳区带位置的关系列于表9-2。

表9-2 血浆中主要蛋白质的性质与电泳区带位置

电泳区带	蛋白质种类	成人参考值（g/L）	半衰期（天）	分子质量（kDa）	等电点	含糖量（%）
前清蛋白	前清蛋白	0.2～0.4	0.5	54	4.7	0
清蛋白	清蛋白	35～55	15～19	66.3	4～5.8	0
α_1-球蛋白	α_1-抗胰蛋白酶	0.9～2.0	4	51	4.8	12
	α_1-酸性糖蛋白	0.5～1.5	5	40	2.7～4	45
	甲胎蛋白	3×10^{-5}			6.9	
	高密度脂蛋白	1.7～3.25		200		
α_2-球蛋白	结合珠蛋白	0.3～2.0	2	85～400	4.1	12
	α_2-巨球蛋白	1.25～4.1	5	715	5.4	8
	铜蓝蛋白	0.2～0.5	4.5	160	4.4	
β-球蛋白	转铁蛋白	2.0～3.5	7	79.5	5.7	6
	低密度脂蛋白	0.6～1.55		300		
	C4			206		7
	β_2-微球蛋白	0.001～0.002		11.8		
	纤维蛋白原	2.0～4.0	2.5	340	5.5	3
	C3	0.7～1.5		180		2
γ-球蛋白	IgA	0.7～4.0	6	170		8
	IgG	5.2～16.5	24	160	6～7.3	3
	IgM	0.4～2.3	5	900		12
	C-反应蛋白	0.008		120	6.2	0

（二）功能分类法

血浆蛋白质可按其生理功能进行分类，如载体蛋白、补体系统蛋白和凝血因子等，见表9-3。

表9-3 血浆蛋白质的功能分类

分类	血浆蛋白质
载体蛋白	前清蛋白、清蛋白、脂蛋白、铜蓝蛋白、运铁蛋白、结合球蛋白、血红素结合蛋白、甲状腺素结合球蛋白等
免疫防御系统蛋白	IgG、IgM、IgD、IgE、IgA、补体系统等
凝血和纤溶蛋白	凝血因子Ⅶ、Ⅷ、凝血酶原、纤维蛋白原、纤溶酶原等10种以上
酶	脂蛋白脂肪酶、卵磷脂：胆固醇酰基转移酶等
蛋白酶抑制物	α_1-抗胰蛋白酶、α_1-抗糜蛋白酶、α_2-巨球蛋白等
激素	胰岛素、红细胞生成素等
参与炎症应答的蛋白质	α_1-酸性糖蛋白、C-反应蛋白等

三、几种主要血浆蛋白的性质和功能

（一）前清蛋白

前清蛋白（prealbumin，PA）分子质量为 54kDa，由肝细胞合成，在电泳中显示在清蛋白前方，其半衰期很短，仅约 12 小时。PA 的生理功能是作为组织修补材料和运载蛋白，可结合大约 10%的 T_4 和 T_3，对 T_3 亲和力更大，还具有运载维生素 A 的作用。

（二）清蛋白

清蛋白（albumin，ALB）由肝实质细胞合成，在血浆中其半衰期为 15～19 天，是血浆中含量最多的蛋白质，占血浆总蛋白的 57%～68%。其合成率主要由血浆中清蛋白水平调节，并受食物中蛋白质含量的影响。

清蛋白的分子结构已于 1975 年阐明，为含 580 个氨基酸残基的单链多肽，分子质量为 66.3kDa，分子中含 17 个二硫键，不含糖。在体液 pH7.4 的环境中，清蛋白为负离子，每分子可以带有 200 个以上负电荷。

生理功能：①清蛋白是血浆中主要的载体蛋白。许多水溶性差的物质可以通过与清蛋白的结合而被运输。②维持血浆胶体渗透压。当某种原因引起血浆清蛋白丢失或浓度过低时，可引起水肿、腹水等症状，输入血浆或血浆清蛋白能提高血浆胶体渗透压而减轻这些症状。③具有缓冲酸碱的能力。蛋白质是两性电解质，其上有许多—NH_2 和—COOH 基团，当血液酸性过强时，该两基团以—NH_3^+和—COOH 形式存在（结合 H^+的状态），当血液碱性过强时，则以—NH_2 和—COO^-形式存在（解离出 H^+的状态），故蛋白质具有缓冲酸碱物质的能力。④重要的营养蛋白：清蛋白可以在不同组织中被细胞内吞而摄取，其氨基酸用于组织修补。因疾病等食物摄入不足或手术后患者常给予静脉清蛋白注射液。

（三）α_1-抗胰蛋白酶

α_1-抗胰蛋白酶（α_1-antitrypsin，α_1-AT 或 AAT）分子质量为 51kDa，pI 值为 4.8，含糖 10%～12%；在醋酸纤维素薄膜电泳中位于 α_1 区带，是这一区带的主要组分，大约占 90%。它是蛋白酶的抑制物，占血清中抑制蛋白酶活力的 90%左右。AAT 的抑制作用有明显的 pH 依赖性，最大活力处于中性和弱碱性，当 pH4.5 时活性基本丧失，这一特点具有重要的生理意义。

（四）α_1-酸性糖蛋白

α_1-酸性糖蛋白（α_1-acid glycoprotein，AAG）分子质量近 40kDa，含糖约 45%，包括等分子的己糖、己糖胺和唾液酸，pI 为 2.7～3.5。AAG 在急性炎症时增高，与免疫防御功能有关。

（五）结合珠蛋白

结合珠蛋白（haptoglobin，Hp）在醋酸纤维素薄膜电泳及琼脂糖凝胶电泳中位于 α_2 区带。分子中有 α 与 β 链形成 $\alpha_2\beta_2$ 四聚体，α 链有 α^1 及 α^2 两种，而 α^1 又有 α^{1F} 及 α^{1S} 两种遗传变异体，两种变异体的多肽链中只有一个氨基酸残基不同。由于 α^{1F}、α^{1S}、α^2 三种等位基因编码形成 αβ 聚合体，因此个体之间可有多种遗传表型。

Hp 的主要功能是能与红细胞中释放出的游离血红蛋白结合，每分子 Hp 可结合两分子 Hb。结合后的复合物不可逆，在几分钟之内便转运到单核-吞噬细胞系统分解，其中氨基酸和铁可被机体再利用。Hp 可以防止 Hb 从肾丢失而为机体有效地保留铁，并能避免 Hb 对肾脏的损伤。

（六）α_2-巨球蛋白

α_2-巨球蛋白（α_2-macroglobulin，α_2-MG 或 AMG）分子质量约为 715kDa，含糖量约 8%，

由4个亚单位组成，是血浆中分子质量最大的蛋白质。α_2-MG是由肝细胞与单核-吞噬细胞系统合成，半衰期约5天。

α_2-MG的主要特性是能与多种离子和分子结合，特别是能与蛋白水解酶如纤维蛋白溶酶、胃蛋白酶、胰凝乳蛋白酶、胰蛋白酶结合而影响这些酶的活性。当酶与α_2-MG处于复合物状态时，酶的活性虽没有失活，但能导致酶不易作用于大分子底物。

（七）铜蓝蛋白

铜蓝蛋白（ceruloplasmin，Cp）是一种含铜的α_2-球蛋白，由1046个氨基酸组成的单链多肽，每分子含6～8个铜原子，由于含铜而呈蓝色，含糖为8%～9.5%，肽链和碳水化合物总分子质量平均为132kDa。95%的血清铜存在于Cp中，另5%呈可扩散状态。

Cp的主要生理功能与氧化还原反应有关，具有铁氧化酶作用，能将Fe^{2+}氧化为Fe^{3+}，Fe^{3+}再结合到转铁蛋白上，使铁不具毒性。

（八）转铁蛋白

转铁蛋白（transferrin，TRF）分子质量约为79.5kDa，为单链糖蛋白，含糖量约6%，电泳位置在β区带，等电点为5.5～5.9。TRF主要由肝细胞合成，半衰期为7天。TRF能可逆地结合多价阳离子，包括铁、铜、锌、钴等，每一分子TRF可结合两个三价铁离子。

血浆中TRF的浓度受食物铁供应的影响，机体在缺铁状态时，血浆TRF浓度上升，经铁剂有效治疗后恢复到正常水平。从小肠进入血液的Fe^{2+}在血液中被铜蓝蛋白氧化为Fe^{3+}，再被TRF的载体蛋白结合。每种细胞表面都有TRF受体，此受体对TRF-Fe^{3+}复合物比对TRF亲和力高。TRF-Fe^{3+}复合物可将大部分Fe^{3+}运输到骨髓，用于Hb合成。

（九）C-反应蛋白

在急性炎症患者血清中出现的可以结合肺炎球菌细胞壁C-多糖的蛋白质（1941年发现），被命名为C-反应蛋白（C-reactive protein，CRP）。CRP由肝细胞所合成，含5个多肽链亚单位，非共价地结合为盘形多聚体。分子质量为115～140kDa。

CRP不仅结合多种细胞、真菌及原虫等体内的多糖物质，在Ca^{2+}存在下，还可以结合卵磷脂和核酸。CRP可以引发对侵入细胞的免疫调理作用和吞噬作用，结合后的复合体具有对补体系统的激活作用，表现炎症反应。

第二节　红细胞代谢

红细胞不仅可以运输O_2和CO_2，还参与血液酸碱平衡，对维持机体正常内环境稳定（homeostasis）起着重要作用。

一、红细胞的生成、结构

红细胞中的蛋白质约有95%是血红蛋白，由此决定了红细胞独特的生物学功能和代谢特征。

（一）红细胞的生成

1. 造血干细胞生物化学　在人的血液和骨髓中存在着造血干细胞（hemopoietic stem cell），具有高度自我更新能力和分化能力。由造血干细胞分化可生成造血祖细胞（hemopoietic progenitor cell）。根据分化能力，可将造血祖细胞分为多向祖细胞和单向祖细胞，前者可进一步分化成单向祖细胞；根据分化方向，又可将造血祖细胞分为红系祖细胞、粒系祖细胞等，这些祖细胞也可称为集落形成单位，如红系祖细胞又称为红细胞集落形成单位（colony formation unit-erythrocyte，CFU-E）。造血祖细胞在特异性单潜能因子如红细胞生成素（erythropoietin，EPO）、粒细胞集落刺激因子（granulocyte colony-stimulating factor，G-CSF）、巨噬细胞集落刺激因子（macrophage colony-stimulating factor，M-CSF）等的配合作用下进一步分化、增殖形成各类血细胞。

造血干细胞在EPO的刺激作用下，形成红系祖细胞，并进一步分化。EPO可对整个红细胞系统的细胞起作用，诱导血红蛋白的合成，促进红细胞的分化和成熟，缩短红细胞产生的时间，使得幼红细胞提早脱核，提前进入血液。

2. 红细胞系统分类 根据细胞的形态特征和发育阶段，红细胞系统可分为原红细胞、早幼红细胞、中幼红细胞、晚幼红细胞、网织红细胞、成熟红细胞。

早幼红细胞和中幼红细胞中含有细胞核、内质网和线粒体等，可以合成核酸和蛋白质，并可通过有氧氧化获得能量；网织红细胞没有细胞核和DNA，不能合成核酸，仅有少量线粒体和RNA可以合成蛋白质和进行有氧氧化；成熟红细胞则完全丧失了合成蛋白质和核酸的能力，主要依靠糖酵解提供能量。人红细胞在成熟的过程中的代谢特点见表9-4。

表9-4 人红细胞在成熟过程中的代谢特点

代谢过程	有核红细胞	网织红细胞	成熟红细胞
释放的裂解能	+	−	−
DNA合成	+	−	−
RNA合成	+	−	−
RNA的存在	+	+	−
脂类合成	+	+	−
血红素合成	+	+	−
蛋白质合成	+	+	−
细胞色素与电子传递系统	+	+	−
糖代谢			
三羧酸途径	+	+	−
糖酵解途径	+	+	+
磷酸戊糖旁路	+	+	+

成熟红细胞是血液中的主要细胞，占全血的40%～45%，呈独特的“双凹面圆盘”形状，直径为7.5～8.3μm，平均厚度约1.7μm，体积约8.3μm^3，表面积约145μm^2，其表面积与体积的比值较大，有利于红细胞的变形、携带和交换气体。

成熟红细胞由细胞质和细胞膜组成，其中细胞膜起着维持红细胞的特有形态的作用；细胞质内含有大量的血红蛋白，均质、无结构，细胞质电子密度较高，由此保证血红蛋白的功能。

（二）红细胞胞质

在红细胞的胞质中包含有所有参与其代谢过程的化学成分，通常用平均红细胞容积、血红蛋白含量等指标表示。在疾病过程中，这些指标会发生改变。

（三）红细胞膜的组成与结构

1. 红细胞膜的组成 红细胞与其他细胞膜的结构相同，其化学组成主要是脂质和蛋白质。

（1）膜脂质类：红细胞膜中的脂质成分见表9-5，主要有磷脂（包括磷脂酰胆碱、神经鞘磷脂、磷脂酰乙醇胺、磷脂酰丝氨酸等）、胆固醇、游离脂肪酸和糖脂。

表 9-5 红细胞膜脂质组成

名称	10^{-13} g /细胞	名称	占细胞总脂质的百分数（%）
总脂质	4.76	磷脂酰胆碱	28.25
胆固醇	1.2	磷脂酰乙醇胺	26.03
磷脂	3.2	神经鞘磷脂	24.57
脂质磷酸	0.115	磷脂酰丝氨酸	13.38
糖脂	0.18	磷脂酸	2.07
		磷脂酰肌醇	1.13
		溶血磷脂酰胆碱	1.06
		次要组分	3.52

脂质在红细胞膜内外层的分布是不均一的，在细胞膜内层主要是磷脂酰乙醇胺和磷脂酰丝氨酸，在细胞膜外层主要是磷脂酰胆碱、神经鞘磷脂、胆固醇和糖脂（血型物质等）。

（2）膜蛋白质类：红细胞膜蛋白质分为两类，即主体蛋白和外周蛋白。

1）主体蛋白（integral proteins）又称为内在蛋白（intrinsic proteins），紧密镶嵌在脂质双分子层中，占膜蛋白总量的 70%～80%，包括转运蛋白、血型糖蛋白、酶蛋白等。

2）外周蛋白（peripheral proteins）又称为非主体蛋白、外源性蛋白或骨架蛋白（skeletal proteins），其主要成分是定形素（spectrin，又称为血影蛋白、收缩蛋白）和肌动蛋白（actin）、原肌球蛋白（tropomyosin）、肌球蛋白（myosin）、加合蛋白（adducin）及锚蛋白（ankyrin）等，在细胞膜脂质双分子层的胞质面形成纤维状的网状支架，以维持细胞膜和细胞形态的稳定。

采用十二烷基磺酸钠-聚丙烯酰胺凝胶电泳（SDS-polyacrylamidedel electrophoresis，SDS-PAGE）可将红细胞膜蛋白质分成 7 条主带，按 Fairbanks 命名为 1、2、3、4、5、6、7。红细胞膜上主要蛋白及其功能见表 9-6。

表 9-6 红细胞膜上的主要蛋白及其功能

名称	分子质量（kDa）	功能（或分类）	名称	分子质量（kDa）	功能（或分类）
区带 1	240	骨架蛋白（收缩蛋白 α）	区带 5	43	骨架蛋白（肌动蛋白）
区带 2	220	骨架蛋白（收缩蛋白 β）	区带 6	35	3-磷酸甘油醛脱氢酶
区带 2.1	210	锚蛋白和膜内在蛋白	区带 7	29	原肌球蛋白/低亲和力 Ca^{2+}-ATP 酶
区带 3	93	阴离子运转	PAS1	83	血型糖蛋白 A、ABH 及 MN 抗原
区带 4.1	80	锚固骨架蛋白	PAS2	45	血型糖蛋白 A、ABH 及 MN 抗原
区带 4.2	72	骨架蛋白、蛋白激酶	PAS3	25	血型糖蛋白 B
区带 4.5	60	葡萄糖转运蛋白	PAS4	50	血型糖蛋白 A 及 B

（3）膜酶蛋白：红细胞膜上的酶大致可分为两大类。一类仅位于膜上，胞质内不存在，如 ATP 酶等；另一类在膜和胞质中同时存在，如葡萄糖代谢中的一些酶和某些磷酸酶类。

（4）膜糖：红细胞膜上糖类很多，主要为半乳糖、甘露醇、岩藻糖、葡萄糖、唾液酸等，其中乙酰半乳糖胺和 *N*-乙酰神经氨酸含量较高。红细胞膜糖多存在于伸展在膜外的肽链上的多侧链糖链中，具有多种功能，如红细胞的抗原性、受体反应、信息传递等均与糖蛋白的糖链有关。

2. 红细胞膜的结构 红细胞膜结构符合“流动镶嵌模型”理论，以脂质双分子层为主要支架，蛋白质镶嵌或贯穿于脂质双分子层（主体蛋白），或者处于脂质双分子层的两侧（外周蛋白）。膜脂质处于液晶态，具有流动性，脂质分子可从双层的一层翻转至另一层（flip-flop），通过相应移位酶的调节作用，使之达到动态平衡，其特点有：

（1）红细胞膜的不对称性：由于红细胞膜脂质双分子层内、外二层的脂质组成和分布是不均一的，内层和外层的物理性质（流动性和密度）不同，蛋白质在膜两侧的分布及功能也不相同，因此膜具有不对称性。

（2）红细胞膜的特殊骨架：在红细胞膜的胞浆面存在一个由骨架蛋白（即外周蛋白）联结而成的膜骨架，所以红细胞具有很强的柔韧性、变形性和可塑性。

二、成熟红细胞的代谢

成熟红细胞内缺乏细胞核、内质网、线粒体及高尔基体，不能进行核酸和蛋白质的生物合成，也不能进行三羧酸循环，不能利用脂肪酸，其代谢特征与有核红细胞、网质红细胞均不相同。

（一）成熟红细胞代谢特点

成熟红细胞主要通过糖酵解获取能量，约有 90%的糖通过这个途径，其余的糖则通过磷酸戊糖旁路（pentose phosphate shunt）和 2,3-二磷酸甘油酸支路（2,3-DPG）途径代谢。这些通路相互联系，相互补充，构成了整个红细胞代谢体系，为红细胞提供能量、还原性的 NADH 和 NADPH，以及一些重要的代谢物（如 2,3-DPG）。

（二）红细胞代谢途径

1. 糖酵解途径　糖酵解途径是红细胞糖分解代谢的主要途径和能量来源。在无氧条件下，红细胞通过此途径可以由 1 分子葡萄糖产生 2 分子乳酸，获得 2 分子 ATP。无氧酵解中生成的 $NADH+H^+$是高铁血红蛋白还原酶的辅助因子，高铁血红蛋白还原酶可催化高铁血红蛋白还原为有载氧功能的血红蛋白。

2. 磷酸戊糖旁路代谢途径　磷酸戊糖旁路代谢途径的关键酶是 G-6-PD。红细胞内有 5%～10%的葡萄糖通过磷酸戊糖通路代谢，为红细胞提供 NADPH。NADPH 在红细胞的氧化还原系统中，具有保护膜蛋白、血红蛋白及酶蛋白的巯基不被氧化，还原高铁血红蛋白等多种功能。NADPH 参与谷胱甘肽循环，用于使氧化型谷胱甘肽（oxidized glutathione，GSSG）还原成还原型谷胱甘肽（reduced glutathione，GSH）（图 9-1）。

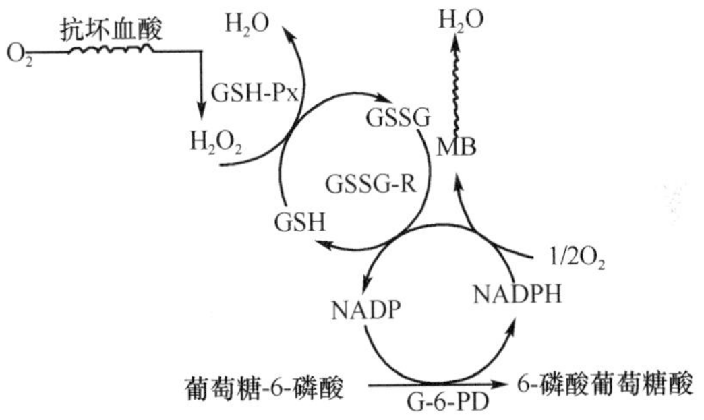

图 9-1　磷酸戊糖代谢途径的氧化还原反应

3. 2,3-二磷酸甘油酸支路代谢途径　2,3-二磷酸甘油酸（2,3-DPG 或 BPG）支路代谢途径又称 Leubering-Rappaport 循环（Leubering-Rappaport Cycle，LRC）。2,3-DPG 是人类和哺乳动物红细胞内糖酵解途径的中间代谢物，是 1,3-DPG 到 3-磷酸甘油酸（3-PGA）的一个迂回，没有 ATP 产生。由于 DPG 变位酶活性较 DPG 磷酸酶活性高，故其合成大于分解，因而可在红细胞中储存，是红细胞酵解中间产物中最多的一种，约占分解代谢中磷酸化合物的 2/3。

在红细胞代谢中，2,3-DPG 支路具有重要的生理意义：①作为能量的储存库，在红细胞中虽然没有糖原储存，大量的 2,3-DPG 可以应急；②参与血液氧的运输，当 2,3-DPG 含量升高时，血红蛋白与之结合增加，而与氧的亲和力下降，有利于组织中氧合血红蛋白中氧的释放和利用。

红细胞的代谢途径总结见图 9-2。

（三）红细胞的氧化还原体系

1. 红细胞中的氧化还原体系　包括 NAD-NADH、NADP-NADPH、抗坏血酸、谷胱甘肽、血红蛋白-高铁血红蛋白等（图 9-3），其中谷胱甘肽氧化-还原体系对于维持红细胞的正常生理环境具有极其重要的意义。

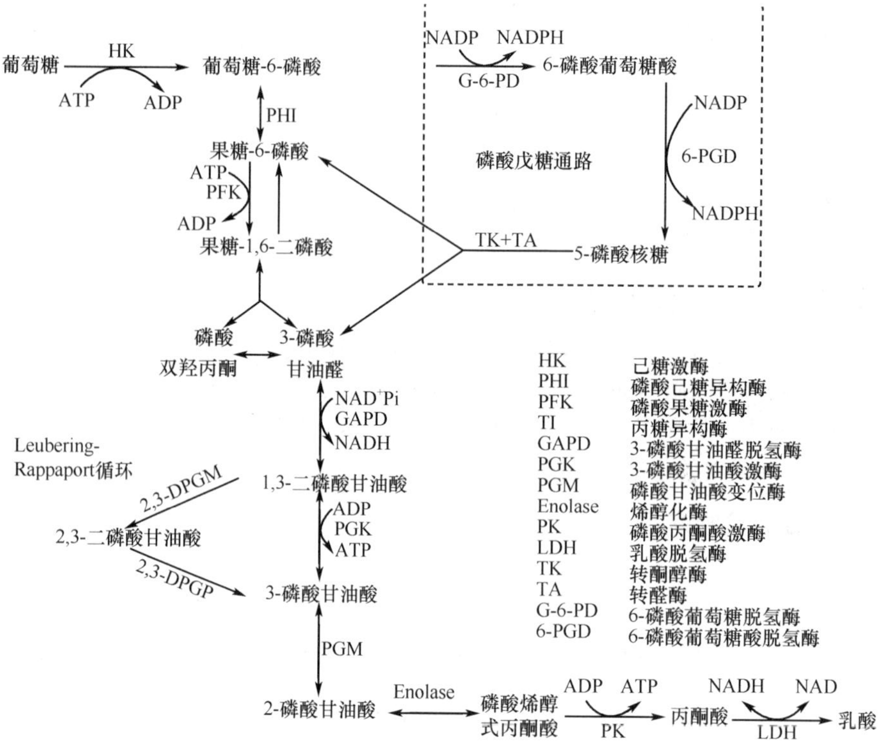

图 9-2 红细胞的代谢途径

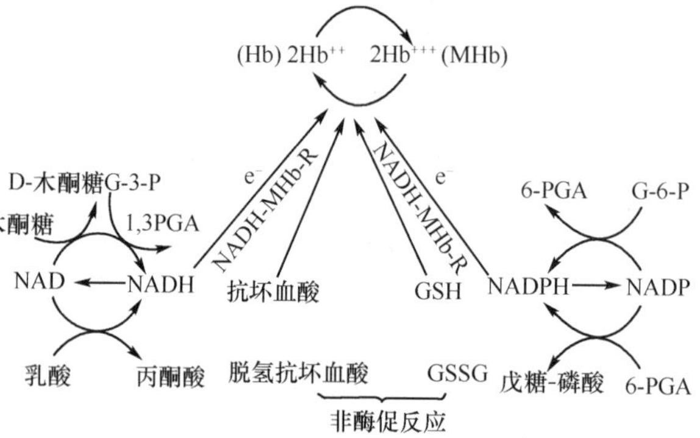

图 9-3 红细胞的氧化还原体系

2. 红细胞内谷胱甘肽的合成与代谢 谷胱甘肽是由谷氨酸、半胱氨酸和甘氨酸形成的三肽化合物。正常生理条件下，红细胞中的谷胱甘肽以还原型谷胱甘肽（reduced glutathione，GSH）状态存在。GSH 对于红细胞膜—SH 和一些含—SH 的酶具有重要的保护作用。

GSH 合成可在红细胞中进行，见图 9-4。

红细胞内谷胱甘肽含量很高（2×10^{-3}mol/L），主要生理功能是对抗氧化剂对巯基的氧化。细胞内可自发生成少量超氧阴离子 O_2^-，同时感染时的白细胞吞噬作用亦可产生 O_2^-，可被超氧化物歧化酶（superoxide dismutase，SOD），催化生成过氧化氢（H_2O_2）。而 GSH 在谷胱甘肽过氧化物酶（GSH-Px）作用下将 H_2O_2 还原为 H_2O，GSH 自身被氧化为氧化型谷胱甘肽（GSSG）。后者在谷胱甘肽还原酶（GSSG-R）催化下，由 NADPH＋H^+提供氢重新还原为 GSH。

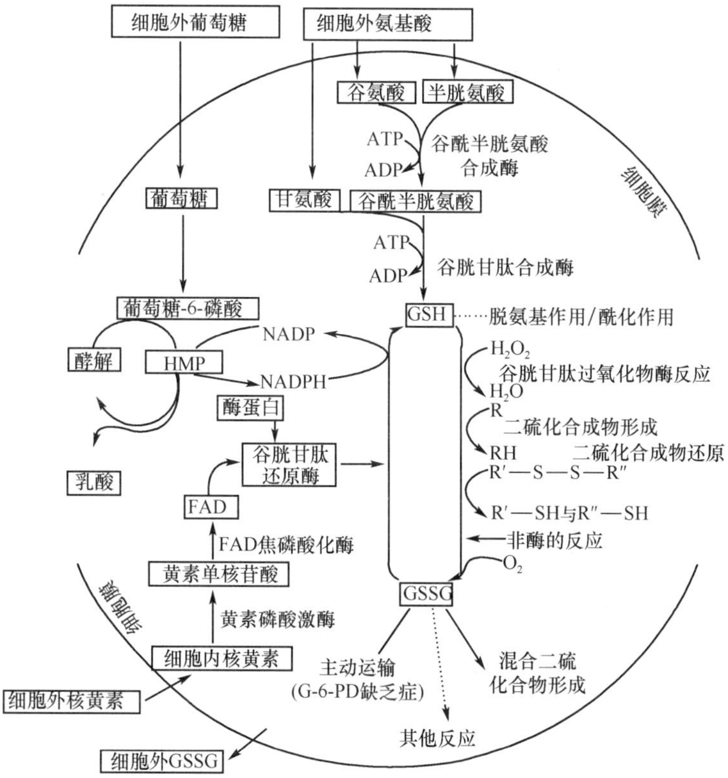

图 9-4　红细胞内谷胱甘肽的合成与代谢

第三节　血红蛋白

血红蛋白（hemoglobin，Hb）是人和动物体内含量最多的蛋白质之一，集中存在于红细胞中，是第一个被纯化和确定有特殊生理功能的蛋白质，是血液运输 O_2 和 CO_2 的重要物质。

一、血红蛋白的组成

血红蛋白属于色蛋白中的血红素蛋白类，是一种球状的结合蛋白，分子质量 64 456 Da，由 4 条多肽链构成的珠蛋白和 4 个血红素辅基组成。组成珠蛋白亚基的多肽为 α、β、γ、δ、ε 和 ζ 六种类型，其中 α 链为 141 个氨基酸残基组成，β、γ 和 δ 链均由 146 个氨基酸残基组成。

在正常成人体内约有 97%的血红蛋白是 HbA，由 2 条正常 α 链和 2 条正常 β 链构成，简写为 $\alpha_2\beta_2$。另外几种常见的血红蛋白是：HbA_2，约占总血红蛋白的 2.5%～3.0%，简写为 $\alpha_2\delta_2$；HbF 主要在胎儿期合成，出生后的一年内迅速消失，在成人体内约占 0.1%。

在人体发育的不同阶段，血红蛋白的组成各不相同。在胚胎发育的早期最先合成的是 ζ 链和 ε 链，稍晚（或同时）开始合成 α 链和 γ 链。这些多肽链可分别组合成 3 种胚胎血红蛋白：Hb $Gower_1$、Hb $Gower_2$、Hb Portland 及胎儿血红蛋白（HbF）；胚胎发育到第 8 周时，ζ 链和 ε 链合成停止，随后逐渐消失，此时 γ 链合成达到最高峰，并开始合成 β 链；36 周后，β 链合成速率增高，γ 链合成开始下降，到出生不久，合成等量的 β 链和 γ 链；出生 3 个月后，β 链合成迅速增高，γ 链合成继续下降；到成人时，血中 HbA 占绝对优势，Hb F 含量很少。因此，在正常的人体发育过程中，各种血红蛋白协调合成，然后成对组合成功能性的血红蛋白四聚体。因此 Hb 可以分为不同的种类（表 9-7）。

表 9-7 正常人血红蛋白的类型

血红蛋白		出现时间	四聚体组成	在成人血液中的百分浓度（%）	在新生儿血液中的百分浓度（%）
A		成人	$\alpha_2\beta_2$	92	20～30
A_2		成人	$\alpha_2\delta_2$	2～3	0.2
F	F	胎儿	$\alpha_2\gamma_2$	<1	70～80
	F_1	胎儿	$\alpha_2\gamma_2$（含 *N*-乙酰基）	<1	
Gower 1		胚胎	$\zeta_2\varepsilon_2$	0	0
Gower 2		胚胎	$\alpha_2\varepsilon_2$	0	0
Portland		胚胎	$\zeta_2\gamma_2$	0	0

二、血红蛋白的结构

血红蛋白的 α 和 β 亚基的三级结构与肌红蛋白的三级结构十分类似，有 70%以上 α-螺旋，其余为无规卷曲，分散在各段之间。肽链中某些局部的二级结构汇集在一起，形成发挥生物学功能的袋状空穴，血红素则位于疏水的空穴中。

血红蛋白的四级结构由两个 *α* 亚基与两个 *β* 亚基按特定的接触和排列组成，每个亚基均结合一个亚铁血红素（heme），由 6 个离子键（两个 *α* 亚基之间有 4 个离子键联结，*α* 与 *β* 亚基之间各有一个离子键）和一些其他次级键将 4 个亚基联结起来构成一个完整的血红蛋白质分子。

三、珠蛋白基因结构

人类珠蛋白（globin）基因簇有两类，α 珠蛋白基因簇和 β 珠蛋白基因簇。

（一）α 珠蛋白基因簇

在 α 珠蛋白基因簇中包含有 α-珠蛋白和 ζ-珠蛋白基因，定位于 16 号染色体（16p13.33），包括一对功能 α 基因（α_2 和 α_1）、一个胚胎 α 样 ζ 基因、三个假基因（$\Psi\zeta_1$-$\Psi\alpha_2$-$\Psi\alpha_1$）、一个不表达的 α 样 θ 基因、两个高变区（hypervariable region，HVR）。其基因结构为 $5'$-ζ_2-$\Psi\zeta_1$-$\Psi\alpha_2$-$\Psi\alpha_1$-α_2-α_1-θ_1-$3'$。

（二）β 珠蛋白基因簇

β 珠蛋白基因簇又称为 γδβ-基因组复合物，位于 11 号染色体上（11.p15.5），其结构为 5'-ε-Gγ-Aγ-Ψβ-δ-β-3'。

令人注意的是，α 珠蛋白基因簇和 β 珠蛋白基因簇的 5'-3'基因排列顺序与其在人体发育过程中的报道顺序是相同的。在胚胎发育之初，首先活化的是 ζ 和 ε 基因，接着活化 α 基因；胎儿期前面的两个基因（ζ 和 ε）分别关闭，γ 开放；出生前活化 δ 和 β 基因；到了成人阶段，完全开放的基因主要是 α 和 β。α 和 β 基因均由 3 个外显子和 2 个内含子组成，研究表明，在珠蛋白基因内及其侧翼区域中发生的突变均可引起不同类型的血红蛋白病。

四、血红蛋白的代谢

血红蛋白的每一个亚基由一分子珠蛋白与一分子血红素缔合而成。由于珠蛋白的生物合成与一般蛋白质相同，因此重点介绍血红素代谢。

人体内的血红素，主要分布在红细胞内。血红蛋白所含的血红素占机体血红素总量的 85%～90%，其余 10%存在于肌红蛋白中，不到 1%的血红素在细胞色素和过氧化氢酶、过氧化物酶中。

血红素主要的合成部位是骨髓和肝脏。85%以上的血红素在骨髓合成，其余的多在肝脏合成。血红素合成的原料是甘氨酸、琥珀酰 CoA、Fe^{2+}等简单的小分子物质。

（一）血红素合成途径

血红素合成是在细胞的线粒体开始，由甘氨酸和琥珀酰 CoA 合成 *δ*-氨基-*γ*-酮戊酸；后者进入胞质，合成尿卟啉原、粪卟啉原；又回到线粒体合成血红素。合成过程可被分为以下四个步骤。

1. *δ*-氨基-*γ*-酮戊酸（δ-aminolevulinic acid，ALA）的合成 在线粒体内，由甘氨酸与三羧酸循环生成的琥珀酰 CoA 缩合生成。催化此反应的酶是 ALA 合酶。在酶的参与下，甘氨酸脱羧，琥珀酰 CoA 脱去 CoA-SH，二者缩合生成 ALA。ALA 合酶对甘氨酸和琥珀酰 CoA 有绝对的专一性，其辅酶为磷酸吡哆醛。

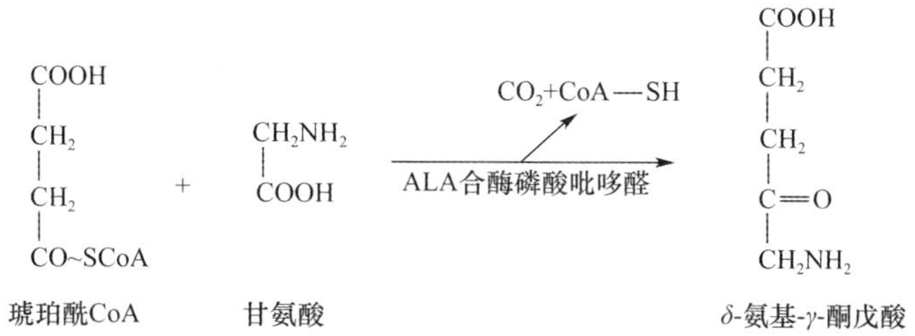

2. 卟胆原的生成 线粒体内生成的 ALA 转运入胞质，在胞质 ALA 脱水酶（ALA dehydratase）的催化下，两分子 ALA 脱水缩合生成吡咯衍生物——卟胆原（porphobilinogen，PBG）。ALA 脱水酶为含锌的金属酶，对铅敏感。在铅中毒时，该酶活性明显被抑制。

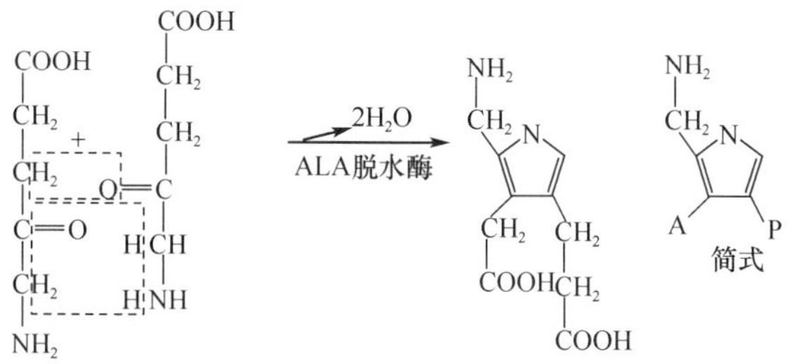

3. 粪卟啉原Ⅲ的合成 胞质中，四分子卟胆原在卟胆原脱氨酶（PBG deaminase，又称尿卟啉原Ⅰ合酶，uroporphyrinogen Ⅰ synthase）催化下，头尾连接，生成线状四吡咯（linear tetrapyrrole）；在尿卟啉原Ⅲ合酶（uroporphyrinogen Ⅲ synthase）催化下，线状四吡咯环化，生成尿卟啉原Ⅲ。尿卟啉原Ⅲ在尿卟啉原Ⅲ脱羧酶（uroporphyrinogen decarboxylase）催化下，四个乙酰基（A）侧链脱羧，转变为甲基（M），生成粪卟啉原Ⅲ。该步骤反应如图 9-5 所示。

4. 血红素的生成 胞质中生成的粪卟啉原Ⅲ，返回线粒体。在线粒体中，由粪卟啉原Ⅲ氧化脱羧酶（uroporphyrinogen oxidase）催化，第 2、4 位上的两个丙酸基氧化脱羧为乙烯基，变为原卟啉原Ⅸ。原卟啉原Ⅸ在原卟啉原氧化酶（protoporphyrinogen oxidase）的作用下，其连接四个吡咯的亚甲基桥氧化为次甲基桥，转变为原卟啉Ⅸ。

原卟啉Ⅸ是血红素的直接前体。由亚铁螯合酶（ferrochelatase）催化与Fe^{2+}螯合，生成血红素。

血红素生成后，从线粒体转运到胞质。在骨髓的幼红细胞和网织红细胞中，与珠蛋白结合，合成血红蛋白，正常成人每天合成 6g Hb，相当于合成 210mg 血红素；在肝脏或其他组织细胞胞质中，与相应蛋白质结合，合成各种含血红素蛋白。

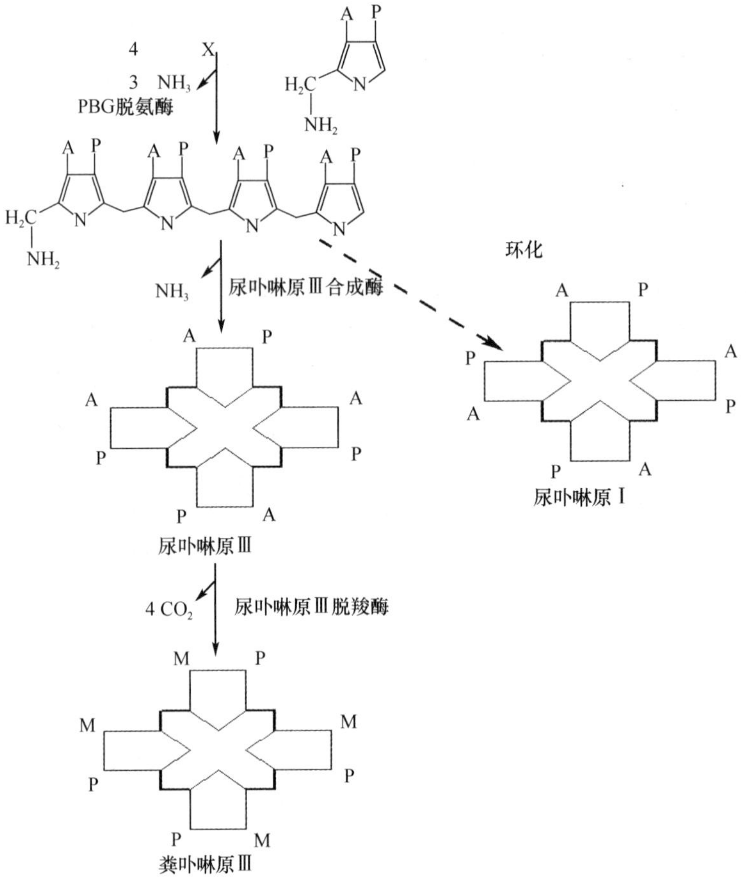

图 9-5 粪卟啉原Ⅲ的合成

（二）血红素合成的调节与影响因素

1. ALA 合酶 ALA 的合成是整个血红素合成的限速步骤。ALA 合酶则是调节血红素生物合成的限速酶。该酶由两个亚基组成，在体内代谢转换很快。哺乳动物肝脏中的 ALA 合酶，半衰期仅 1 小时左右。

血红素既是 ALA 合酶的抑制剂，又可在转录水平，与一种蛋白结合形成活性阻遏物，对 ALA 合酶起负调节作用。在正常生理状况下，合成的血红素迅速进入胞质，与蛋白质结合，生成含血红素蛋白。血红素的生成和需求保持一定的平衡，ALA 合酶活性保持在一定水平上。如血红素合成速率大大超过与蛋白质结合的速率，过多的血红素堆积在线粒体，对 ALA 合酶的抑制和阻遏加强，使血红素合成减缓。过多的血红素还可氧化成高铁血红素（hematin），高铁血红素对 ALA 合酶的抑制更加强烈。缺铁性贫血时，血红素合成不足，ALA 合酶活性增强，导致血红素前体在细胞内大量堆积。

ALA 合酶的辅酶为磷酸吡哆醛。辅酶直接参与甘氨酸和琥珀酰 CoA 的缩合反应。若维生素 B_6 缺乏，影响血红素的合成。

2. 造血生长因子 目前已发现多种造血生长因子，如粒细胞-巨噬细胞集落刺激因子（granulocyte-macrophage colony stimulating factor，GM-CSF）、白细胞介素 3（interleukin，IL-3），及促红细胞生成素（erythropoietin，EPO）等。其中 EPO 在红细胞的生长和分化中发挥关键作用。EPO 可促进原红细胞的增殖和分化，加速有核红细胞的成熟，并促进 ALA 合成酶生成，从而促进血红素的生成。临床上用 EPO 治疗多种原因引起的红细胞减少症。

当机体缺氧气时（如高山反应），肾脏产生的促红细胞生成素分泌增加。

3. 激素、药物等 雄性激素——睾酮，在肝 5β-还原酶作用下，转变成 5β-氢睾酮，可诱导 ALA 合酶的生成，促进血红素和血红蛋白的合成。

许多在肝脏进行生物转化的药物，如戊巴比妥、可待因、吲哚美辛等可显著增加肝脏细胞色素的需要量和消耗率，从而减少细胞内血红素的浓度，使 ALA 合酶去阻遏，酶合成增加，相应使血红素合成增加。

铅中毒时，体内高水平的铅可结合 ALA 脱水酶和亚铁螯合酶，抑制这些酶的活性，可导致红细胞中尿卟啉水平升高，大量尿卟啉从尿中排出，常作为铅中毒的特征之一。

（三）血红蛋白的降解

血红蛋白的降解通常发生在单核-吞噬细胞系统（reticuloendothelial system，RES）的巨噬细胞中。血管外的（extravascular）红细胞降解过程为：吞噬（phagocytosis）老化细胞；打开血红素环形成胆绿蛋白（verdohemoglobin）；从四吡咯（tetrapyrrole）链上除去铁和蛋白质；四吡咯链进一步降解为胆红素（bilirubin）。铁离子则可用于形成新的血红蛋白；蛋白质降解后，其组成氨基酸进入氨基酸池（amino acid pool）。

思　考　题

1. 试述血浆蛋白的主要种类。
2. 红细胞代谢特点有哪些?
3. 简述血红蛋白主要生成途径。
4. 试述血红素合成调控因素。
5. 名词解释：ALA，2，3-DPG，谷胱甘肽。

（姜旭淦　邵雪君　徐顺高）

第 10 章　肝胆生化和肝性脑病

肝是人体最重要的器官之一，具有多种多样的代谢功能，对糖、脂类、蛋白质、维生素和激素等代谢，均有重要作用。同时，肝还具有分泌、排泄、生物转化等功能。

肝脏之所以有多方面的功能，和它的组织结构及化学组成特点密切相关。首先，肝有肝动脉和门静脉双重血液供应，前者有肺及其他组织运来丰富的氧及代谢产物，而门静脉则运来由消化道吸收的各种营养物质。肝脏有丰富的血窦，血流至此速度较慢，使肝细胞与血液的接触面积大且时间长，这就为物质交换提供了良好的条件，使肝细胞一方面获得足够原料，另一方面代谢产物又不会积聚。其次，肝细胞中含酶种类很多，其中有的酶为肝所独有，有的酶在肝活性最大。由于肝脏的组织结构及化学组成的上述特点，肝内各种物质代谢极为活跃，所以它在体内各类物质的合成与分解、转化与运输、储存与释放、分泌与排泄及物质代谢的调节中均起重要作用。

第一节　肝在代谢中的作用

一、肝在糖代谢中的作用

肝在糖代谢中的主要作用是维持血液浓度相对稳定。这一作用是通过糖原的合成和分解及糖的异生作用来实现的。

肝可以利用各种己糖如葡萄糖、果糖、丰乳糖等合成糖原，合成糖原的同时血糖浓度降低。当血糖浓度降低时，肝糖原又可分解为葡萄糖释放入血以提高血糖浓度。

在肝由葡萄糖合成糖原，由以下步骤组成：葡萄糖→6-磷酸葡萄糖→1-磷酸葡萄糖→尿苷二磷（UDPG）酸葡萄糖→糖原（G*n*+1）+UDP，即使小分子糖原逐个加上葡萄糖基，多糖链延长。当至一定长度时再由分支酶帮助形成新的分支，如此反复进行，使小分子糖原变成了大分子糖原。

肝糖原在机体需要时可分解为葡萄糖，具体步骤如下：①糖原（G*n*）→糖原（G*n*−1）+1-磷酸葡萄糖；②1-磷酸葡萄糖→6-磷酸葡萄糖；③6-磷酸葡萄糖+H_2O→葡萄糖-6-磷酸酶→葡萄糖+磷酸。

葡萄糖-6-磷酸酶在肝及肾皮质中活性最强。肌肉中无此酶，故肌糖原虽可合成但不可以直接分解为葡萄糖。

正常成年人肝内贮备的糖原为肝重的 5%～6%，在饥饿多小时后绝大部分肝糖原即被消耗。因此，较长时间的饥饿，依靠肝糖原分解而补充血糖的作用随之减弱，此时肝脏加速利用生糖氨基酸、甘油、乳酸等大量生糖物质异生为糖原，以增加肝糖原的贮备，从而保证在糖来源不足时，仍能使血糖浓度稳定。此种由非糖物质转变为葡萄糖或糖原的过程称为糖的异生作用。糖的异生作用主要在肝中进行，但在饥饿和酸中毒时，肾中糖的异生作用也相应增强，而肌肉中糖的异生作用进行程度很小。

肝功能受到严重损害时，肝糖原合成及糖的异生作用降低，血糖正常浓度难以维持稳定，进食后易出现一时性高血糖，饥饿时又易发生低血糖。

二、肝脏在蛋白质代谢中的作用

肝脏在蛋白质合成和分解代谢中，均起着重要作用。

1. 肝是合成蛋白质的重要器官 人体细胞都具有合成蛋白质的能力，但以肝细胞为最强。肝脏除合成本身所需的蛋白质外，体内某些重要蛋白质，如血浆清蛋白、凝血酶原、纤维蛋白原和一部分球蛋白也是由肝脏合成的。血浆清蛋白（A）全部由肝合成。当肝功能受到严重损害时，将会影响这些蛋白质的合成，特别是血浆清蛋白减少，球蛋白（G）可增加，从而引起 A/G 的值下降，甚至比例倒置（比值低于 1.0）。

2. 肝是体内氨基酸合成和分解代谢的主要器官 肝细胞内含有许多参与氨基酸代谢有关的酶，如谷氨酸脱氢酶、丙氨酸转氨酸、天冬氨酸转氨酶等。正常情况下，这些细胞内的酶很少进入血液。但当肝病变时细胞膜的通透性增大或因细胞坏死，这些酶大量进入血液，使血液酶的活性增高。

3. 肝是合成尿素的主要器官 在氨基酸分解代谢中，肝的重要作用是合成尿素以解除氨毒。

三、肝在脂类代谢中的作用

肝是脂类代谢的主要器官。

肝细胞能分泌胆汁，胆汁中的胆汁酸盐是很好的乳化剂，可促进脂类的消化与吸收。当肝损害时，肝细胞分泌胆汁能力降低，可致脂类消化不良，如脂肪泻、厌油腻食物等临床症状。

从肠道吸收的三酰甘油在肝细胞内进行同化，然后运至脂肪组织内储存；饥饿时，储存的脂肪又被动员到肝脏及其他组织进行分解代谢。

肝内脂肪的 β-氧化极为活跃。同时，肝细胞还含有活性很高的酮体生成酶系，可促进酮体的生成。肝细胞利用酮体的能力很差，必须由血液运至肝外组织如肾、心肌、骨骼肌等才能进一步氧化供能。

此外，肝还能利用糖和某些氨基酸合成脂肪、胆固醇和磷脂。磷脂除为构成细胞膜的重要成分之外，又是血浆脂蛋白组分。当肝功能受损或缺乏合成磷脂的原料，合成磷脂的能力降低，肝内脂肪不能及时运出，易堆积而造成脂肪肝。

四、肝在维生素代谢中的作用

肝在维生素的吸收、储存、代谢等方面都起重要作用。

肝分泌的胆汁酸盐可协助脂溶性维生素的吸收。肝脏是维生素 A、维生素 D、维生素 K 及维生素 B_{12} 的主要储存场所。肝脏还直接参与维生素的代谢过程。例如，肝细胞可将胡萝卜素转化为维生素 A，将维生素 D 转化为 25-（OH）-D_3，后者是维生素 D_3 活化为 1，25-（OH）$_2$-D_3 的必需步骤之一。维生素 PP 在肝内可转化为 NAD^+ 及 $NADP^+$ 的组成成分；泛酸可转化为辅酶 A 的组成成分；维生素 B_1 可以转化为焦磷酸硫胺素等。这些辅酶都是物质代谢中不可缺少的重要因素。

由于肝在维生素代谢中起着重要作用，所以当严重肝病时，有时可引起维生素 K 代谢障碍而表现出血倾向，或维生素 A 不足引起夜盲症。

五、肝在激素代谢中的作用

肝能使某些激素转变为无活性或活性较弱的物质，这种作用称为激素的灭活。例如，胰岛素在发挥调节作用以后，在肝内有关酶的催化下很快灭活；胺类激素可以在肝内进行脱氨或与葡糖醛酸结合而灭活。类固醇激素，如肾上腺皮质激素可在肝内还原而失活；雌性和雄性激素可与葡糖醛酸和硫酸结合而失去活性，其代谢终产物大部分从尿、小部分从胆汁中排出。

有严重肝疾患者，其肝脏对激素的灭活功能降低，如醛固酮在体内蓄积可致钠、水潴留；雌激素过多，有时可使某些局部的小动脉扩张出现“蜘蛛痣”或“肝掌”。

第二节 肝的生物转化作用与排泄功能

一、肝的生物转化作用

所谓生物转化作用，系指机体在物质代谢中产生的各种生物活性物质、代谢产物及外界进入机体的各种防腐剂、药物等，在肝内通过氧化还原、水解和结合反应后，使极性和水溶性增加而易于排出；或改变其结构，使其毒性降低，有时毒性亦可消失；但有少数物质经转化后，甚至毒性增加，这些变化统称生物转化，肝脏在生物转化中具有非常重要的作用。

生物转化的方式有氧化、还原、水解、结合等反应。氧化、还原、水解反应称为生物转化的第一相反应；结合反应为第二相反应。

1. 氧化反应 氧化反应是最主要的第一相反应。肝细胞有丰富的氧化酶体系，包括微粒体氧化酶体系和胞质及线粒体的氧化酶体系。

如可待因可经微粒体氧化酶体系氧化最后生成吗啡。

$$\text{可待因}\xrightarrow[\text{（羟化）}]{\text{加氧}}\text{中间产物}\xrightarrow[\text{（脱醛）}]{\text{分解}}\text{吗啡（约10\%）}$$

又如儿茶酚胺、色胺、酪胺等可被肝线粒体中单胺氧化酶氧化成相应的醛类。

2. 还原反应 如镇静剂水合氯醛，在体内起镇静作用的并非它本身，而是它的还原产物二氯乙醇。

$$\text{水合氯醛}\xrightarrow{\text{醇脱氢酶}}\text{三氯乙醇}$$

3. 水解反应 有酯酶、酰胺酶等，主要分布于胞质，可催化不同类型的物质的水解反应。

$$\text{如乙酰水杨酸}\xrightarrow[\text{（水解）}]{\text{酯酶}}\text{水杨酸}+\text{乙酸}$$

4. 结合反应 即第二相反应，是一些内源性小分子作为结合剂与经生物转化物质的基团起反应，作为结合剂的包括葡糖醛酸、硫酸、乙酰基及氨基酸或肽等。其中最主要的是前两种。

（1）葡糖醛酸：由尿苷二磷酸葡糖醛酸（UDPGA）作为供体，是结合反应中最普遍的一种。凡含醇、酚、硫酚、胺及羧基等极性基团的化合物在酶的作用下均可与葡糖醛酸进行结合反应。

$$\text{苯甲酸}+\text{UDPGA}\xrightarrow{\text{葡糖醛酸基移换酶}}\text{苯甲酰葡萄糖苷酸}$$

（2）硫酸结合：也是常见的结合反应，由 3′-磷酸腺苷-5′-磷酸硫酸（PAPS）作为供体：

$$\text{ATP}+\text{SO}_4=\xrightarrow{\text{ppi}}\text{AMP}-\text{SO}_3^-\xrightarrow{+\text{ATP}}3'\text{-磷酸腺苷-}5'\text{-乙磷酸硫酸腺苷-}5'\text{-磷酰硫酸（PAPS）}$$

$$\text{雌酮}+\text{PAPS}\xrightarrow{\text{硫酸移换酶}}\text{雌酮硫酸酯}+3'\text{-磷酸腺苷-}5'\text{-磷酸（PAP）}$$

（3）乙酰基结合：对氨基苯磺酰胺+乙酰辅酶A $\xrightarrow{\text{乙酰移换酶}}$ 对乙酰氨基苯磺酰胺+辅酶A

（4）甲基结合：如去甲肾上腺素在儿茶酚胺氧位平基移换酶（COMT）催化下进行 O-甲基化。

（5）谷胱甘肽（GSH）结合：用于检查肝脏生物转化功能及排泄功能的外源性色素溴磺酚酞（BSP）进入人体后，有 50%～80%在肝脏与 GSH 生成结合物质随胆汁排入肠道。肝功能不良时肝清除 BSP 的能力降低。

生物转化在药物代谢上有很重要的意义。需要一提的是，一种物质经转化后，可能解毒，也可能致毒。有时一种物质在体内的生物转化常需连续地进行几种反应，如乙酰水杨酸水解成水杨酸后常尚需进行氧化、结合反应。

二、胆汁与胆汁酸

胆汁由肝细胞分泌，主要成分有胆汁酸盐、胆色素、胆固醇和磷脂等。成人每日分泌量为 500～1000 ml。它既是分泌物又是排泄物。

胆汁中含两类结合型胆汁酸，即初级和次级结合胆汁酸。它们在脂类物质的消化吸收及调节胆固醇代谢方面起着重要作用。

初级胆汁酸主要是胆酸、鹅脱氧胆酸与甘氨酸或牛磺酸的结合物。它是在肝细胞内由胆固醇转变生成的。初级胆汁酸随胆汁流入肠道，在小肠下段及大肠受肠道细菌作用转变成次级胆汁酸。

人体每日合成 1～1.5g 胆固醇，其中 0.4～0.6g 在肝内转变成胆汁酸，胆汁酸是机体内胆固醇的主要代谢终产物。

肝内胆汁酸生成过程中的 7-*α*-羟化酶受胆汁酸负反馈的调节。因此，采用某些使肠道胆汁酸含量降低的措施如口服考来烯胺可减少肠道对胆汁酸的重吸收，可促进胆汁酸生成而降低血清胆固醇。甲状腺素有促进肝细胞胆汁酸合成的作用。

进入肠道的各种胆汁酸约有 95%又被肠重吸收，其余随粪便排出。结合型胆汁酸在回肠部位主动重吸收；游离型胆汁酸则在小肠各部和大肠被动重吸收。正常人每日随粪便排出的胆汁酸有 0.4～0.6g。

由肠重吸收的各类胆汁酸经门静脉重回肝脏，肝细胞将游离型的再合成为结合型，并同重吸收的及新合成的结合胆汁酸一起，再排入肠道。上述过程称为胆汁酸的肠肝循环。

肝胆内的胆汁酸代谢池有 3～5g，饭后即使全部倾入小肠，也难达到维持脂类微团所需的临界浓度。然而由于每次饭后都可以进行 2～4 次肠肝循环，使有限的胆汁酸池能发挥最大限度的乳化作用，以维持脂类消化吸收正常进行。

胆汁酸是表面活性物质，能降低油水两相之间的表面张力，从而促进乳化作用。这对脂类物质的消化吸收和维持胆汁中胆固醇的溶解，都具有重要的作用。

第三节　胆色素的正常及异常代谢

胆色素是铁卟啉化合物在体内分解代谢的主要产物，正常时主要随胆汁排泄，因具有一定颜色，故称为胆色素。胆色素包括胆绿素、胆红素、胆素原和胆素。最主要的是胆红素。体内的铁卟啉化合物有血红蛋白、肌红蛋白、过氧化物酶、过氧化氢酶及细胞色素等。胆红素的主要来源是血红蛋白。

一、胆红素的生成和转运

衰老的红细胞在单核-吞噬细胞系统内被破坏，其主要成分血红蛋白（由一分子珠蛋白和四分子血红素即铁卟啉化合物之一构成）先分离出血红素，血红素由微粒体血红素加单氧酶氧化，释出 CO 和铁，形成胆绿素，再经胆绿素还原酶催化生成胆红素。

胆红素是难溶于水的脂溶性物质。在单核-吞噬细胞系统生成的胆红素进入血液后，主要与血浆清蛋白结合成复合体。这种结合增加了胆红素在血浆中的溶解度，有利于运输，同时又限制了胆红素自由透过细胞膜，使其不致对组织细胞发生毒性作用。正常人每 100ml 的血浆蛋白能够与 20～25mg 胆红素结合，而血浆胆红素浓度只不过 1.7～17.0mmol/L（0.1～1.0mg%），所以正常情况不致有大量游离胆红素进入组织细胞而产生毒性作用。但某些有机阴离子如磺胺类、脂肪酸、胆汁酸、水杨酸类等，可和胆红素竞争与清蛋白结合，从而使胆红素游离出来，增加其透入细胞的可能性。如增高血浆清蛋白的浓度，则可增强与胆红素结合的能力。

二、胆红素在肝细胞内的代谢

胆红素在血中虽以胆红素-清蛋白复合体形式运输，但因其尚未经过肝细胞结合转化，故称为未结合胆红素（或间接胆红素、游离胆红素、血胆红素）。当血液入肝后，胆红素即被肝细胞摄取，与载体蛋白Y和Z蛋白结合并被运送到内质网，经酶促转化与葡糖醛酸结合生成葡糖醛酸胆红素脂，也有少数可与硫酸根、乙酰基等结合。胆红素经上述转化后，其性质发生了改变，从极性很低的脂溶性化合物变为极性较强的水溶性化合物，易从胆汁排泄至小肠。

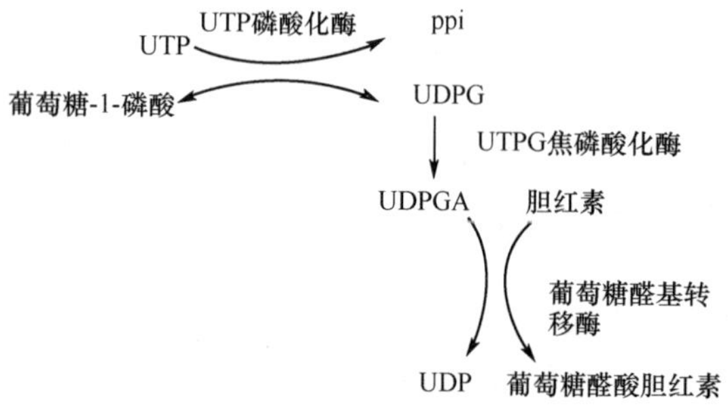

图 10-1　葡糖醛酸胆红素的生成过程

胆红素与葡糖醛酸结合，必须由尿苷二磷酸葡糖醛酸（UDPGA）作为葡糖醛酸的供体，由葡糖醛酸基移换酶催化进行。葡糖醛酸胆红素的生成过程见图 10-1。

三、胆红素在肠中变化

经过肝细胞转化生成的胆红素称为结合胆红素（又称肝红素、直接胆红素、葡糖醛酸胆红素等）。它经毛细胆管随胆汁排出。排入肠道后，自回肠末端起在肠道细菌的作用下，先脱去葡糖醛酸，再逐步被还原为胆素原。粪胆素原在肠道下段或随粪便排出后与空气接触，可被氧化为粪胆素，成为粪便中的主要色素。正常人每日从粪便中排出的胆素原为 40～280mg。当胆道梗阻时因结合胆红素不能排入肠道，不能形成粪胆素原及粪胆素，因而粪便可呈灰白色。

在小肠下段生成的粪胆素原（尿胆素原）有 10%～20%可被肠黏膜重吸收，经门静脉而入肝脏。被重吸吸入肝的胆素原大部分再由肝排入胆道，构成胆色素的肠肝循环，小部分胆素原进入体循环经肾随尿排出，即为尿胆素原。正常人每日从尿排出的尿胆素原为 0.5～4.0mg。尿胆素原可进一步被氧化为尿胆素，成为尿的主要有色成分。胆红素正常代谢过程见图 10-2。

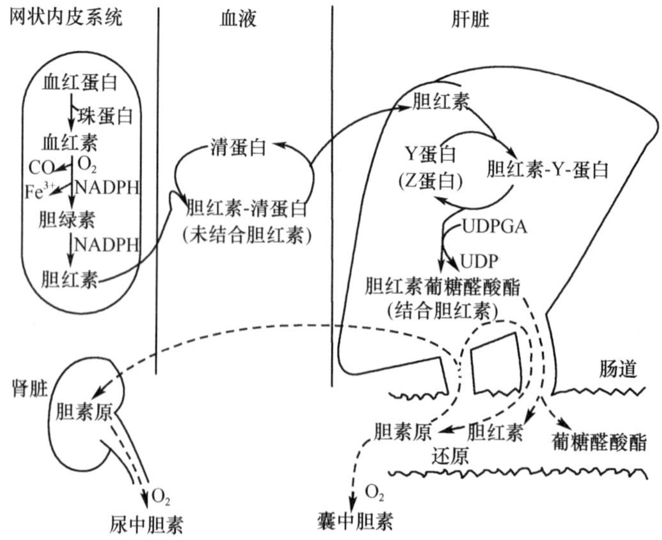

图 10-2　胆红素正常代谢过程

四、血清胆红素与黄疸

由上可知胆红素按其结构和性质的不同可分为两类。凡未经肝细胞结合转化的胆红素，称为未结合胆红素；反之，经过肝细胞结合转化，已与葡糖醛酸结合成酯者，称为结合胆红素。

血清中的未结合胆红素与结合胆红素由于其结构与性质不同，对重氮试剂的反应（范登白试验）也不一样。未结合胆红素不能直接和重氮试剂起反应，必须先加入乙醇或尿素后，才能与重氮试剂生成紫红色的偶氮化合物，故称为胆红素定性试验间接反应。结合胆红素与重氮试剂能直接发生偶氮化反应，故称为胆红素定性试验的直接反应。根据这一反应的结果，可大致了解血清中两类胆红素存在的情况，有助于黄疸的鉴别诊断。

由于过去有关胆红素的名称有些混乱，现将这两类胆红素的常用名称及有关性质区别列表如下（表 10-1）。

表 10-1　两类胆红素的常用名称及有关性质区

分类	常用名称	结构特点	理化特性
未结合胆红素	游离胆红素 血胆红素 间接胆红素 间接反应胆红素	未与葡糖醛酸结合，血液中胆红素极大部分与血浆清蛋白结合成复合体	相对分子质量 585，黄色，VDB 间接阳性，脂溶性，易透过生物膜和清蛋白结合后呈水溶性，不易透过生物膜
结合胆红素	肝胆红素 直接胆红素 直接反应胆红素	主要与葡糖醛酸结合	相对分子质量 937，黄色，VDB 直接阳性，具有水溶性，不易透过生物膜

正常人血清中的胆红素总量不超过 17.0μmol/L（1mg%），其中未结合胆红素约占 4/5，其余为结合胆红素。凡能引起胆红素的生成过多，或使肝细胞对胆红素的摄取、结合、排泄过程发生障碍的因素，都能使血中胆红素浓度增高，出现高胆红素血症。胆红素是金黄色色素，在血浆中浓度过高，能扩散入组织，致组织黄染，称为黄疸。黄疸是某些疾病时一种常见的症状。黄疸产生的原因，不外乎是胆红素来源增多（如红细胞大量破坏）、去路不畅（如胆道阻塞）或肝脏疾病（如肝炎、肝硬化等）。这三种原因引起的黄疸，临床上分别称为溶血性黄疸（肝前性黄疸）、阻塞性黄疸（肝后性黄疸、阻塞性黄疸）、肝细胞性黄疸（肝原性黄疸）三种。

1. 溶血性黄疸　红细胞破坏大大超过正常，转化和排泄功能正常。

（1）原因：①红细胞脆性增大，主要为先天性；②红细胞破坏增多，如疟疾、输异型血、毒蛇咬伤及药物引起等；③脾功能亢进，红细胞大量破坏。

（2）特点：血间接胆红素升高，尿、粪胆素原升高，尿中胆红素阴性。

（3）临床表现：急性溶血——引起高热、缺氧等；慢性溶血——肝脾肿大，外周血出现大量不成熟红细胞。

2. 阻塞性黄疸　红细胞分解、肝转化均正常，胆道排泄障碍引起黄疸。

（1）原因：胆道炎症、胰头癌、胆石症等。

（2）特点：血直接胆红素升高，尿胆红素升高，尿、粪胆素原下降。

（3）临床表现：右上腹痛、皮肤瘙痒、大便陶土色等。

3. 肝细胞性黄疸　肝功能受损，处理、排泄胆红素功能下降，红细胞分解正常。

（1）原因：各种肝脏炎症、病毒性肝炎等。

（2）特点：肝功能不良，摄取结合胆红素能力降低致间接胆红素升高；肝排泄胆红素能力降低致直接胆红素升高，尿胆红素升高及尿胆素原升高。

（3）临床表现：疲乏无力、厌油等肝病症状。并伴肝功能异常。

第四节 肝性脑病

一、病　　因

引起肝性脑病的原发疾病有重症病毒性肝炎，重症中毒性肝炎和药物性肝病所致的急性和爆发性肝功能衰竭，各型肝硬化（肝炎后肝硬化最多，血吸虫病性肝硬化次之），原发性肝癌，妊娠期急性脂肪肝，门静脉分流术后或任何其他弥漫性肝病的终末期。一半以上的肝性脑病病例有明显诱因，其常见的为上消化道出血、高蛋白饮食、大量排钾利尿、放腹水、安眠镇静剂、麻醉药、便秘、尿毒症、外科手术及感染等。

二、分 子 机 制

肝性脑病的发病机制尚未完全清楚。一般认为产生肝性脑病的病理生理基础是肝衰竭和生成的维持脑功能所必需的物质减少，而胃肠道内摄入的或生产的毒性物质得不到肝脏的有效解毒，又因肝内、肝外的门腔静脉之间存在的分流，门静脉中的有毒物质可绕过肝细胞，经侧支进入体循环而进入脑部，引起大脑功能紊乱。肝性脑病时体内代谢紊乱是多方面的。肝性脑病的发生是多种因素综合作用的结果。

1. 氨中毒学说 是肝性脑病发病机制的经典学说。胃肠道是氨生产的主要场所。在肠内，胺、氨基酸在细菌的作用下降解生成氨，尿素在细菌和肠尿酶素的作用下裂解生成氨。正常情况下，氨在体内经鸟氨酸循环，转化为尿素和谷胺酰胺。肝衰竭时，这一循环的功能受损，以致外周血液中氨水平提高。

氨对中枢神经系统的毒性作用主要是干扰脑的能量代谢。氨中毒时，脑组织中的α-酮戊二酸与氨作用形成谷氨酸，后者又与氨作用形成谷氨酰胺，而血液中的α-酮戊二酸很难通过血脑屏障。这样大量消耗组织中的α-酮戊二酸而影响三羧酸循环的正常进行，使ATP生成不足。氨与α-酮戊二酸形成谷氨酸时，还消耗NADH，影响线粒体的能量供应，而氨与谷氨酸形成谷氨酰胺时也消耗ATP，另外，氨可抑制丙酮酸脱氢酶系，影响乙酰辅酶A和ATP生成。上述毒性作用导致脑细胞得不到足够的能量供应，当累及脑干网状结构时，可引起意识障碍，甚至昏迷。此外，血氨增高可刺激呼吸中枢，使换气过度，形成呼吸性碱中毒，使氨更易通过血脑屏障进入脑细胞。

氨中毒机制如下：

（1）肝性脑病时血氨增高的原因：正常人的血氨水平应小于60μmol/L，而肝性脑病患者的血氨水平可达正常时的2倍甚至10倍以上。正常时，血氨的来源和去路始终处于动态平衡之中，这一平衡遭到破坏，就会出现血氨水平异常。所以，血氨增高的原因不是其来源增加，就是其去路减少，在肝性脑病时往往二者并存。许多诱发肝性脑病的因素都可使血氨增高或使氨进入脑组织的量增多，有的可改变脑组织对氨的敏感性。例如：①氮质过多，摄入过量的蛋白质食物后，被吸收氨基酸分解代谢加强，未被吸收的氨基酸也因肠道腐败作用加强，使氨的来源增加，上消化道大出血也使氨的来源增加，因每100ml血液相当于15～20g蛋白质；摄入铵盐使氨增加。②低血容量与缺氧，见于消化道大出血、大量腹腔放液和使用利尿剂等。低血容量致使氨浓缩并损伤肝、肾功能。肾功能损伤致尿素排泄减少，使其易弥散入肠腔，水解产氨。缺氧可导致脑组织能量代谢障碍，降低对氨的耐受性。③低钾性碱中毒，见于进食少、呕吐、腹泻、排钾、利尿、继发性醛固酮增多症等。碱中毒时影响氨的离子化，非离子化的氨此时吸收增加，且易透过血脑屏障进入脑内增多；碱中毒时，肾小管排NH_4^+减少，使肾静脉血氨增加。④低血糖，因为葡萄糖供应不足，其中间代谢产物α-酮戊二酸减少，导致谷氨酸、谷氨酰胺的生成下降，解氨毒作用减少。能量供应不足也是其中一个原因。⑤其他，便秘时因食物残渣在肠道停留时间延长，增加了肠道中氨的产生和吸收；感染可造成缺氧和体温升高，增加全身各组织尤其是脑的能量消耗而增加氨的毒性；手术和麻醉增加肝、脑、肾的负担；门体吻合术则直接导致血流短路，造成血氨升高。高氨血症的主要原因是氨的清除发生障碍。正常机体具备完好的解除氨毒的功能，像骨骼肌、肝、脑组织能摄取血中过多的氨（分别占 50%、24%、7.5%），即使血氨来源增加，也可被迅速处理而不至于引起血氨浓度的明显增加。但是，当存在肝硬化等严重慢性肝病时，由于肝功能严重受损，清除氨的能力大大下降；又因肌肉的消耗，摄氨能力减弱；还因门体分流的形成使肠道吸收入血的氨不经肝脏转变而直接进入体循环，于是血氨浓度升高，使大脑承受较大的氨负荷。

（2）氨对脑组织的毒性作用：动物实验及临床观察证明，脑组织对氨的毒性极为敏感。在临床观察中发现，在脑病出现之前，患者动脉血氨已升高，血氨升高才引起脑功能紊乱，出现中毒症状。在昏迷等意识障碍出现时，血氨增加更明显，而动脉、静脉血氨差值增大，动脉血氨水平常比静脉高出 50%～200%，此时，脑组织对氨的摄取量明显增加。氨对中枢神经系统的毒性作用主要是干扰脑的能量代谢，使脑的能量储备耗竭。动物实验表明，脑组织中氨浓度升高时，脑组织的主要处理措施是将氨用于合成谷氨酸和谷氨酰胺。这样处理的结果，使 *α*-酮戊二酸和谷氨酸含量明显降低。如果给大鼠谷氨酰胺合成抑制剂甲硫氨酸砜亚胺时，即使血液和脑中氨含量加大，所显出的毒性也较轻，这说明氨主要是消耗了 *α*-酮戊二酸和谷氨酸。而且，氨中毒脑干的 ATP 及磷酸肌酸浓度的下降常与脑病的发展相一致。所以一般认为氨的毒性作用是干扰了脑的能量代谢，引起脑内高能磷酸化合物水平的下降。氨对脑细胞代谢的干扰可归纳为以下几个方面：①氨可能抑制丙酮酸脱氢酶的活性，使乙酰辅酶 A 的生成受影响，结果妨碍了三羧酸循环的启动，并影响了乙酰胆碱的合成。②氨中毒时，脑内通过谷氨酸脱氢酶的作用形成谷氨酸。以此解除氨毒时，要消耗 NADH，影响了线粒体氧化磷酸化的正常进行，使 ATP 水平下降。③为解氨毒生成了大量的谷氨酸，消耗了大量的 *α*-酮戊二酸，影响了三羧酸循环的正常进行，使三大物质不能彻底氧化分解，导致 ATP 生成下降，使脑细胞能量供应不足。这一影响非常重要，因为 *α*-酮戊二酸不易透过血脑屏障，若从血液获得补充是比较困难的。而在脑组织自身中，除天冬氨酸转氨酶外，其他氨基转移酶的活性都很低，若通过谷氨酸和其他 *α*-酮酸之间的转氨基反应来补充 *α*-酮戊二酸也是困难的。那么通过天冬氨酸转氨酶的作用补充 *α*-酮戊二酸行不行呢？结果则引起草酰乙酸的缺乏，同样妨碍三羧酸循环的正常运行，而草酰乙酸同样不易透过血脑屏障，仍然存在补充困难的问题。④氨和谷氨酸合成谷氨酰胺是耗能反应，使 ATP 浓度进一步下降。上述几点都可导致脑组织缺乏足够的能量供应，引起功能失常。但是氨可激活神经细胞膜上的 Na^+-K^+-ATP 酶，并和 K^+有竞争作用，从而影响 Na^+、K^+在神经细胞膜内外的分布，干扰神经传导活动的正常进行。

氨在肝性脑病的发生中起的作用是肯定的。但血氨水平与肝性脑病的发生和严重程度不一定呈平衡关系，氨引起中枢神经系统功能障碍的真正原因尚不清楚。实验证明急性氨中毒的表现是抽搐和发作性昏迷，不是真正的神经系统抑制状态，急性高血氨对肝性脑病患者脑电图无明显影响，这些均有待于进一步研究。

2. 氨基酸比例失衡学说　血浆氨基酸测定发现，肝硬化患者的血浆芳香族氨基酸（AAA）增多而支链氨基酸（BCAA）减少。正常时血浆 BCAA/AAA 的摩尔浓度保持一定，（缬氨酸+异亮氨酸）/（苯丙氨酸+酪氨酸）=3.5∶1.0（SD）。在肝性脑病发生之前或发生中，BCAA/AAA 比值下降，甚至小于 1。正常人的芳香族氨基酸在肝脏中代谢分解，肝衰竭时分解减少，故血浓度增高。正常 BCAA 主要在骨骼肌而不在肝脏代谢分解，但胰岛素有促进这类氨基酸进入肌肉的作用。肝衰竭时由于胰岛素在肝内灭活作用降低，血浓度升高，因而促使大量 BCAA 进入肌肉组织，故血浓度降低。由于 BCAA 和 AAA 均属中性氨基酸同一载体运转，在通过血脑屏障时具有竞争性抑制。所以此时 AAA 进入脑增多。脑中增多的色氨酸可衍生更多的 5-羟色胺，后者是中枢神经元的抑制性递质，有拮抗去甲肾上腺素的作用，可能与昏迷有关。

3. 多种毒素的协同作用 除了氨对肝性脑病的发生有关以外，尚有硫醇（mercaptane）、短链脂肪酸及酚等。这些物质中任何一种单独作用均不会引起肝性脑病或昏迷，但它们如同时存在，可协同作用于中枢神经系统，引起肝性脑病。现认为，这些毒素可改变 Na^+-K^+-ATP 酶活性，使细胞内钠增加，神经传递发生障碍，有人发现 Na^+-K^+-ATP 酶受抑制程度与细胞毒性脑水肿之间具有相关性。上述观点可解释临床上血氨水平与肝性脑病之间不一定平行这一现象，也说明了为什么单纯消除氨毒性不一定能逆转肝性脑病。

4. 假神经递质学说 正常脑组织中有去甲肾上腺素能、多巴胺能和5-羟色胺能神经元。血中的儿茶酚胺的合成过程如下：苯丙氨酸—酪氨酸—多巴—多巴胺—去甲肾上腺素。肝性脑病时血浆和脑中苯丙氨酸、酪氨酸和5-羟色胺均增多。大量苯丙氨酸和酪氨酸竞争酪氨酸羟化酶，使酪氨酸形成多巴胺过程中所需的这一催化酶缺乏，阻碍多巴胺和去甲肾上腺素等正常神经递质的形成。此时酪氨酸和苯丙氨酸浓度升高，不通过上述正常代谢途径，而经脱羧和β-羟化，分别形成酪氨、对羟苯乙醇胺、苯乙醇胺、苯乙胺，这些物质的结构酷似神经递质（去甲肾上腺素、多巴胺），但其生理效应很弱，仅是正常神经递质的百分之一，故称假神经递质。所以，多巴胺和去甲肾上腺素形成减少，假神经递质增多，后者被神经元摄取，取代正常传导递质，抑制皮质下脑干网状结构的上行激活系统，引起脑功能紊乱，发生昏迷。基底神经节受累可出现扑翼样震颤。

目前，尚未提出可靠的证据证实假神经递质的学说。据报道，肝性昏迷患者尸检结果表现大脑中氨水平降低，而多巴胺水平升高其原因有待于深入探索。

5. *γ*-氨基丁酸系统抑制学说 一系列实验资料证明，*γ*-氨基丁酸（*γ*-aminobutyric acid，GABA）和苯二氮䓬（benzodiazepines，BZ）介导的神经递质系统参与肝性脑病的发生。

GABA 神经递质系统由 GABA/BZ 受体、Cl^-通道组成，三者紧密结合，形成“超分子”复合体（“superamolecule” complexus）。当 GABA 受体活化时，Cl^-通道开放，神经元膜对 Cl^- 的通透性增加。当神经元的 Cl^-静态点位较神经元静态点位更负时，Cl^-进入神经元，引起膜超极化（membrane hyperpolarization），上述现象是 GABA 能抑制神经传导的基础，GABA 能活性增强可引起脑的皮质和皮质下功能改变，使知觉和运动功能发生异常。肝衰竭时，GABA 能活性增强，其机制可能是：①肝性脑病时血浆 GABA 能水平增高。肠道（肠内菌群和肠壁）是 GABA 的主要产生场所。如果肝衰竭时血脑屏障对血浆 GABA 透过性增加，GABA 又不能被神经元分解或摄取，则 GABA 可抵达 GABA 受体。使 GABA 能性神经传递增强。②肝衰竭时中枢神经系统 GABA 能活性增强尚可以是超分子复合物上 GABA 受体密度和亲和力增加的后果。③BZ 受体能调节 GABA 的作用效能。例如，BZ 受体促效剂（如地西泮）增加 GABA 相关性 Cl^-通道开放的频度。BZ 受体促效剂的镇静、肌肉松弛和抗惊厥作用可能通过这一机制。现在认为，GABA 的活性主要是由于体内产生安定样物质，通过 BZ 受体实现的。

思 考 题

1. 肝脏涉及哪些生化转化作用？
2. 试述胆红素正常代谢过程。
3. 黄疸有哪几类？其血清胆红素变化特点是什么？
4. 什么叫肝性脑病？
5. 名词解释：氨中毒，胺中毒，结合胆红素，未结合胆红素，胆汁酸。

（王泽荣　邵雪君）

第 11 章 钙、磷及骨的代谢

钙、磷具有广泛的生理功能。除参与骨与齿的构成外，还是细胞膜的必要组分，它们还可以作为酶的激活剂或抑制剂，参与多种酶促反应。例如，血液凝固过程中就必须有钙离子存在，糖、脂肪、蛋白质代谢中许多反应也要有磷的参与。此外，钙离子还与心肌及骨骼肌的收缩与舒张、腺体的分泌、神经递质的释放等功能有密切关系。

近年来关于甲状腺素、降钙素、维生素 D 对钙、磷代谢调节的知识已取得很大进展，临床上一些钙、磷代谢失常的原理也有了较深入的了解，有些知识已用于医疗实践。例如，活性维生素 D 的阐明，使抗维生素 D 佝偻病的治疗前进了一步。

本章首先介绍正常的钙、磷代谢，包括血钙和血磷，钙、磷的吸收和排泄及骨代谢，重点阐述钙、磷代谢的调节因素，最后简略介绍钙磷代谢异常。

第一节 血钙与血磷

一、血 钙

血液中的钙仅占人体总钙量的 0.1%，但对神经、心肌、骨骼肌及其他组织的功能都有很大的影响。血钙降低导致神经肌肉应激性增强，引起手足搐搦、惊厥、谵妄等症状，血钙过高则引起神经精神症状或肌无力等。血钙几乎全部存在于血清中，正常成人血清钙浓度为 9～11mg%（或 2.5mmol/L），儿童较高，常处于其上限。

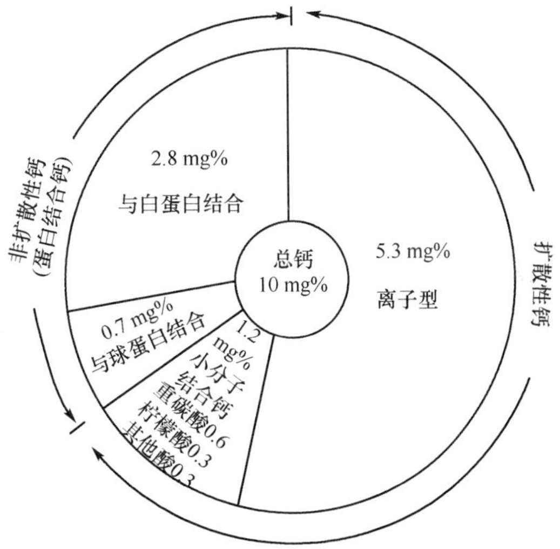

图 11-1 血清钙的存在形式

血清中的钙（图 11-1）可分为扩散性钙和非扩散性钙两大类。非扩散性钙是指与血浆蛋白结合的部分，它们不能透过毛细血管壁，也不具有生理活性。当血清蛋白质浓度严重下降时，这部分钙可明显减少，血清总钙量亦下降，但并不影响血清钙离子浓度，不出现搐搦现象。

在一般情况下，血清钙离子浓度与血清蛋白质含量之间存在下列关系：

$$[Ca^{2+}][mg\%]=\text{血清总钙量（mg\%）}-[0.87\times\text{血清蛋白（g\%）}]$$

在扩散性钙中，一部分是与重碳酸、柠檬酸和其他酸构成的非游离钙，另一部分则是游离状态的钙离子。血清钙中只有钙离子才直接起生理作用。非扩散性钙与钙离子之间亦可互相转变。当离子钙浓度降低时，非扩散性钙可逐渐释放钙离子。

由于方法学的限制，临床上一般多测定血清总钙量。如果想了解扩散性钙含量，则还需要测定血清蛋白质含量。必要时还可用超滤法或凝胶过滤法先除去蛋白质，然后再直接测定血清扩散性钙含量。也可测定脑脊液中扩散性钙的量，因为脑脊液可看作是血浆的超滤液，正常脑脊液中钙浓度是 4.2～5.8mg%。现在已可用钙电极法直接测定血清中离子钙浓度，约为 1.14mmol/L（4.56mg%）。

血浆 pH 的改变能影响血清钙离子浓度。当血浆 pH 下降或酸性增强时，可使血清中已与血浆蛋白质或其他成分结合的钙游离出来，钙离子浓度上升；相反，当 pH 升高出现碱中毒时，血清中 Ca^{2+}则与其他成分加强结合。此时，即使血清总钙量不变，也可使 Ca^{2+}浓度下降。

因此临床上出现碱中毒时，常伴有抽搐现象。血液 pH 和钙离子浓度的关系可用下式表示：

$$\frac{\left[Ca^{2+}\right]\left[HPO_4^{2-}\right]\left[HCO_3^-\right]}{\left[H^+\right]}=\text{常数}$$

因此，不仅$[H^+]$下降时，可出现$\left[Ca^{2+}\right]$降低现象，而且当血清$\left[HPO_4^{2-}\right]$或者$\left[HCO_3^-\right]$增高时，也可导致$\left[Ca^{2+}\right]$下降。

二、血　　磷

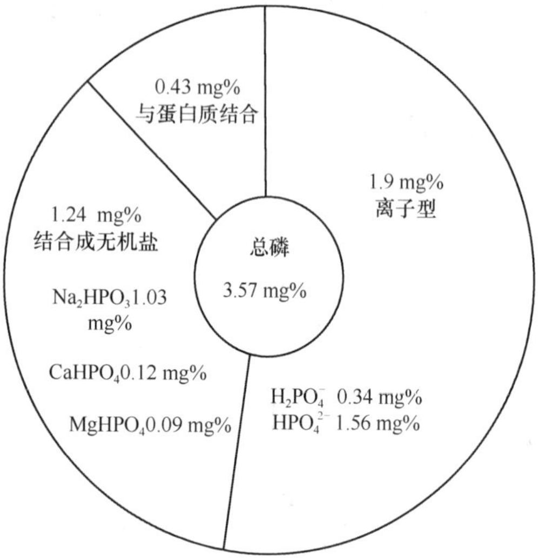

图 11-2　血清无机磷的存在形式

通常临床上所测的血磷是指血清中无机盐中所含的磷，正常人仅有 3～5mg%（图 11-2）。红细胞及血清中有机磷酸酯及磷脂所含有的磷远远大于此值。

血磷浓度不及血钙稳定。新生儿的血磷约为 5.5mg%，以后随年龄增大又逐渐下降，于 15 岁左右可达到成人血磷水平。同一个体中，夏天血磷浓度较冬天为高，即使同一天中血磷浓度也有一定的生理变动。注射葡萄糖或使用胰岛素或肾上腺素时，由于糖代谢加强，使血中无机磷酸盐进入细胞形成各种磷酸酯而血磷下降。

血中钙、磷浓度之间有一定关系。正常成人每 100ml 血浆中钙、磷浓度以毫克数表示时，它们的乘积在 35～40，即[Ca]×[P]=35×40。但在病理情况下，[Ca]×[P]的乘积可以超过 40 或小于 35。

血钙与血磷的相对恒定首先取决于机体和外环境之间的钙、磷交换，即吸收和排泄之间的相对平衡。

第二节　钙、磷的吸收与排泄

一、钙的吸收与排泄

(一) 钙的吸收

每日食物中的钙含量并不恒定，通常为 0.5～1g。吸收率也不一致，以 25%～70%以上不等。成人每天可吸收钙约 0.25g。一般说来，食物含钙量高时，吸收率相应下降，反之，则吸收率升高。

过去认为有不少因素影响钙、磷的吸收，如钙盐的种类、溶解度，肠道 pH、肠内脂肪等，其实这些因素影响钙、磷的吸收并不显著。

乳糖及一些氨基酸如赖氨酸、精氨酸、色氨酸、亮氨酸及组氨酸等能促进钙的吸收。乳中含有乳糖及含赖氨酸等丰富的蛋白质，故乳中钙较易吸收。食物中的植酸能与钙结合生成植酸钙而影响钙的吸收。但这些也不是影响钙吸收的主要因素。

决定钙离子吸收的主要因素是维生素 D 及机体对钙的需要量。如果维生素 D 供应充分，通常不致发生钙的缺乏。维生素 D 缺乏时则钙的吸收降低，实际上各种缺钙情况主要是由于此原因所引起的。儿童、乳母因需要量增加，也可使钙的吸收加强。此外，低磷膳食可升高钙的吸收率。其原理将在第四节中介绍。

钙的吸收部位在小肠，十二指肠上部的吸收能力最大，但由于整个小肠很长，所以其吸收量比十二指肠多。钙的吸收主要通过肠黏膜的主动转运来完成，部分钙由扩散作用而吸收，详细过程并不完全了解，有些人认为肠黏膜的微绒毛上有一种特殊的钙结合蛋白质，对肠腔中的 Ca^{2+}有较强的亲和力，浓集钙离子而促进钙吸收入黏膜细胞。钙离子在细胞内的转运和储存则与线粒体有关。最后，钙离子通过肠黏膜细胞浆膜面而到细胞外液的过程与钠泵或钙泵有关，需要消耗能量。由于 Na^{+}能促进钠泵或钙泵的活性，因而能促进钙的吸收。

（二）钙的排泄

1. 粪中排泄　消化道中排出的钙，一部分是食物中未吸收的，另一部分则是由肠道分泌的，后者每天可达 600mg。动物实验表明，高钙膳食可使肠道分泌量增加。严重腹泻或其他消化道障碍，可使粪中排出钙量增加而致缺钙。

2. 尿中排泄　肾脏是钙排出的主要途径，每日从肾小球滤过的钙总量达 10g，原尿中的钙有 1/3～1/2 在肾脏近曲小管重吸收，其他则在髓襻、远曲小管及集合管重吸收（图 11-3）。在甲状旁腺素和维生素 D 的作用下，每日滤过的钙有 99%以上被重吸收。若血浆蛋白量正常而血钙浓度低于 7.5mg%，则尿中无钙排出。相反，若溶骨增强而使血钙升高时，则尿钙排泄增加，称为高钙尿，此时易引起尿路结石。正常人每日从尿中最多能排出 500mg 钙。

钙的重吸收过程常同时伴随钠的重吸收，尿中钙的排泄也随钠的排泄而增减。因此，在滴注盐水或使用呋塞米、依他尼酸等利尿剂等促进排钠时，钙的排泄量也增加。故临床上可以利用此类利尿剂治疗高血钙。但噻嗪类利尿药物却能抑制钙的排泄，其原理尚不明了，有时可利用它们减少尿钙排泄以防止尿路结石，但高血钙患者不可使用，否则血钙更加升高。硫酸离子在肾小管原尿中可与钙离子结合形成硫酸钙而减少钙的重吸收。

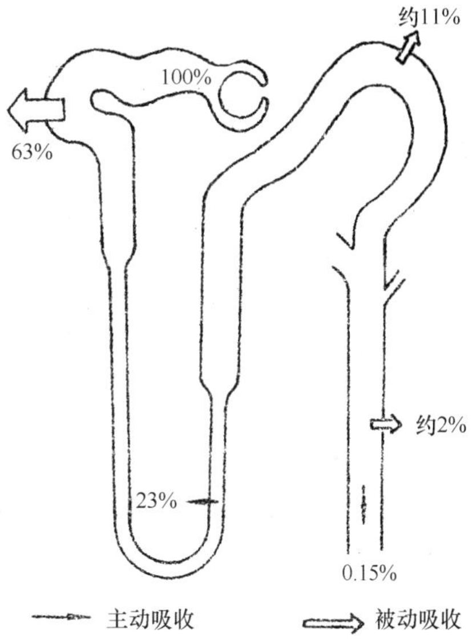

图 11-3　钙在肾小管中的重吸收

二、磷的吸收与排泄

（一）磷的吸收

人体每天进食的磷不到 1g，主要是有机磷酸酯及磷脂等。它们易于消化吸收，而且在空肠部位吸收最快。很少由于肠道吸收不良而出现缺磷现象，但长期口服氢氧化铝凝胶，则能在肠中与磷酸盐结合而影响磷的吸收，导致缺磷使血磷下降。

维生素 D 因能加强钙的吸收而间接促进磷的吸收。

（二）磷的排泄

粪便中有部分磷排出，但磷的主要排出途径是肾脏，从肾小管滤过的磷有 85%～95%被肾小管重吸收，其吸收部位主要在近曲小管。尿中磷的排泄量常随食物中磷含量而变化。肾小管对磷的排出起控制作用，肾小管细胞中磷浓度升高时，可降低肾小管对原尿中磷的重吸收，使尿磷排泄增加。当肾小管病变而磷的重吸收发生障碍时，尿中排磷过多可导致体内缺磷，影响成骨而出现佝偻病的症状。当肾衰竭而导致肾小球滤过障碍时，清除率降低，引起血磷升高，使磷与血清钙结合而在组织中沉积，这可能是慢性肾衰竭时一些软组织发生异位钙化的因素之一。

第三节 骨 代 谢

生物体从高钙环境的海洋进化到陆地生活后，钙的缺乏是经常遇到的问题，必须有足够的钙储备以随时满足血钙的调节，骨骼系统正是钙、磷的贮藏库。骨骼的另一功用是起支持与保护作用。在骨骼的形成、发育过程中，通过骨的生成和吸收，不断地重建骨骼，以适应功能的需要。

骨的无机盐占骨干重量的65%～70%，其余为基质部分。骨骼含有体内总钙的99%，其次尚有碳酸、氟、氯等成分。骨钙总重量约1kg，磷占50%。骨盐中无机钙、磷主要有羟磷灰石结晶（hydroxyapatotecrystal）和无定形的磷酸氢钙。

骨的有机基质胶原组织占基质的绝大多数，90%～95%系Ⅰ型胶原，其余为非胶原部分，系多糖，脂类和糖蛋白复合体如骨连结蛋白（osteonectin）、骨钙素（osteocalcin）和骨磷酸蛋白（osteolpontin）等。胶原纤维成熟后呈束状，排列规则，骨盐便沉积于其间隙之中。维生素C、生长素、甲状旁腺素及肝素均可影响胶原合成和代谢。

在骨的生成过程中，血中钙、磷沉积于骨组织中，构成骨盐，骨吸收时，原来沉积于骨组织中的钙、磷又释放入血。在平时，骨中约有1%的骨盐与血中的钙经常处于不断的交换和平衡。因此血钙浓度和骨的生理、病理密切相关。

成骨作用和骨的吸收作用依赖于三种细胞，即破骨细胞、成骨细胞和骨细胞。它们起源于未分化的向叶细胞，后者受甲状旁腺素刺激后可转变为破骨细胞（也可直接变为成骨细胞），破骨细胞又可在一定条件下转变为成骨细胞，成骨细胞在完成基质及骨盐沉着等成骨作用后，由活跃的状态变为静止的成骨细胞，并再转变为骨细胞，后两种细胞占骨中总细胞数的绝大部分。甲状旁腺素、降钙素和维生素D参与上述三种细胞的转变和活动的调节，影响骨钙和血钙之间的平衡（图11-4）。

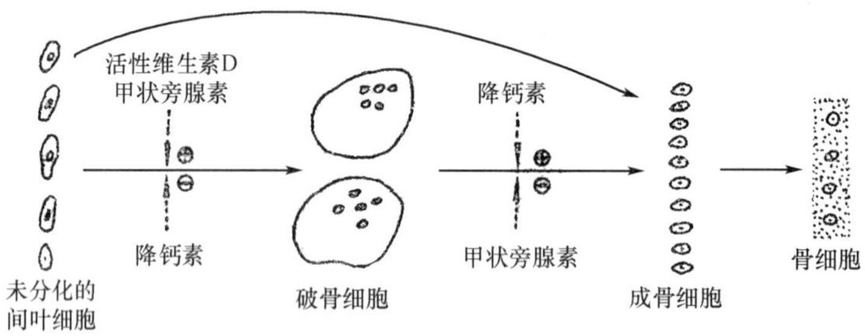

图11-4 骨骼中各种细胞的转变及其调节

骨的代谢很复杂，下面简单介绍其中与钙、磷代谢有关的内容。

一、骨盐的组成

骨组织的无机盐类又称骨盐。正离子主要为Ca^{2+}，此外还有Mg^{2+}和Na^{+}等，负离子主要为PO_4^{3-}，其次为CO_3^{2-}、OH^-及少量Cl^-、F^-，另外还有微量的柠檬酸根等。

正常成人体内总钙量约1kg，总磷量为500～600g，其中99%的钙及85%的磷存在于骨中。

骨中无机钙和磷有两种存在形式，即无定形的磷酸氢钙[如 $Ca_7H(PO_4)_6OH$ 或 Ca_6～$H_2(PO_4)_6·5H_2O$]和高度结晶的羟磷灰石[$Ca_{10}(PO_4)_6(OH)_2$]，这是骨和牙釉质中的主要成分。结晶的形成过程还不清楚，可能是由无定形结构的磷酸氢钙转变成羟磷灰石的。

羟磷灰石是微细的晶体，体积约为 50nm×25nm×10nm，因而每克骨盐表面积可达 $100m^2$，体液中其他离子如 Ca^{2+}、Mg^{2+}、Na^+、Cl^-、CO_3^{2-}、F^-、柠檬酸根等吸附在羟磷灰石的晶格之间。

骨中无机盐占骨干重的 65%～70%，其余为有机基质。基质成分为胶原、多糖、脂类、糖蛋白，胶原占基质总量的 90%。胶原纤维形成和成熟后，成为一束束密布排列规则的纤维，中间有间隙，骨盐就沉着在间隙之中。

骨质吸收时，基质被酶分解，钙、磷释放至血中，但基质分解和钙、磷释放的先后次序和详细步骤尚未肯定。

骨盐表面的离子成分经常不断地和细胞外液中的各种离子成分自由进行交换。就钙而言，有人估计每天交换达 20 000mg。进入体内的各种其他无机离子和 Sr^{2+}、Pb^{2+}、Ra^{2+}等也可以取代骨盐中的 Ca^{2+}而沉着于骨盐结晶中。具有放射性的 Ra^{2+}、Sr^{2+}等金属元素进入体内后也可长期储存于骨盐中，不易释出，对机体有长时期的放射损害。铅中毒时虽然铅可储存于骨中以减少其在细胞外液中的浓度，但是当骨质溶解时又释放出来导致慢性中毒。

F^-、CO_3^{2-}、Na^+、Mg^{2+}等也可取代结晶中的离子，F^-取代羟基形成的骨盐结晶不易进行骨的吸收过程，比较坚硬，适量的氟可使牙少生龋齿。但氟过多时，由于含氟多的骨盐不易被吸收，而且氟又有促进成骨的作用，因而骨的重建被破坏，导致骨骼畸形。

二、骨 的 生 成

骨有两种生成方式，一种称软骨成骨；一种称膜性成骨。前者在长骨末端进行，生成网状骨，使骨变长，后者在扁骨生长时及所有骨成熟时进行。

成骨作用与细胞活动有关，而不是单纯由于血浆中钙、磷乘积超过其溶解度乘积而沉淀的理化过程，软骨成骨依赖软骨细胞，膜性成骨依赖成骨细胞的作用。这些细胞能合成并分泌胶原及糖蛋白等基质成分，而且细胞本身也埋藏在基质当中。这样逐渐形成骨样组织，在一定时间后，成骨细胞转化为骨细胞（人体通常要 8～12 天），再进行骨盐沉着，形成坚硬的骨质。

近年发现骨盐沉着和一种叫基质小泡的结构有密切关系。软骨细胞和骨细胞的表面可形成突起，最后分离而成为直径为 500～1 000Å 的小泡，外面有膜质结构包围，这种结构称为基质小泡。基质小泡富含丝氨酸磷脂，能与 Ca^{2+}紧密结合，故能有效地摄取周围基质中的钙。小泡又含有丰富的碱性磷酸酶，一方面能分解多种磷酸酯，提供充分的无机磷作为骨盐沉着的原料，另一方面又能水解焦磷酸盐。由于焦磷酸盐对骨盐结晶的形成有抑制作用，因此，碱性磷酸酶对焦磷酸盐的水解就消除了对骨盐形成的抑制作用，有利于成骨。

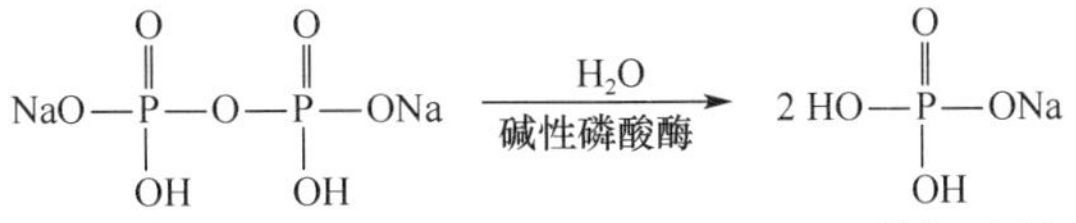

焦磷酸钠　　　　磷酸二氢钠

基质小泡蓄积了大量钙和磷，诱发形成羟磷灰石结晶，此外作为晶核并逐渐生长，使骨盐沉积在胶原纤维上，取代了胶原纤维间隙中的水分，从而形成完整的骨质。由于胶原纤维间隙中水分逐渐减少，骨盐进入内部逐渐缓慢，故完成整个骨盐沉着过程要数周至数月时间。

此外，基质小泡还与异位钙化有关，如动脉硬化后的钙化。当硬化的动脉壁上平滑肌等细胞变性破坏后，细胞膜脂质也能形成基质小泡，浓集钙与磷而产生磷酸钙沉淀，从而出现钙化。

由于焦磷酸盐能抑制骨盐沉着，临床上可应用其类似物如乙醇二磷酸钠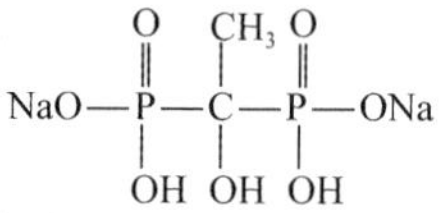来防治异位钙化等病变。并且此类化合物不被体内碱性磷酸酶水解，故能持续发挥其抑制骨盐沉着的作用，但使用过多可能引起骨质软化病。

由上可知成骨过程可以分为两个阶段：①活跃的成骨细胞或软骨细胞合成骨基质，产生骨样组织；②成骨细胞进入静止状态，并转变为骨细胞，形成基质小泡，进行骨盐沉着。倘若两阶段之间不能及时均衡地进行，如基质合成太快或骨盐沉着太慢，则骨样组织增多。骨盐沉着需要维生素D及足够的钙、磷供应，所以维生素D缺乏或钙、磷缺乏，也会发生骨样组织增多而出现典型的佝偻病症状。

正常成人每天成骨需要消耗钙300～500mg，这些钙除从食物供给外，主要依靠骨的吸收。

三、骨的吸收

坚硬的骨质仍处于不断地代谢更新之中。已生成的旧骨可以溶解而消失，此种过程称为骨的吸收。

骨的吸收不是单纯的骨盐化学溶解，而是通过骨组织中一些细胞来进行的。已证明破骨细胞能持续、大量地进行骨质吸收，因此破骨细胞较多的骨小梁上可以首先出现骨质溶解和骨质疏松。破骨细胞能将钙主动转运到细胞外液，故使骨吸收加强时，有升高血钙的趋向。破骨细胞还可释放出溶酶体中的一些水解酶，使骨基质中的胶原纤维等分解，而释放出胶原中特有的羟脯氨酸或含有羟脯氨酸的多肽，故当骨吸收加强时，血中羟脯氨酸浓度升高，尿中排出增多，通常可根据尿中羟脯氨酸的排泄量作为溶骨程度的参考指标。

破骨细胞的骨吸收作用与细胞内核糖核酸的合成有关。光辉霉素能抑制核糖核酸的合成，是一种抗肿瘤抗生素，仅仅使用抗肿瘤剂量的1/10，即一次静脉注射25μg/kg体重，就能显著抑制骨的吸收。因此，临床上已用于治疗某些肿瘤引起的高血钙。

埋藏在骨质中的骨细胞并非没有活性，它也能以骨质内部进行骨吸收作用。由于它分布广泛，对于迅速动员骨钙及调整血钙水平同样有重要意义。

四、骨的重建

骨的形态与结构在不断变化。从小儿骨骼长大时期开始，既有新骨的生成，又有旧骨的不断吸收，这一过程叫做骨骼的重建。成人骨骼粗，看起来虽无明显增大和缩小，但仍有3%～5%的骨质处于重建之中，以适应功能的需要。倘若骨的吸收和生成保持平衡，则重建能顺利完成而不致引起骨骼代谢性病变，如果骨的生成减慢，或骨的吸收太快，则骨质减少而导致骨质疏松症。

通常成骨作用随着骨质负荷的增加而加强。实验证明，在骨骼上加压，由于骨盐羟磷灰石特殊性质可以产生微弱电位差，称为压电位。此种压电位所产生的电流能促进成骨细胞活性，使成骨作用加强。已有人利用这一原理，在骨折处加上微弱的直流电以促进骨折愈合。因此，经常锻炼或劳动，可以加强成骨作用，相反，久病卧床不动，可使成骨减少而骨的吸收仍照常进行，引起失用性骨质疏松病，甚至使血钙升高。祖国医学中治疗骨折采用动静结合的小夹板固定法，能适当地增加骨的活动负荷，促进骨折愈合，收到较好疗效，比严格固定、绝对卧床要优越得多。

第四节 钙磷代谢的调节因素

无论是机体和外环镜的钙、磷交换，或者机体内部各组织器官之间的钙、磷代谢保持动态平衡，都要通过神经体液的调节作用，其中甲状旁腺素、降钙素和维生素 D 是三种最主要的体液调节因素，骨、肾脏、肠道是三种重要的有关组织。

一、甲状旁腺素（PTH）的调节作用

（一）PTH 化学结构与生物活性的关系

PTH 由甲状旁腺主细胞合成并分泌。首先在甲状旁腺细胞内的内质网合成前甲状旁腺素，再运输至高尔基体并转变成甲状旁腺素。前甲状旁腺素由 109 个氨基酸组成，分子质量约 12 000；甲状旁腺素则是一种直链 84 肽，相对分子质量约 9500。由于前甲状旁腺素的氨基端比甲状旁腺素多 6 个氨基酸残基，从而影响它和靶细胞受体的结合，故生物活性只有甲状旁腺素的 1/2。

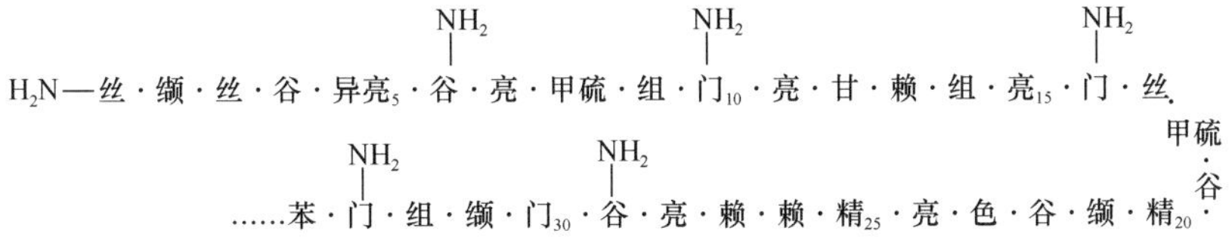

图 11-5　人甲状旁腺素氨基端 34 肽的化学结构

用人工合成的多肽实验证实，PTH 的生物活性并不一定需要完整的分子结构，其氨基端的 34 肽即可表现 PTH 分子的全部活性，但比这种 34 肽再小的肽段或用化学方法改变这一肽段的结构，则会使其生物活性减弱或完全丧失。

PTH 分泌后，在体内可分解成活性不同的若干肽段，已测出的有三种，其中含有羧基端及中段部分的肽段最多，究竟完整的甲状旁腺素本身是其激素活性的形式，还是其某些氨基端的肽段是其活性形式，目前还无法判断。含有羧基端的肽段虽没有激素活性，但仍保留着免疫活性。

用放射免疫法测定血液 PTH，发现许多甲状旁腺功能亢进的患者，其数值常和正常范围相重叠。这极可能与循环血液中 PTH 分子结构的上述多样性有关。目前还没有一种测定 PTH 确切可靠的方法。

牛和猪的甲状旁腺素也是由 84 个氨基酸组成的，其氨基端 34 肽结构与人的虽稍有不同，但生物活性相似，并且可以进行免疫交叉反应。由于人类 PTH 来源有限，故进行人类 PTH 放射免疫测定时，常以牛或猪的 PTH 制剂作为抗原制备抗体。

（二）分泌调节

甲状旁腺素的分泌与血清钙离子浓度有关。当血钙离子浓度降低时，PTH 分泌增加，反之，则分泌减少。两者呈反比关系。钙离子抑制甲状旁腺素分泌的机制是由于钙能抑制腺苷酸环化酶，使环磷腺苷（cAMP）降低，而 cAMP 促进 PTH 的分泌，因而血钙升高可抑制 PTH 的分泌。临床上可以应用快速滴注钙离子的方法观察甲状旁腺分泌 PTH 的反应，从而判断其功能是否正常。

（三）生理作用

人类细胞质中的 Ca^{2+}浓度甚低，约为 2×10^{-8}mol，而线粒体内的 Ca^{2+}浓度较高，约为 2×10^{-5}mol。当 Ca^{2+}从细胞外液透入细胞后，约 90%被线粒体摄取，仅有 1%分布于胞质，因此可将线粒体看做是细胞内钙的储存库。细胞外液中的 Ca^{2+}浓度较细胞内高。细胞膜上钙依赖性 ATP 酶——“钙泵”能主动地将细胞内 Ca^{2+}转运到细胞外液，而当细胞外液 Ca^{2+}浓度升高时，Ca^{2+}可通过被动转移向细胞内扩散，并绝大部分迅速通过线粒体“钙泵”送入线粒体内。PTH 作用于靶细胞膜上腺苷酸环化酶系统，增加胞质内 cAMP 及焦磷酸盐的浓度，前者能促进线

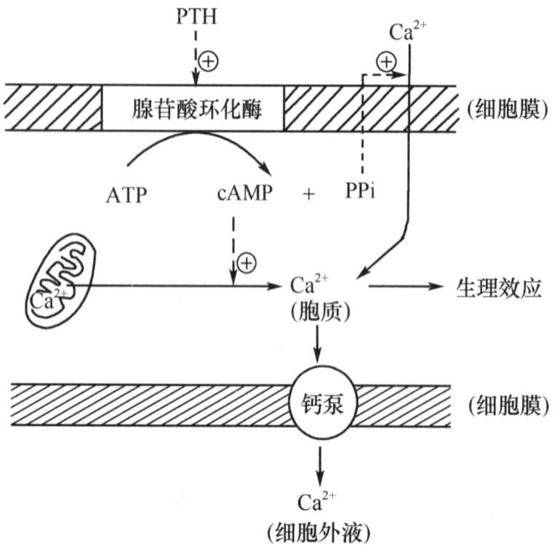

图 11-6 PTH 对靶细胞钙代谢的影响及其作用原理

粒体内 Ca^{2+}向胞质透出，后者则作用于细胞膜外侧，增加 Ca^{2+}向细胞内透入，结果使细胞质 Ca^{2+}浓度升高，于是细胞膜上的“钙泵”被激活，将 Ca^{2+}大量输送到细胞外液。切除甲状腺及甲状旁腺的动物给予 PTH 时，血钙浓度先是下降，随后才逐渐持续上升，这就是因为 PTH 首先促进靶细胞对 Ca^{2+}的摄取，引起血钙暂时下降，然后随着胞质 Ca^{2+}增加，又激活了“钙泵”将 Ca^{2+}细胞内大量排出，导致血钙升高（图 11-6）。

PTH 的主要靶细胞组织是骨骼、肾小管及肠黏膜，但也作用于肌肉、胸腺及唾液腺和乳腺。

PTH 对不同靶细胞内 Ca^{2+}浓度的影响，可产生不同的生理作用：

1. 对骨骼作用 PTH 促使未分化的间叶细胞胞质的 Ca^{2+}浓度增高后，促进 RNA 合成增加，使细胞分裂转化为破骨细胞。

PTH 使破骨细胞质内的 Ca^{2+}增加后，可引起三方面的生理效应，即①促使溶酶体释放各种水解酶，不仅溶解骨质，释放钙、磷增加细胞外液（包括血液）中的钙、磷浓度，并使骨基质中胶原、黏多糖分解，导致骨的溶化，改变骨的结构；②Ca^{2+}浓度上升尚可抑制异柠檬酸脱氢酶的活性，使细胞内柠檬酸及乳酸浓度增升，并扩散于周围骨液中，骨液周围 pH 下降，同时柠檬酸还可与 Ca^{2+}络合；③抑制破骨细胞转变为成骨细胞。PTH 使骨细胞中 Ca^{2+}度增加后，也有溶骨作用，使骨密质中的钙、磷动员出来。这一作用较为迅速，在数分钟内就可以出现，但不如破骨细胞的溶骨作用持久、强烈。

PTH 使成骨细胞胞质内 Ca^{2+}增高后，RNA 合成减慢，降低胶原及基质的合成。

然而 PTH 引起破骨细胞活性的改变一般要在 6 小时以后，而血清钙浓度升高则迅速发生，故破骨细胞引起的骨质溶化可能不是血清钙增高的主要原因，而血清钙最可能来自骨细胞的线粒体。

高浓度的磷酸盐具有抑制 PTH 活性的作用。虽然 PTH 和磷酸盐都有促进 Ca^{2+}向细胞内透入的作用，但磷酸盐还能拮抗 PTH，促使 Ca^{2+}由细胞质透入线粒体，限制胞质内 Ca^{2+}的增加。这一点可以解释为什么甲状旁腺功能亢进患者的高血钙，可以通过口服磷酸盐而得到纠正。

2. 对肾脏的作用 PTH 对肾脏的作用主要是促进钙的重吸收和促进磷的排出。

PTH 作用于远曲小管，使其加强原尿中钙的重吸收。但由于 PTH 动员骨钙的作用而使血钙浓度增高，因此从肾小球滤出的钙较多，即使肾小管重吸收作用加强，排出的尿钙量仍高于正常水平。如果血钙浓度正常，则尿钙排出较少，即 PTH 显示抑制尿钙排泄的作用。

PTH 加强 Ca^{2+}重吸收的原理可能也是促进管腔中 Ca^{2+}进入远曲小管细胞，并通过浆膜面的钙泵使 Ca^{2+}进入血液的结果。

PTH 抑制肾近曲小管对磷的重吸收而促进尿磷排泄。测定磷清除率可以判断甲状旁腺功能，甲状旁腺功能亢进或减退，分别引起磷清除率的升高或降低。对于 PTH 影响磷重吸收的机制有不同看法。有人发现 PTH 在近曲小管有很强的抑制钠重吸收的作用，甚至比对磷重吸收的抑制作用大 100 倍，因此认为 PTH 在近曲小管抑制磷重吸收的机制主要是由于抑制了带阳电荷的钠离子重吸收，从而使带阴电荷的 HPO_4^{2-} 的吸收也受到影响，但当钠离子进入远曲小管时，仍可进行重吸收而回收入血中，尿中排钠仅稍增加，磷则不能被进一步重吸收，故尿中磷排泄明显增加。另有人认为是由于 PTH 改变了管腔内 pH，使磷更易离子化，因而难通过肾小管细胞而不易被重吸收。

PTH 对近曲小管的作用也是通过激活细胞膜上的腺苷酸环化酶，使 cAMP 产生增多所致，但 PTH 抑制磷的重吸收和胞质内 Ca^{2+}增加的关系则尚不清楚。甲状旁腺功能减退时，如给予钙剂可使尿磷排出增高，有人认为可能和肾小管细胞内 Ca^{2+}增加有关，但也不能排除降钙素分泌增多而引起的排磷作用。

PTH 对肾脏的作用还包括促进 25-羟维生素 D 转变成 1,25-二羟维生素 D_3，后者进一步影响钙、磷代谢。

3. 对肠道的作用　PTH 促进肠道对钙的吸收，是由于促进了肾中 1,25-二羟维生素 D_3 的生成并由后者加强肠中钙的吸收，因此 PTH 对肠道的作用是间接的。但也有人指出：PTH 在 30 分钟内即可使肠道对钙的转运明显增加，这样快速的反应可能也和 PTH 促进肠道中的 Ca^{2+}透入黏膜细胞，使线粒体释出 Ca^{2+}加速，并通过浆膜内的钙泵将 Ca^{2+}摄入血液中有关。

二、降钙素的调节作用

（一）化学

降钙素是甲状腺滤泡旁细胞（又称 C 细胞）所分泌的激素。C 细胞在甲状腺滤泡的基底膜内，胚胎发生来源于外胚层或神经嵴，类似肾上腺髓质，发生髓质性甲状腺癌时降钙素大量产生。胸腺和甲状旁腺亦可能分泌降钙素。

降钙素是由 32 个氨基酸组成的单链多肽，相对分子质量为 3419。多肽链中的所有氨基酸残基皆为生物活性所必需，其排列顺序见图 11-7。

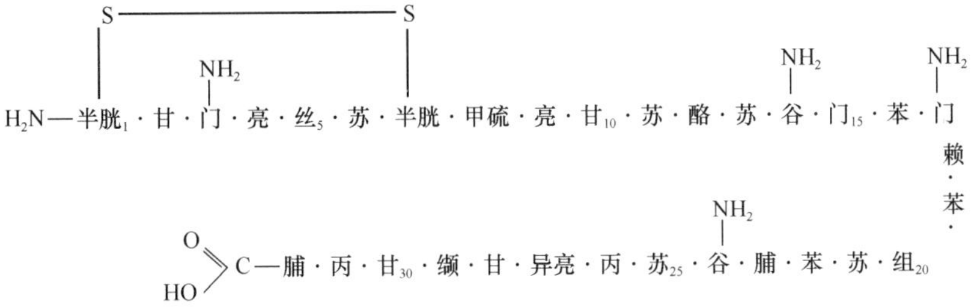

图 11-7　人降钙素的化学结构

降钙素的分泌直接受血钙浓度控制。血钙浓度正常时，用放射免疫法测得血中降钙素为 100pg/ml 以下。血钙升高，则降钙素分泌增加，两者成正比关系。

此外，胰高血糖素、促胃液素及缩胆囊素等消化道激素也有促进降钙素分泌的作用。

（二）生理作用

降钙素有降低血钙的作用。离体骨培养证明，降钙素可抑制破骨细胞的生成，抑制骨的吸收，阻止骨盐的溶解乃至骨基质的分解，并能促进破骨细胞转变为成骨细胞，使钙离子沉积于骨中，从而拮抗 PTH 对骨骼的作用。磷酸盐可加强降钙素的降血钙效应。但是这种降低血钙的作用并不能持久，很快就失去效力，这是由于血钙降低后，能刺激 PTH 分泌增多的缘故。

幼年动物对降钙素较敏感，有人认为降钙素可能是生长期间调节钙、磷代谢的重要激素。但在人体中降钙素的生理意义尚未阐明。例如，患髓性甲状腺癌时，降钙素大量产生，而患者血钙仍在正常范围内，而甲状腺全切除患者也不因降钙素缺乏而产生高血钙。

降钙素可直接作用于肾脏的近曲小管而抑制钙和磷的重吸收，使尿钙和尿磷排出增高。

三、其他激素对钙、磷代谢的影响

较重要的有关激素列于表 11-1。

表 11-1 其他影响钙、磷代谢的激素

激素	作用
生长素	在生长期促进钙的利用，促进成骨细胞合成胶原和硫酸软骨素
雄激素	促进钙、磷在骨质的沉着
雌激素	在青春期特异地作用于骺端软骨，使骨骺端关闭而停止骨的生长
甲状腺素	使成骨作用与骨吸收加强，但骨吸收占优势，从而引起高血钙和尿钙增多。在生长期协助生长素促进软骨增长
糖皮质激素	抑制骨吸收作用，抑制肠中钙吸收；减少肾小管对钙、磷重吸收。上述作用远不能对抗甲状旁腺素及维生素 D 的作用

四、维生素 D 及其对钙、磷代谢的作用

（一）维生素 D 的来源

天然的维生素 D 有两种，即 D_2 和 D_3。植物中普遍含有一种类固醇叫麦角固醇（24-甲基-22-脱氢-7-脱氢胆固醇），在紫外线照射下分子内 B 环断裂转变为麦角骨化醇即维生素 D_2。在人体皮肤下由胆固醇或乙酰 CoA 转变生成的 7-脱氢胆固醇，经紫外线照射，同样可形成胆骨化醇，即维生素 D_3。人体内每日可合成胆骨化醇 200～400 国际单位，因此只要充分接受阳光照射，则可以满足生理需要。麦角化醇和胆骨化醇的生理效应基本相同。

麦角固醇⟶紫外线⟶麦角骨化醇（维生素 D_2）

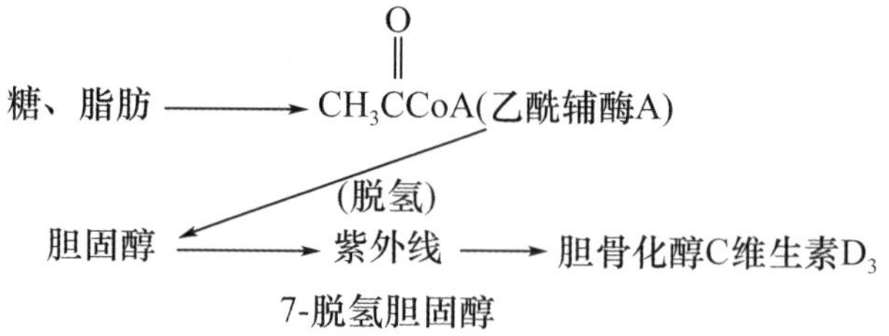

（二）活性维生素 D 的生成

胆骨化醇和麦角骨化醇都不具有生物活性，它们必须在机体内进行一定的转化才能生成具有生物活性的维生素 D，即活性维生素 D。胆骨化醇经过两次羟化反应，产生的 1，25-二羟胆骨化醇才具有最强的生物活性，麦角骨化醇也必须在 25 位进行羟化才有活性，但是否能在体内进行土位羟化尚未最后证实。现以胆骨化醇为例介绍其在体内的转化过程。

1. 在肝脏转变为 25-羟胆骨化醇 在肝细胞线粒体中经 25-羟化酶系及 NADPH、O_2 等作用下，胆骨化醇被氧化，生成 25-羟胆骨化醇（25-OH-D_3）。

$$\text{胆骨化醇}\xrightarrow[O_2\text{NADPH（肝微粒体）}]{\text{25-羟化酶系}}\text{25-羟胆骨化醇 (25-OH-}D_3\text{)}$$

反应产物 25-OH-D_3 具有抑制 25-羟化酶系的作用，从而形成负反馈调节系统，以控制 25-OH-D_3 的生成量。动物实验证明，25-OH-D_3 的抗大鼠佝偻病作用约为胆骨化醇的 1.5 倍。

肝细胞内生成的 25-OH-D_3，可经血液循环运入肾脏。血液中的 25-OH-D_3 与 α_2-球蛋白相结合，它是维生素 D 在血液中的主要运输形式。

2. 在肾脏生成 1,25-二羟胆骨化醇 25-OH-D_3 可在肾脏近曲小管上皮细胞线粒体中经 1-羟化酶系进一步羟化，生成 1,25-二羟胆骨化醇[1,25-(OH)$_2D_3$]。后者是维生素 D 在体内的活性形

式，又称为活性维生素 D。

$$25\text{-羟胆骨化醇}(25\text{-}OH\text{-}D_3)\xrightarrow[O_2,\ NADPH(\text{肾脏})]{1\text{-羟化酶系}}1,25\text{-二羟胆固化醇}[1,25\text{-}(OH)_2D_3]$$

1,25-（OH）$_2D_3$ 对 1-羟化酶系也有负反馈抑制作用，这对防止体内产生过多的活性维生素 D，防制维生素 D 中毒有重要意义。

1,25-（OH）$_2D_3$ 具有显著的调节钙、磷代谢的活性，它对肠中钙吸收的促进作用比 25-OH-D_3 约高 200 倍，对骨盐的作用比 25-OH-D_3 高 100 倍。鉴于 1,25-（OH）$_2D_3$ 由肾脏合成后转入血液循环，作用于远距离的靶组织，基本上符合激素的特点，故已有人将它归入激素，而将肾脏的这种转化作用看做是内分泌功能。

肝细胞严重损害时，维生素 D_3 转变成 25-OH-D_3 的能力降低，肾实质大量破坏（如尿毒症）时可使 1,25-（OH）$_2D_3$ 的产生显著减少。这种应用维生素 D 不能纠正的佝偻病，临床上称为抗维生素 D 佝偻病。另一方面肾脏在 1,25-（OH）$_2D_3$ 合成中的地位及 1,25-（OH）$_2D_3$ 对成骨的促进作用，也为祖国医学中“肾主骨”的理论提供了科学根据。

由上可知，维生素 D 在体内的转变与肝、肾中的酶系有关。因此对于肝病或服用抗痉药物而引起钙、磷代谢障碍的患者，可给予 25-OH-D_3。对于肾病、甲状旁腺功能低下及某些先天性缺乏 1-羟化酶系的患者，应给予 1,25-（OH）$_2D_3$ 制剂才能获得较好的疗效。又由于 1,25-（OH）$_2D_3$ 分子中的 1 位羟基是维生素 D_3 表现生物活性的最重要的基因，故对上述患者应用 1α-羟胆骨化醇（1α-OH-D_3）也可收到疗效。

（三）1,25-二羟胆骨化醇的生理作用

1. 对小肠的作用　1,25-（OH）$_2D_3$ 能促进肠黏膜细胞对钙的吸收，这是它的主要作用，但机理不详。有人认为它可能具有促进肠壁合成钙结合蛋白质的作用。但在 1,25-（OH）$_2D_3$ 促进钙结合蛋白质合成实验时所用剂量远远超过了生理剂量。而且又有人认为钙结合蛋白质合成的增加可能是钙、吸收增加的后果而不是原因。

1,25-（OH）$_2D_3$ 还能促进小肠对磷的吸收。这一方面是由于钙的吸收必然伴随磷的吸收，另一方面 1,25-（OH）$_2D_3$ 可能直接影响磷的转运。

2. 对骨骼的作用　1,25-（OH）$_2D_3$ 对骨骼的作用所知不多。体外实验证明，1,25-（OH）$_2D_3$ 能刺激原有破骨细胞或促进形成新的破骨细胞，从而促进骨质吸收。放线菌素可抑制其动员骨钙的作用，说明其动员骨钙的作用可能与合成某种特异蛋白质有关。体外实验发现 1,25-（OH）$_2D_3$ 动员骨钙的作用不需 PTH 的存在，在体内则两者相互有关。有人认为，1,25-（OH）$_2D_3$ 还有加强 PTH 动员骨钙的作用。

1,25-（OH）$_2D_3$ 的另一作用是直接刺激成骨细胞，促进骨盐沉着，机理尚不明了。缺乏维生素 D 时，成骨细胞仍能合成骨基质和胶原纤维等，但不能进行钙化，故在骨骺端出现膨大或变宽的骨样组织，现表现为佝偻病症状。

3. 在肾脏中的作用　1,25-（OH）$_2D_3$ 可促进肾小管对钙、磷的重吸收，这也是使血钙和血磷升高的一个原因。

就整体而言，1,25-（OH）$_2D_3$ 最主要的作用是促进肠中钙和磷的吸收，增加血钙和血磷，故具有促进成骨的作用。

（四）1,25-二羟胆骨化醇生成的调节

肾脏中 1,25-（OH）$_2D_3$ 的生成受血清钙、磷浓度和 PTH、降钙素等的调节。其中有些因素可能直接影响上一羟化酶系的活性，有些则可能通过间接的作用。

（1）当饮食中磷缺乏时，可因血磷降低而致肾小管上皮细胞中的无机磷下降，此时可促进线粒体中的 1-羟化酶系，加速 1,25-（OH）$_2D_3$ 的生成，从而增加肠中钙的吸收，这是低血磷导

致高血钙的一个重要原因。

（2）PTH 可促进 25-OH-D_3 转变成 1,25-（OH）$_2D_3$。有人认为这主要由于 PTH 抑制肾小管对磷的重吸收，从而使肾小管上皮细胞中无机磷减少的结果。因此，PTH 可看作是 1,25-（OH）$_2D_3$ 的促激素。

（3）血磷增加不但抑制肾小管中 25-OH-D_3 转变成 1,25-（OH）$_2D_3$，并可促进 25-OH-D_3 转变成 24,25-（OH）$_2D_3$，降钙素也有类似的作用。24,25-（OH）$_2D_3$ 或其代谢产物升高血钙的作用较小，甚至没有。因此高血磷可导致低血钙。至于降钙素这一作用的原理则尚不清楚。

（4）当饮食中钙缺乏时，造成低血钙的倾向可刺激 PTH 分泌，后者再通过加速 1,25-（OH）$_2D_3$ 的生成而促进肠中钙的吸收，这是低钙饮食时，肠中钙吸收加速的主要原因。

现将上面三种体液因素的作用总结于表 11-2。

表 11-2　三种体液因素对钙代谢的影响

调节因素	促进肠中钙吸收	骨质溶解	骨质生成	肾中钙的排泄	肾中磷的排泄	血清钙	血清磷
PTH	↑*	↑↑	↓	↓	↑	↑	↓
降钙素	不定△	↓↓	↑	↑	↑	↓	↓
1,25-（OH）$_2D_3$	↑↑≠	↑	↑	?	↓	↑	↑

↑：升高，↑↑：明显升高；↓：降低，↓↓：明显降低。

*：主要是通过促进 1,25-（OH）$_2D_3$ 合成的间接作用。

△：小剂量时降低钙的吸收，而药理剂量则增加钙的吸收。

≠：同时增加磷吸收，其中一部分是不通过促进钙吸收的直接作用

在正常人体内，PTH、降钙素和 1,25-（OH）$_2D_3$ 相互配合，适应环境的变化，以保证血钙浓度的动态平衡（图 11-8）。

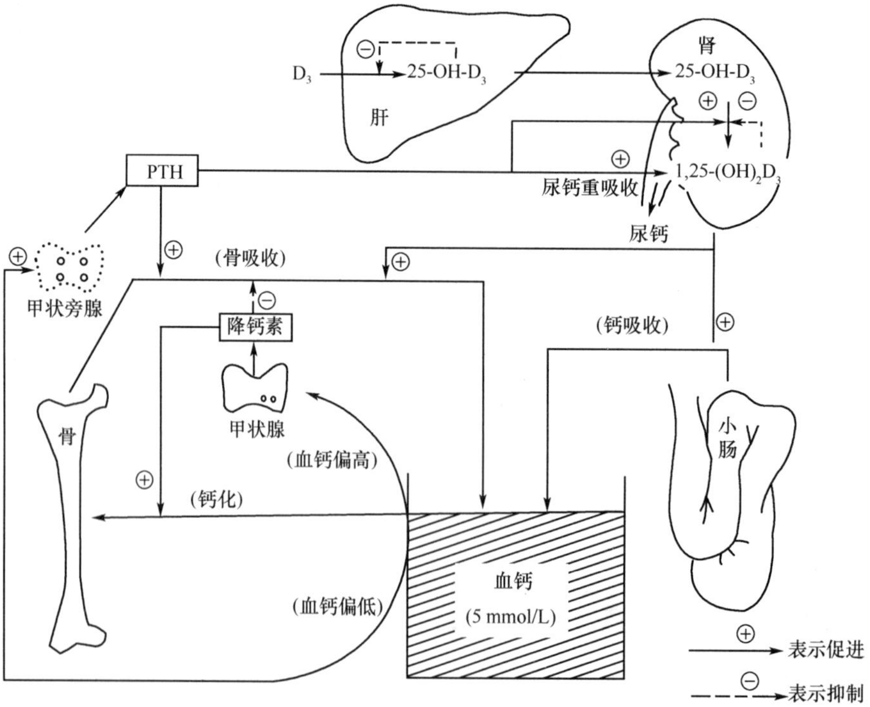

图 11-8　甲状旁腺、甲状腺 C 细胞及 1,25-（OH）$_2D_3$ 在维持正常血钙浓度中的相互关系

当血钙浓度降低时，甲状旁腺即分泌较多的 PTH。PTH 有两个主要作用部位，一是作用于

肾脏，促进钙的吸收和磷的排出，同时还加速 25-OH-D_3 转变成 1,25-（OH）$_2D_3$。PTH 的另一作用部位是骨，在 1,25-（OH）$_2D_3$ 协同下，动员骨钙到细胞外液。1,25-（OH）$_2D_3$ 可使肠中钙吸收加强。所有这些都能促使血钙上升，并使 PTH 分泌减少。反之，当血钙超过正常水平时，C 细胞分泌降钙素，此激素抑制骨钙动员，同时，甲状旁腺素的 PTH 分泌减少，从而使骨吸收降低。

第五节　钙、磷代谢失常

一、高 血 钙 症

可根据 PTH 分泌情况将高血钙症分成两类：一类高血钙症的 PTH 分泌处于抑制状态；另一类则是增高状态。

（一）PTH 低下的高血钙症

1. 恶性肿瘤伴有骨转移　恶性肿瘤伴有骨转移时的高血钙症是很常见的。曾报道乳腺癌转移患者 10%～40%有高血钙。肺、肾的癌肿转移到骨也是高血钙的常见原因。由于骨质大量破坏，肾和肠不能及时清除过多的钙，引起血钙升高，高血钙反过来抑制 PTH 的分泌。

转移癌引起骨质分解的详细机理尚不清楚。肿瘤直接侵犯骨组织当然可引起骨质的破坏。如多发性骨髓瘤及一些血液病引起高血钙是由于肿瘤直接侵犯骨质所致。多发性骨髓瘤时免疫球蛋白升高亦使血清总钙量升高。有些转移性肿瘤患者虽未发现有骨转移现象，但仍有高血钙症，其原理尚不清楚。

2. 维生素 D 中毒　预防佝偻病或治疗甲状旁腺功能低下，大量长期服用维生素 D 制剂，或者某些人对维生素 D 敏感，可导致中毒，症状几乎皆由血钙过高引起，包括头痛、恶心、体重减轻，厌食、多尿、烦渴等。长期持续高血钙引起肾脏钙化、血管钙沉积，X 线片可见骨质密度加深等。鉴别诊断时要了解服药情况，最好化验血磷，若血磷正常或升高，对诊断有帮助，但血磷低的也不能排除。

糖皮质激素可治疗维生素 D 中毒症以降低血钙。有人认而由于它可抑制 25-OH-D_3 的生成，或者阻止肠中钙的转运。由此也可明了肾上腺皮质功能低下患者，往往引起高血钙。

3. 甲状腺功能亢进　中度甲亢患者有 15%～20%伴有高血钙，较多的患者出现高钙尿；其原理可见表 11-1。同时尿中排钙增多，可导致尿路结石。

（二）PTH 增高的高血钙症

1. 原发性甲状旁腺功能亢进症　由于功能不正常的甲状旁腺产生过量的 PTH 所致。约 85% 是由于单个甲状旁腺腺瘤引起，其余由于四个腺体增生所致。甲状旁腺腺癌则很少见。X 线片可见骨质明显脱钙，骨质疏松，并有纤维组织增生，有囊样变化，称为囊性纤维性骨炎，有些有尿路结石、活动性溃疡、胰腺炎、高血压及骨病等全身并发症。

鉴于现在没有 PTH 的可靠测定方法，原发性甲状旁腺功能亢进症的诊断主要靠临床表现，并排除其他高血钙的原因。测定尿钙亦有助于诊断。有人推荐用可的松抑制试验以鉴别维生素 D 中毒、多发性骨髓瘤及某些转移肿瘤。由于后两种情况通常对可的松产生反应而降低血钙，但原发性及异位性甲状旁腺功能亢进者则无反应。

凡血钙超过 11.5mg%且有肾功能减退等并发症，则一般需要手术治疗。

2. PTH 的异位分泌　某些恶性肿瘤可分泌 PTH，最主要的有肾和支气管腺癌。若肿瘤不易发现，鉴别诊断就很困难。通常异位 PTH 的患者发病较急。血钙也比原发性甲状旁腺功能亢进者高，常伴有贫血、碱性磷酸酶升高（需排除骨病）及无原发性甲状旁腺功能亢进症的全身症状。

3. 继发性甲状旁腺功能亢进症 长期低血钙可引起继发性甲状旁腺增生，PTH 分泌增加，见于尿毒症等。可因高血磷、活性维生素 D 合成减少而引起低血钙（详见“慢性肾衰竭的生化”章）。

二、低血钙症

引起低血钙的原因较多，临床上重要的有下列几种。

（一）甲状旁腺功能减退症

可由于甲状腺手术不慎切除甲状旁腺，或者误伤了该腺体，这种原因由于手术操作的改进已大为减少。但恶性甲状腺肿用放射性碘治疗引起甲状旁腺功能减退症的情况，则有逐渐增加的趋势。患者的血钙浓度常见降低，如低于 7mg，一般可发生搐搦症状，并伴有高血磷。

（二）维生素 D 缺乏症

可因食物中维生素 D 缺乏，接触阳光少，消化道疾患如阻塞性黄疸、顽固腹泻等，使维生素 D 吸收障碍而引起单纯性佝偻病。也可因肝、肾功能障碍而引起维生素 D 佝偻病。这里只涉及单纯性佝偻病。

维生素 D 缺乏可引起体内一系列生物化学变化。血液循环中活性维生素 D 浓度降低，使肠中钙吸收减少，引起血钙降低，从而刺激 PTH 分泌，促进骨盐动员和增加肾小管对钙的重吸收，故有时能保证血钙接近正常。但 PTH 分泌增加使尿磷排泄增多，血磷常可低于正常，钙、磷乘积低于 30。因此同时测定血钙和血磷十分重要。若维生素 D 严重缺乏或甲状旁腺代偿功能不良，尤其是婴儿，血钙亦可低于正常，特别是在感染时，由于组织分解，细胞内大量无机磷进入血液，血磷升高使血钙进一步降低，可出现婴儿手足搐搦症。由于低血磷和 PTH 的增加，骨质生成严重障碍，能引起囟门迟闭，且因骨质软化和骨膜增生，患儿可以有“乒乓头”和“方头”现象，加上体重对下肢的压力，可引起典型的“O”形或“X”形腿。此外，因软骨细胞大量增生，可见骺端肥大及串珠现象。因软骨细胞分泌碱性磷酸酶（AKP）增多，血清 AKP 常见升高，甚至达 50 布氏单位。这是佝偻病早期诊断的指标，可早于 X 线表现和临床症状，同时这也是佝偻病最后消失的血液生化变化。

成人维生素 D 缺乏时，因骨骺的愈合，骨骼畸形不及小儿佝偻病明显，称为骨软化病。

（三）急性胰腺炎

急性胰腺炎引起血钙降低的机理尚未肯定，可能是由于胰腺坏死释出的脂肪酸与钙结合成复合物所致。另有人认为是胰腺释放胰高血糖素而抑制骨质吸收所致。

引起低血钙的其他原因尚有肾衰竭、严重的成骨细胞转移癌、抗痉治疗及严重肝病，以及输血、输液时无机磷、柠檬酸盐进入体内过快过多等。

三、高血磷

（一）甲状旁腺功能低下症

磷在尿中排出减少而致血磷升高。

（二）肾衰竭

高血磷症早就被视为肾衰竭的征候，因肾单位大量破坏，肾小球滤过率明显降低而引起。但有些尿毒症病例的血磷与氮质血症不一定成比例。

（三）维生素 D 中毒

由于小肠的磷吸收及肾小管的磷重吸收均大大增加，而导致血磷浓度升高。

（四）甲状腺功能亢进症

由于甲状腺素促进骨的吸收，但不促进磷在肾中排泄，因而可见高血钙及高血磷。

四、低　血　磷

（一）甲状旁腺功能亢进症

原发性或继发性甲状旁腺功能亢进症时，大量 PTH 促使无机磷从肾脏排泄，导致磷的负平衡，常出现血磷降低。

（二）维生素 D 缺乏

磷从肠的吸收减少，从肾脏排出增加，引起低血磷。

（三）范可尼（Fanconi）综合征

肾小管对磷的重吸收显著降低，患者尿中排出大量磷，即使血磷很低时，尿磷仍见增高。

（四）糖代谢增强

输入葡萄糖、滴注胰岛素等，可引起低血磷。由于葡萄糖进入细胞时伴有磷进入细胞，可能与代谢物磷酸化有关。

（五）严重感染

急性高热患者水电解质平衡常发生紊乱，可见血清钙、磷低下。尤其是革兰阴性菌感染，常见低血磷。可能和呕吐、吸收不良、细菌毒素等干扰有关。

今将各种骨骼疾病时，血清钙、磷和碱性磷酸酶的变化总结于表 11-3。

表 11-3　各种骨病时血清钙、磷和碱性磷酸酶的变化

疾病名称	血清钙	血清磷	血清碱性磷酸酶
成人正常值	9～11mg%	3～5mg%	3～13 金氏单位
甲状旁腺功能亢进	升高	多见降低	升高
甲状旁腺功能减退	降低	升高	正常
维生素 D 中毒	升高	正常或升高	多见正常
佝偻病或骨软化病	正常或降低	降低	升高
癌肿骨转移	升高	正常或降低	多见升高
尿毒症	降低	升高	正常或增高
畸形性骨炎	多见正常	正常	升高

五、代谢性骨病

由于钙磷代谢紊乱影响骨骼的正常生长，其主要类型有以下几种。

1. 佝偻病和骨质软化症　佝偻病见于儿童，而骨质软化症则见于成人。两者都是由于钙盐在新骨中沉积不良，使骨中未钙化的有机质的量相对增加。佝偻病和骨质软化症都伴有维生素 D 不足或其作用受损，常见于下列原因：①食物中缺乏维生素 D；②缺乏足够的阳光照射，7-脱氢胆固醇不能有效地转变成维生素 D；③维生素 D 吸收不良；④对维生素 D 的抗性，这通常发生在慢性肾衰竭和遗传性肾小管缺陷等肾疾病中，由于 1-α-羟化酶的作用能力受损，故对维生素 D 的治疗不起反应。

2. 骨质疏松 骨质疏松是一种常见病，钙盐沉积虽正常，但有机基质不足，骨的总量减少。骨质疏松症是在遗传因素和环境因素的共同作用下，影响高峰骨量及骨量丢失并最终发展至骨质疏松。这些因素包括药物、饮食、种族、性别及生活方式。骨质疏松症可以是原发性的也可以是继发性。原发的骨质疏松症可以分为Ⅰ型和Ⅱ型，继发的骨质疏松症也称为Ⅲ型骨质疏松症。Ⅰ型或称为绝经后骨质疏松症，认为其主要原因是性腺（雌激素和睾酮）功能的缺陷，雌激素缺乏使骨对甲状旁腺激素（PTH）的作用敏感性增加，导致钙从骨中丢失增加、肾脏排泄钙降低、1,25-（OH）$_2D_3$ 生成增加。1,25-（OH）$_2D_3$ 的增加促进肠道和肾脏对钙的吸收，并通过增加破骨细胞的活性和数量促进骨吸收。Ⅱ型，或称老年性骨质疏松症，见于男性和女性，源于骨形成下降和老年人肾脏形成 1,25-（OH）$_2D_3$ 降低。Ⅲ型骨质疏松症继发于药物，尤其是糖皮质激素，或是其他各种能增加骨量丢失的病变。

3. 肾性骨营养不良 在原发性肾疾病的基础上所引起的骨病称作肾性骨营养不良，除表现为佝偻或骨质软化症外，还常伴有骨骺的关闭延迟、骨质纤维化（纤维性骨炎）骨硬化症等。

4. 骨质增生症 骨质增生症是中老年的常见病、多发病，一般认为由于中年以后体质虚弱及退行性变；长期站立或行走及长时间的持续某种姿势，由于肌肉的牵拉或撕脱、出血，血肿机化，形成刺状或唇样的骨质增生；骨刺对软组织产生机械性的刺激和外伤后软组织损伤、出血、肿胀而致。骨质增生的根本原因是缺钙。

5. 骨溶解症 骨溶解症又称鬼怪骨、巨大溶骨综合征，这是一种骨局部大量毛细血管窦及纤维组织增生，并伴有骨溶解为特征的罕见疾病。发病机理现在还不清楚，常误诊为肿瘤、病理性骨折、慢性骨髓炎等。病变起自一骨，逐渐侵及邻骨及周围软组织，有自限倾向。这种疾病程度难以预测，轻者受累骨功能有不同程度影响，少数病例病变侵及重要器官而致死。

思 考 题

1. 何谓扩散性和外扩散性钙？
2. 何谓活性维生素 D？如何生成？
3. 三种激素如何调节调节钙磷代谢？
4. 什么叫成骨作用？
5. 何谓骨的吸收？

（徐 岚）

第2篇　分子生物学篇

第12章　核酸、基因和基因组

核酸（nucleic acid）是一类重要的生物大分子，担负着生命信息的储存和传递，是生命化学研究的一个重要领域。核酸是一种线性多聚体（linear polymer）。其基本结构单元是核苷酸（nucleotide）。核苷酸由含氮有机碱、戊糖和磷酸三部分构成。根据所含戊糖种类不同，核酸可分为脱氧核糖核酸（deoxyribonucleic acid，DNA）和核糖核酸（ribonucleic acid，RNA）两大类。

1869年，F.Miescher从脓细胞中提取到一种富含磷元素的酸性化合物，因存在于细胞核中而将它命名为“核质”（nuclein）。核酸（nucleic acids）这一名词于Miescher的发现20年后才被正式启用，当时已能提取不含蛋白质的核酸制品。早期的研究仅将核酸看成是细胞中的一般化学成分，没有人注意到它在生物体内有什么功能这样的重要问题。

1944年，Avery等为了寻找导致细菌转化的原因，他们发现从S型肺炎球菌中提取的DNA与R型肺炎球菌混合后，能使某些R型菌转化为S型菌，且转化率与DNA纯度呈正相关，若将DNA预先用DNA酶降解，转化就不发生。结论是：S型菌的DNA将其遗传特性传给了R型菌，DNA就是遗传物质。从此核酸是遗传物质的重要地位才被确立，人们于是把对遗传物质的注意力从蛋白质移到了核酸上。

第一节　DNA的空间结构与功能

1953年，核酸研究取得了历史性突破。James Watson和Francis Crick提出了著名的DNA双螺旋（double helix）结构模型。这一结构模型揭示了生物界遗传性状得以世代相传的分子奥秘。

一、DNA的二级结构——双螺旋结构模型

（一）DNA双螺旋结构模型的主要依据

（1）核酸化学研究中所获得的DNA化学组成及结构单元的知识，特别是Chargaff于1950～1953年发现的DNA化学组成的新事实；DNA中四种碱基的比例关系为A/T=G/C=1。

（2）X线衍射技术对DNA结晶的研究中所获得的一些原子结构的最新参数。

（3）遗传学研究所积累的有关遗传信息的生物学属性的知识。

综合这三方面的知识所创立的DNA双螺旋结构模型，不仅阐明了DNA分子的结构特征，而且提出了DNA作为执行生物遗传功能的分子，从亲代到子代的DNA复制（replication）过程中，遗传信息的传递方式及高度保真性。其正确性于1958年被Meselson和Stahl的著名实验所证实。DNA双螺旋结构模型的确立为遗传学进入分子水平奠定了基础，是现代分子生物学的里程碑。从此核酸研究受到了前所未有的重视。

（二）DNA双螺旋结构模型的特征

1. 主链（backbone）　由脱氧核糖和磷酸基通过酯键交替连接而成。主链有两条，它们似“麻花状”绕一共同轴心以右手方向盘旋，相互平行而走向相反形成双螺旋构型。主链处于螺旋的外

侧，这正好解释了由糖和磷酸构成的主链的亲水性。所谓双螺旋就是针对两条主链的形状而言的。

2. 碱基对（base pair） 碱基位于螺旋的内侧，它们以垂直于螺旋轴的取向通过糖苷键与主链糖基相连。同一平面的碱基在两条主链间形成碱基对。配对碱基总是 A 与 T 和 G 与 C。碱基对以氢键维系，A 与 T 间形成两个氢键。DNA 结构中的碱基对与 Chargaff 的发现正好相符。从立体化学的角度看，只有嘌呤与嘧啶间配对才能满足螺旋对于碱基对空间的要求，而这两种碱基对的几何大小又十分相近，具备了形成氢键的适宜键长和键角条件。每对碱基处于各自自身的平面上，但螺旋周期内的各碱基对平面的取向均不同。碱基对具有二次旋转对称性的特征，即碱基旋转 180°并不影响双螺旋的对称性。也就是说双螺旋结构在满足两条链碱基互补的前提下，DNA 的一级结构产并不受限制。这一特征能很好地阐明 DNA 作为遗传信息载体在生物界的普遍意义。

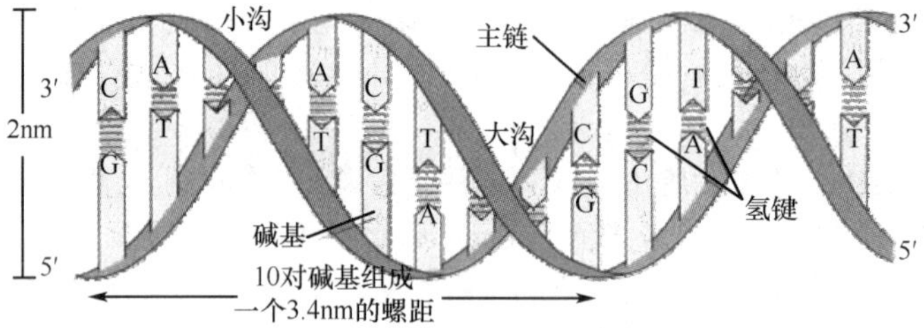

图 12-1 DNA 双螺旋结构模型

3. 大沟和小沟 大沟和小沟分别指双螺旋表面凹下去的较大沟槽和较小沟槽。小沟位于双螺旋的互补链之间，而大沟位于相毗邻的双股之间。这是由于连接于两条主链糖基上的配对碱基并非直接相对，从而使得在主链间沿螺旋形成空隙不等的大沟和小沟。在大沟和小沟内的碱基对中的 N 和 O 原子朝向分子表面。

4. 结构参数 螺旋直径 2nm；螺旋周期包含 10 对碱基；螺距 3.4nm；相邻碱基对平面的间距 0.34nm。

（三）DNA 双螺旋结构与 DNA 复制

双螺旋结构模型的成功之处除与 X 线衍射图谱及核酸化学的研究资料相符外，另一个重要方面是它能够圆满地解释作为遗传功能分子的 DNA 是如何进行复制的。Watson 和 Crick 设想把 DNA 结构中的两条链看成是一对互补的模板（亲本），复制时碱基对间的氢键断开，两条链分开，每条链都作为模板指导合成与自身互补的新链（复本），最后从原有的两条链得到两对链而完成复制。在严格碱基配对基础上的互补合成保证了复制的高度保真性，也就是将亲链的碱基序列复制给了子链。因为复制得到的每对链中只有一条链是亲链，即保留了一半亲链，故这种复制方式又称为半保留复制（semi-conservative replication）。双螺旋结构建立时，复制原理只是设想，不久这一设想被实验证实是正确的。现已明确：半保留复制是生物体遗传信息传递的最基本方式。

（四）DNA 螺旋的结构类型

Watson 和 Crick 提出的 DNA 双螺旋结构属于 B 型双螺旋，它是以在生理盐溶液中抽出的 DNA 纤维在 92%相对湿度下进行 X 线衍射图谱为依据进行推测的，这是 DNA 分子在水性环境和生理条件下最稳定的结构。然而以后的研究表明 DNA 的结构是动态的。在以钾或绝作反离子，相对湿度为 75%时，DNA 分子的 X 线衍射图给出的是 A 构象，A—DNA 每螺旋含 11 个碱基对，而且变成 A—DNA 后，大沟变窄、变深，小沟变宽、变浅。由于大沟、小沟是 DNA 行使功能时蛋白质的识别位点，所以由 B—DNA 变为 A—DNA 后，蛋白质对 DNA 分子的识别也发生了相应变化。

一般说来，A—T 丰富的 DNA 片段常呈 B—DNA。采用乙醇沉淀法纯化 DNA 时，整个过程中，大部分 DNA 由 B—DNA 经过 C—DNA，最终变构为 A—DNA。若 DNA 双链中一条链被相应的 RNA 链所替换，会变构成 A—DNA。当 DNA 处于转录状态时，DNA 模板链与由它转录所得的 RNA 链间形成的双链就是 A—DNA。由此可见 A—DNA 构象对基因表达有重要意义。此外，B—DNA 双链都被 RNA 链所取代而得到由两条 RNA 链组成的双螺旋结构也是 A—DNA。除 A—DNA、B—DNA 螺旋外，还存在 B′—DNA、C—DNA、D—DNA 等。总之，DNA 的双螺旋结构永远处于动态平衡中，DNA 分子构象的变化与糖基和碱基之间的空间相对位置有关。

二、DNA 的三级结构

DNA 双螺旋具有相当的柔韧性，其螺旋参数受环境因素的影响会发生一系列的改变。例如，B—DNA 每个螺旋所含碱基对的数目为 10 对，而溶液中的双螺旋每圈所含碱基对的数目则会稍稍发生改变，一般在 10.3～10.7 对。在细胞中，双螺旋还可以进一步盘曲形成更加复杂的结构，被称为 DNA 的三级结构，它具有多种形式，其中以超螺旋最为常见。

由于双螺旋本身具有方向性。因此，超螺旋的旋转方向不同，可形成两种不同的超螺旋：负超螺旋（negative supercoil）和正超螺旋（positive supercoil）。负超螺旋的方向与 DNA 双螺旋方向相反，即左手超螺旋，这是生物体中最常见的 DNA 超螺旋形式；正超螺旋方向与 DNA 双螺旋方向相同，即右手超螺旋，目前仅发现于一种嗜热菌 Sulfolobus 体内（图 12-2）。

图 12-2　正、负超螺旋的拓扑学

生物体中的 DNA 具有不同的形式。对于环形 DNA 分子，在 DNA 双螺旋结构基础上可以进一步扭曲成超螺旋。环形分子见于细菌的基因组 DNA（genomic DNA），以及真核生物的线粒体和叶绿体 DNA。非环形 DNA 分子在一定条件下局部也可以形成超螺旋。

三、真核生物染色体 DNA 结构的特点

（一）真核细胞染色体的组成

真核细胞 DNA 的相对分子质量比原核生物大很多，其 DNA 与大量蛋白质组成染色体结构。DNA 分子很长，与蛋白质缠绕盘曲构成了致密而有序的染色体。由于真核细胞染色体在细胞核内，DNA 的转录和翻译是在不同的空间和时间上进行的，所以其基因表达的调控与 DNA 的序列有关，也与染色体的结构有密切的关系。

1. 组成染色体的蛋白质　染色体上的蛋白质主要包括组蛋白和非组蛋白。组蛋白是染色体的结构蛋白，它与 DNA 组成核小体。通常可以用 2mol/L NaCl 或者 0.25mol/L 的 HCl/H_2SO_4 处理染色质使组蛋白与 DNA 分开，利用凝胶电泳法可以把组蛋白分为 H_1、H_2A、H_2B、H_3 及 H_4。这些组蛋白都含有大量的赖氨酸和精氨酸，其中 H_3、H_4 富含精氨酸，H_1 富含赖氨酸；H_2A、H_2B 介于两者之间。

组蛋白在进化上极端保守，不同种生物组蛋白的氨基酸组成是十分相似的，特别是 H_3、H_4。H_3 及 H_4 在氨基酸组成上的极端保守性表明，它们可能对稳定真核生物的染色体结构起重要作用。

染色体除了存在大约与 DNA 等量的组蛋白以外，还存在大量的非组蛋白。非组蛋白的种类很多，在 20～100 种，其中常见的有 15～20 种。它们的相对分子质量在 1.5×10^4～1.8×10^5。

这些非组蛋白包括酶类（如 RNA 聚合酶）、包装蛋白、加工蛋白、与细胞分裂有关的收缩蛋白、骨架蛋白、核孔复合物蛋白及与基因表达有关的蛋白质等。

由于非组蛋白的多样性及在不同组织和种属之间的差异，人们一直认为非组蛋白的作用是参与基因表达的调控。但近年的资料显示：非组蛋白组分中也包括肌动蛋白、微管蛋白等，这表明非组蛋白也可能是染色质的结构成分。

2. 染色体中的 DNA 真核细胞基因组中除了能够表达产生蛋白质的结构基因、参与表达调控的基因，还含有大量的重复序列。

（1）单一序列：在单倍体基因组里，这些序列一般只有 1 个或几个拷贝，长度在 750～2000bp。这些序列包括编码蛋白质的结构基因及基因的间隔序列。杂交试验证明，80%的 mRNA 由单一序列的 DNA 转录而来。实际上大多数结构基因属于单一序列基因，如蛋清蛋白、蚕的丝心蛋白、血红蛋白和珠蛋白等都是单拷贝基因，正因为这一特点，结构基因的突变很容易造成遗传性状的改变，从而产生遗传性疾病。原核生物的基因在组成上十分经济，大多是单一序列，甚至有重叠现象，某些 DNA 序列可以是一个基因的后半段，却又是另一个基因的前半段。单拷贝通过基因扩增仍可合成大量的蛋白质，如蚕的丝心蛋白基因可作为模板合成 10^4 个 mRNA，每个 mRNA 可存活 4 天，共能合成 10 000 个丝心蛋白。

（2）中度重复序列：这类重复序列的重复次数在 10～10 000，各种 rRNA、tRNA 及某些结构基因，如组蛋白基因等都属这一类。

（3）高度重复序列：高度重复序列主要有卫星 DNA 和反向重复序列。这类 DNA 只在真核生物中发现，由 6～100 个碱基组成，在 DNA 链上串联重复几十万到几百万次。卫星 DNA 其序列简单重复，G—C 含量或高或低，在 CsCl 密度梯度离心中与其他 DNA 分开，形成两个以上的峰，即含量较大的主峰和由高度重复序列形成的小峰，因此该小峰被称为卫星峰，高度重复序列被称为卫星 DNA。原位杂交法证明，许多卫星 DNA 均位于染色体的着丝粒部分，也有一些在染色体臂上，是异染色质的组成部分，通常不转录。卫星 DNA 的功能不明，可能与染色体的稳定性有关。

某些 DNA 序列具有方向相反、但序列相同的区域，称为反向重复序列，也叫回文结构（palindrome）。反向重复序列在变性后再退火时，每条链都能自己互补形成碱基配对，在电子显微镜下可以看到十字形结构。人类基因组约含 5%的这类序列，大部分都以单拷贝的形式散布于基因组中，其功能与复制转录的调控有关。细菌中分离到的Ⅱ类限制性内切酶的识别切割位点都是这种反向重复序列。

（二）染色质和核小体

由 DNA 和组蛋白组成的染色质纤维细丝是许多核小体连成的念珠状结构。

研究发现，核小体是由 H_2A、H_2B、H_3、H_4 各两个分子生成的八聚体和由大约 200bpDNA 组成的。八聚体蛋白质在中间，DNA 分子盘绕在外，而 H_1 则在核小体的外面。所以，每一个核小体中含有 1 条 200bp 的 DNA 片段和两个分子的 H_2A、H_2B、H_3、H_4 及 1 个分子的 H_1。如用核酸酶水解核小体可产生只含 140bpDNA 的核心颗粒，其中包括组蛋白八聚体及其结合的 140bpDNA，该序列绕在核心外面形成 1.75 圈，每圈约 80bp。

DNA 是一个又细又长的分子，如果是自由地存在于细胞核中，将难于复制转录。其实 DNA 是有机地组装压缩在染色体中的，其中核小体的形成是染色体中 DNA 压缩的第一个阶段。在核小体中 DNA 盘绕组蛋白八聚体核心，使分子长度压缩了 6/7，200bpDNA 的长度约为 68nm，被压缩后的核小体是 10nm。人中期染色体中含 5.3×10^9 碱基对，其理论长度应是 180cm，形成核小体后的纤维长度还有 26cm，这对于细胞核来说还是一个太大的数据。

那么，DNA 进一步是怎样包装成染色体的呢？电镜下观察染色体可以看到 10nm 及 30nm

两类不同的纤维构造，其中 10nm 纤维是由核小体串联成的染色质细丝，30nm 纤维是由 10nm 的染色质细丝盘绕成螺旋管状的粗丝，称为螺线管（solenoid）。螺线管的每一个螺旋包含 6 个核小体，可进一步压缩形成超螺旋。研究表明：中期染色质是一细长、中空的圆筒，直径为 4000nm，这个超螺旋圆筒进一步压缩便成为染色单体。

非组蛋白可能在稳定染色体的高级结构方面起重要的作用。例如，用硫酸葡聚糖和肝素处理人中期染色体可除去组蛋白和部分非组蛋白，这种无组蛋白的染色体仍含有 30 种左右的蛋白质统称为骨架蛋白。用电镜可以看到这种骨架及其周围的 DNA，表明非组蛋白也可能是染色体的结构蛋白。

四、线粒体 DNA（mtDNA）结构的特点

线粒体是真核细胞内重要的细胞器，是能量生成的场所，还参与脂肪酸的合成及某些蛋白质的合成。多年来的研究发现线粒体有其自己的一套遗传控制系统，同时也受到细胞染色体 DNA 的控制。

mtDNA 与质粒 DNA 一样，也是双链的超螺旋环状分子（原生动物中的草履虫及四膜虫的 mtDNA 是双链线性分子）。碱基的组成也是 A、T、G 和 C。mtDNA 的相对分子质量多在（1～200）$\times 10^6$，一般来说，动物 mtDNA 较小，约为 10×10^6，植物的 mtDNA 较大，约为（70～200）$\times 10^6$。mtDNA 的复制属于半保留复制，可以是 θ 型复制，或滚环复制。另一种比较突出的特点是所谓 mtDNA 的 D 环复制，即两条 DNA 链不同时开始复制，而是一条在前，一条在后，因而在复制进行中生成 D 环。

线粒体 DNA 的双重遗传控制：线粒体除具有 DNA 外，还有自己的蛋白质合成系统，如 mRNA、tRNA、核糖体等。这些成分与细胞质的相应组分不同，而与细菌的比较相似。此外，mtDNA 的复制和转录都是自己的聚合酶来完成的。mtRNA 聚合酶只是一条简单的多肽链，这也与真核细胞的酶不同，而且此细菌酶对原核细胞转录酶抑制剂利福平敏感。蛋白质合成时，线粒体核糖体上的蛋白质合成也受细菌蛋白质合成抑制剂如氯霉素、链霉素的抑制。这些情况说明线粒体的许多组分是自主的，不受细胞核的控制，而且在许多方面与原核生物的相似。

另一特点是参与呼吸链的一些酶成分是受双重遗传控制的，即部分亚基为细胞核基因所编码，另一些亚基则是 mtDNA 编码的。根据线粒体的这些特点 Margulis 提出了线粒形成的内共生学说（endosymbiont theory）。在进化过程中原始的厌气细菌吞噬了原核生物（如细菌、蓝绿藻等）形成共生关系。寄生为共生者提供营养和保护，共生者为寄主提供能量生成系统。最终，共生者演化成细胞的组成成分——线粒体。

第二节　RNA 空间结构与功能

DNA 是一种信息分子，它是遗传信息的载体。蛋白质是生物功能的具体表现者，存在于 DNA 分子中的遗传信息只有通过蛋白质的功能来体现。RNA 也是具有 DNA 类似结构的信息分子，但有些 RNA 还具有蛋白质样的生物学功能。RNA 是联系 DNA 与蛋白质的纽带。与 DNA 比较而言，RNA 种类繁多，相对分子质量相对较小，结构没有像 DNA 那样严谨的模式。将 DNA 分子中的遗传信息表达为蛋白质的氨基酸序列过程中，各类 RNA 如 mRNA、rRNA 和 tRNA 等分别发挥作用。RNA 分子一般以单链形式存在，但是可以有局部二级结构，即由分子内不同核苷酸序列区段之间通过碱基互补配对形成局部双螺旋，碱基互补配对发生于鸟嘌呤与胞嘧啶之间（G≡C）和腺嘌呤与尿嘧啶之间（A═U）。形成局部双螺旋的两个核苷酸序列区段，其走向相反，一个区段是 5'→3'走向，另一个区段就是 3'→5'走向。此外，现在已知，tRNA 还具有明确的三级结构。RNA 种类参见表 12-1。

表 12-1 动物细胞内主要的 RNA 种类及功能

	细胞核和胞质	线粒体	功　能
核糖体 RNA	rRNA	mt rRNA	核糖体组成成分
信使 RNA	mRNA	mt RNA	蛋白质合成模板
转运 RNA	tRNA	mt tRNA	转运氨基酸
核不均一 RNA	hnRNA		成熟 mRNA 的前体
核内小 RNA	snRNA		参与 hmRNA 的剪接、转运
核仁小 RNA	snoRNA		rRNA 的加工和修饰
胞质小 RNA	scRNA/7SL-RNA		蛋白质内质网定位合成的信号识别体的组成成分

一、核糖体 RNA

蛋白质生物合成的场所——核糖体（也称核蛋白体）由蛋白质和 RNA 两部分组成。其中 RNA 部分就是核糖体 RNA（ribosomal RNA，rRNA），核糖体中蛋白质有数十种，大多是相对分子质量不大的多肽类，分布在核糖体大亚基的蛋白质称为 Rpl，在小亚基的称 Rps。rRNA 是细胞内含量最多的 RNA，约占 RNA 总量的 80%以上。

原核生物和真核生物的核糖体均由易于解聚的大、小两个亚基组成。原核生物的 rRNA 共有 5S、16S、23S 3 种。原核生物的核糖体小亚基由 16S rRNA 和 20 多种 Rps 组成，大亚基由 5S 及 23S rRNA 和 30 多种 Rpl 组成。真核生物的核糖体小亚基由 18S rRNA 和 30 多种 Rps 组成；大亚基则由 5S、5.8S、28S 3 种 rRNA 和 49 种 Rpl 组成（图 12-3）。

- 原核生物核糖体（70S）以大肠杆菌为例
  - 小亚基（30S）
    - rRNA （16S）
    - 蛋白质（21种，占40%重）
  - 大亚基（50S）
    - rRNA （18S）
    - 蛋白质（31种，占30%重）
- 真核生物核糖体（80S）以小鼠肝为例
  - 小亚基（40S）
    - rRNA （18S）
    - 蛋白质（33种，占50%重）
  - 大亚基（60S）
    - rRNA （28S；5.85S；5S）
    - 蛋白质（49种，占35%重）

图 12-3　原核生物和真核生物的核糖体组成

各种 rRNA 的碱基顺序均已测定，并据此排出其二级结构。数种原核生物的 16S rRNA 的二级结构颇相似，呈花状。形核 30S 小亚基。因此，小亚基的立体形状可能主要决定于其中的 16S rRNA 的结构。

无论在试管内或细胞内，大、小亚基都易于组成核糖体整体或分离成两部分。几十种多肽是如何互相连接，又怎样与几种 rRNA 相连的呢?用提纯了的亚基所有的肽和 rRNA 在试管内混合，发现不需加入酶或 ATP 就可以自动组装成为有活性的亚基，但 rRNA 之间却不能互相替代，也即说这种自我组装过程是以 rRNA 为主导的。虽然所有多肽在组装中也是缺一不可的，但不同的肽可能有酶的作用或起别构效应。现已证明某些核糖体蛋白具有酶的功能，但其中大多数还未弄清其具体作用。

二、信使 RNA（mRNA）与核不均一 RNA（hnRNA）

信使 RNA 是一种能转录 DNA 分子上遗传信息的中间物质，其核苷酸序列决定着合成蛋白质的氨基酸序列。在真核生物中，最初转录生成的 RNA 称为核不均一 RNA（hnRNA），hnRNA

是 mRNA 的未成熟前体。两者之间的差别主要有两点：一是 hnRNA 核苷酸链中的一些片段将不出现于相应的 mRNA 中，这些片段称为内含子（Intron），而那些保留于 mRNA 中的片段称为外显子（Exon）。即 hnRNA 在转变为 mRNA 的过程中经过剪接，被去掉了一些片段（内含子），余下的片段（外显子）被重新连接在一起；二是 mRNA 的 5′端被加上一个 m7Gppp（7-甲基鸟苷-3-磷酸）帽子，在 mRNA3′端多了一个多聚腺苷酸（polyA）尾巴。在原核生物中，mRNA 没有这种首、尾结构。帽子结构的主要作用是为核糖体识别 mRNA 提信号；增加 mRNA 的稳定性，使其免受 5′-3′外切酶的攻击。

三、转运 RNA（tRNA）

转运 RNA（transfer RNA，tRNA）约占全部 RNA 的 5%，是细胞中分子质量最小的一类核酸，约 25kDa，目前已完成一级结构测定的 tRNA 有 100 多种，由 70～90 个核苷酸组成。tRNA 在蛋白质生物合成过程中具有转运氨基酸的作用，它的名称也是由此而来的。它在蛋白质生物合成的起始作用中，在 DNA 反转录合成中及其他代谢调节中也起重要作用。细胞内 tRNA 的种类很多，每一种氨基酸都有其相应的一种或几种 tRNA。tRNA 的结构特点可概括如下。

（1）tRNA 分子中含有 10%～20%的稀有碱基（rare bases）。稀有碱基是指除 A、G、C、U 外的一些碱基，包括双氢尿嘧啶（DHU）、假尿嘧啶（ψ，pseudouridine）和甲基化的嘌呤（^{m}G、^{m}A）等（图 12-4）。一般的嘧啶核苷以杂环上 N—1 与糖环的 C—1'连成糖苷键，假尿嘧啶核苷则用杂环上的 C—5 与糖环的 C—1'相连。

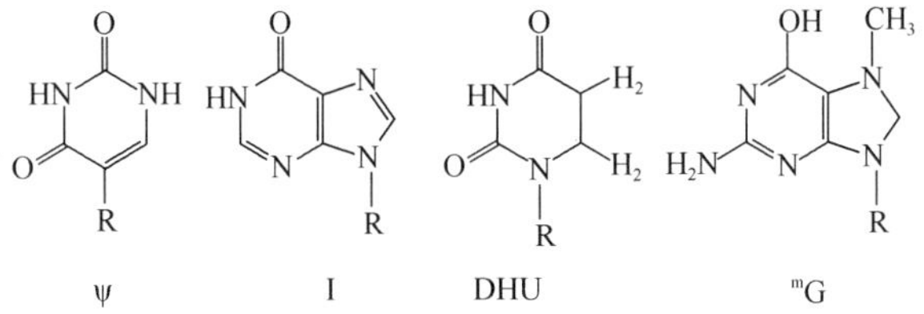

图 12-4　tRNA 中的稀有碱基

ψ.假尿嘧啶核苷；I.次黄嘌呤核苷；DHU.二氢尿嘧啶核苷；^{m}G.甲基鸟嘌呤核苷

（2）组成 tRNA 的几十个核苷酸中存在着一些能局部互补配对的区域，可以形成局部双链，进而形成一种茎-环样（stem-loop）结构或发夹结构。这些局部配对的碱基双链构成茎状，中间不能配对的部分则膨出形成环状或襻状。由于这些茎-环样结构的存在，使得 tRNA 形成了如图 12-5A 所示的三叶草形（cloverleaf pattern）结构，这种三叶草是 tRNA 共同的二级结构，所有结构明确的 tRNA 均有这种结构。在此结构中，从 5'端起的第一个环为 DHU 环，以含二氢尿嘧啶为特征；第二个环为反密码子环，其环中部的 3 个碱基可以与 mRNA 的三联体密码子形成碱基互补配对，构成反密码中（anticodon），在蛋白质合成时引入正确的氨基酸。次黄嘌呤核苷酸（I）常出现于反密码子中；第三环为 Tψ 环，以含胸腺核苷和假尿苷为特征；在反密码子环与 Tψ 环之间，往往存在一个额外环，由 3～18 个核苷酸组成。不同的 tRNA 具有不同大小的额外环，所以额外环是 tRNA 分类的重要指标，这个环的碱基种类和数量高度可变，在 3～18 个不等，往往富含稀有碱基。

（3）X 线衍射结构分析显示所有 tRNA 都有明确的、相似的三级结构。tRNA 的三级结构均呈倒“L”形，其中 3′端含 CCA—OH 的氨基酸臂位于一端，反密码子环位于另一端，DHU 环和 Tψ 环在空间上相互邻近。tRNA 三级结构的维系主要是依赖核苷酸之间形成的各种氢键。各种 tRNA 分子的核苷酸序列和长度相差较大，但其三级结构均呈倒“L”形，提示这种空间结构与 tRNA 的功能有密切关系（图 12-5B）。

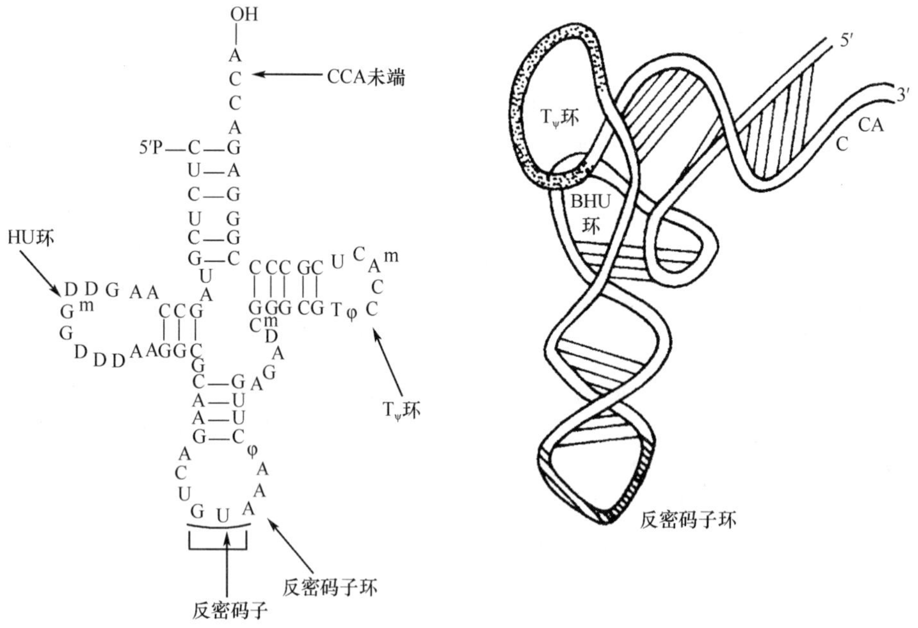

A B

图 12-5 酵母 tRNA 的一级结构与空间结构

A. 酵母 tRNA 的一级结构与二级结构；B. tRNA 的倒 L 形二级结构

四、其他小分子 RNA 及 RNA 组学

除了上述三种 RNA 外，细胞的不同部位还存在着许多其他种类的小分子 RNA，这些小 RNA 被统称为非 mRNA 小 RNA（small non-messenger RNA，snmRNAs）。有关 snmRNAs 的研究近年来受到广泛重视，并由此产生了 RNA 组学（RNomics）的概念。RNA 组学研究细胞中 snmRNAs 的种类和结构和功能。同一生物体内不同种类的细胞、同一细胞在不同时间、不同状态下 SnmRNAs 的表达具有时间和空间特异性。

SnmRNAs 主要包括核内小 RNA（small nuclear RNA，snRNA）、核仁小 RNA（small nucleolar RNA，snoRNA）、胞质小 RNA（small cytoplasmic RNA，scRNA）、催化性小 RNA（small catalytic RNA）、小片段干扰 RNA（small interfering RNA，siRNA）等。这些小 RNA 在 hnRNA 和 rRNA 的转录后加工、转运及基因表达过程的调控等方面具有非常重要的生理作用。

小核 RNA（snRNA，small nuclear RNA）存在于真核细胞的细胞核内，是一类称为小核核糖体复合体（snRNP）的组成成分，有 U1、U2、U4、U5、U6snRNA 等，均为小分子核糖核酸，长约 100～300 个核苷酸，其功能是在 hnRNA 成熟转变为 mRNA 的过程中，参与 RNA 的剪接并且在将 mRNA 从细胞核运到细胞质的过程中起着十分重要的作用（表 12-2）。

表 12-2 snRNA 的种类与功能

snRNA	分子大小（核苷酸数）	功能
U1	165	结合 5′-剪接点
U2	185	结合于分支点
U5	116	结合于 3′-剪接点
U4	145	装配剪接颗粒
U6	106	

小胞质 RNA（scRNA，small cytosol RNA）又称为 7SL RNA，长约 300 个核苷酸，主要存在于细胞质中，是蛋白质定位合成于粗面内质网上所需的信号识别体（signal recognization particle）的组成成分。

第三节　核酸疫苗的研究进展

核酸疫苗就是将编码某种特异抗原的外源基因克隆到真核表达质粒上，然后把该重组质粒接种于机体，使这一外源基因在宿主体内表达，产生抗原刺激机体免疫系统，诱导特异性免疫反应。核酸疫苗是继灭活疫苗、减毒活疫苗和基因工程重组蛋白疫苗之后的第 3 代疫苗。

1994 年 5 月世界卫生组织全球疫苗和免疫规化等三个机构在日内瓦联合召开核酸疫苗会议，与会者充分肯定了核酸疫苗的潜在应用价值。核酸疫苗具有许多突出的优点：①能表达天然蛋白抗原，形成正确的折叠和翻译后糖基化等修饰，递呈给宿主免疫系统与自然感染过程相似，更接近天然分子形式，包括构型相关位点，因而能诱导更有效的免疫应答。②可诱导出全方位免疫，包括细胞免疫和体液免疫，核酸疫苗免疫后，可检测出较高滴度的特异性抗体和 CTL 反应。③生产简便、成本低廉、稳定性好且储存方便，核酸疫苗只涉及基因方面操作，既不像第 1 代减毒活疫苗那样需要放射线的防护设施，也不像第 2 代蛋白/多肽疫苗那样需要细胞培养、蛋白纯化等复杂过程。④使用安全，没有感染病原的危险，核酸疫苗仅仅是病原体某种抗原的基因片段，而不是整个病原体的基因，且利用质粒作载体，不涉及感染性因子。⑤免疫具有持续性，一次接种可获得长期免疫力，避免了灭活疫苗、重组亚单位疫苗等需多次加强免疫的繁琐。⑥同种异株的交叉保护作用，采用同种不同株之间的保守 DNA 序列作核酸疫苗，可以使其免疫作用突破地理株的限制，这在甲型流感病毒中已得到证实。因此，核酸疫苗已在细菌、病毒、寄生虫等感染性疾病预防中显示出巨大的潜力。实验证明，DNA 疫苗兼有重组亚单位疫苗的安全性和减毒活疫苗诱导全面免疫应答的高效力。核酸疫苗的研究正在成为一个新的发展方向。

核酸疫苗的作用机理

1990 年由 Wolff 等首先提出裸露 DNA 技术，他们试图用化学方法促使小鼠的肌细胞吸收质粒 DNA 以产生新的蛋白质，设置的对照组在注射 DNA 时未加任何化学试剂。出人意料的是对照组动物肌细胞吸收了这种裸露质粒 DNA 并高水平地表达了外源蛋白质。1991 年 Williams 等发现注入基因在体内表达的蛋白质可诱导免疫应答。1992 年 Tang 等的实验证实了 Williams 等的发现。1993 年 Ulmer 等证实小鼠肌内注射编码甲型流感病毒核蛋白的重组质粒后，可有效地保护小鼠抗不同亚型流感病毒的攻击。

随后又有大量动物实验结果说明在合适的条件下，DNA 接种后既能产生细胞免疫又能引起体液免疫。目前使用的有质粒 DNA 和 mRNA 两种表达载体。利用 mRNA 作疫苗可以解决 DNA 疫苗相关的一些安全性问题。因为 mRNA 存在时间较短，不会整合到染色体 DNA 中去，因而不会引起插入突变。已证明 mRNA 直接注入小鼠骨骼肌在体内导致报道基因的短暂表达。Martinon 等将编码甲型流感病毒 NP 的 mRNA 用脂质体包封后直接经皮下和静脉内注入体内，有效地激发了抗病毒特异性的细胞毒性 T 细胞效应，而且 mRNA 翻译产生的 NP 蛋白能根据相应的 MHC Ⅰ型分子被加工成不同的抗原多肽。应当强调的是，mRNA 并不能代替 DNA 疫苗，它不具备 DNA 的所有优点。其表达短暂而不能诱导长期的免疫力。另外，mRNA 不如 DNA 稳定，其生产、储存、运输所需费用都比 DNA 高。而质粒 DNA 性质较稳定，易于提取和保存，在体内表达时间长并可诱发较强的免疫应答，故更常用。与灭活疫苗、减毒活疫苗和重组基因工程疫苗不同，常用核酸疫苗的化学性质为双链环状 DNA。对于其免疫机理，目前还不能完全诠释。

第四节 基 因

一、基因概念

基因（gene）是大分子 DNA 的一段序列。但基因的概念是不断变化、发展的。随着微生物和生化遗传学的发展，认识到基因相当于编码一个蛋白质的 DNA 区域，因而基因被认为是功能单位，因而提出了“一个基因一个酶”的假设。随着分子生物学的发展，基因被定义为是转录功能单位，是编码一种可扩散产物的一段 DNA 序列，其产物可以是蛋白质或 RNA。一个完整的基因应该由两部分组成，即编码区和调控区。编码区的产物可以游离扩散，因而是反式作用的。调控区是不形成产物的 DNA 序列，而是接受调控蛋白的作用，对物理上连锁的编码区实行调控，因而是顺式作用的。所以，一个基因包括编码一个蛋白质或 RNA 的全部 DNA 序列，以及编码区之外对编码区转录功能所必要的非编码的调控区。

二、基因的新概念

随着分子生物学和分子遗传学的不断进步，特别是由于发展出了诸如 DNA 分子克隆技术和快速准确的核苷酸序列分析，以及核酸分子杂交技术等现代生物学实验手段，使人们能够从分子水平上研究基因的结构与功能，发现了“移动基因”、“断裂基因”、“假基因”、“重叠基因”等有关基因的新概念。

（一）移动基因

移动基因（movable gene）又叫转位因子（transposable elements），由于它可以在染色体基因组上移动，甚至可在不同染色体间跃迁，故又称跳跃基因（jumping gene），这种基因是 J.A.Shapiro 在研究大肠杆菌高效突变时发现的。后称这种 DNA 片段为插入序列（insertion sequences，简称 IS），现在一般叫做 IS 因子（IS elements），其长度介于数百个到数千个碱基对之间。

现已发现在细菌中存在着三种类型的转位因子，相对分子质量小于 2000bp（碱基对）的一般叫插入序列，大于 2000bp 的称为转位子（Transposon，Tn），第三种类型为噬菌体 Mu 和 D108（图 12-6）。

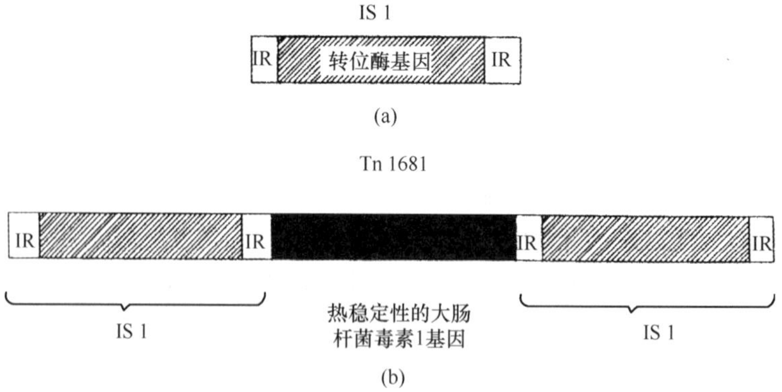

图 12-6 转位子的形体图

（a）插入序列；（b）复合转位子

图中（a）为简单的转位子，也叫做插入序列，具有一个控制转位作用的转位酶基因，它通常被反向重复序列（IR）所包围；（b）为复合的转位子 Tn1681，具有 2 个插入序列（IS 1）和 1 个热稳定的大肠杆菌毒素 1 基因。

（二）断裂基因

过去人们一直认为，基因的遗传密码子是连续不断地并列在一起，形成一条没有间隔的完整的基因实体。但以后通过对真核蛋白质编码结构的分析发现，在它们的核苷酸序列中间插入有与氨基酸编码无关的 DNA 间隔区，使一个基因分隔成不连续的若干区段。我们称这种编码序列不连续的间断基因为断裂基因（split gene）。有人认为，断裂基因是近二三十年来生物学上最惊人的发现之一。

不连续的断裂基因的表达程序是：先转录成初级转录物，即核不均一性 RNA（hnRNA），然后经过删除和连接，除去无关的 DNA 间隔序列的转录物，便形成了成熟的 mRNA 分子；它从细胞核中输送到细胞质，再转译成相应的多肽链。此种在 mRNA 成熟加工过程中其转录物被剪除掉的 DNA 部分，叫做内含子（intron），被保留下来的 DNA 部分叫做外显子（exon）。而这种间隔子的删除和表达子的连接最后形成成熟 mRNA 的过程，则称为 RNA 剪辑（RNA splicing）。

（三）假基因

1977 年，G.Jacq 等根据对非洲爪蟾 5S rRNA 基因簇（gene cluster）的研究，首次提出了假基因的概念。他们的研究发现，这个 5S rRNA 基因，与同一个基本上相同、但又不是完全相同的 5S rRNA 基因的复本序列直接相邻。由于在体内从未检出过这段 5S rRNA 基因复本序列的 mRNA 分子，说明它是没有表达活性的。因此，C.Jacq 等特称之为假基因（pseudogene）。现已在大多数真核生物中发现了假基因。这是一种核苷酸序列同其相应的正常功能基因基本相同，但却不能合成出功能蛋白质的失活基因。例如，在珠蛋白、免疫球蛋白、组织相容性抗原（histocompatibility antigen）及肌动蛋白和微管蛋白等基因家族（gene family）中，都存在着这样的功能失活的假基因。已经知道小分子质量的 pol Ⅲ RNA 和 pol Ⅱ RNA 基因中，假基因的数量较多，通常有数百个。比如 U1 snRNA（U1 是一种参与 RNA 剪辑作用的小分子质量的核内核糖蛋白）有 50～100 个功能基因，但却有 500～1000 个假基因。再如，只有 4 个功能基因的哺乳动物的 7SL RNA 基因家族，却拥有多达数百个的假基因。然而在蛋白质的编码基因中，其假基因的数目则是比较少的，在一般的情况下不会超过 20 个拷贝。

（四）重叠基因

不同基因的核苷核序列有时为相邻两个基因共用，将核苷核彼此重叠的两个基因称为重叠基因（overlapping genes），ø174 噬菌体有两种类型的重叠基因（图 12-7）。第一种类型是一个基因的核苷酸序列包含在另一个基因的核苷酸序列中，例如，B 基因是位于 A 基因中，E 基因是位于 D 基因中；第二种类型是 2 个基因的核苷酸序列的末端密码子相互重叠，如 A 基因终止密码子的 3 个核苷酸 TGA 与 C 基因的起始密码子 ATG 相互重叠了两个核苷酸（T，G），D 基因的终止密码子 TAA 与 J 基因的起始密码子 ATG 重叠了一个核苷酸 A 等。

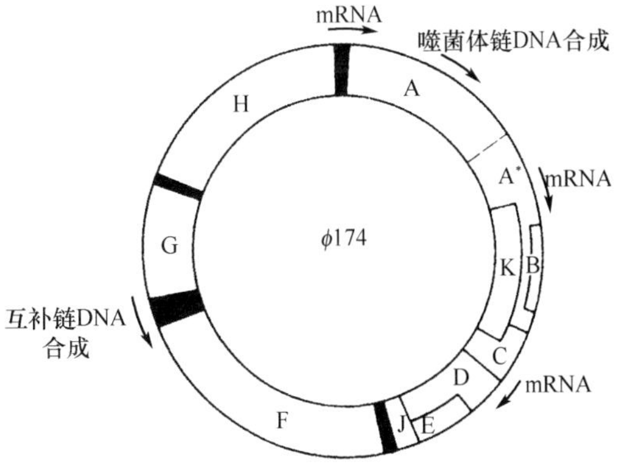

图 12-7　单链 DNA 噬菌体 ø174 的重叠基因组

［黑色区表示基因间的间隔序列。ø174 共有 9 个基因，可合成出 11 种不同的蛋白质。这是因为其中 K 蛋白质的编码序列是从邻近 A 基因末端的一个密码子开始，包括 B 基因的碱基序列，终止在 C 基因内，但它的读码结构既不同于 A 基因也不同于 C 基因；另一种蛋白质 A′（又叫 A*），是在 A 基因内再启动合成的，并使用 A 基因同样的读码结构和终止密码子，所以 A′的氨基酸顺序是 A 蛋白质的一个片段］

重叠基因是近年来在基因结构与功能研究上的一个有意义的发现。它修正了关于各个基因的多核苷酸链是彼此独立、互不重叠的传统观念。目前已在 øX174 噬菌体、G_4 噬菌体及 SV_{40} 病毒和少数真核基因中发现了重叠基因现象。但是，它是否具有普遍意义，特别是在真核生物中是否广泛存在，这些都有待进一步深入研究。

第五节 基 因 组

基因组（genome）是表示某物种单倍体的 DNA，对于二倍体高等生物，其配子的 DNA 总和即为一组基因组。众所周知，生命是由基因组决定的，每个生物都具有基因组，携带着构成和维持该生物体生命形式所必需的所有生物信息。绝大部分生物的基因组由 DNA 组成，但有一些病毒具有 RNA 基因组。不同生物的基因组大小及复杂性不同。

如表 12-3 所示，基因组大小与生物的复杂性是相符的，最简单的真核生物，如真菌有最小的基因组，高等的真核生物，如脊椎动物和显花植物有最大的基因组。这样我们有理由认为，一个生物的复杂性与该生物基因组中的基因数目有关，也就是说高等生物需要更大的基因组以安置更多的基因。但是，这种相关性并非很准确：酿酒酵母（*Saccharomyces cerevisiae*）的核基因组大约是 12Mb，是人类核基因组的 0.004 倍，如果按这个法则，那么酿酒酵母基因组中应该包括 0.004×80 000 个基因，也就是说 320 个基因。而实际上酿酒酵母基因组大约包括 6000 个基因。

表 12-3 基因组大小

生物	基因组大小（Mb）	生物	基因组大小（Mb）
原核生物		海胆（*Strongylocentrotus purpuratus*）	845
生殖道支原体（*Mycoplasma genitalium*）	0.58	蝗虫（*Locusta migratoria*）	5 000
大肠杆菌（*Escherichia coli*）	4.64	脊椎动物	
巨大芽孢杆菌（*Bacillus megaterium*）	30	河豚 *Fugu rubripes*（pufferfish）	400
真核生物		人 *Homo sapiens*（humans）	3 000
真菌		家鼠 *Mus musculus*	3 300
酿酒酵母（*Saccharomyces cerevisiae*）	12.1	植物	
Aspergillus nidulans	25.4	拟南芥（*Arabidopsis thaliana*）	100
原生动物		水稻（*Oryza sativa*）	565
Tetrahymena pyriformis	190	豌豆（*Pisum sativum*）	4 800
无脊椎动物		玉米（*Zea mays*）	5 000
线虫（*Caenorhabditis elegans*）	100	大麦（*Triticum aestivum*）	17 000
黑腹果蝇（*Drosophila melanogaster*）	140	*Fritillaria assyriaca*	120 000
蚕（*Bombyx mori*）	490		

多年来，生物复杂性和基因组大小之间关系的不确定性被看做是一个难题，即所谓的 C 值悖论。实际上答案很简单：复杂程度低的生物中基因组的空间被节省下来了，因为基因是紧密包装在一起的。1996 年完成的酿酒酵母基因组序列结果证实，酿酒酵母基因组的组织结构比人类基因组更经济。基因内部因内含子少而结构紧密，基因间因为很少有全基因组范围分布的重复序列和其他非编码的序列而间隔很小。对其他物种进行研究后也会得出这样的假说：越高级的真核生物，基因组结构越松散。我们也会看到，全基因组范围分布的重复序列对决定基因组结构的紧密性或其他方面都有令人吃惊的作用。一个普遍的原则是，较小的基因组重复序列也偏少，大的基因组则发现有大量的重复序列衍生。该假说在玉米基因组中得到了

验证，玉米基因组是 5000Mb，比人类基因组大，但在显花植物中又算是小的。玉米基因组仅有少数几个区段的序列被测定，但已得出了一些很明显的结论：玉米基因组是一个重复序列占优势的基因组。

一、病毒基因组

病毒是不能独立繁殖的非细胞型微生物，要依赖于敏感的活细胞，只有在相容纳的敏感活细胞中，利用细胞提供的合适微环境及相应的酶才能进行复制和繁殖，完整的病毒颗粒是由以核酸（RNA 或 DNA）为核心，外壳由蛋白质包裹所组成。外壳可以保护病毒体核酸免受破坏或降解，利于病毒核酸进入宿主细胞。噬菌体也是病毒，它是侵袭细菌、真菌等微生物的病毒。病毒基因组共同特点如下：

（1）与细菌相比较，病毒基因组很小，所含遗传信息量较小，只能编码少数的蛋白质。但是不同病毒的基因组大小差异又很大。

（2）病毒基因组可以由 DNA 或 RNA 组成，当然每种病毒只能含一种核酸。核酸的结构可以是单链或双链、闭合环状或线状分子。

（3）常见有基因重叠现象，即同一 DNA 序列可以编码 2 种或 3 种蛋白质分子。一个基因可以完全在另一基因内，或部分重叠，或两个基因之间只有 1 个核苷酸重叠。重叠基因使用共同的核苷酸序列，但转录成的 mRNA 有不同的阅读框架。有些重叠基因使用相同的阅读框架，但起始密码子或终止密码子不同。

（4）基因组的大部分序列用来编码蛋白质，基因之间的间隔序列非常短。因此，非编码区只占基因组的一小部分，如 øX174 的非编码区只占 217/5375。

（5）功能上相关的基因往往集中成簇，在基因组的特定部位构成一个功能单元或转录单元。转录产物往往是多顺反子 mRNA 分子，然后加工成各蛋白质的 mRNA。

（6）以 RNA 为基因组的逆转录病毒。典型的逆转录病毒有三个基本基因，即由 gag（核心蛋白）、pol（逆转录酶）和 env（包膜蛋白）组成，其基因结构见图 12-8。

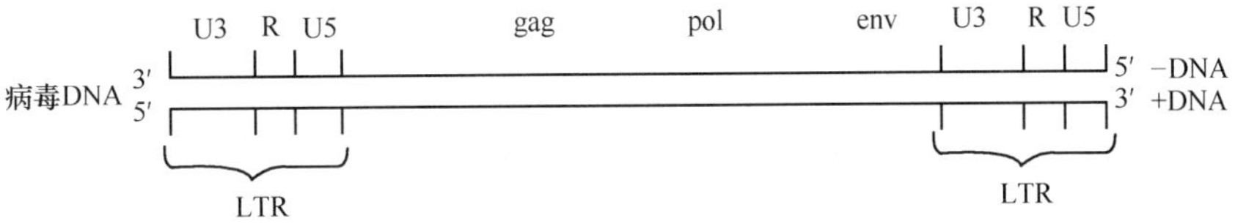

图 12-8　逆转录病毒基因组的基本结构

RNA 基因组的两端含有 U3RU5 两个完全相同的正向重复序列，从而在两末端形成了长末端重复序列（long terminal repeat，LTR）。

LTR 为激活、增强和调节病毒复制的重要区段。因此 LTR 在人类基因组中的整合也可促进其下游基因的活化和表达，如原癌基因被激活后致癌。目前也可将逆转录病毒经改造后，可作为分子克隆技术中的载体来导入宿主细胞和表达外源基因。现已在基因治疗的研究中广泛使用。

二、细菌基因组（大肠杆菌 *E.coli*）

细菌是典型的原核生物，绝大部分原核生物基因组由一个单一的 DNA 分子组成，该分子是环状的，除它们单个“染色体”外，原核生物还携带有独立于染色体外的环状或线状的较小的 DNA 分子，称为质粒。

大肠杆菌的基本图谱已全部破译，约有 3000 个基因，90%以上的基因已能作出准确定位，其基因组特点如下。

（1）有操纵子结构。数个相关的结构基因串联在一起，受同一调控区调节，合成多顺反子mRNA。

（2）蛋白质基因通常是单拷贝基因，而rRNA基因则多拷贝的。

（3）细菌中的结构基因中无内含子（intron），是连续的，其转录后不需剪接加工，也无需穿过核膜，一般是边转录边在胞浆中直接合成蛋白质。

（4）无基因重叠结构。

（5）DNA分子中有多种功能调控区，如复制起始区、复制终止区、转录启动区及转录终止区等，这些区域常具有反向重复序列，比病毒基因组复杂。

（6）与真核生物类似，具有可移动的DNA序列。

三、真核生物基因组

真核生物进化上最复杂，其基因组与原核生物基因组有很大的差异。除染色体基因组外，真核细菌还有线粒体或叶绿体，分别含有线粒体DNA或叶绿体DNA，属核外遗传物质。与染色体DNA不同的是，线粒体DNA或叶绿体DNA是在细胞融合时由一个亲本（卵细胞）细胞质提供的，而与减数分裂无关，分别称为线粒体基因组或叶绿体基因组。真核生物染色体基因组特点如下。

（1）真核生物基因组相对分子质量大，人的单倍体基因组为3×10^9bp，比原核生物大数千倍，其体细胞基因组为双倍体（diploid），即有2份同源的基因组。

（2）真核生物基因组存在有大量低度、中度和高度重复序列，其重复次数可高达几百万以上拷贝。

（3）真核生物基因组中的功能基因大多是不连续的，为断裂基因（split gene）中间被不编码蛋白质的插入序列内含子所隔开。

（4）真核生物基因组中非编码区多于编码区，约占总DNA的90%，只有很小部分是编码蛋白质，基因表达系统中不存在操纵子结构。如编码卵蛋白的基因，内含子比外显子长得多，其中内含子占85%。

（5）真核生物基因组DNA大多与蛋白质结合形成染色体，其中DNA约占35%，RNA占5%，其余的60%为组蛋白和非组蛋白。

（6）存在一些可移动的DNA序列。

四、线粒体基因组

线粒体是生物氧化的场所，呼吸链中的某些蛋白质或酶的编码基因就在mtDNA上。线粒体还能独立合成一些蛋白质，因为线粒体有自己的rRNA、tRNA、核糖体等可以用以表达自己的基因。现在已知线粒体的基因组至少含有如下基因。

tRNA基因：在啤酒酵母mtDNA中有24个tRNA基因，粗链孢真菌的mtDNA中有40个tRNA基因，而人类mtDNA中有22个tRNA基因。

rRNA基因：在人类mtDNA中有一个拷贝的16S及12SrRNA基因。

细胞色素氧化酶基因：细胞色素氧化酶有7个亚基，其中3个亚基mtDNA编码，4个亚基由细胞核DNA编码。

ATP酶基因：ATP酶分子质量为340 kDa，含有10个亚基，其中4个由mtDNA编码。

细胞色素还原酶（b，c复制物）基因：此酶有7个亚基，其中1个由mtDNA编码。

另外，还有一些抗药性基因也在mtDNA上。

图 12-9 是哺乳动物 mtDNA 的基因组图谱，它是全长约 1650bp 的环状分子。基因图分为两部分，外环表示从重链（H 链）上转录的基因，内环表示从轻链（L 链）上转录的基因。可以看到从 H 链上转录的基因包括 12S 和 16SrRNA 基因，以及 12 条多肽链的基因。这 12 条多肽链包括 3 个细胞色素氧化酶的亚基（CoⅠ，CoⅡ，CoⅢ），2 个 ATP 酶的亚基（ATPase6，8），一个细胞色素 b 的亚基（cytb），ND1-5 编码呼吸链中 NADH 脱氢酶的 6 个亚基。URF6 由 L 链所编码，该蛋白质功能尚不清楚。tRNA 的基因分散在编码 rRNA 和多肽链的顺序之间或 L 链上，分别用其所携带的氨基酸表示。

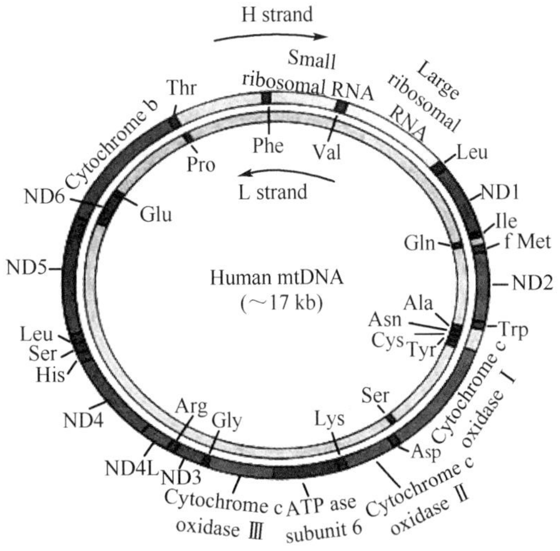

图 12-9　哺乳动物 mtDNA 的基因组图谱

与酵母 mtDNA 相比较，哺乳动物 mtDNA 的利用率较高，除与 DNA 复制起始有关的区域 D 环（D-loop）外，整个 mtDNA 基因组上基因之间无间隔区（spacer），基因中亦无内含子，甚至有基因重叠现象。另外，人 mtDNA 只有一个启动子位于不编码的 D 环上，转录从此开始，基本上沿顺时针合成一条多基因的 RNA 分子。在这多基因的前体 RNA 分子中，除有 rRNA 和各种蛋白质的编码顺序外，还有 tRNA 分散在 rRNA 和编码蛋白质的顺序之间。据认为，这些 tRNA 序列可作为核酸酶切割 RNA 前体的识别信息，使其在 tRNA 两端把 RNA 前体切开。这样，附近的 tRNA、rRNA 和 mRNA 即自然分开，经进一步加工成为成熟的 rRNA、tRNA 和 mRNA 分子。mRNA 上的 polyA 尾是在其前体与 tRNA 分开通过加 polyA 加上去的。

思 考 题

1. 试述基因的概念，基因的主要功能是什么？

2. 试述 DNA 的结构，Watson 和 Crick 提出的 DNA 双螺旋结构对于现代分子生物的发展具有哪些意义？

3. 试述 RNA 的分类及其功能。

（蒋菊香　彭　森　顾范博）

第 13 章　基因组学及基因克隆常用策略与基因功能研究方法

基因组学时代的主要任务是阐明各种生物基因组 DNA 中碱基对的序列信息、破译相关的遗传信息、遗传图谱制作、核苷酸序列分析，确定基因组成和基因定位。后基因组学时代则是进行基因组功能注释，就是利用基因组所提供的信息和产物，发展应用新的实验手段，通过在基因组或系统水平上全面分析基因的功能，力图从基因组整体水平上对基因的活动规律进行阐述。这项工作的开展需要首先对基因组序列信息中的基因进行识别，即基因克隆。克隆化基因不仅可以用于兴旺生命科学工业（如制药业等），改良农作物、畜禽品种等，还可以用于对遗传性疾病进行基因治疗，探索疾病的分子机制和生物发育调控规律。由于基因组计划要耗费大量人力、物力、财力，所以并非每一种生物都可以拿来测序，而且模式生物的基因有时并不能直接用于其他生物，因而克隆其他生物中对人类有益的基因也变得日益重要，随着基因专利权的建立和完善，基因争夺大战的硝烟日益弥漫全球，克隆基因似乎有着一本万利的诱惑力，在这样一个大环境下，克隆基因的技术也随着分子生物学发展的步伐而日臻完善和多样化，在传统遗传学（正向遗传学）占主导地位的时代，常见的方法如传统的功能克隆（functional cloning）、表型克隆（phonetypical cloning）包括递减杂交（substractive hybridization）、差异显示 PCR（DD-RT PCR）、差异显示分析（RDA）、抑制性扣除杂交（SSH）、cDNA 代表性差异分析（cDNA-RDA）、cDNA 微阵列技术（cDNA microarrays）、基因表达系列分析（SAGE）、基因鉴定集成法（intergrated procedure for gene identification）等；而在反向遗传学途径中则以定位克隆（positional cloning）技术较为常见，在未知基因的功能信息又无适宜的相对表型用于表型克隆时，上述两种方法较为常用；同时，随着现代生物信息学的发展，电子克隆（silicon cloning）出现，更为研究者提供了方便、迅捷的方法。

第一节　基因组学

人类基因组计划（HGP）的迅速进展及几种模式生物基因组测序的相继完成为人类提供了大量的基因组信息，这已成为科研工作者探索生命奥秘的入手点。基因组（genome）是 1924 年提出用于描述生物的全部基因和染色体组的概念。基因组学出现于 20 世纪 80 年代，90 年代随着几个物种基因组计划的启动，基因组学取得长足发展。基因组学（genome）是研究生物基因组和如何利用基因的一门学问。提供基因组信息及相关数据系统利用，试图解决生物、医学和工业领域的重大问题，是阐明整个基因组的结构、结构与功能关系及基因之间相互作用的科学，也用于概括涉及基因作图、测序和整个基因组功能分析的一门前沿科学。对真核生物体而言，基因组是指一套完整单倍体 DNA（染色体 DNA）及线粒体或叶绿体 DNA 的全部序列，细菌基因组包含了拟核和质粒中的 DNA 序列。病毒基因组有的为 DNA（DNA 病毒），有的则为 RNA（RNA 病毒）。

基因组学，其强调的是以基因组为单位，而不是以单个的基因为单位。其任务主要是阐明各种生物基因组 DNA 中碱基对的序列信息、破译相关的遗传信息、遗传图谱制作、核苷酸序列分析，确定基因组成和基因定位。后基因组学（Postgenomics）时代则是进行基因组功能注释，就是利用基因组所提供的信息和产物，发展应用新的实验手段，通过在基因组或系统水平上全面分析基因的功能，力图从基因组整体水平上对基因的活动规律进行阐述。基因组学有着十分光明、广泛的应用前景，能为一些疾病提供新的诊断、治疗方法。例如，对诊断为乳腺癌的女性，一个名为“Oncotype DX”的基因组测试，能用来评估患者乳腺癌复发的个体危险率及化疗效果，这有助于医生获得更多的治疗信息并进行个性化医疗。基因组学还被用于食品与农业部门。基因组学在研究上可以分为三类，即结构基因组学（structural genomics）、功能基因组学（functional genomics）和比较基因组学（comparative genomics）。

一、结构基因组学

结构基因组学是基因组学的一个重要组成部分和研究领域，是以全基因组测序为目标，确定基因组的组织结构、基因组成及基因定位的基因组学的一个分支，它代表基因组分析的早期阶段。其研究内容包括以下几个层面：①遗传图谱：利用各种 DNA 多态性，如 SSP、SNP 等分子标记手段，通过计算遗传标志之间的重组频率，建立遗传连锁图谱。②物理图谱：通过构建全基因组 YAC、BAC 等，采用如 STS、EST 等标记手段，通过文库克隆之间的重叠序列，确定片段间的连接顺序和遗传标志间的物理距离。③序列图谱：根据物理图谱将基因组分为若干具有标识的区域，进行测序分析，在同一区域内需要利用 DNA 片段重叠群是测序工作得以不断延伸或采取全基因组鸟枪法等策略，直至完成全基因组测序。④基因图谱：通过基因表达产物 mRNA 反追到染色体中，确定基因在基因组中的位置，运用正常基因图谱，就可以构建特定条件下与异常情况下 cDNA 差异图谱。

二、功能基因组学

结构基因组学代表基因组分析的早期阶段，而功能基因组学代表基因组分析的新阶段。功能基因组学，又被称为后基因组学，它利用结构基因组所提供的信息和产物，发展和应用新的实验手段，通过在基因组或系统水平上全面分析基因的功能，使得生物学研究从对单一基因或蛋白质的研究转向多个基因或蛋白质同时进行系统的研究。其目的是基因功能发现、基因表达分析及突变检测、从基因组整体水平上对基因的活动规律进行阐述。研究内容也非常广泛，包括：基因功能的研究、基因组的表达及时空调控的研究、蛋白质组及蛋白质组学的研究、基因组多样性的研究、模式生物体的基因组研究。功能基因组的研究将为人们深入理解人类基因组遗传语言的逻辑构架，基因结构与功能的关系，个体发育、生长、衰老和死亡机制，神经活动和脑功能表现机制，细胞增殖、分化和凋亡机制，信息传递和作用机制，疾病发生、发展的机制和各种生命科学问题提供共同的科学基础。

三、比较基因组学

伴随着基因组的研究，相关信息出现了爆炸性增长，迫切需要对大量基因组数据进行处理，这时比较基因组学就应运而生了。

比较基因组学是基于基因组图谱和测序基础上，对已知基因和基因组进行比较，利用不同物种基因组之间功能区域顺序上、组织结构上的同源性，克隆新基因，揭示基因功能，阐明物种进化关系及基因组的内在结构的一门科学。比较基因组学的主要研究内容包括：①研究不同生物、不同物种基因组结构和功能上的相似及差异，勾画出详尽的系统进化树，而且显示进化过程中最主要的变化所发生的时间及特点。据此可以追踪物种的起源和分支路径。②分析了解同源基因的功能。③对序列差异性的研究有助于认识大自然生物多样性的产生基础。比较基因组学的研究包含有种内比较基因组学和种间比较基因组学。种间比较基因组学是通过对不同亲缘关系物种的基因组序列进行比较，能够鉴定出编码序列、非编码调控序列及给定物种独有的序列。而种内比较基因组学是指同种群体内基因组存在大量的变异和多态性，正是这种基因组序列的差异构成了不同个体与群体对疾病的易感性和对药物与环境因子不同反应的遗传学基础。

第二节 基因组学常用策略

一、基 因 作 图

从格里菲斯（Griffith）和埃弗里（Avery）证明了基因的本质是 DNA，基因是 DNA 分子上的功能单位，沃森和克里克提出 DNA 双螺旋结构模型开始，将特定的基因定位于染色体的特定部位，并测定组成基因的全部核苷酸序列（DNA 全序列测定）就成了最具吸引力的研究内容。染色体 DNA 很长，不能直接用来测序，故第一步必须将基因组这一巨大的研究对象进行分解、标记，使之成为较易操作的小的结构区域，这个过程就是基因作图，又称基因定位。根据使用的遗传标志和分析方法不同，初期的作图有三张：一是计算连锁的遗传标记之间的重组频率，确定它们之间相对距离的遗传图；二是确定遗传标记之间物理距离的物理图；三是转录表达序列测定的转录图。在 HGP 实施过程中，采用了遗传作图和物理作图的策略。

1. 遗传作图 遗传作图即绘制连锁图，遗传图又称连锁图，是指通过遗传重组所得到的基因线性排列图。它是通过计算连锁的遗传标志之间的重组频率，确定它们的相对距离，一般用厘摩（cM）来表示，这对疾病基因的定位是至关重要的。遗传连锁图的绘制依赖于 DNA 多态性标记的开发。早期使用的多态性标志有 RFLP（限制性酶切片段长度多态性）、RAPD（随机引物扩增多态 DNA）、AFLP（扩增片段长度多态性）；第二代标记是 20 世纪 80 年代后出现的 STR（短串联重复序列，又称微卫星）DNA 遗传多态性分析；20 世纪 90 年代发展了第三代标记——SNP（单个核苷酸的多态性分析）。通过计算连锁标记之间的重组频率作图，大大提高了分辨率，最小间距达到 1.6cM。人类基因组计划的最初目标之一是做出密度为每 1Mb 基因组就至少有一个标记的遗传图。这个目标已在 1994 年达到。实际上人类基因组作图在 20 世纪 90 年代中期取得了巨大进展，最终得到密度为每 100kb 一个标记的遗传和物理综合图谱。

2. 物理作图 物理作图即描绘杂交图、限制性酶切图及克隆系图，是在遗传作图的基础上制作的更为详细的人类基因组图谱。物理图是以已定的 DNA 序列为标志，利用分子遗传学和分子杂交的方法确定各种 DNA 标记在基因组 DNA 上相对位置的排列图，以 DNA 实际长度碱基对（bp），千碱基对（kb）或兆碱基对（Mb）为图距。目前已有多种物理作图方法，但其中最重要的为限制酶作图、荧光原位杂交作图（FISH）、序列标记位点作图（STS）等三种。前两种作图只能用于相对较小的 DNA 分子。最有效的物理作图技术，也是能对大基因组做出最详尽图谱的技术，是 STS 作图。

STS 作图首先需要获得分布在整个基因组的序列标记位点。STS 序列在染色体上已明确定位，最好为单拷贝序列片段，不会导致同源片段的干扰，每个 STS 在基因组中是散在的，每隔一段基因组 DNA 就有一个。如已定位的微卫星序列和少量非编码单拷贝序列。用得最多的 STS 是已定位的 cDNA 库的表达顺序（300～500bp）片段，称为表达序列标签（EST），用 EST 构建的物理图又叫转录图。1998 年底完成的物理图已包含 52 000 个 STS，远远超出了 HGP 的预定 30 000 个 STS 的目标。

物理作图第二步需要构建覆盖整个基因组的 DNA 克隆文库。由于基因组太大，为了减少文库的克隆数量，通常先构建大片段 DNA 克隆和连续克隆系，如酵母人工染色体（YAC）、细菌人工染色体（BAC）和噬菌体人工染色体（PAC）等，在此基础上构建亚克隆。构建连续克隆系图是最重要的一种物理作图，它是在采用酶切位点稀有的限制性内切酶或高频超声破碎技术，将 DNA 分解成大片段后，再通过构建酵母人工染色体（yeast artificial chromosome，YAC）或细菌人工染色体（bacterial artificial chromosome，BAC），获取含已知基因组序列标签位点的 DNA 大片段。

物理作图第三步用 STS 或 EST 作探针，通过杂交对克隆或亚克隆进行定位标记，在 STS 基础上构建能够覆盖每条染色体的大片段 DNA 联系克隆，就可以绘制出精细物理图谱。物理图的构建不仅奠定了大规模基因组 DNA 测序的基础，还因为大多数 STS 是已定位的表达序列而构建了人类基因组转录图（或基因图）的雏形。

3. 转录图谱(或基因图) 人类基因组中发生转录表达的序列(即基因)仅占总序列的 3%～5%，对这一部分序列进行测定将直接导致基因的发现，获得基因组中与医学和生物制药产业关系最密切的信息。虽然全部基因的最终识别有待人基因组测序的完成，但是，尽早建立一张人类的基因图，并建立起与遗传图的交叉参照，具有多方面的价值和意义。一张全基因组的基因图将加速对简单孟德尔性状基因的搜寻和对复杂(多基因)性状的认识，以此为基础建立了"定位候选克隆"的方法。同时，基因图的建立也有益于认识基因组的结构组成。构建基因图的前提条件是获得大量基因转录区的序列。1990 年提出了 HGP 的大规模 cDNA 测序研究战略并建立了 EST 技术。一般说，mRNA 的 3'端非翻译区（3'UTR）是代表每个基因的比较特异的序列，将对应于 3'UTR 的 EST 序列进行 RH 定位，即可构成由基因组成的 STS 图。应用上述方法和大型数据库技术，1996 年 10 月，由北美、欧洲、日本等国科学家组成的国际合作组织完成了一张由 20 104 个基因组成的基因图。

二、基因组 DNA 大规模测序

基因组计划的最终目标是获得人类的全 DNA 序列，最好能同时获得基因组的遗传和（或）物理图谱，以便把基因及其他有意义的特征定位于 DNA 序列中。在基因作图完成的基础上，通过 BAC 克隆系的构建、鸟枪法测序（shotgun sequencing），辅以生物信息学技术，另外，由于毛细管自动测序仪和计算机信息技术的应用，使测序技术获得了革命性的突破，大大提高了测序的速度和精确性，使大规模测序得以顺利进行，加上"全基因组鸟枪测序战略"的实施，使 HGP 计划得以提前完成。

1. 大规模 DNA 测序的发展

（1）第一代测序技术：传统的化学降解法、双脱氧终止法及在此基础上发展起来的各种 DNA 测序技术称为第一代测序技术。第一代测序技术在分子生物学研究中发挥了重要作用。人类基因组计划（human genome project，HGP）主要基于第一代 DNA 测序技术。目前基于荧光标记和 Sanger 的双脱氧链终止法原理的荧光自动测序仪仍被广泛地应用。其中，Sanger 链终止法，又称为双脱氧终止法，见图 13-1，其基本原理是聚丙烯酰胺凝胶电泳能够把长度只差一个核苷酸的单链 DNA 分子区分开来。一代测序实验的起始材料是均一的单链 DNA 分子。第一步是短寡聚核苷酸在每个分子的相同位置上退火，然后该寡聚核苷酸就充当引物来合成与模板互补的新的 DNA 链。因为双脱氧核苷酸在脱氧核糖上没有聚合酶延伸链所需要的 3'-OH 基团，所以可将双脱氧核苷酸作为链终止试剂，通过聚合酶的引物延伸产生一系列大小不同的分子后再进行分离。测序引物与单链 DNA 模板分子结合后，DNA 聚合酶用 dNTP 延伸引物。延伸反应分四组进行，每一组分别用四种双脱氧核苷酸 ddNTP 中的一种来进行终止，再用 PAGE 分析四组样品。从得到的 PAGE 胶上可以读出所需要的序列。

（2）第二代测序技术：第二代测序技术的核心思想是边合成边测序，即通过捕捉新合成的末端的标记来确定 DNA 的序列，现有的技术平台主要包括 Roche 公司的 454 技术、Illumina 公司的 Solexa 技术和 ABI 公司的 SOLiD 技术。

其中，454 测序技术原理见图 13-2，其系统的文件构建是利用喷雾法将待测 DNA 打断成 300～800bp 长的小片段，并在片段两端加上不同的接头，或将待测 DNA 变性后用杂交引物进行 PCR 扩增，连接载体，构建单链 DNA 文库。然后进行乳液 PCR（Emulsion PCR），其扩增过程是将这些单链 DNA 结合在水油包被的直径约 28μm 的磁珠上，并在其上面孵育、退火。测序方法采用焦磷酸测序法，将一种比 PTP 板上小孔直径更小的磁珠放入小孔中，启动测序反应。测序反应以磁珠上大量扩增出的单链 DNA 为模板，每次反应加入一种 dNTP 进行合成反应。如果 dNTP 能与待测序列配对，则会在合成后释放焦磷酸基团。释放的焦磷酸基团会与反应体系中的 ATP 硫酸化学酶反应生成 ATP。生成的 ATP 和荧光素酶共同氧化使测序反应中的荧光素分子并发出荧光，同时由 PTP 板另一侧的 CCD 照相机记录，最后通过计算机进行光信号处理而获得最终的测序结果。

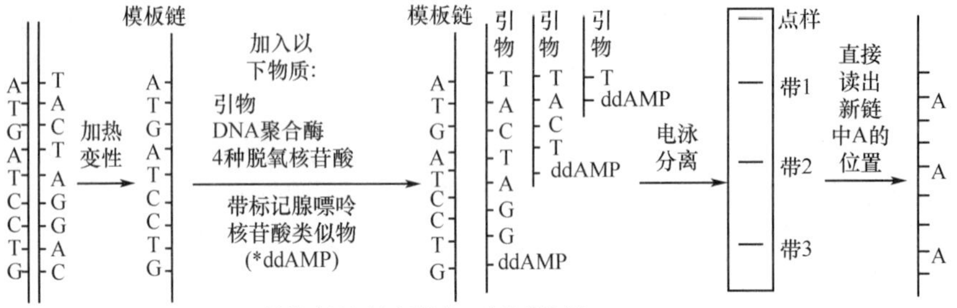

图 13-1 Sanger 测序

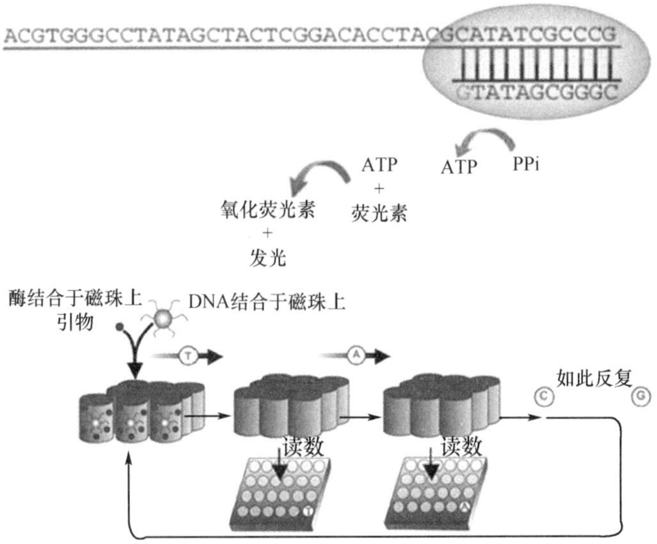

图 13-2 454 测序技术

Illumina 公司的 Solexa 和 Hiseq 应该说是目前全球使用量最大的第二代测序机器，这两个系列的技术核心原理，采用的都是边合成边测序的方法，如图 13-3 所示，利用超声波把待测的 DNA 样本打断成小片段，目前除了组装之外和一些其他的特殊要求之外，主要是打断成 200～500bp 长的序列片段，并在这些小片段的两端添加上不同的接头，构建出单链 DNA 文库。测序方法采用边合成边测序的方法。向反应体系中同时添加 DNA 聚合酶、接头引物和带有碱基特异荧光标记的 4 种 dNTP（如同 Sanger 测序法）。这些 dNTP 的 3'-OH 被化学方法所保护，因而每次只能添加一个 dNTP。在 dNTP 被添加到合成链上后，所有未使用的游离 dNTP 和 DNA 聚合酶会被洗脱掉。接着，再加入激发荧光所需的缓冲液，用激光激发荧光信号，并有光学设备完成荧光信号的记录，最后利用计算机分析将光学信号转化为测序碱基。这样荧光信号记录完成后，再加入化学试剂淬灭荧光信号并去除 dNTP 3'-OH 保护基团，以便能进行下一轮的测序反应。

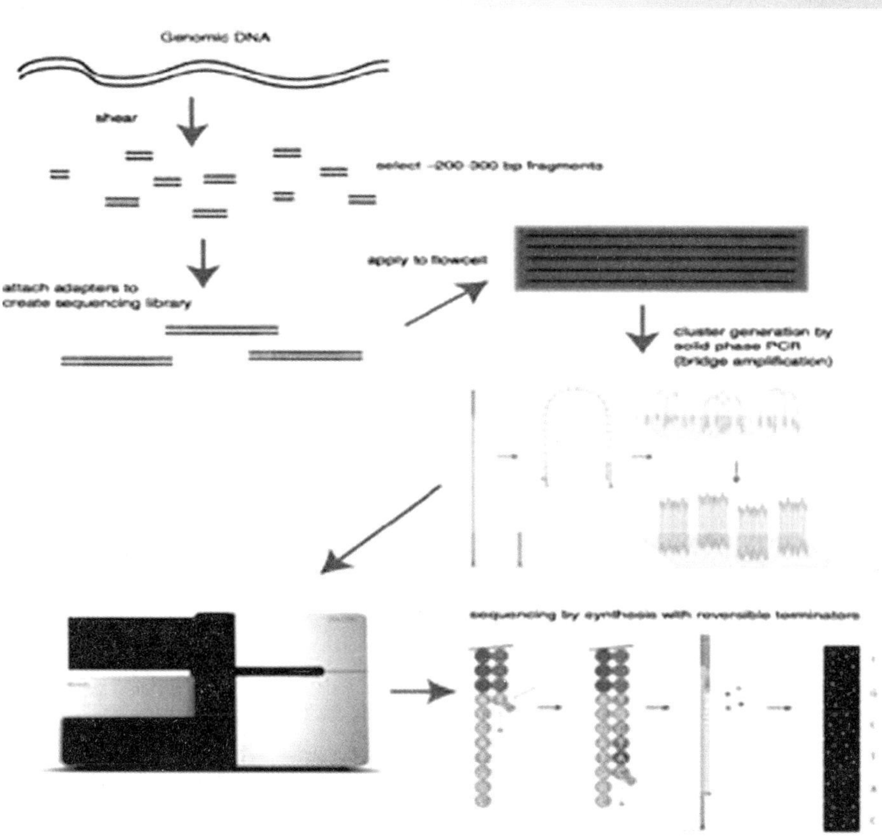

图 13-3　Illumine 测序

ABI 公司的 SOLiD 测序系统基于连接酶测序法，原理见图 13-4，即利用 DNA 连接酶在连接过程中进行测序。它的原理是将 DNA 片段打断并在片段两端加上测序接头，连接载体，构建单链 DNA 文库。Solid 连接反应的底物是 8 碱基单链荧光探针混合物，这里将其简单表示为：3'-XXnnnzzz-5'。连接反应中，这些探针按照碱基互补规则与单链 DNA 模板链配对。探针的 5' 端分别标记了 CY5、Texas Red、CY3、6-FAM 这 4 种颜色的荧光染料。这个 8 碱基单链荧光探针中，第 1 和第 2 位碱基（XX）上的碱基是确定的，并根据种类的不同在 6～8 位（zzz）上加上了不同的荧光标记。这是 Solid 的独特测序法，两个碱基确定一个荧光信号，相当于一次能决定两个碱基。这种测序方法也称之为两碱基测序法。当荧光探针能够与 DNA 模板链配对而连接上时，就会发出代表第 1，2 位碱基的荧光信号。在记录下荧光信号后，通过化学方法在第 5 和第 6 位碱基之间进行切割，这样就能移除荧光信号，以便进行下一个位置的测序。不过值得注意的是，通过这种测序方法，每次测序的位置都相差 5 位。即第一次是第 1、2 位，第二次是第 6、7 位……在测到末尾后，要将新合成的链变性，洗脱。接着用引物 n–1 进行第二轮测序。引物 n–1 与引物 n 的区别是，二者在与接头配对的位置上相差一个碱基。也即是，通过引物 n–1 在引物 n 的基础上将测序位置往 3'端移动一个碱基位置，因而就能测定第 0、1 位和第 5、6 位……第二轮测序完成，依此类推，直至第五轮测序，最终可以完成所有位置的碱基测序，并且每个位置的碱基均被检测了两次。该技术的读长在 2×50bp，后续序列拼接同样比较复杂。由于双次检测，这一技术的原始测序准确性高达 99.94%，而 15x 覆盖率时的准确性更是达到了 99.999%，应该说是目前第二代测序技术中准确性最高的了。

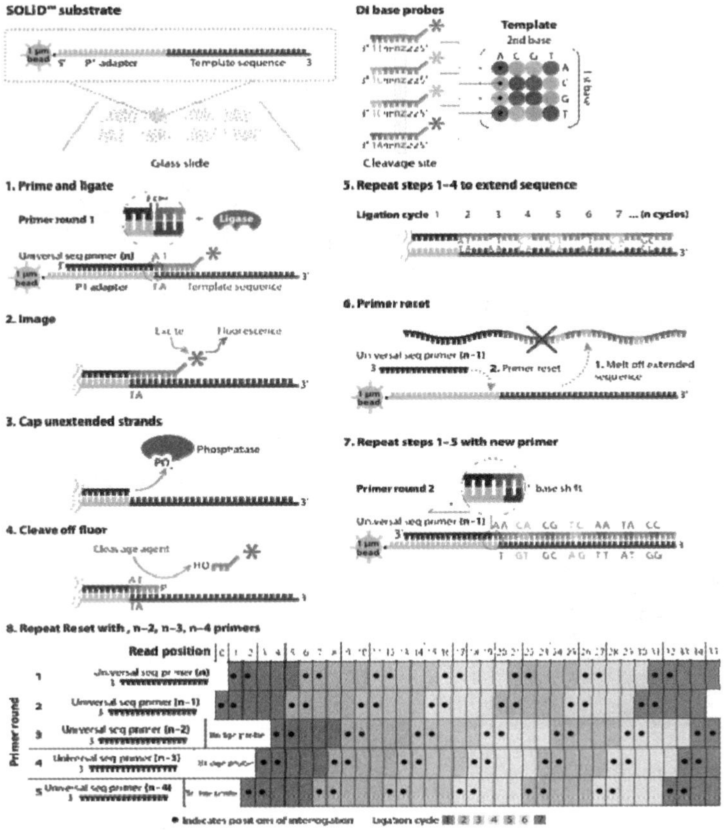

A

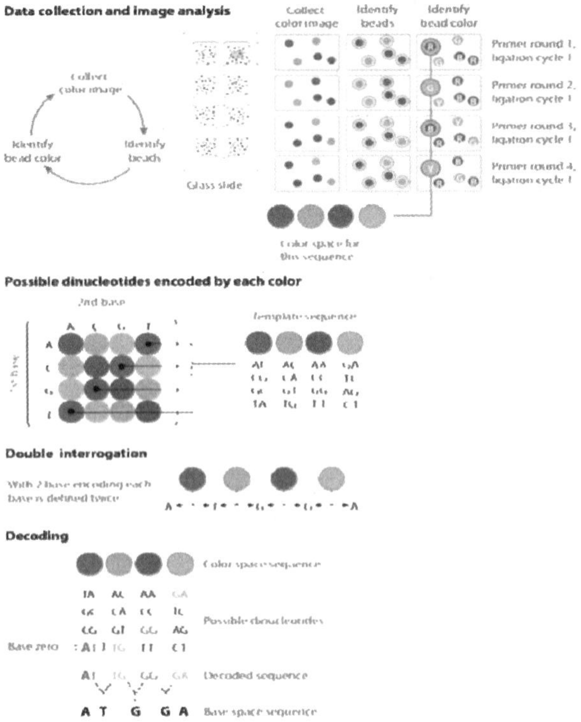

B

图 13-4 SOLiD 测序

（3）第三代测序技术：第三代测序技术指单分子测序技术，主要包括单分子荧光测序和纳米孔测序。原理见图 13-5，DNA 测序时，不需要经过 PCR 扩增，实现了对每一条 DNA 分子的单独测序。第三代测序代表性的技术为 Heliscope Bioscience 公司的 SMS（true single molecular sequencing）技术、Pacific Biosciences 的 SMRT（single molecular real-time）技术、Oxford Nanopore Technologies 开发的纳米单分子测序技术及生命技术公司的 Ion Torrent 技术等。其基本原理是：将待测的 DNA 序列在核酸外切酶的作用下迅速的逐一切割其脱氧核糖核苷酸分子，切下的核苷酸落入直径非常小的纳米孔中，由于这种孔的直径只允许单一的核苷酸通过，当其通过纳米孔时，就会产生不同的电流变化幅度，从而区分不同的碱基，进而推测出待测 DNA 的序列信息。

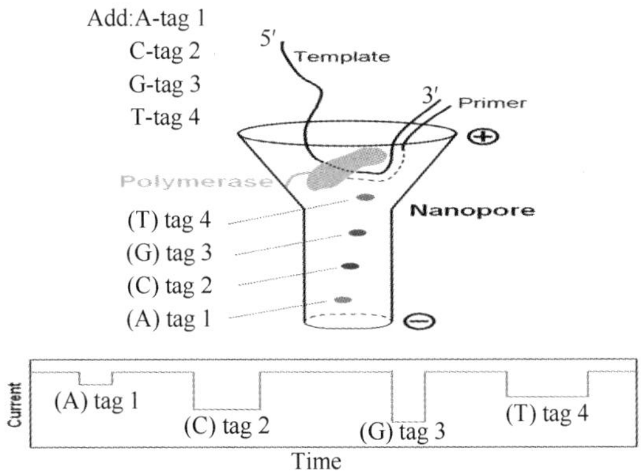

图 13-5　纳米孔测序

2. 大规模 DNA 测序的应用

（1）临床遗传疾病无创筛查：由于在孕妇血浆中存在微量的胎儿游离 DNA，高通量测序技术利用其高敏感性的特点，对微量 DNA 物质进行检测，对胎儿进行产前无创性检测，对遗传病进行分析和筛查，如唐氏综合征等。产前诊断和筛查可有效减少出生缺陷。传统的产前诊断多为有创方法，早期通过对母体血中胎儿有核细胞进行分离寻找胎儿染色体异常和其他遗传异常；后续研究发现孕妇外周血中不仅存在胎儿有核细胞，还存在血浆胎儿游离 DNA（cffDNA），因而促进了以 cffDNA 检测为特点的产前诊断的出现。目前 cffDNA 检测与高通量测序技术相结合，可实现对母体外周血游离 DNA（其中含有胎儿游离 DNA）的高通量测序，并可通过结果分析来判断胎儿是否存在遗传缺陷。染色体异倍性是最常见的出生缺陷类型，2013 年，Bianchi 等通过对母体血浆 DNA 样本进行高通量分析，证明了高通量测序在检测 21-三体、18-三体、13-三体等染色体异倍性中具有高敏感性和特异性，显示 NGS 在无创产前诊断中极大的应用潜力。

（2）孟德尔遗传病的分子诊断：孟德尔遗传病通常比较少见，具有很强的基因型-表型相关性，致残致死率很高。由于大部分已知的孟德尔遗传病的致病突变存在于外显子区，因此全外显子测序（whole exome sequencing，WES）是目前更适用于孟德尔遗传病致病基因的发现。但结构变异、染色体重排及序列进化保守性等在孟德尔遗传病发病机制中也起着相当重要的作用，而 WES 不能准确识别这些变异，也有一部分突变可能存在于内含子区而不能被发现，因此未来全基因组测序（whole genome sequencing，WGS）终会代替 WES 成为孟德尔遗传病的检测手段。

（3）复杂疾病的分子遗传检测：复杂性疾病的遗传度很低，多同时受遗传易感性和环境因素的影响。全基因组关联研究（genome wide association study，GWAS）是人类复杂疾病研究的重要组成部分之一，即在群体水平检测全基因组范围的遗传变异与观测性状间的遗传关联。传统 GWAS 依靠芯片（Array）技术取得了很多成果，发现了一些遗传易感的常见变异，但该种方法所研究的变异通常对表型影响轻微，在某些性状上不同研究的结果异质性较弱，显著关联的遗传变异位点的功能较难解释，几乎不能进行临床诊断和危险分层，因而限制了其在临床上的应用。NGS 技术可提供高通量的测序数据，使研究复杂疾病的罕见突变、低频突变、表观遗传学异常等成为可能。近年来应用 NGS 对许多常见病，如高血压、冠心病、糖尿病、肥胖症等的分子水平研究也在日益增多，极大地促进了复杂疾病研究的进展。

2013 年，Gerhard 等对 6 例极度肥胖患者和 4 例非酒精性脂肪肝-肝硬化的肥胖患者进行了血液全外显子测序，并对 GWAS 研究中已发现的候选突变位点进行了分析，该研究说明通过全外显子测序对 GWAS 候选突变位点进行分析，是发现致病性错义突变的有效手段。

（4）临床上病原微生物鉴定：常规的微生物培养鉴定的方法受诸多因素限制，对于混合感染和未知病原微生物的鉴定能力有限。测序技术可对病原微生物群体进行 DNA 检测，可从整体上把握病原微生物群体的组成情况，获得含量低的病原微生物的遗传序列，并可通过未知序列鉴定出新的物种。对临床分离株进行基因组测序，可快速获得抗生素敏感性和耐药性及其他毒力标志物的相关信息。此外，NGS 还可用于抗生素耐药性监测和感染控制，也可用于药物研发和指导临床实验。

（5）肿瘤学方面的应用：高通量测序技术在肿瘤学研究、临床诊断和治疗上具有多方面的影响，它为肿瘤的研究提供了一种与基因芯片互补的新的工具。高通量测序技术可以进行肿瘤基因组序列的再测序，从而达到对肿瘤基因组拷贝数、不同类别突破、基因相关性及多态性的分析。

（6）临床上其他方面的应用：高通量测序技术在临床上已经运用到很多方面，包括 DNA 甲基化、对肥厚型心肌病检测、耐药性基因突破检测、转录调控研究等。并且随着测序技术的发展，其在临床上的应用也会越来越广泛。

三、基因数据库

人类基因组学已成为一门高度综合和跨学科的科学，它面对的是宇宙最复杂的系统。面对大量的 EST 序列、STS 序列、多态性序列，以及众多 DNA 克隆、DNA 序列，与之相关的资料收集、储存、整理、排列、归纳及注释是十分复杂的，工作量庞大，因此建立计算机资料库和管理系统，发展自动化程序是必不可少的。人类基因组计划促进了“生物信息学”的诞生和发展，目前已建立起各种类别的数据库，其中著名的有国际上四个较大的生物信息中心，分别是美国国立生物技术信息中心（NCBI，网址：http：//www.ncbi.nih.gov/）、基因组序列数据库（GSDB）、欧洲生物信息研究所（EBI，网址：http：//www.ebi.ac.uk/）、欧洲分子生物实验室（EMBL，http：//www.embl.de/）和日本国立遗传研究所的日本 DNA 数据库（DDBJ，网址：EMBL，http：//www.ddbj.nig.ac.jp/）。数据库的建设汇集了大量的 DNA 序列、蛋白质信息，成为基因、基因产物的结构、功能预测的有用工具。同时，数据库也作为一种必需工具，用于分析基因-基因、基因-产物、产物-产物之间的相互作用或联系，描述细胞或整体水平的基因表达谱，推测系统发生关系等。结合 HGP 实施，生物信息学的发展促进了相关数据库建设。数据库中包括 DNA 基因序列信息、EST 序列信息、STS 序列信息、专利序列信息，并与其编码的蛋白质氨基酸序列库相联系，又与 NCBI 上该序列数据的生物学分类相联系；数据库还与医学文献数据库（MEDLINE）相联系，可从美国国家图书馆 4 000 多种生物医学杂志、120 万篇文献中找出相应的报道。数据库的内容与日俱增，任何人或机构均可自由地通过网络进行利用，大大促进了人类基因组学研究的发展。

第三节 基因克隆常用策略

一、功能克隆

在掌握或部分了解基因功能产物蛋白质的基础上，鉴定蛋白质编码基因的方法，称之为功能克隆（functional cloning）。这是相对于利用基因位置克隆基因的定位克隆而言的。该方法采用的是从蛋白质到 DNA 的研究路线，鉴定已知基因的功能后克隆，将纯化的相应编码蛋白，构建 cDNA 文库或基因组文库，文库筛选有两种方法：①进行氨基酸序列测定，根据蛋白质的氨基酸序列合成寡核苷酸探针，从 cDNA 文库或基因组文库中筛选编码基因；②将编码蛋白制成相应抗体探针，从 cDNAλ 载体表达文库中筛选相应克隆。得到克隆后，就可以通过 DNA 序列分析确定导致疾病的分子缺陷。

舒群芳等构建天麻 cDNA 文库，用纯化的蛋白质探针进行免疫筛选，克隆得到天麻抗真菌基因的 cDNA 序列，为农业、医药抗真菌基因工程打下了坚实基础。周兆斓等构建水稻 cDNA 文库，利用水稻巯基蛋白酶序列合成探针，筛选 cDNA 文库，克隆得到水稻巯基蛋白酶抑制剂 cDNA 序列，巯基蛋白酶抑制剂是一类天然抗虫物质，将它转入作物，推测可获得抗虫谱广、抗虫性强的转基因作物。功能克隆只要知道目的基因表达的产物即可进行克隆，属于表型克隆范畴。绝大部分分子病、遗传性代谢缺陷病如白化病（albinism）、苯丙酮尿症（phenylkeonuria，PKU）和镰刀形细胞贫血病（sickle-cell disease）等，都应用了功能克隆的研究方法。

但目前大多数基因产物还不清楚，即使知道了，要纯化到可供氨基酸测序及抗体制备的蛋白质也很困难，同时由于遗传密码的简并性，很难推导出十分特异的探针，所以大多数基因难以使用该方法进行克隆。

二、表 型 克 隆

高等真核生物大约有 3 万～4 万个不同的基因，然而，在特定时间和细胞中表达的基因大约占总数的 15%，这些基因根据表达的方式可分为组成型表达基因与特异型表达基因，其中，组成型表达基因维持着生物体的基本代谢，而特异型表达基因则决定了整个生命过程的动态变化，包括生物体的发育与分化，内环境的稳定，对逆境的反应，细胞周期调控，衰老和程序化死亡，因此，通过比较某一类细胞在不同生理状态下或在不同生长发育阶段基因表达的差异，可在一定程度上揭示生命活动和发育过程的分子机理，mRNA 的转录不仅是基因到生命现象的表现物质——蛋白质生成的中心环节，而且 mRNA 的差异较 DNA 排除了非编码区的影响，使研究范围缩小到基因表达上，其次，从 mRNA 水平研究基因表达的差异比从蛋白水平研究不仅程序简单，而且避免了蛋白质电泳技术的局限性带来的障碍，从 mRNA 水平研究特异性表达基因，一直是研究特异性表达基因的重要内容，近几年，随着 PCR 技术，大规模测序技术，生物信息学和基因芯片技术的发展，利用差异表达技术克隆特异表达基因有了重大突破。差异性表达 mRNA 常用的技术有 mRNA 差异显示（mRNA-differential display，mRNA-DD）、抑制性消减杂交（suppression subtractive hybridization，SSH）、cDNA 代表性差异分析（cDNA representational difference analysis，cDNA-RDA）、cDNA 微阵列技术（cDNA microarrays）、基因表达系列分析（serial of gene expression，SAGE）、基因鉴定集成法（intergrated procedure for gene identification，IPGI）等。

1. mRNA 差异显示　mRNA-DD 是 RT-PCR 技术和聚丙烯酰胺凝胶电泳技术的结合，又称为差异显示逆转录 PCR（mRNA differential display reverse transcription PCR，DDRT-PCR）方法。mRNA-DD 技术原理是利用真核细胞的 mRNA-poly（A）$^+$尾，选取 T12MN（M=A/C/G，N=A/C/G/T）作为锚定引物与 mRNA 的 poly（A）$^+$尾贯穿并锚定于 poly（A）$^+$的两个碱基上，在反转录酶作用下，可启动 mRNA 群体的反转录，在 5′端又设计出 20 种 10bp 长的随机引物，则任何一条 cDNA 可通过 PCR 扩增，这样构成的引物对可将总 mRNA 群体全部反转录成 20 000 条左右的 cDNA 条带，其中每一条都代表一种特定的 mRNA，而全部的条带大体包括了在一定发育阶段或生理状态下某种细胞类型中所表达的全部 mRNA，通过变性聚丙烯酰胺凝胶电泳在相邻泳道上平行显示扩增结果，利用放射自显影在电泳谱带上直接反映两类细胞株的基因表达差异情况，从序列分析胶中回收差异的 DNA 片段，并进行第二次扩增和琼脂糖凝胶检测，以 Northern blot 排除假阳性后再予以克隆测序或以此克隆片段作为探针在 cDNA 文库中进行筛选，从而获得更大的 DNA 片段或完整的基因编码片段。

mRNA-DD 方法具有许多优点，如操作简单，技术上仅依靠 PCR 及 DNA 测序电泳；灵敏度高，由于 PCR 的应用，使得低丰度 mRNA 的鉴定成为可能；可同时比较两种以上不同来源的 mRNA 样品，能用于鉴定某一过程所特有的基因，而不仅仅是某一个细胞系所特有的基因；快速，两天内可获得 cDNA 的谱带，探针的重新扩增及 Northern 杂交证明可在一个星期内完成。但它自身也有很多局限性，所得特异 DNA 片段克隆假阳性比例高，有时达 85%；得到的特异 DNA 片段往往是 3′端的非翻译序列，而同一生物的不同基因的 3′非编码区的序列较为相似，此外，即使用只含有 3′非编码序列的差别 DNA 片段为探针在 cDNA 文库中筛选，也是徒劳无益的；cDNA 的扩增产物的量不仅取决于 mRNA 的丰度，也取决于引物与模板之间的特定匹配情况，这可能导致对基因表达差异的错误认识，由于扩增时退火温度很低，使其产物更倾向于反映高拷贝数的 mRNA，因而对于低拷贝的 mRNA 反映效果不是很理想，尽管此技术存在许多缺陷，但它许多无法替代的优点，使此方法在许多研究领域仍然受到重视。

2. 抑制性消减杂交 改进后的 mRNA 差别技术虽在克服假阳性与重复性差等方面取得了一些进步，但在一定程度上其结果还是不能满足人们的要求，于是，人们又将目光投向新发展的克隆差别表达基因的技术上，其中，引人注目的是抑制性消减杂交技术（SSH），与差别显示技术相比，抑制性消减杂交技术具有假阳性少、重复性高等特点。抑制性消减杂交技术与 cDNA 代表性示差分析技术有许多相似的地方，但抑制性消减杂交不仅具有代表性示差分析的诸多优点，它还能克服代表性示差技术对上调表达基因无法反映的弱点，抑制性消减杂交技术运用了杂交二极动力学原理，即丰度高的单链 cDNA 在退火时产生同源杂交链的速度快于丰度低的单链 cDNA，使原来在丰度上有差别的单链 cDNA 相对含量达到基本一致，而所谓抑制 PCR 则是利用链内退火优先于链间退火，从而使非目的序列片段两端反向序列在退火时产生类似发卡的互补结构，无法与引物配对，从而选择性地抑制了非目的基因片段的扩增，其具体过程如图 13-6 所示。

酶切后得到 Tester 与 Driver 样本的平末端 cDNA，将 Tester cDNA 均分为两份，分别接上接头 1 和 2，接头是由一长链（约 40bp）和一短链（10bp）组成的一端是平端的双链 DNA 片段，并且接头的末端均设计为没有磷酸基团，以便只有长链的 3′端与 cDNA 的 5′端共价结合，用过量的 Driver 样品分别与两份 Tester 样品进行第一次扣除杂交，分别得到 4 种产物，由于 Tester cDNA 与 Driver cDNA 序列相同片段大都形成异源双链分子（c），使得 Tester cDNA 中差异表达基因的目标 cDNA 单链（a）第一次富集，并使丰度有差别的 cDNA 相对含量大体相等，混合两份杂交样品，同时加入新的变性 Driver cDNA 进行第二次扣除杂交，此时，只有第一次杂交后单链 Tester cDNA（a）可与 Driver cDNA 结合形成（b）、（c）杂交双链和两个 5′端分别接不同接头的双链（e），双链（e）代表了 Tester 与 Driver 样本之间所存在的那些有差别表达的系列片段，这样进一步富集了差异表达的 cDNA。补平 5′端，以接头 1 和 2 为引物进行 PCR 扩增，此时，只有两端分别是接头 1 和 2 的差别表达的序列片段才能以指数扩增，而其他形式，如（a）、（d）类无引物结合点，不能扩增；（b）类两端均为（d）同一接头，链内退火优于链间退火，因此，在链内形成互补结构、发夹或锅柄结构的可能性和稳定性均大于引物与其配对结合的可能性和稳定性，因而不能被扩增；（c）只能一端与引物配对，故只能进行线性扩增，于是这次 PCR 使目的基因片段得到大量的富集，并可用于后续的筛选。从 SSH 技术实验程序来看，它有很多优点，如速度快、效率高、一次反应可同时分离几十个或上百个差异表达的基因、假阳性低，由于 2 次扣除杂交和 2 次 PCR 作用，较之差别显示假阳性率达 70%，而 SSH

技术的阳性率高达 94%，对低丰度的 mRNA 敏感程度高，但它也有明显的缺点，如酶切后的 cDNA 与接头的连接效率较低，所需的 mRNA 量较大，因而对于某些特殊样本，该技术则不太适合，2 次扣除杂交中对照 cDNA 均过量，故可能掩盖测试 cDNA 中某些表达上有丰度差别的 cDNA；所研究的材料的差异不宜太大，最好是只有细微差别，不能像 mRNA-DDRT-PCR 一样，可同时进行多种材料之间或不同处理之间的比较。

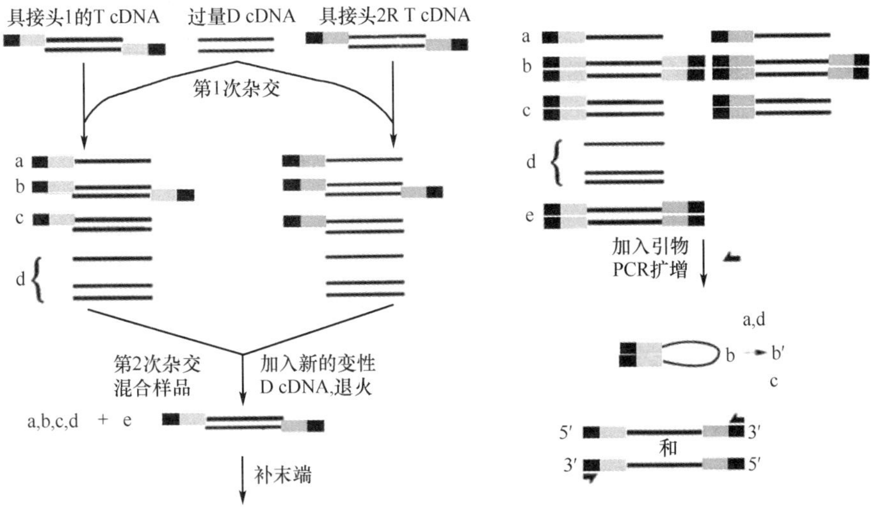

注：T cDNA(Tester cDNA)目标 cDNA群体，▬ 接头1，▬ 接头2R

图 13-6　抑制性消减杂交

3. cDNA 代表性差异分析　cDNA-RDA 技术是 1994 年 Huband 和 Schatz 在 RDA、mRNA-DD 两者基础上建立的一种基因克隆新方法。

RDA 的操作过程如图 13-7 所示。

（1）制备扩增子：提取目标样（target sample，TS）和无特异表达基因参照样（reference sample，RS）中的 mRNA，反转录为双链 cDNA 即 Tester cDNA 和 Driver cDNA。然后用限制性内切酶切，将酶切片段装上接头，末端补平后，加入接头引物进行 PCR 扩增。

（2）扣除杂交：去除接头后仅对 Tester 片段加上新的接头，用过量的 Driver cDNA 与之杂交退火，将形成三种产物：Tester/Tester、Tester/Driver、Driver/Driver。

（3）特异性片段的扩增：末端补平后，加入新接头引物进行 PCR。3 种产物中仅自身退火形成的 Tester/Tester 两端均能和新引物配对而呈指数扩增，Tester/Driver 仅一端可和新引物配对而呈线性扩增，Driver/Driver 无引物配对不扩增。然后用绿豆核酸酶去除单链 DNA 分子，再进行 PCR 富集特异表达 DNA 片段。

（4）对特异片段进行克隆，通过 FISH 等技术进一步分离特异表达基因：该法可用于分离与生理条件改变相关的基因及不同发育阶段差异表达的基因。Hubank 等利用 cDNA-RDA 技术找到了激活 V（D）J 重组的基因 RAG1 和 RAG2，并在 PreB 细胞系 1～8 中分离到一些在咖啡因作用下上调表达的克隆。朱玉贤等用 cDNA-RDA 法比较经 GA 处理和未经 GA 处理的豌豆细胞内的基因表达差异，发现该豌豆细胞内有数个被 GA 特异性抑制的 mRNA，并克隆了其中分子质量最大的片段 PGAS1 3。湛风凰等应用 cDNA-RDA 法分离到 4 个在鼻咽癌中缺失的片段，推测可能是具抑癌功能的已知基因或新基因。F U 等用此法克隆到一在巨噬细胞中上调表达的新基因 DLM 1。此法具有高效、敏感、阳性率高的特点。但两种处理样间若存在较大差异，或某些基因在 TS 中存在上调表达，效果则不十分理想。

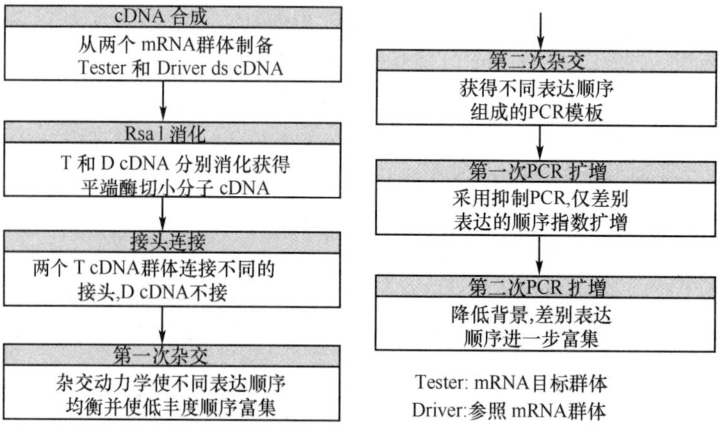

图 13-7　RDA 的操作过程

Tester：mRNA 目标群体；Driver：参照 mRNA 群体

4. cDNA 微阵列技术　分子生物学的迅速发展及其与化学、微电子学和工程学的密切结合促进了生物芯片的诞生。DNA 芯片是生物芯片中最常见的一种。其原理和操作过程主要是：①在固相支持物表面原位合成寡核苷酸序列或印迹外源合成的探针；②分离纯化生物样品（DNA 或 mRNA）并进行扩增、标记；③将准备好的样品与芯片上的探针阵列杂交；④激光扫描、计算机分析即可得到相应基因的表达谱或测序结果、突变及多态性等遗传信息。制作生物芯片的固相支持物一般采用半导体硅片、普通玻璃片等钢性支持物；对于显微打印的 DNA 微阵列常选用聚丙烯膜、硝酸纤维膜、尼龙膜等膜性支持物。在样品检测上，多采用荧光标记法，其重复性好，但敏感度较低，因此目前正开发更为敏感的检测方法，如质谱法、化学发光法等。以样品中 mRNA 逆转录成 cDNA 制备探针并固化于支持物上即可制成 cDNA 微阵列。由于基因表达 mRNA 的水平反映了在特定环境，特定细胞类型、生长阶段及状态下基因的功能信息，因此应用 cDNA 微阵列技术可以同时定量分析大量基因的表达水平，绘制基因表达图谱，从而确定基因的功能。Clark 等应用微阵列方法研究转移性癌细胞与非转移性癌细胞之间的基因表达谱差异，发现在转移性癌细胞中存在一系列的基因表达与癌细胞转移表型有关，特别是调控细胞外基质与细胞骨架的一些基因在转移性癌细胞中过表达。更重要的是作者发现了同一个家族的基因成员 RhoC 和 Rho 在癌的演进中起不同的作用，RhoC 过表达时促进转移，而 Rho 则抑制转移。该研究提示人们在同一生物学过程（如癌的侵袭转移）中并非由单一基因在发挥作用，而是基因家族成员共同参与调控。由于在 $1cm^2$ 的芯片上可以排列几万到几十万甚至上百万的探针点阵，因此通过 1 次杂交可在短时间内检测成千上万个基因表达活性，这是 DNA 芯片的最大优势，即高通量性。但 DNA 芯片是基于已知序列进行杂交，在新基因的鉴定上就有一定的局限性。尽管如此，DNA 芯片技术因其具有快速、高效、平行化、自动化的特点，已展示出广阔的应用前景，它将给疾病的基因诊断和基因组研究带来新的革命。

5. 基因表达的系列分析　SAGE 的建立依据如下理论：①来自某个转录子确定位置的一段核苷酸序列，其长度只要有 10bp 左右，就能够特异地确认该转录子，即该短序列为辨认标签（tag）。②在同一克隆中将这些短序列标签连接起来并测序，即可高效分析这些连串的转录子。其操作过程是：首先以生物素化的引物将 mRNA 转录成 cDNA，然后用锚定酶（anchoring enzyme）进行酶切，获取 3′cDNA。酶切后的 3′cDNA 分成两份，分别与含有 IIS 内切酶位点的 A、B 两种不同接头连接。这种标签酶（tagging enzyme）可从其不对称位点上游约 20bp 处进行切割。经标签酶切割后就可能得到 9～10bp 的标签序列。随后，将每两个标签的平端结合成 PCR 模板，以对应于 A、B 不同接头的引物进行 PCR 扩增，得到大量每条包含两个不同来源标签的序列；最后再用锚定酶酶切、连接，将多个不同的标签连接在一起，并克隆到质粒载体中集中测序。结果经计算机系统分析，根据某个标签出现频率的高低来判断其所属基因表达的丰度。SAGE 的优势在于它能够利用当今人类基因组计划已获取的各种数据，大批量和高质量地分析组织细胞中基因表达谱，为了解肿瘤演进中基因表达模式的变化提供强有力的工具。SAGE 的不足在于其起始 mRNA 用量大（2～5μg），这不利于分析来源量小的标本（如微切割所得的少数癌细胞），同时，实际操作中还需经过多步 PCR 反应和大量的测序工作。为此，Datson 等对该法进行改进，形成了基因表达的微系列分析（microSAGE），更有利于分析小量标本的基因表达谱。

6. 基因鉴定集成法　由于大多数基因都是低丰度表达，现有的鉴定基因的技术方法，虽都各具有独特的优点，但同时也存在自身缺陷，尤其是对低丰度表达基因，目前尚无最为有效的鉴定方法。随着人类基因组计划（HGP）迅速发展，公布在基因组数据库中的表达序列标签（EST）也急剧增加（http：www.ncbi.nlm.nih.gov/dbEST），如何充分利用 EST 数据，高效、迅速而低成本地鉴定基因功能是当前研究者们最为关注的课题。1998 年，Wang 等根据目前 EST 计划的发展成就，在总结现有各种全基因组基因分析技术优缺点的基础上，建立起一种充分利用当前基因生物信息资源，并能提高低丰度基因鉴定效率的基因分析策略，称基因鉴定集成法。该技术的操作过程包括：①仅收集 3′端的 cDNA 作为模板，以保证与 3′EST 匹配（SAGE）；②除去 cDNA 模板中的 poly dA T，避免 poly dA T 序列在杂交过程中与模板随机杂交（差异显示）；③消减杂交以去除多余的模板，并进行抑制性 PCR 选择扩增所富集的片段（SSH）；④用多重定量 PCR（multiplex quantitative PCR）证实消减效率；⑤模板直接测序或 SAGE 分析，结果序列与数据库对照确定其为已知基因、ESTs 或新序列。可见，该技术整合了以往几种方法的优势，并充分利用生物信息数据库，因而具有高效、简便、花费少的优点。其不足之处是仍需较大量的纯化 mRNA（至少 2μg），另外该技术仍不能适应当今基因鉴定工作的自动化要求，这些缺陷均有待于改善。

三、定 位 克 隆

定位克隆（positional cloning），是将目的基因定位于遗传图谱上，然后对其克隆，它主要是用于分离编码产物尚不知道的目的基因，其原理就是通过遗传标记，先获得某一表型基因在染色体上的定位，再在候选区域内选择已知基因，进行致病突变的筛选，并获得 cDNA 及全基因。基本思路是通过连锁分析原理进行基因定位，若多态标记与待定基因距离较远，则它们在向子代传递时会发生自由分离，呈连锁平衡，反之，则不发生自由分离而呈现共分离现象，即连锁不平衡，据此可在染色体上定位与某一 DNA 标记相连锁的基因，其连锁程度以遗传距离表示：1 厘摩（cM）=1%重组率，即 1000kb，DNA 标记的选择经历了从致病基因→ABO，HLA 多态位点→RFLP→微卫星 DNA→SNP 的发展过程，微卫星 DNA 是一种遍布存在于真核基因组的短重复序列，长度在 2～10bp，按孟德尔方式遗传，呈高度多态，能被 PCR 扩增，除 DNA 标记的进展外，该策略也得益于连锁分析方法、理论的改进，目前主要有家系连锁分析法、等位基因共占法及关联分析等。

1. 家系连锁分析法　是以两代或两代以上的家系材料为基础，观察标记位点与致病基因位点在家系内是否呈共分离，并计算出遗传距离及连锁程度。目前最常用的方法是优势对数计分（Lods）法，Lods 值代表两位点连锁的概率与不呈连锁的概率比的对数值，＞3 肯定连锁，＜2 否定连锁，介于 1 与 2 之间则需增加家系材料。该法优点是对连锁的判断能力强，能确定连锁程度，适于呈孟德尔遗传、外显率高的单基因突变病分析，如糖尿病中的一种亚型 MODY 和少数呈多代多发患者的 IDDM 及 NIDDM 家系，缺点是需要完整的系谱材料，结果受遗传模型设定的影响，对遗传参数如基因频率、基因传递率、外显率及表型模拟率等依赖较大，故对一些复杂多基因疾病很难获得满意结果。

2. 等位基因共占法 基于观察受累同胞或家系成员间标记位点等位基因的共占情况，即来源于同一祖先的致病基因由受累的亲属共占的概率较随机分布的大，包括受累同胞对分析（affected sib pair，ASP）及家系成员（APM）分析，在ASP中，当标记位点与疾病无连锁时，双亲的标记位点等位基因随机分配给子代，若存在连锁，则受累同胞间共有等位基因概率将高于连锁时的预期值，APM是ASP的延伸，通过观察家系内所有患病成员标记位点等位基因的共占情况，来提高每个家系的信息量，原则上，若具备双亲样本材料，可据此判定受累同胞的相同等位基因片段是否同源，即传递一致性进行分析；若无双亲资料，则只能通过同胞间等位基因比较来推测其是否共有，即状态一致性进行分析，若双亲均为纯合子以致判断困难者，可经统计处理用最大拟然实验估测出最可能的传递情况。

该法优点：①不受遗传模式等的影响，为非参数分析法；②对系谱材料要求低，只需一代或两代的家系内患病成员资料，而不需非患病成员资料；③可进行定量性状研究；④可研究两个不相连锁位点对疾病的联合作用，以解决复杂病易感基因间的相互关系；⑤对遗传异质性容许度大；⑥在候选基因研究中可应用间距较远（20cM）的标记，最适合多基因遗传病和参数情况未明的复杂病研究。采用此法已发现在染色体6p24-22区域存在着很小效应的精神分裂症致病基因。其缺点为：①对连锁的判别效能弱于家系连锁分析，不能确定连锁程度；②检出力低于关联分析；③若家系中双亲均为患者的概率较高时，因易感基因可由双亲传递给子代而影响分析正确性。

3. 人群关联分析法 原理是在一定人群中设置患者组和对照组，在候选致病基因附近选择遗传标记，通过观察标记位点与致病基因位点间存在连锁不平衡现象，得到某一遗传标记和引起疾病基因关联的相对危险度，又称连锁不平衡定位法。显然，标记位点与致病基因越近，且突变率越低，杂合度越高，则用标记检测致病基因位点的概率越高，连锁不平衡定位法是假设在人群中某一致病基因起源于同一远祖，经若干代传递，那些与致病基因紧密连锁的基因或DNA标记被一起分配到不同的患病个体，研究那些表面上无亲缘关系的患者是否有相同的DNA标记的等位基因，据该DNA标记可得到待研究基因在染色体上的定位，连锁不平衡定位法适合在相对封闭的人群中进行，该类人群遗传背景及环境相近，但患者间亲缘关系远，较家系分析而言，故其连锁不平衡作用大，此时定位基因所需遗传标记及研究的患者数较一般人群关联分析少。

4. cDNA筛选 染色体定位只是定位克隆的第一步，由于cDNA筛选、确认困难，使其成为定位克隆策略的瓶颈，目前获得基因序列的方法大致有：①对＜500kb的关键部位进行直接测序；②比较基因组作图和测序；③基因结构特征分析，有关的信息可以从http://www.ncbi.nlm.nih.gov/xREFdb中得到；④cDNA捕获，并采用突变检测体系进一步验证疾病相关基因，主要有CpG岛捕捉层析法、外显子捕捉法、直接筛选PCR法等方法，cDNA筛选还涉及能否获得合适的标本，如存在缺失、无义突变等，有时甚至出现已获得该基因的cDNA全序列，因在患者中未发现突变而无法确认的现象。

四、电子克隆

电子克隆（in silico cloning）是近年来伴随着基因组计划和表达序列标签（expressed sequence tags，EST）计划发展起来的基因克隆新方法，EST是从随机选择的cDNA克隆进行单向测序获得的短的cDNA序列，代表一个完整基因的一部分。随着生物信息学和基因定位的迅猛发展，EST已成为基因定位、基因克隆、基因表达分析的有力工具。近年来，由于EST数据库的迅速扩张，运用EST来克隆和定位基因，使得新基因克隆的策略发生了革命性变革。尽管存在一些不足，实践证明EST可大大加速新基因的发现与研究。电子克隆主要原理是利用日益发展的生物信息学技术，借助电子计算机的巨大运算能力，通过EST或基因组的序列组装和拼接，利用RT-PCR的方法快速获得功能基因。随着人类基因组计划的实施，已有研究人员利用电子克隆的方法克隆了很多人的功能基因，目前已经在GenBank登录了大量的EST数据，且EST数据每天还在高速地增长，因此可以利用生物信息学技术全面开展分析和鉴定功能基因。

1. 基因电子克隆的方法

（1）利用 EST 数据库信息进行功能基因的电子克隆：利用 EST 数据库信息进行功能基因的电子克隆是目前最常用的手段，首先选择感兴趣的 EST 作为查询探针，在 EST 数据库找到部分重叠的 EST 进行拼接后，再以拼接好的 EST 重叠群（EST contig）为新的查询探针继续搜索 EST 库，直到没有新的 EST 可供拼接为止，后根据拼接好的完整序列设计 PCR 引物，通过 RT-PCR 的方法获得目的 cDNA 克隆并测序验证其准确性，除了利用同一物种的 EST 或 cDNA 作查询探针外，还可以选择亲缘关系较近的物种全长基因或 EST 作为查询探针搜索其他物种的 dbEST 库，进而拼接成完整的 EST 序列，其主要理论依据是不同物种同类基因之间存在序列保守性，具体过程见图 13-8。

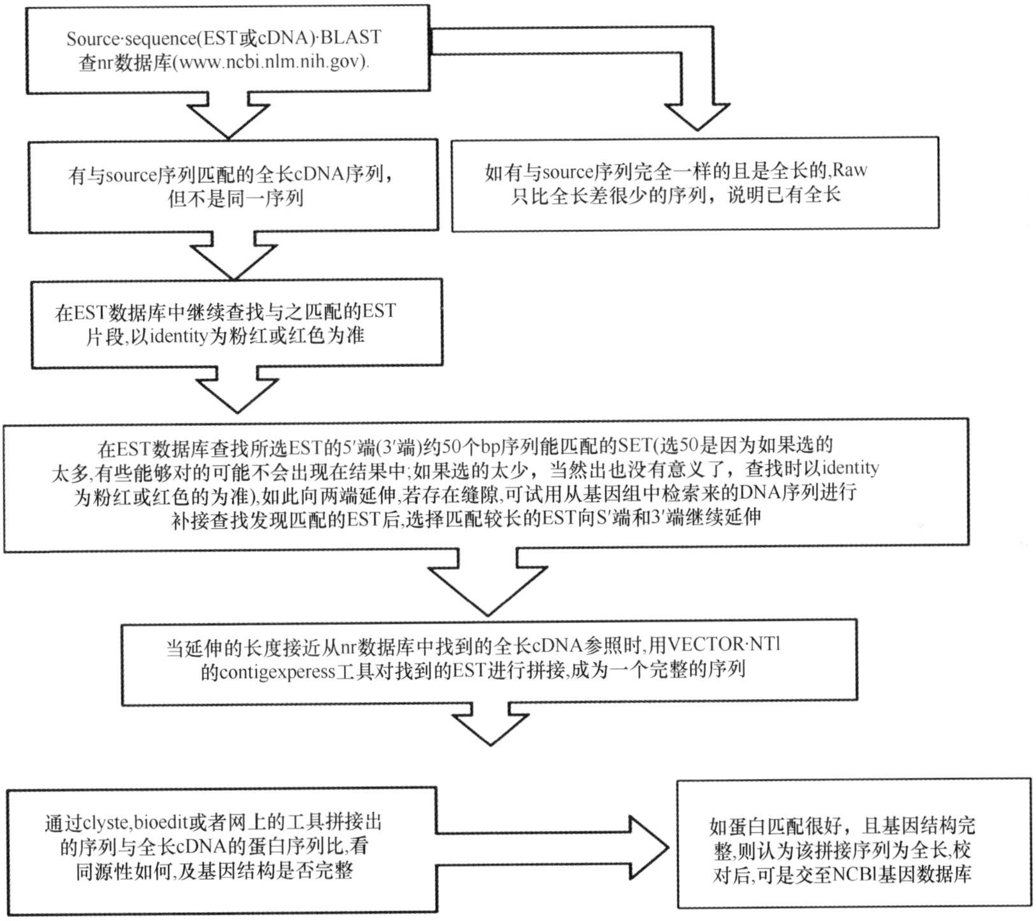

图 13-8　EST 数据库信息进行功能基因电子克隆的过程

（2）利用基因组信息：许多物种的基因组序列的测序结果无偿地在 Internet 上公布，供全世界免费使用，这无疑促进了功能基因的电子克隆。利用基因组信息资料进行电子克隆的最大优点就是基因的克隆不受细胞发育时期或特殊环境条件的限制，可以用来源于任何时期或组织的 EST 或全长 cDNA 序列作为信息探针搜索位于 GenBank 或者其他网站的基因组序列。随后根据内含子 GT-AG 的规则通过人工拼接或相应的计算机软件预测，可以得到该基因完整的开放读码框（open reading frame，ORF）。ORF 是指在 DNA 链上，由蛋白质合成的起始密码开始，到终止密码子为止的一个连续编码序列。根据拼接的序列结果设计 PCR 引物，进一步采取

RT-PCR 的方法获得目的基因的 cDNA 克隆并进行序列测定，具体过程见图 13-9。

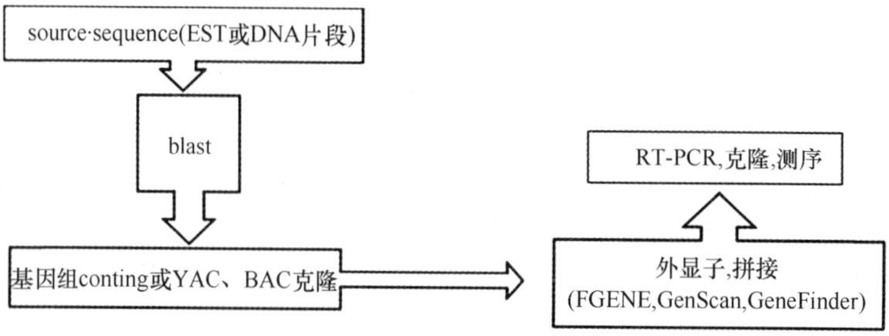

图 13-9 利用基因组信息过程

（3）综合基因组信息和 EST 数据库信息进行功能基因的电子克隆：事实上，电子克隆往往是结合以上两个方面，即 EST 数据库和基因组信息资料同时进行的，因为 EST 数据直接代表的是表达序列，所以在电子克隆的拼接中占有非常重要的地位，一般策略是对于任何一个感兴趣的序列首先进行 EST 拼接，无法继续拼接后再进行基因组比较和外显子预测，来判断 EST 拼接的完整性。当然序列拼接只是在计算机上的虚拟克隆，还需要通过 RT-PCR，序列测定和 Northern 杂交等方法进行验证和基因表达水平的鉴定，随着生物信息学的迅猛发展，Internet 上已经开发了一些 EST 拼接和基因结构分析的软件，其中大多数都是免费提供，大大加快了电子克隆的速度。EST 拼接软件的原理与图 13-9 所示基本相同。计算机程序自动将用户提供的 EST 序列与 EST 数据库比较，构建 EST 重叠群，得到尽可能长的 EST 拼接的序列反馈给用户。

基因结构分析包括外显子预测、启动子预测等。外显子预测主要指从序列中找到编码蛋白质的部分即外显子部分。因为不同的物种在外显子剪接、启动子序列上存在一些难以确定的差异，所以不同的程序其外显子的预测效果也不尽相同。在利用基因组拼接的过程中，为了分析基因的启动子区域可以使用启动子预测软件，以确定启动子的位置及更准确地确定基因结构预测的结果。另外还有一些预测转录起始位点，PolyA 加尾信号，转录因子结合位点的软件，都可以验证基因组拼接的结果，并对自己感兴趣的序列作出结构和功能的预测。利用网上程序预测的基因结构不可能是 100%可靠的，应该同时利用几个程序进行预测并结合自己的拼接经验综合考虑确定最有可能的基因结构，位于 Softberry 网站的 FGENESH 是目前最常用的基因组结构分析软件，它提供了多种物种的选择，在目前被认为是最好的分析工具，预测的准确性高于其他程序。

EST 数据库和基因组数据库资料是电子克隆的基础，表 13-1 中概括了目前主要收录 EST 和基因组数据库资料以及常用分析工具的网址。

表 13-1 主要 EST 和基因组数据库资料

数据库	网址
DDBJ 序列数据库	http：//www.ddbj.nig.ac.jp
EMBL 序列数据库	http：//www.ebi.ac.uk
GenBank 序列数据库	http：//www.ncbi.nlm.nih.gov
人类基因组序列中心	http：//hgsc.bcm.tmc.edu
Tigr 基因索引	http：//www.tigr.org/tdb
UniGene	http：// www.ncbi.nlm.nih.gov/unigene
Blast	http：// www.ncbi.nlm.nih.gov/blast
基因组浏览	http：//genome.ucsc.edu
ClustalW	http：//www2.ebi.ac.uk/clustalw
ORF Finder	http：// ww.ncbi.nlm.nih.gov/gorf/gorf.html
Smart	http：//smart.embl-heidelberg.de

2. 电子克隆中的一些常见问题和对策　电子克隆虽然在执行速度上有很大的优势，但在实际应用中常常会碰到一些非常棘手的问题，针对这些问题，列出了以下解决方案。有时难以获得完整的 5′端序列，这是电子克隆中遇到的最主要问题，在以基因组序列为基础的电子克隆中尤其难以确定，根据 Kozak 规则，对于判断 ORF 的 5′的完整性一般有以下几条原则。

（1）参考 5′端的起始密码子 AUG 的周围序列（GCC）GCCA/GCCAUGG 规则。

（2）在起始密码子上游的相同阅读框序列中是否存在终止密码子。

（3）根据已有的其他物种该类基因的 5′端序列与预测物种 5′端的序列一致性比较，另外也可以根据 Northern 杂交的结果判断该基因转录本的大小，对于通过基因组结构预测获得的基因有时候难以确定其表达的时期，给 RT-PCR 验证带来困难，一般可以根据其功能预测或查找相关的文献资料确定该基因的表达时期，也可以同时测定各个时期和不同组织的表达谱加以判断。有些查询探针是来自于同源关系较远的物种，给基因结构的人工分析带来困难，这种情况下可以借助于基因结构预测软件，使得结构分析变得简单而且准确。

综上所述，电子克隆在今后的基因克隆中将起到不可替代的作用，伴随着基因组计划出现的电子克隆必将大大加速基因结构和功能研究的进程，推动比较基因组学的发展和基因进化、起源方面的研究。

五、全基因组关联分析和全外显组子测序

在基因定位克隆中，常用一些分子遗传标记进行全基因组的关联研究（genome-wide association study，GWAS），该研究是应用人类基因组中数以百万计的单核苷酸多态性（singlenucleotidepolymorphism，SNP）为标记进行病例-对照关联分析，以期发现影响复杂性疾病发生的遗传特征的一种新策略。与以往的候选基因关联分析策略明显不同的是，GWAS 不再需要在研究之前构建任何假设（hypothesis），即不需要预先依据那些尚未充分阐明的生物学基础来假设某些特定的基因或位点与疾病相关联。2005 年，*Science* 杂志首次报道了年龄相关性视网膜黄斑变性 GWAS 结果，在医学界和遗传学界引起了极大的轰动，此后一系列 GWAS 陆续展开。目前该方法已成功鉴定了常见多发病的多种基因位点，不仅有效简化了常见病的相关基因鉴定过程，而且为研究疾病的发病机制和干预靶点提供了极有价值的信息。不过该技术在经济实力、合作性、生物信息学水平及庞大假阳性数据排查能力都有很高的要求，且只涉及常见等位基因的变异。

近年来，高通量测序技术的发展，特别是外显子组测序技术的出现，弥补了传统基因克隆技术的缺陷。全外显子组测序（whole exome sequencing，WES）是近年发展起来的一种先应用靶向富集技术捕获基因组的外显子区域，再通过高通量测序获得编码Ⅸ序列遗传信息的分析技术。该技术目前已被广泛应用于孟德尔单基因遗传病，特别是常染色体隐性遗传病的基因克隆。外显子是真核生物基因的一部分，在前体 RNA 剪接后被保存下来，可翻译成相应的氨基酸。人类基因组大约包含 180 000 个外显子（约 30 Mb），占整个人类基因组序列的 1%，基因组中全部外显子称为全外显子组。人类大约 85%的致病突变位于基因组的蛋白编码区，大部分孟德尔遗传病的遗传变异均位于外显子区域。外显子组测序一般先应用靶向富集技术，捕获基因组的外显子区域，再通过高通量测序获得编码区序列的遗传信息，最后通过全基因组多态数据库过滤，一次性获得患者基因组除大片段重复、缺失（这类变异可由全基因组拷贝数芯片分析获得）外的几乎所有外显子的新发变异，包括非同义突变/剪切位点和供体位点/插入缺失突变。外显子组测序只需针对外显子区域的 DNA 即可，覆盖度更深、数据准确性更高，更加简便、经济、高效。可用于寻找复杂疾病（如癌症、糖尿病、肥胖症等）的致病基因和易感基因等的研究。应用该技术目前至少有 30 多种罕见常染色体隐性遗传病的致病基因得到了克隆，而该领域

的研究也呈现出快速增长的趋势。但目前该技术存在的最大挑战是，如何从测序所得到的数据中把致病突变从遗传背景变异中区分出来。因此如何应用正确的策略挑选致病突变是克隆成功与否的关键。

第四节 基因功能研究的方法

一、基因转导技术

将目的基因转导入某一细胞中，通过观察细胞生物学行为的变化来认识基因的功能，是目前应用最多、技术最成熟的基因功能研究方法。由于基因表达受转导效率和是否持续稳定表达两方面因素影响，因此需慎重选择转导系统。常用的基因转导系统分为非病毒性表达系统和病毒性表达系统。

1. 非病毒性表达载体 主要通过 DNA 直接注射、脂质体转染、磷酸钙转染、或与多聚赖氨酸及阳离子脂类混合，使目的基因穿过细胞膜。由于转录效率、mRNA 的加工、mRNA 的稳定性及翻译效率、目的基因的拷贝数及目的蛋白翻译后加工等因素影响目的基因的表达，因此在选择表达载体时应注意以下调控元件。

（1）选择强启动子和增强子：常用的启动子有三种，最早用于构建真核表达载体的非洲猿猴病毒启动子 SV40，以及人类巨细胞病毒启动子 CMV 和人延伸因子的启动子 EF1α。人 CMV 启动子上游存在一个增强子，用该启动子控制人Ⅺ因子表达，表达效率较 SV40 启动子显著增高。EF1α 是从人成纤维细胞的染色体中分离得到的延伸因子的启动子，用启动子 EF1α 构建的表达载体 Pef321-CAT T 较 SV40 启动子强数倍至 100 倍，Pef321 质粒的启动子在 *neo* 基因的稳定表达上也比 SV40 早期基因启动子或者 Rous 肉瘤病毒长末端重复序列强得多。EF1α 是迄今报道的作用最强的启动子。

（2）选择高效的多聚腺苷酸加尾信号（poly A）：因为真核基因的 hnRNA 的加工过程需要多聚腺苷酸加尾信号，在目的基因的 3′端加上 poly A 信号后，表达水平至少提高 10 倍，说明 poly A 信号对外源基因的有效表达是必需的。目前应用较多的是 SV40 的早期和晚期 poly A，牛生长激素基因的 poly A 和人工合成的 poly A 信号。

（3）内部核糖体进入位点（internal ribosome entry site，IRES）：是从细小 RNA 病毒中发现的，该病毒以新的 5′帽子非依赖的形式进行翻译，其核糖体结合位于细小病毒 RNA5′非编码区内部的一个区域。这一区域包括 450 个核苷酸长度，核糖体与其 3′端结合后扫描（Scan）RNA 到达翻译起始点。在表达载体中设计 IRES 可以使它所连接的 ORF 同时翻译，便于构建双顺反子和多顺反子真核表达载体，表达多亚基蛋白或多个作用相关的蛋白。此外，基因本身的结构对表达水平也有很大影响。

（4）翻译起始位点使其符合 Kozak 序列：Kozak M 用单个碱基替代突变的方法对真核细胞翻译起始密码子 AUG 附近的序列进行分析，发现最有效的翻译起始共有序列是 5′CC（A/G）CCATGG 3′，称为 Kozak 序列。提示优化目的基因的翻译起始区可提高表达效率。

2. 病毒表达载体 以病毒为载体介导的基因转导因其转染效率高、目的基因可稳定表达等优势被广泛应用。目前构建的多种病毒载体各有特点。逆转录病毒载体可携带外源基因整合进靶细胞的基因组中，从而实现目的基因的稳定持久表达，某些亚型几乎能稳定转导 100%靶细胞。但缺点是只能感染正在分裂的细胞，有插入突变和激活癌基因的危险，并且繁殖滴度较低。人腺病毒载体具有宿主范围广、滴度高、装载量大（重组腺病毒最大包装容量为野生型腺病毒的 105%）等优点，是对分裂细胞和静息细胞均有效的基因转导系统。如以门静脉注射的方式用腺病毒载体介导入 LDLR 基因，在 90%以上的肝细胞中得到表达。但不能将外源基因整合到细胞染色体上，所介导的基因只能短暂表达，这一特点使腺病毒载体特别适用于某些骨病的基因治疗。缺点是同时表达大量病毒蛋白质，引起机体免疫反应。腺相关病毒载体（AAV）是一种单链线状非致病性 DNA 病毒，是目前发现的唯一一种以点特异性方式整合在人 19 号染色体上的真核病毒，对分裂期细胞和静息细胞（如神经元、肌细胞、造血干细胞等）均较敏感，不伴随任何病毒基因表达，是比较理想的基因转移和表达系统。Ⅰ型单纯疱疹病毒对非分裂细胞有天然亲和力，是一种亲神经元病毒，适用于神经系统内的基因转移。痘苗病毒具有广泛的宿主细胞，能产生表达外源抗原，在基因转移系统中具有独特的应用。如利用痘苗病毒在小鼠中表达了人类免疫缺陷病毒的外膜蛋白 HIVEnv（rVVenv）和小鼠 IL-12（rVVLuc IL-12）基因，发现 IL-12 以剂量依赖的方式增强机体对 HIV 的细胞免疫反应。

二、反义核酸——研究基因功能的有效工具

反义核酸（antisense nucleic acid）是一段与靶基因的某段序列互补的天然存在或人工合成的核苷酸序列。它可通过碱基配对与细胞内核酸特异性结合形成杂交分子，从而在转录和翻译水平调节靶基因的表达，具有合成方便、序列设计简单、容易修饰、选择性高、亲和力高等特点。反义核酸作为新药开发的重要类别之一，正被广泛应用于病毒性疾病、高血压、心血管病、白血病等疾病治疗领域药物的研究中。目前，已有不少反义核酸药物进入临床，也已有经 FDA 批准的新药上市。近年来，随着基因功能研究的深入和新基因的不断发现，作为基因表达抑制剂的反义核酸被越来越多地应用于与信号传导、细胞凋亡、胚胎发育等过程相关的基因功能的研究之中。迄今为止，已有针对诸如 ICAM-1、p53、nNOS、cycllin D1、RhoA 等多个基因分别应用反义核酸抑制其表达，进而确定基因功能的成功范例。随着反义技术的迅速完善，反义核酸必将在后基因组时代对基因功能的研究中发挥出更重要的作用。

1. 反义核酸类型及作用机制　根据来源不同，反义核酸可分为三类：①用重组 DNA 技术构建表达载体在细胞内转录出反义核酸；②人工合成的反义寡核苷酸；③利用诱导物诱生细胞内的反义核酸。目前最广泛应用的是反义寡核苷酸，一般由 15～20 个碱基组成。由于未经修饰的反义寡核苷酸在细胞中易被核酸酶降解，人们对其作了多种修饰：硫代反义寡核苷酸（phosphorothioate oligonucleotide，S-ODN）被称为第一代反义核酸。第一代反义核酸虽然有效增强了核酸酶稳定性，但由于其本身具有的多聚阴离子特性或其代谢产物所致，在体内表现出剂量依赖的毒副作用。在此基础上，人们对反义核酸的碱基、核糖及核苷酸骨架进行不同修饰，设计出了第二代反义核酸——混合骨架寡核苷酸（mixed backbone oligonucleotide，MBO）。与第一代反义核酸相比，MBO 在体内的稳定性有所增强，且降低了负电荷和免疫原性。其后，研究者又以 2-氨基乙基甘氨酸为基本单元设计出了第三代反义核酸——多肽核酸（peptide nucleic acid，PNA）。PNA 在结构上与 B-DNA 相似，化学性质上与小肽相关。它不带电荷，有良好的蛋白酶和核酸酶抗性，具有比前两代反义寡核苷酸更好的亲和力和至少相同的序列特异性。反义核酸通过 Waston-Crick 碱基互补与靶 mRNA 结合，其主要作用机理可分为诱导切割和占领阻碍两部分。①反义核酸与靶 mRNA 形成的 DNA-RNA 复合物可诱导内源 RNase H 切割其中的 RNA 链。未经修饰的反义核酸或 S-ODN 与靶 mRNA 形成的 DNA-RNA 复合物均是诱导 RNase H 作用的良好底物。也可在反义核酸上连入特殊序列；外部指引序列（the external guide sequence，EGS）等，引起细胞内其他核酸酶（如 RNaseL、RNaseP）对靶 mRNA 的切割。②反义核酸的另一作用方式是与靶基因的前体 mRNA 的特殊序列形成双链，阻碍前体 mRNA 的加帽、拼接、加 polyA 尾及核质转运过程；或与成熟 mRNA 结合（特别是起始密码子附近序列），阻碍其翻译。MBO 的有些修饰类型（诸如：对核糖的 2′-氧甲基修饰），以及 PNA 与 RNA 结合形成的复合物不能诱导 RNase H 切割，只通过占领阻碍机制来抑制基因表达。此外，还可设计与 mRNA 折叠所必需序列互补的反义寡核苷酸，通过阻碍 RNA 高级结构的形成，来影响其

功能和稳定性。

2. 反义核酸在研究基因功能中的应用 相对于其他基因或蛋白抑制剂，反义核酸对基因表达的抑制具有可抑制基因范围广、抑制靶基因程度可调控及特异性高等独特的优点，因而也被越来越多的研究人员作为揭示基因功能的有效手段。反义核酸可用来抑制绝大多数基因的表达。它不仅可作用于传统上容易用单克隆抗体、小分子抑制剂抑制的酶和受体蛋白，还可作用于传统方法难以抑制的接头蛋白（adaptor）、结构蛋白、转录因子等。目前已发表的作用靶位包括编码神经递质受体、神经肽、营养因子、转录因子、离子通道等多种蛋白的基因。

三、基因敲除

基因敲除（gene knockout）是在同源重组技术及胚胎干细胞技术基础上逐步完善发展起来的一门新兴的生物技术。它是通过构建突变或缺失的同源媒介基因载体与受体细胞基因组中序列相同或相近的正常细胞因子基因进行同源重组，从而整合到受体细胞的基因组中获得同源重组的基因，并筛选出所需要的突变或缺失基因，经鉴定后将此基因用胚囊显微注射、电穿孔技术等导入胚胎干细胞，寄养于假孕的动物体以得到嵌合体。嵌合体再将突变或缺失的基因遗传给子代杂合子，杂合子相互交配可得到野生型、杂合子和突变纯合子，最后对纯合子的表型、基因型、基因表达及其产物等进行分析来确定基因功能。基因敲除技术最常使用的动物模型为小鼠，主要包括完全基因敲除和条件型基因敲除：完全基因敲除指通过同源重组直接将靶基因在细胞或者动物个体中的活性完全消除；条件型基因敲除指通过定位重组系统实现特定基因敲除。现阶段应用得较多的四种定位重组系统分别是噬菌体的 Cre-LoxP 系统、酿酒酵母（*Sacharomyces cerevisiae*）2μ 质粒的 FLP/FRT 系统、接合酵母（*Zygosaccharomyces rouxii*）PSR 质粒的 R/RS 系统、噬菌体 Mu 的 Gin/Gix 系统，其中又以 Cre-LoxP 定位重组系统应用最为广泛。基因敲除技术已逐步完善，已从简单的完全敲除发展到条件敲除阶段，而且正朝着特定组织基因敲除、特定时间基因敲除的可调控敲除方向发展。泰-萨病是一种常见的神经节苷脂沉积症，几乎只在东北欧犹太人中间发生，其特征为婴儿期发病，洋娃娃样脸，樱桃红点，早期失明，听觉过敏，巨头，癫痫发作。Guidotti 等利用基因敲除技术，确定导致该疾病的基因即己糖胺酶 A（hexosaminidase A）基因。Dutton 等利用基因敲除鼠研究神经营养因子 3 基因（neurotrophic factor 3）的作用，结果表明，该因子是出生后生存和触觉神经元功能性成熟所必需的。此外，目前常用于基因敲除方法有 TALEN（transcription activator-like effector nuclease）技术和 ZFN（zinc finger nuclease）技术及 CRISPR/Cas9（Clustered Regularly Interspaced Short Palindromic Repeats）技术。

1. TALEN 技术基因敲除原理及其应用 TALENs [transcription activator-like（TAL）effector nucleases]，中文名是转录激活因子样效应物核酸酶，TALENs 是一种可靶向修饰特异 DNA 序列的酶，它借助于一种由植物病原菌黄单胞菌（*Xanthomonas*）自然分泌的天然蛋白即激活因子样效应物（TAL effectors，TALEs）的功能：该蛋白能够识别特异性 DNA 碱基对。人们可以设计一串合适的 TALEs 来识别和结合到任何特定序列，如果再附加一个在特定位点切断 DNA 双链的核酸酶，就生成了 TALENs。TAL 效应核酸酶可与 DNA 结合并在特异位点对 DNA 链进行切割，从而利用这种 TALEN 就可以在细胞基因组中引入新的遗传物质。相对锌指核酸酶（zinc-finger nuclease，ZFN）而言，TALEN 能够靶向更长的基因序列，而且也更容易构建。但是直到现在，人们一直都没有一种低成本的而且公开能够获得的方法来快速地产生大量的 TALENs。

TALEN 靶向基因敲除技术是一种崭新的分子生物学工具，现已应用于植物、细胞、酵母、斑马鱼及大、小鼠等各类研究对象。研究发现，*Xanthomonas* TAL 蛋白核酸结合域的氨基酸序列与其靶位点的核酸序列有较恒定的对应关系。研究者们利用来自 *Xanthomonas* TAL 的序列模块，构建针对任意核酸靶序列的重组核酸酶，在特异的位点打断目标基因，敲除该基因功能。成功解决了常规的 ZFN 方法不能识别任意目标基因序列，以及识别序列经常受上下游序列影响识别特性的问题，使基因敲除变得简单方便。

2. ZFN 技术基因敲除原理及其应用　锌指核酸酶（zinc finger nuclease，ZFN）技术是近年来发展起来的一项新的技术，通过人工设计的 ZFN 在基因组 DNA 的特定位置切割产生 DSB，继而通过细胞内源性的修复机制对断裂部位的基因进行修饰。同传统的同源重组技术相比较，ZFN 技术可以使基因组靶向修饰的效率提高了 10^3～10^5 倍。ZFN 介导的基因定点修饰已经在多种体外培养的细胞中获得成功，包括人的胚胎干细胞（embryonic stem cell，ES）和诱导性多能干细胞（induced pluripotent stem cells，iPS）、植物、果蝇、爪蟾、线虫、斑马鱼、小鼠、大鼠等的细胞，显示出该技术的广泛适用性，这将有力地推动基因靶向修饰技术的应用研究。

ZFN 技术的发展也为人类单基因遗传性疾病的治疗提供了有力的手段。单基因遗传性疾病是只由一种基因突变引发的疾病，理论上可以通过恢复突变基因的表达水平来治疗各种单基因遗传性疾病，但是目前遗传性疾病基因治疗中常用的病毒载体大多可以随机整合到基因组中，容易引起致癌基因的突变引发癌症，安全性受到质疑。另外对于隐性遗传性疾病可以通过异源表达治疗基因来治疗，但是对于显性遗传性疾病则必须通过基因靶向修复对致病基因进行纠正。ZFN 介导的基因靶向修复可以有效解决人类单基因遗传性疾病治疗中所面临的问题。

3. CRISPR/Cas9 技术基因敲除原理及其应用　CRISPR 是一种来自细菌降解入侵的病毒 DNA 或其他外源 DNA 的免疫机制。在细菌及古细菌中，CRISPR 系统共分成 3 类，其中Ⅰ类和Ⅲ类需要多种 CRISPR 相关蛋白（Cas 蛋白）共同发挥作用，而Ⅱ类系统只需要一种 Cas 蛋白即可，这为其能够广泛应用提供了便利条件。目前，来自 Streptococcuspyogenes 的 CRISPR-Cas9 系统应用最为广泛。Cas9 蛋白含有两个核酸酶结构域，可以分别切割 DNA 两条单链。Cas9 首先与 crRNA 及 tracrRNA 结合成复合物，然后通过 PAM 序列结合并侵入 DNA，形成 RNA-DNA 复合结构，进而对目的 DNA 双链进行切割，使 DNA 双链断裂。由于 PAM 序列结构简单（5′-NGG-3′），几乎可以在所有的基因中找到大量靶点，因此得到广泛的应用。CRISPR-Cas9 系统已经成功应用于植物、细菌、酵母、鱼类及哺乳动物细胞，是目前最高效的基因组编辑系统。

四、基因敲入与基因功能研究

基因敲入即通过基因打靶用一种基因替换另一种基因，以便确定它们是否具有相同功能。Engrailed 1 和 2（En 1 和 En 2）是两个结构相关的发育控制基因，均在大脑发育早期开始表达，En 1 比 En 2 早表达 8～10 小时。En 1 敲除的小鼠会产生严重的异常表型，如中脑和小脑缺陷，并在出生后不久死亡。而 En 2 敲除的小鼠却产生几近正常的表型。这些实验结果暗示 En 1 具有与 En 2 类似的功能，可以替代 En 2。为了证明两者具有相同的功能，研究者通过基因打靶将 En 2 插入 En 1，使 En 2 失活，置于 En 1 的调控序列下，并以 En 1 的模式表达，结果产生了表型正常的小鼠。该实验证明通过置换基因的调控序列，可以使基因获得新的功能。基因敲入方法的设计十分简单，是一个类似于普通基因敲除方法中同源重组过程的方法。不同之处在于，设计打靶载体时，需将靶基因第一个外显子的 N 端序列缺失，并将新的暂替换基因置于靶基因的调控序列之下，使其能精确地按照靶基因的调控模式表达。采用这种方法不仅能用一种基因置换另一种基因，而且可以系统地改变基因的结构，分析其蛋白产物各功能区的作用。

五、基因诱捕技术

基因诱捕是近几年发展起来的研究基因功能的技术，是基因打靶技术的进一步发展。其基本原则是，插入的 DNA 使内源基因突变，并且在被诱捕序列启动子的转录控制下表达插入的报道基因（通常是新霉素和/或半乳糖苷酶基因）以鉴定突变。无启动子无增强子的报道基因在 ES 细胞中通过同源重组得到重组子后，分析不同发育阶段、不同组织器官中报道基因的表达情况，可以研究重组部分内源基因的表达特性。目前已用于 2000 多种鼠基因的插入突变，且突变已被分析。

六、RNAi 在基因功能研究中的应用

RNAi（RNA interference）就是一种双链 RNA（double-stranded RNA，dsRNA）分子在 mRNA 水平关闭相应序列基因的表达或使其沉默的过程，也就是序列特异性的转录后基因沉默（post-transcriptional gene silencing，PTGS）。RNAi 作为一种新兴的基因阻断技术，自发现以来已有很大进展。

1. RNAi 的作用机制模型 Brenda 等在 2000 年提出了早期的 RNAi 模型：假定细胞内有一种 RNAi 核酸酶（RNAi nuclease），它含有 dsRNA 结合域、核糖核酸酶催化结构域、RNA 螺旋酶结构域。dsRNA 进入细胞后，首先与 RNAi 核酸酶结合并被分割成约 23nt 的小片段（small dsRNAs），这些片段又与 RNAi 核酸酶结合成复合物。接着这些片段被作为模板，其有意义链与相应的同源 mRNA 交换后解离，mRNA 则定位在原来的有意义链位置且被降解，同时释放 RNAi 核酸酶。然后重复上述过程，特异性地降解下一个相应的 mRNA。该模型随后在 Homan 等研究果蝇 RNAi 的作用机制时得到了印证。随后，Brernstein 等用果蝇研究了 RNAi，认为靶基因 mRNA 被分割成小段最少需两步并且这两步需要不同的核酸酶（RNAsase）。他们把参与第一步的酶命名为 Dicer，并在实验中证明了其存在和作用。据此 David 提出了更为合理的模型：首先 Dicer 结合到 dsRNA 上（病毒、移动的 DNA 或实验方法导入），dsRNA 被分割成 22nt 的干扰性小 RNA（small interfering RNA，或 short interfering RNA，siRNA）；第二步 Dicer 通过与含有 PAZ 的 ARGONAUTE 蛋白结合，而 RNAseⅢ与后者相连接形成多个亚单元的复合物，这样使得 22ntsiRNA 特异性地决定靶的分割位点，正确地执行第二步的降解反应。这个 22ntsiRNA 被称为引导 RNA。这些作用机制模型的提出可以解释很多问题，如小片段 dsRNA 是如何以序列特异性的方式催化降解相应的靶 mRNA；少量的 dsRNA 何以能引发大量的分割 mRNA 的反应等。但总的来说，人们对 RNAi 作用机制依然不甚明了。

2. RNAi 在功能基因组研究中的应用 人工诱导 RNAi 技术的建立，为人们提供了一种高效的基因功能研究方法。RNAi 作为研究基因功能的有力工具，已在线虫、锥虫、果蝇、涡虫、水螅、低等脊椎动物（如斑马鱼）及哺乳动物基因功能研究中获得成功。有人将绿色荧光蛋白基因（green fluorescent protein，GFP）导入斑马鱼胚胎后，通过显微注射将针对 GFP 序列的 dsRNA 注入细胞，结果 *gfp* 基因受到抑制，而同时转入的其他基因不受影响。注入针对控制脊索或眼睛发育基因的 dsRNA 后，胚胎发育成无尾或无眼的斑马鱼。这说明在脊椎动物中，内源和外源性基因都可以被其同源的 dsRNA 特异性抑制，并产生基因缺失表型。Tuschl 实验组将体外构建的 siRNA 分别导入 HeLa 细胞（人类宫颈癌细胞）、大鼠成纤维细胞和小鼠 3T3 细胞，分别抑制了哺乳动物的 laminB1、laminB2、NUP153、GAS41、ARC21、CDK1、β-actin 和 γ-actin 等 21 个不同类型基因，均获得成功，并重新界定了部分必需基因和非必需基因。RNAi 抑制作用有严格的序列特异性，即使一个碱基的错配，也会严重影响抑制效果。与传统的基因功能的研究方法相比，RNAi 技术灵敏、可靠、结果稳定，操作便捷，费用相对较低，很适合用于大规

模筛选，定位新的功能基因。

七、核 酶 技 术

核酶（ribozyme）是一类具有酶活性的 RNA 分子，可以自我催化和切割，并且这种作用无需能量，由于它的作用可使 RNA 被降解而无法进行转录和翻译。核酶技术是人工设计或生物合成具有催化活性的特殊反义 RNA，与靶序列杂交并加以剪切，从而对基因表达进行调控。已经发现的核酶种类很多，如第一型内含子、第二型内含子、RNase P，锤头核酶（hammer head ribozyme）、发夹核酶（hairpin ribozyme）、斧头核酶（D 型肝炎核酶）等，目前常用的核酶为锤头核酶和发夹核酶，其中又以锤头核酶应用最多。核酶对基因特异性序列表达抑制的应用潜力很大，使之成为研究基因功能的重要工具。Sarver 等较早报告了应用核酶抑制 HIV（RNA 病毒）的复制。NF-κB 是一种对基因表达有调控作用的基因，Mohammed Kashani Sabet 等在发育成熟的鼠中利用基于质粒的锤头核酶抑制靶基因 NF-κB 的表达确定 NF-κB 对肿瘤转移有调控作用。因此，锤头核酶是一种十分理想的工具，特别是对一些复杂的生物表型、特异性的基因及其作用途径等功能基因组方面的研究。虽然核酶对基因表达的抑制具有特异性强，作用敏感而迅速等特点，但是它在 mRNA 位点的选择、细胞内的传递及在细胞内的定位等方面仍存在不足。

八、microRNA 在基因功能研究中的应用

成熟的 microRNA 长 19～25 nt，是一类重要的内源性单链的非编码小分子 RNA，可调节与其序列互补 mRNA 的表达。1993 年，由 Lee 等在线虫中首次发现。microRNA 在不同物种间具有高度的保守性，表达具有细胞或组织特异性，与细胞的生长、增殖、分化和衰亡等相关。它可以在转录和翻译水平来抑制基因的表达。根据最近的研究推测，目前已经有多达 200 个基因可以通过 microRNA 进行调节。Stewart 等在研究猪胎儿血红蛋白中 short hairpin RNA（shRNA）的干扰效应时，结合 microRNA 技术和 RT-PCR 检测技术，进一步验证和研究 shRNA 的干扰效应。可以说，microRNA 技术和 RT-PCR 检测技术的结合，使得基因功能的研究技术得到了新的发展。

九、基因芯片——基因功能研究中的最伟大发明

基因芯片（genechips）技术是 20 世纪 90 年代初伴随着人类基因组计划的发展而兴起的新兴技术，它通过微缩技术，将大量已知的靶基因片段高度有序地偶联集成于硅芯片或玻璃芯片等介质上，由于典型的基因芯片使在介质表面有序地点阵排列 DNA，所以又称 DNA 微阵列，将代测样本标记后同芯片进行杂交，杂交后通过对杂交信号进行检测并进行计算机分析，从而判断待测样品中基因是否存在或者存在多少。基因芯片的制备技术主要有原位合成芯片、直接点样芯片、电定位芯片及三维芯片几种，这几种方法各自都有其特点，而直接点样法由于成本低、容易操作，既能点 DNA 又能点寡核苷酸，而且点样密度可任意调整，最高密度能满足需求，而被广泛推广。基于基因芯片技术的过程连续化、微型化、集成化、自动化、高通量及高度并行性的特点，它已经成为研究基因功能的强有力的工具。基因芯片技术克服了传统研究基因功能一般从基因的差异表达入手，一次使其对一个基因或几个基因进行研究，效率低，无法满足基因组研究需要的缺陷，利用基因芯片表达谱芯片技术，可以大规模、高通量地对成千上万个基因同时进行研究，可以监控成千上万的基因在病理、发育时期、诱导刺激等状态下的表达变化，从而推断基因间的相互关系，揭示基因与疾病发生、发展的内在关系。

十、蛋白质水平对基因功能的研究

在蛋白质水平上定量、动态、整体性研究生物体的蛋白质组学，将在后基因组时代大大增进我们对基因功能的理解。

1. 蛋白质双向凝胶电泳 双向凝胶电泳是一种有效的二维分离技术。其原理是基于不同蛋白质的等电点和分子质量不同的特性，第一相是等电聚焦电泳，根据蛋白质的等电点不同进行分离；第二相是 SDS-聚丙烯酰胺凝胶电泳（SDS-PAGE），根据蛋白质分子量不同进行分离。自固相 pH 梯度技术出现后，大大提高了双向凝胶电泳的上样量和重复性，其在基因功能研究中得到广泛应用。很多实验室利用不同的双向电泳技术建立了特定组织或细胞的双向电泳数据库，以供不同的实验室检索和比较双向电泳图谱。在功能基因组时代，双向电泳技术除了用于分离复杂的蛋白样品，建立双向电泳数据库外，主要用于寻找不同组织或细胞中差异表达的蛋白质，以进行疾病相关蛋白或基因的研究。先对疾病组织和正常组织进行双向电泳分离，然后利用计算机软件对所产生的双向凝胶图谱进行分析，找出差异表达的蛋白。

2. 酵母双杂交 酵母双杂交系统是一种用于蛋白质间相互作用研究的工具，它是在对真核生物调控转录起始过程认识的基础上创建出来的，其原理是当靶蛋白和诱饵蛋白特异结合后，诱饵蛋白结合于报道基因的启动子，启动报道基因在酵母细胞内的表达，通过检测报道基因表达产物反过来可以判别诱饵蛋白和靶蛋白之间是否存在相互作用，如果检测到报道基因的表达产物，则说明两者之间有相互作用，如果没有检测到，则两者之间没有相互作用，将这种技术微量化、阵列化后可用于大规模蛋白质间相互作用的研究。酵母双杂交技术因其易于自动化并具有高通量等的特点，现被广泛应用，但它也有不足之处，该技术存在假阳性和假阴性的现象，此外该技术反映的只是蛋白质间发生作用的可能性，至于其可能性的大小还需要通过其他手段来验证。尽管如此，目前还没有更好的方法来代替酵母双杂交技术，该技术仍是从蛋白质组学水平研究基因功能的有力工具。

3. 噬菌体显示技术 噬菌体展示技术是一种研究蛋白质间相互作用的技术，方法是在编码噬菌体外壳蛋白基因上连接一单克隆抗体的基因序列，噬菌体生长时，表面就表达出相应的单抗。将噬菌体过柱，柱上如含有目的蛋白，会特异性结合相应抗体。该技术与酵母双杂交技术相比，同样具有高通量及简便的特点。但是它的适用范围与酵母双杂交技术有相异之处，后者是发生在酵母细胞的核内，而噬菌体展示技术发生在溶液中，另外，有些蛋白质本身有激活转录活性，不经过双杂交相互作用就能激活报道基因的表达，因此酵母双杂交技术检测不出来，但可以通过噬菌体展示技术解决这个问题。该技术的优点有：可以直接得到基因、高选择性的筛选复杂混合物（达 10^9～10^{10}），在筛选过程中通过改变适当的条件可以直接评价相互结合的特异性。

除此之外，蛋白质水平上的表达分析的常用技术还有 Western blot 和免疫组化等。Western blot 与 Northern blot 类似，不仅可以进行定量分析，而且还能够检测蛋白质的分子质量大小及其聚体形式。免疫组化是研究细胞内蛋白质定位、定量的重要方法，特异性强、敏感性高，能够准确确定蛋白质是在特定组织中的哪些细胞及在特定细胞的哪个部位中表达。

十一、生物信息学方法预测基因的功能

生物信息学的主要任务是利用核苷酸序列提供的信息推测该序列的功能，其主要技术是电脑模拟技术，目前世界上已经形成 BlastP、Prosite、Emotif 等大型软件，可协助学者们对核苷酸序列中的调控区、表达区、内含子、外显子进行分析并进而推测 cDNA 序列和 mRNA 序列。核酸水平的模拟结束之后，将推测可能的蛋白质的一级结构及可能的立体结构，各立体结构的

功能区域及可能结合的配体，该研究提供的信息可大大加快目的基因的定向研究。

在对基因功能进行实验验证之前，可先对基因的功能进行合理预测，包括功能学上的预测和结构学上的预测。

1. 利用生物信息学进行功能学上的预测　通过信号肽序列预测分析，初步判定基因的亚细胞定位后，可对其蛋白质的基本理化性质，如氨基酸组成、等电点等进行分析。再在已知的氨基酸序列的基础上，分析预测其高级结构。之后采用 BLAST 和 FASTA 程序进行序列同源性分析，若新确定的蛋白质与已确定的蛋白质显示出结构和功能上的相似性和同源性，则可以从已知基因的功能入手来预测未知的基因的功能。通过对蛋白质结构数据库的检索比较，可初步确定新基因是否属于某一基因家族或超家族的新成员，然后运用 Clustal W 和 Tree View 软件来进行多重序列比对和分子进化分析，利用这个基因家族中已知基因的结构、功能和它在生物体中的作用，来预测未知基因的结构与功能。

2. 从结构学方面预测基因的功能　通过 SMART（http：//smart.embl-heidelberg.de/）或 PROSITE（http：//www.expasy.org/prosite/）数据库可以进行蛋白质功能域的分析，对推测新基因的功能提供有价值的信息。再利用 X 线衍射和磁共振的方法，对蛋白质的分子结构进行推导和探索，了解分子之间的识别机制和生化反应的原理，也可以预测蛋白质的功能。

基因功能的研究是科学研究的重要内容，也是一项复杂的工程。除了以上的研究方法外，还有许多其他的方法可用于基因功能的研究。在实际工作中，研究者需要根据具体情况制订某一特定基因功能的研究方案，且对一个特定基因功能进行全面、系统的研究。

随着宏伟的人类基因组计划的顺利实施，完成了人类基因组及多种模式生物基因组的序列测定，人类在新世纪面临的主要挑战是要解读这些序列所编码的蛋白功能并研究基因调控机制，为此研究和利用这些基因功能分析的策略来解读这个基因宝库成为生命科学领域重大课题。这些基因功能分析的策略的不断完善和发展将对深入研究人类遗传疾病、肿瘤的发生机制及理解许多生命现象的本质具有重要的意义。

思　考　题

1. 试述基因组的概念及意义。
2. 试述大规模 DNA 测序的应用及其意义。
3. 基因功能的研究有哪些方法？

（王明华）

第 14 章 表观遗传学

表观遗传是指在不改变基因组 DNA 序列的情况下，通过对 DNA 和组蛋白的修饰作用，调节基因的功能，使基因的表达及功能发生可遗传的改变。表观遗传学（epigenetics）从基因序列变异以外的作用因素探索疾病发生的机制，研究基因修饰作用所产生的表型变化和调节基因对细胞的发育与分化所起的作用，这对正确认识包括癌症在内的人类重大疾病具有极其重要的意义。X 染色体剂量补偿、DNA 甲基化、基因组印记、组蛋白密码、染色质重塑、表观基因组学及人类表观基因组计划等问题都是表观遗传学研究的内容，它是近年来生命科学发展最为迅速的一个研究领域，是一门具有广泛应用前景的新兴学科。

基因型相同而表型不同，以及组织特异性基因的表达都与 DNA 甲基化、组蛋白乙酰化密切相关。同卵双生子虽然具有相同的 DNA 序列，但由于 DNA 甲基化和组蛋白修饰的不同而导致了表型的差异和疾病易感性的差异。近年来的研究表明，DNA 序列不是唯一的遗传信息，基因组所包含的遗传信息可以分为两类：一类是传统意义上的遗传信息，即 DNA 编码序列所提供的遗传信息；另一类是对 DNA 修饰形成的调控信息，即表观遗传信息，它本身不改变基因的序列，但通过基因修饰，蛋白质与蛋白质、DNA 和其他分子的相互作用，从而影响和调节基因的功能和特性，并导致表型改变。它为 DNA 编码的遗传信息确定何时、何地、以何种方式去应用的指令，以发挥具有时间与空间特性的基因表达调控。高等真核细胞的正常发育、分化、衰老和死亡取决于表观遗传调控机制准确无误地运行，该机制失调将会导致包括发育缺陷、肿瘤等多种严重疾病的发生。

第一节 DNA 甲基化

DNA 甲基化是由 DNA 甲基转移酶（DNA methyl-transferase，DNMT）催化，将 *S*-腺苷甲硫氨酸的甲基以共价键结合方式转移到基因组中 CpG 二核苷酸的胞嘧啶第 5′碳原子上，将胞嘧啶转变为 5′-甲基胞嘧啶的一种基因外修饰。这种甲基化 DNA 修饰在细胞的正常发育、基因表达模式及基因组稳定性中起着至关重要的作用。

研究发现，在真核生物 DNA 中 5′-甲基胞嘧啶（5′-methylcytidine，5′-mC）是唯一存在化学修饰的碱基。人类基因组中的胞嘧啶有 3%～4%处于甲基化状态，且甲基化的胞嘧啶并非随机分布，而是小区段的未甲基化区域和大区段的甲基化区域交替出现。CpG 岛（基因组中由二核苷酸 CG 组成的串联重复序列，主要位于基因的启动子和第一外显子区域）是最主要的甲基化位点，几乎所有的甲基化均发生在二核苷序列 5′-CG-3′中的 C 上。一般来说，CpG 岛在人类基因组中呈不均匀分布，存在高甲基化、低甲基化和非甲基化的区域。60%以上编码基因的启动子含有 CpG 岛。在哺乳动物中，5′-mC 占胞嘧啶总量的 2%～7%。

人类基因组的非编码序列中 CpG 岛相对稀少，且通常处于甲基化状态；而基因编码序列中富含的 CpG 岛长度一般为 100～1000bp，其中 56%的 CpG 岛总是处于未甲基化状态。人类基因组序列草图分析结果表明，人类基因组 CpG 岛约为 28 890 个，大部分染色体每百万碱基对（Mb）就有 5～15 个 CpG 岛，平均含 10.5 个 CpG 岛，其数目与编码序列的基因密度有良好的对应关系。脊椎动物一些基因的活性与其调控区或周围特定胞嘧啶的甲基化有关，甲基化使基因失活，非甲基化和低甲基化则活化基因的表达。基因启动子及附近区域 CpG 岛胞嘧啶的甲基化可以阻止基因的表达，在转录水平调控造成相应基因沉默。特定时间和空间的细胞，由于内外环境的影响，启动子序列的 DNA 去甲基化可以恢复下游基因的表达。在生理（发育）及病理（肿瘤）情况下，DNA 甲基化都参与了基因在特定时空状态下的表达控制，因而 CpG 岛甲基化在发育和肿瘤的研究中有着非常重要的地位，同时与衰老、变性、糖尿病、炎症及纤维化的发生有一定关联。

第二节 非编码 RNA 调节

非编码 RNA（non-coding RNAs）是指不能翻译为蛋白的功能性 RNA 分子，分为看家非编码 RNA（housekeeping non-coding RNA）和调控非编码 RNA（regulatory non-coding RNA）。其中具有调控作用的非编码 RNA 按其大小主要分为两类，即短链非编码 RNA（包括 siRNA、miRNA、piRNA）和长链非编码 RNA（long non-coding RNA，lncRNA）（表 14-1）。近年来大量研究表明非编码 RNA 在表观遗传学修饰中扮演了重要的角色，能在基因组水平及染色体水平对基因表达进行调控，决定细胞分化的命运。

表 14-1 表观遗传学中起主要调控作用的非编码 RNA

种类	长度（nt）	来源	主要功能
siRNA	21～25	长双链 RNA	转录基因沉默
miRNA	21～25	含发卡结构的 pri-miRNA	转录基因沉默
piRNA	24～31	长单链前体或起始转录产物等多途径	生殖细胞内转座子的沉默
lncRNA	＞200	多种途径	基因组印记和 X 染色体失活

基因组测序与比较研究发现，编码蛋白质的 RNA 数量和生物复杂性并非正相关。如果根据编码蛋白质的数量推断生物的复杂程度，则线虫比昆虫更高级，水稻比人类更复杂，显然这不是事实。因此人们意识到，编码蛋白质并不是决定生物功能复杂程度的唯一因素。研究显示，过去人们未充分认识的非编码 RNA，在影响人类基因表达及调控的精致程度和复杂性方面有着至关重要的作用，它们可以通过多种遗传机制影响和决定 DNA 的结构、RNA 的表达及蛋白质的翻译和功能，进而在细胞、组织或个体水平上影响生物体的正常生长发育。

（一）微小 RNA

微小 RNA（miRNA）是一类长约 22 个核苷酸的非编码小分子 RNA，它通过促使靶 mRNA 降解或抑制其翻译来调节靶基因的表达，在细胞分化、增殖和凋亡，个体发育、机体代谢及病毒感染中都具有重要的作用。miRNA 基因由 RNA 聚合酶Ⅱ或 RNA 聚合酶Ⅲ转录，生成含有茎环结构的初级 miRNAs，随后分别由两个 RNaseⅢ家族酶 Drosha 和 Dicer 切割加工成约 22 个核苷酸的 miRNA 双链体。人类双链体中的功能链进入 miRNA 诱导的沉默复合体（miRNA-induced silencing complex，miRISC）中，通过碱基对指导复合物识别靶标分子的 3′非翻译区，对靶 mRNA 进行调控。

miRNA 对于靶分子的调节包括两种方式：一种是对靶 mRNA 进行降解；另一种是通过抑制靶 mRNA 的翻译来实现调控。当 miRNA 与其靶 mRNA 3′-非翻译区结合时，若序列完全互补，便直接降解靶 mRNA；若不完全互补，则抑制靶 mRNA 翻译，但不影响靶 mRNA 的稳定性。此外，miRNA 还能通过去除靶 mRNA 的多聚腺苷酸尾巴，从而促使 mRNA 被 3′-核酸外切酶水解，实现控制基因表达。

（二）小干扰 RNA

小干扰 RNA（siRNA）是细胞内一类双链 RNA（dsRNA）在特定情况下通过一定酶切机制，转变为具有特定长度（21～23 个碱基）和特定序列的小片段 RNA。双链 siRNA 参与 RISC 组

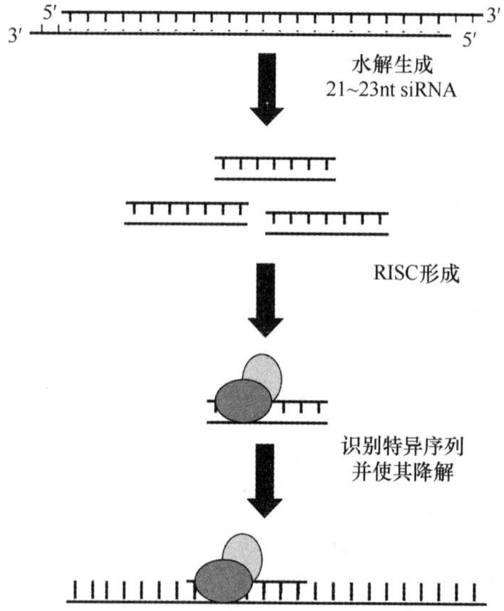

图 14-1 RNA 干扰作用机制

成，与特异的靶 mRNA 完全互补结合，导致靶 mRNA 降解，阻断翻译过程。这种由 siRNA 介导的基因表达抑制作用被称为 RNA 干涉（RNA interference，RNAi）（图 14-1）。RNAi 实际上是通过降解特异 mRNA、在转录后水平发生的一种基因表达调节机制，是生物体本身固有的一种对抗外源基因侵害的自我保护现象。它能识别、清除外源 dsRNA 或同源单链 RNA，提供一种防御外源核酸入侵的保护措施。同时，由于外源 dsRNA 导入细胞后也可以引起与 dsRNA 同源的 mRNA 降解，进而抑制其相应的基因表达，RNAi 又被作为一种新技术广泛应用于功能基因组研究中。

miRNA 通过形成核糖核蛋白复合体（miRNA/RISC）的形式调控基因表达；siRNA 则是 RNA 干扰的主要执行者。两者的共同之处主要在于：①有相似的大小（21～23bp），都是从双链 RNA 或 RNA 前体上通过一个类似 RNaseⅢ的酶（Dicer）剪切而来；②都需组装进 RNA 诱导沉默复合体（含解旋酶、内切核酸酶、外切核酸酶、同源 RNA 搜索活性蛋白等成分），但仅一条链发挥其功能；③都作用于编码蛋白的 mRNA。两者的主要区别见表 14-2。

表 14-2 miRNA 和 siRNA 的主要区别

特性	miRNA	siRNA
来源	生物体固有的内源性因素	外源性转座子、病毒或人工合成
基本结构	单链 RNA	双链 RNA
形成过程	从形成局部茎环结构的转录产物加工而来	经切割长的双分子 RNA 二聚体或延长的发卡结构产生
前体产物	每个茎环前体分子形成一个二聚体	每个前体分子能产生大量二聚体
序列变化	亲缘关系近的物种间序列保守	外源性的序列变化较大
作用部位	主要作用于靶基因 3′-UTR 区	可作用于 mRNA 的任何部位
调控形式	导致靶基因降解，也可抑制靶基因的翻译，在转录后和翻译水平调控	只能导致靶基因降解，为转录后水平调控
生物学意义	在发育过程中起作用，调节内源基因表达	不参与发育调控，原始作用在于使靶基因沉默、抑制转座子活性和病毒感染
靶序列	靶序列可来自不同基因	靶序列来自特定基因

然而，siRNA 的功能是通过 RNA 干扰的分子通路来降解靶 RNA 分子，其序列和它的目标分子要求完全互补。因此，一个 siRNA 一般只有一个靶 mRNA。但 miRNA 除了通过类似于 siRNA 的机制抑制 mRNA 表达，还可作用于 mRNA 3′端非翻译区来抑制蛋白质的翻译，调控作用取决于 miRNA 与目标分子的互补程度。由于 miRNA 只要求部分互补就可发挥其抑制作用，一个 miRNA 可有多达 100 个目标分子。计算机软件预测，人类基因组有 250～1000 个 miRNA 目标分子，因而目标分子数目可占编码基因数量的 1/3 以上。由于 miRNA 和 siRNA 的不同特性，使 miRNA 成为个体发育过程中的基因表达调控系统，而 siRNA 则成为抵抗病毒和转座子等外源遗传物质入侵的保卫体系。

（三）piRNA

piRNA 近年来在哺乳动物细胞内发现的长度为 24～31nt 的 RNA 分子，因在生理状态下能与 Piwi 蛋白偶联，故命名为 piRNA（piwi interacting RNA，piRNA）。由于 Piwi 为一表观遗传学调控因子，能与 PcG 蛋白共同结合于基因组 PcG 应答元件上，协助 PcG 沉默同源异型基因，因此推测与 Piwi 相关的 piRNA 也应具有表观遗传学的调控作用。目前 piRNA 的生物合成和作用机制尚不清楚。有两种假说：一是 piRNA 由长单链分子产生；二是 piRNA 可能为初级转录产物。Aravin 等通过鼠细胞内的实验证据提出哺乳动物细胞 piRNA 的自我扩增模型，与果蝇扩增模型不同的是：基因簇并非初级 piRNA 的主要来源，而是由转座子 mRNA 产生初级正义 piRNA 参与扩增循环。

lncRNA 一般是指大于 200nt 的 RNA，不参与或很少参与蛋白编码功能，位于细胞核内或胞浆内。通常分为 5 类：即正义（sense）、反义（antisense）、双向（bidirectional）、基因内（intronic）及基因间（intergenic）lncRNA。lncRNA 有多种不同的来源，目前认为可能是：①编码蛋白的基因结构中断而转变为 lncRNA；②染色质重组的结果，即两个未转录的基因与另一个独立的基因并列而产生含多个外显子的 lncRNA；③由非编码基因复制过程中的反移位产生；④由局部的串联复制子产生邻近的非编码 RNA；⑤基因中插入一个转座成分而产生有功能的非编码 RNA。尽管众多的 lncRNA 没有共同的起源，但研究表明它们在基因表达的调控方面起着相似的作用。

第三节　组蛋白修饰

基因正常表达除了有相应转录因子诱导和启动子区低甲基化状态外，还有一个重要的表观遗传条件是组蛋白修饰必须处于激活状态。组蛋白对其特定氨基酸修饰的意义在于提供蛋白识别信息，并通过蛋白质和染色质间的相互作用调节染色质的构象变化，从而影响基因表达。这种修饰本身并不属于蛋白特定识别位点，而是给特定蛋白质提供信息或代码，让其能够和染色质发生作用，这就是所谓组蛋白密码（histone code）假说。

真核细胞染色体在合成及多级组装折叠过程中，DNA 必须与组蛋白有序地组合在一起。组蛋白是真核细胞染色体的结构蛋白，与 DNA 共同组成核小体，组蛋白共有 5 种，H1、H2A、H2B、H3、H4，这些组蛋白带有正电荷，能与带负电荷的 DNA 磷酸基相互作用形成较紧密的结构，其中 H2、H3、H4 是功能性组蛋白，H1 只在核小体间起连接作用。组蛋白在进化中虽然属于高度保守的蛋白质，但不是通常认为的始终处于某种静态结构中。组蛋白在合成后的修饰过程中，会根据特定的时空需要而不断发生某些改变，为其他蛋白质与 DNA 的结合提供特定的识别标志，进而产生协同或拮抗效应，影响 DNA 分子上遗传信息的关闭或表达。

常见组蛋白修饰包括乙酰化、甲基化、磷酸化、泛素化、糖基化、ADP 核糖基化、羰基化等，它们是组蛋白密码的基本元素。组蛋白密码和它的解码机制在动物、植物和真菌类中是不同的。研究最多的组蛋白修饰主要是乙酰化和甲基化。乙酰化修饰大多发生在组蛋白 H3 的 Lys9、14、18、23、56 及 H4 的 Lys5、8、12、16 等位点。组蛋白甲基化是指发生在 H3 和 H4 组蛋白 N 端精氨酸或者赖氨酸残基上的甲基化，由组蛋白甲基化转移酶介导催化。组蛋白甲基化的功能主要体现在异染色质形成、基因印记、X 染色体失活和转录调控方面。目前发现 24 个组蛋白甲基化位点，其中 17 个位于赖氨酸，其他 7 个位于精氨酸。赖氨酸可以是单甲基化、双甲基化和三甲基化，精氨酸可以是单甲基化或者双甲基化。

特定组蛋白的氨基酸残基被甲基化或乙酰化既可激活基因表达，也可抑制基因表达。特定组蛋白羧基端的泛素化同样影响蛋白质的降解，从而调节基因的表达。组蛋白修饰的一个重要功能是调节 rRNA 的表达量，进而调整新陈代谢；另一个重要功能是参与染色质重塑（chromatin remodeling），染色质重塑是指在能量驱动下的核小体重新排列，提供改变核小体在基因启动子区域的排列，增加启动子的可接近性，从而调节基因表达。组蛋白是真核生物染色质的基本结构蛋白，因此，组蛋白的修饰与染色质重塑的复杂分子机制密切相关。

染色质上的组蛋白乙酰化和去乙酰化对转录调节具有重要作用。染色质转录活化区组蛋白显示出高度乙酰化状态，而去乙酰化通常与转录沉默相关。组蛋白的乙酰化由组蛋白乙酰化转移酶（histone acetyl transferases，HAT）和组蛋白去乙酰化酶（histone deacetylrase，HDAC）决定。HAT 对组蛋白氨基末端的 Lys 残基进行乙酰化修饰，使染色质呈现开放结构，有利于转录因子与 DNA 结合，促进转录；HDAC 则使 DNA 与核心组蛋白紧密结合，使染色质呈现关闭结构，阻碍基本转录单位蛋白质复合物进入启动子结合位点，抑制转录功能。因此，组蛋白乙酰化和去乙酰化间的正常平衡对于细胞正常生长至关重要。HAT 和 HDAC 这两种酶通过对核心组蛋白进行可逆修饰来调节其乙酰化水平，从而调控转录的起始与延伸。调控 HAC 和 HDAC 的机制主要分为三类，即调节酶量、调节酶活性、调节与特异性转录因子的相互作用。而调节表达量是简单易行的调节方式，如组蛋白过乙酰化可诱导 *HDAC1* 基因 mRNA 的转录水平，这表明体内组蛋白乙酰化水平受到一定的反馈调节。另外，HAT 和 HDAC 的酶活性还能通过改变它们的亚细胞定位或者与特定转录因子相互作用的能力来进行调节。而组蛋白去乙酰化酶抑制剂（HDI）可以通过抑制 HDAC 活性提高组蛋白乙酰化水平。

此外，染色质中组蛋白的氨基端产生的不同组合修饰，可调控其本身进入 DNA 的通道，不同组蛋白 N 端的修饰对染色质结合蛋白产生协同或拮抗作用，调控染色质表达转录激活与封闭沉默间的细胞动力学转换。从分子机制上看，组蛋白 N 端修饰的组合方式是构成组蛋白密码的关键，这些信息表达和传递间的交叉组合及相互调节，极大地扩展和细化了遗传信息的储存方式和调控机制。组蛋白富于变化的修饰方式，作为表观遗传学调节基因表达的第二层次而影响染色质的结构变化及其重塑过程。

第四节　表观修饰异常与肿瘤

研究表明，在肿瘤发生时，一个普遍存在的特征是，全基因组呈现低甲基化，维持甲基化模式酶调节失控，以及正常细胞中非甲基化的 CpG 岛出现高甲基化。肿瘤细胞基因组甲基化的程度为正常细胞基因组的 20%～60%。相反，肿瘤抑制基因、肿瘤转移基因和肿瘤转移抑制基因、细胞周期调节基因、DNA 修复基因、血管形成抑制基因等则呈局部区域性的高甲基化。DNA 甲基化异常与肿瘤发生密切相关，特别是 CpG 岛甲基化导致多种抑癌基因失活是人类肿瘤发生的一个重要机制。抑癌基因是一类生长控制基因或负调控基因，它们因缺失、突变或失活而丧失功能时，将会导致细胞的恶性转化。在实验条件下，将野生型基因导入转化的细胞则可抑制其恶性表型。某些抑癌基因，如 *p53* 和 *erbA*，突变后丧失原有功能，促使肿瘤的发生。

DNA CpG 岛异常的低甲基化使癌基因得以表达，从而使细胞恶性转化。在多种人类肿瘤基因组中，广泛的低甲基化和部分区域的高甲基化共存是 DNA 甲基化总的特征。这些发现提示 5′端 CpG 岛甲基化导致抑癌基因失活，是引起细胞恶性转化的重要步骤。因此，DNA 甲基化改变通过影响癌基因和抑癌基因表达，从而参与肿瘤的发生。

在肿瘤发生过程中，甲基化模式发生逆转，相关基因的甲基化紊乱发生率很高。Costello 等曾研究了 98 种人类主要肿瘤的 1184 个 CpG 岛的甲基化状态，结果显示在癌基因组的 4500 个 CpG 岛中，有 600 个甲基化紊乱，包括早期癌，并且 CpG 岛的甲基化具有肿瘤组织特异性。近年来，人们通过对癌、癌旁组织和正常组织 DNA 的分析，发现某些癌基因（*H-Ras*、*c-Myc*）低甲基化和抑癌基因（*Rb*、*p16*）的高甲基化改变是细胞癌变的一个重要特征。同时甲基化状态的改变与基因点突变、基因缺失及基因表达异常的发生有密切关系。DNA 甲基化状态的改变可导致基因结构和功能的异常，调控凋亡与分化的基因表达多受甲基化影响，其甲基化水平与肿瘤的生物学特性密切相关。

抑癌基因高甲基化：*p16* 基因又称 *CDKN2A* 基因，位于染色体 9p，是细胞周期素（cyclin）

依赖性激酶抑制蛋白，可抑制细胞周期素 D 依赖性激酶的活性，通过磷酸化使 Rb 蛋白失活。*p16* 基因失活使细胞丧失激活 *Rb* 基因的能力，使细胞生长失去控制。在多种肿瘤中都发现 *p16* 基因的缺失和一些点突变，表明 *p16* 基因在肿瘤发生过程中起重要作用。*RASSF1A* 基因定位于 3p21.3，是新发现的抑癌基因，与多种人类肿瘤发生有关。*RASSF1A* 基因是继 *p16* 基因以后所发现的在肿瘤中甲基化程度最高、分布最广泛的基因之一。大量研究表明，在多种肿瘤中均可发现 *RASSF1A* 表达缺失和启动子区高甲基化，故 *RASSF1A* 基因可能对多种肿瘤的早期诊断和预后判断具有一定意义。

基因组印记与许多肿瘤的发生相关，如作为印记基因的胰岛样生长因子 2（insulin-like growth factor 2，IGF2）具有促进生长的作用，一旦变为双等位基因表达，就将造成表达产物量的增加，促成细胞的异常生长。印记基因 *H19* 在染色体上的位置与 *IGF2* 比邻，虽然 *H19* 基因产物仅仅是 RNA，但对细胞生长起抑制作用，癌症的发生与它的失活有关。*IGF2* 和 *H19* 是最先被发现的印记基因，正常人群中 *IGF2* 为父源表达，而 *H19* 为母源表达，它们之间有一个甲基化差异区，具有绝缘子功能。对胃癌的研究表明印记丢失导致的 *IGF2* 过度表达在弥漫型胃癌中起重要作用。

非印记基因需要两个等位基因同时失活才引起疾病，而印记基因正常情况下为单拷贝表达，其表达异常，从而引起疾病主要表现在两个方面：一是印记等位基因再活化，即印记丢失（loss of imprinting，LOI）（静止的基因被重新活化表达的现象）；二是印记基因的另一拷贝等位基因异常所造成该基因的失活，即杂合性丢失（loss of heterozygosity，LOH）。肿瘤细胞通常也存在这两种现象：一方面整个基因组甲基化程度很低；另一方面某些抑癌基因又被错误地甲基化。研究者推测在细胞分裂过程中染色体甲基化程度越低，越容易发生功能异常，这可能是癌变的第一步。DNA 甲基化程度过低能否直接引起癌症目前还在进一步研究之中。已有证据表明，在肿瘤细胞中抑癌基因错误地被甲基化，引起抑癌基因低表达，从而引发癌症。此外，亚等位基因 *DNMT1* 活性与侵袭性 T 淋巴细胞相关，提示该酶的表达水平可能通过调节染色体的稳定性而与癌症发病率之间有着潜在关联，

DNA 甲基化是个体发育和肿瘤病理机制研究的一个重要前沿领域。由于 CpG 岛甲基化是一个可逆过程，由此导致抑癌基因转录失活和生长基因致癌性的过渡表达，都可以期望通过甲基化和去甲基化而使基因功能正常化。因此，肿瘤基因治疗临床应用研究的一个热点，就是对 DNA 去甲基化以恢复抑癌基因的功能，同时这也是新兴抗癌药物研究的一个方向。

组蛋白乙酰化和去乙酰化也是目前癌症研究的重点。大部分的经典 HDAC 在多种癌症中均有过量表达，一般认为 HDAC 的高表达对癌细胞生长有促进作用。

miRNA 参与肿瘤发生机制的问题也是目前研究的热点。在人类细胞中发现的 miRNA 分子种类已超过 500 个，计算机检索提示约有 1000 个人类 miRNA，其中一些 miRNA 调控正常细胞周期和终末分化，它们的突变会导致细胞周期和终末分化异常，这是癌细胞的特点。目前认为 miRNA 在肿瘤发生发展过程中，具有与癌基因或抑癌基因相似的作用，而且已发现的 miRNA 基因约 50%位于基因组中的脆性位点或癌症相关区域。有些致瘤病毒也通过编码 miRNA，进而影响宿主细胞癌变过程。根据这些发现，人们可将 miRNA 作为抗肿瘤药物或抗肿瘤药物的靶分子。

肿瘤细胞中的 miRNA 表达通常低于正常组织细胞，目前发现在与人类肿瘤有关的 miRNA 中，miR2143 和 miR2145 在乳腺癌、前列腺癌、宫颈癌、淋巴系统肿瘤及大肠癌细胞中表达下调，且这种下调与转录后加工有关。两者可能的靶 mRNA 中，有作用于信号转导和基因表达的一些基因，如 *raf*（癌基因，编码丝氨酸/苏氨酸激酶，参与信号转导，在细胞增殖、分化及凋亡中起重要调控作用）、G2（细胞周期蛋白，其高表达对体外培养细胞的增殖起明显抑制作用）、γ7（G 蛋白亚单位基因，在胆管癌、胰头癌等恶性肿瘤细胞中下调）等。

由于组织特异性、细胞分化过程及环境等因素的不同，miRNA 可作为抑癌基因也可作为癌基因存在。人类 miRNA 中有一部分在肿瘤组织和细胞中是高表达的，人们认为这部分 miRNA 基因可能是一类新的癌基因。例如，人癌基因 *BIC* 编码一种 miRNA，即 miR2155。在儿童 Burkitt's 淋巴瘤中 miR2155 前体 RNA 和 BIC RNA 高表达；91%的霍奇金淋巴瘤病例中有 *BIC* 过表达；在人类其他类型 B 细胞淋巴瘤中也发现了 miR2155 /BIC 表达水平普遍增高，尽管两者的拷贝数并不一致。

研究表明，多数 miRNA 可能作为肿瘤抑制因子发挥作用，原癌基因的低甲基化和肿瘤抑制基因的高甲基化被认为是癌症表观遗传学的主要决定因素，而 miRNA 基因在肿瘤中的异常甲基化使表观遗传学调控癌症的机制更加复杂。随着研究的深入，更多的 miRNA 被发现与细胞分化成熟障碍、增殖失控及肿瘤等疾病密切相关，人类肿瘤细胞和肿瘤组织内 miRNA 的表达水平和类型都与正常细胞和组织的 miRNA 表达水平明显不同，因而 miRNA 在肿瘤发生发展中的重要作用日益受到人们的关注。

肿瘤表观遗传学机制贯穿肿瘤发生、发展的整个过程，并具有一定的广泛性和组织特异性，因此对肿瘤的表观遗传学进行深入的研究对肿瘤的临床诊断、治疗和预防具有重要的指导意义。

思 考 题

1. 非编码 RNA 在基因表达调控中的作用是什么？
2. 组蛋白乙酰化修饰是怎样影响基因表达的？
3. 表观遗传学研究在肿瘤发生过程中的意义是什么？

（魏文祥 俞慧君）

第15章 DNA的生物合成

DNA 的生物合成主要指 DNA 复制（replication），即遗传物质的传代，以母链 DNA 为模版合成子链 DNA 的过程。此外，DNA 生物合成还包括 DNA 修复合成，以及以 RNA 指导的 DNA 合成（即逆转录）。本章主要讨论的是 DNA 复制。

第一节 DNA 生物合成的主要特点

从简单的病毒到复杂的高等动植物细胞，都有一整套决定生物基本特征和功能的遗传信息，这些遗传信息储存在 DNA（部分病毒为 RNA）中，通过复制而代代相传。DNA 复制需要以亲代 DNA 为模板，4 种脱氧核糖核苷三磷酸（dNTP）为原料，在多种酶和蛋白因子的作用下完成。无论是原核生物还是真核生物，DNA 复制均具备诸多共同特征。

一、DNA 复制具有固定的复制起始点和复制子

DNA 复制总是在 DNA 分子上的一个或多个位点开始，这种控制复制起始的位点称为复制起始点（origin）。不同生物的 DNA 复制起始点的序列虽然并不完全相同，但其均具有共性特征：①由多个独特的短的重复序列组成；②短序列中富含 AT，利于双螺旋 DNA 解旋形成单链 DNA，作为复制模板；③这些短重复序列可被复制起始因子所识别，从而启动复制。

DNA 分子的复制从起点开始，复制方向大多为双向，即形成两个复制叉（replication fork）或生长点（growing point），分别向两侧进行复制。少数 DNA 也可进行单向复制，如腺病毒 DNA 复制就是从两个起始点开始，各以相反的单一方向生长出一条新链。双向复制完成时，复制叉相遇并汇合连接。从一个 DNA 复制起始点起始的 DNA 复制区域称为复制子（replicon）。复制子是独立完成复制的功能单位。原核生物基因组是环状 DNA，只有一个复制起始点，因此是单复制子完成的复制。真核生物基因组庞大而复杂，由多个染色体组成，全部染色体均需复制，每个染色体又有多个起始点，因此是多复制子的复制。在真核生物数以万计的复制子中，复制子长度可以从 13 千碱基对到 900 千碱基对不等。

二、半保留复制保证了遗传信息的忠实传递

Waston 和 Click 在提出 DNA 双螺旋结构模型时曾就 DNA 复制过程进行过研究，他们推测，DNA 在复制过程中碱基间的氢键首先断裂，双螺旋解旋分开，每条链分别作模板合成新链，每个子代 DNA 的一条链来自亲代，另一条则是新合成的，故称之为半保留式复制（semi-conservative replication）。

1958 年 M. Meselson 和 F.W. Stahl 利用氮的同位素 ^{15}N 标记大肠杆菌 DNA，首先证明了 DNA 的半保留复制。他们让大肠杆菌在以 $^{15}NH_4Cl$ 为唯一氮源的培养基中生长，连续培养 12 代后所有 DNA 分子上均含有 ^{15}N。由于 ^{15}N-DNA 密度大于普通的 ^{14}N-DNA 密度，在氯化铯密度梯度离心时，两种 DNA 形成位置不同的区带。如果将 ^{15}N 标记的大肠杆菌转移到普通培养基中培养，经过一代之后，所有 DNA 密度都介于 ^{14}N-^{15}N 之间，即形成了 ^{14}N 与 ^{15}N 的杂合分子。两代之后 ^{14}N 与 ^{14}N- ^{15}N 杂合分子等量出现。若继续培养，可观测到 ^{14}N-DNA 分子增多。而加热后，它们分开为 ^{14}N 链与 ^{15}N 链。由此可知，DNA 复制时 DNA 分子可被分为两个亚单位，分别构成子代分子的一半，这些亚单位经过许多代复制后仍然可保持完整性。

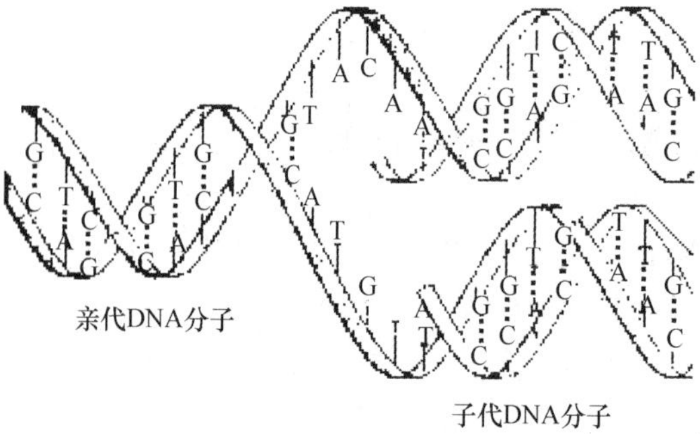

图 15-1 DNA 的半保留复制

半保留的复制方式，即为子代 DNA 分子中仅保留一条亲代链，另一条链则为新合成链，而在单链 DNA 分子的复制过程中通常也会首先形成双链的复制形式。半保留复制过程中，亲代 DNA 解链后，两条链各自作为模板，以碱基互补配对法则，合成出另一条互补链（图 15-1）。DNA 的半保留复制机制保证了 DNA 在遗传上的稳定性，经过多代的复制，DNA 的多核苷酸链仍可保持完整性，并存在于后代而不被分解。

三、半不连续复制克服了 DNA 空间结构对 DNA 新链合成的制约

DNA 双螺旋的两股单链走向相反，一条是为 5′至 3′方向，其互补链则为 3′至 5′方向。由于 DNA 聚合酶催化新链合成都是沿 5′→3′方向延伸，因此，方向为 5′至 3′方向的 DNA 链顺着解链方向而生成子链，复制是连续进行的，这股链称为领头链（leading strand）。而方向为 3′至 5′的另一条 DNA 链则不能顺着解链方向连续延长，必须待模板链解开到足够长度后，才能从 5′→3′生成子链。这股不连续复制的链称为随从链（lagging strand）。领头链连续合成而随从链不连续合成，即 DNA 的半不连续复制（semi-discontinuous replication）。1968 年，日本学者冈崎（Okazaki）观察到了 DNA 的半不连续复制现象。因此，这种不连续合成的随从链的复制片段，被后人称作冈崎片段（Okazaki fragment）（图 15-2）。

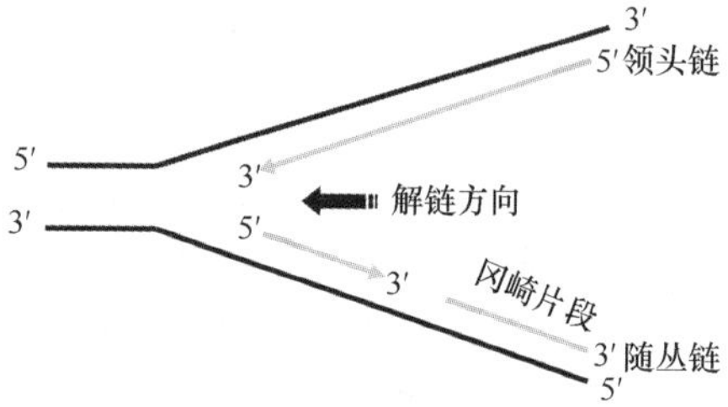

图 15-2 DNA 的半不连续复制

第二节 原核生物的 DNA 生物合成过程

DNA 的复制过程是一个复杂、有序的酶促反应过程，涉及几十种酶和因子的参与。原核生物染色体 DNA 和质粒等都是共价环状闭合的 DNA 分子，复制过程具有共同的特点。

一、复制的起始

复制起始是复制中较复杂的环节，主要包括 DNA 双链在复制起始点解开，形成引发体和引物，这一起始过程也被称为引发（priming）。

1. DNA 解链 DNA 在复制时，其双链首先解开，形成复制叉，而复制叉的形成则是由多种蛋白质及酶参与的较复杂的复制过程。如 *E.coli* 复制起始就需要 6 种蛋白质因子：Dna A、Dna B、Dna C、HU、促旋酶和单链 DNA 结合蛋白（single strand binding protein，SSB）。

（1）Dna A 蛋白识别复制起始点 oriC：*E.coli* 的复制起点 oriC 跨度为 245bp，20～40 个 Dna A 蛋白以正协同方式结合于 oriC 的 4 个 9bp 反向重复序列（TTATNCANA），oriC 序列以这些 Dna A 蛋白为中心缠绕，形成复制起始复合物，这一过程需要 ATP。然后，Dna A 蛋白作用于 oriC 的 3 个 13bp 正向重复序列（GATCTNTTNTTTT），DNA 在这 3 个位点解链，形成开放型复合物，这一过程消耗 ATP。

（2）Dna B 蛋白解旋促使复制叉形成：要产生两条复制模板链，*E.coli* 染色体 DNA 必须解

开形成单链，这一过程由 Dna B 蛋白完成。Dna B 蛋白即解螺旋酶（DNA helicase），其能通过水解 ATP 获得能量以解开双链 DNA。这种解链酶分解 ATP 的活性依赖于单链 DNA 的存在。如果双链 DNA 中有单链末端或切口，则 DNA 解链酶可以首先结合在这一部分，然后逐步向双链方向移动。复制时，大部分 DNA 解旋酶可沿滞后模板的 5′→3′方向并随着复制叉的前进而移动。Dna B 蛋白在 Dna C 蛋白的协同下，结合和延解链的方向移动，使双链解开足够用于复制的长度，并且逐步置换出 Dna A 蛋白。此时，复制叉已初步形成。

（3）SSB 稳定解开的单链：当双链 DNA 解成单链后，SSB 较牢固地结合在单链 DNA 上，其作用是保证解旋酶解开的单链在复制完成前能保持单链结构。SSB 以四聚体的形式存在于复制叉处，待单链复制后才脱下来，重新循环。所以，SSB 只保持单链的存在，不起解旋作用。

2. 引发体和引物的形成 DNA 复制起始的关键步骤是领头链 DNA 的合成，一旦领头链 DNA 的聚合作用开始，随从链 DNA 的合成也随着开始。由于领头链的合成是连续进行的，所以它的起始相对简单，而随从链的合成是不连续进行的，所以引发阶段比较复杂。

（1）引物酶（primerase）：催化 RNA 引物合成的酶叫引物酶，即 Dna G 蛋白。它是一种特殊的 RNA 聚合酶，可催化短片段 RNA 的合成。这种短 RNA 片段一般十几个至数十个核苷酸不等，它们在 DNA 复制起始处作为引物。RNA 引物的 3′-OH 末端提供了由 DNA 聚合酶催化形成 DNA 分子第一个磷酸二酯键的位置。引物酶识别 DNA 单链模板特异序列，以核糖核苷三磷酸为底物合成寡聚核苷酸，产生 3′-OH，为 DNA 聚合酶起始磷酸二酯键提供条件。引物与典型的 RNA 不同，他们在合成以后并不与模板分离，而是以氢键与模板结合。

（2）引发体（primosome）：在解链过程中，高度解链的模板 DNA 已与 Dna B、Dna C、SSB 等多种蛋白质因子结合，组成引发前体。引发前体促进引物酶结合上来，共同形成引发体。引发体在 DNA 链上移动，由 ATP 供给能量。两条单链 DNA 复制的引发过程有所差异，领头链形成引发体，促使 RNA 引物合成后，从复制起始点开始就可按 5′→3′持续地合成下去；而在随从链上，引发体连续地与引物酶结合并解离，从而在不同部位引导引物酶催化合成 RNA 引物，在引物 RNA 的 3′-OH 末端接下去合成 DNA 片段，这就是随从链不连续合成的开始。

二、复制的延长

1. DNA 聚合酶Ⅲ催化领头链和随从链的合成 在 *E.coli* 中，到目前为止已发现有 5 种 DNA 聚合酶（DNA polymerase），分别为 DNA 聚合酶Ⅰ、Ⅱ、Ⅲ、Ⅳ和Ⅴ（表 15-1）。比较 DNA 聚合酶的合成速度，只有 DNA 聚合酶Ⅲ符合 *E.coli* 细胞内 DNA 复制的要求。*E.coli* 的 DNA 聚合酶Ⅰ和Ⅱ突变，DNA 复制正常；而 *E.coli* 的 DNA 聚合酶Ⅲ基因突变则 DNA 复制停止，说明 DNA 聚合酶Ⅲ在复制中是主要的 DNA 聚合酶。

表 15-1 原核生物 DNA 聚合酶的种类及功能

种类	功能
DNA 聚合酶Ⅰ（PolⅠ）	去除 RNA 引物，参与 DNA 损伤修复
DNA 聚合酶Ⅱ（PolⅡ）	在 DNA 稳定期的损伤修复中起作用
DNA 聚合酶Ⅲ（PolⅢ）	在大肠杆菌 DNA 复制过程中起主要作用
DNA 聚合酶Ⅳ（PolⅣ）	与 DNA 聚合酶Ⅱ一起负责稳定期的损伤修复
DNA 聚合酶Ⅴ（PolⅤ）	参与 SOS 修复

（1）DNA 聚合酶Ⅲ的结构：DNA 聚合酶Ⅲ是由 2 个核心酶、1 个 γ-复合物和 2 对 β 亚基

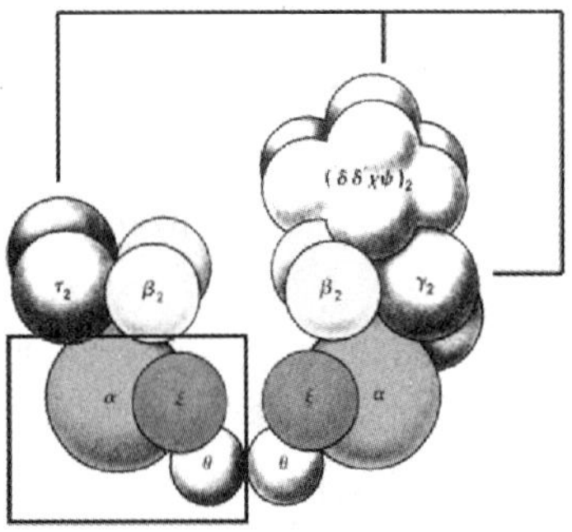

图 15-3 DNA 聚合酶Ⅲ

组成，称为全酶（图 15-3）。核心酶由 α、ε、和 θ 亚基组成；γ-复合物则含 γ、δ、δ′、ψ、χ 和 τ 共 6 种亚基。β 亚基是可滑动的 DNA 夹子，使全酶结合于 DNA 上，催化 DNA 合成。

（2）核心酶的功能：核心酶的 α 亚基的主要功能是合成 DNA，具有 5'→3'聚合活性；ε 亚基具有 3'→5'外切酶活性，可发挥校读功能；θ 亚基可能起组装作用。核心酶的持续合成能力很差，仅合成十几个核苷酸就要从模板脱落；当核心酶与 γ-复合物结合后就能获得较强的持续合成能力，可以连续合成多达 5×10^5 个核苷酸。

（3）γ-复合物的功能：γ-复合物是 DNA 夹子加载蛋白，负责将 DNA 夹子（即 β 亚基）加载于 DNA。γ-复合物能结合 ATP，并具有 ATPase 活性，从而使每对 β 亚基形成的封闭环打开，再将这个“夹子”加载于双链 DNA。当 ATP 水解后，γ-复合物迅速脱离 DNA 夹子和 DNA，将封闭型的 DNA 夹子留在引物-模板连接处。γ-复合物通过加载 DNA 夹子赋予 DNA 聚合酶Ⅲ与 DNA 的高亲和力，从而增强聚合酶的持续合成能力。

（4）DNA 聚合酶Ⅲ对领头链和随从链合成的催化：在 DNA 复制叉处由 DNA 聚合酶Ⅲ在同一时间分别进行复制 DNA 领头链和随从链。随从链模板环绕DNA聚合酶Ⅲ全酶，并通过 DNA 聚合酶Ⅲ，然后再折向与未解链双链 DNA 解链方向一致方向，则随从链的合成就可以和领头链的合成在同一方向上进行（图 15-4）。这样，当 DNA 聚合酶Ⅲ沿着随从链模板移动时，由特异的引物酶催化合成的 RNA 引物即可以由 DNA 聚合酶Ⅲ所延伸。当合成的 DNA 链到达前一次合成的冈崎片段的位置时，随从链模板及刚合成的冈崎片段便从 DNA 聚合酶Ⅲ上释放出来。这时，由于复制叉继续向前运动，便产生了又一段单链的随从链模板，它重新环绕 DNA 聚合酶Ⅲ全酶，并通过 DNA 聚合酶Ⅲ开始合成新的随从链冈崎片段。通过这样的机制，领头链的合成不会超过随从链太多（最后只有一个冈崎片段的长度）。而且，这样引发体在 DNA 链上和 DNA 聚合酶Ⅲ以同一速度移动。

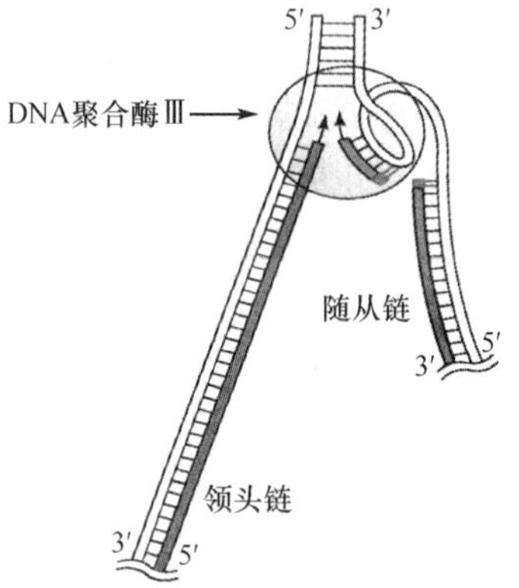

图 15-4 同一 DNA 聚合酶Ⅲ对领头链和随从链的催化延长

2. DNA 聚合酶Ⅰ切除引物和校读 DNA 聚合酶Ⅰ由一条多肽链组成，约含 1000 个氨基酸残基，分子质量为 109kDa。经过枯草杆菌蛋白酶处理后，酶分子分裂成两个片段，大片段分子质量为 76kDa，通常称为 Klenow 片段，具有 3'→5'外切酶和 DNA 聚合酶活性；小片段的分子质量为 34kDa，具有 5'→3'外切酶活性。DNA 聚合酶Ⅰ的 5'→3'外切酶活性的主要功能是切除 RNA 引物；其 3'→5'外切酶活性和聚合酶活性则可发挥校读作用和进行碱基错配修复。

3. DNA 拓扑异构酶消除阻碍复制的 DNA 拓扑结构，促进复制进行 DNA 新生链的合成由 DNA 聚合酶Ⅲ所催化，然而，DNA 必须由螺旋酶在复制叉处边移动边解开双链。这样就产生了一种拓扑学上的问题：由于 DNA 的解链，在 DNA 双链区势必产生正超螺旋，在环状 DNA 中更为明显，当达到一定程度后就会造成复制叉难再继续前进，从而终止 DNA 复制。但是，在细胞内 DNA 复制不会因出现拓扑学问题而停止。有两种机制可以防止这种现象发生：①DNA 在生物细胞中本身就是超螺旋，当 DNA 解链而产生正超螺旋时，可以被原来存在的负超螺旋所中和；②DNA 拓扑异构酶Ⅰ要以打开一条链，使其由正超螺旋状态转变成松弛状态，而 DNA

拓扑异构酶Ⅱ（旋转酶）可以在 DNA 解链前方不停地继续将负超螺旋引入双链 DNA。这两种机制保证了无论是环状 DNA 还是开环 DNA 的复制顺利地解链，再由 DNA 聚合酶Ⅲ合成新的 DNA 链。

三、复制的终止

原核生物基因为环状 DNA，因此当两个复制叉汇合处即为 *E.coli* 的复制终点，其与复制起始点 oriC 相对。在复制叉汇合点两侧约 100bp 处各有一个终止序列（*ter* 序列）。每个 *ter* 序列均含有一个 23bp 的共有序列。Tus 蛋白识别并结合这一共有序列，发挥反解旋酶的作用，阻止解旋酶的解旋作用，从而抑制复制叉前进并使复制叉解体，复制终止。

此外，由于复制的引物是 RNA，因此复制的完成还包括去除 RNA 引物和换成 DNA，从而形成完整的 DNA 子链。引物的水解需靠细胞核内的 RNA 酶，水解后留下的空隙（gap）由 DNA 聚合酶 I 催化，从 5'→3'用 dNTP 为原料生成相当于引物长度的 DNA 链进行填补。填补至足够长度后，还是留下相邻的 3′-OH 和 5′-P 的缺口（nick），该缺口则由 DNA 连接酶连接。此过程在随从链上延长中已陆续进行，不必等到最后的终止才连接。领头链也有引物水解后的空隙，环状 DNA 最后复制的 3′-OH 末端继续延长，即可填补该空隙及连接，完成基因组 DNA 的复制过程。

第三节　真核生物的 DNA 生物合成过程

真核生物的 DNA 复制仅仅在细胞周期的 S 期进行，而且只能复制一次。其复制的过程基本与原核生物相似，但更为复杂。

一、真核生物是多复制子复制

用放射自显影方法在哺乳动物染色体上可看到许多复制泡，每个复制泡都有固定的起点（复制原点），然后双向伸展，与相邻的复制泡会合。这样一段段的 DNA 称为复制单元，即复制子（replicon），因此真核生物是多复制子复制（图 15-5）。复制子的大小是不均一的，从（1.3 万～90 万）bp 不等。不同生物的复制子大小不同；就是同一种生物在不同的生长条件下，复制子的大小也存在差异。生长越快，复制子越小。例如，果蝇大约有 5000 个复制原点，而在卵受精后，复制起点增加到大约 5 万个，仅需 3 分钟就可以将整个基因组复制完毕。

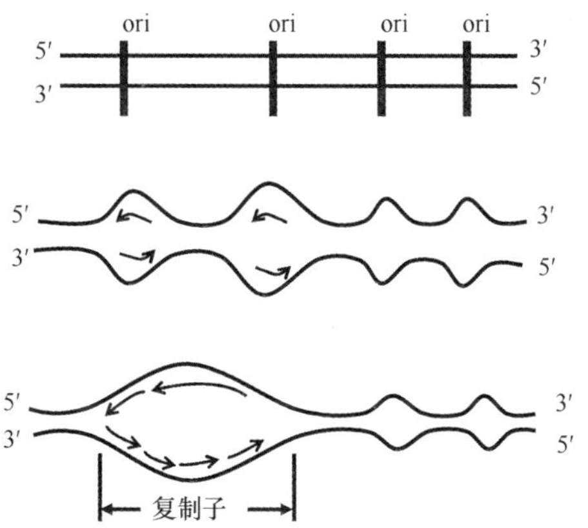

图 15-5　真核生物的多复制子复制

二、常见的真核生物 DNA 聚合酶有 5 种

常见的 5 种真核 DNA 聚合酶是 pol α、pol β、pol γ、pol δ、pol ε。Pol α 负责合成引物；pol β 可能与碱基切除修复有关；pol δ 负责 DNA 复制、核苷酸切除修复和碱基切除修复；pol ε 的功能与 pol δ 相似；pol γ 负责线粒体 DNA 复制和损伤修复。其中，pol δ 与 pol ε 是真核细胞的主要 DNA 聚合酶。

三、真核生物复制起始与原核生物基本相似

真核生物复制起始也是打开复制叉，形成引发体和 RNA 引物。

1. DNA 聚合酶 α-引发酶复合物合成 RNA-DNA 引物 实验表明，DNA 聚合酶 α 和 DNA 引发酶的复合物是复制体系所必需的。其合成引物的过程较为特殊：首先合成 RNA 引物，再利用其 DNA 聚合酶活性将引物延伸，产生起始 DNA 短序列，形成 RNA-DNA 引物。随后，DNA 聚合酶 α-引发酶复合物脱离模板链，由其他 DNA 聚合酶利用 RNA-DNA 引物合成领头链和随从链。

2. 复制蛋白 A、复制因子 C 及增殖细胞核抗原参与复制起始 真核生物 DNA 复制起始还需复制蛋白 A（replication protein A，RPA）、复制因子 C（replication factor C，RFC）及增殖细胞核抗原（proliferation cell nuclear antigen，PCNA）参与。RPA 以异源三聚体形式存在，发挥类似原核生物中 SSB 的作用，稳定单链 DNA 构象；此外，其可促使双螺旋 DNA 进一步解旋，在一定条件下激活 Polα-引发酶复合物。PCNA 为同源三聚体，具有与 *E.coli* DNA 聚合酶Ⅲ的 β 亚基相同的功能和类似的构象，即为闭合环形的可滑动的 DNA 夹子，在 RFC 的作用下，同源三聚体 PCNA 环形分子结合引物-模板链，并使真核生物 DNA 复制中主要的 DNA 聚合酶 polδ 具有持续合成能力。因此，PCNA 水平也是检测细胞增殖的重要指标之一。当 DNA 合成完成时，RFC 还能将 PCNA 三聚体从 DNA 上卸载。

3. 前复制复合物的形成与激活 真核细胞 DNA 复制的起始包括复制基因的选择和复制起点的激活，这两步分别出现于细胞周期的特定阶段。复制基因的选择在 G_1 期，基因组的每个复制基因位点均组装形成前复制复合物（pre-replicative complex，pre-RC）。pre-RC 由四种类型蛋白组成：首先，复制起点识别复合物（origin recognition complex，ORC）识别并结合复制基因；然后，ORC 至少募集两种解旋酶加载蛋白 Cdc6 和 Cdt1；最后，这三种蛋白质一起募集真核细胞解旋酶 Mcm2-7。虽然 pre-RC 在 G_1 期组装完成，但其只能在 S 期被激活并起始复制。S 期，pre-RC 被 DNA 复制依赖蛋白（Dbf4-dependent kinases，DdK）和细胞周期蛋白依赖性激酶（cyclin dependent kinase，Cdk）磷酸化而活化，进而在复制起点组装其他复制因子，如 DNA 聚合酶 Polδ、Polε、Polα-引发酶复合物，从而起始复制。Cdk 严格控制着 pre-RC 的形成与活化，以确保真核基因组在每个细胞周期过程中仅复制一次。

四、真核生物复制延长主要由 DNA 聚合酶 Polδ/Polα 催化完成

在复制叉和引物形成后，DNA-Polδ 通过 PCNA 的协同作用，逐步取代 Polα-引发酶复合物，在引物 3′-OH 基础上合成子链。在领头链，Polδ 与 Polα 转换出现在引发阶段，而随从链发生于每个冈崎片段合成之际。具体过程是：Polα-引发酶复合物产生 RNA-DNA 引物，接着 RFC 识别该引物并取代 Polα-引发酶复合物，同时介导 PCNA 结合 DNA 并引入 Polδ，进行持续合成子链。

五、真核生物复制终止具有与原核生物不同的特点

1. 切除引物有两种机制　真核生物在复制完成时同样存在切除引物、填补间隙的过程。其引物的切除主要有两种机制。

（1）依赖两种核酸酶 RNAse HⅠ和 FEN1：首先，RNAse HⅠ利用核酸内切酶活性切割 5′端的 RNA 片段，在 RNA-DNA 引物连接点旁留下 1 个核糖核苷酸，然后 FEN1 利用 5′→3′核酸外切酶活性切除这最后一个核糖核苷酸，引物被完全切除（图 15-6A）。

（2）依靠解旋酶 Dna2 和 FEN1：解旋酶 Dna2 具有依赖 DNA 的 ATPase、3′→5′解旋酶活性，其解旋作用可使 5′端引物形成盖子结构，再由 FEN1 的内切酶活性切除（图 15-6B）。引物切除后形成的空隙由 Polδ 或 Polε 负责填补，这两种酶的 3′→5′核酸外切酶活性将增强复制的准确性，维持细胞基因组的完整性。

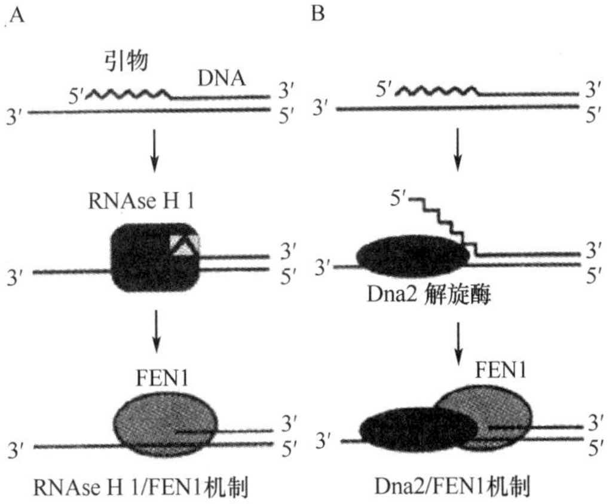

图 15-6　切除引物的两种机制

2. 端粒酶确保染色体末端复制完整　与原核生物环状 DNA 不同，真核生物为线状 DNA。当复制完成后，染色体两端 DNA 子链上 RNA 引物切除后会留下空隙。如果不及时填补，下一轮 DNA 复制将产生缩短的染色体，经过几十轮复制，最终将造成染色体末端的基因丢失，破坏遗传信息的完整。对于这种线性染色体末端复制问题，绝大多数真核生物依靠其染色体末端的端粒的结构和能够识别或结合端粒的蛋白质和酶来解决。

端粒（telomere）是指真核生物线性染色体的两个末端具有的特殊结构，由许多成串短的重复序列所组成（图 15-7A）。人类端粒酶由三部分构成：端粒酶 RNA（human telomerase RNA，hTR，约 150nt）、端粒酶协同蛋白 1（human telomerase reverse transcriptase，hTP1）和端粒酶反转录酶（human telomerase reverse transcriptase，hTRT）。可见，该酶具有提供 RNA 模板和催化反转录的功能。端粒酶通过一种爬行模型（inchworm model）的机制维持染色体的完整（图 15-7B）。其作用靠 hTR（An Cn）$_x$ 辨认及结合母链 DNA 并移至其断裂的 3′端，开始以逆转录的方式复制。母链延长至足够长度后，端粒酶脱离母链，代之以 DNA-pol，此时母链的 3′-OH 反折，同时起引物与模板的作用，在 DNA-pol 催化下完成末端双链的复制。

第四节　其他复制方式和 DNA 的逆转录合成

一、线粒体 DNA 按 D 环方式复制

在研究真核细胞内线粒体 DNA 的复制时，人们发现了其 DNA 的 D 环复制方式（图 15-8）。具体过程包括四个步骤：

1. H 链首先合成　在复制起点处以 L 链为模板，合成 RNA 引物，然后由 DNA 聚合酶 DNA pol γ 催化合成一个 500～600bp 长的 H 链片段。该片段与 L 链以氢键结合，将亲代的 H 链置换出来，产生 D 环复制中间物。

2. H 链片段的继续合成　上述产生的 H 链片段由于太短而很容易被挤出去恢复线粒体 DNA 完整的双螺旋结构。但有时这个片段会继续合成，这需要依靠拓扑异构酶和螺旋酶的作用将双链打开。

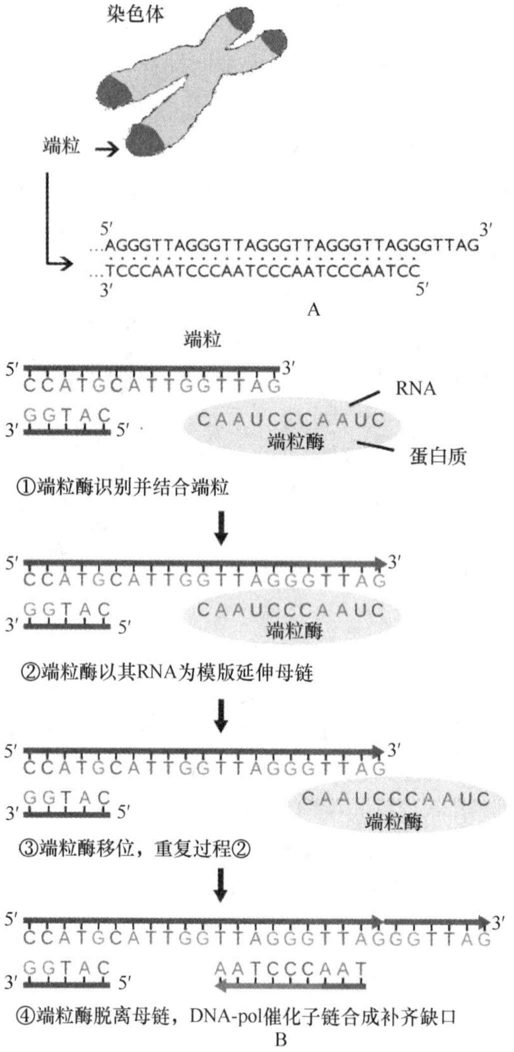

图 15-7　端粒的结构和端粒酶催化作用的爬行模型

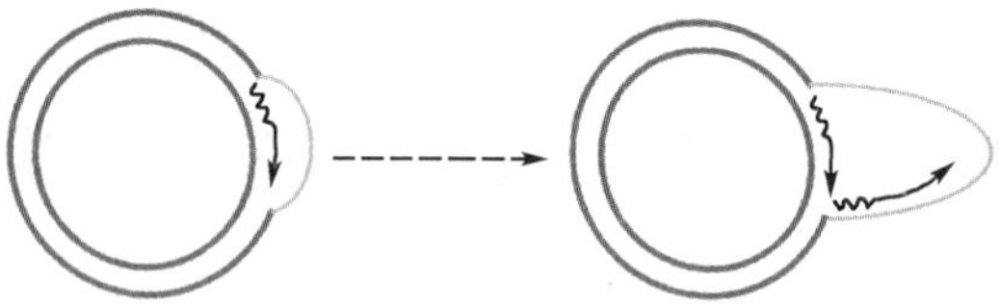

图 15-8　D 环复制

3. L 链合成开始　以被置换下来的亲代 H 链为模板，离 H 链合成起点 60%基因组的位置开始合成 L 链 DNA，合成也需要 RNA 引物。

4. 复制的完成　H 链的合成提前完成，L 链的合成随后结束。线粒体 DNA 合成速度相当缓慢，约每秒 10 个核苷酸，整个复制过程需要 1 小时。刚刚合成的线粒体 DNA 是松弛型的，需要 40 分钟将其变成超螺旋形。

二、噬菌体 DNA 按滚环方式复制

滚环式复制（rolling circle replication）是噬菌体中常见的 DNA 复制方式。许多病毒 DNA

的复制、质粒、F 因子在接合（conjugation）转移时其 DNA 的复制，以及许多基因扩增时都采用这种方式。滚环式复制的一个特点是以一条环状单链 DNA 为模板，进行新的 DNA 环状分子合成。噬菌体的双链 DNA 环状分子先在一条单链的复制起点上产生一个切口（nick），然后以另一条单链为模板不断地合成新的单链。释放出的新合成的单链或是先复制成双链 DNA，被酶切割成单位长度后，再形成环状双链 DNA 分子；或是释放出的新合成的单链 DNA，先被酶切割成单位长度形成单链环状 DNA 分子后再复制成双链环状 DNA 分子（图 15-9）。

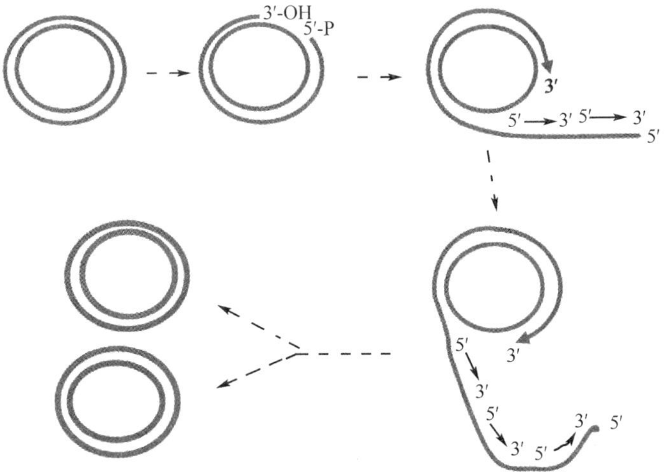

图 15-9 滚环复制

三、RNA 病毒以逆转录方式进行复制

逆转录（reverse transcription）是以 RNA 为模板合成 DNA 的过程，即 RNA 指导下的 DNA 合成。由于 RNA 病毒的基因组是 RNA 而不是 DNA，逆转录即为其复制形式，因此 RNA 病毒也称为逆转录病毒（retrovirus），如人类免疫缺陷病毒（human immunodeficiency virus，HIV）等。

1. 逆转录酶与逆转录过程 逆转录过程由逆转录酶催化，该酶也称依赖 RNA 的 DNA 聚合酶（RNA dependent DNA polymerase，RDDP），即以 RNA 为模板催化 DNA 链的合成。合成的 DNA 链称为与 RNA 互补 DNA（complementary DNA，cDNA）。逆转录酶由逆转录病毒基因组 RNA 编码，具有多种酶活性。包括：①DNA 聚合酶活性；以 RNA 为模板，催化 dNTP 聚合成 DNA 的过程。此酶需要 RNA 为引物，多为色氨酸的 tRNA，在引物 tRNA3'端以 5'→3' 方向合成 DNA。逆转录酶中不具有 3'→5'外切酶活性，因此没有校正功能，所以由逆转录酶催化合成的 DNA 出错率比较高。②RNAse H 活性；由逆转录酶催化合成的 cDNA 与模板 RNA 形成的杂交分子，将由 RNase H 从 RNA5'端水解掉 RNA 分子。③DNA 指导的 DNA 聚合酶活性；以逆转录合成的第一条 DNA 单链为模板，以 dNTP 为底物，再合成第二条 DNA 分子。除此之外，有些逆转录酶还有 DNA 内切酶活性，这可能与病毒基因整合到宿主细胞染色体 DNA 中有关。

逆转录的具体过程是，在逆转录酶作用下，以 dNTP 为底物，以 RNA 为模板，tRNA（主要是色氨酸 tRNA）为引物，在 tRNA3'端上，按 5'→3'方向，合成一条与 RNA 模板互补的 cDNA 单链，它与 RNA 模板形成 RNA-cDNA 杂交体。随后又在逆转录酶的作用下，水解掉 RNA 链，再以 cDNA 为模板合成第二条 DNA 链。至此，完成由 RNA 指导的 DNA 合成过程。

2. 逆转录生物学意义 逆转录的发现有重要的理论意义和实践意义。

（1）对分子生物学的中心法则进行了修正和补充：经典的中心法则认为：DNA 的功能兼有遗传信息的传递和表达，因此，DNA 处于生命活动的中心位置。逆转录现象说明：至少在某些生物，RNA 同样兼有遗传信息传递和表达功能。修正后的中心法则表示为：是指遗传信息从 DNA 传递给 RNA，再从 RNA 传递给蛋白质，即完成遗传信息的转录和翻译的过程。也可以从 DNA 传递给 DNA，即完成 DNA 的复制过程。这是所有有细胞结构的生物所遵循的法则。此外，也包括某些病毒中的 RNA 自我复制（如烟草花叶病毒等）和在某些病毒中能以 RNA 为模板逆转录成 DNA 的过程（某些致癌病毒）及有些蛋白质病毒（即朊病毒，如疯牛病病毒）以蛋白质直接形成蛋白质的过程（如疯牛病病毒是一种因错误折叠而形成的结构异常的蛋白质，可促使与自身具有相同氨基酸序列的蛋白质发生同样的折叠错误，从而导致大量结构异常的蛋白质的形成）。

（2）逆转录酶的发现对于遗传工程技术起了很大的推动作用，它已成为一种重要的工具酶：

用组织细胞提取 mRNA 并以它为模板，在逆转录酶的作用下，合成出互补的 cDNA，由此可构建出 cDNA 文库（cDNA library），从中筛选特异的目的基因，这是在基因工程技术中最常用的获得目的基因的方法。

思 考 题

1. 简述 DNA 的生物合成过程。
2. 试述逆转录的过程及其意义。

（戴双双）

第16章 RNA的生物合成

RNA 的生物合成有两种方式，即转录（transcription）和 RNA 复制（RNA replication）。转录是 DNA 指导的 RNA 合成过程，即以 DNA 为模板合成 RNA 的过程，也就是把 DNA 的碱基序列转抄为 RNA 的碱基序列，这是生物体内 RNA 合成的主要方式。RNA 复制是 RNA 指导的 RNA 合成过程，即以 RNA 为模板合成 RNA 的过程，常见于病毒。

第一节 转录反应体系

转录是以 DNA 双链中的一股单链作为转录模板，以四种 NTP 为原料，按照碱基配对原则，由依赖 DNA 的 RNA 聚合酶（RNA polymerase，RNA pol）催化合成 RNA 的过程。转录的反应体系包括 DNA 模板、4 种 NTP 原料、RNA 聚合酶和一些蛋白质因子等。

一、转录的模板

复制和转录的模板都是 DNA，但因为两者的目的截然不同，故在模板的利用方式上也存在显著差异。复制是为了保留物种的全部遗传信息，所以，基因组 DNA 全长均需复制，并且在每次细胞分裂时进行且只进行一次，以确保将一份完整的遗传信息传递给子代。然而，转录是为了表达遗传信息，所以转录是不连续的，是有选择性地抄录基因组 DNA 的特定部分。在不同类型的细胞中、不同的生理或病理条件下，被转录的基因及转录的水平高低明显不同，可以说是"按需选择性转录"。另一方面，在庞大的细胞基因组 DNA 链上，也并非任何区段都可以被转录，尤其对于真核生物基因组 DNA 来讲，有不少区域是不被转录的。而对于被转录的 DNA 分子双链来讲，也只有一股链作为模板指导转录，另一股链不转录，而且模板链并非总是在同一单链上，转录的这种特性称为不对称转录（asymmetric transcription）。

DNA 双链中，按照碱基配对规律指引转录合成 RNA 的一条单链，称为模板链（template strand），或称 Watson 链。相对的另一条 DNA 单链虽不作为转录的直接模板，但因其序列与模板链序列互补，故其碱基序列与新合成的 RNA 链一致（只是 T 被 U 取代），也就是说新合成的 RNA 链实际上抄录了这条链的碱基序列，若转录产物是 mRNA，则可用作蛋白质翻译的模板，按照遗传密码规则决定氨基酸的序列，故称这条链为编码链（coding strand），也称正义链或有意义链（sense strand），或称 Crick 链。相应地，模板链则称为负链或反义链（antisense strand）。转录总是从 5'→3'方向进行，所以转录总是沿着模板链 3'→5'方向进行。文献刊出的 DNA 序列，为避免繁琐和便于查对遗传密码，一般只写出编码链。

二、RNA 聚合酶

催化转录的酶是 RNA 聚合酶，也称依赖 DNA 的 RNA 聚合酶（DNA dependent RNA polymerase，DDRP）。RNA 聚合酶无需引物即可直接启动 RNA 链的合成。它以 DNA 作为模板，Mg^{2+}等金属离子参与，四种 NTP（ATP、GTP、CTP、UTP）作为底物或 RNA 合成的原料，催化完成下述反应：

$$\underset{\text{}}{NTP} + \underset{\text{RNA}}{(NMP)_n} \rightarrow \underset{\text{延长的RNA}}{(NMP)_{n+1}} + PPi$$

(N代表：A、G、C、U)

该 RNA 合成的化学机制与 DNA 合成相似。RNA 聚合酶通过在 RNA 的 3'-OH 端加入核苷酸延长 RNA 链而合成 RNA。3'-OH 在反应中是亲核基团，攻击进入的 NTP 的*α*-磷酸基团，形成 3'，5'-磷酸二酯键，同时释放 1 分子焦磷酸，焦磷酸进一步水解产生 2 分子无机磷酸，水解产生的能量推动反应进行。

1. 原核生物的 RNA 聚合酶 原核生物中只有一种 RNA 聚合酶，它兼有催化合成 mRNA、tRNA 和 rRNA 的功能。原核生物 RNA 聚合酶具有很高的保守性，在组成、分子质量及功能上都很相似。目前研究得比较透彻的是大肠杆菌（*E. coli*）RNA 聚合酶，分子质量约为 480 kDa，由五种亚基α、β、β'、ω和 σ 组成。各亚基及其功能参见表 16-1。

表 16-1 大肠杆菌 RNA 聚合酶各亚基的性质和功能

亚基	基因	相对分子质量	亚基数目	功能
α	rpo A	36 512	2	决定哪些基因被转录
β	rpo B	150 618	1	与转录全过程有关（催化）
β′	rpo C	155 613	1	结合模板 DNA（解链）
σ	rpo D	32 000～92 000	1	辨认起始点
ω	rpo Z	9 000	1	尚不完全清楚

$\alpha_2\beta\beta'\omega$亚基组成核心酶（core enzyme），核心酶加上 σ 亚基称为全酶（holoenzyme）。体外转录实验（含有模板、酶和底物 NTP 等）证明，核心酶已经能够催化 NTP 按模板的指引合成 RNA。但合成的 RNA 没有固定的起始位点。若加入含有 σ 亚基的全酶，则转录能在特定的起始点开始。可见 σ 亚基的功能是辨认转录起始位点。因此，活细胞的转录起始是需要全酶的，而转录延长阶段则仅需核心酶。

现已发现多种σ亚基，通常根据其分子质量大小命名区别。其中最常见就是典型的σ70（分子质量 70 kDa），在大肠杆菌中绝大多数启动子可被含有σ70 因子的全酶识别并激活。

其他原核生物的 RNA 聚合酶，在结构、组成和功能上均与大肠杆菌的 RNA 聚合酶相似。原核生物的 RNA 聚合酶，都受一种抗生素特异性地抑制。利福霉素类抗生素如利福平（rifampicin）是用于抗结核菌治疗的药物，它专一性地结合 RNA 聚合酶的β亚基从而抑制转录。

2. 真核生物的 RNA 聚合酶 真核生物中已发现主要有三种 RNA 聚合酶，分别称为 RNA 聚合酶Ⅰ、Ⅱ、Ⅲ，三者的亚细胞定位、结构、理化性质和功能均有所不同。

RNA 聚合酶Ⅱ（RNA pol Ⅱ）是真核生物三种 RNA 聚合酶中研究最为深入的酶，也是真核生物中最重要、最活跃的 RNA 聚合酶，它位于核质，负责转录细胞内的大多数基因，包括几乎所有蛋白质编码基因（线粒体内的少量蛋白除外），转录产物主要为核内不均一 RNA（heterogeneous nuclear RNA，hnRNA），hnRNA 为成熟 mRNA 的前体，将进一步加工修饰为成熟 mRNA 并输送给细胞质中的核糖体，作为蛋白质合成的模板。RNA pol Ⅱ还合成一些非编码 RNA，如长链非编码 RNA（lncRNA）、微 RNA（miRNA）等的合成。

与 RNA 聚合酶Ⅱ不同，RNA 聚合酶Ⅰ（RNA pol Ⅰ）和 RNA 聚合酶Ⅲ（RNA pol Ⅲ）转录的基因不编码蛋白质。RNA 聚合酶Ⅰ位于核仁，负责转录核糖体 RNA 前体基因，转录产物为 45S rRNA，经进一步加工修饰生成 28S、5.8S 和 18S rRNA。RNA 聚合酶Ⅲ位于核质，主要负责转录 tRNA 和 5S RNA 的基因，转录产物包括 tRNA、5S rRNA，还催化合成核内小 RNA（snRNA）和胞质小 RNA（scRNA）等小分子转录产物。

α-鹅膏蕈碱（*α*-amanitin）是一种来源于鹅膏属蘑菇的环八肽毒素，是真核生物 RNA 聚合酶的特异性抑制剂，三种真核生物 RNA 聚合酶对其敏感性有所不同（表 16-2）。

表 16-2 真核生物 RNA 聚合酶的种类和性质

种类	定位	主要转录产物	对α-鹅膏蕈碱敏感性
RNA 聚合酶 Ⅰ	核仁	45S rRNA	不敏感
RNA 聚合酶 Ⅱ	核质	hnRNA	敏感
RNA 聚合酶 Ⅲ	核质	tRNA、5S rRNA	中度敏感

与原核生物的 RNA 聚合酶类似，真核生物的三种 RNA 聚合酶也均由多个亚基组成，且其序列具有一定的同源性或保守性。譬如，细菌 RNA 聚合酶的两个大亚基 β 和 β'，与酵母 RNA 聚合酶Ⅱ的两个大亚基（RPB1 和 RPB2）是同源的；其α和ω亚基又分别与酵母 RNA 聚合酶Ⅱ的亚基 RPB3/11 和 RPB6 是同源的。细菌 RNA 聚合酶核心酶的结构与酵母 RNA 聚合酶Ⅱ的核心酶也很相似。但真核生物 RNA 聚合酶中没有细菌 RNA 聚合酶中σ 因子的对应物，因此必须借助各种转录因子参与启动转录起始。

真核生物的 RNA 聚合酶Ⅱ含有 12 个亚基。最大的两个亚基分别为 150 kDa 和 190 kDa，与细菌的 β 亚基和β'亚基具有同源性。与原核生物不同的是，真核生物 RNA 聚合酶Ⅱ的最大亚基的羧基末端有一段由 Tyr-Ser-Pro-Thr-Ser-Pro-Ser 7 个氨基酸组成的共有序列重复片段，称为羧基末端结构域（carboxyl-terminal domain，CTD）。RNA 聚合酶Ⅰ和 RNA 聚合酶Ⅲ没有 CTD。所有真核生物的 RNA 聚合酶Ⅱ都具有 CTD，只是不同生物种属共有序列的重复程度不同。如酵母 RNA 聚合酶Ⅱ的 CTD 有 27 个重复共有序列，哺乳动物 RNA 聚合酶Ⅱ的 CTD 有 52 个重复共有序列。CTD 对于维持细胞的活性是必需的。CTD 上的 Tyr、Ser 和 Thr 可被蛋白激酶作用发生磷酸化。体内外实验证实，CTD 的磷酸化与去磷酸化在转录从起始过渡到延长过程中有重要作用。

另外，真核生物如人的线粒体还存在有一种特殊的单亚基的 RNA 聚合酶，主要负责线粒体 DNA 的转录。

三、RNA 聚合酶结合到基因的启动子上启动转录

1. 启动子的概念 转录是不连续、分区段进行的，每一个区段可以视为一个转录单位（图 16-1）。因此，RNA 聚合酶如何寻找到每个待转录区段的起始位点是启动转录的关键。

DNA 模板上转录开始的位点称为转录起始位点（transcription start site，TSS），方便起见，通常将转录起始位点的核苷酸或碱基位置设定为+1，上游和下游的核苷酸或碱基序数则相应地分别用负数和正数标示。启动子（promoter）则是指通常位于基因转录起始位点上游、能够与 RNA 聚合酶和其他转录因子结合并进而调节其下游目的基因转录起始和转录效率的一段 DNA 序列。因此，启动子也是转录调控的关键部位。

2. 原核生物基因启动子的特征 原核生物的绝大多数基因按照功能相关性成簇地串联排列于染色体上，共同组成一个转录单位，即操纵子（operon）。也就是说，一个操纵子通常包括多个编码蛋白的结构基因及其上游的启动子等调控序列（对于原核生物基因来讲，因启动子隶属于操纵子，故多被译为启动序列）。

对大量的原核生物基因操纵子中的启动序列进行序列分析，发现其具有明显的特征，含有高度保守的共有序列（consensus sequence）。如图 16-1 所示，其典型的共有序列主要是位于转录起始位点（即+1）上游-35 bp 处的 TTGACA 和-10 bp 处的 TATAAT。-10 区的共有序列是 1975 年由 David Pribnow 首次发现，故称为 Pribnow 盒（Pribnow box）。转录起始位点即第一个核苷酸通常为嘌呤核苷酸，即 A 或 G，其中 G 更为多见。从序列的碱基组成上来看，A/T 含量相对较高，因为 A-T 配对只有两个氢键维系，故该区段的 DNA 的 T_m 值较低，容易解链。同时，

比较 RNA 聚合酶结合不同区段的平衡常数，也发现 RNA 聚合酶结合–10 区比结合–35 区相对牢固些。由此不难推测，–35 区是 RNA 聚合酶辨认转录起始的识别位点，辨认结合后，酶向下游移动，达到 Pribnow 盒，此时酶跨入转录起始位点，形成相对稳定的酶–DNA 复合物，开始转录（图 16-1）。

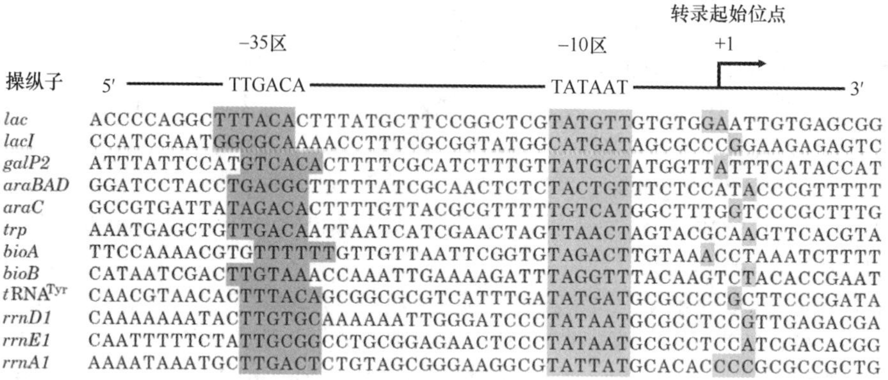

图 16-1 典型的原核生物启动子 DNA 序列

一般来讲，启动子的相应序列与一致性序列越接近，其启动子活性越高，就能够在一定的时间内起始合成更多的 RNA，基因的转录水平就越高。在一些转录水平非常高的 rRNA 基因的启动子中，往往在其更上游的–60～–40 bp 还存在有一种额外的能够与 RNA 聚合酶的α亚基结合的 UP（upstream promoter）元件，这就能进一步增强 RNA 聚合酶与启动子的结合而确保高水平的转录。

3. 真核生物基因启动子的特征 与原核生物相比，真核生物的启动子区域更为复杂。真核生物有三种 RNA 聚合酶，分别转录不同类型的基因。因此，可据此将真核生物基因的启动子分为三类，即Ⅰ型、Ⅱ型和Ⅲ型启动子，分别对应于 RNA 聚合酶Ⅰ、Ⅱ和Ⅲ。这三种类型启动子的特征各不相同，其中以 RNA 聚合酶Ⅱ的启动子即Ⅱ型启动子最为复杂。

第二节 转录的基本过程

转录过程可大致分为三个阶段：起始、延长和终止。原核生物与真核生物转录相比，其转录过程既有相似的地方，也有很多不同之处。下面分别予以介绍。

一、原核生物转录的转录过程

1. 起始阶段 转录起始阶段的关键是 RNA 聚合酶识别并结合待转录基因的启动子从而启动转录，这也正是转录调控的关键步骤。起始阶段可分为以下三个步骤。

第一步，由 RNA 聚合酶识别并结合启动子，形成闭合复合体（closed complex），其中的 DNA 分子仍保持双螺旋结构状态。该步骤中 σ 因子起重要作用，σ 因子通过其“螺旋-转角-螺旋”模体直接与启动子区中-35 区共有序列结合，从而介导 RNA 聚合酶全酶与启动子 - 35 区结合，在这一区段，酶与模板的结合松弛；紧接着酶移向 - 10 区的共有序列并跨入转录起始点，形成与模板的稳定结合。

第二步，闭合复合体转变为开放复合体（open complex）。该过程中，RNA 聚合酶的结构发生改变；同时，转录起始位点附近的 DNA 双螺旋也解开从而使模板链暴露或释放。变为开放转录复合体（open transcription complex）。无论在转录起始还是转录延长中，DNA 双链解开的范围通常在 20 bp 左右，DNA 双链解开后形似泡状（图 16-2），故被形象地称为转录泡

（transcription bubble），它比复制起始中形成的复制叉小得多。

第三步，RNA 合成的有效起始完成。与复制起始不同，转录起始不需要引物。起始的第一和第二个核苷酸进入 RNA 聚合酶的活性中心后，在 RNA 聚合酶催化下发生聚合反应生成磷酸二酯键就可以直接连接起来。转录起始生成 RNA 的第一位核苷酸通常是嘌呤核苷酸 GTP 或 ATP，以 GTP 更为常见，第一个核苷酸的 5'-三磷酸基团会一直保留在 RNA 分子中至转录结束。在真正进入延伸阶段之前，会经历一个流产性起始（abortive initiation）过程。在该过程中，RNA 聚合酶会合成一些长度小于 10 个核苷酸的 RNA 分子，这些短的 RNA 分子会从 RNA 聚合酶上脱落，但 RNA 聚合酶不会从模板上脱离，而是重新合成 RNA。一旦 RNA 聚合酶成功地合成了超过 10 个核苷酸的 RNA，就“成功地逃离”了启动子，形成一个稳定的包括 RNA 聚合酶、DNA 模板和延长中的 RNA 链的三重复合体（图 16-2）。此时转录起始才算真正完成，并转入延伸阶段。

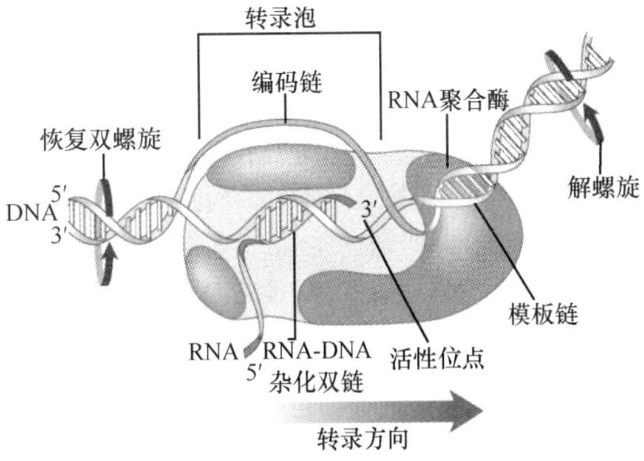

图 16-2 大肠杆菌 RNA 聚合酶催化的转录过程

起始阶段完成后，σ因子从 RNA 聚合酶上脱落，留下核心酶。脱落后的 σ 因子可反复使用，参与形成另一全酶。

2. 延长阶段 在转录延长阶段，位于“酶-DNA-RNA”三重复合体中的核心酶，以解开的 DNA 双链中的模板链为模板，按照碱基互补配对原则，以四种 NTP 为合成原料，催化核苷酸聚合反应，使 RNA 链不断延长。RNA 新链合成的方向是 5'→3'，与模板 DNA 的模板链的方向相反，而与编码链的方向一致。需要注意的是，当遇到模板为 A 时，转录产物加入的是 U 而不是 T。

在转录过程中，转录泡前方的 DNA 不断进入转录复合体并被解链，而转录复合体通过后，DNA 双链会重新形成双螺旋。转录复合体覆盖约 40 bp 的 DNA，DNA 解链范围约 20 bp。而新合成的 RNA 链又和 DNA 双链中的模板链配对形成长约 9 bp 的 RNA-DNA 杂化双链。随着 RNA 链的不断合成延长，RNA 的 5'端部分则不断脱离模板链并向转录复合体外伸展。

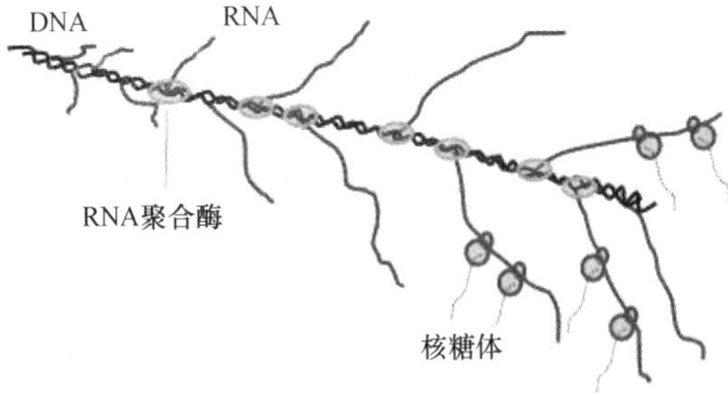

图 16-3 电子显微镜下的原核生物转录现象

在电子显微镜下观察原核生物的转录可以看到像羽毛状的形状（图 16-3）。这种形状说明，在同一 DNA 模板上，有多个转录过程同时在进行。RNA 链上观察到的小黑点是多聚核糖体（polysome），即一条 mRNA 链连上多个核糖体正在进行下一步的翻译工序，可见转录尚未完成，翻译已在进行。对于原核生物来讲，转录和翻译是同时进行的。而真核生物由于有核膜将转录和翻译分隔在不同的细胞内区间分开进行，因此没有这种现象。

3. 终止阶段 转录终止就是 RNA 聚合酶在 DNA 模板上停顿下来不再前进，转录产物 RNA 链从转录复合体上脱落下来。依据是否需要蛋白质因子的参与，原核生物的转录终止机制分为依赖ρ因子与非依赖ρ因子两种。

（1）依赖ρ因子的转录终止：用 T4 噬菌体 DNA 在试管内做转录实验，发现其转录产物比细胞内转录产物要长，说明转录终止点可以跨越而继续转录，提示细胞内某些因子有执行转录终止的功能。根据这些线索，1969 年，Jeffrey Roberts 在被 T4 噬菌体感染的 *E. coli* 中发现了能控制转录终止的蛋白质，命名为ρ因子。将ρ因子加入试管转录体系中，转录产物长于细胞内转录产物的现象消失。

ρ因子是由相同亚基组成的六聚体，亚基的分子质量约为 46 kDa。ρ因子能结合 RNA，尤其对 poly C 的结合力最强，但对 poly dC/dG 组成的 DNA 的结合力就低得多。在依赖ρ因子终止的转录产物中，发现产物 RNA 的 3'端有较丰富的 C 或有规律地出现 C 碱基。推测转录终止信号存在于 RNA 而不是模板 DNA。另外，ρ因子具有 ATP 酶活性和解旋酶活性。目前认为，ρ因子终止转录的作用是ρ因子与 RNA 产物结合，结合后ρ因子与 RNA 聚合酶都可能发生构象变化，从而使 RNA 聚合酶停顿，ρ因子的解旋酶活性使 DNA-RNA 杂化双链拆离，利于转录产物从转录复合体中释放出来。

（2）非依赖ρ因子的转录终止：DNA 模板上靠近终止处有些特殊碱基序列，转录出 RNA 后，RNA 产物形成特殊的结构来终止转录，这就是非依赖ρ因子的转录终止。此种 RNA 产物的 3'端，常有多个连续的 U 碱基，且其上游的碱基序列又可以链内碱基互补配对形成鼓槌状的茎-环（stem-loop）结构，或称发夹结构（hairpin structure），这种二级结构是阻止转录继续向下游推进的关键。其机制可从两方面理解：一是 RNA 分子形成的茎-环结构可能改变 RNA 聚合酶的构象。RNA 聚合酶的分子质量大，不但覆盖转录延长区，也覆盖部分 3'端新合成的 RNA 链，包括 RNA 的茎-环结构。酶的构象改变导致酶-模板结合方式的改变，可使酶不再向下游移动，转录终止。二是转录复合体（酶-DNA-RNA）上有局部的 DNA-RNA 杂化双链。RNA 分子要形成自己的局部双链，DNA 也要复原为双链，杂化链形成的机会不大，本来不稳定的杂化链更不稳定，转录复合体趋于解体。此外，发夹结构 3'端的几个 U 碱基与 DNA 模板上的 A 碱基配对很不稳定，容易使新合成的 RNA 链解离下来。

二、真核生物转录的转录过程

真核生物与原核生物转录的基本过程和机制大致相同，但更为复杂。

真核生物有三种 RNA 聚合酶（Ⅰ、Ⅱ和Ⅲ），分别使用三种不同类型的启动子，转录不同类型的基因。RNA 聚合酶Ⅰ和Ⅲ主要分别介导 rRNA 基因和 tRNA 基因的转录，涉及基因种类很少，其转录过程相对较为简单。RNA 聚合酶Ⅱ则负责几乎所有蛋白质编码基因的转录，涉及基因种类繁多且其转录水平在细胞内受到精确的控制，故其转录过程非常复杂。

此处主要介绍 RNA 聚合酶Ⅱ介导的转录过程。

1. 起始阶段 原核生物的转录起始只需要一个额外的起始因子即σ因子，但真核生物的转录起始尤其是 RNA 聚合酶Ⅱ介导的转录起始往往需要更多的起始因子参与，这些起始因子就是后面述及的通用转录因子。在体外，通用转录因子和 RNA 聚合酶Ⅱ就可以从一个 DNA 模板上起始有效的转录。

（1）RNA 聚合酶Ⅱ识别的Ⅱ型启动子的特征：典型的Ⅱ型启动子通常位于基因转录起始位点的上游，其长度一般约 2 kb，含有很多特殊的短的 DNA 序列，称为顺式作用元件（cis-acting element）。这些各种各样的顺式作用元件能够特异性地与不同的转录因子结合，从而调节转录起始。

Ⅱ型启动子组成较为复杂，可以大致分为核心启动子（core promoter）、近端启动子（proximal promoter）和远端启动子（distal promoter）三个区域。其中，核心启动子是指 RNA 聚合酶精确起始转录所需要的最少的一段 DNA，长度约 40 个核苷酸，能与 RNA 聚合酶和通用转录因子（general transcription factor）结合；近端启动子和远端启动子位于核心启动子区域的上游和更上游区域，主要含有能够与各种特异性转录因子（specific transcription factor）结合的顺式作用元件，主要参与调控不同细胞类型或不同生理/病理条件下各种基因的特异性转录。RNA 聚合酶

Ⅱ识别使用的典型的核心启动子中常见的保守性序列组件有：TFⅡB 识别组件（TFⅡB recognition element，BRE）、TATA 盒（TATA box）、起始序列/起始子（initiator sequence，Inr）和下游启动子组件（downstream promoter element，DPE）。通常的核心启动子只含有这 4 个组件中的 2 个或 3 个。每一个组件的共有序列和与其结合的通用转录因子参见图 16-4。

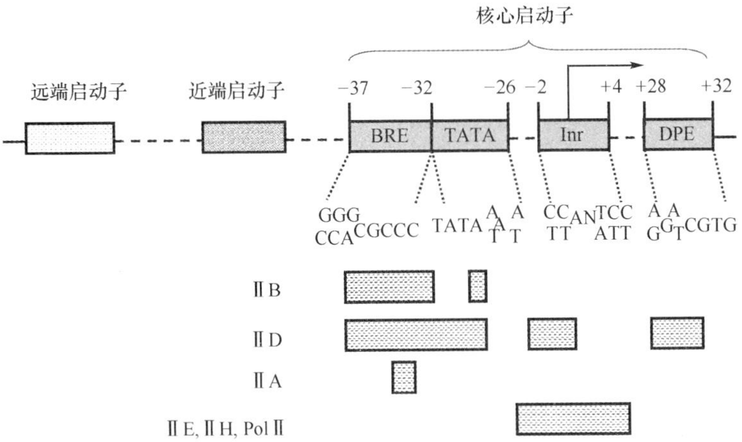

图 16-4　核心启动子的共有序列和与其结合的通用转录因子

（2）与核心启动子结合的通用转录因子：RNA 聚合酶Ⅱ启动转录时，需要一些称为转录因子的蛋白质因子参与才能形成具有活性的转录复合体。转录因子是指直接结合或间接作用于基因启动子、形成具有 RNA 聚合酶活性的动态转录复合体的蛋白质因子，包括通用转录因子、特异性转录因子等。

所有 RNA 聚合酶转录起始都需要的转录因子称为通用转录因子（general transcription factors）或基本转录因子（basal transcription factors）。相应于真核生物 RNA 聚合酶Ⅰ、Ⅱ、Ⅲ的通用转录因子，分别称为 TFⅠ、TFⅡ、TFⅢ。TFⅡ包括 TFⅡA、TAⅡB、TFⅡD、TFⅡE、TFⅡF 和 TFⅡH，它们在生物进化中高度保守，其功能多已基本清楚（表 16-3）。其中，TFⅡD 是一个分子质量很大的多亚基蛋白复合体，包括 TATA 结合蛋白（TATA binding protein，TBP）和 8～10 个 TBP 相关因子（TBP associated factors，TAF），前者能与核心启动子中的 TATA 盒结合，后者辅助 TBP-DNA 结合。

表 16-3　参与 RNA 聚合酶Ⅱ转录的 TFⅡ

转录因子	亚基组成及分子质量（kDa）	功能
TFⅡD	TBP，38	结合 TATA 盒
	TAF	辅助 TBP-DNA 结合
TFⅡA	12，19，35	稳定 TFⅡD-DNA 复合物
TFⅡB	33	促进 RNA 聚合酶Ⅱ结合及作为其他因子结合的桥梁
TFⅡE	57（α）34（β）	ATPase
TFⅡF	30，74	解螺旋酶
TFⅡH		蛋白激酶活性，使 RNA 聚合酶Ⅱ的 CTD 磷酸化

（3）真核生物转录起始的基本过程：真核生物 RNA 聚合酶不与 DNA 分子直接结合，而需依靠众多的转录因子。通用转录因子的作用与原核生物的 σ 因子类似，它们帮助 RNA 聚合酶结合到启动子上并解开 DNA 双链，帮助 RNA 聚合酶从启动子上逃离而开始延长阶段。

首先，TFⅡD 中的 TBP 识别并结合于核心启动子区的 TATA 盒，TFⅡD 中的 TAF 有多种，在不同基因或不同状态下与 TBP 作不同搭配以辅助 TBP-DNA 结合。然后，TFⅡB 与 TBP 结合，TFⅡB 也能与 DNA 结合，TFⅡA 能够稳定已与 DNA 结合的 TFⅡB-TBP 复合体。TFⅡB-TBP 复合体再与由 RNA 聚合酶Ⅱ和 TFⅡF 组成的复合体结合，TFⅡF 的作用是通过与 RNA 聚合酶Ⅱ一起与 TFⅡB 相互作用，降低 RNA 聚合酶Ⅱ与 DNA 非特异性部位的结合，协助 RNA 聚合酶Ⅱ靶向结合启动子。最后，TFⅡE 和 TFⅡH 加入，形成闭合复合体，装配完成，这就是转录起始前复合体（pre-initiation complex，PIC）（图 16-5）。

TFⅡH 具有解旋酶活性，能使转录起始位点附近的 DNA 双螺旋解开，使闭合复合体成为开放复合体，启动转录。TFⅡH 还具有激酶活性，它的一个亚基能使 RNA 聚合酶Ⅱ的 CTD 磷酸化。CTD 磷酸化能使开放复合体的构象发生改变，启动转录。CTD 磷酸化在转录延长期也很重要，而且影响转录后加工过程中转录复合体和参与加工的酶之间的相互作用。当合成一段含有 60～70 个核苷酸的 RNA 时，TFⅡE 和 TFⅡH 释放，RNA 聚合酶Ⅱ逃离启动子，进入转录延长期（图 16-5）。此后，大多数的 TF 就会脱离转录起始前复合物。

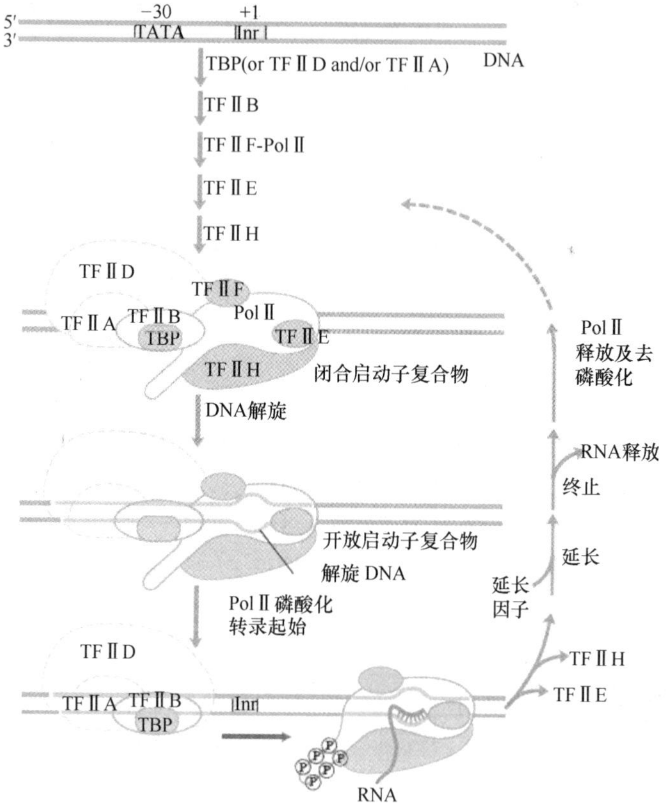

图 16-5 真核生物转录起始复合体的形成及转录过程

需要注意的是，上述主要描述的是在体外条件下 RNA 聚合酶Ⅱ从一条裸露的 DNA 模板起始转录所需的条件。但实际上，细胞内的真实情况要更为复杂，细胞内高水平的、受调节的转录还额外需要其他大量转录调节蛋白尤其是特异性转录因子及中介蛋白复合体（mediator complex）的参与。特异性转录因子主要结合核心启动子上游或远距离的近端和远端启动子及增强子中的 DNA 调控组件而发挥作用。而中介蛋白复合体则是介于转录因子与 RNA 聚合酶 II 基础转录机器之间的连接桥梁，它是由大约 30 个蛋白质组成的多蛋白复合体。此外，真核细胞的基因组 DNA 高度包装压缩在核小体和染色质内部，因此还需要一些染色质或核小体修饰因子参与。

2. 延长阶段 该过程与原核生物的转录延长相似，但因有核膜将转录和翻译分割，所以没有转录与翻译同步的现象。

进入延长阶段后，RNA 聚合酶Ⅱ脱落其大部分起始因子如通用转录因子和中介蛋白。取而代之的是一些延长因子（如 TFⅡS 和 hSPT5）被募集到 RNA 聚合酶Ⅱ大亚基的羧基端的 CTD 上。其中，TFⅡS 不仅能够促进延长的总体速度，而且还能够激发 RNA 聚合酶Ⅱ（非活性位点的部分）固有的 RNA 酶活性，通过局部的有限的 RNA 降解而去除错误加入的碱基，即促进 RNA 聚合酶Ⅱ的校对作用。此外，由于真核生物基因组 DNA 在双螺旋结构的基础上与组蛋白组成核小体高级结构，所以转录延长过程可以观察到核小体的移位和解聚现象。

3. 终止阶段 真核生物的转录终止与转录后加工修饰密切相关。真核生物 mRNA 有多聚腺苷酸[poly（A）]尾结构，是转录后才加进去的，因为在模板链上没有相应的多聚胸苷酸[poly（dT）]。一旦 RNA 聚合酶Ⅱ到达一个基因的末端，会遇到一段特殊的保守性序列，此序列在被转录进 RNA（多为 AAUAAA）后会引发一些酶和蛋白因子向该 RNA 的转移，从而导致三个事件的发生：mRNA 切割、许多腺嘌呤碱基被添加到其 3'端及随后的转录终止。AAUAAA 也被称为加尾信号，通常出现在被切割点上游的 10～30nt 处。

有趣的是，RNA 聚合酶Ⅱ并不是在 RNA 被切割和多聚腺苷酸化时就立刻终止转录。相反，它继续沿着模板移动，在终止前继续转录产生长达几百个核苷酸的 RNA 片段。然后，酶才从模板上分离，释放新的 RNA，但此 RNA 还没离开细胞核就被降解了。

现在已经知道，参与这一转录终止相关过程的酶和蛋白质因子有：切割和聚核苷酸化特异性因子（cleavage and polyadenylation specificity factor，CPSF）、切割刺激因子（cleavage stimulatory factor，CStF）、切割因子Ⅰ和（cleavage factor Ⅰ，CFⅠ）、切割因子Ⅱ（CFⅡ）及多聚腺苷酸聚合酶[poly（A）polymerase，PAP]等。其中，CPSF 先与 RNA 中的 AAUAAA 信号序列结合形成不稳定的复合体，然后 CStF、CFⅠ、CFⅡ和 PAP 进一步加入该复合体。多聚腺苷化加尾主要就是由 PAP 催化执行。

虽然 RNA 聚合酶在一定条件下具有一定的校对作用，但因其缺乏 3'→5'核酸外切酶活性，因此转录的错配率比复制的错配率高。因为对大多数基因而言，一个基因可以转录产生许多 RNA 拷贝，而且 RNA 最终被降解和替代，所以转录产生错误 RNA 对细胞的影响远比复制产生错误 DNA 对细胞的影响小。

第三节 转录后的加工

在细胞内，刚刚转录生成的 RNA 产物即初级转录产物（primary transcript）往往还需经过进一步的加工修饰，称为转录后加工（post-transcriptional processing）。

在原核生物和真核生物中，不同的 RNA 分子，其加工过程有所不同。

一、tRNA 的转录后加工

1. 原核生物 tRNA 的加工 原核生物不同 tRNA 的加工过程基本相同，主要由酶切除 tRNA 前体分子 5'和 3'端的一些核苷酸序列。原核生物 tRNA 前体分子没有内含子，当一个 tRNA 前体分子中包含两个以上的不同 tRNA 时，通过酶的切割将它们分离。tRNA 加工包括：①由核酸内切酶 RNase P 和 RNase F 在 tRNA 5'端切除（cutting）多余的核苷酸；②由核酸外切酶 RNase D 从 3'端逐个切去附加序列，即修剪（trimming）；③在核苷酰基转移酶催化下，tRNA 3'端加上—CCA_{OH}，这是 tRNA 前体加工过程的特有反应；④核苷酸碱基的异构化修饰，包括甲基化、脱氨、转位及还原反应等，均由特定的酶催化进行。

2. 真核生物 tRNA 的加工 真核生物 tRNA 基因由 RNA 聚合酶Ⅲ催化转录，转录产物为

4.5S 或稍大的 tRNA 前体，相当于 100 个左右的核苷酸。成熟的 tRNA 分子为 4S，70～80 个核苷酸。

与原核生物类似，真核生物 tRNA 前体的 5'端附加序列由 RNase P 切除，3'端附加序列的切除需要多种核酸内切酶和核酸外切酶的作用。真核生物 tRNA 前体的 3'端不含—CCA_{OH}序列，由 tRNA 核苷酸转移酶催化加入。

真核生物 tRNA 的转录后加工还包括各种稀有碱基的生成。生成稀有碱基的反应有：①甲基化：tRNA 甲基转移酶催化某些嘌呤生成甲基嘌呤，如 A→^{m}A，G→^{m}G。②还原反应：某些 U 还原为二氢 U（DHU）。③核苷内转位反应：如 U→ψ。④脱氨反应：如 A→I。

二、rRNA 的转录后加工

1. 原核生物 rRNA 的加工 原核细胞的 rRNA 来自于更长的前体——前核糖体 RNA（pre-ribosomal RNAs，pre-rRNAs），经过剪切加工形成 rRNA。具有代表性的大肠杆菌基因组共有 7 个 rRNA 的转录单位，它们分散在基因组各处。每个转录单位由 16S、23S 及 5S 三种 rRNA，以及一个或几个 tRNA 的基因所组成。该基因原初转录产物是 30S 的 rRNA 前体，相对分子质量为 2.1×10^{6}，约含 6500 个核苷酸，5'端为 $_{ppp}$A。30S rRNA 前体分子两端的序列及 rRNA 之间的内含子序列在加工中去除。原核生物基因组中编码 rRNA 的区域是相同的，它们之间的内含子间隔区域则不同，在 16S rRNA 和 23S rRNA 之间有 1 个或 2 个编码 tRNA 的序列。不同的 rRNA 前体分子所含的 tRNA 也不同。不同细菌 rRNA 前体的加工过程并不完全相同，但基本过程类似。

原核生物 rRNA 含有多个甲基化修饰成分，包括甲基化碱基和甲基化核糖，尤其常见的是核糖 2′-OH 甲基化。16S rRNA 含有约 10 个甲基，23S rRNA 约 20 个甲基，5S rRNA 中无修饰成分。

2. 真核生物 rRNA 的加工 真核生物 rRNA 的加工过程与原核生物类似。真核生物的核糖体中有 18S、28S、5.8S 和 5S 四种 rRNA。5S rRNA 来源于 RNA 聚合酶Ⅲ催化合成的单独的转录产物，独立成体系，在成熟过程中加工甚少，不进行修饰和剪切。18S、28S、5.8S 来自于一个前体 rRNA，由 rRNA 基因（rDNA）编码。真核生物 rDNA 成簇串联排列在一起，彼此被不能转录的基因间隔（gene spacer）分开（注意该间隔不是内含子）。每个 rDNA 基因各自为一个转录单位，可转录片段为 7～13kb，间隔区也有若干 kb 大小。不同物种 rRNA 前体大小不同，哺乳动物转录产生 45S rRNA 前体，果蝇转录产生 38S rRNA 前体，酵母转录产生 37S rRNA 前体。rDNA 前体由 RNA 聚合酶 I 转录产生，经过剪接分出 18S rRNA，余下的部分在剪接成 5.8S rRNA 和 28S rRNA。

真核细胞的核仁是 rRNA 合成、加工和装配成核糖体的场所。细胞的基因组中具有大量拷贝的 rDNA，转录出足够 rRNA 来满足合成约 10^{7} 个核糖体。与原核生物类似，真核生物 rRNA 前体需要先甲基化，然后再被切割。rRNA 前体的甲基化、假尿苷酸化（pseudouridylation）和切割反应都需要小核仁 RNA（small nucleolar RNAs，snoRNAs）的参与，snoRNAs 和蛋白质形成小核仁核糖核蛋白颗粒（small nucleolar ribonucleo-protein particles，snoRNPs）。45S rRNA 前体合成后很快就与核糖体蛋白和核仁蛋白结合，形成 80S 前核糖核蛋白颗粒（pre-ribonucleo-protein particles，pre-rRNP），在细胞核内加工过程中形成一些中间核糖核蛋白颗粒，最后在细胞质内形成核糖体的大亚基和小亚基。

三、mRNA 的转录后加工

1. 原核生物 mRNA 的加工 原核生物 mRNA 一般很少进行加工。原核生物细胞内没有核膜，染色质存在于细胞质中，转录与翻译的场所没有明显的屏障。转录尚未完成，翻译已开始。mRNA 的寿命因此短暂，如大肠杆菌 mRNA 半衰期仅为几分钟。

原核生物转录生成的 mRNA 属于多顺反子 mRNA，即几个结构基因利用共同的启动子及共同的终止信号，经转录生成的 mRNA 分子可编码几种不同的蛋白质。细菌中用于指导蛋白质合成的 mRNA 大多不需要加工，一经转录即可直接进行翻译。但也有少数多顺反子 mRNA 需通过核酸内切酶切成较小的单位，然后再进行翻译，其意义在于可对 mRNA 的翻译进行调控。

2. 真核生物 mRNA 的加工　真核生物编码蛋白质的基因以单个基因作为转录单位，其转录产物为单顺反子 mRNA（monocistron mRNA），即一个 mRNA 仅包含一种蛋白质的编码信息。真核生物首先转录出初级转录物称为 mRNA 前体（precursor mRNA，pre-mRNA），也称为核不均一 RNA（heterogeneous nuclear RNA，hnRNA）。hnRNA 是存在于细胞核内，不稳定、大小不均一的一类分子质量很大的 RNA。mRNA 前体需要经过复杂的加工过程才能成为成熟 mRNA，然后从细胞核被转运到细胞质的核糖体，作为模板指导蛋白质的翻译。

（1）前体 mRNA 在 5'端加帽子结构：大多数真核 mRNA 的 5'端具有特殊的帽子结构。RNA 聚合酶Ⅱ催化合成新生 RNA 长度达 25～30 个核苷酸时，其 5'端核苷酸就与 7-甲基鸟嘌呤核苷通过不常见的 5'，5'-三磷酸连接键相连。首先，转录产物第一个核苷酸往往是 5'-三磷酸鸟苷（5'-pppG），经磷酸酶催化水解脱去 γ-磷酸，生成 5'-ppG。其次，在鸟苷酸转移酶催化下，与另一分子 GTP 反应，以不常见的 5'，5'-三磷酸连接键相连，在新生 RNA 的 5'端形成 GpppGp。最后，在甲基转移酶催化下，由 *S*-腺苷甲硫氨酸提供甲基，使新加入的 GMP 中鸟嘌呤的 N^7 形成帽子结构 7-甲基鸟苷三磷酸（m^7GpppGp）。

在不同生物体内，由于甲基化程度的不同形成几种不同的帽子结构。有些帽子结构仅形成 m^7GpppNp，称为 Cap 0 型；有些在 m^7Gppp 之后的 N1 核苷甚至 N2 核苷的核糖 2-OH 基上也被甲基化，形成 m^7GpppNmp，分别称为 CapⅠ型和 CapⅡ型。

5'帽子结构常出现于核内 hnRNA，说明 5'帽子结构是在核内修饰完成，而且先于 mRNA 的剪接过程。5'帽子结构可以使 mRNA 免遭核酸酶的攻击，也能与帽结合蛋白复合体（cap-binding complex of protein）结合，并参与 mRNA 和核糖体的结合，启动蛋白质的生物合成。

（2）前体 mRNA 在 3'端特异性位点断裂并加上多聚腺苷酸尾：除组蛋白 mRNA 外，真核生物 mRNA 在 3'端都有一个 80～250 个腺苷酸残基构成的多聚腺苷酸即 poly（A）尾结构。大多数已研究过的基因中，都没有 3'端相应的多聚胸苷酸序列，说明 poly（A）尾不是由模板转录而来。转录最初生成的 3'端也长于成熟 mRNA。现在已经知道，前体 mRNA 生成后，在核酸内切酶、多聚腺苷酸聚合酶（PAP）以及 CPSF 等若干多亚基蛋白质的参与下，由核酸内切酶在 3'端的特异性位点切割、由多聚腺苷酸聚合酶（PAP）催化在断裂点末端加上多聚腺苷酸尾，这一过程与转录终止几乎是同时进行的。

Poly（A）尾的长度很难确定，因其长度随 mRNA 的寿命而缩短，而且都经过提取阶段才进行测定，能否准确从数量反映体内情况是个问题。随着 poly（A）缩短，翻译的活性也下降。因此推测，poly（A）的长短和有无是维持 mRNA 作为模板的活性及增加 mRNA 本身稳定性的重要因素。

（3）前体 mRNA 的剪接

1）断裂基因：核内出现的初级转录产物 hnRNA 的分子质量往往比在胞质内出现的成熟 mRNA 大几倍，甚至数十倍。核酸杂交实验表明，hnRNA 与 DNA 模板可以完全配对；而成熟的 mRNA 与模板 DNA 杂交出现部分的配对双链区域和中间相当多的鼓泡状突出的单链区（图 16-6）。通过比较典型的真核生物基因的 DNA 序列、其初级转录物 hnRNA 的序列及经过转录后加工生成的成熟 mRNA 序列可以发现，基因中的 DNA 模板序列虽然可以被完整转录并出现于 hnRNA 中，但在加工后一些区段的序列被剪切除去，而另一些区段的序列则仍被保留并被连接组成成熟 mRNA 的完整序列，而这两类序列区段在真核生物基因中又是间隔地交互排列的，分别被称为内含子（intron）和外显子（exon）。外显子是指真核生物断裂基因中被转录的、在转录后加工剪接时被保留并最终呈现于成熟 RNA 中的 DNA 片段。内含子是指真核生物断裂基因中被转录的、但在转录后加工剪接时被除去的 DNA 片段。hnRNA 并不能作为蛋白质合成的直接模板，只有成熟 mRNA 的序列才真正作为模板用于蛋白质的合成，这也就是说真核生物基因中编码蛋白质的信息是不连续的、断裂的（图 16-6）。

真核生物基因大多具有明显的断裂性特点，由若干外显子（被转录并呈现在 RNA 终产物上）和内含子（仅呈现在 RNA 初级产物上并被除去）序列交替排列组成，因此称为断裂基因（split gene）。脊椎动物细胞内绝大多数蛋白质编码基因含有内含子，只有少数基因不含内含子，如组蛋白基因就没有内含子。有些低等真核生物的蛋白质编码基因也缺乏内含子，如酿酒酵母的许多基因都没有内含子。第一个被详细研究的断裂基因是鸡的卵清蛋白基因，其全长为 7.7kb，含有 8 个外显子和 7 个内含子（图 16-6）。

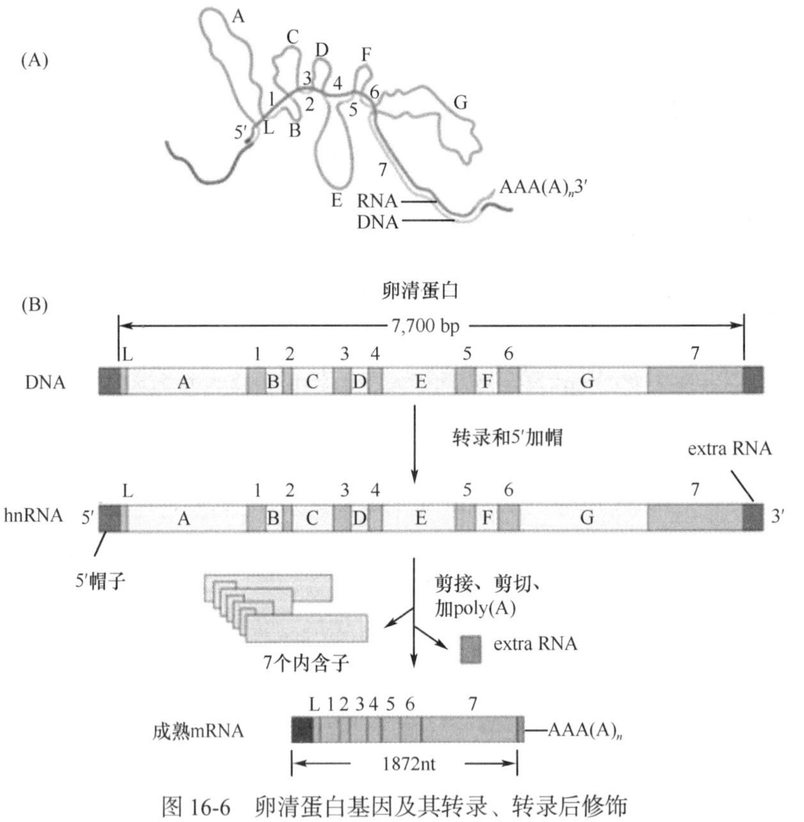

图 16-6 卵清蛋白基因及其转录、转录后修饰

2）mRNA 的剪接：所谓 mRNA 剪接是指去除前体 mRNA 即 hnRNA 初级转录产物上和内含子对应的序列，把外显子对应的序列连接为成熟 mRNA 的过程。

hnRNA 中内含子序列与外显子序列的邻接区域的序列非常保守，这些序列指明了剪接应该在何处进行。内含子的两个末端边界及紧邻外显子的边界分别称为 5'剪接位点和 3'剪接位点。在内含子中离 3'剪切位点 20～50bp 范围内还有一段短的保守序列，称为分支点，其中有一个 A 是不变的。因为内含子序列不负责编码氨基酸，故其相应的序列保守性尤为明显。大部分内含子是以 GU 为开始，以 AG 结束，此即所谓“GU-AG 剪接规则”。

剪接是由两步连续的转酯反应完成的（图 16-7）。第一步转酯反应是由分支点保守的腺苷酸的 2'-羟基引发的。它作为亲核基团，攻击 5'剪接位点中保守的鸟苷酸的磷酰基团，导致该位点磷酸二酯键断开；同时，游离出来的 5'磷酸又与分支点保守腺苷酸的 2'-羟基形成一个磷酸二酯键相连。第二步转酯反应则是由新游离出来的 5'外显子序列的 3'-羟基引发的。它作为亲核基团攻击 3'剪接位点中保守的鸟苷酸的磷酰基团，导致攻击位点磷酸二酯键断开，使内含子序列以带分支的套索（lariat）形式结构被释放出去并迅速降解；同时，一个新的磷酸二酯键形成使两个相邻的外显子序列连接起来。

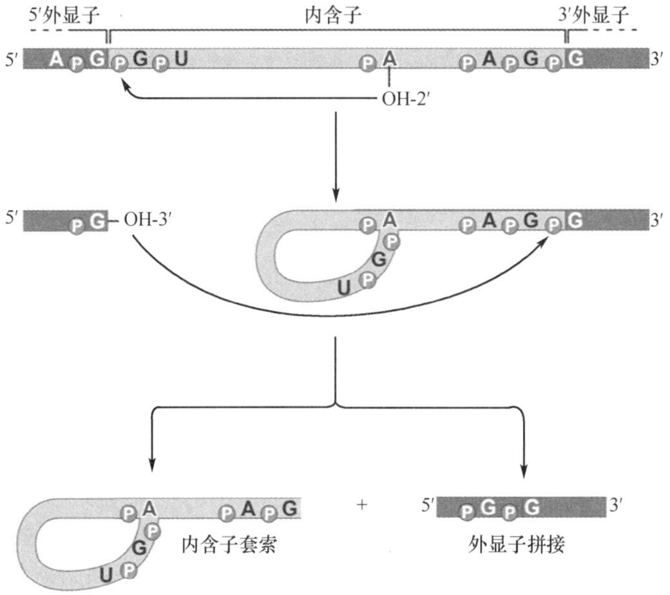

图 16-7　剪接过程的两步转酯反应

剪接的两步转酯反应是由剪接体（splicesome）介导执行的。剪接体包含约 150 种蛋白质和 5 种核内小 RNA（snRNA），大小与核糖体相近。snRNA 通常由 100～300 个核苷酸组成，因其尿嘧啶含量丰富，故以 U 作为命名，已发现有 U_1、U_2、U_3、U_4、U_5、U_6和 U_7 等。参与剪接体组成的主要是 U_1、U_2、U_4、U_5和 U_6。每种 snRNA 都分别与几种核内蛋白质形成 RNA-蛋白质复合物，称为小分子核糖核蛋白（small nuclear ribonucleoprotein，snRNP）。剪接体就是由这些 snRNP 形成的巨型复合体。在剪接过程中，剪接体组成是动态的，不同的 snRNP 在不同时间进出剪接体，各行使特定的功能。剪接体中的 RNA 成分在剪接反应中也起重要作用，如 U_1和 U_2 snRNA 中的序列可分别与 hnRNA 中 5'剪接位点和分支点的序列通过互补碱基配对发生相互作用。

（4）mRNA 的选择性剪接：选择性剪接（alternative splicing），或称可变剪接，是指从一个 mRNA 前体中通过不同的剪接方式（主要是选择不同的剪接位点组合）产生不同的 mRNA 剪接变体（splicing variants）的过程。据估计，人类基因组中约 90%以上的蛋白质编码基因可通过选择性剪接产生多种不同的 mRNA 剪接变体，从而编码产生不同的多肽链或蛋白质。因此，mRNA 前体的选择性剪接极大地增加了 mRNA 和蛋白质的多样性及基因表达的复杂程度。例如，降钙素基因，同一前体 mRNA 分子在大鼠甲状腺中经过剪接产生降钙素；而在大鼠脑中剪接产生降钙素-基因相关肽（calcitonin-gene related peptide）（图 16-8）。

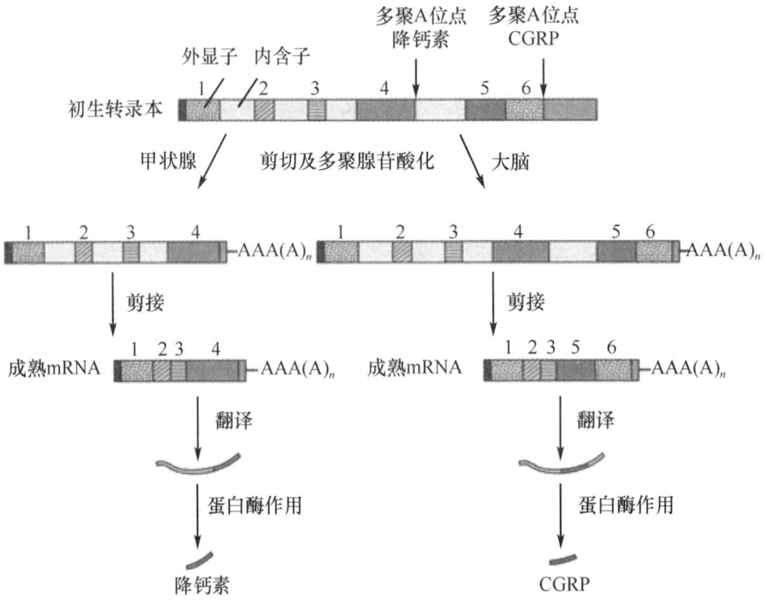

图 16-8 大鼠降钙素基因转录本的选择性加工

CGRP：降钙素基因相关蛋白

（5）RNA 编辑（RNA editing）：是指在初级转录物上增加、删除或置换某些核苷酸而在 RNA 水平上使遗传信息发生改变的过程。它可以使 RNA 序列不同于基因组模板 DNA 的序列，也可能会进一步影响到编码蛋白质的氨基酸序列。RNA 编辑是一种细胞内改变 RNA 序列的分子机制，广泛存在于多种生物基因的转录后加工过程中，是基因调控的重要方式之一。

mRNA 分子生成后，其序列可以通过 RNA 编辑而发生改变。例如，人类基因组上只有一个载脂蛋白（apolipoprotein B，apoB）基因，转录后可发生 RNA 编辑，编码产生的载脂蛋白 B 有两种形式，一种是 $apoB_{100}$（分子质量 513 kDa），由肝细胞合成；另一种是 $apoB_{48}$（分子质量 250 kDa），由小肠黏膜细胞合成。这两种 apoB 都是由 $apoB_{100}$ 基因产生的 mRNA 编码的。有一种胞嘧啶核苷脱氨酶（cytosine deaminase）只在小肠黏膜细胞中发现，它能与 $apoB_{100}$ 基因产生的 mRNA 的编码第 2153 位氨基酸的密码子（CAA 编码 Gln）结合，使其中的 C 转变为 U，从而使原来的 CAA 转变为终止密码子 UAA，使翻译提前终止，产物由原来的分子质量为 513 kDa 的 $apoB_{100}$（存在于肝脏）变成分子质量为 250 kDa 的 $apoB_{48}$（在小肠）。因此，$apoB_{48}$ 实际上是 $apoB_{100}$ 氨基端那部分的肽链。RNA 编辑的加工方式大大增加了 mRNA 的遗传信息容量。

四、RNA 的自我剪接和催化功能

RNA 转录后加工的研究促成了核酶的发现。1982 年美国科学家 Thomas Cech 及其同事发现四膜虫（*Tetrahymena thermophilic*）编码 rRNA 前体的 rDNA 序列含有间隔内含子序列。体外实验发现，从细菌中纯化得到的 RNA 聚合酶转录了来自四膜虫的编码 rRNA 前体的 rDNA，在无任何来自四膜虫的蛋白质存在的情况下，rRNA 前体能准确地从 6.4kb 前体中剪切去除 414 个核苷酸的内含子，产生成熟的 26S rRNA 分子。这种由 RNA 分子催化切除自身内含子的反应称为自剪接（self-splicing）。随后在其他单细胞生物体、线粒体、叶绿体的 rRNA 前体，一些噬菌体的 mRNA 前体及细菌 tRNA 前体也发现有这类自剪接的内含子，称为 Ⅰ 类内含子（group Ⅰ intron）。Ⅰ 类内含子的剪接机制与剪接体介导的剪接过程不同。它使用游离的鸟嘌呤核苷或鸟嘌呤核苷酸，而不是分支点核苷酸。它完成剪接后释放出线性内含子，而不是一个套索结构。

某些线粒体和叶绿体的 mRNA 前体和 tRNA 前体具有另一类自身剪接的内含子，称为Ⅱ类内含子（group Ⅱ intron），这类内含子的剪接同样类似于 mRNA 前体内含子的剪接，但是没有剪接体参与（图 16-9）。以上这些有自剪接功能的 RNA 均具有催化功能，属于核酶（ribozyme）。

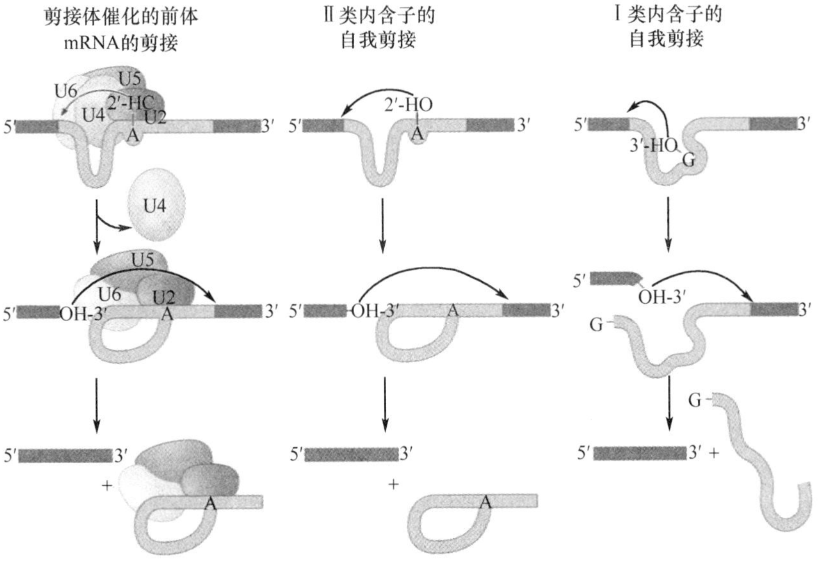

图 16-9 Ⅰ类内含子和Ⅱ类内含子的剪接机制

第四节 RNA 的复制

绝大多数生物的基因组是 DNA，只有少数病毒的基因组是 RNA。以 RNA 作为基因组的病毒称为 RNA 病毒。这类病毒，除逆转录病毒外，在宿主细胞都是以病毒的 RNA 单链为模板合成 RNA，这种依赖 RNA 的 RNA 合成称为 RNA 复制（RNA replication）。

一、RNA 复制的模板和酶

从感染 RNA 病毒的细胞中可以分离出由病毒 RNA 编码的 RNA 复制酶（RNA replicase），又称 RNA 依赖的 RNA 聚合酶（RNA-dependent RNA polymerase，RDRP）。RNA 复制酶只特异性识别和复制病毒 RNA，不能以 DNA 为模板合成 RNA，也不能以宿主 RNA 为模板进行复制。RNA 复制的反应机制与依赖 DNA 的 RNA 合成即转录是相似的，合成的方式也是从 5'→3'。RNA 复制酶以病毒 RNA 单链为模板，在有 4 种 NTP 和 Mg^{2+}存在时合成与模板性质相同的互补 RNA。病毒的全部遗传信息，包括合成病毒外壳蛋白质和各种有关酶的信息均储存在其基因组 RNA 中，基因组 RNA 复制就是以病毒全长 RNA 分子为模板在真核细胞中合成一套同样的 RNA 分子。因此，用 RNA 复制产物去感染细胞，能产生正常的 RNA 病毒。

二、RNA 病毒的种类及其复制方式

RNA 病毒的种类很多，其复制方式也不相同。病毒基因组 RNA 的复制过程需要利用宿主细胞的转录和翻译系统识别、转录病毒基因组序列，并翻译出多种与复制有关的酶和蛋白质。

1. 单链 RNA 病毒 大多数 RNA 病毒的基因组是单链 RNA 分子，故称为单链 RNA 病毒，又分为正链单链 RNA 病毒（positive-strand RNA viruses）和负链单链 RNA 病毒（negative-strand RNA viruses），两者的区别在于前者的基因组 RNA 与编码病毒蛋白的 mRNA 序列一致，而后者的基因组 RNA 与编码病毒蛋白的 mRNA 序列互补。因此，两者的复制过程也不相同。

（1）正链单链RNA病毒：这类病毒颗粒中的基因组RNA一旦进入宿主细胞，可直接作为mRNA附着到宿主细胞核糖体上，翻译出相应的蛋白质，包括结构蛋白和RNA依赖的RNA聚合酶。然后，在病毒RNA聚合酶的作用下复制病毒RNA，最后病毒RNA和结构蛋白装配成成熟的病毒颗粒。噬菌体Qβ、脊髓灰质炎病毒和严重急性呼吸综合征（severe acute respiratory syndrome，SARS）的致病原即SARS病毒属于此类病毒。

（2）负链单链RNA病毒：这类病毒的基因组RNA不能直接作为mRNA模板翻译蛋白质，因此这类病毒侵入细胞后，需借助于病毒带进去的复制酶先合成出与负链RNA互补的正链RNA，再以此正链RNA作为mRNA合成病毒蛋白和酶，并以正链RNA为模板合成互补的负链基因组RNA。狂犬病病毒和马水疱性口炎病毒即属于此类病毒。

2. 双链RNA病毒 少部分RNA病毒的基因组是双链RNA分子，如呼肠孤病毒。这类病毒以双链RNA为模板，在病毒复制酶的作用下通过不对称的转录，合成出正链RNA，并以正链RNA为模板翻译成病毒蛋白质。然后再合成病毒负链RNA，形成双链RNA分子。

需要注意的是，一些RNA病毒如白血病病毒、肉瘤病毒等，属于逆转录病毒，它们的复制需经过DNA前病毒阶段，由逆转录酶参与。

思 考 题

1. 试述大肠杆菌RNA聚合酶各亚基的性质和功能。
2. 试述参与RNA聚合酶Ⅱ转录的转录因子及其功能。
3. 真核生物与原核生物的转录过程有什么不同？

（卜友泉）

第 17 章 蛋白质的生物合成

蛋白质的生物合成实质上是以 mRNA 为模板，将 mRNA 分子中由 4 种核苷酸序列编码的遗传信息转换成蛋白质一级结构中 20 种氨基酸排列顺序的过程。由于 mRNA 中的核苷酸顺序与蛋白质中的氨基酸顺序是两种不同的“分子语言”，所以又将蛋白质的生物合成（即上述“分子语言”的转换）称为翻译（translation）。翻译后的多肽链通常需经过加工修饰，才能成为具有生物活性的蛋白质；同时，所合成的蛋白质还需被输送到特定部位，才能发挥功能。

第一节 蛋白质生物合成体系

蛋白质生物合成体系是一个高度复杂而精确的机构，涉及多种分子。20 种 α-氨基酸是肽链合成的基本原料，核糖体是翻译的场所，tRNA 按模板 mRNA 的要求将氨基酸运送到核糖体上，氨基酸之间以肽键连接形成多肽链。此外，参与氨基酸活化及肽链合成起始、延长和终止各阶段的多种蛋白质因子（含酶类）、供能物质和某些无机离子也是翻译过程中不可或缺的成分。

一、mRNA——肽链合成的直接模板

mRNA 分子中的核苷酸排列顺序决定了相应蛋白质多肽链中的氨基酸排列顺序，即由 mRNA 指导多肽链的合成。这种遗传信息的转换借助 mRNA 中的遗传密码来实现。mRNA 中每三个相邻核苷酸的特定排列顺序，在蛋白质生物合成中被体现为某种氨基酸或其合成的终止信号，统称为遗传密码（genetic codon），又称三联体密码（triplet codon）。mRNA 含有 4 种核苷酸，至少每 3 个核苷酸对应一个氨基酸，因此，可能的密码子数为 4^3=64 种。Nirenberg MW 等花了 4 年时间，通过人工合成简单的多核苷酸作为 mRNA，于 1965 年揭示了编码 20 种氨基酸的全部密码，并编制了遗传密码表（又称遗传密码字典）（表 17-1）。

表 17-1 遗传密码表（哺乳细胞 mRNA 中的密码子）

第一个核苷酸	第二个核苷酸				第三个核苷酸
	U	C	A	G	
U	苯丙	丝	酪	半胱	U
	苯丙	丝	酪	半胱	C
	亮	丝	终止密码	终止密码	A
	亮	丝	终止密码	色	G
C	亮	脯	组	精	U
	亮	脯	组	精	C
	亮	脯	谷氨酰胺	精	A
	亮	脯	谷氨酰胺	精	G
A	异亮	苏	天冬酰胺	丝	U
	异亮	苏	天冬酰胺	丝	C
	异亮	苏	赖	精	A
	甲硫	苏	赖	精	G
G	缬	丙	天冬	甘	U
	缬	丙	天冬	甘	C
	缬	丙	谷	甘	A
	缬	丙	谷	甘	G

注：①表中各氨基酸均省去了“氨酸”二字，如“丝”代表“丝氨酸”；②在哺乳细胞的线粒体中，AUA 编码甲硫氨酸，UGA 编码色氨酸，AGA 和 AGG 是终止密码子。

以上这些遗传密码不仅代表了20种氨基酸，还决定了翻译过程的起始和终止位置。在64个密码中，有61个密码子分别代表不同的氨基酸；AUG既编码肽链中的甲硫氨酸，又作为肽链合成的起始信号，称为起始密码子（initiation codon）；有3个密码子（UAA、UGA和UAG）不编码任何氨基酸，只作为核糖体终止多肽链延伸的信号，称为终止密码子（termination codon），又称无义密码（nonsense codon）。然而，近年研究表明，UGA和UAG这两个终止密码还可分别是硒代半胱氨酸和吡咯赖氨酸的密码子。

从mRNA的5′-端起始密码子AUG开始至3′-端终止密码子前的一段能编码并翻译出氨基酸序列的核苷酸序列（不含终止密码子）称为开放阅读框（open reading frame，ORF）。ORF之外的核苷酸序列为非编码区或非翻译区（untranslated region，UTR）。ORF内每3个核苷酸组成的三联体，就是决定一个氨基酸的遗传密码。

遗传密码有如下特点：

1. 方向性（sideness） 指遗传密码的阅读方向与mRNA的核苷酸排列方向一致，即起始密码总是位于编码区的5′-端，而终止密码位于3′-端，每个密码子的3个核苷酸也是从5′→3′方向，不能倒读。这种方向性决定了翻译过程从肽链N端向C端进行。

2. 连续性（commaless） 指按5′→3′方向，从mRNA的起始密码子AUG开始，一次连续阅读3个碱基，直至出现终止密码子，密码子之间无任何核苷酸加以隔开。因此，如果mRNA中有核苷酸插入或缺失，则会使该位点之后的密码发生移码突变（frameshift mutation），造成下游翻译产物的氨基酸序列改变，从而合成一条不是原来意义上的肽链（即造成肽链变异）。

3. 专一性（unambiguous） 指一个特定的密码子只对应一个特定的氨基酸。

4. 简并性（degeneracy） 指两个或两个以上的密码子编码同一个氨基酸的现象。编码同一个氨基酸的一组密码子称为简并密码子（degenerate codon）或同义密码子（synonymous codon）。多数情况下，简并密码子的前两位碱基相同，仅第三位碱基不同（如编码甘氨酸的四个密码子GGU、GGC、GGA和GGG），即密码子的专一性主要由前两位核苷酸决定，第3位即使发生突变，大多数情况下仍可翻译出相同的氨基酸，从而使所合成蛋白质的一级结构不变，这样可减少有害突变的发生，有利于物种稳定性的维持。在翻译时，对简并密码子中各密码子的使用频率可有所不同，这种现象称为密码子偏爱性（bias或preference）。

5. 通用性（universal） 指所有生物都使用遗传密码表中的这套“通用密码”，只是不同生物对简并密码子的使用存在偏爱性，这提示各种生物是从同一祖先进化而来。然而，动物细胞的线粒体和植物细胞叶绿体所使用的遗传密码与“通用密码”并不完全一致。例如，在线粒体中，AUG、AUA和AUU三者均可作为起始密码；AUA还作为甲硫氨酸的密码子；AGA和AGG是终止密码子，而不是精氨酸的密码子；UGA可编码色氨酸，而不再是终止密码子。在细菌等原核生物中，除AUG可作为起始密码外，有时GUG也可作为起始密码，但作为起始密码的GUG不代表缬氨酸而代表甲酰甲硫氨酸。在真核生物中，少数纤毛类原生动物可用终止密码子UAA和UAG编码谷氨酰胺。

6. 不重叠性（nonoverlapping） 指ORF中的每个碱基在一次翻译中只用一次，即不重叠使用。虽然少数大肠杆菌和噬菌体（或病毒）基因组中，部分基因密码重叠，但读码从不同起点开始，仍是连续不重复阅读。

7. 摆动性（wobble） 简并性通常发生在密码子的第三位碱基，表明密码子的第三位碱基与tRNA中反密码子（anticodon）的第1位碱基之间的配对可不严格遵循碱基配对规律，这种现象称为摆动配对。摆动配对可使一种tRNA识别mRNA序列中的多种简并密码子。

二、tRNA——氨基酸的转运工具和肽链合成的适配器

肽链的生物合成是带有氨基酸的一组 tRNA 逐一识别 mRNA 上的密码子并按密码子的排列顺序将氨基酸相互连接的过程。tRNA 既能识别 mRNA 分子上的遗传密码，又能与相应的氨基酸结合，起着适配器（adaptor）的作用，按 mRNA 序列的指示，将氨基酸逐个带到核糖体，以便进行多肽链的合成。

1. tRNA 分子上与肽链生物合成有关的主要位点

（1）氨基酸臂：负责携带特异的氨基酸。tRNA 分子 3′端-CCA-OH 为氨基酸的结合位点，在特异氨基酰-tRNA 合成酶（aminoacyl-tRNA synthetase）的作用下，氨基酸的 α-羧基与 tRNA 的 3′-CCA 末端腺苷酸的核糖 3′-羟基之间经酯键连接，形成氨基酰-tRNA。

（2）氨基酰-tRNA 合成酶识别位点：氨基酰-tRNA 合成酶催化氨基酰-tRNA 的合成。一种氨基酰-tRNA 合成酶可识别携带相同氨基酸的多个 tRNA（最多可达 6 个）。

（3）核糖体识别位点：tRNA 的 TψC 环负责识别和结合核糖体上的 rRNA。在肽链合成过程中，肽链通过 tRNA 暂时结合在核糖体上，直至合成终止后肽链才从核糖体上脱离。

（4）反密码子位点：翻译过程中氨基酸的正确加入，需靠 tRNA 上的反密码子与 mRNA 上的密码子以碱基配对辨认。二者配对基本上遵循碱基互补原则，但是反密码子的第一个核苷酸与密码子第 3 个核苷酸配对时，有较大的灵活性，不完全遵循碱基互补原则，呈摆动配对（表 17-2）。配对的摆动性是由 tRNA 反密码子环的空间结构决定的，反密码子 5′端的碱基处于 L 形 tRNA 的顶端，受到碱基堆积力的束缚较小，因此有较大的自由度；而且该位置的碱基常为稀有碱基，如次黄嘌呤 I，它可与 U、C、A 三种碱基配对，是最常见的摆动配对现象。

表 17-2　反密码子与密码子碱基配对时的摆动现象

反密码子 5′端碱基（第一碱基）	A	C	G	U	I
密码子 3′端碱基（第三碱基）	U	G	C、U	A、G	A、C、U

mRNA 中密码子突变可导致编码蛋白质的一级结构发生变化，依靠 tRNA 反密码子的改变可校正这种突变，使其携带的氨基酸不变，从而确保翻译产生的蛋白质结构不变，这类 tRNA 称为抑制型 tRNA（suppressor tRNA）。抑制型 tRNA 可校正无义或错义突变，其效应不仅依赖反密码子和密码子的亲和力，也受自身胞内浓度和其他因素影响。

不同的氨基酸有其特定的 tRNA，携带相同氨基酸而反密码子不同的一组 tRNA 称为同工 tRNA（isoacceptor tRNA）。根据细胞内含量的不同，同工 tRNA 可分为主要和次要 tRNA。主要 tRNA 的反密码子可识别 mRNA 中的高频率密码子，而次要 tRNA 则识别低频率密码子。

2. tRNA 的氨酰化　指在 ATP 和酶的作用下，tRNA 与对应氨基酸结合为氨基酰-tRNA。以下是完整书写氨基酰-tRNA 的例子：Ala-$tRNA^{Ala}$、Met-$tRNA_e^{Met}$、Met-$tRNA_i^{Met}$（右下角的 i 代表起始 tRNA，e 代表延长 tRNA），其中三字母缩写代表已结合的氨基酸，tRNA 右上角的三字缩写代表 tRNA 的结合特异性，有时右上角的缩写亦可省略。

密码子 AUG 为甲硫氨酸编码，同时也可作为起始密码。与甲硫氨酸相结合的 tRNA，在原核生物中有两种形式：Met-$tRNA^{Met}$ 和具有起始功能的 fMet-$tRNA_i^{fMet}$（f 表示结合到起始 tRNA 上的甲硫氨酸被甲酰化，即 N-甲酰甲硫氨酸）。原核生物的起始因子（initiation factor，IF）只能辨认甲酰化的甲硫氨酰-tRNA。N-甲酰甲硫氨酰-tRNA 的生成，是一碳化合物的转移和利用过程之一，甲酰基从 N^{10}-甲酰四氢叶酸（N^{10}-CHO-FH_4）转移到甲硫氨酸的 α-氨基上，由转甲酰酶催化完成。

真核生物中有 Met-tRNA$_i^{Met}$ 和 Met-tRNA$_e^{Met}$。前者为起始 tRNA 但未甲酰化，可在起始密码子处就位，参与起始复合物的形成；后者被延长中起催化作用的酶所辨认，掺入肽链，为延长中的多肽链添加甲硫氨酸。

三、核糖体——多肽链合成的场所

核糖体是一种无膜的细胞器，呈椭圆形，每个原核细胞内约有 2×10^4 个，每个真核细胞内有 10^6～10^7 个。核糖体是由数种 RNA 和几十种蛋白质组成的复合物，其中 RNA 与蛋白质的质量比约为 2∶1。核糖体由大、小两个亚基构成，每个亚基都含有多种核糖体蛋白质和 rRNA。rRNA 可作为结构骨架，使各种核糖体蛋白质附着结合，组装成完整核糖体亚基。核糖体是肽链合成的场所，在翻译过程中发挥诸多重要作用。

核糖体在肽链合成中的主要作用如下：①有容纳 mRNA 的通道，只允许单链 RNA 通过，防止翻译过程中链内配对的发生。②能结合 IF、延长因子（elongation factor，EF）及终止因子（termination factor）等参与蛋白质合成的因子。③原核细胞核糖体上有 3 个位点：即结合氨基酰-tRNA 的氨基酰位（aminoacyl site），或称受位（acceptor site），简称 A 位；结合肽酰-tRNA 的肽酰位（peptidyl site，P 位），或称给位（donor site，D 位）；排出卸载 tRNA 的排出位（exit site，E 位），是核糖体移位后脱氨酰-tRNA 的结合位点，只能特异地结合无负载的 tRNA。真核细胞核糖体没有 E 位，核糖体中卸载的 tRNA 直接从 P 位脱离。④具有转肽酶（transpeptidase）活性，催化肽键生成。⑤具有延长因子依赖的 GTP 酶活性，能为转肽反应提供能量。当肽酰-tRNA 结合在 P 位，另一氨基酰-tRNA 结合在 A 位时，两个 tRNA 的反密码子正好与 mRNA 的两个密码子互补结合；随后在位于 P 和 A 位点间的转肽酶的作用下，肽酰基被转移至位于 A 位的氨基酰-tRNA 的氨基上，二者之间形成肽键，这样，A 位上的氨基酸残基被添加到肽链的羧基端而使肽链延长。

四、肽链生物合成需要的酶类和蛋白质因子

除 mRNA、核糖体和 tRNA 外，肽链生物合成还需要多种酶类、蛋白质因子、供能物质和无机离子。

1. 肽链生物合成需要的重要酶类

（1）氨基酰-tRNA 合成酶：存在于细胞质中，催化氨基酸的活化。

（2）转肽酶：是核糖体大亚基的组成成分，在肽链合成过程中催化肽键形成。肽链合成终止时，转肽酶可表现出酯酶的水解活性，促使肽链与 tRNA 分离。

（3）转位酶（translocase）：其活性存在于延长因子中，催化核糖体向 mRNA 的 3′端移动一个密码子的距离，使下一个密码子定位于 A 位。

2. 肽链生物合成需要的蛋白质因子 在原核和真核细胞肽链生物合成的各阶段，需要多种重要的非核糖体蛋白质因子参与反应（表 17-3 和表 17-4）。肽链合成时，这些蛋白因子仅临时性地与核糖体发生作用，之后便从核糖体复合物中解离出来。参与肽链生物合成的重要蛋白因子有如下几类：①IF：原核和真核细胞的 IF 分别用 IF 和 eIF 表示；②EF：原核和真核细胞的 EF 分别用 EF 和 eEF 表示；③释放因子（release factor，RF）：又称终止因子，原核和真核细胞的 RF 分别用 RF 和 eRF 表示。

此外，肽链生物合成还需要能源物质 ATP 和 GTP 及无机离子（如 Mg^{2+}、K^+等）。

表 17-3　参与原核生物（大肠杆菌）肽链合成的蛋白因子及其生物学功能

类型	具体种类	生物学功能
IF	IF-1	与小亚基的 A 位结合，防止 A 位结合其他 tRNA
	IF-2	以不同分子质量的两种形式存在，但功能相同，均具 GTP 酶活性，促进 fMet-tRNA $_i^{fMet}$ 与小亚基结合
	IF-3	与小亚基结合，促进核糖体大小亚基解离。与 mRNA 的起始部位有一定亲和力，提高 fMet-tRNA $_i^{fMet}$ 对核糖体 P 位结合的特异性和敏感性
EF	EF-Tu	具 GTP 酶活性，结合并分解 GTP；促进氨基酰-tRNA 进入核糖体 A 位
	EF-Ts	置换与 EF-Tu 形成复合物的 GDP，再生 EF-Tu，并与之生成 Tu-Ts 复合物，促进 EF-Tu 的再利用
	EF-G	催化 GTP 分解供能；有转位酶活性，促使 mRNA-肽酰-tRNA 由 A 位移至 P 位；促使 tRNA 卸载与释放
RF	RF-1	特异性识别并结合 UAA 和 UAG；诱导转肽酶转变为酯酶
	RF-2	特异性识别并结合 UAA 和 UGA；诱导转肽酶转变为酯酶
	RF-3	具有 GTP 酶活性，介导 RF-1 和 RF-2 与核糖体的相互作用，促进 tRNA 与多肽链分离

表 17-4　参与真核生物肽链合成的蛋白因子及其生物学功能

类型	具体种类	生物学功能
eIF	eIF-1	多功能因子，参与翻译的多个步骤
	eIF-2	促使 fMet-tRNA $_i^{Met}$ 与小亚基结合
	eIF-2B	结合小亚基，促进大、小亚基分离
	eIF-3	结合小亚基，促进大、小亚基分离；介导 eIF-4F 复合物-mRNA 与小亚基结合
	eIF-4A	eIF-4F 复合物的成分，有 RNA 解旋酶活性，解除 mRNA 5′端的发夹结构，使其与小亚基结合
	eIF-4B	结合 mRNA，促进 mRNA 扫描定位起始 AUG
	eIF-4E	eIF-4F 复合物的成分，结合 mRNA 的 5′-帽结构
	eIF-4G	eIF-4F 复合物的成分，结合 eIF-4E、eIF-3 和 poly A 结合蛋白（poly A bindng protein，PAB）
	eIF-5	促进各种 eIF 从小亚基解离，进而结合大亚基
	eIF-6	促进无活性的 80S 核糖体解聚生成大、小亚基
eEF	eEF-1α	促进氨基酰-tRNA 进入 A 位；结合分解 GTP，相当于 EF-Tu
	eEF-1βγ	调节亚基，相当于 EF-Ts
	eEF-2	有转位酶活性，促进 mRNA-肽酰-tRNA 由 A 位移至 P 位；促进 tRNA 卸载与释放，相当于 EF-G
eRF	eRF	识别所有终止密码子，具有原核生物各类 RF 的功能

第二节　蛋白质生物合成的基本过程

蛋白质生物合成过程相当复杂，主要包括：①氨基酸的活化；②核糖体循环（ribosomal cycle），即活化氨基酸在核糖体上缩合使肽链合成。

一、氨基酸的活化

氨基酸与特异 tRNA 结合形成氨基酰-tRNA 的过程称为氨基酸的活化，该过程由氨基酰-tRNA 合成酶催化。ATP 提供氨基酸活化所需要的能量，一个氨基酸活化需消耗 2 个来自 ATP 的高能磷酸键。反应过程分两步：①氨基酰-AMP-酶（E）复合物的形成：氨基酸与 ATP-氨基酰-tRNA 合成酶（ATP-E）结合，催化 ATP 分解为 PPi 与 AMP，随后 AMP 与酶及氨基酸结合成为一种中间复合物（氨基酰-AMP-E）。在此复合物中，氨基酸的羧基与 AMP 的磷酸基以酸酐键相连，从而获得一个高能磷酸键，变为活化的氨基酸。②氨基酰-tRNA 的生成：氨基酰-

AMP-E 复合物中的氨酰基以其氨基酸的 α-羧基与 tRNA 氨基酸臂的-CCA 中腺苷酸的核糖 3′位羟基以酯键连接，形成相应的氨基酰-tRNA，同时释放出 AMP 和酶。细胞中的焦磷酸酶不断分解所生成的 PPi，促进反应持续向氨基酰-tRNA 形成的方向进行。氨基酰-tRNA 的合成伴随肽链合成的起始、延长阶段不断进行。

氨基酸与 tRNA 的正确结合，是保证遗传信息准确表达的关键步骤之一。一种 tRNA 只能转运一种特定的氨基酸，因此，氨基酰-tRNA 合成酶对底物氨基酸和 tRNA 都有很强的特异性（对氨基酸的识别特异性很高，而对 tRNA 识别的特异性相对较低，一组同工 tRNA 由同一种氨基酰-tRNA 合成酶催化）。该酶通过分子中相分隔的活性部位分别识别并结合 ATP、特异氨基酸及能识别并结合简并密码子的数种 tRNA。

氨基酰-tRNA 合成酶具有校读活性（proofreading activity），可通过校对机制排除错误的接载。校读活性主要由氨基酰-tRNA 合成酶分子中的两个位点来实现：一个位点能从多种氨基酸中选出与其相对应的一种专一氨基酸，若是正确的 tRNA，氨基酰-tRNA 合成酶的构象就会改变，使 tRNA 对酶相关位点的结合更加稳定并迅速氨酰化；若是错误的 tRNA，酶的构象就不会发生改变，从而增加了 tRNA 在结合氨基酸之前从酶表面解离的机会。另一位点为水解位点，在酶与 tRNA 结合后，若是错配，酶则水解氨基酰-AMP-E 或氨基酰-tRNA 中的磷酸酯键，将错误结合的氨基酸释放，再换上与密码子相对应的氨基酸。氨基酰-tRNA 合成酶与 L 形 tRNA 的内侧面结合，结合点包括氨基酸臂、DHU 环和反密码子环（图 17-1）。

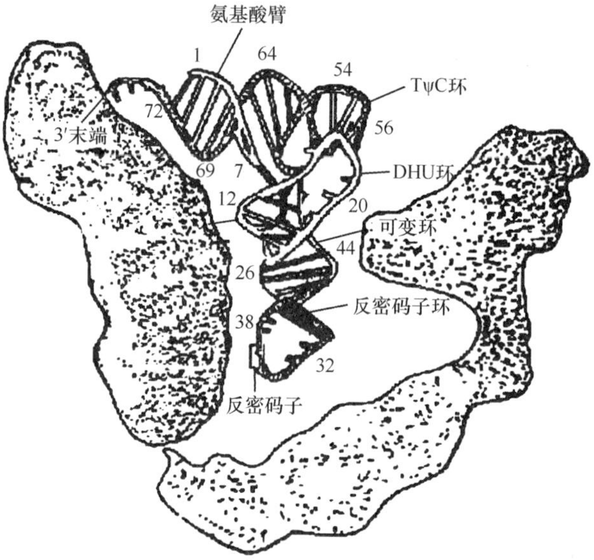

图 17-1 氨基酰-tRNA 合成酶与 tRNA 的相互作用

二、核糖体循环——多肽链的翻译过程

以氨基酰-tRNA 形式存在的活化氨基酸，通过“核糖体循环”在核糖体上缩合成肽，从而完成翻译过程。翻译过程可分为起始、延长和终止三个阶段。真核和原核细胞多肽链的合成过程有很多相似之处，但也有不同点。下面以原核细胞多肽链的合成过程为例进行介绍。

许多原核生物的 mRNA 往往是多顺反子 mRNA（polycistronic mRNA），即同一 mRNA 编码功能相关的几条多肽链。在翻译时，各种蛋白质都有自己的起始与终止密码。mRNA 上的起始密码为 AUG，它与小亚基的正确定位结合是由核糖体结合位点（ribosome binding site，RBS）决定的。原核生物的 RBS 是位于 mRNA 起始密码子 AUG 上游大约 10 个核苷酸处的、由 4～9 个核苷酸残基组成的富含嘌呤碱基的一段序列，称为 Shine-Dalgarno 序列（SD sequence）（图 17-2）。SD 序列正好与核糖体 30S 小亚基内部的 16S rRNA 3′端的富含嘧啶的一段序列互补，从而使 mRNA 和小亚基结合。紧接 SD 序列的小段核苷酸又可被核糖体小亚基蛋白-1（Rps-1）辨认结合，从而协助核糖体将 mRNA 带到适当的起始点，帮助起始密码确定翻译起点。原核生物通过两种相互作用确定了蛋白质合成的起始部位：一是 mRNA 上的 SD 序列与 16S rRNA 3′端序列的配对；二是 mRNA 上起始密码与 fMet-tRNA$_i^{fMet}$ 的反密码子的相互识别。

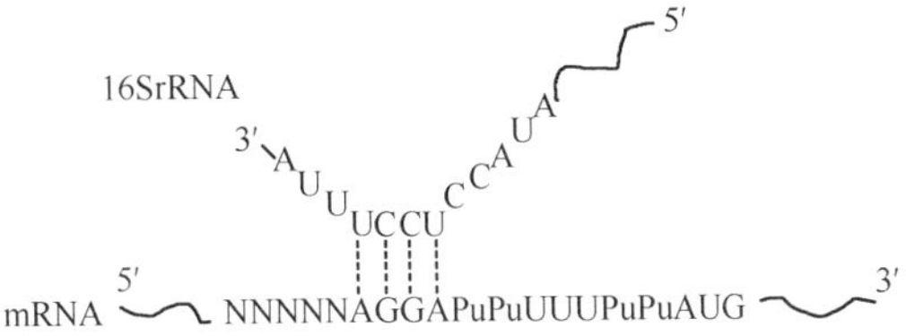

图 17-2 原核细胞 mRNA 分子中的 SD 序列

1. 翻译起始复合物的形成 在翻译启动阶段，核糖体的大、小亚基、mRNA 及 fMet-tRNA$_i^{fMet}$ 在三种 IF、GTP 和 Mg^{2+} 的共同作用下形成翻译起始复合物（translational initiation complex），此过程可分为如下三步（图 17-3）。

（1）核糖体大、小亚基的分离：肽链合成是一个连续的过程，上一轮合成的终止紧接下一轮合成的起始。这时完整核糖体的大、小亚基必须拆离，准备 mRNA 和起始氨基酰-tRNA 与小亚基的结合。①IF-3 结合于核糖体 30S 小亚基（结合位点可能位于大、小亚基的界面上），促进核糖体大、小亚基解离，使 30S 小亚基从不具有活性的 70S 核糖体上释放；②IF-1 与小亚基的 A 位结合，加速此种解离，避免起始氨基酰-tRNA 与 A 位的提前结合，同时也有利于 IF-2 结合到小亚基上。

（2）30S 起始复合物的形成：核糖体 30S 小亚基可与 mRNA 及 fMet-tRNA$_i^{fMet}$ 分别结合。mRNA 与小亚基的结合可能是蛋白质合成的限速反应，IF-3 起辅助作用。通过 mRNA 上的 SD 序列与小亚基中 16S rRNA 3′端的互补序列的结合，恰好使小亚基上的 P 位对准起始密码 AUG；fMet-tRNA$_i^{fMet}$ 在 IF-2 参与下进入 P 位，与 GTP 共同形成 fMet-tRNA$_i^{fMet}$/IF-2/GTP 中间复合物。IF-2 具有促进该中间复合物与 30S 小亚基结合的作用，IF-1 也有利于将其结合到小亚基上，通过 fMet-tRNA$_i^{fMet}$ 中的反密码子识别 mRNA 上的起始密码 AUG。

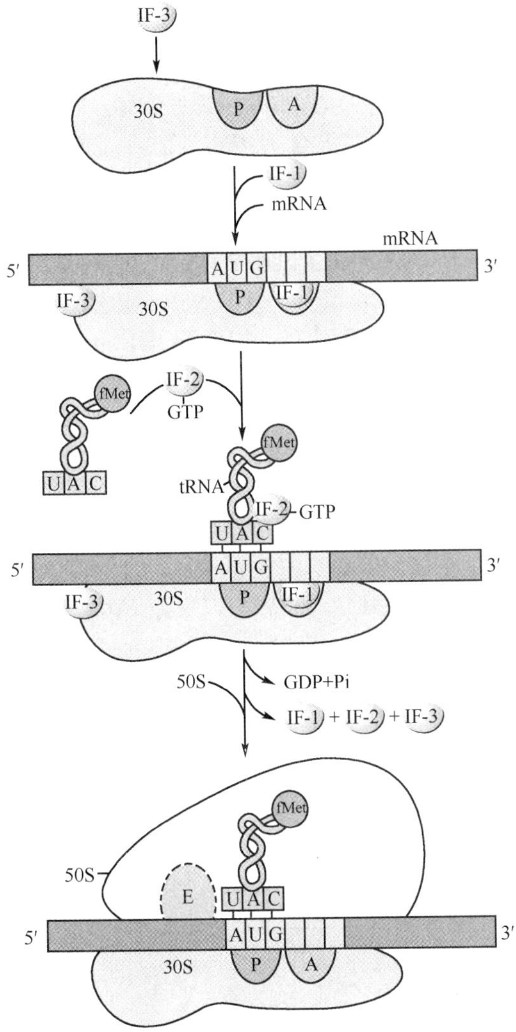

图 17-3 原核生物蛋白质合成的起始

（3）70S 起始复合物的形成：IF-2 具有完整核糖体依赖的 GTP 酶活性。当 50S 大亚基与 30S 起始复合物中的小亚基结合形成完整核糖体时，IF-2 的 GTP 酶活性被激活，水解 GTP 释能，促使三种 IF 释放，从而形成完整的 70S 翻译起始复合物（70S-fMet-tRNA$_i^{fMet}$-mRNA）。至此，P 位已被 fMet-tRNA$_i^{fMet}$ 占据，空着的 A 位准备接受一个能与第二个密码子配对的氨基酰-tRNA，为多肽链的延伸做好了准备。释放出的各 IF 可参与下一个核糖体的起始作用。

2. 多肽链的延长 延长阶段以氨酰-tRNA 进入 70S 起始复合物的 A 位为标志，需要 70S

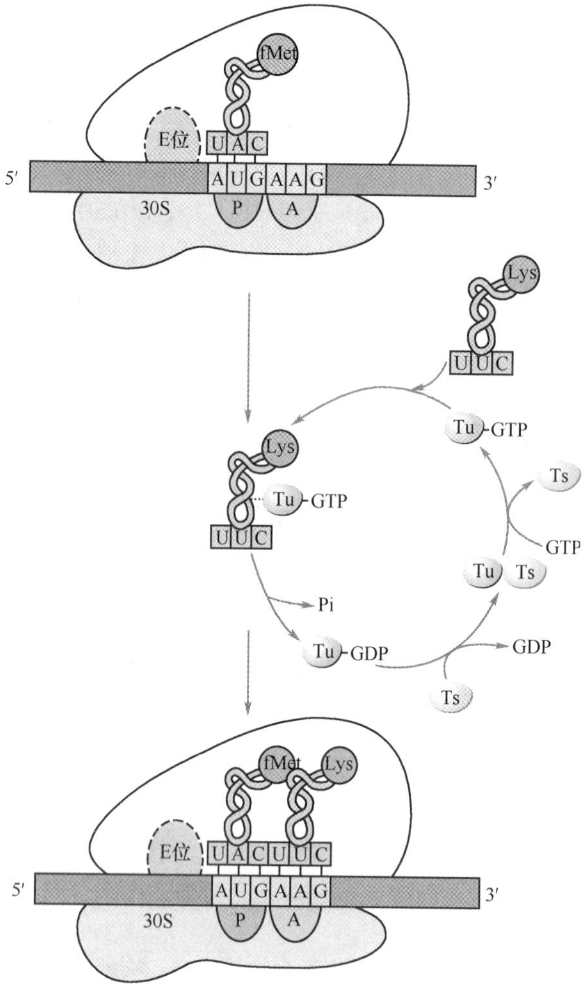

图 17-4 原核生物蛋白质合成的延长

起始复合物、氨基酰-tRNA、EF、GTP 和 Mg^{2+}的参与。EF 包括三种：热不稳定的 EF-Tu、热稳定的 EF-Ts 和依赖于 GTP 的 EF-G。肽链的延长过程是一个循环过程，每个循环包括进位（entrance）、转肽（transpeptidation）和移位（translocation）三个步骤（图 17-4）。

（1）进位：又称注册（registration），是指相应的氨基酰-tRNA 进入 A 位，并与 A 位上 mRNA 密码子结合生成复合物的过程，此过程需要 GTP、Mg^{2+}和 EF-T。EF-T 是 EF-Tu/EF-Ts 异二聚体。当 EF-T 与 GTP 结合时释出 EF-Ts 而形成 EF-Tu/GTP 复合物，随后与氨基酰-tRNA 结合，并被输送到核糖体 A 位上，与 mRNA 第 2 个密码子结合。此时 GTP 分解，释出 EF-Tu/GDP 及 Pi。EF-Tu/GDP 在供给 GTP 时，由 EF-Ts 催化，GTP 置换 GDP，则又生成 EF-Tu/GTP，参与下一轮反应。EF-Tu 的作用是促进氨基酰-tRNA 与核糖体的 A 位结合，而 EF-Ts 则是促进 EF-Tu 的再利用。

（2）转肽：核糖体大亚基上的转肽酶催化甲酰甲硫氨酰-tRNA 的 *N*-甲酰甲硫氨酰基从 P 位转移到 A 位的氨基酰-tRNA 的 *α*-氨基上，形成第一个肽键，此步需要 Mg^{2+}与 K^+的存在（图 17-5）。转肽酶位于 P 位和 A 位的连接处，靠近 tRNA 的氨基酸臂，包含 50S 大亚基上的 23S rRNA 和至少 5 种蛋白质成分。转肽后新生成的二肽酰-tRNA 暂留 A 位，P 位的 tRNA 空载。

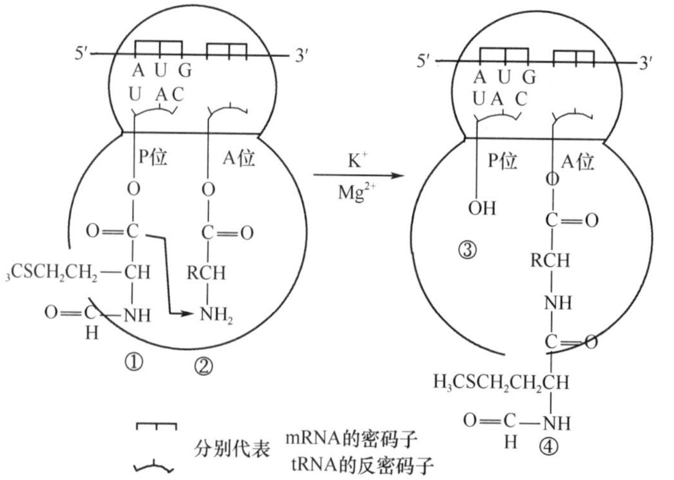

图 17-5 肽键的形成

①P 位上携带 fMet-tRNA$_i^{fMet}$；②A 位上携带进入的氨基酰-tRNA；③转肽后即将脱离的 tRNA；④新合成的二肽酰-tRNA

（3）移位：EF-G（又称转位酶）和 GTP 结合到核糖体上，通过催化 GTP 分解供能，促使核糖体向 mRNA 的 3′端移动相当于一个密码子（3 个核苷酸）的距离，使下一个密码子准确定位在 A 位，原来在大亚基 A 位上的二肽酰-tRNA 也随着移至 P 位上，使 A 位空出。该过程需要 Mg^{2+}存在。此时空载 tRNA 进入 E 位。第 3 个氨基酰-tRNA 进入 A 位后，空载 tRNA 从 E 位排出。在转肽酶的作用下，P 位上的二肽酰基转移到新进入的第 3 个氨基酰-tRNA 的氨基上，生成三肽酰-tRNA，失去二肽酰基的卸载 tRNA 由 E 位排出，从核糖体上脱落下来，如此不断重复循环，肽链逐渐延长（图 17-4 和图 17-5）。

在肽链延长过程中，每生成一个肽键，都需直接从 2 分子 GTP（移位时与进位时各 1）获得能量，即消耗 2 个高能磷酸键；同时，考虑到氨基酸活化生成氨基酰-tRNA 时，已消耗了 2 个高能磷酸键，所以蛋白质合成过程中，每生成一个肽键，至少消耗 4 个高能磷酸键。

3. 多肽链的终止与释放 当核糖体 A 位上出现终止密码，即转入终止阶段。终止阶段包括已合成完毕的肽链被水解释放，以及核糖体和 tRNA 从 mRNA 上脱落下来。这一阶段需要 RF 参与。RF 有三种：RF-1 识别并结合终止密码子 UAA 和 UAG；RF-2 识别并结合终止密码子 UAA 和 UGA；RF-3 是核糖体依赖的 GTPase，不识别任何终止密码子。

当 mRNA 上的终止密码移至核糖体的 A 位时，不能被任何一种氨基酰-tRNA 所识别，这时 RF-1 或 RF-2 可进入 A 位结合终止密码，并使核糖体上的转肽酶构象发生改变，表现出酯酶的活性，水解 P 位上的 tRNA 与肽链之间的酯键，协助多肽链释放。RF-3 可结合 GTP 使之水解，能帮助 RF-1 或 RF-2 进入 A 位。最后核糖体和 tRNA 从 mRNA 上脱落，在 IF-1 和 IF-3 的作用下，核糖体分解为大、小两个亚基，重新进入下一个核糖体循环。

多核糖体

在胞内蛋白质合成过程中，通常是多个核糖体同时与同一 mRNA 的不同部位相连，构成多核糖体（polyribosome），呈念珠状。多核糖体可使多条同样的多肽链在一条 mRNA 上同时合成，而脱落下来的大、小亚基又可重新投入核糖体循环的翻译过程。这样可大大提高翻译效率，更重要的是减轻细胞核的负荷，减少基因的拷贝数，也减轻了基因转录的压力。根据所附着的 mRNA 长短不同，多核糖体中的核糖体数可由数个到数十个不等。多核糖体合成肽链的效率甚高，合成速度也快，每一个核糖体每秒钟可翻译约 40 个密码子。

三、真核细胞与原核细胞蛋白质生物合成的异同

真核细胞蛋白质合成机制与原核细胞相似，也分为起始、延长和终止三个阶段，但由于真核生物在细胞与基因结构方面与原核生物存在差异，故其蛋白质合成过程也有其自身的特点，所需要的蛋白因子更多，有些步骤也更复杂。①翻译与转录不偶联：原核细胞核无核膜包被，因此其 mRNA 合成与蛋白质翻译可同时进行，即翻译与转录偶联。而真核细胞的 mRNA 前体在核内合成后，需经加工才能成为成熟 mRNA，从胞核转运到胞质后，才能投入蛋白质合成过程，因此翻译与转录过程不偶联。②mRNA 为单顺反子：原核细胞的 mRNA 为多顺反子，一条 mRNA 含有多个翻译起始点和终止点，可编码多条不同的多肽链。真核细胞 mRNA 为单顺反子，一条成熟的 mRNA 只有一个翻译起始点和一个终止点，最终只能编码一条多肽链。③mRNA 无 SD 序列而有“帽”和“尾”结构：原核细胞的 mRNA 借助 SD 序列与核糖体结合；而真核细胞的 mRNA 无 SD 序列，但含有 5′-“帽”和 3′-poly A“尾”，并借助帽结合蛋白复合物使 mRNA 定位于核糖体。另外，真核细胞 mRNA 中包含起始密码子 AUG 的一段短共有序列（gcc）gccRccAUGG（R 为 a 或 g），即 Kozak 共有序列（Kozak consensus sequence）也能显著提高真核细胞核糖体的蛋白质合成效率（Kozak 序列可为 18S rRNA 提供识别和结合位点）。④核糖

体更大：真核生物核糖体为 80S，包括 60S 大亚基和 40S 小亚基。40S 亚基含 18S rRNA 和 33 种蛋白质，60S 亚基含 49 种蛋白质和三种 rRNA（5S、28S 和 5.8S rRNA），其中 5.8S rRNA 为真核细胞所特有。

1. 真核细胞与原核细胞蛋白质合成的主要差别在起始阶段　真核翻译的起始阶段大致可分为 5 步：①80S 核糖体大、小亚基的解离；②Met-tRNA$_i^{Met}$/GTP/eIF-2 三元复合物与 40S 核糖体小亚基结合形成 43S 前起始复合物；③mRNA 与 43S 前起始复合物结合形成 48S 起始前复合物；④起始密码子的选择；⑤60S 核糖体大亚基与 48S 起始前复合物结合形成 80S 起始复合物（图 17-6）。

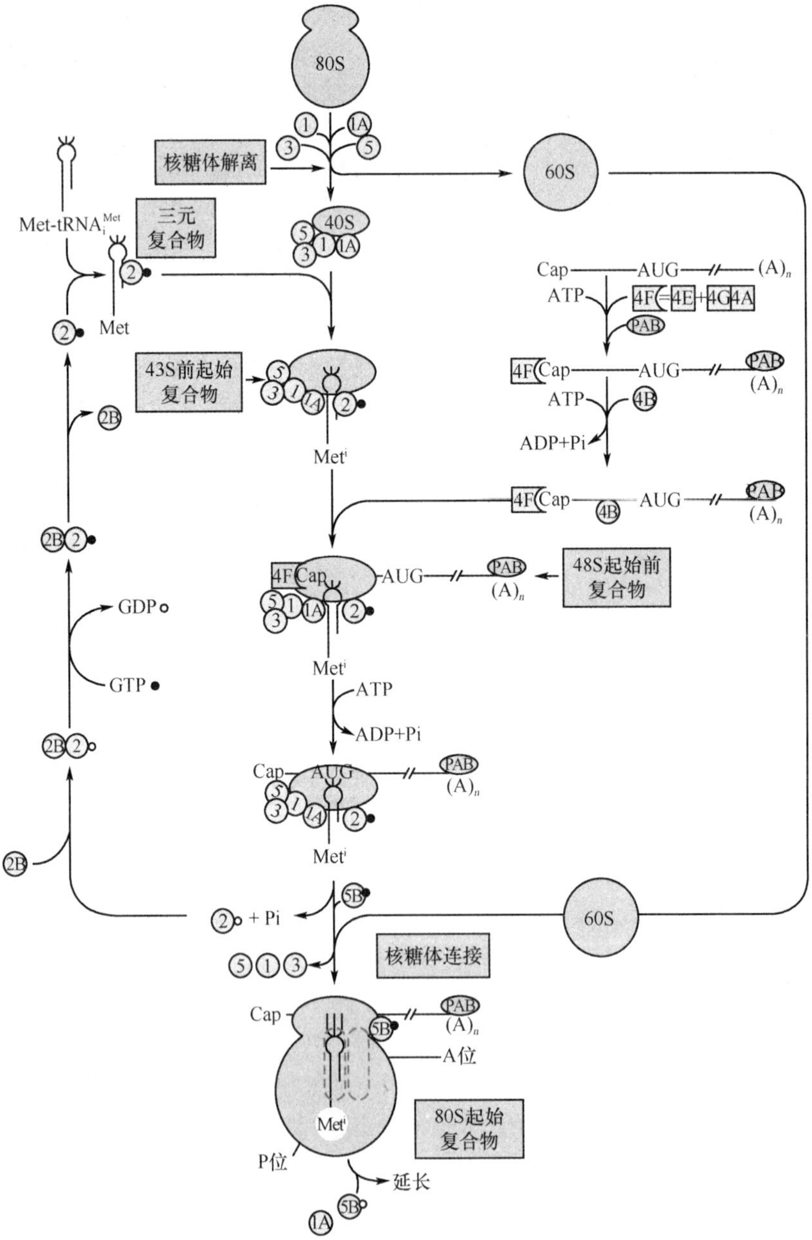

图 17-6　真核细胞蛋白质合成的起始

1，1A，2，3，4A，4B，4E，4F，4G，5 等均指相应 eIF

真核与原核细胞蛋白质合成起始的主要差异如下：

（1）需要更多起始因子参与：目前认为，至少有 10 种 eIF 在真核细胞蛋白质合成的起始阶段发挥了作用（表 17-4）。①eIF-2B、eIF-3 和 eIF-6 可促进核糖体大、小亚基的分离。②eIF-2 可与 GTP 结合，从而促进 Met-tRNA$_i^{Met}$ 与核糖体小亚基结合。③帽结合蛋白复合物（eIF-4F）的各组分（eIF-4E、eIF-4G、eIF-4A 和 eIF-4B）可通过识别 mRNA 5′-“帽”而辅助 mRNA 在核糖体小亚基就位，其中 eIF-4E 又称为帽结合蛋白；eIF-4G 是锚定蛋白，可结合 eIF-4E、eIF-3 和 PAB，从而参与 mRNA 与小亚基的结合；eIF-4A 是一种 ATPase，eIF-4B 是一种解链酶，二者可能有解开 mRNA 二级结构的作用。④eIF-5 可通过水解 GTP 供能而促进各 eIF 从装配好的核糖体上释放。此外，mRNA 的 3′-端 poly A 也参与翻译的起始，特定 mRNA 的起始过程与其 poly A 长度有关，40S 小亚基、Met-tRNA$_i^{Met}$ 与 mRNA 相连时需要 PAB 的协助（图 17-7）。

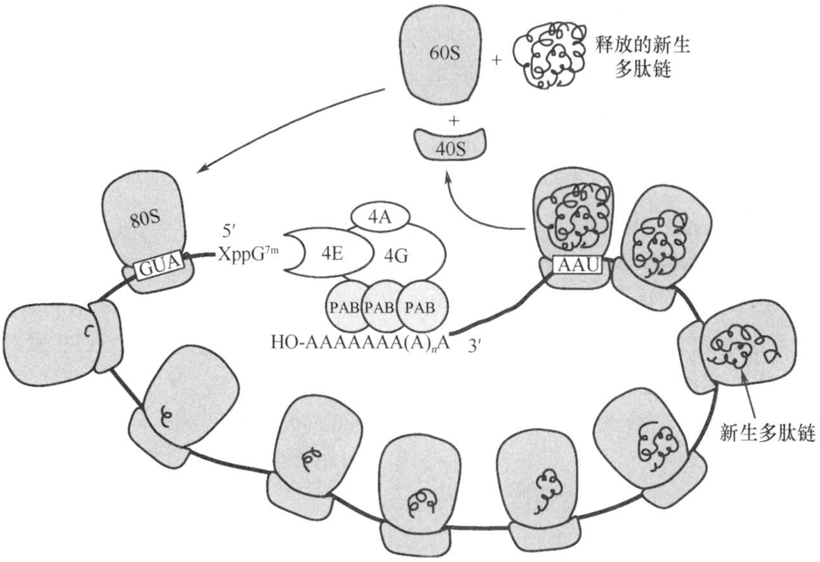

图 17-7　mRNA 的 5′-“帽”和 3′-端 poly A 尾参与真核细胞蛋白质合成的起始

（2）起始 tRNA 不需甲酰化：在真核细胞中，起始 tRNA 为不需要甲酰化的甲硫氨酰-tRNA（Met-tRNA$_i^{Met}$），而原核细胞中是 fMet-tRNA$_i^{Met}$。Met-tRNA$_i^{Met}$ 和 GTP 与 eIF-2 形成一个可分离的三元复合物，不依赖于核糖体小亚基。

（3）mRNA、小亚基和起始 tRNA 结合顺序不同：原核细胞中，mRNA 首先与小亚基结合，然后起始 tRNA 加入。而在真核细胞中，起始 tRNA 先结合于小亚基，然后 mRNA 再结合上来形成起始复合物，需要 ATP 分解供能。

（4）寻找起始密码子的方式不同：原核细胞 mRNA 的翻译起始定位依赖 mRNA 中的 SD 序列；而真核细胞则是 mRNA 的 5′-“帽”结构发挥重要作用，通过帽结合蛋白，将 mRNA 的 5′-“帽”结合到小亚基上，结合后则向下游扫描，使起始密码子 AUG 与已结合在小亚基上的 Met-tRNA$_i^{Met}$ 的反密码子配对结合，在小亚基上形成起始复合物前体。

2. 真核细胞与原核细胞的肽链延长过程基本相同　真核细胞中有 eEF-1 和 eEF-2，其中 eEF-1 相当于 EF-T，参与将氨基酰-tRNA 转运到核糖体上。eEF-lα 和 eEF-lβγ 与原核细胞的 EF-Tu 和 EF-Ts 是极相似的。eEF-lα-GTP 使氨基酰-tRNA 进入核糖体的 A 位，而 eEF-lβγ 催化 eEF-lα-GDP 上的 GDP 被 GTP 置换，生成 eEF-lα-GTP 再参与下一轮反应。真核 eEF-2 和原核 EF-G 一样，通过水解 GTP 而促使肽酰-tRNA 移位。在酿酒酵母和裂殖酵母中还发现 eEF-3，其有结合和水解 ATP 和 GTP 的能力，可能起保证翻译准确进行的作用。另外，真核细胞核糖体没有 E 位，转位时卸载的 tRNA 直接从 P 位上脱落。

3. 真核细胞只有一种 eRF 真核细胞的翻译终止过程与原核细胞相似，但真核细胞只有 1 种 eRF（而原核细胞有 3 种 RF），其可识别 3 种终止密码子，从而诱发终止反应。eRF 发挥作用需要 GTP，但它没有与 GTP 结合的位点，故需其他蛋白因子协助才能使多肽链释放。

此外，哺乳动物等真核生物线粒体中，也存在蛋白质合成体系，用以合成线粒体的某些多肽。该体系类似原核生物蛋白质合成体系。

四、蛋白质生物合成的干扰和抑制

蛋白质合成可受到抗生素、干扰素、毒素等多种物质的干扰和抑制，这些物质抑制蛋白质合成的环节包括翻译的起始、延长或终止等阶段。表 17-5 列举了部分蛋白质合成抑制剂的作用原理及其在医学中的应用。

1. 抗生素（antibiotics） 仅抑制原核细胞蛋白质合成的抗生素能特异地与原核生物的核糖体相互作用，而并不影响真核核糖体的功能，因此对真核生物并没有毒性。这类抗生素可作为抗菌药用于防治感染性疾病。还有一些抗生素因可抑制真核细胞蛋白质的合成过程而被作为抗肿瘤药使用。

2. 干扰素（interferon，IFN） 干扰素是真核细胞被病毒感染后分泌的一种具有抗病毒作用的蛋白质，可抑制病毒的繁殖，保护宿主细胞。在某些病毒双链 RNA 存在时，干扰素能诱导特异的蛋白激酶活化，该活化的蛋白激酶使 eIF-2 磷酸化而失活，从而抑制病毒蛋白质合成。此外，干扰素能与双链 RNA 共同活化特殊的 2′,5′-寡聚腺苷酸合成酶，催化 ATP 聚合，生成 2′,5′-寡聚腺苷酸，后者可活化核酸内切酶 RNase L，降解病毒 mRNA，从而阻断病毒蛋白质合成。

3. 毒素（toxin） 细菌毒素和植物毒素都是能抑制蛋白质合成的天然蛋白质，它们可经不同机制干扰真核生物蛋白质合成而呈现毒性作用。例如，白喉毒素和蓖麻蛋白可分别通过抑制 eEF-2 和真核细胞核糖体大亚基的活性来阻碍肽链合成。

表 17-5 部分蛋白质合成抑制剂的作用原理及其在医学中的应用

分类	名称	作用位点	作用原理	医学应用
抗生素	伊短菌素	原核、真核核糖体小亚基	①使 mRNA 在核糖体上错位，从而阻碍翻译起始复合物形成；②阻碍起始氨基酰-tRNA 的就位和 IF-3 的功能，从而抑制肽链合成的起始	抗病毒药
	四环素族	原核核糖体小亚基	①作用于 30S 亚基，抑制起始复合物形成；②抑制氨基酰-tRNA 进入核糖体的 A 位，阻滞肽链延长；③影响终止因子与核糖体结合，阻碍肽链释放	抗菌药
	链霉素、新霉素	原核核糖体小亚基	与核糖体 30S 亚基结合，引起读码错误，改变细菌蛋白质合成的忠实性	抗菌药
	氯霉素、林可霉素、红霉素	原核核糖体大亚基	①氯霉素可结合核糖体 50S 亚基，阻止由转肽酶催化的肽键形成；②林可霉素作用于 A 位和 P 位，阻止 tRNA 在这两个位置的就位，从而抑制肽链合成；③红霉素通过与核糖体 50S 亚基中肽链排出通道结合，阻止新生肽链从核糖体排出	抗菌药
	夫西地酸、微球菌素	EF-G	抑制原核生物 EF-G 的酶活性，阻止核糖体转位	抗菌药
	大观霉素	原核核糖体小亚基	结合核糖体 30S 亚基，阻碍小亚基变构，抑制 EF-G 催化的转位反应	抗菌药
	嘌呤毒素	原核、真核核糖体	在翻译过程中取代酪氨酰-tRNA 进入核糖体 A 位，中断肽链合成	抗肿瘤药
	放线菌酮	真核核糖体大亚基	抑制真核生物核糖体转肽酶活性，阻断肽链延长	医学研究

续表

分类	名称	作用位点	作用原理	医学应用
干扰素	α-干扰素、β-干扰素、γ-干扰素	eIF-2	①使 eIF-2 磷酸化而失活，抑制病毒蛋白质合成；②间接活化核酸内切酶 RNaseL，促进病毒 mRNA 降解	抗病毒药 免疫调节
毒素	白喉毒素	eEF-2	使 eEF-2 发生 ADP 核糖基化而失活，从而抑制肽链延长	医学研究
	蓖麻蛋白	真核核糖体大亚基	催化真核核糖体大亚基的 28S rRNA 中的特异腺苷酸发生脱嘌呤基反应，从而使 28S rRNA 降解，核糖体大亚基失活	医学研究

第三节　蛋白质的翻译后加工和靶向输送

多数新生肽链需经过加工才能转变为具有天然构象的功能蛋白质，这一加工过程称为翻译后加工（post-translational processing）或翻译后修饰（post-translational modification），包括蛋白质一级结构和高级结构的修饰。同时，蛋白质合成后需要被运送到特定部位才能行使生物学功能，这一过程称为蛋白质的靶向输送（protein targeting transportation）或蛋白质分选（protein sorting）。

一、蛋白质一级结构的修饰

由于不同蛋白质的一级结构和功能不同，其修饰作用也有差异。新生肽链经化学修饰、肽链水解等作用后而成熟。

1. 肽链 N 端的切除或化学修饰　在蛋白质合成过程中，N 端氨基酸总是甲酰甲硫氨酸或甲硫氨酸，但天然蛋白质大多数不以甲硫氨酸为 N 端第一位氨基酸。细胞内的脱甲酰酶或氨基肽酶可去除 *N*-甲酰基、N 端甲硫氨酸或 N 端的部分肽段，从而形成以不同氨基酸残基为 N 端的肽链。在真核生物中，常常在多肽链合成到一定长度（15～30 个氨基酸残基）时，其 N 端的甲硫氨酸就已被氨基肽酶切除。另外，在肽链合成过程中也可发生 N 端（或 C 端）氨基酸残基的化学修饰现象，如在真核生物中，约 50%的蛋白质存在 N 端氨基酸的乙酰化。

2. 氨基酸残基的共价修饰　多肽链氨基酸残基的共价修饰通常在细胞的内质网中进行。由于这些共价修饰作用，使组成蛋白质的氨基酸种类得以极大丰富，目前已发现 100 多种。同时，这些共价修饰对蛋白质发挥生物学功能也起着重要作用。常见的共价修饰如下：

（1）羟基化：结缔组织的蛋白质中常出现羟脯氨酸、羟赖氨酸，这两种氨基酸并无遗传密码编码，是在肽链合成后脯氨酸、赖氨酸残基经过羟化产生的。羟化作用有助于胶原蛋白螺旋的稳定。此外，乙酰胆碱酯酶和补体中也存在羟脯氨酸。

（2）磷酸化：磷酸化发生在翻译后，由多种蛋白激酶催化，将磷酸基团连接于丝/苏氨酸或酪氨酸残基的羟基上，而磷酸酶则催化脱磷酸作用。蛋白质的可逆磷酸化在介导细胞信号转导和代谢调节中有重要作用。

（3）羧基化：一些蛋白质的谷氨酸和天冬氨酸可发生羧化作用，由羧化酶催化。如参与血液凝固过程的凝血酶原（prothrombin）中的谷氨酸在翻译后羧化为 *γ*-羧基谷氨酸，后者可与 Ca^{2+} 螯合。

（4）乙酰化：蛋白质的乙酰化普遍存在于原核和真核生物中。乙酰化有两种类型：一是由结合于核糖体的乙酰基转移酶将乙酰 CoA 的乙酰基转移至正在合成的多肽链上（当将 N 端的甲硫氨酸除去后，便乙酰化），如卵清蛋白的乙酰化；二是在翻译后由胞质的酶催化发生乙酰化，如肌动蛋白的乙酰化。此外，组蛋白中的赖氨酸也可被乙酰化。

（5）甲基化：蛋白质多肽链中的许多氨基酸残基都可被甲基化，如某些原核生物的膜结合性化学受体的谷氨酸残基被甲基化，可影响原核生物的化学趋化性；真核生物组蛋白精氨酸残基的甲基化可影响染色质的精细结构，进而参与基因表达调控；某些受损蛋白质分子中天冬氨酸的甲基化是促进其修复或降解的信号。此外，赖氨酸残基的甲基化也可改变蛋白质的功能，如细胞色素 c 中含有一甲基、二甲基赖氨酸，大多数生物的钙调蛋白含有三甲基赖氨酸。

（6）糖基化：许多膜蛋白和分泌蛋白均是糖蛋白，通常在多肽链合成中或合成后以共价键与单糖或寡糖链连接而生成。糖基化主要在内质网或高尔基体中进行。糖可连接在天冬酰胺的酰胺基上（*N*-连接寡糖）或连接在丝/苏氨酸或羟赖氨酸的羟基上（*O*-连接寡糖）。糖基化是多种多样的，可以在同一条肽链上的同一位点连接上不同的寡糖，也可在不同位点上连接上相同寡糖。

（7）亲脂性修饰：某些蛋白质合成后需在特定位点共价连接一个或多个疏水性的脂链，如脂肪酸链、多异戊二烯链等，以增强它们与膜系统或与其他蛋白质间的相互作用。例如，一些膜蛋白可通过脂链嵌入疏水脂质双分子层以完成其在膜内的定位；而某些 G 蛋白的 α 亚基经豆蔻酸修饰后，可增强其与膜上该蛋白的 β 亚基及 γ 亚基的亲和力。

（8）二硫键形成：二硫键是在肽链形成后，通过两个半胱氨酸的巯基氧化而形成的。二硫键可形成于肽链内或两条肽链间，其正确形成主要由内质网的蛋白二硫键异构酶催化。二硫键在维系蛋白质空间结构中发挥了重要作用，链间二硫键还参与蛋白质分子的亚基聚合。

3. 水解修饰 有些新生肽链要在专一性蛋白酶的作用下切除部分肽段或氨基酸残基才能具有活性。例如，分泌蛋白质要切除信号肽（signal peptide）才能形成有活性的蛋白质；无活性的酶原需去掉一部分肽链才能转变为有活性的酶。真核细胞中通常一条 mRNA 对应一条多肽链。但是有些多肽链经过翻译后加工，适当地水解修剪，可以产生几种不同性质的蛋白质或多肽，从而使真核生物的翻译产物具有多样性。如由脑垂体产生的鸦片促黑皮质素原（POMC），由 265 个氨基酸残基构成，经水解后可产生包括 *β*-内啡肽（11 肽）、*β*-促黑激素（18 肽）、促肾上腺皮质激素（39 肽）和 *β*-脂肪酸释放激素（91 肽）在内的至少 10 种活性物质。

又如胰岛素在合成之初为前胰岛素原，包含了 N 端 23 个氨基残基的信号肽、分别成为成熟胰岛素 A 链和 B 链的 21 个和 30 个氨基酸残基，以及连接 A 链和 B 链的 C 肽（33 个氨基酸残基）。前胰岛素原切除信号肽后变为胰岛素原，再切除 C 肽后变为成熟胰岛素（图 17-8）。血浆蛋白的主要成分清蛋白，在肝细胞合成之初为清蛋白原，需在 N 端水解掉由 5～6 个氨基酸残基组成的肽段，才能成为清蛋白。因此，这类合成后的水解修饰，是分泌蛋白生成过程的一种普遍现象。此外，原核细胞内经脱甲酰基酶切除新生肽链的 *N*-甲酰基，以及真核细胞内经氨基肽酶切除某些新生蛋白质的 N 端甲硫氨酸残基或末端的一段肽链，也属于水解修饰。

二、蛋白质高级结构的修饰

蛋白质的高级结构是其功能的结构基础。肽链释放后可根据其一级结构的特征折叠、盘曲成高级结构。新生肽链折叠、亚基聚合、辅基连接等均属高级结构的修饰。

1. 新生肽链折叠 新生肽链折叠除受氨基酸序列（一级结构）的影响外，还需要其他蛋白质或酶的参与，包括分子伴侣、蛋白质二硫键异构酶、肽-脯氨酰顺反异构酶等（参见第 2 章第二节“一、体内蛋白质折叠”）。

2. 亚基聚合 具有四级结构的蛋白质由两条以上的多肽链通过非共价键聚合，各亚基虽有独立功能，但又必须相互依存，才能发挥作用。这种聚合过程往往有一定顺序，前一步骤常可促进后一步骤的进行。例如，正常成人血红蛋白由两条 α 链、两条 β 链及四个血红素构成。α 链

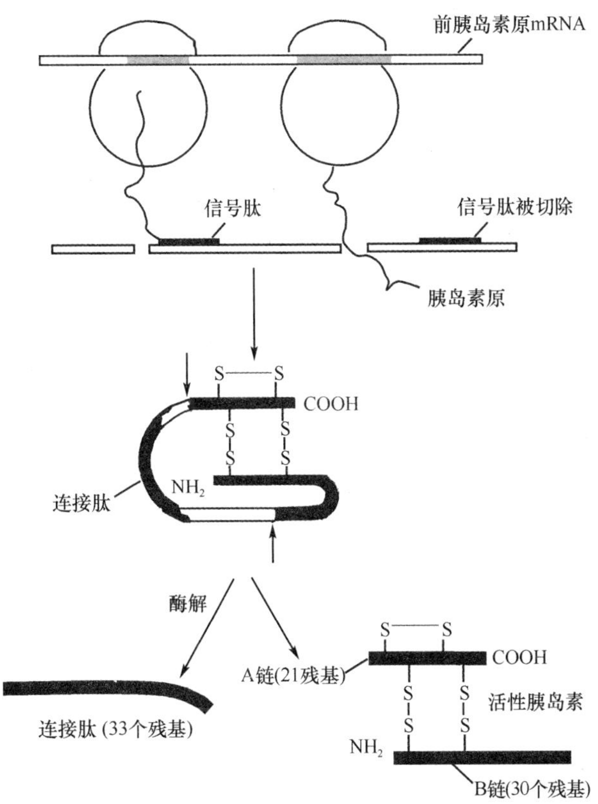

图 17-8　胰岛素翻译后的加工过程

在核糖体合成后自行释放，并与尚未从核糖体上释下的 β 链相连，然后一并从核糖体上脱下，形成游离的 α、β 二聚体。此二聚体与线粒体合成的两个血红素结合，形成半分子血红蛋白，最后两个半分子血红蛋白相互结合才成为有功能的全分子血红蛋白（$\alpha_2\beta_2$ 血红素 $_4$）。

3. 辅基连接　蛋白质分为单纯蛋白及结合蛋白两大类。对于结合蛋白来讲，蛋白质需要与辅基部分结合后才能具有生物学功能。辅基与肽链的结合是复杂的生化过程。细胞膜上有很多糖蛋白，当肽链合成后，在内质网及高尔基体中，通过糖基转移酶的作用，其天冬酰胺或丝/苏氨酸残基糖基化而形成糖蛋白，然后向细胞外分泌。某些蛋白质分子中含有共价相连的脂质（如棕榈酰化的蛋白质），这些脂质是在肽链由内质网向高尔基体移行过程中，由酰基转移酶催化与肽链上的丝/苏氨酸的羟基以酯键结合形成的。

三、蛋白质合成后的靶向输送

不论是原核还是真核生物，蛋白质合成后均需进行靶向输送（或分选）。在原核细胞，蛋白质一般靠扩散作用分布到它们的目的地。在真核细胞，蛋白质合成后大致有三个去向：①保留在胞质；②进入细胞核或线粒体、内质网及其他细胞器；③分泌到细胞外。

靶向不同的蛋白质各有其特异的信号序列，经过不同的分选系统（sorting system）进入不同的部位发挥功能。真核蛋白质分选系统有两大类，即粗面内质网分选系统和细胞质分选系统。

1. 经粗面内质网分选系统进行靶向输送的蛋白质　粗面内质网分选系统主要针对内质网膜结合核糖体上合成的蛋白质，包括分泌型蛋白、膜组分蛋白、滞留在内膜系统（内质网、高尔基体、内体、溶酶体和小泡等）的可溶性蛋白，这些蛋白通过其前体中含有的特定内质网定位信号序列进入粗面内质网，随后经高尔基体加工后分泌到特定的部位。同时，这些蛋白质的合成与转运同时发生，即翻译转运同步。

（1）分泌型蛋白质的靶向输送：分泌型蛋白在核糖体上合成后，由信号肽引导进入内质网腔折叠成具有特定功能构象的蛋白质，继而在高尔基体中被包装进分泌小泡，转运至细胞膜，再分泌到细胞外。

引导分泌型蛋白进入内质网腔的信号肽大多位于新生肽链的N端，有些蛋白质（如卵清蛋白）的信号肽位于多肽链的中部。信号肽通常由13～36个氨基酸残基组成，其共性如下：①N端常有带正电荷的碱性氨基酸残基，如赖氨酸、精氨酸；②中段为10～15个氨基酸残基组成的疏水核心区，主要含疏水氨基酸，如亮氨酸、异亮氨酸等；③C端多含侧链较短的氨基酸（如甘氨酸、丙氨酸等），紧接着是被信号肽酶（signal peptidase）裂解的位点。

真核细胞质内存在一种信号肽识别颗粒（signal recognition particles，SRP），该颗粒是由六种蛋白质与一低分子质量的7S RNA组成的复合物。SRP有两个结构域，一个用以识别和结合信号肽，使新生肽链以非折叠构象穿越内质网；另一个则通过干扰氨基酰-tRNA和肽酰移位酶的反应，从而暂停多肽链的延伸作用，避免延长的分泌肽在胞质中错误折叠。分泌型蛋白质靶向输送的基本过程见图17-9：①核糖体进行蛋白质的合成过程。②首先合成信号肽序列。③SRP立即识别和结合新生信号肽，使新生肽链的延伸暂停或延伸速度大大减低。④SRP-信号肽-核糖体复合物与内质网上的SRP受体结合，从而将复合物募集到内质网膜上。SRP受体也称停泊蛋白（docking protein），是一个由α亚基（69 kDa）和β亚基（30 kDa）组成的二聚体蛋白，其中α亚基具有结合GDP/GTP和水解GTP的能力，β亚基则贯穿内质网膜。⑤SRP-信号肽复合物一旦与SRP受体的α亚基结合，α亚基上的GDP便被GTP置换，使SRP受体与SRP的亲和力显著增强，从而将信号肽从SRP中置换出来，使SRP与信号肽和核糖体分离，游离的SRP又可识别新的信号肽序列。SRP受体α亚基可发挥GTPase活性，将结合的GTP水解为GDP，GDP结合型α亚基可重新识别胞质内结合有新的信号肽的SRP。⑥SRP一旦与信号肽和核糖体分离，蛋白质合成的延伸作用又重新开始。信号肽带着合成中的蛋白质穿过内质网膜。⑦在内质网腔内，信号肽被信号肽酶切除并迅速降解，随后新生肽链在分子伴侣的帮助下折叠成功能构象。⑧核糖体大、小亚基解聚，重新参与新肽链的合成。

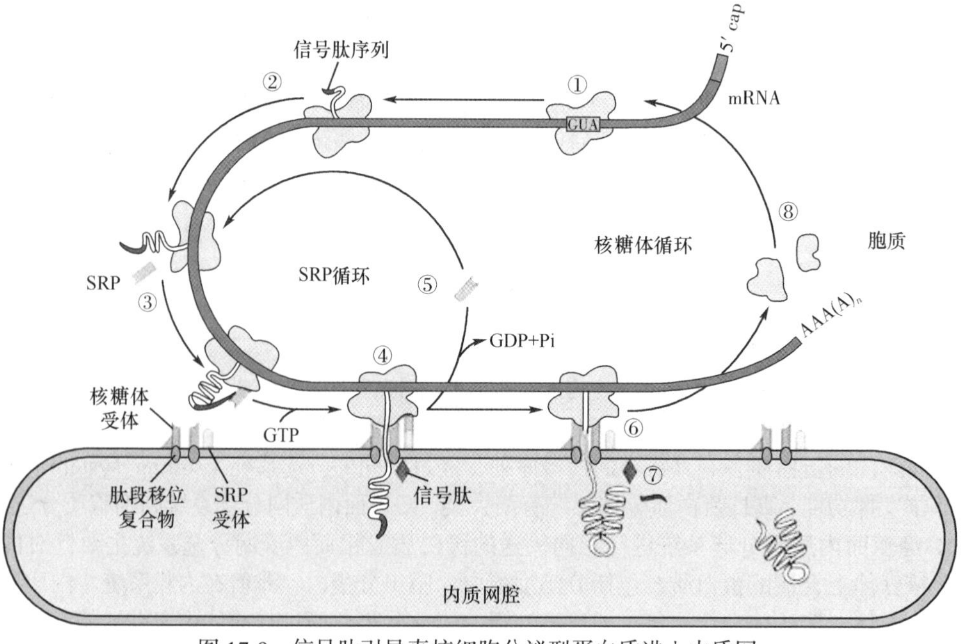

图17-9　信号肽引导真核细胞分泌型蛋白质进入内质网

分泌型蛋白质在内质网腔内完成折叠后，随内质网膜“出芽”形成的囊泡转移到高尔基体，在高尔基体中被加工包装进入分泌小泡，随后被转运至细胞膜，进而分泌到细胞外。

（2）胞膜蛋白质的靶向输送：胞膜蛋白在粗面内质网上的核糖体合成后，经过与分泌型蛋白相似的机制导入内质网。然而，由于胞膜蛋白的一级结构中通常含有一个或多个由疏水氨基酸残基构成的跨膜序列，又称终止转移序列（stop transfer sequence），所以当合成中的肽链向内质网腔导入时，疏水的终止转移序列可与内质网膜的脂质双分子层结合，从而使导入中的肽链不再向内质网腔内转移，而是锚定在内质网膜上。随后，以内质网膜“出芽”形成的囊泡形式被转移到高尔基体加工，进而随囊泡输送至细胞膜。

（3）溶酶体蛋白质的靶向输送：定位于溶酶体的蛋白质在合成后通过与分泌型蛋白相似的机制，经内质网运送到高尔基体，随后与 6-磷酸甘露糖结合，后者能被反面高尔基体网状结构上的 6-磷酸甘露糖受体识别并结合，从而形成运输小泡。运输小泡与具有酸性微环境的分选小泡融合后，6-磷酸甘露糖基化的蛋白质与受体分离，并在去糖基化后被输送至溶酶体。

（4）内质网腔蛋白质的靶向输送：与分泌型蛋白质一样，在内质网腔中发挥功能的蛋白质先经粗面内质网上的附着核糖体合成并进入内质网腔，继而输送至高尔基体。由于内质网腔蛋白质肽链的 C 端含有内质网滞留信号序列（如多数脊椎动物细胞的内质网滞留信号序列为 Lys-Asp-Glu-Leu，简称 KDEL 序列），该序列可与高尔基体中的特异性受体结合，然后以蛋白-受体复合物的形式随囊泡返回内质网。在内质网腔中，蛋白与受体解离。

2. 经细胞质分选系统进行靶向输送的蛋白质　细胞质分选系统主要针对细胞质游离核糖体上合成的蛋白质，包括预定滞留在细胞质基质中的蛋白质、质膜内表面的外周蛋白、核蛋白及定位到其他细胞器（如线粒体、过氧化物酶体、叶绿体等）内的蛋白质，这些蛋白质前体由于缺乏内质网定位信号肽而定位于细胞质，随后通过其他引导信号序列输送到特定部位。同时，这些蛋白从核糖体释放后才发生转运，即翻译后转运。

（1）核蛋白的靶向输送：所有被靶向到胞核的蛋白质多肽链都含有一个核定位信号序列（nuclear localization signal，NLS）。NLS 可位于肽链的不同部位，蛋白质定位于胞核后也不被切除。NLS 具有多样性，没有统一的共有序列，其通常由 4～8 个氨基酸残基组成，富含赖氨酸、精氨酸和脯氨酸。

在 NLS 的引导下，核蛋白经核孔主动转运入核。在该过程中需要几种循环于核质和胞质的蛋白因子，包括 α、β 核输入因子和一种小 G 蛋白（Ran 蛋白）。三种蛋白质组成的转运复合物停靠在核孔处，α、β 核输入因子组成的异二聚体可作为核蛋白的受体，其中的 α 亚基负责结合 NLS。在胞质中，Ran 蛋白以 Ran-GDP 形式存在，起到稳定转运复合物的作用；而在胞核中，Ran 蛋白以 Ran-GTP 形式存在，帮助核蛋白从转运复合物中释放。

核蛋白的靶向输送过程见图 17-10：①核蛋白在胞质游离核糖体上合成后释放于胞质；②α/β 核输入因子异二聚体识别和结合核蛋白的 NLS，并将核蛋白导向核孔复合物（nuclear pore complex）[注：核孔复合物为镶嵌在核孔上的一种复杂结构，主要组分包括胞质环（位于核孔边缘的胞质面一侧，又称外环）、核质环（位于核孔边缘的核质面一侧，又称内环）、辐（由核孔边缘伸向中心的辐射状八重对称纤维）和栓（位于核孔中心，呈颗粒状或棒状）]；③借助 Ran 蛋白水解 GTP 供能，将核蛋白-核输入因子复合物跨核孔输送入核基质；④核输入因子 β 和 α 先后从复合物中解离，随后核蛋白定位于胞核，核输入因子通过核孔返回胞质被再循环使用。

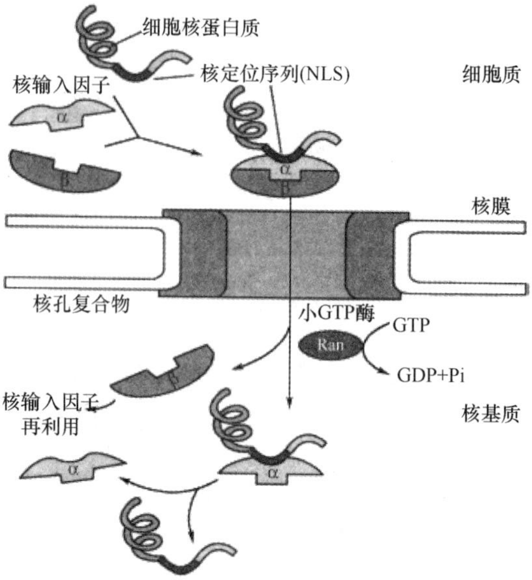

图 17-10 核蛋白的靶向输送

（2）线粒体基质蛋白的靶向输送：线粒体基质蛋白前体的N端通常含有一段保守的、富含碱性氨基酸和丝/苏氨酸的、长度为 20～50 个氨基酸残基的信号序列，称为导肽（leading peptide）。线粒体基质蛋白的靶向输送过程见图 17-11：①蛋白质在胞质游离核糖体上合成后释放于胞质；②蛋白前体与胞质中的 HSP70 或线粒体输入刺激因子（mitochondrial import stimulating factor，MSF）结合，从而维持新生肽链的未折叠状态，并阻止肽链间的聚集；③蛋白前体通过导肽识别和结合线粒体外膜的受体复合物；④通过 HSP70 水解 ATP 供能及跨膜电化学梯度提供能量，蛋白前体穿过由线粒体外膜转运体（translocator of outer membrane，Tom）和内膜转运体（translocator of inner membrane，Tim）共同构成的跨内、外膜蛋白通道，进入线粒体基质；⑤在线粒体基质中，蛋白前体的导肽被特异蛋白水解酶切除，随后在分子伴侣的作用下或自发地折叠为有天然构象的功能蛋白。

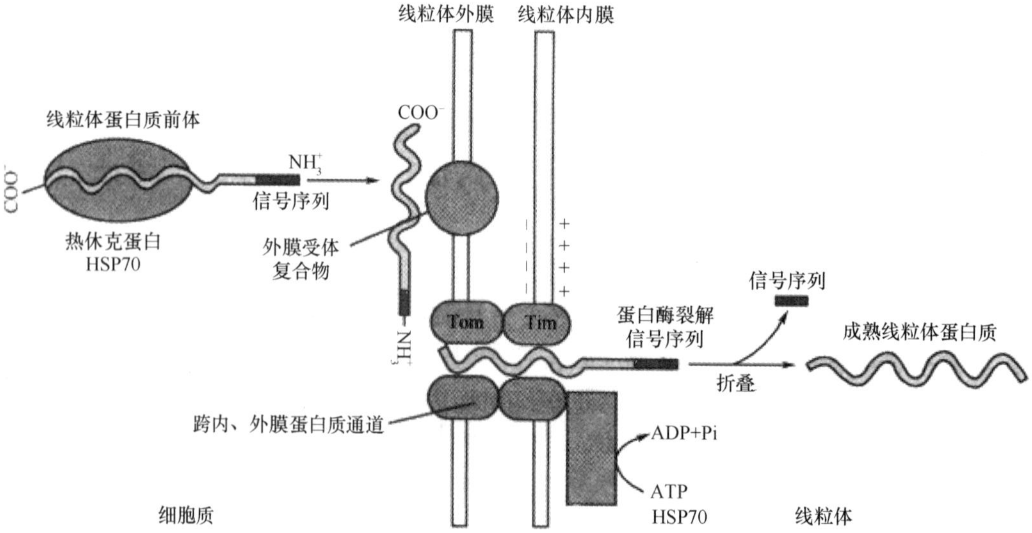

图 17-11 线粒体基质蛋白的靶向输送

（3）过氧化物酶体基质蛋白的靶向输送：过氧化物酶体基质中有多种参与脂肪酸、嘌呤、氨基酸及过氧化氢代谢的酶类。这些酶分子肽链中含有过氧化物酶体基质靶向序列（peroxisomal-matrix targeting sequence，PTS）。典型的 PTS 有两类：①PTS1：以过氧化氢酶所含有的 PTS 为代表，其特征是通常位于肽链 C 端，序列为 SKL 三肽，蛋白质进入过氧化物酶体后 PTS1 不被切除；②PTS2：以硫解酶为代表的一些过氧化物酶体基质蛋白均含有 PTS2。PTS2 通常由 26～36 个氨基酸残基组成，引导蛋白质正确定位后即被切除。含有 PTS1 和 PTS2 的蛋白能分别与可溶性受体蛋白 PTS1R 和 PTS2R 结合组成复合物，相应复合物通过与过氧化物酶体膜上的受体蛋白 PEX14P（peroxisomal biogenesis factor 14）发生相互作用，从而引导蛋白质定位于过氧化物酶体的基质。

思 考 题

1. 遗传密码有哪些特点？
2. 试述核糖体在肽链合成中的主要作用。
3. 试述蛋白质生物合成的基本过程。

（何凤田）

第 18 章 基因表达调控

基因表达（gene expression）是指生物基因组中结构基因所携带的遗传信息经过转录及翻译等一系列的过程，即生成具有生物学功能产物的过程。大多数基因经基因复制、转录及翻译等过程，产生具有特定生物学功能的蛋白质分子，赋予细胞或个体一定的功能或形态表型。但并非所有基因表达过程都产生蛋白质。rRNA、tRNA 编码基因转录生成 RNA 的过程也属于基因表达。

在同一机体的各种细胞中虽然含有相同的遗传信息即相同的结构基因，但它们并非都在所有细胞中同时表达，细胞必须根据机体的不同发育阶段，不同的组织细胞及不同的功能状态，选择性、程序性地表达特定数量的特定基因，这就是基因表达的调控。它是在细胞生物学、分子生物学及分子遗传学研究基础上发展起来的新领域。

有些基因产物在生命全过程都是必需的，且在一个生物个体的几乎所有细胞中持续表达，通常这些基因被称为管家基因（housekeeping gene）。管家基因的表达水平较少受环境因素的影响，在生物体各个生长阶段的大多数、或几乎全部组织中持续表达，或变化很小。我们将这类基因的表达方式称为组成性（或基本）基因表达（constitutive gene expression）。组成性基因表达只受启动序列或启动子与 RNA 聚合酶相互作用的影响，而不受其他机制调节。但实际上也不是绝对“一成不变”，而是相对的。

与管家基因不同的，另有一些基因表达较容易受环境变化的影响。在特定环境信号刺激下，相应的基因被激活，基因表达产物增加，这种基因称为可诱导基因。可诱导基因在一定的环境中表达增强的过程称为诱导（induction），这种表达方式称为可诱导表达。相反，有些基因在环境信号的刺激下表达表现为关闭或下降，这种基因称为可阻遏基因。可阻遏基因表达产物下降的过程称为阻遏，这种表达方式称为可阻遏表达。可诱导或可阻遏基因除受启动序列或启动子与 RNA 聚合酶相互作用的影响外，尚受到其他机制调节，这类基因的调控序列通常含有针对特异刺激的反应元件。

诱导和阻遏是同一事物的两种表现形式，在生物界普遍存在，也是生物体适应环境的基本途径。乳糖操纵子机制是认识诱导和阻遏表达的经典模型。基因表达调控是生物在长期进化过程中逐渐形成的精确而灵敏的生存和应变能力，在机体适应环境、维持自身的生长和增殖及维持个体发育与分化等方面均具有重要的生物学意义。

整个基因表达的过程分为几个阶段：基因活化、转录、转录后加工、翻译、翻译后加工等。在上述各个环节中均存在着基因表达调控的控制点。可见，基因表达调控是在多水平上进行的复杂事件。

第一节 原核生物的基因表达调控

原核基因表达调控与真核存在很多共同之处。但因原核生物没有细胞核，亚细胞结构及其基因组结构要比真核简单得多，所以原核基因表达调控尚有自己的特点。

一、原核生物基因表达的特点

原核基因仅含有一种 RNA 聚合酶，核心酶参与转录延长，全酶司转录起始。在转录起始阶段，RNA 聚合酶的 σ 因子识别特异启动序列；不同的 σ 因子决定特异基因的转录激活，决定

mRNA、rRNA 和 tRNA 基因的转录。

原核生物基因表达以操纵子为单位，因此，操纵子机制在原核基因调控中具有较普遍的意义。一个操纵子只含有一个启动序列及数个可转录的编码基因。通常，这些编码基因为 2～6 个，有的多达 20 个以上，在同一个启动序列控制下，可转录出多顺反子 mRNA。原核基因的协调表达就是通过调控单个启动基因的活性来完成的。

原核基因一般不含内含子，其基因是连续的。原核基因功能相关的几个结构基因成群连锁排列在一起，组成转录单元，能转录出一段较长的 mRNA，带有一种或几种蛋白质的遗传信息（来自几个结构基因），称多顺反子。

转录和翻译过程是偶联的：原核生物染色体 DNA 转录成 mRNA 后直接在胞质中与核糖体结合翻译蛋白质。

mRNA 翻译起始部位有特殊的碱基序列——SD 序列，此序列能与核糖体 30S 小亚基中 16S rRNA 3′端的一段互补序列配对结合，与蛋白质合成过程中起始复合物生成有关。

原核生物基因表达的调控主要在转录水平，即对 RNA 合成的调控。通常有两种方式：一种是起始调控，即启动子调控；另一种是终止调控，即衰减子调控。其次是在翻译水平上。

二、原核生物基因表达的调控

（一）原核生物转录水平的调控

原核基因转录起始水平的调控多数是通过操纵子调控模式进行的。

1. 操纵子的结构与功能（图 18-1）　原核生物中一组功能相关的结构基因串联成簇、密集于染色体上，连同其上游的启动子（promoter，P）和操纵元件（operator，O）两部分（P 和 O 合称调控区）共同构成一个转录单位，称为操纵子（operon）。启动子是同 RNA 聚合酶结合并启动转录的特异性 DNA 序列，操纵元件是特异的阻遏物结合区。与转录调控有关的因素主要是这一区域的顺式作用元件及与其有关的调控蛋白。此外，调控因素还包括与转录终止有关的因子。

2. 影响转录的因素

（1）特异 DNA 序列

1）原核生物操纵子中的启动子序列决定转录方向及模板链：DNA 具有两条链，在一个结构基因中，遗传信息位于一条链上，这条链是信息链，mRNA 是以信息链的互补链为模版合成的，因此，信息链与 mRNA 链的核苷酸序列相同（DNA 中的 T 在 mRNA 中为 U）。信息链中与 mRNA 链的第 1 个核苷酸对应的碱基标记为+1，由此碱基向信息链上游（5′端）数的碱基顺序数为负（–1，–2……），向下游（3′端）数的碱基顺序数为正（+2，+3……）。

E.coli 的启动子区长 40～60bp，在启动序列特定区域内，通常在–10 及–35 区域存在一些相似序列，称为共有序列（consensus sequence）。启动子至少包括三个功能区：一是启动部位，即+1 区；二是结合部位，是 RNA 聚合酶与启动子牢固结合的位点，位于–10bp 处（TATAAT 盒，Pribnow box）；三是识别部位，位于–35bp 处（即 TTGACA 序列）。在基因转录起始时，σ 因子识别并结合启动子，而 RNA 聚合酶结合于–10 区，全酶结合 DNA 后覆盖的区域是–40～+20（图 18-2）。开始合成 RNA 后，RNA 聚合酶沿着信息链的 5′→3′方向移动（图 18-2），只能以信息链的互补链为模板合成 RNA。因此，启动子决定转录的方向。

启动子决定转录效率：*E.coli* 启动子的–35 和–10 区的两个序列称为一致性序列。识别 *E.coli* 启动子中共有序列的 σ 因子，主要是 σ^{70}。启动子序列与共有序列越接近，σ^{70} 与之结合的能力越强。因此，共有序列决定启动序列的转录活性大小。

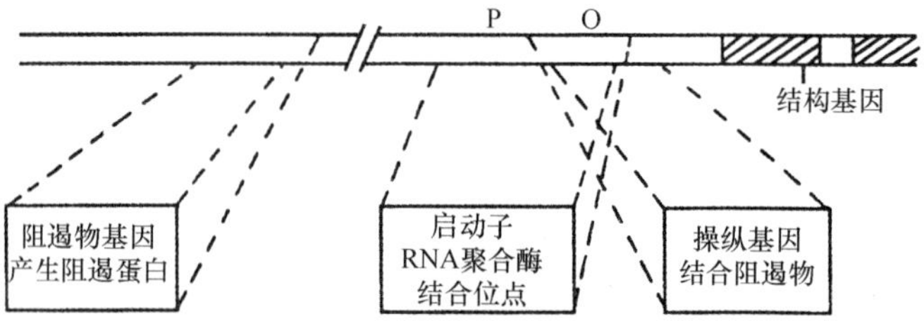

图 18-1 操纵子结构与功能

−35 −10 +1

5′—TAGTGTATTGACATGATAGAAGCACTCTACTATATTCTCAATAGGTCCACG—3′

3′—ATCACATAACTGTACTATCTTCGTGAGATGATATAAGAGTTATCCAGGTGC—5′

↓转录

RNA 5′ ——→ 3′

AGGUCCACG……

图 18-2 启动子的部位及其与转录的关系

2）衰减子：细菌中的 mRNA 转录和蛋白质翻译合成是偶联在一起的。这一特点使细菌的一些操纵子中的特殊序列可以在转录过程中控制转录水平。这些特殊的序列称为衰减子（attenuator）。衰减子又称弱化子，位于一些操纵子中第一个结构基因之前，是一段能减弱转录作用的顺序。例如，色氨酸操纵子的衰减子位于 L 基因中，离 E 基因上游 30～60 个核苷酸。

（2）σ 因子：与 RNA 聚合酶紧密结合启动转录，合成至 8～10 个核苷酸时，σ 因子解离，游离的 σ 因子本身并不直接结合特定的 DNA。不同的 σ 因子可以竞争结合 RNA 聚合酶。环境变化时可诱导产生特定的 σ 因子，从而打开一套特定的基因。例如，σ^{32} 因子就是一个典型的例子。它是控制热休克蛋白基因的表达，是热休克应答反应必需的。σ^{32} 辨认与典型的−35 和−10 序列完全不同的启动子序列，以控制一套热休克基因的表达。在 30℃时 σ^{32} 的含量大约为 50 拷贝/细胞，温度升至 42℃时，数分钟内 σ^{32} 就会增加到原来的 17 倍，随后又逐渐下降，大约 15 分钟后，稳定在原来的 5 倍左右。

（3）阻遏蛋白：具有负性调控作用。阻遏蛋白（repressor）是一类在转录水平对基因表达产生负调控作用的蛋白质。阻遏蛋白在一定的条件下与 DNA 结合。在 *E.coli* 中，其主要有诱导（induction）和阻遏（repression）两种类型。在这两种类型中，阻遏蛋白都可以与特定的信号分子结合而发生变构，在不同构象时，阻遏蛋白或者与 DNA 结合，或者与 DNA 解离。在诱导类型，信号分子使阻遏蛋白从 DNA 解离，解除对转录的抑制作用；在阻遏类型，信号分子使阻遏蛋白结合 DNA，抑制转录。在两种情况下，阻遏蛋白结合于 DNA 后都是抑制转录，这种基因表达调控的方式称为负调控。

（4）分解（代谢）物基因激活蛋白（catabolite gene activator protein，CAP）：可结合邻近启动子的特异 DNA 序列，该蛋白可与 RNA 聚合酶作用，刺激 RNA 转录活性，促进转录的启动，这种基因表达调控的方式称为正调控。

1）CAP：就是一种典型的激活蛋白，这种蛋白可将葡萄糖饥饿信号传递给许多操纵子，使细菌在缺乏葡萄糖的环境中可利用其他糖类作为能源。CAP 结合 DNA 是由 CAMP 控制的。CAMP 结合于 CAP，诱导 CAP 构象发生改变，使之能够结合于特定的 DNA 序列，激活邻近基因的转录。CAMP 水平降低时，cAMP 与 CAP 解离，CAP 转回到无活性的构象，并与 DNA 解离，这将关闭葡萄糖以外的其他与糖代谢相关的操纵子。由于 CAP 的作用依赖于 cAMP，因此，有人称 CAP 为 cAMP 受体蛋白。

2）ntrC 蛋白是 *E.coli* 氮代谢基因的激活蛋白，其自身活性可通过磷酸化和去磷酸化而被调节。谷氨酰胺合成酶基因启动子的上游 100 多 bp 处，有两个 ntrC 蛋白结合位点。ntrC 蛋白可以结合这些位点。非磷酸化的 ntrC 蛋白也可以与 DNA 上的 ntrC 蛋白结合位点结合，但对转录没有调控作用。RNA 聚合酶结合到启动子上以后，不能打开转录起始部位的 DNA 双链，所形成的是“闭合的起始复合物”（closed complex），不能转录。当磷酸化的 ntrC 结合于上述位点，或结合在位点上的 ntrC 蛋白被磷酸化，即可发挥调控功能，启动转录。其作用通过接触 RNA 聚合酶而介导，提高 RNA 聚合酶解开 DNA 螺旋的能力，形成“开放的起始复合物”（open complex），然后开始转录（图 18-3）。

（5）RNA 聚合酶：以上这些因素对转录激活的调节最终是通过影响 RNA 聚合酶活性体现的。此外，原核细胞还通过一些抑制物影响 RNA 聚合酶活性。细菌在缺乏氨基酸的环境中，RNA 聚合酶活性降低，RNA（rRNA、tRNA）合成减少或停止，这种现象称为严谨反应（stringent response）。其机制是在氨基酸缺乏时，游离核糖体与空载的 tRNA 增加，在 ATP 存在下，产生 pppGpp（鸟苷-5-磷酸）和 ppGpp（鸟苷-4-磷酸）。后者与 RNA 聚合酶形成 ppGpp-RNA 聚合酶复合物，进而使 RNA 聚合酶构象改变，活性降低，rRNA 和 tRNA 合成减少或停止。当培养液中富含氨基酸时，则与上述情况相反，RNA 聚合酶活性增加，rRNA 和 tRNA 的合成增多。

3. 转录的调控机制　在大肠杆菌的许多操纵子中，基因的转录不是由单一因子调控的，而是通过负调控因子和正调控因子进行复合调控的。比较典型的是一些与糖代谢有关的操纵子。

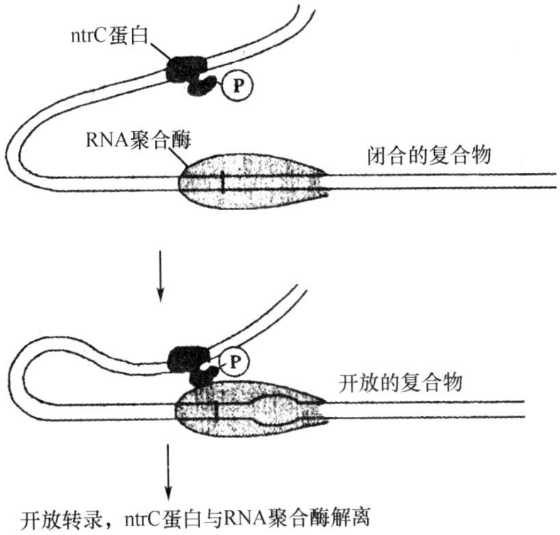

图 18-3　ntrC 蛋白对转录的正调控作用

（1）乳糖操纵子调控的机制：*E.coli* 的乳糖操纵子（lac operon）有三个结构基因 Z、Y、A，分别编码β-半乳糖苷酶（β-galactosidase）、透酶（permease）和半乳糖苷乙酰化酶（galactoside acetylase），结构基因上游有一个启动子（P）和一个操纵元件（O）（图 18-4）。在启动子上游还有一个 CAP 蛋白的结合位点。由启动子、操纵元件和 CAP 结合位点共同构成乳糖操纵子的调控区。I 基因是调节基因，编码产生阻遏蛋白。阻遏蛋白是由四个相同亚基构成的四聚体。在没有乳糖的条件下，阻遏蛋白能与操纵基因结合。由于操纵元件与启动子有部分重叠（图 18-5），阻遏蛋白与操纵元件结合后，抑制了 RNA 聚合酶与启动子结合，从而抑制结构基因的转录。偶有阻遏蛋白与操纵元件解聚，因此每个细胞中可能会有寥寥几个半乳糖苷酶、透酶生成。

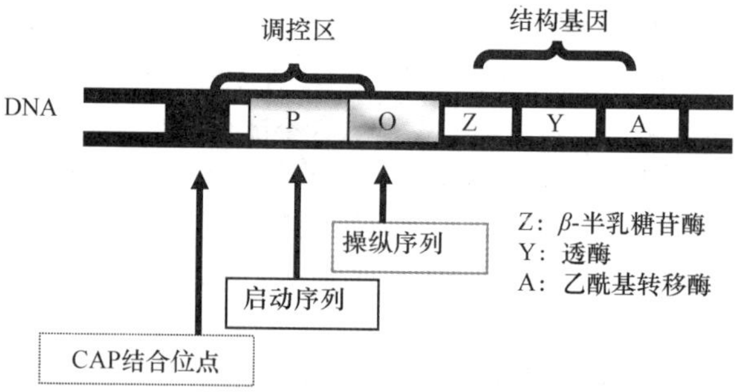

图 18-4　乳糖操纵子的结构

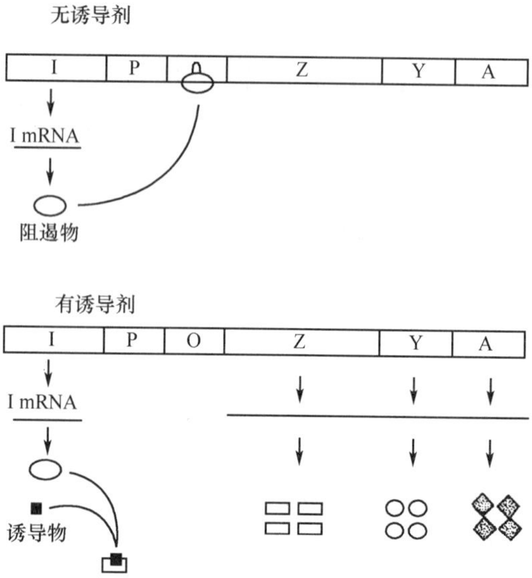

图 18-5　乳糖操纵子的表达调控

当有乳糖存在时，该操纵子即可被诱导。在这个操纵子体系中，乳糖并非真正的诱导剂。乳糖经透酶催化、转运作用进入细胞，再经已存在的少数β-半乳糖苷酶催化，转变成半乳糖。后者作为一种诱导剂（inducer）分子与阻遏蛋白结合，使蛋白质构象发生改变，导致阻遏蛋白与 O 序列解聚，引起结构基因的转录，使β-半乳糖苷酶分子可增加达 1000 倍。半乳糖的类似物异丙基硫代半乳糖苷（IPTG）是一种作用极强的诱导剂，不能被细菌代谢而十分稳定，因此被实验室广泛应用。

在 lac 操纵子中，lac 启动子是弱启动子，RNA 聚合酶与之结合的能力很弱，只有 CAP 结合到启动子上游的 CAP 结合位点后（图 18-5），促进 RNA 聚合酶与启动子结合，才能有效转录。CAP 是同二聚体，在其分子内有 DNA 结合区及 cAMP 结合位点。当细胞内 cAMP 浓度较高时，cAMP 与 CAP 结合，这时 CAP-cAMP 复合物结合到 CAP 结合位点，可刺激 RNA 转录活性；反之，当 cAMP 浓度降低，cAMP 与 CAP 结合受阻，导致 lac 操纵子表达下降。乳糖操纵子的转录起始是由 CAP 和阻遏蛋白两种调控因子来控制的。在这种调控作用中，CAP 起正调控作用。从图 18-6 中可见，CAP 和阻遏蛋白这两种因素，可因葡萄糖和乳糖的存在与否而有 4 种不同的组合。

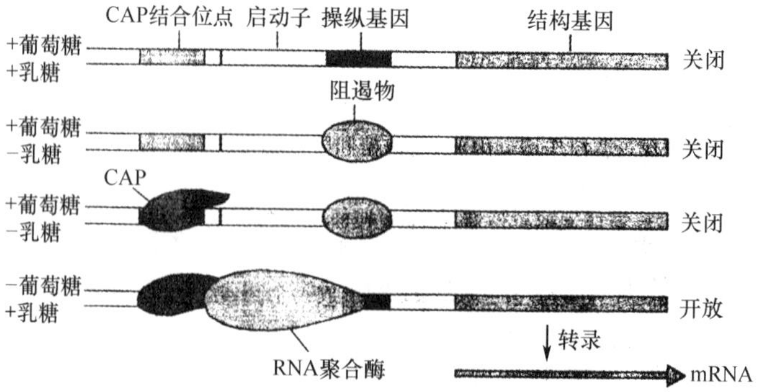

图 18-6　乳糖操纵子调控的机制

1）葡萄糖和乳糖都存在：乳糖的存在对基因的转录产生诱导作用。但由于葡萄糖的存在使细胞内 cAMP 水平降低，cAMP-CAP 复合物不能形成，CAP 不能结合到 CAP 结合位点上，转录仍不能启动，基因处于关闭状态。

2）葡萄糖存在、乳糖不存在：此时无诱导剂存在，阻遏蛋白与 DNA 结合。而且由于葡萄糖的存在，CAP 也不能发挥正调控作用，基因处于关闭状态。

3）葡萄糖和乳糖都不存在：在没有葡萄糖存在的情况下，CAP 可以发挥正调控作用。但由于没有诱导剂，阻遏蛋白的负调控作用使基因仍然处于关闭状态。

4）葡萄糖不存在、乳糖存在：此时 CAP 可以发挥正调控作用，阻遏蛋白由于诱导剂的存在而失去负调控作用，基因被打开，启动转录。

（2）阿拉伯糖操纵子的调控机制：阿拉伯糖操纵子（ara operon）含有三个结构基因（B、A、D 基因），分别编码异构酶（isomerase）、激酶（kinase）、表位酶（epimerase），催化阿拉伯糖转变为 5-磷酸木酮糖，后者进入磷酸戊糖途径。调控区由启动子（P）和起始区（I）及操纵基因（O）组成。C 基因是调节基因，编码调控蛋白 AraC，该基因的启动子与 ara 操纵子的操纵元件（$araO_1$）重叠。此外，在 C 基因内存在着 AraC 蛋白的结合位点 $araO_2$（图 18-7A）。

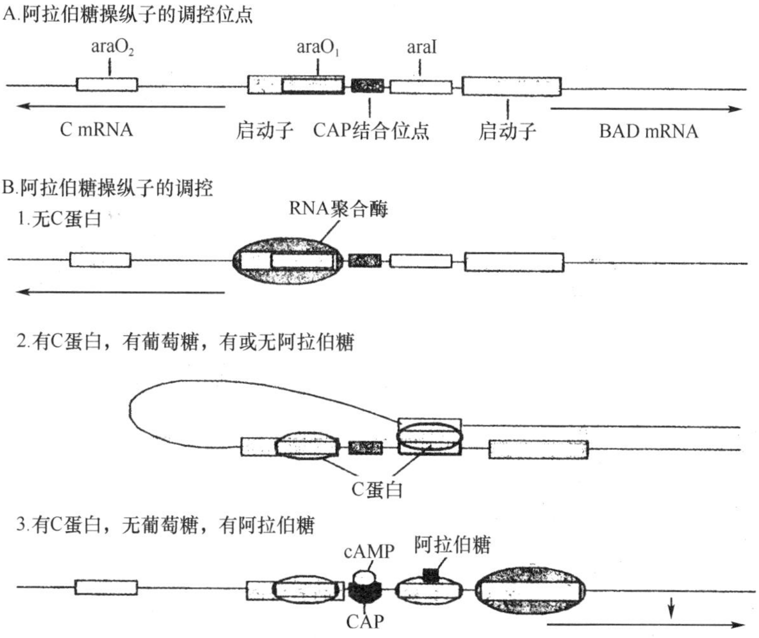

图 18-7　阿拉伯糖操纵子的转录起始调控

ara 操纵子的基因表达调控中，CAP 蛋白的正调控作用不显著，而 AraC 蛋白单独存在时，结合到 $araO_1$ 和 $araO_2$，表现负调控作用；在阿拉伯糖的影响下，AraC 蛋白变构，结合到 araI 上，表现正调控作用。因此，葡萄糖和阿拉伯糖的存在与否影响着结构基因的表达（图 18-7B）。

1）有葡萄糖，有或无阿拉伯糖：由于葡萄糖代谢的影响，cAMP 水平很低，CAP 未活化，不能结合 DNA，阿拉伯糖操纵子中的 CAP 结合位点是空的。AraC 蛋白同时结合于 araI 和 $araO_2$，将两个位点拉在一起，使 DNA 形成一个环，这是一种阻遏型构象。基因处于关闭状态。

2）无葡萄糖，无阿拉伯糖：在无葡萄糖的情况下，细胞内 cAMP 水平升高，形成有活性的 cAMP-CAP 复合物，该复合物结合到 CAP 结合位点，可以改变结合在 araI 的 AraC 蛋白的活性。此时，AraC 蛋白释放 DNA 的 $araO_2$ 位点，使环解开，阻遏状态解除。但此时无阿拉伯糖存在，AraC 蛋白不能激活转录。基因仍处于关闭状态。

3）无葡萄糖，有阿拉伯糖：此时阻遏状态解除，阿拉伯糖与 AraC 蛋白结合，使 AraC 蛋白变构，从而促进 RNA 聚合酶与启动子结合，启动转录。

AraC 蛋白与 $araO_2$ 结合之后失去结合阿拉伯糖的能力，cAMP-CAP 打破环化阻遏构象，阿拉伯糖结合 AraC 蛋白后激活转录，这些作用都是很确定的。通过重组技术删除 $araO_2$ 后，在没有 CAP 和 cAMP，只有 AraC 蛋白和阿拉伯糖的条件下，结构基因的启动子即可启动转录。其可能的作用机制是 CAP 和阿拉伯糖都可以使 AraC 蛋白变构，因而具有不同的活性。

（3）色氨酸操纵子的调控机制：*E.coli* 的色氨酸操纵子（trp operon）有五个结构基因，E、D、C、B、A 基因编码三种酶，用于合成色氨酸。上游调控区由启动子（P）和操纵元件（O）组成。R 基因是调节基因，编码阻遏蛋白。trp 操纵子是一种阻遏型操纵子，无色氨酸时，阻遏蛋白不能与操纵元件结合，对转录无抑制作用；细胞内有较大量的色氨酸时，阻遏蛋白与色氨酸形成复合物后能与操纵元件结合，抑制转录（图 18-8）。

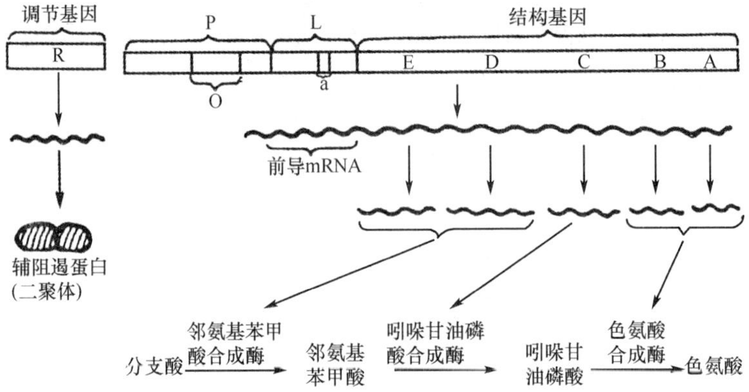

图 18-8　色氨酸操纵子及其调控方式

trp 操纵子的另一个调控方式是衰减（attenuation）机制调节。衰减子位于结构基因 E 和操纵元件（O）之间的 L 基因中。L 被转录生成前导 mRNA，RNA 聚合酶在衰减子序列处是终止转录还是继续转录下去，是通过 mRNA 的前导序列上能形成两种不同的二级结构所决定的。衰减子转录物中具有 4 段特殊的序列（图 18-9），片段 1 和 2、2 和 3、3 和 4 能配对形成发夹结构，发夹结构形成能力的强弱依次为片段 1/2＞片段 2/3＞片段 3/4。片段 3 和 4 所形成的发夹结构之后紧接着寡尿苷酸，是不依赖于 ρ 因子的转录终止信号。当细菌内色氨酸浓度很高时 trp 操纵子表达关闭。这是因为，片段 1 中有 2 个色氨酸密码子，核糖体很快通过片段 1，并封闭片段 2，片段 3/4 形成一个发夹结构，即形成转录终止信号，导致 RNA 聚合酶脱落，转录终止。当色氨酸缺乏时，色氨酰-tRNA 缺乏，核糖体停止在片段 1 中两个相邻的色氨酸密码子位置上，使片段 2/3 形成发夹结构，片段 3/4 不能形成转录终止信号，RNA 转录得以继续进行。因此，转录衰减实质上是转录与前导肽翻译过程的偶联。

色氨酸操纵子中的操纵元件和衰减子可以起双重负调节作用。衰减子可能比操纵元件更灵敏，只要色氨酸一增多，即使不足以诱导阻遏蛋白结合操纵基因，就足可以使大量的 mRNA 提前终止。反之，当色氨酸减少时，即使失去了诱导阻遏蛋白的阻遏作用，但只要还可以维持前导肽的合成，仍继续阻止转录。这样可以保证尽可能充分地消耗色氨酸，使其合成维持在满足需要的水平，防止色氨酸堆积和过多地消耗能量。同时，这种机制也使细菌能够优先将环境中的色氨酸消耗完，然后开始自身合成。

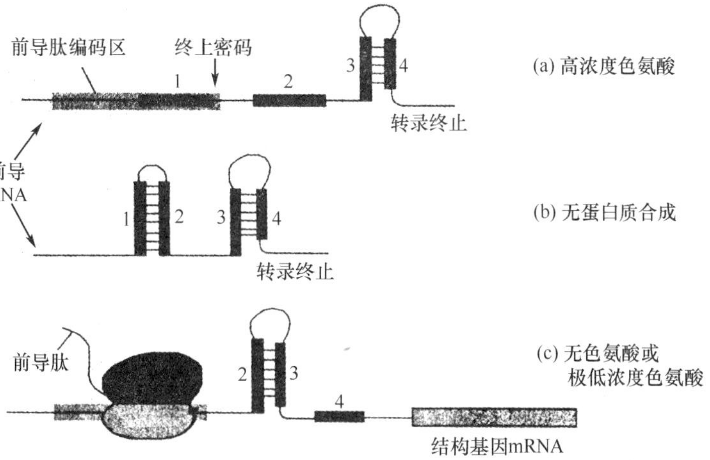

图 18-9 衰减子对色氨酸操纵子转录的影响

（二）翻译水平的调控

翻译水平的调控是原核生物基因表达调控的另一个重要层次，与转录相似，翻译一般在起始和终止阶段受到调节，尤其是在起始阶段。其调节作用包括四个主要的方面。

1. SD 序列对翻译的影响

（1）SD 序列（SD sequence）的顺序及位置对翻译的影响：在多顺反子 mRNA 中，每一个蛋白编码区都有一个起始密码子 AUG，在 AUG 前面都有一个 SD 序列。核糖体可以直接结合到 mRNA 上的任何一个 SD 序列，并从其后的 AUG 开始翻译。不同的 SD 序列有一定的差异，因而翻译起始效率不一样。SD 序列与起始密码子之间的距离，也是影响 mRNA 翻译效率的重要因素之一。在研究重组白细胞介素-2（IL-2）时发现，lac 启动子的 SD 序列距 AUG 为 7 个核苷酸时，IL-2 表达最高，而间隔 8 个核苷酸时，IL-2 表达水平可降低 500 倍。说明 SD 序列与 AUG 间距显著地影响 IL-2 基因在大肠杆菌中表达效率。另外，某些蛋白质与 SD 序列的结合也会影响 mRNA 与核糖体的结合，从而影响蛋白质的翻译。

（2）mRNA 二级结构隐蔽 SD 序列的作用：在某些 mRNA 分子中，核糖体结合位点在一个二级结构（茎-环）中，使核糖体无法结合，只有打破茎-环结构，核糖体才能结合。

红霉素抗性的细菌中携带有一个质粒，该质粒编码一种酶，称为红霉素甲基化酶（erythromycin methylase），但该酶并不是使红霉素甲基化，而是使核糖体 23SrRNA 上特定位点的一个腺嘌呤甲基化，阻止红霉素的结合。红霉素通过该位点结合于核糖体，抑制蛋白质合成。该酶的 mRNA 的结构类似于色氨酸操纵子转录下来的 mRNA，含有前导 mRNA，编码前导肽。在 mRNA 中有 4 个特殊的序列（图 18-10），序列 1/2、2/3、3/4 分别可以互补结合，形成发夹结构。

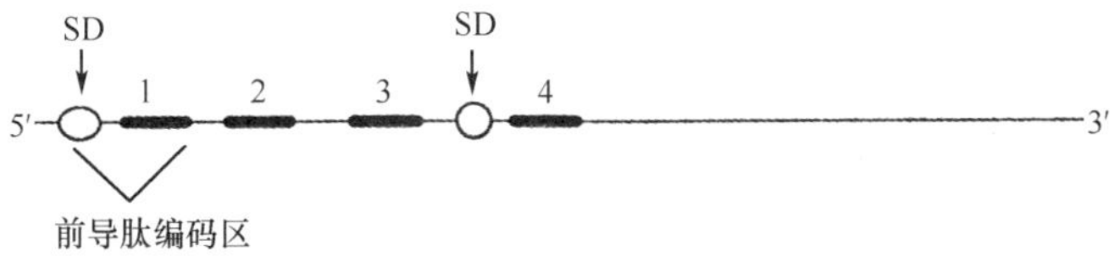

图 18-10 红霉素甲基化酶的 mRNA

没有红霉素时，可合成前导肽，核糖体释放。序列 1 和 2，3 和 4 形成发夹结构，红霉素甲基化酶编码区的核糖体结合位点位于序列 3 和 4 形成的茎环结构中，不能与核糖体结合，因此，不能合成蛋白质。有红霉素存在时，红霉素与核糖体结合，抑制核糖体的移动，阻止序列 1 和

2 形成发夹结构，导致序列 2 和 3 形成发夹结构，序列 3 和 4 不能形成发夹结构，因而可结合核糖体，翻译出红霉素甲基化酶。

平时可能有很低水平的翻译，因为核糖体通过序列 1 时，也可能通过序列 2 和 3 短暂形成发夹结构而在短时间内打开了序列 3 和 4 形成的发夹结构，因此，形成少量对红霉素抗性的核糖体。当有红霉素存在时，这些有抗性的核糖体可以完成甲基化酶基因的翻译。

2. 反义 RNA 的调控作用 反义 RNA 指能与特定 mRNA 互补结合的 RNA 片段。天然的具有确定功能的反义 RNA 分子一般都是 200bp 以下的较小 RNA 分子。反义 RNA 又叫干扰 mRNA 的互补 RNA（mRNA interfering complementary RNA，micRNA）。其在翻译水平上有三种作用方式：①反义 RNA 与 mRNA 的 SD 序列相结合，阻止了 mRNA 与核糖体小亚基结合，直接抑制了翻译。②反义 RNA 与 mRNA 起始密码 AUG 结合，从而抑制了 mRNA 翻译起始。③反义 RNA 与靶 mRNA 的非编码区互补结合，使 mRNA 构象改变，影响其与核糖体结合，间接抑制了 mRNA 的翻译。这种调节称为反义控制。例如：大肠杆菌渗透压调节基因 *ompR* 的产物 OmpR 蛋白，在不同的渗透压时具有不同的构象，分别结合渗透压蛋白 *ompF* 和 *ompC* 基因的调控区。在低渗环境下，OmpR 蛋白对 *ompF* 基因的表达起正调控作用（图 18-11），对 *ompC* 基因无调控作用，在高渗条件下，OmpR 蛋白发生构象改变，对 *ompC* 基因的表达起正调控作用，对 *ompF* 基因无调控作用。

当环境渗透压由低渗转为高渗时，不仅 *ompF* 基因的转录停止，已经转录出来的 mRNA 的翻译也被抑制。此抑制物不是蛋白质，而是一种小分子 RNA（约 170 个核苷酸），它的碱基顺序恰好与 ompF-mRNA 的 5′端附近的顺序互补，故叫 mRNA 干扰性互补 RNA（即 micRNA）。由于 micRNA 能与 ompF-mRNA 特异结合，阻碍其翻译，从而抑制 *ompF* 基因的表达（图 18-11）。micRNA 的基因也受 OmpR 蛋白调控，与 *ompC* 基因同时被激活转录。

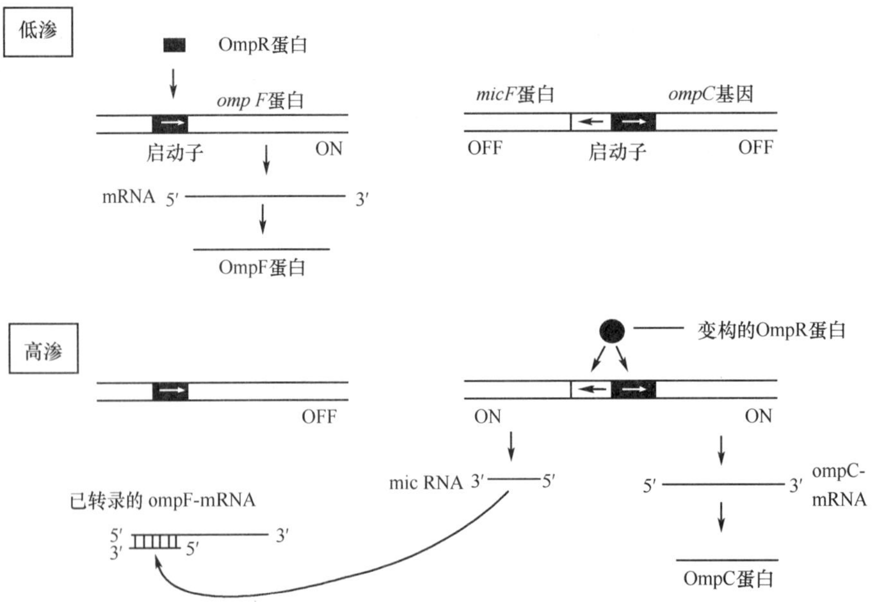

图 18-11 大肠杆菌渗透压调节 micRNA 的调节作用

3. 核糖体蛋白质合成中的自体调控

（1）核糖体蛋白：在细菌中，每个核糖体含有约 50 种不同的蛋白质，必须以同样的速率合成，而且，合成这些蛋白质的速率是与细胞增殖相适应的。生长条件的改变，可以导致所有核糖体组分的迅速增加或降低，翻译水平调控在这些协调控制中起着关键作用。50 种核糖体蛋白的基因分布在几个不同的操纵子中，最大的操纵子可含有 11 个基因。这些操纵子在转录水平是可调控的。但是，如果把额外的操纵子导入细菌，mRNA 量会相应增加，但蛋白质的合成几乎不变，这是因为核糖体蛋白合成的控制主要是在翻译水平。每个操纵子转录的 mRNA 所编码的蛋白质中都有一种蛋白（或两种蛋白形成的一个复合物）可以结合到多顺反子上游的一个特定部位，阻止核糖体结合和起始翻译。几个连续的基因在 mRNA 上是连锁的，可被同时打开或关闭。有人认为每一个核糖体结合位点都是由前一个编码区滑过来的核糖体打开的。各个编码区的 SD 序列为何不能直接与核糖体结合，机制尚不清楚。

（2）翻译终止因子 RF-2 调节自身的翻译：RF-2 识别终止密码 UGA 和 UAA，RF-1 识别终止密码 UAG 和 UAA。RF-2 的 mRNA 不是一个连续的开放阅读框，前面 25 个氨基酸与后面 315 个氨基酸不是同一阅读框，两个编码区之间是一个终止密码 UGA 和一个 C（UGAC）。当有 RF-2 时，RF-2 的 mRNA 翻译到 25 个氨基酸时，即在其后的 UGA 处将肽链释放（不成熟的多肽）。没有 RF-2 时，在 UGA 处不能释放 25 肽，却会慢慢发生阅读框移动，以 GAC 形成了第 26 个密码子，继续翻译，直至出现终止密码子 UAG，在 RF-1 的作用下释放完整的 RF2。阅读框移动的机制还不清楚，可能与前面 25 肽的结构有关。

4. mRNA 的稳定性对基因表达的调控　细菌 mRNA 通常是不稳定的。mRNA 的降解速度是翻译调控的另一个重要机制。蛋白质合成速率的快速改变，不仅是因为 mRNA 不断合成及 mRNA 合成与蛋白质翻译偶联，更重要的是，许多细菌 mRNA 降解速度很快。*E.coli* 的许多 mRNA 在 37℃时的平均寿命大约为 2 分钟，很快被酶解，这意味着，诱导基因表达的因素一旦消失，蛋白质的合成就会迅速停止。

细菌的生理状态和环境因素都会影响 mRNA 的降解速度。另外，mRNA 的一级结构和次级结构对 mRNA 的稳定性也有很大影响，一般在其 5′端和 3′端的发夹结构可保护其不被外切酶迅速水解。mRNA 的 5′端与核糖体结合，可明显提高其稳定性。

不同操纵子转录出的 mRNA 分子的平均寿命是不同的，有些 mRNA 编码的蛋白质是持续存在的，mRNA 也较稳定。mRNA 的稳定与其序列和结构有关，对此已有了一些了解。如 RNase Ⅲ识别一种特殊的发夹结构，将其裂解，使 RNA 能够被其他 RNA 酶降解。而这种发夹结构可能是其他 RNA 酶所不能破坏的。如果这种发卡结构被保护，mRNA 的寿命就延长了。有些特殊的调控蛋白可以结合这种发夹结构，调节 mRNA 的稳定性。

第二节　真核生物基因表达的调控

真核生物比原核生物基因表达的调控复杂得多，其有更庞大的基因组。真核生物特别是哺乳动物的基因组有数万个基因，这些基因在细胞生长、发育、分化过程中受到严格调节控制，使数万个基因不仅表现出量的差异，更重要的是表现出时间、空间上的差异，使真核基因的表达呈现出细胞、组织和发育阶段的特异性，并且细胞处于不同环境、状态下，其基因表达有不同的应答。真核生物基因表达的调控涉及染色质活化、基因的转录激活、转录后加工、翻译和翻译后加工等水平上复杂的过程，其间涉及很多复杂的细胞间及分子间的相互作用与联系。这些过程的正确性和协调性是细胞生命活动必不可少的，其中心环节是转录过程，特别是转录起始在基因组中的选择是基因表达时空特性的最关键因素。

一、真核生物基因表达调控的特点

1. 基因结构复杂，调控因素多　真核生物的基因数目比原核生物多，来源相同、结构相似、功能相关的基因可形成基因家族；基因组中还有非编码序列，可影响基因的表达；真核生物 DNA 形成超螺旋，结合着组蛋白、非组蛋白，这些因素均参与了真核生物基因表达的调控，使转录和翻译在时间和空间上被分开，增加了复杂的加工和转运过程，使得真核基因表达调控机制更加复杂。

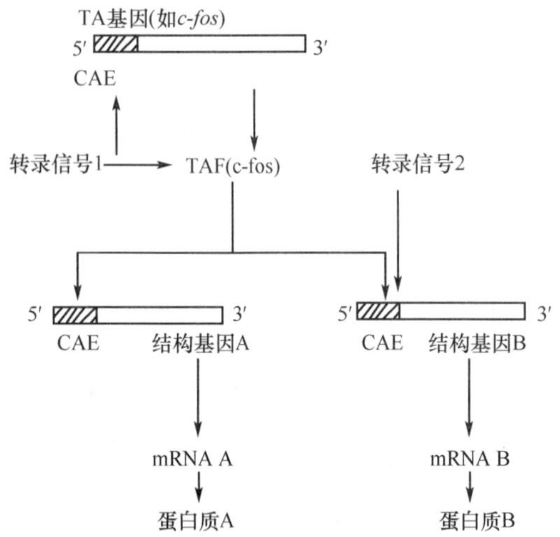

图 18-12 真核基因表达调控模式

TAF：反式作用因子；CAE：顺式作用元件

2. DNA 及 DNA 结合蛋白的调控作用 真核生物结构基因上游也有调控区，DNA 碱基序列分析表明，这些区域存在特有的相似或一致的序列，称为顺式作用元件（cis-acting element，CAE）。其通常是非编码序列。与顺式作用元件相结合的、对基因表达起调控作用的蛋白质（DNA-binding protein，DBP）称为反式作用因子（trans-acting factor，TAF）。

3. 调控是非操纵子型 真核的相关基因多分散于不同的染色体上，其表达调控呈散在的瀑布样型。

4. 真核基因调控常先由一个微环境的信号诱导 如早期基因 *c-fos* 表达的产物 C-fos 蛋白作为反式作用因子和其他信号可诱导结构基因（A、B）的表达。一种信号可诱导一类基因（A、B）的表达，一个基因（B）亦可受到一种以上信息的诱导（图 18-12）。

二、真核基因表达的调控

（一）真核生物基因组水平的调控

真核生物基因表达在 DNA 水平的调控主要通过下列几种方式。

1. 染色质的丢失 一些低等生物（如线虫等）的细胞发育过程中发现染色质丢失现象及高等动物红细胞在发育成熟过程中也有染色质的丢失，这些都是一种不可逆的调控方式。

2. 基因扩增（gene amplification） 细胞在发育分化或环境改变时，对某种基因产物的需要量剧增，而单纯靠调节其表达活性不足以满足需要，只有增加这种基因的拷贝数（即基因的扩增或基因放大）来满足需要。这是调控基因表达活性的一种有效方式。基因扩增的机制仍不清楚。

一些药物如甲氨蝶呤、重金属离子镉、汞等也可分别诱导体细胞中二氢叶酸还原酶基因、金属硫蛋白基因及其他抗药性基因的扩增。在肿瘤细胞中，某些原癌基因拷贝数异常增加，导致其表达产物增加，使细胞持续分裂而致癌变。

3. 基因重排（gene rearrangement） 基因重排是指某些基因片段改变原来存在顺序，通过调整有关基因片段的衔接顺序，再重排成为一个完整的转录单位。例如，免疫球蛋白基因在 B 淋巴细胞分化和浆细胞生成过程中的重排。编码免疫球蛋白分子的许多基因片段进行重排和原始转录物的拼接加工，奠定了免疫球蛋白分子多样性的基础。基因重排是 DNA 水平调控的重要方式之一。

4. DNA 碱基甲基化 在真核生物基因表达的调控中，DNA 碱基的甲基化与去甲基化发挥着重要作用。一般认为，DNA 甲基化范围与基因的表达程度呈反比关系。甲基化程度高，基因的表达则降低。去甲基化，又可使基因的表达增加。这种甲基化最常发生在某些基因的 5′侧翼区的 CPG 序列（又称“CPG 岛”）。甲基化处于一个动态过程，甲基化酶催化甲基与胞嘧啶共价结合，去甲基化酶则负责去除甲基。在各种组织都表达的基因，如管家基因的调控区多呈低甲基化；在组织中不表达的基因多呈高甲基化。不表达的基因可因激素的变化、致癌物的作用等使基因调控区低甲基化而重新开放。

目前认为，甲基化影响基因表达的机制有下列几种：①直接作用：基因的甲基化直接改变了基因的构型，影响 DNA 特异顺序与转录因子的结合，使基因不能转录；②间接作用：基因 5′端调控序列甲基化后与核内甲基化 CG 序列结合蛋白（methyl CpG-binding protein）结合，阻止了转录因子与基因形成转录复合物；③DNA 去甲基化为基因的表达创造了一个良好的染色质环境。因为 DNA 去甲基化常与 DNase Ⅰ 高敏感区同时出现，后者为基因活化的标志。

5. 染色质结构对基因表达的调控作用　真核生物的染色质（chromatin）或染色体（chromosome）是由 DNA 与组蛋白、非组蛋白和少量 RNA 及其他物质结合而形成，具有核小体结构。组蛋白与 DNA 结合，可保护 DNA 免受损伤，维持基因组稳定性，抑制基因的表达。去除组蛋白则基因转录活性增高。这种组蛋白与 DNA 结合与解离是真核基因表达调控的重要机制之一。组蛋白 N 端丝氨酸磷酸化，使其带正电荷减少，与 DNA 结合能力降低，组蛋白中丝氨酸和精氨酸的乙酰化，同样使组蛋白带正电荷减少，与 DNA 结合力减弱，使核小体结构变得不稳定或松弛，降低核小体对 DNA 的亲和力，有利于基因转录。非组蛋白具有种属和组织特异性，与细胞的发育、分化有关，在基因表达的调控中起重要作用。根据推测高迁移组分（high mobility group，HMG）的非组蛋白可以与组蛋白竞争性地与 DNA 结合，解除组蛋白对基因表达的抑制作用。目前已知的许多非组蛋白为反式作用因子。转录活性高的基因都位于结构较松散的常染色质中，而不具有转录活性的基因都位于结构紧密的异染色质中。

（二）转录水平的调控

转录水平的调控是真核生物基因表达调控中最重要的环节。调控作用主要是通过反式作用因子、顺式作用元件和 RNA 聚合酶的相互作用来完成的。调控作用主要是反式作用因子通过结合顺式作用元件后影响转录起始复合物的形成。

1. 基因调控的顺式作用元件　顺式作用元件就是指可影响自身基因表达活性的 DNA 序列，决定转录起始位点和 RNA 聚合酶的转录效应（图 18-13），根据顺式作用元件在基因中的位置、转录激活作用的性质及发挥作用的方式，可将这些功能元件分为启动子（promotor）、增强子（enhancer）、沉默子（silencer）、衰减子（dehancer）和终止子（terminator）等 DNA 序列片段。

（1）启动子：是与基因转录起始有关的 DNA 序列，一般位于 5′端。启动子指的是 RNA 聚合酶结合位点周围的一组转录控制组件，每一组件含 7～20bp 的 DNA 序列。它包括至少一个转录起始点及一个以上的功能组件。一个典型的 TATA 盒（TATA box）启动子包含有30bp 区域，富有 TATAAAA，故名 TATA box。这是基因转录的精确起始点。在 TATA box 上游还有一些上游启动子元件，如–70～80bp 区域的 GGTCAAT 和 GGGCCC 序列，前者称为 CAAT box，后者称为 GC box。它们协同作用，调控基因转录的效率。

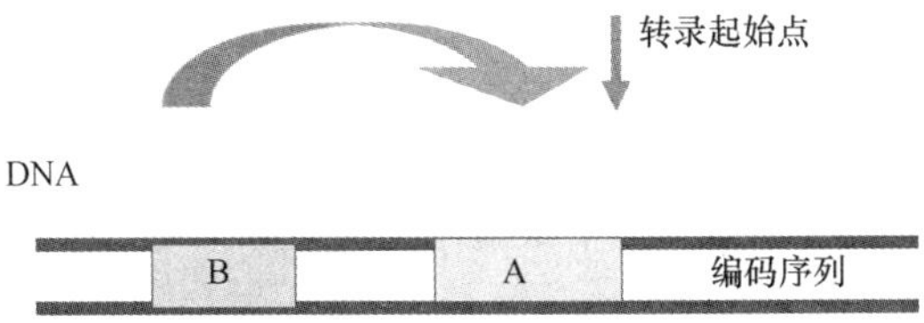

图 18-13　顺式作用元件

（2）增强子：是指远离转录起始点（1～30kB）、决定基因的时间、空间特异性表达、增强启动子转录活性的 DNA 序列，其发挥作用的方式通常与方向、距离无关。其本身不具有启动子活性，是由多个独立的、具有特征性的核苷酸序列所组成，其基本的核心组件常由 812bp

组成，以单拷贝或多拷贝串联的形式存在。增强子一般具有以下特性：①增强子能提高同一条DNA 链上基因转录的速率；②增强子对同源或异源基因都有效；③增强子的位置可在基因 5′上游、3′下游或内部；④无方向性，增强子从 5′→3′或是由 3′→5′均可对启动子发挥作用；⑤增强子可远离转录起始点；⑥增强子一般无基因特异性，对各种基因启动子均有作用，但具有组织或细胞特异性。从功能上讲，没有增强子存在，启动子通常不表现活性；没有启动子时，增强子也无法发挥作用。

典型的增强子首先发现于 SV_{40} 的病毒中，约 200bp，含 2 个 72bp 的重复序列，位于早期启动子上游。增强子可促使该病毒基因转录效率提高 100 倍。

（3）其他元件：沉默子和衰减子是抑制基因转录的 DNA 序列，称为负性调控元件。当其结合特异蛋白因子，对基因转录起阻遏作用。这些负性调控元件不受距离和方向的限制，并可对异源基因的表达起作用。在模板 DNA 分子的 5′端有转录终止信号，称终止子。通常具有 polyA 尾的基因终止信号为 G/T 簇，如在 SV_{40} 中的 AGGTTTTTT 的 DNA 序列为终止转录调控元件。一般转录终止子为发夹结构的反向重复序列。

2. 基因调控的反式作用因子 反式作用因子是一组核内蛋白质因子，能直接或间接地与DNA 上各种顺式作用元件的特定序列结合而发挥调控作用，其中一些蛋白的主要功能是使基因开放或关闭，从而激活或阻遏基因表达。反式作用因子又称为转录因子（transcription factor，TF），分为基本转录因子及特异转录因子。基本转录因子是 RNA 聚合酶结合启动子所必需的一组蛋白因子，决定三种 RNA（mRNA、tRNA 及 rRNA）转录的类别。特异转录因子为个别基因转录所必需，决定该基因的时间、空间特异性表达。此类特异因子有的起转录激活作用，有的起转录抑制作用。前者称转录激活因子。后者称转录抑制因子。转录激活因子常是一些增强子结合蛋白（EBP）；多数转录抑制因子是沉默子结合蛋白，但也有抑制因子以不依赖 DNA 的方式起作用，而是通过蛋白质-蛋白质基因表达的组织特异性及细胞周期相互作用“中和”转录激活因子或 TFⅡD，降低它们在细胞内的有效浓度，抑制基因转录。在不同的组织或细胞中各种特异转录因子分布不同，故其基因表达状态、方式不同。其特异性是由顺式作用元件与反式作用因子相互作用所决定的。

反式作用因子有如下主要作用规律：①同一 DNA 序列可被不同蛋白因子识别；②同一蛋白因子可与多种不同 DNA 序列发生联系，但属于直接结合的仅为少数，多数是蛋白质-蛋白质先互相结合，再影响 DNA；③蛋白质-蛋白质或蛋白质-DNA 的结合，均导致构象上的细微变化，构象变化常是实现调控功能的分子基础；④在反式作用因子的自身生物合成过程中，有相当大的可变性和可塑性。

反式作用因子都有与顺式作用元件特定 DNA 序列结合的特定结构域，常见的如螺旋-环-螺旋、螺旋-转角-螺旋、锌指结构、亮氨酸拉链等。

（1）锌指结构（zinc finger motif）：是指在结合 DNA 的结构域中含有较多的半胱氨酸（Cys）和组氨酸（His）的区域，借肽链的弯曲使 2 个 Cys 和 2 个 His 或 4 个 Cys 与一个锌离子络合成的指状结构（图 18-14）。具有锌指结构的反式因子，都含有几个相同的指结构。如转录因子TFⅢA，肽链的指结构域含有 9 个指，TFⅢA 依赖 9 个指结构与相应的 DNA 序列（5S rRNA 基因的内调控区域，有 45bp）结合，每个指结构的指尖部分可以进入 DNA 双螺旋的大沟或小沟。TFⅢA 的羧基端部分不具有指结构，功能是与 RNA 聚合酶Ⅲ和其他的转录因子相互作用。

（2）同源结构域（homodomain，HD）：许多反式作用因子结合 DNA 的结构域中具有一段相同的保守序列，是 60 个左右氨基酸组成的螺旋-转角-螺旋（helix-turn-helix）结构的区域，称为同源结构域（简称同源域）。其中碱性和疏水性氨基酸是比较保守的。螺旋区域能进入 DNA 双螺旋的大沟，与碱基结合。

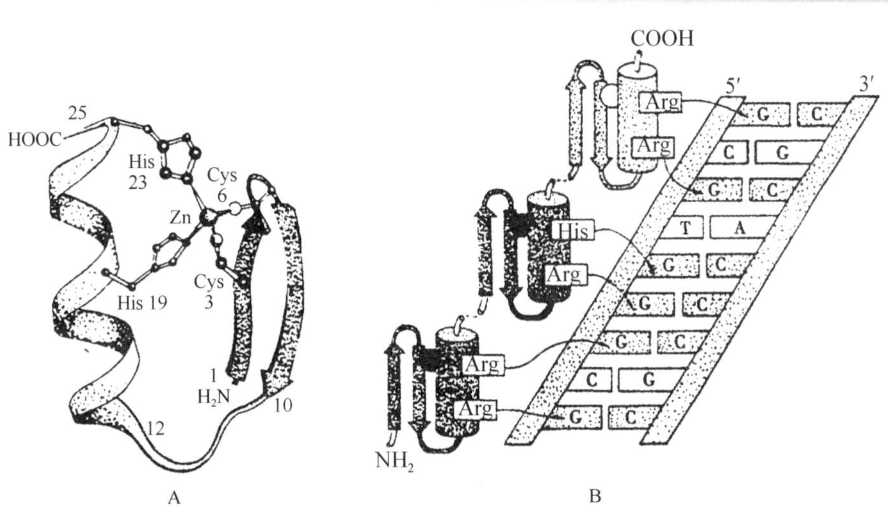

图 18-14 锌指结构示意图

A. 锌指结构；B. 锌指蛋白与 DNA 结合

（3）亮氨酸拉链结构：有些反式作用因子结合 DNA 结构域中有一段约由 30 个氨基酸组成的核心序列，N 端富含碱性氨基酸，形成 DNA 结合面，每隔 6 个氨基酸残基有规律地出现 1 个亮氨酸残基，能形成两性α-螺旋（amphipathic α-helix）。在螺旋的一侧以带电荷的氨基酸残基（如 Arg、Asp 等）为主，具有亲水性，而另一侧是排列成行的亮氨酸，具有疏水性，称为亮氨酸拉链区。两个具有亮氨酸拉链区的反式作用因子以疏水力相互作用形成亮氨酸拉链（leucine zipper）。

例如，C/EBP（CAAT box/enhancer binding protein）的亮氨酸拉链区有 4 个亮氨酸残基，每隔 7 个氨基酸残基就有一个亮氨酸。C/EBP 的二聚体与顺式元件结合后，两个 C/EBP 的拉链区形成亮氨酸拉链。拉链区附近的肽段具有碱性，含有与 DNA 的结合点。反式作用因子靠亮氨酸拉链形成二聚体后，改变其构象，使碱性区域处于能和 DNA 结合的空间位置（图 18-15）。

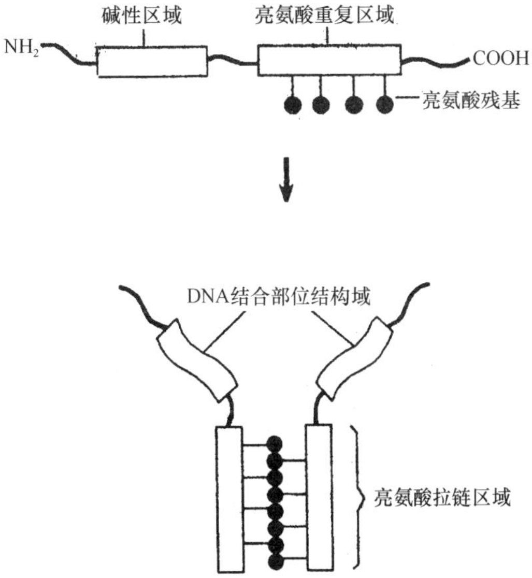

图 18-15 C/EBP 单体和二聚体结构

（4）螺旋-环-螺旋（helix-loop-helix，HLH）结构：能与免疫球蛋白 κ 链基因增强子结合的反式因子 E_{12} 和 E_{47} 具有这种结构。E_{12} 和 E_{47} 羧基端的 100～200 个氨基酸肽段具有两个能形成两性α-螺旋的区域，附近有一段碱性氨基酸富含区，螺旋区对反式作用因子的异二聚体形成是必需的，碱性氨基酸区对结合 DNA 是必需的。螺旋-环-螺旋结构易于形成异二聚体和同二聚体。

（5）碱性α-螺旋（alkaline α-helix）：转录复制因子 CTF/NF-1 的 DNA 结合区域具有α-螺旋结构，并含有高密度的碱性氨基酸，但无锌指结构、同源结构域及亮氨酸拉链结构。

反式作用因子的转录活化功能取决于其 DNA 结合区域以外的由 80～100 个氨基酸组成的区域，此区即为转录活化结构域。转录因子通常具有一个以上的转录活化区。转录活化结构模型有以下几种。

（1）酸性α-螺旋结构域（acidic α-helix domain）：其结构特点是含有较多的负电荷，并能形成亲脂性α-螺旋，在糖皮质激素受体中发现的两个转录活化结构域之一符合酸性α-螺旋模型。在 Apl/Jun 转录因子中，带负电荷的α-螺旋区也似乎与其转录活化功能有关。因此，认为活化区可能是相对非特异性地与那些起始复合物的成分（如 TFⅡD 因子或 PoⅢ）相互作用而发挥其转录活化功能的。

（2）富含谷氨酰胺结构域（glutamine-rich domain）：转录因子 Spl 与转录活化相关的 4 个区域，都位于锌指 DNA 结合区之外，其中两个作用最强的含有约 25 个谷氨酰胺，而含电荷氨基酸很少。另外，哺乳动物的 Oct-1、Oct-2、Jun、Ap-2 和 CRF 中也含有此结构域。

（3）富含脯氨酸结构域（proline-rich domain）：含脯氨酸结构域是在 CTF NF-1 中发现的。CTF 羧基末端含脯氨酸（20%～30%）的区域与包括 Spl 锌指结构在内的各种 DNA 结合结构域相连，即可促进转录。脯氨酸是亚氨基酸，可妨碍α-螺旋的形成。

3. 转录水平调控机制

（1）反式作用因子与特异序列的 DNA 结合，使两者的空间构型发生改变。有些反式作用因子具有 ATP 依赖性的 DNA 解旋酶作用，使在转录起始点的 DNA 双螺旋解链。

（2）反式作用因子还可影响 RNA 聚合酶活性。通常反式作用因子与 DNA 的结合位点常与所调控的基因有一定距离，可通过其结合位点与 RNA 聚合酶结合位点之间的 DNA 形成环状，或通过反式作用因子结合特异位点后沿 DNA 滑动到另一特异序列等而影响远距离的 RNA 聚合酶活性。

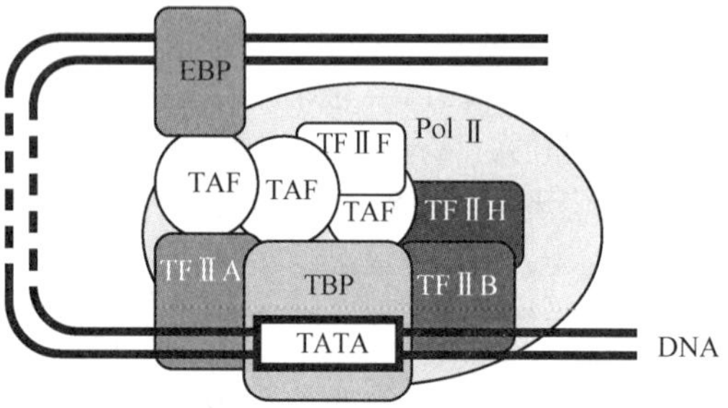

图 18-16　转录起始复合物的形成

（3）基本转录因子 TFⅡD 可与 RNA 聚合酶Ⅱ结合，其他转录因子则多是直接或间接通过 TFⅡD 形成转录前起始复合物（图 18-16）起作用的。此外，有些蛋白质本身不是转录因子，但能与其他转录因子结合，通过蛋白质-蛋白质相互作用而间接对该转录因子的基因表达调控发挥作用。

（三）转录后水平的调控

1. mRNA 前体加工　由 DNA 转录成为原始的转录产物——不均一核 RNA，即 mRNA 前体（hetero-geneous nuclear RNA，hnRNA），经过 5′加帽和 3′酶切、添 polyA 尾，再经过剪接以后，成为编码蛋白质的成熟 mRNA 分子，通过核孔进入胞质。这些过程都属于细胞核内的转录后加工处理过程。有时来自一个基因的 mRNA 前体经加工修饰可生成多种 mRNA，翻译出不同的蛋白质，或形成一组相似的蛋白质家族。

2. RNA 编辑（RNA editing）　是在 RNA 分子上出现的一种修饰现象。有些 mRNA 在转录后因插入、缺失或核苷酸的替换，改变了 DNA 模板来源的遗传信息，从而翻译出氨基酸序列不同的多种蛋白质。编辑的结果，扩大了遗传信息，这也可能是生物适应中的一种保护措施。

有些基因的转录产物必须经过编辑才能有效地翻译出正确的蛋白质。如绒泡菌基因组中存在 ATP 合成酶α亚基的隐蔽基因，其转录产物中有 54 处插入单一的碱基 C 后，才能形成成熟的 mRNA 分子。这些嘧啶碱基 C 大多插入在嘌呤嘧啶二核苷酸的 3′端，且有 78%插入在密码子简并位上。研究提示，RNA 编辑是基因表达的一种重要调控机制。

（四）翻译水平的调控

翻译水平的调控（translation control）是一个复杂的过程，是真核基因表达多级调控的重要环节之一。所谓翻译是指组成蛋白质的原料的各种氨基酸由其专一性的 tRNA 携带转运，在核糖体上按照 mRNA 模板提供的信息，合成具有特定序列多肽链的过程。

翻译过程主要有 mRNA、tRNA、核糖体和可溶性蛋白因子等共同参与。其中可溶性蛋白因子种类繁多，有肽链起始因子、肽链延长因子和肽链终止因子。其中起始作用的调节是翻译水平调控的主要阶段。蛋白质合成速率的快速变化在很大程度上取决于起始水平。

1. 起始因子可逆磷酸化对翻译的调控 蛋白质生物合成包括起始、延伸和终止 3 个阶段。在起始阶段，哺乳动物细胞中就有 13 种起始因子，如 eIF-2A、eIF-2B、eIF-3、eIF-4A～4F 等，不少因子对蛋白质合成的激活或抑制作用均与起始因子本身的磷酸化作用密切相关。例如，eIF-4F 的磷酸化能激活翻译作用；eIF-2A 的磷酸化则导致其活性丧失，引起翻译起始作用受阻，从而抑制蛋白质合成。有些起始因子的磷酸化或脱磷酸化调节作用的机制还有待进一步阐明。现以 eIF-2 可逆磷酸化为例说明其活性变化对血红蛋白合成的影响过程（图 18-17）。

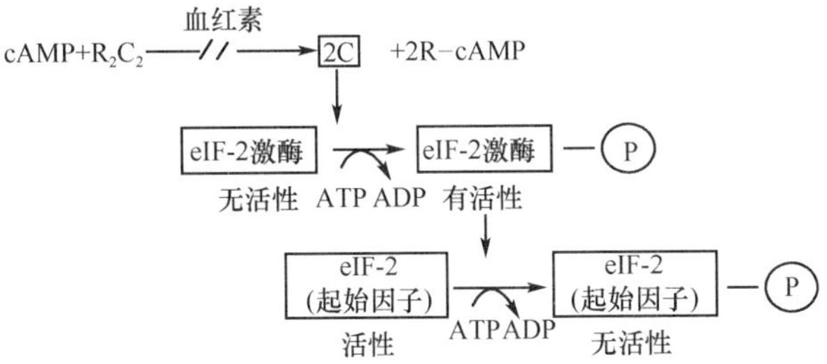

图 18-17 血红素对翻译起始因子的调节

R_2C_2：蛋白激酶（R：调节亚基；C：催化亚基）

血红蛋白是由珠蛋白和血红素组成的，高铁血红素可调节珠蛋白合成。其机制如下：eIF-2 磷酸化是由蛋白激酶引起的，蛋白激酶的活性又受 cAMP 浓度的影响，高铁血红素可抑制 cAMP 对蛋白激酶的激活作用，从而间接抑制 eIF-2 的磷酸化，结果保持了起始因子 eIF-2 的活性，促进了珠蛋白合成。由此可见，通过磷酸化调节翻译起始因子（eukaryotic initiation factor，eIF）的活性对起始阶段有重要的控制作用。

2. 阻遏蛋白的调控作用 并不是所有进入胞质的 mRNA 分子都可以立即与核糖体结合，翻译成蛋白质。有一些特定的翻译抑制蛋白可以结合到一些 mRNA 的 5′端，抑制翻译。如铁蛋白（ferrtin）mRNA 分子的 5′端非编码区有一段约 30 个核苷酸的序列，称为铁反应元件（iron-response element），可折叠成一个茎-环结构（即发夹结构），可以结合一个铁结合调节蛋白（regulatory iron-binding protein）。该蛋白未与铁结合时，可与 mRNA 茎-环结构结合，抑制翻译（图 18-18），如有铁与该蛋白结合，则该蛋白从 mRNA 上解离，mRNA 的翻译效率可提高 100 多倍。

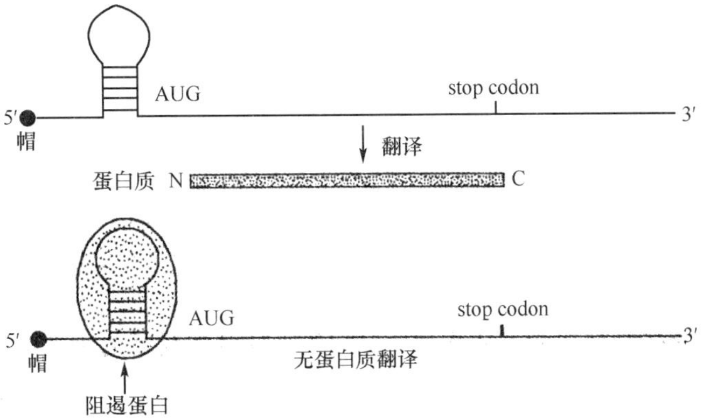

图 18-18 铁蛋白 mRNA 的翻译调控

3. 5′AUG 对翻译的调控作用 按蛋白质生物合成的模型，以真核 mRNA 为模板的翻译开始于最靠近其 5′端的第一个 AUG。90%以上的真核 mRNA 符合第一 AUG 规律。但在有些 mRNA 中，在起始密码子 AUG 的上游（5′端）非编码区有一个或数个 AUG，称为 5′AUG。5′AUG 的阅读框通常与正常编码区的阅读框不一致，不是正常的开放阅读框。如果从 5′AUG 开始翻译，很快就会遇到终止密码子，从而翻译出无活性的短肽。5′AUG 和正常的起始密码子 AUG 都有一定的概率作为翻译的起始密码子。因此，5′AUG 可以减少正常 AUG 启动翻译的作用，使翻译维持在较低的水平。5′AUG 多存在于原癌基因中，是控制原癌基因表达的重要调控因素。5′AUG 缺失是某些原癌基因翻译激活的原因。

4. mRNA5′端非编码区长度对翻译的影响 起始密码 AUG 上游非编码区的长度可以影响翻译水平。当第一个 AUG 密码子离 5′端帽子的位置太近时，不容易被 40S 亚基识别。当第一个 AUG 密码子距 5′端帽子结构的距离在 12 个核苷酸以内时，有一半以上的核糖体 40S 亚基会滑过第一个 AUG；当 5′端非编码区的长度在 17～80 个核苷酸之间时，体外翻译效率与其长度成正比。所以，第一个 AUG 至 5′端之间的长度同样影响翻译起始效率和翻译起始的准确性。

5. mRNA 稳定性调节 mRNA 是翻译蛋白质的模板，其量的多少直接影响蛋白质合成的量。因此，mRNA 的稳定性是翻译水平调控的一个重要因素。在真核细胞中，mRNA 的稳定性差别很大。有些 mRNA（如编码β-珠蛋白的 mRNA），半衰期在 10 小时以上，而有些 mRNA 的半衰期则只有 30 分钟或更短，不稳定 mRNA 多是编码调节蛋白的，这些蛋白的水平在细胞内变化迅速，如生长因子和原癌基因（如 *myc*、*fos* 等）的产物。

mRNA 3′端非编码区结构影响其稳定性。许多不稳定 mRNA 的 3′端非编码区都含有一段富含 A 和 U 的序列，这是引起 mRNA 不稳定的原因。生长因子 mRNA 的 3′端非编码区多存在导致其不稳定的 AU 丰富区，如果通过重组 DNA 技术将此 AU 丰富区插入到β-珠蛋白 3′端非编码区，则β-珠蛋白 mRNA 的半衰期也会降至几十分钟。

组蛋白 mRNA 的 3′端非编码区有特殊的茎-环结构，其稳定性受 DNA 合成调节。在 DNA 合成时，其半衰期约 1 小时，没有 DNA 合成时，其半衰期只有 12 分钟左右。在细胞周期的 S 期（DNA 合成期），如果用药物抑制 DNA 合成，组蛋白的 mRNA 立刻变成不稳定的。其原因可能是多余的组蛋白与结合于茎-环结构的 RNA 结合蛋白相互作用，促进 mRNA 的降解。如果 DNA 大量合成，消耗组蛋白，可减少 mRNA 的降解。有实验表明，如果将编码区中间插入一个终止密码，使之不能产生完整的组蛋白，则 mRNA 就不再被迅速降解。

（五）翻译后水平的调控

1. 新生肽链的水解 新合成的蛋白质的半衰期的长短是决定蛋白质生物学功能强弱、持续时间长短的重要影响因素。因此，对新生肽链的水解，也是基因表达调控的一个重要环节。

胞内蛋白质的降解主要通过酶解。不同的肽链中带有不同的蛋白酶识别位点，这是控制降解的一个主要因素。还有另一个非常简单的降解信号，就是肽链的 N 端的第一个氨基酸。Met、Ser、Thr、Ala、Val、Cys、Gly 和 Pro 是“稳定化氨基酸”，其他 12 个氨基酸是“去稳定氨基酸”（destabilizing amino acid）。在稳定的胞质蛋白质的 N 端第一个氨基酸中从未发现过“去稳定氨基酸”。“去稳定氨基酸”是由特定的酶加到肽链 N 端的。肽链合成的起始总是 Met，在肽合成后，Met 被氨肽酶（aminopeptidase）除去，而氨基酰-RNA-蛋白质转移酶（aminoacyl-tRNA-protein-transferase）就会在肽链的 N 端加上一个氨基酸，这种修饰决定了一种肽链的 N 端是一个“稳定化氨基酸”还是“去稳定氨基酸”，这种修饰的控制机制还不清楚。

由于合成的蛋白质运输到核及各种细胞器的速度也是受到控制的，未能及时运输的蛋白质就被迅速降解，这也是控制功能蛋白数量的一种重要机制。因此，通过对新生肽链的水解和运输，可以控制蛋白质的浓度在特定的部位或亚细胞器保持在合适的浓度。

2. 肽链中氨基酸的共价修饰　蛋白质的翻译后修饰，发生在氨基酸侧链上，大部分修饰的作用还不清楚，但已知其中一些可逆的共价修饰对调节蛋白质的活性有重要的控制作用。如可逆的磷酸化、甲基化、酰基化等。

3. 通过信号肽分拣、运输、定位　信号肽（signal peptide）用来引导蛋白质从胞质进入内质网（ER）、线粒体（mitochondria）、叶绿体（chloroplast）和核内，也用于将某些蛋白质保留在 ER 内。信号肽通常（但并不总是）从合成后的蛋白质上被除去。

（1）引导蛋白质进入 ER 的信号肽，位于蛋白质的氨基端，其中部含有 5～10 个疏水氨基酸，带有这种信号肽的蛋白质，大部分通过 ER 进入高尔基体，而其中有一些在羧基端还带有 4 个特定的氨基酸，使之永久地留在 ER。如：

$^{+}H_3N$-Met-Met-Ser-Phe-Val-Ser-Leu-Leu-Leu-Val-Gly-Ile-Leu-Phe-Trp-Ala-Thr-Glu（-）-Ala-Glu（-）-Gln-Leu-Thr-Lys（-）-Cys-Glu（-）-Val-Phe-Gln------

或------Lys-Asp-Glu-Leu-COO^{-}。

（2）进入线粒体的蛋白质，其信号肽是带正电荷的氨基酸残基与疏水氨基酸残基交替排列，每隔 3～5 个疏水氨基酸就有一个带正电的氨基酸。例如：

$^{+}H_3N$-Met-Leu-Ser-Leu-Arg（+）-Gln-Ser-Ile-Arg（+）-Phe-Phe-Lys（+）-Pro-Ala-Thr-Arg（+）-Thr-Leu-Cys-Ser-Ser-Arg（+）-Tyr-Leu-Leu-。

（3）进入核内的蛋白质，其信号肽有成簇的（如 5 个连续排列）带正电的氨基酸。例如，-Pro-Pro-Lys-Lys-Arg-Lys-Val-。

（4）分布于胞质内的蛋白质，其信号肽可与脂肪酸链共价结合，然后与生物膜结合，而不进入 ER。如 Src 蛋白，其 N 端的 Gly 共价结合豆蔻酸链，Ras 蛋白是其 C 端的第 4 个氨基酸 Cys 的侧链共价结合棕榈酸。如果不能定位在膜上，Src 蛋白和 Ras 蛋白就不能发挥其功能，即使是激活的癌基因产物也不能转化细胞。

思　考　题

1. 试述原核生物基因表达的特点。
2. 试述乳糖操纵子调控的机制。
3. 试述真核生物基因表达调控的特点。
4. 试述真核生物基因表达在转录水平的调控方式。

（魏文祥）

第19章　基因重组与基因工程

在20世纪70年代，许多DNA新技术的发展使得基因分离和操作取得了巨大成就。1973年，Stanley Cohen等首次获得体外重组DNA的分子克隆（很多DNA分子的“拷贝”）。1977年，Allan Maxam和Walter Gilbert的化学裂解（chemical cleavage）DNA测序问世；不久，Sanger及其同事又提出了另一种DNA序列分析技术——双脱氧测序法（dideoxy sequencing 或 dideoxy method）。在DNA克隆和测序技术基础上，重组DNA技术即基因工程技术日臻完善，为20世纪90年代启动人类基因组计划（human genome project，HGP）奠定了基础。如今，重组DNA技术已被广泛应用于基因修饰和改造、克隆动物、培育抗病植物、开发新药及临床诊断。同时，重组DNA技术也是分子遗传学、分子生物学、分子医学等很多当代生命学科发展、融合的桥梁；这些学科的融合、发展又促进了重组DNA技术的成熟，使其发展为一个专门学科——重组DNA技术学（recombinant DNA technology）。

当噬菌体或病毒感染宿主细胞时，外源DNA与宿主DNA经常通过相互作用而发生重组或“整合”（integration）。在适宜条件下，整合的外源DNA又可被切除、包装成新的病毒颗粒而释放；当切除不是那么准确时，就有可能使病毒携带有部分宿主DNA。新的病毒再次感染宿主时，就可能将携带的宿主DNA转移给另一细胞，这就是自然界发生的基因转移。无论是原核生物细胞还是真核生物细胞在增殖、分裂、分化过程也经常发生基因重组或重排（rearrangement）。自然界发生的这些重组不仅对基因转录激活功能产生影响，同时对研究生物进化、人工基因重组技术发明有重要启示。

DNA克隆和测序技术相结合，使当代科学家可以从数千个、甚至数万个基因中分离、鉴定某一特定基因；并且可使任一基因在一定的受体细胞或宿主体内表达具有生物学功能的蛋白质。

第一节　重组DNA技术

重组DNA技术，又称DNA克隆或分子克隆。Gregor Mendel的豌豆杂交实验（1865年），Oswald T. Avery等的肺炎球菌转化实验（1944年）说明，人类完全可能改变一个生物个体的遗传性状。继克隆基因、转基因动物超级小鼠等诞生之后，英国罗斯林研究所成功地“克隆”了“多莉”羊（1997年2月），进一步证明了人类操作基因的能力。所有这些成就都是以重组DNA技术为基础的。重组DNA技术即基因工程，是对携带遗传信息的分子进行设计和改造的分子工程，包括基因重组、克隆和表达。1996年，以重组DNA技术生产的促红细胞生成素产值逾十亿美元，所有这一切都说明重组DNA技术对人类生活和健康的影响是巨大的。

一、重组DNA技术相关概念

（一）DNA克隆

所谓克隆（clone）就是来自同一始祖的相同副本或拷贝（copy）的集合；获取同一拷贝的过程称为克隆化（cloning），也就是无性繁殖。通过无性繁殖过程获得的“克隆”，可以是分子的，也可以是细胞的、动物的或植物的。在分子遗传学领域所谓的分子克隆（molecular clone）专指DNA克隆。

DNA克隆（DNA cloning）就是应用酶学的方法，在体外将各种来源的遗传物质——同源的或异源的、原核的或真核的、天然的或人工的DNA与载体DNA结合成一具有自我复制能力的 DNA 分子——复制子（replicon），继而通过转化或转染宿主细胞、筛选出含有目的基因的转化子细胞，再进行扩增、提取获得大量同一 DNA 分子，即 DNA 克隆。由于早期研究是从较大的染色体分离、扩增特异性基因，因此 DNA 克隆又称基因克隆（gene cloning）。“克隆”某一基因或 DNA 片段过程中，将外源 DNA 插入载体分子所形成的复制子是杂合分子——嵌合 DNA（DNA chimeras），所以 DNA 克隆或基因克隆又称重组 DNA（recombinant DNA）。

实现基因克隆所采用的方法及相关的工作统称重组 DNA 技术或重组 DNA 工艺学（recombinant DNA technology），又称基因工程（genetic engineering）。基因工程与当前发展的蛋白质工程、酶工程和细胞工程共同构成了当代新兴的学科领域——生物技术工程。生物技术工程的兴起为现代科学技术发展和工农业、医药卫生事业的进步提供了巨大潜力。

（二）工具酶

在重组 DNA 技术中，常需要一些工具酶进行基因操作。例如，对目的基因（target DNA）进行处理时，需利用序列特异的限制性核酸内切酶在准确的位置切割 DNA，使较大的 DNA 分子成为一定大小的 DNA 片段；构建重组 DNA 分子时，必须在 DNA 连接酶催化下才能使 DNA 片段与克隆载体共价连接。此外，还有一些工具酶也都是重组 DNA 时所必不可少的。现将某些常用工具酶概括于表 19-1。

表 19-1 重组 DNA 技术中常用的工具酶

工具酶	功能
限制性核酸内切酶	识别特异序列，切割 DNA
DNA 连接酶	催化 DNA 中相邻的 5′-磷酸基和 3′-羟基末端之间形成磷酸二酯键，使 DNA 切口封合或使两个 DNA 分子或片段连接
DNA 聚合酶 I	①合成双链 cDNA 分子或片段连接；②缺口平移制作高比活探针；③DNA 序列分析；④填补 3′端
Klenow 片段	又名 DNA 聚合酶 I 大片段，具有完整 DNA 聚合酶 I 的 5′→3′聚合、3′→5′外切活性，而无 5′→3′外切活性。常用于 cDNA 第二链合成，双链 DNA 3′端标记等
反转录酶	①合成 cDNA；② 替代 DNA 聚合酶 I 进行填补，标记或 DNA 序列分析
多聚核苷酸激酶	催化多聚核苷酸 5′-羟基末端磷酸化，或标记探针
末端转移酶	在 3′-羟基末端进行同质多聚物加尾
碱性磷酸酶	切除末端磷酸基

在所有工具酶中，限制性内切核酸酶具有特别的重要意义。所谓限制性内切核酸酶（restriction endonuclease）就是识别 DNA 的特异序列，并在识别位点或其周围切割双链 DNA 的一类内切酶。限制性内切核酸酶存在于细菌体内，与相伴存在的甲基化酶（methylase）共同构成细菌的限制修饰体系（restriction modification system），限制外源 DNA、保护自身 DNA，对细菌遗传性状的稳定遗传具有重要意义。目前发现的限制性内切核酸酶有 1800 种以上。根据酶的组成，所需因子及裂解 DNA 方式的不同，可将限制性内切核酸酶分为三类。重组 DNA 技术中常用的限制性内切核酸酶为Ⅱ类酶，如 *EcoR* Ⅰ、*BamH* Ⅰ等就属于这类酶。大部分Ⅱ类酶识别 DNA 位点的核苷酸序列呈二元旋转对称，通常称这种特殊的结构顺序为回文结构（palindrome）。例如，下述序列即为 *EcoR* Ⅰ识别序列，其中箭头所指便是 *EcoR* Ⅰ的切割位点：

5′ G A A T T C 3′
3′ C T T A A▲ G 5′

限制酶的命名是根据含有该酶的微生物种属而定。通常由三个斜体字母的略语来表示。第一个大写字母取自细菌属名的第一个字母，第二、三个小写字母取自微生物种名的头两个字母。遇有株名，再于其后加一大写。如果同一株名发现几种限制酶，则根据其被发现和分离的先后顺序，用罗马数字表示。例如，从淀粉液化芽胞杆菌（*Bacillus amyloliguefaciens*）H 株中发现分离出的第一种限制酶，被称为 *BamH Ⅰ*。

所有限制性内切核酸酶切割 DNA 均产生含 5′-磷酸基和 3′-羟基基团的末端。其中有些酶，如 *EcoR Ⅰ*能使其识别序列相对两链之间的数个碱基对（base pairs，bp）分开，形成 5′端突出的黏性末端（cohesive end 或 sticky end）。还有一些酶产生具有 3′端突出的黏性末端，如 Pst Ⅰ：

5′ C T G C A G 3′
3′ G▲ A C G T C 5′

而另一些酶切割 DNA 后产生平头或钝性末端（blunt end），如 Hpa Ⅰ：

5′ GTT A A C 3′
3′ C A A▲ TTG 5′

不同限制性内切核酸酶识别 DNA 中核苷酸序列长短不一，有的识别序列是四核苷酸序列，有的是六或八核苷酸序列。如果 DNA 序列是随机的，那么特异四核苷酸序列可能在每 256bp 出现一次，六核苷酸序列出现的间隔是 4kb，八核苷酸序列出现的间隔是 65kb。这种可能性随 GC 含量变化而变化。不同的酶切割 DNA 频率不同，切割 DNA 后产生黏性末端长短不一样，所产生末端的性质也不同，这对重组 DNA 或有关分子生物学操作及应用影响很大。

有些限制性内切核酸酶虽然识别序列不完全相同，但切割 DNA 后产生相同类型的黏性末端，称配伍末端（compatible end），可进行相互连接；产生平端的酶切割 DNA 后，也可彼此连接。

现列举某些限制性内切核酸酶见表 19-2。

表 19-2 限制性内切核酸酶

名称	识别序列及切割位点	名称	识别序列及切割点
切割后产生 5 ′突出末端：		*Hae Ⅱ*	5′…PuGCGC▼Py…3′
BamH Ⅰ	5′…G▼GATCC…3′	*Kpn Ⅰ*	5′…GGTAC▼C…3′
Bgl Ⅱ	5′…A▼GATCT…3′	*Pst Ⅰ*	5′…CTGCA▼G…3′
EcoR Ⅰ	5′…G▼AATTC…3′	*Sph Ⅰ*	5′…GCATG▼C…3′
Hind Ⅲ	5′…A▼AGCTT…3′	切割后产生平末端：	
Hpa Ⅱ	5′…C▼CGG…3′	*Alu Ⅰ*	5′…AG▼CT…3′
Mbo Ⅰ	5′…▼GATC…3′	*EcoR Ⅴ*	5′…GAT▼ATC…3′
Nde Ⅰ	5′…GA▼TATG…3′	*Hae Ⅲ*	5′…GG▼CC…3′
切割后产生 3′突出末端：		*Pvu Ⅱ*	5′…CAG▼CTG…3′
Apa Ⅰ	5′…GGGCC▼C…3′	*Sma Ⅰ*	5′…CCC▼GGG…3′

（三）目的基因

应用重组 DNA 技术的目的有时是为分离、获得某一感兴趣的基因或 DNA 序列，或是为获得感兴趣基因的表达产物——蛋白质。这些感兴趣的基因或 DNA 序列就是目的基因，又称目的 DNA（target DNA）。目的 DNA 有两种类型，即 cDNA 和基因组 DNA。cDNA（complementary DNA）是指经反转录合成的、与 RNA（通常指 mRNA 或病毒 RNA）互补的单链 DNA。以单链 cDNA 为模板、经聚合反应可合成双链 cDNA。基因组 DNA（genomic DNA）是指代表一个细胞或生物体整套遗传信息（染色体及线粒体）的所有 DNA 序列。进行 DNA 克隆时，所构建的嵌合 DNA 分子是由载体 DNA 与某一来源的 cDNA 或基因组 DNA 连接而成。cDNA 或基因组 DNA 即含有我们感兴趣的基因或 DNA 序列——目的基因，又称外源 DNA。

（四）基因载体

基因载体或称克隆载体（cloning vector），这是为“携带”感兴趣的外源 DNA、实现外源 DNA 的无性繁殖或表达有意义的蛋白质所采用的一些 DNA 分子。其中，为使插入的外源 DNA

序列可转录、进而翻译成多肽链而特意设计的克隆载体又称表达载体（expression vector）。可充当克隆载体的 DNA 分子有质粒 DNA、噬菌体 DNA 和病毒 DNA，它们经适当改造后仍具有自我复制能力，或兼有表达外源基因的能力。

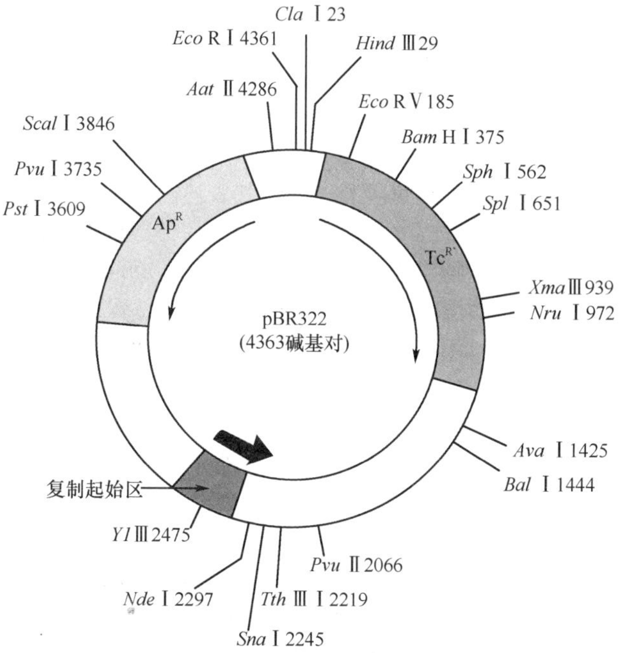

PBR322质粒的物理图谱

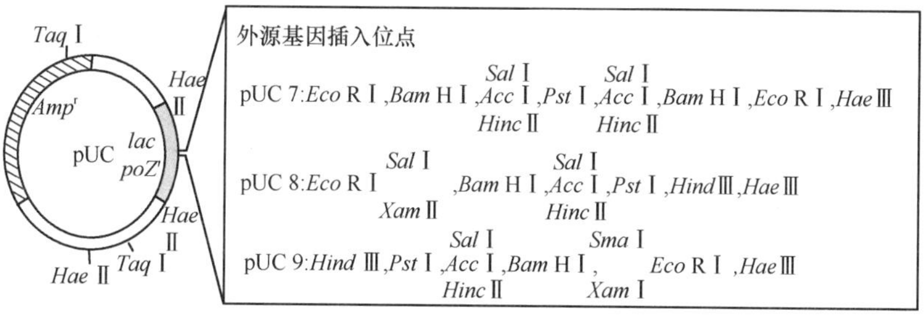

pUC 系列质粒的物理图谱

图 19-1 质粒 DNA pBR322 和 pUC19

所谓质粒（plasmid）是存在于细菌染色体外的小型环状双链 DNA 分子，小的 2～3kb，大的可达数百 kb。质粒分子本身是含有复制功能的遗传结构，能在宿主细胞独立自主地进行复制，并在细胞分裂时保持恒定地传给子代细胞。质粒带有某些遗传信息，所以会赋予宿主细胞一些遗传性状，如对青霉素或重金属的抗性等。根据质粒赋予细菌的表型可识别质粒的存在，是筛选转化子细菌的根据。因此，质粒 DNA 的自我复制功能及所携带的遗传信息在重组 DNA 操作，如扩增、筛选过程中都是极为有用的。

pBR322 质粒是稍早构建的质粒载体，其 DNA 分子中含有单个 *EcoR Ⅰ*限制性内切核酸酶位点，可在此插入外源基因。此外还含有 *terr* 和 *ampr* 抗药基因，分别为抗四环素、抗氨苄丙林的酶编码，使细菌产生抗性。这个质粒还含有一个复制起始点（ori）及与 DNA 复制调节有关的序列，赋予 pBR322 质粒复制子特性。

常用作克隆载体的噬菌体 DNA 有 λ 噬菌体和 M13 噬菌体。稍早经 λ 噬菌体 DNA 改造成

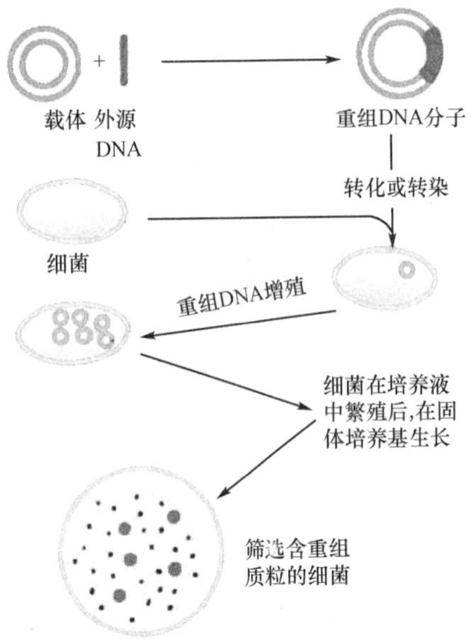

图 19-2 以质粒为载体的 DNA 克隆过程

的载体系统有 λgt 系列（插入型载体，适用于 cDNA 克隆）和 EMBL 系列（置换型载体，适用于基因组 DNA 克隆）。经改造的 M13 载体有 M13mp 系列及 pUC 系列。它们是在 M13 基因间隔区插入 *E.coli* 的一段调节基因及 *lacZ* 的 N 端 146 个氨基酸残基编码基因，其编码产物即为 *β*-半乳糖苷酶的 α 片段。突变型 *lac-E.coli* 可表达该酶的 ω 片段（酶的 C 端）。单独存在的 α 及 ω 片段均无 *β*-半乳糖苷酶活性，只有宿主细胞与克隆载体同时共表达两个片段时，宿主细胞内才有 *β*-半乳糖苷酶活性，使特异性作用物变为蓝色化合物，这就是所谓的 α 互补（alpha complementation）。由 M13 改造的载体含不同位置的克隆位点，可接受不同限制性内切酶的酶切片段。如果插入的外源基因是在 *lacZ* 基因内，则会干扰 *lacZ* 的表达，利用 *lac-E.coli* 为转染或感染细胞，在含 *X-gal* 的培养基上生长时会出现白色菌落；如果在 *lacZ* 基因内无外源基因插入，则有 *lacZ* 表达，转化菌在同样条件下呈蓝色菌落（图 19-2）。再结合插入片段的序列测定可筛选、鉴定重组体与非重组体载体。

为增加克隆载体插入外源基因的容量，还设计有柯斯质粒载体（cosmid vector）和酵母人工染色体载体（yeast artificial chromosome vector，YAC）。为适应真核细胞重组 DNA 技术需要，特别是为满足真核基因表达或基因治疗的需要，发展了一些用动物病毒 DNA 改造的载体，如腺病毒载体、逆转录病毒载体及用于昆虫细胞表达的杆状病毒载体等。

二、重组 DNA 技术基本原理及操作步骤

一个完整的 DNA 克隆过程应包括：目的基因的获取，基因载体的选择与构建，目的基因与载体的拼接，重组 DNA 分子导入受体细胞，筛选并无性繁殖含重组分子的受体细胞（转化子）。图 19-3 是以质粒为载体进行 DNA 克隆的模式图。

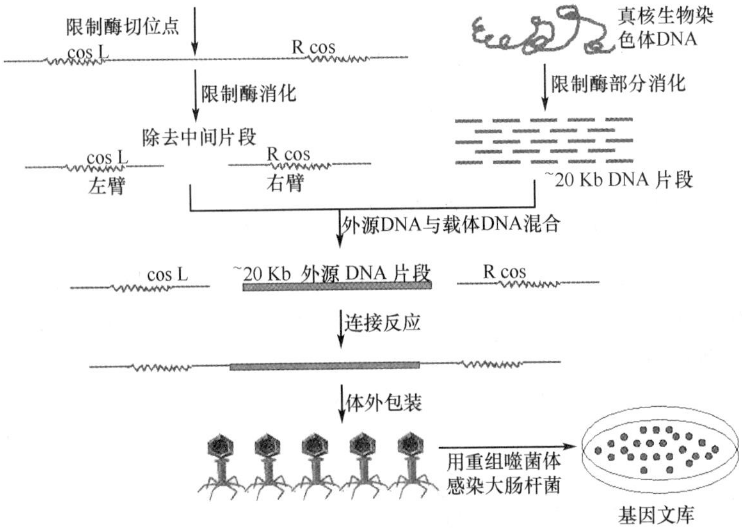

图 19-3 用随机切割的真核生物染色体 DNA 片段构建基因文库

（一）目的基因的获取

目前获取目的基因大致有如下几种途径或来源。

1. 化学合成法　如果已知某种基因的核苷酸序列，或根据某种基因产物的氨基酸序列推导出为该多肽链编码的核苷酸序列，可以利用 DNA 合成仪通过化学合成法合成目的基因。一般用于小分子活性多肽基因的合成。利用该法合成的基因已有：人生长激素释放抑制因子、胰岛素原、脑啡肽及干扰素基因等。

2. 基因组 DNA 文库　分离组织或细胞染色体 DNA，利用限制性内切核酸酶（如 Sau 3A Ⅰ 或 Mbo Ⅰ）将染色体 DNA 切割成基因水平的许多片段，其中即含有我们感兴趣的基因片段。将它们与适当的克隆载体拼接成重组 DNA 分子，继而转入受体菌扩增，使每个细菌内都携带一种重组 DNA 分子的多个拷贝。不同细菌所包含的重组 DNA 分子内可能存在不同的染色体 DNA 片段，这样生长的全部细菌所携带的各种染色体片段就代表了整个基因组。存在于转化细菌内、由克隆载体所携带的所有基因组 DNA 的集合称基因组 DNA 文库（genomic DNA library）。基因组 DNA 文库就像图书馆库存万卷书一样，涵盖了基因组全部基因信息，也包括我们感兴趣的基因。与一般图书馆不同的是，基因组 DNA 文库没有图书目录，建立基因文库后需结合适当筛选方法从众多转化子菌落中选出含有某一基因的菌落，再行扩增，将重组 DNA 分离、回收，获得目的基因的无性繁殖系——克隆。图 19-4 即为构建基因组 DNA 文库的全过程。

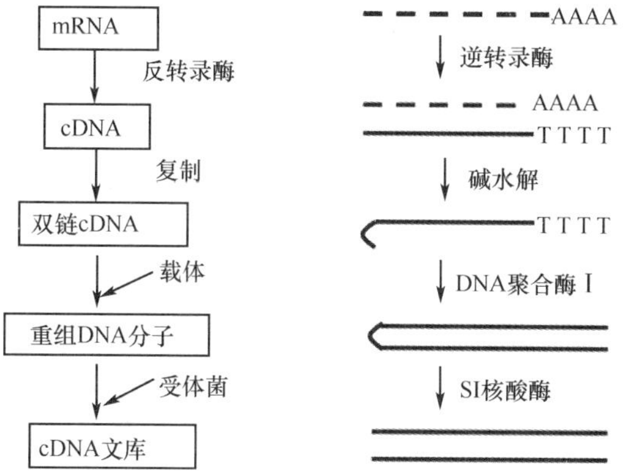

图 19-4　构建 cDNA 文库示意图

3. cDNA 文库　以 mRNA 为模板，利用反转录酶合成与 mRNA 互补的 DNA（complementary DNA，cDNA），再复制成双链 cDNA 片段，与适当载体连接后转入受体菌，即获得 cDNA 文库（cDNA library）。与上述基因组 DNA 文库类似，由总 mRNA 制作的 cDNA 文库包含了细胞表达的各种 mRNA 信息，自然也含有我们感兴趣的编码 cDNA。然后，采用适当方法从 cDNA 文库中筛选出目的 cDNA。当前发现的大多数蛋白质的编码基因几乎都是这样分离的。cDNA 文库构建见图 19-4。

4. 聚合酶链反应　目前，已广泛采用聚合酶链反应（polymerase chain reaction，PCR）获取目的 DNA。PCR 是一种在体外利用酶促反应获得特异序列的基因组 DNA 或 cDNA 的专门技术（见第 22 章）。要获得目的基因，除 PCR 技术的通用条件外，还必须知道目的基因 5′、3′ 端的各一段核苷酸序列及其他相关条件，以设计出合适的引物。

（二）克隆载体的选择和构建

外源 DNA 片段离开染色体是不能复制的。如果将外源 DNA 连到复制子上，外源 DNA 则可作为复制子的一部分在受体细胞中复制。这种复制子就是克隆载体。重组 DNA 技术中克隆载体的选择和改进是一种极富技术性的专门工作，目的不同，操作基因的性质不同，载体的选择和改建方法也不同。

（三）外源基因与载体的连接

通过不同途径获取含目的基因的外源 DNA、选择或改建适当的克隆载体后，下一步工作是将外源 DNA 与载体 DNA 连接在一起，即 DNA 的体外重组。与自然界发生的基因重组不同，这种人工 DNA 重组是靠 DNA 连接酶将外源 DNA 与载体共价连接的。改建载体、着手进行外源基因与载体连接前，必须结合研究目的及感兴趣基因的特性，认真设计最终构建的重组体分子。这是一件富含技巧且技术性极强的工作，这里仅就连接方式作简要介绍。

1. 黏性末端连接

（1）同一限制酶切位点连接：由同一限制性内切核酸酶切割的不同 DNA 片段具有完全相同的末端。只要酶切割 DNA 后产生单链突出（5′突出及 3′突出）的黏性末端，如：

5′	G	G	T	G	A	A	T	T	C	A	G	C	3′
3′	C	C	A	C	T	T	A	A	▲G	T	C	G	5′
5′	T	T	G	C	T	G	C	A	G	A	A	G	3′
3′	A	A	C	G	▲A	C	G	T	C	T	T	C	5′

同时酶切位点附近的 DNA 序列不影响连接，那么，当这样的两个 DNA 片段一起退火（anneal）时，黏性末端单链间进行碱基配对，然后在 DNA 连接酶催化作用下形成共价结合的重组 DNA 分子。

（2）不同限制性内切酶位点连接：由两种不同的限制性内切核酸酶切割的 DNA 片段，具有相同类型的黏性末端，即配伍末端，也可以进行黏性末端连接。例如，*Mbo Ⅰ*（▼GATC）和 *BamH Ⅰ*（G▲GATCC）切割 DNA 后均可产生 5′突出的 GATC 黏性末端，彼此可相互连接。

2. 平端连接 DNA 连接酶可催化相同和不同限制性内切核酸酶切割的平端之间的连接。原则上讲，限制酶切割 DNA 后产生的平端也属配伍末端，可彼此相互连接；若产生的黏性末端经特殊酶处理，使单链突出处被补齐或削平，变为平端，也可施行平端连接。

3. 同聚物加尾连接 同聚物加尾连接是利用同聚物序列，如多聚 A 与多聚 T 之间的退火作用完成连接。在末端转移酶（terminal transferase）作用下，在 DNA 片段末端加上同聚物序列、制造出黏性末端，而后进行黏性末端连接。这是一种人工提高连接效率的方法，属于黏性末端连接的一种特殊形式。

4. 人工接头连接 对平端 DNA 片段或载体 DNA，可在连接前将磷酸化的接头（linker）或适当分子连到平末端，使产生新的限制性内切核酸酶位点，再用识别新位点的限制性内切核酸酶切除接头的远端，产生黏性末端。这也是黏性末端连接的一种特殊形式。

（四）重组 DNA 导入受体菌

外源 DNA（含目的 DNA）与载体在体外连接成重组 DNA 分子（嵌合 DNA）后，需将其导入受体菌。随受体菌生长、增殖，重组 DNA 分子得以复制、扩增，这一过程即为无性繁殖；筛选出的含目的 DNA 的重组体分子即为一无性繁殖系或克隆。进行无性繁殖时所采用的受体菌多为从大肠杆菌 K12 改造的安全宿主菌，在人的肠道几无存活率或存活率极低。按安全标准，所采用的宿主菌应为限制酶和重组酶缺陷型。在选择适当的受体菌后，经适当的理化方法处理后，使宿主细胞处于最适摄取和容忍重组体的状态，即成感受态细胞（competent cell）。根据重组 DNA 时所采用的载体性质不同，导入重组 DNA 分子有转化（transformation）、转染（transfection）和感染（infection）等不同方式。

（五）重组体的筛选

通过转化、转染或感染，重组体 DNA 分子被导入受体细胞，经适当涂布的培养基培养得到大量转化子菌落或转染噬菌斑。因为每一重组体只携带某一段外源基因，而转化或转染时每一受体菌又只能接受一个重组体分子，所以设法将众多的转化菌落或菌斑区分开来，并鉴定哪一菌落或噬菌斑所含重组 DNA 分子确实带有目的基因，即可得到目的基因的克隆，这一过程即为筛选（screening）或选择（selection）。根据载体体系、宿主细胞特性及外源基因在受体细胞表达情况不同，可采取直接选择法和非直接选择法。

1. 直接选择法　针对载体携带某种或某些标志基因和目的基因而设计的筛选方法，称为直接选择法（direct selection），其特点是直接测定基因或基因表型。

（1）抗药性标志选择：如果克隆载体携带有某种抗药性标志基因，如 *ampr*、*tetr* 或加 *kanr*，转化后只有含这种抗药基因的转化子细菌才能在含该抗生素的培养板上生存并形成菌落，这样就可将转化菌与非转化菌区别开来。如果重组 DNA 时将外源基因插入标志基因内，标志基因失活，通过有、无抗生素培养基对比培养，还可区分单纯载体或重组载体（含外源基因）的转化菌落。噬菌体载体转化菌形成的噬菌斑也是一种筛选特征。此法只适用于阳性重组体的初步筛选。

（2）标志补救：若克隆的基因能够在宿主菌表达，且表达产物与宿主菌的营养缺陷互补，那么就可以利用营养突变菌株进行筛选，这就是标志补救（marker rescue）。酵母咪唑甘油磷酸脱水酶基因表达产物与细菌组氨酸合成有关。当酵母 DNA 与入噬菌体载体结合后，再将重组子转染或感染组氨酸缺陷型大肠杆菌，在无组氨酸的培养基中培养。因为只有带咪唑甘油磷酸脱水酶重组基因的菌株才能在无组氨酸的培养基中生长，所以这样获得的生长菌即含有咪唑甘油磷酸脱水酶基因。

利用 α 互补筛选携带重组质粒的细菌也是一种标志补救选择方法。关于 α 互补原理在本章第一节已有介绍，这里以质粒 pUC18 作载体为例，以图 19-5 概括说明将外源基因插入载体 *LacZ* 基因 N 端序列时是如何进行筛选的。

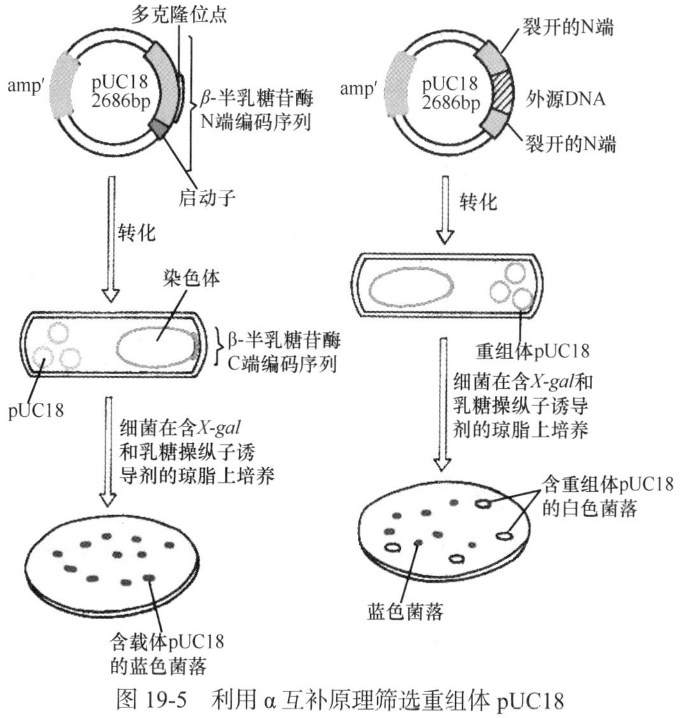

图 19-5　利用 α 互补原理筛选重组体 pUC18

（3）分子杂交法：这是利用 ^{32}P 标记的探针与转移至硝酸纤维素膜上的转化子 DNA 或克隆的 DNA 片段进行分子杂交，直接选择并鉴定目的基因。图 19-6 所示方法称原位杂交（in situ hybridization），图 19-7 所示方法为 Southern 印迹（Southern blotting）技术。在分子生物学技术中，还有一种原位杂交技术是用于检测某一基因在组织内的定位表达，这与分子克隆筛选的原位杂交是两个不同的概念或技术，应注意区分。

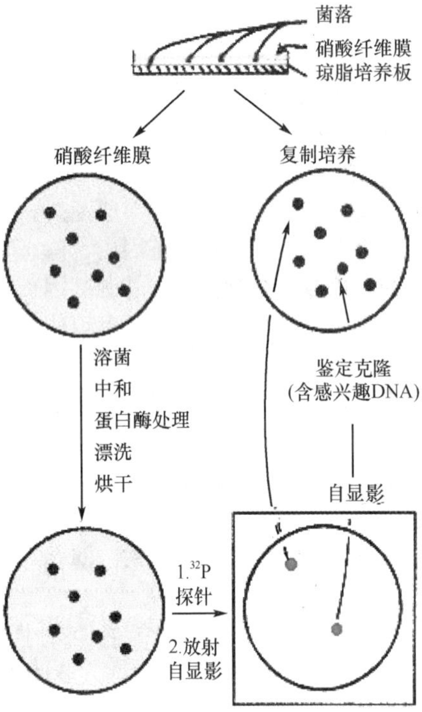

图 19-6 原位杂交

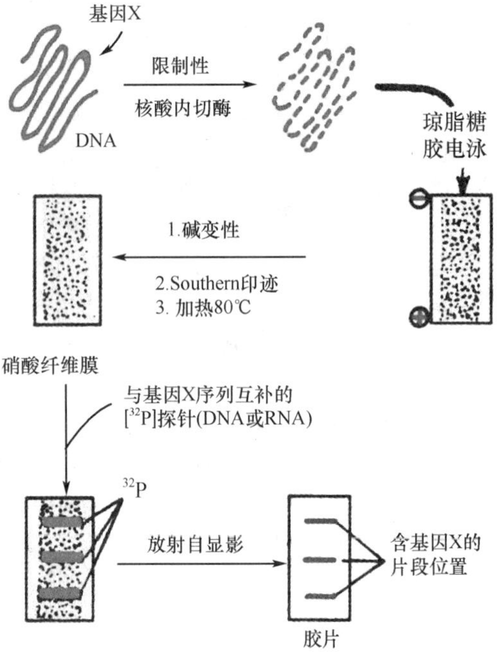

图 19-7 Southern 印迹

2. 免疫学方法 如果克隆基因的蛋白质产物是已知的，可利用特异抗体与目的基因表达产物相互作用进行筛选，因此属非直接选择法。免疫学方法特异性强、灵敏度高，尤其适用于选择不为宿主菌提供任何选择标志的基因。免疫学方法又可根据具体基因选择操作过程不同，分为免疫化学方法及酶免检测分析（enzyme immunodetection assay）等。免疫化学方法的基本工作原理是：将琼脂培养板上的转化子菌落经氯仿蒸气裂解、释放抗原，再将固定有抗血清（目的基因编码蛋白质特异的免疫血清）的聚乙烯薄膜覆盖在裂解菌落上，在薄膜上得到抗原抗体复合物。再使 ^{125}I-IgG 与薄膜反应，^{125}I-IgG 即可结合于抗原不同位点。最后经放射自显影检出阳性反应菌落。

以上所述的目的基因的分离、载体选择、重组 DNA 构建与导入、筛选重组体等即为基因克隆，是基本的重组 DNA 技术操作过程，也可形象地归纳为“分、切、接、转、筛”，即分离目的基因，限制酶切目的基因与载体，拼接重组体、转入受体菌、筛选重组体。而作为基因工程的最终目的，是要利用重组 DNA 技术获得目的基因的表达产物，故还需进一步的进行克隆基因的表达。

（六）克隆基因的表达

经上述过程分离、获得特异序列的基因组 DNA 或 cDNA 克隆，即基因克隆，这是进行重组 DNA 技术操作的基本目的之一。此外，采用重组 DNA 技术还可进行目的基因的表达，实现生命科学研究、医药或商业目的，亦即基因工程的最终目标。它涉及正确的基因转录、mRNA

翻译及适当的转录后、翻译后加工过程。这些过程的进行在不同的表达体系是不一样的，克隆的目的基因正确而大量表达有特殊意义的蛋白质已成为重组 DNA 技术中一个专门的领域，这就是蛋白质表达（protein expression）。在蛋白质表达领域，表达体系的建立包括表达载体的构建、受体细胞的建立及表达产物的分离、纯化等技术和策略。基因工程的表达系统包括原核和真核表达体系。

1. 原核表达体系 *E.coli* 是当前采用最多的原核表达体系，其优点是培养方法简单、迅速、经济而又适合大规模生产工艺，再加上人们运用 *E.coli* 表达外源基因已经有 20 多年的经验。运用 *E.coli* 表达有用的蛋白质必须使构建的表达载体符合下述标准：①含大肠杆菌适宜的选择标志；②具有能调控转录、产生大量 mRNA 的强启动子，如 *lac*、*tac* 启动子或其他启动子序列；③含适当的翻译控制序列，如核糖体结合位点（ribosome binding site）和翻译起始点等；④含有合理设计的多接头克隆位点（polylinker cloning sites），以确保目的基因按一定方向与载体正确衔接。将目的基因插入适当表达载体后，经过转化、筛选获得正确的转化子细菌即可直接用于蛋白质的表达，这是一般方法。在实际工作中，个别具体过程差异很大，表达策略颇不一致。有时表达目的是为获得蛋白质抗原，以便制备抗体，此时要求表达的蛋白质或多肽片段具有抗原性，同时要求表达产物易于分离、纯化。较好的策略是在目的基因前连上一个为特殊多肽编码的附加序列，表达融合蛋白。在这种情况下表达的蛋白质多为不溶性的包涵体（inclusion body），极易与菌体蛋白分离。如果在设计融合基因时，在目的基因与附加序列之间加入适当的裂解位点，则很容易从表达的杂合分子去除附加序列。巧妙的附加序列设计还可大大方便表达产物的分离、纯化。如果表达的蛋白质是为用于生物化学、细胞生物学研究或临床应用，除分离、纯化方便，更重要的是考虑蛋白质的功能或生物学活性。此时，表达可溶性蛋白质往往具有特异的生物学功能；如果表达的是包涵体形式，还需在分离后进行复性或折叠。

E.coli 表达体系在实际应用中尚有一些不足之处：①由于缺乏转录后加工机制，*E.coli* 表达体系只能表达克隆的 cDNA，不宜表达真核基因组 DNA；②由于缺乏适当的翻译后加工机制，*E.coli* 表达体系表达的真核蛋白质不能形成适当的折叠或进行糖基化修饰；③表达的蛋白质常常形成不溶性的包涵体，欲使其具有活性尚需进行复杂的复性处理；④很难在 *E.coli* 表达体系表达大量的可溶性蛋白。

2. 真核表达体系 与原核表达体系比较，真核表达体系除与原核表达体系有相似之处外，一般还常有自己的特点。真核表达载体通常含有选择标记、启动子、转录翻译终止信号、mRNA 加 polyA 信号或染色体整合位点等。真核表达体系大多是穿梭载体，有两套复制原点及选择标记，分别在大肠杆菌和真核细胞中作用。

真核表达系统包括有酵母、昆虫及哺乳类动物细胞三类表达体系，如哺乳类动物细胞，不仅可表达克隆的 cDNA，而且还可表达真核基因组 DNA；哺乳类细胞表达的蛋白质通常总是被适当修饰，而且表达的蛋白质会恰当地分布在细胞内一定区域并积累。当然，操作技术难、费时、费钱是其缺点。如何将克隆的重组 DNA 分子导入真核细胞是关键步骤。将表达载体导入真核细胞的过程称转染（transfection），它比转染 *E.coli* 的方法要难得多。常用于细胞转染的方法有：磷酸钙转染（calcium phosphate transfection）、DEAE 葡聚糖介导转染（DEAE dextran mediated transfection）、电穿孔（electroporation）、脂质体转染（liposome transfection）及显微注射（microinjection）等。转染方法的选择须根据细胞的种类、特性及表达载体性质而定。例如，采用爪蟾卵母细胞（oocyte）作表达体系时，卵母细胞极大，适合采用显微注射法导入外源基因。一般说，大多数细胞均可采用磷酸钙转染和 DEAE 葡聚糖介导转染方法进行瞬时转染（transient transfection），操作条件简单，不需特殊设备；而且通过这两种方法与电穿孔技术一样均会使小部分外源基因整合进细胞染色体，实现稳定转染（stable transfection）。稳定转染转化子细胞的筛选依赖特异的抗性标志。如果在重组的哺乳类细胞表达载体中含有可供筛选的遗传标志是

细菌的 *neor* 基因，*neor* 基因编码的新霉素磷酸转移酶可使细胞培养液中的 G418（Geneticin）磷酸化而失活，稳定转染的细胞就会在含 G418 的培养液中存活并增殖。另一用于筛选稳定转染的哺乳类细胞的体系是二氢叶酸还原酶（DHFR）及 DHFR 缺陷细胞，如果表达载体含有 *dhfr* 基因，稳定转染的 DHFR 缺陷细胞就会在有甲氨蝶呤（MTX）的培养液中生存；非转染的缺陷细胞不能存活而被淘汰。当前采用最多的哺乳类细胞是 COS 细胞（猿猴肾细胞）和 CHO 细胞（中国仓鼠卵巢细胞）。

第二节 重组 DNA 技术与医学的关系

1990 年诞生的分子医学（molecular medicine）是重组 DNA 技术与医学实践相结合的结果。它是由基因克隆技术、基因转移技术、PCR 技术等应用于临床，产生了基因诊断、基因治疗和基因预防的新方法等的基础上产生的。所包含的领域及内容概括如下。

一、疾病基因的发现与克隆

重组 DNA 技术的应用使分子遗传学家有可能根据基因定位，而不是它的功能来克隆一个基因。根据克隆基因的定位和性质研究所提供的线索，可进一步确定克隆的基因在分子遗传病中的作用。因此，一个疾病相关基因的发现不仅可导致新的遗传病的发现，而且对遗传病的诊断和治疗都是极有价值的。随着人类基因组计划（human genome project，HGP）（见第 23 章）的完成，疾病基因的发现将越来越多。

疾病基因发现的两个典型例子是脆性 X 综合征及 Kallmann 综合征。若干年来，已发现细胞内有含脆性位点（fragile site）的 DNA 存在，并鉴定了脆性 X 位点范围的 DNA 特殊标志。这部分 DNA 与常见的精神痴呆——脆性 X 综合征（fragile X syndrome）发病有关，但对其确切分子机制并无深入认识。应用酵母人工染色体（YAC）克隆及分子杂交技术现已证明，所谓脆性位点就是 $(CGG)_n$ 重复序列。这种重复序列具有多态性（polymorphism），即在正常群体可有 6～54 个重复单位，但在受累个体却高达数百（>200 个重复单位）。重复序列的扩增使 $(CGG)_n$ 所属相应基因（FMR1）不能转录相应的 RNA，从而使受累个体表现脆性 X 综合征。Kallmann 综合征系因促性腺激素分泌不足而引起性腺发育不良、性腺功能低下，嗅觉功能减退或丧失。染色体步移（chromosome walking）方法证明 Kallwann 综合征患者 KALIG-1 基因有缺失突变。KALIG-1 基因产物参与神经细胞的粘连和神经轴突的导向。KALIG-1 蛋白与神经迁移和演变的关系说明该基因缺失突变是 Kallmann 综合征的发病基础。

二、生物制药

利用基因工程生产有药用价值的蛋白质、多肽产品已成为当今世界一项重大产业，并将有望成为 21 世纪的支柱产业。2000 年我国基因工程药物和疫苗年销售额已达近 20 亿元。重组蛋白质药物生产是在功能研究、基因克隆基础上，构建适当的表达体系表达有生物活性的蛋白质、多肽；再经过科学的动物实验、严格的临床试验和药物审查，发展为新药物。目前已经或正投入市场的主要产品已有近 20 种，详见表 19-3。

表 19-3 重组 DNA 医药产品

产品	功能
组织胞浆素原激活剂	抗凝
血液因子Ⅷ	促进凝血
颗粒细胞-巨噬细胞集落刺激因子	刺激白细胞生成
促红细胞生成素	刺激白细胞生成

续表

产品	功能
生长因子（bFGF，EGF）	刺激细胞生长与分化
生长素	治疗侏儒症
胰岛素	治疗糖尿病
干扰素（α1b，α2a，α 2b，γ）	抗病毒感染及某些肿瘤
白细胞介素	激活、刺激各类白细胞
超氧化物歧化酶	抗组织损伤
单克隆抗体	利用其结合特异性进行诊断试验、肿瘤导向治疗
乙肝疫苗（CHO，酵母）	预防乙肝
口服重组 B 亚单位菌体霍乱菌苗	预防霍乱

三、基因诊断与治疗

（一）基因诊断的概念

基因诊断又称 DNA 诊断，目前已发展成为一门独具特色的诊断学科。DNA 诊断是利用分子生物学及分子遗传学的技术和原理，在 DNA 水平分析、鉴定遗传性疾病所涉及基因的置换、缺失或插入等突变。目前用于 DNA 诊断的方法很多，但其基本过程相似——首先分离、扩增待测的 DNA 片段，然后利用适当分析手段，区分或鉴定 DNA 的异常。按现代遗传病诊断标准，一种可靠的 DNA 诊断学方法必须符合：①能正确扩增靶基因；②能准确区分单个碱基的差别；③本底或噪声低，不干扰 DNA 的鉴定；④便于完全自动化操作，适合大面积、大人群普查（详见第 22 章）。随着人类基因组计划的完成和重要病原体、微生物等基因组测序工作的相继完成，为我们提供了更多可供检测的基因，将促进基因诊断向临床应用的快速发展。

（二）基因诊断的主要技术方法

1. 核酸分子杂交　核酸分子杂交技术在基因诊断中用于检测样品中是否存在相应的基因及相应的基因表达状态。

在基因诊断方面，Southern 印迹法主要用于基因组 DNA 分析，Northern 印迹法用于检测组织样品中的 RNA 种类和含量。

除了 Southern 印迹法和 Northern 印迹法外，还有一些其他方法是基于核酸杂交原理的，他们包括以下几种。

（1）斑点印迹（dot blotting）：简称斑点杂交或打点杂交，创建于 1981 年，一般是把待测的核酸样品点在 NC 膜上，变性后与标记的探针进行结合反应，显影或显色后可检测出杂交信号的强度，通过与对照样品比较可以确定所测核酸量的高低。

（2）组织原位杂交（tissue in situ hybridization）：简称原位杂交，是指把组织或细胞样品适当处理，使其通透性增强，使探针进入细胞内与核酸杂交。样品既可以用新鲜的组织切片或细胞涂片，也可用保存的石蜡切片。

（3）原位杂技：不需把检测的核酸提取出来，可以用来确定被检测核酸在组织或细胞中的定位，这具有重要的生物学和病理学意义。

1986 年创建的荧光原位杂技（fluorescent in situ hybridization，FISH）技术是将荧光标记的 DNA 片段与染色体或细胞间期染色质杂技，用于基因定位研究，或用于检测待定基因片段是否有缺失、扩增、或重排，这对肿瘤的诊断、预后和治疗监控具有重要意义。

等位基因特异性寡核苷酸杂交法（allele-specific oligonucleotide hybridization，ASOH）是根据已知基因突变位点的碱基序列，设计和制备与野生型或者突变型基因序列互补的两种探针，分别与被检测者的 DNA 分子进行杂交，根据样品与两种探针结合信号的强弱，可以检测出是否存在突变，以及判断出被检测者是这种突变的纯合子或者杂合子。

把多种已知序列的 DNA 排列在一定面积的固体支持物上，可以同时对样品中多种核算进行检测和分析，这种技术称 DNA 点阵（DNA array）。在此基础上，这种技术已发展成为 DNA 芯片（DNA chip），或者称为 DNA 微点阵（DNA miacroarray）技术。通过计算机控制点样和图像扫描分析硬件和软件支持，可以在小面积的硅片或其他支持材料上固定多达几万种探针，可以对样品中海量的杂技信号进行快速的同时分析。

2. PCR PCR 技术操作简便，可以于数小时内在试管中使 DNA 片段的拷贝数扩增百万倍，较容易对微量 DNA 进行分析和鉴定。它以灵敏度高、特异性强、产率高、重复性好及快速方便等不可替代的优点，迅速成为分子生物学研究中应用最为广泛的方法，并在其基础上产生了多种衍生 PCR 技术。包括：

RT-PCR（reverse transcription-PCR）：逆转 PCR，以 RNA 为模板生成 cDNA，再对其进行 PCR 扩增，用于 mRN A 的检测和分析。

巢式 PCR（nested PCR）：也称套式 PCR，第一次 PCR 结束后，以其扩增物为模板，换用一队内侧引物进行第二次扩增。这样由于模板和引物的改变，降低了非特异产物连续扩增的可能性，使 PCR 实验的结果的可靠性大为增加。

3. 单链构象多态性分析 单链构象多态性分析（single-strand conformation polymorphism analysis，SSCP）是一种简易的检测核酸序列中突变的位点的技术。单个或多个碱基的突变可能影响单链核酸的构象，在非变性聚丙烯酰胺凝胶电泳时，不同构象的核酸分子表现出不同的迁移率，电泳新生条带的出现反映了突变分子的存在。

4. DNA 分子多态性分析 在长期进化过程中，由于 DNA 分子突变、重排、单个核苷酸的插入或缺失，可使人类基因组 DNA 产生大量的中性突变。在人群中，个体间 DNA 序列存在着差异，称为 DNA 多态性。其中一些突变发生在限制性核酸内切酶的识别位点上，如果用相关的限制性核酸内切酶切割基因组 DNA，就会产生长度不同的片段，称为限制性片段长度多态性（restriction fragment length polymorphism，RFLP）。

随着 DNA 克隆和测序技术的完善，证明 RFLP 多是由单个核苷酸替代产生，因此它被包含在单核苷酸多态性（single nucleotide polymorphism，SNP）的概念中。20 个世纪 80 年代后期，应用 PCR 技术进行 DNA 序列测定，人们发现基因组 DNA 中存在一类特殊的数目可变的串联重复多态性（variable number of tandem repeats polymorphism），其中有些串联重复的核心单元仅有 2 个碱基组成，称为微卫星（microsatellites）。

在精细基因图谱制作、基因连锁分析、亲子鉴定及群体遗传学等研究中，RFLP 分析已逐渐被 VNTR 分析、SNP 分析、Alu 序列多态分析、HapMap 分析所涵盖。经典的 RFLP 分析技术，即限制性酶切/Southern 印迹已被 PCR/限制性酶切分析等技术所取代。

5. 限制性核酸内切酶酶切图谱分析 当 DNA 突变导致某种限制性核酸内切酶位点改变（形成或丧失）是，用特异的限制性酶消化后，DNA 片段的长度和数目会出现变化，通过电泳结果分析可以作出判断。在用 PCR 对分析序列扩后，容易进行限制性核酸内切酶酶切分析操作。

6. 显微切割技术 显微切割技术，包括组织细胞的显微切割和染色体的显微切割。

7. DNA 序列测定 直接测定 DNA 片段的全序列是基因诊断的最准确可靠的方法，但耗时费力并且费用昂贵。

随着 DNA 序列测定自动化的发展和普及，DNA 序列测定在基因诊断方面的应用将更加广泛。

（三）基因治疗的概念

所谓基因治疗（gene therapy）就是向有功能缺陷的细胞导入具有相应功能的外源基因，以纠正或补偿其基因缺陷，从而达到治疗的目的。基因治疗包括体细胞基因治疗和性细胞基因治疗。针对体细胞进行基因改良的基因治疗称体细胞基因治疗（somatic cell gene therapy），这类基因治疗仅单独治疗受累组织，类似于器官移植。性细胞基因治疗（germ line gene therapy）因对后代遗传性状有影响，目前仅限于动物实验（转基因动物），用于测试各种重组 DNA 在矫正遗传病方面是否有效。

（四）基因治疗的基本方法

基因治疗的方法主要有 5 种：

1. 基因置换 基因置换（gene replacement）指用正常的基因置换整个的致病基因，是致病基因永久得到更正。这种以正常基因替换缺陷基因的方法是最为理想的，它可以使致命基因全部除去，突变的基因在原位上得到更正。目前人们正在研究同源重组（homogeneous recombination）技术，通过同源重组可用正常基因替换同源缺陷基因，但是实际上同源重组频率很低，大约只是有百万分之一，距离实际应用还要有一段很长的距离，有待于新方法新技术的突破。

2. 基因校正 基因校正（gene correction）指将致病基因的突变碱基序列纠正，而正常部分予以保留，此种方法比较困难，目前尚未有体内成功的报道。

3. 基因增补 基因增补（gene augmentation）指将目的基因导入病变细胞或其他细胞，目的基因的表达产物特异地修饰变异缺陷细胞的功能或使原有的功能得到加强，但致病基因本身并未得到改变。与基因置换相比，基因修饰较易实现，是基因治疗中最常用的方法之一。目前腺苷脱氨酶（ADA）缺乏症和乙型血友病等的基因治疗都采取了此方法。

4. 基因失活（gene inactivation） 早期一般是指反义核酸技术。它是将特定的序列导入细胞之后，在转录或翻译水平阻断某些基因的异常表达，以达到治疗疾病的目的。其中包括反义核酸、核酶（ribozyme）、三链技术（triplex approach）及干扰 RNA 技术（interference RNA，RNAi）等。

反义核酸技术和狭义的基因治疗不同，后者是通过正常基因的表达，产生有利于健康的蛋白质。而反义技术是指用人工合成的反义 RNN 或 DNA 来阻断基因的转录或复制，是编码基因不能转录为 Mrna，因而不能翻译成相应的蛋白质。由于反义核酸技术不能产生蛋白质，仅能封闭现存基因的表达，因而，反义基因治疗被认为是一种药物疗法。以下简要陈述几种常见的基因灭火技术。

（1）反义 RNA 技术：是指与 mRNA 互补，且能抑制与疾病发生直接相关基因表达的 RNA。它在 mRNA 水平上封闭基因表达，具有特异性强、操作简单的特点。最终可通过调节脊梁，用来治疗由基因突变或过度表达导致的疾病和严重感染性疾病。

反义 RNA 技术治疗的基本策略包括：体外合成十至几十个核苷酸的反义寡核苷酸（antisense oligonucleotide）或反义硫代磷酸酯寡核苷酸序列，以及构建反义 RNA 表达载体等。

（2）核酶技术：通过核酶分子结合到靶 RNA 分子中适当的部位，形成锤头核酶结构，催化对靶 RNA 分子的剪切，从而破坏靶 RNA 分子达到治疗疾病（如基因表达和病毒复制的抑制剂，或清除病毒基因组 RNA）的目的。

（3）三链技术（triplex approach）：虽然被归为反义基因治疗，但严格地说，三链序列并非反义。其原理是脱氧寡核苷酸能与双螺旋双链 DNA 专一性序列结合，形成三链 DNA，从而在转录水平或复制水平上阻止基因转录或 DNA 复制。此脱氧寡核苷酸被称为三链 DNA 形成脱氧寡核苷酸（triplex-forming oligonucleotide，TFO）。为了与作用在 Mrna 翻译水平的反义 RNA 技术相区别，将三链 DNA 技术称之为反基因策略（antigene strategy）。三链 DNA 技术在一定程度上解决了反义 RNA 技术和核酶技术难以对连续生成的 Mrna 进行阻断和剪断的难题。

（4）干扰 RNA 技术：和以上技术相比，作为一种新兴的反基因策略，RNAi 技术因其独特性而受到人们的重视。RNAi（interference RNA，RNAi）是指在特定因子作用下，由导入胞内的双链 RNA 降解成约 22nt 左右的 SiRNAs（single strand RNAi）。后者利用碱基互补配对原则和靶 DNA 结合，同时诱导激活体内的基因沉默因子（silencing factor），从而使靶 DNA 降解。同时还可以利用体内转录系统转录生成第二代（secondary SiRNAs），从而长期发挥效应。其特点如下：干扰因了前身是 dsRNA 而不是 ssRNA，因而不易讲解；序列特异性抑制 Mrna 和蛋白质的表达；只有效作用于外显子，而对内含子无影响；具有高效性、长期性（可影响下两代）；可通过细胞屏障而发挥作用。

四、遗传病的预防

疾病基因克隆不仅为医学家提供了重要工具，使他们能深入地认识、理解一种遗传病的发生机制，为寻求可能的治疗途径、预测疗效提供了有力手段；更重要的是，利用这些成果进行极有意义的产前诊断和症候前诊断，而后通过诊断技巧与治疗、预防能力的结合，从根本上杜绝遗传性疾病的发生和流行。

1. 产前诊断 产前诊断可以通过胎儿组织活检、羊膜腔穿刺、羊膜绒毛样品及母体血循环中的胎儿细胞进行。从安全角度考虑，无疑后者是最值得提倡的。从方法学考虑，尽管可进行核型分析，发现染色体异常，但利用 PCR 技术结合 DNA 诊断学方法分析特异基因缺陷更宜推广。由于有少量胎儿细胞通过血行到母体血循环中，使有可能利用细胞表面标志和荧光活化细胞分离器（fluorescence activated cell sorter，FACS）分离母体血中的胎儿细胞。随后利用这些少量细胞进行 PCR 扩增，这样就不必破坏或干扰妊娠而进行产前诊断。这是近年产前诊断一大发展。

2. 携带者测试基因 测试常用于检出隐性遗传病携带者，包括隐性遗传病受累个体家庭的其他成员和有特殊遗传病死亡家庭中的危险人群。例如，囊性纤维变性是白种人儿童中最常流行的常染色体隐性遗传病，发病率为 1/2500；携带者普查阳性的夫妇生育受累儿童的危险性为 1/4；双亲阴性者为 1/109 200；若配偶一方为阳性，另一方为阴性，其危险性为 1/661。由此可见，如果能建立可行的携带者测试方法，并能检出其绝大多数携带者，这对指导婚姻和生育是很有价值的。

3. 症候前诊断 对于某些单基因紊乱所引起的综合征，仅至晚年才会有明显表现，如成年多囊性肾病和 Huntington 病。由于对某些成年发病有关基因已有所掌握，故可在综合征发生前作出预测，协助他们作生活方式的调节、工作调整及生育的选择等。

4. 遗传病易感性 很多遗传病并非限于单基因缺陷，而是由多基因受累或者是由遗传和环境因素综合引起。在这种情况下，一个或多基因缺陷的存在会使个体对发病诱因极度敏感而易于发病。比如，有 LDL 受体基因缺陷的个体同时有高胆固醇血症，其冠状动脉患病率要比单纯高胆固醇血症者为高，这是不难理解的。一个发病个体的结局也依赖于其他基因缺陷和环境因素、生活习惯的影响。因此，根据 DNA 诊断，作好疾病的早期预防并注意环境卫生和个人生活方式，可以达到预防的目的。

五、小　　结

重组 DNA 技术是在人们对自然界基因转移和重组的认识基础上创立的新技术。自然界基因转移伴发重组有几种形式：即位点特异的重组、同源重组及转座重组。依赖整合酶、在两个DNA 序列的特异位点间发生的整合称位点特异的重组。发生在同源序列间的重组称为同源重组，又称基本重组。而转座重组即某些基因从一个位置移动到另一位置。细菌的基因转移包括接合作用、转化作用、转导作用等。当细胞与细胞、或细菌通过菌毛相互接触时，质粒 DNA 从一个细胞转移至另一细胞，这种类型的 DNA 转移称为接合作用。通过自动获取或人为地供给外源 DNA，使细胞或培养的受体细胞获得新的遗传表型，这就是转化作用。由病毒携带、将宿主 DNA 片段从一个细胞转移至另一细胞的现象或机制，称为转导作用。在接合、转化、转导或转座过程中，不同 DNA 分子间发生的共价连接即为重组。

为研究基因的结构与功能，从构建的基因组 DNA 文库或 cDNA 文库分离、扩增某一感兴趣的基因就是基因克隆或分子克隆，又称重组 DNA 技术。一个完整的基因克隆过程应包括：目的基因的获取，克隆基因载体的选择与改造，目的基因与载体的连接，重组 DNA 分子导入受体细胞，筛选出含感兴趣基因的重组 DNA 转化细胞。实现上述过程需要一些重要的工具酶，如限制性内切核酸酶及连接酶等。限制性内切核酸酶是一类识别 DNA 特异序列的内切核酸酶。科学家感兴趣的外源基因又称目的基因；其来源有几种途径：化学合成，酶促合成 cDNA，制备的基因组 DNA 及 PCR 技术。外源 DNA 离开染色体是不能复制的。将外源基因连接到复制子上，构建嵌合 DNA，外源基因即可作为复制子的一部分在宿主细胞复制。这种复制子就是克隆基因的载体。细菌质粒、噬菌体和一些病毒 DNA 均可被改造成基因克隆的载体。根据采用的克隆载体性质不同，将重组 DNA 分子导入细菌的方法有转化、转染及感染。将重组 DNA 分子导入受体菌后，通过适当形式的培养板生长即可获得一定的抗药菌落。利用原位杂交、Southern 印迹或免疫学方法对抗药菌落进行筛选，获得含目的基因的转化子菌落，再经扩增、分离重组 DNA，获得基因克隆。以上过程也可概括为“分、切、接、转、筛”。分离的克隆 cDNA 或基因与适当表达载体连接后可实现目的基因在 *E.coli* 或其他表达体系的表达。重组 DNA 技术在疾病基因的发现，表达有药用价值的蛋白质，DNA 诊断及疾病的预防等方面具有广泛应用价值，并促进了当代分子医学的诞生和发展。

思 考 题

1. 何为重组 DNA 技术？试述其基本原理及操作步骤。
2. 基因治疗主要有那些方法？

（魏文祥）

第 20 章 基因诊断和基因治疗

第一节 基因诊断

一、基因诊断的概念和基本概况

疾病的临床诊断方法大致有四种：临床诊断、血清免疫学诊断、生化学诊断和基因诊断。前面三种方法是以疾病表型改变为依据的，而很多表型的改变不是特异的，出现的时间往往较晚。因此，有时它不能为疾病作出早期、明确的诊断。基因是携带生物遗传信息的基本功能单位，是位于染色体上的一段特定序列。作为生命的物质基础——基因的改变，会导致各种表型的改变，进而引起疾病的发生。因此，理想的诊断方法是对患者基因或 DNA 本身直接进行分析，因为这种分析摆脱了上述各种限制。机体各种组织的细胞均有全套基因组 DNA，都可以作为分析的材料，而不必考虑表达问题。例如，淋巴细胞、皮肤细胞、绒毛细胞均可用来分析 β-珠蛋白基因而不一定要采用骨髓细胞；又如苯酮尿症缺乏的苯丙氨酸羟化酶只在肝中产生，但任何组织、细胞的 DNA 均可用作苯丙氨酸羟化酶基因的检测。

自 20 世纪中期起，分子生物学理论与技术飞速发展，Watson 等（1953 年）发现 DNA 双螺旋结构，60 年代遗传密码被破译；70 年代建立 DNA 重组和测序技术，以及癌基因与抑癌基因研究的突破；80 年代对珠蛋白生成障碍性贫血（地中海贫血）基因治疗的研究和逆转录病毒载体的开发，为基因诊断和治疗提供了理论依据与技术方法。基因诊断的历史较短，最早进行基因诊断的是 Botstein，他在 1980 年首先将限制性片段长度多态性方法用于基因诊断分析，从此揭开了基因诊断的序幕。近年来，随着 PCR 方法、分子杂交及一系列新技术的不断发展，基因诊断已经涉及人类的绝大多数疾病。人类的疾病除外伤外，几乎都与基因相关，因此，基因诊断的对象已经由原来局限的遗传病扩大到感染性疾病、肿瘤、心血管疾病、退行性疾病和寄生虫病等领域。基因诊断就是利用现代分子生物学和分子遗传学的技术方法，直接检测患者体内基因结构及其表达水平是否正常，从而对疾病作出诊断或辅助诊断。基因诊断可以在 DNA 水平和 mRNA 的基因转录水平上检测出疾病基因的存在和缺陷。与传统诊断方法相比，基因诊断有如下特点：①病因诊断：直接瞄准病理基因，不仅对有表型出现的疾病可作出明确诊断，还能发现潜在的致病因素，如确定有遗传家族史的人或胎儿是否携带致病基因、个体对疾病的易感性等。②特异性强，灵敏度高：分子杂交技术选用特定基因序列作为探针，特异性高。PCR 技术具有放大效应，灵敏度高。③目的基因是否处于活化状态均可。④在感染性疾病的诊断中，可检测正在生长的病原体或潜伏病原体，确定现行感染还是以往感染，省去有些病原体原来需体外培养后方可诊断的步骤。

二、基因诊断的对象

1. 病原生物的侵入 各种病原体如病毒、支原体、细菌、寄生虫感染人体后，其特异的基因被带入人体并在体内增殖而引起各种疾病。侵入体内的病原体可通过显微镜检查、免疫学方法等进行诊断，而直接检测病原生物的遗传物质可以大大提高诊断的敏感性，尤其在无法得到商业化抗体时，基因诊断就成为检测病原微生物感染，尤其是病毒感染的唯一手段。此外，由于基因碱基配对原理的基因诊断可直接检测病原微生物的遗传物质，所以诊断的特异性也大为提高。目前，基因诊断已在病毒性肝炎、艾滋病、SARS 等传染病的诊断中发挥了不可代替的作用。

2. 先天遗传性疾患　由于先天遗传背景的差异和后天内外环境的影响，使人类的基因结构及其表达的各个环节发生异常，从而导致疾病。已有多种传统的遗传性疾病的发病原因被确定为特定基因的突变。例如，苯丙氨酸羟化酶基因突变可引起苯丙酮尿症；腺苷脱氨酶基因突变可引起重症联合免疫缺陷症（SCID）；淋巴细胞表面分子 CD40 或其配体（CD40L）基因突变则可引起无丙种球蛋白血症。这类疾病的诊断除了仔细分析临床症状及生化检查结果外，从病因角度作出诊断则需要用基因诊断的方法检测其基因突变的发生。此外，有些病因尚不清楚的疾病，如高血压、自身免疫性疾病等，都可能与某个或某些遗传位点的持有或改变有关。用基因诊断的方法检测这些位点的改变，不仅对临床诊断，而且对疾病的病因和发病机理的研究都具有重要的意义。

3. 后天基因突变引起的疾病　这方面最典型的例子就是肿瘤。虽然肿瘤的发病机理尚未完全明了，但人们可以初步认为肿瘤的发生是由于个别细胞基因突变而引起的细胞无限增殖。无论是抑癌基因发生突变还是癌基因发生突变，要确定这些改变的发生，都必须进行基因诊断。

4. 其他　如 DNA 指纹、个体识别、亲子关系识别、法医物证等。在人基因组中，用核心顺序的串联重复顺序组成的探针进行杂交研究，可同时检出许多具有高度多态性的位点，用 Southern 杂交方法可以得到 DNA 指纹图谱。这种指纹包含着多种高度可变的 DNA 片段。无论在体细胞还是生殖种系细胞内，它们都很稳定，而且个体是完全特异的，因此这一技术能用于法医学鉴定。同样，这在亲子鉴定时也十分有用。因为一个人的基因组来自父亲和母亲，所以他的杂交带型的每一条带，都应在他的父亲或母亲的杂交带型中找到相应的杂交带。如果这个人的杂交带型中的一条或多条既不能在其父亲也不能在其母亲的杂交带型中找到相应的杂交带，这就可作为排除亲子关系的一种有力佐证。基因诊断的高灵敏度解决了法医学检测中存在的犯罪物证少的问题，即使是一根毛发、一滴血、少量精液甚至单个精子都可用于分析。

三、基因诊断的常用技术方法

与疾病相关的遗传背景改变主要有两类，一是遗传物质，即 DNA 或 RNA 水平的变化。例如，病毒感染时病毒基因及其转录产物在人体内的从无到有，某些肿瘤中癌基因表达水平的从低到高。二是遗传物质的结构变化，即基因突变，如点突变引起的基因失活，以及染色体转位引起的基因激活或灭活等。常用基因诊断技术主要建立在核酸分子杂交、PCR、基因测序或几种技术联合的基础上。以下简要阐述几种常用的诊断技术。

1. 核酸分子杂交　这是基因诊断的最基本的方法之一，基本原理是利用核酸的变性和复性的性质来进行 DNA 或 RNA 定性定量分析，检测待测的核酸样品中是否存在与探针序列互补的同源核酸序列。互补的 DNA 单链能够在一定条件下结合成双链，即能够进行杂交，这种结合是特异的，即严格按照碱基互补的原则进行，它不仅能在 DNA 和 DNA 之间进行，也能在 DNA 和 RNA 之间进行。因此，当用一段已知基因的核酸序列作为探针，与变性后的单链基因组 DNA 接触时，如果两者的碱基完全配对，它们即互补地结合成双链，从而表明被测基因组 DNA 中含有已知的基因序列。

由此可见，进行基因检测有两个必要条件，一是必需的特异的 DNA 探针；二是必需的基因组 DNA。当两者都变性呈单链状态时，就能进行分子杂交。为了确定探针是否与相应的基因组 DNA 杂交，需要对探针加以标记，以便在结合部位获得可识别的信号。通常采用放射性同位素 ^{32}P 标记探针的某种核苷酸 α-磷酸基，近年来还发展了一些用非同位素如生物素、地高辛配体等作为标记物的方法。

从组织或细胞中提取的基因组 DNA 经限制性内切酶处理后得到许多长度一定但互不相等的片段，需要分析、分离的基因或 DNA 片段就在其中某一特定的片段上。许多长短不同的 DNA

片段混合在一起是很难分析的，因此首先需借助琼脂糖凝胶电泳将它们按大小（长短）分离开来。在电泳时，分子质量较小的片段迁移较快，较大的片段迁移较慢，因此，电泳结束时可以获得一个由大到小连续的带谱。但凝胶易碎且操作不便，英国科学家 Southern 首创印迹法克服了上述困难，将凝胶中的 DNA 分子转移到膜上并进行固定后用于杂交反应，因此又称为核酸印迹杂交。根据检测样品的不同又被分为 DNA 印迹杂交（Southern blot hybridization）和 RNA 印迹杂交（Northern blot hybridization）。其基本步骤如下：

（1）制备样品：从待检测组织样品中提取 DNA 或 RNA。DNA 应先用限制性内切酶处理以产生特定长度的片段，然后通过凝胶电泳将消化产物按分子大小进行分离。再将含有 DNA 片段的凝胶进行变性处理后，直接转印到支持膜上并使其牢固结合。这样，检测片段在凝胶上的位置就直接反映在了转印的膜上。RNA 样品则可直接在变性条件下电泳分离，然后转印并交联固定。

（2）制备探针：探针是指一段能与待检测核酸分子依碱基配对原则而结合的核酸片段，它可以是一段 DNA、RNA 或合成的寡核苷酸。在核酸杂交实验中，探针需要被标记上可直接检测的元素或分子，这样，通过检测印迹膜上的核酸分子结合的探针分子，就可知道被检测的核酸片段在膜上的位置。

（3）杂交：首先要进行预杂交，即用非特异的核酸溶液封闭膜上的非特异性结合位点。由于转印在膜上的核酸分子已经是变性的分子，所以杂交过程中只需变性标记好的探针，再让探针与膜在特定的温度下反应，然后洗去未结合的探针分子即可。

（4）检测：检测的方法依标记探针的方法而异。用放射性同位素标记的探针需要用放射自显影来检测其在膜上的位置；而如果是用生物素等非同位素方法标记的探针则需要用相应的免疫组织化学的方法进行检测。

分子杂交是基因诊断的基础，除了印迹杂交外，还有斑点杂交法，即将 DNA 样品变性后直接点在硝酸纤维滤膜上，再与探针杂交。斑点杂交多用于病原体基因如细菌、病毒的检测，但也可用于检测人类基因组中的 DNA 序列。

2. 聚合酶链反应（polymerase chain reaction，PCR） 核酸杂交反应是一对一的反应，即膜上有一个被检测分子时，相应就有一个标记的探针分子与它杂交，所以整个实验敏感性主要取决于标记探针的质量和杂交后的检测方法。在优化的条件下，核酸杂交可检测到 pg 水平的靶分子。但是，在许多临床情况下，仍无法得到这样的样品量。这时可以用聚合酶链反应来扩增靶分子以特异性地增加靶分子质量，达到提高敏感性的目的。

PCR 技术是一种在体外模拟自然 DNA 复制过程的核酸扩增技术，亦称无细胞分子克隆技术。由于具有简便、快速、特异和灵敏的特点，所以自 1985 年 Mullis 发明 PCR 技术和 1988 年 Erlich 发现耐高温 DNA 聚合酶以来，该技术以惊人的速度广泛应用于生命科学的各个领域，特别是细菌学、病毒学、肿瘤学、遗传病学、法医学、动植物检疫学等方面取得了令人瞩目的成就，成为当代分子生物学发展史上的又一个里程碑。PCR 技术使过去只能在生物体内细胞分裂增殖时才出现的基因复制在体外试管内得以实现，因此在基础和临床上得到广泛应用。

PCR 反应就是以待扩增的 DNA 分子为模板，在一对人工合成的分别互补于模板两端序列的寡核苷酸引物介导下，通过耐高温的 DNA 聚合酶的酶促作用，按照半保留复制的机制沿着模板链延伸，快速、特异地扩增特定的 DNA 片段。PCR 技术现已成为基因诊断的主要方法，应用该技术可以使特定的基因或 DNA 片段在短短的 2～3 小时内体外扩增数十万至百万倍。扩增的片段可以直接通过电泳观察，也可用于进一步的分析。这样，少量的单拷贝基因不需通过同位素提高其敏感性来观察，而通过扩增至百万倍后直接观察到，而且原先需要一、二周才能作出的诊断可以缩短至数小时。

PCR 反应是利用 Taq DNA 聚合酶催化反应，反复进行同一个 DNA 片段的合成。反应的模板是待检测的核酸分子，其中，DNA 可直接用于反应，RNA 则需要用反转录酶反转录成为 cDNA 后才能用作反应的模板。反应的引物有两条，分别位于待扩增 DNA 片段的两端，可启动相对方向的 DNA 合成。这样从一个模板分子起始的话，经过 n 次聚合酶反应后，理论上就可以获得 2^n 个模板分子。一般来说，经过 30 次循环扩增后，便可产生约 1μg 的靶 DNA 片段，足以满足任何一种分子生物学研究。Taq DNA 聚合酶分离自水栖高温菌，其最适反应温度为 72℃，且经 90℃以上的加温后仍可在温度恢复后复性。所以这种酶特别适合于在不同温度点进行循环加温与降温而不丧失酶的活性。因此，Taq 酶的开发利用有力地促进了 PCR 操作过程自动化的实现。

PCR 反应特异性强，灵敏度高，极微量的 DNA 即可作为扩增的模板得到大量的扩增片段。毛发、血痕，甚至单个细胞的 DNA 即可供 PCR 扩增之用，因此它可用于病原体 DNA 的检查、肿瘤残留细胞的检出、罪犯或个体遗传物质的鉴定及遗传病的基因诊断等。也正因为 PCR 技术具有如此高的扩增敏感性，所以任何 DNA 样品或实验试剂均应仔细避免样品间的交叉污染及空气中的扩增污染。

3. 限制性片段长度多态性（restriction fragment length polymorphism，RELP） 同一物种不同个体的基因组 DNA 是不相同的。人类基因组中，平均约 200 对碱基可发生一对变异称为中性突变，中性突变导致个体间核苷酸序列的差异，即 DNA 多态性。DNA 的多态性虽可通过 DNA 测序检出，但用限制酶消化却是最常用的检测方法。不少 DNA 多态性发生在限制性内切酶位点上，碱基的变异可能导致酶切点的消失或新的切点出现，当使用同一限制性内切酶完全切割同一物种的不同个体的基因组 DNA 时，出现分子质量不同的同源等位片段，这种由于内切酶切点变化所导致的 DNA 片段长度的差异，称为限制性片段长度多态性。RFLP 可用 Southern 印迹杂交法检出，反映了常见的个体间 DNA 核苷酸的可遗传性变异。RFLP 是按照孟德尔方式遗传的，在人基因组中广泛存在，而且有许多已经定位，在致病基因附近或内部一般都存在 RFLP，因而可以用于连锁分析的基因诊断。

RFLP 的产生有两种类型：一类为单个碱基的突变引起酶切位点的变化；另一类为 DNA 顺序的较大变化，包括缺失、重复、插入和基因重排等，因而限制酶切片段也发生变化。DNA 的多态性大多表现为单碱基的改变，但只有涉及酶切位点变化的多态性才能被检测出来。

单个碱基取代所致的 RFLP 一般只能检测到一种杂合性的两种形式，即“有”或“无”某个限制酶切位点，而且每个位点在人群中的杂合子频率通常不会超过 50%，当被测个体为纯合状态时，利用 RFLP 就无法得到所需要的多态信息。在人类基因组中还存在一类 DNA 重复序列，称为数目变异的串联重复（variable number tandem repeats，VNTR）。它们分布十分广泛，每一个单位通常只有 16～28bp 长，但其重复次数在人群中是高度变异的。当用限制酶切割 VNTR 区时，只要酶切点不在重复区内，就可能得到各种长度不同的片段。

4. 扩增片段长度多态性（amplified fragment length polymorphism，AFLP） 串联重复的短片段的长度多态性可以通过 PCR 扩增后电泳来检出，并用于致病基因的连锁分析，这种诊断方法称为扩增片段多态性连锁分析法。PCR 扩增后，产物即等位片段之间的差别有时只有几个核苷酸，故需用聚丙烯酰胺凝胶电泳分离鉴定。此法多用于突变性质不明的连锁分析。

5. 等位基因特异的寡核苷酸（allele-specific oligonucleotide，ASO） 当基因的突变部位和性质已完全明了时，可以合成等位基因特异的寡核苷酸探针，标记后与受检者 DNA 杂交来进行诊断。探针通常为长 20bp 左右的核苷酸。根据已知基因突变位点的核苷酸序列，人工合成两种寡核苷酸探针，一种是对应于突变基因碱基序列的寡核苷酸（M），一种是对应于正常基因碱基序列的寡核苷酸（N）。若探针与受检者 DNA 杂交后发现 M+N-，说明受检者是突变基因的纯合子；M+N+，说明受检者是突变基因的杂合子；M-N+，说明受检者不存在突变基因；M-N-，说明受检者的缺陷基因可能是一种新的突变类型。PCR 结合 ASO，即 PCR-ASO 技术，即先将含有突变点的基因有关片段进行体外扩增，然后再与 ASO 探针作点杂交，这样大大简化了方法，节约了时间，而且只要极少量的基因组 DNA 就可进行。

6. 单链构象多态性（single strand conformation polymorphism，SSCP） 相同长度的单链 DNA 因其碱基序列的不同可以形成不同的空间构象，从而导致电泳时泳动速率不同。根据正常基因和变异基因在聚丙烯酰胺凝胶电泳中的迁移位置不同，就可分析确定致病基因的存在，检测单碱基突变，确定野生型和突变型。在 PCR 技术诞生之前，小片段的插入和缺失、点突变的检测，适应病种有限，因为致病基因可在任何位点上发生突变，使同一种疾病有不同的突变类型，DNA 杂交的方法难以灵敏地检测，而运用 PCR-SSCP 等新方法就可灵敏地检测单个点突变。

7. 基因芯片（gene chip） 将许多特定的寡核苷酸片段或基因片段作为探针，有规律地排列固定于支持物上，然后与待测的标记样品的基因按碱基配对原理进行杂交，再通过激光共聚集荧光检测系统等对芯片进行扫描，基因芯片在临床疾病诊断中的应用主要有：核酸序列分析、基因表达分析、寻找新基因、突变体和多态性检测，还广泛应用于药物筛选、药物作用机制研究、毒理学研究、基因扫描、环境化学毒物的筛选、耐药菌株和药敏检测等多个应用领域。

8. DNA 测序（DNA sequencing） DNA 序列分析对致病有关的 DNA 片段进行序列测定，是诊断基因异常（已知和未知）最直接和准确的方法。

四、基因诊断的临床应用

1. 基因诊断在感染性疾病检测中的应用 人类疾病的发生，除人体内的内源基因的突变外，还涉及外源性基因的入侵，各种微生物、病毒和寄生虫感染机体，都会造成特异的外源基因引发疾病。对于感染性疾病，以往的诊断通常利用形态学、生化学、血清学等方法，在灵敏度、特异性、诊断速度方面有明显不足，如：有的病原体感染人体后要隔一段时间才出现抗体，血清学及生化学方法难以作出及时诊断；病毒血清学只能确定是否接触过病毒，但不能确定是否有现行感染，不能明确定量，更不能具体地反映出患者体内存在的病毒数量的多少。基因诊断，尤其是 PCR 的应用，仅需少量的细胞、体液或其他物质，在几个小时之内不仅可以检出正在生长的病原体，也能检出潜伏的病原体；既能确定既往感染也能确定现行感染。对那些不容易体外培养（如产毒性大肠杆菌、麻风分枝杆菌）和不能在实验室安全培养（如立克次氏体）的病原体，也可用基因诊断进行检测，因而扩大了临床实验室的诊断范围。可以说，只要明确了病原体的基因结构，几乎所有的病原体都可用基因诊断的方法检测出来。另外，采用基因诊断分析同血清型中不同地域分离株的同源性和变异性，还有助于研究病原体遗传变异趋势，指导暴发流行的预测，在预防医学中占重要的地位。

艾滋病（Acquired immune deficiency syndrome，AIDS）是由人类免疫缺陷病毒（Human immunodeficiency virus，HIV）所致的传染病，主要是通过性接触或血液、血制品及母婴传播传染。HIV 特异地侵犯辅助性 T 细胞（CD4 细胞），引起人体细胞免疫严重缺陷，导致顽固的机会性感染、恶性肿瘤和神经系统损害。

HIV 属逆转录病毒，能使单链病毒 RNA 转成双链 DNA 进入宿主细胞的染色体组里。HIV 基因组由两条单链 RNA 组成，每个 RNA 基因组约为 9.7k。HIV 的主要基因结构和组合形成与其他反转录病毒相同，均由 5′端长重复（long terminal repeat，LTR）、结构蛋白编码区（gag）、蛋白酶编码区（pro）、具有多种酶活性的蛋白编码区（pol）、外膜蛋白（env）和 3′端的长重复 LTR 区组成。HIV 较其他反转录病毒复杂，且有较多的调节基因，故称为复杂反转录病毒。

根据流行病学、临床表现、实验室检查，尤其是 HIV 抗体检测的综合判断可以进行 AIDS 的诊断。HIV 感染后数周或数日内常不能检出抗体，95%的受染者在 5 个月内可测出抗体。但也有感染后 3～4 年仍不能检出抗体者，此时有必要应用 PCR 技术检测 HIV 病毒。PCR 引物设计应遵循引物设计的一般原则。由于 HIV 基因易发生变异，因而引物应在保守区内设计，一般在 *pol*、*env*、*gag*、*tat* 基因中的核酸序列内设计。另外，HIV 感染的细胞往往很少，PCR 扩增的引物首先要具有特异地结合 HIV 相应基因能力，同时一般要采用巢式-PCR 方法来提高检测的灵敏性，并同时用其他逆转录病毒感染细胞的 DNA 作对照，然后通过 Southern 杂交及 DNA 序列分析，进一步确定扩增产物的特异性。

传染性非典型性肺炎（简称“非典”），又称严重急性呼吸道综合征（severe acute respiratory syndrome，SARS），是由一种新型冠状病毒（SARS-CoV）引起的，通过飞沫、粪便和尿液等多种途径传播的，传染性很强的、高病死率的急性疾病。临床起病急，以发热（>38℃）为首发症状，干咳、无上呼吸道卡他症状；可伴有畏寒、头痛、关节酸痛、肌肉酸痛、乏力、腹泻；严重者出现呼吸加速，气促，或明显呼吸窘迫，进一步发展为呼吸困难甚至衰竭。自 2002 年 11 月起，SARS 在亚洲开始流行，并迅速传播到全世界。

SARS 的诊断依靠流行病学、临床表现、放射诊断、血清学等实验室检查。荧光免疫检验法、ELISA 法可以可靠地检测出患者血清中的病毒抗体，但必须在患者的症状和体征出现大约 10 天后。PCR 是一种灵敏的早期的病原学诊。PCR 实验可以检测出在各种样本（血液、粪便、呼吸道分泌物、组织切片）中 SARS 病毒的遗传物质。PCR 实验的关键部分——引物的合成方法已经在 WHO 的官方网站的网络实验室上公布，并被世界上的许多国家所使用。目前，美国 CombiMatrix 公司已经研制成功 SARS 的诊断用芯片。

2004 年 1 月，《科学》杂志全文公布了中国课题组研究的 SARS 的分子流行病学，解析 SARS 冠状病毒分子进化规律的最新成果。该项研究通过来自广东和香港的 SARS 发展各阶段的 24 个患者的 18 株 SARS 冠状病毒分离株及 11 份含病毒生物样品的病毒基因组全序列测定，结合已经公开的其他 32 条人类 SARS 冠状病毒及 2 条果子狸的 SARS 样冠状病毒的基因组全序列进行生物信息学分析，在流行病学和分子进化概念上定义了 2002/2003 年间 SARS 流行的早、中、晚三期，也定义了每一阶段的基因组分子标记。认识到最早的病毒基因组类似于动物来源的 SARS 样冠状病毒。SARS 冠状病毒基因组的中性突变速度稳定，为艾滋病毒基因组的突变速度的 1/3。SARS 冠状病毒基因组各主要片段在疾病流行过程中，对于环境的选择压力有不同的反应：来自于环境的 SARS 冠状病毒感染人类初期，致病能力和传播力似乎较弱，疾病相对易于控制和治疗，但由于受到强大的选择压力，病毒变异快。其次，经过一段时间在人体上的适应，流行病进入中期，病毒的变异趋缓，但传播能力却比较强。最后，流行晚期的病毒基因组似乎十分稳定。因此，研究 SARS 病毒基因组序列对于认识这一新发传染病的起源和传播规律，提高临床诊治水平具有重要的意义。

2. 基因诊断在遗传病检测中的应用　在妊娠期甚至胚胎着床前进行产前诊断和携带者的检测，杜绝患儿出生，有利于优生优育。以往的产前诊断一般采用常规的细胞遗传学方法如检查染色体的核型及生化方法如测定酶的活力，需要将采取细胞的进一步培养，费时费力，而且很多疾病无法诊断。采用基因诊断技术，就可在很短的时间内作出正确诊断。对于产前诊断，初期是取羊水细胞，从 1982 年起采取妊娠 8～12 周的绒毛 DNA 作产前诊断获得成功，使产前基因诊断的时间提前。由于 PCR 技术的应用，甚至在胚胎植入前也可作产前诊断。目前已可对一系列的遗传病进行 PCR 诊断。

镰状细胞性贫血是美国黑种人中最常见的孟德尔遗传病（约 1/4000），是一种常染色体隐性遗传病。表现出镰状细胞性贫血的个体为突变基因的纯合子，而那些具有镰状细胞性状的个体为杂合子（即他们同时表达正常基因和镰状细胞基因）。对绒毛或羊水细胞进行 DNA 直接分析可以进行产前诊断。

（1）RFLP 诊断：已知限制酶 MstⅡ识别切割的顺序是 CCTNAGG，它能切割正常 β 链中 CCTGAGG 序列，但不能切割突变了的 CCTGTGG（A→T）。正常的 β-珠蛋白基因（β^A）和突变的β-珠蛋白基因（$β^S$）其第5～7位密码子序列分别为$β^A$：CCTGAGGAG；$β^S$：CCTGTGGAG，可见$β^S$在第6位密码子由原来的A变成T，从而使MstⅡ不能识别，因而比$β^A$少了一个识别位点。如果用β-珠蛋白的基因作为探针与MstⅡ酶切后的DNA样品进行Southern杂交，$β^A$出现1.15kb和0.2kb两个杂交片段，而$β^S$只出现1.35kb一个片段，这样就可能根据MstⅡ切点的有无所产生的不同长度的限制性片段直接对HbS进行基因诊断（图20-1）。图中1.15kb为正常人的β-珠蛋白基因的等位片段，而1.35kb为镰状细胞贫血症患者和携带者特有的等位片段。

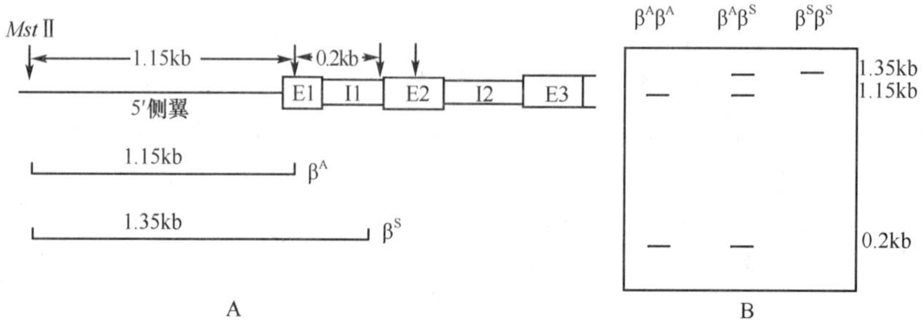

图20-1 用MstⅡ酶切，β-珠蛋白基因作探针的HbS基因诊断

A. β-珠蛋白基因5′侧翼区MstⅡ酶切位点模式图；B. 正常的β-珠蛋白基因（$β^A$）和突变的β-珠蛋白基因（$β^S$）；DNA MstⅡ酶切产物电泳图

除MstⅡ外，限制酶DdeⅠ（识别序列为CTNAG）也能够把正常的$β^A$基因与突变了的$β^S$基因区别开来，并用于诊断。

（2）ASO探针诊断：由于突变部位和性质已完全明了，也可以合成寡核苷酸探针，用^{32}P标记来进行诊断。此时需要合成两种探针，一种与正常$β^A$基因序列完全一样，能与之稳定地杂交；另一种与突变基因序列一致，能与$β^S$基因稳定杂交，但不能与正常的$β^A$基因杂交。根据杂交结果，就可以把发生了突变的$β^S$基因检测出来。PCR技术问世以来，ASO诊断又有新的改进，即先PCR扩增长约110bp的基因片段，然后再与ASO探针杂交。这样可减少目的基因DNA用量，并降低与基因组DNA杂交时的非特异性信号。

3. 基因诊断在肿瘤检测中的应用 肿瘤的发生和发展是一个多因素、多步骤的过程，基因结构和表达的异常是肿瘤发生的主要因素之一。正常细胞发展成癌细胞，一个基本的变化是细胞的生长失去控制。细胞生长受两类基因控制：一类为抑制细胞生长的抑癌基因；另一类为促进细胞生长的原癌基因。正常情况下，两类基因协同调控，使细胞生长处于平衡状态。如果抑制细胞生长的基因减弱，或者促进细胞生长的基因增强，都会使这一平衡失调，导致癌症的发生。基因诊断可对肿瘤的分类分型、进展、预后及治疗的效果进行指导。

肿瘤癌基因的变化包括癌基因扩增、过量表达和点突变。基因扩增是指染色体的某些区段基因拷贝数增加的现象，不少肿瘤伴随癌基因的扩增，如*c-myc*在M3白血病、结肠癌、小细胞肺癌中过度扩增，可以采用Southern杂交或定量PCR的方法进行检测。基因的过量表达既包含基因扩增基础上的过量表达，也包括DNA水平上基因没有扩增但表达量大大增加，基因过量表达可采用Northern杂交和RT-PCR方法检测。癌基因的点突变如*ras*家族基因点突变与肝癌、膀胱癌、肺癌和结肠癌有关，同时还存在突变热点，在*ras*家族基因中为16，61，59密码子等，突变检测主要采用基于PCR的各种方法。

抑癌基因突变以缺失和点突变为主，导致抑癌功能的丧失。由于一般抑癌基因是显性的，只有两个等位抑癌基因突变才能引起肿瘤，因而需要检出两个抑癌基因的突变才能充分说明问题。抑癌基因可以采用Southern杂交、PCR扩增的方法进行鉴定，由于抑癌基因的缺失往往是大片段的缺失，可以采用受累的RFLP位点并结合PCR的方法进行缺失检测，这种方法较适用于杂合性丢失的检测。抑癌基因点突变的检测主要采用 PCR 的各种方法。

须指出的是，由于癌基因、抑癌基因产物的不断明确，相应的单克隆抗体也应运而生，因而进行基因诊断的同时需要结合免疫组化筛选，这样才能提高检测的正确性和检测效率。

由于基因诊断发展的时间不长，人们对于基因，特别是致病基因的了解还有许多空白，因此许多疾病的诊断还要依靠其他方法。此外，基因诊断的发展并非取代和抛弃其他方法，而是相互补充，共同发展。例如，G-6-PD 缺乏症的诊断只需要作红细胞酶测定，而不需要基因分析作出诊断。基因诊断可以用于疾病的预测，但是也带来了社会学、伦理学等方面的问题。例如，亨廷顿舞蹈症和自毁容貌症等病发病较晚，如果在早期进行了诊断，必然会对患者的就业、婚姻、前途和身心健康造成严重后果，如果对结果保密，对社会而言又是不负责任的。还有许多疾病的基因诊断只具有相关性预测，不同的单位研究条件不同，所用方法的局限性不同，诊断的灵敏度也不一样，可能导致作出的结论有所差别。另外，由于 PCR 用于病毒性疾病的检测易于操作，很多公司都进行这方面的基因诊断试剂盒的生产和销售，但是质量难以控制，如何制订全国统一的规范化标准是一个亟待解决的问题。

4. 基因诊断在法医学中的应用 对生物个体识别和亲子鉴定传统的方法有血型、血清蛋白型、红细胞酶型和白细胞膜抗原（HLA）等，但这些方法都存在着一些不确定的因素。近年来对人基因结构的深入研究发现，有些具有个体特征的遗传标记可用于个体识别和亲子鉴定。

（1）DNA 指纹分析（DNA fingerprinting）：近年研究发现，人类基因组中许多位点存在着一种可变串联重复序列（variable number of tandem repeat，VNTR）。这种 VNTR 主要存在于基因的非编码区，重复序列是头对尾串联排列着。人类某些 VNTR 是由 20～50 个重复单位组成，每个单位含 15～100 bp，DNA 的长度为 1～5kb，较普通卫星 DNA（约 100 kb）小，所以称为小卫星 DNA（minisatellite DNA）。经研究发现 VNTR 有高度的多态性，在人群中的分布表现高度的个体特异性，甚至同一个体同源染色体的等位 VNTR 的重复单位数也不同，等位基因按孟德尔方式遗传。VNTR 区的重复单位数目不同，所以该区的 DNA 长度不同。但每一位点 VNTR 的核心序列却有高度的保守性，因此可认为 VNTR 是一种判断个体的遗传标记。

1985 年，Jeffreys 根据 VNTR 的特点，选择某些核心序列作为探针，并选用核心序列无切割位点的限制性内切酶如 Hinf1，对 DNA 样品进行酶解，然后作 Southern 印迹。图谱显示不同个体具有不同条带，如同人的指纹具有高度的个体特异性一样，因此把这种 Southern 印迹图称作 DNA 指纹图谱（DNA fingerprint）。实验证明，除同卵双生子有相同的图谱外，两个人不可能有完全相同的图谱，所以这种方法对个体识别、亲子鉴定、嫌疑罪犯的判断准确可靠。可是 Sourthern 印迹技术操作繁琐，所需时间长，需要 DNA 量较大，若 DNA 降解还会影响对结果的判断。所以，Jeffreys 又根据每一 VNTR 区翼侧保守序列设计引物，用 PCR 方法对该区进行扩增，因 VNTR 长度不同，所以产物经琼脂糖凝胶电泳，染色后，根据条带的不同，可以判断结果。这种方法既方便又省时，对部分酶解 DNA 也适用，对单根毛发、血斑、皮屑和精液都可进行分析。但有些 VNTR 重复片段较长，PCR 难以扩增。

（2）短串联重复（short tandem repeat，STR）多态性分析：20 世纪 90 年代初，发现人基因组中存在着数量众多的 STR，STR 的重复单元较短，核心序列含 2～4 bp，DNA 片段长度为 100～500 bp，故称为微卫星 DNA（microsatellite DNA）。与 VNTR 相同，有不少的微卫星 DNA 存在着个体间重复单元数目不同的多态性，所以是一种应用价值很高的遗传标记。又因为微卫星 DNA 较短，易进行 PCR 操作，也能适用于降解的 DNA 分析。目前，STR-PCR 技术在法医学中的应用已占主导地位。

VNTR 和 STR 除在法医学中的应用外，还用于遗传作图、基因定位及遗传疾病的诊断等。

第二节 基因治疗

许多疾病如遗传性疾病、肿瘤等与人体的基因异常有密切的因果关系。早在 DNA 重组技术之前就有人提出将正常基因导入患者体内进行基因水平治疗的设想。Edward Tatum 和 Joshua Lederberg 在 20 世纪 60 年代曾提出可利用病毒作为基因转移的载体。但直到 1990 年才成功地实现了用基因治疗手段尝试治疗腺苷酸脱氨酶缺乏症。到目前为止，已报道的基因治疗方案已超过百种。基因治疗的对象不再局限于遗传病，而被扩展到肿瘤和传染病等多种疾病。

一、基因治疗的概念

基因治疗（gene therapy）是指将外源正常基因导入靶细胞，以纠正或补偿因基因缺陷和异常引起的疾病，以达到治疗目的。也就是将外源基因通过基因转移技术插入患者的适当的受体细胞中，使外源基因制造的产物能治疗某种疾病。目前基因治疗的概念有了较大的扩展，凡是采用分子生物学的方法和原理，将某种遗传物质转移到患者细胞内，使其在体内发挥作用，以达到治疗疾病的目的的方法，都可称为基因治疗。随着对疾病本质的深入了解和新的分子生物学方法的不断涌现，基因治疗方法有了较大的发展。根据所采用的方法不同，基因治疗的策略大致可分为以下几种。

1. 基因矫正（gene correction） 指将致病基因的碱基进行纠正，而将正常部分予以保留。这种基因治疗方式最后也能使致病基因得到完全恢复，但操作上要求高，实践中也有难度，目前难以实施。

2. 基因置换（gene replacement） 就是用正常的基因通过体内基因同源重组，原位替换病变细胞内的致病基因，使细胞内的 DNA 完全恢复正常状态。这种治疗方法最为理想，但目前由于技术原因尚难达到。

3. 基因增补（gene augmentation） 将目的基因导入病变细胞或其他细胞，不去除异常基因，而是通过目的基因的非定点整合，使其表达产物补偿缺陷基因的功能或使原有的某些功能得以加强。目前基因治疗多采用这种方式。例如，将组织型纤溶酶原激活剂的基因导入血管内皮细胞并得以表达，防止经皮冠状动脉成形术诱发的血栓形成。

4. 基因失活（gene inactivation） 利用反义技术能特异地封闭基因表达特性，抑制一些有害基因的表达，以达到治疗疾病的目的。例如，利用反义 RNA、干扰 RNA、基因敲除、肽核酸、核酶技术等抑制一些癌基因的表达，抑制肿瘤细胞的增殖，诱导肿瘤细胞的分化。用此技术还可封闭肿瘤细胞的耐药基因的表达，增加化疗效果。

5. 免疫调节（immune adjustment） 将抗体、抗原或细胞因子的基因导入患者体内，改变患者免疫状态，达到预防和治疗疾病的目的。如将白细胞介素-2 导入肿瘤患者体内，提高患者 IL-2 的水平，激活体内免疫系统的抗肿瘤活性，达到防治肿瘤复发的目的。

6. 其他 增加肿瘤细胞对放疗或化疗的敏感性：采用给予前体药物的方法减少化疗药物对正常细胞的杀伤力。如向肿瘤细胞中导入单纯疱疹病毒胸苷激酶基因，然后给予患者无毒性 GCV 药物，由于只有含 HSV-TK 基因的细胞才能将 CGV 转化成有毒的药物，因此肿瘤细胞被杀死，而对正常细胞无影响。

总之，基因治疗的策略较多，不同的方法在实践中各有优缺点。而基因治疗本身也并不局限于遗传病的治疗，现已扩展到肿瘤、心血管疾病和感染性疾病等。但是基因治疗并不是万能的，尚不能取代现有的治疗方法，作为一种新的方法也还有很多需要进一步完善的地方。

二、基因治疗的基本程序

目前常用的基因治疗方法可以归纳为以下两种：一种方法是体外法（ex vivo），即将受体细胞在体外培养转移入外源基因，经过适当的选择系统，把重组的受体细胞回输患者体内，让外源基因表达以改善患者症状。这种方法是目前基因治疗普遍采用的方法。另一种方法称为体内法（in vivo），是直接将外源基因导入体内有关的组织器官，使其进入相应的细胞并进行转录、表达而发挥治疗作用。基因治疗的基本过程包括以下几个方面。

1. 选择治疗性目的基因　基因治疗的首要问题是选择用于治疗疾病的目的基因。对单基因缺陷的遗传病，其野生型基因就可被用于基因治疗，如用腺苷酸脱氨酶（adenosine deaminase，ADA）基因治疗 ADA 缺陷导致的重症联合免疫缺陷综合征（severe combined immunodeficiency disease，SCID）；另外，用血管内皮生长因子（VEGF）基因刺激侧支循环建立，治疗血管栓塞性疾病；用特定的反义核酸封闭细胞内活化的原癌基因的表达或向细胞内转入相关的抑癌基因以抑制肿瘤的生长等，都取得了不同程度的疗效。

用于基因治疗的基因需满足下列条件：在体内仅有少量的表达就可显著改善症状；该基因的过高表达不会对机体造成危害。在抗病毒和病原体的基因治疗中，所选择的靶基因应在病毒和病原体的生活史中起重要作用并且该序列是特异的，如针对 HBV 的 HbeAg 或 X 基因等。

应用重组 DNA 和分子克隆技术结合基因定位研究成果，已有不少基因被分离和克隆。在当代分子生物技术条件下，一般来说，只要有基因探针和准确的基因定位，任何基因都可被克隆。除此，现在既可人工合成 DNA 探针，还可用 DNA 合成仪在体外人工合成基因，这些都为基因治疗前分离克隆特异基因提供了有利条件。

2. 选择基因载体　外源基因只有整合到染色体中，变为其中一部分才有可能得到持续的高表达。因此，将功能基因送到体内，穿过细胞膜，进入细胞核与染色体整合，这是基因治疗成败的关键。基因转移需要一种安全、无毒的工具来携带外源基因进入细胞内，这种工具被称作载体。理想的载体应具有如下特征：①容易生产：载体应当能生产出达商业规模的高滴度产品。通常我们要传输大量的细胞，如果要广泛应用，载体还要适应商业生产、制造的需要，容易运输，有一定的保存期。②持续表达：载体一旦转入，应能在一定时间内持续表达基因产物，或通过某种方法精细地调节其表达。不同疾病可能有不同需要，如糖尿病需要经常调整其表达情况，血友病则需要终身持续表达。③弱免疫源性：载体转入后不应引起免疫反应。抗体反应将使第二次载体治疗无效，而细胞免疫可消灭基因转染后的细胞。④组织靶向性：只定向转输入某种特定细胞最为理想，特别是当靶细胞遍布全身时（如造血系统），或靶细胞只是多种细胞的一种时（如在脑组织中）。细胞或组织靶向性载体存在挑战性，但给基因治疗提供了更多种途径。⑤包装容量：载体对转染基因的大小应没有限制。为了提高外源基因的转染和表达效率，可能还需要加入适当的调节序列。⑥复制、分裂或整合能力：载体应能够将治疗基因特异地整合入靶细胞染色体的某个位置，即能特异性定位整合；或者以游离基因的形式存在于细胞核中，严格地随着细胞的分裂而分裂。定位整合最为理想，因为它消除了随机插入宿主染色体的盲目性，并且内源基因调节系统将发挥作用，控制治疗基因的生理表达。以游离基因的形式表达可使基因物质独立于周围染色质环境。如果要求载体在诸如干细胞的系统中有效发挥作用，游离基因的忠实复制和分裂是必需的。⑦感染分裂期细胞和未分裂期细胞：许多细胞如神经元细胞、肝细胞、肌细胞是分裂后期细胞，载体如能高效转染分裂期细胞和未分裂期细胞最为理想。

目前应用的载体分为两大类：非病毒载体和病毒载体。非病毒载体包括裸 DNA 和脂质体，非病毒载体相对来说可大量生产，毒性、免疫方面问题较少，但目前基因传输效率低，外源基因表达短暂。许多疾病需要转染基因持续、高水平表达，故病毒类载体成为有效传输基因的最佳工具。

病毒具有一些独特的性质如多数病毒可感染特异的细胞，且在细胞内不易降解；RNA 病毒能整合到染色体及表达水平较高等，因此病毒载体是良好的基因转运载体。目前已被用作载体的病毒有逆转录病毒、腺病毒、腺相关病毒等。

（1）逆转录病毒（retrovirus）：属于正链 RNA 病毒中的逆转录病毒科。逆转录病毒颗粒由类脂包膜和二十面体对称的核衣壳组成（图 20-2）。

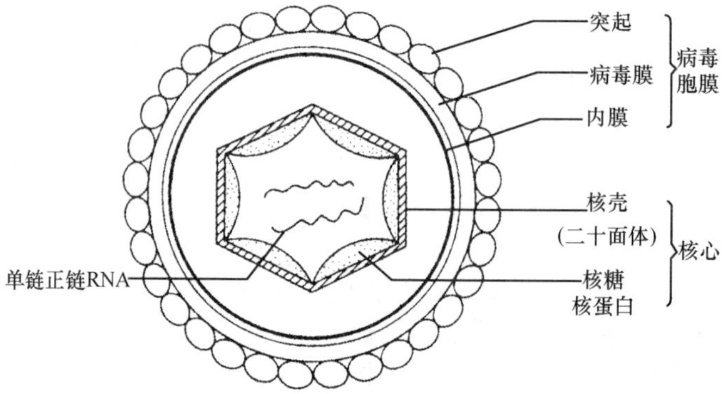

图 20-2 反转录病毒的结构示意图

基因组正链 RNA 具有与真核细胞 mRNA 类似的结构，即有 5′端帽子结构和 3′端 poly（A）尾结构（图 20-3）。每个单链可分为 6 个区域。从 5′端开始，这些区域依次是：

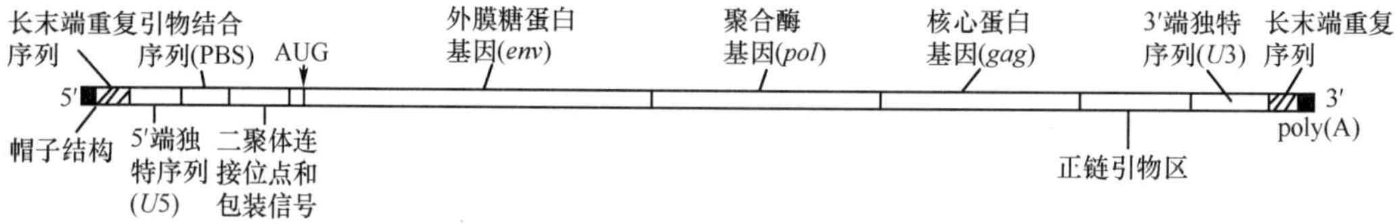

图 20-3 反转录病毒 RNA 基本结构示意图

长末端重复序列（5′-LTR）；组装时所必需的非编码序列称作 ψ^+；编码衣壳内部结构蛋白的基因（*gag*）；编码逆转录酶和整合酶的基因（*pol*）；编码外壳蛋白的基因（*env*）；3′长末端重复序列（3′-LTR）。简单地说，逆转录病毒的生活周期包括以下几步：①感染靶细胞；②利用自身编码的逆转录酶，以基因组 RNA 为模板合成 DNA；③将病毒 DNA 转运至细胞核；④病毒 DNA 整合到宿主染色体中；⑤以病毒 DNA 为模板转录 RNA，病毒 DNA 由 5′-LTR 区域中的强启动子启动；⑥在细胞质中翻译 Gag、Pol 和 Env 蛋白；⑦形成衣壳，两条 RNA 单链和逆转录酶一起被包装进衣壳；⑧包被衣壳后形成病毒颗粒并分泌到胞外。

逆转录病毒的主要局限是不能感染非分裂期细胞，一些组织如脑、眼、肺、胰腺等不宜直接进行体内基因转入。还有，转入机体的基因其转录常常失活。目前逆转录病毒仍然被广泛应用于分裂期细胞的基因转入，如肿瘤细胞和分裂期造血细胞。

逆转录病毒用作载体时需进行以下几点改造：①用重组 DNA 技术在野生型 RNA 前病毒中插入欲转移的相关外源基因并将之改造成 DNA 载体，即用选择性标记基因和外源基因替代病毒的编码基因。②制备辅助细胞为载体 DNA 提供其丧失的功能。③将载体 DNA 导入辅助细胞以产生病毒载体。④病毒载体感染靶细胞，外源基因在细胞内得以表达。

（2）腺相关病毒（AAV）：是一种小的、非致病的、单链 DNA 病毒，是一种有效好用的基因转运工具。顾名思义，它是病毒的成员之一，需要其他基因才能复制。这些基因由腺病毒或疱疹病毒提供。腺相关病毒本身有两个基因：*rep* 基因，编码病毒的复制、整合功能；*cap* 基因，编码病毒的结构组分。*rep* 和 *cap* 的两端各有一个反向末端重复（ITRs）。ITRs 定义病毒的开始和结束，并制约 DNA 序列的大小，将病毒基因包裹入衣壳。

病毒载体是用治疗基因替代 *rep* 和 *cap* 基因来构建的。Rep 蛋白和 Cap 蛋白由包装细胞产生，病毒复制还需要腺病毒蛋白参与。AAV 能通过 Rep 蛋白定点特异性整合到 19 号染色体。然而，由于载体不编码 *rep* 基因，进入靶细胞后并没有想象中那么高的特异性。AAV 载体另一个特征是染色体整合时易于发生同源重组。

细胞对 AAV 病毒亲和力高，因此 AAV 载体适用范围广泛，多数细胞某种程度上都可接受基因传输。人们正努力研究与细胞表面相结合的衣壳蛋白的受体和残基，以期设计出有限制性或靶向性亲和力的衣壳蛋白。在鼠、狗和猴的试验中，肌肉、肝脏、脑等长周期细胞的 AAV 载体基因表达持续存在。长期表达缘于载体随机整合和一些载体 DNA 以染色体外 DNA 形式存在。目前，基因表达起源于整合的 DNA 和染色体外 DNA 的比例尚不清楚。

AAV 载体的主要问题是 *rep* 基因和某些腺病毒辅助基因对包装细胞有毒性，病毒载体的扩增困难。目前能稳定、高滴度地生产携带目的基因的 AAV 载体的包装细胞系还没有报道。另一个问题是载体的编码容量限制于 4.5kb 左右。

（3）腺病毒载体：腺病毒是 DNA 肿瘤病毒家族成员，能造成人类良性呼吸道感染。游离基因含十余种基因，感染时病毒在细胞核中保持游离状态，能转染分裂期和非分裂期细胞。去掉 E1A、E2B、E3、D4、D2A 等病毒基因的复制缺陷型重组腺病毒可高滴度生产。

腺病毒载体的缺点在于传输基因不能持续表达。除空壳腺病毒载体尚不清楚外，其他所有腺病毒载体传输基因只表达 5～20 天。在免疫缺陷动物的肌细胞、神经细胞等长周期细胞内可观察到基因长期表达。目前观点较为一致：重组腺病毒载体传输基因短期表达是由于免疫反应所致。而这些载体恰恰可用于需要外源基因短期高水平表达时，如预防动脉狭窄和治疗肿瘤。几种常见病毒载体的特点比较列于表 20-1。

表 20-1　常用病毒载体特征一览表

特征	逆转录病毒载体	腺病毒载体	单纯疱疹病毒载体	腺相关病毒载体	牛痘病毒载体
插入能力	8kb	7～8kb	30kb	4.5kb	＞30kb
整合	是	偶尔	否	是	否
组织特异性	是	是	是	否	否
性质	仅感染分裂细胞	感染非分裂细胞	亲神经性感染 CNS 细胞	整合入非分裂细胞	宽宿主范围—用于免疫
服用途径	回体或直接注射	回体或直接注射，雾化吸入	回体或直接注射	可能只有回体	皮肤直接划痕
滴度	10^6～10^9cfu/ml	10^8～10^{10}cfu/ml	10^6～10^8cfu/ml	10^6～10^8cfu/ml	10^7～10^9cfu/ml
转基因表达间期	良好	短暂	短暂	可能好	短暂
转基因表达水平	中等	高	中等	中等	高
安全性问题	插入突变形成	炎性反应，插入突变形成	插入突变形成	蛋白 Rep 的毒性，插入突变	对免疫抑制患者危险

3. 选择靶细胞　理论上讲，无论何种细胞均具有接受外源 DNA 的能力，目前基因治疗中禁止使用生殖细胞作为靶细胞，而只能使用体细胞。选择靶细胞的原则是：①必须较坚固，足以耐受处理，并易于由人体分离又便于输回体内；②具有增殖优势，生命周期长，能存活几个月至几年，最后可延续至患者的整个生命期；③易于受外源遗传物质的转化；④在选用反转录病毒载体时，目的基因表达最好具有组织特异性的细胞。目前使用得较多的是骨髓干细胞、皮肤成纤维细胞、肝细胞、血管内皮细胞和肌细胞等。许多遗传病与造血细胞有关，故可用于如β-珠蛋白生成障碍性贫血、严重复合免疫缺陷病等的基因治疗。皮肤成纤维细胞易于移植和从体内分离，又可在培养中生长，并易存活，故有人用之于乙型血友病的基因治疗。有不少遗传病表现了肝细胞功能缺陷，因此，在家族性高胆固醇血症的治疗中，有将低密度脂蛋白（LDL）

受体基因转移至肝细胞的尝试。在动物实验中已证明：β-半乳糖苷酶基因、ADA基因、小肌营养不良蛋白（minidystrophin）基因都能在肌细胞中表达。总之，用于转基因的体细胞必须取材方便，含量丰富，容易培养，寿命较长。

（1）骨髓细胞：是最被重视和最常用的靶细胞，这是由于骨髓移植（BMT）有如下优点。①骨髓组织易于接受各种处理；②多年来应用身体或异体BMT治疗血液病和恶性肿瘤已累积了丰富的经验；③许多已知的遗传病都或多或少涉及骨髓细胞；④源自骨髓的细胞（如血细胞、组织巨噬细胞等）遍布全身，几乎存在于所有的器官和组织中，因而有可能应用经基因工程改造过的骨髓细胞来治疗一些并不直接与骨髓细胞有关的遗传病。但骨髓细胞作为基因治疗的靶细胞，也有一些缺点：①必须用基因工程改造骨髓“干”细胞，才能得到稳定的持久的治疗效果，但干细胞含量很少，仅占骨髓细胞的0.1%左右；②治疗基因在核骨髓细胞中的表达时间太短，不超过几个月，对于人的基因治疗来说实在太短了；③只有部分干细胞具有活性，因而治疗基因是否有效取决于是否大部分活性干细胞含有该基因；④骨髓造血干细胞的分化可能导致基因的失活；⑤有的遗传性疾病与骨髓细胞完全无关。

（2）肝细胞：许多遗传性代谢缺陷的靶细胞是肝细胞。近年来应用微载体技术（microcarrier）已克服了肝细胞不易移植的困难。如将肝细胞直接注入组织，由于没有附着点，肝细胞会迅速死亡。现将肝细胞附着于胶原覆盖的微孔膜，再植入皮下或腹腔，就可使肝细胞存活并表达外源基因产物。用肝细胞作为靶细胞治疗人类低密度脂蛋白受体缺乏症已获批准应用于临床试验。此外，还可用于治疗苯丙酮尿症、α_1-抗胰蛋白酶缺乏症等代谢异常的疾病。

（3）皮肤细胞：皮肤细胞包括成纤维细胞、角质细胞。它易于繁殖、体外转化，因而已被选用来研究血友病、血清蛋白病及糖尿病等激素缺陷疾病的基因治疗。

（4）淋巴细胞：淋巴细胞也很易采集、分离，在体外可大量繁殖。虽然其在体内生命期有限，但可连续、多次输入人体内。由美国国立卫生研究院（NIH）批准将基因治疗用于临床试验的首例疾病——ADA缺乏症就是用淋巴细胞作为靶细胞的。此外在肿瘤治疗中常用肿瘤浸润淋巴细胞（TIL），这种细胞对肿瘤有特异性，转入外源基因输回病人体内可重新集中分布于肿瘤所在部位。

（5）癌细胞：这是肿瘤治疗研究中常用的靶细胞。通过基因转移增加肿瘤细胞的免疫原性，或抑制癌基因的表达，或表达正常的抗癌基因的产物等来治疗肿瘤。在动物实验中已获成功，现正临床试验治疗迁移性黑色素瘤等。

其他基因治疗所用的靶细胞还有血管内皮细胞、肌细胞、胎儿细胞等。

4. 基因转移（gene transfer） 将目的基因导入靶细胞的方法很多，大致可分为物理学方法、化学方法、融合法和病毒感染法四类。物理学方法有核内显微注射、电穿孔、基因枪技术等，化学方法有磷酸钙沉淀法、DEAE-葡聚糖法、脂质体法等（表20-2）。在基因治疗的临床实施中，以病毒感染法为主。

表20-2 DNA导入哺乳动物细胞常见方法比较

胞核微注射法	直接注射	50%～100%转染	稳定表达	需要特殊仪器 处理样品数量少高效
电穿孔	高压在膜上形成微孔	效率较高	瞬时表达 稳定表达	需精密仪器 可用于动物、植物细胞和细菌
磷酸钙沉淀法	内吞作用	2%细胞被转染	瞬时表达	简单有效，常作首选方法 适用于贴壁、非贴壁细胞
DEAE-葡聚糖法	抑制核酸酶 内吞作用	在BDC-1、CV-1和COS细胞中较高	瞬时表达	操作简单
脂质体	脂膜融合	50%～60%转染	瞬时表达 稳定表达	操作简单 可用于体内试验

续表

胞核微注射法	直接注射	50%～100%转染	稳定表达	需要特殊仪器 处理样品数量少高效
原生质体融合	胞膜融合	50%～100%转染，稳定转化子得率为 0.02%～0.2%	瞬时表达 稳定表达	操作复杂 不能进行共转染 慎用于筛选营养缺陷型变异株

在目前的技术下，基因转染效率很难达到 100%。故必须首先将转导细胞和未转导细胞加以区分。常用的转导细胞筛选方法有：

利用基因表达产物筛选法：①标记基因筛选法：在载体上引入一个标记基因，或同时导入标记基因，在转染后的适当时间选用合适剂量的选择培养基，筛选标记基因表型，那些已导入外源基因的细胞将存活下来，而未转导的细胞则死于选择性细胞培养基。如在较多的载体中都有 neo^r 标记基因存在，若向培养基中加入 G418 进行选择，最后只有转导细胞存活下来。②基因缺陷型受体细胞的选择性：以基因缺陷型细胞作为靶细胞，将正常基因导入基因缺陷型靶细胞后，使用选择培养基进行筛选。例如，将 TK 基因导入 TK 的靶细胞，转导细胞可在 HAT 培养基中生长，未转导的细胞则不能在 HAT 培养基中生长。③基因共转染技术：将目的基因表达载体 DNA 和标记基因表达载体 DNA 混合后共同转移到靶细胞中，分别使用标记基因和目的基因对应的选择试剂进行两次筛选，最后得到复合转导的转化子。

分子生物学方法：外源基因是否真的转入靶细胞必须用分子杂交方法进行证实。常用的方法有原位杂交、Southern 杂交和斑点杂交，其中主要问题是探针的选择。若靶细胞内原来不存在所转入的目的基因，可选用目的基因作为探针；靶细胞内一般无标记基因存在，故标记基因是良好的探针。探针大小可以是较大的 DNA 片段，亦可是人工合成的 DNA 单链探针分子。PCR 方法目前也已用于转导细胞的鉴定，且该法相对简单易行。

5. 外源基因的表达及检测　在筛选出转化分子后还需要鉴定转导细胞中外源基因的表达状况。其中包括对目的基因和标记基因表达的鉴定。常用方法有原位杂交、Northern 杂交、RNA 点杂交、免疫组织化学染色等，前四项是检测外源基因转录生成的 mRNA，后者则是检测外源基因翻译生成的蛋白质。

6. 回输体内　将治疗性基因修饰的细胞以不同的方式回输体内以发挥治疗效果，如淋巴细胞可经静脉回输入血；造血细胞可采用自体骨髓移植的方法；皮肤成纤维细胞经胶原包裹后可埋入皮下组织中等。

基因治疗中的靶向问题是基因治疗中急待解决的问题。许多组织专一性表达的调节片段已研究清楚，把这些片段与目的基因一起重组入逆转录病毒可用于基因的靶向表达。

（1）肝专一性表达：肝专一性表达研究较多的是磷酸烯醇式酮酸羧激酶的启动子。McGrane 等用了转基因动物技术使该启动子表达外源基因，证明该启动子专一性地在肝和肾等中表达；Hatzoglau 等用 PEPCK 启动子与 *neo* 基因或牛生长因子重组入逆转录病毒载体，经腹腔注射入子宫感染鼠胎肝或注入门静脉并切除部分肝，证实前病毒可整合肝细胞基因组，并持续表达了 8 个月之久，而且牛生长因子表达量受食物刺激信号的调节。

另一个肝专一性表达的片段是 A-胰蛋白酶基因的顺式作用因子。Simon 等的研究表明，α-AT 基因上游是决定肝一性表达的片段，（–137～37）为最短的肝专一性表达的片段。Peng 等用 α-AT 的（–730～30）片段与 SV40 启动子融合驱动人苯丙氨酸羟化酶基因，使其在肝脏专一性表达，为苯丙酮尿症基因治疗奠定了基础。

（2）肌肉专一性表达：肌肉中高效表达的是肌苷激酶的调控片段。Johnson 等发现 MCK 调控区有两个增强子：一个位于（–1256～1049），决定肌肉和心肌专一性表达，另一个位于第一内含子（738～1599），只决定在心肌的高效专一性表达。Cox 等用这两个增强子使 Dystrophin

在肌肉的表达量增强50倍，完全纠正了mdr鼠肌肉病理变化，而且无副作用。最近，Yao等用2个MCK增强子（–1350～1048）使人凝血因子Ⅸ在肌母细胞中得到高效表达。

（3）乳腺专一性表达：在乳腺中专一性表达的基因有β-酪蛋白、乳清酸蛋白，鼠乳腺肿瘤病毒调控区中的负调控片段决定他们仅在乳腺组织中表达。

（4）黑色素瘤专一性表达：黑色素瘤特异性表达酪氨酸和酪氨酸相关蛋白（TRP）。决定酪氨酸专一性表达的片段是在该基因上游(–270～1),决定TRP-1专一性表达的区域为(–640～165)，Hart等用上述调控区与Gal报告基因融合，在人、鼠的黑色素瘤细胞中均检测到其表达。

（5）胶质瘤专一性表达：目前已知鞘磷酸碱性蛋白基因上游（–1300～1）片段决定其在胶质瘤细胞中的专一性表达，Miyao等用该片段与HTK基因融合，转染胶质瘤细胞，在1μM ganciclovir培养液中，90%胶质瘤细胞死亡，而对照组生长不受影响。

（6）肺癌专一性表达：人表面活性蛋白A是大多数肺癌表达的物质。Smith等用SPA-1上游（–2600～178）片段驱动HSV-TK基因，转化肺癌细胞株H441，给予ganciclovir后，H441大量死亡。

三、基因治疗的应用与展望

基因治疗目前主要是治疗那些对人类健康威胁严重的疾病，包括遗传病（如血友病、囊性纤维病、家庭性高胆固醇血症等）、恶性肿瘤、心血管疾病、感染性疾病（如AIDS、类风湿等）。

1990年Blease等用腺苷酸脱氨酶ADA基因治愈一位由于ADA基因缺陷导致严重免疫缺损的4岁女孩，致使世界各国都掀起了研究基因治疗的热潮。ADA缺陷症是一种常染色体隐性遗传性疾病，其基因定位于染色体20q13，cDNA长1533bP，编码362个氨基酸残基，患者没有正常的ADA基因，他们的缺陷基因不能产生功能性ADA酶。ADA缺乏的孩子一出生就有严重的免疫缺陷，十分容易受感染，有生命的危险。虽然ADA缺乏症能用PEG-ADA治疗，但这种药物十分昂贵。ADA缺乏症被选为第一个应用基因治疗的疾病有以下几点原因：这种疾病是由单个基因的缺陷导致的，基因治疗成功的可能性高；基因调控很简单，“总是开启”的状态，不像许多其他基因，调控很复杂；ADA的数量无需精确调控。即使很少量的酶也能受益，即使数量很多也能忍受。Blease等应用患儿外周血淋巴细胞作为靶细胞，进行了世界上第1例临床基因治疗研究。从患儿外周血分离出单个核细胞，用重组人IL-2和CD3单抗刺激T细胞增殖，以LASN逆转录病毒载体转染，使ADA基因稳定整合，扩增T细胞后回输。治疗后患儿T细胞数上升，细胞和体液免疫功能及临床症状明显改善，随访5年仍可在两名患儿体内T细胞中测得转入的载体序列，其他免疫指标检测也证实其长期作用。

1991年我国复旦大学遗传学研究所与第二军医大学长海医院血液科合作进行了血友病B基因治疗的研究。血友病B又称凝血因子Ⅸ（factor Ⅸ，FⅨ）缺乏症，是一种性连锁隐性遗传性出血性疾病，其基因位于Xq26.3-27.1，编码顺序长1383bp。该方案应用XLCIX和N2CMVIXC9逆转录病毒载体转染患者的成纤维细胞，以细胞原悬液注射到患者皮下，使患者血浆中FⅨ抗原和FⅨ活性升高1～2倍，并持续2年以上，鼻出血等症状有所好转，每年所需输血次数减少。此后又进行了2例血友病乙基因治疗，随访4～7年未发现与基因治疗相关的毒副反应，但转入的Ⅸ因子表达水平仍有待进一步提高。

Wilson等治疗了家族性高胆固醇血症（familial hyperchlosterolaemia，FH）。FH是一种由低密度脂蛋白受体（low density lipoprotein receptor，LDLR）功能或表达异常所致的遗传病，有两种遗传方式，一种为多基因遗传，另一种为常染色体显性遗传。LDLR基因位于染色体19p13.2，编码顺序为2.5kb。该方案经部分肝切除获取原代培养的肝细胞，在体外应用含LDLR cDNA的逆转录病毒载体感染后回输，LDLR cDNA由β-actin启动子和CMV早期基因增强子控制转录，基因转染效率为 20%～100%。移植物经门静脉注射植入肝脏，患者血液中 LDL 水平较治疗前下降约 30%，LDL/HDL（高密度脂蛋白）之从治疗前的 10～13 下降至 5～8，这一水平维持了 18 个月以上。由于该方案需要切除患者约 1/3 的肝脏，目前已经停止研究，认为不经改进不宜进一步扩大应用。

基因治疗最初是以治疗单基因遗传病为主，而现已广泛应用于肿瘤等疾病的治疗研究。肿瘤基因治疗的原理是将目的基因用基因转移技术导入靶细胞，使其表达此基因而获得特定的功能，继而执行或介导对肿瘤的杀伤和抑制作用，从而达到治疗的目的。肿瘤的基因治疗中常用的策略包括基于免疫学原理的导入细胞因子基因（如 IL-2、γ-IFN、TNF 等）以产生抗瘤效应；导入共刺激分子 B7 基因，以增强体内 T 细胞介导的抗瘤功能；导入组织相容性复合（MHC）基因，以增强肿瘤细胞的免疫原性等；针对不同抑癌基因（如 *p53*、*Rb*、*nm23* 等）的缺失或失活在肿瘤细胞发生、发展及转移过程中所发挥的不同作用，导入相应的抑癌基因，治疗已发生的肿瘤或防止肿瘤的转移；导入特定反义核酸抑制原癌基因的过度表达也可用以肿瘤的治疗；将自杀基因（如 TK、CD 基因等）导入肿瘤细胞，利用药物特异杀伤肿瘤细胞。而在心血管疾病的基因治疗中，研究者利用 t-PA（组织纤溶酶原激活物）或 pro-UK（尿激酶原）基因来防止血栓形成；用 LDL 受体基因，*apoA Ⅰ*基因来治疗高脂血症；用 C-myc、N-ras、p53、IGF-1R 的反义寡苷核酸抑制血管平滑肌细胞的增殖；用血管紧张素亚型Ⅰ（AT1）受体 mRNA 反义寡核苷酸，心钠素（ANP）基因治疗高血压病等，均在实验室或临床实验中初步获得成功。

由于基因治疗在医学和伦理道德方面产生很多新的问题，因此自 1985 年以来美国制定了一系列有关基因治疗的规定。现在进行基因治疗的试验不但要得到地方一级的专门委员会批准，而且还要通过国家一级 3 个权威机构的审查，这 3 个机构是 NIH、重组 DNA 指导委员会（Recombinant DNA Advisory Committee，RAC）及 FDA，这就保证了基因治疗用于人体临床试验的安全性和可靠性。

尽管基因治疗从原理上来看应该是效果很好的，但在实际应用中还有很多问题有待解决。首先是外源基因的表达效率问题。由于在外源基因的上游加了强有力的启动子和增强子，在细胞体外培养时，转入的外源基因得到很高的表达。但当将这些细胞移植到体内后，外源基因的表达显著下降，有些基因甚至下降了 1500 多倍，具体机理尚不清楚，可能牵涉细胞所处的环境对基因表达的影响。

其次是外源基因表达调控问题。现在试验的基因治疗都是让外源基因持续表达来进行治疗的，但是很多疾病的治疗需要基因能随着需要而开关，譬如胰岛素基因治疗糖尿病时就需要随着血糖升高而开放表达基因，当血糖降低时需关闭基因，如持续表达则会引起患者的低血糖。但由于精确的基因调控机制目前所知甚少，因此治疗基因还不能做到按需开关。这类疾病的基因治疗还有待将来对基因调控的详细了解后才能够实行。

另外在一些遗传性疾病的基因治疗中还会面临免疫问题。机体防御机制包括细胞水平和体液水平，前者产生细胞毒性 T 淋巴细胞，后者产生病毒蛋白的抗体。细胞免疫可消除基因转染的细胞，体液免疫通过激活记忆细胞产生抗体妨碍重复应用载体。机体还可将转入基因产物当成异物，同时发生细胞免疫和体液免疫。患者由于基因缺陷而先天缺失某种蛋白质，当外源基因在患者体内表达这种蛋白质时，这种蛋白质会被免疫系统识别为外来抗原而引起免疫反应。因此如何避免或克服免疫反应是基因治疗面临的又一问题。

基因治疗另一个潜在的风险是逆转录病毒载体是随机地将外源基因插入宿主基因组，如插入不当，可能会破坏另一个基因的表达或激活其他的基因。有人担心将来会产生癌症，虽然从目前动物试验和临床尚未发现这种副作用，但随着时间推移，是否会产生类似的问题尚难预料。为了保证安全，现都用缺陷型逆转录病毒来携带外源基因，它的扩增需要另一个缺陷型辅助病毒的帮助。这样当 2 个缺陷型病毒在一起时，才有可能通过重组产生新的野生型病毒，虽然这种重组可能性很低。另外，在实验操作时有可能将辅助病毒污染重组病毒，造成病毒在宿主大量扩增。因此为了降低这些可能性，一些研究人员正在试验让辅助病毒同时产生两种或三种缺陷，这样一定要 3 个或 4 个缺陷型病毒在一起才能扩增带外源基因的重组型病毒，要通过重组产生野生型病毒的概率就非常低了。

现在用于临床基因治疗试验主要是寿命较短的细胞，这样患者就需要重复输入带外源基因的细胞，医疗费用是非常巨大的，将来就很难普及开展。因此选择合适的靶细胞以使基因治疗效果能长期维持，最好能一劳永逸地解决问题是基因治疗要解决的又一问题。

与此同时，基因治疗在医学实践中进展仍比较缓慢，究其原因不外乎：

（1）从基础研究到临床实践需要分子生物学家和临床医生的很好结合，目前的临床试验方案都还太复杂。基因治疗的成功应用还有待于基础科学研究的加强。

（2）长期安全性的问题还是存在，也限制了临床应用的发展，这需要社会公众的支持和合作。

（3）伦理道德方面的争论也是影响因素之一。

（4）简单的基因缺失一般通过基因转移技术在细胞培养中便可纠正，但临床应用上却是另一回事，反映出 in vitro 和 in vivo，基础技术和临床应用间的差异性。

如上所述，基因的治疗还面临着很多问题需要解决，但它的理论基础和强大生命力是显而易见的。基因治疗作为一种全新的治疗方法，是追根溯源、革新到底的医疗手段。遗传性代谢缺陷症、肿瘤、AIDS 等的治疗使人们伤透了脑筋，主要原因就在于，其病因在基因水平，许多方法只能抵挡一阵。若要从根本上来去除病因，基因治疗应是未来的理想手段。随着人类基因组计划的实施和大批新基因的发现及新技术的发展，预期未来 10～20 年内，基因治疗将获得重大突破，成为一种常规的治疗手段。

思 考 题

1. 试述基因诊断的概念及其意义。
2. 基因诊断有哪些常用技术方法？

（王明华　周迎会）

第3篇　临床及专题篇

第21章　心血管疾病的分子机制

心血管系统是一个向细胞和从细胞运送物质的器官系统，是一个完整的封闭的循环管道，它以心脏为中心通过血管与全身各器官、组织相连，血液在其中循环流动。心脏是一个中空的肌性器官，它不停地有规律地收缩和舒张，不断地吸入和压出血液，保证血液沿着血管朝一个方向不断地向前流动。血管是运输血液的管道，包括动脉、静脉和毛细血管。动脉自心脏发出，经反复分支，血管口径逐渐变小，数目逐渐增多，最后分布到全身各组织，成为毛细血管。毛细血管呈网状，血液与组织间的物质交换在此进行。毛细血管汇合成为静脉，小静脉汇合成大静脉，最后返回心脏，完成血液循环。

心血管系统疾病是人类最常见的一类疾病，已成为当今世界人口的第一大死因。在我国，随着人口老龄化加速，人民生活水平提高，生活节奏加快，饮食习惯向高热、高脂发展，人群中高血压、高血脂、心力衰竭、脑卒中等心血管系统疾病也已成为危害人群健康及生命的严重疾病之一。

第一节　心血管疾病的分类和特征

一、心血管疾病的分类

心血管疾病是一类与心脏和血管（包括动脉和静脉）有关的疾病。这类疾病包括：动脉硬化、冠状动脉疾病、心肌病、心律失常、心瓣膜疾病、心力衰竭、正立性血压过低、休克、心内膜炎、主动脉及其分支疾病、外周血管病、先天性心脏病等。

二、心血管疾病的主要特征

心脏病没有单一的特异症状，只是某些症状能提示心脏病存在的可能性。心脏病症状主要包括：胸痛、气促、乏力、心悸、头晕目眩、晕厥等。

胸痛：心肌不能获得足够的血液和氧（称为心肌缺血）及过多代谢产物堆积都能导致痉挛。在不同的个体之间，这种疼痛或不适感的类型和程度都有很大的差异。有些患者在心肌缺血时，可能始终没有胸痛发生，称为隐匿性心肌缺血。

气促：是心力衰竭的常见症状，是液体渗出到肺脏中肺泡间质的结果，称为肺充血或肺水肿，类似于溺水。随着心力衰竭的加重，轻微活动时也可发生气促，直至静息状态下都出现气促。

乏力：当心脏泵血能力下降时，活动期间流向肌肉的血液不足以满足需要，此时患者常感到疲乏与倦怠。但这些症状常难以捉摸，不易引起患者的重视。

心悸：与其他症状如气促、胸痛、乏力和倦怠、眩晕等一道出现时常提示有心律失常或其他严重疾病存在。

头晕和晕厥：由于心率异常、节律紊乱或心泵功能衰竭导致的心输出量减少可引起头晕和晕厥。这些症状也可由大脑或脊髓疾病引起。强烈的情绪波动或疼痛刺激神经系统也可导致头晕和晕厥。

三、心血管疾病的案例及临床表现

（一）动脉粥样硬化的临床案例与临床特征

1. 动脉粥样硬化的临床案例

患者，男性，63 岁，因阵发性胸闷，心悸，头晕，乏力就诊。

病史：确诊为冠心病心绞痛 12 年，急性前间壁心肌梗死 2 年余。胸闷憋气，气短自汗，心绞痛时时发作，尤以天阴或晚间为著。每次发作需吸氧，含服硝酸甘油。近半月来心绞痛发作频繁，含服硝酸甘油不能缓解，并伴有室性期前收缩，房室Ⅱ度一型传导阻滞。

检查：血压 19.5/13.5kPa（146/102mmHg），心律 78 次/分，律不齐，心界不大，第一心音低钝。肝肋下触及，脾未触及。

辅助检查：心电图示Ⅱ、Ⅲ、avF、V5、V6 导联 ST 段下移 1.0～1.5mv，房性或室性期前收缩、右束支传导阻滞、Ⅱ度房室传导阻滞、房室交界性心律。脑血图示轻度血管阻力增大，弹性减退。胆固醇 8.28mol/L（320mg/dl），三酰甘油 2.71mol/L（240mg/dl）。

诊断："冠状动脉疾病"、"阵发性房颤"。

2. 动脉粥样硬化临床特征 急性冠脉综合征（acute coronary syndrome，ACS）是以冠状动脉粥样硬化斑块不稳定为基本病理生理特点、以急性心肌缺血为共同特征的一组综合征。按照 ST 段是否抬高来划分，ACS 包括：不稳定性心绞痛（UA）、无 ST 抬高的心肌梗死（NSTEMI）、ST 抬高的心肌梗死。ACS 具有发病急、变化快、死亡率高但可救治的基本特点，且在急性胸痛就诊者中所占比例较大。

急性心肌梗死患者的胸痛多表现为更严重，持续时间更长（数小时或数天），常发生于清晨，多无明显诱因，可伴有烦躁不安、大汗、恐惧或濒死感，休息或含服硝酸甘油不能缓解。少数患者可表现为无痛性心肌梗死，严重者可以休克或心力衰竭为首发表现。其全身表现尚有发热、心动过速、胃肠道症状，体格检查可发现心率失常、低血压、心功能不全、房或室性奔马律、心包摩擦音及收缩期杂音等。

3. 问题

（1）动脉粥样硬化的病因及发生发展机制是什么？

（2）家族性高胆固醇血症的分子遗传机制是什么？

（3）高脂血症和炎症与动脉粥样硬化的关系是什么？

（二）心肌肥厚的临床案例与临床特征

1. 心肌肥厚的临床案例

患者，女性，38 岁。因活动后心悸、气短，眼发黑入院。

病史：心悸、气短 8 年，加重伴反复眼发黑 2 年。

既往史：其母亲死于肥厚型心肌病，1 个妹妹患肥厚型心肌病。

检查：BP14/8.8kPa（106/66mmHg），心界向左下扩大，心前区无震颤，心律不齐，有早搏，心尖部可闻及 3/6 级收缩期吹风样杂音，传导不明显。

辅助检查：心电图示窦性心律，左房扩大，完全性右束支传导阻滞，房性期前收缩，室性期前收缩，短阵室性心动过速（简称室速）。超声心动图示左房内径 52mm，左室舒张期内径 61mm，室间隔 13mm，左室后壁 11mm，LVEF49%，心功能四级，二尖瓣中等量反流，主动脉瓣、三尖瓣少量反流。

临床诊断："肥厚型心肌病"，"心功能四级"。

2. 心肌肥厚的临床特征 肥厚型心肌病（hypertrophic cardiomyopathy，HCM）病因不明确，HCM 可呈家族性发病，也可呈散发性发病，据流行病学调查资料散发的约占 2/3，有家族史者占 1/3，男女比例为 2∶1。遗传方式以常染色体显性遗传最常见，同一家族中的 HCM 心肌肥厚分布的主要部位可不同。HCM 的猝死主要原因多为心律失常。

HCM 的突出特征是不对称型进行型心肌肥厚。根据心肌肥厚的部位和程度的不同，分为两种类型：①以室间隔肥厚为主致流出道阻塞的称为肥厚梗阻型心肌病；②心肌肥厚而无流出道阻塞的称肥厚非梗阻型心肌病。主要临床表现为呼吸困难、心绞痛、晕厥、心悸、乏力、心脏扩大、心尖部和胸骨左缘第 3 及第 4 肋间收缩期粗糙的喷射性杂音。

3. 问题

（1）肥厚型心肌病的细胞病理生理学基础是什么？

（2）导致心肌肥厚的刺激因素和应答基因是什么？

（3）心肌肥厚发生发展的细胞内信号转导途径是什么？

（三）心律失常的临床案例与临床特征

1. 心律失常的临床案例

患者，女，27 岁，主诉咳喘 1 周，心慌气短，不能平卧入院。

病史：患者 10 年前体检胸透时发现心脏扩大，9 年前在某医院诊断为"先天性心脏病"。1 年前安静时自觉胸闷气短，心悸，活动后加重，夜间不能平卧。1 个月后，上述症状进一步加重，并出现尿少和双下肢水肿。1 周前因受凉感冒，又出现心慌气短，半天来症状加重，遂急诊收住院。

既往史：无结核病和风湿病史；其母患高血压，姑母患"心脏病"早年亡故，两个弟弟有心脏病，均有心脏杂音，其中一人拍 X 线胸片见心脏扩大。

检查：体温 37.4℃，脉搏 200 次/分，血压 13.2/9.27kPa（100/70 mmHg）。两颊紫红，口唇发绀，颈静脉怒张；两肺未闻啰音，叩诊心界向两侧扩大，心率 200 次/分，呈奔马律。腹软，肝大，下界在右肋下 6 cm，质中等，有压痛，脾未触及；双下肢明显水肿。生理反射存在，病理反射未引出。

辅助检查：心电图示室上性心动过速。X 线胸片示心脏向两侧极度扩大，呈球形，两肺门不清晰；超声心动图未见心包积液。血、粪常规，血沉，尿素氮，肝功能，HBSAg，A/G 比值和血电解质均正常。血浆二氧化碳结合力 36.7 vol%，尿蛋白（++）。

临床诊断："心律失常"，"阵发性室性心动过速"。

2. 心律失常的临床特征　由于各种原因引起心脏节律或频率的异常称为心律失常。也就是指心搏起源部位，心搏频率与节律及冲动传导前任何一项异常，均称为心律失常。

心律失常多见于各种器质性心脏病，其中以冠心病、心肌疾病和风湿性心脏病为多见，尤其在发生心力衰竭或急性心肌梗死时。主要表现为心慌，头晕，胸闷憋气，脉率不齐，有间歇，严重时失去知觉，血压下降，心脏停搏。心律失常有些人为阵发性的，平时发作很厉害，但到医院做心电图检查时又正常了，这种情况往往要做 24 小时连续、动态心电图进行观察，才可得到较为可靠的结果。

3. 问题

（1）QT 间期延长综合征的细胞分子机制是什么？

（2）引起 QT 间期延长综合征的相关基因是什么？

（3）引起遗传性心律失常的常见基因突变是什么？

第二节　动脉粥样硬化的分子机制

动脉粥样硬化（atherosclerosis，As）是指动脉某些部位的内膜下有脂质沉积，同时有平滑肌细胞增殖和纤维基质成分蓄积，逐步发展形成动脉硬化性斑块，斑块部位的动脉壁增厚、变硬，斑块内部组织坏死后与沉积的脂质结合，形成粥样物质，故称粥样硬化。

动脉粥样硬化性疾病包括：

（1）动脉粥样硬化性心脏病：冠心病，心绞痛，缺血性心脏病，心肌梗死，急性冠脉症候群，心律失常，心力衰竭。

（2）动脉粥样硬化性脑血管病：脑血栓形成，脑卒中，脑梗死，血管性痴呆。

（3）动脉粥样硬化性外周血管病：闭塞性肢体缺血，闭塞性肾动脉缺血，闭塞性内脏缺血，腹主动脉瘤。

一、动脉粥样硬化的危险因素与发病机制

（一）动脉粥样硬化的危险因素包括传统危险因素、新显现的危险因素和潜在的危险因素

1. 传统危险因素 血脂异常、高血压、吸烟、糖尿病、肥胖、代谢综合征等。

2. 新显现的危险因素 脂蛋白（a）、三酰甘油、高同型半胱氨酸血症、凝血和纤溶功能异常、感染、炎症反应、氧化应激等。

3. 潜在的危险因素 饮食、年龄和性别、体力活动、心理社会因素、遗传因素等。

（二）动脉粥样硬化的发病机制

动脉粥样硬化是以动脉壁脂质沉着并伴有纤维性增生为特征的病理改变。

1. 脂质浸润入动脉内膜主要有以下三条途径

（1）血液脂质的主要成分：胆固醇和三酰甘油均与载脂蛋白结合以脂蛋白形式在血浆中转运，它们非选择性地随血浆其他成分一起浸润入动脉壁，这条途径主要是通过细胞间隙的过滤作用，血浆中脂蛋白成分多数通过这条途径进入动脉壁。

（2）脂蛋白颗粒：通过内皮细胞受体介导的入胞途径，由被覆陷窝、被覆小泡运输至溶酶体，胆固醇被利用以合成自身的膜。

（3）血浆中脂质：由内皮细胞血管腔面的胞膜小泡摄取，通过穿胞作用进入内皮下间隙。这种穿胞作用可能是低密度脂蛋白（low density lipoprotein，LDL）通过动脉内皮细胞的主要途径之一。当滞留于内皮下的LDL经过氧化修饰形成氧化低密度脂蛋白（ox-LDL）之后，ox-LDL再通过清道夫受体介导进入细胞并大量聚积，导致泡沫细胞形成。

2. 高脂血症、炎症和氧化应激参与动脉粥样硬化发生发展 在As发生过程中最早出现的变化是内皮对脂蛋白及血浆其他成分的通透性增高，细胞黏附分子分泌增多，促使血小板、粒细胞、单核细胞等细胞黏附于血管内皮，释放多种生物活性因子，触发炎症反应。后续出现的脂质条纹的形成是As病变形成的重要病理过程。脂纹的细胞成分中最初只包含单核-巨噬源性泡沫细胞及T细胞，后来平滑肌细胞吞噬大量脂质转变成泡沫细胞，成为构成脂质条纹的主要细胞成分之一。这一阶段包括平滑肌细胞的迁移，T 细胞的活化，泡沫细胞的形成和血小板的黏附与聚集。趋化因子对脂纹形成过程中巨噬细胞的趋化和聚集有着重要作用。

高血脂时体内自由基产生和清除平衡被破坏，许多自由基清除剂（如SOD、CAT）活性降低，产生大量的脂质过氧化物（lipid peroxide，LPO），LPO直接损伤内皮细胞，导致内皮细胞的退行性变化和通透性改变，LPO的产物丙二醛（MDA）极易修饰LDL，成为MDA-LDL后，致炎性细胞浸润并释放各种生长因子，刺激中膜平滑肌细胞移行于内膜增生，吞噬及分泌大量间质成分，形成As病变；LPO引起前列环素/血栓素A_2（PGI_2/TXA_2）失调，血小板聚集性加强，释放5-羟色胺（5-HT）等，并增强凝血活性。这些因素相互影响，相互作用，从而促进病变的形成。

二、高脂血症致动脉粥样硬化机制

（一）细胞胆固醇的转运途径

细胞对胆固醇的摄取途径是通过细胞对脂蛋白的摄取再转交给溶酶体，这是最经典的途径（图 21-1）。除此之外，细胞还可经其他途径摄取胆固醇，如通过吞噬、胞饮和非特异性吸收内吞小体。实际上，除了肝细胞和类固醇生成细胞，其他细胞通过非 LDL-R 途径的胆固醇摄取是最本质的，即使在肝脏，当 LDL 血浆水平高时也是一种非常重要的途径。一旦被摄取进入溶酶体，脂蛋白核心的胆固醇酯可被溶酶体内的一种分子质量为 41kDa 的酸性溶酶体胆固醇酯水解酶水解为非酯化（游离的）胆固醇和游离脂肪酸。胆固醇酯（cholesterol ester，CE）来源的游离胆固醇（free cholesterol，FC）及来自脂蛋白颗粒的游离胆固醇从溶酶体输出。虽然细胞摄取胆固醇的溶酶体途径占主导，但细胞膜表面的胆固醇摄取途径在细胞内胆固醇的代谢过程也起到非常重要的作用。此外，存在一种高容量低亲和的经细胞膜表面从 LDL 摄取游离胆固醇的途径，该途径主要存在于缺乏 LDL-R 的细胞，而且，进入细胞后的游离胆固醇，极容易被酯化为胆固醇酯。在肝细胞和类固醇生成细胞，还存在一种经高密度脂蛋白受体 SR-BI 选择性摄取胆固醇酯的途径。细胞还能够摄取非脂蛋白胆固醇，该途径主要存在于小肠黏膜细胞对膳食源和胆汁源胆固醇的摄取过程。膳食中的胆固醇酯被胰腺分泌的胆固醇酯水解酶水解成为游离胆固醇，而胆汁源胆固醇均为游离型。

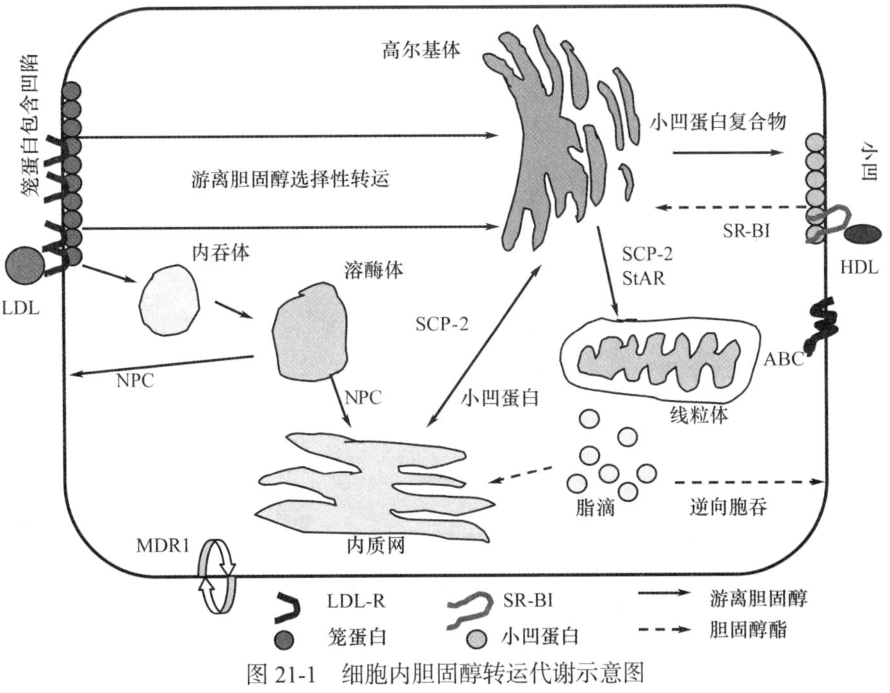

图 21-1　细胞内胆固醇转运代谢示意图

LDL：低密度脂蛋白；SR-BI：B 类 I 型清道夫受体；StAR：类固醇急性调节蛋白；HDL：高密度脂蛋白；SCP-2：固醇运载蛋白 2；NPC：C 型尼曼皮克蛋白；MDR：多药耐药（膜蛋白）。

低密度脂蛋白（LDL）经受体（LDL-R）途径结合于细胞膜，在笼形蛋白作用下形成凹陷，LDL 与其受体一同被内化形成内吞体，与溶酶体融合形成次级溶酶体，脂蛋白被降解，受体被循环利用。在 NPC 作用下，胆固醇与其他成分被分拣。细胞内被酯化胆固醇在胞质内脂滴形成蛋白协助形成脂滴耳蓄积。胆固醇运出细胞的途径主要有被动弥散、异化扩散、转运体介导（如 ABCA1、ABCG5/8 等）。游离胆固醇及胆固醇酯在细胞内可进行重分布，多种蛋白和酶类参与这一过程，如小凹蛋白、固醇转运蛋白等。多药耐药膜蛋白（MDR1）可介导胆固醇的快速细胞穿梭，满足某些细胞对胆固醇的利用

（二）动脉壁泡沫细胞及动脉粥样硬化病变的形成

1. 低密度脂蛋白的氧化性修饰及细胞内脂质蓄积 当血浆LDL超过正常水平，LDL就会蓄积在内膜而且会被氧化修饰，形成氧化型LDL，然后能通过表达黏附分子结合到白细胞的同源性配体促发炎症，在化学趋化因子的作用下促进白细胞渗透到血管外。同时，在血管壁，M-CSF刺激单核细胞表达清道夫受体并且吞噬修饰的脂质微粒，这样就形成了泡沫细胞，即As的早期损害。

2. 细胞黏附性增加及炎症性反应 一旦与内皮细胞发生黏附后，白细胞即开始向内膜下迁移，在这一过程中趋化分子起重要的作用。例如，MCP-1可以使单核细胞直接进入内膜下；T细胞趋化因子家族可以促进淋巴细胞向内膜下迁移。单核细胞迁移入内膜下，形成巨噬细胞。之后，一些炎症介质如M-CSF能增加巨噬细胞表面清道夫受体的表达，使巨噬细胞吞噬脂蛋白形成泡沫细胞。M-CSF等炎症介质还能促进巨噬细胞的免疫应答。在各种炎症因子的作用下，大量中膜平滑肌细胞及肌源性泡沫细胞穿过内弹力板进入内膜下。

3. 平滑肌细胞被激活与斑块的生长 当血管平滑肌细胞释放基质，纤维性组织变性便开始了，原来静止的中层平滑肌细胞会迁移到血管内形成纤维性脂斑，即As的中期损害。如果持续危险因素存在，损害会进一步增加，血管内会聚集白细胞发生炎症过程。T细胞会通过结合CD40配体激活巨噬细胞，激活后的巨噬细胞会分泌大量的炎症介质，如MMP-1等。MMP-1能降解斑块的保护性纤维帽和基质大分子，使斑块易破裂。破裂的斑块能进一步释放组织因子激活凝血酶原而产生血栓和急性心肌梗死。

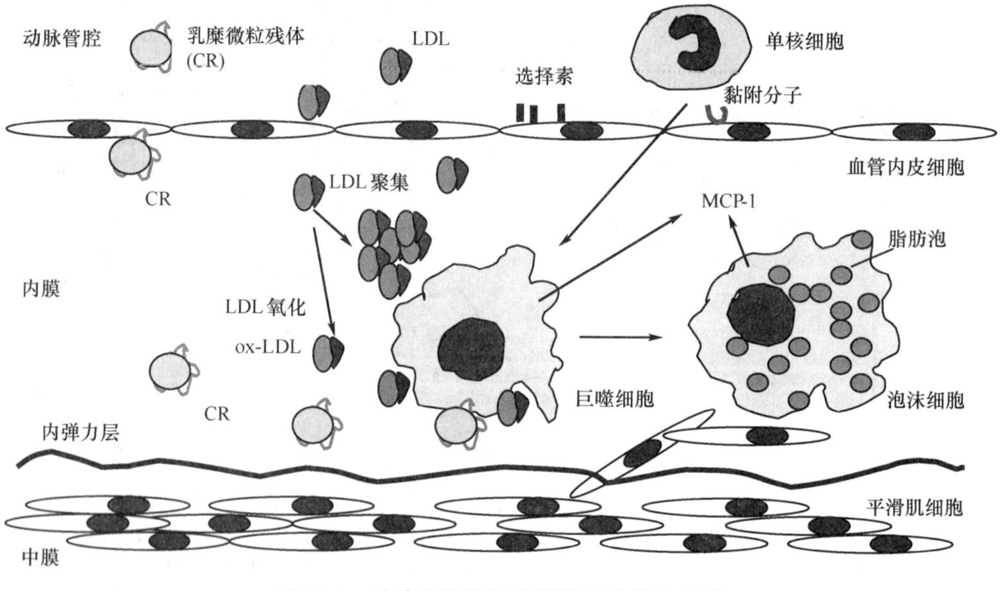

图21-2 动脉壁泡沫细胞的形成过程示意图

循环血液中脂蛋白乳糜微粒残体（CR）和低密度脂蛋白（LDL）通过血管内皮受体和非受体途径穿过内皮层进入内皮下间隙，滞留于内膜下间隙的CR可直接被游走至内膜下间隙的单核/巨噬细胞摄取，LDL则可形成聚合体，被巨噬细胞清除，LDL可被氧化形成氧化修饰的LDL。受损伤血管内皮细胞被诱导表达黏附分子（如VCAM-1、ICAM-1等）和选择素（如E-选择素、P-选择素等），促使循环血液内炎症细胞，如单核细胞的黏附，穿过内皮移行至内皮下间隙，无反馈地大量吞噬被氧化修饰的LDL（ox-LDL）后，成为荷脂很高的细胞，即所谓的泡沫细胞。这些吞噬氧化修饰脂质的巨噬细胞同时被激活，释放多种细胞因子，包括促中层平滑肌细胞移行至增生内膜的生长因子类细胞因子，移行至内膜的血管平滑肌细胞可发生细胞增殖反应，分泌大量细胞外基质，释放生长因子、细胞因子、吞噬脂质成为泡沫细胞，与巨噬细胞一起，引起动脉壁局部的炎症反应和脂质蓄积病变，是动脉粥样硬化的基本病理事件

（三）家族性高胆固醇血症的分子遗传机制

家族性高胆固醇血症（familial hypercholesterolemia，FH）是一种最为常见且最为严重的常染色体单基因显性遗传性疾病，也是最早被明确其临床和基因特征的脂代谢紊乱疾病。该病纯合子患者血浆 LDL 大幅度增高，多部位肌腱黄色瘤和早发性 As，严重者青少年时期可发生冠心病甚至心梗死亡。

1. 家族性脂蛋白异常的原因

（1）基因缺陷引起的高胆固醇血症：家族性高胆固醇血症、家族性载脂蛋白 B_{100} 缺陷症、家族性植物固醇血症、常染色体隐性高胆固醇血症。

（2）基因缺陷引起的高三酰甘油血症。

（3）基因缺陷引起的混合型高脂血症：Ⅲ型高脂蛋白血症、家族性混合型高脂血症。

（4）基因缺陷对血清高密度脂蛋白胆固醇水平的影响：鱼眼病、Tangier 病、apoA Ⅰ异常症、CETP 缺乏症。

2. 低密度脂蛋白受体基因 FH 发病的分子机制主要是 LDL-R 缺陷。LDL-R 基因定位于 19p13.1-p13.3，全长约 45kb，共有 18 个外显子，其转录产物 mRNA 约 5300nt 长度。受体的配体结合区，由 5 个外显子编码（2～6 外显子），EGF 前体同源区，由 8 个外显子编码（7～14 外显子）。糖基化部分，由第 15 外显子编码。跨膜区，由第 16 外显子和部分 17 外显子编码。胞质内的尾部，由部分 17 外显子和 18 外显子的一部分编码。LDL-R 在内质网合成，在经过高尔基复合体时糖基化，分子质量为 160kDa，是嵌合于细胞膜的整合膜蛋白。

在家族性高胆固醇血症中，已鉴定了 770 余种不同的 LDL-R 突变，并发现有多种突变和高度的等位基因异质性。多数突变为受体基因不同等位基因杂合子，既复合杂合子。大多数为点突变，其余为大片段缺失或重排。

3. LDL-R 基因突变功能类型

（1）突变发生在启动子区，不产生 mRNA 和蛋白。

（2）突变阻断新生的 LDL-R 蛋白从 ER 转运到 GO。

（3）突变编码的受体可以到达细胞的表面，但不能正常地结合配体。

（4）突变编码的受体可以到达细胞的表面，也能正常地结合 LDL，但不能集中在网格蛋白包被小窝。

（5）再循环缺陷型突变，突变编码的受体可以结合并内在化 LDL，但不能释放内含体中的受体，回到细胞的表面。

4. FH 样表型的致病基因 FH 是一种异质性非常高的疾病，主要表现在：临床症状严重程度不同、对降脂治疗反应性不同、LDL-R 基因突变存在多样性、突变遍布整个基因、同一位点的突变发生在不同患者、临床表现差异较大。20%～35%临床确诊的 FH 患者检测不到 LDL-R 基因突变。FH 遗传方式包括显性和隐性两种遗传方式。LDL-R 是主要的致病基因，其他可引起 LDL 清除障碍的基因突变也可导致严重的 FH 样表型。在已排除 LDL-R 基因突变的患者中，已经检测到多种致病基因，包括载脂蛋白 B_{100}（apolipoprotein B_{100}，ApoB_{100}）、蛋白转化酶-枯草溶菌素 9（proprotein convertase，subtilisin/kexin type 9，PCSK9）、衔接子蛋白（adaptor protein）、三磷酸腺苷结合盒转运蛋白 G5 和 G8（ATP binding cassette transporter G5 and G8，ABCG5/G8）、胆固醇 7-α-羟化酶（Cholesterol- 17-α-Hydroxylase，CYP7A1）、固醇调节元件结合蛋白-2（sterol regulatory element binding protein-2，SREBP-2）等（表 21-1）。

表 21-1 不同类型 FH 样表型患者的临床特征与分子基础

亚型	致病基因	定位	遗传类型	低密度脂蛋白受体功能	胆固醇水平	黄色瘤	冠心病	其他表型
FH	LDL-R	19p13.1	显性	缺陷	非常高	有	早发	
FDB	$ApoB_{100}$	2p23	显性	无	很高	有	迟发	$ApoB_{100}$缺陷
FH3	PCSK9	1p32	显性	肝细胞	很高	有	早发	
FH4	ARH	1p35	隐性	肝细胞	很高	大	迟发	
CYP7A1 缺陷	CYP7A	18q12	隐性	表达下调	很高	有	早发	胆结石
谷固醇血症	ABCG5	2p21	隐性	表达下调	很高	有	早发	植物固醇水平很高
	ABCG8	2p21	隐性	表达下调	很高	有	早发	
	SREBP-2	22q13	隐性	不明	高	有	早发	

三、炎症致动脉粥样硬化机制

动脉粥样硬化的发生机制并不单纯是脂代谢紊乱。实际上，As 是由多种炎症细胞因子参与的慢性炎症性疾病，炎症细胞因子参与 As 发生发展的全过程。某些脂类如溶血磷脂、氧固醇、血小板活化因子样磷脂等作为信号分子，与细胞的受体结合后可激活基因表达，生成许多促进炎症的细胞因子。例如，内皮细胞表达许多黏附分子使血流中的单核细胞、T 淋巴细胞黏附于受损内皮表面，单核细胞趋化蛋白-1（MCP-1）使单核细胞迁移入内皮下。T 淋巴细胞也有其相应的趋化诱导因子，单核细胞在巨噬细胞集落刺激因子（M-CSF）作用下分化成巨噬细胞，单核/巨噬细胞及 T 淋巴细胞是主要的炎症细胞。参与 As 的免疫细胞包括巨噬细胞、T 细胞、$CD8^+$细胞、树突细胞、肥大细胞等。促 As 的炎症介质主要包括 CD40 与 CD40 配基、MCP-1、γ-干扰素、IL-1、IL-18 等。与 As 有关的病原体包括肺炎衣原体、巨细胞病毒、疱疹病毒、幽门螺杆菌等。参与动脉粥样硬化发生发展的细胞因子既有促 As 的（pro-atherogenic），也有抗 As 的（anti-atherogenic），主要因子及其功能总结见表 21-2。

表 21-2 在动脉粥样硬化发生发展过程中具有作用的细胞因子、其来源及主要功能

细胞因子	产生的细胞	靶细胞	主要功能
IL-1α IL-1β	巨噬细胞、淋巴细胞、内皮细胞、平滑肌细胞	多种类型的细胞	促炎症、刺激内皮细胞和平滑肌细胞活化
IL-2	激活的 T 细胞	巨噬细胞、T 细胞、B 细胞、NK 细胞	T 细胞生长因子、刺激 NK 细胞的激活、刺激 Treg 细胞
IL-3	T 细胞、肥大细胞	肥大细胞、造血祖细胞	促肥大细胞和造血细胞系（粒细胞、单核细胞、巨核细胞）的增殖与分化
IL-4	Th2 细胞、肥大细胞	T 细胞、B 细胞、肥大细胞、巨噬细胞、造血祖细胞	B 细胞和 Th2 细胞的增殖与分化，刺激 VCAM-1 的产生
IL-5	T 细胞、肥大细胞、内皮细胞	B 细胞	刺激 B 细胞的生长与分化，Ig 转换作用
IL-6	巨噬细胞、内皮细胞、平滑肌细胞、T 细胞	T 细胞、B 细胞、肝细胞、内皮细胞、平滑肌细胞	髓样细胞的分化，诱导急性相蛋白的生成、平滑肌细胞增殖
IL-7	血小板	单核细胞、T 细胞、B 细胞	促炎症作用
IL-8	单核细胞、内皮细胞、T 细胞	中性粒细胞、T 细胞、单核细胞	促炎症，促白细胞滞留

续表

细胞因子	产生的细胞	靶细胞	主要功能
IL-9	Th2 细胞	T 细胞、B 细胞、肥大细胞、嗜伊红细胞、中性粒细胞、表皮细胞	促肥大细胞的增殖与分化，刺激 IgE 的产生，抑制单核细胞的活化、刺激单核细胞产生 TGF-β
IL-10	巨噬细胞、Th2 细胞、Treg 细胞、B 细胞、肥大细胞	巨噬细胞、T 细胞、B 细胞	抗炎作用，抑制 Th1 细胞的应答，促进调理性 T 细胞的增殖与分化
IL-11	内皮细胞	造血祖细胞	血细胞生成
IL-12	Th1 细胞	T 细胞、巨噬细胞	促炎症，促进 NK 细胞和细胞毒淋巴细胞的活性，诱导 IFN-γ 生成
IL-13	Th2 细胞	B 细胞	Ig 的转录激活
IL-14	内皮细胞、淋巴细胞	B 细胞	B-细胞生长因子
IL-15	内皮细胞、巨噬细胞	T 细胞、B 细胞、NK 细胞、单核细胞	增强中粒细胞造血因子的生成、细胞骨架的重排、胞吞作用，延缓细胞凋亡
IL-16	肥大细胞、$CD4^+$和 $CD8^+$ 细胞	$CD4^+$	$CD4^+$ T-细胞生长因子，促炎作用，增强淋巴细胞的化学趋化作用及黏附分子、IL-2 受体和 HLA-DR 的表达
IL-17	人记忆细胞、小鼠 αβTCR $CD4^-$ $CD8^-$ 胸腺细胞	成纤维细胞、角质细胞、表皮细胞、内皮细胞 F	促 IL-6、IL-8、PGE_2、MCP-1 和 G-CSF 的分泌，诱导 ICAM-1 的表达、T-细胞增殖
IL-18	巨噬细胞	T 细胞、NK 细胞、髓细胞、单核、红细胞、巨核细胞系	促炎症，诱生 IFN-γ 和其他 Th1 细胞因子，促进 Th1 的发育和 NK 细胞的激活
GM-CSF	巨噬细胞、内皮细胞、淋巴细胞	造血干细胞、中性粒细胞、巨噬细胞	粒细胞、巨噬细胞的生长与分化
M-CSF	巨噬细胞、内皮细胞、淋巴细胞	造血干细胞、中性粒细胞、巨噬细胞	巨噬细胞的生长与分化
TNF-α	巨噬细胞、T 细胞、B 细胞、NK 细胞、平滑肌细胞	多种细胞类型	促炎症、发热、中粒细胞的活化、骨吸收、抗凝血、肿瘤坏死
TGF-β	血小板、巨噬细胞、Th3 细胞、Treg 细胞、B 细胞、平滑肌细胞	多种细胞类型	抗炎症，粗纤维变性，促进创口愈合，血管生成，抑制 Th1 和 Th2 细胞的免疫应答
IFN- γ	Th1 细胞、NK 细胞、平滑肌细胞	巨噬细胞、淋巴细胞、NK 细胞、内皮细胞、平滑肌细胞	促炎症，促进 Th1 细胞的免疫应答/Th1 相关细胞因子的分泌，抑制平滑肌细胞合成细胞外基质
CD40L	血小板、T 细胞、NK 细胞、内皮细胞、平滑肌细胞	巨噬细胞、淋巴细胞、NK 细胞、内皮细胞、平滑肌细胞	促炎症，促进 Th1 细胞的免疫应答/Th1 相关细胞因子的分泌，刺激 MMP 的分泌

（一）炎症与早期动脉粥样硬化的发生

在 As 发生的早期，最主要的变化是动脉内皮功能的紊乱。这种内皮功能紊乱的一个重要原因就是血管壁的慢性炎症刺激。在不同的 As 动物模型中，炎症反应总是出现于动脉壁上脂质聚集的部位。正常的血管内膜通常不发生白细胞的黏附，但在 As 的早期阶段，随着内皮细胞的损伤，在一氧化氮（nitric oxide，NO）、前列环素 I_2（prostacyclin，PGI_2）、血小板源性生长因子（platelet derived growth factor，PDGF）、血管紧张素Ⅱ（angiotensin Ⅱ，ATⅡ）和内皮素（endothelin，ET）等的介导下，内皮细胞开始表达黏附分子，包括 E-选择素（E-selectin）、P-选择素（P-selectin）、细胞间黏附分子-1（intercellular adhesion molecule，ICAM-1）、血管细胞黏附分子-1（vascular cell adhesion molecule，VCAM-1）。

内皮黏附分子能与白细胞上的配体即白细胞黏附分子相结合，促进内皮与单核细胞、淋巴细胞及血小板的黏附。单核细胞也会被单核细胞集落刺激因子（monocyte- colony stimulating factor，M-CSF）所刺激，然后在丝裂原的协同作用下转变成为泡沫细胞。T 细胞也会产生炎症介质，如干扰素（interferon，IFN）和肿瘤坏死因子（tumor necrosis factor，

TNF），这些因子同样会刺激巨噬细胞沉着血管壁，促使血管内皮细胞和平滑肌细胞的增殖。此外，这些炎症细胞因子的刺激能导致细胞外基质的形成，从而导致 As 的发生和形成（图 21-3，表 21-2）。

血管紧张素（angiotensin 1～7）是肾素-血管紧张素系统中具有重要生物学作用的终末活性产物，主要在血管紧张素转化酶 2 的作用下生成。目前认为血管紧张素（1～7）主要通过 G 蛋白偶联受体结核蜡酸合酶发挥心血管调节作用，其在扩张血管、抗高血压、防止动脉粥样硬化、保护心脏等方面均表现出与 Ang Ⅱ相反的作用，目前认为 Ang（1～7）是 AngⅡ的内源性拮抗因子，成为心血管疾病研究的新靶点。

（二）炎症在进展期斑块形成中的作用

血管壁持续的炎症反应导致巨噬细胞及淋巴细胞数目增多，这些细胞激活后会释放各种细胞因子、化学趋化因子及生长因子，又可以进一步加重损伤，最终形成进展期斑块。激活的炎细胞和动脉壁上的固有细胞合成胶原，使斑块的外层包上一层纤维帽，从而形成纤维斑块。

在 As 部位，发现 IL-18 及其受体表达有级联免疫和信号转导功能。IL-18 不仅能诱导巨噬细胞和 T 细胞表达 IFN，而且能协同 IL-12 诱导平滑肌细胞分泌 IFN。在颈动脉斑块内，$CD4^+$ T 细胞和 TH1 T 细胞产生大量 IL-1，进而促使斑块增厚。内皮细胞和平滑肌细胞在其他炎症细胞因子的刺激下能产生迁移抑制因子（migration inhibitory factor，MIF），MIF 能刺激巨噬细胞产生其他炎症细胞因子如 TNF-α、NO、IL-1β、IL-8 等。CD40 配体能诱导巨噬细胞产生组织因子（TF），组织因子是斑块凝血酶原激活的关键因子。同时 CD40 配体具有激活胱天蛋白酶-1（caspase 1）的作用，caspase 1 是触发凋亡的酶原。而且，CD40 配体也会诱导内皮细胞、平滑肌细胞、巨噬细胞表达基质金属蛋白酶-1（matrix metalloproteinase-1 MMP-1），MMP-1 在 As 的进一步损害中有重要作用。CD40 配体通过其受体能使血管细胞和巨噬细胞产生大量的致炎细胞因子，CD40 配体会诱导血管内皮细胞和平滑肌细胞释放 IL-6、IL-8 及 IL-1β。CD40 配体诱导内皮细胞表达一系列的内皮黏附分子，包括 E-选择素（CD62），VCAM-1（CD106）及 ICAM-1（CD54）；在巨噬细胞内，CD40 配体还增加 CD54、CD80、CD86、主要组织相容性复合物 2（MHC2）及 CD40 的表达。这些炎症细胞因子的高表达促进 As 的发生发展（图 21-3，表 21-2）。

（三）炎症与晚期动脉粥样硬化并发症

炎症促进脂质沉积，脂质又可以增强炎症反应。脂质核心越大，炎症反应越强，使粥样斑块增大易于破裂。单核/巨噬细胞可分泌 MMPs，使细胞外基质（extracellular matrix，ECM）降解，纤维帽削弱。斑块中多种细胞成分分泌的细胞因子可抑制平滑肌细胞增生，促进平滑肌细胞凋亡或抑制平滑肌细胞内胶原蛋白合成，使斑块中平滑肌细胞减少，纤维帽修复能力或抗破裂强度减低。上述作用的结果均使 As 斑块易于破裂。

随着病变的进展，动脉壁的中膜层也受到破坏，因此血管壁的机械强度降低，在血流的长期冲击下，血管壁局部变薄、膨出形成动脉瘤。炎症细胞可以分泌具有促凝血功能的组织因子，一旦斑块发生破裂，就会启动凝血过程形成血栓。As 部位的炎症刺激长期存在及炎症细胞分泌的多种生长因子可以诱导新生血管的形成。这些新生血管发育不成熟，血管壁多由单层内皮细胞构成，细胞间连接不紧密，血管壁周围缺少结缔组织的包绕，所以极易破裂导致斑块内出血。慢性炎症反应的损伤部位反复机化、纤维化，再加上斑块部位的钙盐沉着，长期作用就会形成斑块的钙化（图 21-3，表 21-2）。

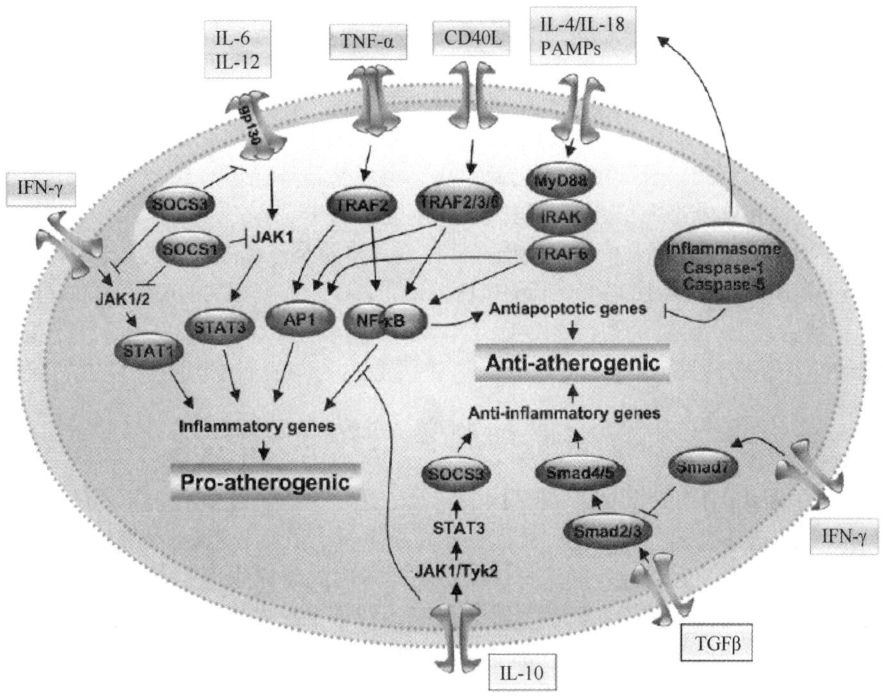

图 21-3　促动脉粥样硬化与抗动脉粥样硬化细胞因子的相互作用及其细胞内信号途径

Inflammatory genes：炎症基因；Pro-atherogenic：促动脉粥样硬化的；Anti-inflammatory genes：抗炎基因；Antiapoptoic genes：抗凋亡基因；Anti-atherogenic：抗动脉粥样硬化的。IFN：干扰素；TNF：肿瘤坏死因子；MIF：迁移抑制因子；ECM：细胞外基质；NF-κB：核因子-κB；TRAF：TNF 受体相关因子；PAMPs：病原相关分子基序；SOCS：细胞因子信号传递蛋白抑制物；MyD88：髓细胞系分化原始应答基因；STAT：信号转导与转录激活物；AP1：激活物蛋白 1；Sp1：信号蛋白 1；JAK：双面守护神激酶；TyK：酪氨酸激酶；IRAK：白细胞介素-1 受体相关激酶；Smads：抗短腹形成基因小母源蛋白。具有促动脉粥样硬化作用的促炎细胞因子包括 IL-1、IL-6、IL-12、IL-18、CD40L、TNF-α 和 IFN-γ 等。这些因子经受体途径激活炎症基因表达的细胞内信号途径及相关转录因子如图中所示。具有炎症抑制作用的 Smads，如 IFN-γ 信号传递下游分子 Smad 7，受激活的受体作用，干扰 Smad2 和 Smad3 的结合。虽然抗炎细胞因子 IL-10 与 IFN-γ 一样也能够激活 JAK 和（或）STAT 蛋白，但 IL-10 与其受体 IL-10R 的相互作用通过激活 JAK1 和 Tyk2 从而使 STAT3 和 SOCS3 激活，这正是巨噬细胞内 IL-10 产生抗炎作用的核心所在。此外，炎小体（inflammasome）在病理条件下可能是联系凋亡与炎症的中心环节。NF-κB 在动脉粥样硬化发生发展过程可能具有双向作用，既可通过其促炎性质而促动脉粥样硬化发生，也可通过其抗凋亡作用而抗动脉粥样硬化的发生。（引自 Tedgui A，Mallat Z. 2006. Cytokines in Atherosclerosis：Pathogenic and Regulatory Pathways. Physiol Rev，86：523）

第三节　心肌肥厚的分子机制

心肌肥厚是心肌工作超负荷的一种适应性反应，以心肌细胞蛋白合成增加和细胞体积增大为主要特征，是引起多种心血管疾病的重要危险因素，一些主要心脏病的发病率和死亡率可因左心室肥厚的存在明显增加。心肌肥厚的发生与多种因素有关，如年龄、体重增加、心脏负荷过重等。目前研究认为，心肌肥厚的发生机制主要分为细胞外信号机制和细胞内分子机制两方面。心肌肥厚是心肌细胞对生长因子的一种应答反应，是机体基因表达异常的结果。心肌肥厚时不仅心肌细胞体积增大，表型亦由成熟型向胚胎型转化，同时还伴有心肌细胞和间质细胞的增生。这些过程是由细胞内 DNA 的复制、RNA 的转录、蛋白质合成、有丝分裂和胞质变动引起的，而以上变动则受控于癌基因等多种基因的转录和表达异常。

从细胞和分子水平上看，心肌细胞肥大的分子机制主要包括三个环节：细胞外的刺激信号、细胞内的信号转导和细胞核内基因重排、活化。其中，胞内的信号转导通路是胞外刺激与核内基因活化的偶联环节，起到重要作用。

一、心肌肥厚应答的起始与调控

无论是在正常的还是在失调的循环状况，为了适应生理需要，心肌必须能够适时地做出生长性应答。而这种引起心肌生长的刺激信号最终转导到细胞核，引起相关基因表达的改变。可引起心肌细胞生长的刺激信号即可来自局部组织，也可来自体循环。这类刺激还包括机械性牵张。这些因子分别为自分泌因子、旁分泌因子和内分泌因子。

引起心肌肥厚的细胞外刺激信号呈现出多样性，其本质是被刺激细胞的生长性反应。这些刺激信号主要包括以下方面：心肌细胞受到的机械性牵张，心肌细胞相关的肌节病、内分泌激素（如生长激素、甲状腺素）、细胞因子（如 IL-1、TNF-α）、脂溶性维生素（如维生素 D、视黄醇类）、gp-130 糖蛋白、心房钠尿肽等。图 21-4 概括了一些重要的参与心肌细胞生长的主要因子。

二、肥厚心肌细胞基因转录谱的变化

心肌肥厚的细胞分子机制涉及多种基因的转录表达调节。在受到各种不同的心肌肥厚刺激后，某些基因受到选择性的上调表达，尤其是在转录水平。虽然 mRNA 水平基本能够反映其对应编码蛋白的功能水平，但转录后的选择性剪接和翻译后的修饰作用亦不可被忽视。表 21-3 列举了在受到各种不同的心肌肥厚刺激后，在基因表达转录水平发生改变的基因。

心肌收缩受复杂的信号途径调节，部分取决于钙的利用度。激动剂与 β 肾上腺素受体结合导致 G 蛋白的激活，后者激活腺苷环化酶，产生 cAMP 并激活依赖于 cAMP 的蛋白激酶 A。1 型血管紧张素Ⅱ受体和 α_1 肾上腺素受体刺激通过激活蛋白激酶 C 及其下游关键靶蛋白如 L 型钙离子通道的磷酸化增加心肌的收缩力。通过使 β 肾上腺素受体磷酸化，PKA、PKC 和 β 肾上腺素受体激酶诱导去敏作用。心肌细胞收缩的抑制也是通过腺苷酸和蝇蕈碱胆碱能受体的活化，该受体与 Gi 偶联，并导致腺苷环化酶的抑制（图 21-4，图 21-5）。

表 21-3 在转录水平受到心肌肥厚刺激调控的心肌基因

不被诱导表达的基因	被诱导表达的基因	被抑制表达的基因
心脏 alpha 肌动蛋白	转录因子类：UBF、jun、junB、fos、myc、Egr 1、nur 77、TEF 1、Id 1、GATA 4、Sp1/3	SERCA2、Ca^{2+}释放通道蛋白
肌球蛋白	尿钠肽：ANP、BNP	受磷蛋白、Kv1.5
MLC2v	肌节蛋白类：βMyHC（啮齿类）、MLC1a（人类）、MLC2a（啮齿类）、平滑肌 α-肌动蛋白（啮齿类）、骨骼肌 α-肌动蛋白（啮齿类）	β-烯醇酶、L 型钙通道蛋白
	生长因子类：ET-1、IGF-1、HB-EGF、TGFβ1	
	其他类：肌纤维膜 Na^+ Ca^{2+}交换蛋白、肌醇-1,4,5-三磷酸受体、Kv1.4、Na^+ H^+反向转运蛋白、血管紧张素转换酶、微管蛋白、βARK	

三、心肌肥厚的细胞内信号转导途径

（一）小分子三磷酸鸟苷结合蛋白途径

小分子 G 蛋白调控许多胞内信号通路，如细胞构架的改建、基因表达、细胞的增殖、渗入、分化和凋亡，而异戊二烯化是这些分子膜定位和发挥生物学作用所必需。胆固醇合成通路中的甲羟戊酸是几种类异戊二烯衍生物的前体，包括焦磷酸法尼酯（farnesyl pyrophosphate，FPP）和焦磷酸牻牛儿基牻牛儿酯（geranyl geranyl pyrophosphate，GGPP）。FPP 和 GGPP 是一些蛋白，如 Ras 和 Ras 样的 Rac、Rab、Rho 家族翻译后异戊二烯化所必需。类异戊二烯化作用产物 FPP 和 GGPP 减少，阻碍了小分子 G 蛋白的异戊二烯化，使其与浆膜结合的激活的小分子 G 蛋白减少，阻止其发挥生物学活性，抑制心肌肥厚。

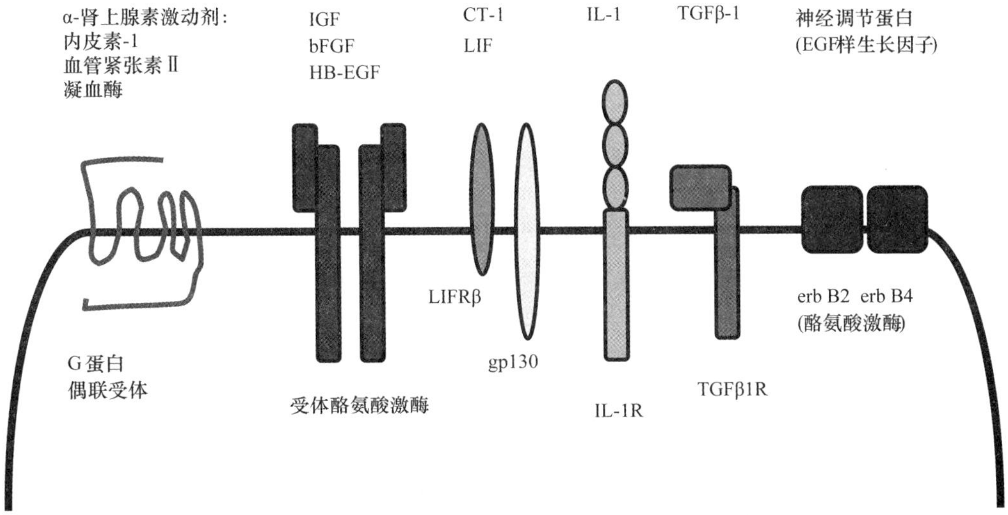

图 21-4　与心肌肥厚发生有关的生长因子及其受体

IGF：胰岛素样生长因子；FGF：成纤维细胞生长因子；HB-EGF：肝素结合 EGF 样生长因子；β-ARK：β 肾上腺素受体激酶；LIF：白细胞抑制因子；CT：心肌营养素；TGF：转化生长因子。六种类型引起心肌肥厚的刺激信号及其受体

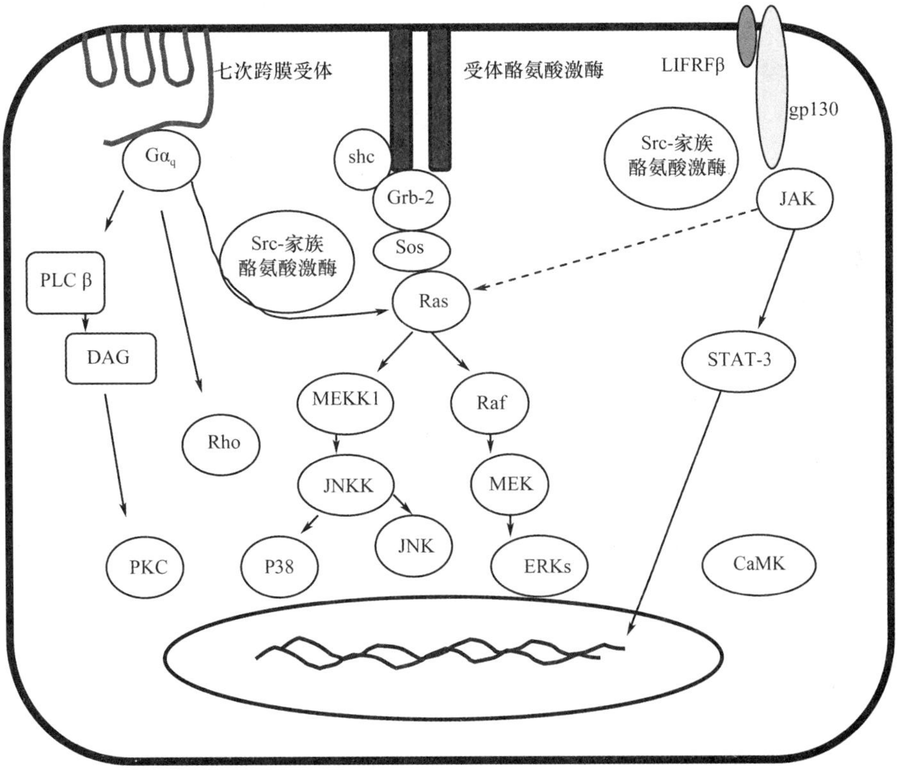

图 21-5　与心肌肥厚有关的主要细胞内信号转导途径

JNK：c-Jun N 端激酶；MAPK：丝裂原活化蛋白激酶；ERK：胞外信号调节性蛋白激酶；MEKK：MAPK/ERK 激酶激酶；PKC：蛋白激酶 C；CaMK：钙调蛋白激酶；PLC：磷脂酶 C；DAG：二酰甘油。与 G 蛋白偶联的 7 次跨膜受体受 α 肾上腺素激动剂、内皮素-1、血管紧张素Ⅱ、凝血酶等刺激后，可以三种分支途径传递生长信号。以 RAS 为轴心的细胞内信号通路关联多种来源的细胞生长刺激信号，包括 G 蛋白偶联受体途径、受体酪氨酸蛋白激酶途径和 Src 家族酪氨酸激酶途径。生长因子，如 IGF、bFGF、HB-EGF 是引起心肌细胞生长的强信号，一些炎症相关细胞因子，如 IL-1，也能够引起心肌细胞的生长反应

（二）丝裂素活化蛋白激酶及其介导的信号转导途径（图 21-5）

丝裂素活化蛋白激酶（mitogen-activated protein kinase，MAPK）家族可分为 3 大类：胞外信号调节激酶（extracellular signal regulated kinases，ERKs）、应激活化蛋白激酶（stress activated protein kinase，SAPK）、c-Jun 氨基端激酶（c-JunN-terminal kinase，JNK）和 p38 激酶。ERK 是一族分子质量为 40～60kDa 的蛋白质丝氨酸/苏氨酸激酶，可对许多细胞外刺激发生反应而被快速激活。激活的 MAPK 通过核转位调节核内转录因子，引起细胞增殖和生长反应（详细请参见第 4 章）。

（三）细胞核内的基因转录调控

过氧化酶体增殖物激活型受体（peroxisome proliferator-activated receptors，PPARs）是核受体超家族中的一类配体依赖的核转录因子，包括 α、β/δ、γ、三种亚型，参与调节过氧化物酶体增殖、能量代谢、细胞分化、炎症反应等。PPARα 能够调控编码出生后心肌线粒体大部分脂肪酸氧化（FAO）的核基因表达。PPARα 激活剂可抑制由 ET-1 诱导的心肌肥厚。PPARγ 的表达在脂肪组织中占优势，与 PPARα 一样可在新生大鼠心肌细胞表达。将吡格列酮或曲格列酮加入培养的心肌细胞中能抑制 Ang 诱导的心房钠尿肽（atrial natriuretic peptide，ANP）基因和骨骼肌 α-肌动蛋白基因的表达和细胞表面积的增加。噻唑烷二酮类 PPARγ 配体可以抑制压力负荷增加引起的心肌肥厚，说明激活 PPARγ 可抑制心肌肥厚。

四、家族性肥厚型心肌病的分子机制

家族性肥厚型心肌病（familial hypertrophic cardiomyopathy，FHCM）是一种常染色体显性遗传性疾病，具有多种临床表现，预后不一，但已明确 HCM 是年轻人心源性猝死（sudden cardiac death，SCD）最常见的病因，尤其对竞技性运动员，SCD 可以是唯一首发表现。

（一）家族性肥厚型心肌病基因突变

迄今已确定 10 个编码肌节蛋白基因的 100 多种突变被确定可引起 FHCM，另外发现 2 个编码非肌节蛋白基因和线粒体基因组突变亦与 FHCM 有关（表 21-4）。10 种肌节蛋白基因突变导致肌节蛋白病变，引起单纯肥厚型心肌病（不伴有其他心脏表现和心脏外表现）。2 个编码非肌节蛋白（电压门控性 K^+通道和 AMP 依赖性蛋白激酶 Aγ 亚基）的基因突变则分别伴有先天性耳聋和 W-P-W 综合征。

表 21-4　家族性肥厚型心肌病的致病基因和突变位点及发生率

符号	基因	染色体位置	发生率（%）
MYH7	β-肌球蛋白重链（β-MyHC）	14q12	～30
MYBPC3	肌球蛋白结合蛋白 C（MyBP-C）	11p11.2	～20
TNNT2	肌钙蛋白 T（cTnT）	1q32	～20
TPM1	α-原肌球蛋白（α-Tm）	15q22.1	～5
TNNI3	肌钙蛋白 I（cTnI）	19p13.2	～5
MYL3	肌球蛋白必需轻链（MLC21）	3p21.3-p21.2	<5
MYL2	肌球蛋白调节轻链（MLC22）	12q23-q24.3	<5
ACTC A2	肌动蛋白（cardiacA2actin）	11q	<5
KCNQ4	电压门控性 K^+通道	1p34	<5
TTN	蛋白激酶 AC2 亚基	2q24.1	罕见
PBKA	G2 肌联蛋白（Titin）	7q22-q31.1	罕见
MYH6	A2 肌球蛋白重链	14q	罕见
MTTI	线粒体 DNA	线粒体	罕见

（二）肌小节的构成和功能（图 21-6）

肌小节是横纹肌收缩单位，由粗肌丝和细肌丝组成，每一个肌小节长约 22μm，通过 Z 盘与相邻的肌小节连接。粗肌丝由 β-MyHC 连接 MyBP-C 和肌球蛋白轻链-1（MLC-1）、MLC-2 蛋白组装而成，β-MyHC 蛋白占全部肌纤维蛋白的 1/3 左右，是肌小节的动力单位，它有一个球状头端，其中有肌动蛋白及 ATP 结合区。MyBP-2C 是细胞内免疫球蛋白超家族成员，通过肌小节的 A 带与肌球蛋白分子连接。它有 10 个功能区，第 10 区 C 端最后 102 个氨基酸是肌球蛋白结合区，C8～C10 区可与肌联蛋白（titin）结合。MyBP-C 与肌球蛋白及 Titin 的结合可进一步稳定肌小节的结构。心脏 MyBP-C 的第 1～2 区，还有一个独特的 N 端基序，是 cAMP 依赖性，也就是 Ca^{2+}/钙调蛋白依赖性蛋白激酶的磷酸化作用位点，参与调节肌肉收缩。MLC-1、MLC-2 蛋白均属于 EF-手蛋白家族，MLC-1 结合于 β-MyHC 的颈部，精细调节肌纤维的收缩和舒张，而 MLC-2 上有一个 Mg^{2+}结合位点，参与调节肌动蛋白-肌球蛋白相互作用时收缩力的产生。细肌丝是由肌动蛋白（actin）、肌钙蛋白（troponin，Tn）复合体（TnT、TnI、TnC）和 α-原肌球蛋白（tropomyosin，α-Tm）按 7∶1∶1 的比例组合而成，不但参与肌肉收缩时力量的产生，还可以将力量向周围传递。cTnI 是心脏特异性蛋白，为肌钙蛋白-肌球蛋白复合体的抑制结构，调节 Ca^{2+}激动的肌纤蛋白与 ATPase 的相互作用。cTnT 将肌钙蛋白复合体连接在 α-Tm 上，后者为一卷曲成杆状的螺旋，覆盖在肌动蛋白上。心肌的 α-肌动蛋白为一 38kDa 的蛋白，它与 β-MyHC 相互作用使肌肉收缩产生力量，并通过与肌联蛋白和营养不良素的相互作用将收缩力由肌小节传至固定的细胞骨架。肌联蛋白的两端分别连于 M 线和 Z 盘，跨约半个肌节长度，在肌小节装备上起一个重要作用，且包含数个卷曲能够维持肌细胞的静止张力，并参与肌肉收缩时能量的产生和转换。Ca^{2+}与肌动蛋白-原肌球蛋白复合体结合，解除了 cTnI 的抑制作用，β-MyHC 分子的球状头端摆动，使细肌丝移动，肌小节缩短，肌肉收缩。

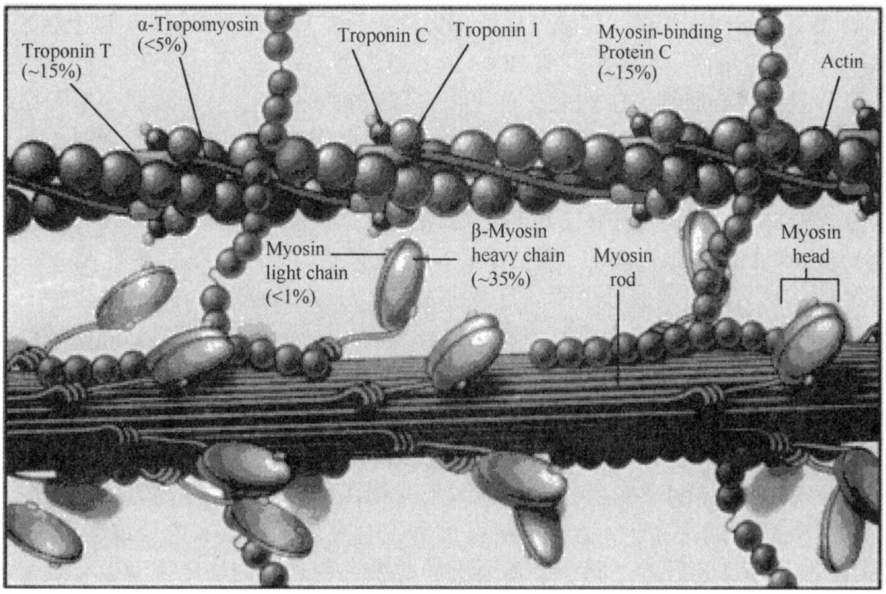

图 21-6　肌小节的结构及肌节蛋白

Troponin：肌钙蛋白；α-Tropomyosin：α-原肌球蛋白；Myosin-binding protein C：肌球蛋白结合蛋白 C；Actin：肌动蛋白；Myosin light chain：肌球蛋白轻链；β-Myosin heavy chain：β-肌球蛋白重链。当钙结合于肌钙蛋白复合物（肌钙蛋白 C、I 和 T 亚基）以及 α-原肌球蛋白，肌球蛋白与肌动蛋白发生相互作用。肌动蛋白刺激肌球蛋白头部 ATP 酶活性，产生沿肌动蛋白丝的滑力。肌小节中横向排列的肌球蛋白结合蛋白 C 与肌球蛋白结合，当发生磷酸化时调节收缩。在肥厚型心肌病，突变可能损害上述收缩机制或其他蛋白质的相互作用，导致心肌细胞肥厚和排列紊乱。图内百分数表示因该基因突变而引起肥厚型心肌病的发生频率。（引自 Spirito P，et al. 1997. The New England Journal of Medicine Mar 13，336（11），pp 775-785）

（三）突变肌节蛋白对肌小节结构和功能的影响

肌小节和肌纤维的形成是一个严密调节的协调一致的过程，很容易受到基因突变引起的肌节蛋白结构改变的影响。FHCM 患者一般都有肌小节和肌纤维排列紊乱，且是 FHCM 的特征性病理表现。已证实多数突变肌节蛋白掺入肌小节和肌纤维中，少数如 MYBPC3 突变产生截断蛋白，通过单体型功能不足机制影响肌小节的结构。基因突变引起肌小节蛋白功能区域的氨基酸改变，导致蛋白功能异常，包括肌小节机械功能异常，如粗肌丝和细肌丝的横桥运动、肌纤凝蛋白（actomyosin）相互作用和最大收缩力下降。生化缺陷包括 ATPase 活性和 Ca^{2+}敏感性下降。β-MyHC 突变影响球状头端的 ATP 分解位点和与肌动蛋白的结合位点，降低肌动蛋白激活的 ATPase 活性及肌球蛋白与细肌丝的结合亲和力，心肌兴奋-收缩耦联能力受抑制，收缩单位运动能力下降。cTnT 突变主要影响肌纤维对 Ca^{2+} 的敏感性，分离的 cTnT-Q92 突变转基因鼠心肌细胞的收缩装置对 Ca^{2+}调节活动的敏感性明显下降，心肌细胞缩短速率和峰值缩短速率降低。α-Tm 突变对松弛状态（pCa9）的肌动-肌球蛋白相互作用无影响，而增加活动状态（pCa5）细肌丝移位率，总的收缩力不变，提示 α-Tm 突变使肌小节对 Ca^{2+}敏感性增加，通过高收缩状态引发心肌肥厚，亦导致舒张功能不全。

（四）遗传因素与非遗传因素的相互关系

HCM 最终的临床表型不仅取决于致病的突变基因，还取决于遗传背景（调节基因）和非遗传因素（环境）。ACE-1 基因、ET-1 和 TNF-α 对 HCM 的心脏表型有调节作用。左右心室都有突变肌节蛋白表达，因左室压力高，容量负荷重，HCM 的心肌肥厚主要局限于左室。HCM 患者的骨骼肌中也有突变 β-MyHC 蛋白表达却没有明显的症状。年轻人生长发育高峰期肥厚程度增加。HCM 患者经室间隔消融术消除流出道压力阶差后左室肥厚可以逆转。以上结果表明非遗传因素如压力、容量负荷等也参与调节 HCM 的心脏表型。

突变肌节蛋白在心肌细胞中的表达首先损害细胞收缩功能，后出现肌小节和肌纤维排列紊乱。而心肌肥厚是心肌对各种形式的负荷和损害的共同反应。FHCM 患者肌小节蛋白突变使机体产生刺激因素，激活心脏的遗传程序，代偿性触发肥厚反应，这同其他原因引起的心肌肥厚的方式一样。在肌节蛋白突变和 FHCM 最终表型之间最关键的环节是心肌细胞收缩和舒张功能异常，使肌细胞张力增加，激活压力反应性有丝分裂和肥厚因子如 AngⅡ、TGFβ-1、IGF-1、BNP/ANP、ET-1 及信号激酶，且原癌基因 *c-fos*、*c-myc*、*c-jun* 表达增加。这些肥厚因子和信号激酶激发体内的转录机制，使蛋白合成增加，引起心肌肥厚、间质纤维化和其他心脏表型。

同其他常染色体显性遗传性疾病类似，FHCM 的基因型和临床表型间存在高度变异性，没有突变特异性基因表型，各种突变的临床、心电图及超声心动图表现各异。β-MyHC 基因突变所致的 FHCM 与 MyBP-C 和 α-Tm 基因突变相比，疾病外显率高，心肌肥厚程度重，发病年龄小，SCD 发病率高。纯合子致病基因和混合突变已被证实可导致严重的病理表型、较高的 SCD 发生率、预后差。同一个基因不同类型突变之间的临床表型也有很大的差异，如在 β-MyHC 基因突变中，Arg403Gln、Arg453Cys 和 Arg719Trp 突变的病情重、疾病外显率高、发病早、SCD 发生率高。另外，同一突变类型在不同种族、人群的外显率和临床表现亦有很大的异质性。

第四节 心律失常的分子机制

心律失常可因原发性的心肌传导异常或再极化异常引起，也可因结构性心脏病而引起。

家族性心律失常虽然并不常见，但为深入认识心律失常的分子机制提供了很好的范例。QT 间期延长综合征、家族性室性心动过速、先天性窦结节功能不良、家族性房室阻滞、家族性房颤等。本节将主要阐述遗传性心律失常的临床特征及细胞分子机制。

一、遗传性心律失常

遗传性心律失常是环境因素和遗传因素共同作用的结果，包括原发性心电疾病和致心律失常性心肌病，前者指无器质性心脏病的一类以心电紊乱为主要特征的疾病，如 QT 间期延长综合征、Brugada 综合征、家族性房颤等，后者是心脏病伴发室性心动过速，包括致心律失常性右室心肌病、扩张型心肌病、肥厚型心肌病。

（一）QT 间期延长综合征的分子遗传机制

QT 间期延长综合征（long QT syndrome，LQTS）是指心电图上有 QT 间期延长、T 波异常、易产生室性心律失常，尤其是尖端扭转性室速，患者易发生晕厥和猝死的一种心脏病。LQTS 并非常见病，但由于该病发病突然、猝死率高，又多以青少年发病，以及近年来对该疾病基因型和表现型关系的阐明，使得 LQTS 成为近年来心血管疾病领域的一个研究前沿。目前已经发现了 7 种基因与 LQTS 有关，但临床最常遇到的还是前 3 种，即 LQT1、LQT2、LQT3。在基因筛查结果出来之前，根据心电图特点可以对患者进行初步分型。

LQTS 至少包括 8 种类型（表 21-4），分别为 LQT1、LQT2、LQT3、LQT4、LQT5、LQT6、LQT7 和 LQT8。目前发现 *KCNQ*/KVLQT1、*KCNH2*/HERG、*SCN5A*、*ANKB*、*KCNE1*/minK、*KCNE2*/MiRP1、*KCNJ2*/RyR2、*Cav1•2* 基因突变分别与上述 8 种 QT 间期延长综合征有关。

LQT1 的相关基因 *KCNQ1* 位于染色体 11p15.5，为编码缓慢延迟整流钾通道（Iks）α 亚基（图 21-7）；LQT2 相关基因 *HERG*（KCNH2）位于染色体 7q35～36，为编码快速延迟整流钾通道（Ikr）α 亚基（图 21-8）；LQT3 相关基因 *SCN5A* 位于染色体 3q21～24，为编码钠通道 α 亚基；LQT4 相关基因定位在染色体 4q25～27，为编码 Ankyrin-B 蛋白；LQT5 相关基因 *KCNE1* 位于染色体 21q22，为编码 Iksβ 亚基；LQT6 相关基因 *KCNE2*（MiRP1）也位于染色体 21q22，为编码 Ikrβ 亚基；LQT7 罕见，相关基因 *KCNJ2* 位于染色体 17q23.1～24.2，为编码内向整流钾通道（Ik1）亚基；LQT8 相关基因是 *Cav1•2*，为编码 L-型钙通道 α 亚基。

LQT1 和 LQT5 相关基因突变导致 Iks 减弱；LQT2 和 LQT6 相关基因突变导致 Ikr 减弱，两者均导致动作电位复极延缓，QT 间期延长；LQT3 相关基因突变使心肌细胞膜 Ina 电流不能完全失活，动作电位复极延缓，QT 间期延长；LQT4 相关基因突变导致锚蛋白 Ankyrin-B 功能异常，引起 Ca^{2+}动力学异常；LQT7 相关基因突变导致 Ik1 电流减弱，动作电位复极延缓，QT 间期延长；LQT8 相关基因突变导致 L-型钙通道失活延缓，QT 间期延长。引起 LQT1 的基因 *KCNQ1* 的突变热点和引起 LQT2 的基因 KCNH2 的突变热点分别在图 21-7 和图 21-8 中表示。

先天性 LQTS 是一种遗传性心脏病，其体表心电图表现为 QT 间期延长，尖端扭转性室性心动过速及室颤，部分患者有特征性的 ST-T 改变，临床上以反复发作的晕厥及常导致的猝死为特征。传统上将其分为两种类型：①常染色体显性遗传的 Romano-Ward 综合征（RW），较常见，不伴有先天性耳聋，呈家族性发病。②常染色体隐性遗传的 Jervell-Lange-Nielsen 综合征（JLN），亦称心耳综合征、聋-心综合征，较少见，伴有先天性耳聋（表 21-5）。

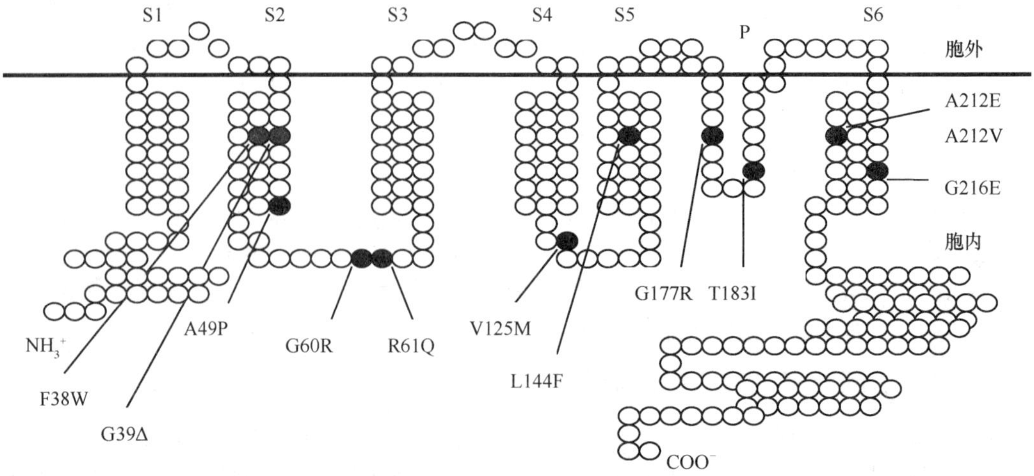

图 21-7 *KCNQ1* 基因编码蛋白 KVLQT1 的结构以及部分突变示意图

离子通道膜蛋白 KVLQT1 的结构具有 6 次跨膜片段，分别表示为 S1～S6，以及一个膜孔 P。图中每一个小圆点表示一个氨基酸残基，部分已知的基因突变位点所对应的膜蛋白位置，用●表示突变的氨基酸。数字表示氨基酸的位次，数字前后大写英文字母表示氨基酸，如 F38W 表示第 38 位苯丙氨酸突变为色氨酸。Δ 表示缺失

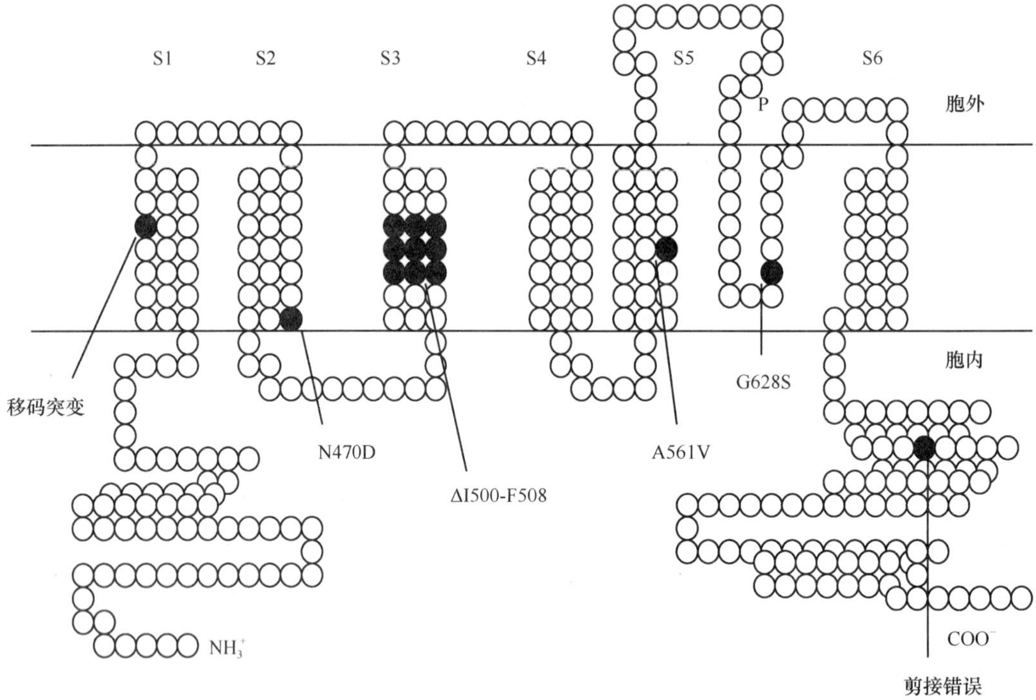

图 21-8 *KCNH2* 基因编码 HERG 蛋白的结构及部分突变示意图

离子通道膜蛋白 KVLQT1 的结构具有 6 次跨膜片段，分别表示为 S1～S6，以及一个膜孔 P。图中显示的是部分已知的基因突变位点所对应的膜蛋白位置，用●表示突变的氨基酸。数字表示氨基酸的位次，数字前后大写英文字母表示氨基酸，如 N470D 表示第 470 位天冬酰胺突变为天冬氨酸。Δ 表示缺失

表 21-5 遗传性心律失常分类、相关基因及其功能类型

分型	心律失常	遗传模式	突变基因位点	离子通道	突变基因
长 QT 综合征（RW）					
LQT1	TdP	AD	11p15.5	I_{Ks}	*KCNQ1*

续表

分型	心律失常	遗传模式	突变基因位点	离子通道	突变基因
LQT2	TdP	AD	7q35-36	I_{Kr}	*KCNH2*，*HERG*
LQT3	TdP	AD	3p21	I_{Na}	*SCN5A*
LQT4	TdP	AD	4q25-27	I_{Ks}	*ankyrin-B*，*ANK2*
LQT5	TdP	AD	21q22.1-22.2	I_{Ks}	*KCNE1*，*minK*
LQT6	TdP	AD	21q22.1	I_{Kr}	*KCNE2*，*MiRP1*
LQT7	TdP	AD	17q24.3	I_{Kr}	*KCNJ2*，*Kir 2.1*
LQT8	TdP	AD	12p13	I_{Ca}	*CACNA1A*，*Cav2.1*
长 QT 综合征（JLN）					
	TdP	AR	11p15.5	I_{Ks}	*KCNQ1*
	TdP	AR	21q22.1-22.2	I_{Ks}	*KCNE1*，*minK*
短 QT 综合征					
SQT1	VT/VF	AD	7q35-36	I_{Kr}	*KCNH2*，*HERG*
SQT2	VT/VF	AD	11p15.5	I_{Ks}	*KCNQ1*
SQT3	VT/VF	AD	17q24.3	I_{Kr}	*KCNJ2*，*Kir 2.1*
儿茶酚胺多型性室速					
	VT	AD	1q43	I_{Ca}	*RYR2*
	VT	AR	1p13.3-p11	I_{Ca}	*CASQ2*
Brugada 综合征					
	VT/VF	AD	3p21	I_{Na}	*SCN5A*
	VT/VF	AD	3p22.3	I_{Na}	*GPD1L*

（二）Brugada 综合征

Brugada 综合征（Brugada syndrome）是常染色体显性遗传的一种病症，1992 年由 Brugada 兄弟首先报道。其心电图基本特征为右束支阻滞，右心前导联（V1～V3）ST 段抬高，典型的心脏事件如多形性室性心动过速或室颤及猝死等常发生在休息或睡眠状态中。这类患者一般超声心动图、心室造影、运动试验、冠脉造影等检查均正常，男性的发病比例明显高于女性，具有家族遗传倾向。其病因及发病机制与瞬间外向钾电流（transient outward potassium current，Ito）异常所致的动作电位改变有关。Brugada 综合征发生 VT/VF 的电生理原因为 2 相复极不均构成了 2 相折返，主要由于 Ito 在 1 相末占优，使离子通道功能改变造成跨膜离子流失衡导致。钠通道障碍是造成心律失常的又一因素，这种离子流的改变可能是与基因异常或突变有关。已经确定 Brugada 综合征的关联基因是 *SCN5A*，位于 3 号染色体，是心肌细胞电压门控型钠离子通道 α 亚单位的编码基因。此基因突变改变了钠通道蛋白，造成了通道功能丧失或降低，通道失活加速，复活减慢，动作电位复极时间延长，激活电压升高，还可导致通道蛋白转运功能破坏，钠通道无功能，导致心律失常。*SCN5A* 基因还是 LQTS 的突变基因，但与 Brugada 综合征作用机制不同的是，LQTS 是由于基因变异导致钠通道失活延迟，从而引起一个持续性的内向钠电流。随着研究的深入，人们发现的多个不同位点的基因突变有：*R1512W*、*A1924T*、*A5471G*、*C5607T* 等。

（三）家族性房颤

家族性房颤（familial atrial fibrillation）为一种常染色体显性遗传病，是一种罕见的遗传性疾病，将其致病基因定位于染色体 10q22～24 区域。在一个中国家系中首次发现了位于染色体 11p15.5 的 *KCNQ1*（KVLQT1）为家族性房颤的致病基因。*KCNQ1* 基因的 S140G 突变使介导 Iks 的钾通道功能增强，心房肌细胞动作电位和有效不应期缩短，从而易引起和维持房颤。在 28 个中国家族性房颤家族，分离筛选了 8 个 K^+通道基因，最终确定 *KCNE2* 基因的 R27C 突变为与家族性房颤有关的又一突变，这一基因可能是家族性房颤的潜在易感性基因，同时不能忽视环境因素在发病过程中起到的重要作用。

（四）预激综合征

预激综合征（Wolff-Parkinson-White，WPW 综合征）心电图呈现预激表现，临床上有心动过速发生，即以短 PR 间期，QRS 宽，R 波上升支有粗钝的 δ 波为特点。对三代 43 人的家族性肥厚型心肌病合并 WPW 的家系分析表明，两者并发的基因定位于染色体 7q3D7S688～D7S483 间。另外 2 个家族性肥厚型心肌病家系的 PRKAG2（AMP 激活蛋白酶 γ2 调节亚单位的编码基因）发生突变，表明此基因可能与 WPW 有关。

二、获得性心律失常

获得性心律失常比较多见，其病因多种多样，包括药物、电解质紊乱、缺血性心脏病、结构性心脏发育不全等。许多药物包括抗心律失常药，都有致心律失常作用，药物通过阻滞 HERG 和 SEN5A 离子通道，阻滞 I_{kr} 和使内向钠电流 I_{Na} 降低，I_{ks} 发生变异，致心肌细胞动作电位复极延迟，传导阻滞，诱发心律失常。其他原因所致的获得性心律失常大多也是通过改变心脏基因表型，使心肌发生重塑促使心律失常基因表型的表达而导致心律失常的发生。

（一）窦性心律失常（sinus dysrhythmia）

超极化激动阳离子（hyperpolarization-activated cation，HCN）通道被认为与心脏起搏点去极化的发生相关。对 HCN2 通道缺陷鼠的研究表明，HCN2 亚单位是决定规律心律的膜静息电位的重要通道，它的缺失可导致窦性心律失常。在一特发性房颤患者中发现 HCN4 基因的第五个外显子 1631delC 突变，该基因突变可以导致窦房结功能异常。在对病窦综合征的研究中发现，病窦综合征虽然常发生在患潜在心脏病的患者，尤其是老年人中，但它也可发生在无明显病因的婴儿和儿童中，所以人们估计病窦综合征是先天性的心脏疾患。SCN5A 基因变异或功能缺失可使心脏激动性下降，与病窦综合征发病有关。

（二）房性心律失常（atrial dysrhythmia）

房颤的重要离子流基础有 L-型钙电流 ICa-L，乙酰胆碱敏感性钾电流 Ik-Ach 和 Ito，细胞电生理研究表明在持续性或永久性房颤患者中，电流 ICa-L、Ito 和快速激活无失活的延迟整流钾电流 IKur 显著减小，同时 Ik-Ach 电流也下降，但内向整流钾电流 Ik1 增加。激活乙酰胆碱敏感钾电流 Ik-Ach 能导致房颤的发生，而 Ik-Ach 失活则能防止其发生，提示 Ik-Ach 在房颤中起作用。另一种十分罕见的心律失常称为心房静止，其特点是心房的电机械活动停止，其心电图特点是心动过缓，P 波缺失和一个窄的形状复杂的逸搏心律，*SCN5A* 基因突变和心房特异的 *Cx40* 基因突变协同作用致此疾病。利用微卫星标记的方法将房颤致病基因定位于 10 号染色体 10q22～q24。在一个中国家族性房颤家系中发现了 *KCNQ1* 基因。在对一个美国房颤家系进行连锁分析时，发现了一个新的房颤位点，位于 6 号染色体 6q14～16，D6S286～D6S1021 间的 25cM 区域内。

（三）室性心律失常（ventricular arrhythmias）

电压依赖性钠通道可驱动心脏潜在起搏点的早期除极，在心脏的兴奋和传导中起关键作用，如果心脏钠通道基因 *SCN5A* 缺失或丧失功能，会导致各种心律失常，如心律减慢、房室传导阻滞、室颤等。电压依赖性钾通道可控制心脏复极，钾通道基因的变异可致心律失常和先天性长 QT 综合征而猝死。心肌细胞储钙蛋白基因 *CASQ2* 的变异可导致由运动或情绪激动引起的心律失常及猝死。*CASQ2* 是心肌细胞肌浆网储存和释放钙离子能力的重要的决定性因素，CASQ2 可迅速地诱导 Ca^{2+}的储存和释放，它还可充当活跃的 Ca^{2+}缓冲剂以调节肌浆网 Ca^{2+}释放通道局部的钙依赖小腔的闭合，如果 *CASQ2* 基因变异，Ca^{2+}释放通道从不应期中异常恢复，则可引起室性心律失常。*KCNQ1* 和 *KCNH2* 基因以外的基因才是家族性阵发性房室交界折返性心动过速的致病基因。一种进行性家族性心脏阻滞的心电图表现为束支阻滞或完全性心脏阻滞伴宽 QRS 波，其相关基因定位于染色体 19q13.2～13.3。另外很多心脏疾患包括左室肥厚、心律失常等与线粒体 DNA 变异 3243A＞G 有关，心电图、超声心动图、Hoter、ApaI 限制性片段分析等一系列分析研究表明在 3243A＞G 患者中都存在心脏结构和功能异常现象。基因 NKX2～5（编码心脏同源转录因子）在心脏发生和维持房室结功能上起着重要作用，其变异也与伴有先天性心脏异常如房间隔缺损、室间隔缺损等的房室传导阻滞有关。

思 考 题

1. 动脉粥样硬化形成的主要分子机制是什么?
2. 心肌肥厚的分子机制是什么?
3. 哪些细胞因子可能与动脉粥样硬化有关?

（易光辉　顾建兰）

第 22 章 肿瘤的生物化学与分子生物学

据 2010 年 2 月统计资料，每年全球癌症死亡人数达 1000 万，目前全球 1/4 人口死亡的原因是癌症所致。我国肿瘤登记中心发布的《2012 中国肿瘤登记年报》表明，我国近 20 年来癌症的发病率逐年升高、且呈年轻化的发展趋势，2012 年度新发肿瘤病例已高达 312 万例，恶性肿瘤已成为严重危害人类生命的元凶。虽然，现在对于多数恶性肿瘤可以采用手术治疗、化学治疗、放射治疗和生物免疫治疗等方法能够杀灭大部分肿瘤细胞，但迄今却无法从根本上治愈肿瘤，其重要原因是对恶性肿瘤的发病机制知之甚少，研究缺乏有效地抗肿瘤药物。本章的主要内容包括：①肿瘤干细胞与肿瘤发生；②肿瘤发生和发展的细胞学特性；③肿瘤发生和发展的生物化学和分子生物学特性；④肿瘤新生血管形成和转移；⑤肿瘤靶向治疗。以期读者对肿瘤发生及其机制有一个比较深入的了解，为今后开展肿瘤研究打下良好的基础。

第一节 肿瘤干细胞与肿瘤发生

一、肿瘤干细胞的发现

早在 19 世纪中期，就有人在显微镜下发现某些肿瘤细胞与干细胞的形态十分相似，但由于当时技术水平的限制，研究没有进一步地深入。半个世纪前，研究者发现只有极少数的小鼠骨髓瘤细胞在体外能够形成克隆。之后，科学家们发现，移植进严重联合免疫缺陷的非肥胖型糖尿病（NOD/SCID）小鼠的白血病细胞，只有 1%～4%的细胞能在脾脏内形成克隆，以上研究提示并不是所有的肿瘤细胞都具有致瘤能力，肿瘤细胞具有异质性。1997 年 John Dick 实验室 Lapidot T 等通过特异性细胞表面标志分离并纯化白血病干细胞，这是世界上第一次对肿瘤干细胞进行分离和鉴定。之后，肿瘤干细胞这一概念在多种实体瘤中得到证实。现有的研究证据表明，肿瘤干细胞（cancer stem cell，CSC）是存在于肿瘤组织中的极小一部分具有干细胞性质的细胞群体，具有自我更新的能力和分化潜能，是形成不同分化程度肿瘤细胞和肿瘤发生的源泉，而肿瘤中的大部分分化细胞已失去增值的潜能，属于非肿瘤干细胞。

二、肿瘤干细胞与肿瘤发生

肿瘤干细胞是恶性肿瘤生长、增殖、侵袭、转移和复发的根源，是机体的正常干细胞在多种内外因作用下增殖分化失常导致的，亦可能由已分化细胞经诱导去分化后产生。因此，从某种程度上讲，恶性肿瘤也是干细胞异常引起的疾病。肿瘤干细胞生长在干细胞龛（stem cell niche）中，在这一肿瘤微环境中肿瘤细胞不断恶性增殖和不完全分化，肿瘤干细胞的高迁移和侵袭性又使肿瘤细胞具有血管生成能力，使其转移成为可能；此外，肿瘤干细胞可以通过细胞休眠来躲避包括化疗药物或放射线的杀伤作用，成为肿瘤复发的源泉。然而，目前临床使用的诸多抗癌药物都是针对一般增殖的肿瘤细胞，不能有效地去除肿瘤干细胞。现有的治疗手段，包括手术治疗、化学治疗、放射治疗和生物治疗，都不能完全把肿瘤干细胞消灭，只要剩下一个肿瘤干细胞，假以时日，肿瘤也有可能复发。因此，如果能够开发出特异性的抗肿瘤干细胞新一代药物或治疗手段，就有可能实现对肿瘤的根治。

三、肿瘤干细胞的生物学功能及其特性

1. 自我更新能力 肿瘤的发生是由肿瘤干细胞引导的，肿瘤干细胞与成体干细胞类似，也具有自我更新的特性，并通过自我更新维持着肿瘤的持续生长。现在认为肿瘤不断生长的另一个重要原因是干细胞自我更新调节机制中的某些基因发生紊乱，使得肿瘤组织中具有自我更新能力的肿瘤细胞的数量不断增加，肿瘤组织能够不断增大。此外，调控正常干细胞自我更新的几个重要信号通路，包括 Notch、Wnt、NF-κB 和 Shh 等在肿瘤干细胞中异常激活，使肿瘤干细胞的自我更新能力更强。正常干细胞在自我更新的同时，其对细胞分化、细胞周期的调控能有序进行；而肿瘤干细胞由于产生了基因突变等遗传学和甲基化及乙酰化等表观遗传学异常，导致细胞增殖失控，进而使肿瘤的恶性增殖。

2. 分化潜能 分化潜能是肿瘤干细胞的特征之一，肿瘤干细胞在体内外具有分化的能力，它能够产生不同分化程度的子代癌细胞，在体内形成新的肿瘤。正常干细胞能够分化成多种完全分化的功能性细胞，而肿瘤干细胞的分化往往有障碍，不能完全分化；此外，在同一肿瘤组织中，肿瘤细胞分化程度也是不同的，导致肿瘤细胞的异质性。肿瘤细胞的分化程度与肿瘤的恶性程度密切相关，高分化的肿瘤细胞恶性程度较低，低分化的肿瘤细胞恶性程度较高，而未分化的肿瘤细胞恶性程度极高。因此，诱导肿瘤干细胞的分化，是肿瘤治疗的一个重要方向。

3. 高致瘤性 大量试验证明，肿瘤干细胞比部分分化的肿瘤细胞具有更高的致瘤能力。致瘤能力主要包括两个方面：体外克隆形成能力和体内成瘤能力。现今成瘤能力最强的是脑癌干细胞，100 个 $CD133^+$的脑胶质瘤干细胞接种在 NOD/SCID 小鼠体内 6 个月即可形成肿瘤，而部分分化的脑胶质瘤细胞即使每只小鼠接种 1×10^5 个 $CD133^-$细胞也无法成瘤。以上数据提示肿瘤干细胞比非肿瘤干细胞具有更高的成瘤潜能。

4. 耐药性 耐药性也是肿瘤干细胞的特征之一。一方面，肿瘤干细胞膜上多数表达包括 P 糖基蛋白、ABCG2（ATP-binding cassette transporter G2）在内的多种 ABC 转运体家族膜蛋白，可运输并外排包括代谢产物、药物、毒性物质、多肽和核苷酸等物质，使许多对肿瘤非干细胞具有抑制或杀伤作用的化疗药物对肿瘤干细胞不敏感，从而保护肿瘤干细胞免于死亡。另一方面，部分肿瘤干细胞处于 G_0 期的休眠状态，对多种抗癌药物不敏感。一般来说，导致肿瘤治疗失败的原因很多，肿瘤干细胞的耐药性是主要原因之一。

四、肿瘤干细胞标志物及其鉴定方法

1. 肿瘤干细胞标志物 肿瘤干细胞标志物是指在肿瘤干细胞上特异性变化的蛋白，如特异性高表达、低表达或不表达，借助这些标志物可以分离、纯化和鉴定肿瘤干细胞。然而，迄今尚不能用单一标志物来鉴定肿瘤干细胞。一般来说，肿瘤干细胞标志物的确定需要结合谱系的几种标志物进行综合评价，结合肿瘤干细胞标志物阳性标志和阴性标志可以更有效地分离肿瘤干细胞。迄今为止，已有诸多类型的肿瘤干细胞标志物被鉴定，包括急性髓性白血病干细胞、乳腺癌干细胞、脑肿瘤干细胞、前列腺癌干细胞、恶性黑素瘤干细胞、肺癌干细胞、结直肠癌干细胞等。各类肿瘤干细胞的标志物如表 22-1 所示。

表 22-1 肿瘤干细胞标志物

肿瘤类型	肿瘤干细胞标志物
急性髓性白血病	$CD34^+/CD38^-$
乳腺癌	$CD44^+/CD24^-$
脑肿瘤	$CD133^+$
前列腺癌	$CD44^+/\alpha_2\beta_1^{hi}/CD133^+$

续表

肿瘤类型	肿瘤干细胞标志物
恶性黑素瘤	$CD20^+$
肺癌	$Sca\text{-}1^+/CD45^-/Pecam^-/CD34^+$
结直肠癌	$CD133^+$

2. 多种肿瘤干细胞的鉴定

（1）急性髓性白血病：将急性髓性白血病细胞植入 SCID 小鼠，发现 $CD34^+/CD38^-$细胞会回到骨髓，在体内细胞因子作用下可大量增殖，并扩散至全身，产生与原始肿瘤相似形态的白血病细胞，其他的多类细胞都不能使 SCID 小鼠产生大量能形成克隆的祖细胞。此外，这类细胞还具有分化和增殖能力，有类似于白血病干细胞的自我更新潜能，因此被称为白血病干细胞。

（2）乳腺癌：将从乳腺癌标本分离的癌细胞植入 NOD/SCID 小鼠，选取 CD44（一种与透明质酸结合的黏附分子）和 CD24（一种与 P-selectin 结合的黏附分子）作为分离乳腺癌肿瘤干细胞的表面标志，发现 100 个表型为 $CD44^+/CD24^-$的乳腺癌细胞即能在 NOD/SCID 小鼠中形成肿瘤，而 10^5 个其他细胞表型的细胞却不能形成肿瘤。

（3）脑肿瘤：Singh 等分析了多种病理类型的脑肿瘤，包括毛发细胞型星形细胞瘤、成髓细胞瘤、室管膜瘤、神经节神经胶质瘤等，对培养出的细胞进行了自我更新、增殖和分化能力分析，并用流式细胞仪进一步分离出 $CD133^+$的脑肿瘤干细胞。

（4）前列腺癌：采用分离正常人前列腺上皮干细胞的细胞表面标志，从前列腺癌细胞中分离出了细胞表型为 $CD44^+/\alpha_2\beta_1^{hi}/CD133^+$的细胞群。$\alpha_2\beta_1$ 是人前列腺的主要整联蛋白之一，其与层黏连蛋白 1 结合，并只在前列腺基底细胞中表达。

（5）恶性黑色素瘤：用培养人胚胎干细胞的培养基培养原代恶性黑色素瘤细胞，发现约 20% 的细胞长成一种无黏着力的细胞球；而在标准培养基中，所有细胞都呈单层贴壁生长；在合适的培养条件下，恶性黑色素瘤细胞球能够分化成多种细胞系，如黑色素细胞系、脂肪细胞系、骨细胞系和软骨细胞系。小鼠移植实验显示，恶性黑色素瘤球状细胞有较强的致瘤性，在恶性黑色素瘤细胞系中鉴定出相似的多能球状细胞，这种具有多能干细胞性质的细胞存在于 $CD20^+$ 的恶性黑色素瘤细胞中。

（6）肺癌：在小鼠的细支气管肺泡连接处分离出细胞表面标志为 $Sca\text{-}1^+$ $CD45^-Pecam^-CD34^+$ 的细胞，命名为细支气管肺泡干细胞。这种细胞能抵抗细支气管和肺泡损伤，并在上皮细胞更新时增殖，具有自我更新能力。原发性肺腺癌小鼠模型中可以检测到肿瘤干细胞的增殖。

（7）结直肠癌：Ricci Vitiani 等认为 $CD133^+$细胞是结直肠癌干细胞，这类细胞占细胞总数的 2.5%，接种到 NOD/SCID 小鼠后可形成原发肿瘤样肿瘤，体外培养时，在无血清的培养基中可长期维持细胞球状态。

五、肿瘤干细胞的鉴定方法

1. Hoechst 33342 染色分离肿瘤干细胞 Hoechst 33342 是一种可以穿透细胞膜的蓝色荧光染料，常用于细胞凋亡检测，也用于普通的细胞核染色或常规 DNA 染色，细胞染色后用荧光显微镜或流式细胞仪检测。在干细胞领域，Hoechst 33342 最早被用于造血干细胞的分离鉴定，研究者用 Hoechst 33342 对骨髓细胞染色后发现有一小部分细胞染色很浅，进一步实验发现这群细胞表达造血干细胞的表面标志 $Sca1^+/lin^{neg/low}$，具有干细胞的特征，这一细胞群被称为边缘细胞或者侧群细胞（side population cells，SP cells）。这种不需要肿瘤干细胞标志物的方法使缺乏特异性标志物的肿瘤干细胞的分离成为可能。

2. ALDEFLUOR 法分离肿瘤干细胞　乙醛脱氢酶 1（aldehyde dehydrogenase 1，ALDH1）可以将醛类物质氧化成乙酸，在机体的发育和代谢中发挥着重要作用。研究发现 ALDH1 在多种干细胞中高表达，可以被用来分离干细胞。由于 ALDH1 是胞内蛋白，1999 年 Storms 等应用荧光染料 ALDEFLUOR 和维拉帕米通过流式细胞仪来检测 ALDH1 的活性，并分离到造血干细胞。之后利用 ALDEFLUOR 方法成功地分离了多发性骨髓瘤干细胞、乳腺癌干细胞、白血病干细胞和脑肿瘤干细胞多种肿瘤干细胞，提示 ALDEFLUOR 法是分离、纯化和鉴定肿瘤干细胞的有效方法之一。

3. 肿瘤细胞球培养法扩增和鉴定肿瘤干细胞　由于肿瘤干细胞的含量极少，分离的肿瘤干细胞数量往往不足以用于研究，因此肿瘤干细胞的稳定扩增成为了众多科学家关注的热点。肿瘤细胞球培养法是指以不含血清，但含多种促干细胞生长因子培养基，进行肿瘤干细胞培养，得到悬浮生长的富集肿瘤干细胞的细胞球，这种方法在脑肿瘤、肺癌和肠癌等多种类型的肿瘤干细胞分离和纯化中得到了验证，富集的肿瘤细胞"干性"明显提高，致瘤性增强。但是需要注意的是，悬浮生长的产生的细胞球不一定全部是肿瘤干细胞，一般说来应该是富集了肿瘤干/祖细胞，还需要进一步鉴定。

4. 鉴定肿瘤干细胞的其他方法　除了以上的 Hoechst 33342 染色法、ALDEFLUOR 法和肿瘤细胞球培养法来分离和鉴定肿瘤干细胞，还有抗凋亡分选肿瘤干细胞、耐药性鉴定肿瘤干细胞等。干细胞能通过一些复杂的机制来抵抗凋亡，在诱导凋亡的条件下，普通肿瘤细胞最终会发生凋亡，而肿瘤干细胞的比例增加，此时以合适的培养基防止肿瘤干细胞分化，然后用蛋白芯片或其他方法检测存活细胞的表面标志，这些标志可能就是肿瘤干细胞的表面标志。

目前，还有很多肿瘤的肿瘤干细胞仍未被鉴定出来。同时对鉴定出来的肿瘤干细胞还需要进行其生物特性及耐药、耐放射等分子机制的研究，找出治疗靶点，从而为肿瘤的治疗提供新的策略。

第二节　肿瘤发生和发展的细胞学特性

一、肿瘤细胞的失控性增殖

恶性肿瘤细胞的恶性持续增殖是肿瘤最基本的特征之一。正常组织有序地控制着生长启动信号的产生和释放，这些信号指导细胞进入细胞周期并调控这个周期运行，从而维持正常组织的细胞数量、结构和功能。恶性肿瘤细胞的启动和调控信号往往异常，恶性肿瘤细胞的恶性持续增殖。这些启动信号大多数是由结合在细胞表面受体上的生长因子来传输的，典型特征是包含细胞内酪氨酸激酶区域。这个区域通过胞内信号途径发送信号，调节细胞周期的变化。同时这些信号也影响其他的细胞学功能如细胞生存、细胞能量代谢等。肿瘤细胞的失控性增殖主要是由于癌基因的活化和扩增、抑癌基因的失活、信号通路异常激活和细胞周期失控等导致，下面分述如下。

（一）癌基因的活化和扩增

癌基因（oncogene）是指正常条件下对细胞增殖具有促进作用的基因，但它的过表达可引起细胞过度增殖，尤其是它们的分子结构异常产生的变异体能诱导正常细胞发生恶性转化。

癌基因一般分为两类：病毒癌基因（virus oncogene，v-onc）和细胞癌基因（cellular oncogene，c-onc）。病毒癌基因是指存在于病毒基因组内的癌基因，它们可以使动物细胞发生恶性转化，诱导肿瘤的形成，如鸡肉瘤病毒（RSV），它能使鸡胚成纤维细胞在培养中转化，也能在接种鸡后诱发肉瘤。RSV 是一种 RNA 逆转录病毒，它除含有病毒复制所需的基因外，还含有一种特殊的转化基因，能导致培养细胞的转化。在正常条件下，细胞癌基因不表达或表达很低，在细胞行使其正常功能中起一定的作用，但其高表达可导致正常细胞发生恶性转化。细胞癌基因的表达产物参与维持和调控正常细胞生长、发育和分化，如果基因的结构变异或异常高表达，就会导致细胞增殖失调而恶性转化成肿瘤。

（二）抑癌基因的失活

除了癌基因的活化和扩增诱导正常细胞转化成肿瘤外，抑癌基因的失活也是肿瘤形成非常重要的因素之一。抑癌基因（tumor suppressor gene）是指能抑制细胞癌基因活性的基因。正常条件下对细胞的生长、增殖、分化等起负调控作用。多种抑癌基因可以在不同途径上限制肿瘤细胞的生长和增殖。典型的抑癌基因有 *p53* 和 *Rb* 基因。

人的 *p53* 基因定位于染色体 17p13，有 11 个外显子，编码蛋白为 P53，是一种核内磷酸化蛋白。它在细胞核内的作用是介导 DNA 损伤启动的细胞应激反应，维持遗传的稳定性。*p53* 基因可以调节细胞周期进程中的关键基因如 *p21* 等，控制细胞周期 G_1/S 检验点。*p53* 基因的失活可促使肿瘤细胞进一步出现基因组不稳定性，促进细胞恶性转化。研究表明，大约 50%的癌症患者有 *p53* 基因功能缺陷。

Rb 基因位于人 13 号染色体 q14，含有 27 个外显子，编码核结合蛋白 P105，定位于细胞核。*Rb* 基因在调节互补回路中起着中央控制节点的作用，决定细胞是否增殖、衰老或者凋亡。Rb 蛋白能够整合来自胞内和胞外的不同信号，并决定细胞是否通过细胞生长和细胞分裂。Rb 功能缺失的肿瘤细胞会不断持续增殖。

（三）信号通路异常激活

正常机体借助细胞间和细胞内的多种信号传递通路来严密而精确地调节、控制细胞生长、增殖、分化和发育，完成各项正常的生命活动。如果细胞的信号传递通路发生异常或者产生功能障碍，就会使细胞生长、增殖、分化和发育等发生异常，引起包括肿瘤在内的各种疾病的发生。

研究发现，许多癌基因和抑癌基因包括多种生长因子、G 蛋白、生长因子受体和核转录因子等，存在于正常细胞信号传递通路的不同部位，对细胞的分裂、增殖、生长和分化中起重要的调节作用。在肿瘤的发生和发展过程中，由于癌基因和抑癌基因等的变化，使得细胞的信号传递通路也发生了变化，如一些与细胞分裂、生长和增殖的信号通路处于异常活化状态，而一些本应该处于活化状态的细胞凋亡信号通路却受到抑制。

（四）细胞周期失控

细胞周期失控也是肿瘤的特征之一。肿瘤的发生主要与癌基因和抑癌基因有关，而癌基因和抑癌基因作用的最终结果是导致肿瘤细胞周期失控。肿瘤的细胞周期失控主要表现为两方面：一是起正调控作用的细胞周期蛋白（cyclin）和细胞周期蛋白激酶（cyclin dependent kinases，CDKs）过度表达，二是起负调控作用的细胞周期蛋白激酶抑制因子（cyclin dependent kinase inhibitors，CDKIs）失活。

CDKs 属于丝氨酸/苏氨酸蛋白激酶家族，在控制细胞周期的进程中起重要作用。以 CDKs 为中心的细胞周期调控网络任何环节的异常，尤其是活性异常增高，将引起细胞周期失控而导致肿瘤的发生。恶性肿瘤组织中常有 CDKs 的过表达，多种肿瘤细胞株中也有 *CDK4* 基因的扩增、突变或高表达。当肿瘤细胞被诱导分化时，*CDK4* 表达下调。*CDK2* 基因突变引起的自身过度激活也与肿瘤的发生密切相关。

CDKIs 是 CDKs 的特异性抑制蛋白，能和 CDKs 或 cyclin/CDKs 复合物结合，抑制 CDKs 的蛋白激酶活性。在肿瘤细胞中 CKIs 基因常出现突变或者缺失，使 CKIs 对 CDKs 的负调控作用降低或者缺失，导致细胞周期失控，细胞异常增殖。

二、肿瘤细胞分化障碍

细胞分化是指同源细胞逐渐发育为具备稳定形态结构、生理功能和生化特征的另一类型细胞的过程。细胞分化是在极其复杂的细胞内外因子的严密调控下经过多阶段完成的，它实现细胞间的表型差异、组织和器官的功能及个体的成熟。肿瘤的基本特征之一是肿瘤细胞分化障碍，恶性肿瘤细胞在分化过程中与正常细胞在表型上有着明显差异，这是由于细胞分化基因功能异常或调节失控所致。从这种意义上说，癌症是一种细胞分化缺陷性疾病。肿瘤细胞的分化程度是肿瘤恶性程度鉴别的主要依据。肿瘤细胞在细胞形态、功能、代谢等方面与相对应的正常细胞相似程度很高，则为高分化，反之便是低分化细胞。因此，低分化的肿瘤细胞一般恶性程度比较高，高分化的肿瘤细胞恶性程度比较低。

现在肿瘤治疗中出现的一个新的策略就是诱导肿瘤细胞分化，利用肿瘤分化诱导剂使肿瘤细胞的分化状态发生逆转，从而达到治疗肿瘤的目的。肿瘤诱导分化剂的特点是不杀伤肿瘤细胞，能使肿瘤细胞变成或者接近正常细胞，恢复正常细胞的某些功能，降低或完全消除致瘤性。这种策略主要是基于肿瘤细胞具有分化的潜能，只是在特定的条件下出现分化障碍，运用合适的分化诱导剂能使其分化障碍消除，从而使肿瘤细胞向正常细胞转化。例如，中国科学家王振义等发现全反式维 A 酸能够通过诱导早幼粒细胞白血病细胞分化来治疗早幼粒细胞白血病，这是中国对世界抗癌药物研究的重大贡献。

三、肿瘤细胞凋亡失调

（一）细胞凋亡基本过程

细胞凋亡（cell apoptosis）是指机体细胞在一定的病理或生理条件下由基因调控的一种程序性死亡方式。它不同于细胞坏死（cell necrosis），其典型特征为存在凋亡小体（apoptotic body）。在正常的组织中，细胞增殖与细胞死亡相平衡，以维持机体的稳态，两者是一个矛盾的两个方面，此矛盾的运动发展推动着机体的生老病死。细胞凋亡是多细胞生物体的一种重要的自稳机制。细胞凋亡可以清除对机体有潜在风险的细胞，如 DNA 损伤严重无法修复的细胞，也可以清除多余的细胞，是生物机体生长发育调节不可或缺的生物学机制。

细胞凋亡可以由多种外因和内因诱发，如 DNA 损伤、生长因子撤除、糖皮质激素作用、FasL 及 TNF 作用、细胞间接触和药物作用等。细胞凋亡的机制极为复杂，有多种基因和蛋白产物参与，包括细胞凋亡促进基因、凋亡抑制基因、死亡受体及其配体等。现有研究发现细胞凋亡主要有两条独立的凋亡途径：内源性细胞凋亡通路（线粒体依赖性途径）和外源性细胞凋亡通路（死亡受体途径）。

当线粒体受到刺激后，释放出细胞凋亡相关蛋白如细胞色素 c 等，进入细胞质与凋亡蛋白酶活化因子 1（Apaf 1）结合，之后该复合体活化 caspase-9，在 dATP、ATP 存在下激活 caspase-3，启动 caspase 级联反应，从而导致细胞凋亡。多项研究表明，细胞色素 c 从线粒体释放至胞质是引发细胞凋亡的关键步骤。凋亡过程中细胞色素 c 的释放是线粒体外膜通透性增高的结果。

死亡受体是肿瘤坏死因子受体基因家族成员，可传递由特定的死亡配体引起的凋亡信号。细胞受到某些凋亡信号的刺激，Fas 通过与其特异性配体 FasL 结合而在细胞膜表面发生聚合，形成的复合物通过 FADD 与 caspase 8 特异的结构域结合并使 caspase 8 形成二聚体而自身激活，caspase 8 释放到胞质中激活效应型 caspase 3、caspase 6 和 caspase 7，导致细胞凋亡。

（二）细胞凋亡障碍与肿瘤发生

正常人体组织、细胞的生长受到精确的调控，而肿瘤细胞的典型特征就是失控性增殖和细胞凋亡障碍，而两者是相辅相成的。研究表明，肿瘤细胞凋亡受阻是肿瘤细胞失控性增殖的主要原因。因此，细胞凋亡与肿瘤的发生、发展密切相关。细胞凋亡对细胞扩增主要起着负调控作用，一方面肿瘤细胞不断持续增殖，另一方面肿瘤细胞凋亡等降低。细胞凋亡的作用机制，目前认为主要有抗凋亡因素和促凋亡因素的调控。

抗凋亡因素的调控：*Bcl-2* 是调控凋亡的重要基因。根据功能和结构可将 *Bcl-2* 基因家族分为两类，一类是抗凋亡的，如 *Bcl-2*、*Bcl-xl* 和 *Mcl-1*；一类是促进凋亡的，如 *Bax*、*Bak*、*Bad*、*Bid* 和 *Bim*。具有抑制凋亡作用的 *Bcl-2* 和 *Bcl-xl* 通过抑制 caspase-3 进而抑制凋亡。*Bcl-2* 家族成员都含有 1～4 个 *Bcl-2* 同源结构域（BH1-BH4），其中 BH4 是抗凋亡所特有的结构域，而 BH3 是与促进凋亡有关的结构域。*Bcl-2* 是目前公认的抗凋亡基因，高水平的 Bcl-2 蛋白可抑制细胞死亡延长细胞寿命，其存在有利于保持正常细胞的增殖能力。研究揭示 *Bcl-2* 在重度异型增生区及癌变区异常高表达，使已经发生癌变的及有明显癌变倾向的细胞寿命延长、堆积，从而形成恶性肿瘤。

促凋亡因素的调控：*p53* 是抑癌基因，与细胞的生长阻滞和凋亡有关。野生型 P53 蛋白在功能上可分为位于氨基端的酸性活化基团，位于羧基端的碱性非特异性的 DNA 结合基团，以及位于中央的具有序列特异性的 DNA 结合基团。野生型 P53 蛋白通过其分子中部的序列特异性 DNA 结合基团在 G_1 晚期与 DNA 的特别序列结合，使细胞周期减慢，出现 G_1 期停顿。借助转录依赖和不依赖的机制调控凋亡，诱导线粒体蛋白 Apaf-1、Bax 等表达，进而通过 caspase 活化诱导细胞凋亡。因此，*p53* 基因是促凋亡基因，野生型 P53 蛋白被称为分子卫兵，对机体起保护作用。大量研究显示，在肿瘤发生内外环境中 *p53* 基因非常容易发生变异，大约 50%癌症患者产生 *p53* 基因变异体和功能缺陷，导致肿瘤细胞凋亡低下和不断增值，进而使恶性肿瘤发生。

四、肿瘤细胞衰老障碍

（一）细胞衰老的基本概念

1961 年，Hayflick 在对体外培养细胞研究中发现细胞有增殖极限的现象，称之为细胞衰老（cell senescence）。细胞衰老是细胞脱离细胞周期并不可逆地丧失增殖能力后进入的一种相对稳定的状态，虽然基本代谢过程仍然能够维持，但丧失合成 DNA 及增殖能力。细胞衰老机制复杂，目前研究细胞衰老大多集中在对细胞周期机制、衰老的端粒学说、自由基及 DNA 损伤与衰老的关系、线粒体与衰老、细胞信号转导等方面。

细胞衰老具有一系列的生物学特征，从细胞形态来看，衰老细胞体积增大，呈扁平状，细胞内颗粒增多，细胞之间连接不紧密。细胞周期方面，衰老细胞停止细胞分裂，细胞周期自 G_1 期向 S 期的转变过程中发生阻滞。此外，衰老细胞中溶酶体的数量和吞噬面积都有所增加。衰老细胞的另一个典型生化特征为 pH 依赖的 β-半乳糖苷酶表达活性增强。衰老细胞的分子特征为端粒长度缩短，端粒酶活性降低或丧失。

（二）细胞衰老抑制肿瘤发生、发展及其作用机制

大量证据已经显示，细胞除了可以通过凋亡或自杀来抑制肿瘤形成外，还可以通过细胞衰

老阻止细胞分裂，进而抑制肿瘤发生和发展。细胞衰老抑制肿瘤发生发展的机制主要有两方面：①端粒途径：主要依赖于 p53 信号通路；②以积累性应激损伤为主的 p16-Rb 通路及非端粒途径的 p53 通路。研究认为，端粒缩短启动衰老是 ATM/ATR-p53 通路调节的 DNA 损伤反应。在衰老机制中，端粒的作用仅是一方面，除此之外尚存在其他多种非端粒信号通路，如应激引起的信号通路、癌基因及有丝分裂原通路等。

端粒是真核生物线性染色体末端重复 DNA 序列和蛋白质结合形成的复合结构，端粒缩短被认为是触发细胞衰老的分子钟，可作为细胞衰老的标记。端粒长度由端粒酶维持，衰老细胞端粒缩短，端粒酶活性下降。研究显示端粒酶在 80%～90%的人类肿瘤细胞中都有表达，而在正常组织细胞中则无端粒酶活性表达或活性很低，因而端粒酶高表达与肿瘤发生密切相关。由于端粒酶在肿瘤中具有相对的特异性，使其成为目前已知最为广谱的肿瘤分子标志物及肿瘤基因诊断治疗中最受重视的新靶点之一。

用 *k-Ras* 癌基因在大鼠体内复制多发性肺腺瘤及腺癌模型，在腺瘤中检测到几种衰老标志物，而腺癌中则缺乏。在皮肤及胰腺组织实验中得出了相同结论，即内源性癌基因 *Ras* 相关肿瘤的癌前病变中，有衰老细胞存在，而相应的恶性肿瘤中几乎没有衰老细胞。同时，用基因芯片对一系列基因进行检测后发现，这些基因的表达与 ERK 蛋白诱导衰老高度相关，检测到的衰老相关分子标记有 p16、CDKN2B、Deel、Der2 及经典的细胞衰老标志物 β-半乳糖苷酶。因此，癌基因诱导衰老的效应分子 p16 或 p53 存在于癌前病变中，癌组织中则缺失，而且没有衰老细胞存在。

BRAF 癌基因是 MAPK 信号传导通路上 Ras 下游的传递因子，主要存在于神经来源的肿瘤组织，如甲状腺瘤、恶性黑素细胞瘤、卵巢癌等。在培养的人黑素细胞及成纤维细胞中，突变基因 *BRAF* 可导致短暂的细胞增殖，随后引起细胞衰老及 p16 表达增加。这种衰老样细胞周期抑制可被病毒癌基因 SV40 大 T 抗原所拮抗，其机制可能与 SV40 大 T 抗原使 p53 或 Rb 失活有关。另外，发现痣中的 p16 表达具有异质性，且其消除对衰老毫无影响，这些细胞中也没有明显的端粒缩短现象，这提示在没有端粒及 p16 参与的情况下，可能还有其他导致细胞衰老的机制存在。

PTEN 是存在于许多肿瘤中的抑癌基因，在敲除 *PTEN* 基因的鼠前列腺实验中，发现在癌前病变或低度恶性肿瘤组织中有衰老标志物的表达，而高度恶性的肿瘤组织则没有表达。对这些 *PTEN* 缺陷的动物细胞进行培养，能使其进入衰老状态，但又可以被 p53 失活所逆转，说明 *PTEN* 缺陷时 p53 参与了细胞衰老抑制肿瘤这一过程。

五、上皮/间充质转化

上皮-间充质转化（epithelial-mesenchymal transition，EMT）是指上皮细胞通过特定程序转化为具有间充质细胞表型的生物学过程。EMT 最早发现于发育生物学，Garry Greenburg 与 Elisabeth Hay 经细胞实验证明上皮细胞会暂时丧失他们的细胞极性，并且表现出具有移行能力的间充质细胞特征，正式提出 EMT 的概念。之后的研究证实，EMT 在胚胎发育、慢性炎症、组织重建、癌症发生和转移，以及多种纤维化疾病中发挥了重要作用。

（一）上皮/间充质转化与肿瘤发生及转移

恶性肿瘤的发生是机体的正常干细胞在多种内外因作用下增殖分化失常，导致某一细胞群体大量增殖，形成恶性肿瘤。肿瘤转移是指恶性肿瘤脱离原发肿瘤通过各种转移方式，到达继发组织或器官得以继续增殖生长，形成与原发肿瘤相同性质的继发肿瘤的全过程。上皮细胞或上皮细胞来源的肿瘤细胞通过 EMT 转变成间充质细胞或间充质干细胞后，一方面转化细胞的“干性”（stemness）增加，致瘤性增强；另一方面转化细胞丧失其极性，使上皮细胞来源的恶性肿瘤细胞的迁移和侵袭能力大大提高，转移性增加。因此，EMT与肿瘤发生及转移密切相关。

（二）EMT发生机制

所有上皮细胞都富于细胞间黏附功能，由E-钙黏蛋白、β-连环素组成的复合物与肌动蛋白骨架相连，从而形成稳定的细胞间接触和连接。EMT的细胞学研究揭示EMT过程首先是上皮组织和细胞基本结构消失，上皮细胞变形，丧失细胞极性，细胞间紧密连接、锚定连接、桥粒都降低；此外，细胞角蛋白中间丝消失，细胞内的肌动蛋白微丝构成的细胞骨架应力纤维重新组合，并出现丝状伪足和层状伪足；这些细胞和分子表型的变化使细胞的迁移能力增强。

EMT的分子机制研究显示，钙连接素是一种跨膜糖蛋白，主要参与细胞间的连接，分为E-cadherin，P-cadherin和N-cadherin三种，而E-cadherin是其中影响肿瘤侵袭转移较重要的一种，同时，也是EMT的关键分子。E-cadherin对于维持细胞间黏附的稳定相当重要，是影响肿瘤侵袭转移和EMT的关键分子。Snail、Slug、Sip1、AP-1、NF-κB、Twist等多种转录因子也可以诱导EMT，其中Snail的稳定表达引起上皮细胞向间质细胞表型的转变，同时伴有E-cadherin的下调，从而引起EMT；另外，Twist的过度表达也是发生EMT的一种重要因素，它能引起E-cadherin表达下调，也可以直接促进Snail的表达，启动EMT的发生。同时，多种生长因子（如HGF、FGF、EGF、TGF-β等）与上皮细胞表面的相应受体结合，通过不同的信号转导通路调控EMT的发生。

（三）EMT的调控机制

研究发现EMT的发生是由一系列内源性和外源性因素调控的。EMT的内源性调控机制包括EMT促进基因和信号传递通路。众所周知，癌基因在肿瘤发生和发展过程中起着举足轻重的作用，近年来的研究发现，一些癌基因也能诱导肿瘤细胞发生EMT，如*Ras*、*Myc*、*BMI-1*等都是EMT的关键启动基因。这些癌基因的过度表达都能引起肿瘤细胞E-cadherin和β-catenin表达的下调，同时使得fibronectin和vimentin的表达增加，而引起肿瘤细胞发生EMT，进而造成肿瘤转移，影响肿瘤患者的预后。

多条信号传递通路参与EMT及其调控，其中TGF-β/Smad通路尤其重要。TGF-βⅠ可以与TGF-βⅡ型受体的胞外段结合，活化其胞内段的丝氨酸/苏氨酸蛋白激酶，进而通过TGF-βⅠ型受体将信号向细胞内转导，使下游Smad3磷酸化，并转位入核，作用于Snail等靶基因；然后Snail等转录因子与E-cadherin启动子区的特异性E-box结合，抑制E-cadherin的转录。Hedgehog通路的激活在EMT激活中也起了重要作用。Hedgehog是编码一系列分泌蛋白的基因家族，该通路被激活后，下游活化的Smo将信号转到细胞内，激活细胞内的转录因子Gli基因家族，诱导EMT的发生。此外，MAPK-ERK亦参与细胞的EMT过程，ECM激活的FAK也能介导ERK1/2信号通路活化，诱导细胞发生EMT。还有TGF-β也可以诱导PI3K/Akt信号通路的活化，诱导EMT。

多种外源性因素参与EMT调控机制。例如，持久性有机污染物（POP）诱导细胞片状伪足结构和应力纤维中的肌动蛋白细胞骨架重组形成，促进细胞的EMT过程和增加癌症的发展。烟草致癌物MNU/BPDE已被证明可以通过DNA损伤诱导的EMT；另外，烟草尼古丁也能诱导肿瘤转移和EMT。病毒引起EMT的主要原因是诱导EMT相关的蛋白质TGF-β的活化引起的。紫外辐射也会促进EMT相关标志物如E-cadherin的表达减少，vimention/MMP-2的表达增加，从而诱导EMT的发生。细胞微环境的缺氧也会通过HIF-1α与EMT标志物的启动子结合调节各种EMT的调控因子，包括：Twist1、Snail、Slug、ZEB1、

ZEB2 和 E12/E47，它们都能对 EMT 进行调控。综上所述，多种内源性和外源性因素诱导上皮细胞内 EMT 促进基因过表达、EMT 抑制基因低表达，引起 EMT 相关的信号传递通路异常激活，导致 EMT 发生，如图 22-1 所示。

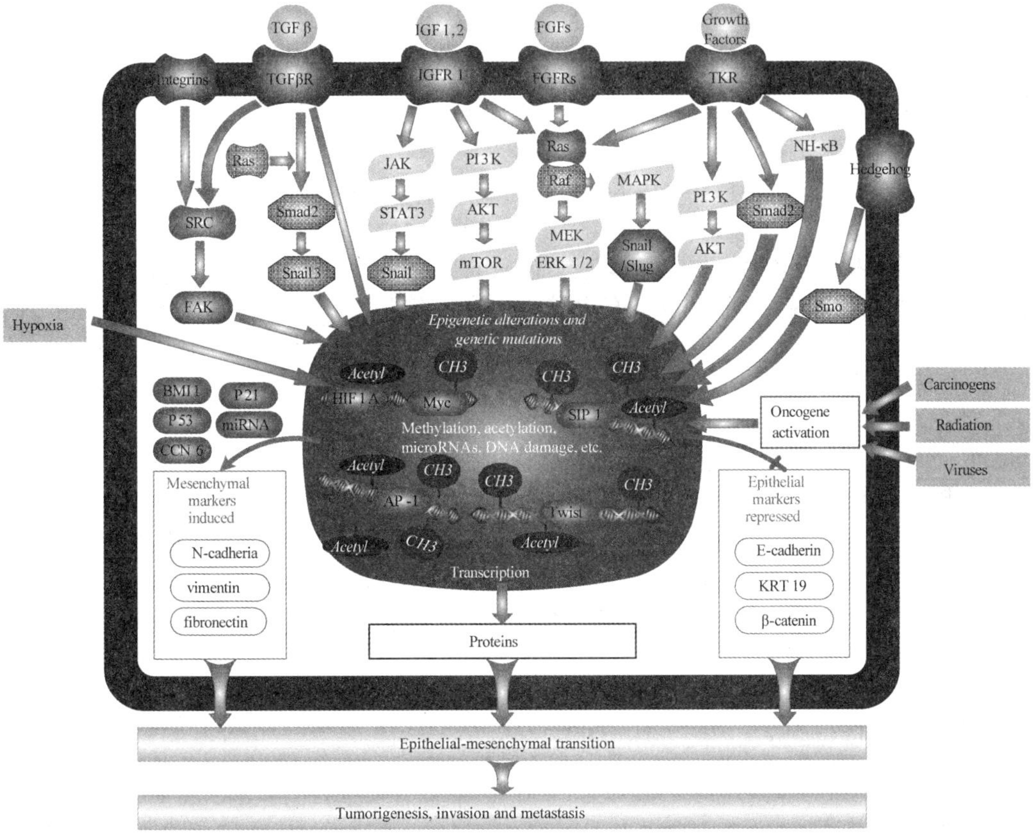

图 22-1　EMT 与肿瘤发生及其调控机制

第三节　肿瘤发生和发展的生物化学和分子生物学特性

肿瘤的发病因素和发病机制的研究是肿瘤预防和肿瘤治疗的关键。肿瘤的发生和发展是一个多基因参与的内外因素共同作用的结果。基因的表观遗传学修饰如甲基化和乙酰化；肿瘤基因组学异常包括染色体移位、重组、插入和缺失；多种致癌因素如化学因素、物理因素和生物因素；以及细胞代谢异常等多种因素综合作用，最终导致正常细胞失控性增殖，形成肿瘤。

一、肿瘤表观遗传学

表观遗传学（epigenetics）指所有不通过 DNA 序列改变就能影响基因表达的、可遗传的调控方式，包括 DNA 甲基化、组蛋白修饰和 miRNA 等。肿瘤是一种基因调控功能失常的疾病，这些调控基因控制着正常细胞的动态平衡。研究表明，除了癌基因和抑癌基因的作用外，表观遗传学在肿瘤的发生、发展、转移和复发中也有着举足轻重的作用。一般来说，表观遗传学异常经常出现在肿瘤发生的早期。因此，表观遗传学异常可以作为癌症早期诊断的标准，同时也使针对肿瘤表观遗传学异常进行治疗成为可能。

DNA 甲基化的基本过程主要是通过三个 DNA 甲基化转移酶的催化作用将甲基基团转移到

CpG 二核苷酸的胞嘧啶上，形成 5-甲基胞嘧啶。DNA 甲基化一旦建立，就能在一段时间内稳定地复制、遗传。CpG 二核苷酸不对称地分布在人的 DNA 上，有一半的基因在其转录起始位点富含 CpG 区域，被称为“CpG 岛”。CpG 岛通常情况下不被甲基化，基因在不改变 CpG 岛内的 CpG 位点的甲基化的情况下失活或激活。然而，在某些生理条件下，如基因组印迹，CpG 岛能以一种基因永久沉默的方式被甲基化。

DNA 甲基化在肿瘤的发生发展过程中起重要作用。正常细胞启动子区域的 CpG 岛不被甲基化，而散在的 CpG 岛则被甲基化。在肿瘤细胞中可能同时存在基因组整体的低甲基化和某些区域的高甲基化。肿瘤细胞基因组的低甲基化可以导致基因组重组概率高，基因突变概率也高，基因组的低甲基化也可以导致癌基因的过度表达，从而促进肿瘤的进一步发展。另外，某些区域的高甲基化引起抑癌基因表达减少甚至消除，协同促进肿瘤的恶性发展。

8 个组蛋白和约 146 bp 的 DNA 组成染色质的最基本单位——核小体。组蛋白上面的很多氨基酸可以通过各种翻译后的可逆的共价键修饰，包括甲基化、乙酰化、磷酸化和泛素化等，形成理论上数目繁多的特定的“组蛋白密码”来形成“开放”或“关闭”的局部染色质结构，或是决定何种蛋白结合到特定 DNA 区域，从而调节多种 DNA 功能，包括转录、复制及损伤修复。

组蛋白修饰异常是肿瘤细胞的一个明显标志，如肿瘤细胞有着非常显著降低的 H4K20 的三甲基化和 H4K16 的乙酰化。大量研究表明，组蛋白修饰酶在肿瘤组织中的突变或表达异常，现在已知较多的是修饰组蛋白乙酰化和甲基化的酶在多种癌症中的突变。此外，多种组蛋白甲基化酶和去甲基化酶也被发现与癌症发生发展密切相关。在许多种癌症中都有由于染色质移位、基因扩增或缺失、突变、融合、过表达或表达抑制等多种方式导致的酶表达水平或活性异常。

微小 RNA（miRNAs）是长度约 22 个核苷酸的内源性非编码小 RNA，对基因进行转录后调控，参与细胞增殖、分化、代谢和凋亡等过程，在肿瘤的形成过程中发挥着类似癌基因或抑癌基因的作用。miRNAs 在正常组织和癌症组织中的表达谱不同，而且每种癌症的表达谱有区别。多数 miRNAs 基因位于或靠近与肿瘤形成相关性脆弱基因位点，导致参与 miRNAs 加工过程的关键蛋白发生改变，以及 miRNAs 前体上的突变或多态性影响 miRNAs 的加工成熟等。众多研究表明，miRNAs 的异常表达与肿瘤的发生、浸润、转移、临床分期、耐药性及预后等都有密切的关系。例如，miR-21 在胃癌、结肠癌、肺癌、乳腺癌、前列腺癌和胰腺癌等肿瘤中表达都有增强，参与多种不同肿瘤的形成。

二、肿瘤基因组学异常

多基因突变能够使癌基因活化、抑癌基因失活，进而引起正常细胞恶性增殖，抵抗凋亡，细胞周期失衡，最终在一系列的内外因综合作用下形成肿瘤。很早以前，科学家就认识到肿瘤的基因组异常是肿瘤形成的一个非常重要的因素。肿瘤基因组稳定性的丧失会增加 DNA 突变的概率，引起癌基因的活化和抑癌基因的失活，从而促进肿瘤的恶性生长。肿瘤基因组异常主要包括基因突变、染色体易位、基因的插入等。

基因突变：包括点突变、移码突变、基因重排和其他结构上的改变，这些能使癌基因激活，使抑癌基因失活，进而使细胞发生癌变。很多类型的肿瘤常能利用 DNA 测序技术检测到癌基因和抑癌基因的突变。例如，肺癌、胰腺癌中的 *k-RAS* 点突变、黑色素瘤中的 *b-RAF* 点突变等。

染色体易位：染色体易位指染色体片段从正常的染色体位置易位到另外一个染色体的某个位置。染色体易位容易造成癌基因扩增、抑癌基因失活，诱使细胞发生癌变。例如，慢性粒细胞白血病表达融合的 *BCR-ABL* 基因。

基因的插入：DNA 的插入能引起细胞的基因重排，活化癌基因并导致其表达水平升高，最终导致癌变。

肿瘤基因组学异常是目前已知致癌机制中最重要的内源性因素，已有报道，肿瘤基因组学异常引起的癌基因有报道 181 个，其中基因突变导致的 94 种，而染色体易位导致的致癌融合基因具有 129 个，产生了 159 种致癌融合蛋白。如上所述，这些癌基因在恶性肿瘤的起始和发展中起了举足轻重的作用。

三、外源性致癌因素与肿瘤发生

能够引起肿瘤发生的外源性因素有多种。常见的致癌因素可以分为化学因素、物理因素和生物因素等。这些致癌因素可以单独致癌，也可以多种因素综合作用致癌。一般说来，肿瘤的发生是多种致癌因素综合作用的结果。

1. 化学因素　现有的多数化学致癌物是致突变剂，已有 1000 多种化学物质被证明能引起肿瘤的发生。化学致癌物一般分为两类：直接化学致癌物和间接化学致癌物。直接化学致癌物是指不需要在体内代谢即可致癌的化学物质，如烷化剂可诱发白血病；而间接致癌物是指需要通过体内代谢后致癌的化学物质，如亚硝胺可诱发食管癌、肺癌，吸烟可诱发肺癌。间接致癌物代谢活化的终产物被称为终末致癌物。也有一些化学物质本身不致癌，但其可以增强化学致癌物的致癌作用，这些化学物质被称为促癌物，如巴豆油、激素等。诸多研究表明，化学致癌物多与环境污染和职业病有关。值得一提的是抽烟与肺癌发生密切相关，香烟中含有多种致癌的化学物质，以及 $PM_{2.5}$ 微粒可引起肺癌等恶性肿瘤发生。因此，治理环境污染、改善工作环境，拥有健康的生活方式，能够有效地降低恶性肿瘤的发病率。

2. 物理因素　研究已证实的物理致癌因素主要是电离辐射、热辐射、慢性炎症刺激等。电离辐射包括 X 线、γ 射线辐射及紫外照射等。长期接触 X 线、γ 射线及放射性元素如镭、铀等，可能使染色体发生断裂和易位，引起多基因突变，导致癌基因的激活和抑癌基因的失活，加上其他环境因素等的综合作用下，最终导致肿瘤的发生。热辐射也能引起肿瘤，如我国北方居民冬季喜欢烤火取暖，有时候臀部皮肤会形成“炕癌”，再比如克什米尔人用怀炉取暖，发生腹部“怀炉癌”的概率比较高。慢性炎症刺激后能产生多种细胞因子，这些细胞因子能使细胞不断持续增殖，容易发生 DNA 突变，从而导致肿瘤的发生，如慢性皮肤溃疡有时候可能引起癌变，可能与此有关。

3. 生物因素　生物致癌因素主要包括病毒、真菌和细菌等。现已发现有近百种病毒能引发肿瘤，主要包括 RNA 致癌病毒和 DNA 致癌病毒。人 T 细胞白血病/淋巴瘤病毒 I（human T-cell leukemia/lymphoma virus I，HTLV-I）是一种 RNA 病毒，能诱发白血病的发生。人乳头状瘤病毒（human papilloma virus，HPV）是一种 DNA 病毒，能诱发多种上皮细胞类肿瘤的发生。再如乙型肝炎病毒（hepatitis B virus，HBV）的慢性感染能够引起肝细胞癌的发生。某些真菌和细菌与癌症发生的关系也非常明确，如黄曲霉菌通过产生黄曲霉毒素而诱发肝癌，镰刀菌产生的 T-2 毒素能诱发胃癌、胰腺癌等。细菌之一的幽门螺杆菌与胃癌的发生密切相关，幽门螺杆菌感染后，能引起癌基因的激活和抑癌基因的失活，进而引发胃癌。

四、肿 瘤 代 谢

（一）肿瘤代谢的特性

在正常细胞和组织中，维持其生物学活动所需的能量物质 ATP 主要来自线粒体的氧化磷酸化作用，这个过程需要氧的参加；而在无氧条件下，细胞可通过无氧糖酵解的作用方式将葡萄糖最终转换为乳酸，其产生 ATP 的效率大约只有前者的 1/20。正常成熟细胞其所需能量主要来源于有氧糖酵解。对于肿瘤细胞，无论在有氧或无氧条件下，其主要的代谢途径均为无氧糖酵解，其产生的 ATP 效率大约相当于正常细胞的 1/10。肿瘤细胞的这一能量代谢特点是肿瘤所具有的普遍性现象和规律，被称为 Warbrug 效应。

近年来，对肿瘤代谢的认识逐渐深入，人们不仅仅是看到肿瘤代谢变化有利于肿瘤生长，并且也从根源研究肿瘤代谢变化的起始。在肿瘤细胞中，许多与肿瘤发生密切相关的信号通路直接调控代谢通路代谢酶，而代谢酶的功能缺失引起的代谢失调也是引起肿瘤发生的原因之一。此外，肿瘤细胞还充分利用多种氨基酸，如谷氨酰胺和甘氨酸，产生 ATP 维持其不断生长。

（二）肿瘤代谢的调控机制

1. 肿瘤代谢的内源性调控机制 肿瘤代谢的变化是由极其复杂的原因所引起的，近年来的研究发现了多个与肿瘤发生密切相关的信号通路可以直接调控代谢酶，如癌基因 *c-Myc*、低氧诱导因子 1α（HIF-1α）和磷脂酰肌醇-3 激酶（PI3K）-Akt 等。

c-Myc 基因也可通过基因扩增和染色体易位激活，Myc 的高表达在肿瘤是很常见的。Myc 是转录因子，具有广泛的生物学功能，在肿瘤代谢的调控方面起了关键作用。Myc 能激活许多基因表达，包括 GLUT 和糖酵解基因表达，这样使肿瘤细胞的能量代谢朝向 Warburg 效应。*Myc* 基因异常激活也导致乳酸脱氢酶 A 合成异常增高，乳酸脱氢酶 A 催化丙酮酸形成乳酸，产生的乳酸被排出细胞外，与肿瘤微环境的酸化有密切关系。这种酸化的环境对正常组织是不利的，但对肿瘤组织却是有利的，它可刺激肿瘤细胞的生长。*c-Myc* 是促进癌细胞谷氨酰胺代谢的主要转录因子。

HIF-1α 在肿瘤形成过程中具有重要功能，它不仅有利于低氧环境下肿瘤细胞增殖、血管生成和上皮细胞转化间质细胞等生物过程，并且调节肿瘤细胞的葡萄糖代谢由氧化磷酸化向糖酵解方式转变，促进乳酸的形成。HIF-1α 通过转录激活多种基因的表达促进葡萄糖摄取及代谢，而抑制三羧酸循环和氧化磷酸化进行的丙酮酸氧化。例如，HIF-1α 通过激活 *SLC2A1* 和 *SLC2A3* 基因的转录，而促进其编码的葡萄糖转运子 GLUT1 和 GLUT3 的蛋白表达；同时通过激活 HK1 和 HK2 的转录促进糖酵解途径的己糖激酶蛋白的表达。这些蛋白的表达都促进了葡萄糖的摄取和糖酵解作用。而另一方面，将丙酮酸转化为乳酸的乳酸脱氢酶 A 及将乳酸运输至细胞外的单羧酸转运蛋白 4 同样受到 HIF-1α 的调控。另外，HIF-1 α 通过激活丙酮酸脱氢酶激酶 1 的转录表达，进而促进丙酮酸脱氢酶的磷酸化修饰，抑制丙酮酸脱氢酶复合体的活性，阻断丙酮酸进入三羧酸循环。

PI3K-Akt 信号通路广泛存在于细胞中，通过调节细胞周期、蛋白质合成、细胞能量代谢等多种途径发挥广泛的生物学功能。PI3K-Akt 信号受癌基因 *Ras* 的正调节和肿瘤抑制基因 *PTEN* 的负调节，而 *Ras* 基因的突变后异常激活，和 *PTEN* 基因突变或失活在肿瘤都是很常见的。因此，许多肿瘤都存在 PI3K-Akt 信号的高度激活。活化 Akt 通过增加 GLUT、己糖激酶和磷酸果糖激酶 1 等因子的活性，从而增强肿瘤细胞的 Warburg 效应。HK 是糖酵解的第一限速酶，催化葡萄糖磷酸化成 6-磷酸葡萄糖。6-磷酸葡萄糖异构化后形成 6-磷酸果糖，6-磷酸果糖再由 PFK1 催化成 1，6-磷酸果糖，进而进入糖酵解。

2. 肿瘤代谢的外源性调控机制 肿瘤细胞代谢不但受到 *c-Myc*、HIF-1α 和 PI3K-Akt 等的内源性调节，还受到代谢物失调等外源性的调节。丙酮酸激酶 M2（PKM2）是丙酮酸合成途径的限速酶丙酮酸激酶的一个异构体。PKM2 在正常的成体细胞中不表达，但是在胚胎细胞中特异性表达。最为重要的是，PKM2 在肿瘤细胞中也特异性表达。一种假说是 PKM2 在肿瘤细胞中的表达可以调控戊糖磷酸化途径促进核苷酸合成。PKM2 的表达调控了糖酵解过程所合成的丙酮酸产量，糖酵解的中间产物如 3-磷酸甘油作为氨基酸、脂肪酸合成的碳源，直接促进了氨基酸、核苷酸及脂肪酸的合成，进而为肿瘤细胞生长繁殖提供了条件；而另一方面，糖酵解过程产生的丙酮酸进入线粒体，为进一步的脂肪酸、氨基酸合成提供了碳源。因此，PKM2 在肿瘤中的表达，导致大量葡萄糖通过糖酵解过程代谢，为肿瘤细胞生长提供了物质和能量条件。

3. 肿瘤细代谢的阴阳失调　在正常的机体组织里，各种来源的代谢因子精确有序地各司其职，维持机体的阴阳平衡。大量研究结果显示，正调控作用的代谢调节因子（阳）如癌基因、癌基因代谢产物、低氧、酸性环境等诱使机体代谢失衡最终导致肿瘤的发生。相反的，负调控作用的代谢调节因子（阴）的失活也能诱导癌变。因此，肿瘤细胞代谢的阴阳失衡在恶性肿瘤的发生和发展中起非常重要的作用，如图 22-2 所示。

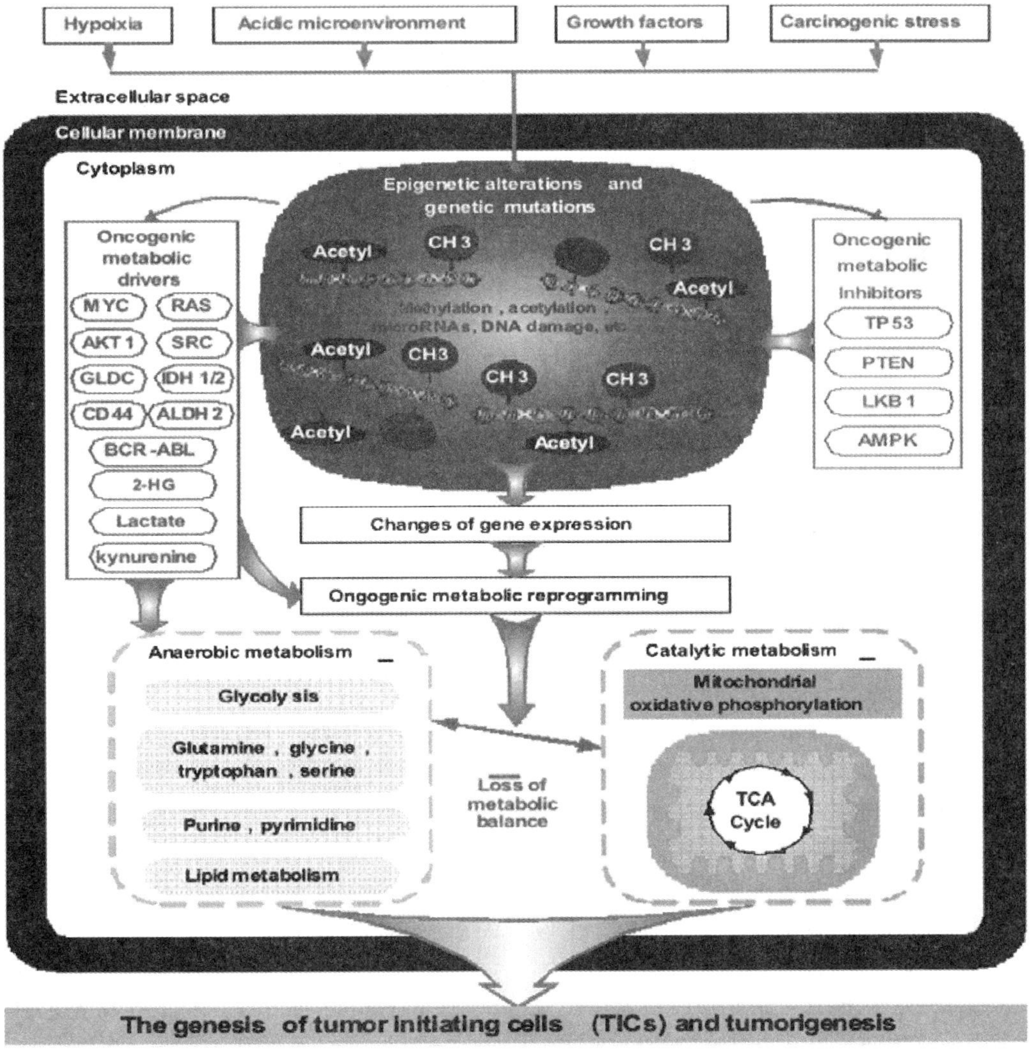

图 22-2　肿瘤代谢及其调控机制

第四节　肿瘤新生血管形成和转移

一、肿瘤新生血管形成

恶性肿瘤血管是肿瘤生长、转移和复发所必需。肿瘤新生血管形成（Neovascularization）

在肿瘤的生长、转移和复发中起着举足轻重的作用。自 1971 年 Folkman 首先提出肿瘤血管新生的概念以来，肿瘤血管新生已越来越受到生物医学界和制药行业的广泛重视。抗肿瘤血管新生药物应运而生，并给人类征服癌症开辟了一条新的道路。

肿瘤的快速生长和多点转移与肿瘤血管异常增生有着密切的关系，而肿瘤新生血管形成是恶性肿瘤的一个重要标志。目前，公认的肿瘤新生血管形成方式有六种：内皮细胞介导的血管新生（angiogenesis）、骨髓来源细胞的血管发生（vasculogenesis）、血管化生（intussusception）、肿瘤细胞和已有血管的血管生成协同（vascular cooption）、肿瘤细胞主导的血管生成拟态（vasculogenic mimicry）及肿瘤细胞向肿瘤内皮细胞转分化（trans-differentiation）（图 22-3）。肿瘤细胞在肿瘤新生血管形成中至关重要。肿瘤细胞既可以通过分泌多种血管生长因子促进血管内皮细胞的血管新生，还可以通过血管生成拟态和肿瘤细胞向肿瘤内皮细胞转分化等多种方式，直接参与肿瘤的新生血管形成。由此可见，肿瘤细胞在肿瘤新生血管形成的启动和发展中起至关重要的作用。

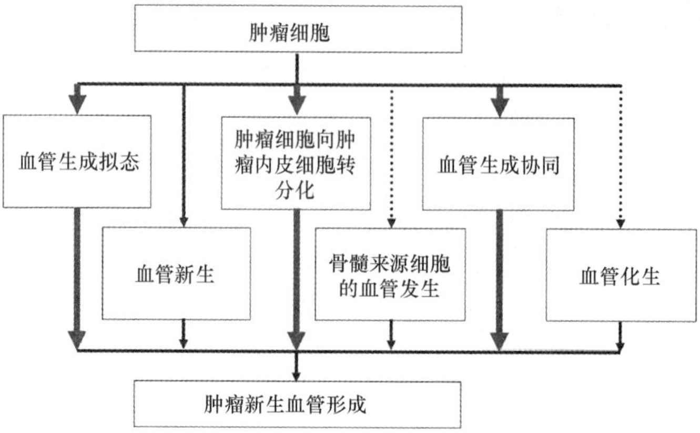

图 22-3 肿瘤新生血管形成方式

➞直接参与→间接参与

（一）内皮细胞介导的血管新生

1971 年，全球著名学者 Folkman 首先提出肿瘤血管新生（angiogenesis）学说，并提出以 VEGF 和血管内皮细胞为靶标的抗肿瘤血管新生疗法来治疗恶性肿瘤，为抗肿瘤治疗另辟蹊径。

血管新生是人们研究最多、相对最清楚的肿瘤新生血管形成方式，即是指在原有微血管的基础上通过出芽的方式形成的新生毛细血管。它对于肿瘤原发灶、转移灶的生长都具有重要的作用。肿瘤血管生成涉及内皮细胞、周边细胞、血管生长因子及细胞外基质（ECM）等，包括内皮细胞激活、ECM 降解、内皮细胞增殖迁移、管腔结构形成及血管外膜形成等，其中内皮细胞的增殖和迁移是血管生成的关键步骤。血管新生受到肿瘤细胞、巨噬细胞、内皮细胞和基质细胞等所表达的调控因子等的调节。当肿瘤生长至 1～2mm 时，内部的细胞缺氧，而低氧可诱导缺氧诱导因子（hypoxia inducible factor，HIF）的高表达，进而促进血管内皮细胞生长因子（VEGF）等促血管生成因子的表达上调，活化内皮细胞，最终导致血管生成。

（二）骨髓来源细胞的血管发生

骨髓含有一群能迁移到外周血并分化为成熟内皮细胞的祖细胞，即为血管内皮祖细胞。近年来研究显示，血管内皮祖细胞不仅参与生理性血管形成（vasculogenesis），还在多种病理状态下被动员出骨髓归巢至靶组织，增强代偿性血管重建，并参与肿瘤新血管形成。血管内皮祖细胞和造血干细胞具有许多共同的细胞表面标记，如血管内皮生长因子受体 2、Tie-2 等，它们可能起源于共同的前体细胞。正常情况下，血管内皮祖细胞的数量极少，出生后主要位于骨髓中，而脐带血、胎肝和外周血也能分离出血管内皮祖细胞。循环血管内皮祖细胞被募集至机体特定部位、增殖分化并参与新生血管的发育，也是一种新生血管形成的重要方式，新生血管中约 25%的内皮细胞由血管内皮祖细胞增殖分化而来。

研究显示，肿瘤生长过程中血管内皮祖细胞趋化进入肿瘤组织，并参与肿瘤血管的形成，促进肿瘤生长。胚胎血管内皮祖细胞在成体中仍保持促进肿瘤新生血管形成的能力，活体荧光视频显微镜术显示循环血管内皮祖细胞能优先归巢到肿瘤微血管系统的“热点部位”，并迁移至间质形成多细胞簇、合并到血管网中，血管内皮祖细胞的这种优先趋向性是由 E-选择素、P-选择素及 P-选择素配体-1 所介导。进一步研究显示，血管内皮祖细胞参与肿瘤组织血管形成的程度远高于普通组织的血管新生。

（三）血管化生

血管化生（intussusception）是一种与出芽式血管生成完全不同的肿瘤血管生成方式，不需要内皮细胞出芽，指已有的毛细血管呈柱状插入管腔，在血管腔内形成套入式微柱的血管生成，其关键环节是跨血管管腔微柱的形成。血管化生在血管的生长及血管床的发育、血管的重塑和修剪等过程中发挥作用，能量消耗少。血管化生的一个重要特征是在血管生成过程中，内皮细胞的数目增加很少，而血管腔内却出现了大量的微柱，其内皮细胞分散变薄、表面积增大，覆盖在微柱表面。这种血管生成方式不以大范围的内皮细胞增殖、基底膜降解及浸润周围组织为基础，而是通过已有的血管腔内形成大量的跨血管组织微柱使毛细血管在自身基础上扩张。由于不需要内皮细胞的增殖，这一过程在几小时甚至几分钟内就会出现。血管化生是肿瘤新生血管生成的重要方式之一。直径小于 8mm 的肿瘤中以血管新生为主，而体积大的肿瘤组织内，血管新生和血管化生同时存在。目前，对于血管化生的分子调控机制尚不十分清楚，可能与血管生成素及其 Tie 受体、单核细胞趋化蛋白 1、Ephrins 及 EphB 受体等分子有关。

（四）肿瘤细胞和已有血管的血管生成协同

研究表明，并非所有原发或转移灶的肿瘤生长到一定程度必然诱导新血管的生成，在一些血供丰富的组织，如脑、肺等，肿瘤的生长可以很好地利用其周围原有的血管系统，癌细胞沿既存的血管生长而不启动血管生成。这种肿瘤血供方式被称作肿瘤细胞和已有血管的血管生成协同（vascular cooperation）。血管共选择现象最初是在研究血管生成早期调节分子如血管生成素时发现。将肿瘤移植入大鼠脑组织两周内，瘤组织依赖宿主血管得到良好的血供，并无新血管生成启动。4 周之后肿瘤供血的血管发生急剧退化，但仍无血管生成现象。随后，内部的肿瘤细胞出现坏死，而外周却开始诱导明显的血管生成。这说明某些肿瘤或转移灶起初生长时并不诱导血管生成，而是以血管共选择方式利用宿主原有血管取得血供，直到生长到一定程度，内部血管发生退化癌细胞坏死时，才由周边存活的癌细胞诱导血管生成。据推测，起初被肿瘤共选择的血管发生退化可能是宿主的一种防御反应。

研究发现，共选择血管的退化是由于周细胞及平滑肌细胞的脱黏附而引起内皮细胞的退化。早期依赖血管共选择而晚期出现坏死的肿瘤中心区在肿瘤移植后两周检测到 Ang-2 高水平表达，而 VEGF 早期表达很低，后期升高，整个过程 Ang-1 水平无明显变化。因此，Ang-2 可能调控介导了这一过程，在缺乏 VEGF 的情况下，Ang-2 促使血管退化，而 Ang-2、VEGF 共表达时诱导血管生成，这两种因子的调控关系在血管生成过程中也存在。目前已经在多种肿瘤中观察到了血管共选择现象，如鼠 Lewis 肺癌、鼠卵巢癌、人黑色素瘤等。

（五）肿瘤细胞主导的血管生成拟态

越来越多的研究显示，恶性肿瘤血管并非都由血管内皮细胞组成，肿瘤细胞也可形成肿瘤血管。1999 年，Mary JC Hendrix 领导的研究小组在全球首先报道了葡萄膜黑色素瘤细胞能够通过自身变形形成可输送血液的管道结构，这一过程不依赖于血管内皮细胞的参与，并提出了血管生成拟态（vasculogenic mimicry）的新概念。血管生成拟态管道的特点是没有血管内皮细胞和周细胞的覆盖，改由恶性肿瘤细胞替换行使内皮细胞的角色，通过变形形成让血液细胞通过的管道，这个管道的外周则是一层过碘酸雪夫（periodic acid-Schiff，PAS）阳性物质组成的基底膜。

血管生成拟态存在于多种高侵袭肿瘤中，包括黑色素瘤、卵巢癌、乳腺癌、前列腺癌、肺癌、肝癌、膀胱癌、子宫颈癌、肾癌、脑胶质瘤、结直肠癌、垂头瘤、淋巴瘤、骨髓瘤及急性白血病（在骨髓中）等多种恶性肿瘤，为恶性肿瘤血管生成拟态积累了大量的临床和实验证据。血管生成拟态可以帮助恶性肿瘤细胞建立足够的血管样通道以便促进恶性肿瘤细胞生长和转移。诸多临床研究显示，包括黑色素瘤、卵巢癌、肝癌、非小细胞肺癌和肉瘤等多种恶性肿瘤在内的血管生成拟态呈阳性的患者，其五年生存率明显降低。肿瘤血管生成拟态的发现，拓宽了人们在肿瘤新生血管形成方面的视野，加深了人们对肿瘤新生血管形成复杂性的认识，亦为抗肿瘤新生血管药物的研发提供了新的靶标。

（六）肿瘤细胞向肿瘤内皮细胞转分化

最新研究结果显示，肿瘤干/祖细胞可以通过转分化（trans-differentiation）成肿瘤内皮细胞，进一步形成肿瘤血管。对胶质瘤的研究显示，胶质瘤干/祖细胞来源的血管占脑胶质瘤血管总数的 61.8%，提示肿瘤干/祖细胞在肿瘤新生血管形成中起重要作用。这些研究成果使人们对肿瘤新生血管形成的认识为之一新，也更加清楚地认识到肿瘤细胞主导的新生血管形成的重要性。

二、肿瘤细胞介导的肿瘤新生血管形成机制

近年来，研究者对肿瘤细胞主导的肿瘤血管生成拟态相关基因已进行了比较深入的研究。迄今为止，文献中报道的与肿瘤血管生成拟态相关的基因有近 50 个，其中包括 VE-cadherin 和 HIF-1a 等。最近研究显示，端粒酶 TERT 也参与了肿瘤新生血管形成，而原癌基因的激活或异常高表达也与血管生成拟态密切相关。研究揭示这些原癌基因与血管生成拟态相关基因的蛋白之间，存在直接或间接的相互作用。其中，*RAS* 等癌基因的激活或异常高表达是血管生成拟态过程的重要因素。这些基因处于肿瘤新生血管形成分子网络的中心地位，对启动和促进肿瘤新生血管形成至关重要。因此，这些基因可作为抗癌药物研发的靶分子。

肿瘤细胞主导的肿瘤血管生成拟态涉及多条信号传递通路，其中包括 VE-cadherin 介导的多条信号传递通路、Notch-Nodal 通路、IGF1-IGFR-PI3K/ rhoGTP 通路、αvβ5- Mig7-LAMC2-EGFR 通路、TGFβ-Twist1 通路和 VEGF- VEGFR1 通路等（图 22-4）。肿瘤血管生成拟态受到多种内外因素的调控，包括肿瘤细胞中癌基因的异常高表达或激活、肿瘤细胞产生和释放的多种生长因子，以及低氧引起的肿瘤细胞中乳酸和低氧诱导因子增加。综上所述，肿瘤新生血管形成是一个多基因、多因素的复杂过程，抗肿瘤血管治疗需要多靶点联合用药，才有可能取得更好的抗癌疗效。

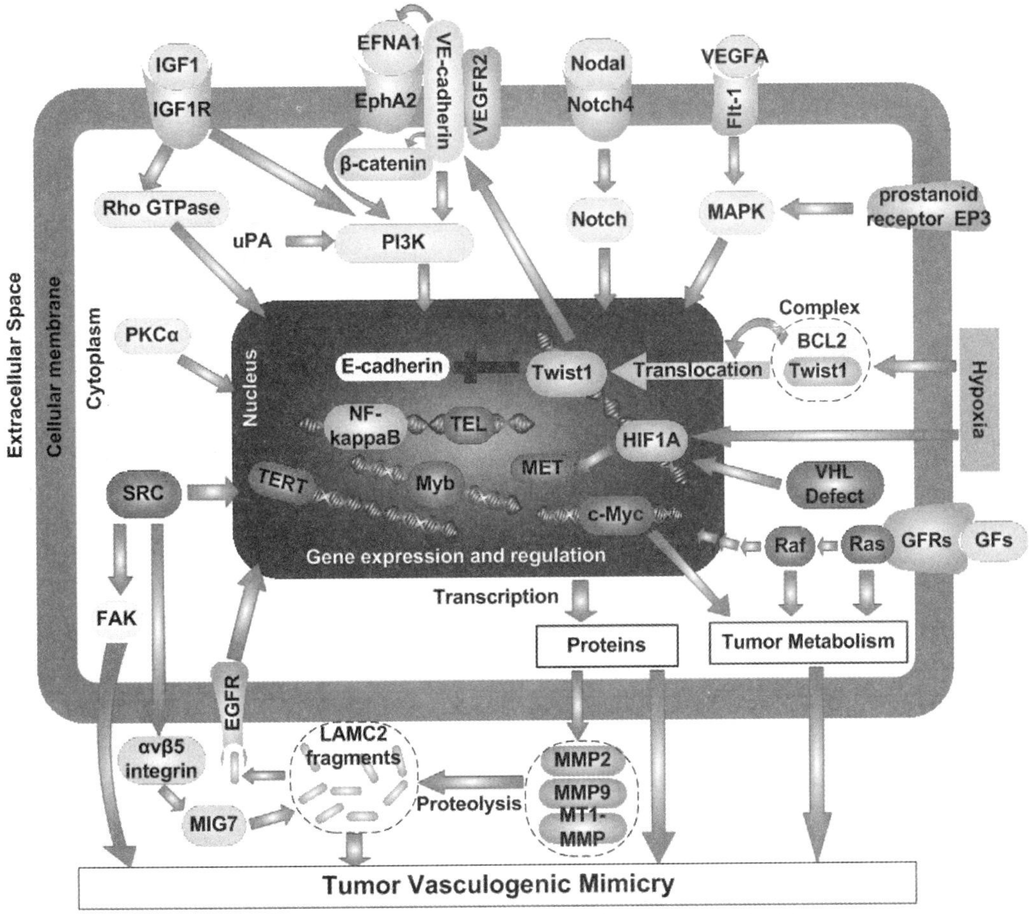

图 22-4 肿瘤血管生成拟态的信号传递及其调控示意图

根据现有文献报道的数据资料绘制的血管生成拟态的信号传递示意图。➡代表激活与促进作用，或者抑瘤基因的抑制作用丧失；━╋代表抑制或削弱

三、肿 瘤 转 移

肿瘤细胞从肿瘤原发灶扩散到远端组织的过程称为肿瘤转移。肿瘤转移是导致肿瘤患者死亡的主要原因，也是肿瘤难以治疗的关键所在。肿瘤转移是非常复杂的过程，肿瘤细胞从原发灶脱落后通过一系列的生物学过程转移到远端组织，包括局部浸润、血管侵犯、循环液中生存、在远处转移器官的归巢和植入、实质的浸润、新环境的适应和继发肿瘤的生长。但是，肿瘤转移的效率很低，大约 90%的脱落肿瘤细胞能到达血液循环，这其中只有 0.2%的循环肿瘤细胞能到达转移灶，其中 10%的转移灶肿瘤细胞能形成转移性肿瘤。恶性肿瘤的转移是一个复杂的生物学过程，可以在一段时间内同时发生不同器官的转移，也可以在一段较长的时间内不发生转移。

（一）肿瘤转移的相关基因

在恶性肿瘤侵袭和转移过程中涉及许多基因和蛋白的改变，这些基因和蛋白在遗传、表遗传、转录水平的改变是维持肿瘤细胞恶性表型并使其获取自我更新和转移能力的必要基础。根据在转移中扮演的角色，Nguyen 等将与转移相关的基因分为维持肿瘤恶性表型的基因、转移起始基因、转移进展基因和转移毒力基因四类。维持肿瘤恶性表型基因参与了肿瘤的发生和发展，这些基因虽然并不直接介导肿瘤的转移，但是维持肿瘤细胞恶性表型如无限增殖、基因组不稳定、自我更新、逃避死亡和免疫、缺氧耐受等的必要条件。例如，携带有 *HER-2* 基因拷贝数增多的乳腺癌患者有更高的转移率。但 *HER-2* 并不直接介导肿瘤细胞的扩散和在远处器官的克隆生长转移起始基因在原发肿瘤中占优势，这些基因的缺失或过表达能促使具有恶性表型的肿瘤细胞向周围组织浸润、吸引间质细胞、促进肿瘤细胞分散，促进肿瘤细胞运动、细胞外基质降解、骨髓祖细胞动员和血管生成。

转移促进基因则是促使肿瘤细胞穿过血管壁并能维持其在转移器官中生存的一类基因。这类基因在原发肿瘤部位有大量的表达，通过检测该类基因的变异可以预测肿瘤特异性器官转移。与骨转移密切相关基因，如转化生长因子 13（TGF13）、白细胞介素 11（IL-11）和结缔组织生长因子（CTGF）促进乳腺癌细胞转移到骨；含血小板凝血酶敏感蛋白基序的解整联蛋白金属蛋白酶 MMP1 水解释放肿瘤细胞中的 EGF 样配体，通过 EGFR 信号下调成骨细胞中骨保护素（OPG）水平。与肺转移相关的基因研究报道比较多见，如 ANGPTIA 通过破坏上皮的完整性促进肺转移；MTDH 通过促进耐药和肺血管内皮细胞的黏附以介导肺转移；KLF17 通过抑制 EMT 抑制肺转移；S100A8、S100A9、肺上皮分泌的炎症蛋白吸引髓细胞建立转移前微环境转移毒力基因，参与转移克隆的形成和扩增，这些基因与原发肿瘤的生长和发展关系不大，但在转移的肿瘤组织中占选择性优势。

（二）肿瘤微环境与肿瘤转移

肿瘤微环境是肿瘤发生和发展过程中所处的内环境，是一个复杂的综合系统。在微环境中不仅仅包含了非恶性的支持基质细胞，如巨噬细胞、中性粒细胞、平滑肌细胞、成纤维细胞等，而且还有可溶性细胞因子、脉管系统、营养素、代谢产物和细胞外基质结构。近年来的研究发现，肿瘤微环境不仅能够促进肿瘤增殖、侵袭、生存和耐药，而且还促进了肿瘤转移。非肿瘤基质细胞在肿瘤细胞诱导下在其周围产生大量的生长因子、黏附分子、趋化因子及基质降解酶以促进血管生成和基底膜破坏，使肿瘤的侵袭能力增强。另外，在肿瘤的转移过程中伴随着宿主骨髓来源的相关细胞向肿瘤原发部位和预转移部位的定向流动，这些细胞要么留存在原发瘤中，在肿瘤微环境中发育为相关基质细胞，促进肿瘤细胞的增殖和侵袭；要么在远处预转移部位形成特殊的肿瘤预转移微环境，为肿瘤细胞的定向转移提供适宜的存活和增殖微环境。

肿瘤相关巨噬细胞是肿瘤微环境中非常重要的一种基质细胞，是由单核细胞转化而成，与正常的巨噬细胞相比，表型上是有差异的。肿瘤相关巨噬细胞不仅可以直接影响肿瘤细胞的生长，还能促进肿瘤转移。活体成像和小鼠模型实验证实了肿瘤相关巨噬细胞是通过克隆刺激因子和表皮生长因子信号通路促进了肿瘤转移。中性粒细胞是肿瘤微环境基质细胞中的另一类重要细胞，它是一把双刃剑，一方面可以杀伤肿瘤细胞；另一方面，能够通过释放细胞因子和趋化因子促进细胞转移，决定肿瘤器官特异性转移和克隆生长。

转移的肿瘤细胞最终是否能在远处克隆生长，不仅取决于肿瘤细胞本身、原发器官微环境，而且与转移器官的微环境密不可分。在转移器官微环境研究中，“转移前小生境”（pre-metastatic niche）是目前研究转移器官微环境最热门的假说：肿瘤细胞到达靶器官之前，会释放出若干因子，激活骨髓源性的造血干细胞。这些细胞会先于肿瘤细胞到达靶器官，在那里营造一个适宜于转移瘤细胞生存及增殖的微环境迎接肿瘤细胞的到来；肿瘤释放的某些因子到达靶器官后，也会动员靶器官的间质细胞释放些趋化因子，引导肿瘤细胞转移；肿瘤释放的某些因子直接作用于靶器官，使微环境发生适宜于转移瘤细胞生存及增殖的改变（图 22-5）。

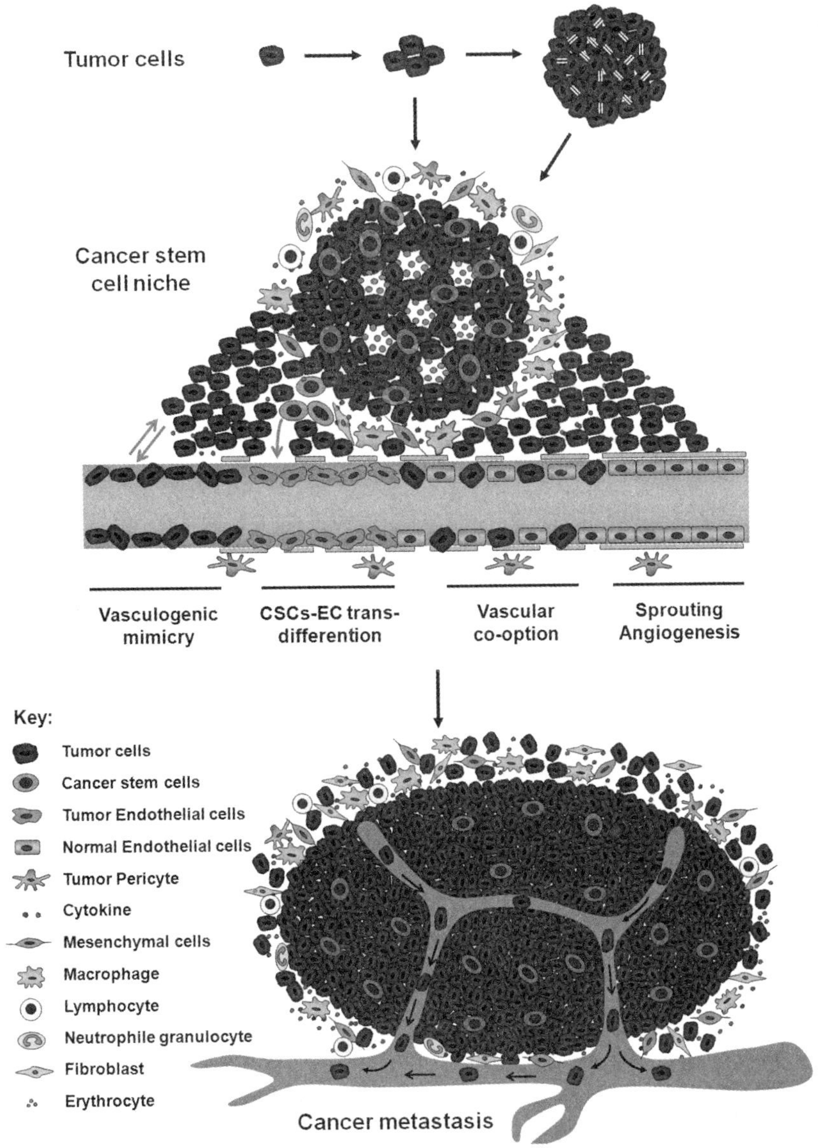

图 22-5　微环境与肿瘤转移

第五节　肿瘤靶向治疗

随着现代遗传学和生物化学的发展，人们对癌症的发生、发展的分子机制有了进一步认识，也促进了靶向治疗的和靶向药物的诞生。靶向治疗，是在细胞和分子水平上，针对已经明确的某些致癌位点（基因、酶和信号转导过程的蛋白等），来设计相应的治疗药物，药物进入体内会特异地与致癌位点相结合，使肿瘤细胞特异性死亡，而不会影响肿瘤周围的正常组织细胞。人们将这些与肿瘤发生发展密切相关的分子为靶点，如 Bcr-abl、HER2 等，研制的抗癌药物，称为分子靶向药物。分子靶向药物主要包含两类：一类为小分子药物，如反式维 A 酸、伊马替尼等；另一类为单克隆抗体药物，又被称为“生物导弹”，如曲妥珠单抗、贝伐单抗和利妥昔单抗等。

迄今为止，分子靶向药物已被广泛应用于白血病、乳腺癌、结直肠癌、胃肠间质瘤、淋巴瘤、非小细胞肺癌等。这类药物与传统化疗药物相比，具有特异性高和毒性低等特点。

一、表皮生长因子受体通路抑制剂

（一）西妥昔单抗

西妥昔单抗（cetuximab）是人鼠嵌合性 IgG 单克隆抗体，可高效、特异地与表皮生长因子受体（EGFR）胞外段相结合，竞争性阻断 EGF 与其他配体结合，抑制受体磷酸化，阻断细胞内信号转导途径，从而抑制肿瘤细胞增殖，诱导肿瘤细胞凋亡，使基质金属蛋白酶和血管内皮生长因子的产生减少。西妥昔单抗无论是单独用药还是与化疗药物等联合用药都具有显著的疗效。2009 年美国临床肿瘤学会（ASCO）年会上报告了 30 多年来首个关于改善晚期头颈部肿瘤患者总生存率的随机临床研究，表明西妥昔单抗可以增强传统化疗的效果，显著延长总生存期（OS）和疾病无进展生存期（PFS）。

（二）曲妥珠单抗

曲妥珠单抗（trastuzumab）是靶向人表皮生长因子受体 2（HER2）胞外区的人单克隆抗体，于 1998 年获得美国 FDA 批准上市，用于治疗 HER-2 表达阳性的乳腺癌患者。2009 年 ASCO 年会上公布研究结果，在 3807 例晚期胃癌患者中，HER-2 阳性表达率为 22.1%，传统化疗联合曲妥珠单抗与单纯化疗相比可使中位生存时间延长近 3 个月（P=0.0046），PFS 延长 1.2 个月（P=0.0002），有效率提高约 13%（P=0.0017），而两组无明显细胞毒性差异。2010 年 1 月欧盟批准曲妥珠单抗与其他化疗药物联合治疗 HER-2 阳性的胃癌患者。

（三）厄罗替尼

厄罗替尼（erlotinib）是表皮生长因子受体酪氨酸激酶的抑制剂，于 2004 年 11 月获得美国 FDA 批准上市，用于治疗传统化疗药物无效的晚期非小细胞肺癌（NSCLE）。Cappuzzo 等进行的Ⅲ期临床随机对照试验结果显示，对 NSCLE 患者，厄罗替尼维持治疗组 PFS 为 12.3 周，而安慰剂组为 11.1 周，两组之间有显著性差异（P<0.0001）。2005 年经美国 FDA 批准，厄罗替尼与化疗药物联合用药，用于治疗未接受过化疗的胰腺癌患者。吉西他滨单独或与厄罗替尼联用是唯一获得批准的治疗胰腺癌的疗法。

（四）利妥昔单抗

利妥昔单抗是针对 B 细胞 CD20 抗原的一种人/鼠嵌合型单克隆抗体，它与 B 细胞上的 CD20 抗原结合后介导补体依赖细胞毒性、抗体依赖细胞毒性作用清除 B 淋巴细胞，可用于 B 细胞非霍奇金恶性淋巴瘤的治疗。292 例弥漫性大 B 细胞淋巴瘤患者的临床资料显示，其中 140 例患者接受 CHOP 方案化疗，152 例患者接受利妥昔单抗联合 CHOP 化疗方案，两组患者 PFS 和 OS 均具有显著性差异。

（五）格列卫

格列卫（Gleevec，甲磺酸伊马替尼）是由诺华公司研制的酪氨酸激酶抑制剂。格列卫是首个上市的分子靶向治疗药物，开创了肿瘤分子靶向治疗的时代；它也是基于对癌细胞分子作用机制的了解而合理设计开发的第一个抗癌新药。格列卫最初的适应证主要是针对慢性粒细胞白血病加速期、急变期和慢性期干扰素耐药的患者。2002 年 2 月又批准了第二个适应证——不能手术的胃肠道基质瘤。格列卫曾被《科学》杂志评为 2001 年世界十大科技突破之一，同时被美国《时代》周刊誉为“银色的子弹”。

二、抗血管生成治疗

1971 年 Folkman 首先提出肿瘤血管新生的学说，认为肿瘤血管是正常血管内皮细胞向肿瘤组织迁移后在肿瘤组织形成新的血管分支，肿瘤血管是正常血管向肿瘤组织的延伸。该学说受到众多研究者的青睐，并很快成为肿瘤血管研究的主流。近三十年中，人们对内皮细胞主导的肿瘤血管新生已做了大量研究，迄今已有 3 万多篇相关的研究报道；并已有 5 种抗肿瘤血管新生药物用于临床治疗恶性肿瘤，取得了一定的疗效。抗肿瘤血管新生药物为抗癌治疗另辟蹊径。血管内皮生长因子（VEGF）通过与血管内皮细胞上的特异性受体结合，促进血管内皮细胞增殖和血管的形成，在肿瘤的生长、浸润及转移过程中均发挥着重要作用。目前，抗肿瘤血管新生药物主要针对 VEGF 及其下游的生长因子和受体。

（一）抗血管生成单克隆抗体

贝伐单抗（bevacizumab）是重组人单克隆抗体，它可以与 VEGF 结合，阻断其与相应受体结合，从而抑制内皮细胞增生和新生血管形成，延缓肿瘤的生长和转移。2004 年 2 月，本药获得美国 FDA 批准用于结直肠癌的一线治疗，是美国第一个获得批准上市的抗肿瘤血管生成药物。贝伐单抗与紫杉醇一线治疗晚期乳腺癌的Ⅲ期临床研究结果证明，贝伐单抗与紫杉醇联合单药，治疗转移性乳腺癌可以显著延长无病生存期。局部复发或转移性乳腺癌一线治疗中多西他赛联合贝伐单抗的疗效研究结果发现，贝伐单抗组与安慰剂组 PFS 有显著性差异。

（二）酪氨酸激酶受体抑制剂

索拉非尼（sorafenib）是美国 FDA 批准的第一个口服类多激酶抑制剂，其靶点是肿瘤细胞和肿瘤血管上的酪氨酸激酶受体。一项Ⅲ期临床试验发现索拉非尼与安慰剂相比能显著提高肾透明细胞癌患者无病生存期，降低死亡率。舒尼替尼（sunitinib）是新型多靶点酪氨酸激酶抑制剂，它一方面通过与 ATP 位点的竞争性结合防止酪氨酸激酶在体内外的磷酸化而发挥抗肿瘤作用，另一方面它能减少肿瘤血管密度，具有抑制肿瘤新生血管生成的作用。舒尼替尼在治疗转移性肾细胞癌方面具有独特优势，能显著延长无病生存期和整个生存期。

（三）血管内皮生长抑制因子

血管内皮细胞生长抑制因子（VEGI）可特异性抑制内皮细胞增生，而对非内皮细胞没有作用。1997 年，科学家们从小鼠血管内皮瘤细胞培养血清中分离出一种血管生成抑制剂，命名为 Endostatin，能特异地抑制毛细血管内皮细胞的增殖。2005 年国家食品药品监督管理局批准国产新型重组人血管内皮抑素（Endostar，恩度）上市，这是世界上首个成功上市的血管内皮抑素抗癌新药。随机对照、多中心临床研究证实，NP 联合恩度方案可以提高非小细胞肺癌患者的疾病缓解期、总临床受益率（CBR），延长中位肿瘤进展时间（TTP），而两种方案在细胞毒性及中、重度不良反应方面均无统计学差异。同时，恩度与化疗药物联合治疗，能显著提高疾病缓解期，并使血小板减少、静脉炎和肝功能损害等不良反应的发生率降低。

近年来，分子靶向治疗取得了很大进步，为恶性肿瘤治疗开辟了新的途径，但也面临着很多挑战，如靶向药物导致的一些不良反应。此外，分子靶向治疗方案的合理设计、疗效评价的标准、耐药性，以及与传统抗肿瘤疗法的联合应用策略等一系列问题，仍继续探索研究。

思 考 题

1. 何谓肿瘤干细胞？
2. 肿瘤发生发展的主要分子机制有哪些？
3. 简述肿瘤转移的相关分子机制。

（曹志飞　周泉生）

第 23 章 白血病的细胞与分子生物学

白血病（leukemia）是一类造血干细胞（hematopoietic stem cell，HSC）的恶性克隆性疾病。正常造血细胞的自我更新、增殖、分化和凋亡失控，可转化为白血病细胞，白血病细胞在骨髓和其他造血组织中增生、积累，使得正常造血受抑并可浸润其他脏器，导致患者死亡。根据白血病细胞的分化、成熟程度和自然病程，白血病可分为急性（acute leukemia，AL）和慢性（chronic leukemia，CL）两类。急性白血病细胞的造血分化停滞在较早阶段，出现大量原始细胞和早期幼稚细胞，疾病进展迅速，自然病程仅为几个月；慢性白血病细胞则停滞在造血分化的较晚阶段，主要是比较成熟的幼稚细胞和成熟细胞，疾病发展缓慢，病程可长达数年。

第一节 白血病概况

正常造血发育包括髓系和淋巴系细胞的增殖和分化。依据白血病所累及的细胞系列，可分为急性淋巴细胞白血病（acute lymphoblastic leukemia，ALL）、急性髓细胞白血病（acute myeloid leukemia，AML）、慢性淋巴细胞白血病（chronic lymphoblastic leukemia，CLL）和慢性髓细胞白血病（chronic myeloid leukemia，CML）。临床中也存在罕见类型的白血病，如毛细胞白血病（hairy cell leukemia，HCL）、幼淋巴细胞白血病（prolymphocyte leukemia，PLL）等。

我国白血病发病率约为 2.76/10 万，男性发病较女性多，AL 的发病较 CL 多。在恶性肿瘤相关的死亡率中，白血病居第 6 位（男性，4.27/10 万人，2004～2005 年）和第 8 位（女性，3.41/10 万人，2004～2005 年）；而在儿童及 35 岁以下的成人中居首位。各类白血病中，AML 发病率最高，其次为 ALL、CML 和 CLL。成人中以髓系白血病多见，儿童中则多发淋系白血病 ALL。总体发病率与亚洲国家相似，较欧美国家低。在疾病种类上则突出表现为 CLL 发病率低，约为所有白血病的 5%；而在欧美国家则占 25%～30%。

许多因素可能导致白血病的发生，如生物学因素（病毒的侵染、免疫力丧失等）、物理因素（X 线、γ 射线等）、化学因素（苯、乙双吗啉等）和遗传因素等；其次，其他血液病（骨髓增生异常综合征等）也可能发展为白血病。

第二节 白血病的细胞生物学

一、肿瘤异质性的两个模型

人们很早就通过观察认为肿瘤是异质性的，也就是说肿瘤中的每个细胞并非完全一样，一些肿瘤细胞可以继续生成肿瘤，而另一些肿瘤细胞不能继续生成肿瘤。如何理解肿瘤的异质性存在两种解释：①stochastic model，即认为肿瘤中的细胞其实是均质的，这些细胞在环境的选择中随机地继续生产肿瘤；②hierarchy model，认为肿瘤中的细胞是不一样的，一些细胞具有继续生成肿瘤的能力，而另一些细胞却不能继续生成肿瘤。如何在实验中证实或证伪这两种模型呢？至少有一种可行的实验可以这样设计。如果能够使用某些方法来分离肿瘤细胞，并将分离所得到的细胞进行肿瘤生成实验。在 stochastic model 中假设本质上这些肿瘤细胞是一样的，继续生成肿瘤只是环境因素的随机选择，那么无论怎样分离这些细胞，它们生成肿瘤的能力都是相近的。然而在 hierarchy model 中假设细胞是不均质的，因而存在一种可能性，即所选择的细胞分离方式刚好可以将能生成肿瘤和不能生成肿瘤的细胞分离开，而实验的结果将是所分离的细胞具有不同的肿瘤生成能力。因此，根据分离细胞并检测它们的肿瘤生成能力可以区分这两种模型的真伪。

二、造血发生的生物学研究

正常造血和白血病的系统研究为证实存在白血病干细胞提供了可靠的基础（最早以 AML 为例）。加拿大科学家 James Till 和 Ernest McCulloch 最早证实，小鼠骨髓中存在能够在接受致死量辐照的受体小鼠中完成造血重建的细胞，即造血干细胞。他们还通过建立 CFU-S（colony-forming unit of spleen）的实验，使得造血干细胞的研究从早期描述性的研究发展到定量的研究。在这个实验中，移植供体骨髓细胞能够在受体小鼠的脾脏中形成“结节”，这些“结节”的形成数量与被移植的骨髓细胞数量存在剂量依赖关系，因而 CFU-S 也是一种定量的检测方法。这些小“结节”还可以继续形成小“结节”，因而 CFU-S 也可以用来检测造血细胞“自我更新”（self-renewal）的能力。得益于造血细胞培养基的优化和各种造血生长因子的纯化和分离，造血细胞的生长和分化能力也可以在体外进行定性与定量的精确检测。将造血细胞和多种细胞生长因子混合后，置于半固体培养基中进行集落生成细胞（colony-forming cell）检测，可以在短时间内获得这些细胞增殖和分化潜能的信息。CFU-S 和 CFC 仅表示短时间（约两周）内造血细胞的生长状况，无法体现出与造血干细胞可以维持机体终身造血功能相对应的功能。为了克服这些局限，科学家逐渐建立了长时间培养起始细胞（long-term culture initiating-cell，LTC-IC）和竞争性造血重建（competitive repopulation unit，CRU）等实验方法，用于检测造血干细胞的体外和体内活性；这些研究策略是由加拿大科学家 Connie Eaves 最早报道的。造血重建在小鼠间相互移植时，选择同基因小鼠并进行辐照等清髓处理可以很好地解决供体-受体间的移植排斥；然而，在研究人类造血干细胞在小鼠体内活性时，异源细胞的排斥反应严重制约这类实验的进行。加拿大科学家 John Dick 首先使用重症免疫缺陷（severe combined immuno-deficiency，SCID）小鼠进行人源造血细胞在小鼠中的异种移植实验，并获得成功。现在，NOD/SCID（non-obese diabetes-SCID）、NSG（NOD/SCID IL-2 receptor γ-chain null）等品种的小鼠均成为检测人源造血细胞功能的有力工具。

尽管有上述诸多的干/祖细胞功能检测手段，但能否预先获取具有特定生物学活性的造血细胞呢？这需要细胞分离的新技术。得益于单克隆抗体技术的发展，美国科学家 Irving Weissman 获取了第一个造血细胞表面抗原的抗体——B220，我们现在知道它识别小鼠成熟 B 细胞的表面抗原。Weissman 等发现 $B220^-$细胞才具有造血干细胞的功能。经过多年的努力，人们现在已能将小鼠和人类的各类功能的造血干细胞进行较好的分离。如果以能在小鼠体内能进行长期造血重建来定义造血干细胞，lin-Sca-1+c-Kit+$Flk2^+CD34^-$、lin-$CD150^+CD48^-$、lin-$CD150^+EPCR^+$ $CD48^-$和 lin-Rho-SP 等多种组合都可以获得接近 50%左右的小鼠造血干细胞群落。人类造血干细胞的纯化稍逊于小鼠，lin-$CD34^+CD38^-$仍然是最主要的人类造血干细胞的纯化标志，其纯度约为 1/200。如果使用 lin-$CD34^+CD38^-CD49f^+$的组合，可提高至 1/30。有了细胞表面标志物的帮助，不仅能有效地分离造血干/祖细胞，而且利用它们的结合功能检测手段为人们绘制了正常造血发生的发育路线图（图 23-1）。一般说来，我们认为造血自造血干细胞起始，它们具有其他造血细胞所不具备的自我更新能力；同时也只有这些细胞具有分化为各类成熟的造血细胞的能力。造血发生包括髓系发生和淋巴发生；髓系发生最终产生红细胞、巨核细胞和血小板、巨噬细胞和单核细胞，而淋巴系发生最终产生树突细胞（dendritic cell，DC）、B 细胞、T 细胞和 NK 细胞。

三、白血病干细胞

有了上述完善的功能学检测和细胞分离手段后，科学家便有了在白血病研究中回答白血病细胞异质性的有力工具。John Dick 在 1997 年进行了一个堪称经典的实验。他的实验团队发现

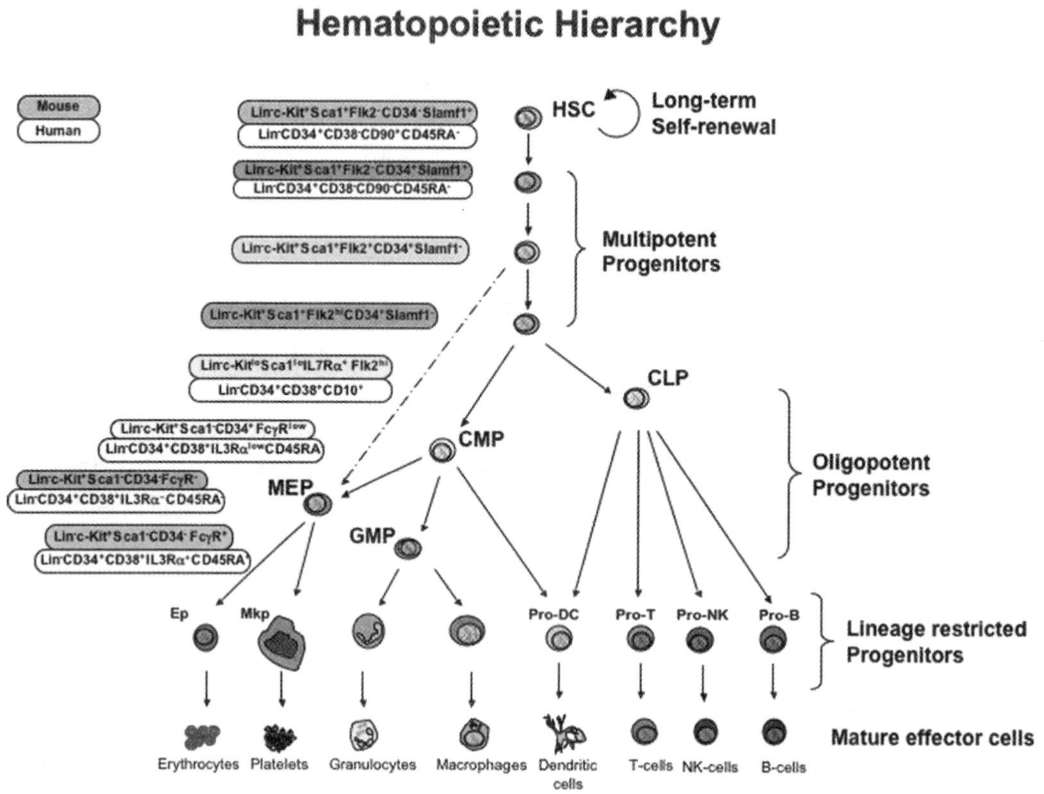

图 23-1 造血发生和分化简图

AML 患者的白血病细胞中仅有 $CD34^+CD38^-$细胞能在 NOD/SCID 小鼠中成功长期移植。这个结果清晰地表明，具有白血病重建能力的细胞是可以分离的，直接支持 hierarchy model。有趣的是，无论 AML 还是 CML 患者 lin-$CD34^+$细胞群落中均存在静止态细胞，而它们中的大部分细胞是 $CD34^+CD38^-$。在白血病的传统治疗中，药物往往能非常有效地杀伤或抑制分裂期细胞，但并不能有效地清除静止态细胞。这项发现非常好地解释了为什么在这样的白血病治疗方案中，患者虽能获得临床缓解，但容易复发。这可能是由于这些药物无法有效清除处于静止期的白血病干细胞。

在以上的两个例子中，分离白血病干细胞的表面抗原标志物恰好和分离人类正常造血干细胞的表面抗原标志物一致。因而，可能会使我们认为分离正常和白血病干细胞的表面抗原是一样的；或者使我们认为白血病的起始一定发生在正常造血干细胞内。这样两种看法不完全正确。白血病患者体内异常造血和正常造血共存，正常造血受到抑制。在 CML 和 AML 中白血病干细胞和正常造血干细胞的表型非常相似，因而成功分离白血病干细胞与正常干细胞十分困难。不过，已经有一些细胞表面抗原能有效地富集于白血病干细胞。比如，CML 患者的 lin-$CD34^+CD38^-$细胞高度表达 IL-1RAP，而正常人群 lin-$CD34^+CD38^-$细胞表达 IL-1RAP 不高。瑞典科学家发现，CML 患者 lin-$CD34^+CD38^-$IL-1RAP$^+$细胞几乎全是 Ph+（Philadephia chromosome，Ph 染色体），而 lin-$CD34^+CD38^-$IL-1RAP$^-$细胞则几乎全是 Ph−。由于 Ph 染色体是 CML 的标志性染色体变异，因而 IL-1RAP 有效地帮助研究者分离到患者体内的白血病干细胞而极少有正常造血干细胞的污染。类似的，在 AML 中我们相信 lin-$CD34^+CD38^-CD123^+$富集于白血病干细胞，而 lin-$CD34^+CD38^-CD123^-$富集正常干细胞。在本章的后半部分，我们还可以看到针对 IL-1RAP 的特异性抗体在临床前研究中显示可以有效抑制白血病干细胞的生长。我们现在知道肿瘤是逐步发生、衍化的，并伴随着多种基因的突变。因而，组织中的成体干细胞由于具有高度增殖和自我更新的能力，最适合在不停的细胞复制过程中积累各种突变，最可能是肿瘤起始发生的细胞。在多数白血病的状况中，这也是正确的。然而，也存在一些例外。至少在 AML 中伴随疾病发生的几种获得性融合基因，如 *MLL-ENL*、*MLL-AF9* 和 *MOZ-TIF2* 能够恶性转化小鼠的造血祖细胞，主要是由于它们能将自我更新的能力赋予这些祖细胞，使得它们能够在受体小鼠中生成白血病。另外，“白血病干细胞”的概念，更多的是用于阐释肿瘤异质性的问题，说明白血病细胞中的一部分细胞能维持白血病的发生、发展，这个概念本身并不暗示白血病一定是由正常干细胞恶性转化而来。

最后，我们还应当明确白血病干细胞的表面抗原是会变化的。CML 的病程包括慢性期（chronic phase，CP）、加速期（accelerated phase，AP）和急变期（blast crisis，BC）。在慢性期白血病细胞中获得性产生融合基因 *BCR-ABL*，它能增强细胞的增殖和促进细胞的分化。慢性期有时可长达数年，但由于染色体或基因的继续变异疾病会进展至急变期，这包括 *NUP-HOXA9* 等融合基因的产生、*p53* 和 *p16* 等的突变。如上所述，在 CML 慢性期白血病干细胞富集在 lin-$CD34^{+}CD38^{-}$ 细胞，但当疾病进展至急变期后，白血病干细胞却富集在 $CD34^{+}CD38^{+}$IL-3R+$CD45RA^{+}$，而这个表面抗原组合是用于富集正常的巨噬-单核祖细胞的。另一个例子也有关 CML。过表达 *BCR-ABL* 转导的造血细胞注射入受体小鼠后，如果分析受体小鼠的供体来源细胞，能在第二次移植实验中继续生成白血病的细胞富集在 lin-Sca-1+c-Kit+群落中，这个表面抗原组合也能富集正常小鼠骨髓造血干细胞。这个白血病模型由于仅转导了 *BCR-ABL*，代表 CP 期的 CML。接下来的实验中受体小鼠被注射了 *BCR-ABL* 和 *NUP-HOXA9* 两种融合基因共同转导的造血细胞，代表 BC 期的 CML。在两次移植中发现能继续生成白血病的细胞富集在 lin-Sca-1+Flk2+$CD150^{-}$细胞中，这个表型与 CP 期 CML 的模型不同，与正常造血干细胞表型也不同。

综上所述，我们可以看出白血病干细胞更多是从概念上表明白血病是一种异质性的疾病，该疾病的维持是由白血病中一小部分细胞实现的。它们的细胞表面抗原或其他分子标记物是不断变化的，准确地鉴定不同疾病中的白血病干细胞必须通过功能学的检测。在这样的实验中使用“白血病起始细胞”（leukemia-initiating cell），能更准确地反映实验中所特指的细胞群落。

第三节　白血病的分子生物学基础

白血病是血液细胞的肿瘤，它的研究也对推动其他类型肿瘤的研究有着重要贡献。早在 1960 年，美国科学家 Nowell 和 Hungerford 在研究 CML 患者的染色体时，发现 22 号染色体在这些患者中一致性地变短。这是人类第一次将特异的染色体变异与肿瘤联系在一起，由此认为肿瘤是一种遗传疾病。认识肿瘤发生、发展的奥秘需要从基因的研究入手，这在某种程度上也是若干年后进行“人类基因组”计划的重要推动力。“人类基因组”计划的完成及其相关技术的发展使得我们对白血病发生发展的认知有了深入的进展；小核苷酸（microRNA）、表观遗传学（epigenetics）也大大改观了白血病分子致病机制的研究。这些都为白血病的治疗方案提供了新的机遇。

近年来人们鉴定到的急性白血病中致病性的突变在迅速增加。除了核型鉴定、细胞遗传学方法之外，科学家们也能够通过比较基因组杂交（comparative genome hybridization）、单核苷酸多态性芯片（single nucleotide polymorphism array，SNP array）等方式获取更为微小的染色体变异信息，甚至直接进行白血病细胞的基因组重测序，获得单个核苷酸突变的信息。

在上述的 4 种白血病中，其基因变异各有特点。本书逐一简要介绍。

AML：超过 50%的 AML 患者存在细胞遗传学变异。在人类 22 条常染色体中，仅 2 号、10 号和 14 号染色体尚未检测到细胞遗传学变异；X 和 Y 性染色体也可能在患者中发生细胞遗传学变异。在有些患者中也可能同时存在多种细胞遗传学变异，称之为“复杂核型”白血病。

在另外近 50%的 AML 患者中，不存在可检测到的细胞遗传学变异，称之为“核型正常”AML，但在这些患者中存在基因突变的现象。常见的基因突变在表 23-1 中标示。

表 23-1　AML 中的点突变

基因变异	在 AML 患者的发生频率（%）
Signal transduction pathways - activating	
FLT3-ITD	20～25
FLT3 activation loop	5～10
RAS	15～20
KIT（D816V and D816Y）	<5
PTPN11	<5
MPL	<5
JAK2 and JAK3	<5
Transcription factors – loss of function	
C/EBPα	8～10
RUNX1	<5
GATA-1	<5

需要指出的是，在白血病患者中细胞遗传变异和基因突变是可以同时发生的。已知的细胞遗传变异和基因突变可以造成某些基因功能的失调，在疾病的发生、发展过程中发挥作用。它们中的一类能增强细胞的增殖、存活的基因突变（*FLT3-ITD*、*RAS*、*TEL-PDGFβR* 和 *PTPN11* 等）；而另一类能阻碍造血细胞分化、甚至增强自我更新能力（core binding factor，retinoic acid receptor α，HOX 家族成员和 MLL 基因重排等），在疾病的发生、发展中发挥互补的功能。

ALL：依据白血病所累及的细胞类型，ALL 可分为 B-ALL（B 细胞急性淋巴细胞白血病）和 T-ALL（T 细胞急性淋巴细胞白血病）。

B-ALL 中超过 75%的病例中存在染色体的非整数倍态（aneuploidy）或重现性的染色体重排。超二倍体（hyperdiploidy）多出现在小儿 B-ALL 中，预后良好。亚二倍体（hypodiploidy）则与不良预后相关。染色体重排是 B-ALL 发病的重要因素，常常累及编码造血调控、抑癌基因、癌基因和酪氨酸激酶的基因，并需要和其他遗传变异一同诱发白血病。表 23-2 中总结了小儿白血病中常见的细胞遗传学变异和分子变异。

表 23-2　小儿 B-ALL 中的基因变异

亚型	发生频率（%）
超二倍体（hyperdiploidy）	20～30
亚二倍体（hypodiploidy）	1～2
t（12；21）（p13；q22）/ *ETV6-RUNX1*	15～25
t（1；19）（q23；p13）/ *TCF3-PBX1*	2～6
t（9；22）（q34；q11.2）/ *BCR-ABL1*	2～4
PAX5 重排	～2
ABL1、PDGFRB 和 JAK2 重排	2～5
t（4；11）（q21；q23）/ *MLL-AF4*	1～2
MYC 重排	2
CRLF2 重排	5～7
ERG 缺失	7

T-ALL 占小儿 ALL 的 10%～15%和成人 ALL 的 25%，是由 T-系祖细胞逐步恶性转化而衍化的恶性血液肿瘤。NOTCH 的组成性激活和 *p16/INK4A* 和 *p14/ARF* 的缺失是 T-ALL 的核心恶性转化途径。NOTCH 途径在 T 细胞的定向分化中具有重要作用。NOTCH 的活化与 T-ALL 相关的最早的实验证据来源于 t（7；9）（q34；q34.3）染色体易位的发现，它能导致组成性活化的截断的 NOTCH1 表达。最近的研究显示超过 50%的 T-ALL 患者中能鉴定到活化的 NOTCH 突变。而且，约 15%的 T-ALL 患者中存在 *FBXW7* 突变，它能通过阻滞定位于核中的活化型 NOTCH1 的蛋白酶体降解而激活 NOTCH 通路。CDKN2A 座位位于 9 号染色体的短臂（9p21），包含抑癌基因 *p16/INK4A* 和 *p14/ARF*，CDKN2A 的缺失是 T-ALL 最常见的遗传变异，出现在超过 70%的病例中。bHLH 转录因子的激活也是一类重要的 T-ALL 致病因素，包括 TAL1、LYL1、TAL2 和 BHLHB1。其中，TAL1 的异常高表达发生在约 60%的病例中。

CML：在慢性髓细胞白血病中，染色体易位 t（9；22）（q34；q11）被称为费城染色体，其结果是形成了 *BCR-ABL* 融合基因，其编码的酪氨酸激酶活性失控是诱发 CML 的主要因素。BCR-ABL 可以活化细胞内的多种信号途径，包括 MAPK、JAK2/STAT5、PI3K/AKT 和 NF-κB 等，同时 BCR-ABL 调控细胞的黏附与迁移，使得白血病祖细胞在外周血中循环，另外 BCR-ABL 增强了 DNA 修复的能力，但这种修复保真性较低。下图中简要显示了 BCR-ABL 的下游信号途径（图 23-2）。

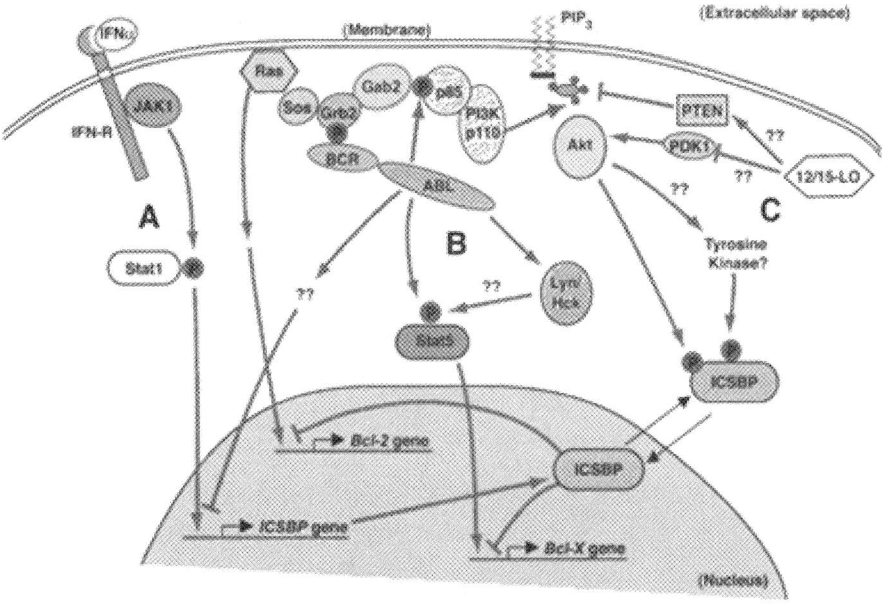

图 23-2　BCR-ABL 的下游信号途径

CML 由 CP 期向 BC 期进展过程中伴随有染色体和基因变异的发生，这些变化在表 23-3 中总结。

表 23-3　BC 期 CML 中出现的第二类细胞遗传和分子变异

变异	患者发生变异的频率（%）
Genetic	
Double Ph chromosome	38
Trisomy chromosome 8	38
i（17q）	20
Trisomy chromosome 19	13
t（3；21）（q26；q22）	2

续表

变异	患者发生变异的频率（%）
t（7；11）（p15；p15）	＜1
Molecular	
p53 mutations	25～30*
p16/ARF mutations	50**
Rb mutations	18#
RAS mutations	rare

*在25%～30%髓系急变中发生；**在50%淋巴系急变中发生；#在18%淋巴系急变中发生

CLL：慢性淋巴细胞白血病是欧美成人白血病中最普遍的一种，但在我国的发病率并不高。CLL的自然病程就是向恶性疾病的渐进过程。在大多数的CLL病例中，发病前出现B细胞淋巴球增多，这是一种非常不活跃的细胞增生，在外周血中存在少于5000个单克隆B细胞。临床中CLL的病程非常不同，有的患者的病程十分稳定、几乎不影响他们的正常寿命；而有些患者在非常短的时间内就发生了疾病的快速进展。随着时间的推移，一小部分患者会恶性转化为Richer综合征（Richer syndrome，RS）。CLL细胞共表达CD19、CD5、CD23及低水平的表面免疫球蛋白。这与任何正常的B细胞亚群的免疫表型都不一样，因而难以推测，疾病从何种细胞起源。一般认为，CLL起源于发生过抗原递呈的B细胞。最近，也有实验提示CLL起源于造血干细胞。现代的观点认为，尽管外周血中的白血病细胞处于静息状态，但每天约2%的细胞是新生的。在淋巴结和骨髓中存在一些被称为增殖中心的区域，在这些特定的区域中CLL细胞得到补充。

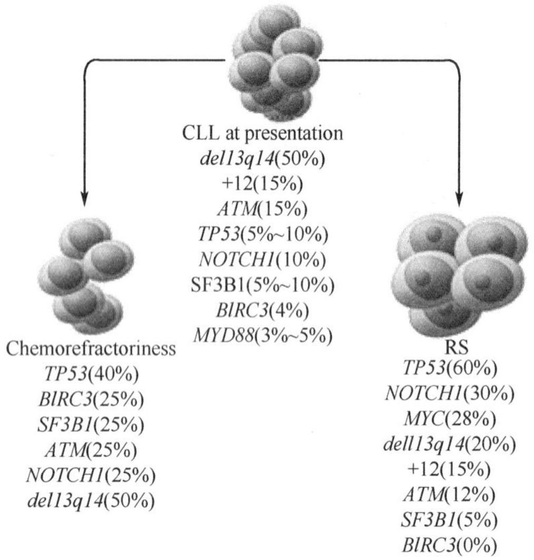

图23-3 CLL中的常见遗传变异

初诊CLL患者中可以检测到13q14缺失、12三染色体等染色体变异和*ATM*、*TP53*和*NOTCH1*等基因的突变。其中13q14缺失是CLL最常见的染色体变异，发生在50%～60%的患者中。在这个座位中的Mir15/Mir16被证实具有抑癌基因的功能。化疗失败和RS进展中常见的基因变异也在图23-3中进行了总结。这些基因变异为精确诊断提供了新依据，也可能为白血病的治疗提供了新靶点，同时为实现个体化治疗提供评判标准。

第四节 白血病的靶向治疗

尽管人们花费了大量精力研究白血病的治疗方法，但在多数情况下治疗仍需使用特异性不强的诱导化疗方案。对于许多种疾病和患者仅有的治愈手段仍然是异基因造血干细胞移植，然而并非每个患者都适合进行移植治疗，且也并非每个患者都能寻找到合适的供体。因而，如何为患者提供更有效的治疗手段始终是鞭策科学家们研究的动力。下面提供几个生动的例子，说明“好的科学如何产生好的治疗”。

一、BCR-ABL 为靶标的 CML 靶向治疗

Imatinib mesylate 的应用为“靶向治疗”提供了范例。随着细胞遗传学和分子生物学的深入研究，人们鉴定到 CML 中存在 Ph 染色体可以产生一个新的融合基因 *BCR-ABL*，它的蛋白产物具有酪氨酸激酶活性。科学家证实 BCR-ABL 能够恶性转化正常造血细胞，包括小鼠的 BaF3 细胞株和小鼠的骨髓细胞。因而，BCR-ABL 单独能够引发 CML，它可能是治疗 CML 的一个理想的靶标。Norvatis 的研究人员筛选了大量酪氨酸激酶抑制剂发现 Imatinib 能够特异性的抑制 ABL 的活性。所谓“特异性”指的是 Imatinib 也能够抑制其他酪氨酸激酶的活性，但 ABL 对 Imatinib 的反应在所有激酶中最为敏感。换句话说，使用低剂量的 Imatinib 就已经可以抑制 ABL 的活性了，但尚不足以影响其他酪氨酸激酶的活性，因而具有相对的特异性。这使得 Imatinib 在临床应用中能有效缓解 CP 期患者的症状，而且副作用较轻，极大地提高了患者的生存质量。正如我们已经知道的，BC 期的患者除了 BCR-ABL 还具有其他基因变异，提示使用 Imatinib 可能并不能有效缓解症状。临床的应用也验证了这个猜测。在取得了良好临床治疗效果后，Imatinib 的问题也很快显现出来。首先，即便患者已经取得了良好的临床反应，但不能停药，否则疾病会很快复发；其次，一些病患在获得缓解后，对药物产生耐药性而复发。获得耐药的原因有很多，包括 *BCR-ABL* 基因的扩增，其中 ABL 激酶区的突变是最常见的原因。关于不能停药的问题，我们知道患者体内的 CML 干细胞并没有被研究清楚。有科学家将取得完全缓解的 CML 患者的骨髓细胞注射入免疫缺陷小鼠体内，结果发现确实有 Ph+的人源细胞获得了移植。起初，人们认为 Imatinib 不能清除 CML 干细胞的原因是 Imatinib 无法有效进入这些细胞。后来发现，Imatinib 能有效抑制这些细胞中 BCR-ABL 的活性，但不能抑制这些细胞的生长或诱导它们凋亡。那么，BCR-ABL 虽然能够诱发 CML，但它对于 CML 干细胞的生存不是必需的，如果要有效清除这些白血病干细胞还需要寻找新的靶点。科学家们也寻找到了一些新的线索，比如 Hedgehog 信号、Rac1/2/3 分子和 N-cadherin/β-catenin 轴所介导的骨髓微环境支持 CML 干细胞的生存信号。这些新发现为人们最终有效清除 CML 干细胞、治愈这种疾病提供了新的希望。BCR-ABL 产生突变的原因是由于 BCR-ABL 本身能够破坏细胞的基因组稳定性，BCR-ABL 的突变甚至在某些未服用 Imatinib 患者的 $CD34^{+}CD38^{-}$细胞中就已经存在。最近，有科学家将患者的白血病细胞注射入小鼠体内，并给小鼠服用维生素 E。给药组小鼠中 BCR-ABL 突变的频率较未给药组显著减少。这提示去氧化条件有利于 CML 细胞的基因组稳定。基因组稳定性的问题甚至可以认为是肿瘤起始的诱因之一。目前，从这个角度入手治疗肿瘤还是一个挑战性十足的问题。

二、PML-RARA 为靶标的急性早幼粒细胞白血病的靶向治疗

急性早幼粒白血病（acute promyelocytic leukemia，APL）是急性髓细胞白血病中的一种特殊亚型。根据形态学特征，APL 属于依据 FAB（French-American-British）分类指南所命名的 AML-M3。APL 的细胞遗传学特征为 15 号和 17 号染色体发生了交互易位，并形成了融合基因 *PML-RARα*。由于 APL 具有严重的出血可能性和仅仅持续数周的致死病程，它可能是恶性程度最高的急性白血病。起初，对于初诊的 APL 患者的首选化疗方案包括柔红霉素、去甲氧柔红霉素和阿糖胞苷，可使得 75%～80%的患者获得完全缓解。APL 的治疗状况在引入砷剂治疗后得到了完全改观。全反式维 A 酸（all-*trans* retinoic acid，ATRA）和以此为基础的优化治疗方案提高完全缓解率至 90%～95%，5 年无病生存率为 74%。20 世纪 90 年代初，治疗中开始使用三氧化二砷（arsenic trioxide，ATO），进一步提高了临床治疗效果，且对于初诊、难治性和复发的患者都能起作用。

早在 1977 年，美国科学家 Janet Rowley 发现超过 95%的 APL 患者中存在 15 号和 17 号染色体的易位。该易位导致 *PML-RARα* 融合基因的产生。PML-RARα 蛋白形成同源二聚体招募共

抑制因子、组蛋白去乙酰化酶通过结合维 A 酸反应元件，抑制一组与粒细胞分化相关的基因的表达。另外，PML-RARα 蛋白也能够招募 DNA 甲基化酶（DnmT 和 DnmT3a）导致维 A 酸下游基因启动子的高度甲基化从而引起转录抑制。1998 年，科学家在转基因小鼠模型中证实 *PML-RARα* 对于 APL 的发病至关重要，且疾病小鼠对 ATRA 的治疗敏感。

现在我们通常认为，药用浓度的 ATRA（10^{-7}～10^{-6} mol/L）能够造成 PML-RARα 的构象改变，最终导致转录抑制的解除。另外，ATRA 也能引发 PML-RARα 的降解。ATO 与 ATRA 类似，在临床上单独使用也能够使患者获得完全缓解。ATO 能使得 PML、PML-RARα 而不是 RARα 产生降解，从而发挥其治疗作用。由于 ATRA 和 ATO 分别主要通过改变靶蛋白构象和降解靶蛋白发挥作用，因而两种药物的联合使用取得了比单独使用更好的临床效果，主要表现为复发率的降低和长期无病生存率的增加。

值得指出的是，我国科学家王振义、陈竺和陈赛娟等在这项诱导靶向治疗中做出了杰出贡献。其中，王振义先生在 2003 年获美国血液病学会（American Society of Hematology，ASH）海姆魏克斯曼奖，并于 2010 年荣获国家最高科学技术奖等。

三、IL1RAP 抗体免疫靶向治疗的实验研究

随着基因芯片技术的发展，这项技术被广泛地应用于各种生物学研究中。瑞典科学家比较 CML 与正常骨髓的 CD34+细胞，发现 *IL-1RAP* 在 CML 细胞中表达增高。流式细胞术的检测表明 CML 患者的 lin-$CD34^+CD38^-$细胞中有超过 75%的细胞表达 IL-1RAP，而正常人群 lin-$CD34^+CD38^-$细胞中不超过 20%的细胞表达 IL-1RAP。进一步分析表明：CML 患者 lin-$CD34^+CD38^-$IL-$1RAP^+$细胞几乎全是 Ph+，而 lin-$CD34^+CD38^-$IL-$1RAP^-$细胞则几乎全是 Ph-。在 LTC-IC 检测中 lin-$CD34^+CD38^-$IL-$1RAP^+$细胞获得的子代集落全部是 Ph+；lin-$CD34^+CD38^-$IL-$1RAP^-$细胞获得的子代集落中有鲜有 Ph+。这些科学家还使用 IL-1RAP 的抗体进行与 CML 细胞的共培养实验，结果这种抗体能够诱发 CML 患者的 $CD34^+CD38^-$细胞的死亡；但这种抗体并不显著诱发正常骨髓 $CD34^+CD38^-$细胞的死亡。通过这些例子，可以乐观地期望随着科学研究的深入进行，更多的靶向专一药物或临床前实验方案会呈现在我们面前。

四、结 束 语

白血病是一类异质性的疾病。白血病的细胞起源、发生和发展的遗传学基础及其分子机制和这些细胞对骨髓微环境的影响与相互作用构成了每种亚类疾病复杂生物学的基础。化学治疗和异基因造血干细胞移植结合支持治疗的发展虽极大地改善了患者的治疗状况，但针对性强的“靶向治疗”仅在 APL 和 CML 中取得了成功。因而，如何更好地理解白血病细胞的生物学以鉴定更多、更有效的治疗靶标并有效开发药物始终向生物学家提出了严峻的挑战。同时，由于白血病往往是多基因遗传变异性疾病，因而药物的联合使用应当是获取更有效治疗的途径。白血病细胞常常具有不稳定的基因组，因而如何在研究潜在临床药物前期就关注药物耐药性的问题并进行前瞻性的研究也十分必要。本章节中，我们介绍了白血病研究领域内的基本状况与进展，希望读者能感受到白血病研究领域内的快速发展，并相信“好的科学研究能够产生好的治疗”。

思 考 题

1. 白血病发生的分子机制有哪些？
2. 何谓靶向治疗？举例说明之。

（赵 旸 周泉生审阅）

第 24 章 遗传性出血性疾病的分子生物学

血管损伤后，受损的血管收缩，改变了局部的血液动力学，血浆中的 vW 因子与血管内皮的胶原微纤维相结合，并与它的配体血小板膜糖蛋白Ⅰb/Ⅸ相结合，黏附血小板立刻发生变形、聚集、释放等一系列反应，形成血小板血栓。血小板表面吸附多种凝血因子，为血液的凝固提供了催化表面，血浆凝血因子相互作用，形成纤维蛋白，产生牢固的纤维蛋白血栓。为保持血流的通畅，体内通过抗凝系统和纤溶系统进行协调调控。在止血、凝血、纤溶过程中涉及多种凝血因子和相关蛋白，这些凝血因子和相关蛋白的基因缺陷导致一组遗传出血性疾病。遗传出血性疾病多属于单基因遗传性疾病，以血友病和血管性血友病最为多见，其次有血小板无力症、巨大血小板综合征、异常纤维蛋白原血症等。

根据遗传方式，遗传性出血性疾病分为四类：

（1）常染色体显性遗传病：包括血管性血友病（1、2A、2B 及血小板型）、遗传性毛细血管扩张症、巨大血小板综合征、Ehler-Danlos 综合征及储存池病等。

（2）常染色体不完全显性遗传病：遗传性凝血因子 XI 缺乏症。

（3）常染色体隐性遗传病：血管性血友病（3 型）、血小板无力症、遗传性凝血酶原缺乏症、遗传性因子Ⅴ缺乏症、遗传性因子 X 缺乏症、遗传性因子Ⅻ缺乏症及遗传性因子ⅩⅢ缺乏症。

（4）X 连锁隐性遗传病：血友病甲、血友病乙、巨大血小板综合征，Wiskott-Aldrich 综合征等。

第一节 先天性凝血因子缺乏或异常所致出血性疾病的分子生物学

一、血友病类出血性疾病

血友病是一组性连锁的隐性遗传性出血性疾病，女性携带，男性发病。患者自幼表现为外伤后出血不止，自发性黏膜及关节出血。按照其血浆中缺乏的不同凝血因子分为血友病甲、血友病乙和 FⅪ因子缺乏症。上述凝血因子的缺乏，使凝血酶生成障碍，从而导致凝血异常。其中，血友病甲最常见，发病率在欧美国家为（5～10）/10 万人口，国内报告为（2.3～3.43）/10 万人口，低于国外报道。血友病乙患病率与血友病甲之比约为 1∶5。

（一）血友病甲

血友病甲是 X 染色体连锁性隐性遗传病，由女性传递，男性发病。患者血浆中缺乏 FⅧ，表现为自发性关节、肌肉出血，外伤后出血不止等。根据患者临床表现的严重程度及 FⅧ凝血活性水平将血友病 A 分为重型 FⅧ：C＜1%，中型 FⅧ：C 1%～5%，轻型 FⅧ：C＞5%。截至 2011 年，我国在线登记注册血友病患者 7642 人，随着医疗条件的改善，确诊人数每年以 10%～11.4%的速度增长。

1. FⅧ的基因及蛋白结构 FⅧ是由肝脏合成的血浆糖蛋白，是目前所知的人类最大的蛋白之一，血浆 FⅧ与 von Willebrand 因子（v WF）以复合物的形式存在，vWF 是 FⅧ的载体，可防止其过早降解。FⅧ在内源凝血系统中，在 Ca^{2+}及磷脂的存在下以辅酶的形式参与 FIX 和 FX 的激活，在凝血酶生成的内源性和外源性凝血途径中都起着重要的作用。

FⅧ基因位于 X 染色体长臂末端（Xq28），长 186kb，占 X 染色体的 0.1%，由 26 个外显子（exons）和 25 个内含子（introns）组成。第 14 号外显子长为 3.1 kb，是人类基因中最大的外显子之一。FⅧ的 mRNA 大小为 9kb，起始于–170 位碱基，后者紧接于 5'上游区的转录启动顺序 GATAAA，FⅧ基因编码 2351 个氨基酸残基组成的前体多肽，去除 N 端 19 个氨基酸组成的信号肽后，成熟 FⅧ由 2332 个氨基酸组成。FⅧ由 3 个 A 区，1 个 B 区，2 个 C 区组成，FⅧ以单链形式合成，排列顺序为 A1-A2-B-A3-C1-C2。其中 A1-A2 和 B-A3 之间有两个富含酸性氨基酸区，分别由 36 个氨基酸和 41 个氨基酸构成，第一酸性区域与 FⅧ的凝血活性有关，第二酸性区域是 FⅧ与 vWF 的结合区域，对于 FⅧ的稳定性极其重要。应用 Northern 方法对 FⅧmRNA 的组织细胞分布的研究结果显示，肝、脾、淋巴结均有 FⅧ的分布，其中肝脏是主要场所。

2. 血友病甲的基因缺陷 血友病甲是性连锁遗传性疾病，其中 2/3 的患者有明确的遗传病史，其余 1/3 的患者并无家族史。随着分子生物学技术的飞速发展，为揭示血友病的分子发病机制提供了有力的手段。已明确血友病甲是由于 FⅧ基因异常所致，迄今已发现 174 种点突变，117 种基因缺失，10 种插入突变。重型血友病中 40%的患者是由于 22 号内含子的倒位所致。

（1）FⅧ基因内含子 22 的大片段倒位：内含子 22 是 FⅧ基因中最大的内含子，约有 32.4kb，其中存在着 FⅧ的两个相关基因：F8A（FⅧ基因相关基因 A）和 F8B（FⅧ基因相关基因 B）。在该内含子的 3'端约 10kb 区域内有一个 CpG 岛（双相转录活性的启动子），对 F8A 和 F8B 基因转录起着双向启动子的作用，F8A 的转录方向与 FⅧ转录方向相反，F8B 的转录方向与 FⅧ转录方向相同。在 FⅧ基因上游，X 染色体长臂远端 500bp 处有两个同源 F8A 基因，内含子 22 中 F8A 能够与这两个 F8A 的任何一个发生同源重组，从而使 FⅧ基因从启动子至外显子 22 倒位至长臂的远端，而外显子 23～26 仍处于原位，使 FⅧ表达异常，从而导致血友病甲。这种基因异常是重型血友病甲的主要致病机制。近年来发现凝血因子Ⅷ基因第 1 号内含子倒位是仅次于第 22 号内含子倒位、导致重型血友病甲的常见原因.

（2）点突变：迄今已发现了 174 个不同的碱基置换，其中 138 个错义突变（missense mutation），24 个无义突变（nonsense mutation），另外 12 个点突变改变了 mRNA 正确的拼接位点。其中大约 25%的点突变发生在 CpG 二核苷酸部位，发生了 C→T 或 G →A 的置换。1985 年 Gitschier 首次报道了用限制性内切酶 Taq1 进行了限制性片段长度多态性（RFLP）检测 FⅧ的基因突变，共发现了 4 例突变。Taq1 酶识别的序列是 TCGA，其中 CpG 二核苷酸是基因突变的热点，甲基化的胞嘧啶发生脱氨基作用变成胸腺嘧啶而导致 C→T，如果 C→T 转换发生于 Taq1 酶识别序列 TCGA，即可产生终止密码子 TGA，使翻译提前终止。在 FⅧ编码区共有 CG 二核苷酸序列 71 个，其中 12 个发生转换突变时能形成新的终止密码。在所有点突变的患者中，约 31 例存在着 FⅧ抑制物，其中 27 例（87%）属于无义点突变，4 例（13%）是错义点突变。

对点突变的研究主要采用 PCR-单链构象多态性（PCR-single strand conformation analysis，PCR-SSCP）和变性梯度电泳（denature gradient geal electrophoresis，DGGE）。PCR-SSCP 利用 PCR 产物变性后产生两条互补的单链，不同的单链构象不同，如果存在基因突变，只要有一个碱基发生变化，单链的构象也发生改变，通过聚丙烯酰氨凝胶电泳就可以将正常与突变 DNA 单链在凝胶上显示不同的带型，从而确定野生型和突变型。SSCP 分析的主要优点是简单而且具有较高的敏感性。变性梯度凝胶电泳（DGGE）是利用野生型和突变型 DNA 在含有尿素和甲酰氨的变性剃度凝胶电泳上移动速度的差异来检测 DNA 双链中是否存在错配的碱基的方法。PCR 产生的双链 DNA 在含尿素和甲酰氨浓度递增的变性胶上电泳，随着 DNA 的迁移，DNA 片段上低温解链区的双链渐渐打开，DNA 双链在变性胶上总是从结合较松的部位开始分开，A-T 对较丰富的部位容易分开，而错配的碱基部分更容易分开。异常解链的 DNA 导致电泳行为的改变。Higuchi 等通过该方法检测了 47 例血友病甲，其中 30 例为重型，17 例为中、轻型。检测范围包括 FⅧ基因 99%编码区，94%的剪接接头部、启动子区域及 3'端多聚 A 部位，结果在 30

例重型病例中仅有 53%有基因异常，而 17 例轻中型病例 94%有基因异常。基因的点突变是轻、中型血友病甲的主要分子致病机制。不同的患者在同一点发生突变其临床表现并不完全一致，这种差异可能与基因外的调控有关。

（3）缺失（deletions）和插入（insertions）：至今已发现 78 例患者是由于 FⅧ基因的大片段缺失所致，从 1bp～210kb 不等，其中 75 例是重型患者，大约 33%的患者存在抑制物。另外，39 例血友病甲患者是由于小片段的缺失所致，缺失长度 1～23bp，无一出现 FⅧ抑制物。

有 FⅧ基因缺失的病例临床表现一般为重型，目前研究缺失的手段主要采用特异性探针进行 DNA 印迹杂交，而小的缺失只有通过 DNA 测序才能发现。有 FⅧ缺失的病例与无缺失的病例相比较，前者体内产生抗体的频率是后者的 5 倍。除此以外，碱基的插入使阅读框飘移或 FⅧ基因中某些碱基的置换影响体内 mRNA 的正确剪接也会导致血友病甲的临床表型。

已报道有 15 例血友病甲患者是由于基因插入所致，且均为重型患者，其中 10 例只插入了 1bp。

对血友病甲的分子致病机制的研究表明，血友病甲的分子致病机制存在高度的异质性。FⅧ基因突变的研究可以从分子水平上阐明其分子病理机制并有助于了解 FⅧ的结构和功能的关系。

3. 血友病甲的产前诊断 通过分子生物学的手段对血友病甲进行产前诊断，避免血友病胎儿或携带者的出生，减少血友病甲的发病率，有利于民族的健康。妊娠 18～21 周通过胎儿镜取血，检测 FⅧ C 和 FⅧ的水平，估测胎儿的患病率，这一方法引起流产者达 6%，采血失败率达 13%。而应用分子生物学手段进行产前诊断，为此开辟了一条新路。当致病基因的突变类型明确且与发病有直接因果关系时，可以快速准确地作出直接基因诊断。但是由于 FⅧ基因庞大且分子病理机制存在高度特异性，对大多数个体致病机制尚未明确，直接基因诊断存在困难，因此常采用基因连锁分析的方法。进行家系基因连锁分析必须具备下列条件：①有先证者；②携带者是某一限制性内切酶多态性位点的杂合子；③具有正确的遗传关系。基因连锁分析主要应用限制性片段长度多态性（RFLP），可变数目串联重复多态性（VNTR），对血友病家系进行基因连锁分析。常用的 FⅧ基因多态性位点，包括 18 号外显子 3'端外侧的 BclⅠ位点，内含子 22 中 XbaⅡ位点和内含子 19 中的 HindⅢ位点等，这些位点都处于紧密连锁不平衡状态，用 BclⅠ和 XbaⅡ多态性即可反映所有此类位点的遗传多态信息量（polymorphism information content），对 65%的家系作出诊断。位于 FⅧ基因外与 FⅧ基因相连锁的 VNTR 位点 DXS52.（St14），内含子 13 和内含子 22 中的短重复序列 STR（short tandem repeat）也是血友病甲有用的产前诊断的指标。利用多项指标联合进行产前诊断，可以对绝大多数家系进行遗传连锁分析和产前诊断。

（二）血友病乙

血友病乙的遗传方式与血友病甲相同，是由于血浆中 FⅨ合成减少或由于异质性的 FⅨ所致。FⅨ的生理功能是在 FⅧa 参与下，通过蛋白水解激活 FⅩ，参与内源凝血途径。

1. FⅨ的基因及蛋白结构 人类 FⅨ因子位于 X 染色体长臂远端（Xq26～27 区），长 33.5kb，由 8 个外显子和 7 个内含子及侧翼顺序的调控区组成，转录 2802bp 的 mRNA，具有合成 FⅨ信号肽、前体肽和成熟 FⅨ的全部密码子。

FⅨ由肝细胞产生，最初的表达产物是 FⅨ前体，由 461 个氨基酸残基组成，切除前信号肽后，进行一系列复杂的修饰过程，转变为成熟蛋白，从高尔基体分泌至血浆。FⅨ蛋白质存在不同的功能区域，包括 Gla 区域、结合区、激活肽区和催化区。成熟 FⅨ释放到血液中后，在磷脂及 Ca^{2+}存在下，受 FⅨa 及 FⅦa 复合物作用，释放一个 35 个残基的多肽后被激活。FⅨa 与 FⅧa、膜磷脂和 Ca^{2+}形成复合物激活 FⅩ。

2. 血友病乙的基因缺陷 随着分子生物学技术的进展，而且由于 FⅨ基因及其 mRNA 较小的原因，FⅨ的 DNA 和蛋白质缺陷的资料迅速积累起来。血友病乙的分子病理机制主要是编码

FⅨ蛋白的基因结构发生异常而导致血液中 FⅨ的量减少和生物活性改变的结果。在 FⅨ基因内各种类型的突变均可发生，血友病乙的表型不同的个体间差异很大。至今发现不同的血友病乙的基因缺陷有 476 种，点突变是血友病乙的主要分子病因，共有 379 种，约占 80%，基因缺失 72 例，插入 20 例，另外还发现 13 例患者同时存在 2 个点突变，1 个患者同时存在 3 个点突变，3 个患者既有插入，又有缺失。

574 例血友病，其中 278 例为特异性突变，296 例是重复性突变，重复性突变大多涉及 GpC 二核苷酸序列，其中 C→A 或 T 在 31 008 位的 C 的突变达 30 例，GpC 顺序也是血友病乙的热点突变。基因缺失的范围大小不一，但属于缺失突变病例在临床上都表现为重型血友病。插入和置换突变也有报道。

3. 血友病的基因治疗 血友病基因治疗（gene therapy）是通过基因转导的方法，将正常的凝血因子Ⅷ（FⅧ）或因子Ⅸ（FⅨ）编码基因分别导入血友病甲或乙患者体内，产生“基因替代”或“基因修复”作用，以纠正血友病基因缺陷，并持久分泌可满足止血需要的人 FⅧ（hFⅧ）或人 FⅨ（hFⅨ）蛋白，为根治血友病带来新的治疗手段和可能性。改造目的基因、选择合适载体、靶细胞、动物实验和临床试验是基因治疗的 5 个环节。其中前 3 个环节是基因治疗成败的关键。

研究表明 FⅧ基因中 B 区所编码的结构对 FⅧ的凝血活性并无显著作用，提高 FⅧ表达水平最有效的方法是去除 FⅧ cDNA 中的 B 区结构域（BDD-FⅧ cDNA）。BDD-FⅧ cDNA 长度比野生型 FⅧ长度减少 70%，使其可完好地包装入常用载体中，同时使 FⅧ的表达水平也较野生型 FⅧ基因提高了 5～10 倍。尚有研究对 FⅧ或 FⅨ分子结构内所在的抑制结构和序列进行改造，以获得更高的 FⅧ或 FⅨ活性表达水平（表 24-1）。目前已有的血友病甲 / 乙基因治疗的临床试验（表 24-2）。

表 24-1 提高 FⅧ和 FⅨ表达水平的生物工程改造策略

提高 FⅧ或 FⅨ表达水平	生物工程改造策略
FⅧ	
生物合成和分泌	
增加 mRNA 表达	B 区全部去除，用 FⅨ内含子 I 替代
减少与内质网相关蛋白相互作用	F309S
提高内质网-高尔基体转运	短的含突变的 B 区（226 aa/N6）
提高功能活性	
增加激活	Des-（868-1562）-FⅧ-HC Ⅱ
对激活抵抗	抵抗激活的 FⅧ（IR8）（Arg336Ile/Arg562Lys/Arg740Ala/Des-794-1689），A2-A3-二硫键 FⅧ（Cys664-Cys1826）
延长血浆半衰期 降低抗原性	LRP 结合位点突变（A2 区第 484～509 位残基和 C2 区），硫酸酐素蛋白聚糖结合位点突变（A2 区第 558～565 残基）猪-人杂交 FⅧ
FⅨ	
生物合成和分泌	
增加 mRNA 表达	ATG 作为翻译起始，截短的 FⅨ内含子 1
降低与胶原Ⅳ结合	Lys5Ala、Val10Lys
提高功能活性	
增加特异性	Arg338Ala、FⅨ-FⅩ杂交

表 24-2　血友病甲/乙基因治疗临床试验

发起者	转基因	载体	入选标准	安全性	转基因峰表达
Transkaryotic Therapies, Cambridge	hBDD-FⅧ	非病毒载体，含纤维连接蛋白启动子	重型血友病甲成人患者	无明显不良反应	提高 FⅧ活性至 4%
Chiron Corp, Emeryville	hBDD-FⅧ	肿瘤逆转录病毒	重型血友病甲成人患者	1 例精液中检测到载体基因	将 FⅧ活性提高至最低可检测范围
Fudan Univer sity	hFⅨ	肿瘤逆转录病毒	中型血友病乙成人患者	无明显不良反应	16 个月内增加 FⅨ活性至 4%
Geneslar Therapeutics Alameda	FⅧ	腺病毒，含白蛋白启动子	重型血友病甲成人患者	出现肝酶升高	将 FⅧ活性提高至 3%
Avigen Inc, Alameda	hFⅨ	AAV 含 CMV 启动子	重型血友病乙成人患者	无明显不良反应	将 FⅨ活性提高到 1%～6%
Avigen Inc, Alameda	hFⅨ	AAV 含肝特异性启动子	重型血友病乙成人患者	患者精液中检测到载体基因序列	2/6 例患者 FⅨ活性提高 1%～6%

血友病基因治疗虽然在基因改造、载体和靶细胞选择、动物和临床试验等方面取得了一些进展。但尚有许多难题有待进一步研究和解决，如宿主的免疫反应问题，伴随针对载体和 FⅧ/FⅨ抑制物所产生的免疫反应而使基因表达水平逐渐减低甚至消失；插入突变问题，特别是有基因治疗患儿发生白血病和实验胎鼠、新生鼠发生肝脏肿瘤事件，使研究者必须面对和正视插入突变所致的后果。基因治疗的前景，除需研究和解决现已存在的难题外，尚可考虑采用 RNA 修饰策略，可望改进基因治疗研究策略，获得真正的临床应用。

二、血管性血友病

血管性血友病（von Willebrand disease，vWD）是最常见的遗传型出血性疾病之一，由 von Willebrand 于 1926 年首先提出并描述，当时称为假性血友病。其发病率 10/10 万，呈常染色体遗传，主要临床表现为皮肤黏膜出血，女性月经增多，外伤或手术后过度出血，不同的病理类型出血程度不一致。血管性血友病的发病是由于患者体内 vW 因子（vWF）基因缺陷，而使血浆中 vWF 的数量减少或质量异常所致。

（一）vWF 的 DNA 和蛋白质结构

1984 年四个小组同时克隆了 vWF 的 cDNA，对 *vWF* 基因有了进一步的了解。*vWF* 基因位于 12 号染色体短臂末端，长 178kb，占 12 号染色体的 1%，包括 52 个外显子和 51 个内含子，转录 9kb 的 mRNA，编码 2813 个氨基酸的前体蛋白，包括 22 个氨基酸组成的信号肽，741 个氨基酸的前体肽和 2050 个氨基酸的成熟亚单位。整个多肽链分子质量为 370kDa，成熟亚单位为 260kDa，含有 15%～18.7%的多糖。

在 22 号染色体的 22 q11.22-q11.23 存在 vWF 假基因，假基因序列与 vWF 基因 23～24 号外显子相对应，序列同源性高达 97%，假基因的编码区中有多个终止密码子，它是人类基因进化过程中的遗迹。

vWF 蛋白是 D1-D2-D3-A1-A2-A3-D4-B-C1-C2 的多个亚单位构成的大分子血浆糖蛋白，由血管内皮细胞和巨核细胞合成，在内皮细胞内质网中合成的单体分子质量为 250kDa，首先在细胞内合成前体多肽，信号肽被切除后，vWF 前体在内质网中通过羧基端半胱氨酸形成二硫键，交联形成二聚体，然后在高尔基体中通过氨基端半胱氨酸形成一系列的高分子的多聚体，相对分子质量 5×10^5～2×10^7 不等。内皮细胞合成 vWF 一部分构成内皮下基质，另一部分分泌入血或储存于 weibel-palade 小体，巨核细胞合成 vWF 储存于血小板的 α 颗粒中。vWF 在体内主要有两大功能：①与血小板膜糖蛋白 Ⅰb-Ⅸ和Ⅱb/Ⅲa 及内皮下胶原结合，参与初期止血功能。②与 FⅧ成共价键结合，有效延长 FⅧ半衰期。由于 vWF 合成、分泌的过程很复杂，任何一个环节异常均可导致 vWF 的质或量的改变，因此，血管性血友病的分子机制具有极高的异质性。

（二）vWD 分型与遗传方式

长期以来，vWD 的分型非常复杂和不统一，不易比较和研究。1994 年国际血栓与止血委员会根据 vWD 的临床表型与病理特点，把 vWD 分成 1，2，3 型。1 型和 3 型表现为 vWF 量的减少，2 型血管性血友病是由于 vWF 质的异常而致，根据其临床表现及病理致病机制又分为 2A、2B、2N、2M 四种亚型。

1 型 vWD 最常见，又称经典 vWD，为常染色体显性遗传，杂合子发病主要特征为血浆中 vWF 量的减少，但高分子多聚体结构正常。分子致病机制尚不清楚，可能与基因外因素对其表达的下调有关。

3 型 vWD 亦称重型 vWD，为常染色体隐性遗传，患者为纯合子或双重杂合子。表现为 vWF 量的重度减少，临床上表现为严重的皮肤黏膜出血，主要由于 vWF 基因突变大片段的缺失，无义点突变，启动子区域的点突变或 vWF 基因的转录异常有关。

vWF 基因突变存在高度的异质性，已报道的突变散在于 vWF 基因的全长。对 1 型和 3 型的基因诊断主要通过限制性片段长度多态性（RFLP）和基因内串联重复序列多态性（VNTR）的方法来研究。

2A 型血管性血友病占 vWD 的 10%～15%，是 vWD 质异常中最多见的一种亚型。临床主要表现为出血时间延长，vWF：Ag，FⅧ：C 降低，Risto 霉素诱导的血小板聚集明显减少，Risto 辅因子试验减低，血浆中大、中多聚分子消失。目前已发现 17 种以上的基因突变，均属于错义突变。这些突变丛集在 28 号外显子，特别是 A2 区域，其中对 10 种突变进行了体外定点诱变及真核细胞的表达，研究表明血浆大、中分子质量多聚物的减少，至少存在两种机制，一是突变导致 vWF 多聚物潴留在内质网及高尔基体中不能分泌表达至上清液中。二是由于突变的 vWF 蛋白对血浆中的蛋白水解酶特别敏感而导致分泌正常的 vWF 破坏过多。2A 型 vWD 的分子致病机制存在高度的异质性和复杂性。

2N 型血管性血友病的临床表型与血友病极其相似，主要表现为 FⅧ与 vWF 因子不能有效结合，血浆 vWF N 端 272 个氨基酸的天然结构是 FⅧ/vWF 相互作用所必需的。2N 型血管性血友病的基因主要丛集在 18～20 号外显子，vWF 与 FⅧ的结合区域。迄今在该区域已发现了 12 种基因突变。其中 854 位精氨酸到谷氨酸的突变为最常见。各种突变对氨基酸的改变是直接影响了 FⅧ/vWF 的相互作用，还是影响了这种作用所必需的三维空间构象，仍不太清楚。

2B 型血管性血友病患者的富含血小板血浆在低浓度的 Risto 霉素下即发生聚集，血浆中缺乏大分子质量的多聚体，血小板中的血浆多聚物正常，其分子机制是由于丛集在 A1 区域的基因突变致 vWF 和血小板表面糖蛋白结合增加，使大分子质量的血浆多聚物消失和血小板减少。

2M 型血管性血友病是一种少见类型，血浆多聚物正常，但是 Risto 霉素诱导的血小板聚集下降，其突变位点在血小板膜糖蛋白Ⅰb 和 vWF 的结合部位，位于 vWF 的 A1 区域。

第二节 血小板功能缺陷所致出血性疾病的分子生物学

血小板在正常止血过程中发挥着重要作用，血小板功能异常是出血的主要原因之一。自 1918 年 E. Glanzann 首先报道先天性血小板无力症以来，各种先天性血小板功能障碍性疾病得到阐明。

一、血小板无力症

血小板无力症（glanzmanns thrombasthenia，GT）。由 Glanzmann 首先报道此病。

其主要缺陷为血小板膜糖蛋白Ⅱb/Ⅲa（GpIIb/Ⅲa）数量或结构异常。1974 年 AT Nurden 及 JP Caen 证明 GT 血小板膜糖蛋白Ⅱb/Ⅲa（GPIIb/Ⅲa）明显减少，以后利用单抗及多种免疫技术进一步肯定本病是这两种蛋白减少或缺乏。进入 20 世纪 90 年代以后，利用分子生物学技术开展了 GT 基因缺陷的研究，并成功地运用于携带者检测及产前诊断。

GT 是一种常染色体遗传性疾病，其基本缺陷是血小板膜 GPⅡb/Ⅲa 复合物量减少、缺乏或质量异常。GPⅡb/Ⅲa 作为黏附蛋白受体的整合素超家族成员，它与体外连接蛋白受体（VnR）共同构成细胞黏附素亚家族。GPⅡb（CD41）和 GPⅢa（CD61）由不同的基因编码，但这两个基因都定位于 17 号染色体（17q21～23）区域，GpⅡb 结构基因全长约 17.2kb，含 30 个外显子，mRNA3.2kb，编码合成 1008 个氨基酸。GpⅢa 基因组全长约 46kb，含 14 个外显子，转录 6.0 kb 的 mRNA，编码 788 个氨基酸。

血小板膜 GpⅡb 和 GpⅢa 的基因缺陷，包括基因缺失、插入及突变使 GpⅡb/Ⅲa 复合物的质和量的异常，导致血小板无力症。GPⅡb 基因缺陷，VnR 无论结构及功能均正常，若缺陷发生于 GPⅢa，那么 VnR 也不正常，所以检测血小板 VnR 正常与否有助于明确基因缺陷发生在 GPⅡb 或 GPⅢa。

二、巨血小板综合征（Bernard-Soulier 综合征）

1948 年 J. Bernard 和 J. Psoulier 首先报道本病，故亦称 Bernard-Soulier 综合征（简称 BSS）。BSS 特征为出血时间延长，轻中度血小板减少伴巨大血小板、凝血酶原消耗不良，血块退缩正常。至今已有 100 多例报道，患者遍及欧洲、亚洲、非洲和北美的至少 15 个国家。

BSS 呈常染色体不完全隐性遗传，杂合子无临床症状，但实验室检查可有异常发现。BSS 患者父母近亲结婚多见。

BSS 的基本缺陷为血小板膜糖蛋白Ⅰb-Ⅸ复合物的缺陷，导致血小板功能异常。1975 年 AT Nurden 及 JP Caen 用聚丙烯酰胺凝胶电泳证明 BSS 血小板缺乏糖蛋白Ⅰb（GPⅠb），首先阐明 BSS 血小板膜的分子缺陷。以后用多种改良的聚丙烯酰胺凝胶电泳、交叉免疫电泳技术及抗血小板 GPⅠb 单克隆抗体证明 BSS 血小板缺乏 GPⅠb。应用抗 GPⅠb 单克隆抗体的研究，还证实 GPⅠb 是血小板表面的 vWF 受体。血小板通过 GPⅠb 与 vWF 结合而黏附于内皮下组织。所以 BSS 血小板黏附有缺陷，瑞氏脱酶素诱导的血小板聚集也降低。

GPⅠb 由 α、β 二条多肽链组成，GpⅠbα 基因位于 17 号染色体 p12 末端，基因长 2.6kb，编码 8～16 个氨基酸的引导肽及 610 个氨基酸的成熟蛋白。GpⅠbβ 的 mRNA 长 2.5 kb，编码 209 个氨基酸。血小板膜糖蛋白Ⅰbα 和Ⅰbβ 由二硫键组成二聚体。血小板膜糖蛋白 GpⅨ的编码基因定位于第 3 号染色体上，长约 1.6kb，含 3 个外显子，编码 176 个氨基酸。GpⅠb 和 GpⅨ通过非共价键结合，并以复合物的形式存在于血小板膜表面，这种 GPⅠb-Ⅸ复合物是血小板主要的黏附受体。BSS 血小板缺乏此受体，在高、低切应速率下均不能黏附于内皮下组织，导致止血障碍。血小板表面完整的 GpⅠb/GpⅨ的表达，必须有 GpⅠbα，GpⅠbβ 和 GpⅨ三种 cDNA 同时存在，所以这三种基因的任何一种异常均可导致细胞表面 GpⅠb/GpⅨ表达发生异常，GpⅠbα、GpⅠbβ 或 GpⅨ的异常表达可导致巨大血小板综合征。患者自幼皮肤黏膜出血，血小板减少伴有巨大血小板，出血时间延长，ADP、胶原、肾上腺素诱导的血小板聚集正常，瑞氏脱酶素诱导的血小板聚集不良，血小板膜糖蛋白Ⅰb 缺乏。

第三节 先天性纤维蛋白原分子异常所致出血性疾病的分子生物学

纤维蛋白原（Fg）是血液中含量最高的凝血因子，除了直接参与凝血过程外，还可与血小板膜糖蛋白Ⅱb/Ⅲa结合介导血小板聚集反应，影响黏滞度，与出血性疾病、动脉粥样硬化等的发生都有密切的关系。

先天性异常纤维蛋白原血症大多呈常染色体显性遗传，少数为常染色体隐性遗传。其特征是纤维蛋白原分子结构异常，改变了功能特性。多数患者无临床症状，少数有症状者则表现为外伤或手术后的出血、血栓形成、伤口愈合延迟或伤口开裂，少数为反复的自发性流产，或以上几种症状联合表现。临床实验室检查表现为凝血功能异常，特别是凝血酶时间延长，且不能被甲苯胺蓝或鱼精蛋白纠正，血浆纤维蛋白原浓度的检测大多正常或稍降低。在血液凝固的最后阶段，纤维蛋白原被凝血酶裂解释放出纤维蛋白肽 A 和纤维蛋白肽 B，形成纤维蛋白单体，纤维蛋白单体自发聚合形成可溶性纤维蛋白，再与 FⅩⅢa（需 Ca^{2+}参与）共价交联形成稳定的纤维蛋白凝块。

已经证实纤维蛋白原分子参与凝血过程的任一功能位点的结构改变均会引起本病。迄今共发现 300 多例，导致异常纤维蛋白原血症的基因突变类型主要是个别氨基酸的置换，少数是碱基的缺失和插入，其中 Aα 链氨基末端的突变最为常见，Bβ 链异常较为少见。

分子生物学的迅猛发展，给遗传性出血性疾病的诊断和治疗提供了新的手段。基因工程产品重组凝血因子的广泛使用，可以减少艾滋病、病毒性肝炎的发病率，降低治疗成本，提高遗传性出血性疾病患者的生存质量。用分子生物学的方法对遗传型出血性疾病进行产前诊断和遗传咨询，避免患儿的出生，可以减少这类疾病的发病率，有助于提高人类的健康水平。遗传性出血性疾病的分子病理机制研究，阐明凝血相关蛋白质结构与功能的关系，进而用基因治疗彻底根治遗传性出血性疾病，是人类共同的奋斗目标。血友病甲/乙基因治疗的进展，使人们看到了新的希望和曙光。

思 考 题

1. 何谓先天性凝血因子缺乏症？
2. 血小板功能缺陷可引致哪些疾病？

（汪家敏）

第 25 章 肝纤维化的生化机制

各种有害因子和物质以肝实质细胞和非实质细胞为靶细胞，激发细胞损伤而发生细胞坏死与凋亡，导致纤维结缔组织广泛增生与沉积，就是肝纤维化。如进一步发生肝小叶改建、结节增生、假小叶形成，便进入了肝硬化。

第一节 肝纤维化的病因

任何致病因子造成的肝脏损害和炎症，均可引起纤维组织增生及沉积，而形成肝纤维化。肝纤维化的分类目前未规范，根据病因分类，可分为以下几种。

一、病毒性肝炎肝纤维化

人体感染乙型肝炎病毒（HBV）、丙型肝炎病毒（HCV）、丁型肝炎病毒（HDV）后，发生相应型别的肝炎，可转为慢性而进入肝纤维化。而甲型肝炎病毒（HAV）、戊型肝炎病毒（HEV）感染，也可发生相应型别的肝炎，但一般不转为慢性，不引起肝纤维化；但甲、戊二型所致重型肝炎伴有严重肝坏死者，则可形成肝纤维化或坏死后肝硬化。所以病毒性肝纤维化一般为HBV、HCV、HDV感染引起，尤以HBV及HCV为主。

二、血吸虫病肝纤维化

血吸虫病肝纤维化主要由日本血吸虫、曼氏血吸虫感染所致。我国主要发生在长江流域及以南地区。患者因反复感染，虫卵造成肝内血管阻塞，在虫卵和虫卵肉芽肿刺激下，肝内结缔组织异常增生，尤以胶原纤维增生更为突出，造成大量纤维沉积于肝内，形成肝纤维化。

三、酒精中毒性肝纤维化

资料表明，饮烈酒80～150g/d，连续5年以上，可导致肝损伤。酒龄越长，对人体危害越大。但并非所有嗜酒者均如此，这可能是与种族和个体差异有关。大量饮酒者也只有20%会造成肝纤维化。

四、药物性肝纤维化

用于临床治疗的药物可引起肝损伤，如乙酰氨基酚；抗结核药如异烟肼、利福平；吩噻嗪类氯丙嗪、奋乃静；性激素如黄体酮；大环内酯类抗生素；抗肿瘤药物如甲氨蝶呤；磺酰脲类如格列齐特；吗啡及其衍生物如heloin等。可由药物直接作用，药物代谢物或免疫反应引起。有些药物引起的肝损伤与药物剂量无关。上述药物可不同程度地造成肝细胞损伤、变性坏死、胆汁淤积，或肝内过敏性炎症反应，终致纤维结缔组织增生，进而形成肝纤维化。

五、胆汁性肝纤维化

胆汁性肝纤维化包括原发性和继发性两类。原发性胆汁性肝纤维化被认为是一种自体免疫性疾病，病情缓解与恶化交替进行，常伴有自体免疫性疾病存在。现认为长期肝内胆汁淤积致纤维化因子直接刺激成纤维细胞、肌纤维细胞、贮脂细胞的前胶原基因转录增加，小胆管基底膜增生，再通过一些细胞因子，如转化生长因子-β（TGF-β）、血小板诱发因子（PDGF）、白细胞介素-1（IL-1）等的介导而刺激纤维增生，同时又作用于贮脂细胞等，使产生胶原的细胞数量增加，并导致异常细胞外基质增加，形成胆汁性肝纤维化。

继发性胆汁性肝纤维化是由于肝外长期梗阻所致，一旦解除了梗阻原因，肝纤维化可逐渐改善和恢复。

六、中毒性肝纤维化

某些化工产品如CCl_4、砷、汞、磷、铅等，有机磷农药等长期慢性接触均可引起肝纤维化。

七、心源性肝纤维化

各种原因引起慢性心力衰竭，使肝脏长期缺血缺氧，肝细胞变性、萎缩、坏死，致肝纤维化。

八、代谢性肝纤维化

临床较少见，见于肝豆状核变性（wilson 病）、血色病等。主要是某些金属离子代谢障碍在肝内沉积所致。

九、其　　他

另外，还有自身免疫性肝病引起的肝硬化，以及原因未明的隐源性肝硬化。

第二节　肝纤维化的发生机制

肝纤维化的发生机制已从病理组织学研究，发展到了细胞学、细胞因子及其分子水平的研究。在各种致病因子的作用下，纤维化的形成和发生是一个多因素相互促进、相互制约的结果。尽管机制极为复杂，但有几个方面的研究已较为明确。

一、细胞外基质

细胞外基质包括胶原、非胶原性糖蛋白两项。分述如下：

（1）胶原：免疫组化染色定位发现，肝内胶原有Ⅰ、Ⅲ、Ⅳ、Ⅴ、Ⅵ五型。Ⅰ、Ⅲ型主要分布于门脉区，偶见于肝实质中呈囊状存在，各占40%。纤维化时遍及所有肝小叶，早期以Ⅲ型胶原为主，晚期以Ⅰ型为主。Ⅳ型胶原为基底膜胶原，约占胶原总量的7%，分布于小叶血管、胆管的基底膜和Disse隙周围。Ⅴ型胶原约占胶原总量的10%，位于血窦周围及门脉区。Ⅵ型胶原很少，仅占胶原总量的0.1%。Ⅰ、Ⅲ、Ⅴ、Ⅳ型胶原共同构成微纤维，Ⅳ型胶原呈网络状，为基底膜的核心部分。

（2）非胶原性糖蛋白及蛋白多糖：非胶原性糖蛋白主要包括纤维连结素（fibronectin）和层黏连蛋白（laminin）。纤维连接素是一种糖蛋白，分为细胞型和血浆型两类，其功能较为复杂。参与细胞分化、间变、调解巨噬细胞的功能、愈合创伤、炎症及凝血过程。肝纤维化时，它作用于肝细胞，使之分泌胶原，并可使成纤维细胞、窦内皮细胞在高浓度的纤维连接素部位增生、分泌并沉积于细胞外基质，使纤维化自行延续。层黏连蛋白是一种大糖蛋白，分子质量已较清楚，存在于大血管及小胆管的基底膜及 Disse 隙中。当贮脂细胞增加时，层黏连蛋白的分泌也增加，是基底膜组成成分。在正常肝组织中含量最多的蛋白多糖是硫酸乙酰肝素，而在肝纤维化活动期血清含量最多的蛋白多糖是透明质酸（HA）。

胶原、非胶原性糖蛋白、蛋白多糖等细胞外基质特别是胶原在体内的合成与降解，细胞因子的调节作用等诸方面的研究进展，更新了人们对肝纤维化的认识，多种血清诊断标记如 P-Ⅲ-P、PC-Ⅲ、LN、Ⅳ型胶原、HA 已用于临床。

二、肝纤维化的形成

肝纤维化的形成主要由于肝星状细胞激活，细胞外基质（ECM）生成过多，降解相对不足，在肝内大量沉积所致。

1. 细胞外基质合成增加　急性或慢性肝损害时，损伤肝细胞及邻近内皮细胞，首先启动炎性细胞、库普弗细胞，导致星状细胞（HSC）激活、增生、转化和分裂，合成大量胶原、蛋白多糖、糖蛋白等细胞外基质。其他细胞如肝细胞、库普弗细胞、内皮细胞、胆管上皮细胞亦能生成少量 ECM，参与纤维化过程。HSC 一般处于静止状态，肝细胞受损时（Ⅰ期）启动其增殖活化；炎症反应时（Ⅱ期）多种细胞因子促进它的激活；炎症反应后阶段（Ⅲ期），由于 TNF-α、TGF-β、成纤维细胞生长因子（FGF）自分泌作用，肌成纤维细胞（转化的 HSC）受到进一步刺激，生成大量胶原纤维，Ⅰ/Ⅲ型胶原比值增加，大量Ⅰ、Ⅳ型胶原沉积于 Disse 腔，使肝窦内皮细胞间空隙减少。同时肝细胞生成的血管内皮生长因子（VEGF）促使内皮细胞增生，形成“肝窦毛细血管化”，导致肝细胞与肝窦间氧及营养物质交换受阻，进一步使肝细胞功能恶化，门静脉压力增高。增生的胶原组织自汇管区-汇管区域或汇管区与中央静脉间延伸扩展形成纤维间隔，构成肝纤维化。纤维间隔进一步将残存肝小叶重新分割形成假小叶，最后形成肝硬化。

2. ECM 的降解　胶原代谢，既有合成，也有降解，应处于动态平衡。细胞外间质中的胶原可被多种蛋白酶降解，已发现 8 种，统称为基质金属蛋白酶（matrix metalloproteinase，MMP）。其中，间质胶原酶主要降解Ⅰ、Ⅲ型胶原。Ⅳ型胶原酶/明胶酶主要降解基底膜Ⅳ型胶原。基质分解素（stromelysin）属第三类 MMP，主要分解蛋白多糖、糖蛋白和Ⅳ型胶原及明胶。

3. MMPs 及其抑制因子与肝纤维化　在肝内参与 ECM 降解的主要是一组名为基质金属蛋白酶（matrix metalloproproteinases，MMPs）的酶系，其特异性抑制物——金属蛋白酶组织抑制因子（tissue inhibitor of metalloproteinases，TIMPs）可对该酶系活性产生抑制作用。两者协调作用与肝内 ECM 降解密切相关，在肝纤维化进程中发挥重要作用。

（1）MMPs 分类、特性及其活性调节：MMPs 是一类具有 Zn^{2+}依赖性的内源性蛋白酶，可降解多种 ECM 成分。目前该酶系已发现有 26 个成员，按其底物不同分类：①胶原酶，分为间质胶原酶（MMP-1）、中性粒细胞胶原酶（MMP-8）和 3 型胶原酶（MMP-13），主要降解Ⅰ、Ⅱ、Ⅲ型间质胶原；②明胶酶/Ⅳ胶原酶类，包括明胶酶 A（MMP-2，72kDa）和明胶酶 B（MMP-9，92kDa），主要降解基底膜Ⅳ胶原及明胶（变性胶原）；③基质分解素（MMP-3，-10，-11，-7），其底物较广，包括蛋白多糖、层黏蛋白、纤维连接蛋白、Ⅳ型胶原、明胶等；④膜型金属蛋白酶（MT-MMPs）及其他类（MMP-7，-12，-18，-19，-20，-21，-22 等）。MMPs 都具有以下基本特性：部分相同的氨基酸序列；至少可以降解一种 ECM 成分；有 Zn^{2+}结合的活性位点；以酶原形式分泌需激活产生活性；其活性可被 TIMPs 所抑制。

MMPs 大都含有几个高度保守的相同结构片段：①信号肽域；②前肽域（在激活时去除）；③含 Zn^{2+}结合区的催化域；④富含脯氨酸的铰链区；⑤类血液凝集素的羧基端域（MMP-7 除外）。这些都与 MMP 结合并降解 ECM 有关。

MMPs 的活性调节受多种因素作用，包括酶原基因表达与调控，酶原的合成和激活及抑制因子的作用等。一些细胞因子、生长因子和激素可调节 MMPs 及 TIMPs 的合成。如 IL-1、TNF-α、PDGF（血小板衍生生长因子）、EGF（上皮生长因子）等对 MMP-1、MMP-3 等合成起诱导作用；而 IFN-γ、TGF-β_1（转移生长因子β_1）、肝素、可的松等可抑制 MMPs 的基因表达，但 TGF-β_1 可诱导 MMP-2、MMP-9 的合成。

MMPs以酶原形式分泌于细胞外间隙，激活后才能降解ECM。乙酰氨基苯汞（APMA）、胰蛋白酶等刺激物可诱导其活化。MMPs的体内激活机制是一种纤溶酶原激活放大机制，纤溶酶原在组织或尿激酶型纤溶酶激活因子（tPA/μPA）作用下转变为活性纤溶酶，进而激活基质分解素和部分激活 MMP-1，而前者又可使后者的活性提高。MMP-2 的激活机制有所不同，$MT-MMP_1$可与MMP-2结合，并在细胞膜上使其酶原自主裂解为活性MMP-2。

（2）TIMPs家族：MMPs可被许多特异性或非特异性抑制物所抑制。目前主要有TIMP及α_2-巨球蛋白两大类抑制物。TIMPs是MMPs的最主要抑制物，与MMPs活性负相关。

TIMPs是多基因家族的编码蛋白，可与活性MMPs不可逆结合，抑制其对ECM的降解活性。现已有四种TIMPs从多种组织中分离出并克隆。TIMP-1为一种28.5kDa的糖蛋白，主要抑制MMP-1活性，还可抑制MMP-9及基质分解素的活性。TIMP-2是一种21kDa的非糖基化蛋白，与MMP-2亲和性较强，抑制其活性，它还可抑制其他所有激活的MMPs蛋白水解活性。TIMP-3是首先从鸡胚成纤维细胞中提取出，约22kDa，易与ECM结合。刚分离出的TIMP-4分子质量为22.6kDa，对MMPs活性抑制作用较前三者为弱。每种TIMP虽有各自独立的基因表达，功能亦有所不同，但四种氨基酸序列具有部分同源性，且都可与活性MMP组合形成1：1复合物。

TIMPs 的生物合成也受到多种因素影响，一些调节 MMPs 的细胞因子也同样可以调节TIMPs的合成，如EGF、IL-1、IL-6、TNF-α可增加TIMP-1的合成，$TGF-\beta_1$可提高TIMP-1表达，又可抑制TIMP-2的合成。研究表明，TIMPs在一些正常细胞反应中随MMPs活性增加而同步增加，这被认为是一种保护机制。

（3）MMPs与肝纤维化：MMPs在肝内ECM降解中发挥重要作用，肝内MMPs来源主要是 Ito 细胞，它在早期肝损伤等条件下激活，由静态转化为肌成纤维样细胞，合成 MMP-1、MMP-2、MMP-3等，参与肝内ECM降解。MMPs参与肝内ECM降解主要有两方面作用：一方面 MMP-1 降解纤维胶原可预防结缔组织在肝脏中的沉积；另一方面，一些破坏基底膜样胶原的胶原酶，如MMP-2、MMP-9可降解正常肝脏结缔组织，破坏肝小叶排列，影响细胞与基质、细胞与细胞间的正常关系而加剧肝纤维化。

肝纤维化早期，在肝内可检测到 MMP-1 活性逐渐升高，降解胶原纤维，以对抗纤维化，随着肝纤维化发展到中晚期，其活性逐渐降低，ECM降解水平也明显下降。其原因可能是酶原合成减少，或激活受到抑制及抑制因子的作用。MMP-1在肝内来源于实质细胞和窦内皮细胞，包括库普弗细胞及肝细胞，现已证明Ito细胞也是肝内MMP-1的重要来源。原代培养的人Ito细胞激活早期可表达MMP-1 mRNA，培养液MMP-1免疫组化亦阳性。在CCl_4造模大鼠肝内分离出的肌成纤维样细胞传代后，经TNF-α、IL-1作用亦可有MMP-1 mRNA的表达。

Ito细胞还是MMP-2、MMP-3的主要来源细胞，大鼠Ito细胞原代培养中可发现MMP-2及MMP-3 mRNA的表达，免疫组化证实MMP-2及MMP-3的蛋白质表达亦为阳性。正常人肝内，两者含量都很低，较难检测到；而在纤维化肝脏中MMP-2表达水平升高，MMP-3主要在早期表达升高，它们主要参与基底膜样基质降解。另外，主要来源于库普弗细胞的 MMP-9 也参与降解内皮下基质，在正常肝内该酶含量较少，但在早期肝损伤中有所增加。

Stefano等证明，虽然体外培养的Ito细胞可表达MMP-1及MMP-2，但在纤维化肝脏间质细胞（包括Ito细胞）及实质细胞内很难检测到MMP-1，而MMP-2在部分间质细胞处却有较高水平mRNA表达，这可能与Ito细胞合成$TGF-\beta_1$从而调节MMPs种类和含量有关。总之，随着肝纤维化发展，MMP-1表达活性下降，而MMP-2维持在一定水平。因此，MMP-2在慢性肝病ECM调节中发挥着较大作用。同样，在人纤维化肝脏中，用Northern杂交法检测MMP-2比正常对照升高1.4倍，而与其激活有关的$MT-MMP_1$也升高1.4倍。免疫电镜检测两者表达主要集中于肝小叶、门脉周围的 Ito 细胞中及纤维化区域的成纤维细胞处，说明这两种酶主要来源于以上细胞，并参与基底膜样基质的降解。

最近有人用多种方法对肝纤维化晚期患者及正常人肝内的 MMPs 及 TIMP-1 进行检测，发现正常人肝内存在多种 MMPs 的酶原形式，但用 Western 印迹法未检测到活性酶。在纤维化肝脏内 MMPs 的酶原水平下降 30%～40%，但 MMP-2、MMP-9 等的 mRNA 表达及明胶酶降解活性有所升高，TIMP-1 也比正常肝内明显升高。这表明某些 MMPs 的 mRNA 表达虽然在肝纤维化晚期有所增高，但酶原的数量却明显下降。这与 TIMP-1 等对 MMPs 的抑制及 MMPs 的降解有关。

在血清学方面，对慢性肝病患者的胶原酶活性及 TIMPs 含量进行测定，结果表明随着肝病的发展，血清中 MMP-1 含量进行性下降，而 TIMPs 浓度却逐渐升高，与 MMP-1 活性呈负相关。虽然血清中 MMP-1 受到 TIMPs 影响，不能确切反映出肝病患者肝内 MMP-1 含量，但这至少表明 MMPs 及 TIMPs 与肝病进程密切相关。

（4）TIMPs 与肝纤维化：作为 MMPs 的特异性抑制因子，TIMPs 在肝纤维化发病机制中起着重要作用。TIMPs 对活性 MMPs 的抑制是 ECM 降解水平下降的重要因素。TIMP-1 与 TIMP-2 已先后在肝内发现，Ito 细胞是其主要来源。

Northern 印迹与反相酶标法表明，原代培养的 Ito 细胞激活后能够合成 TIMP-1 与 TIMP-2。在原发性胆汁性肝硬化患者肝中的 TIMP-1 与 TIMP-2 mRNA 表达水平是正常肝内的 2～5 倍，纤维化肝脏内 TIMPs 多肽含量是正常的 3～7 倍。

Herman 等证明 CCl_4 造模大鼠在接种 CCl_4 1～3 小时后，肝内就有 TIMP-1 与 TIMP-2 的转录，拮抗 MMPs 活性，在大鼠及人纤维化肝内，两者表达主要集中于 Ito 细胞中，TIMP-2 与 MMP-2 表达分布情况相似，两者结合生成的复合物又可对肝内 MMPs 有较大抑制作用。另外，Ito 细胞合成的 TGF-β_1 可对肝内 TIMPs 含量产生一定影响。

对大鼠肝纤维化可逆期研究发现，CCl_4 造模 4 周后的大鼠在 1 个月内肝脏纤维化改变发生明显逆转，活性 Ito 细胞的数量也减少许多，同时 TIMPs 的表达进行性下降，而 MMP-1 的 mRNA 水平却无明显改变。由于 Ito 细胞分泌的 TIMPs 减少，造成 MMP-1 活性升高，使过剩的 ECM 发生降解。由此可见，TIMPs 对肝纤维化可逆性具有重要意义。由于肝纤维化时 MMP-1 活性的降低及抑制物 TIMP-1 和 TIMP-2 增多，阻碍了肝内多余胶原的降解，加速了肝纤维化进程。

三、细　胞　学

肝纤维化是各种原因所致肝损伤的共同结果。现代观点认为，肝纤维化的发生是一个动态过程，是肝脏对损伤的一种创伤愈合反应。其过程主要涉及肌成纤维样细胞的动员和局部增生及肝基质的再塑。肝纤维化研究中最主要的进展之一是认识到肝星状细胞（HSC）在肝损伤和损伤修复中发挥中心作用。随着分子探针、细胞产物、HSC 纯化和培养技术的发展，对肝纤维化分子机制的认识已取得了很大的进展，肝细胞、窦内皮细胞、库普弗细胞等也参与肝纤维化的形成。

1. 肝星状细胞（HSC）——主要效应细胞　HSC 是肝纤维化过程中的主要效应细胞，可合成肝脏基质的许多组分。正常肝脏中的 HSC 是储存脂质和维生素 A 酯的窦周肝细胞，又称贮脂细胞，或 Ito 细胞。

当肝脏受到物理、化学及生物因素的刺激时，HSC 增殖并激活，转变为“肌成纤维细胞（myofibroblast，MFB）”，表达α-平滑肌动蛋白（α-smooth muscle actin，α-SMA）、合成 ECM 等。Gressner 等根据已有的研究结果，提出了 HSC 激活的“三步级联反应”模式。①炎症前期阶段，肝细胞受损后释放丝裂原，旁分泌作用于 HSC 从而引起 HSC 增殖，且肝细胞丧失接触抑制。②炎症阶段，活化的 kupffer 细胞、巨噬细胞及血小板释放细胞因子到坏死区域，促进

HSC 转化成为 MFB。这些细胞因子包括：TGF-β、TGF-α、血小板源生长因子（plateletderived growth factor，PDGF）、EGF 等。③炎症后期阶段，MFB 分泌 TGF-β、TGF-α作用于自身，并促使未转化 HSC 向 MFB 转化，合成 ECM。即使这时损害肝脏的因素已祛除，MFB 的自分泌和旁分泌仍可能继续进行下去。除上述细胞因子等多肽物质外，乙醛、氧自由基和乳酸等低分子化合物亦参与了 HSC 的激活。尽管肝细胞也可合成胶原，但目前比较公认的是，HSC 是产生 ECM 的最主要细胞。静止的 HSC 主要产生Ⅲ型胶原，也产生少许Ⅰ型、Ⅳ型胶原，激活的 HSC 主要产生Ⅰ型胶原。此外，蛋白多糖、纤维连结素和层黏连蛋白的分泌也明显增加。

激活的 HSC 除了表达α-SMA 及合成 ECM 外，尚可表达一种Ⅵ型中间丝蛋白；此外，Na^+/H^+交换增加，大量的细胞外 Na^+进入 HSC 内，促进 HSC 增殖及胶原合成；电压门控 Ca^{2+}通道开放，胞质 Ca^{2+}增加，MFB 因此具有收缩能力；MFB 表达 NF-κB，诱导 ICAM-1 及 IL-6 表达，从而引起白细胞与窦内皮细胞黏附和向病变部位迁移。

MFB 还表达单核细胞趋化蛋白-1（monocyte chemotactic protein-1，MCP-1），并与 MCP-1 结合，引起胞质 Ca^{2+}增加，促使 MFB 向病变处移动。

增殖的 HSC 可通过凋亡以保持数量上的稳定。Saile 等发现，新分离的正常大鼠 HSC 不发生凋亡，从体外培养的第 4 天开始，随着 HSC 的激活，其自发性细胞凋亡逐渐增加。此时它们对可溶性 Fas 配体所介导的细胞凋亡的敏感性增加，导致细胞凋亡增加。HSC 凋亡的机制仍不十分清楚，静止的 HSC 可表达 Fas 和 bax，激活的 HSC 的 Fas、Fas 配体和 bax 表达明显增强，并可表达 p53 和 bcl-2。由此推测，激活 HSC 通过 Fas 途径和 P53 介导凋亡，尚需进一步研究。

综上所述，当 HSC 过渡到 MFB 时，细胞表现以下特征性变化：①细胞明显增殖；②细胞趋化集聚；③纤维生成；④具有收缩性；⑤降解已形成的基质；⑥视黄醇类消失；⑦趋化白细胞及释放细胞因子。

2. 肝细胞 肝细胞（hepatocyte，HC）是组成肝脏的主要细胞，其数量和体积均占肝实质 90% 左右，肝细胞呈多面形（至少有 8 个面），直径 13～30μm，平均 25μm，成人肝细胞约 250×10^9 个。在正常情况下，肝细胞仅表达Ⅰ型胶原、FN，而不表达Ⅱ、Ⅲ、Ⅳ型胶原及 LN，内皮黏连蛋白、基底膜蛋白多糖等。但在肝纤维化过程中，肝细胞可表达几乎所有的 ECM，它主要参与：

（1）合成胶原基质：近年来，有学者采用 ^{3}H-脯氨酸掺入结合胶原酶消化法和斑点杂交法，观察 HC 和 HSC 的胶原合成及Ⅰ、Ⅲ、Ⅳ型前胶原基因的表达，发现 HSC 合成Ⅰ、Ⅲ、Ⅳ胶原的能力大约是 HC 的 2 倍，其基因表达亦强于 HC。HC 表达Ⅰ、Ⅲ型胶原的能力可因细胞因子的存在而增强。

XⅧ型胶原是新近发现的参与基底膜形成相关的一种非纤维状胶原，在正常肝脏，HC 是其主要来源。而内皮细胞、胆管上皮细胞、血管平滑肌细胞也合成少量 XⅧ胶原。而在肝硬化时它在毛细血管化的窦周间隙沉积，这时主要由 HC 和激活的 FSC 表达 XⅧ胶原及其 mRNA。虽然单个 HC 合成胶原的能力仅为 FSC 的 1/2，但 HC 的数量为 FSC 的 20 倍，且增殖快，因此它在肝纤维化中的作用不容忽视。

（2）合成非胶原基质：肝脏非胶原基质包括糖蛋白、蛋白多糖和糖胺多糖，它们多在纤维化早期即明显增加。纤维结合蛋白（FN）和层黏连蛋白（LN）均主要来源于 HC，早期肝纤维化时血清 FN、LN 即明显升高，是肝纤维化早期敏感指标之一。培养数天的正常 HC 即能表达 FN、副层黏连蛋白（entactin/nidogen）、perlecan 和Ⅳ型胶原。FN 在肝纤维化形成过程中起着“起搏点”样启动作用，LN 和Ⅳ型胶原共同分布，它们在肝窦沉积增加并形成基底膜，被称为肝窦毛细血管化，这是肝纤维化形成的分子病理学基础。HC 在肝纤维化时毛细血管化的形成中起重要作用。Vitronectin（VN）是一种细胞黏附糖蛋白，其结构与 FN 相似，在肝脏与 FN 共同分布，且两者受体均为整合素，因此有人称之为副纤维结合蛋白。免疫电镜研究证实 VN 存在于 HC 粗面内质网内，而且在炎性细胞周围以及胶原纤维上均可见到，因此可以推测在肝纤维化形成过程中，VN 一方面作为一种细胞黏附成分，通过细胞膜上 VN 受体介导肝内各种细胞包括储脂细胞、内皮细胞、HC 及炎性细胞的黏附、扩散、迁移，特别是参与肝脏炎症反应；另一方面也可作为一种基质糖蛋白，可与多种物质包括肝素、补体等结合，并起着连接胶原纤维的作用。mRNA 原位杂交技术也证实 VN 主要来源于 HC。此外 HC 亦是肝脏蛋白多糖和糖胺多糖的最主要来源。

（3）合成基质金属蛋白酶（MMPs）：肝细胞几乎不表达或极少表达 MMP-1、MMP-2。在肝纤维化进程中 MMP-3 的表达、合成减少。在 CCl_4 诱导的肝纤维化模型中，损伤肝组织周围的肝细胞表达的 MMP-3 明显增高，随着肝纤维化的进展，MMP-3 的表达逐渐减少。肝细胞表达合成 MMP-3 的能力下降可能是肝纤维化持续发展的原因之一。培养肝细胞能分泌金属蛋白酶组织抑制剂 TIMP，这一过程受内毒素和前列腺素 E 的调控。

（4）合成细胞因子及细胞因子结合蛋白：原位杂交技术表明人肝纤维化组织及 CCl_4 中毒大鼠肝细胞中 HC 有 TGF-β的基因转录，而正常肝组织中无 TGF-β表达，分离和培养的大鼠 HC 也有 TGF-β mRNA 表达。TGF-β能调节细胞生长和分化、是细胞生长的双相调节剂。在肝纤维化时，TGF-β是作用最强的胶原合成刺激因子，大鼠仅皮下注射 TGF-β就可以引起胶原沉积和纤维化。有人提出只有 TGF-β基因表达增强者才能引起活动性肝纤维化。潜在的转化生长因子β结合蛋白（latent transforming growth factor β binding protein，LTBP）是 ECM 的成分之一，它对调节 TGF-β的分泌和 ECM 中 TGF-β的含量有重要作用。LTBP 被认为是 TGF-β激活的必要条件。Michel 首次报道 LTBP-1、LTBP-2 在正常和纤维化肝组织有表达，主要以靠近纤维隔和汇管区的 HC 表达最强。胰岛素样生长因子-1，2（IGF-1，2）对储脂细胞有促有丝分裂作用，HC 可以合成有生物活性的 IGF-1，2 并能表达其 mRNA。IGF 对 FSC 的调节作用可由游离的 IGF 结合蛋白（IGFBP）而增强。HC 能表达 IGFBP-1 mRNA 并合成 IGFBP-1。IGFBP-2，3 不能由 HC 产生，其 mRNA 也不在 HC 表达。培养的 HC 能合成内源性 IFN-γ并表达其 mRNA，尽管库普弗细胞可产生少量的潜在活性的 IFN，但 IFN-γ（$>99.5\%$）主要来源是 HC。原位杂交和免疫印迹分析结果显示，IL-1β可通过诱导 IFN 基因家族转录而刺激 HC 表达 IFN-γ。在肝纤维化时，IFN-γ主要抑制 ECM 的产生，抑制 FSC 的激活。白细胞介素家族中只有白细胞介素-8 能由 HC 合成，未见 HC 合成其他白细胞介素亚家族的报道。

（5）表达细胞外基质受体：细胞与细胞外基质的黏附是通过细胞膜表达的特异受体介导的，其中整合素家族为重要的黏附分子。整合素由α和β亚单位组成。整合素$\beta_1\beta_2\beta_3$ 亚单位的胞质尾区含用细胞骨架蛋白α-肌动蛋白的结合位点，使整合素和细胞骨架结合，这种结合需要细胞外 Ca^{2+}和（或）Mg^{2+}存在及具备完整的细胞骨架。整合素接受外界刺激后导致细胞骨架重排，从而激活第二信使系统，引起细胞功能的改变。细胞膜表面整合素的分布和数目，配体结合区的空间构象变化均可影响整合素-ECM 结合的能力。整合素不只是细胞表面的黏附位点，还被视为是双向信号传递分子（two-way signaling molecule）即细胞外→细胞内、细胞内→细胞外两种方式。HC 可能是整合素的最主要来源。另外 HC 可表达三种与Ⅰ型胶原相亲合的糖蛋白，还可表达 32kDa LN 受体。

（6）调节 ECM 降解：组织纤溶酶原激活物（tPA）和 ECM 相互作用引起纤溶酶原激活成为纤溶酶，纤溶酶再激活基质溶解素原和胶原酶原分别转化为基质溶解素和胶原酶，降解 ECM。HC 能裂解 tPA，从而调节 ECM 降解。

（7）表达细胞黏附分子：细胞间黏附分子-1（ICAM-1）是炎症反应中最主要的细胞因子。它具有与淋巴细胞功能相关性抗原（LFA-1）结合的能力，它们的结合有利于免疫介导的肝疾病炎性细胞聚集并促进细胞从血管内移入狄氏间隙。正常人血清中可溶性 ICAM-1 含量甚低，免疫组化显示在正常肝细胞仅窦周细胞、门脉血管内皮细胞有少量 ICAM-1 表达，HC 和胆管细胞多为阴性。然而，在各种肝炎、肝硬化组织，不管其病因如何，ICAM-1 表达增加，且 HC、胆管上皮细胞、淋巴细胞、成纤维细胞均有阳性表达。

（8）合成一氧化氮和一氧化氮合成酶 iNOS mRNA：人、大鼠、小鼠的 HC 能在体外多种细胞因子包括 TNF、IFN、IL-1 及内毒素刺激下合成 NO 并表达 iNOS，但近来有实验证实仅 IL-1β 就足以刺激 HC 最大限度地表达 iNOS。

（9）此外，HC 还能表达原癌基因，合成肝刺激物质 HSS，肝细胞生长因子 HGF，表达细胞核增殖抗原 PCNA 等，在肝再生的病理过程中起着重要作用。

3. 窦内皮细胞（sinusoidal endothelial cells，SEC） 位于内皮下间隙或 Disse 腔和 HC 之间，监测液体的交换和颗粒的大小，但并不形成严密的屏障结构，因此肝血窦是通透性最大的血管结构之一；众多物质均自由通过 Disse 腔，在血液和 HC 之间进行自由交换。SEC 还通过受体介导的细胞摄粒作用，从血循环中清除巨分子和小颗粒物（有害的酶类、病原体、血中变性的胶原等）。

窦内皮细胞可分泌Ⅳ型胶原、纤维连续素。窦内皮细胞在一定诱因影响下，可被激活释放大量的炎性细胞因子，如血小板活化因子、肝细胞生长因子、内皮素、一氧化氮、花生四烯酸等，扩张血管、刺激肝细胞再生，引起微循环障碍，激活贮脂细胞合成细胞外基质成分。所以窦内皮细胞间接参加了肝纤维化形成。

4. 库普弗细胞（Kupffer cell，KC） 是人体最大的一组固有的巨噬细胞，吞噬大颗粒，含有液泡和溶酶体，通过摄粒作用进行吞噬、清除衰老细胞、异种颗粒、肿瘤细胞、细菌、真菌、病毒和寄生虫。

库普弗细胞可分泌胶原酶。库普弗细胞在肝细胞受损伤的病理情况下，可被激活分泌众多的细胞因子，如转化生长因子-β_1（TGF-β_1）、血小板生长因子（PDGF）、白细胞介素-12（IL-12）、贮脂细胞刺激因子等，促进贮脂细胞的增殖，大量合成细胞外基质成分，参与肝纤维化的形成。

四、细胞因子

细胞因子是由细胞分泌的能调节细胞功能的小分子多肽物质。通过分子生物学技术的研究，在肝纤维化形成的过程中有不少细胞因子，如转化生长因子-β_1（TGF-β_1）、肿瘤坏死因子-α（TNF-α）、干扰素-γ（IFN-γ）、白细胞介素-12（IL-12）、成纤维细胞因子（FGF 等），与肝纤维化的发生有密切关系。这些因子主要由库普弗细胞分泌释放，并作用于 Disse 隙内的贮脂细胞，使其成为活化的肌纤维细胞。这些细胞因子又与活化的肌纤维细胞膜上的受体结合，进而导致肌纤维细胞增殖、胶原合成增加并沉积于细胞外。由Ⅰ型胶原代替基底膜，使 Disse 隙毛细血管化，肝细胞功能损害及肝内血管阻力改变，肝细胞解毒、代谢作用减弱。这些因素又促进库普弗细胞释放细胞因子，作用于贮脂细胞，成为活化的肌纤维细胞。如此循环，造成大量胶原沉积，形成纤维化。

1. 转化生物因子β（TGF-β） 是一个大家族，它的成员可分为三大类：TGF-βs、激活素和抑制素及骨形态发生蛋白。TGF-βs 有 TGF-β_1、TGF-β_2、TGF-β_3、TGF-β_4 及 TGF-β_5 五种异构体。TGF-β_1、TGF-β_2、TGF-β_3 方要存在于哺乳动物中，三者的生物学作用相似，且具有极高的同源性。最初细胞合成的 TGF-β是一类由 390 个氨基酸组成的无活性前体蛋白。这种前体蛋白 N 端经酶解等可获得 2 个成熟肽单体。活性 TGF-β是由 2 个各含 112 个氨基酸单体通过二硫键相连的同源二聚体多肽构成，分子质量为 25kDa。几乎所有正常细胞表面都有 TGF-β受体，现已知有 3 种高亲和性的细胞膜受体，称为Ⅰ型、Ⅱ型和Ⅲ型受体。Ⅰ型、Ⅱ型受体是糖蛋白，分子质量分别约为 5kDa 和 75kDa，它们均为跨膜的丝氨酸/苏氨酸激酶。两者结构相似，由一个细胞外配体结合链和细胞内可传递信号的酶结构组成，它们与 TGF-β_1 的亲和力比与 TGF-β_2 的亲和力大 10～80 倍。Ⅲ受体是蛋白多聚糖，分子质量约为 300kDa，它与 TGF-β_1、TGF-β_2

及 TGF-β_3的亲和力相近。

TGF-β存在于所有组织中，机体内多种细胞如淋巴细胞、血小板、巨噬细胞都可以产生 TGF-β。在肝脏主要由库普弗细胞、窦内皮细胞合成、分泌 TGF-β，分离和培养的大鼠肝细胞也有 TGF-β表达。原位杂交表明人肝纤维化组织及 CCl_4中毒大鼠肝组织中肝细胞有 TGF-β的基因转录。而正常肝组织中则无 TGF-β表达。TGF-β能调节细胞生长和分化，是细胞生长的双向调节剂。在肝纤维化时 TGF-β是作用最强的胶原合成刺激因子。有人提出 TGF-β基因表达增强者才能引起活动性肝纤维化。贮脂细胞（FSC）亦表达 TGF-β，而 TGF-β又能刺激 FSC 增加 TGF-β的表达，形成正反馈效应，可能是慢性肝病肝纤维化持续发展的原因之一。但 TGF-β也能抑制基质金属蛋白酶合成，并促进金属蛋白酶组织抑制因子（TIMPs）、PAI-1 生成，使 ECM 降低减少；它也能增强细胞膜整合素表达，而调控细胞和基质间的相互作用，因此 TGF-β在肝纤维化过程中可能起双向调节作用。TGF-β受体有Ⅰ、Ⅱ、Ⅲ型，静止的 FSC 表达Ⅱ、Ⅲ型，而活化的 FSC 三型均表达，TGF-β通过Ⅱ型受体抑制细胞增殖，通过Ⅰ型受体促进 ECM 合成，Ⅲ型受体无信号传导功能。TGF-β促进 FSC 胶原 mRNA 表达即是通过Ⅰ型受体激活 Ras/ERK，作用于转录因子 Sp-1、NF-1 而完成的。TGF-β在肝纤维化中的作用不外乎以下几点：①刺激贮脂细胞的活化并大量合成、分泌胶原，层黏连蛋白，蛋白多糖；②刺激库普弗细胞的活化和迁移，并分泌某些细胞因子如 IL-2、IL-6 等；③降低胶原酶活性；④提高细胞黏附分子的作用，引起炎症反应；⑤趋化作用：作为成纤维细胞、单核细胞趋化因子。

2. 血小板衍生生长因子（platelet-derived growth factor，PDGF） 是在 1974 年发现的一种由血小板释放的细胞因子，它主要由血小板的前体骨髓巨核细胞产生，还可由多种血细胞、组织细胞和某些肿瘤细胞产生。PDGF 由 A、B 两种单链以二硫键连接组成，有三种亚型：PDGF-AA、PDGF-BB 和 PDGF-AB。PDGF 只有通过与靶细胞表达的 PDGF 受体（PDGFR）结合才能发挥作用。PDGFR 是由α、β两种亚单位以二硫键连接形成，也有三种亚型：PDGFR-αα、PDGFR-ββ和 PDGFR-αβ。α、β亚单位与 PDGF 之间的亲和力各不相同：α亚单位可与 PDGF 的 A 链、B 链结合，而β亚单位只能与 PDGF 的 B 链结合。PDGF 是一种强效的丝裂原和趋化因子，它在早期发育、组织修复和创伤愈合中起着重要作用。近年发现 PDGF 与肝纤维化关系密切。肝纤维化中 PDGF 主要来自血液中的血小板、单核细胞和肝脏中的 Kupffer 细胞、肝窦内皮细胞（liver endothelial cell，LEC）、肝星状细胞（hepatic stellate cell，HSC）。实验证实在刺激肝内 FSC 的 DNA 合成与细胞增殖作用中，PDGF 是几种多肽分裂源中最有效的一种。PDGF 激活 FSC 通过以下两种途径：一是激活细胞内羟基端酪氨酸激酶，并依次激活 Ras、Raf_1、MEK 和 ERK（Ras/ERK 途径），作用于 E1K-1 和 SAP 等转录因子使 FSC 增殖，这一途径可被细胞内 cAMP 水平的增高所减弱，因为高水平 cAMP 抑制 Raf 激酶活性。二是与受体结合后激活磷酸酰肌醇 3-激酶（PI3-K），其下游的信号转导物质包括蛋白激酶、核糖体 S6 和蛋白激酶 B。另外，PDGF 信号转导还依赖细胞内适当的 Ca^{2+}浓度和 pH。用药物阻断 T 型钙通道或 Na^+/H^+-ATP 酶活性，PDGF 促有丝分裂作用均被抑制，提示 T 型钙通道阻滞剂和 Na^+/H^+-ATP 酶抑制剂有可能成为抗肝纤维化的有效药物。原位杂交显示在 PDGF 存在下，肝细胞内Ⅰ、Ⅲ型前胶原基因表达明显提高，且与剂量呈正相关。

3. 结缔组织生长因子（CTGF） 是一种单基因生长因子。它属于一种对成纤维细胞、表皮细胞生长具有调节作用的即刻早期基因产物 CCN（包括 CTGF、Cyr61、Nov、WISP1、WISP2 和 WISP3）家族成员之一。

CTGF 主要在瘢痕形成、损伤修复与病理状态下纤维化的形成方面起作用，在这些过程中．CTGF 是 ECM 的强有力的诱导剂，刺激Ⅰ型胶原、α_5-整合素、连接蛋白的产生。组织学研究发现，纤维化大鼠模型和人纤维化肝组织中，CTGF mRNA 水平均明显高于正常对照组，且与纤维化进展程度相平行。表明 CTGF 自始至终参与了肝纤维化的过程，与肝纤维化的发生、发展密切相关。有研究发现肝硬化患者肝脏中 CTGF mRNA 的表达是正常人的 6.5 倍；原位杂交和免疫组化研究发现，CTGF mRNA 主要见于纤维间隔附近的成纤维细胞、肌成纤维样细胞及肝星状细胞，另外也见于内皮细胞、小胆管增生周围的间质细胞及小胆管上皮细胞。由于 CTGF 在多个细胞系统可出现上调，因而被视作肝纤维化和再塑过程中的一个重要的细胞因子。

4. 肿瘤坏死因子-α（TNF-α） 在体外 TNF-α可以促进成纤维细胞及储脂细胞的增殖与转化。将不同浓度的 TNF-α加入 FSC 培养液中，可使该细胞大量增殖；若事先在培养液中加入抗 TNF-α抗体，细胞增殖则受到明显抑制。用抗 TNF-α抗体治疗实验性肝纤维化也收到良好效果。人体实验亦证实 TNF-α在肝纤维化发展过程中起重要作用。在血吸虫病患者，随肝纤维化形成，TNF-α mNRA 含量增加。且 TNF-α mRNA 表达与胶原 mRNA 表达呈正相关。但也有资料显示 TNF-α可刺激胶原酶合成而促进胶原吸收，TNF-α是否对细胞外基质有双向调节作用尚有待探讨。

5. 白细胞介素族（IL-1、IL-2、IL-6） IL-1 主要由单核/巨噬细胞产生，它能刺激成纤维细胞和 FSC 产生胶原。肝炎时，IL-1 含量与肝纤维化严重程度呈高度正相关，提示慢性肝病发生肝纤维化与 IL-1 活性增加有关。IL-1 刺激 MCP-1（单核细胞趋化肽-1），使单核细胞趋化并激活，引发持续的慢性炎症，可能是肝纤维化持续发展的又一原因。阻断 IL-1 的产生与释放有可能延缓肝纤维化的发生与发展。IL-6 具有广泛的生物学活性，它主要参与病毒性肝炎发展成肝纤维化的过程。大量研究证明，肝炎病毒感染直接刺激激活肝窦内皮细胞、库普弗细胞、单核细胞产生 IL-6，IL-6 有较强的促进 FSC 增殖的作用，使细胞外基质的总量合成增加，IL-6 还能促进α_2-巨球蛋白的表达，抑制胶原酶活性，导致肝内胶原沉积。有资料表明，血清 IL-6 持续升高可作为肝病慢性化的指标之一。

6. 整合素（integrin） 整合素是细胞表面的跨膜糖蛋白，其功能是作为细胞内外基质相互作用的一种黏附受体，将基质蛋白与细胞骨架连接。人类的整合素家族有 24 个成员，由 A1～A16 和 B1～B8 亚单位组成。整合素在细胞骨架的构成和细胞内的信息传导中起着重要的作用，它可以调节细胞的增殖、分化、凋亡和细胞移位。

在肝纤维化过程中，层黏连蛋白最先增多，激活的肝星状细胞通过表面整合素分子向层黏连蛋白沉积处聚集。并将信息传导到细胞内，引起细胞骨架的改变，向成纤维细胞和肌成纤维样细胞转变，胶原合成增加，从而启动肝纤维化的进程。整合素的诱导作用是慢性病毒性肝炎肝纤维化发生发展的因素之一。整合素的表达与肝组织炎性活动指数和纤维化分级相关，与炎性标志物的表达相关；与肝窦状隙周围层粘连蛋白沉积的范围和密度相关。

7. 干扰素（IFN） IFN-γ 能使培养的成纤维细胞Ⅰ、Ⅲ型胶原合成与分泌减少，是迄今发现的唯一具有确切抗肝纤维化作用的细胞因子。国内外已开始较广泛的应用。

8. 白细胞介素-10（IL-10） 是一种主要由 Th2 细胞产生，抑制 Thl 细胞释放细胞因子的免疫调节性细胞因子。IL-10 是一种单链糖蛋白，具有 α-螺旋结构，其 cDNA 序列中含有一编码 178 个氨基酸的开放读码框，切除 N 端 18 个氨基酸构的信号肽序列后，成为成熟的含 160 个氨基酸的肽链。IL-10 可通过多个途径发挥抗肝纤维化作用。

五、肝纤维化信号通路

有多条细胞信号通路共同参与肝纤维化的复杂病理过程，目前研究较为清楚的主要有 TGF-β-Smad 信号通路，ROCK 信号通路，MAPK 信号通路，NF-κB 通路及 PI-3K 信号通路等，各种信号通路在不同的环节发挥作用，共同介导肝纤维化的发生发展。

（一）TFG-β-Smad 信号通路

途径如下：TGF-β与 TβR 结合，R-Smad 活化，R-Smad 与 Co-Smad 结合成多聚体并转位入胞核，靶基因转录（图 25-1）。

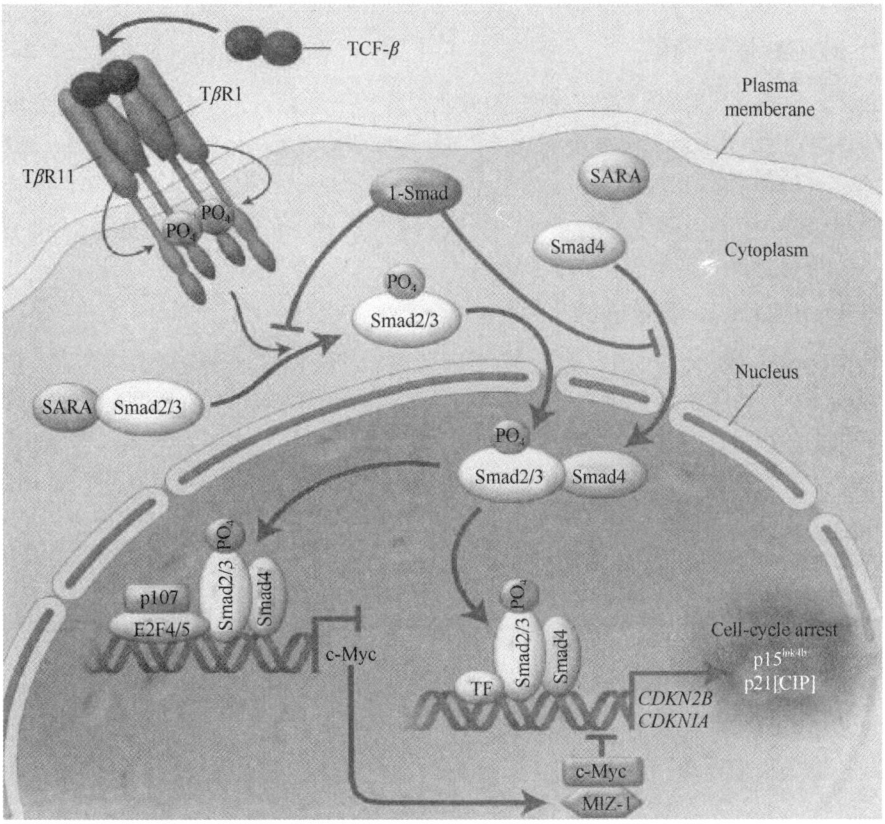

图 25-1　TGF-β-Smad 信号通路

脊椎动物转化生长因子-β（transforming growth factor-beta，TGF-β）共有 3 种：TGF-β1、TGF-β_2 和 TGF-β_3。肝脏含量最高且具有生物活性的是 TGF-β_1，可与Ⅰ、Ⅱ型受体结合形成二聚体。当配体与Ⅱ型受体（TβR Ⅱ）胞外端结合，其胞内段 Ser/Thr 激酶即被活化，进而Ⅰ型受体（TβR I）活化并将信号向细胞内转导。TGF-β信号通路关键的信号传导分子为胞质蛋白 Smad。Smad 家族至少有 8 个成员，即 Smad1～8。根据其功能分为三类：①膜受体激活 smad（R-Smad），有 Smad 1，Smad2，Smad3，Smad5，Smad8；②通用型 Smad（co-Smad），只有 Smad 4，可与其他 Smad 结合形成稳定的异源多聚体，转位入胞核调节靶基因转录；③抑制性 Smad（I-Smad），有 Smad 6 和 Smad7，可与 R-Smad 竞争性结合受体，阻止 R-Smads 磷酸化，或抑制 Smad 多聚体形成从而阻断 TGF-β的信号传导。Smad 多聚体在胞核内可与特定的 DNA 序列 CAGAC 或 AGAC（称为 Smad 结合元件，SBEs）结合调控靶基因表达，但这种直接的 DNA 结合活性很低，更重要的作用是与胞核辅激活蛋白或辅阻遏蛋白结合调节靶基因转录，主要的辅激活蛋白有 CBP/P300、c-Jun、Lef-1，辅阻遏蛋白有 SINP1、Sno-N、Ski 等。

目前认为 TGF-β是 HSC 活化、增殖主要的调节因子。在 HSC 内，Smad 3、Sp1 共同结合于 α2（Ⅰ）胶原基因序列的−313～255 位点后具有很强的增强子活性，使胶原基因转录明显增加。TGF-β在肝损伤的不同时期也有不同的效应，急性肝损伤时，HSC 分泌 TGF-β增加，促进 α2（Ⅰ）胶原基因转录，HSC 内 Smad 2 以自分泌方式活化，随后诱导 Smad 7 表达，Smad 7 与 Smad 2 结合并终止 TGF-β的信号转导，是 TGF-β信号的负反馈调节。但在慢性肝损伤，HSC 转化为肌样成纤维细胞（MFB）后 Smad 2 持续磷酸化，Smad 7 表达水平低下，不能有效抑制 TGF-β的信号传递。Smad 2 持续活化及 Smad 7 水平低下可能是慢性肝损伤向肝纤维化进展的原因之一。

（二）PDGF 信号通路

PDGF 与受体结合启动下游蛋白级联磷酸化反应信号通路。PDGF 是重要的促肝纤维化因子，多种信号转导分子可作为 PDGF 受体（PDGFR）的底物与其磷酸化位点结合，这些底物大都含有一个 SH2 结构域，与 PDGFR 结合并活化后，可启动多种蛋白级联磷酸化信号转导通路，主要的下游信号通路有：Ras/ERK、PI-3K、JAK/STAT、PLCγ 等。此外，PDGF 还可通过细胞内 pH 及 Ca^{2+}浓度变化传递信号。

（三）Rho-ROCK 信号通路

途径如下：Rho 活化，ROCK 活化，平滑肌收缩、纤维合成、肿瘤浸润转移、器官纤维化。

Rho-ROCK 信号通路的关键分子包括 Rho、GTP 酶、Rho 相关卷曲螺旋形成蛋白激酶（ROCK）和肌球蛋白磷酸酶等。Rho 主要有 Rho A、RhoB、RhoC 三种异构体，Rho GTP 酶属小 G 蛋白家族成员，ROCK 属于丝氨酸/苏氨酸（Ser/Thr）蛋白激酶家族成员，是 Rho 下游的靶效应分子。ROCK 接受 Rho 传递的活化信号，发生多个氨基酸位点磷酸化而激活，并介导下游一系列磷酸化/脱磷酸化反应，引起细胞收缩、游走黏附、生长分裂、应力纤维产生及平滑肌运动、胶原合成等生物效应，与哮喘、高血压、动脉硬化、肿瘤浸润转移及多种器官纤维化等疾病密切相关。目前关于 Rho-ROCK 信号通路在肝纤维化时的变化规律及其与肝纤维化的关系研究尚不多，但有研究发现特异性的 ROCK 阻断剂 Y-27632H 能够明显抑制 HSC 活化，具有抑制大鼠肝纤维化的作用。

（四）NF-κB 信号通路

途径如下：APK 或 PKC 激活，I-κB 解离，NF-κB 活化、移位入核，靶基因转录。

核因子 κB（neuclear factor κB，NF-κB）是一个重要的转录因子，由 P50 和 P65 亚基组成二聚体，有三种形式：P50P50、P65P65 及 P50P65，发挥生理作用的主要 P50P65。未活化的 NF-κB 存在于胞质中，以 P65 亚基与 I-κB（NF-κB 的抑制蛋白）结合，覆盖 P50 的核定位信号。当细胞受到刺激时，激活的 APK 或 PKC 使 I-κB 磷酸化并从 NF-κB 复合物上解离，导致 NF-κB 活化并移位入核，与 DNA 结合并启动靶基因转录。NF-κB 在肝脏的效应主要有：①在 HSC，NF-κB 可使 IL-6、黏附分子 ICAM-1 等表达增强，参与炎症反应；②NF-κB 可与某些 DNA 启动子和增强子结合，促进早期反应基因如 G6Pase、PEPCK、IGF-1 表达，促进肝脏再生；③NF-κB 可激活某些抗凋亡基因拮抗 TNF-α 诱导的肝细胞凋亡。TGF-β 可使 I-κB 稳定性增加及 NF-kB 活性下降，诱导 HSC 凋亡。

（五）Vit A 类信号通路

Vit A 类与核内受体结合，顺式作用于靶基因启动子 RARE、RXRE；或与激素受体形成异二聚体作用于 DNA 激素反应元件导致靶基因转录。

Vit A 类的主要活性形式为视黄酸（RA），其核内受体包括视黄酸受体（RAR）和 RXR（Retinoid X Receptor），Vit A 类反应元件包括视黄酸反应元件（RARE）和 RXRE（Retinoid X Response Element）。Vit A 类核内受体二聚化后可通过顺式作用于靶基因启动子的 RARE 和 RXRE 调控靶基因表达，也可与其他核内受体如激素受体（HR）形成 RXR / HR 异二聚体而作用于 DNA 的激素反应元件（HRE）。已知 CRBP、基质金属蛋白酶-Ⅰ、STAT-1 及组织型纤溶酶原激活物（tPA）等基因上游调控区内均含有 RARE。

肝纤维化时 HSC 内 Vit A 类含量、RAR-β mRNA 水平降低。补充外源性 Vit A 可使 HSC

重新获得 Vit A 类，细胞内 RARB、CRBP mRNA 水平增高，HSC 增殖、激活受抑制而 ECM 合成减少。Vit A 类抑制肝纤维化的机制可能有：①调节 HSC 增殖和分化：Vit A 类可诱导细胞周期素依赖激酶抑制物（CKI）基因表达，调控细胞周期；②影响 ECM 合成：RA 可通过 RARE 调控 A1（Ⅰ）等胶原基因表达，还可与 c-Jun、c-Fos 竞争结合于 DNA 的 AP-1 结合位点抑制靶基因转录：RA 还可经此途径抑制 HSC 自分泌 TGF-β1，间接减少 ECM 合成；③影响 ECM 降解：RA 可促进 HSC 分泌尿激酶纤溶酶原激活物（uPA），使纤维蛋白溶酶增高，促进 ECM 降解；或增强 MMP 活性而间接起作用。

（六）整合素信号通路

途径如下：整合素与受体 RGD 序列结合，FAK、She 活化，激活多条信号通路介导细胞-ECM 及细胞-细胞之间的信息交流。

整合素（integrin）属于跨膜糖蛋白受体家族分子，有 α、β 两种亚基，目前已发现 19 种 α 亚基和 8 种 β 亚基，可组合成 25 种整合素分子。整合素的配体有三类：ECM 成分（包括纤维连接蛋白、玻连蛋白、层黏连蛋白等），免疫球蛋白类黏附分子如 ICAM（细胞间黏附分子）、VCAM（血管细胞黏附分子和血清游离蛋白分子（如血清纤维蛋白原）。整合素可识别配体上特定的 RGD 序列（精-甘-天冬氨酸基序）而结合，然后激活黏着斑激酶（FAK）通路和 She 通路。FAK 活化后与 Sre 家族激酶形成信号转导复合物，继而通过与桩蛋白（paxillin）、Grb2、Cas（Crk 结合位点）、PI-3K、MAPK、ERK、JNK 等信号分子结合激活多条信号转导通路。

整合素在肝纤维化中的作用主要是作为“桥梁”介导细胞与 ECM 之间的相互作用，形成细胞-基质及细胞-细胞间复合物，经 Ras 途径激活 MAPK 调节 HSC 的增殖、收缩、黏附及迁移；同时，肝窦内皮细胞整合素表达增加、FAK 活性增加，与肝窦毛细血管化有关。因此，整合素信号通路的效应主要是调节细胞与其外周环境之间的相互作用，对整合素信号转导的深入研究可能发现干预肝纤维化的重要靶点。

总之，慢性肝纤维化是一个有多种细胞因子、多种细胞信号转导通路参与的复杂的全身性病理过程，随着研究的不断深入，目前已有许多新的信号通路逐渐被发现和探索，如瘦素及其信号通路，LPS 信号通路，结缔组织生长因子（connective tissue growth factor，CTGF）及其信号通路，VEGF（血管内皮生长因子）信号通路，激活素及其信号通路等。

六、参与肝星状细胞激活转录因子

肝星状细胞（HSC）目前已被认为是肝纤维化发展的关键细胞。在病毒、化学物质、免疫反应的刺激下，HSC 由静止到激活，并发生相应的表型改变，如表达 α-SMA，具有收缩性，表达大量 ECM，促进纤维瘢痕形成。

HSC 的激活是一个多效过程，它涉及形态改变、行为改变、生化性质改变。从基因调控角度来说，这些改变都是由许多关键转录因子（transcription factor，TF）调节的结果。

以下介绍几个对 HSC 激活的有重要调节作用的 TF 家族。

（一）NF-κB

激活的 HSC 表达一系列的 NF-κB 反应性基因，如 IL-6、ICAM-1。HSC 如何产生高水平的 NF-κB 不是很清楚，但是胞质出现 I-κB 下降已被证实。另外，激活的 HSC 有 I-κB 高磷酸化现象，高磷酸化的 I-κB 可以和 I-κB 竞争结合 NF-κB，但结合后不会抑制 NF-κB 的功能而使之维持转录激活状态。且在细胞因子（cytokine，CK）、分裂原、CD40L 的刺激下，可导致 ICAM-1、环化酶-2、IL-8 的表达增高。

通过使用 κB 化学抑制剂或修饰过的 IκB-α（IκB-AA，人工设计的 NF-κB 抑制物），可从反面证实 NF-κB 调节 HSC 激活，并能对抗 TNF-α 诱导的凋亡。另外，NF-κB 抑制剂曲霉菌素（gliotixin）能诱导 HSC 的凋亡促进四氯化碳诱导的肝纤维化的恢复。

（二）AP-1

AP-1 由一个以上的 Jun 家族蛋白组成，形成同或异二聚体，也可和 Fos 家庭（c-Fos、FosB、Fra1、Fra2）形成异二聚体。AP-1 二聚体通过和增强子区域的 DNA 序列（TGAC、GTCA）结合而激活基因转录，涉及细胞生长、分裂和分化。

AP-1 功能调节首先是通过自己表达不同的 *Fos* 和 *Jun* 基因，并可通过激活和抑制剂，分裂原激活蛋白激酶及 JNK 信号途径中的 Fos、Jun 的磷酸化来调节。静止的 HSC 缺乏 AP-1 的激活，但在激活过程中表达 c-fos、Fra1、c-Jun、JunB，成为肌成纤维细胞后 HSC 的 AP-1 则由 Fra2、FosB、JunD 组成。AP-1 的二聚体中，Jun 在 HSC 的激活和纤维化中均有重要的作用，Jun 是诱发 TIMP 和 IL-6 基因转录的必需品。AP-1 也可通过表达特殊的 Fos、Jun，它能表达 c-Jun 二聚体，或 c-Jun、Fos 异二聚体，启动 MMP1/13、MMP3 基因的表达。通过 AP-1 的组成不同，可影响 MMP 和 TIMP 的表达，有利于 HSC 调节 ECM 重构。

（三）Kruppel（果蝇分节基因）样转录因子

HSC 的前胶原因子调节富含 G 序列及相关的 GT 或 CACCC 盒，这些基因包括 COL 1、TGF-β1、T*β*RⅠ、T*β*RⅡ，调节器区的这些序列早先发现于 Kruppel（果蝇分节基因）样转录因子家族，其特征结构是：Kruppel（果蝇分节基因）样锌指，能和特异的 DNA 结合。HSC 至少有三种 Kruppel（果蝇分节基因）样转录因子，SP1、BTEB1、KLF6（过去的 Zf9），都能调节 COLI 的转录。SP-1 是 COLI 的有力调节者，能和 COLI 增强子的两个富含 GC 区域（FP1、FP2）结合。如 FP1、FP2 的突变将大大减弱增强子的功能，而 SP-1 的过度表达将促进增强子的功能。Rippe 等发现 NF-κB 能促进激活的 HSC 的 COLI 的表达与 AP-1 的相互作用有关，对于生长因子和细胞因子的刺激，产生的 COLI 的量与不同的 SP1 有关。与此相同，在细胞因子 TNF-α 减少 NF-κB 激活的同时也抑制了 SP-1 的表达。BTEB1 通过 GC 盒调节 COLI 表达的作用位点不在 FP1、FP2，而在（–1484，–1476）区域，远离上游启动子。BTEB1 是 AP1 的靶因子，通过 JNK 途径的激活和 AP1 的激活诱导 BTEB1 的表达。这些表明 HSC 的激活是由转录因子有序调控的，这些因子形成一个复杂的网络。

通过基因中的 GC 盒，上述基因能调节激活的 HSC 表达 COLI-α、TGF-β1、T*β*RⅠ、T*β*RⅡ、Upa、KLF6 等。

（四）C/EBP

CCAAT/enhancer binding protein（C/EBP）家族转录因子也参与 *COLI* 基因的表达调节。C/EBP 含有一个保守的 DNA 结合区和一个亮氨酸拉链二聚作用区。最有分歧的负责转录调节的区域位于蛋白的 N 端。Rojking 等研究表明 TGF-β1 和乙酰化均能通过促进 H_2O_2 的形成而增加 HSC 的 COLI-α 的表达。胞内积蓄的 H_2O_2 能刺激表达 C/EBP 的 p53，并促进其和位于 COL 促进子的核酸链（–378，–345）TGF 反应元件结合，结合后能促进 *COL* 基因的转录。Rojking 等同时也表明 TNF-α 下调 COL 的转录也是涉及到 C/EBP 因子与 COL 促进子的核酸链（–378，–345）结合。但 TNF-α 促进 C/EBPβ、α 的 p20 表达，p20 没有转录激活区域，它们是 *COL* 基因转录的抑制剂。

（五）E-BOX 和 C-MYB

E-BOX 元件含有一个 CANNTG（N 为任意碱基）功能区，能和基本螺旋-环-螺旋（BHLH）转录因子家族结合。BHLH 可分为两类：A 类和 B 类。A 类广泛表达，而 B 类表达有组织局限性。有功能的 BHLH 二聚体由 A 类和 B 类组成。

肌源性转录因子（MyoD）是 B 类 BHLH，具有严格肌源性，只表达于骨骼肌细胞、胸腺的肌样细胞、肌纤维母细胞、成肌纤维细胞。MyoD 和其他的肌源性转录因子 Myf5、MRF4、MEF2 及肌细胞生成素共同调节骨骼肌细胞的决定和分化。最近发现 MyoD 也表达于激活的人类和鼠 HSC 细胞中，调节成肌纤维细胞样 HSC 的收缩性，因为 HSC 的收缩特性和门静主压有关，因而 MyoD 是调节 HSC 肌源性的重要因子。另外，MyoD 的过量表达能触发成纤维细胞向骨骼肌细胞分化。

E-box 是 6-磷酸甘露糖/胰岛素样生长因子Ⅱ（M6P/IGFⅡR）基因转录调节因子，它为 TGF-β 在细胞表面结合，促进 TGF-β 的激活，起关键作用。Weiner 等描述了 M6P/IGFⅡR 基因的三个功能元件，其中有两个接近转录开始位点，和一个由激活的 HSC 表达下调的一个新的 75kDa 核蛋白结合，如这两个元件缺失可增强促进子的激活，因而 P75 是转录抑制物。另一个 E-box 元件位于转录开始位点的远端，对 M6P/IGFIIR 促进子的激活很重要，在 PDGFBB 的作用下，表现为蛋白结合能力增强，但和前两个 E-box 不同的是，至今未发现特定的因子和第三个 E-box 相结合。这些提示，纤维化的关键因子 TGF-β 的激活是受 bHLH 因子激活物和激活抑制物影响的。

至今为止，对于 HSC 如何调控基因知道很少。然而 Bunk 等发现位于鼠基因转录启动点上游的 271 对碱基引导基因的转录。这个区域含有两个 E-box，接近于转录启动点的 E-box，在以前已认为是诱导 HSC 激活的转录因子 c-Myb 和 NF-κB 的结合位点。C-Myb 是相关的 Myb 蛋白的原型，是诸多基因的正性或负性调节物。BUNK 等证实 C-Myb 与接近于转录启动点的 E-box 结合，并证实不仅促进基因起动子的激活，而且为内源性的基因表达所必需。并发现用反义寡核苷酸影响 c-Myb 的表达会导致阻碍 HSC 的激活。但在机体内 c-Myb 的功能应进一步证实。

（六）PPARγ 和静止 HSC 激活相关的转录因子

以下讨论的转录因子是有关于静止性的 HSC 的转录因子，在 HSC 激活过程中，这些转录因子的激活逐渐减少的。有学者认为这些转录因子有可能抑制 HSC 的激活。

过氧化物酶体增殖子激活受体（PPARγ）是一个新发现的 HSC 生物特性调节者，是类固醇/甲状腺素激素核受体家族成员，与糖尿病等有关，其异二聚体是维生素 AX 专一受体，调节细胞的生长、分化。体内实验发现，在人或鼠的 HSC 激活过程中，PPARγ 均明显下降。这个实验同时也发现 HSC 的激活与合成含有多个 PPARγ 反应元件的启动子的活性大大下降有关。多种 PPARγ 促进物及抑制物作为核因子的配体，调节转录活性。PPARγ 的促进物 15-脱氧-Δ-前列腺素 J2，能阻碍由 PDGF 诱导激活的 HSC 细胞的多重表型特点，包括增殖、DNA 合成、趋化性、表达 α-SMA、COLI、单核细胞趋化蛋白 1（MCP1）。而且这种现象可以通过用 PPARγ 促进物刺激 HSC 而重复，通过用 PPARγ 抑制物而消失。如果这些现象能在肝纤维化动物模型上产生，那么临床上就可以用 PPARγ 配体来治疗肝纤维化和肝硬化。

在激活的 HSC 下降的其他转录因子还有两个 bHLH 家族成员，一是 M6P/IGFIIR 基因转录的抑制物 P75；二是 Id1，静止的 HSC 表达丰富的 Id1mRNA，但在培养诱导的激活过程中迅速减少。Id1 是 bHLH 因子缺少 DNA 结合区，能和其他的 bHLH 转录因子形成失活的二聚体，当 Id1 过度表达将抑制肌源性和神经源性 bHLH 蛋白阻碍肌细胞和神经细胞的终末分化。另外 Id1 可能抑制静止 HSC 的 MyoD 的激活。最后，Bahr 等和 Knittel 等证实 Ets-1、转录因子 Ets 家族的成员，能调节 ECM 的合成及转归，包括 TIMP-1。P75、Id1 和 Ets-1 对 HSC 的调节作用正在用病毒或质粒基因转染系统进一步验证。

第三节 临床表现和诊断

肝纤维化是肝细胞损伤后的修复机制，是慢性肝脏疾病共同的病理改变。慢性 HBV 感染长期迁延，有的反复炎症活动，可以有不同程度的肝纤维化。

肝纤维化发展成弥漫性、且伴结节增生，使正常组织结构改建，便是肝硬化，但肝纤维化不一定发展成肝硬化。临床有慢性肝病的一些临床表现：如乏力、消瘦、黄疸等，肝肋下常可扪及，质韧，有轻叩痛等。有肝硬化进展时的症状体征，如蜘蛛痣、肝掌，血清白蛋白降低，球蛋白增高等。临床过程也可隐匿进展，可全无肝病的症状体征而发展为肝硬化，或保持在隐匿状态。

肝纤维化的诊断方法，常用肝功能试验很少有诊断价值，腹腔镜检查亦难与肝硬化或转移癌结节相区别。本病的确诊主要依靠胶原等 ECM 物质的血、尿和肝组织生化免疫测定及有关酶的测定。

一、肝活体组织检查

目前本病确诊主要依赖临床表现和生化、免疫等方法。一般认为，肝活体组织检查是证实肝纤维化存在的较可靠方法，然而往往在病理切片中难以穿刺观察到纤维间隔区，患者也不容易接受这种创伤性检查，更难反复多次穿刺。此外，需提及的是即使病理切片未见纤维增生，亦应采用免疫组化或 Western Blot、原位杂交等分子生物学方法进一步确诊，有时可获阳性结果。

二、影 像 检 查

超声作为一种无创性的检查手段，由于简便、准确、价格低廉、可重复性强等优点而应用广泛，有关评价肝纤维化的研究日趋重视。另外，CT 及 MR 通过以下参数：肝左叶上下径和体积指数增大，肝表面波浪状改变和肝裂增宽等肝脏形态学改变，肝体积指数、门脉侧支静脉的多少和尾叶与肝右叶的体积之比，亦能较好的评判肝纤维化。目前尚有更先进的影像仪器在诞生。

三、血清学指标

血清学指标主要有：透明质酸（HA）、Ⅰ型胶原（CI）、Ⅳ型胶原（CⅣ）、层黏连蛋白（LN）、纤维连接蛋白（FN）、基质金属蛋白酶（MMP-2）及其抑制物（TMIP-1）、脯氨酰羟化酶、赖氨酸氧化酶或单胺氧化酶（MAO）、*N*-乙酰-β-氨基葡萄糖苷酶（NAG）、羟脯氨酸。另外在酒精性肝纤维化中有 PGA 指标（PT，γ-GT，Apol），PGAA 指标（PT，γ-GT，Apol，α-MG）等来评估肝纤维化程度。

第四节 肝纤维化的治疗

我国的慢性肝病纤维化主要由病毒性肝炎引起，炎症促使肝纤维化继续扩展，故治疗包括抗病毒治疗和防止肝纤维化两方面。

一、病 因 治 疗

对于慢性病毒性肝炎使用干扰素、核苷类药物于抗病毒治疗，可抑制病毒复制，控制肝脏炎症，减少胶原合成，抗肝纤维化作用。对药物性肝病则除去诱因，此外可选用缓解炎症损害的皮质激素、前列腺素 E_2 等。

二、干扰 ECM 产生

采用竞争性抑制剂等抑制胶原合成代谢，有脯氨酸类似物如氮杂环丁烷乙羧酸，脯氨酰羟化酶抑制剂如氧杂脯氨酸，赖氨酰羟化酶抑制剂等。

三、促进 ECM 降解

如秋水仙碱、腺嘌呤核苷，其主要机制是增强胶原酶活性，促使 ECM 降解。

四、抑制星状细胞激活

应用抗体、受体拮抗剂、siRNA、转录因子抑制剂拮抗 PDGF 和 TGF-β等关键因子在肝纤维化形成中起重要作用，是目前的研究热点。

五、中　药

某些中药有抗肝纤维化作用，如丹参、桃仁提取物和冬虫夏草等均有实验和临床研究的报道。

思　考　题

1. 何谓肝纤维化?
2. 肝纤维化的主要分子机制是什么?

（仇　灏　王泽荣）

第 26 章 天然毒素分子

天然毒素亦称生物毒素（biotoxin），是由各种生物体分泌、代谢或半生物合成产生的、不可自复制的有毒害作用的化学物质，包括动物、植物、昆虫和微生物产生的各种有毒害作用的化学物质。天然毒素是生物体为了保存自身物种，抵御捕食者或者病原体的侵袭，在自然界长期进化过程中产生的化学防御能力。

天然毒素的资源丰富，结构比较复杂，包括了几乎所有类型的化合物。天然毒素的作用机制具有高度特异性，能对机体的各种器官和生物靶位产生化学和物理化学的作用，从而引起组织损伤、功能障碍及致癌、致畸、甚至死亡等各种不良生理效应。生物毒素与法医学、临床毒理学、药理学、劳动卫生等医学学科密切相关。

第一节 天然毒素发展史

古人对毒素的认识是长期在自然界寻找食物或药物时，误食中毒甚至死亡的过程中，逐渐认识、发展起来的。随着人类在生产实践中对毒素认识的积累，逐渐地学会了鉴别和使用毒素。公元前 250～公元前 400 年，古希腊著名学者 Hippocrates、Aristotle 和 Theophrastus 所著的医学书籍中就提到了毒物一词。而我国对毒素的最早记载，始于 2000 年前的《周礼》《山海经》《尔雅》及《诗经》等古籍中。明代药圣李时珍在《本草纲目》中记载了含毒的药物 312 种，并按毒性大小等分为大毒、有毒、小毒、微毒四大类，并记载大量的解毒剂。

18 世纪早期西班牙学者 Orfila 进行了一系列“量效关系”的实验毒理学研究，明确指出《毒理学》是一门独立的学科，并于 1817 年出版了第一部《毒理学》，被誉为现代毒理学之父。1960 年以来，随着生化与分子生物学、结构生物学等相关研究领域的进展，毒理学进入了快速发展时期，大量天然毒素的分子结构和功能机制研究取得突破，同时改造天然毒素结构技术的逐步成熟，大大拓展天然毒素的临床应用范围，已发展成为生命科学中十分活跃的新领域和重要的交叉学科。

第二节 天然毒素分子的毒理作用

生物毒素毒理作用的特性可概括归纳为：具有高生物活性；对特定靶位具有高度选择性；作用靶位及作用机制的多样性。大部分生物毒素都具有极高的生物活性，与已知的药物毒素相比较，其毒性远大于已知的化学毒物。所谓毒性（toxicity）是指某种药物对生物体的易感部位产生损害作用的能力。衡量天然毒素毒性的指标常常分为毒性上限指标和毒性下限指标。

毒性上限指标：是指引起实验动物急性中毒死亡的剂量或浓度。常用的指标有：①绝对致死量（LD_{100}）：天然毒素能引起一群实验动物全部死亡的剂量。②半数致死量（LD_{50}）：天然毒素引起一群实验动物 50%死亡所需的剂量。LD_{50} 的单位通常是 mg/kg，LD_{50} 数值越小，表示天然毒素的毒性越强；反之，LD_{50} 数值越大，则毒性越低。③最小致死量（MLD）：天然毒素在最低剂量组的一群实验动物中仅引起个别动物死亡的剂量。一般来说，LD_{50} 受实验动物个体差异影响相对较小，剂量反应关系较敏锐，重现性较好，一般均以 LD_{50} 表示毒性上限。从表 26-1 可以看出：肉毒毒素 A 是目前已知的最剧烈的毒素。

毒性下限指标：指天然毒素在动物实验总体的一组实验动物中，只有少数个别动物在某项生理、生化或其他观察指标出现最轻微效应的剂量，又称最小有作用剂量。常用指标有：①最大无作用剂量（ED_0）：指毒素在一定时间内，按一定方式与机体接触，按一定的检测方法或观察指标，不能观察到任何损害作用的最高剂量。最大无作用剂量的确定系根据亚慢性毒性或慢性毒性试验的结果，是评定毒素对机体损害作用的主要依据。②最小有作用剂量：是能使机体在某项观察指标发生异常变化所需的最小剂量，即能使机体开始出现毒性反应的最低剂量。最小有作用剂量略高于最大无作用剂量，亦可称为中毒阈剂量。

表 26-1 天然毒素的毒性

毒素种类	化学成分	MLD（小鼠，μg/kg）
肉毒毒素 A	蛋白质	0.000 03
破伤风痉挛毒素	蛋白质	0.000 1
白喉外毒素	蛋白质	0.3
蓖麻毒素	蛋白质	0.02
箭毒	箭毒块根碱	500
毒蝇蕈	毒蕈碱	1 100
眼镜蛇毒	毒蛋白	0.3

注：引自钱锐. 1996. 有毒动物及其毒素. 昆明：云南科技出版社

天然毒素主要通过消化道、呼吸道等途径进入机体，以生物学活性形式到达靶器官、靶细胞，与靶分子相互作用或改变其微环境，同时具有足够的剂量、浓度、作用时间，才能够造成毒素中毒现象。因此，人体接触毒物后产生中毒现象的性质和程度除受到天然毒素的理化性质外，还取决于许多因素，如接触毒素的毒性、剂量、时间及人体自身的因素，如年龄、性别和生理状况等。目前研究显示天然毒素的作用机制主要包括：①导致细胞溶解，如从毒蕈中分离得到的 pallolysin 能溶解多种动物的红细胞；②抑制蛋白质合成，如核糖体失活蛋白；③作用于细胞骨架，如多种神经毒素；④作用于离子通道，如河豚毒素、乌头碱作用于钠离子通道，芋螺毒素作用于钙离子通道；⑤作用于神经突触的毒素，如肉毒毒素、破伤风外毒素；⑥凝血和抗凝血的毒素，如蛇毒中同时含有凝血和抗凝血两种毒素。

第三节 天然毒素的分子结构

有毒生物物种遍及大部分生物门类，如细菌、真菌、植物、昆虫、爬行动物、两栖动物和海洋生物。生物毒素资源的丰富性造就了生物毒素化学结构的多样性，其化学结构包括几乎所有化学类型结构，并且许多结构类型是尚不存在于合成化学中的新化学结构（表 26-2）。

表 26-2 天然毒素的分类、来源和主要结构特征

类别	主要来源	主要结构特征	主要代表毒素
细菌毒素	病原性细菌	双组分蛋白毒素、脂多糖	肉毒毒素、霍乱毒素、肠毒素、白喉外毒素、破伤风痉挛毒素等
真菌毒素	真菌	环系有机化合物	黄曲霉毒素、T-2 毒素、烟曲霉震颤素、杂色曲霉毒素等
植物毒素	植物	生物碱、萜类、苷类、酚类、聚炔、非蛋白氨基酸、蛋白毒素	吗啡、箭毒、乌头碱、蓖麻毒素、棉酚等
动物毒素	毒蜂、毒蜘蛛、黄蝴蝶、毒蛇等	多肽毒素	蜂毒毒素、斑蝥毒素、蜘蛛毒素、蜈蚣毒素、蛇毒等
海洋生物毒素	藻类、毒贝、芋螺、河豚等	萜类、海洋生物碱、聚醚类、多肽	雪卡毒素、河豚毒素、贝类毒素、芋螺毒素等

大多数天然毒素是由多肽组成、少数是由脂多糖或萜类化合物、生物碱组成。目前已知结构的生物毒素可达数千余种，其中一大类蛋白类天然毒素具有共同 A-B 模式的肽链结构，即均由 A 和 B 两种蛋白亚单位组成。A 亚单位为毒素的活性部分，决定其毒性效应。B 亚单位无毒，能与宿主靶细胞表面的特殊受体结合，介导 A 亚单位进入靶细胞。单一的 A 或 B 亚单位对宿主无致病作用（表 26-3）。

表 26-3　代表性 A-B 模式的生物毒素

毒素名称	分子质量（kDa）	亚单位分子质量	化学类型	LD_{50}（小鼠，μg/kg）
霍乱毒素	84	29+55	蛋白毒素	0.002
白喉毒素	62	22+40	蛋白毒素	0.1
相思子毒素	65	30+35	蛋白毒素	0.7
蓖麻毒素	62	30+32	蛋白毒素	3.0

此类天然毒素结构特征以霍乱毒素（cholera toxin，CT）为例简述如下，霍乱毒素是由霍乱弧菌产生的细菌毒素。分子质量 80～90kDa，由 A 及 B 两个亚单位组成。A 亚单位（CTA）起生物学活性作用，B 亚单位（CTB）与小肠黏膜上皮细胞的 GM1 神经节苷脂受体相结合。A 亚单位又分为 A1（CTA1）和 A2（CTA2）两个组分。A1 分子质量为 23kDa 的多肽，是霍乱毒素的毒性组分。A2 分子质量为 5kDa 的多肽，与 B 亚单位结合在一起。A1 与 A2 间有二硫键连接，1 个 A 亚单位则与 4～6 个 B 亚单位结合成 1 个完整的霍乱毒素分子。霍乱毒素 B 亚单位与靶细胞受体结合后，毒素分子变构，A 亚单位脱离 B 亚单位进入细胞膜。随后二硫键降解，A1 肽链活化。A1 肽链能作用于腺苷环化酶，使胞内 ATP 转变为 cAMP。胞内 cAMP 浓度明显增加后，促进肠黏膜细胞的分泌功能，结果肠液大量分泌，导致严重的腹泻和呕吐（图 26-1）。

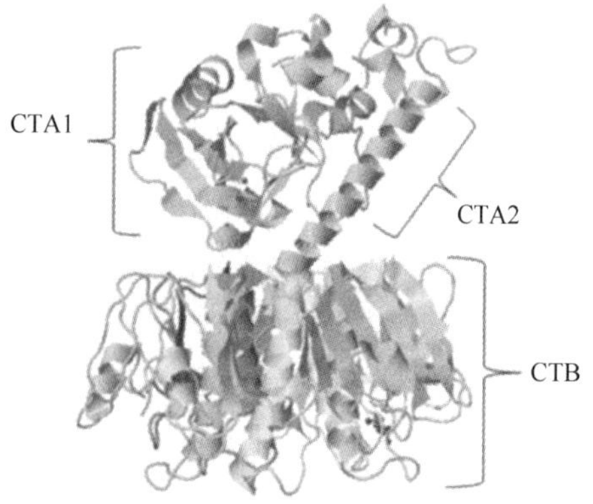

图 26-1　霍乱毒素的结构

除此以外，其他非蛋白类天然毒素的结构多样，主要包括聚醚类毒素、生物碱类毒素等，下面简述具有代表性的非蛋白类天然毒素。

聚醚类生物毒素是一类化学结构毒性强烈并具有广泛药理作用的天然毒素，它对神经系统、消化系统、心血管系统等具有较高的选择作用。海洋生物毒素中雪卡毒素（西加毒素）、岩沙海葵毒素、刺尾鱼毒素等都属于聚醚类生物毒素。下面以西加毒素为例介绍聚醚类生物毒素的结构特征。

西加毒素（ciguatoxin，CTX）是由剧毒纲比甲藻产生，是一种毒性极强的珊瑚鱼毒素，通过食物链传递而蓄积于各种珊瑚鱼体内。西加毒素是一种脂溶性高醚类物质，毒性非常强，比河豚毒素强 100 倍。西加毒素是电压依赖性钠离子通道的新型激动剂，与钠通道受体靶部位Ⅵ结合，激活钠通道，增加钠离子通透性，产生强去极化，致使神经肌肉兴奋性传导发生改变。据报道全世界每年至少有 2 万人遭受西加毒素的伤害，食入 0.1μg 西加毒素即可使一个成年人致病。西加毒素由 13 个连续连接成阶梯状的醚环组成，醚环的大小包括有 5、6、7、8、9 元环，整个骨架具有反式/顺式的立体化学特征（图 26-2）。在各环的顶部和底部之间有交替变化的氧原子，每个醚氧原子组成毗邻环之间的原子桥，相对分子质量为 1112。目前已发现 3 类西加毒素，即太平洋西加毒素、加勒比海西加毒素和印度西加毒素。它们是一些个别基团被不同程度修饰的同源物或是同分异构体。西加毒素的毒性非常强，LD_{50} 为 0.25～4μg/kg（小鼠，腹腔注射），它是一种无色、耐热、脂溶性、非结晶体，极易被氧化的物质，能溶于极性有机溶剂如甲醇、乙醇、丙酮，但不溶于苯和水，也不易被胃酸破坏。

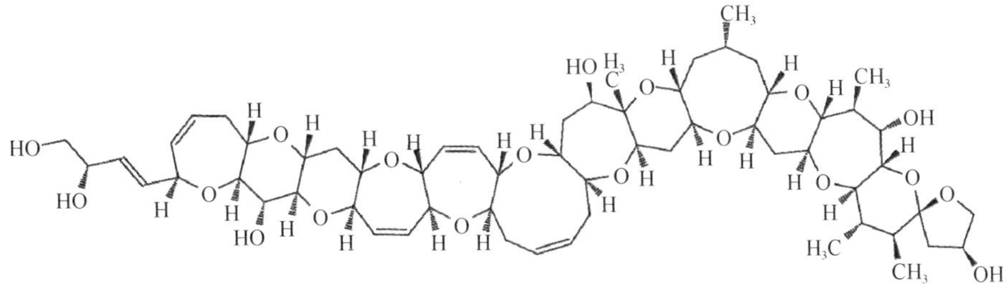

图 26-2　西加毒素 1B 的结构

生物碱是一类含氮的有机化合物，大多数有复杂的环状结构，氮原子包含在环内，有显著的生物活性。它们常以次生代谢物的形式出现于植物、动物、海洋动物及蕈类，且大部分的生物碱对于人体有毒，常见的生物碱类生物毒素包括河豚毒素、石房蛤毒素、乌头碱、吗啡、毒蕈碱等。河豚毒素是一种毒性很强，分子质量小的海洋生物碱类毒素，最初从豚科鱼中发现，故命名为河豚毒素。现已证实河豚毒素是由细菌产生，经食物链富集到动物体内，其分子式为 $C_{11}H_{17}N_3O_8$（图 26-3），相对分子质量为 319.27，主要由 3 个氮原子组成，能与氢氧原子形成特殊的结构。河豚毒素溶于水，不溶于无水乙醇和普通有机溶剂。其毒性比剧毒药品氰化钠大 1000 倍。早在 1983 年，Shimada 等证实，河豚毒素对人的最小致死量约为 2200μg。河豚毒素是一种典型的钠离子通道阻滞剂，主要通过与钠离子通道受体结合并阻断钠离子通道，从而引起神经和肌肉的麻痹。

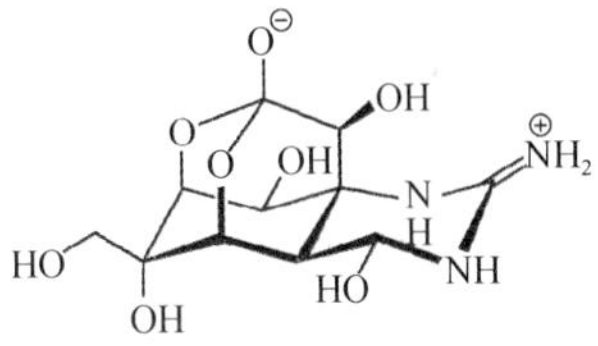

图 26-3　河豚毒素的结构

第四节　天然毒素分子的检测

天然毒素广泛存在，且毒性强，特别是近年潜在恐怖事件威胁，在食品安全、劳动卫生、法医学、临床医疗等领域，对天然毒素的检测研究备受关注。生物毒素检测是运用理化方法等对生态环境和侵入生物体内的有毒物质进行定性和定量分析。生物毒素的分析检测早期主要通过生物测定法、理化分析法及传统免疫学方法等来进行分析。近年来随着现代分析仪器的发展，许多新型的分离、分析手段不断应用于生物毒素的分析检测中，如新型免疫传感器、生物质谱等。

目前常用的生物毒素检测方法可分为两大类。

1. 生物测定法　主要包括：①采用活体动物、细胞检测天然毒素的毒性；根据天然毒素作用机制，可检测天然毒素对特定细胞的形态、增殖、凋亡、迁移等功能的毒性影响。②基于抗原抗体的特异性免疫反应原理定量检测天然毒素，如酶联免疫吸附法、免疫传感器等，具有灵敏度高、特异性强、操作简便、适宜大量样品的快速筛选等优点。③采用 PCR、生物芯片技术检测蛋白类天然毒素的编码核酸序列，具有操作简便、重复性好、灵敏度高等优点。目前已用于葡萄球菌肠毒素、大肠杆菌毒素等的检测。

2. 理化分析法　根据理化性质定性定量检测天然毒素是一个重要的生物分析技术研究领域。主要包括：

（1）层析色谱法：薄层色谱（TLC）、气相色谱（GC）、高效液相色谱（HPLC）等技术均可用于天然毒素分析，其中 HPLC 是目前最为常用的检测技术之一，具有灵敏度高、重现性好、检测限低、定量准确的特点，已广泛用于检测各种来源的生物毒素。

（2）毛细管电泳法：基于分子质量和荷电特性，高效毛细管电泳法是近年来快速发展的天然毒素分析方法之一，具有所需样品量小、分辨率高的特点。

（3）生物质谱法：随着软电离技术的发明，联合层析和电泳技术，生物质谱技术已发展成为生物毒素检测不可或缺的分析手段，该方法可分析复杂的生物样品，定量分析天然毒素分子，测定蛋白类天然毒素氨基酸序列和构型。

第五节 天然毒素分子与疾病

毒素中毒是机体受到毒素的作用而引起机体的功能代谢或器质性改变后出现的疾病状态。毒素常以某种高特异性作用方式作用于酶、受体、离子通道、基因等靶位，产生各种不同的致死或毒害效应。根据起病的急缓、病程长短，以及临床表现不同，可将中毒分为急性、亚急性和慢性三类。毒素的毒性较大或大量地突然进入人体，使机体受损并发生功能障碍，迅速引起症状甚至危及生命，称为急性中毒。若少量毒素逐渐进入人体，在体内蓄积到一定程度才出现中毒症状，称为慢性中毒。亚急性中毒是介于急性中毒与慢性中毒之间的一种中毒表现。

毒素中毒常常是在生产与使用过程中发生意外事故或防护不当、误食或意外接触毒素、用药过量、投毒，以及有毒动物咬伤或蜇伤等引起。毒素中毒疾病包括食物中毒、动物咬刺中毒等。根据来源不同可以将生物毒素中毒分为以下几种。

1. 细菌性食物中毒 细菌性食物中毒是指进食含有细菌或细菌毒素的食物而引起的食物中毒。本章专指细菌毒素引起的食物中毒。细菌性食物中毒发病率较高，但病死率较低，多发生在气候炎热的季节。在各类食物中毒中，细菌性食物中毒最多见。其中又以沙门菌、金黄色葡萄球菌最为常见，其次为蜡样芽胞杆菌。

金黄色葡萄球菌能够产生多种生物毒素，如肠毒素、溶血素、溶白细胞素等。其引起的食物中毒多发生于夏秋季。引起中毒的食物种类很多，主要是乳类和乳制品、肉类、蛋类等食品。由金黄色葡萄球菌肠毒素引起的食物中毒潜伏期短、一般为2～5小时，极少超过6小时。其起病急骤，有恶心、呕吐、中上腹痛和腹泻，以呕吐最为显著。呕吐物可呈胆汁性，可含血及黏液。剧烈吐、泻可导致虚脱、肌痉挛及严重失水等现象。体温大多正常或略高。一般在数小时至1～5日内迅速恢复。诊断首先观察临床症状，再结合患者食用同一来源食品，在对可疑食物检测中发现金黄色葡萄球菌生长，并进行产毒试验。也可采用免疫学方法直接测定食品中肠毒素。预防措施包括防止金黄色葡萄球菌污染和防止毒素形成。如食物应冷藏或置阴凉通风处保存，在气温较高的夏秋季节，食用前还应彻底加热。

2. 有毒动植物中毒 有毒动植物中毒是指误食有毒动植物或摄入因加工、烹调方法不当未除去毒素的动植物食品引起的中毒。其发病率较高，病死率因动植物种类而异。常见的植物毒素中毒有食用扁豆、生豆浆、发芽马铃薯等引起的食物中毒。有毒动物如河豚鱼中毒、鱼胆中毒等也可引起食物中毒。

3. 真菌毒素中毒 目前已知的真菌毒素约有200余种，但由于真菌在食物中生长繁殖时，往往长出各种颜色的菌丝，容易引起重视而避免中毒。人若不加注意，也会因食用霉变食物而发生食物中毒，如黄曲霉等污染的花生、玉米等食用后引起黄曲霉毒素中毒。

4. 有毒动物咬伤或蜇伤 蛇类、蝎子、蜘蛛、蜈蚣、毒蜂等动物咬伤和蜇伤中毒是热带、亚热带和温带区域常发生的中毒事件。在我国，每年都有有毒动物对人咬伤、蜇伤的事件发生，如毒蛇咬伤。目前世界上的蛇约有3000种，其中毒蛇约有650种，主要分布在热带和亚热带。在我国生存的蛇有170多种，其中毒蛇约有40多种。毒蛇咬人后毒液经毒牙管或沟射入人体致中毒，以肢端多见，及时结扎远端动脉，清创排毒，注射抗蛇毒血清十分重要。蛇毒是一种透明而又有黏性的液体，根据其靶器官的不同可分为神经毒、血液毒和混合毒。毒蛇咬伤后的症状根据其毒素成分不同而表现不一。除此以外，中毒发作时间、症状的严重程度、预后与毒蛇类别、咬伤部位、进入人体的毒液量及救治是否得当密切相关。毒蛇咬伤后的治疗包括三个方面：减少毒素吸收及扩散；立即使用特效解毒剂；支持疗法和对症治疗。除有毒动物以外，还有许多昆虫、海洋生物如蜘蛛、蜈蚣、海胆、水母等也可通过咬、刺或蜇等方式将毒液注入人体，引起各种中毒症状甚至导致死亡。

第六节　天然毒素分子的应用

天然毒素的应用可以追溯到远古，随着天然毒素研究的迅速发展，其应用范围也迅速扩展。首先，生物毒素是开发新药的重要资源库。生物毒素具有特异活性和高选择性的特点，因此往往是很有价值的药物或药物导向化合物。例如，抗疟药奎宁、青蒿素；抗癌药长春花碱、喜树碱、秋水仙碱，神经系统药物乌头碱、阿托品等。天然毒素过量为“毒”，适量为“药”，一些剧毒的天然毒素，如石房蛤毒素、河豚毒素、芋螺毒素具有镇痛作用，洋地黄、蟾蜍毒素、铃兰毒苷具有强心作用，最毒的肉毒毒素可用于治疗眼睑痉挛和内斜视，并可用于消除脸部皱纹。蛇毒毒液含有多种血纤溶酶及类凝血酶作为抗血栓药物，用于心肌梗死等严重心血管病的治疗。除此以外，生物毒素可以开发新杀虫剂。例如，植物毒素羊踯躅的毒性很大，我国南方农村常用它作为杀虫剂。细菌毒素苏云金芽孢杆菌的伴孢晶体，不但杀虫效果很好，且具有对人畜无毒、无抗药性、无环境污染等优点。

其次，生物毒素是生命科学的重要研究工具。生物毒素常以某种高特异性作用方式作用于酶、受体、离子通道等，故利用生物毒素可以鉴定和分离这些靶点，探索其作用方式和机制。例如，1972 年利用 α-银环蛇毒素才分离鉴定了 N-胆碱受体，从而进一步查清了其亚型结构，推进了胆碱神经系统的广泛研究。利用河豚毒素、箭毒蛙毒素、乌头碱、藜芦碱、蝎毒、黄海葵毒素等天然毒素研究钠离子通道的结构功能，也取得了重要进展。

最后，生物毒素还可作为生物战剂研究开发。在生物毒素战剂中，肉毒毒素是重要的毒素战剂之一；蓖麻毒素，其粗制品热稳定性好，毒性大，是神经性毒剂沙林的 3150 倍，在第二次世界大战期间曾作为美、英等国秘密储备的毒素武器。一些小分子质量的海洋生物毒素，如石房蛤毒素、河豚毒素、箭毒蛙毒素、岩沙海葵毒素、芋螺毒素、西加毒素等，具有毒性强烈、作用机制特殊、易于合成等特点，具有潜在的军用价值。

思　考　题

1. 何谓天然毒素？有哪些种类？
2. 天然毒素与医学有何关系？

（万　瑛　孙自玲）

第 27 章 生物芯片技术

20 世纪 90 年代后期，随着毛细管电泳技术在核苷酸序列分析中的应用，核苷酸序列分析的自动化程度获得极大提高，结合计算机的应用和多机串联，使得核苷酸序列分析效率产生了飞跃。大型自动化核苷酸序列分析实验室的建立，使得人类基因组计划（Human genome project，HGP）的基因序列分析工作得以顺利完成。目前，长达数百万碱基对的染色体 DNA 测序，一个大型序列分析实验室 1 周内即可完成。基因分析用专业大型软件的开发应用，也极大提高基因的结构分析及有关遗传信息的比较研究。目前已有 100 余种细菌的全基因组 DNA 的序列和结构分析被完成并公开发表。常用实验动物如小鼠、大鼠等全染色体基因结构信息也已公开发表。今后每年将会有数十种微生物及高等动植物的全基因组序列及结构分析工作被完成。

爆炸性增长的 DNA 序列和基因信息，促进了人们系统、全面了解生物细胞基因表达信息的渴望。传统的分子生物学技术已无法完成庞大的全基因组表达信息的观察和分析。近年来，一项新的分子生物学技术，即 DNA 微阵列分析技术得到逐步发展和完善。通过某些特殊的微加工技术在固体支持物表面定位固定大量不同种类的 DNA 探针，和样品 DNA 的分子进行特异的核酸分子杂交，用于观察分析生物遗传信息的变化。因其超大的信息容量（每平方厘米可密集排列数千点）俗称为基因芯片或 DNA 芯片。以蛋白质分子特性为基础的蛋白质芯片（protein chip）分析技术近年也逐步发展。目前将 DNA 芯片和蛋白质芯片统称为生物芯片（biochip）。另外，最新报道的用于抗原等分析的多糖芯片（glycan microarray，或 carbohydrate microarray）也应属于生物芯片。因此，生物芯片技术是指通过某些特殊方法，在固体支持物表面定位固定不同种类的生物大分子，利用生物大分子的特性，构建特异性生物化学分析系统，用于对生命机体的组织细胞中核酸、蛋白质及其他生物组分进行准确、快速分析，以获取丰富的生物信息的一项特殊的分子生物学技术。

生物芯片技术已成为一项高效的分子生物学研究手段。尤其是 DNA 芯片分析系统，在短短数年内，在材料、制备方法和技术，专业应用软件的开发等方面都取得了长足的发展，已广泛应用于生命科学研究的各个领域。目前已有商业化的芯片实验室可完成从样品的分离、生化反应、检测到数据分析等一体化的研究服务工作。随着 DNA 芯片相关技术的进一步发展，DNA 芯片技术的应用成本将逐步下降，在未来数年内将逐渐走进常规分析实验室。目前除大型系统性基因组芯片外，各种小型化、应用型 DNA 芯片在不断开发，尤其是在临床医学诊断方面，在未来数年内各种有关诊断芯片将结合 PCR 技术，在临床检验实验室直接应用于患者的疾病诊断。蛋白质芯片开发的技术难度和成本要远大于基因芯片，因为模板蛋白质的制备远难于核苷酸的制备。目前仅部分小型蛋白质芯片得以开发应用。多糖芯片目前仍处于实验探索阶段。本章将着重介绍 DNA 芯片技术的各个关键环节和应用展望。

第一节 DNA 芯片概述

一、DNA 芯片技术概述

DNA 芯片技术基本原理是核酸分子杂交，即依据 DNA 双链碱基互补配对，以已知碱基序列的寡核苷酸、cDNA 或基因片段为探针（probe DNA）固定于基板，和经标记处理的样品中未知核酸分子进行特异性互补结合，清洗、扫描、定量分析固相探针区域标记信号的强弱，获得样品中各种相关 DNA 信息。由于 DNA 芯片常在某一很小的区域内集中了大量的不同种类的

DNA，需采用某些特殊的材料和加工技术。在一些系统基因组 DNA 芯片的设计和杂交后数据信息的处理都有许多关键之处。因此，完整的 DNA 芯片技术包含芯片的设计、DNA 探针的准备、芯片的制作、样品的处理与标记、杂交、扫描、信号的数字化转换和数据信号的统计分析等关键步骤。DNA 芯片技术应用的基本流程见图 27-1。由于 DNA 芯片的材料和制作工艺的发展，产生了许多不同种类的 DNA 芯片，其应用特点也各不相同。

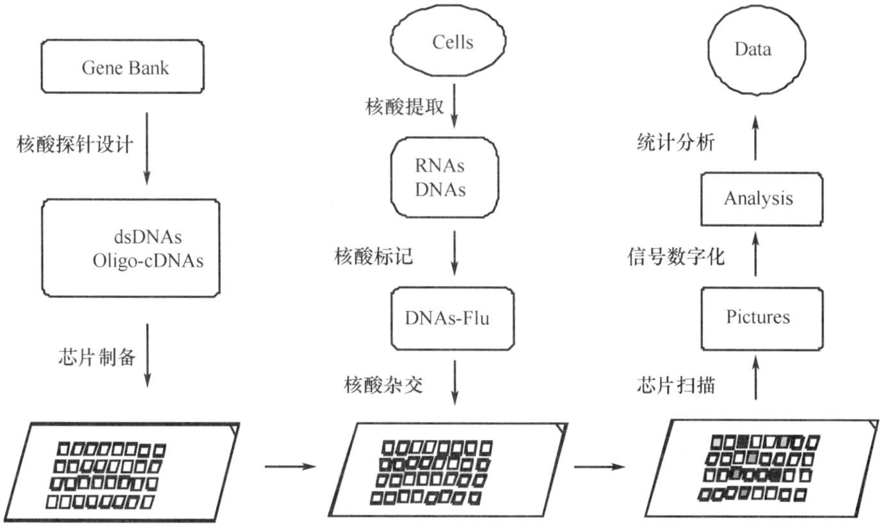

图 27-1 DNA 芯片技术应用的基本流程

二、DNA 芯片的主要类型和特点

根据固相 DNA 探针的不同可将 DNA 芯片分为两大类：双链 DNA 芯片和 Oligo-cDNA 芯片。双链 DNA 探针多通过设计特异性引物，经 PCR 扩增获得，而 Oligo-cDNA 探针则根据基因组信息设计后直接合成。双链 DNA 芯片的 DNA 探针链长常为数百碱基对，与样品杂交相对较为容易，常在数小时内完成，但因需用 PCR 扩增 DNA，制备成本较高，制作时间较长，仅早期有报道应用于系统性全基因组芯片的制备及相关研究，而近来常用于某些小型芯片，如诊断芯片的制备和研究。Oligo-cDNA 芯片的 DNA 探针链长一般为数十个碱基，由于合成 Oligo-cDNA 较 PCR 扩增相对容易，制作成本较低，常用于系统性全基因组芯片的制备和相关研究。近来 Oligo-cDNA 探针原位合成技术的发展更促进了这一类芯片的应用。由于 cDNA 探针链长较短，和样品杂交的时间较长，往往需十几个小时，常用于实验性研究。

根据固相支持物的不同将 DNA 芯片分为玻璃芯片（glass chip）、硅芯片（silicon chip）、膜芯片（membrane chip）和液体芯片（liquid chip）。玻璃芯片是最为常见的一种 DNA 芯片，表面有特殊物质涂层，如固定双链 DNA 的玻片表面常涂有聚赖氨酸等带阳离子的表面涂层，可与 DNA 的磷酸基团产生离子性结合，固定 Oligo-cDNA 的玻片表面常有可与 Oligo-cDNA 的末端修饰氨基发生共价结合反应特殊涂层，原位合成 Oligo-cDNA 探针的玻片则必须有能直接和单核苷酸发生共价结合的表面涂层。玻片有良好的透光性，可用于荧光标记物的检测，表面处理后容易制成高密集的 DNA 点阵。硅芯片和玻璃芯片类似，在表面处理后可适于各种应用。另外，硅片有良好的导热性，可以制成微小芯片直接置于 PCR 扩增反应体系中，使杂交和扩增一体化，在临床快速诊断应用中有一定前景。膜芯片是利用某些有机高分子薄膜，如尼龙膜、硝酸纤维素膜等，吸附 DNA 探针，主要用于双链 DNA 芯片的制备。尼龙膜芯片的特点是材料便宜，成本低，适用于同位素检测，但因点样时有一定的扩散性，很难形成高密集的点阵，且存在杂交所需样液量大，获取数据信号所需时间长等缺点，现很少应用于全基因组芯片的制备。液体芯片是利用一些特殊的材料制成微珠，在微珠表面交连DNA探针和标记的样品DNA杂交，因其可混悬于杂交液中，称之为液体芯片。液体芯片微珠的定性区分是这一技术的关键，常用标记不同量级的特殊荧光物质的方法来区分。液体芯片的最大的优点是可自动化操作，可以克服手工操作的诸多缺点，在大规模的检测如临床诊断方面有良好的应用前景。

第二节 DNA芯片的设计与制备

一、DNA芯片的设计

DNA芯片的设计是DNA芯片技术的核心之一，其关系到最终观察结果的可信度。各种DNA芯片的应用虽有不同，但最终目的都是为了获得样品中可靠的各种核苷酸信息。因此设计的总体原则是一致的，必须保证DNA探针的特异性和准确性。DNA芯片的设计包含两个主要方面，DNA探针的特异性与芯片DNA点阵定位。

DNA探针特异性信息可通过基因库或核苷酸测序结果中获取。双链DNA芯片的DNA探针常用PCR扩增产物，所以首先必须根据基因核苷酸序列资料设计特异性PCR扩增用引物。如准备较大规模基因组的芯片，往往需批量扩增，因此，PCR引物应尽量保持一致的 T_m 值，以及使扩增产物的链长接近，以提高DNA探针准备效率。全基因组芯片主要应用于生物组织细胞的基因表达谱的观察研究，探针常选用ORF正链近3'端的300～500bp，这样可提高用随机引物从样品中的mRNA反转录标记合成cDNA后的杂交效率。如应用于同物种间的遗传关系比较，则尽量保持ORF的足够长度，提高用随机引物从样品中合成标记DNA后的杂交效率。

Oligo-cDNA已广泛应用于生物物种的全基因组芯片的制备，由于Oligo-cDNA的长度受合成难度和合成成本的限制，一般常为70个碱基以下，多采用40个碱基左右。Oligo-cDNA探针的特异性是关键。为保证探针的特异性，首先根据基因库的相关ORF资料设计出Oligo后，必须进行Oligo间相似性检查。由于系统全基因组DNA芯片的探针数量巨大，普通的DNasis等基因分析软件已不能完成这项工作，需用某些大型专业软件进行分析，但也可采用统计专业软件将各Oligo作为变量分段，结合频数分析来做初步检查。其次是在一ORF的不同区域设计2～3个Oligo，以增加整个ORF的特异性。

在DNA芯片杂交过程中很难保证各区域的绝对均一，为保证结果的可靠，因此往往在同一张芯片上时设计双重或三重（duplicate or triplicate）重复点阵，另外在不同的区域还需加设阴性和阳性对照点用于校正。阴性对照大多为不含任何DNA的空点，杂交及扫描后获得的数据信号作为芯片的背景控制。阳性对照可采用已知与芯片检测系统无关的DNA探针，分布于芯片的各个区域，在杂交时，于样品中定量加入相应的标记DNA，杂交及扫描后获得的数据信号相当于外标准，用于衡量或校正同一芯片上各不同区域的杂交差异。在仅有一种荧光标记的单通道扫描应用中，阳性对照尤其重要，如临床诊断芯片，每一样品经单标记后，分别在不同的芯片上完成杂交，最终的结果判断属于芯片间的比较。对照点的多少取决于芯片区域大小。在用多针点样式制作芯片时，往往在每一针区都设有阴阳性对照。在点阵区域小于1cm^{2}的芯片，常在四角区和中央区各设阴阳性对照。

二、DNA芯片的制备

具有平面固体支持物的DNA芯片的制备主要有两类方法，即点样固定与直接合成。点样固定法需经模板DNA的准备、点样与结合固定等步骤。直接合成法仅用于Oligo-cDNA芯片的制备，将cDNA直接合成于具特殊涂层的固体支持物表面。

1. DNA 芯片的点样制备

（1）DNA 探针的准备：双链 DNA 探针多采用 PCR 法准备。用特异性引物进行 PCR 或 RT-PCR（reverse transcription-PCR）扩增，经电泳证实后，将 PCR 产物纯化，去除多余的引物和核苷酸原料。有时 DNA 还需定量，以控制点样的量的均一。Oligo-cDNA 探针多为合成后稀释成均一浓度。

（2）点样：目前 DNA 微集阵列的点样方式主要有两种，即针式点样（stamping）和喷印（spray）。两种方式都需要将 DNA 探针用点样液（stamping solution）按一定比例稀释，不同种类的芯片有不同的点样液，一般由所采用芯片的供应方提供，且对 DNA 探针的浓度有一定的要求。有一点必须注意，不是所有的点样液都任意适用于各种芯片点样系统。

1）针式点样：应用不锈钢针（split pin）与芯片的接触式点样。把预先制备好的 DNA 探针点样液加置在 96 孔或 384 孔板中，打印针浸入探针溶液，吸取一定量的液体，移至支持物某一特定位置的上方，然后直向下移动，触及支持物表面留下液迹，上移后再移至下所需位置的上方重复相同触点，完成一种探针的点样后，清洗打印针，干燥后进行下一种 DNA 探针的吸样及点样。Split 针每次吸样可连续点 20 次左右。点样的效果与系统的多方面有关，如针的性能和质量及磨损程度，移针造成的芯片间落点部位的偏移，落针的速度，针与芯片接触的时间等。有些因素可以调整，而有些则是系统的本质所决定。优良的芯片加工系统可以保证样点的大小及位置的高度均一，从而获得高密度的点阵。所以，在相同的芯片支持物和最适的点样条件下，点阵的密度是衡量芯片加工系统性能的关键。常用的点样设备有 Genetic Microsystems、BioDiscovery、BioRobotics 和 Cartesian Technologies 等。针式点样时常可用多针式点样，以增加点样的效率。

2）喷印：应用喷墨打印原理的非接触型印点。首先用微量滴定盘装载预先合成的 DNA 探针溶液，打印头从滴定盘上吸取探针溶液后移至支持物上方，通过特殊的喷射装置把液滴喷射到支持物表面。这种方式点样的优点是因点样量可以控制，故样点大小均一。另外，因一次吸样可重复平行点样次数多而速度较快，效率较高。因此，应用单通道扫描分析的芯片，最好用这种加样方法制备。目前，一般商业化芯片的大批量加工大多采用此法。

3）电吸附：Nanogen 公司开发了一项核心专利技术，在硅片上设计微电路控制区域，按序给各微区加载正电荷或负电荷，利用正电可吸附带有负电的 DNA 原理，将溶液中的 DNA 探针快速吸附到指定区域。

（3）固定（fixation）：在 DNA 探针点样后，需经固定化处理。双链 DNA 探针的固定化较简单，往往仅需置于干燥箱内，常温干燥。末端修饰的 Oligo-cDNA 探针的固定需经共价交联完成，取决于芯片支持物的涂层特性。例如，TOYOKOHAN 公司的 Oligo-cDNA 专用 GENE DIA 玻片和 N6 点样液，在点样结束后，需经 80℃、1 小时固定探针。

（4）封闭（blocking）：在 DNA 探针固定化处理后，需将芯片支持物点样区域以外的 DNA 结合活性灭活，以减少杂交的背景信号，此为 DNA 芯片的封闭处理。封闭处理需根据支持物表面涂层的特性而决定，如带正电的聚赖氨酸涂层芯片，可用带负电的溶液浸泡。

GENE DIA 玻片需在含 0.1%SDS 的 5 倍 SSC 的溶液中 95℃水浴 5 分钟。封闭处理的最后都需用灭菌水淋洗，此过程也有利于除去芯片支持物上未结合的 DNA 探针，提高杂交效率。某些芯片要求在临杂交前进行封闭处理。

（5）保存：经固定和封闭处理后的 DNA 芯片在避光和干燥条件下可保存数月之久。而某些未经点样的芯片因保护涂层的活性常需低温保存。

2. 原位合成芯片的制备　原位合成芯片是采用某些特殊的显微操作技术，如显微光合成（photolithography）、压电打印（piezoelectric printing）、分子印章等技术，在芯片的特定区域原位合成各种 Oligo-cDNA 探针。

（1）显微光合成：基本原理是利用特殊的透光装置，在芯片基板上进行选择性微区激光照射后，在各微区将核苷酸逐步按序合成 Oligo-cDNA。最初的透光装置多采用遮光掩膜（mask），现可用由微机控制的微光镜（digital micromirror）来进行选择性光照。遮光掩膜合成 Oligo-cDNA 的基本步骤如图 27-2 所示。

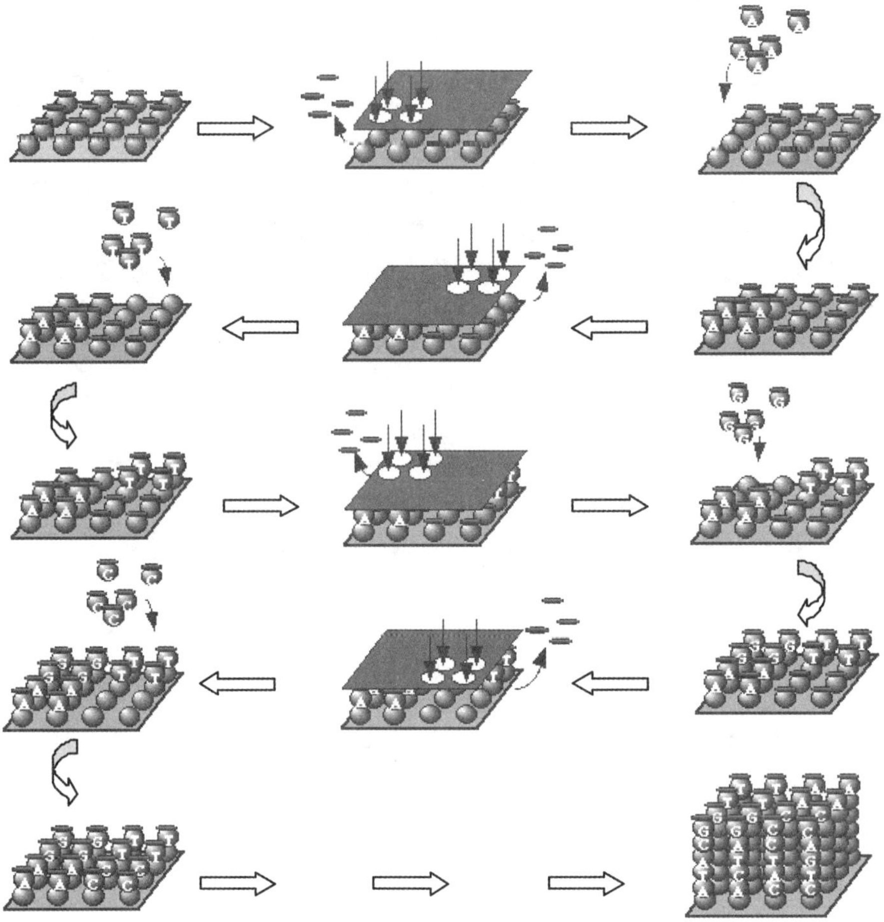

图 27-2 Oligo-cDNA 掩膜光照合成的基本步骤

1）将支持物表面涂层进行光敏保护处理，将涂层物的与核苷酸发生连接的表面活性基团（—OH）连接光敏保护基团。

2）对所需合成微区进行选择性光照，除去该部位的光敏保护基团，使能与核苷酸发生结合反应的活性基团游离出来。

3）在所在区域加入某种另一端（3′-OH）用光敏基团保护的单核苷酸，与活性基团发生化学偶联反应。

4）清洗多余的未结合的单核苷酸。

5）对所需合成另一单核苷酸的微区进行选择性光照后，改换另一种 3′-OH 用光敏基团保护的单核苷酸，重复一轮合成。这样所有微区的 Oligo-cDNA 链的每一碱基，经四轮选择性光照合成后即可全部完成。

由于作为合成原料加入的单核苷酸的 3′-OH 有光敏保护基团，每次合成时，每一分子的 Oligo-cDNA 链仅能延伸一个碱基，保证了各种 Oligo 序列的正确性。例如，40 碱基长的 Oligo-cDNA 芯片，经 160 次选择性合成后才能全部完成。微光镜合成 Oligo-cDNA 探针时，由于可用微机控制微光镜的开合，因此可设计成一自动化系统来完成整个合成循环（图 27-3），制备的效率极高。但目前由于设备昂贵，难以在常规实验室开展。总之，光合成 Oligo-cDNA 探针法制备芯片，虽设备昂贵，但因省去了 Oligo-cDNA 的预合成，小批量代加工制备时，往往成本相对较低。

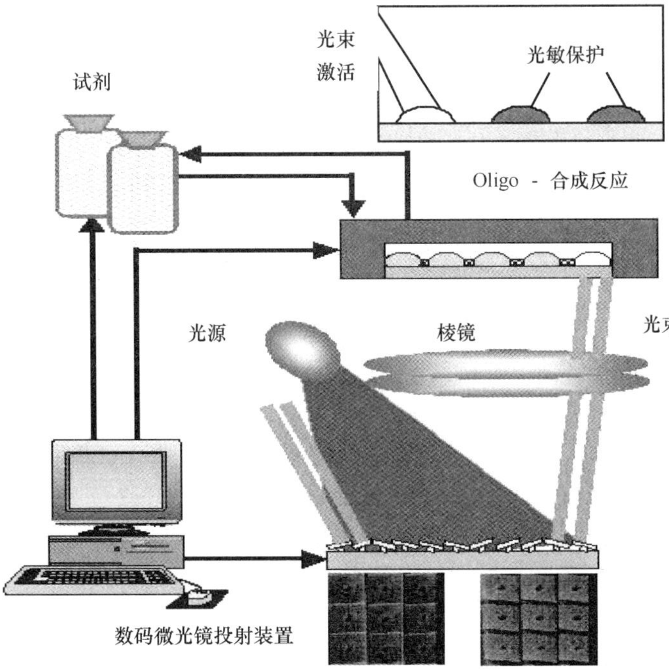

图 27-3　Oligo-cDNA 芯片的自动化显微光合成

（2）压电打印法：该方法应用的是一种喷墨打印技术，其核心组件是一个压电毛细管喷射器。打印前从微量滴定盘上吸取寡核苷酸合成所需的试剂，或从毛细管喷头的另一端把试剂装载到储液囊。打印时，通过交替地舒缩压电感应元件，对储液囊产生压力脉冲来喷射出液滴。喷头与支持物表面保持有数微米距离。一个或多个喷头在芯片上移动，在不同的位点上将试剂喷射到芯片表面，然后固定。在洗脱和去保护后，继续进行寡核苷酸延伸的下一个循环。这种方式合成产率相对较高。

（3）分子印章法：该方法是采用压印装置，多次压印原位定点合成 Oligo-cDNA 的基因芯片合成制备方法。根据所需的微阵列设计制备有凹凸的微印章，然后根据预先的设计在刻好的印章上涂上对应的单核苷酸，最后按照设计的顺序将涂有不同的单核苷酸的微印章逐个依次压印在同一片上。然后利用可以自动进行清洗和脱保护、氧化及封闭等化学反应的液体流动池，按照设计的序列进行原位 DNA 合成，直到得到所需的探针序列的长度为止。

第三节　DNA 芯片应用的基本操作

DNA 芯片分析的实验操作主要有样品 DNA 的准备与标记、分子杂交、芯片标记信号的扫描、标记信号的数字化定量转换和统计分析等步骤。

一、样品 DNA 准备与标记

样品的准备的基本过程为从组织、细胞中分离纯化样品核酸，再将其进行标记处理。各种不同 DNA 芯片应用研究有不同样品处理方法，基本可分为两类，即 RNA 样品与 DNA 样品的处理。

1. RNA 样品的准备 主要是从细胞中提取 mRNA 后，在逆转录成 cDNA 的同时加以特殊标记。在细胞基因表达的观察研究中及 RNA 病毒的相关研究中，必须准备相应的 RNA 样品。

（1）mRNA 提取：RNA 酶因难灭活而在自然界分布广，在 RNA 提取的过程中易受环境中 RNA 酶的降解破坏。因此，RNA 提取的过程中所接触的器具都应用 DOPC 进行预处理。为简化 RNA 提取的操作，可采用商品化试剂盒进行提取。真核细胞 mRNA 都含有 polyA，可利用其特性设计特异的纯化柱进行提取，获得较纯的 mRNA。原核细胞的 mRNA 不含有 polyA，通常只能提取总 RNA。mRNA 的提取往往是 DNA 芯片应用于基因表达谱研究的第一个关键的操作步骤。在细胞的破碎过程中，为减少细胞自身 RNA 酶的降解作用，应尽量在低温下快速操作。另外，在 RNA 的提取液中，往往混有少量的 DNA，在 cDNA 的合成前，最好用不含 RNA 酶的 DNA 酶将其水解去除。

（2）cDNA 的合成与标记：利用逆转录合成酶，将 mRNA 逆转录合成 cDNA，在合成过程中用同位素或荧光标记的 dNTP 作为原料，掺插合成到 cDNA 中，从而获得同位素或荧光标记的 cDNA，进一步用于核酸杂交。在单一基因的表达研究观察中，常用特异性引物进行 cDNA 合成，而在高信息量的全基因组表达谱的观察时，必须采用随机引物来合成 cDNA。从来源于真核细胞的 mRNA 合成 cDNA 时，还可用 Oligo-dT 作为引物。由于可获得较纯的 mRNA，所以一次 mRNA 的用量仅为 1～5μg。从来源于原核细胞的总 RNA 合成 cDNA 时，一次用量常需 20μg 的总 RNA。随机引物有长为 6、8、9 分子等几种，不同的逆转录体系有不同的选择。同位素标记仅用于膜芯片，而荧光标记则更为常用。在各种荧光标记物中，常用 Cy3-dCTP 和 Cy5-dCTP 进行标记。在逆转录合成过程中，可将 dCTP 降至其他 dNTP 原料的 1/10，再加入少量的 Cy3-dCTP 或 Cy5-dCTP，以提高 Cy3-dCTP 或 Cy5-dCTP 的掺入率。

（3）标记 cDNA 的纯化：在 cDNA 合成后，首先必须用不含 DNA 酶的 RNA 酶除去反应体系中的 RNA，以提高杂交的灵敏度。其次必须除去反应体系中的未结合的 Cy3-dCTP 或 Cy5-dCTP，以减少杂交后的荧光背景。可采用各种纯化小柱进行纯化。纯化干燥后，用一定量的杂交液溶解。在双通道扫描分析研究中，可将用 Cy3-dCTP 和 Cy5-dCTP 分别标记的两种 cDNA 样品，混合后纯化，以减少纯化操作造成的误差，增加可比性。

由于荧光标记物不稳定性，cDNA 的标记合成和纯化常在临杂交前进行，且应尽量避光操作。

2. DNA 样品的准备 主要是从细胞中提取 DNA 后，可直接于 DNA 或 PCR 扩增产物上进行标记同位素或荧光物，也可在 PCR 扩增的同时进行合成标记。在生物基因的比较分析研究，如基因突变检查、微生物的基因分析鉴定等，必须准备有关的 DNA 样品。

（1）样品 DNA 提取：用于杂交分析的 DNA 样品必须保证其质量，可用紫外检测或电泳分析。紫外检测时，260/230nm 和 260/280nm 的吸光度比值应接近或超过 2.0。真核细胞的 DNA 提取相对较容易，而细菌，尤其是革兰阳性菌的 DNA 提取，因细胞壁厚而相对较难。可用一些特殊的玻璃珠与菌液振荡促进破壁。

（2）DNA 的标记：如能从样品中直接获取足量的 DNA，可直接在该 DNA 上标记荧光物，如 Cy3 或 Cy5。如从样品中无法获取足量的 DNA 时，或从生物细胞中提取的染色体 DNA 无法直接用于杂交时，则需进行 PCR 扩增，可以在扩增时以 Cy3-dCTP 和 Cy5-dCTP 作为原料合成标记 DNA，也可用扩增产物进行标记。但用 Cy3-dCTP 和 Cy5-dCTP 作为原料合成标记 DNA 杂交后的荧光背景相对较低。扩增的引物根据研究目的选用。

（3）标记 DNA 的纯化：目的是去除多余的未结合的标记物，以降低杂交后的背景信号。可用酚-乙醇沉淀法，也可用凝胶小柱滤过方法进行纯化。纯化的另一目的是减少标记 DNA 样液中的无机离子对杂交液中离子浓度的影响。

二、DNA 杂交

分子杂交是 DNA 芯片应用的基本原理。DNA 芯片上的探针需用杂交来区别各种遗传信息。所以 DNA 杂交也是 DNA 芯片技术的核心之一。影响 DNA 芯片杂交效果的主要因素包括杂交温度、杂交液组分、杂交的时间及标记 DNA 的浓度等。不同种类的 DNA 芯片，杂交的条件各不相同。建立某一 DNA 芯片杂交分析方法，必须优化各有关 DNA 杂交条件。

双链 DNA 探针的杂交，首先必须将芯片的 DNA 探针变性（denature），以保证杂交的灵敏度。大多采用加热变性（95℃，3～5 分钟）。cDNA 探针则不需变性。如样品为标记的双链 DNA 片段，则样品 DNA 在杂交前必须经变性处理。

1. 杂交条件的优化

（1）杂交液组分：杂交液一般均含有高浓度的盐类（5～6 倍 SSC），表面活性剂（0.1% SDS），异种 DNA（如鱼精 DNA）等。在双链 DNA 探针芯片杂交时，常含有 50%～70%甲酰胺（formamide）；而 Oligo-cDNA 探针芯片应用时，杂交液一般不含甲酰胺，而含右旋糖苷（dextran）以促进杂交。

（2）杂交温度：确定杂交的温度是各种 DNA 芯片应用时另一关键。研究报道的 DNA 芯片杂交温度范围很广，大都在 30～70℃之间。杂交温度取决于探针与样品 DNA 的特性，如链长、GC 含量等。对于全基因组 Oligo-cDNA 芯片的基因表达谱研究应用时，多采用 50℃左右。对于某些特殊的目的基因的比较分析研究应用时，可根据目的基因与探针结合区域的 GC 含量初步确定。高 GC 含量高，相应的杂交温度也适当提高。

（3）杂交时间：膜性芯片的应用时，因基底支持物属多孔型材料，杂交时间相对较长，往往需 20 小时左右。Oligo-cDNA 芯片的杂交时间较双链 DNA 探针芯片的要长，全基因组芯片的杂交时间较部分基因探针芯片的要长。如全基因组 Oligo-cDNA 芯片的基因表达谱研究应用时，杂交时间大多在 15 小时左右，而单一 16s-rRNA 基因双链探针芯片的细菌诊断与鉴定应用时，杂交 2 小时即可达到饱和结合的 90%左右。

总之，在具体的某种 DNA 芯片的应用时，根据杂交条件选择的基本原则，初步确定各杂交条件的试验范围，设计可行的杂交条件优化试验方案，根据优化试验的结果，最终确定各种杂交条件。杂交条件优化试验方案试验可用正交设计以提高效率。

2. 基本操作　基因芯片杂交操作的关键是要保证点样区域内杂交液的均匀分布。玻片类 DNA 芯片的杂交操作时，常用一盖玻片，覆盖杂交区域，使杂交液均匀分布。为避免产生气泡，常用倒接触法，见图 27-4，先将一定量的 DNA 杂交样液加于一盖玻片上，将 DNA 芯片的点样面向下，让点样区域缓缓接近盖玻片上的样液滴，当接触到液滴时，盖玻片会自动上贴于芯片的下面，翻转芯片，将芯片置于预湿化的小盒，密闭后置于杂交箱中杂交。

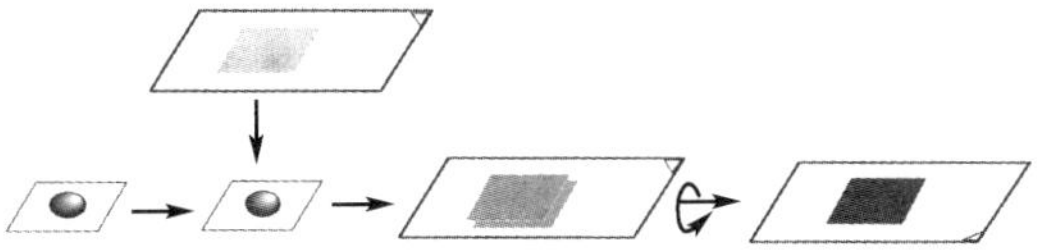

图 27-4　盖玻片倒接触法覆盖芯片操作

三、扫描与定量

待测样品与芯片探针杂交后，标记的样品和与其互补的探针形成分子杂交体，结合在芯片的特定位置上，将未杂交标记分子洗脱清除后，用特殊的扫描装置进行扫描。目前，荧光标记最为常用，在激发光的激发下，结合在探针上的标记的 DNA 可发射出特征性的荧光信号，用特殊的扫描装置或CCD荧光显微摄像，记录该荧光信号，再用图像分析软件，将荧光信号转换成数据资料，进行统计分析。所以，杂交后的信息获取应包括芯片清洗处理、扫描和信号的数字化三个方面。

1. 芯片清洗 芯片杂交后，必须将杂交液中未结合的荧光标记物彻底清除。清洗的最佳效果是，在不降低杂交信号的基础上，最大限度地减少荧光背景信号。一般先用含较高离子浓度、一定的表面活性剂的溶液浸泡清洗，如2倍含0.1% SDS 的SSC；再用含较低离子浓度的溶液浸泡清洗，如0.5或0.1倍SSC溶液；最后用无菌水淋洗，离心干燥，或压缩空气吹干后扫描。适当提高清洗液的温度，可缩短清洗的时间，增加清洗的效果。整个清洗过程应尽量避光以减少荧光灭活。

2. 荧光扫描 根据标记荧光物的特性，选用相应的扫描参数。手工或自动聚焦后，先预扫描，选定杂交区后，进一步精细扫描。扫描参数的确定往往取决于样品中标记 DNA 的浓度及杂交信号的强弱有关。双通扫描应用时，扫描参数可分别调整。扫描获取的图像以 Tiff 格式保存，以用作数字化处理。由于 cy-5 的荧光猝性，扫描应在清洗后立即进行。

3. 荧光信号数字化 荧光信号数字化涉及点阵的信号采集区域定位与调整，信号数据的读取与背景和标准化校正，必须应用专业软件进行操作。大型全基因组芯片的基因表达谱研究时，此过程极为耗时。由于样点大小不可能绝对均一，点阵的片间位置偏移，每一芯片均需仔细查看每一个点。有时由于不能彻底清洗，或扫描过程中的尘埃污染，还应剔除部分样点。尽管在每点和信号的数据采集时已扣除周围的背景，但由于可能有杂交区域差异，还应用各区域的阴性对照进行背景校正。双通道扫描时，两样品各点杂交信号不受位置影响，可比性强，常以总荧光值作为标准校正。而单通道扫描时，由于是片间比较，必须用阳性对照进行校正。

四、统计分析

从 DNA 芯片获取的原始数据，必须经过进一步的统计分析才能得出可靠的相关遗传信息。统计分析与芯片的种类和应用性质有关。小规模芯片的分析相对较为简单，如某些疾病诊断芯片，从扫描及转换获取的数据资料中，很容易作出判断。大规模全基因组芯片的应用时，由于获得的数据信息庞大，有时还需要进行时效性观察，更增加了数据分析的难度。以前常用 Excel 等常规的统计软件进行分析，以均数的2～3倍为界限作为显著性判断，这可以作为初步的筛选，但会丢失大量的有效信息。采用以专业统计分析方法为基础的大型芯片专用分析研究软件可避免大量有效信息的丢失。目前，已有许多大型专业的芯片分析软件可供选用或租用，见表27-1。

表 27-1 常用 DNA 芯片分析应用软件

软件名	作者	网址
图像分析：		
Array Pro	Media Cybernetics	http：//www.mediacy.com/arraypro.htm
ArrayVision	Imaging Research	http：//www.imagingresearch.com/produts/ARV.asp
Dapple	Jeremy Buhler	http：//www.cs.washington.edu/homes/jbuhler/dapple/
F-Scan	NIH	http：//abs.cit.nih.gov/fscan/
GenePix Pro	Axon	http：//www.axon.com/gn_GenPixSoftware.html
ImaGene	BioDiscovery	http：//www.biodiscovery.com/inagene.asp
MicroArray Suite	Scanalytics	http：//www.iplab.com/product/microarray/index.shtml
QuantArray	PerkinElmer	http：//lifesciences.perkinelmer/com/areas/%20microarray/quatarray.asp
ScanAlyze	Mike Eisen	http：//rana.lbl.goc/EisenSoftware.htm
TIGR Spotfinder	The Institute of Genomic Research（TIGR）	http：//www.tigr.org/sofware/tm4/spotfinder.html

续表

软件名	作者	网址
数据分析：		
BRB ArrayTools	Amy Pengand Richard Simon	http：//linus.nci.nih.gov/BRB-Array Tools.html
Cluster and TreeView	Mike Eisen	http：//rana.lbl.gov/EisenSoftware.htm
Expression Profiler	J. Vilo（EBI）	http：//ep.ebi.ac.uk/EP/
GeneSpring	Silicon Genetics	http：//www.silicongenetics.com/cgi/SiG.cgi/Products/GeneSpring/index.smf
Genesis	Graz Uni.	http：//genome.tugraz.at/Sofware/GensisCenter.html
J-expressPro	Molmine.	http：//www.molmine.com/
TMEV	TIGR	http：//www.tigr.org/software/tm4/mev.html
Xcluster	Gavin Sherlock	http：//genome-www.stanford.edu/～sherlock/cluster.html
Xpression NTI	Informax Inc.	http：//www.informaxinc.com/solutions/xpression/indx.html

第四节　DNA 芯片技术的应用与展望

自 1991 年 Fodor 等提出 DNA 芯片的概念以来，DNA 芯片技术作为生物芯片技术的代表得到了迅猛发展。目前，DNA 芯片技术已成为一项重要的分子生物学技术，在生命科学的诸多领域中发挥重要作用，并已被公认为生命科学和医学研究领域中的革命技术之一，将给人类带来类似于计算机的影响，可能从根本上改变医学行为和人类的生活质量。DNA 芯片及其他生物芯片技术，已成为各国学术界和工商界研究与投资的一个热点。根据不同的应用目的，各种不同的 DNA 芯片被不断开发应用。

一、全基因组芯片与生命科学基础研究

生物物种的全基因组芯片因其可包含某物种的所有遗传信息而具有无可比拟的研究价值。目前，全基因组芯片主要用于生命科学的基础研究。

1. 基因表达谱分析　全基因组芯片在基因表达谱（gene expression profile）分析研究中的应用，是基因芯片技术最为广泛、最具价值的应用，可对来源于不同物种、不同组织、不同细胞周期、不同分化发育阶段、不同病变、或经不同刺激（环境诱导、药物治疗等）下细胞内的各种 mRNA 水平进行全面、系统的检测与分析，因而，将为人们提供一条认识生命本质的捷径。

2. 基因组比较研究　在某生物物种的全基因组测序和基因结构分析完成后，可用全基因组芯片对该物种与相近物种间的差异，或对该物种个体间的差异进行比较研究。用随机引物扩增并标记各种小片段产物，与全基因组芯片进行杂交分析，这与全面的测序工作相比较，更加简便、快速和高效。

3. DNA 序列分析　DNA 芯片技术通过大量固化的寡核苷酸探针（一般为 8～10nt）与生物样品的靶序列进行分子杂交，产生杂交图谱，排列出靶 DNA 的序列，这种测序方法称为杂交测序（sequencing by hybridization）。

4. 核酶设计　核酶（ribozymes）是一类具有催化活性的 RNA 分子，核酶在基因功能研究，抗病毒、抗肿瘤研究中具有广阔的应用前景。但核酶特异性作用部位的选择是核酶设计过程中的关键。Oligo-cDNA 芯片技术和 RNA 酶的结合应用，可提高核酶特异性作用部位的筛选效率。

二、DNA 芯片技术在医药领域中的应用

随着 DNA 芯片开发研究的发展，DNA 芯片技术在临床医学中应用正不断地加强，为诊断疾病用的各种 DNA 芯片日趋增多，在感染性疾病、遗传性疾病、肿瘤等疾病的诊断中发挥越来越重要的作用。

1. 感染性疾病的基因诊断 DNA 芯片技术在感染性疾病诊断方面，与传统检测方法相比，具有检测范围广、速度快等特点。它可以用一枚芯片同时对多种病原微生物进行检测，能检测病原微生物的种类及亚型，病原微生物的耐药性等，有极高的灵敏度和可靠性，检测成本低，自动化程度高，有利于大规模推广应用。

2. 遗传性疾病诊断 基因芯片技术对遗传性疾病和肿瘤等疾病的临床诊断应用具有独特的优势。人类基因组中常见的基因突变包括点突变、插入、缺失等形式，采用寡核苷酸芯片可对这些突变类型进行检测。

3. 肿瘤的诊断 肿瘤的发生与基因的突变，癌基因与抑癌基因的表达有着内在本质的联系，DNA 芯片技术的应用，可快速获取组织细胞中与肿瘤发生相关基因及其表达信息。

4. 耐药基因的探查 目前药物滥用日趋严重，成为一项对人类构成严重危害的潜在因素。生物在大量的药物作用下，会通过改变自身基因的结构和表达，来适应药物环境，造成耐药。应用 DNA 芯片技术，可以探查造成药物耐受的基因变化，预测药物耐受性，指导临床合理用药。

5. 预防医学应用 DNA 芯片技术可用于流行病学调查分析。应用 DNA 芯片技术对疾病易感人群的基因分析研究，有利于对某些疾病，如糖尿病、肿瘤等疾病的发生进行预测和预防。另外，在人口健康普查、优生等方面也可发挥重要的作用。

6. 药物筛选和新药开发 DNA 芯片技术在药物研究与开发中可应用于药物筛选、新药发现、合理用药、中草药鉴定和真假药辨别等方面。药物筛选是新药开发的途径之一。目前，国外几乎所有的主要制药公司都不同程度地采用了基因芯片技术来寻找药物靶标，查检药物的毒性或不良反应。用芯片作大规模的筛选研究可以省略大量的动物试验，缩短药物筛选所用时间，在基因组药学（pharmacogenomics）领域带动新药的研究和开发。

三、DNA 芯片技术在生命科学其他领域中的应用

基因芯片技术除了在医药领域中的应用外，还可应用于生命科学其他诸多领域，如生物遗传学、遗传工程学、生物信息学、生物物理等。在农业、林业、畜牧业的基础研究，包括品种改良和抗病虫害研究等各个方面均有极大应用前景。另外，在社会学的许多领域中，DNA 芯片技术也具有极大的应用潜力，如环境监测、商品检验检疫、法医鉴定、考古学等领域，因此，有学者认为基因芯片技术将逐步影响人类的生活方式。

目前，基因芯片技术虽然已取得很大的发展，在生物芯片技术中具领导地位，但存在一些应用的限制因素，主要表现在扫描检测设备的昂贵，操作的自动化程度较低，以及获取样品 DNA 困难等方面。随着研究的不断深入和相关技术的更加完善，DNA 芯片技术一定会在生命科学研究领域发挥出更加非凡的作用。

第五节 蛋白质芯片及其他生物芯片技术

一、蛋白质芯片技术

随着人类基因组测序工作的完成，人们认识到基因仅仅是遗传信息的载体，而生命活力的执行者是基因的表达产物蛋白质。为了揭示基因所表达的众多蛋白质的作用和相互关系，后基

因组（postgenome）的研究，包括蛋白质组（proteome）的研究是必然的发展趋势。

蛋白质芯片（protein chip）技术是将高度密集排列的蛋白质分子作为探针点阵固定在固相支持物上，利用蛋白质的特性，如抗体与抗原、酶与底物的亲和作用，可捕获样品中的靶蛋白，再经检测系统对靶蛋白进行定性和定量分析。

蛋白质芯片技术是继 DNA 芯片技术之后发展起来的一项特殊的分子生物学技术，它汲取了许多 DNA 芯片技术的优点，进一步拓宽了生物芯片的应用范围。蛋白质芯片与基因芯片相比，在制备、应用上都有许多不同之处，概括如下：

1. 芯片探针及固定条件不同 蛋白质芯片的探针来源于纯化蛋白，或直接提取的组织液、血液、尿液等，也可以是人工合成的肽链或生物合成的蛋白质。作为探针的蛋白质固定后还须保证其活性和结构不变，技术要求较高。蛋白质芯片主要通过活化羟基为醛基，结合蛋白的氨基，而基因芯片通过活化羟基与结合核苷酸的磷酸相结合，也可将核苷酸经过修饰加上氨基或其他基团，再与活化载体基团结合。

2. 探针制备难度大 DNA 芯片探针为 DNA，可通过 PCR 扩增或原位人工合成，而蛋白质的人工合成远比 DNA 合成难。虽然利用基因克隆、表达等技术可以帮助蛋白质的获取，但蛋白质的分离、纯化仍是一项繁杂的工作。蛋白质的保守性与基因的保守性也不同，即使有少量的氨基酸的变化，其结构和抗性也可截然不同。有些蛋白质的结构不完全取决于本身的编码基因，在转录、翻译后需经修饰加工才能形成最终的活性结构。目前，作为探针的蛋白质的制备难度是制约其应用的主要因素。

3. 操作差异 ①由于蛋白质芯片的结合反应与核酸的分子杂交原理不同，因此，在芯片技术的应用操作过程有许多不同之处；②如封闭不同，蛋白芯片用 BSA 或特殊氨基酸封闭未结合的活化基团，基因芯片用事先设计的预杂交液封闭；③样品的处理不同，蛋白芯片的样品可以是未经提纯的含待测蛋白的组织液等，基因芯片的样品却必须是提取的 DNA 经 PCR 扩增后的产物；④DNA 样品或探针在杂交前需经变性处理，而作为探针和样品的蛋白质则必须保证其活性；⑤检测方法不同，蛋白质芯片可利用第二抗体的酶联反应进行相应的检测，而 DNA 芯片大多采用标记荧光检测。

4. 应用方向不同 蛋白质芯片肩负着研究蛋白质功能、蛋白质相互作用及相关方面的重任；基因芯片则负责解决基因功能、基因调控及表达等相关问题。

同 DNA 芯片技术相比，蛋白质芯片技术的发展受到一定限制，蛋白质分子的空间结构复杂，其生物活性与空间结构密切相关，同时蛋白质不能被简单地扩增或原位合成，难以利用拷贝扩增的方式来提高检测的灵敏度；其次，蛋白质间的相互作用无序列可循，而是类似于抗原-抗体相互作用的特异结合性；另外，在操作过程中，蛋白质很容易变性。因此，发展蛋白质芯片已成为当今生物芯片领域的挑战性课题。总的说来，目前蛋白芯片技术不如基因芯片技术成熟，尚待发展。但蛋白质芯片技术具有 DNA 芯片技术不可替代的特性，因为蛋白质是生命活动的本质，是基因表达的终产物，有如“分子机器”一样执行着细胞的各种活动功能，利用蛋白质芯片技术获得的生物信息更贴近细胞的客观状况，更真实地反映生命的本来面目。随着蛋白质组学研究的不断进展，蛋白质芯片技术必将逐步完善，应用更加广泛。DNA 芯片技术和蛋白质芯片技术的结合运用，将带领人类走向认识自然生命的新境界。

二、多糖芯片技术

多糖芯片技术是近年来研究发展的又一项生物芯片技术，是 DNA 及蛋白质芯片技术和多糖分析结合的产物，其主要是将各种多糖以共价交联的形式固定于支持物，应用多糖分子能与某些大分子，如细胞凝集素、抗体等发生特异性结合的特性，来检测各种生物信息。

最近，中美合作研究报道了用多糖芯片技术检测灭活 SARS 病毒疫苗的免疫活性。该多糖芯片是用硝酸纤维素包被的玻片作为支持物，固化各种糖类抗原而制成。此法适用微阵列加工设备制作高信息量的多糖芯片，可将大量具有精细空间结构的大分子糖类，包括多聚糖、糖复合物或结合有单糖、寡聚糖的大分子载体结合于该固体支持物，构建多糖类生物芯片分析系统。多糖芯片可通过与微生物特异性的糖类结合，应用于感染性疾病的诊断和疫苗研究分析，也可通过与宿主细胞发生交叉反应的糖分子的结合，应用于发现和认识感染性抗原的糖链特征。

最近另有研究报道一种可反复使用的多糖芯片用于快速检测细胞对多糖的黏附性。将寡聚糖以共价交联的形式固定于玻片，用 Teflon 垫圈将各多糖点隔离，将原代培养的鸡肝实质细胞用荧光标记后，与芯片的多糖点阵进行吸附，根据能发生吸附多糖的种类来分析细胞所表达的植物凝集素。该法还拓宽应用于人 $CD4^{+}T$ 细胞对不同多糖的吸附分析。

此外，最近还有研究专门针对抗体检测的抗原芯片问世，这是一种复合生物芯片，将各种抗原，包括糖类和蛋白质类抗原固定于固相支持物上，检测生物体内存在的各种抗体。如应用于自身免疫性疾病的诊断，发病危险性的预测，以及治疗处理的指导等。

总之，生物芯片技术的基本原理类同，都是利用生物大分子具有特定空间结构，可以和某些物质发生特异性结合，即生物大分子相互作用的特性，而建立特殊的分析系统。糖类芯片和蛋白质芯片技术的发展和应用，进一步拓宽了生物芯片技术的应用范围，更加快了人类对生命本质的认识的步伐。

三、液体芯片技术

液体芯片技术是在液体芯片基础上发展起来的一种特殊的生物芯片技术。液体芯片制作的关键是作为固相支持物的微珠。各种微珠具有某些特性，可通过一定的手段和方法进行区分定性。作为探针的特异的生物大分子被固定在各种微珠的表面，混悬在溶液中，和被测样品进行结合后，进行检测分析。液体芯片可用于各种生物大分子间的结合分析，如蛋白质和蛋白质，受体与配基，核酸与核酸，蛋白质与多糖间的结合分析。液体芯片技术作为一种特殊的生物芯片应用技术，最大的优点是由于可制成微珠混悬液，适于自动吸样、扫描分析，可实行自动化操作，而且杂交效率高，尤其适用于临床检验及大规模样品分析。

液体芯片技术的关键之一是微珠的特性区分。先期采用的微珠多为均质微珠，通过在相同的微珠上标记有不同种类、量级的荧光标记物加以区分，如 Luminex® Beads，用两种、十个量级的标记，可区分 100 种微珠。应用时在各种微珠上再固定不同的探针分子，和样品中的特异性分子结合后进行流式扫描测定，类似于流式细胞分析。在这种同质微珠的应用时，定性区分所用的标记必须稳定可靠。利用某些材料特性，研制各种更利于检测的异质微珠，将有助于液体芯片技术的推广应用。液体芯片技术的发展将会对传统的生化检验带来革命性的变化，其蕴藏着巨大的商机。目前已有 Luminex、QIAGEN 等公司推出有关液体芯片分析系统，相信不久将会有更丰富的液体芯片分析系统可供选用。

思考题

1. 什么叫生物芯片？分为哪几类？
2. 生物芯片在医学方面有何作用？

（黄新祥　史　宁　贯　伟）

第 28 章 分子生物学常用技术的原理及应用

分子生物学技术是现代生命学科研究的主要工具之一，从基因组框架结构的阐明，到后基因组学的蓬勃开展，以及各种生命现象和规律的探索，都充分显示了这些技术的巨大威力。从现在发表的各个层次的科学杂志来看，只要涉及生命学科，很少有不使用分子生物学技术的。因此，作为以生命为对象的学者或医生，非常有必要对常用的分子生物学技术有一个基础性的了解，以便掌握最新科学发展动态，并将这些技术应用到未来的研究设计和研究活动中。

本章主要介绍各种常用分子生物学技术，期望通过图文并茂的方式，帮助大家对实验原理有良好的认识。

第一节 分子杂交与印迹技术

一、分子杂交和印迹技术的原理

分子杂交是利用 DNA 变性与复性这一基本性质来进行 DNA 或 RNA 定性或定量分析的一项技术。分子杂交技术的原理主要涉及分子杂交特性、印迹技术、探针技术几个方面，这里先介绍杂交技术和印迹技术，探针技术将在后面专门列出。

（一）杂交技术

核酸分子杂交是在核酸变性及复性原理基础上建立的实验技术，是指具有一定同源序列的两条核酸单链在一定条件下按碱基互补原则退火形成异质双链的过程。

除核酸分子杂交外，还有以抗原-抗体及受体-配体特异结合反应为特征的 Western 杂交。

（二）印迹技术

1975 年，Edwen Southern 提出了分子印迹（渍）的概念。即将琼脂糖电泳分离的 DNA 片段在胶中变性使其成为单链，然后将一张硝酸纤维素（nitrocellulose，NC）膜放在胶上，上面压上一定厚度的吸水纸巾，利用毛细作用使胶中的 DNA 片段转移到 NC 膜上，使之成为固相化分子。将载有 DNA 单链分子的 NC 膜放在溶液（杂交液）中，溶液中具有互补序列的 DNA 或 RNA 单链分子就可以结合到存在于 NC 膜上的 DNA 分子上。

这一技术类似于用吸墨纸吸收纸张上的墨迹，因此称之为“blotting”，译为印迹技术。它的定义是将在凝胶中分离的生物大分子转移（印迹）或直接放在固定化介质上并加以检测分析的技术。目前这种技术已广泛用于 DNA、RNA、蛋白质的检测。

除了上述靠毛细作用将 DNA 转移至 NC 膜外，后来又发展了电转移印迹技术和真空吸引转移印迹，缩短了转移所需的时间。另外亦有一些新的转移膜改善了转移效率和样品承载能力。

二、印迹技术的类别及应用

印迹技术主要有 DNA 印迹技术、RNA 印迹技术和蛋白质印迹技术三大类。它们的基本流程如图 28-1 所示。

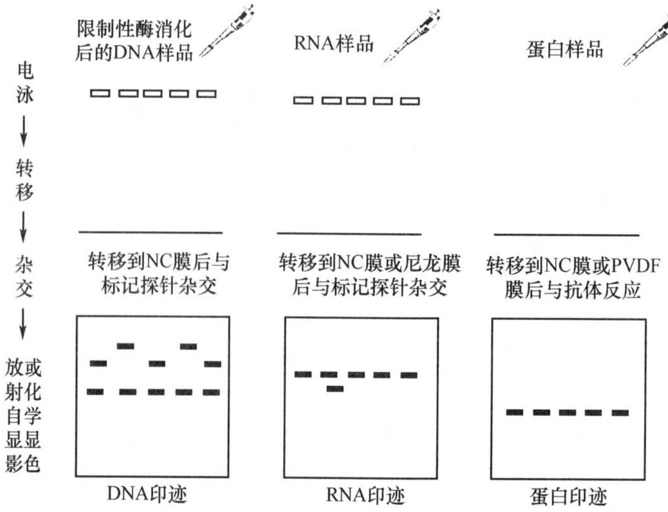

图 28-1 DNA 印迹、RNA 印迹和蛋白印迹技术示意图

（一）DNA 印迹技术

DNA 印迹技术（DNA blotting）是由英国爱丁堡大学的 Edwin Southern 于 1975 年提出的一种检查基因组的 DNA 中特异顺序的方法，因而以其姓氏命名，被广泛称为 Southern blotting。此方法广泛应用于分子生物学的研究，可分析基因组的结构、基因的同源性、基因的拷贝数。本方法包括 5 个基本步骤。

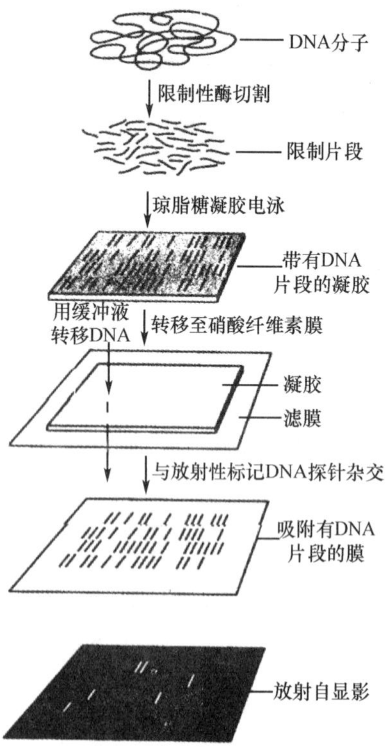

图 28-2 Southern blotting 的基本过程

（1）用限制性内切酶将 DNA 酶解成一定的片段。

（2）电泳：用酶解的 DNA 片段在琼脂糖凝胶上电泳，依片段的大小而分离之。

（3）转移：电泳后用碱处理使凝胶中的 DNA 变成单链的 DNA，然后利用毛细管作用或负压法装置使单链的 DNA 转移至硝酸纤维滤膜或尼龙膜上，并真空烘干以固定 DNA。

（4）杂交：用标记后的探针与固定在膜片上的 DNA 杂交，这可使标记 DNA 与同源的 DNA 碱基配对及氢键形成而成为杂交分子。然后，将非特异吸附及未杂交的放射性核素洗涤干净。

（5）放射自显影：即可将杂交 DNA 条带放射自显影。

（二）RNA 印迹技术

利用与 DNA 印迹相类似的技术来分析 RNA 就称为 RNA blotting。相对于 Southern blotting，有人将 RNA 印迹称为 Northern blotting，其基本原理与 Southern blotting 相同，只是转移的分子是 RNA。RNA 分子较小，在转移前无需进行限制性内切酶切割，而且变性 RNA 的转移效率也比较高。

RNA 印迹技术是用 DNA 探针来检测特异顺序的 RNA，主要是检测特异 mRNA 分子，以分析该基因的表达情况及 mRNA 分子的大小，特别是对细胞生长、分化、发育过程中有关基因的表达。尽管用

RNA 印迹技术检测 mRNA 表达水平的敏感性较 PCR 法低，但由于其特异性强，假阳性率低，仍然被认为是最可靠的 mRNA 水平分析方法之一。整个过程也由 5 个基本步骤组成。

（1）RNA 的抽提：细胞总 RNA 或 mRNA 均可做 Northern 杂交。

（2）RNA 变性琼脂糖电泳：电泳时用变性剂将 RNA 内局部双螺旋破坏，使其成线状单链。

（3）转移。

（4）杂交。

（5）放射自显影。

（三）蛋白质的印迹分析

印迹技术不仅可用于核酸的分子杂交，而且也可用于蛋白质的分析。人们发现蛋白质在电泳之后也可以转移和固定于膜上，再与溶液中相应的蛋白分子相互结合，其中最常用的是用抗体来检测，因此被称为免疫印迹（immunoblotting）。相对应于 DNA 的 Southern blotting 和 RNA 的 Northern blotting，免疫印迹技术也被称为 Western blotting。

蛋白质印迹技术的原理与 DNA 和 RNA 类似，首先将混合蛋白质用聚丙烯酰胺凝胶电泳按分子大小分开，再将蛋白质转移到 NC 膜或其他膜上。与 DNA 和 RNA 不同的是，蛋白质的转移只有靠电转移方可完成；另外，蛋白质的分析主要靠抗体来进行。特异性抗体（称为第一抗体）首先与转移膜上相应的蛋白分子结合，然后用碱性磷酸酶、辣根过氧化物酶标记或放射性核素标记的第二抗体与之结合。反应之后用放射自显影或底物显色来检测蛋白质区带的信号，底物亦可与化学发光剂结合以提高敏感度。

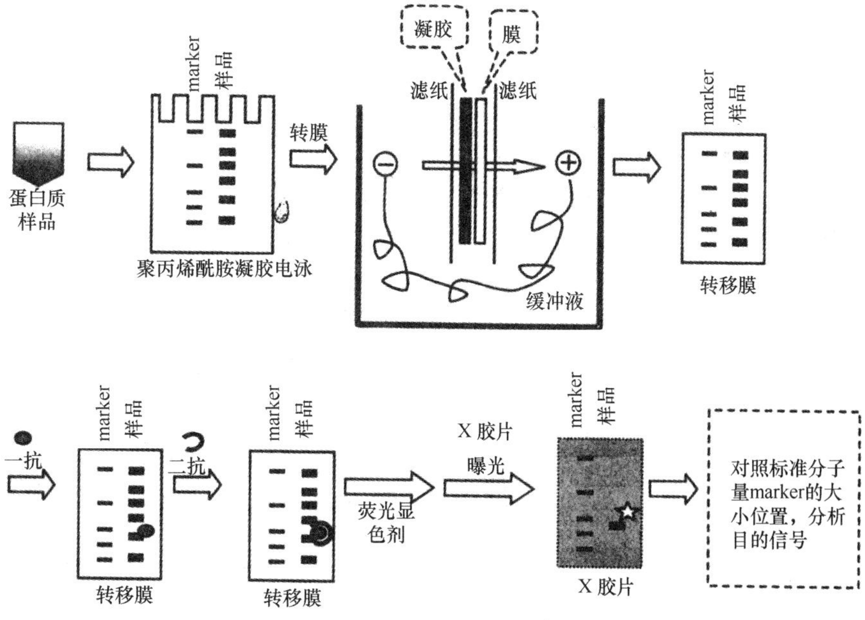

图 28-3　Western 印迹的基本过程

它的转膜与前面介绍的 Southern 印迹和 Northern 印迹不同，这里是用的电转移。虽然前面两种方法中也有电转移装置，但更广泛使用的还是毛细管虹吸作用的转移方式。

免疫印迹技术用于检测样品中特异性蛋白质的存在、细胞中特异蛋白质的半定量分析及蛋白质分子的相互作用研究等。

除上述三种印迹技术外，还有一些其他的方法可用于核酸和蛋白质的分析。例如，可以不经电泳分离而直接将样品点在 NC 膜上用于杂交分析，这种方式被称为斑点印迹（dot blotting）；

组织切片或细胞涂片可以直接用于杂交分析，称为原位杂交（in situ hybridization）；可以将多种已知序列的 DNA 排列在一定大小的尼龙膜或其他支持物上用于检测细胞或组织样品中的核酸种类，这种技术称为 DNA 芯片技术。

三、探针的标记

（一）分子探针的类型

分子探针根据其来源及性质可以分为以下几类。

1. 基因组 DNA 探针 这类探针多采用分子克隆或 PCR 技术从基因文库筛选或扩增的方法制备。由于真核生物基因组中存在高度重复序列，制备探针应尽可能选用基因的编码序列（外显子），避免选用内含子及其他非编码序列，否则将引起非特异性杂交而出现假阳性结果。

2. cDNA 探针 cDNA 是以 RNA 为模板，在反转录酶的作用下合成的互补 DNA，因此它不含有内含子及其他非编码序列，是一种较理想的核酸探针。

3. RNA 探针 mRNA 为单链分子，分子内无高度重复序列，与待测序列的杂交效率高、特异性强。此外，杂交后用 RNA 酶（RNase）可将未杂交的探针分子水解，使杂交本底降低，因此，也是一种较为理想的核酸探针。但是 RNA 容易降解、标记困难，使其应用受到限制。

4. 寡核苷酸探针 这类探针可以用人工合成的方法制备。由于其分子质量小、序列复杂性低、不含高度重复序列，因此杂交所需时间短，特异性强。并且由于其制备比较方便，在核酸分子杂交中的应用越来越广泛。

5. 蛋白质或多肽探针 是用于蛋白质免疫印迹杂交的探针，常常是待检测蛋白质的抗体，可用放射性核素或非放射性标记物如酶等进行标记。

（二）分子探针的标记

分子探针是能特异检测靶分子（待测核酸或蛋白质）的活性物质。分子探针除了能与靶分子特异结合以外还必须用放射性核素或其他活性物质标记，使待测物质在很低的浓度下被检测出来。

一个理想的探针在标记后应不改变探针分子的理化特性，不影响探针与靶分子的特异结合，同时检测的方法要求简便、灵敏、特异。常用的探针标记物有两类：放射性核素和非放射性核素标记物。

1. 放射性核素标记 放射性核素是目前最常用的探针标记物，它不影响探针与靶分子的特异结合，而且检测灵敏度高，可以检测到 10^{-18}～10^{-14}g 的物质。标记探针的放射性核素主要有的 ^{32}P、^{3}H、^{35}S 及 ^{131}I、^{125}I、^{14}C 等。

2. 非放射性核素标记 非放射性核素标记物具有安全可靠的优点。常用的有生物素、地高辛、荧光素如罗丹明和一些酶类如碱性磷酸酶等。

选择何种标记物和标记方法，需综合考虑实验要求、特异性、敏感性、标记方法的难易程度和检测手段等因素。

（三）核酸分子探针的纯化

DNA 探针标记反应结束后，反应液中存在着游离的 dNTP 或 NTP 分子、磷酸盐分子等，这些杂质如不去除可能会对杂交反应有不良的影响。因此，探针标记后，一般都需要进行分离纯化。常用的纯化方法有以下几种。

1. 乙醇沉淀法 无水乙醇可以沉淀 DNA 片段，而一些 dNTP 等小分子物质和蛋白质分子则留在上清液中，因此，用无水乙醇沉淀 2～3 次即可将探针片段与杂质分离，达到纯化的目的。此法由于操作简便，一般常被用来纯化探针。

2. Sephadex G-50 柱层析法　利用 Sephadex G-50（中粒）凝胶的分子筛作用，可以将探针分子与 dNTP 等小分子物质分离开来，大分子探针随着流动相流出，而小分子物质则滞留在凝胶层析柱中。Sephadex G-50 层析柱的柱床不宜过大，以防第一峰体积过大，影响杂交液的配制。如果体积过大，可用乙醇沉淀法进行浓缩。

3. 微柱离心法　将 0.5ml Eppendorf 管底刺一细孔，铺上一薄层硅化过的玻璃棉或尼龙网。在管中装入用双蒸水溶胀消毒的 Sephadex G-50，反复离心制备层析柱，直到柱床达到离心管的 3/4 高度。将标记混合物 0.1ml 加至柱床上，离心收集流出液，流出液即标记好的探针，而未掺入 DNA 的 dNTP 等小分子则保留在层析柱中。

第二节　聚合酶链反应（PCR）技术的原理与应用

前面介绍的 Southern 印迹和 Northern 印迹技术是广泛使用的检测和分析技术，但由于对目的 DNA 或 RNA 的量要求比较大，所以，对于样品量少，或者基因的表达的量很少的情况下，就无法应用，此时，我们可以使用聚合酶链反应（polymerase chain reaction，PCR）技术。

应用 PCR 技术可以将微量目的 DNA 片段扩增 100 万倍以上。PCR 反应理论的提出和技术上的完善对于分子生物学的发展具有不可估量价值。它以敏感度高、特异性强、产率高、重复性好及快速简便等优点迅速成为分子生物学研究中应用最为广泛的方法，并使得很多以往无法解决的分子生物学研究难题得以解决。发明这一技术的 K. Mullis 也因此贡献而获得了 1993 年度诺贝尔化学奖。

一、PCR 技术的工作原理

PCR 的基本工作原理是以扩增的 DNA 分子为模板，以一对分别与模板 5′端和 3′端相互补的寡核苷酸片段为引物，在 DNA 聚合酶的作用下，按照半保留复制的机制沿着模板链延伸直至完成新的 DNA 合成，重复这一过程，即可使目的 DNA 片段得到扩增（图 28-4）。组成 PCR 反应体系的基本成分包括：模板 DNA、特异性引物、耐热性 DNA 聚合酶（如 Taq DNA 聚合酶）、dNTP 及含有 Mg^{2+}的缓冲液。

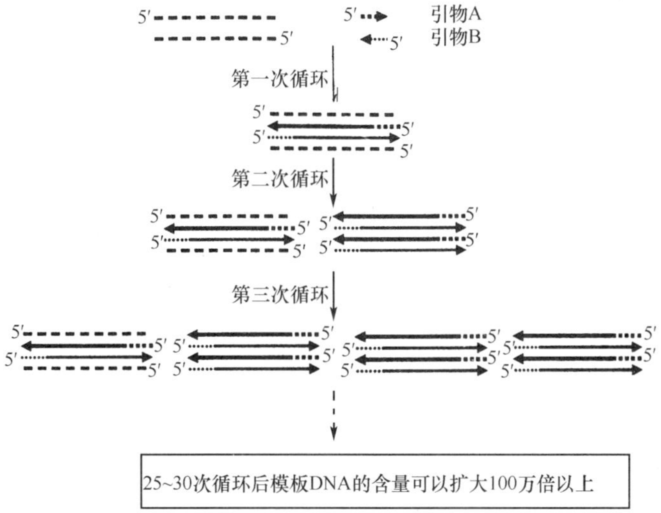

图 28-4　PCR 技术原理示意图

PCR 的基本反应步骤包括：①变性，将反应体系加热至 95℃，使模板 DNA 完全变性成为单链，同时引物自身及引物之间存在的局部双链也得以消除；②退火，将温度下降至适宜温度（一般较 T_m 低 5℃）使引物与模板 DNA 退火结合；③延伸，将温度升至 72℃，DNA 聚合酶以 dNTP 为底物催化 DNA 的合成反应。上述三个步骤称为一个循环，新合成的 DNA 分子继续作为下一轮合成的模板，经多次循环（25～30 次）后即可达到扩增 DNA 片段的目的。

二、几种重要的 PCR 衍生技术及其应用

PCR 技术自身的发展及和已有分子生物学技术的结合形成了多种 PCR 衍生技术，大大提高了 PCR 反应的特异性和应用的广泛性。本章举例介绍部分与医学研究密切相关的 PCR 衍生技术。

（一）反转录 PCR 技术

反转录 PCR（reverse transcription PCR，RT-PCR）是将 RNA 的反转录反应和 PCR 反应联合应用的一种技术。即首先以 RNA 为模板，在反转录酶的作用下合成 cDNA，再以 cDNA 为模板通过 PCR 反应来扩增目的基因（图 28-5）。RT-PCR 是目前从组织或细胞中获得目的基因及对已知序列的 RNA 进行定性定量分析的最有效的方法之一，它具有敏感度高、特异性强和省时等优点。

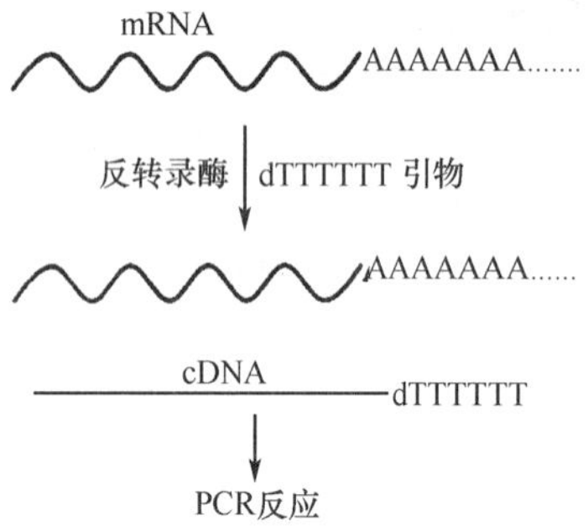

图 28-5 RT-PCR 的示意图

RNA 的信息通过反转录酶转移为 DNA 的信息后，才能够被 PCR 反应检测出来。合成 cDNA 的引物常用的是寡聚 dT。也可以自己设计引物，提高特异性

（二）原位 PCR 技术

原位 PCR（in situ PCR，ISP）技术是在甲醛固定、石蜡包埋的组织切片或细胞涂片上对单个细胞内进行的 PCR 反应，然后用特异性探针进行原位杂交，即可检出待测 DNA 或 RNA 是否在该组织或细胞中存在。原位 PCR 是将 PCR 与原位杂交相结合而发展起来的一项新技术。如果单纯使用 PCR 或 RT-PCR 技术虽然能够扩增获得各种组织细胞中的 DNA 或 RNA，但是由于 PCR 产物不能在组织细胞中直接定位，因而不能与特定的组织细胞特征表型相联系；而原位杂交技术虽有良好的定位效果，但由于检测的灵敏度不高，对低含量的 DNA 或 RNA（一个细胞中低于 20 个拷贝）则无法检测。原位 PCR 方法弥补了 PCR 技术和原位杂交技术的不足，是将目的基因的扩增与定位相结合的一种最佳方法。

（三）反向 PCR

反向 PCR（inverse PCR，IPCR）的目的是扩增已知序列外端的序列，在研究侧翼序列对基因表达的调控中尤其有益，还可用于仅知道部分序列的全长 cDNA 的克隆，以及探索邻接已知 DNA 片段的序列。我们知道，一般的 PCR 是扩增两已知序列之间的 DNA 片段的，IPCR 的工作原理是将基因组 DNA 经限制性内切酶消化后（目的基因内不存在该酶的酶切位点；且片段应短于 2～3kb），然后在适当的条件下使带有黏性末端的线状 DNA 自身环化。设计的引物使它向未知序列方向扩增，扩增产物是一种重排了的双链 DNA。

（四）标记引物 PCR

标记引物 PCR（labelled primers PCR，LP-PCR）用于基因诊断领域非常简便，特异，敏感。它是利用对 PCR 引物 5′端进行标记，使得 PCR 扩增产物 5′ 端带有相应的标记物（荧光素，同位素等）。在扩增产物经电泳分离后，通过荧光检查或放射自显影等得到显示，因此，特别适合于大量临床标本的基因诊断。与常规 PCR 检测方法相比，省去了限制性内切酶消化、分子杂交等许多繁琐步骤。

（五）PCR-SSCP 技术

DNA 单链构象多态性的 PCR 检测技术（PCR-single strand conformation polymorphism，PCR-SSCP）是一种 DNA 单链凝胶电泳技术。它根据形成不同构象的等长 DNA 单链在中性聚丙烯酰胺中的电泳迁移率的变化来检测基因的变异。该技术简便，快速，敏感，适于大样本筛查，可用于检测单碱基置换、数碱基插入或缺失等基因变异。现已被广泛应用于癌基因和抗癌基因突变的鉴定，遗传病的致病基因分析和基因诊断、基因制图等领域。

PCR-SSCP 分析的原理是，在不含变性剂的中性 PAGE 中，DNA 单链的迁移率除与 DNA 的长短有关外，更主要的是取决于 DNA 单链所形成的构象。PCR 扩增产物变性后，单链产物经中性 PAGE，靶 DNA 中含单碱基置换，数碱基插入或缺失等改变时，因迁移率变化而出现泳动变位（mobility shift），如图 28-6 所示。

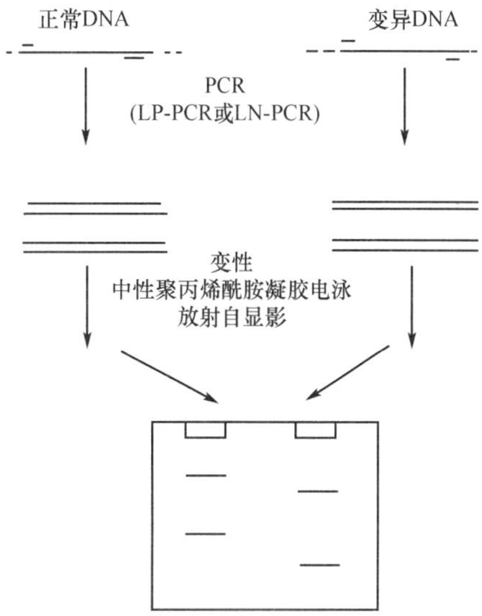

图 28-6 PCR-SSCP 分析步骤和原理

PCR-SSCP 技术已被成功应用于 *ras* 基因突变的检测，*p53* 基因点突变和等位基因缺失的检测，苯丙氨酸羟化酶基因突变和多态的检测，*SRY* 基因点突变的检测。并且 PCR-SSCP 技术也在不断发展。应用非放射性同位素检测是一个重要的发展方向，如银染、溴乙啶染色、荧光标记等。PCR-SSCP 与其他技术结合，能适应于更广阔的领域，如 PCR-SSCP 结合简并引物和通用引物 PCR 可区分基因家庭的成员。

（六）锚定 PCR

一般采用的 PCR 方法，首先必须知道位于感兴趣的 DNA 片段两侧的序列。锚定 PCR（anchored PCR）可以克服未知序列带来的障碍。一个感兴趣的 mRNA 可以通过逆转录酶转录成 cDNA，然后在 DNA 末端转移酶的作用下，在 cDNA5′端加上 poly dG，而锚定引物 poly dC 带有一合适的限制酶位点，与其互补配对。在基因特异性的 3′引物和锚定引物（5′引物）的作用下，带有同源多聚物尾巴的 cDNA 被扩增。这种方法的好处在于不须知道扩增序列的两个末端，不要特殊的引物。如果期望的核酸序列可被锚定，这将是一个最简单的扩增克隆产物的方法。

（七）差异展示 PCR

基因的选择性表达决定着生命活动的整个过程，如生长和发育、衰老和死亡。病理变化也是由于基因表达的改变所致。基因的选择性表达是分子生物学所研究的核心问题之一。将不同类型或不同状态细胞内基因的表达情况进行比较则有可能分离到差异性表达的基因。经典的筛选方法费时、费力、费钱，而新近发展的差异展示 PCR（differential display-PCR，DD-PCR）技术则是一种高效灵敏的全新方法。差异展示 PCR 又称“mRNA 差异显示”（mRNA differential display），是 1992 年由哈佛大学的 Uang 和 Pardee 发明的筛选和克隆差异性表达基因的新方法，可在较短的时间内得到目的基因的克隆，目前在生命科学的诸多领域得到了广泛的应用。

（八）实时 PCR 技术

实时 PCR（real time PCR）技术是近年来发展起来的一种新的核酸微量分析技术，尤其是在定量 RT-PCR 中具有重要的价值。

实时 PCR 的基本原理是引入了荧光标记分子，使得在 PCR 反应中产生的荧光信号与 PCR 产物量成正比，对每一反应时刻的荧光信号进行实时分析，计算出 PCR 产物量。根据动态变化数据，可以精确计算样品中原有模板的含量，基本原理如图 28-7 所示。与传统的 PCR 反应相比，在常规的正向和反向 PCR 引物之间，这一系统增加了一对特殊的引物作为探针。探针的 5′端有一个荧光报告分子（reporter，R），3′端有一个荧光淬灭分子（quencher，Q）。没有扩增反应时，探针保持完整，荧光报告分子和荧光淬灭分子同时存在于探针上，无荧光信号释放。随着 PCR 的进行，Taq DNA 聚合酶在链延伸过程中遇到与模板结合着的荧光探针，其 5′→3′外切核酸酶就会将该探针逐步切断，报告荧光基因一旦与淬灭基因分离，便产生荧光信号。后者被荧光监测系统接收，用于数据分析。

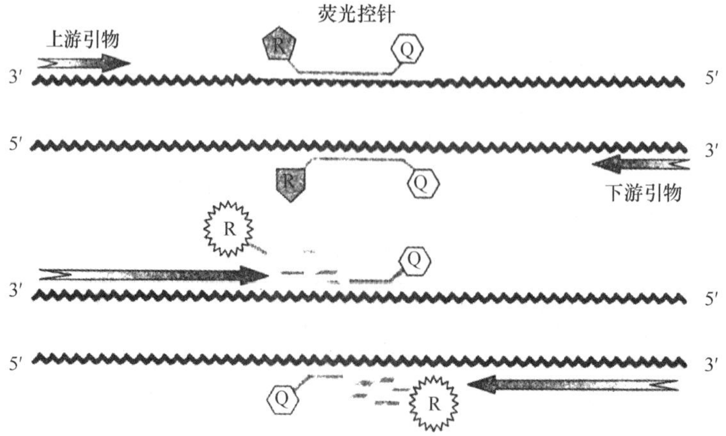

图 28-7 实时 PCR 原理示意图

实时 PCR 技术实现了 PCR 反应从定性到定量的飞跃，目前已逐步得到广泛的应用。

（九）降落 PCR（touch-down PCR）

降落 PCR（touch-down PCR）是一种新的 PCR 技术，主要用于 PCR 的条件的优化。在许多情况下引物的设计使得 PCR 难以进行，如特异性不够易错配等。退火温度过高会使 PCR 效率过低，但退火温度过低则会使非特异扩增过多。这虽然可以通过反复尝试来优化，但费时费力。降落 PCR 提供了一个较为简易的优化方法。其原理大致是这样的。首先在较高的温度下扩增，此时虽然扩增效率低，但非特异扩增基本没有。随着退火温度的降低，非特异扩增会逐步增多。但由于此时特异的扩增产物已经达到一定的数量优势，因此会对非特异扩增产生强烈的竞争抑制，从而大幅提高 PCR 的特异性和效率。这一 PCR 技术已经大量地进入医疗临床应用。现在，以高通量 PCR 为基础的检测方法，如人的 HLA 分型大多采用这一技术。

设计多循环反应的程序，以使相连循环的退火温度越来越低。由于开始时的退火温度选择为高于估计的 T_m 值，随着循环的进行，退火温度逐渐降到 T_m 值，并最终低于这个水平，用于确保第一个引物——模板杂交事件发生在最互补的反应物之间，即那些产生目的扩增产物的反应物之间。尽管退火温度最终会降到非特异杂交的 T_m 值，但此时目的扩增产物已开始几何扩增，在剩下的循环中处于超过任何滞后（非特异）PCR 产物的地位。

第三节　基因转移和基因敲除技术

一、基因转移技术

基因转移技术（gene transfer）就是将外源性基因转移到细胞内的方法，从而研究该基因在转移后的表达和功能发挥情况。实际上，我们介绍过的真核细胞稳定表达细胞株的建立，就是一种细胞水平的基因转移，并使得转移后的基因能够继续被传递给子代细胞。现在大多数所提到的基因转移技术，是指将目的基因整合入受精孵卵细胞或者是胚胎干细胞，然后，提供模拟胚胎发育生长环境，经过通常的发育过程，产生新的带有目的基因的个体，并且是继续可以传递给后代。其基本过程参见基因敲除技术（图 28-8）。

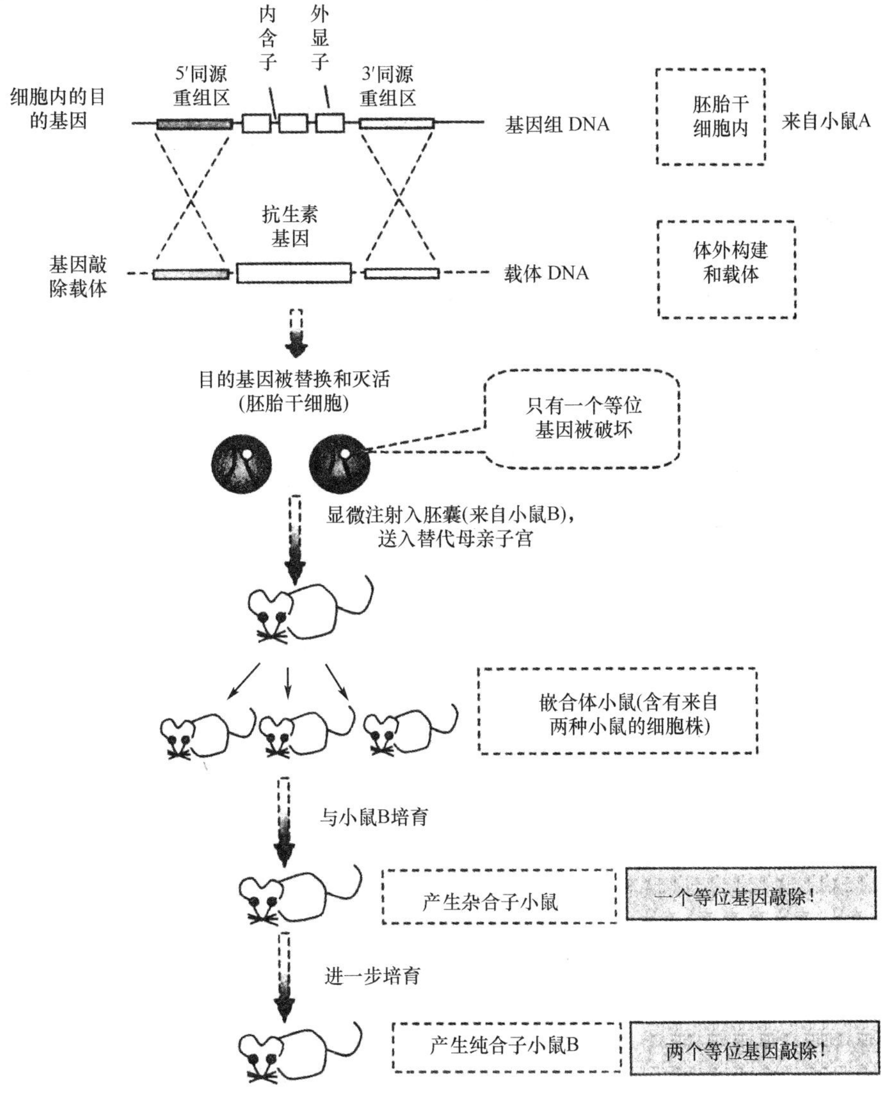

图 28-8　基因敲除技术的基本步骤

二、基因敲除技术

基因敲除技术（gene knock out）就是人为有目的地去除（敲除）实验动物体内某特定基因

的技术。这种实验动物可以被用来观察某个基因对于动物生命活动影响的主要方面。如敲除小鼠血管内皮生长因子基因 *VEGF*(vascular endothelial growth factor)能够使生命死亡于胚胎早期，血管的形成受到决定性的影响，因此可以推断，VEGF 是血管形成的主要的决定因素之一。其基本方法是能够灭活目的基因的重组 DNA（基因敲除载体），该 DNA 含有与目的基因同源性较大的区域。导入胚胎干细胞，通过同源重组的原理取代并破坏原有基因。筛选出敲除成功的干细胞后，通过显微注射入小鼠的囊胚中参与胚胎发育，获得含有一个等位基因被敲除的小鼠嵌合体（chimera）。然后，通过进一步的合理培育小鼠，就可以获得纯合子小鼠，即两个等位基因都被敲除成功的小鼠。

第四节 RNA 干扰技术

近年来的研究表明，一些小的双链 RNA 可以高效特异地阻断体内特定基因表达，促使 mRNA 降解，诱使细胞表现出特定基因缺陷的表型，称为 RNA 干扰（RNAi）。RNAi 同时也是体内抵御外在感染的一种重要保护机制。由于 RNAi 可以作为一种简单有效的代替基因敲除的遗传工具，因此，RNAi 正在成为功能基因组学研究的一个重要武器，并将大大加速这一领域的研究进展，为此 RNAi 被 *Science* 评为 2002 年最重要的科研成果之一，受到医学科学工作者越来越多的关注。

一、RNAi 的发现及发展

RNA 干扰（RNA interference，RNAi）现象最初在线虫中发现，当与内源性 mRNA 编码区某段序列同源的双链 RNA（dsRNA）导入细胞时，该 mRNA 发生特异性的降解，导致该基因表达的沉默。这种基因沉默现象与在植物和真菌中发现的转录后基因沉默（posttranscriptional gene silencing，PTGS）具有明显的进化相关性。PTGS 和 RNAi 都是由 dsRNA 诱发的多步骤反应，dsRNA 都被降解为 21～25 核苷酸（nt）的双链片段，后者介导了序列特异性的单链 mRNA 的识别。随着研究的深入，人们发现 RNAi 现象在其他种属例如果蝇、原虫、植物、哺乳动物中也存在，RNAi 代表了一种古老的 PTGS 通路。RNAi 现象发现短短几年里，科学家应用 RNAi 技术在不同种属中对功能基因进行了广泛的研究，其中针对线虫属的基因组研究最为深入，线虫基因组中超过 1/3 基因的已经应用 RNAi 技术做了功能分析。针对基因研究中的敲除技术，科学家称 RNAi 技术为靶基因或靶蛋白的“剔降”（Knockdown），这是一个在功能基因研究中可以和基因敲除组媲美的新的技术。2001 年，RNAi 技术被成功地应用到哺乳动物细胞中，使其应用前景更加诱人。

二、RNAi 的作用机制

当病毒基因、人工转入基因、转座子等外源性基因随机整合到宿主细胞基因组内，并利用宿主细胞进行转录时，常产生一些双链 RNA（double-stranded RNA，dsRNA）。宿主细胞对这些 dsRNA 迅即产生反应，其胞质中的 Dicer RNase L 将 dsRNA 切割成多个具有特定长度和结构的小片段 RNA，即 siRNA。由于 siRNA 与外源性基因的 mRNA 具有同源互补性，因此两者结合可介导宿主细胞内的一系列酶促反应，如 RNA 诱导的沉默复合体（RNA-induced silencing complex，RISC）与外源性基因表达的 mRNA 进行特异性结合，并诱发宿主细胞针对这些 mRNA 的降解反应，使外源性基因的蛋白表达消失（图 28-9）。RNAi 发生于除原核生物以外的所有真核生物细胞内。

RNAi 具有放大效应。被降解的 mRNA 片段及未被降解的完整 mRNA 均可作为引物，在 RNA 依赖的 RNA 聚合酶(RNA-dependent RNA polymerase，RdRP)作用下，合成更多的 dsRNA。新合成的 dsRNA 进入下一轮 RNAi 循环。最初，人们将 dsRNA（200～500bp）导入果蝇、锥虫等低等生物体或细胞内，均可产生特异性 RNAi 现象，但大于 30bp 的 dsRNA 在哺乳动物或人体细胞内产生 RNAi 的特异性较差。随着对 RNAi 发生机制的深入了解，人们发现大于 30bp 的 dsRNA 在人类细胞内能强烈促进Ⅰ类干扰素、dsRNA 依赖性蛋白激酶（PKR）及 2′，5′-寡聚腺苷酸合成酶的合成，上述三种因子均能激活潜伏 RNA 酶（RNase latent），导致 mRNA 非特异性降解。但是，低于 30bp 的 dsRNA 则不具这种效应。因此，设计针对目的基因的 siRNA，经体外合成后导入细胞内，观察其诱发的生物学效应，是近年来 RNAi 技术的发展趋势。SiRNA 是一种含有 21～22nt 的二聚体，经阳离子脂质体处理、显微注射或人工载体导入等方法可以实现针对人体细胞的 RNAi。

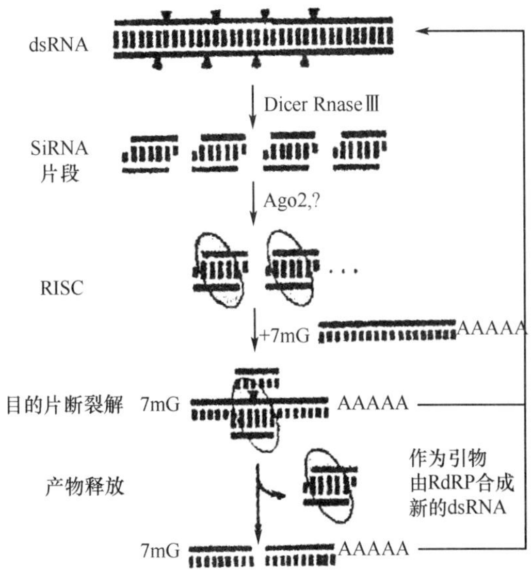

图 28-9　RNAi 作用机制示意图

三、RNAi 的应用

1. 研究基因功能　在功能基因组研究中，需要对特定基因进行功能丧失以确定功能，由于 RNA 干扰具有高度的序列专一性，我们可以根据目的基因设计特异的 dsRNA 使特定基因沉默，因此 RNA 干扰可作为一种强有力的研究工具，用于功能基因组的研究。

2. 研究信号传导通路　Clemens 等应用 RNA 干扰研究了果蝇细胞中的胰岛素信号转导通路。他们首先用针对 DSH3PX1 的 dsRNA 对果蝇细胞进行转染，分析表明相应基因的蛋白质减少了 95%～99%，证明 RNA 干扰可以特异性阻断培养细胞靶向蛋白质的产生，然后利用 RNA 干扰技术分析了已知的胰岛素信号转导通路，发现用 RNA 干扰技术阐明的转导通路与已知的胰岛素转导通路完全一致，同时还证明了 DACK 是 DSH3PX1 磷酸化的上游激酶。RNA 干扰技术简单、快速、重复性好，可能成为细胞信号转导通路研究的重要方法。

3. 基因治疗　由于 dsRNA 可以特异性地阻断内源基因的表达，目前科学家们正在探索利用 dsRNA 治疗肿瘤、AIDS、免疫缺陷等疾病。Caplen 等研究发现利用 dsRNA 特异性地阻断某些基因的表达，可以减少脊髓性肌萎缩细胞模型中细胞的毒性损害。设计出针对肿瘤细胞的癌基因、突变基因、某些肿瘤相关病毒癌基因的 dsRNA，阻断这些有害基因的表达可用于肿瘤治疗。

尽管 RNAi 技术越来越多地被广泛地应用，但到目前为止，RNAi 现象尚未被完全理解，但无疑它是一种天然而古老的生物途径，在漫长的进化过程中能够得以保留，说明 RNAi 现象对生物体有重要意义，RNAi 是生物体适应外界环境、基因表达调控、防止外来病毒感染，以及转座及保护基因组的重要机制。相信随着 RNAi 技术的不断完善和广泛应用，它在后基因组时代功能基因的研究中将发挥不可估量的作用。

第五节 microRNAs

microRNAs（miRNAs）是一种小的、类似于 siRNA 的分子，由高等真核生物基因组编码，miRNA 通过和靶基因 mRNA 碱基配对引导沉默复合体（RISC）降解 mRNA 或阻碍其翻译。miRNAs 在物种进化中相当保守，在植物、动物和真菌中发现的 miRNAs 只在特定的组织和发育阶段表达，miRNA 组织特异性和时序性，决定组织和细胞的功能特异性，表明 miRNA 在细胞生长和发育过程的调节过程中起多种作用。

一、miRNA 原理

miRNA 基因通常是在核内由 RNA 聚合酶Ⅱ（polⅡ）转录的，最初产物为大的具有帽子结构（7^{M}GpppG）和多聚腺苷酸尾巴（AAAAA）的 pre-miRNA。pre-miRNA 在核酸酶 Drosha 和其辅助因子 Pasha 的作用下被处理成 70 个核苷酸组成的 pre-miRNA。RAN-GTP 和 exportin 5 将 pre-miRNA 输送到细胞质中。随后，另一个核酸酶 Dicer 将其剪切产生约为 22 个核苷酸长度的 miRNA∶miRNA 双链。这种双链很快被引导进入沉默复合体（RISC）中，其中一条成熟的单链 miRNA 保留在这一复合体中。成熟的 miRNA 结合到与其互补的 mRNA 的位点通过碱基配对调控基因表达。

与靶 mRNA 不完全互补的 miRNA 在蛋白质翻译水平上抑制其表达（哺乳动物中比较普遍）。然而，最近也有证据表明，这些 miRNA 也有可能影响 mRNA 的稳定性。使用这种机制的 miRNA 结合位点通常在 mRNA 的 3′端非翻译区。如果 miRNA 与靶位点完全互补（或者几乎完全互补），那么这些 miRNA 的结合往往引起靶 mRNA 的降解（在植物中比较常见）。通过这种机制作用的 miRNAs 的结合位点通常都在 mRNA 的编码区或开放阅读框中。每个 miRNA 可以有多个靶基因，而几个 miRNAs 也可以调节同一个基因。这种复杂的调节网络既可以通过一个 miRNA 来调控多个基因的表达，也可以通过几个 miRNAs 的组合来精细调控某个基因的表达。随着 miRNA 调控基因表达的研究的逐步深入，将帮助我们理解高等真核生物的基因组的复杂性及其复杂的调控网络。

目前只有一小部分 miRNAs 生物学功能得到阐明。这些 miRNAs 调节了细胞生长、组织分化，因而与生命过程中发育、疾病有关。通过对基因组上 miRNA 的位点分析，显示其在发育和疾病中起了非常重要的作用。一系列的研究表明：miRNAs 在细胞生长和凋亡，血细胞分化，同源异形盒基因调节，神经元的极性，胰岛素分泌，大脑形态形成，心脏发生，胚胎后期发育等过程中发挥重要作用。例如，miR-273 和 lys-6 编码的 miRNA，参与线虫的神经系统发育过程；miR-430 参与斑马鱼的大脑发育；miR-181 控制哺乳动物血细胞分化为 B 细胞；miR-375 调节哺乳动物胰岛细胞发育和胰岛素分泌；miR-143 在脂肪细胞分化起作用；miR-196 参与了哺乳动物四肢形成，miR-1 与心脏发育有关。另有研究人员发现许多神经系统的 miRNAs 在大脑皮质培养中受到时序调节，表明其可能控制着区域化的 mRNA 翻译。对于新的 miRNA 基因的分析，可能发现新的参与器官形成、胚胎发育和生长的调节因子，促进对癌症等人类疾病发病机制的理解。

二、miRNA 特点

miRNA 广泛存在于真核生物中，是一组不编码蛋白质的短序列 RNA，它本身不具有开放阅读框架（ORF）；通常的长度为 20～24 nt，但在 3′端可以有 1～2 个碱基的长度变化；成熟的 miRNA 5′端有一磷酸基团，3′端为羟基，这一特点使它与大多数寡核苷酸和功能 RNA 的降解片段区别开来；多数 miRNA 还具有高度保守性、时序性和组织特异性。

第六节 蛋白质相互作用研究技术

蛋白质之间相互作用以及通过相互作用而形成的蛋白质复合物是细胞各种基本功能的主要

完成者。几乎所有的重要生命活动，包括 DNA 的复制、转录、蛋白质的合成与分泌、信号转导和代谢等，都离不开蛋白质之间的相互作用。研究细胞内各种蛋白质的相互作用方式，分析各种蛋白质复合物的组成和作用方式是理解生命活动基本机制的基础。目前常用的研究蛋白质相互作用的技术包括酵母双杂交、各种亲和分析（亲和色谱、免疫共沉淀等）、荧光共振能量转换效应分析、噬菌体显示系统筛选等。本部分简介目前最常用的酵母双杂交技术、免疫共沉淀技术和细胞共定位技术的原理和用途。

一、酵母双杂交技术

（一）酵母双杂交技术的基本原理

酵母双杂交体系简称双杂交体系（two-hybrid system），也称相互作用陷阱（interaction trap），是在纽约州立大学的 S. Field 及其合作者建立的双杂交测试（two-hybrid assay）技术的基础上，于 20 世纪 90 年代初期发展出来的一种敏感的体内鉴定基因的方法。它可有效地用来分离能与一种已知的靶蛋白质（target protein）相互作用的蛋白质的编码基因。本项技术目前已被广泛地应用于真核基因的表达与调控、细胞黏合因子间的相互作用、细胞周期与分化及反式因子的鉴定与分离等诸多领域的基础研究。

酵母双杂交系统的建立是基于对酵母转录激活因子 GAL4 分子的研究。如果将 GAL4 分子的 DNA 结合区（binding domain，BD）和促进转录的活性区（activation domain，AD）分开，两者不能表现出对下游基因表达的激活作用。如果 BD 和 AD 分别融合了具有配对相互作用的两种蛋白质分子后，就可以依靠所融合的蛋白质分子之间的相互作用而恢复对下游基因的表达激活作用。

这一系统的具体工作方式如图 28-10 所示。将编码蛋白 X 的 DNA 序列与 GAL4 分子的 BD 基因融合，形成诱饵（bait）基因；将编码蛋白 Y 的 DNA 序列与 GAL4 分子的 AD 基因融合，形成猎物（prey or target protein）基因。在 GAL4 调控启动子的下游融合有报告基因，报告基因的产物可以是对营养缺陷表型的补偿（如腺苷、组氨酸等）；也可以是一些特殊的酶（如*β*-半乳糖苷酶），用其底物（*β*-半乳糖，β-Gal）可以进行颜色筛选。当用两个融合基因同时转化酵母细胞时，如果 X 蛋白和 Y 蛋白不存在相互作用，就不能激活报告基因的转录；如果 X 和 Y 可相互作用，便会使 BD 和 AD 靠近以形成一个有效的转录激活因子，激活报告基因的转录，显而易见，通过检测报告基因是否转录便可确定蛋白 X 与蛋白 Y 是否有相互作用。

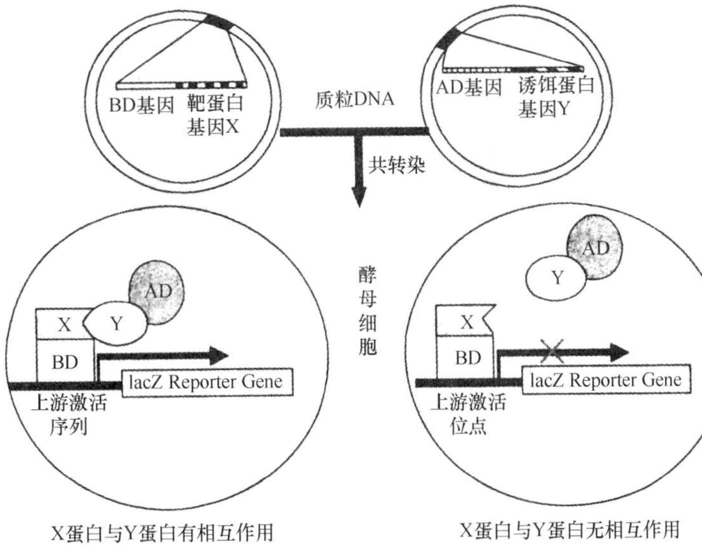

图 28-10　酵母双杂交系统分析蛋白质相互作用的原理

（二）酵母双杂交系统的应用

1. 分析已知蛋白质之间的相互作用 如果通过遗传和生化分析，或根据蛋白质之间的相似性，推测两种已知基因序列的蛋白质可以相互作用，就可以利用酵母双杂交系统来检测它们之间是否存在相互作用。

2. 对蛋白质功能域的分析 对于已知的存在着相互作用的两种蛋白质分子，可对其中的一种蛋白质进行定点或缺失突变，再用酵母双杂交系统来检测它们是否仍然存在相互作用，由此可发现其功能结构域或关键的氨基酸残基。

3. 分析未知蛋白质相互作用 将拟研究的蛋白质的编码基因与BD基因融合成为“诱饵”表达质粒，将器官或组织的cDNA文库与AD基因融合成“猎物”基因库，共转化酵母细胞，即可筛选到与所研究的靶蛋白相互作用的新的蛋白质分子的cDNA在克隆，通过DNA序列分析，便可推测出其氨基酸序列。

4. 绘制蛋白质相互作用系统图谱 以X为靶蛋白可寻找与之相互作用的Y蛋白，得到Y蛋白后，又可以Y蛋白为靶蛋白寻找与之相互作用的新的蛋白质。以此类推，可以找出一系列相互作用的蛋白质，最后绘制出细胞蛋白质相互作用的网络系统图谱。

5. 在药物设计中的应用 酵母双杂交系统亦可用于检测小肽与蛋白质的相互作用，从而可以验证小分子的药理作用，并可进行药物设计。

二、免疫共沉淀技术

从全细胞提取物中共沉淀蛋白的技术是一种很有价值的检测蛋白-蛋白之间物理作用的方法。当使用抗体时，这种技术就称作免疫共沉淀。共沉淀技术可以用来研究各种条件下已知蛋白之间的相互作用，还可以鉴定复合物中的组分。共沉淀技术可以单独使用，也可以与其他检测蛋白-蛋白相互作用的手段如酵母双杂交技术和利用纯化的蛋白研究相互作用的共纯化技术相结合使用。

在免疫共沉淀比较典型的实验体系内，细胞裂解后在非变性条件下制备总蛋白提取物。以一种蛋白的抗体（结合于固相亲和介质）特异地免疫沉淀这种蛋白，然后用第二种蛋白或更多种蛋白的抗体做免疫印迹，检测它们是否被第一种蛋白共沉淀。在这个过程中，设立对照以检测相互作用的特异性是很重要的。下面将详细地介绍这种技术。

（一）检测蛋白质的存在

第一步是准备检测共沉淀涉及的两种蛋白。通常用Western blot的方法检测参与免疫共沉淀的蛋白质都表达或存在。只有那些可以在非变性条件下免疫沉淀蛋白的抗体才是可以用的。经常使用的策略是在目的蛋白的N端或C端加上一个短肽或表位抗原（epitope），我们称之为标签（tag），当然如果不影响功能的话，也可以把标签加到蛋白内部。两种最常用的标签是HA和c-Myc，分别从流感病毒血凝素蛋白和人核蛋白c-Myc的一段多肽而来。其他的抗体如FLAG抗体也很实用。有时可以插入串联重复的标签以提高灵敏度。串联标签的拷贝数可以由1个到3个甚至9个之多。

（二）制备总蛋白提取物

免疫共沉淀成功的第二步是制备含有最大量与最大活性目的蛋白的总蛋白提取物。全细胞提取物中总蛋白的收率与活性并不能完全等同于特异目的蛋白的收率与活性，因此在免疫沉淀操作前最好将两者都加以鉴定。收率和活性受多种因素的影响。裂解缓冲液中盐浓度与去污剂的微小变化就可能对蛋白收率与活性带来较大的影响，也可以影响细胞破碎的速度与效率。这两种因素对那些与大分子结构如膜和细胞骨架相结合的低可溶性蛋白来说尤为重要。另外，加入蛋白酶抑制剂以防止蛋白的降解也是必需的。

（三）相互作用特异性的对照实验

对照设置对于确定抗体及蛋白-蛋白作用的特异性是必需的。当蛋白被标记以不同的标签时，对照是比较容易设立的。我们以两种蛋白 A 和 B 的相互作用来说明这个问题，蛋白 A 和 B 在细胞内有天然存在的形式，它们是没有标签标记的，称作 non-A 和 non-B。我们分别将 A 和 B 标记 Myc 和 HA 标签，称作 Myc-A 和 HA-B。将两者的质粒共转染到宿主细胞内表达，标记的和未标记的蛋白于是共存于细胞内，但是前者的量要稍多于后者。以 Myc 抗体结合 Myc-A，以 protein G-Agarose 结合 Myc 抗体，形成复合物，通过离心与上清液得以分离。如果 A 和 B 蛋白存在相互作用，那么 Myc-A 既可以与 HA-B 结合，也可以与 non-B 结合，两种形式的 B 蛋白因此可以被 A 蛋白共沉淀而被包含在上述复合物中。以 HA 抗体对免疫沉淀物进行 Western blot 检测，HA-B 即可被检测出来，而 non-B 则不能与 HA 抗体发生结合，因而显示不出条带。同时标记 Myc 和 HA 的蛋白互为对方的阴性对照阴。其他没有 HA 标记的蛋白也检测不出来。通过以上设置，可以确定抗体及相互作用的特异性。

如果抗体不是针对标签而是针对天然形式的蛋白，那么使用缺失此蛋白表达的细胞系是一种上策。当然，前提是存在这样的细胞系，此蛋白的缺失表达对于细胞的生存没有致命的影响。如果上述策略不实用，最通用的办法是用预免疫血清（preimmune serum）或同一物种来源的与蛋白没有特异结合的抗体（比如正常的免疫球蛋白 G 等）预先免疫沉淀，以预清除（pre-clear）来降低背景。但是后两种对照不能完全排除间接结合目的蛋白的可能性。

（四）免疫共沉淀技术的其他分析

共沉淀技术是一种有力而又简便的检测蛋白与蛋白之间物理作用的方法。它之所以能用于这类研究，有如下的原因。首先，作为蛋白亲和层析的一种形式，这种方法具有足够的灵敏度来检测弱的相互作用；其次，共沉淀实验在 1mg 全细胞提取物内进行，蛋白所处的浓度条件与环境条件都是最接近天然状态的，能够反映体内的相互作用情况，这使得共沉淀技术成为与酵母双杂交相结合使用的很好的一种鉴定蛋白-蛋白相互作用的手段。在酵母双杂交中，当蛋白质结构域由于折叠变化而不正确地暴露时，可以导致假阳性的出现。另外，并非所有的蛋白都能适用于酵母双杂交体系，因此阴性的结果有时可能掩盖了真正的相互作用。共沉淀技术因此也是酵母双杂交技术的一种互补。

然而，需要提醒注意的是，从细胞提取物中共沉淀两种蛋白也不能充分地说明这种特异的相互作用就能在体内发生。还需要其他的实验给以佐证，比如细胞共定位的研究和功能相关性分析。

三、细胞共定位技术

不论是转染到细胞内的质粒过表达的蛋白质产物，还是细胞内源性的基因表达产物，在细胞内都会有特定的定位，随着细胞周期的变化、发育阶段的不同和组织分布的差异，同一种蛋白的定位可能还会发生一定的变化。目前，已经发展了多种方法来确定蛋白质在细胞内的分布。比如细胞不同组分的分布抽提法、运用荧光显微镜直接观察等方法是目前比较适用于实验室内操作的、技术相对比较成熟的两种技术。由于它们在蛋白质-蛋白质相互作用领域，特别是近年来在蛋白质组学研究中的应用越来越广泛，本节将这一类技术作简要的介绍。

（一）利用荧光蛋白融合技术研究蛋白的细胞内定位

绿色荧光蛋白（green fluorescent protein，GFP）由 238 个氨基酸残基组成，最早从华盛顿星期五港水域的维多利亚水母体内克隆得到。后来发现其他品种的水母也存在类似的荧光蛋白。

一些腔肠动物通过体内的荧光素酶氧化荧光素，释放能量，激活 GFP，而水母却通过水母蛋白激活 GFP。目前关于 GFP 的认识，主要来自 Prasher 等最早得到的克隆（GFP10.1）及其衍生物。

由于细胞本身没有 GFP 基因，将 GFP 和另一基因的编码区相连得到的融合体可以研究目的蛋白的定位。在许多细胞中，GFP 均匀地分布于细胞质、细胞核和诸如轴突的远端突起。激光共聚焦显微术发现，只有囊状小泡没有标记荧光。同时，GFP 也并不是在所有的细胞系中都能如此均匀地分布，例如，在 COS 细胞中，GFP 集中分布在细胞核中。由于存在这样的例外情况，在分析融合蛋白产生的荧光之前，首先研究 GFP 在一个未知的细胞系的定位特点显得非常重要。

美国的 CLONTECH 公司开发了一系列活细胞荧光定位观察的载体，具有如下特点：可以直接检测与观察，确定目的蛋白的定位；不依赖于物种，可以在细菌、酵母、果蝇、线虫、斑马鱼、爪蟾、小鼠、人源的多种细胞及许多种植物细胞内表达：半衰期超过 24 小时，在活细胞内，荧光可以持续 24 小时以上。在固定的细胞内，荧光在数月后仍可以检测得到。鉴于以上优点，目前国际上许多实验室都是应用 CLONTECH 公司开发的产品。其荧光载体携带的荧光蛋白分为两类：一类是前面提到的绿色荧光蛋白，而且就是最早所发现的维多利亚水母（*Aequoria victoria*）体内的那种，研究人员对野生型的 GFP 进行了定点突变，得到了三种变异形式，分别称为 EGFP、ECFP、EYFP，当受到紫外线或蓝色光照射的时候，可以激发显示出绿色荧光；另一类是红色荧光蛋白，是 1999 年在印度-太平洋生存的一种名叫 Discosoma 的海生珊瑚虫体内发现的，这种新发现的红色荧光蛋白与 GFP 没有任何同源性，可以在哺乳动物细胞内高表达，编码 227 个氨基酸。以上两类载体在设计时分别作了一定的密码子修饰，使之更适合于在哺乳动物细胞内表达。除此之外，CLONTECH 还开发了适合在大肠杆菌和酵母细胞内表达的载体，采用 lac 启动子而非 CMV IE 启动子。

为了更加确定性地把握一种蛋白质在细胞内的精确定位，仅仅靠 Hoechst 或 DAPI 区分细胞核是不够的。CLONTECH 公司的研究人员开发了一系列不同亚细胞成分的定位 marker，可以分别将 GFP、CFP、YFP 或 RFP（分别为绿色、蓝色、黄色或红色）与代表特定亚细胞组分的蛋白融合，表达在细胞的特定区域，作为判断其他蛋白定位的标准。目前可以获得的载体所代表的亚细胞组分及其蛋白质分别是：肌动纤维（微丝）—人肌动蛋白；微管—人微管蛋白；内质网—钙泵蛋白的靶向序列；高尔基体—人 β-1, 4-半乳糖基转移酶；膜—c-Ha-Ras 的法尼酰化序列；线粒体—细胞色素 c 氧化酶的亚基Ⅷ的靶向序列；细胞核—SV40 T-抗原的核定位信号；过氧化物酶体—过氧化物酶体靶向信号 1。

在另外一些情况下，我们可能会观察到两种蛋白单独表达与共同表达的定位结果相同，而且不具有共同的细胞内分布，比如 A 蛋白分布在细胞质，B 蛋白分布在细胞核，定位具有明显的差异。这个时候我们还是无法确定地说 A 蛋白与 B 蛋白就不存在相互作用，需要考虑的因素有细胞类型、细胞周期、细胞的生理状态、所受到的外界信号刺激等。某些蛋白的定位强烈依赖于细胞类型，在一种细胞系内可能定位在细胞质，在另一种细胞系内可能定位在细胞核，需要具体情况具体分析。很多的研究结果显示，蛋白质的磷酸化和去磷酸化在很大程度上影响了蛋白的定位。因此，共定位的研究要充分考虑到多方面的复杂的细胞内因素，尤其是在开展蛋白质组学方面的研究时，特异的组织与发育阶段，可能使我们得出的结论不完全相同，甚至相反。

GFP 融合蛋白的方法在操作上比较容易掌握，步骤简便，可以随时观察，根据荧光表达的强弱适时选择观察时间。但是这种方法也有其限制之处，由于绝大多数细胞内没有内源性的 GFP 表达，因此靶蛋白与 GFP 的融合蛋白必须经过转染，在细胞内过表达后，才能观察。由于过表达的蛋白在细胞内的分布有可能同生理条件下的自然分布有差异，因此建议在过表达实验进行之后，再通过下面将要谈到的免疫荧光技术来确定内源表达蛋白的定位。

（二）免疫荧光法研究蛋白-蛋白之间的细胞共定位

免疫荧光染色的基本原理是将已知的抗体或抗原分子标记上荧光素，再与其相对应的抗原或抗体起反应，从而形成的免疫复合物上带有一定量的荧光素，在荧光显微镜下就可以看见发出荧光的抗原抗体结合部位，检测出抗原或抗体。用已知的荧光素标记抗体检测相应抗原的方法称荧光抗体法，用已知的荧光素标记抗原检测相应抗体的方法称为荧光抗原法。按照抗原抗体反应的结合步骤，免疫荧光染色方法可以分为以下三种。

1. 直接法　用荧光素标记的特异性抗体直接与相应抗原结合，以检查出相应的抗原成分。

2. 间接法　检测未知抗原时先用特异性抗体与相应抗原结合，洗去未结合的抗体，再用荧光素标记的抗特异性抗体（间接荧光素标记抗体）与特异性抗体相结合，形成抗原-特异性抗体-间接荧光素标记抗体的复合物。在此复合物上带有比直接法更多的荧光标记物，所以，此法比直接法敏感。检查未知抗体时，先用已知抗原与细胞或组织中的抗体反应，再与特异性荧光素标记抗体反应形成抗体-抗原-特异性荧光素标记抗体复合物。或用固相已知抗原检查液相（如血清）中的抗体，形成抗原-抗体-间接荧光素标记抗体复合物，从而将抗体检查出来，称夹心法。

3. 补体法　用特异性抗体和补体的混合液与标本上的抗原反应，补体就结合在抗原抗体复合物上，再用抗补体的荧光素标记抗体与补体结合，从而形成抗原-抗体-补体-抗补体荧光素标记抗体复合物。荧光显微镜下所见阳性荧光即为抗原所在部位。补体法不仅敏感，而且不受特异性抗体种属的限制，适用于各种不同种动物抗体的检查方法。

在研究蛋白质与蛋白质相互作用的实验中，最常用的免疫荧光技术是间接法。抗原即是我们所要研究的靶蛋白。有些情况下，我们可以将靶基因构建到商品化的表达载体上，因此可以选择的特异性抗体既可以是抗表达载体上的标签的商品化抗体（比如，CLONTECH 公司开发的 pCMV-Myc 载体和 Invitrogen 公司开发的 pcDNA3.1-Myc/His 表达载体都设计有 Myc 表位抗原，可以同 Myc 抗体特异结合），也可以是抗靶蛋白的特异性抗体（如果没有商品化的抗体，需要制备足量抗原，免疫动物，制备抗体），增加了操作的灵活性。这种抗体我们将之称为一抗。所谓的间接荧光素标记抗体，是偶联有荧光素的二抗，二抗具有物种特异性，但不具有抗原特异性，因此，一种二抗可以应用于许多种一抗。而且经过一抗、二抗两级结合，可以将信号放大，因此间接法比直接法更为灵敏，尽管在操作上稍微复杂一些。

可通过选择不同的荧光素种类，分别标记不同的蛋白，研究同一个体系内不同种蛋白的定位情况。最常用的荧光素有 FITC 和 TRITC、Texas red、Rho-damine。前者具有类似 GFP 的观察效果，可以发绿色荧光；后三者具有类似 RFP 的观察效果，可以发红色荧光。

免疫荧光与 GFP 融合蛋白技术相比，具有可以检测内源性蛋白表达的优势，因此可以反映生理条件下的蛋白质定位情况。由于两种技术具有互补性，所以常常在实践中结合使用。比如，其中一种蛋白可以通过免疫荧光技术来确定定位，而另外一种则通过 GFP 融合技术来确定分布。具体如何，要充分发挥和利用自己实验室的条件，合理选择适合自己的方法。

四、双分子荧光互补技术

双分子荧光互补（bimolecularfluorescencecomplementation，BiFC）是指两个不发光的荧光蛋白互补片段在与其融合的蛋白质的相互作用驱动下重新组装形成荧光复合物，恢复荧光特性。近年来 BiFC 作为一种用于研究蛋白质间相互作用的新型方法逐渐引起了人们的关注，并在蛋白质相互作用和翻译后修饰的研究中逐渐显现出其独特的应用价值。利用 BiFC 分析能够在活细胞生理环境中原位显示蛋白质相互作用产物，尤其是能在单细胞中同时显示多个蛋白质间的相互作用。

BiFC 原理：GFP 及其突变体作为能够在活体中表达且易于检测的报告基因，通常是以完整的氨基酸序列作为标记物。对其结构和功能深入研究发现，GFP 基酸序列中的某些特定位点与氨基末端及羧基末端之间的序列循环互换后仍然能够正确折叠形成生色团结构并保持荧光特性。在 GFP 及其突变体氨基酸序列的 155 或 173 位点，将其分裂为均不具备发光性能的荧光蛋白片段，即氨基末端片段（含 1～154 或 1～172 氨基酸序列）和羧基末端片段（含 155～238 或 173～238 氨基酸序列），当某些特定的氨基末端片段与羧基末端片段组合作为标记分子分别与两个能够发生相互作用的蛋白质配偶体形成融合蛋白，并同时在活细胞中表达时，蛋白质配偶体的结合驱使氨基末端片段与羧基末端片段重新组装形成荧光复合物，恢复荧光效应。这一现象称为双分子荧光互补，能产生 BiFC 效应的氨基末端片段与羧基末端片段称为互补片段。

BiFC 的应用现状：①用于蛋白质相互作用的亚细胞定位。不同蛋白质通常分布在细胞的不同部位，成熟蛋白质必须在特定的细胞部位才能发挥其生物学功能。细胞周期的调控过程、细胞的信号转导和转录调控，都依赖于蛋白质空间位置的变化和运动。②获取活细胞中蛋白质相互作用复合物的亚细胞定位信息，从而为我们推断蛋白质的生物学功能提供必要的基础。③鉴别酶-底物复合物。在酶-底物的相互作用中，底物特异性及酶作用部位的识别有助于其新功能的发现。④研究细胞信号转导通路。借助于 BiFC 技术，许多信号蛋白分子在信号转导网络中的相互作用研究也不断深入。转录因子 SMAD 家族是转化生长因子 TGF-β 的细胞内信号转导分子，通过 BiFC 分析发现， SMAD3 与 SMAD4 结合形成的异聚体进入胞核，发挥对靶基因的调节作用；而 SMD3 与 KTIIKB 的结合却阻止其向核转移。⑤研究翻译后修饰作用。许多蛋白质之间的相互作用取决于特定的翻译后修饰，如溴区包含蛋白 Bromodomain 家族成员 BRD2 与乙酰化组蛋白 H4 之间的结合必须以 BRD2 含有溴基域，同时组蛋白 H4 具有含乙酰化作用位点的尾部结构为前提。因此，通过荧光互补现象的观察能够直接检测蛋白质相互作用所必需的特定的翻译后修饰是否发生。

思　考　题

1. 分子生物学常用技术有哪些？
2. 简述 PCR 技术分类及应用。
3. 何谓 RNA 干扰技术？
4. 什么叫 micro RNA？与医学相关性有哪些？
5. 如何研究蛋白质相互作用？

（王金志）

第 29 章　放射损伤的分子机制与代谢改变

随着我国原子能事业的迅猛发展，从事放射性工作的人员越来越多，许多肿瘤患者也需要接受放射治疗，但一些突发事件如核事故、防护疏忽或仪器操作失误等均会导致相关人员遭受大剂量电离辐射而造成放射损伤。因此，研究放射损伤的发生机制对于提高临床辐射治疗水平具有重要的理论与实践意义。

第一节　电离辐射的种类及生物学效应

一、电离辐射的种类

电离辐射是一切能引起物质电离的辐射总称，基本上可分两大类，即电磁辐射（X 射线，γ 射线）和粒子辐射（α射线、β射线、中子流、质子流）。它们作用于机体时，引起体内物质的电离和激发，导致辐射损伤。电离辐射对机体的生物学作用，主要取决于射线的性质和机体反应性两方面的因素，其中射线本身的物理特性，尤其是电离密度和穿透能力是主要因素。

α射线（α粒子）具有电离能力强、而穿透能力弱的特点，因此其外照射的意义较小，而内照射时则可引起严重的生物效应。

β射线（β粒子）与α射线相比，具有电离能力较小、穿透能力较大的特点。因此，其外照射可引起皮肤表层的损伤，内照射也能引起明显的生物效应。

γ射线与 X 射线都是电磁波，穿透能力很强。因其不带有电荷，所以其直接电离效应极低。当它与物质的原子或分子相作用时产生的次级电子，可引起电离效应。但它的电离密度与等能量的α射线及β射线相比要小得多。外照射时，γ和 X 射线均可引起机体深层组织的损伤。

中子和γ射线一样，具有很强的穿透能力。中子照射机体时，产生反冲核和核反应，以及γ射线和质子。体内的磷和钠等又可产生感生放射性。因此，中子对机体的作用比较复杂，可引起严重的生物效应。

二、电离辐射的生物学效应

电离辐射的生物学效应基本上是取决于射线的电离密度和穿透能力。不同射线在通过 1mm 的空气距离内所产生离子对的数目是不相同的，如α粒子是 6000 对，β粒子是 60 对，而γ射线则仅产生 0.6 对。射线的生物学效应一般是随着电离密度的变小而降低，但除射线的物理特性以外，生物机体特点也对射线的生物学效应有重要影响。

第二节　放射损伤的原发作用

放射损伤的发生是一个复杂的过程。射线的作用虽只发生在照射的瞬间，但机体的损伤却有一个逐渐发展的过程。人们通常将放射病的发病分为原发作用与继发作用两个基本过程。所谓原发作用，是指在射线作用下，辐射能量在机体内吸收、传递、转化及相应的生物大分子和细胞微细结构的损伤；所谓继发作用，是指进一步引起的代谢紊乱、形态学上的变化及临床症状的出现和发展（图 29-1）。本节着重讨论原发作用的有关问题。在原发作用过程中，放射线可通过直接作用或间接作用造成机体损伤。

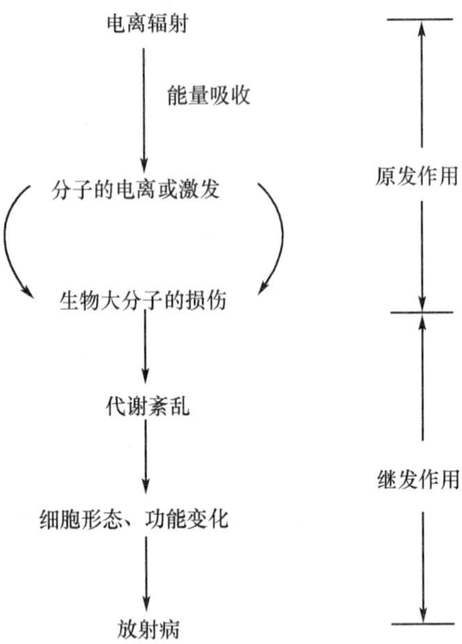

图 29-1 放射病发展过程的图解

一、直接作用

直接作用，即射线直接作用于生物分子造成的损伤效应。电离辐射作用于有机体时，可将能量传递给有机体内的生物分子，生物分子吸收能量后，将会发生电离和激发，生成生物分子自由基。电离辐射直接引起靶分子电离和激发而发生物理化学变化，生成生物分子自由基的作用就称为直接作用。射线可以直接破坏机体内某些大分子物质，如核酸、蛋白质等。射线直接作用于生物分子引起的损伤过程可以粗略地分为：生物分子的电离或激发→能量传递→化学作用→分子组成和性质的改变。射线对生物分子的作用部位是没有选择性的，但是生物分子在吸收辐射能后的损伤往往局限在分子的一定部位，这说明吸收的辐射能在生物分子中有一个传递过程。

二、间接作用

水约占成人体重的 60%。因此，水的辐射化学反应对于放射生物学效应是十分重要的。水在照射后可以电离、激发，产生各种自由基。自由基是一些含有不配对电子的分子或基团，属于一种不稳定的结构状态，因此具有活泼的化学性质。水辐射分解产生的自由基进一步与生物分子的作用即为间接作用。在这里，水的自由基可看作为辐射能转移给生物分子的中间体。

水辐射分解产生的自由基还可以与氧分子作用，产生更活泼、寿命更长的过氧化物自由基。生物分子在直接作用或间接作用下生成的自由基与 O_2 作用也可以产生过氧化物自由基，而且有可能生成过氧化物的连锁反应。由此，增加照射体系中的氧浓度，可以加强射线的辐射损伤效应，称为“氧效应”。

三、直接作用与间接作用的关系

直接作用与间接作用在机体内究竟哪一种起主导作用，取决于某一成分的浓度与构造。一般说来，水在机体内含量最多，所以应以间接作用为主。但是除了水以外，电离辐射对生物大分子的直接作用同样是存在的。尤其当某种成分在细胞结构的特定部位中的浓度特别高时（如染色体中的 DNA），直接作用的因素就更大了。科学界多年的研究结果表明，电离辐射引起的生物分子的损伤，常常是直接作用和间接作用同时存在，如电离辐射对 DNA 分子的损伤。

四、作用的时间进程

电离辐射通过直接作用和间接作用将能量传给生物组织，造成生物体的损伤，这个过程需要一定的时间。实验证实，辐射能向生物组织的传递，首先表现在物理水平上，接着就是高层次的物理-化学阶段、化学阶段、生物化学阶段和早期生物学阶段。

1. 物理阶段 辐射效应主要是细胞中的水分子、无机和有机成分被激发，形成激发态和超激发态，或发生电离。这一阶段的作用时间 $\leq 10^{-14}$s，故只能先从外部实施物理屏蔽，才能防止辐射生物效应的发生，此时化学预防无效。

2. 物理-化学阶段 化学损伤开始。正常代谢产生的自由基和酶的活性形式开始与辐射产物的活性基团起反应，形成生物分子自由基，进而造成生物大分子的破坏；此时，生物分子中被破坏的 S—H、N—H、O—H 和 C—H 键可以被细胞内已存在的巯基化合物部分修复，作用时间为 10^{-14}～10^{-12}s。所以如果在照射前引入外源性巯基化合物，可以取得一定程度的防护效果。

3. 化学阶段 这一阶段作用时间为 10^{-12}～10^{-3}s。此时 DNA 和 RNA 的损伤开始，酶的激活和灭活发生，细胞内巯基含量下降，脂质过氧化开始，因辐射损伤而产生的稳定和亚稳定的异常产物的毒性开始显现。此时细胞内正常存在的或照射前给予的自由基清除剂或抗氧化剂可以有部分防护作用，过氧化氢酶和谷胱甘肽过氧化物酶能减少细胞内 H_2O_2 的形成，维生素 C、维生素 E、运铁蛋白、铁蛋白和血浆铜蓝蛋白能防止氧化性反应，超氧化物歧化酶能清除 $O_2^{-}\cdot$ 的毒性，谷胱甘肽过氧化物酶能防止氢过氧化物的形成，经过还原作用可以使靶自由基恢复为正常靶分子，巯基化合物能防止酶灭活。

4. 生物化学阶段 作用时间为 10^{-3}～10s。此时许多正常生物化学反应受到干扰，DNA 修复开始，这时许多辐射变化都可以用适当方法防止，照后的治疗可以开始。

5. 早期生物学阶段 作用时间为数秒至数小时。此时由于辐射次级反应，生成自由基的反应继续进行，照射细胞的有丝分裂延迟。由于重要生物大分子的损伤，能量供应发生紊乱，生物合成的前体供应不足，许多重要的生物化学反应受到干扰，细胞膜和核膜被破坏，细胞的辐射生物效应开始出现。这些辐射效应的防止或纠正措施与生物化学阶段相同。

大量的科学实验证明，虽然电离辐射对生物分子的作用是没有选择性的，但是生物分子吸收辐射能后的损伤往往局限于核酸分子的氢键、蛋白质分子的二硫键等这样一些特定部位和较弱的化学键上。

第三节 放射损伤的分子机制

一、DNA 结构的辐射损伤类型及其产生机制

DNA 分子是由配对的碱基（腺嘌呤和胸腺嘧啶，鸟嘌呤和胞嘧啶）经过脱氧核糖的缩合、磷酸酯化，以磷酸二酯键和氢键的连接形成的双螺旋结构。DNA 是生命信息的载体，在遗传信息传递中发挥着重要作用。一旦 DNA 分子结构发生异常，而又未能修复，就有可能通过复制传给子代。因此，DNA 在细胞生长、增殖、分化和遗传上起着极为重要的作用，是细胞中最重要的生物大分子之一，也是辐射损伤的“靶分子”（target）。

1. DNA 是辐射损伤的靶分子 由于 DNA 在生命活动中起着十分重要的作用，电离辐射作用后 DNA 的变化引起了放射生物学界的高度重视。随着“靶”学说研究的进展，普遍认为 DNA 是射线作用的靶分子。主要依据如下：

（1）DNA 含量高的细胞比 DNA 含量低的细胞更容易受到辐射的伤害。因此，DNA 含量高的细胞具有较高的辐射敏感性。

（2）DNA 是染色体的主要成分，细胞的染色体体积与辐射敏感性密切相关。染色体大的细胞受射线损伤的概率也较大，辐射敏感性也较高。

（3）染色体主要存在于细胞核中，有人用穿透力有限的微电子束或 α 粒子照射细胞的不同区域，然后观察细胞的存活率。结果发现在细胞的核区域，细胞的平均照射致死剂量小于 1.5Gy，而对胞质区域的照射剂量高达 250Gy，仍不能影响细胞的增殖活力，说明了细胞核比细胞质敏感。

（4）为进一步探讨细胞内不同生物分子对射线的敏感性，有人将 ^{3}H-TdR 和 ^{3}H-H_2O 分别掺入培养细胞中，观察细胞的死亡情况（自杀实验），结果发现掺入 ^{3}H-TdR 的细胞致死效应比掺入 ^{3}H-H_2O 的致死效应高出 1000 倍。^{3}H-TdR 是放射性氚标记的胸腺嘧啶——DNA 合成的特异性前体，在培养细胞中参与细胞核中 DNA 的合成；而 ^{3}H-H_2O 则均匀地分布于细胞内各部分。同样用 ^{3}H-TdR 和 ^{3}H-UR（尿嘧啶核苷，RNA 的前体）作比较，发现 ^{3}H-TdR 的效应仍比 ^{3}H-UR

高出5倍。类似的方法还测定了放射性核素在各种RNA及氨基酸分子中的辐射反应，得出的结果为：辐射敏感性的顺序为DNA＞mRNA＞rRNA和tRNA＞氨基酸。

2. DNA分子的损伤 环境中的有害物理和化学因子，如紫外线、电离辐射、氧化剂、烷化剂等，都会对DNA造成损伤。该损伤表现为碱基和糖基发生一系列化学变化，从而引起碱基的破坏、脱落，脱氧戊糖的分解，磷酸二酯键的断裂和DNA核苷酸链的单、双链断裂。同时，由于碱基的变化，DNA与附近的蛋白质形成共价键结合，发生DNA蛋白质交联，DNA的同一条链内和相邻两条链间的碱基也可能发生共价键结合，产生链内交联和链间交联。DNA的高级结构也会发生变化。

（1）碱基的损伤：包括碱基的破坏、脱落、取代和转换，生成多种多样的放射损伤产物。

有害因子作用于生物体后，可产生活性基团，即自由基，其中以羟自由基（·OH）最重要。·OH可加合到嘧啶环的5，6位双键上，也可以从5位甲基上抽去一个氢原子，改变嘧啶碱基的结构。对于嘌呤类碱基，·OH可加合到第8位C原子上，引起嘌呤环的7，8位双键开环，·OH也可加合到C4，C5位上，引起嘌呤碱基的损伤。实验证实，4种碱基的辐射敏感性顺序为T＞C＞A＞G［T：thymine（胸腺嘧啶），C：cytosine（胞嘧啶），A：adenine（腺嘌呤），G：guanine（鸟嘌呤）］。细胞内DNA分子受电离辐射作用后碱基的变化类似于溶液中的变化，但其敏感性低于体外，且常因周围介质等的影响，碱基的损伤变得更为复杂。

损伤的碱基在糖基化酶（glycosylase）作用下，水解糖苷键，引起碱基的脱落或缺失。核糖损伤后亦可引起碱基的脱落。碱基脱落后造成无嘌呤或无嘧啶位点，在复制或转录时容易发生移码突变（frame shift mutation）。

碱基的取代是指在损伤因子作用下，碱基失去了与核糖结合的稳定性，在复制期间，一些碱基的类似物可以取代碱基，破坏了DNA的正常核苷酸序列，导致突变的发生。

碱基的转换发生在DNA复制过程中，错误的碱基参入，或者是正常的碱基发生脱氨基作用而转换成其他碱基，如胞嘧啶（C）脱氨基生成尿嘧啶（U），腺嘌呤（A）脱氨基生成次黄嘌呤（I），同样可导致突变的发生。

碱基的损伤、脱落，改变了密码子，可引起基因的突变，如转换、置换、缺失、添加和移码等，这样经过转录和翻译后就会形成功能异常的蛋白质和酶，进而引起细胞突变或癌变。

（2）糖基的破坏：OH是破坏核糖重要的、唯一的基团，脱氧戊糖每个碳原子和羟基上的氢都能与·OH反应。C4′和C5′位置上抽氢或加氧都可造成戊糖结构的不稳定，最后引起DNA链断裂。C1′和C2′上抽氢加氧，导致了碱基不稳定键的形成。

另外，·OH对C1′、C2′、C4′抽氢加氧的结果，可产生3种戊糖损伤类型，这些产物在与六氢吡啶共热后都能导致DNA键断裂，所以在DNA链上含有这几种损伤的部位，称碱不稳定性位点（alkali labile sites，ALS）。

（3）DNA链的断裂：是电离辐射损伤的主要形式。

1）链断裂的种类：DNA链的断裂是损伤中最常见和最重要的形式，它包括双链断裂和单链断裂。DNA双螺旋结构中的一条链断裂叫单链断裂（single strand break，SSB）；两条互补链于同一对应处或“紧密相邻处”同时断裂为双链断裂（double strand break，DSB）。单链断裂可以由一个自由基引起，双链断裂则必定由多个自由基起作用。而且有氧条件会使得DNA链的断裂增加，高LET射线增加双链断裂数而降低单链断裂数。对于具有双链DNA的真核生物，单链断裂能迅速在细胞内修复，而双链断裂通过原位重接的概率则很小，依靠重组修复时染色体畸变发生率高，加上双链断裂常常会并发氢键断裂，故认为双链断裂是细胞死亡的重要原因。

2）单、双链断裂的比值：在DNA链断裂中，SSB总是多于DSB，且两者有一定的比值。大多数研究资料表明，DSB均为SSB的1/20～1/10。这种比值不是恒定不变的，它受很多因素的影响，如DNA分子所处的环境、有氧、乏氧、损伤因子的种类及剂量等。

3）DNA 链断裂的分子机制：链断裂的形成可以是直接由于脱氧戊糖的破坏、磷酸二酯键的断裂，或间接由于碱基的破坏或脱落所致。

A. 脱氧戊糖和磷酸二酯键的破坏：反应性高的·OH 能从糖基上抽去约 20%的氢原子，形成多种不同的反应产物，以 C3′，C5′抽氢反应最多。由于 C5′亚甲基的影响，在 C5′上脱磷酸的速度比 C3′上慢，所以观察到的 SSB 中，大部分是在 C3′上磷酸酯键断裂，只有少部分是在 C5′上磷酸酯键的断裂，结果导致 5′-磷酸末端基团多于 3′-磷酸末端基团。

B. 碱基损伤：可引起 DNA 双螺旋的局部变性，在特异的核酸内切酶作用下，识别这些部位并切割，形成链断裂。这种对特异性酶敏感的位点称为酶敏感位点（enzyme sensitive sites，ESS）。

损伤的碱基可以被另一种特异的 DNA 糖基化酶（glycosylase）除去，或由于 *N*-糖基键的化学水解而脱落，形成 APS，在内切酶的作用下，形成链断裂（碱基损伤修复的一种方式）。

4）DNA 链的交联：在自由基的作用下，DNA 与 DNA 以共价键结合，形成 DNA-DNA 交联，主要有两种形式。DNA 双链中一条链上的碱基与其互补链上的碱基以共价键结合，称为链间交联（DNA interstrand cross-linking）；DNA 分子同一条链中的两个碱基相互共价结合，称为 DNA 链内交联（DNA intrastrand cross-linking）。嘧啶二聚体（pyrimidine dimmer，PD）就是链内交联的一个例子（图 29-2）。

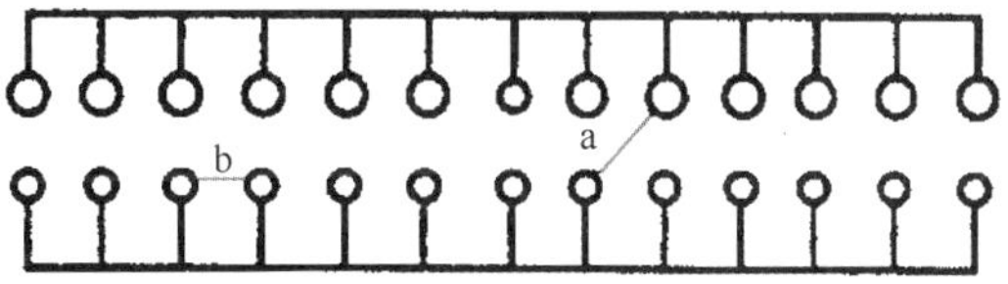

图 29-2　DNA 链的交联

a. DNA 链间交联；b. DNA 链内交联

在 DNA 的化学损伤中，链间交联是重要的一类，而在辐射损伤中，此形式的损伤不如链断裂、DPC 和链内交联那样普遍，因此研究得不多。

UV 能引起较多的链内交联。DNA 受到最大吸收波长 260nm 的 UV 照射后，相邻的嘧啶碱基共价交联形成环丁烷四元环，使这两个碱基的 5，6 位双键饱和，这种光化学产物叫嘧啶二聚体（PD）（图 29-3）。PD 是 UV 照射的特征性损伤形式，这是 UV 杀菌的原理所在。在所形成的 PD 中，T<>T 的频率最高，C<>C 的频率最低。T<>T、T<>C 与 C<>C 的比例为 10∶7∶2。

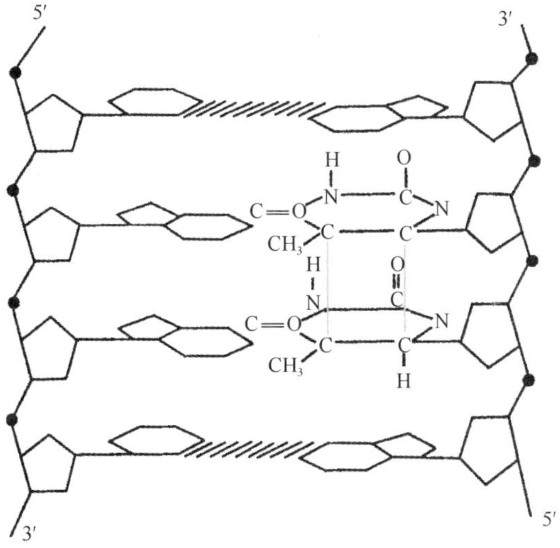

图 29-3　环丁烷型嘧啶二聚体

5）DNA 二级、三级结构变化：DNA 双螺旋结构是靠三种力量保持其稳定性的：一是互补碱基之间的氢键；二是由于碱基芳香环、电子之间相互作用而引起的碱基堆积力；三是磷酸基上的负电荷与介质中的阳离子间形成的离子键。DNA 分子受到损伤之后，发生变性和降解，双螺旋结构解开，氢键断裂，克原子磷消光系数显著上升，出现增色效应，比旋光性和黏度降低，浮力密度升高，酸碱滴定曲线改变，同时失去生物活性。降解比变性更为剧烈，伴随着多核苷酸链内共价键的断裂，分子质量降低。这些变化都是由于一级结构中糖基和碱基的损伤及二、三级结构的稳定性遭到破坏的结果。

6）DNA 损伤的非随机性：长期以来，人们将 DNA 看成是一个均匀单位，在此基础上发生随机的损伤和修复。近年来的研究表明，DNA 的损伤是非随机的，不均一的，并且是按照一定的规律在基因内发生的。DNA 损伤的非随机性表现在以下几个方面。

①链断裂的非随机分布：单、双链断裂的分布都是非随机的。②DPC 的组分选择性：DNA 与组蛋白、非组蛋白之间在形成共价键结合时，都有一定的相互选择性。③PD 在 DNA 链上的非随机分布：T<>T 发生频率依下列顺序递减：

G-T-T-T-C-A＞G-T-T-C-A＞G-T-T-G

④染色体的脆性部位：染色体浅带中普通脆性部位和原癌基因的断裂点比深带和可变带中的断裂点多得多。

二、电离辐射对 RNA 的作用

RNA 是遗传信息的传递者，DNA 中的信息先转录到 RNA 上，然后再指导蛋白质的合成。RNA 的合成是否正常，对基因的正确表达、酶和其他蛋白质的正常代谢有着重要的影响。哺乳动物细胞内存在多种 RNA，主要有核糖体 RNA（rRNA）、转移 RNA（tRNA）及信使 RNA（mRNA）等，它们的碱基组成、分子大小、生物学功能及在亚细胞结构中的分布等都有所不同。放射性核素自杀的实验结果表明，mRNA 对射线的敏感性大于 tRNA 和 rRNA。

三、DNA 辐射损伤的修复及其机制

决定生物学效应的，除了损伤因素外，还有修复因素，这正是近几年来分子生物学研究的重大进展之一。现已知的能够进行修复的生物大分子只有 DNA。DNA 修复系统在保持遗传信息的完整和稳定中起着极重要的作用。

目前已经知道，细胞对 DNA 损伤的修复系统有五种：错配修复（mismatch repair）、直接修复（direct repair）、切除修复（excision repair）、重组修复（recombination repair）和易错修复（error-prone repair）。

1. 错配修复 DNA 的错配修复机制是在对大肠杆菌的研究中被阐明的。DNA 在复制过程中发生错配，如果新合成链被校正，基因编码信息可得到恢复；但是如果模板链被校正，突变就被固定。细胞错配修复系统能够区分“旧”链和“新”链。Dam 甲基化酶可使 DNA 的 GATC 序列中腺嘌呤 N^6 位甲基化。复制后 DNA 在短期内（数分钟）为半甲基化的 GATC 序列，一旦发现错配碱基，即将未甲基化的链切除，并以甲基化的链为模板进行修复合成。

大肠杆菌参与错配修复的蛋白质至少有 12 种，其功能或者是区分两条链，或者是进行修复过程。其中几个特有的蛋白由 *mut* 基因编码。Mut S 二聚体识别并结合到 DNA 的错配碱基部位，Mut L 二聚体与 Mut S 结合。两者组成的复合物可沿 DNA 双链向两方向移动，DNA 由此形成突环。水解 ATP 提供的能量驱使复合物移动，直至遇到 GATC 序列为止。随后 Mut H 核酸内切酶结合到 Mut SL 上，并在未甲基化链 GATC 位点的 5′端切开。如果切开处位于错配碱基的 3′侧，由核酸外切酶 I 或核酸外切酶 X 沿 3′→5′方向切除核酸链；如果切开处位于 5′侧，由核酸

外切酶Ⅶ或 Rec J 沿 5′→3′方向切除核酸链。在此切除链的过程中，解螺旋酶 II 和 SSB 帮助链的解开。切除的链可长达 1000 个核苷酸以上，直到将错配碱基切除（图 29-4）。新的 DNA 链由 DNA 聚合酶Ⅲ和 DNA 连接酶合成并连接。为了校正一个错配碱基，不仅需要找出错配碱基本身，还要从远在 1kb 以外找出 GATC 序列，找出未甲基化的“新链”，加以切除可能长达 1000 个核苷酸以上的核酸链，然后再合成新链，这是一个十分耗能的过程，由此可以看出维持基因信息的完整性对于生物是何等重要。

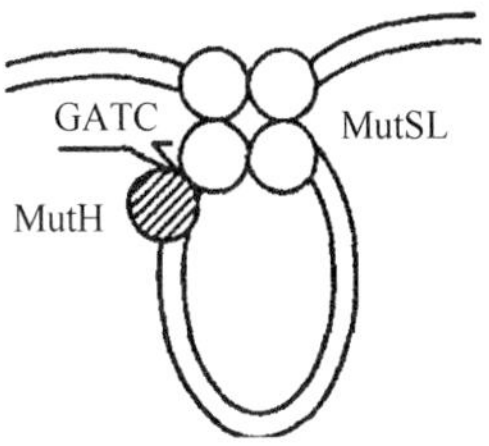

图 29-4　DNA 损伤的错配修复

真核生物的 DNA 错配修复机制与原核生物大致相同。人类的 h*MSH2*（human Muts homolog2）和 h*MLH1*（human MutL homolog1）基因编码的蛋白质能够识别错配碱基和 GATC 序列，与大肠杆菌对应的 Mut S 和 Mut L 一样，其余过程也都有对应的成分来完成。

2. 直接修复　直接修复是指当 DNA 出现简单裂口、嘧啶二聚体及烷基化碱基等损伤时，可直接在损伤处由相应的酶作用完成对损伤的恢复性修复，故又称回复修复。

（1）裂口的修复：由电离辐射产生的 DNA 单链裂口，如果 3′-OH 端与 5′-P 端完好，可直接由 DNA 连接酶修复。

（2）光复合（photoreactivation）：这是最早发现的 DNA 修复方式，当时发现细菌在紫外线照射后立即用可见光照射，可以显著提高细菌存活率。随后发现光复活的机制是可见光（最有效波长为 400nm 左右）激活了光复活酶（photoreactivating enzyme），它能分解由于紫外线照射而形成的嘧啶二聚体。

光复活作用是一种高度专一的直接修复方式。它只作用于紫外线引起的 DNA 嘧啶二聚体。光复活酶在生物界分布很广，从低等单细胞生物一直到鸟类都有，而高等的哺乳类动物却没有。这种修复方式在植物中特别重要，高等动物更重要的是暗修复，即切除含嘧啶二聚体的核酸链，然后再修复合成。

（3）烷基的转移：在大肠杆菌中发现有一种 O^6-甲基鸟嘌呤 DNA 甲基转移酶，能直接将包括 O^6-甲基鸟嘌呤、O^4-甲基胸腺嘧啶残基，以及甲基化的磷酸二酯键上的甲基转移到酶蛋白的半胱氨酸残基上而自身失去活性，从而修复损伤的 DNA，故此酶被称为一种自杀酶。这个酶的修复能力并不很强，在低剂量烷化剂作用下能诱导出此酶的修复活性。

3. 切除修复　所谓切除修复，即是在一系列酶的作用下，将 DNA 分子中受损伤部分切除掉，并以完整的那一条链为模板，合成切去的部分，然后使 DNA 恢复正常结构的过程。这是比较普遍的一种修复机制，它对多种损伤均能起修复作用。切除修复包括两个过程：一是由细胞内特异的酶找到 DNA 的损伤部位，切除含有损伤结构的核酸链；二是修复合成并连接。

细胞内有许多种特异的 DNA 糖苷酶（glycosylase），它们能识别 DNA 中不正常的碱基，而将其水解下来。例如，在 DNA 复制过程中聚合酶对 dTTP 和 dUTP 的分辨能力是不高的，因此常有少量脱氧尿苷酸掺入到 DNA 链中去。大肠杆菌的 dUTP 酶可以分解 dUTP 成 dUMP，但是它的作用有限，仍然不能完全避免 dUTP 的混入。而且，胞嘧啶脱氨基后也会转变成尿嘧啶。对于 DNA 链上出现的这些尿嘧啶，细胞中的尿嘧啶-*N*-糖苷酶可以把它除去。腺嘌呤脱氨后形成次黄嘌呤，这一不正常的碱基可被次黄嘌呤-*N*-糖苷酶切掉。无嘌呤（apurinic）或无嘧啶位点（apyrimidinic site）常称为 AP 位点。烷化剂可使碱基被修饰，如甲基磺酸甲酯作用于 DNA 可引起鸟嘌呤第 7 位氮原子，或腺嘌呤第 3 位氮原子甲基化。糖苷酶可识别并除去烷基化碱基。另一些糖苷酶可识别其他的碱基缺陷。AP 位点也可由 DNA 的碱基被修饰后造成 *N*-糖苷键不稳定而自发水解产生；酸也能使 DNA 脱嘌呤。

一旦 AP 位点形成后，即有 AP 核酸内切酶在 AP 位点附近将 DNA 链切开。不同 AP 核酸内切酶的作用方式不同，或在 5′侧切开，或在 3′侧切开。然后核酸外切酶将包括 AP 位点在内的 DNA 链切除。DNA 聚合酶Ⅰ兼有外切酶活性，并使 DNA 链 3′端延伸以填补空缺，DNA 连接酶将链连上。在 AP 位点必须切除若干核苷酸后才能进行修复合成，细胞内没有酶能在 AP 位置直接将碱基插入，因为 DNA 合成的前体物质是核苷酸而不是碱基。

通常只有单个碱基缺陷才以碱基切除修复（base-excision repair）方式进行修复。如果 DNA 损伤造成 DNA 螺旋结构较大变形，则需要以核苷酸切除修复（nucleotide-excision repair）方式进行修复。最常见的是短片段的修复（short-patch repair）；只有多处发生严重的损伤才会诱导长片段修复（long-patch repair）。损伤链由切除酶（excinuclease）切除。该酶也是一种核酸内切酶，但在链的损伤部位两侧同时切开，与一般的核酸内切酶不同。编码此酶的基因是 *uvr* 基因，由多个亚基组成。大肠杆菌 ABC 切除酶包括三种亚基：Uvr A（相对分子质量 104 000）、Uvr B（相对分子质量 78 000）和 Uvr C（相对分子质量 68 000）。由 Uvr A 和 Uvr B 蛋白组成复合物（A_2B），它寻找并结合在损伤部位。Uvr A 二聚体随即离解，留下 Uvr B 与 DNA 牢固结合。然后 Uvr C 蛋白结合到 Uvr B 上，Uvr B 切开损伤部位 3′侧第 5 个磷酸二酯键，Uvr C 切开 5′侧第 8 个磷酸二酯键。结果 12～13 个核苷酸片段（决定于损伤碱基是 1 个还是 2 个）在 Uvr D 解螺旋酶帮助下被除去，空缺由 DNA 聚合酶Ⅰ和 DNA 连接酶填补。人类和其他真核生物的酶水解损伤部位 3′侧第 6 个磷酸二酯键及 5′侧第 22 个磷酸二酯键，切除 27～29 个核苷酸片段，然后用 DNA 聚合酶 E 和 DNA 连接酶填补空缺。

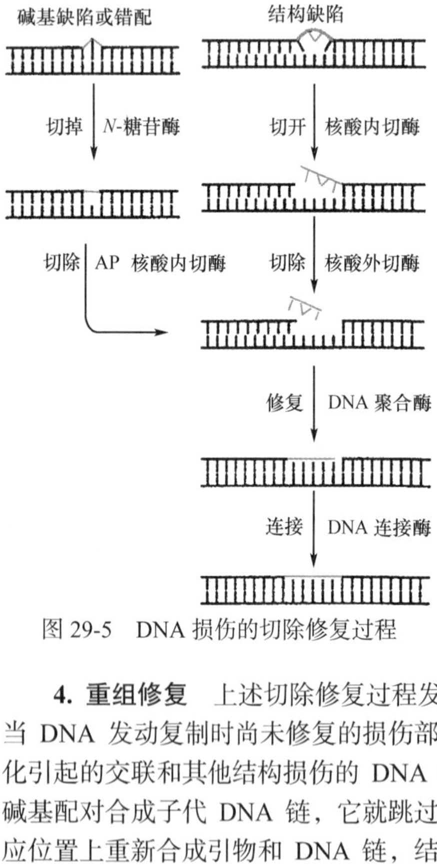

图 29-5 DNA 损伤的切除修复过程

切除酶可以识别许多种 DNA 损伤，包括紫外线引起的嘧啶二聚体和其他光反应产物，碱基的加合物，如 DNA 暴露于烟雾中形成的苯并芘鸟嘌呤等。真核生物具有功能上类似的切除酶，但在亚基结构上相差较远。切除修复过程可总结如图 29-5 所示。

由此可见，切除修复作用是一种普遍的功能，它并不局限于某种特殊原因造成的损伤，而能一般地识别 DNA 双螺旋结构的改变，对遭到破坏而呈现不正常结构的部分加以去除。细胞的这种功能，对于保护遗传物质 DNA，使它不轻易被破坏，是有很大意义的。失去这种修复功能的细菌突变株，即表现出容易被电离辐射和紫外线所杀死，同样，也提高了化学诱变剂的致死效应。

4. 重组修复 上述切除修复过程发生在 DNA 复制之前，因此又称为复制前修复。然而，当 DNA 发动复制时尚未修复的损伤部位也可以先复制再修复。例如，含有嘧啶二聚体、烷基化引起的交联和其他结构损伤的 DNA 仍然可以进行复制，但是复制酶系在损伤部位无法通过碱基配对合成子代 DNA 链，它就跳过损伤部位，在下一个冈崎片段的起始位置或前导链的相应位置上重新合成引物和 DNA 链，结果子代链在损伤相对应处留下缺口。这种遗传信息有缺损的子代 DNA 分子可通过遗传重组而加以弥补，即从同源 DNA 的母链上将相应核苷酸序列片段移至链缺口处，然后用再合成的序列来补上母链的空缺（图 29-6）。此过程称为重组修复，因为发生在复制之后，又称为复制后修复（postreplication repair）。

在重组修复过程中，DNA 链的损伤并未除去。当进行第二轮复制时，留在母链上的损伤仍会给复制带来困难，复制经过损伤部位时所产生的缺口还需通过同样的重组过程来弥补，直至损伤被切除修复所消除。但是，随着复制的不断进行，若干代后，即使损伤始终未从亲代链中除去，而在后代细胞群中也已被稀释，实际上消除了损伤的影响。

参与重组修复的酶系统包括与重组有关的主要酶类及修复合成的酶类。重组基因 *rec* A 编码一种相对分子质量为 38 000 的蛋白质，它具有交换 DNA 链的活力。Rec A 蛋白被认为在 DNA 重组和重组修复中均起着关键的作用。基因 *rec* BCD 编码多功能酶 Rec BCD，具有解螺旋酶、核酸酶和 ATP 酶活性，使 DNA 在重组位点产生 3′单链，该酶亦为重组和重组修复所必需。修复合成需要 DNA 聚合酶和连接酶，其作用如前所述。

①复制时，母链的损伤部位失去了模板作用，复制出的子链出现缺口，另一条完好的母链与缺口部分进行交换（重组），填补缺口；②此时完好的母链出现缺口；③完好的母链上的缺口通过 DNA 聚合酶 Ⅰ 和 DNA 连接酶按其子链为模板进行修复。

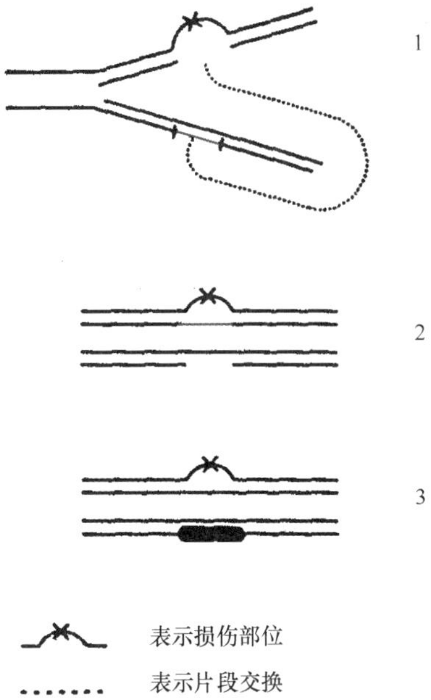

图 29-6　DNA 损伤的重组修复过程

上述修复过程在 *E.Coli* 中已得到证实，RecA 蛋白已被分离，分子质量为 37.8kDa，编码 RecA 的基因为 *rec*A 基因。正在进行修复的环状 DNA 分子已在电镜上直接观察到。近年来研究发现，*rec*B、*rec*C 和 *uvr*D、polyA、polyC、dnaG、*lex*A 等也参与了此修复过程。重组修复是相当复杂的过程。

重组修复机制缺陷，有可能导致癌症。业已发现，妇女的 *Brca*1 和 *Brca*2 两个基因如果有缺陷，则有 80%的概率会发生乳腺癌。实验表明，这两个基因编码的蛋白质 BRCA1 和 BRCA2 可以与重组蛋白 Rad 51 相互作用，很可能参与重组修复过程。

5. 应急反应（SOS）和易错修复　前面介绍的 DNA 损伤修复功能可以不经诱导而发生。然而许多能造成 DNA 损伤或抑制复制的处理均能引起一系列复杂的诱导效应，称为应急反应（SOS response）。SOS 反应包括诱导 DNA 损伤修复、诱变效应、细胞分裂的抑制及溶源性细菌释放噬菌体等。细胞的癌变也可能与 SOS 反应有关。

SOS 反应是细胞 DNA 受到损伤或复制系统受到抑制的紧急情况下，为求得生存而出现的应急效应。SOS 反应诱导的修复系统包括避免差错的修复（error free repair）和易产生差错的修复（error prone repair）两类。错配修复、直接修复、切除修复和重组修复能够识别 DNA 的损伤或错配碱基而加以消除，在它们的修复过程中并不引入错配碱基，因此属于避免差错的修复。SOS 反应能诱导切除修复和重组修复中某些关键酶和蛋白质的产生，使这些酶和蛋白质在细胞内的含量升高，从而加强切除修复和重组修复的能力。此外，SOS 反应还能诱导产生缺乏校对功能的 DNA 聚合酶，它能在 DNA 损伤部位进行复制而避免了死亡，可是却带来了高的变异率。SOS 的诱变效应与此有关。

DNA 聚合酶 Ⅰ 具有 3′核酸外切酶活性而表现出校对功能，它在 DNA 损伤部位进行复制时，由于新合成链的核苷酸不能和模板链的碱基配对而被切除，再次引入的核苷酸如还不能配对仍将被切除，这样 DNA 聚合酶就会在原地打转而不前进，或是脱落下来使 DNA 链的合成中止。SOS 诱导产生 DNA 聚合酶Ⅳ和Ⅴ，它们不具有 3′核酸外切酶校正功能，于是在 DNA 链的损伤部位即使出现不配对碱基，复制仍能继续前进。在此情况下允许错配可增加存活的机会。

SOS 反应使细菌的细胞分裂受到抑制，结果长成丝状体。其生理意义可能是在 DNA 复制受到阻碍的情况下避免因细胞分裂而产生不含 DNA 的细胞，或者使细胞有更多进行重组修复的机会。

现在知道，SOS反应是由Rec A蛋白和Lex A阻遏物相互作用引起的。Rec A蛋白不仅在同源重组中起重要作用，而且它也是SOS反应最初发动的因子。在有单链DNA和ATP存在时，Rec A蛋白被激活而促进Lex A自身的蛋白水解酶活性，Rec A被称为辅蛋白酶（coprotease）。Lex A蛋白（相对分子质量为22 700）是许多基因的阻遏物。当它被Rec A激活自身的蛋白水解酶活性后自我分解，使一系列基因得以表达，其中包括紫外线损伤的修复基因*uvr* A，*uvr* B、*uvr* O（分别编码切除酶的亚基），以及*rec* A和*lex* A基因本身，此外还有编码单链结合蛋白的基因*ssb*，与λ噬菌体DNA整合有关的基因*him* A，与诱变作用有关的基因*umu* DC（编码DNA聚合酶Ⅴ）和*din* B（编码DNA聚合酶Ⅳ），与细胞分裂有关的基因*sul* A、*ruv*和*lon*及一些功能还不清楚的基因*din* D、F等。SOS反应的机制见图29-7。

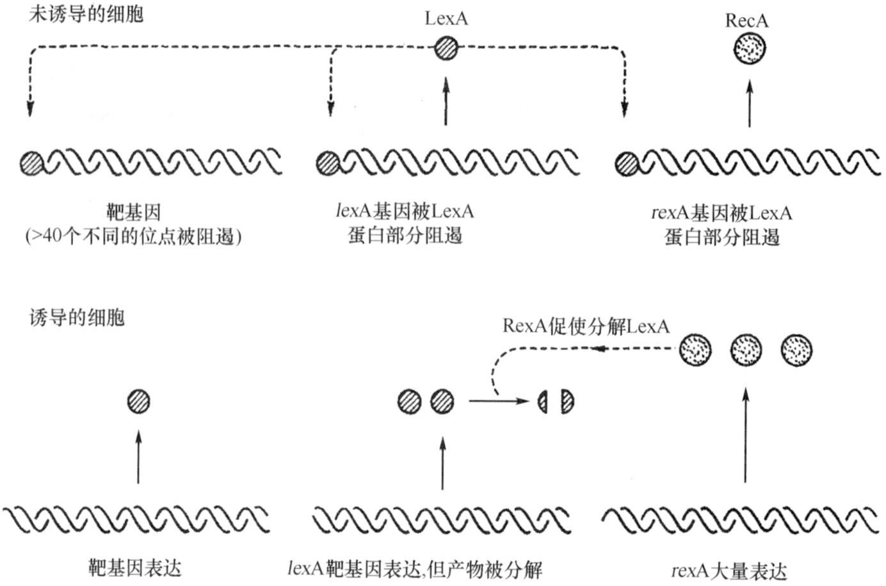

图29-7 SOS反应的机制

SOS反应广泛存在于原核生物和真核生物，它是生物在不利环境中求得生存的一种基本功能。SOS反应主要包括两个方面：DNA修复和导致变异。在一般环境中突变常是不利的，可是在DNA受到损伤和复制被抑制的特殊条件下生物发生突变将有利于它的生存。因此SOS反应可能在生物进化中起着重要作用。然而，另一方面，大多数能在细菌中诱导产生SOS反应的作用剂，对高等动物都是致癌的，如X射线、紫外线、烷化剂及黄曲霉素等。而某些不能致癌的诱变剂却并不引起SOS反应，如5-溴尿嘧啶。因此猜测，癌变可能是通过SOS反应诱变造成的。目前有关致癌物的一些简便检测方法即是根据SOS反应原理而设计的，因为在动物身上诱发肿瘤的试验需要花费较多人力、物力和较长的时间，而细菌的SOS反应则很易测定。

四、辐射诱发的基因突变

1. 辐射诱发基因突变的概念 突变（mutation）是一种遗传状态，可以通过复制而遗传的DNA结构的任何永久性改变都叫突变。凡携带突变基因的生物个体、群体或株系，叫做突变体（mutant）。由于突变体中DNA碱基序列的改变常产生不同的突变体表型（phenotype）。

诱发突变是（放射线）辐射的另一种分子生物学效应。突变发生在体细胞时可产生表现不一的效应，其中一部分效应与致癌有关。如果突变发生在生殖细胞，则将引起一系列遗传效应。辐射诱发物种突变的现象早被人们所确认。细胞突变的表型在一些细胞实验模型中可以观察和定量，但在整体水平和人群中观察就相当困难，因为大多数突变是隐性的、细微的，难以测出。近年来由于分子生物学的迅速发展，对辐射诱发基因突变的机制有了进一步的了解，特别在辐射诱发体细胞基因突变方面，由于它具有灵敏度高、剂量效应线性关系好和在体内稳定持久等优点，已被用于作为衡量电离辐射损伤的分子标志。有些血细胞的基因突变，已在放射事故患者的近期伤情评估和远期效应观察方面得到初步应用。

2. 辐射诱发基因突变的基本类型　根据辐射诱发突变的性质和突变波及的范围，可将突变分为三种类型：点突变（point mutation）、染色体突变（chromosomal mutation）和基因组突变（genomic mutation）。

（1）点突变：基因序列上单个碱基或少数碱基改变称为点突变，主要包括碱基置换（base substitution）、插入（insertion）和缺失（deletion）。后两种属于移码突变（frame-shift mutation）。此外，回复突变（reverse mutation）和抑制突变（suppressor mutation）也属于点突变的范畴。

（2）染色体突变：这涉及染色体较大区域的改变。其主要形式有重复、丢失、倒位和易位等，这样的分类与染色体畸变的分类法类似。但这里从 DNA 结构和基因水平讨论，而染色体畸变是从亚细胞结构讨论。这里倒位是指染色体上的一段基因断裂后倒转，在原来的位置上重接上去，结果造成这段染色体的基因顺序与原来的基因顺序方向相反。易位是指染色体断裂的基因片段顺向或反向连接到另一染色体的其他部位上。

（3）基因组突变：这一类型涉及以基因组（genome）为单位的变化，以致影响染色体的数量。在细胞分裂过程中染色体分离或 DNA 复制分配异常使一对同源染色体不能平均分配给 2 个子细胞而生成非整倍体细胞（如单体、三体和双体等）或多倍体细胞（如 $3n$、$4n$ 等多倍体）。

3. 与辐射致突变相关的若干问题

（1）影响基因突变的因素

1）年龄：几个与突变有关的基因的突变频率（MF）多随年龄的增长而上升，这是因为生活中与致突变剂接触的概率与日俱增，而细胞 DNA 修复能力则随年龄增长而下降。例如，*HPRT* 基因，在成人中每增加 1 岁，MF 升高 1%～5%，新生儿 HPRT MF 约为成年人的 10%。

2）吸烟史：许多研究表明，吸烟者的 HPRT MF 升高，升高幅度一般不超过 1.5 倍。值得注意的是有的文献报道新生儿的 HPRT MF 因母亲吸烟而升高。

3）环境中的已知物理和化学致突变因子：如环境中的化学污染，居室建筑材料中是否含有放射性氡等。

4）机体辐射敏感性：辐射敏感性高的人群血细胞基因 MF 升高。有 DNA 修复缺陷的遗传性疾病对电离辐射高度敏感。例如，毛细血管扩张性共济失调症（ataxia telangiectasia，AT），Fanconi 贫血症、Bloom's 综合征等患者的 *HPRT*、*GPA*、*TCR*、*HLA*-A 等基因的 MF 都大幅度升高。

5）适应性反应：机体对低剂量电离辐射能产生适应性，从而减轻辐射引起的血细胞基因 MF 升高。

（2）自发突变与辐射诱发突变谱的比较：突变谱的分析表明，自发突变和辐射诱发的突变没有质的差别，特别在低剂量照射时更难以区别。

（3）DNA 修复与突变：为了保持物种遗传的稳定，生物体在延续过程中发展出多种方式的 DNA 修复系统，使 DNA 成为迄今为止唯一能够修复的生物大分子。DNA 修复有无错修复（error-free repair）和易错修复（error-prone repair）两大类。两者的修复忠实性（repair fidelity）有很大区别。共济失调毛细血管扩张症（AT）的皮肤成纤维细胞对电离辐射高敏感，极易产生 AT 突变基因，而 AT 细胞的 DNA 修复忠实性则显著低于正常细胞，表明 AT 细胞易发生错误修复。从而解释了 AT 细胞的高度辐射敏感性、易发生基因突变和患者高淋巴瘤发生率的原因。

错配修复是细胞维持 DNA 复制忠实性，防止基因突变的重要机制。1993 年以来，在人类遗传性非息肉性结直肠癌（HNPCC）研究中发现了 $hMSH_1$、$hMSH_2$、$hPMS_1$、$hPMS_2$ 基因。60%、30%和 5%的 HNPCC 病因分别与 $hMSH_1$、$hMSH_2$、$hPMS_1$ 和 $hPMS_2$ 突变有关，因而这些基因被归类于错配修复基因。

（4）突变与癌变：突变是癌变的前奏，抑癌基因 *p53* 的突变是已知的与癌变相关的最常见的基因变化。有人估计，目前世界上每天有 6.5 万人患癌症，其中约 50%是由于 *p53* 基因突变而引发的。点突变是 *p53* 突变中是常见的突变类型。野生型 *p53* 监视细胞基因组的完整性，如 DNA 受到辐射损伤，*p53* 蛋白积累，使细胞停滞在 G_1 期，从而有足够时间修复受损的 DNA。如果修复失败，则 *p53* 诱导细胞凋亡，阻止细胞癌变。突变型 *p53* 的负显性效应，使野生型 *p53* 的上述功能丧失，促进细胞异常生长而癌变。文献报道在氡射线诱发的铀矿工人肺癌中，3/7 肿瘤有 *p53* 突变；由γ射线诱发的小鼠骨肉瘤中，18/31 的肿瘤有 *p53* 突变；由α射线诱发的骨肉瘤患者 12 例中，在用 RT-PCR 检查后发现有 10 例发生 *p53* 突变。

（5）迟发突变：DNA 受电离辐射后有时有些损伤效应不是通过 DNA 复制在下一代表现出来，而是在细胞多次传代后才呈现基因突变，这种现象称为迟发突变（delayed mutation）。经照射的细胞在传代过程中发生转化，这种转化事件具有基因突变的特征。每代细胞有恒定的突变频率。这种迟发突变频率要远远高于自发突变频率，与直接效应造成的突变相比，以迟发突变为主。

迟发突变是由于遗传不稳定所致。这种遗传不稳定不仅限于辐射诱发的基因突变，在染色体畸变方面也可观察到。基因不稳定性的传递及延迟表达的过程是细胞恶性转化和癌变的重要机制。

（6）突变形成的核外机制：传统观点认为，突变是由于细胞核 DNA 受到电离辐射的直接攻击，但最近一些实验结果却对这个观点提出挑战。这些实验发现被射线粒子真正穿过细胞核的细胞数远远低于发生姐妹染色体单体互换（SCE）的细胞数，其 SCE 率并不依赖于照射剂量，提示存在着一个核外机制引起核内 DNA 损伤。有人认为射线与细胞核以外的细胞膜或细胞质作用，产生了间接的基因毒效应。射线照射后在细胞核外产生的活性氧自由基或者它们的反应产物，如脂质过氧化物，扩散进入细胞核，攻击 DNA 而导致基因突变。

第四节　放射损伤的代谢变化

在射线对机体原发作用的基础上，机体内发生了一系列复杂的继发作用的过程，其中包括机体的代谢发生了广泛而深刻的改变。可以认为，物质代谢的异常是放射损伤发生、发展的重要物质基础。现将放射损伤时几种重要的物质代谢改变简述如下。

一、核 酸 代 谢

核酸代谢的变化是射线引起机体代谢变化中最受人注意的问题之一。许多资料证明，核酸代谢是机体对射线比较敏感的环节，在放射损伤中占有重要作用。

1. 脱氧核糖核酸（DNA）代谢的变化　放射损伤时，机体 DNA 代谢的改变主要表现在两个方面，即合成代谢的抑制和分解代谢的加强。

（1）DNA 合成的抑制：电离辐射照射后 DNA 合成抑制是一个非常敏感的生物学指标，受 0.01Gy 照射即可观察到抑制现象的存在。常用放射性核素标记的前体掺入率来测定 DNA 合成的速度，因为 DNA 含量的增加速度是 DNA 合成和降解两个过程的综合结果，而前体参入速率的增加可以反映新的 DNA 合成。常用的前体有高纯度的 ^3H 和 ^{14}C 标记的特异性碱基、核苷和核苷酸；由于所研究的细胞代谢活性不同和放射性核素比活度的高低，细胞与放射性标记前体接触时间可以从数秒至数十小时，高比活度、短时间标记被称为脉冲标记。

正常的 DNA 生物合成时需要四种脱氧核苷三磷酸即 dATP、dGTP、dCTP 和 dTTP 为原料，以 DNA 为模板，在 Mg^{2+}存在的条件下由 DNA 聚合酶催化复制而成。电离辐射作用后，由于合成 DNA 所需的四种脱氧核苷酸形成障碍，DNA 聚合酶活力抑制，DNA 模板损伤、启动和调控 DNA 合成的复制子减少，同时由于细胞内线粒体氧化磷酸化的被抑制带来能量供应障碍使得 DNA 合成抑制，使细胞分裂受阻。

（2）DNA 分解的加强：在 DNA 合成抑制的同时，其分解代谢也增强了。这表现在以下几方面：

1）使 DNA 分解的脱氧核糖核酸酶（DNase）活性增强。例如，^{60}Co-γ射线可使家兔骨髓中 DNase Ⅰ及 DNase Ⅱ活性大为增加。增强的程度与照射剂量有一定的比例关系。

2）组织中 DNA 降解产物增多。例如，致死剂量一次全身照射后大鼠、豚鼠、家兔等动物的骨髓、脾脏和胸腺中，可被磷酸盐缓冲液提取的分子较小的脱氧聚核苷酸含量大增，表示 DNA 降解过程的加强。

3）尿中 DNA 代谢物排出增多。动物照射后常见尿中排出的核酸代谢物增多，如脱氧胞苷、脱氧胸苷、β-氨基异丁酸（BAIBA）、嘌呤类降解产物（尿酸及黄嘌呤）等。

2. 核糖核酸（RNA）的代谢变化　由于核糖核酸（RNA）结构与功能的复杂性，射线对 RNA 代谢影响的研究不多，了解较少。电离辐射照射后 RNA 的变化，多数报道认为 RNA 的合成受到抑制，也有报道认为在中等剂量照射后 RNA 的合成增加，并认为这种差异可能与细胞的辐射敏感性有关。例如，大鼠经 10Gy γ 射线照射后，在体外条件下利用完整细胞核内源性 DNA 为模板，在含有四种核苷三磷酸（其中含 ^{3}H-UTP）和镁离子的系统中以内源性 RNA 聚合酶催化，测定 RNA 的合成能力（测定比活性）。结果表明在照后 2 小时，脾细胞核的 RNA 合成能力已明显受到抑制，6 小时下降至正常值的 55.8%，胸腺细胞核 RNA 的合成抑制也十分明显。但肝细胞相反，照射后核 RNA 合成率升高。

二、蛋白质与氨基酸代谢

1. 血清（浆）蛋白的变化　当人体或动物遭受射线损伤以后，血清蛋白的总量很少发生改变。但血清蛋白的组成部分改变较大。大量实验证明，猴、狗、兔、大鼠等动物，在被内、外照射急性损伤后，特别是在晚期，血清或血浆蛋白的组成部分发生比较明显或非常明显的改变。通常所发生的变化是：白蛋白显著减少，球蛋白显著增多，以致白蛋白与球蛋白比值（A/G）明显降低，而球蛋白中的α球蛋白显著增多，β球蛋白也增多，γ球蛋白却往往减少，α/γ比值也出现规律性改变。如果检验的材料为血浆时，纤维蛋白原的含量增高。一般来说，随着辐照量的加大和照射后时间的延长，而加剧这些反应。放射事故中被照射的人和原子弹辐射受害者，也有相似的变化，慢性放射病时，往往只能观察到轻度的白蛋白减少和球蛋白增多。

2. 组织蛋白质的分解加强　全身照射后，小肠、脾脏等放射敏感组织中的蛋白质含量明显减少，糖异生作用增强，尿中排出的氨基酸及非蛋白氮含量增多。这些都表明蛋白质分解代谢的增强。同时，由于机体摄入量减少，机体可出现负氮平衡及体重减轻。

照射后早期尿中排出的氨基酸及其代谢产物含量增加。增加较明显的有牛磺酸、肌酸及β-氨基异丁酸。后者为胸腺嘧啶的分解产物。

（1）牛磺酸：为含硫氨基酸的代谢产物。全身照射后最初几天，人、大鼠及小鼠尿中排过量的牛磺酸，且在一定的范围内与照射剂量成正比关系。实验证明，照射后体内过量的牛磺酸并不是本身合成增加所致，亦非由肌肉释放，而主要是来自淋巴组织的破坏与小肠的释放。

（2）肌酸：由甘氨酸、精氨酸及蛋氨酸在体内合成的一种物质。电离辐射损伤动物和人体后，尿内肌酸增多和肌酸/肌酐比值升高。在国内、外关于意外事故的急性放射损伤病例报道中，均指出在损伤后的一定时间内尿中肌酸的排出量超过正常值；肌酸/肌酐比值也升高，甚至超过正常值的2～3倍。动物实验表明，用50～650R不同辐照量的X射线全身照射大白鼠后，尿中肌酸/肌酐的比值，随辐照量的增大而升高，呈一定线性关系。

（3）尿素：是蛋白质分解代谢的主要最终产物。放射损伤机体的血液中尿素的含量和尿中尿素的排出量与其他非蛋白质含氮化合物一样，都明显地高于正常。由于尿素在正常机体血、尿的非蛋白氮中所占的比重最大，加之于照射后明显增多，以致它在放射病机体的血液非蛋白氮含量与尿氮排出中，占据着突出的地位，从而它对所引起氮的负平衡的影响，也是最大的。

在放射病的晚期，尿素从尿排出量和在血液中的含量最多，并且尿素又是在肝脏内合成的，故可认为在整个放射病发展过程中，肝脏合成尿素的功能未被破坏。

由于尿中这些氨基酸代谢物的排出在一定范围内与照射剂量成正比关系，它们同尿中核酸代谢物一起，可被利用作为急性放射病诊断的参考指标。

3. 蛋白质合成代谢障碍 放射损伤时，机体出现蛋白质分解过程加强的同时，还出现其合成过程被抑制。这种蛋白质合成代谢的障碍，可能主要的不是总合成被破坏，而是个别蛋白质的合成过程被破坏。诸如抗体、核蛋白、肌纤蛋白等负有重要生物学功能的特殊蛋白质的生物合成被抑制。有的实验证明，在肌纤蛋白合成被抑制的同时，肌浆球蛋白的合成速度却增大。

电离辐射对细胞内各个部分（细胞核、线粒体、微粒体、上清部分）的蛋白合成的影响，也是各不相同的。动物在放射损伤的初期，基本上看不到较明显的改变，只有在放射病晚期才能发现：各细胞器内的蛋白质合成状态，呈现重新分布。大鼠照射800R后第3天，^{35}S蛋氨酸进入肝脏和小肠黏膜细胞的线粒体、微粒体蛋白质中的量减少，而进入肝脏和小肠黏膜细胞核蛋白质中的量却有增加，即前者合成抑制，后者合成增加。机体受照射后，蛋氨酸进入微粒体核糖核蛋白中的量显著低于正常，仅达正常的22%～30%，进入线粒体核蛋白中的量减少40%～60%。

4. 酶活性的变化 哺乳动物照射后，可见到体液及组织中一些酶活性升高而另一些酶活性降低。例如，致死剂量的射线作用后一天，即可发现大鼠、家兔及小鼠血清天冬氨酸转氨酶、丙氨酸转氨酶活性增加；人尿中排出过量的DNase Ⅱ、血清中乳酸脱氢酶同工酶谱发生变化（LDH_1增加）。从组织水平来看，受照射淋巴组织中溶酶体酶（如DNase Ⅱ、RNase、酸性磷酸酶等）活性均增强。

体液及组织中酶活性的增高，常常是膜通透性改变及细胞解体的结果。但也不能排除细胞群体的变化及酶的移位所造成的影响。例如，脾脏中淋巴组织只含少量的溶酶体，在淋巴细胞破坏的同时，脾脏中放射稳定的网状细胞及巨噬细胞增多，而后两者含有较多的溶酶体。

组织中酶活性的降低，常常是酶蛋白诱导合成受阻的结果。

三、能量代谢

三磷腺苷（ATP）的形成效率是机体能量代谢的关键，也是射线影响机体能量代谢最重要的环节。

1. 线粒体氧化磷酸化作用 动物实验证明，不同剂量的X射线或γ射线照射后，机体脾脏、胸腺、肝脏、心脏等组织的线粒体氧化磷酸化可发生不同程度的障碍，具体表现为P/O比值的下降。这些变化的特点可归结为：①变化出现较早。往往在照射后一小时至几小时内即可发生，故被列为射线损伤的早期变化之一；②所需要的照射剂量小；③放射敏感组织的变化更为明显。

关于射线损伤线粒体氧化磷酸化作用的方式，尚未得到明确的结论。有些实验表明，只有组织（如脾脏）直接受到照射，才能表现为P/O值的变化，因而强调直接作用的效应，而另一些实验表明可能有内分泌系统的参与，因而强调远隔效应。例如，切除垂体或甲状腺或投以抗甲状腺药物的动物，再行照射，则不表现P/O值的变化。在急性放射病时，这两类损伤方式很可能都发生影响：在照射后的早期，以直接损伤为主，而随着疾病的发展，远隔效应也逐渐表现出来。

关于射线造成线粒体氧化磷酸化解偶联的部位，实验表明：在磷酸化的三个部位中，第三个部位，即与细胞色素 $a_3 \rightarrow O_2$ 的氧化作用相偶联的磷酸化作用对射线最敏感。

2. 核的氧化磷酸化作用　细胞核的氧化磷酸化作用在某些类型的细胞（如胸腺淋巴）中占有特殊地位。据计算，这类细胞所需 ATP 约有 50%依赖于核的氧化磷酸化作用。

许多实验表明，射线能抑制骨髓、脾脏、胸腺及淋巴结等放射敏感组织细胞核的 ATP 生成。与上述线粒体氧化磷酸化作用的变化相比，除放射敏感组织的变化更加明显外，还有下列特点：①变化出现得更早，所需照射剂量也更小，因而被列为放射损伤的即刻效应之一；②损伤更为严重；③为间期死亡细胞所特有。所谓细胞的间期死亡是指：一些不分裂的或分裂很少的细胞，经过较高剂量照射后，可以很快终止细胞的正常代谢，引起细胞的解体。早期的核氧化磷酸化作用的明显抑制，只见于间期死亡这一类型的细胞。因此，核氧化磷酸化作用的抑制，被认为是细胞间期死亡的主要原因。

四、其他物质代谢

1. 糖代谢　机体糖代谢所受的影响因素极多，各种体内、外环境的变动，都会通过神经内分泌系统的活动而给予敏锐的调节，这就带来了其代谢的不稳定性，加之，所采用的实验对象、实验条件的差异，因而许多作者的实验结果颇不一致。总的来说，糖代谢对辐射损伤是不敏感的。

2. 脂类代谢　急性放射病时，放射敏感组织及肝脏脂类合成增强。一般说来，许多组织中脂类含量增高，特别是血液及某些放射敏感组织（如骨髓），而且增高的部分主要是三酰甘油，但从动物整体来说，由于脂肪组织分解代谢加速，机体总脂含量是减少的。

脂类代谢的紊乱可造成深刻的影响，如由于骨髓中脂类合成代谢的增强，三酰甘油大量堆积，可能产生脂类过氧化作用，对骨髓的造血功能不利。又如，肝脏中三酰甘油含量增加，而磷脂合成却并未相应地增加甚至有所削弱，从而可能导致脂蛋白形成障碍，致使三酰甘油外运发生障碍。但是，从另一方面看，肾上腺中胆固醇合成的增加为皮质激素的合成提供了更多前体，而急性放射病初期，肾上腺皮质功能的适度亢进，具有生理效应的意义，它能动员和增强体内的防御功能，有利于对抗和减轻射线的损伤。

3. 水、电解质代谢与酸碱平衡　急性放射病时，由于水向细胞外间隙及胃肠道移动，以及多尿等因素，导致血液容量减少。当照射剂量大到足以引起胃肠型放射病时，由于腹泻及呕吐导致急性脱水，血液及血浆容量的变化就更为严重。

在发病的最初几天，由于多尿，尿中 Na^+、K^+及 Cl^-排出相应增多。同时由于严重呕吐及腹泻，可进一步导致体内 Na^+、Cl^-的减少。

放射病时血清 K^+增高，一般认为是放射敏感组织的细胞膜通透性变化及细胞解体的结果。而膜通透性的增强，又可能是由于 Na^+，K^+-ATP 酶功能的紊乱。

急性放射病的早期，由于分解代谢的增强，一般表现为代谢性酸中毒。随着疾病发展中多种因素的影响，如呕吐、大量丢钾，而随之具有代谢性碱中毒的性质。又由于发热及通气过度，致 CO_2 分压下降及血液 pH 增高，而具有呼吸性碱中毒的性质。

机体水、电解质代谢或酸碱平衡，都需要依赖激素的调节。急性放射病时，内分泌系统发生了显著的变化，这就不可避免地对水、电解质代谢及酸碱平衡带来影响。临床治疗时，这是个值得注意的问题。

4. 胶原代谢改变　近年来有研究表明，放射损伤可引起皮肤Ⅰ型和Ⅲ型胶原含量的改变，其基本趋势为：Ⅰ型胶原含量下降，Ⅲ型胶原含量上升，而胶原总量变化不大。

第五节 放射损伤的药物防护与生化诊治

一、放射损伤的药物防护

放射病的药物防护，是指机体受射线照射前给予药物，从而减轻放射损伤的作用。已经研究过的防护药物为数甚多，有氨基硫醇类化合物、色胺类化合物、雌激素类化合物等，其中氨基硫醇类化合物（如巯基乙胺、胱胺、β-氨乙基异硫脲等）的研究较为详细。

氨基硫醇类化合物的防护原理很复杂，有许多理论都认为与生物化学过程有关。现举例如下。

1. 与自由基有关 认为巯基乙胺（简称MEA）、β-氨乙基异硫脲（简称MET）等预防药物是良好的自由基消除剂。它们能清除辐射生成的自由基，中断由自由基引起的连锁反应，从而保护生物大分子。另有人认为，生物大分子受照射后可丢失氢成为大分子自由基，而MEA、AET等化合物可供给氢使大分子修复。

2. 形成混合二硫化合物 认为硫醇类防护药物能与射线的靶分子（如酶）的巯基相作用形成混合二硫化物，使靶分子对辐射的间接作用或直接作用增加抗性，从而保护靶分子。例如，当过氧化物自由基与未保护的靶分子作用时，靶分子迅速发生不可修复的损伤，如果用MEA保护，则靶分子的辐射敏感性降低，并能迅速得到修复。

3. 保护靶分子 认为防护药物对DNA和生物膜的辐射损伤有明显的防护作用。例如，氨基硫醇类药物的氨基与DNA的磷酸根反应而可逆地结合到DNA分子的螺旋结构上，使DNA分子更稳定，防止或减轻辐射对DNA的原发损伤和继发损伤，并可减慢DNA复制速度，使修复系统有可能在复制之前将损伤修复。

4. 生物化学、生理作用原理 认为氨基硫醇化合物与生物大分子的巯基形成混合二硫化物后，可引起细胞多方面的生物化学和生理变化，如DNA、RNA合成暂时被抑制，细胞有丝分裂被延缓等。这些变化有利于减轻射线的损伤与加速修复。

5. 环磷酸腺苷（cAMP）的作用原理 认为氨基硫醇类药物可能与细胞膜上的特异受体结合，刺激细胞膜上的腺苷酸环化酶体系，使细胞内cAMP增加。细胞内cAMP的含量往往与细胞的放射敏感性成反比，从而起到保护作用。

由上可见，关于氨基硫醇药物的防护原理尽管说法不一，但都认为是通过影响某些生物化学环节而发挥防护作用的。

二、放射损伤的生化诊治

由于机体受照射后引起代谢紊乱与组织破坏，因此在照射后观察各项生物化学指标的变化有助于放射病的诊断与治疗。

1. 放射损伤的生化诊断 尽管射线引起机体代谢广泛、显著的变化，但迄今尚未发现能确切反映照射剂量的特异生物化学诊断指标。虽然如此，对各项代谢指标的综合观察和分析，对于放射病的诊断仍有一定帮助。现将常用的生物化学指标举例如下。

（1）DNA分解代谢产物：人的放射事故病例证明，照射后尿中脱氧胞苷、β-氨基异丁酸、尿嘧啶等排出量增多。除此以外，脱氧核糖核酸酶的含量亦增加。

（2）蛋白质及氨基酸代谢产物：照射后尿中氨基酸含量增多，其中以牛磺酸的含量增加最为明显。此外，尿中肌酸、5-羟吲哚乙酸（色氨酸代谢产物）也有增多。

照射后血清蛋白质有明显变化，表现为白蛋白与球蛋白比值的下降，甚至倒置。α_2球蛋白升高，γ球蛋白下降。

（3）其他：中子照射后，血中感生放射性 ^{24}Na（照射后使体内某些元素转变为放射性元素，称“感生放射性元素”）的测定对于诊断患者接受的中子剂量有重要意义。

此外，常用的一些临床生物化学指标也有利于诊断放射病病程中物质代谢紊乱的程度，如水、电解质代谢紊乱；酸中毒；肝、肾功能等指标。

2. 放射损伤的治疗　由于急性放射病的复杂性，其治疗原则应该是中西医结合，综合治疗。其中尤为重要的是抗感染、抗出血、恢复造血功能等。此外，针对放射病时的生物化学损伤，可考虑采取相应的措施。例如，核酸具有重要的生物学功能，而且具有高度的放射敏感性，人们设想使用具有生物活性的高聚核酸制剂可能对机体核酸大分子辐射损伤的修复及促进细胞分裂有良好的作用。实验证明，高聚核酸分子，尤其是 DNA，对动物急性放射病确有一定治疗效果。此外，降解的多核苷酸及各种核苷对血液学指标有一定的改善，目前肌苷、多核苷酸等制剂已用于临床放射治疗的患者，以纠正白细胞减少症。

思　考　题

1. 简述放射损伤分子机制。
2. 放射损伤有哪些代谢变化？

（连继勤）

第 30 章 神经生化和分子生物学

神经组织是动物进化过程中出现最晚的组织。神经系统是脊椎动物主要的功能调节系统，它全面、有效地调节着体内各器官、系统的生理过程和代谢活动，以适应机体内外环境的各种变化。在人体内，脑、脊髓和末梢神经组织虽只占体重的 1/40 左右，但在全身功能活动的调节上起着的支配地位，却是显而易见的。

神经组织主要由神经元和神经胶质所组成。神经元接受刺激、传递信息和整合信息，神经胶质则起着支持、营养和保护神经元的作用。

第一节 神 经 元

神经细胞又称神经元（neuron），和神经胶质细胞（neuroglial cell）是构成神经系统的基本成分。脑的结构和功能是人体的各系统中最复杂的。到目前为止，人们对它的了解仍然有限。一是因为它所含的各种类型的神经元各具有其特异的功能，其次是由于神经元之间具有极端细致的，有一定规律的纤维连结，形成了复杂的神经网络（neural network）。人的神经系统（nervous system）由 10^{10} 以上的神经元组成，而相互联系的数目还要多上几千倍。

神经元之间如何联系，1909 年，西班牙神经组织学家 R. Y. Cajal 提出了神经元学说（neuronal theory），即神经元是神经系统发生，遗传、结构、营养和功能的基本单位，所有神经通路、神经回路和反射弧都是以简单或复杂的形式连接或排列而组成的。1958 年，Palay 用电镜观察，进一步证明了神经元之间相接的部位各自具有胞膜和一定间隙。

神经元的形状与其功能有关。它们接受信息再将其传送到一定的目的地的功能，决定了神经元的形状。一般说，神经元都有长的突起，超过体内任何其他细胞类型的长度。神经元能接受来自体内、外的刺激，通过胞膜电位（membrane potential）的变化，把刺激的信息转变为电兴奋波，称为动作电位（actional potential）或神经冲动（nerve impulse）。动作电位沿胞突传送，再经神经元的“分析”或“储存”，然后发出调整后的冲动，经胞突传至另一神经元或效应器官，完成神经系统的各种活动。两个神经元之间的信息传送虽借助电信号，但一般还要借助特定的化学物质，即神经递质（neurotransmitter）。神经递质将信息从上一个神经元传给下一个具有与该递质相应受体（receptor）的神经元，从而使下一个神经元发生功能变化。

神经胶质细胞也有许多胞突，但不传导神经冲动。在哺乳动物脑内，胶质细胞的数目超过神经元，约为 10∶1；除神经元和血管外，其余空间均为胶质细胞所占据。

神经元的基本功能活动是兴奋传导。神经纤维借电传导，突触间借化学传导。神经元通过膜的极化与去极化，涉及膜上的离子泵和离子通透而实现电传导，这方面将在生理学中详述。化学传导就是通过释放神经递质（transmitter）使上一个神经元的信息传给下一个神经元或效应器，其效应不仅限于引起后一神经元或效应器的电效应，且可直接影响它们的代谢和基因表达。

一、神经元的结构、功能和分类

神经元是由外胚层神经管内的细胞分化而来。当发育分化为神经母细胞后，沿着放射状排列的胶质细胞从靠脑室的一侧向外移动，定居于新的位置；然后生出树突（dendrite）和轴突（axon），循确定的途径形成有规律的连接。属于同一功能类型的神经元，其细胞体通常位于同一部位，其连接方式和发育方式也相似。这样一组的神经元聚集成团而构成神经系统中各个核团；如果排列成片则称细胞层。核团或细胞层通过神经纤维束相互连接。此外，还有纤细的纤维联系，形成了整个神经系统的复杂而又有条理的连接。神经元是一种精细联系网络中的调整单位。一个神经元多多少少直接地与近百个神经元相互作用。

神经元是一个高度分化的细胞，有着独特的外形。神经元是一个很大的又代谢旺盛的细胞，负责传导电信号。丛状的树突分枝构成神经毡；细长的轴突进入各种器官和组织。图 30-1 显示了几种神经元。神经元形状不一，但都有长的突起。

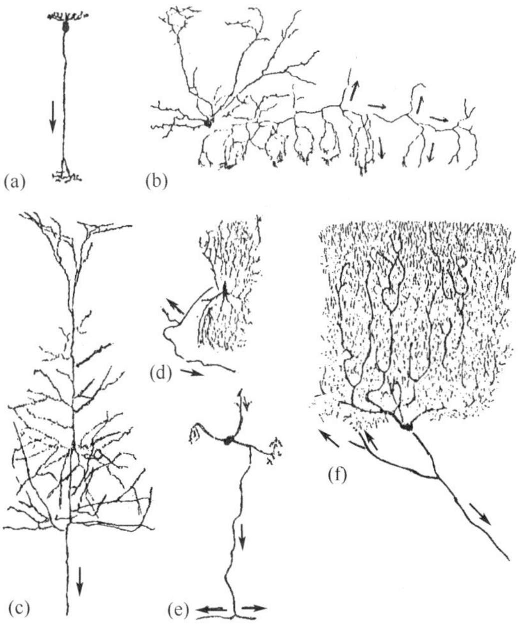

图 30-1　脊椎动物神经系统神经元

细胞（a）和（b）具短轴突，因此绘出全貌。细胞（c）、（d）和（f）均具长轴突，只绘出轴突的起始部分。（a）蜥蜴视网膜中的两极细胞；（b）小鼠小脑中的篮状细胞；（c）兔大脑皮质中的锥体细胞；（d）人类脑干中的一个细胞；（e）猫小脑中的颗粒细胞；（f）人类小脑中的 Purkinje 细胞 （引自 Ramon Y．Cajal）

Ramon Y. Cajal 提出将神经元分为长轴突的 Golgi Ⅰ型和短轴突的 Golgi Ⅱ型神经元。这两型细胞在功能上也有重要的区别。Ⅰ型神经元主要发出投射纤维离开本区灰质；而Ⅱ型神经元主要在本区局部范围内起作用。

按神经元在神经系统中对信号所起的作用可分为以下三类。

感觉神经元（sensory neuron）：将身体某一部位因受刺激（如光、机械力或化学物质等）而引起的信息传递至中枢神经系统的神经元。

中间神经元（interneuron）：对不同来源的感觉性信息进行综合、加工，再发出相应的指令传递至下一级神经元。

运动神经元（motor neuron）：将中枢神经的信息传递至效应器产生相应的运动。例如，肌肉收缩、腺体分泌等的神经元。

也可按各种神经元的化学特性或所含递质对神经元进行分类及命名。利用免疫荧光组织化学、免疫酶标组织化学、荧光标记及放射自显影方法可确定其化学特性。例如，5-羟色胺能神经元、多巴胺能神经元、GABA 能神经元及各种肽能神经元。这些神经元分布独特，并且不杂乱。各种肽能神经元虽在末梢处分泌相应的神经肽，但其前体及中间体的酶加工过程则在核周质，形成分泌颗粒沿轴浆运输，储存于神经末梢。

大多数神经元有三个部分：包含一个细胞核的细胞体，一些分枝逐渐变细的树突和单个光滑而直的轴突。轴突延伸远离细胞体，有的还有髓鞘，轴突最后的终末可以到达其他神经元的细胞体、树突，或轴突终末前，并与之形成突触。在周围神经系统可以联系到感觉器官或者与肌肉细胞接触。

细胞体能合成很多大分子物质，供给神经元其他部分。放射自显影法研究指出，蛋白质在粗面内质网合成后进入高尔基体，一些神经分泌颗粒也在此组装，然后输送到轴突借胞吐在轴突终末释放到细胞间隙或血液。此外，神经元内的脂褐质是老年神经元内的一种残余体，往往随老化而增多，其形成机制尚不十分清楚。

神经元的细胞骨架主要由神经细丝、微管和微丝组成，它维持神经元的细长结构，并负责细胞体与突起间的运输。蛋白质和脂质是在细胞体内合成后提供给其他处应用的。细胞骨架对于发育中神经元的运动和生长是必要的，它使树突和轴突末端的生长锥向前爬行，随着树突和轴突被生长锥拉着生长。

二、树突——接受信号的传入

神经元的树突是从胞体发出的一个或多个较粗的突起。树突反复分枝，逐渐变细而终止。神经元的树突的分枝呈锐角，常有几个分枝呈簇状，树突的分枝形状，往往显示神经元的特殊形态。大脑皮质的锥体细胞在朝向皮质表面的方向伸出一支粗大的顶树突，在基部又放射状地分出多条基树突，因此形成了锥体细胞的特殊形态。在脊椎动物的背根神经节细胞只有单个主干再分成两支，一支到周边，另一支进入中枢神经的背根，这两支均是轴突的性质。也有树突从轴突基部发出。树突内最明显的细胞器是微管、神经细丝和线粒体及管形的滑面内质网。微管呈纵向有规则地分布在树突内；滑面内质网在树突开始部位不清楚，当远离胞体时越来越清楚，一直延伸到树突树甚至到树突棘，组成不同的池或管。

树突分枝上常有不同形状的突起如叶片状、小毛样或蕈状，这些小突起称树突棘或称侧棘。树突棘的数量及分布因不同神经元而异。如大脑锥体细胞的顶树突上，每 100 μm^2 的表面面积上有 0～37 个树突棘。树突棘内含有细微的丝状物，滑面内质网在棘内呈 2～3 层的板层，其间有少量致密物质形成棘器。

树突的功能是接受信号的传入。树突的分支提供一个扩大的表面积，以接受来自其他细胞的信号。树突中也存在类似快速和缓慢运输机制，神经元能更新、维持和修补它的较长树突。

三、轴突——信号的传导和物质的运输

典型情况下，所有神经元都有一个轴突。轴突是从胞体凸出的圆锥形隆起——轴丘处延伸而来。轴突还常从一个大树突发出。轴突的长短有很大差别，短的仅数微米，长的可达 1m 以上。轴突比树突细而长，表面光滑无侧棘，直径恒定，分枝不多而呈直角分出其侧支。但在轴突末端常呈树状分枝，称轴突终末。

轴突的功能是将细胞体发出的传出信号输送到轴突末梢，把信息再传递给一组新的神经元。另一功能是由轴突运输维持神经元细胞体与其外在部分之间化学物质交流。

神经元的轴突运输可以维持神经元的细胞体与其外在部分之间化学物质的交流。几乎一切神经细胞突都存在大量的神经细丝和微管。这两类细胞骨架具有双重重要性：提供力学支持，维持细胞独特外形；协助细胞内的化学物质交流。轴突运输包含快速和慢速运输两部分。两者不仅速度不同，而且组成成分也不同。快速运输的成分含有糖蛋白、磷脂、突触小泡和神经分泌的成分。它们的作用是维持细胞膜和突触传递及神经分泌所需要的物质。由快速运输的逆向部分所运载到胞体的物质大都是作为最终处理或再利用的材料，其中包括某些组分是由顺向运输到末梢去的，以及通过内吞作用从胞外间隙中摄取的组分。

慢速运输成分中含有更新轴突的实体性物质，包括可溶性轴浆中的酶和细胞骨架蛋白，也载运线粒体。

四、电压门控离子通道和动作电位

神经元主要特征之一是携带电信号。信号传导依赖于少量离子通过膜通道的运动所引起的膜电位改变，这是取决于电荷的分布。电荷主要借助于 Na^+、K^+、Cl^-、Ca^{2+}通过神经细胞膜往返运转（图 30-2）。

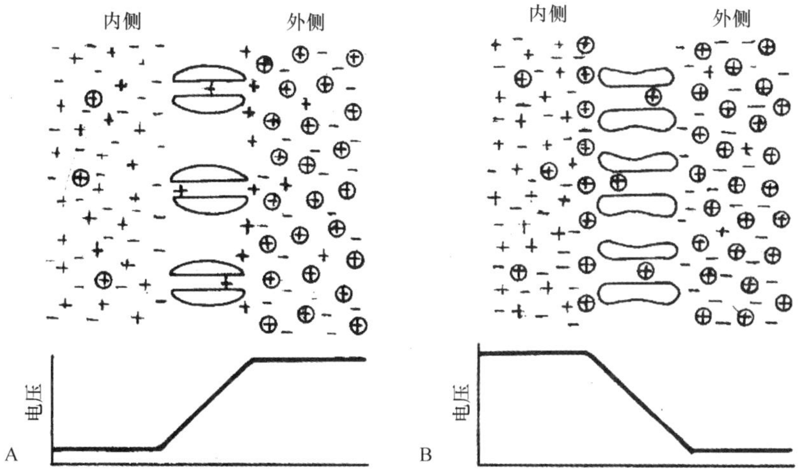

图 30-2　离子浓度梯度跨膜图解

+表示 K^+；⊕表示 Na^+

神经元信号依赖于通透性可调节的门控通道（gated channel）。

1. 电压门控通道（voltage-gated channel）　特别是电压门控 Na^+通道，在活动暴发中起了开关作用，借此，动作电位才得以沿神经细胞突传导。膜的突然去极化，打开了电压门控 Na^+通道，从而改变了膜通透性；但如持续去极化，这些通道又进入失活状态。当每一个短促的去极化刺激打开了一些电压门控 Na^+通道时，就诱发一个动作电位。这个动作电位使膜对 Na^+的通透性进一步增高，进而使膜电位更趋向 Na^+平衡电位。这个正反馈过程打开了更多的 Na^+通道，造成全或无的动作电位。由于 Na^+通道的失活——在许多神经元中则由于电压门控 K^+通道的开启，使动作电位迅速中止。一个动作电位沿神经纤维的传导依赖于纤维的被动电缆性质。当细胞膜局部去极化而引发动作电位时，电流通过打开 Na^+通道使邻区的细胞膜去极化，又在邻区诱发了动作电位。在许多脊椎动物的轴突由于有髓鞘的绝缘，只留下很小范围的可兴奋膜暴露于外，因而增加了动作电位传导的速度和效率。

2. 配体门控通道（ligand-gated channel）　在特殊的分子——递质与通道蛋白质上的受体结合时才开放，这种通道是按作用的递质命名的。例如，乙酰胆碱激活的通道或 GABA 激活的通道。它将细胞外的化学信号转变为电信号。它们所产生的电变化是随外界的化学信号强度及时间的变化而渐变的。配体门控通道有两个重要特性：第一，与其相连的受体对配体有像酶一样的特异性。第二，不同类型的通道具有不同的离子选择性。神经递质识别某些受体并与之结合，从而导致离子通道开启或关闭，如 nAchR 与 Na^+通道，GABA 与 Cl^-通道等（图 30-3）。

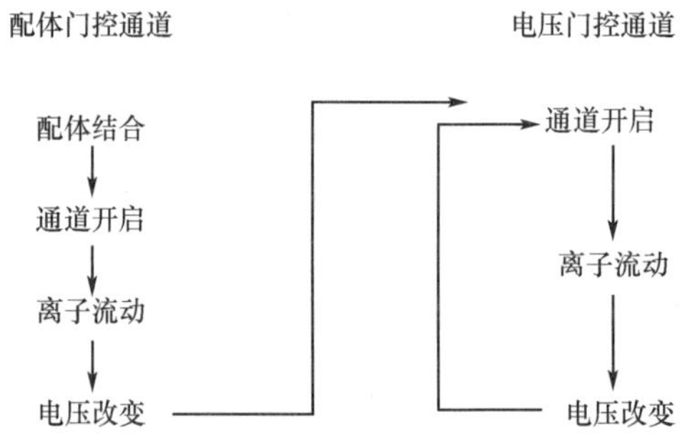

图 30-3 配体门控通道和电压门控通道功能图解

五、突触——信号传递

突触（synapse）最初由英国神经生理学家 Charles Scott Sherrington 提出，指两个神经元之间的功能接触点。在细胞学上指神经元之间或神经元和效应器，如肌肉或腺体之间，在形态上发生接触和有传递功能的部位。通过突触可使神经冲动信息作定向传导，对信息进行传递和收集突触的主要作用。

按信息传递方式不同，突触可分为电突触（electrotonic synapse）和化学突触（chemical synapse）。

电突触主要指两个神经元之间的缝隙连接（gap junction）。在两个神经元之间只有 2 nm 的距离，并在膜上有连接蛋白亚单位组成的微小通道，直径约为 2.5 nm。通道中可容小分子物质通过。电突触可以有双向传递和传导作用。电突触多见于无脊椎动物，脊椎动物中也有，哺乳动物中少见。南美电鱼的电器官由脊髓内一群神经元同时放电控制，而神经元之间有缝隙连接，所以刺激其中一个神经元就使所有神经元发生动作电位。

混合型突触是在相邻神经元之间化学突触和电突触同时存在，故称为混合型突触。这种突触见于多种动物的周围及中枢神经系统内。例如，鱼类脊髓前柱神经元，鸡的睫状节神经元，鼠的前庭外侧核等。

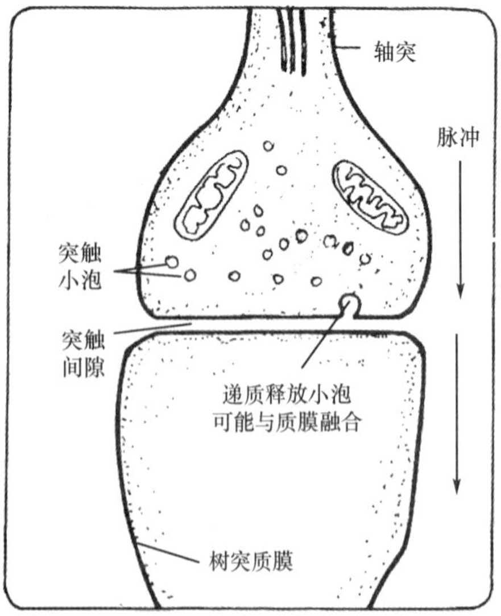

图 30-4 突触

化学突触是因释放神经递质而传导神经冲动的突触，故名化学突触。近年来在周围和中枢神经系统中发现多种神经骶和神经递质能对相邻的神经元起作用。

化学突触的模式结构包括突触前突起终末、突触间隙和突触后膜三部分（图 30-4）。

突触前突起终末：包括突触前膨大和突触前膜的结构。突触前突起终末通常是一个释放递质的神经元轴突的末梢，呈球形、圆顶状或凹形的膨大，胞质内有微管、神经细丝、线粒体和许多突触小泡（synaptic vesicle）。突触小泡直径为 40～60nm，呈球状或扁平状，小泡内有的清亮，有的有致密芯子。同一突触内的小泡通常是一致的，但也有一个突触内同时存在两种以上不同形态的小泡。突触小泡内含有神经递质或神经肽。突触前突起终末内含有许多线粒体，可为突触的活动提供能量。突起末梢端的胞膜称突触前膜（presynaptic membrane）。突触前膜的内面有致密物附着处，连同聚集的小泡被认为是突触前活化区。突触前活化区存在一个关闭的静息阶段和一个与递质发放有关的开放阶段。

突触间隙(synaptic cleft)是前一个神经元突触前膜与后一个神经元的胞体或树突间的间隙。间隙中含有蛋白质和多糖类，特别是含有唾液酸，有人认为唾液酸能结合递质，对神经冲动的影响很大。递质是由突触前终端发放到突触间隙内，为了影响突触后膜，递质必须跨过突触间隙；为了分散或接受分解酶的攻击，递质必须弥散在突触间隙中。从这个窄缝中递质或其降解产物也能被突触前突起终末摄取，重新掺入突触小泡中。当冲动到达前膜时，突触小泡黏附在突触前膜上，两者相接处出现小孔，突触小泡内的递质释放入突触间隙内，对树突后膜上的受体产生作用，引起后一个神经元的胞膜电位发生变化，出现神经冲动。

突触后膜（postsynaptic membrane）是一个有受体的神经元的胞体、树突或轴突的胞膜。胞质面有致密物附着。这些受体以某种方式控制突触后膜对离子的通透性。Sanford Palay 和 George Palade 描述突触后膜一个局部的增厚区为突触后特化区。在中枢神经系统突触中，这种增厚区直接位于突触前致密物的对面。

常见的突触分类以信息在突触传导的方向而命名，如将从轴突来的冲动通过突触传到树突的称轴-树突触。以此类推则有轴-体、树-树、轴-轴等。并且还有同一突触区的前后两个神经元可互相传递信息的相互性突触。

第二节 神经组织的化学和神经递质

一、神经组织的化学组成

神经组织中含有糖类、脂类、蛋白质、核酸、水和无机盐。人脑的含水量约 78%，灰质（神经细胞体为主）的含水量多于白质（神经纤维为主）。脊髓的含水量约 75%。

作为固体成分，胎儿脑发育早期尚无髓鞘形成时，脑的各类化学组成并不显示与其他组织有多大差别。成人脑中的固体成分主要是蛋白质和脂类。蛋白质包括各种球蛋白、核蛋白及一种称为神经角蛋白的特殊硬蛋白。神经组织中脂类占总固体的一半以上，尤以白质为多。脂类成为神经髓鞘的主要成分。在脂类的构成中，中性脂肪很少，磷脂为主，尚有大量脑苷脂和胆固醇。神经节苷脂特征性地作为神经元的组成成分，在突触小体中含量最为丰富，尽管神经组织在正常情况下主要依靠葡萄糖提供能量，但神经组织的糖原贮备量却甚少。大脑的糖原含量仅 0.1%。神经组织的灰质中主要是磷酸盐、钾及氯，此外还有钠。

神经系统的不同部位的化学组成有差别。一般地讲，越是功能复杂的部位其水分和蛋白质、核糖、核酸的含量越高。脂类则作为细胞的膜性结构和髓鞘的成分，在白质和周围神经组织中较多（表 30-1）。

表 30-1 人的神经组织的脂类分布

	脑髓鞘	脑白质	脑灰质	末梢神经髓鞘
水分（占湿重的%）	40	71.6	81.9	
脂类总量（占干重的%）	70	54.9	32.7	69.5
		（以下为占脂类总量的%）		
胆固醇				
糖脂	27.7	27.5	22.0	26.6
脑苷脂	27.5	26.4	7.3	24.5
硫脂	22.7	19.8	5.4	
甘油磷脂	3.8	5.4	1.7	
磷脂酰乙醇胺	43.1	45.9	69.5	48.9
磷脂酰胆碱	15.6	14.9	22.7	17.5

续表

	脑髓鞘	脑白质	脑灰质	末梢神经髓鞘
磷脂酰丝氨酸	11.2	12.8	26.7	6.6
磷脂酰肌醇	4.8	7.9	8.7	
未鉴定部分	0.6	0.9	2.7	10.1
缩醛磷脂	1.1	1．7	1.8	
神经磷脂	12.3	11.2	8.8	12.4
	7.9	7.7	6.9	14.1

神经细胞的轴突的外周常常（但非全部）被髓鞘（myelin sheath）包围。髓鞘富含脂类（占干重的 70%～80%），具有高度的电绝缘性能，这有利于神经纤维的电传导。组成髓鞘的物质由神经胶质细胞产生。

髓鞘含有大量脂类，所以凡是有神经纤维汇集的部位，脂类的含量特别多。大脑白质含脂类占其干重的一半以上，其中 2/3 属于髓鞘。

与脂肪细胞不同，神经组织的脂类基本上属于类脂，包括甘油磷脂、神经磷脂、糖脂、胆固醇等。在髓鞘中，甘油磷脂以磷脂酰乙醇胺（脑磷脂）为主，糖脂以脑苷脂为主。成龄髓鞘的胆固醇以非酯化型（自由型）形式存在，幼龄期含有胆固醇酯及脱氢胆固醇（desmosterol，胆固醇生物合成中的一种前身物），随着髓鞘发育成熟，胆固醇酯及脱氢胆固醇逐渐减少。神经磷脂在脑的髓鞘中含量较少，在末梢神经的髓鞘中比较多一些。缩醛磷脂主要为缩醛磷脂酰乙醇胺，在髓鞘中占甘油磷脂总量的 1/4 左右。磷脂酰肌醇在髓鞘中与 Ca^{2+}和碱性蛋白质结合，且转换甚速，故估计它在髓鞘结构中很重要。

脂肪酸的组成特点如下，在神经组织中仅含有微量的自由脂肪酸。甘油磷脂中的脂肪酸虽随磷脂种类而有不同，但均含有大量的油酸及较少的多不饱和脂肪酸。神经磷脂中的脂肪酸含有较长的碳链（C_{18}～C_{26}），并且来自髓鞘的神经磷脂比来自灰质者有更长的脂肪酸碳链。脑苷脂中的脂肪酸包括无羟基的和带羟基的、饱和的及不饱和的长链脂肪酸。神经节苷脂中与神经氨基醇的碱基结合的脂肪酸主要是硬脂酸。

组成髓鞘的蛋白质主要有两种：一种是和髓鞘结合的蛋白质部分；一种是碱性蛋白质。脂类与蛋白质的复合物称为蛋白脂（proteolipid），其蛋白质部分含有的氨基酸残基大多数是疏水的，故不易溶于水。其相对分子质量为 12.5～35kDa，占中枢神经髓鞘蛋白质总量的一半。髓鞘的碱性蛋白质的等电点为 10.6，相对分子质量为 18kDa，单链，含 170 个氨基酸残基，114～122 位置有一段对于牛、豚鼠、猴和人都是共同的八肽顺序：苯丙-丝-色-甘-丙-甘-谷胺-精。这种碱性蛋白质与三磷酸肌醇结合，并且在磷脂酰肌醇或磷脂酰丝氨酸存在下，溶于氯仿与甲醇的混合溶剂中。对抗这种碱性蛋白质的抗体可导致神经脱髓鞘，可见它在髓鞘的形成过程中起重要作用。

二、中枢神经组织的新陈代谢特点

（一）脑的能量代谢和糖代谢

所有组织细胞的功能活动必须消耗能量。脑的功能复杂、活动频繁，能量消耗也特别多。人脑重量虽仅占体重的 2%，但大约耗用休息时全身耗氧总量的 20%。用放射性惰性气体 ^{133}Xe 示踪测量估计，人体在清醒时经过脑的血流量为 0.52±0.12 ml/（g 组织·分），再根据经脑的动脉与静脉血流间的氧差，推算出脑的提氧率为 1.47±0.18 μmol /（g 组织·分），明显高于其他组织。

在正常情况下脑的呼吸商为 1，提示脑的能量需要是由糖提供的。脑中糖原的贮备量很少

（约 0.1%），而经脑动、静脉血流中葡萄糖浓度差别很大，足以说明脑组织依靠血液葡萄糖作为主要能源。用标记的 ^{14}C 葡萄糖的放射性掺入试验表明，尽管放射性亦见于脑的氨基酸、脂类、蛋白质和核酸，但脑中 90%以上的葡萄糖是通过糖酵解和三羧酸循环分解的。

与其他组织相比，脑组织的己糖激酶活性特别高，并且有一种特别的己糖激酶同工酶，K_m 比肝和肌肉的酶低，而 V_{max} 则较高。这可能得以解释脑对葡萄糖有较高的利用效率。与其他组织相似，脑的磷酸果糖激酶在调节葡萄糖的利用上起主要作用。此酶活性的变化足以满足多变的脑细胞能量消耗的需要。

脑中葡萄糖在正常情况下主要进行有氧代谢，而通过无氧酵解的量为 5%～15%。酵解酶体系不仅位于细胞体，也存在于远离细胞体的轴突末端，参与突触前末端能量代谢的需要。

脑中也存在着氧化酮体的酶体系，饥饿时经脑血流中酮体水平升高，则有相当一部分酮体代替葡萄糖以供能。

高能磷酸化合物是组织功能活动的直接能源。大鼠脑皮质中磷酸肌酸、ATP、ADP 及 AMP 的含量分别为 5 μmol/g 组织、3 μmol/g 组织、0.3 μmol/g 组织及 0.03 μmol/g 组织，较大的动物和人的脑中 ATP 的浓度和腺苷酸池要小一些。脑内 ATP 的转换率很快，三秒钟内可转换一半。脑的代谢率随着功能状态（兴奋、抑制）和环境因素（如低温、高热、药物作用等）而显示很大幅度的变化。但在这样大范围的代谢率变化时，脑组织的 ATP 含量和腺苷酸池大小仍维持不变。这说明脑的能量代谢机构有着很有效的代偿能力。

当然，在环境因素改变的时候，脑组织能改变其代谢方式。例如，在缺氧的情况下，脑中 NADH 与 NAD^+的比值增大，则三羧酸循环中间产物中草酰乙酸与苹果酸的比值显著下降，酵解产物乳酸增加、丙酮酸亦堆积，丙氨酸随之增加，γ-氨基丁酸由于通过琥珀酸半醛氧化途径受阻而在脑中的水平升高。严重时脑组织出现不可逆的损伤。又例如，低血糖的影响，在正常动脉血液葡萄糖浓度约为 80 mg/dl 时，脑消耗约 3.4 ml O_2/（100g 组织·分）；使用胰岛素使血糖降至 8 mg/dl 时，O_2 的消耗降到 1.9 ml/（100g 组织·分）。这样的 O_2 的消耗水平已无法依靠氧化磷酸化提供足量 ATP 进行正常的脑功能活动，于是出现昏迷，久之造成脑的不可逆损伤。

胰岛素不能越过血脑屏障，因此胰岛素只能通过对血糖浓度的影响来改变脑中糖代谢。血浆胰岛素可直接影响末梢神经的葡萄糖代谢。

脑中磷酸戊糖途径是提供合成核糖核酸所需的磷酸核糖及合成脂类所需的 NADPH。焦磷酸硫胺素作为转酮醇酶的辅酶参与磷酸戊糖途径，故当维生素 B_1 缺乏时，髓鞘的完整性不能很好维持。

（二）脑中氨基酸和蛋白质的代谢

脑中氨基酸有由血液提供的及在糖代谢中转变来的两个来源。经脑血流中的氨基酸能迅速与脑中的交流，但氨基酸浓集于脑中的量却相当有限。例如，当将放射性谷氨酸加于血流中其所带放射性迅速地与脑内平衡，但若提高血浆谷氨酸浓度却并不能因而提高脑内谷氨酸的水平。这说明脑有一个维持氨基酸稳态平衡的机构。多数氨基酸是通过载体系统进入脑细胞的。脑中葡萄糖可转变成一部分氨基酸，给予动物 ^{14}C 葡萄糖，脑内天冬氨酸、*N*-乙酰天冬氨酸、谷氨酸、谷氨酰胺和 γ-氨基丁酸组分中富集放射性，说明脑组织合成非必需氨基酸颇为活跃。

大约 75%的脑中自由氨基酸是天冬氨酸、谷氨酸、谷氨酰胺、*N*-乙酰天冬氨酸和 γ-氨基丁酸。其中谷氨酸的含量最多，其浓度为 10 mmol/L。这些氨基酸在脑中的代谢联系见图 30-5。

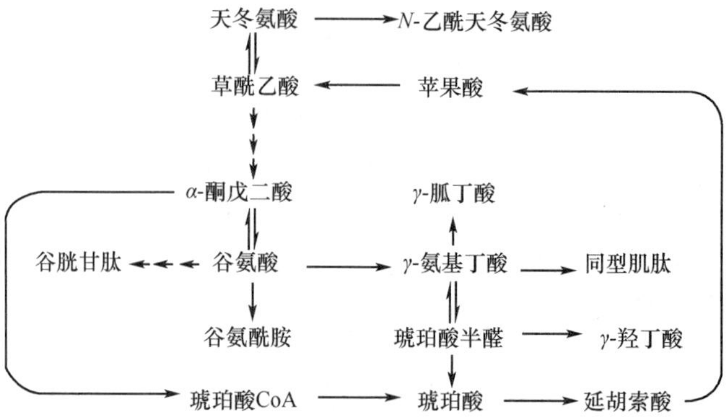

图 30-5 脑中一些主要的自由氨基酸的代谢转变

进入脑中的氨基酸可迅速掺入蛋白质。蛋白质的合成主要在细胞体进行，但轴突中也有合成。轴突中的微管与物质转运有密切关系，微管的结构蛋白质——微管蛋白（tubulin）的半衰期约为 4 天，因此这种蛋白质必须不断地合成。

脑中氨的产生是通过腺苷酸脱氨酶作用的，即氨基酸的氨基经过转氨基而形成谷氨酸和天冬氨酸，再生成腺苷酸，而后脱去氨基（图 30-6）。如此形成的氨大多数用于合成谷氨酰胺，随血流离去。

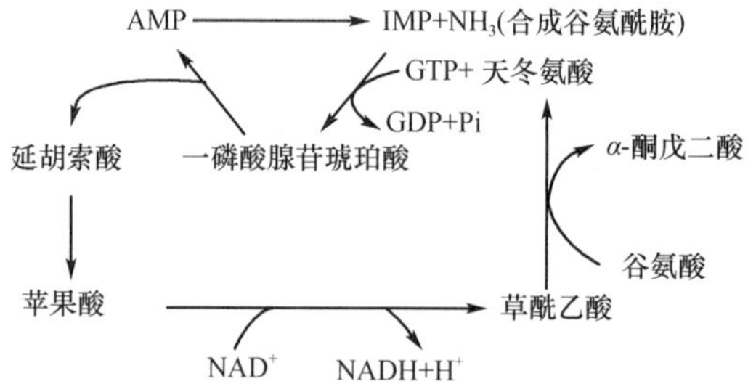

图 30-6 脑中氨的代谢

（三）脑中核酸代谢

与体内其他组织相比，脑中 RNA 的含量特别高。脑中 RNA 的代谢速度随神经的功能活动程度而变化：在短期的强烈刺激之后 RNA 含量升高，但长期刺激后却趋于降低。由于脑的功能活动随特定的细胞和区域而异，故脑中 RNA 含量的变化并非均匀一致的。但尽管如此，全脑抽提物中含有比其他任何组织多的 mRNA，足以说明脑中代谢的活泼程度。

脑组织不能以 CO_2、氨和谷氨酰胺为原料新合成嘧啶核苷酸，因为脑组织缺乏氨基甲酰磷酸合成酶Ⅱ。但脑组织能将尿苷转变为 UMP，然后转变为 UTP 和 CTP，进而合成核酸及参加脂类及黏多糖的代谢。从头合成嘌呤核苷酸的酶在脑中是完备的。但核苷酸的补救合成途径在脑中仍很重要。

脑也和其他组织一样，储存核酸及传递遗传信息，并将这些信息翻译成蛋白质。神经系统的功能活动显然需要这些过程参加。神经元受刺激时，细胞体内酪氨酸羟化酶合成增多，催化酪氨酸转变为神经递质儿茶酚胺。高声、强光等刺激时，局部神经元增加 RNA 及蛋白质的合成速度。

（四）脑中脂类代谢

大脑发育之初，脂类的含量并不多，早期胎儿脑的化学组成与其他组织并没有多大差别；随着发育过程的进展，出现神经髓鞘。神经髓鞘形成后，神经组织中脂类就特别丰富了。脑中脂类的大多数，包括胆固醇、脑苷脂、磷脂酰乙醇胺和神经磷脂仅仅在脑中缓慢的代谢。但是磷脂酰胆碱则进行着迅速的转换，磷脂酰肌醇甚至有更快的转换速度。脑中甘油磷脂的合成途径与其他组织相同。脂肪酸、甘油和肌醇来自糖代谢，脑从血浆中摄取乙醇胺，并将其掺入于磷脂。

生长期的幼小动物脑中合成胆固醇。随着年龄增加，脑中羟甲基戊二酸单酰辅酶 A 还原酶活性迅速下降，脑合成胆固醇的能力越来越小。合成的胆固醇大量沉积为髓鞘成分。成年脑中的胆固醇大部分是非酯化的，在活泼的进行髓鞘化时，则该部位有较高浓度的胆固醇酯。

神经鞘脂类（sphingolipids）也是髓鞘的重要成分，脑中进行着神经氨基醇（sphingosine）、神经酰胺（ceramide）、脑苷脂（cerebroside）和鞘糖脂（glycosphingolipid）的合成和降解。在髓鞘化过程中脑苷脂，尤其是硫酸脑苷脂的合成代谢最为活跃。神经节苷脂（ganglioside）特征性地作为神经元的组成成分，在突触小体中含量最为丰富。自出生到成年，脑中神经节苷脂浓度增大两倍。体内神经鞘脂类分解代谢酶的缺陷是多种类型的先天性脂类累积症的原因。

三、神经递质的分泌、功能和释放

神经元与神经元之间及神经元与肌肉或腺体细胞之间的兴奋传递并不是靠电传导而是靠化学传导。当神经冲动（生物电现象）传递到突触前神经元的轴突末端时，突触前膜就释放出一种化学物质，通过突触间隙，作用于突触后神经元的胞体或树突，从而改变突触后神经元的功能状态，完成传递信息的功能；或者作用于肌肉腺体细胞等，从而出现肌肉收缩、腺体分泌等生理效应。这类化学物质统称为神经递质（neurotransmitter）。

神经递质具有下列特点：①存在于释放该物质的神经末梢；②在受刺激时该物质自突触前膜（末梢）释入相邻近的细胞外液（突触间隙）；③将此物质人为地直接施于突触后神经元的胞体或树突，可模拟出与刺激突触前区时出现的效应相同的效应；④有一些对该物质特异的化学刺激或电刺激所出现的效应，通常这类现象意味着药物阻断神经递质与其受体相互作用的效应；⑤必须在突触后区存在破坏核神经递质的有效机构，使其作用迅速终止，从而保证突触传递的高度灵活性。

乙酰胆碱是一种最早被认识的神经递质，它具备上述特点。其后陆续发现了一些神经递质或具有神经递质性质的物质（表 30-2）。

表 30-2　神经递质及具有神经递质性质的物质

名称	拮抗物	部位
乙酰胆碱		神经肌接头，自主神经节，中枢神经系统
去甲肾上腺素	筒箭毒、阿托品	交感神经节后纤维，中枢神经系统
多巴胺	多种物质	主要在椎体外系统
	氟哌啶醇	
5-羟色胺	螺哌啶醇	中枢神经系统
甘氨酸		脊髓，小脑
γ-氨基丁酸	番木鳖碱	脊髓，小脑，大脑皮质
小分子量肽（如内啡肽）	荷包牡丹碱	中枢神经系统

（一）乙酰胆碱

1. 乙酰胆碱的合成和储存　乙酰胆碱在胆碱能神经末梢由胆碱和乙酰辅酶 A 合成，催化此反应的酶是胆碱乙酰化酶（choline acetylase）。乙酰胆碱的形成需要糖的正常代谢参与，胆碱则自细胞外摄入。

$$\underset{\text{乙酰辅酶 A}}{CH_3CO{\sim}SCoA} + \underset{\text{胆碱}}{HOCH_2CH_2N^+(CH_3)_3} \longrightarrow \underset{\text{乙酰胆碱}}{CH_3COOCH_2CH_2N^+(CH_3)_3} + \underset{\text{辅酶 A}}{HSCoA}$$

乙酰胆碱在胞质中合成后浓集于被称为突触小体（synaptosome）的囊泡中。

2. 乙酰胆碱的释放和对效应器的作用 当神经冲动沿轴突到达末梢时，囊泡移近突触膜并与之融合，遂将囊泡内容物释放入突触间隙。

在突触间隙的乙酰胆碱与突触后膜（突触后神经元的膜或效应细胞的膜）上的受体结合启动后一细胞的生理及代谢过程。两类胆碱能受体显示不同的生理功能，烟碱样受体分布于自主神经节和骨骼肌，毒蕈碱样受体分布于大脑皮质和平滑肌（图 30-7）。

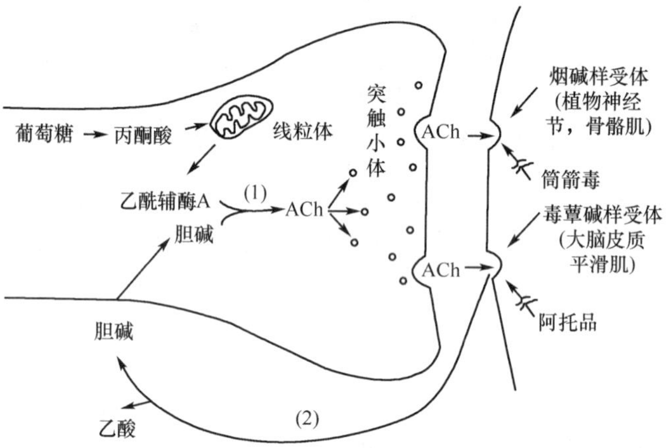

图 30-7 胆碱能传导

ACh 乙酰胆碱 ⊣→表示阻断（1）胆碱乙酰化酶 （2）胆碱酯酶

3. 乙酰胆碱的分解（失活） 乙酰胆碱与受体的结合是可逆的。自末梢释出的乙酰胆碱迅速被水解，其水解（失活）之快以微秒计。催化此水解过程的酶是胆碱酯酶（choline esterase），可能是自然界存在的活性最大的酶。水解反应式如下：

$$\underset{\text{乙酰胆碱}}{CH_3COOCH_2CH_2N^+(CH_3)_3} + \underset{\text{水}}{H_2O} \xrightarrow{\text{胆碱酯酶}} \underset{\text{乙酸}}{CH_3COOH} + \underset{\text{胆碱}}{HOCH_2CH_2N^+(CH_3)_3}$$

在神经组织中胆碱酯酶的活性位于质膜和内质网的膜结构中，特别在神经末梢的膜上为多。除了神经组织之外，胆碱酯酶活性广泛分布，另外还有一般非特异性酯酶也能水解乙酰胆碱，因此逸出突触的乙酰胆碱也很快被分解灭活。

胆碱酯酶是丝氨酸酶（在活性中心中含有丝氨酸残基），包含一个可与季铵氮结合的负离子位点，以及一个含有丝氨酸羟基的催化酯水解的位点。后一位点可被有机磷毒物结合。这类毒物，如美曲膦酯、敌敌畏等农药，虽普遍地抑制丝氨酸羟基酶，但对胆碱酯酶的抑制从而表现出来的症状是特别明显的，因为乙酰胆碱若不能及时消除，其后果是急骤和严重的。

（二）乙酰胆碱的功能

对于胆碱能传导的研究最初是从运动神经末梢递质开始的。神经肌肉接点处释放乙酰胆碱，乙酰胆碱结合在接点后膜上可改交后膜对离子的通透性，从而出现膜电位效应，使肌纤维兴奋，引起肌肉收缩。

在中枢，胆碱能神经元的分布很广，乙酰胆碱的作用有起兴奋作用的，有起抑制作用的，但以起兴奋作用为多。乙酰胆碱对摄食、饮水、体温、血压等调节中枢都有特定的作用。

临床上用阿托品作为胃肠道解痉药，因为支配胃肠运动的迷走神经通过释放乙酰胆碱发挥作用，阿托品与乙酰胆碱竞争受体（毒蕈碱样受体），从而阻断乙酰胆碱的作用，缓解胃肠道痉挛。筒箭毒则与乙酰胆碱竞争烟碱样受体，阻断神经横纹肌之间的兴奋传递，使肌肉松弛。

（三）儿茶酚胺类

儿茶酚胺类（catecholamines）即含有邻苯二酚的胺类。体内具有生物学活性的儿茶酚胺有多巴胺（dopamine，DA）、去甲肾上腺素（noradrenaline，NE）和肾上腺素（adrenaline，E）。这三种物质都是酪氨酸的代谢物，肾上腺素是肾上腺髓质分泌的激素，多巴胺和去甲肾上腺素起着神经递质的作用。它们的代谢过程如图 30-8 所示。

酪氨酸的羟化由酪氨酸羟化酶催化，是儿茶酚胺合成过程的限速步骤，受终末产物抑制。反应的第二步由多巴脱羧酶催化，与所有氨基酸脱羧作用一样需要磷酸吡哆醛作辅酶。多巴胺在侧链上羟化生成去甲肾上腺素，催化此反应的酶是多巴胺 β-羟化酶。合成的去甲肾上腺素储存在肾上腺能神经末梢的囊泡中，与 ATP、嗜铬颗粒蛋白疏松结合，不易扩散于胞质，因而避免遭单胺氧化酶灭活。当神经冲动到达末梢时，突触前膜附近的囊泡与前膜融合，释出去甲肾上腺素。

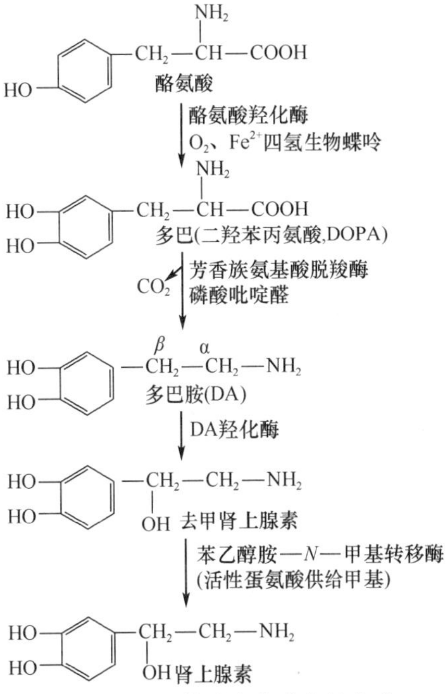

图 30-8　儿茶酚胺类激素的合成

释出的去甲肾上腺素与突触后膜上的去甲肾上腺素受体结合，产生生理效应。消除去甲肾上腺素的机制与乙酰胆碱不同。约有 3/4 的去甲肾上腺素可被突触前膜迅速重吸收，并重新储存于囊液中，这是一个耗能的过程，药物利血平特异地抑制此过程。其余部分的去甲肾上腺素则在突触后膜、突触间隙及在逸入血浆之后被分解灭活。

儿茶酚胺类的分解代谢是由两种酶催化的。一种是单胺氧化酶（monoamine oxidase，MAO），它催化单胺氧化经过中间产物醛而成羧酸。此酶存在于神经元的线粒体中，也存在于所有体细胞中。另一种是儿茶酚-*O*-甲基移换酶（catechins-*O*-methyl removed enzyme，COMT），存在于突触后膜，也存在于肝、肾等组织，其作用是使苯羟基甲基化，它是血液中的儿茶酚胺类灭活的主要手段。

肾上腺能突触后受体有两类，即 α 受体和 β 受体，这是根据肾上腺素和去甲肾上腺素及各种类似物的效应提出的。α 受体常激起兴奋反应，但对小肠平滑肌则是起抑制效应的。对于 α 受体，肾上腺素常比去甲肾上腺素有效。β 受体常引起肌肉松弛，但激起心肌收缩。去甲肾上腺素的效应常比肾上腺素大。在大多数的情况下突触后膜的 β 受体对神经递质的反应是使细胞膜高度极化和抑制神经冲动。已知肾上腺能受体的作用通过 cAMP 中介，β 受体受刺激后常使 cAMP 浓度升高，而 α 受体则与之相反。

多巴胺是一种独立的神经递质。储存多巴胺的囊泡不含多巴胺 β-羟化酶，故不能将多巴胺继续代谢成去甲肾上腺素。

（四）5-羟色胺

5-羟色胺由色氨酸经羟化和脱羧而生成。

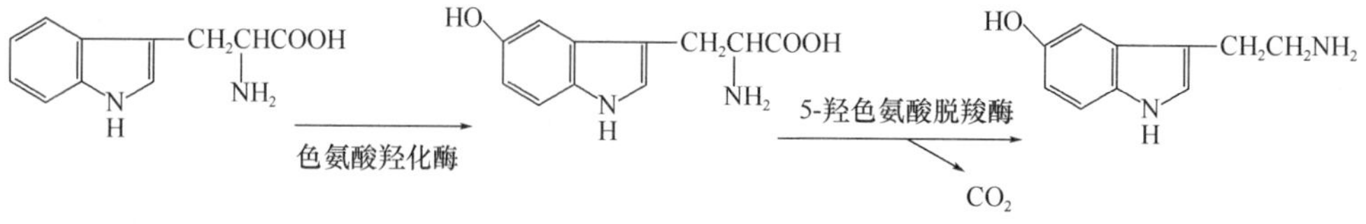

色氨酸　　5-羟色氨酸　　5-羟色胺

色氨酸羟化酶是5-羟色胺合成过程的限速酶，受脑内5-羟色胺浓度的反馈抑制。合成5-羟色胺的酶存在于胞质中。5-羟色胺合成后储存于囊泡中，神经冲动时释放至突触间隙，作用后大部分又被突触前膜重吸收。吸收后的5-羟色胺仍可储存于囊泡，有一部分被降解。5-羟色胺的降解由细胞的线粒体单胺氧化酶（monoamine oxidase，MAO）催化，产物为5-羟吲哚乙酸。

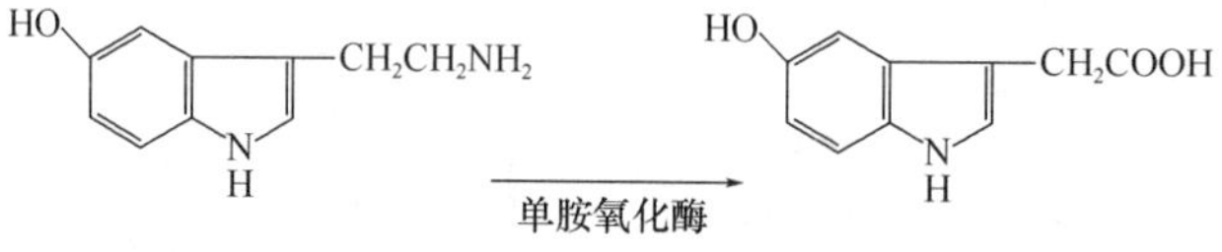

5-羟色胺　　5-羟吲哚乙酸

5-羟色胺可使大多数交感节前神经元兴奋，使副交感节前神经元抑制。脑中的5-羟色胺递质与睡眠、镇痛、体温调节等有关。

（五）氨基酸类

1. γ-氨基丁酸（γ-aminobutyric acid，GABA）　是谷氨酸的脱羧产物，按其含量而言，可能是神经系统的主要抑制性递质。

催化γ-氨基丁酸生成的谷氨酸脱羧酶活性在脑中特别高。其进一步代谢是借γ-氨基丁酸转氨酶，生成琥珀酸半醛，后者再经琥珀酸半醛脱氢酶催化，氧化成琥珀酸。

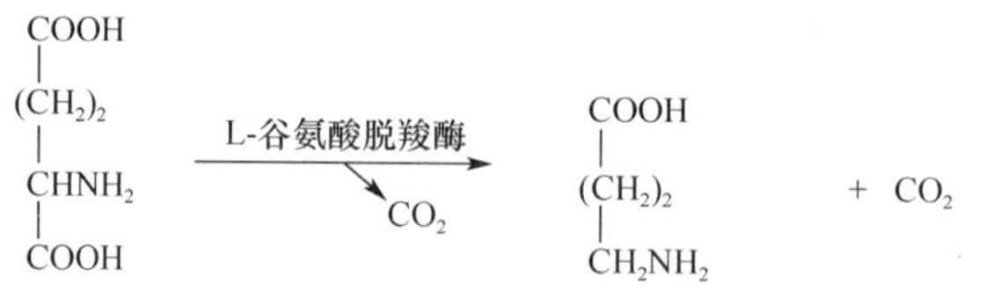

L-谷氨酸　　γ-氨基丁酸

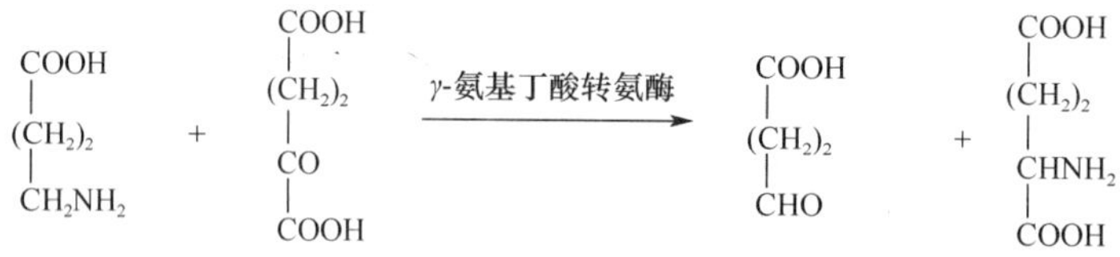

γ-氨基丁酸　　α-酮戊二酸　　琥珀酸半醛　　L-谷氨酸

谷氨酸脱羧酶在突触前神经末梢中极其丰富，而γ-氨基丁酸转氨酶则大量存在于神经元细胞体和树突的线粒体内，所以γ-氨基丁酸在树突前神经末梢合成，而在突触后神经元的细胞体内分解。γ-氨基丁酸对中枢神经元有普遍的抑制效应，它不仅能在释放后抑制下一神经元（突触后抑制），并且也能作用于突触前神经末梢而减少兴奋性递质的释放（突触前抑制）。脑内以前一作用为主，而脊髓则以后一作用为主。

2. 其他氨基酸　甘氨酸在脊髓及脑干中起着抑制性递质的作用。番木鳖碱造成的惊厥就是由于与甘氨酸受体别位结合所致。

中枢神经系统中，谷氨酸、乙酰胆碱、去甲肾上腺素、5-羟色胺等是主要的兴奋性神经递质，多巴胺、甘氨酸等是主要的抑制性神经递质，它们随神经冲动释放到突触间隙，与突触后膜受体结合，启动相应的细胞功能活动。

（六）肽类

一些小分子肽也显示在神经系统的高级中枢中起递质功能。某些原先被鉴定为下丘脑的特异调节激素也在脑及脊髓的其他区域发现。例如，促甲状腺激素释放激素（焦谷-组-脯-NH_2 三肽）已被证明有加强乙酰胆碱对某些大脑皮质神经元的作用和拮抗巴比妥类药物的效应。自马脑制备得到的 P 物质，是一种十肽：精-脯-赖-脯-谷胺-苯丙-苯丙-甘-亮-蛋-NH_2，也已在脊髓后根发现，它有降低实验动物血压的作用，其突触小体的释放规律与乙酰胆碱相似。

内啡肽（endorphin）是存在于脑内的一组具有吗啡样作用的肽。它们可能属于一种神经递质。内啡肽的发现是基于对脑内吗啡受体的研究。内啡肽结合在与鸦片制剂相结合的同一部位，从而模拟吗啡样的药理作用。第一个被发现的内啡肽是从猪脑中分离出来的两个五肽，称为脑啡肽（enkephalin）：

蛋氨酸脑啡肽：酪-甘-甘-苯丙-甲硫

亮氨酸脑啡肽：酪-甘-甘-苯丙-亮

随后又陆续发现了多种类似物质，统称为内啡肽。内啡肽直接阻止 Na^+通道从而抑制神经元活性，并且在脑切片中证明鸦片制剂和脑啡肽均是腺苷酸环化酶的有效的抑制剂。

思　考　题

1. 试述神经元的功能及其分类。
2. 试述神经递质的特点、分类及其分布。

（顾建兰　范　雁）

第 31 章 激素生化

第一节 概 述

激素（hormone）于 1902 年由英国生理学家 Bayliss W.和 Starling E.首先提出，指的是由内分泌腺及具有内分泌功能的一些组织所产生的微量化学信息分子。激素由生物体内特殊组织或腺体产生，直接分泌到体液中（若是动物，则指血液、淋巴、脑脊液、肠液等），通过扩散或被血液转运到作用细胞或器官（靶细胞或靶器官），从而调节细胞或器官的代谢或生理功能，并有反馈性地调节机制以适应机体内环境的变化，也有协调体内各部分间相互联系的作用。

根据激素的作用距离，激素可分为内分泌激素（endocrine hormones）、旁分泌激素（paracrine hormones）和自分泌激素（autocrine hormones）。旁分泌激素只作用于邻近的靶细胞；自分泌激素则作用于分泌细胞自身，也就是细胞的自我调节。内分泌激素的作用距离最远，大多数激素属于这一类，由内分泌细胞将激素分泌到胞外，通过血液循环而作用于远距离靶组织、靶器官、靶细胞。人体内分泌细胞有群居和散住两种。群居的形成了内分泌腺，如脑部的垂体，颈前的甲状腺、甲状旁腺，腹部的肾上腺、胰岛、卵巢及阴囊里的睾丸。散住的如胃肠黏膜中有胃肠激素细胞，丘脑下部分泌肽类激素细胞等。

一、激素的特性

激素在机体的生命活动中起着重要作用，它使高等生物机体的细胞及组织器官分工合作，形成统一的整体。激素具有如下特性：

1. 激素自我合成的可调控性 激素是机体内的一类非营养化合物，也是一类非结构性化合物，其在机体内的合成速度和合成量受机体的生理状态、机体内环境和外部环境因素调控。激素由机体内的特定组织、特定细胞合成，合成后不直接释放到机体周围或体液中，而是储存于特定部位。一种或一类激素的合成可以受到另一种或另一类激素的调控。

2. 激素分泌的可调控性 内分泌的调控是多层次的。下丘脑是内分泌系统的最高中枢，它通过分泌神经激素，即各种释放因子或释放抑制因子来支配垂体的激素分泌，垂体又通过释放促激素控制甲状腺、肾上腺皮质、性腺、胰岛等的激素分泌。如下丘脑分泌促甲状腺素释放因子（TRF），刺激腺垂体分泌促甲状腺素（TSH），使甲状腺分泌甲状腺素。当血液中甲状腺素浓度升高到一定水平时，甲状腺素也可反馈抑制 TRF 和 TSH 的分泌。激素的作用不是孤立的。内分泌系统不仅有上下级之间控制与反馈的关系，在同一层次间往往是多种激素相互关联地发挥调节作用。激素之间的相互作用，有协同，也有拮抗。例如，在血糖调节中，胰高血糖素等使血糖升高，而胰岛素则使血糖下降。他们之间相互作用，使血糖稳定在正常水平。对某一生理过程实施正反调控的两类激素，保持着某种平衡，一旦被打破，将导致内分泌疾病。激素的合成与分泌是由神经系统统一调控的。

3. 作用的高度专一性 激素作用于特定的组织、器官、细胞（靶组织、靶器官、靶细胞），并使其产生特有的生理效应，称为专一性，包括组织专一性和效应专一性。前者指激素作用于特定的靶细胞、靶组织、靶器官；后者指激素有选择地调节某一代谢过程的特定环节。例如，胰高血糖素、肾上腺素、糖皮质激素都有升高血糖的作用，但胰高血糖素主要作用于肝细胞，通过促进肝糖原分解和加强糖异生作用，直接向血液输送葡萄糖；肾上腺素主要作用于骨骼肌细胞，促进肌糖原分解，间接补充血糖；糖皮质激素则主要通过刺激骨骼肌细胞，使蛋白质和氨基酸分解，以及促进肝细胞糖异生作用来补充血糖。激素作用的专一性是因为靶细胞上有能特异性识别并结合激素的受体，也就是说只有这种组织、器官、细胞存在能识别并结合特定激素的受体，进而对这一激素产生应答反应。

4. 作用的高效性 激素与受体有很高的亲和力，且激素引发生理效应的过程中，其信息通过一种级联放大的机制而扩增信息强度，因而激素可在极低浓度水平与受体结合，引起调节效应。激素在血液中的浓度很低，一般蛋白质激素的浓度为 10^{-12}～10^{-10} mol/L，其他激素在 10^{-9}～10^{-6} mol/L。而且激素是通过调节酶含量与酶活性发挥作用的，可以放大调节信号。激素效应的强度与激素和受体的复合物数量有关，所以保持适当的激素水平和受体数量是维持机体正常功能的必要条件。例如，胰岛素分泌不足或胰岛素受体缺乏，都可引起糖尿病。

5. 作用通过中间介质 激素只是充当“信使”（messenger）启动靶细胞固有的、内在的一系列生物效应，而不作为某种反应成分直接参与细胞物质与能量代谢的环节。因为早就发现，激素与酶不一样，只对完整细胞起作用。激素作为“第一信使”与靶细胞受体结合后，再通过细胞内的“第二信使”激发与细胞固有反应相联系的一种或多种信号转导途径，调节原有的生理生化过程，加强或减弱细胞的生物学效应和生理功能。在发挥作用过程中，激素对其所作用的细胞，既不提供额外能量，也不添加新功能，而只是在体内细胞之间传递生物信息。

6. 作用的“快反应”和“慢反应” 一些激素作用于靶细胞后，在较短时间内其生理效应就显现出来的现象称“快反应”。这种“快反应”的生理效应强度往往与激素的浓度呈正比关系，且产生的生理效应持续时间通常不长，这种现象一般是激素作用于靶细胞后，通过中间介质直接影响靶细胞中的相关一系列酶活性的改变，参与靶细胞内的代谢调控而产生效应。一些激素作用于靶细胞后，需要较长的时间潜伏才产生生理效应的现象称“慢反应”。这种“慢反应”产生的生理效应往往持续时间较长，一般是激素作用于靶细胞后，通过中间介质作用于染色体，参与染色体的某些基因表达调控过程而产生效应。有些激素既产生“快反应”又产生“慢反应”，如胰岛素、胰高血糖素等。

7. 脱敏作用 激素长时间作用于靶细胞时，靶细胞会产生一种降低其应答强度的倾向，这种现象称为激素的脱敏作用。

二、激素的化学本质和分类

依据激素的化学本质，大体分为四类：第一类为氨基酸衍生物类，如甲状腺素、肾上腺髓质激素、松果体激素等。第二类为蛋白质多肽类，如下丘脑激素、垂体激素、胃肠激素、胰岛素、降钙素等。第三类为甾体类，如肾上腺皮质激素（皮质醇、醛固酮等）、性激素（雌激素、孕激素及雄激素等）。第四类为脂肪酸衍生物类，如前列腺素。依据激素的溶解性质，将其分为水溶性激素（如肾上腺素）和脂溶性激素（如甾体类激素）两类，脂溶性和水溶性激素的性质见表 31-1。

表 31-1 脂溶性和水溶性激素的性质

特征	脂溶性激素	水溶性激素
合成后储存	除甲状腺素外很少见	储存
结合蛋白	总是	少见
半衰期	长（数小时或数天）	短（几分钟）
受体	细胞质或细胞核	细胞膜
作用机制	直接	间接（通过第二信使）

氨基酸衍生物类激素包括甲状腺分泌的甲状腺素、肾上腺髓质分泌的肾上腺髓质激素、

松果体腺分泌的松果体素等。蛋白质多肽类激素是一大类激素，由腺垂体、中叶及后叶，甲状旁腺，下丘脑，胰岛，肠、胃黏膜，性腺等分泌，可以是单纯蛋白质、多肽，也可是糖蛋白。甾体类激素主要是由性腺、肾上腺皮质分泌的，以环戊烷多氢菲为母体的一类激素。脂肪酸衍生物类激素主要是以前列腺素为代表,含有一个环戊烷及两个脂肪酸侧链的二十碳脂肪酸。

脂溶性激素（甲状腺素除外）很容易通过生物膜，所以难以储存，只有在需要的时候才被合成。脂溶性激素很难溶于水，因此需要与血清中特殊的蛋白质分子上的疏水口袋结合后才能运输，这种结合反过来又保护了激素本身，从而提高了它们的半衰期。脂溶性激素的疏水性允许它们自由通过细胞膜，从而与细胞质或细胞核的受体结合，产生细胞效应。

水溶性激素可以被包被在有膜的囊泡内，因此可储存在体内。尽管一些小肽也需要与特殊的血清蛋白结合才能被运输，但是绝大多数水溶性激素的运输并不需要与血清蛋白结合，这就使得它们很容易被代谢掉。水溶性激素不能通过细胞膜，必须与细胞膜上的受体结合后才能发挥作用。

第二节 激素的化学与生理生化功能

机体合成分泌的激素种类很多，有氨基酸衍生物类、蛋白质多肽类、甾体类、脂肪酸衍生物类共四类。依据其化学本质，合成分泌激素的腺体、组织、器官也较多，有甲状腺、甲状旁腺、胰腺、肾上腺、性腺、下丘脑、垂体、松果体（腺）、肠、胃、胸腺、前列腺等。在此以分泌激素的腺体为单元，介绍一些主要激素的化学结构和生理生化功能。

一、甲 状 腺

（一）甲状腺素

甲状腺素（thyroxine）为白色无臭无味针状晶体，相对分子质量 776.93，合成甲状腺激素的原料是体内的碘和酪氨酸。甲状腺素有两种具有生理活性的碘化酪氨酸衍生物：L-甲状腺素（L-3，5，3′，5′-四碘甲腺原氨酸，以 T_4 表示）和 L-3，5，3′-三碘甲腺原氨酸（以 T_3 表示）。T_4 早在 1915 年已确定，而 T_3 直到 20 世纪 50 年代才分离到。T_4 含量多于 T_3，而 T_3 的生理活性比 T_4 大 3～5 倍。它们的化学结构式如下：

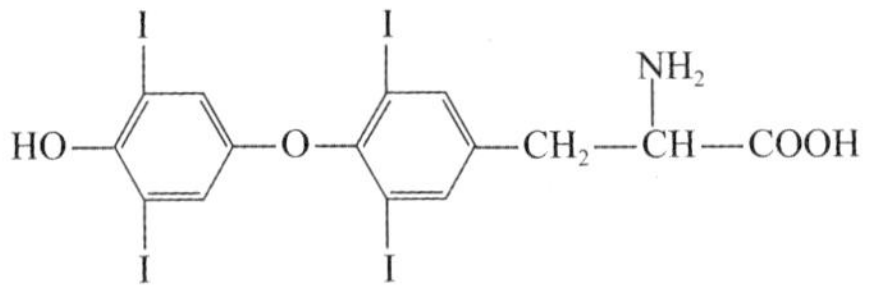

甲状腺素(3,5,3′,5′-四碘甲腺原氨酸，T_4)

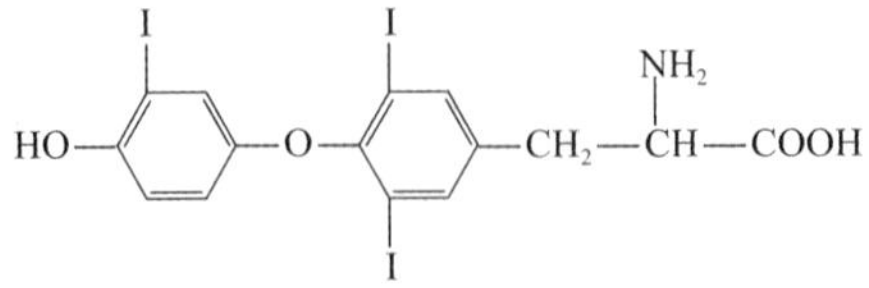

三碘甲腺原氨酸(3,5,3′-四碘甲腺原氨酸，T_3)

甲状腺素具有促进一般组织代谢，提高神经兴奋性和身体发育作用，促进物质代谢，增加耗氧量及产热作用。最近认为甲状腺素的这些作用可能与细胞膜上的钠泵（Na^+，K^+-ATP 酶）活性增加有关，甲状腺素可以促进许多组织：如心肌、肝、肾、骨骼等（脑除外）的细胞膜上的 Na^+，K^+-ATP 酶活性增加，使 ATP 分解，ADP/ATP 比值增大，氧化磷酸化加强，促进物质分解代谢，从而增加氧耗与产热。故甲状腺功能亢进的患者常有低热、消瘦和基础代谢率升高的现象。

甲状腺素对三大物质代谢均有影响。它对整体动物蛋白代谢的影响，因用量不同而有差别。适量的甲状腺素促进蛋白质合成，细胞内许多酶含量增加，特别是生物氧化有关酶量显著增加，从而促进物质分解代谢。大剂量甲状腺素可促进蛋白质分解，尿氮排泄增加。适量甲状腺素对维持生长素的作用是必要的。

甲状腺素对糖代谢的影响除有直接作用外，还可加强儿茶酚胺和胰岛素对糖代谢的作用，且与剂量大小有关。例如，在胰岛素存在下，小剂量 T_4 能增加糖原合成，大剂量则促使糖原分解。甲状腺素能增加一些组织对肾上腺素和胰高血糖素的敏感性，使细胞内 cAMP 升高，激活三酰甘油脂肪酶，脂肪动员加强。甲状腺素除能增加胆固醇合成外，更重要的是加速胆固醇转变为胆汁酸，并从粪便中排出，使血浆胆固醇水平降低。

甲状腺素能促进骨骼钙化，因此对机体的生长和发育影响很大。如幼年时甲状腺功能低下，骨骼生长和脑发育障碍，导致身材矮小，智力低下，称为“呆小病”；成人则出现基础代谢率降低，过多的蛋白质在组织间隙中积存，妨碍细胞液流回血液，患者皮下水肿，称为黏液性水肿。

甲状腺素在血液中绝大多数与血浆中的蛋白质结合，主要和甲状腺结合球蛋白（thyroid binding globulin，TBG）结合，还可与血浆白蛋白、甲状腺结合前白蛋白结合。T_4（75%）主要与 TBG 相结合，T_3（90%）主要与 TBG 和血浆白蛋白结合；血循环中 T_4 的 99.97%为结合状态，T_3 的 99.7%是结合状态。虽然结合型的甲状腺素在血液中占了绝大多数，但真正发挥生理作用的仍然是游离的甲状腺素。TBG 是肝脏生成的单链糖蛋白，半衰期为 5～6 天，它携带 70%的 T_4 和 T_3。甲状腺结合前白蛋白由肝脏生成，半衰期为 1～2 天，它对 T_4 的亲和性较 TBG 对 T_4 的亲和性低，它携带 10%～20%的 T_4，几乎不携带 T_3。血浆白蛋白浓度高，可达 3000～4500 ml/dl，但它对甲状腺素的亲和性最低，只能携带 5%～15%的 T_4 和 30%～50%的 T_3。一些影响甲状腺素结合蛋白的因素会影响甲状腺素的水平，但游离甲状腺素水平正常，甲状腺功能正常。大量结合型的甲状腺素存在于血液中，避免了血液从肾脏滤过时大量甲状腺素从尿中丢失，保证了人类进化过程中从富碘的海洋到碘相对不足的陆地后更经济地利用碘。其次，大量结合型的甲状腺素在体内存在，维持甲状腺素昼夜的稳定性，保证了体内新陈代谢对甲状腺素的持续需要。

T_4 和蛋白结合紧密，清除缓慢，在血浆中的半衰期为 7 天；T_3 和蛋白结合相对松散，在血浆中清除的快，半衰期为 1 天。血浆中的 T_4 100%来自甲状腺，血浆中的 T_3 20%来自甲状腺直接分泌，80%来自血浆 T_4 在外周的转化，95%以上 rT_3（反 T_3）来自 T_4 在外周的脱碘作用。所以真正代表甲状腺功能的应该是血清 T_4 浓度，而不是 T_3 浓度。

（二）降钙素

降钙素（calcitonin，CT）是一种含有 32 个氨基酸的直线型多肽类激素，相对分子质量为 3431.87。在人体里是由甲状腺的滤泡旁细胞（parafollicular cells，又称 C 细胞）制造。在鱼类、爬虫类、鸟类、哺乳类身上都有发现这种激素。主要功能是降低血钙、血磷的水平。血浆中钙离子浓度过高，促胃液素和五肽促胃液素的升高可促进降钙素的分泌。人、犬、鲑鱼等的降钙素结构已测定，它们都是 32 个氨基酸残基组成的单链多肽。不同的降钙素其氨基酸种类也有所不同，生理活性也不相同，其中以鲑鱼降钙素活性最大，其分子中不存在螺旋结构，在 N 端均有二硫键所形成的环，C 端是酰胺化脯氨酸。人降钙素的氨基酸顺序如下：

降钙素可抑制破骨细胞的生成，阻止骨盐熔解，并能促进破骨细胞转变为成骨细胞，使钙离子沉淀于骨中，并对甲状旁腺素有拮抗作用，因而使血钙降低。

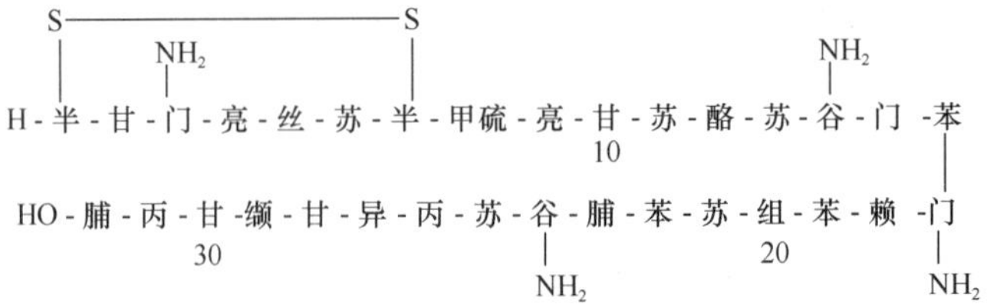

降钙素可直接作用于肾的近曲小管，而抑制钙和磷的重吸收，使尿钙和尿磷排泄增加。总之降钙素的作用是维持血钙相对稳定，并保护骨盐不致过度溶解。

降钙素对小肠也有作用，生理浓度时，可抑制小肠对钙的吸收，但大剂量可促进钙的吸收。可能大剂量降钙素使血钙降低，而继发引起小肠对钙的吸收增加。

降钙素水平增高对起源于滤泡旁细胞的甲状腺髓样癌的诊断、判断手术疗效和观察术后复发等有重要意义，如恶性肿瘤，如燕麦细胞癌、肺癌、胰腺癌、子宫癌、前列腺癌等。某些异位内分泌综合征、严重骨病、肾脏疾病、嗜铬细胞瘤等疾病时降钙素水平也增高。甲状腺手术切除、重度甲状腺功能亢进等时降钙素水平降低。降钙素可用来治疗某些骨病，如甲状旁腺功能亢进引起血钙过高症、维生素D过多症和骨质疏松症。值得注意的是鲑鱼的降钙素比哺乳动物的降钙素作用强。

二、甲状旁腺

甲状旁腺素（parathyroid hormone，PTH）是甲状旁腺主细胞合成分泌的碱性单链多肽类激素。首先在甲状旁腺细胞的内质网上合成前甲状旁腺素原，具有115个氨基酸残基，再将信号肽去掉成为甲状旁腺素原，然后运至高尔基复合体降解成为由84个氨基酸残基组成的甲状旁腺素，其氨基酸序列已确定。不同动物甲状旁腺素的氨基酸组成稍有差别，相对分子质量为8771.26。正常人血浆中PTH的浓度约为1ng/ml。用人工合成的多肽证明，PTH的活性并不一定需要完整的分子结构，其氨基末端的34肽即能表现PTH的全部活性，但比这34肽再小的片段或用化学方法改变这一肽段结构，则会使活性减弱或全部丧失。人甲状旁腺素具有活性的37肽的氨基酸顺序如下：

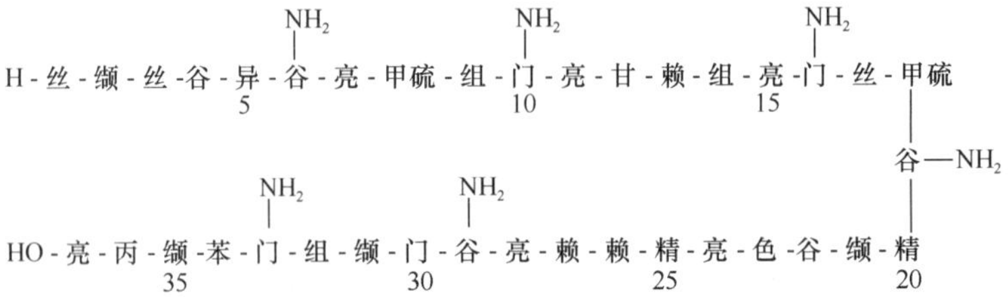

PTH在循环血液中的半衰期约为20分钟，主要在肾脏内灭活。PTH的主要功能是调节脊椎动物体内钙和磷的代谢，促使血钙水平升高，血磷水平下降。主要对以下靶组织起作用。

1. 对骨骼的作用 甲状旁腺素可促使破骨细胞生长，并使破骨细胞质内Ca^{2+}增加。①Ca^{2+}增加可促使溶酶体释放各种水解酶，使骨质溶解，导致细胞外Ca^{2+}浓度增加。②Ca^{2+}浓度上升可抑制异柠檬酸脱氢酶，使细胞内柠檬酸及乳糖浓度增加，导致骨盐周围pH下降，同时柠檬酸可与Ca^{2+}络合促进骨质吸收。③抑制破骨细胞转变为成骨细胞。

2. 对肾的作用 促进肾远曲小管对钙的重吸收。但由于PTH有动员骨骼的作用，使血钙升高，因此从肾小球滤出的钙较多，即使肾小管重吸收作用加强，排出的钙量仍高于正常水平。PTH能抑制肾近曲小管对磷的重吸收，而促进尿磷的排泄。PTH还能促进肾中25-羟维生素D转变成1，25-二羟维生素D_3，后者可影响钙磷代谢。

3. 对肠道的作用　PTH 可促进小肠中钙的吸收，其作用机制不清楚。一般认为 PTH 分泌增加，可促进 1α-羟化酶合成增加，后者促进 1,25-二羟维生素 D_3 生成，从而促进小肠中钙的吸收。

PTH 增高见于原发性甲状旁腺功能亢进、异位性甲状旁腺功能亢进、继发于肾病的甲状旁腺功能亢进、假性甲状旁腺功能减退等；PTH 减低见于甲状腺手术切除所致的甲状旁腺功能减退症、肾衰竭和甲状腺功能亢进所致的非甲状旁腺性高血钙症等。

三、胰　　腺

（一）胰岛素

胰岛素（insulin）于 1921 年由加拿大人班廷和贝斯特首先发现。胰岛素是由胰脏内的胰腺 β 细胞受内源性或外源性物质如葡萄糖、乳糖、核糖、精氨酸、胰高血糖素等的刺激而分泌的一种蛋白质激素。它由 A、B 两条肽链连接组成，A 链含 21 个氨基酸，B 链含 30 个氨基酸，相对分子质量为 5807.69。人胰岛素的一级结构如下：

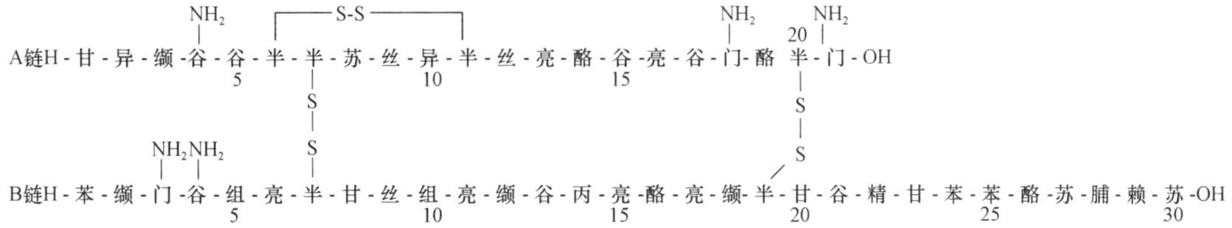

胰岛素 A、B 链中共有 3 个二硫键桥，若二硫键受碱或还原剂作用而破坏，则胰岛素活性丧失。不同动物来源的胰岛素结构稍有差异（见第 1 章　蛋白质的结构与功能）。人与猪的胰岛素结构差别在于 B 链 C 端第 30 位氨基酸不同，猪为丙氨酸，人为苏氨酸。但患者长期应用猪胰岛素，仍可产生抗体。

胰岛素在细胞水平的生物学作用是通过与靶细胞膜上的特异受体结合而启动的。胰岛素受体为胰岛素起作用的靶细胞膜上特定部位，仅可与胰岛素或含有胰岛素分子的胰岛素原结合，具有高度的特异性，且分布非常广泛。受体是一种糖蛋白，每个受体由 α、β 各两个亚单位组成，并由各两条亚基组成四聚体型受体。α 亚单位穿过细胞膜，一端暴露在细胞膜表面，具有胰岛素结合位点。β 亚单位由细胞膜向胞质延伸，是胰岛素引发细胞膜与细胞内效应的功能单位。胰岛素与亚单位结合后，β 亚单位中酪氨酸激酶被激活，使受体磷酸化，产生介体，调节细胞内酶系统活性，控制物质代谢，并由各两条亚基组成四聚体型受体。每种细胞与胰岛素结合的程度取决于受体数目与亲和力，此两者又受血浆胰岛素浓度调节。当胰岛素浓度增高时往往胰岛素受体数下降，称下降调节。如肥胖的非胰岛素依赖型糖尿病患者由于脂肪细胞膜上受体数下降，临床上呈胰岛素不敏感性，称抵抗性。当肥胖的非胰岛素依赖型糖尿病患者经饮食控制、体育锻炼后体重减轻时，脂肪细胞膜上胰岛素受体数增多，与胰岛素结合力加强而使血糖利用改善。这不仅是肥胖的非胰岛素依赖型糖尿病的重要发病机制，也是治疗中必须减肥的理论依据。

胰岛素的主要生理作用是调节代谢过程。对糖代谢：促进组织细胞对葡萄糖的摄取和利用，促进糖原合成，抑制糖异生，使血糖降低；对脂肪代谢：促进脂肪酸合成和脂肪储存，减少脂肪分解；对蛋白质：促进氨基酸进入细胞，促进蛋白质合成的各个环节以增加蛋白质合成。总的作用是促进合成代谢。胰岛素是机体内唯一降低血糖的激素，也是唯一同时促进糖原、脂肪、蛋白质合成的激素。作用机制属于受体酪氨酸激酶机制。

胰岛素对糖代谢的影响：胰岛素能促进全身组织细胞对葡萄糖的摄取和利用，并抑制糖原的分解和糖原异生，因此，胰岛素有降低血糖的作用。胰岛素分泌过多时，血糖下降迅速，脑组织受影响最大，可出现惊厥、昏迷，甚至引起胰岛素休克。相反，胰岛素分泌不足或胰岛素受体缺乏常导致血糖升高；若超过肾糖阈，则糖从尿中排出，引起糖尿；同时由于血液成分中改变（含有过量的葡萄糖），亦导致高血压、冠心病和视网膜血管病等病变。胰岛素降血糖是多方面作用的结果：

（1）促进肌肉、脂肪组织等处的靶细胞细胞膜载体将血液中的葡萄糖转运入细胞。

（2）通过共价修饰增强磷酸二酯酶活性，降低 cAMP 水平，升高 cGMP 浓度，从而使糖原合成酶活性增加、磷酸化酶活性降低，加速糖原合成，抑制糖原分解。

（3）通过激活丙酮酸脱氢酶磷酸酶而使丙酮酸脱氢酶激活，加速丙酮酸氧化为乙酰辅酶 A，加快糖的有氧氧化。

（4）通过抑制磷酸烯醇式丙酮酸羧激酶的合成及减少糖异生的原料，抑制糖异生。

（5）抑制脂肪组织内的激素敏感性脂肪酶，减缓脂肪动员，使组织利用葡萄糖增加。

胰岛素对脂代谢的影响：胰岛素能促进脂肪的合成与储存，使血中游离脂肪酸减少，同时抑制脂肪的分解氧化。胰岛素缺乏可造成脂肪代谢紊乱，脂肪储存减少，分解加强，血脂升高，久之可引起动脉硬化，进而导致心脑血管的严重疾患；与此同时，胰岛素缺乏会导致机体脂肪分解加强，生成大量酮体，出现酮症酸中毒。

胰岛素对蛋白质代谢的影响：胰岛素一方面促进细胞对氨基酸的摄取和蛋白质的合成，另一方面抑制蛋白质的分解，因而有利于生长。腺垂体生长激素的促蛋白质合成作用，必须有胰岛素的存在才能表现出来。因此，对于生长来说，胰岛素也是不可缺少的激素之一。

另外，胰岛素可促进钾离子和镁离子穿过细胞膜进入细胞内；可促进脱氧核糖核酸（DNA）、核糖核酸（RNA）及三磷酸腺苷（ATP）的合成。

（二）胰高血糖素

胰高血糖素（glucagon）是由胰腺中胰岛 α 细胞所分泌的一种多肽激素，由 29 个氨基酸残基组成的单链多肽，相对分子质量 3485 Da。它是由一个大分子的前体裂解而来。胰高血糖素在血清中的浓度为 50～100 ng/L，在血浆中的半衰期为 5～10 分钟，主要在肝灭活，肾也有降解作用。人和哺乳动物（兔、牛、猪、大鼠）的胰高血糖素结构可能一样，而禽类的则稍有不同。胰高血糖素的一级结构如下：

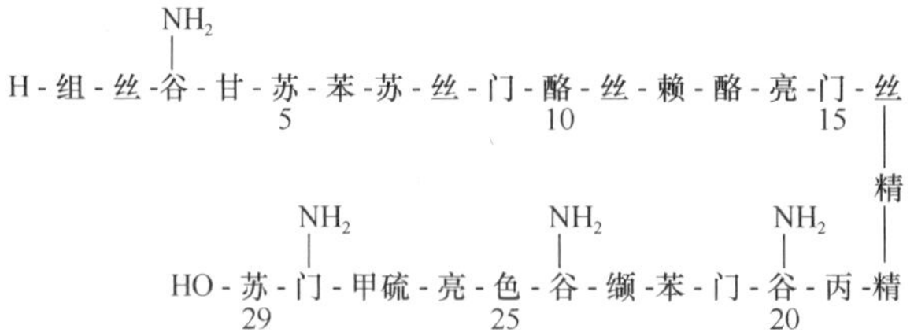

与胰岛素的作用相反，胰高血糖素是一种促进分解代谢的激素。胰高血糖素具有很强的促进糖原分解和糖异生作用，使血糖明显升高，1 mol/L 的激素可使 3×10^{6} mol/L 的葡萄糖迅速从糖原分解出来。胰高血糖素通过 cAMP-PKA 系统，激活肝细胞的磷酸化酶，加速糖原分解。糖异生增强是因为激素加速氨基酸进入肝细胞，并激活糖异生过程有关的酶系。胰高血糖素还可激活脂肪酶，促进脂肪分解，同时又能加强脂肪酸氧化，使酮体生成增多。胰高血糖素产生上述代谢效应的靶器官是肝，切除肝或阻断肝血流，这些作用便消失。

另外，胰高血糖素可促进胰岛素和胰岛生长抑素的分泌。药理剂量的胰高血糖素可使心肌细胞内 cAMP 含量增加，心肌收缩增强。

四、肾 上 腺

（一）肾上腺髓质激素

肾上腺附于肾脏上端，由髓质和皮质组成。在肾上腺髓质嗜铬细胞内，由酪氨酸（它可由苯丙氨酸经羟化酶作用转变而来）首先经羟化酶作用，氧化生成二羟苯丙氨酸，再经芳香族氨基酸脱羧酶作用，脱去 CO_2 生成多巴胺（dopamine），再进一步氧化生成去甲肾上腺素（noradrenaline），后者经甲基转移酶作用，接受甲基生成肾上腺素（adrenaline）（结构见第30章），三者都是具有儿茶酚核的（苯乙）胺类化合物，统称为儿茶酚胺类激素。

肾上腺素对糖代谢的影响与胰岛素有拮抗作用。它可促进肝糖原分解和肌糖原酵解，使血乳酸和血糖升高，并有增强糖异生作用。另外，它对脂肪和蛋白质代谢也有影响，促进蛋白质分解，抑制脂肪合成，增强脂肪动员与氧化，加强能量的利用和产热，使机体处于能量动员状态。

过多的儿茶酚胺分泌可能导致高血压和心肌梗死，而低水平的儿茶酚胺可能引起低血压、心肌缺血等的发生。在临床上儿茶酚胺常被用来治疗神经源性、心源性、中毒源性休克早期，但过多剂量可能导致局部组织坏死或者肾脏衰竭。

（二）肾上腺皮质激素

肾上腺皮质激素（adrenal cortico hormone）是肾上腺皮质所分泌的激素的总称，化学本质为甾体类化合物。按它们的生理功能可分为三类：①糖皮质激素（glucocorticoids）：如皮质醇、皮质酮等，由皮质束状带分泌，主要调节糖、蛋白质与脂肪代谢。②盐皮质激素（mineralocorticoids）：如醛固酮、脱氢皮质酮，由皮质环状带分泌，主要调节组织中电解质的转运和水的分布。③性激素（sex hormone）：如雌酮、雌二醇、雄酮等，由卵巢或睾丸分泌，皮质网状带也有分泌性激素的功能。性激素主要影响第二性征。

糖皮质激素与盐皮质激素均含有 21 个碳原子，它们在结构上的共同点是：C_3 上有酮基，C_4 与 C_5 间有双键，C_{17} 上有 β-酮基。也有些不同处：主要是 C_{11} 处有无含氧功能基团，C_{17} 上有无 α-羟基，这些差别使它们的生理功能有显著不同。性激素主要为雌激素（19 碳）和部分雌激素（18 碳），结构略有不同，C_3 上有时有羟基，双键有时在 C_5、C_6 之间，C_{17} 上无 α-酮醇基，而侧链是一酮基。

主要皮质激素的化学结构如下：

1. 肾上腺糖皮质激素的作用 这类激素中以皮质醇的作用最强，它们的主要作用是使血糖

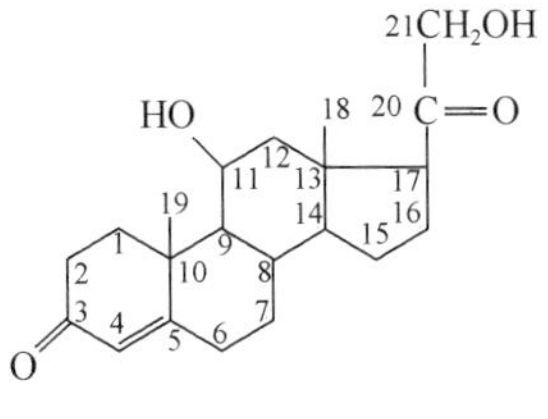

皮质酮

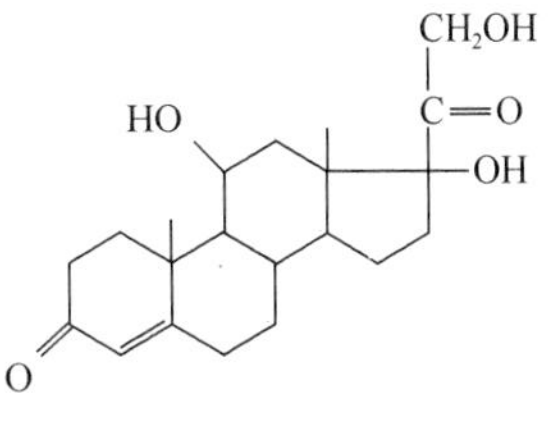

皮质酮(氢化可的松)
(17-羟皮质酮)

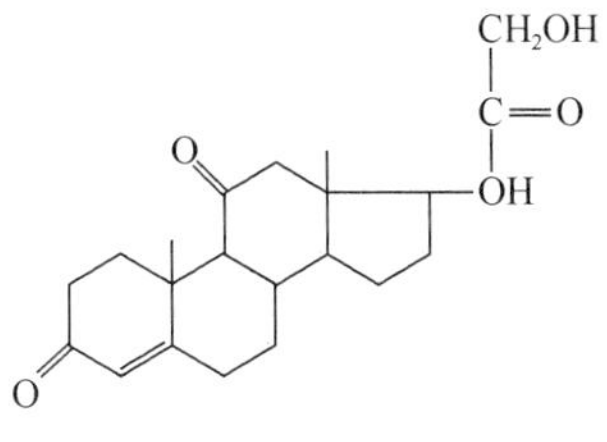

皮质酮(可的松)
(17-羟-11-脱氢皮质酮)

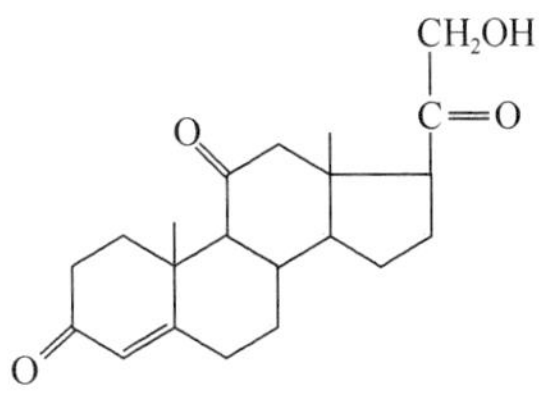

11-脱氢皮质酮

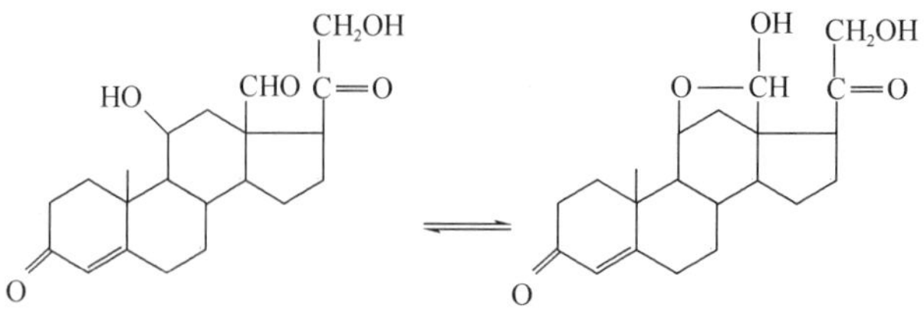

醛固酮(皮质醛，13-醛皮质酮)　　半缩醛式

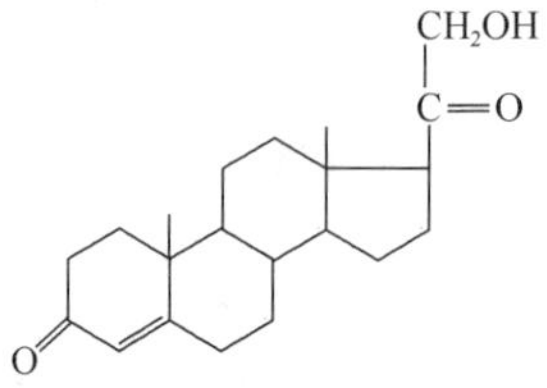

脱氧皮质酮

升高，与胰岛素有拮抗作用。其原理是：①减少外周组织对葡萄糖的摄取，抑制细胞对血糖的氧化利用。②加强蛋白质分解成氨基酸，后者可在肝内转化成糖。③促进脂肪动员，甘油部分进入肝可作为糖异生的原料，脂肪酸可作为能源。④诱导肝中有关糖异生各种酶的合成。这类激素还具有抗炎、抗过敏等作用，临床上应用很广。

2. 肾上腺盐皮质激素的作用 这类激素中以醛固酮的作用最强，它的主要靶组织是肾。可促进 Na^+、Cl^-的重吸收和 K^+、H^+排出，其中对 Na^+的重吸收是原发的，也是主要的。由于排H^+过多，尿氨排出也上升，它们在维持血浆 Na^+、K^+浓度中具有重要作用。当分泌增加时，可使血钠升高、血钾降低，功能亢进时可出现高血钠、高血压、高血糖和低血钾称为库欣病（Cushing's Disease）。低血钾可引起代谢性碱中毒（也与排出 H^+较多有关），肌无力，甚至麻痹。肾小管还可因缺钾而变性，使肾小管浓缩功能下降，产生多尿、夜尿、烦渴等症状。如肾上腺功能减退，盐、糖代谢紊乱，可引起艾迪生病（Addison disease），表现为肌无力、血压降低、皮肤色素沉着、血糖过低、低血钠和高血钾等症状。

五、性　　腺

性激素包括男性睾丸所分泌的雄性激素（androgen）与女性卵巢所分泌的雌性激素（estrogen）。它们都受垂体所分泌的促性腺激素控制产生，有些性激素是由肾上腺皮质分泌。化学本质均属甾体类化合物，由胆固醇经孕烯醇酮转化而来。

（一）雄性激素

雄性激素又称男性激素。重要的雄性激素有睾酮（testosterone）、脱氢异雄酮、雄烯二酮、雄酮等。它们都是 19 碳甾体醇。男性的主要雄激素为睾酮，95%是由睾丸间质细胞分泌，5%由肾上腺分泌。17 位的 β-羟基是表现生理活性所必需。睾酮在某些靶组织经 α-还原酶还原成二氢睾酮而起作用，在另一些组织则直接发挥作用。一些重要的雄性激素结构如下：

雄性激素能促进 RNA 和蛋白质合成，氨基酸分解减弱，呈现正氮平衡，促进骨骼增长，钙盐

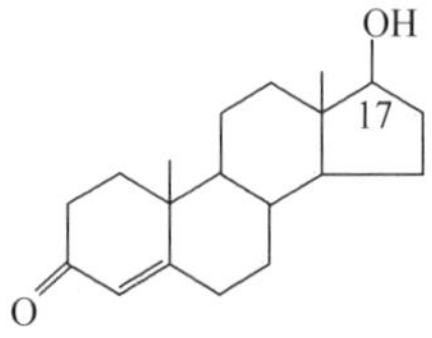

睾酮

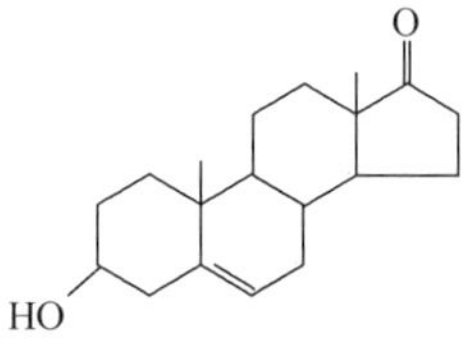

脱氢异雄酮

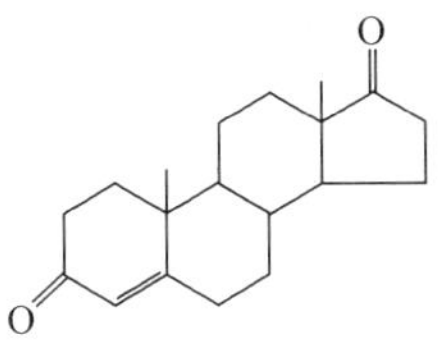

雄烯二酮

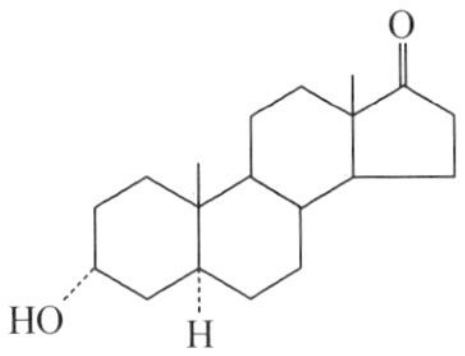

雄酮

沉淀。这是由于睾酮促进蛋白质合成，而使骨基质量增加的结果，基质增加有利于钙化。雄性激素可刺激红细胞生成，雄性动物阉割后，可引起贫血，补给睾酮后可以恢复，这是由于睾酮一方面能增加促红素（糖蛋白，能刺激骨髓生成红细胞）的生成，另一方面还能直接刺激骨髓制造红细胞。睾酮还可促进肾远曲小管重吸收 Na^+、Cl^-，从而引起水肿，同时尿中排 K^+和无机磷酸盐减少。

由于睾酮的作用是多方面的，所以雄激素制剂除用于雄激素分泌不足的替代疗法外，还可用于贫血、营养不良、消耗性疾病、促进骨折伤口愈合等。目前已用人工合成的类似物，如甲基睾丸酮（甲睾酮）、丙酸睾酮（丙酸睾酮）等。这些化合物易溶于油而不溶于水。一般 C_{17} 上羟基被酯化，可延长作用时间。

雄性激素对男性性欲的产生和性功能的维持有着十分重要的作用，但不是维持成年人性欲和性功能的唯一因素。男性睾酮水平在 24 小时内会发生节律性变化，早上最高，晚上最低。尽管男子常常在早晨出现勃起，但性活动最高峰的时间都是晚上，看来人类的性欲不仅与激素有关，而且还受其他因素的制约。

（二）雌性激素

雌性激素又称女性激素，是一类主要的女性荷尔蒙。它会促进女性附性器官成熟及第二性征出现，并维持正常性欲及生殖功能的激素。雌激素主要由卵巢和胎盘产生，少量由肝、肾上腺皮质、乳房分泌；怀孕时，胎盘也可大量分泌，男性的睾丸也会分泌少量的雌激素。雌激素分为两大类（均为类固醇激素），即雌性激素（又称动情激素）和孕激素。雌激素主要由卵巢的卵泡细胞等分泌（睾丸、胎盘和肾上腺，也可分泌雌激素），主要为雌二醇（estradiol）。其在肝脏中灭活，转化为雌三醇和雌酮，并与葡糖醛酸结合后由尿排出。而妊娠期间，胎盘可分泌大量雌三醇。雌二醇、雌酮和雌三醇的 α 环均有酚基，故呈酸性。这三种雌激素的生理活性相差很大，其中以雌二醇的活性最强，雌酮次之，雌三醇最弱，一般认为雌二醇是由卵巢分泌的激素，而雌三醇是雌二醇和雌酮的代谢产物。

黄体和胎盘分泌孕激素，如孕酮（progesterone），是 21 碳的甾体类激素。主要雌激素和孕酮的化学结构如下：

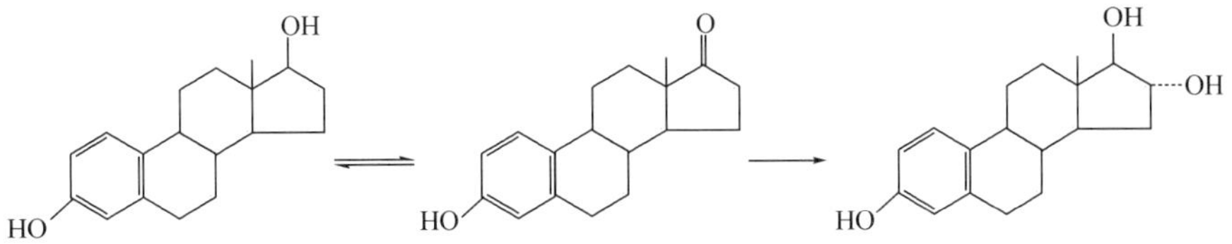

雌二醇　　雌酮　　雌三醇

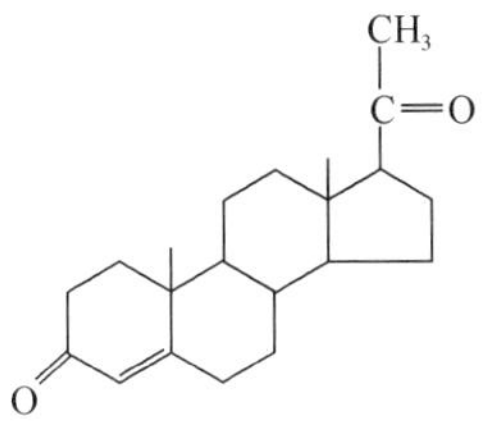

孕酮(黄体酮)

雌激素能增强核酸及蛋白质合成有关酶系的活性，从而导致性器官及副性器官的生长发育。促进肝脏合成一些血浆蛋白质（如各种激素结合球蛋白、血管紧张素原、凝血因子等），促进骨骼钙的沉积，加速骨骺的闭合。雌激素具有降低血浆胆固醇的作用，主要通过改变血浆与肝之间的胆固醇分布，加速胆固醇的降解和排泄。还能使高密度脂蛋白增加，而高密度脂蛋白与动脉粥状硬化发病率呈负相关，故雌激素有防止动脉粥状硬化的作用。

孕酮在雌激素作用的基础上，使子宫膜进一步发育，以保证受精卵着床，维持妊娠，这与孕酮促进靶组织中蛋白质合成有关。此外孕酮还有产热作用，排卵后孕酮分泌增加，可使基础体温升高。

（三）促性腺激素

促性腺激素（gonadotropins，Gn）是调节脊椎动物性腺发育，促进性激素生成和分泌的糖蛋白激素。例如，腺垂体分泌的促黄体生成激素（luteinizing hormone，LH）和促卵泡成熟激素（follicle stimulating hormone，FSH），两者协同作用，刺激卵巢或睾丸中生殖细胞的发育及性激素的生成和分泌；人胎盘分泌的绒毛膜促性腺激素（human chorionicgonadotropin，HCG），可促进妊娠黄体分泌孕酮。怀孕初期尿中即可出现HCG，于妊娠两个月时达高峰，临床常以此作为妊娠指标。这三种促性腺激素均由α和β亚基组成，它们的α亚基的氨基酸顺序相似，但糖链有差别，β亚基则各不相同，它们的功能特异性取决于β亚基。

从动物垂体制取的促性腺激素，已广泛应用于畜牧、水产业，但对人类无效。从孕妇尿中可制取HCG，或从绝经期妇女尿中提取LH与FSH的混合制剂，简称人绝经期促性腺激素（HMG），临床上可用于治疗性功能减退症。

六、脑

（一）下丘脑

下丘脑（hypothalamus）分泌十几种激素（称为激素或促激素释放因子、激素或促激素释放抑制因子），下丘脑分泌的这些激素具有调节（促进或抑制）垂体相应激素或促激素分泌的功能，控制垂体中促甲状腺激素、促性腺激素、促肾上腺皮质激素、生长激素等的分泌（促进或抑制）。下丘脑分泌的几种激素、化学本质、功能见表31-2。

表31-2 下丘脑分泌的激素概况

激素	简称	化学本质	生理效应
促肾上腺皮质激素释放因子	CRF	9～11肽	促进或抑制相应促激素或激素的分泌
促黄体生成激素释放因子	LRF	10肽	
促卵泡激素释放因子	FRF	多肽	
生长激素释放因子	GRF	多肽	
生长激素释放抑制因子	GRIF	14肽	
催乳激素释放因子	PRF	多肽	
促黑色细胞激素释放因子	MRF	多肽	
促黑色细胞激素释放抑制因子	MRIF	多肽	
促甲状腺素释放因子	TRF	3肽	

（二）垂体

垂体（pituitary gland）在神经系统及下丘脑分泌激素的控制下，分泌多种激素，这些激素有调控机体各种内分泌腺对各种相应激素合成、分泌的活性。

垂体由腺垂体（即前叶和中叶）和后叶的神经垂体两部分组成。腺垂体和中叶总称腺垂体，分泌一系列蛋白质和多肽激素，如促甲状腺激素（TSH）、促肾上腺皮质激素（ACTH）、促黄体生成激素（LH）、促卵泡成熟激素（FSH）、催乳素（PRL）、生长激素（GH）、促黑激素（MSH）、促脂解素（LPH）、内啡肽等。这些从腺体分泌出的微量激素进入血液循环，被输送到诸如甲状腺、肾上腺皮质、性腺等外周内分泌腺体及乳腺、骨骼、肌肉等器官，分别刺激相应靶腺产生和分泌特异的激素，以及调节机体和组织的生长等功能。腺垂体分泌各激素的活动并不自主，分别受控于特异性下丘脑激素。靶腺激素在血液中的水平过高，反过来也能减弱垂体或与下丘脑的分泌活动。下丘脑、垂体与靶腺之间，层层控制，相互制约，组成一个闭环的反馈系统，其中垂体激素起到承上启下的作用。

垂体后叶激素包括缩宫素与加压素，均为含一个二硫键的九肽酰胺。缩宫素刺激子宫平滑肌强烈收缩及乳腺肌上皮细胞收缩而引起乳汁的分泌。医学上主要用于引产、产后子宫收缩不良和产后止血。加压素又称抗利尿激素（ADH），作用于肾脏，调节水与盐平衡和体液的渗透压，具有抗利尿作用，在较高的浓度时还能引起血压升高。当大量出血时，它的调节血压作用较为重要。医学上用以治疗尿崩症，在大量肺咯血时用作止血剂。

（三）脑肽

垂体合成分泌一类吗啡样多肽，称内啡肽（endorphin）。α-、β-、γ-内啡肽的一级结构分别相当于β-促脂激素（脂肪酸释放激素，lipotropin，LPH）的67～71、61～91、61～77位的氨基酸序列，它们具有很强的吗啡样活性，它能与吗啡受体结合，产生跟吗啡、鸦片剂一样有止痛和欣快感。除具有镇痛功能外，尚具有许多其他生理功能，如调节体温、心血管、呼吸功能、参与高等动物感情应答的调节过程等。

α-内啡肽有两种，均为五肽。Met-脑啡肽的一级结构为酪-甘-甘-苯丙-甲硫；Leu-脑啡肽的一级结构为酪-甘-甘-苯丙-亮。

β-内啡肽为31肽，其前5个氨基酸的顺序与Met-脑啡肽的一样。γ-内啡肽为16肽，它与β-内啡肽的前16个氨基酸序列一样，也就是说β-内啡肽的前16个氨基酸构成的16肽就是γ-内啡肽；β-、γ-内啡肽的前5个氨基酸构成的五肽就是Met-脑啡肽。

（四）褪黑激素

褪黑激素（melatonine，MT）因为能使皮肤变白而得名，是由脑松果体分泌的激素之一。褪黑激素属于吲哚杂环类化合物，其化学名是*N*-乙酰基-5-甲氧基色胺，又称为松果体素、褪黑素、褪黑色素。褪黑素合成后，储存在松果体内，交感神经兴奋支配松果体细胞释放褪黑素入血。褪黑素的分泌具有明显的昼夜节律，白天分泌受抑制，晚上分泌活跃。褪黑素可抑制下丘脑-垂体-性腺轴，使促性腺激素释放激素、促性腺激素、黄体生成素及卵泡刺激素的含量均减低，并可直接作用于性腺，降低雄激素、雌激素及孕激素的含量。另外，MT有强大的神经内分泌免疫调节活性和清除自由基抗氧化能力，可能会成为新的抗病毒治疗的方法和途径。MT最终在肝脏中代谢，肝细胞的损伤可影响体内。

MT能改善睡眠（用量0.1～0.3mg），能缩短睡前觉醒时间和入睡时间，改善睡眠质量，睡眠中觉醒次数明显减少，浅睡阶段短，深睡阶段延长，次日早晨唤醒阈值下降。有较强的调整时差功能。

七、其　　他

（一）多不饱和脂肪酸衍生物

多不饱和脂肪酸主要是廿碳四烯酸，即花生四烯酸（arachidonic acid，AA）。它在体内的代谢途径主要有两种：一是经环加氧酶的作用生成各种前列腺素（prostaglandins，PGs），如PGE_2、PGF_2；血栓素A_2（thromboxane A_2，TXA_2）和前列环素I_2（prostacyclin I_2，PGI_2）。

二是经脂质加氧酶的作用生成白三烯（leukotrienes，LTs）、脂质过氧化物等。20 世纪 30 年代 Von Eulor 等发现，人精液中含有一种可使平滑肌收缩的物质，认为该物质来自前列腺，故称前列腺素。现已知它并非来自前列腺，实际上这类活性物质在羊储精囊中含量丰富，并广泛分布于人和哺乳动物的组织和体液中，如子宫、肺、脑、虹膜、胸腺、肾上腺、胰腺、肾、脂肪组织等，在月经和羊水中也有。它们含量甚微，活性很强，代谢迅速，作用广泛。以后又从血小板和血管分得血栓素和前列环素。1979 年又从兔白细胞中分离到一类与过敏反应有关的活性物质，具有三个共轭双键，称为白三烯。以上这些活性物质均参与细胞的功能活动，并与炎症、免疫、过敏及一些心血管疾病有关，对细胞代谢的调节有重要作用。

1. 化学结构与命名

（1）前列腺素（PGs）：是一类具有五元环 20 碳的不饱和羟基脂肪酸，其基本骨架为前列腺酸（prostanoid acid）。

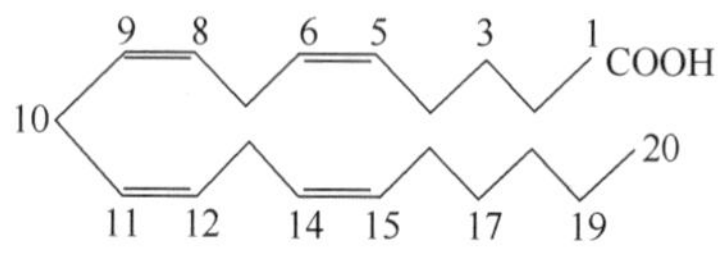

花生四烯酸

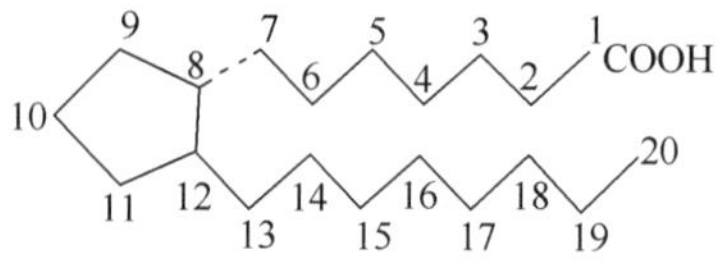

前列腺酸

PGs 根据环上取代基和双键位置不同可分为 A、B、C、D、E、F、G、H 和 I 等类，每类又根据侧链上双键数的多少分为三种（双键数在右下角标出）如 PGE_1、PGE_2、PGE_3。体内 PGA、PGAE 及 PGAF 较多。PGG_2 和 PGH_2 是 PG 合成过程中的中间物，在 C_9 和 C_{11} 之间有过氧化键相连。PG 第 9 位碳原子上的羟基有两种立体构型，OH 位于五元环平面之下为 α-型，用虚线连接；位于平面之上为 β-型，用实线连接，天然 PG 大多数为 α-型，PGF 有 α-和 β-型。

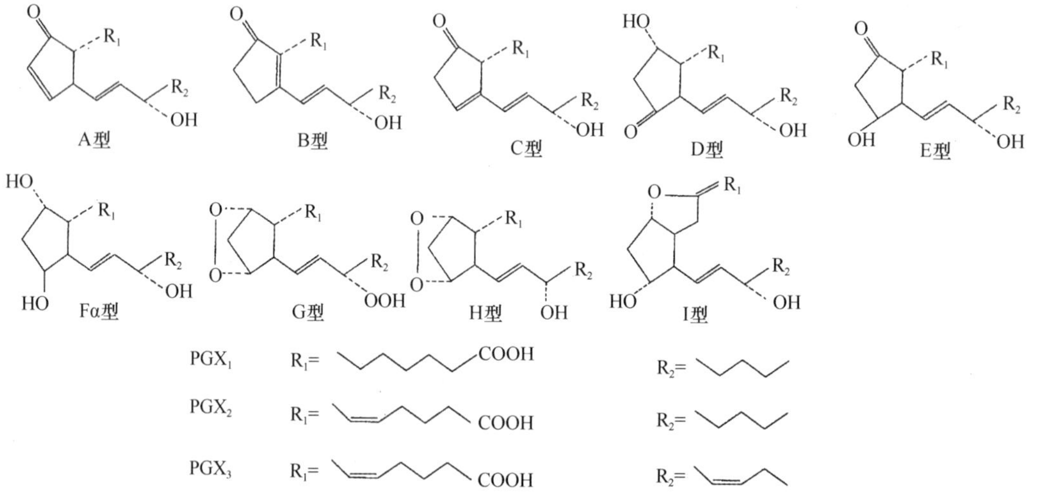

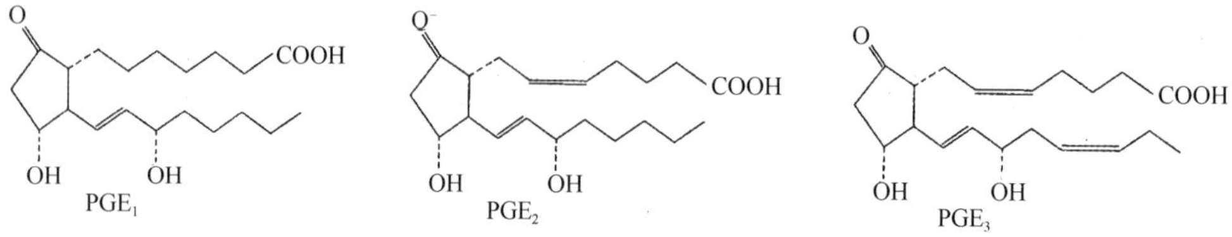

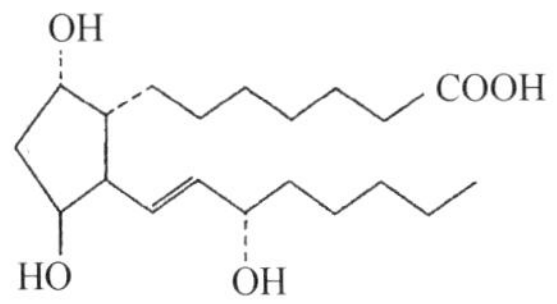
$PGE_{1\alpha}$

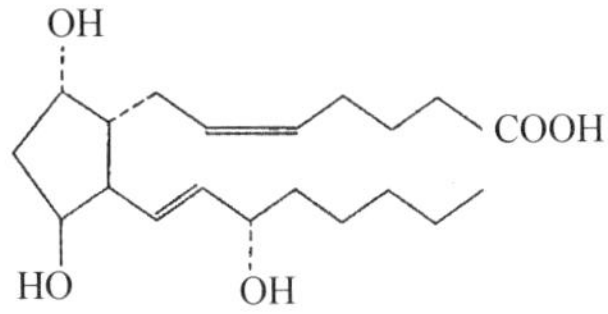
$PGF_{2\alpha}$

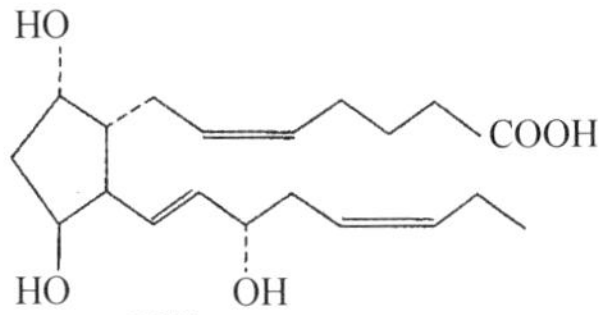
$PGF_{3\alpha}$

（2）血栓素和前列环素：血栓素（TX）的化学结构与 PG 类似，不同的是分子中的五元环为含氧的六元环所取代。前列环素（PG）则在结构中还有一个含氧五元骈环。它们的结构如下：

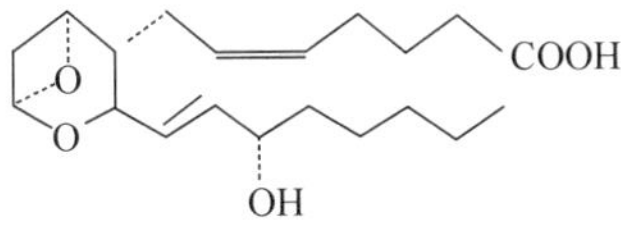
TXA_2(血栓素A_2)

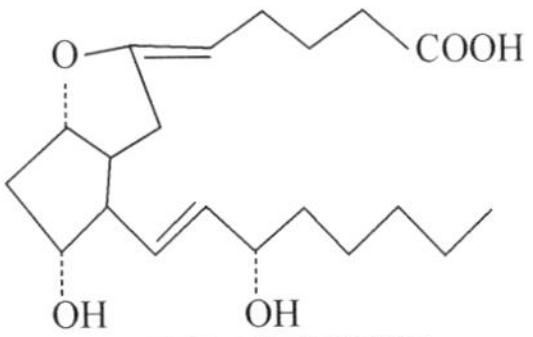
PGI_2(前列环素I_2)

（3）白三烯（LTs）：是一类无环的 20 碳羟酸，具有四个双键，其中三个共轭双键。由于化学结构不同，LTs 有 LTA_4、LTB_4、LTC_4、LTD_4、LTF_4 等类，右下角的数字代表双键数。不同来源的过敏性慢反应物（slow reaction substance，anaphy-Lax，SRS-A）是几种具有 SRS-A 活性的 LTs 混合物，并且它们所含各种 LTs 的量不同。各种 LTs 的化学结构如下：

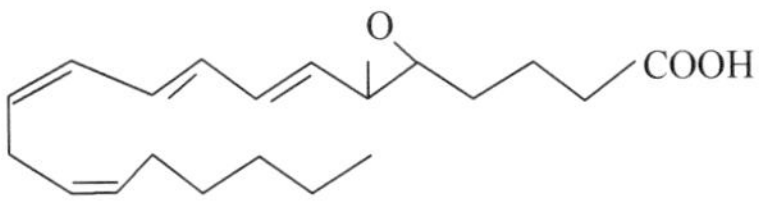
LTA_4

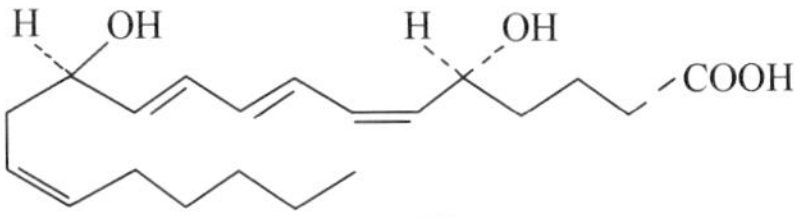
LTB_4

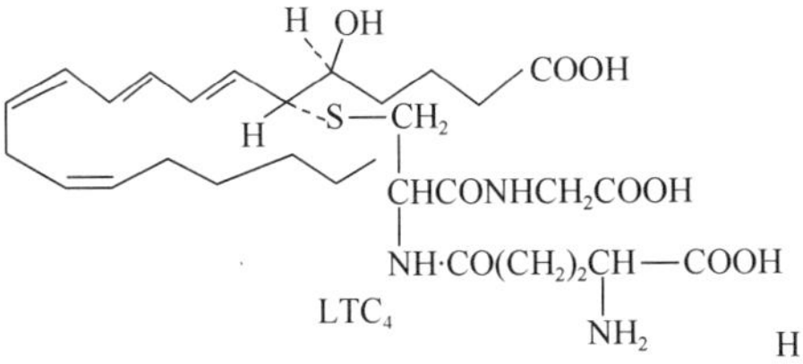
LTC_4

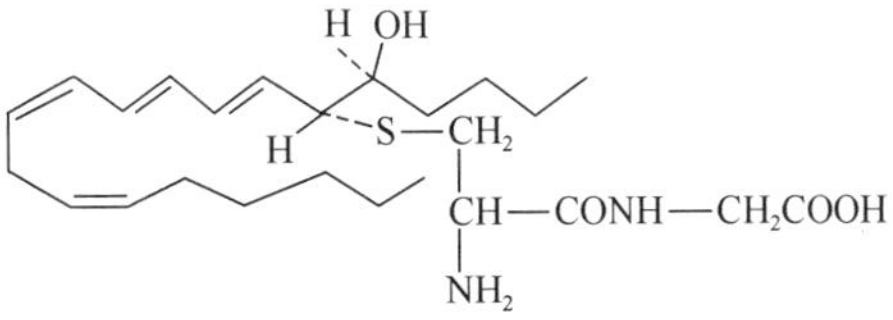
LTD_4

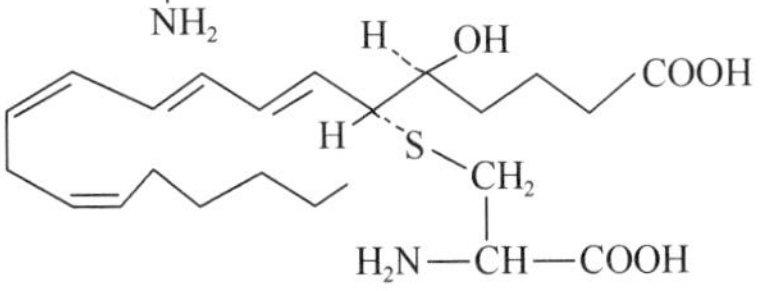
LTE_4

2. PGs 的生理作用　PG 的生理作用特点是多样性与广泛性，同一族中各种 PG 基本上具有相同的生理作用，但强度不同，然而同一族 PG 对不同组织的作用不同。

（1）PGE_1、PGE_2 和 $PGF_{2\alpha}$ 有收缩平滑肌的作用，能使卵巢黄体分泌孕酮减少，在临床上已用于引产，但有些消化道副作用。

（2）PGE_2 对胃肠道环肌有松弛作用，而 $PGF_{2\alpha}$ 则使之收缩，PGE_1、PGE_2 还能抑制胃液分泌，$PGF_{2\alpha}$ 不影响胃液分泌。

（3）PGE_1、PGE_2 能松弛支气管平滑肌，而 $PGF_{2\alpha}$ 则相反，可引起收缩，已知支气管的痉挛与收缩可促发哮喘，而支气管的舒张则可使哮喘缓解。临床使用 PGE 的气雾剂，可使呼吸道的通气度增加，哮喘症状缓解。

（4）PGE 和 PGA 是有效的血管扩张剂，另外还有利钠、利尿作用，使血流量减少，结果是降低血压。

（5）PGE_1 对血小板聚集有明显抑制作用；PGE_2 在低浓度时促进血小板聚集，高浓度时抑制血小板聚集。TXA_2与PGI_2之间的平衡对人体内血小板聚集起着重要的调控作用，TXA_2诱发血小板聚集并使血管收缩，而PGI_2则抑制血小板聚集并使血管扩张，与TXA_2的作用抗衡。PGD_2也能抑制血小板聚集，但活性比PGI_2弱。PGG_2和PGH_2可能是血小板聚集的介质，目前认为它们是促进血小板释放反应和Ⅱ相聚集的主要物质，称它们为不稳定的聚集促进物（IASS）。阿司匹林和吲哚美辛（消炎痛）抑制血小板Ⅱ相聚集，可能是由于它们能抑制PGG_2和PGH_2的合成所致。

（6）大量研究表明炎症产生时PG增多，它可使血管壁和溶酶体膜的通透性增加，进而引起疼痛，以PGE_2作用最强。非甾体类抗炎药（如吲哚美辛、氟芬那酸、保泰松、阿司匹林等）与甾体抗炎药的作用，在于减少PG生成，故有消炎止痛作用。

（7）PG对免疫系统有调节作用，其作用的主要靶细胞为淋巴细胞。它可抑制细胞活化与分裂，抑制淋巴细胞的产生，抑制细胞溶解反应及自然杀伤细胞（natural killer cell，NK）的活性。在肿瘤细胞中，PG对NK活性的调节有特别重要的意义。此外，PG能抑制巨噬细胞的增殖，外源性PG可抑制巨噬细胞的伸展、附着和移动等功能。总的看来PG对免疫系统的作用大多是抑制性的。

3. LTs的生理作用

（1）对呼吸系统的作用：早已知道过敏性慢反应物SRS-A在过敏性哮喘及其他I型变态反应中起重要作用，它是引起变态反应性支气管收缩的介质之一。1980年Dalhen等证实LTC_4和LTD_4都是很强的能引起支气管痉挛的介质，LTD_4是人肺SRS-A的主要成分。化学结构不同的LTs对呼吸道的作用强弱不一，对敏感的呼吸道（如豚鼠肺条），所有具有半胱氨酸残基的LTs（LTC_4、LTD_4、LTE_4）都有强大的收缩作用，没有半胱氨酰残基的LTA_4和LTB_4则作用很弱。LTs结构中双键数目及立体结构的差异影响不大，因此C_6位上的半胱氨酰基是主要的功能团。其作用慢而持久，强度比组胺和$PGF_{2\alpha}$要强100～1000倍。

（2）对心血管系统的作用：LTs能增加心肌对组胺所致的快速心率失常作用，已证实在速发型过敏反应中除气管平滑肌收缩导致窒息或肺气肿外，也可引起血管痉挛而局部缺血。参与这些作用的介质有LTs、PGs和组胺，其中LTC_4、LTD_4、LTE_4是使心肌损害的主要介质。

（3）对血管通透性的作用：LTC_4及LTD_4使小动脉收缩，减慢血流速度，使小静脉扩张，微血管处血浆渗出，引起水肿，这种渗出作用可因PGE_4而加强。LTD_4的渗出作用最强，至少比组胺强1000倍，但不促进缓激肽的渗出作用。

（4）对白细胞趋化的作用：LTB_4、LTC_4、LTD_4都能引起皮肤反应，在皮肤炎症中是重要介质。LTs对白细胞有趋化作用，其中LTB_4作用最强，使白细胞定向游走与集聚。在体外实验证明LTB_4还可使单核细胞和巨噬细胞趋化，使之定向游走与集聚，并使白细胞产生炎症介质，使PMNL释放溶酶体内的酶，血管通透性增加，引起水肿，同时引起受损伤部位化脓。故LTB_4的趋化作用在炎症中占重要地位。LTB_4乙酰化后即减低其趋化作用，故游离的羟基是趋化作用必需的。

（二）胸腺激素

胸腺素（thymosin）是由胸腺分泌的一类促细胞分裂的含28个氨基酸残基的具有生理活性的多肽激素。胸腺素可诱导造血干细胞发育为T淋巴细胞，具有增强细胞免疫功能和调节免疫平衡等作用。临床上常用的胸腺素是从小牛胸腺发现并提纯的有非特异性免疫效应的小分子多肽。

在免疫系统中的个体发生、功能表现和衰老过程中，胸腺激素起主导作用。胸腺激素的作用是多种多样的，主要是促使骨髓前体细胞分化成有免疫能力的淋巴细胞，从而加强细胞免疫反应系统（如同种异体移植的排斥加速，抗病毒侵染能力提高），恢复胸腺切除动物的免疫能力，增加淋巴细胞的数量，诱导T细胞抗原的表现，使幼淋巴细胞成熟化，变为有免疫功能的淋巴细胞。

胸腺素用于治疗细胞免疫缺损性疾病，如胸腺发育不全、重症混合性免疫缺乏症、运动失调性毛细血管扩张症、麻风、重症感染、复发性口疮等伴有细胞免疫功能低下的患者；亦可用于病毒性肝炎、恶性肿瘤和抗衰老。

（三）胃肠道激素

胃肠道激素是一类多肽激素，由胃和小肠的黏膜上皮内散在分泌细胞（基底颗粒细胞）所产生，主要受食物的刺激而分泌，经血液循环再作用于消化器官，以调节消化液的分泌、器官活动及消化过程。从胃肠黏膜提取得到的活性多肽物质有三十几种，主要有胃泌素、胰泌素、胆囊收缩素，它们的化学结构已确定，生理功能也有所了解。

1. 胃泌素（gastrin） 又称促胃液素、促胃酸激素等。由胃窦和十二指肠前端G细胞所分泌。至今已分离到三种类型胃泌素：即G-34胃泌素、G-17胃泌素、G-14胃泌素。在组织中以17肽的G-17胃泌素占优势，但在进食后，血液中则以34肽的G-34胃泌素占优势。三者的不同在于肽链N端长短不一，而C端完全一样。它们的一级结构如下：

5　10　15　17

G-34胃泌素(相对分子质量3 839):H-焦谷-亮-甘-脯-谷(NH_2)-甘-组-脯-丝-亮-缬-丙-门-脯-丝-赖-赖-

20　25　30

谷(NH_2)-甘-脯-色-亮-谷-谷-谷-谷-谷-丙-酪-甘-色-甲硫-门-苯-$CONH_2$

G-17 胃泌素(相对分子质量2 098):H-谷-甘-脯-色-亮-谷-谷-谷-谷-谷-丙-酪-甘-色-甲硫-门-苯-$CONH_2$

G-14 胃泌素(相对分子质量1 647):H-色-亮-谷-谷-谷-谷-谷-丙-酪-甘-色-甲硫-门-苯-$CONH_2$

所有三种胃泌素在其C端第6位的酪氨酸残基上，有的分子含有硫酸取代基，有的分子不含硫酸取代基，分别称为硫酸胃泌素和胃泌素，两者生理活性相同。现已能人工合成胃泌素C端五肽酰胺，称五肽胃泌素（pentagastrin），并已广泛用于药理学和临床研究。

胃泌素的主要生理功能是促进胃酸和胃蛋白酶的分泌，还能促进肠蠕动。

2. 胰泌素（secretin） 又称促胰液素、肠促胰液肽。早在1902年胰泌素首先被证实为激素，但直到20世纪60年代才分离、纯化及分析其结构。它由十二指肠和空肠前端的黏膜内分泌细胞产生，由27个氨基酸组成强碱性单链多肽（一级结构如下），分子中有14个氨基酸残基与29肽的胰高血糖素相同，表现生物活性需要完整的分子结构。由于胰泌素分子中碱性氨基酸较多，在体液的中性条件下，它牢固地结合于细胞的其他蛋白质上，只有强酸才能使他们释放到血液中。

5　10　20

H-组-丝-门-甘-苏-苯-苏-丝-谷-亮-丝-精-亮-精-天-丝-丙-精-亮-谷(NH_2)-精-亮-亮-谷(NH_2)-天-亮-缬-OH

胰泌素的生理功能是刺激胰腺和胆道分泌碳酸氢盐与水分，使胰液总量增加，并可中和十二指肠内的胃酸，后者是保证消化酶活力所必需。胰泌素可抑制胃、肠平滑肌收缩，因而它的生理意义是可能作为肠蠕动的抑制剂。

3. 胆囊收缩素（cholecystokinin） 又称缩胆囊素，为单链多肽，有CCK-33（一级结构如下）、CCK-39、CCK-58，以及从山羊和人小脑分离出的一种8肽CCK等，由十二指肠、空肠黏膜细胞产生。

胆囊收缩素的主要作用是促进胰腺腺泡分泌各种消化酶和促进胆囊收缩，使胆汁分泌增加。在临床上用于治疗肠麻痹，缓解胆绞痛。

（四）激肽

激肽并非由某一种特定器官产生，而在血浆及许多组织中都能形成，因而属于组织激素。

激肽是一些小分子链状多肽，正常人体含量甚微（血浆中含量不到3 μg/ml），但具有很强生物

赖-丙-脯-丝-甘-精-缬-丝-甲硫-异亮-赖-门(NH_2)-亮-谷(NH_2)-丝-亮-门-脯-丝-（5、10、15）

组-精-异亮-丝-门-精-门 + 酪(SO_3H)-甲硫-甘-色-甲硫-门-苯丙-NH_2（20、25、30）

最小活性片段：酪(SO_3H)-甲硫-甘-色-甲硫-门-苯丙-NH_2

活性。已知人和哺乳动物体内含有三种激肽：即缓激肽（为9肽）、胰激肽（为10肽）及甲硫氨酰胰激肽（为11肽）（一级结构如下），此外还发现有13肽的激肽，三种激肽分子中都含有缓激肽的9肽结构，因而有相似的作用，其中缓激肽的活性最强。

缓激肽　　H-精-脯-脯-甘-苯-丝-脯-苯-精-OH

胰激肽　　H-赖-精-脯-脯-甘-苯-丝-脯-苯-精-OH

甲硫氨酰胰激肽　　H-甲硫-赖-精-脯-脯-甘-苯-丝-脯-苯-精-OH

激肽的生理效应可分三个方面：

1. 对心血管的效应　激肽能使微血管和小动脉舒张，使大动脉（主动脉、肺动脉）和冠状动脉收缩。对静脉的作用则有种属差异。激肽在整体中能使心率加快，但对离体动物的心率无影响。

2. 对平滑肌的效应　激肽能使某些离体器官的平滑肌收缩（或松弛），这些效应常用来测定体液中激肽的活性。

3. 诱发炎症表现　激肽使微血管和小动脉舒张，使毛细血管通透性增加，血浆外渗，这是导致烧伤和炎症中红、肿、发热等症状的重要原因。激肽也是作用很强的致痛物质。缓激肽的氨基酸排列顺序及N端和C端的精氨酸残基是诱发疼痛和血管扩张所必需的，这提示在神经末梢和微血管膜上存在化学感受器，这些化学感受器上有与缓激肽成分及结构相对应的受体。

（五）血管紧张肽

血管紧张肽（angiotensin）是一类小分子多肽，有血管紧张肽Ⅰ、Ⅱ、Ⅲ三种，它们的化学结构如下：

血管紧张肽Ⅰ　　H-门-精-缬-酪-异-组-脯-苯-组-亮-OH

血管紧张肽Ⅱ　　H-门-精-缬-酪-异-组-脯-苯-OH

血管紧张肽Ⅲ　　H-精-缬-酪-异-组-脯-苯-OH

在体内肾小球旁器分泌的肾素（renin）是一种蛋白水解酶，它可水解血浆中α_2-球蛋白（血管紧张肽原）释出N端的十肽，称为血管紧张肽Ⅰ，无活性，在肺经转化酶的作用水解掉羧基端的二肽，生成血管紧张肽Ⅱ，为八肽。血管紧张肽Ⅱ又经组织、细胞及血液中存在的血管紧张肽酶A的作用，除去N端的天冬氨酸而形成血管紧张肽Ⅲ。若去掉N端两个氨基酸残基，明显影响活性。在体内是否存在血管紧张肽Ⅲ，尚无定论。

血管紧张肽Ⅱ的C端是苯丙氨酸，它对生物活性非常重要。若去掉苯丙氨酸或将其遮盖或换成其他氨基酸，活性均大大下降。如果将C端苯丙氨酸换成丙氨酸或异亮氨酸，虽然活性丧失，但仍能与天然分子竞争受体，表明对于血管紧张肽来讲，结合部位与活性部位是分开的。

血管紧张肽Ⅱ可引起肾上腺球状带分泌醛固酮。它促进醛固酮合成的机制与ACTH肾上腺皮质激素）促进皮质醇的合成有所不同，不伴有cAMP的增加，而有细胞色素P_{450}活性的加强，后者参与醛固酮合成中的羟化反应。血管紧张肽Ⅱ可使肾上腺皮质中Ca^{2+}的浓度增加，而Ca^{2+}也可不通过cAMP而直接促进醛固酮的合成，其作用环节也可能是促进羟化作用。

血管紧张肽还促使肾上腺髓质释放肾上腺素，但其主要作用还是使肾上腺皮质释放醛固酮。此外，血管紧张肽有增高血压的作用。据近年研究，它的增血压效应并非直接作用于血管平滑肌，而是首先通过改变神经递质的释放和吸收，再引起血压的变化。

（六）心钠素

心房钠尿肽（Atrial natriuretic factor，ANF）又称心钠素或心房肽，主要是由心肌细胞合成、储存及释放，分布在心脏、垂体、肺、肾上腺等一些外周组织和器官。ANF 亦存在中枢神经系统和一些外周神经节细胞内（中枢神经系统内的心房钠尿肽是自身合成的，并非来自血液）。ANF 具有抑制血管升压素和血管紧张素的作用，并可调节垂体激素的释放与儿茶酚胺的代谢，有利尿、排钠、扩张血管、降低血压等作用，是参与机体水、盐代谢调节的物质。脑组织也能合成心钠素，可能参与心血管系统和中枢系统的调节作用。

心钠素是一组结构类似的多肽。不同动物的心钠素在一级结构上都有一个相同的活性部位，即由 17 个氨基酸通过二硫键形成环形结构。人体的心钠素有三种：α-心钠素由 28 个氨基酸残基组成；β-心钠素由 56 个氨基酸残基组成；γ-心钠素由 126 个氨基酸残基组成。狗的心钠素结构与人的完全相同，啮齿类动物的心钠素稍有差异，其肽链的 12 位是异亮氨酸，而不是甲硫氨酸。

心钠素可提高肾小球滤过率，一次性注入大剂量心钠素，可使清醒犬肾血流量剧增，若连续注入则常使肾血流量减少。心钠素可影响髓质集合管与近曲小管中钠的转运，此外，它可通过抑制抗利尿激素（血管升压素）促进集合管对水的重吸收，还可直接影响肾对水的排泄，因而心钠素具有强大而迅速的利钠、利尿作用。

心钠素对心血管系统的作用主要是扩张血管与降低血压，它可对抗去甲肾上腺素、血管紧张素、5-羟色胺、组胺等引起的血管收缩。

心钠素影响与水盐代谢有关的激素，如对皮质激素的影响，一般使用心钠素后，血浆醛固酮分泌受阻抑，甚至在肾素活性不变或增高时亦如此。心钠素可降低抗利尿激素（加压素）合成与释放的速率。近年来研究表明，脑内心钠素可调节抗利尿激素的分泌，但血液中的心钠素能否影响抗利尿激素的释放尚难肯定。

心钠素可增加神经瘤细胞和腺垂体中 cGMP 浓度。向脑侧室注入心钠素可使大鼠脑中多巴胺及其代谢产物的浓度下降，这与血管紧张素Ⅱ的作用相反。在脑中，心钠素浓度最高的部位可能在下丘脑，这表明心钠素可能参与心血管系统和体液平衡的中枢调节。

心钠素水平降低见于甲状腺功能亢进症、心房纤维性颤动、尿毒症透析后等。心钠素水平升高见于原发性高血压、肾功能不全、冠心病、心肌梗死及心力衰竭、心脏早搏、肝硬化、室上性心动过速、脑梗死、脑出血、原发性醛固酮增多症等。

第三节　激素作用机制

多细胞生物体能够生存并行使功能，组成它的细胞必须以协调的方式进行活动，这种协调即在不同的细胞间进行通讯应答。通讯应答的复杂方式是通过一种细胞提供通讯信号——信号分子，信号分子主要有激素、神经递质、细胞因子等，而另一种细胞首先要提供接受信号分子的接受器——受体，当信号分子特异性地与受体识别并结合后，通过信号应答转换系统，转变为细胞内信号，才使细胞产生应答反应——生理效应（详见第 7 章 细胞信号转导）。

思 考 题

1. 激素具有哪些特性？
2. 试述几种常见激素的化学与生理生化功能。

（顾建兰）

第 32 章　糖组学研究进展

2008 年 9 月份出版的《自然·细胞生物学》杂志上题为“*A unified vision of the building blocks of life*”的论文中，加州大学圣地亚哥分校细胞与分子学教授杰美·马斯博士和霍华德休斯医学院的研究人员发现，只有 68 个分子构建模块被用来构造细胞的 4 个基本组成部分：核酸（DNA 和 RNA）、蛋白质、聚糖和脂质。文中作者定义了生命的基本分子构建模块，包括 32 种聚糖（在整个细胞中发现的糖链）、8 种脂质（组成细胞膜）、已为大家熟知的用于制造蛋白质的 20 种氨基酸，以及组成核酸，DNA 和 RNA 的 8 种核苷。这 68 种构建模块提供了构成一个细胞完整生命分子编排的结构基础。4 个细胞组成部分中的 2 个在此过程中不能由基因进行编码，而这 2 个细胞的组成部分——聚糖和脂质也许是揭示一直无法了解的许多重大疾病起因的关键。

在 2007 年 4 月 26 日的《自然》杂志上，发表了 8 篇长达近百页的关于糖的研究综述，其编者指出：糖类在过去一直都没有受到科学研究机构的充分重视，和氨基酸及核苷酸一样，糖类在自然界是十分丰富的。比如：许多天然产物中包含有对自身生物学活性起至关重要作用的低聚糖结构；糖类在很多生物学过程中起着关键性的作用，包括信号转导和免疫反应过程。尽管从事糖类研究的科学家人数要比从事其他生物聚合体研究的科学家人数相对较少，但成果却很多。该领域“对新一代的青年科学家来说将是一片肥沃的土地”。

生物学功能基础——基因组、蛋白质组、糖组、脂质组及相关的小分子化合物等研发手段的发展，与生命科学的分子构建模块等系统生物学理论相结合，将构成重大疾病的生命科学研究新框架。

糖组是指单一个体的全部聚糖。类似基因组学和蛋白质组学，糖组学指对糖组的全部聚糖结构进行分析，确定编码聚糖的基因（糖基转移酶）和蛋白质糖基化的机制。糖组学主要解决以下 4 个方面的问题。

（1）什么基因编码糖蛋白的聚糖链，即基因（主要为糖基转移酶）信息。

（2）可能糖基化位点中实际被糖基化的位点，即糖基化位点信息。

（3）聚糖结构，即结构信息。

（4）糖基化功能，即功能信息。

在中国，虽然糖化学与糖生物学研究起步较晚，但经过不懈的努力，近年来与国际前沿研究领域的差距已逐渐缩小。特别在 2008 年 6 月由苏州大学作为东道主在苏州召开的全国糖生物学与糖化学大会，有 4 位国外专家作大会报告，国内近 200 名同行参会，其后有关糖组学（包括糖化学与糖生物学）研究在国内已渐成热点。

在此，我们推出了本课题组摘译自 2007 年 4 月 26 日《自然》杂志上发表的 8 篇关于糖研究综述中的 4 篇，以及近两年本课题组关于催化 O-和 N-聚糖链合成的两种糖基转移酶研究的几篇综述论文。值得一提的是，关于人类 β3-糖基转移酶 β3GnT8/β3GalT7（AY277592，EC2.4.1.-）基因是本实验室利用 TBLASTN 信息途径，以信息探针 β3GalT1（GenBank 登入号：AF117222）在 NCBI 的 EST 数据库中进行同源筛选，在国际上首先从人肺 cDNA 文库中克隆到的人类新基因，其相关研究工作已在国内外产生了一些影响，在此预祝我国科技工作者在糖组学（我国的研究重点目前仍主要在糖生物学与糖化学层面）方面的研究能逐步深入，更上层楼。

第一节　糖抗原肿瘤疫苗的研究进展

最初 Burnet 和 Thomas 提出肿瘤免疫监视假说，认为免疫系统可以识别和消灭新生的变异细胞；由于缺乏有力的实验证据支持，这种假说很快被人们摈弃。然而新的数据明确显示的确存在肿瘤免疫监视，且对促进宿主抗癌和促进肿瘤细胞通过免疫破坏发生逃逸，具有双重作用；此后的研究集中在肿瘤疫苗的研制[1]。由于肿瘤疫苗结构固有的复杂性，同时又赋予其肿瘤免疫治疗的效力，因此研制有效的抗肿瘤疫苗用于预防和治疗肿瘤以及抑制其转移必将经历漫长的过程。考虑到肿瘤特异性自动性免疫治疗，在设计抗肿瘤疫苗的过程中，首先必须鉴别恶性转变肿瘤细胞特异的结构特性，该结构特性可以快速激发免疫系统识别肿瘤细胞为“非自身的细胞”[2]。1969 年，Meezan[3]等提出糖蛋白或糖脂上糖基化模式的改变可能是肿瘤表型的一个重要标志。他们发现与恶变的成纤维细胞相比，正常的成纤维细胞具有更小型的膜糖蛋白，随后的组织学研究证明了这一发现。20 世纪 80 年代后，随着分子生物学技术的迅速发展，又发现了肿瘤相关糖抗原 T_N，T，Sialy-T_N，α-2，6-sialyl-T，α-2，3-sialyl-T，Sialyl Lewis x，Sialyl Lewis a，Globo-H，KH-1，N3，Fucosyl GM_1 抗原[4]等。这些抗原的发现使合成基于糖类的抗肿瘤疫苗促进人体免疫系统清除肿瘤细胞的设想成为可能。

一、肿瘤相关糖抗原

肿瘤相关糖抗原（Tumor-associated carbohydrate antigens TACA）可以分成两类：①糖脂，如 GM2、GD2、GD3、fucosyl GM1（神经节苷酯）、Lewis y（Le^y）和 globo-H（中性糖脂）；②糖蛋白，如黏蛋白相关抗原决定簇 Tn（GalNAcα-O-Ser/Thr）、TF 或者 T（Thomsen-Friedenreich，Galβ1→3GalNAcα-O-Ser/Thr）和 sTn（NeuAcα2→6GalNAcα-O-Ser/Thr）。

糖脂如 GM2、GD2、GD3，9-O-acetyl GD3，fucosyl GM1，Lewis y 和 globo-H 通过神经酰胺结构的疏水性力连接在细胞表面的脂质双分子层。糖蛋白中，糖抗原如 Thomsen Friedenreich、唾液酸化的 Tn、Tn、Le^y 和 globo-H 通过糖苷键连接在黏蛋白 ser/thr 的羟基上，但是也可能通过天冬酰胺的 N-连接到其他蛋白。同其他抗原相比，这些抗原无论是以糖脂或糖蛋白形式均在细胞表面有大量的表达，而且其免疫应答多半基于糖类部分[1]。表 32-1 显示肿瘤相关糖抗原在肿瘤组织的表达情况[1、5]。

表 32-1　肿瘤相关糖抗原在肿瘤组织中的表达

肿瘤	肿瘤相关糖抗原
B 细胞淋巴瘤	GM2，GD2
乳腺癌	GM2，Globo-H，TF（c）[b]，Le^y
结肠癌	GM2，TF（c），STn（c），Le^y，Tn，SLe^a
肺癌	GM2，Globo-H，Le^y
黑色素瘤	GM2，GD2，GD3L，GD3
成神经细胞瘤	GM2，GD2，GD3L，PSA
卵巢癌	GM2，Globo-H，TF（c），STn（c），Le^y
前列腺癌	GM2，Globo-H，TF（c），Tn（c），STn（c），Le^y
肉瘤	GM2，GD2，GD3L，GD3
小细胞肺癌	GM2，FucGM1，Globo-H，PSA，SLe^a
胃癌	GM2，Le^y，Le^a，SLe^a

注：“c”表示簇生的

二、合成基于糖类的抗肿瘤疫苗需面对的问题

尽管这些肿瘤相关糖抗原表现出独特的性状，但研发广谱有效的基于糖类的抗肿瘤疫苗仍

然困难重重。主要有以下几点原因：①肿瘤的发生似乎伴随了抑制免疫系统的功能，使肿瘤细胞不能作为异质体而被有效地识别；②肿瘤细胞通过阻断补体溶解过程阻挠潜在的免疫应答；③许多肿瘤抗原是 auto-或者 self-抗原不能作为有效的免疫源；④即使肿瘤抗原可以作为有效的免疫源，由于细胞表面有许多 auto-或者 self-抗原，而将这些免疫源覆盖[6]。更复杂的因素缘于肿瘤细胞表面表达的糖类异质性的程度，甚至在特殊的肿瘤类型也是如此，该特性使研制广谱有效的疫苗治疗任何类型肿瘤更复杂化，最终限制了可以被选择用于抗原成分的糖类结构基序。

三、综合衡量糖抗原肿瘤疫苗

成功的肿瘤疫苗必须在体内能够被 B、T 细胞识别，才能发生针对肿瘤细胞的高效特异性免疫应答。传统上人们认为基于糖类的抗原可以激活非依赖性 T 细胞体液应答，疫苗通过微弱的记忆细胞使免疫系统产生短暂的 B 细胞介导的免疫球蛋白（Ig）M 应答而不产生 T 细胞应答。然而最近的研究证明糖抗原疫苗可以产生 T 细胞应答，Franco 等证明了肿瘤相关糖抗原呈递的糖肽用于构建基于 $CD8^{+}$T 细胞疫苗的可行性[7]。

研究证明许多肿瘤相关糖抗原（TACA）起源于胚胎，以隐蔽的形式表达在正常细胞中，它们在肿瘤细胞的表达是通过目前了解甚少的若干调控机制介导的。在发育过程中一旦 B 细胞对这些结构表达高亲和性抗体，它就会被清除，这些糖抗原被免疫系统识别为“自身”，因此研制抗肿瘤疫苗的关键是利用肿瘤相关糖抗原打破免疫系统对肿瘤细胞的免疫耐受[1]。

过去二十年对糖抗原肿瘤疫苗的各个方面进行了深入和广泛的研究，如抗原的选择，抗原的分离，化学合成技术的发展，抗原与免疫载体适当的结合及随同给药法免疫佐剂的选择等。越来越多的研究表明糖抗原肿瘤疫苗用于肿瘤的免疫治疗具有广阔的前景。而该领域主要瓶颈是获得大量肿瘤相关糖抗原和与糖连接的免疫佐剂[8]。虽然新型化学工艺和糖基化技术的应用已经极大地促进了该领域的发展，合成糖抗原肿瘤疫苗仍然是一项富有挑战性和艰难的工作。

四、糖抗原肿瘤疫苗的合成

1. 合成策略 逐级合成疫苗功能基团的糖表位，诱导对肿瘤的免疫应答可以通过两种不同的方式来完成：①将合成的糖抗原与免疫原性载体蛋白结合或加入免疫佐剂制成的半合成肿瘤疫苗，如 Tn、sTn 抗原与载体蛋白钥孔戚血蓝素（KLH）和其他载体蛋白结合；②设计 T 辅助细胞肽表位和佐剂以共价键与糖表位全合成疫苗，如用脂肽（三棕榈酰-*S*-丙三基半胱氨酰丝氨酸；P_3CS）代替载体蛋白或佐剂全合成的肽疫苗，脂肽 P_3CS 是一种高效 B 细胞和巨噬细胞激活剂，自身是非免疫原性物质，对动物体无毒性，不会引起组织损害。

全合成疫苗与半合成疫苗相比有以下几点优势：①全合成疫苗有明确的化学结构，半合成疫苗是多个复合物的混合物。②全合成疫苗通过识别糖表位聚集形成的特殊化学支架产生抗体，而载体蛋白的免疫应答要优于直接的抗糖抗原，同时也会产生载体诱导的弱亲和类毒素抑制；该现象首次通过肽表位结合破伤风类毒素（TT）作为载体而观察到，并发现利用 TT 免疫接种小鼠与合成肽结合相同的载体比较，前者会强烈抑制随后的抗体反应。弱亲和类毒素抑制现象部分原因是使用了免疫兴奋剂，该现象限制可作为载体的蛋白数量的同时，也限制了糖缀合物的效力[9]。③全合成疫苗中的佐剂结构可以直接掺合在分子中，这就避免了外部佐剂的使用。

2. 免疫佐剂 肿瘤相关糖抗原（TACA）必须与适当的载体蛋白相连接才能转换成全合成肿瘤疫苗的抗原表位。载体蛋白的主要作用是增加糖抗原的免疫原性，以 IgG 和 IgM 的方式产生抗糖抗体滴度。补体依赖细胞毒性或者抗体依赖性细胞毒性（ADCC）依赖 IgG 进行长期免疫应答和肿瘤免疫细胞的排除；为了获得高滴度的 IgG，就需要与免疫佐剂同时给药。但是大多数佐剂都存在副作用：如弗罗因德完全佐剂（FCA）诱使小鼠发生关节炎，家兔发生眼葡萄膜炎[10]。FCA 是从分歧杆菌的细胞壁提取出来，普遍应用于免疫接种的动物。目前认为能够应用于人类的佐剂是钙盐和铝盐如 QS-21A，它是从南美树 *Quillaja saponaria* molinate 得到的植物衍生的复杂的皂角甙。因为佐剂的化学结构不确定（它们大都是混合物），且通过干扰一连串生理过程引起不可预知的副作用，所以过去人们曾认为佐剂是“dirty trick”。目前通过鉴别发挥佐剂效应所需的最小活性结构来消除这些副反应，如胞壁酰二肽类似物，它是对 FCA 相关的活性结构进行广泛研究从分歧杆菌细胞壁中鉴别出发挥佐剂效应所需的最小活性结构[1, 8]。另外使用佐剂时必须考虑它与疫苗各自的特点，才能更好地完成改变或增强机体对抗原的特异性免疫应答的辅助作用。

3. 肿瘤疫苗的优化 糖抗原肿瘤疫苗虽不能完全杀灭肿瘤细胞，但在促进机体产生特异性 IgG、IgM 抗体和阻止肿瘤细胞转移方面，具有十分明显的效果，这为发现高效糖抗原肿瘤疫苗奠定了坚实的基础。

在疫苗研究中，仍有许多问题需要解决。如上文提到的免疫佐剂的毒副作用问题，QS21 作为肿瘤疫苗常用的佐剂由于剂量的原因，最常见的不良反应是注射局部短暂红肿。一般而言，理想的佐剂应该能够作用于弱免疫性抗原，促进体液和（或）细胞免疫应答，不引起有害的副作用；能以不同途径免疫，也能用于不同抗原；能有效影响免疫反应质量；结构稳定且易生产[11]。今后对佐剂的研究仍将继续，使其联合应用更好地提高疫苗免疫原性和机体免疫应答水平。另外实验证实合成的糖抗原的结构越复杂，免疫效果越好；非天然结构糖抗原也具有很好的免疫效果。利用分子免疫学技术以及相关的糖类化合物检测手段，发现更多特异性肿瘤寡糖、糖肽抗原，同时对已发现的糖抗原进行合理的衍生化，以提高它们的免疫原性，也是优化肿瘤疫苗的重要环节[12]。

五、展　望

虽然已有数据证明基于的糖类抗肿瘤疫苗有一定的临床效果，但是效果还未达到人们的期望值。随着分子生物学、免疫学、化学合成技术和仪器分析技术的不断发展，研制出具有预防和治疗肿瘤的疫苗的目标必将实现，恶性肿瘤不可战胜的神话必将打破。

参 考 文 献

[1] Laura C et al. Anti-Cancer Agents in Med Chem，2008，8：92-121.
[2] Ouathek O et al. Expert Rev，2005，4（5）：677-685.
[3] Meezan E et al. Biochemistry，1969，8（6）：2518-2524.
[4] Constanze B et al. Bioorg Med Chem，2002，10（10）：3085-3112.
[5] Slovin SF et al. Immunolo. Cell Biol，2005，83（4）：418-428.
[6] Zhang SL et al. Int.J.Cance，1997，73（1）：42-49.
[7] Xu Y et al. Immunolo. Cell Biol.，2005，83：440-448.
[8] Danica PG et al. Nature，2007，446：1000-1007.
[9] Schutze MP et al. [J] of Immunol.，1985，135（4）：2319-2322.
[10] Hilgers LA et al. Int. Arch. Allergy Appl. Immunol.，1986，79（4）：392-396.
[11] 周慧等. 生物技术. 2004，14（4）：84-85.
[12] 狄维等. 药物学报. 2005，40（7）：591-599.

（摘译自 2007 年 4 月 26 日《自然》杂志）

第二节　糖基化在健康与疾病状态下的细胞机制

所有多细胞生物表面覆盖着反映不同细胞种类和状态的糖链。糖是细胞四大成分之一，糖以糖链的形式连接于蛋白质和脂类上。聚糖由于数量繁多、结构多变构成了生物界的多样性。糖生物学对细胞基本组成成分多糖成分的研究，至今已有很长时间。在糖生物学研究领域主要集中在了解聚糖的结构和化学、生物合成，聚糖及其衍生物的生物学功能。

糖基化指在糖基转移酶的催化下，将糖通过共价键连接于蛋白质或脂质上。糖基化有多种重要的生物学功能，涉及到细胞识别与黏附、信号转导、分子转运与清除、受体激活、免疫调节等方面。糖组是指单个个体的全部聚糖。哺乳动物糖组大约有数百至数千种糖结构，比蛋白质组还大。而糖组学是对糖组的全部糖结构的分析，确定编码糖蛋白的基因和蛋白质糖基化的机制。在理论上糖结构的种类很多，由于聚糖的合成和调节机制的限制，脊椎动物尤其是哺乳动物的聚糖成分，已经进化到高度复杂的水平，这将区别于无脊椎动物、低等真核生物及原核生物。有机体的糖组学差异是种间识别系统的一种分子机制[1]。本综述主要介绍在健康和疾病状态下糖基化的分子及细胞机制。

一、哺乳动物的糖基化拓扑结构

哺乳动物糖链连接方式主要有四种：N-连接糖基化、O-连接糖基化、C-甘露糖糖基化和糖基磷脂酰肌醇（GPI）脂锚定糖基化。糖蛋白在内质网合成核心蛋白多肽链，在肽链合成的同时以 O-连接或 N-连接方式在相应的氨基酸残基上进行糖链的加工。糖链末端连接上唾液酸后将终止糖链的延伸，由 N-乙酰氨基葡萄糖（GlcNAc）转移酶或 N-乙酰氨基半乳糖（GalNAc）转移酶和唾液酸转移酶活性之间的平衡，最终确定糖链的长度（图 32-1）[2]。糖链的延长和加工主要在高尔基体内进行，UDP 单糖衍生物为供体，在酶的催化下逐个加上单糖，根据糖链的连接方式不同，寡糖的合成过程及核心结构，糖基化位点等都有所区别。

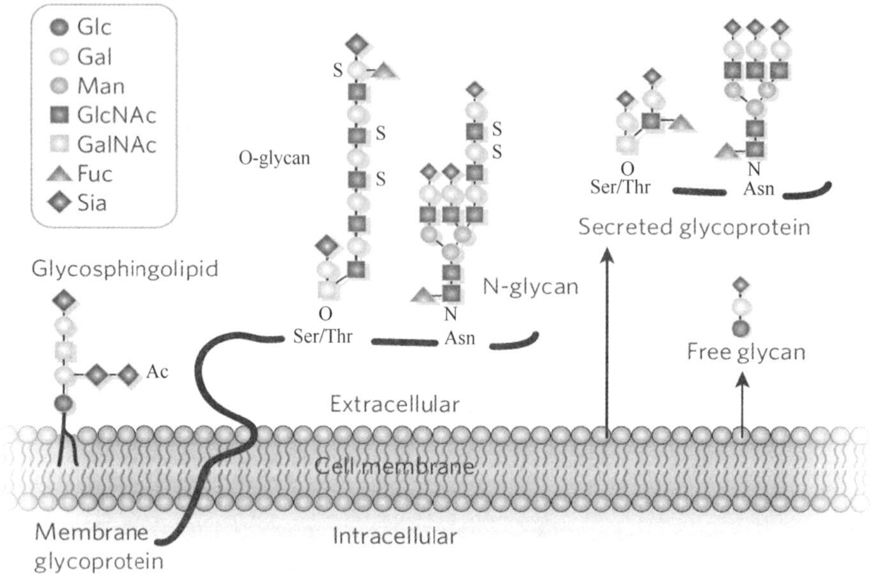

图 32-1 细胞表面的糖链结构[2]

1. N-连接寡糖 聚糖中的 N-乙酰葡萄糖与多肽链中天冬酰胺残基的酰胺氮连接，形成 N-连接糖蛋白。糖基化位点是 Asn-X-Ser/Thr 基序，其中 X 可以是除了脯氨酸以外的任意一种氨基酸。N-连接寡糖的合成：在 GlcNAc 转移酶催化下，将 UDPGlcNAc 分子中的 GlcNAc 转移至长萜醇上，然后逐个加上糖基，直至形成 14 个糖基的长萜醇焦磷酸寡糖，接着此寡糖被转移至肽链的天冬酰胺 N 上。N-连接寡糖有三种结构：高甘露糖型、复杂型和杂合型。三种都有一个共同的五糖核心。

2. O-连接寡糖 糖基的还原端与蛋白质肽链中丝氨酸（Ser）或苏氨酸（Thr）残基的羟基

O 相连，形成 O-连接糖蛋白。目前确切的糖基化位点还不清楚，通常存在于糖蛋白分子表面 Ser 和 Thr 较集中且周围常有脯氨酸的序列中。有两种 O-连接寡糖形式，一种是 O-GlcNAc，另一种是 O-GalNAc。在一些蛋白质上，O-GlcNAc 和 O-磷酸化相互竞争同一或邻近的位点[3]。O-连接寡糖的合成：在 GalNAc 转移酶的作用下，将 UDPGalNAc 分子中的 GalNAc 转移至肽链的 Ser 或 Thr 的羟基上，然后逐个加上糖基。由 N-GalNAc 和 Gal 构成 O-连接寡糖的核心二糖，可重复增长和分支，再接上岩藻糖、N-GalNAc 等单糖。

二、哺乳动物糖基化的调节

糖基转移酶和糖苷酶对糖基化在有机体的发育和生理方面起着主要作用。可以从以下几个方面对糖基化进行调节：①控制糖基转移酶和糖苷酶的转录过程；②核苷酸糖的合成及向内质网和高尔基体的运输；③酶结构的磷酸化修饰；④不同酶竞争同一底物的相对含量；⑤胞内酶的转运及作用底物的改变；⑥高尔基体管腔内的蛋白水解酶导致催化区的分泌；⑦细胞表面的聚糖通过内吞作用而循环（图 32-2）[1]。在转录和翻译后水平的修饰都对哺乳动物聚糖的表达有调节作用。糖基转移酶和糖苷酶本身也是蛋白质，这两种酶的糖基化异常也将影响到糖基化过程。组织特异性糖基转移酶基因的调控、核苷酸糖的有效性及酶之间可能竞争同一作用底物，决定了聚糖结构的多样性。

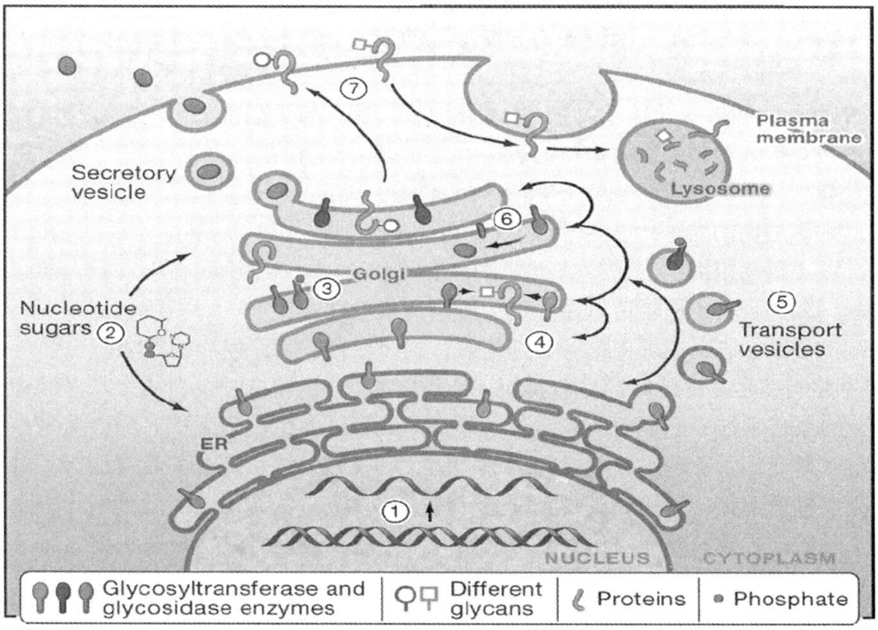

图 32-2 糖基化的细胞调节[1]

三、糖基化的生物学功能

糖基化是真核细胞蛋白质转录后修饰方式中的一种。这些糖蛋白与一系列的生物学功能有着广泛的联系，如细胞间的黏附，自我与非自我的识别，分子运输与清除，受体激活，细胞的内吞作用等[1]。糖蛋白中的寡聚糖能使其连接的蛋白质构象稳定，从而防止糖蛋白在细胞内沉积及蛋白酶的水解。在细胞免疫系统，糖的特殊构型与 MHC 抗原，TCR 复合物的折叠，质量控制以及组合有关。有研究发现尽管 MHC 上的糖肽抗原是裸露的，但在蛋白被降解前仍需要用酶将糖肽上的糖基去掉。T 细胞与 APC 细胞交接处糖蛋白上的寡聚糖有助于彼此间的连接，抑制蛋白酶作用以及抑制细胞蛋白间的非特异结合[4]。

聚糖除了是糖蛋白激素识别靶细胞受体的标记外，还是红细胞血型的抗原免疫决定簇，同时又是细胞膜上区别和分化的标记，调节细胞的生长，在细胞间传递信息。对最近的数据进行系统分析后，发现 O-GlcNAc 在信号转导级联反应中作为一种调节修饰物是十分重要的[5]。另外聚糖具有免疫调节及促细胞黏附作用，如未成熟的 CD4+CD8+双阳性 T 细胞比成熟的 CD8 单阳性 T 细胞与 MHC Ⅰ类分子的亲和力高，这种亲和力差异是由细胞发育过程中 ST3Gal-I 唾液酸转移酶催化的 O-聚糖修饰作用引起的。CD8β 分子茎上连接的聚糖调整 CD8 球形头部结构区与 MHC Ⅰ分子的夹子结构的远距离连接的能力[6]。

某些酶的糖基化改变可影响其催化功能，如一种解聚素和金属蛋白酶 10（ADAM10）的 N-连接糖基化对它的加工过程、对蛋白水解酶的抵抗作用及对其全酶活性是十分重要的。ADAM10 的折叠的缺失将使其无法完成它的最终构象，而使其滞留于内质网。蛋白质的折叠错误和高尔基体中蛋白质被蛋白酶水解，最终导致蛋白质停留在无活性的前体蛋白阶段[7]。

四、糖基化与疾病

糖基化的异常造成细胞表面和细胞基质糖蛋白出现缺陷，从而出现某些病理症状。某些疾病与糖基化异常密切相关。

1. 糖基化与肿瘤 在肿瘤生物学中，对疾病表型和糖基化改变之间的相关性做了大量研究。在很多情况下，在正常细胞转变为肿瘤细胞的过程中，一种或多种糖基转移酶活性的改变与此密切相关。实验显示慢性淋巴细胞白血病（CLL）B 细胞表面低水平的 BCR 表达，与 μ 和 CD79a 链的糖基化和折叠异常有关[8]。糖基化改变可能参与了细胞在体内的迁移过程，也可能导致肿瘤细胞的扩散和相关黏附作用的丧失，也可能引发新的细胞黏附过程，导致在新的位点发生二次肿瘤。从一位蕈样肉芽肿（MF）病人获得的 CD7+HH 细胞发现，糖基转移酶的数量不足导致此细胞表面的糖基化发生了改变，抑制细胞的死亡[9]。糖基化改变除与肿瘤浸润、转移等有关外，还可利用细胞表面糖基化对肿瘤进行治疗。肿瘤细胞转移与细胞表面糖蛋白唾液酸化增强密切相关，糖抗原疫苗可用来作为肿瘤免疫治疗的佐剂[10]。糖基化的改变可以作为某种类型肿瘤的诊断标志，也可根据肿瘤细胞表型的改变开发治疗癌症的方法。

2. 糖基化与病毒 许多病毒的包膜均有糖基化现象。包膜中的蛋白质常与多糖构成糖蛋白亚单位，嵌合在脂质层，它们位于病毒体的表面。病毒外壳蛋白表面都有糖链包裹，病毒表面糖链的改变可能是病毒突变迅速的原因之一。HIV 和 AIDS 抗体疫苗的发展加深了对病毒免疫学的理解。目前普遍被接受的一种观点就是：HIV 抗体失效的原因之一就是病毒表面的抗原被糖链所包裹保护，导致抗体无法识别对应的抗原决定簇。最近研究发现这些糖链在保护 HIV、促进其传播的同时，也可作为药物作用的靶位[11]，在对抗 HIV 的领域提供了新的治疗途径。病毒结构蛋白的糖基化与病毒在细胞中运输、病毒的免疫原性等密切相关。有实验显示丙型肝炎病毒（HCV）胞膜蛋白 E1 存在 N-糖基化现象，从而表现出弱免疫原性，而 N-糖基化位点的缺失的突变体表现出特异性细胞及体液免疫反应增强[12]。

3. 糖基化与糖尿病 胰岛 β 细胞表面的葡萄糖载体 2（Glut-2），是刺激分泌胰岛素所必需的，调控着进食后血糖的稳定。鼠 GlcNAcT-IVa 糖基转移酶是 β 细胞表面 Glut-2 和 N-聚糖糖蛋白所必需。如 GlcNAcT-IVa 缺失或加入聚糖配体，Glut-2 半衰期降低，被内吞入包涵体和溶酶体，继而胰岛素分泌异常，导致代谢紊乱，形成 2 型糖尿病。长期高脂饮食诱导的糖尿病与 GlcNAcT-IV 的减少，Glut-2 糖基化减弱以及 Glut-2 内吞有关[13]。从而推断出 β 细胞葡萄糖载体糖基化联系着饮食与 2 型糖尿病胰岛素耐受的有关。

4. 糖基化与血凝缺陷 血管假性血友病因子（VWF）缺乏是比较常见的出血失常的原因。

VWF 是由单个基因座改变引起的，而且此突变基因是有效显性的。VWF 对启动凝血级联系统非常重要，血清水平的降低导致创伤后过度出血。VWF 的糖基化能强烈地影响其在血浆内的含量。VWF 包括多种糖基化结构，包括 O-连接聚糖主要由唾液酸化的 T 抗原组成。但 O-糖基化是否影响 VWF 的水平尚不清楚。有人通过免疫吸附试验，发现 VWF 用唾液酸苷酶孵育后再与花生凝集素（PNA）结合，在健康个体中发现了 PNA 结合与 VWF 抗原水平呈负相关关系。在随机血浆样本中也发现了相同的负相关关系。实验显示，PNA 结合与 VWF 前肽间有一种线性关系，它显示在 O-糖基化和 VWF 间存在一种潜在的联系[14]。另有实验发现将 N-乙酰氨基半乳糖转移酶-2（GalNAc-T2）基因作为鼠血浆 VWF 水平的一种主要修饰基因，与鼠血管假性血友病因子（Mvwf）基因座功能放大机制有关的。肠上皮细胞的 GalNAc-T2 的表达改变导致 VWF 翻译后错误的修饰和血浆中 VWF 被清除。转入 GalNAc-T2 基因的血管内皮细胞表现出低水平的 VWF，这证实了 Mvwf 降低的分子机制很可能就是 GalNAc-T2 基因表达发生改变[15]。这一发现说明糖基转移酶功能的改变可能是一种潜在的血浆蛋白水平遗传修饰的分子机制。

五、存在问题与展望

近年来，虽然对聚糖的功能有了一定的了解，但还有很多至今尚不清楚的方面，如糖基化在信号转导和转录调节中的分子机制，糖基化与磷酸化在生物体中的相互关系及糖基转移酶是怎样调节和定向的。聚糖的某些生物学功能可以从聚糖和凝集素结构分析到基因敲除小鼠生理学研究的一系列方法提供具有说服力的证明。随着对糖生物学的不断深入、广泛的了解，对疾病的诊断和治疗中将出现糖生物学知识利用的新途径，尤其在肿瘤学研究方面，糖基化越来越受到研究者的重视。

参 考 文 献

[1] Ohtsubo Kazuaki et al. Glycosylation in Cellular Mechanisms of Health and Disease，Cell 2006，126：855-867.

[2] Ajit Varki. Glycan-based interactions involving vertebrate sialic-acid-recognizing proteins，Nature 2007，446：1023-1029.

[3] Hart Gerald W. et al. Cycling of O-linked β-N-acetylglucosamine on nucleocytoplasmic proteins，Nature 2007，446：1017-1022.

[4] Rudd Pauline M. et al. Glycosylation and the Immune System，Science 2001，291：5512- 2370.

[5] Lance Wells et al. Glycosylation of Nucleocytoplasmic Proteins：Signal Transduction and O-GlcNAc，Science 2001，291：2376-2378.

[6] Anne Marie Moody et al. Developmentally Regulated Glycosylation of the CD8αβ Coreceptor Stalk Modulates Ligand Binding，Cell 2001，107：501–512.

[7] Escrevente C. et al. Functional role of N-glycosylation from ADAM10 in processing，localization and activity of the enzyme，Biochim. Biophys. Acta 2008.

[8] Françoise Vuillier et al. Lower levels of surface B-cell-receptor expression in chronic lymphocytic leukemia are associated with glycosylation and folding defects of the μ and CD79a chains，Blood 2005，105：2933-2940.

[9] Cabrera Paula V. et al. Haploinsufficiency of C2GnT-I glycosyltransferase renders T lymphoma cells resistant to cell death，Blood 2006，108：2399-2406.

[10] Galonic Danica P. et al. Chemical glycosylation in the synthesis of glycoconjugate antitumour vaccines，Nature 2007，446：2000-2007.

[11] Scanlan Christopher N. et al. Exploiting the defensive sugars of HIV-1 for drug and vaccine design，Nature 2007，446：1038-1045.

[12] Liu Min et al. Deletion of N-glycosylation sites of hepatitis C virus envelope protein E1 enhances specific cellular and humoral immune responses，Vaccine 2007，25：6572-6580.

[13] Ohtsubo Kazuaki et al. Dietary and Genetic Control of Glucose Transporter 2 Glycosylation Promotes Insulin Secretion in Suppressing Diabetes，Cell 2005，123：1307-1321.

[14] Carina J. M. van Schooten et al. Variations in glycosylation of vonWillebrand factor with O-linked sialylated T-antigen are associated with its plasma levels，Blood 2007，109：2430-2437.

[15] Mohlke Karen L et al. Mvwf，a Dominant Modifier of Murine von Willebrand Factor，Results from Altered Lineage-Specific Expression of a Glycosyltransferase，Cell 1999，96：111-120.

（摘译自 2007 年 4 月 26 日《自然》杂志）

第三节 脊椎动物唾液酸识别蛋白糖基间相互作用研究概况

在普遍的生物学发现中，几乎所有已被了解的细胞表面都覆盖有一层聚糖（低聚糖或者多聚糖），这一事实最初已经被显微镜学家所证实并为之命名为：“多糖-蛋白质复合物 1”。这些糖链常常是共价结合到膜下面的蛋白质或者脂质上，并形成各种各样的结构。这些结构具有细胞特异性并能被动态调节，随着不同的环境暗示会发生特别的变化，并且当基因缺陷时导致疾病的产生。在真核细胞中，细胞表面糖包被的主要机制发生于内质网-高尔基体生物合成通路。在原核生物中，机制与上述相似。

本文旨在讨论对糖介导的细胞间相互作用的理解及分类原则，之后再集中在唾液酸以及它们的识别蛋白上。特别要注意的是脊椎动物唾液酸识别蛋白，诸如选择蛋白(slectins)和 Siglecs。这些分子被列举出来作为糖介导细胞间相互作用的特殊模型的例子，这些细胞间作用在生物学上具有越来越重要的影响。

一、糖介导的细胞间相互作用的基本原理

细胞表面聚糖具有各种各样的类型，包括 N-聚糖和 O-聚糖，糖鞘脂类，粘多糖，糖磷脂，脂-寡/多聚糖。以上糖类的每一种都具有特征性的核心或者说是连接区，并且它们的末端或者内部序列常常呈现出不同的类型。这些糖类的结构比蛋白质及脂类的更为复杂，它们结构的细部特征在此就不做回顾了。再一个不寻常的特征表现在其水溶性上，大多数多糖聚成整体并呈现出许多不同的构造，其中仅有一种可能会与特定的聚糖相互作用有关。相互作用就是指，聚糖能被其他聚糖所识别（即糖-糖相互作用），就像能被某些蛋白识别一样。本文集中于讨论糖-蛋白作用类型。

大多数糖-蛋白相互作用包括相互识别并将具有某种特殊构象聚糖的某一部位锁入蛋白质的结合“口袋”。这就是为什么多数基于糖的相互作用要求多化合价以获得足够的亲和力来实现有意义的生物学相互作用。也有许多中间情况，在这些情形下，细胞表面多糖对特定的表面蛋白具有相应的特异性，它们能调节而不是引发蛋白活性。多糖结合蛋白能进行自身糖基化，潜在地影响它们生命环节的每一阶段：从它们的起始折叠，运输至细胞表面以及它们与其他细胞表面分子相互作用的能力，直至它们在细胞中的流通周转。

二、唾液酸识别结合糖蛋白

传统上，聚糖结合蛋白的分类是根据聚糖被公认的类型，或者基于它们的生物学作用而进行的。根据结构及其进化上的关系，聚糖蛋白被分为两个主要族群：凝集素和粘多糖结合蛋白，本文余下部分就集中讨论其中的一个组群，即唾液酸识别结合糖蛋白。

1. 唾液酸 唾液酸属于拥有九碳骨架的 α 酮酸家族，广泛表达于后口动物。它们被发现于糖蛋白和糖脂的寡糖链的末端，并且是暴露于胞外环境中，从而使它们在细胞与病毒、细菌、原生动物、毒素等致病原的最初接触时被识别。近来的研究又发现了唾液酸的另一个重要作用，即结合内源凝集素的功能。Siglecs 即唾液酸结合的免疫球蛋白超家族凝集素，是最近被定义的唾液酸识别的凝集素的一个家族。这些蛋白都是 I 型单向跨膜多肽，有一个 N 末端免疫球蛋白可变区结构域，接着一些不定量的免疫球蛋白 C2 结构域，一个跨膜结构域和一个胞质尾。起始的可变区免疫球蛋白样结构域对糖类识别起了很重要的作用，第二个免疫球蛋白样结构域可能对结合同样有作用。本文举脊椎动物的三类主要多糖间的相互作用为例，这三类多糖均携有唾液酸，它们是 N-聚糖，O-聚糖，以及鞘糖脂类（图 32-3）———它们也存在于某些细菌的多聚糖中。

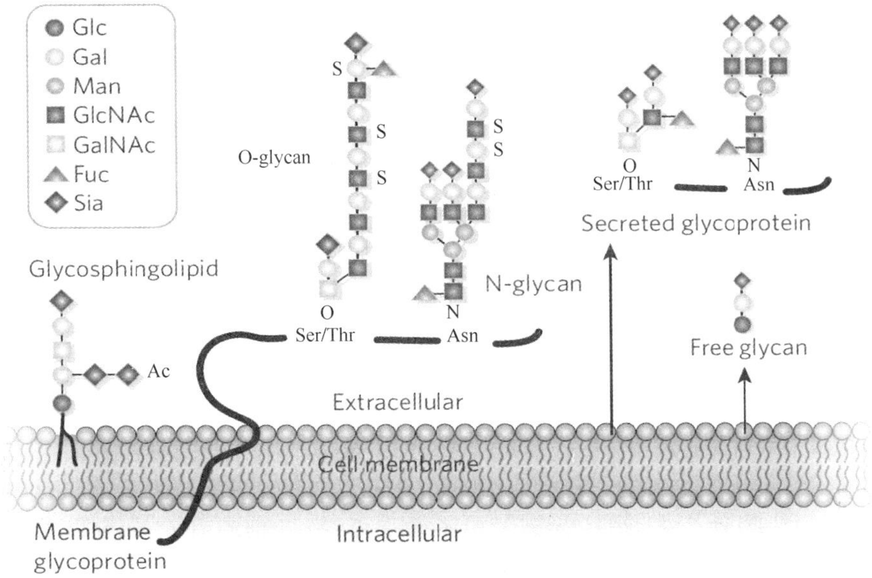

图 32-3　细胞表面和分泌型分子上的唾液酸。正如表达于细胞表面的鞘糖脂一样，唾液酸典型存在于与细胞表面以及分泌性糖蛋白连接的 N-聚糖和 O-聚糖的末端。AC：O-乙酰酯 Fuc：岩藻糖 Gal：半乳糖 GalNac：N-乙酰半乳糖胺 Glc：葡萄糖 GlcNAc：N-乙酰葡萄糖胺 Man：甘露糖 S：硫酸酯

2. H 因子　第一个被发现的哺乳动物唾液酸识别蛋白是补体 H 因子，这种因子能负向调节补体途径。这一途径在循环的血浆物质中被持续激活（引发），然而当血浆物质处于一个很高水平时，这一放大效应却能够被 H 因子持续抑制。当血浆物质暴露于补体激活的表面时，H 因子渗入补体通路，其信号在被攻击的表面被放大，在固有免疫系统中起动一系列级联放大效应。

3. 选择蛋白　已发现的第二族群的唾液酸结合蛋白是选择蛋白，选择蛋白在免疫，凝血，炎症过程中参与细胞间的相互作用。在经典研究中，淋巴细胞的归巢作用，即淋巴细胞穿过高内皮血管到达淋巴结的行为，已显示是依赖于唾液酸的。这个过程与 L-选择蛋白（白细胞选择蛋白）进行唾液酸化配体的识别有关，L-选择蛋白能在多型白细胞表面组成表达。独立证据表明：白细胞粘附能在 E-选择蛋白（内皮-选择蛋白）介导下活化内皮细胞，这也与唾液酸的参与有关。然而，E-选择蛋白并不是组成型表达，需要不同的炎症刺激物的转录诱导才能得以表达。类似的研究发现了 P-选择蛋白（血小板选择蛋白），P-选择蛋白储存在血小板的 α 颗粒以及内皮细胞的 Weibel-Palade 颗粒中。

4. Siglecs　依据唾液酸识别分子共有的结构和功能特征，这个家族被命名为 the Siglecs（唾液酸识别的免疫球蛋白超家族凝集素，即 sialic-acid-recognizing Ig-superfamily lectins 缩写）。对老鼠和人类基因组同源性研究表明，所有的一个广大家族的唾液酸识别分子都可定义为 Siglecs。Siglecs 的结合不仅需要对唾液酸所带负电荷的识别，还需要对由 C7，C8，C9 位构成的侧糖链及 5-N-乙酰基团识别。另外，Siglecs 常常专一性的与后面糖链上的唾液酸相结合。在许多情况中，如 MAG，还发现能专一性识别唾液酸之后的各种多糖链结构。近来，有关于 Siglecs 的表达和功能的论述也已经有发表。

5. 细胞黏附分子 L1　细胞黏附分子 L1 是另一个已经被报道能够识别唾液酸的 Ig 超家族成员，它广泛表达于神经系统，参与神经系统许多方面的发展和功能。许多具有明显神经系统缺陷的遗传性紊乱就是由于 L1CAM 的突变造成的。L1CAM 识别唾液酸的属性得到了一个研究小组的证实，他们提出 L1CAM 能够特征性的识别表达在一种高度糖基化的细胞表面分子 CD24

上的具有α-2,3连接的唾液酸。不像在Siglecs中是一个Ig结构域与唾液酸结合，而是在L1CAM中的另一个结构域中重复的由Ⅲ型纤连蛋白衍化而来。这个识别体系还需要进行进一步的深入研究。

6. 精子唾液酸结合蛋白 有报导称牛的精子与鸡蛋透明带糖蛋白的结合受α-2，3连接唾液酸调节。这个领域的研究指出了这个精子胞浆膜的唾液酸识别蛋白。用一种特殊的酶抑制剂提示从大脑皮层粒中释放出的一种神经氨酸苷酶可能也能参与通过从透明带中将唾液酸移除阻断多精入卵现象。唾液酸在这个相互作用中所起的作用还需要进一步的研究。

7. 层粘连蛋白G结构域 大量证据表明在α肌营养不良蛋白聚糖中层粘连蛋白G结构域和聚糖的相互作用在调节神经系统中起重要作用，尤其是在肌肉神经连接处和骨骼肌。在α肌营养不良蛋白聚糖中发现一个序列异常的聚糖，它是一个通过O-连接与蛋白相连的具有唾液酸甘露糖残基。一些证据提示这些唾液酸参与识别过程。但是，这并不能说明它在所有的层粘连蛋白G结构域中参与普遍相互作用，需要做进一步的研究。

8. 未来前景 聚糖蛋白之间的相互作用是一个广泛多样的生物过程，其中只有很少的一部分得到关注。其生物学之间的相互作用仍然不能完全理解。目前细胞和分子生物学家没有着力于聚糖生物学和生化方面的研究，这就使得新生代的年轻科研工作者有广阔的发展研究空间在分子水平对其有更加全面的理解。除了多学习些关于已知的脊椎动物的唾液酸识别蛋白的知识之外，我们还可以推测还有一些没有被发现的成员。所有已知的脊椎动物唾液酸结合蛋白都是在研究其他问题时被发现的。换句话说，唾液酸结合蛋白的发现是偶然而又有价值的发现。这样，我们很难去预测究竟将有多少唾液酸结合蛋白被发现。总之，唾液酸在后口动物的细胞表面高密度大量持续表达，这一现象已经有5亿年的历史。所以有理由预测这一进化过程中包含了多种多样的不同的识别功能。与其通过机会性的观察等待发现新的唾液酸结合蛋白和模序，我们不如通过系统地通过组织提取物或者cDNA文库和蛋白质的角度对其加以研究。聚糖矩阵同样也可以作为一种探究的手段加以利用。同时，对唾液酸结合蛋白在体试验的操作也变得越来越具有可行性，在小鼠中它可以作为基因修饰的结果或通过合成化学前体的方式直接修饰唾液酸。以上所有的推测一般还可以广泛应用于聚糖结合蛋白。也许我们仅仅只是了解了这类生物学识别过程的皮毛。年轻一代科学家们已经掌握了聚糖结构和功能，他们一定会利用好这个激动人心的机会大展宏图。

（摘译自2007年4月26日《自然》杂志）

第四节 肿瘤相关糖蛋白抗原研究进展

自20世纪70年代开始，肿瘤细胞表面糖基化结构的改变便被认为是肿瘤表型的一个生物学标志。由于不完全糖基化、过度糖基化或畸形糖基化，导致肿瘤细胞表面多糖表达过低、过表达或是表达一些胚胎源性的多糖，这些多糖通过O-和N-与丝氨酸、苏氨酸或脂类相连，进而形成糖肽、糖蛋白或糖脂，这些多糖被称为肿瘤相关糖抗原（tumor-associated glycopeptide antigens，TAGAs或tumor- associated carbohydrate antigens，TACAs）。

肿瘤相关糖抗原通常被分为三大类：①糖脂，如神经节苷脂GM2、GM3、GD2和fucosy-l GM1、Lewis y（Le^y）、sialyl Lewis x（SLe^x）、中性糖脂Globo-H等；②糖蛋白，如黏蛋白相关表位Tn、TF和STn；③蛋白聚糖，如多聚唾液酸（PSA）。相较于正常组织，肿瘤组织中的总体糖基化改变十分明显，每种类型的肿瘤都有其对应的一系列糖抗原的表达改变（表32-2）。

表 32-2 部分肿瘤表达的 TACAs

肿瘤	TACA
B 细胞淋巴瘤	GM2，GD2
黑素瘤	GM2，GD2，GD3L，GD3
结肠癌	GM2，TF（c），STn（c），Le^{y}，SLe^{a}
卵巢癌	GM2，G loboH，TF（c），STn（c），Le^{y}
前列腺癌	GM2，G loboH，Tn（c），TF（c），STn（c），Le^{y}
肉瘤	GM2，GD2，GD3L，GD3
成神经细胞瘤	GM2，GD2，GD3L，polysialic acid
胃癌	GM2，Le^{y}，Le^{a}，SLe^{a}
小细胞肺癌	GM2，FucGM1，G loboH，polysialic acid，SLe^{a}
乳腺癌	GM2，G loboH，TF（c），Ley

一、鞘糖脂类抗原

糖脂是指含有糖基配体的脂类化合物，它是一类两亲性分子，在生物体内广泛存在。依脂质部分的不同，糖脂可分为 4 类：①含鞘氨醇（sphingosine）的鞘糖脂（glycosphingolipids，GSL）；②含甘油脂的甘油糖脂（glycoglycerolipids）；③磷酸多萜醇衍生的糖脂（polyprenol phosphate glycoside）；④类固醇衍生的糖脂（steryl glycoside）。糖脂类抗原的特点是：①是细胞双层脂膜的一部份并插入细胞膜的外层，易被抗体识别；②较其他细胞膜成份更易内化；③分子量一般较糖蛋白小，多为 530-1130kDa；④每个细胞糖脂的结构与空间构成不完全相同，甚至差异很大，糖脂的基本结构是碳水化合与神经酰胺相连接所构成，其中糖的结构有三大类：即①乳糖系列：以血型抗原 A、B、H、Lewis 及其衍生物为主；②神经节苷脂系列：该系列的基本骨架结构是唾液酸连接糖及神经酰胺；③胞系列：胞系列的基本骨架是 Gala1-4Ga1b（1-4）Glcb-Cer，位于双层蛋白中，不具抗原性。

糖脂是构成细胞膜的成分之一，在细胞黏附、生长、分化、信号传导等过程中发挥着重要作用；尤其值得注意的是，糖脂还参与细胞识别、免疫应答等重要生理过程。天然存在的糖脂含量很低，近年来随着分离技术的提高，越来越多的糖脂分子被分离鉴定。在此基础上，通过构效关系以及类似物合成的研究，一些重要的糖脂分子进入人们的视野。本节将着重介绍几类重要的免疫抗原鞘糖脂分子，对其独特的生物学功能给予评述。

（一）鞘糖脂结构和生物合成

鞘糖脂由三部分组成：糖链（单糖或寡聚糖）、鞘氨醇及脂肪酸。它存在于细胞表面膜，非极性的脂链嵌于膜中，而糖链面向细胞间液。它可以作为细菌及病毒等的受体，血型抗原，又被认为和细胞间的黏着、细胞的生长、分化等相关。

1. 鞘糖脂结构 鞘糖脂由一个神经酰胺的骨架与一个或多个糖基连接形成（图 32-4），主要包含疏水的脂肪链以及亲水的糖链两部分，以便其在嵌入细胞膜脂双层的同时将糖链构成的极性端伸向细胞质膜外，从而成为细胞表面具有生物活性的标志。鞘糖脂的神经酰胺部分由神经鞘氨醇和脂肪链组成，而糖链的组成较复杂，所含基团有 D-葡萄糖、D-半乳糖、D-乙酰氨基葡萄糖、D-乙酰氨基半乳糖、L-岩藻糖、D-甘露糖及唾液酸（SA）等。根据糖链组成的不同可将鞘糖脂分为三类：仅含一个糖基的脑苷脂，不含唾液酸的非硫酸化的中性鞘糖脂以及含有唾液酸或/且被硫酸化的酸性鞘糖脂。其中脑苷脂可被硫酸化成硫苷脂，而结构复杂的中性或酸性鞘糖脂可由多个单糖组成糖链。唾液酸是氨基酸糖类，包括 9 个或更多 C 骨架的家族，存在于寡多糖非诱导末端。常见的唾液酸有：N-羟乙酰神经氨酸、N-羟乙酰神经氨酸和脱氨神经氨酸。鞘糖脂含唾液酸（N-乙酰基或N-葡萄糖神经氨酸）形成神经糖苷脂这一特殊亚类。糖类成分上的变化包括核心结构的改变、支链和不规则的连接程度等（如不对称地连上碳原子而形成的空间结构变异）。寡糖可被磺基化、磷酸化、酰胺化、半乳糖化和脱乙酰化。鞘糖脂的组成、结构和分布具有组织专一性和专属性，它们大多数作为细胞膜的组成成分存在于动物组织、海绵和真菌中。虽然某些植物中也含有一些鞘糖脂，但总体来看鞘糖脂在植物界中的分布并不普遍。另外，神经节苷脂在神经系统中的含量尤为丰富。

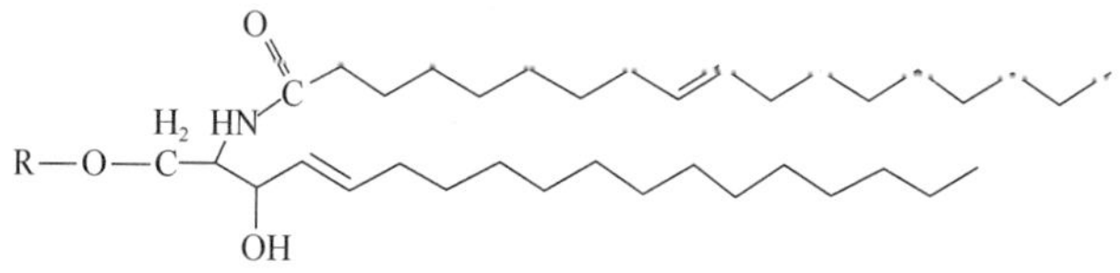

(R:糖链)

图 32-4 鞘糖脂结构

2. 鞘糖脂的生物合成 根据其核心结构不同，鞘糖脂主要分为Gala-、Globo（Gb）-、isoglobo（iGb）-、Ganglio（Gg）-、lacto（Lc）-、Neolacto（nLc）-、Arthro（Ar）-以及Mollu（MI）-等8类。不同类型的鞘糖脂都各自具有不同的合成路径及合成酶。

（1）中性鞘糖脂

中性鞘糖脂是指不含唾液酸的鞘糖脂，其生物合成是通过在神经酰胺分子上顺序添加单糖而合成寡糖链，并且该过程是于真核细胞的内质网和高尔基体中进行的。神经酰胺是鞘糖脂和鞘磷脂的共同母体，是合成鞘糖脂的前提基础，主要在内质网膜中形成。

神经酰胺形成以后，在高尔基体中一系列糖基转移酶的催化作用下进行糖基化反应，生成系列相关中性鞘糖脂，生物体中主要的中性鞘糖脂合成途径及相关合成酶如图32-5所示。

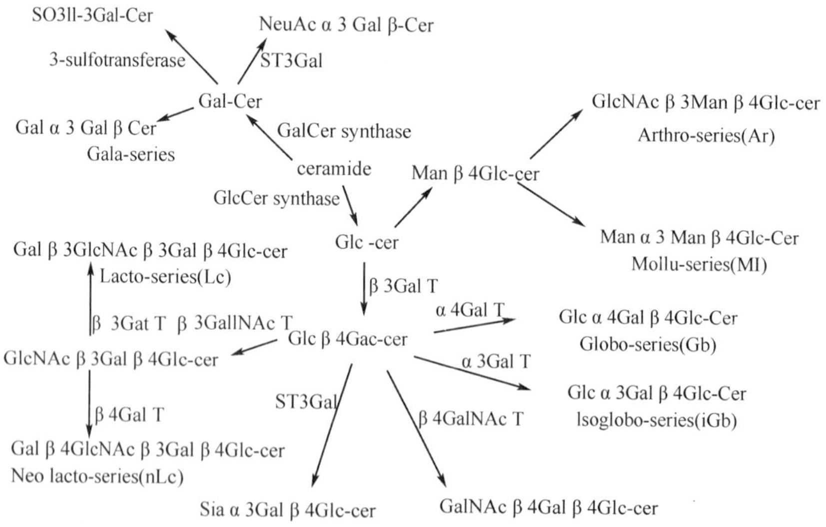

图 32-5 鞘糖脂的生物合成途径

（2）酸性鞘糖脂

酸性鞘糖脂是指含一个或者多个唾液酸的鞘糖脂，其中神经节苷脂是酸性鞘糖脂中的重要成员，主要存在于神经组织、脾脏与胸腺中。图32-6是以神经节苷脂（gangliosides）为代表的酸性鞘糖脂的常见生物合成路径。

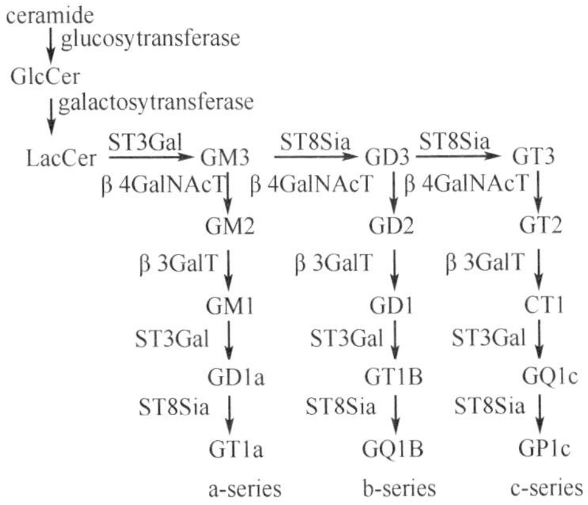

图 32-6　神经节苷脂的生物合成途径

（二）常见的鞘糖脂类抗原

1. Lewis 血型抗原　有三类鞘糖脂肿瘤抗原，其研究结果较为全面。Lewis 血型抗原是其中之一。反复接受输血的人才产生针对此抗原的抗体，正常人中并不存在。1942 年，Mourant 在 2 名溶血性疾病患儿母亲血清中发现一种新凝集素，可使 25%英国人的红细胞发生凝集，且与已知的 ABO、MN、P 和 Rh 血型以及性别无关。后取第二位母亲的名字命名为 Lewis 型。Andresena（1947）在 8 例人血清中发现能凝集 21%丹麦人红细胞的抗体，取名抗 L，后发现对偶抗体取名为抗 L2，抗 L 改为抗 Ll。进一步研究发现抗 Lewis 即抗 L1，统一称为抗 Le^a，抗 L2 称为抗 Le^b。应用抗 Le^a 与抗 Le^b 抗体检测人的红细胞，可将人的 Lewis 血型分为 Le（a+b-）、Le（a-b+）、Le（a+b+）及 Le（a-b-）四种表型。

红细胞的 Lewis 抗原并非固有的，而是由血清中吸附而来的。因最初是由红细胞凝集实验发现的，所以仍习惯性地称为 Lewis 血型。Lewis 抗原广泛存在于人血清、各种脏器及体液与分泌液中，但与其红细胞型并不完全一致，即 Le（a-b+）型人也有少量的 Lea 抗原。新生儿几乎都是 Le^a，2 年后方恢复到正常分布。妊娠妇女 Lewis 型可变为 Le（a-b-）。

Lewis 抗原与 H 抗原具有共同的前身物质，但仅局限于Ⅰ型糖链。在 Le 基因编码产物 α4-L，岩藻糖转移酶（α4-FUT）的催化下，L-岩藻糖（Fuc）转移至前体物质Ⅰ型糖链末端第 2 位 D-氨基葡萄糖（GlcNA）第 4 个碳原子上而形成 Lea 抗原。同样，α4-L-岩藻糖转移酶可以使 L 岩藻糖转移至Ⅰ型 H 抗原、A 抗原和 B 抗原的 D-氨基葡萄糖第 4 个碳原子上而形成 Le^b、ALe^b 和 BLe^b 抗原。非分泌型个体因无 Se 基因，大量的Ⅰ型前身物质在 Le 基因调控下转变成 Le^a 抗原，因此，Le（a+b-）型全部是非分泌型；分泌型个体在 Se 基因和 Le 基因双重调控下转变成 Le^b 抗原，所以 Le（a-b+）型个体全部是分泌型。黄种人的非分泌基因主要是 se2 而不同于白种人的 sel，因其具有正常 α2-FUT 酶 20%的活性，所以解释了黄种人的所谓 Le（a+b-）型实际多为 Le（a+b+）型，但 Le^b 抗原弱；而白种人确为 Le（a+b-）型。

Lewis 抗原细胞表面带有不同岩藻糖基的糖链结构及其唾液酸化衍生物。其中的主要代表为 Lewis X（Le＜'x＞）、唾液酸化的 Lewis X（sialyl Leois X，SLe＜'x＞）、唾液酸化的双岩藻糖 Lewis X（sialyl dimeric Lewis X，SDLe＜'x＞）和唾液酸化的 Lewis A（sialyl Lewis A，SLE＜'a＞）。已证明它们大多是因管内皮细胞表面 E-和 P-选凝素的配体，并参与炎症过程中白细胞向炎症区域浸润和肿瘤细胞穿出血管进入正常组织形成转移灶。合成 Lewis 抗原的关键酶是 α1，3 岩藻糖转移酶（α1，3fucosyltransferase，α1，3FucT），已发现有Ⅲ、Ⅳ、Ⅴ、Ⅵ、Ⅶ五种亚型。不同亚型在组织中的分布不同，在不同肿瘤细胞中的表达也不同，且不同亚型合成不同的 Lewis 抗原，如Ⅲ、Ⅵ、Ⅶ型 α1，3FucT 分别主要合成 SLe＜'a＞、SDLe＜'x＞SLe＜'x＞，其中只有Ⅲ能合成 SLe＜'a＞。不少报道已证明肿瘤中 α1，3FucT 或其产物 Lewis 抗原的表达量和肿瘤转移潜能呈正相关，而与病人的预后呈负相关。

2. ABO 血型抗原 除 Lewis 血型抗原外，其他血型抗原也可能在肿瘤时发生变化，这方面的工作以西雅图的 Fred.Hutchenson 癌症中心的 Hakomori 的工作最多。他发现"O"型胃癌患者的血清中存在类 A 血型抗原糖脂。同样，在 Forosman 抗原阴性的癌症患者血清中出现 Forssman 抗原。此外，另一常见和显著的血型变化是 A 或 B 抗原的丢失。据研究，丢失的原因是由于生物合成 A 或 B 型抗原决定簇的糖基转移酶活性明显降低所致。血型抗原存在于血细胞中，也存在于各种上皮组织中。多数人类肿瘤起源于上皮组织，因此当这些细胞发生癌变时，出现血型抗原的变化也是可以理解的。

人类 ABO 血型系统的抗原合成基于前体物质 H 抗原。H 抗原是一种糖脂，基本分子结构是以糖苷键与多肽链骨架结合的四糖链，即 β-D-半乳糖、β-D-N-乙酰葡萄糖胺、β-D-半乳糖以及在 β-D-半乳糖 2-位连接的抗原决定簇 α-L-岩藻糖。H 抗原的决定基因 FUT1 位于 19 号染色体，长度超过 5000 个碱基对，包括 3 个外显子。FUT1 基因有两个等位基因 H 和 h，H 等位基因编码岩藻糖转移酶，使岩藻糖与糖链末端的半乳糖相连，形成 H 抗原。而 h 等位基因无法编码具有活性的岩藻糖转移酶。hh 纯合子个体在人类中非常罕见，形成所谓孟买血型。

编码 ABO 抗原决定簇的是 9 号染色体上的 ABO 基因，总长度 18 000 至 20 000 个碱基对，包括 7 个外显子，其中最大的第 7 外显子和第 6 外显子的碱基数占整个编码序列的 77%。ABO 基因有三个最主要的等位基因：IA（A）、IB（B）和 i（O），这些等位基因的原初产物是糖基转移酶。IA 等位基因编码 α-1，3N-乙酰氨基半乳糖转移酶，能将 α-N-乙酰半乳糖胺接到 H 抗原的 β-D-半乳糖上，形成 A 抗原；IB 等位基因编码 α-1，3-D-半乳糖转移酶，将 α-D-半乳糖接到 H 抗原的相同位置，形成 B 抗原；i 等位基因的第 6 外显子包含一个核苷酸缺失，导致其编码的蛋白质无法正常表达，从而失去酶活性，因此，O 型血的抗原就是未经改变的 H 抗原。A、B 抗原主要表达在红细胞膜上，以糖蛋白或糖脂的形式，呈树枝状突出细胞表面。在大多数上皮细胞、内皮细胞以及体液中，也有 A、B 抗原的存在。

1930 年，人们发现 A 抗原可以分为 A1 与 A2 两个亚型。目前已知，A 型至少包括 20 个亚型，绝大多数是 A1 和 A2（>99%），其中 A1 的比例超过 80%。1980 年以前，人们通常认为红细胞的 ABH 决定簇主要存在于鞘糖脂分子上，但是，1980 年发表的几篇报道指出：糖脂与糖蛋白相比，在 ABH 抗原决定簇中仅扮演次要角色。红细胞上的多数 ABH 抗原都位于离子交换蛋、带 3 蛋白、葡萄糖转运蛋白以及带 4.5 蛋白的单个高度分枝的多聚 N-乙酰氨基乳糖的 N-型糖苷键上。

3. 神经节苷脂肿瘤抗原 神经节苷脂是一类含有唾液酸的鞘糖脂。正因为具有上述这种物理结构上的不对称性，使得神经节苷脂与细胞表面及胞内其他分子成分相互作用，在神经元膜乃至细胞膜内外信息传递中起重要调节作用。其亲水性糖基和唾液酸构成神经元的膜激素受体及神经递质受体，参与神经细胞识别和信息交流。

从 Klenk（1935）首先发现开始，至今已分离鉴定出 100 多种神经节苷脂和至少 53 种突变体。根据唾液酸数目不同分为 GM（单唾液酸）、GD（二唾液酸）、GT（三唾液酸）和 GQ（四唾液酸）等；根据非唾液酸单糖数目（X）的不同，以 5-X 表示，如可将 GM 分为 GM1（含 4 个已糖基）、GM2（含 3 个已糖基）、GM3（含 2 个已糖基）；根据唾液酸聚合与否进行分类（a、b 类型等），如将 GD1 分为 GD1a、GD1b 等；根据与糖基结合的唾液酸（NeuAc）数目及总体连结部位，也可进行神经节苷脂分类（α 和 β 系列），其中绝大多数唾液酸以 α 键连于末端第 3 位糖基 Gal 上，如 GD1a。

各种神经节苷脂因不同动物的不同部位而含量各异。现已从动物脑组织中分离到 30 多种神经节苷脂，为神经元尤其是突出膜的重要部分。在人类周围神经系统中，富含 GM1，GD1a，GD1b 和 GT1b 等，其中含量最高的 GM1 是哺乳类神经节苷脂的主要类型，尤其在脑灰质中含量最高。主要集中于神经细胞的亚细胞成分，如突触小体、轴突外膜、非突触的质膜。髓鞘中神经节苷脂含量相对较少。用荧光法研究显示：GM1，GD1a 主要分布于运动神经元；GD1b 主要分布于背根神经节、背根轴索及感觉神经元；GD2 位于周围神经髓鞘；GD1b 多分布于眼球运动神经髓外段节旁区，深部小脑核、脑干及脊髓灰质等处也有少量。

Johannes M 等（1998）对神经节苷脂在肌浆网和肌纤维膜等肌肉骨架成分上的分布进行测定，发现在肌纤膜（sarcolemma，SL）、TT 管、T 小管和三联体/线粒体（triads/mitochondria，Tr/M）中，GM1、GD1a、GD1b 和 GT1b 中少量表达，而在肌浆网（sarcoplasmic reticulum，SR）中表达量则很少。用间接免疫荧光电镜（indirect immunofluorescence microscopy，IIM）从兔骨骼肌中神经节苷脂成分的研究表明，肌肉是神经节苷脂含量最低的组织，约占湿重 28.4nmol/g，对比肝（293.3mol/g）、脑（2015.6nmol/g），其含量很小。GM3 和糖基化神经酰胺是兔骨骼肌中的主要 GSLs。

4. α-半乳糖基神经酰胺 α-半乳糖基神经酰胺（α-GalCer，KRN7000）是 1995 年由日本麒麟公司发现的一种海绵活性成分衍生物。α-GalCer 分子由两部分组成，糖基部分是 α 构型的半乳糖基；脂基部分是含有两条脂肪链的神经酰胺，其中的一条脂肪链由鞘氨醇的长链碱基构成，另外一条是鞘氨醇氨基上的脂肪酰基。起初，研究者发现它具有抗癌活性，但进一步的研究表明它是一种良好的免疫增强剂，可以被 CD1d 分子提呈，继而与 NKT 细胞表面的 TCR 受体结合，有效刺激 NKT 细胞的增殖。α-GalCer 的免疫反应类型是 Th1 和 Th2 两者兼而有之，与 CD1d 蛋白的有效亲和浓度范围是 0.01～1μmol/L（10 ng/ml～1 μg/ml）。尽管大量的模型实验显示 α-GalCer 具有抗肿瘤、抗病毒感染以及抑制自身免疫等活性，具备作为潜在药物的特征，但 I 期临床针对实体瘤的实验却以失败而告终。通常认为属于 Th2 免疫反应类型的 IL-4 与属于 Th1 免疫反应类型 IFN-γ 之间存在互相抑制作用，由于 α-GalCer 不能选择性地刺激 NKT 细胞分泌 Th1 或 Th2，因此 α-GalCer 的生物活性在很大程度上被相互抵消。

5. 来源于细菌的外源性糖脂及其同系物 莱姆病（Lyme disease）是一种由伯氏疏螺旋体（Borrelia burgdorferi，Bb）感染所导致的人兽共患的自然疫源性疾病，通常以蜱为传播媒介，临床上主要表现为皮肤、心脏、神经及关节等多器官的损伤。莱姆病在全世界许多国家包括中国都有病例报告。Bb 为革兰阴性菌，属螺旋体族，细胞膜中不含脂多糖。Ben-Menachem 等从该致病菌中分离鉴定了两类糖脂化合物 BbGL-Ⅰ和 BbGL-Ⅱ，它们的含量较高，大约占到 Bb 总脂类组分质量的 36%。Kinjo 等研究发现，NKT 细胞可以识别经 CD1d 提呈的 BbGL 脂类分子；并且类固醇衍生的糖脂 BbGL-Ⅰ的活性很弱，起主要作用的是甘油二酯抗原 BbGL-Ⅱ。

鞘氨醇单胞菌（Sphingomonas，S.）也是一类不含 LPS 的革兰阴性菌。有报道从几种不同的鞘氨醇单胞菌株 *Sphingomonas paucimobilis*，*S. capsulate*，*S. wittichii* 中分离得到以下四类鞘糖脂 GSL-1，GSL-1'，GSL-3，GSL-4A。研究表明 GSL-1 和 GSL-1'都可以被 CD1d 提呈激活 Vα14/Vα24 NKT 细胞产生免疫应答。尽管它们的活化能力比 α-GalCer 低，但是鞘氨醇单胞菌鞘糖脂作为一种外源性糖脂抗原，它们的发现对于解释免疫系统如何清除入侵细菌的感染具有重要意义。另外 GSL-3 和 GSL-4A 的结构较为复杂，其具体免疫活性需要在全合成研究的基础上进行更加深入的研究。

分支结核杆菌（*mycobacterium tuberculosis*）是引起结核病的病原菌。磷脂酰肌醇四甘露糖苷（phosphatidylinositoltetramannoside，PIM4）是从分支结核杆菌中分离得到的一种磷脂衍生物，它存在于细菌的细胞膜中。Fischer 等研究发现 PIM4 可以被 CD1d 递呈激活 NKT 细胞产生免疫应答，但它的免疫增强活性较弱。另外，实验显示 PIM4 活化的 NKT 细胞与 α-GalCer 活化的 NKT 细胞不完全相同，它所活化的 NKT 细胞在种类上是 α-GalCer 活化的 NKT 细胞的一种小的次族群（subpopulation）.

6. 内源性糖脂及其类似物 糖基部分含硫酸酯的鞘糖脂称为硫苷脂（Sulfatide）。与 α-GalCer 不同是硫苷脂分子结构中与鞘氨醇相连的糖苷键是 β 构型，并且由一个反式双键代替了鞘氨醇 4 位的羟基。另外，α-GalCer 是人工合成的海绵活性成分衍生物，而硫苷脂在哺乳动物的组织中广泛存在，特别是中枢神经系统的髓磷脂中。硫苷脂是一个庞大的化合物家族，依照糖基和脂肪酸链的不同有很多种，顺-二十四碳烯酰基硫苷脂（cis-tetracosenoyl sulfatide）是其中较为常见的一种。硫苷脂可以被 CD1a、CD1b、CD1c 提呈活化专一性 T 细胞。最近的研究表明，CD1d 同样可以识别硫苷脂，刺激 CD1d 专一性 NKT 细胞产生免疫应答反应，并且这种专一性 NKT 细胞与 α-GalCer 结合的 Vα24/Vα14 NKT 细胞属于不同的亚群。实验性自身免疫性脑脊髓炎（experimentalautoimmune encephalomyelitis，EAE）同人类的多发性硬化症（multiple sclerosis，MS）的病理机制相类似，认识和阻断 EAE 的病理过程是攻克 MS 的关键。实验显示，硫苷脂通过同时抑制 Th1 和 Th2 型免疫应答达到控制 EAE 的效果，这种免疫反应类型与前面提到的 α-GalCer 类似物的免疫反应类型不尽相同。

溶菌体（lysosome）是存在于细胞内的膜状细胞器。Zhou 等研究发现，一种来自溶菌体的内源性鞘糖脂分子，异红细胞三糖基神经酰胺（iGb3）是 NKT 细胞的抗原。尽管它与硫苷脂类似以 β 糖苷键与神经酰胺相连接，但是 iGb3 可以活化人 Vα24 NKT 和鼠 Vα14 NKT 细胞。对此结果的一种解释是，iGb3 分子中含有三个糖基单元，最外侧的半乳糖残基的糖苷键是 α 构型，这可能使其具有和 α-GalCer 相类似的抗原决定基。与 iGb3 结构接近是红细胞三糖基神经酰胺（Gb3）。有意思的是，Gb3 不能激活 NKT 细胞。在 Gb3 的分子中，外侧的两个半乳糖残基以 1，4 糖苷键，而不是以 1，3 糖苷键相连。这表明 iGb3 与 NKT 细胞 TCR 的相互作用具有很高的立体专一性。

（三）鞘糖脂抗原与肿瘤治疗

1968 年，Hakomori 开始了鞘糖脂与肿瘤的研究，发现肿瘤细胞膜鞘糖脂的组成和代谢均发生改变，这些变化与肿瘤有相关性，可作为肿瘤标志物。最基本的变化有三种：①鞘糖脂谱简单化；②出现新的鞘糖脂抗原；③鞘糖脂结构的改变。

肿瘤组织高表达的鞘糖脂组分通常具有较强的特异性，可作为黏附分子加速肿瘤转移，诱导信号转导，控制肿瘤的生长和流动性；有些还具有免疫抑制活性，使肿瘤组织局部形成免疫“空洞”，逃避机体免疫系统的攻击。这些特点为鞘糖脂直用于肿瘤治疗提供了线索。如果阻断肿瘤鞘糖脂合成，则可能促使患者产生抗体和活化 T 细胞，从而杀灭肿瘤细胞。肿瘤转移需要鞘糖脂参与，因此鞘糖脂合成抑制剂有助于阻断转移途径；鞘糖脂介导的黏附和信号转导可作为肿瘤治疗的分子靶点。直接运用抗鞘糖脂的单抗或将其作为载体可用于肿瘤导向治疗。以上的方法有的在探索之中，有的已经应用于临床。

肿瘤相关鞘糖脂抗原用于构建肿瘤疫苗。肿瘤相关鞘糖脂具有较强特异性，其相应抗体在肿瘤免疫应答中起重要作用。应用这些抗原辅以佐剂构建的疫苗在某些肿瘤治疗中取得了成功，如 Livingston 等制备的黑色素瘤细胞 GM4/BCG 瘤苗能诱导机体产生抗 GM4 的抗体，可能提高患者的生存率。另一项黑色素瘤疫苗的前期临床试验证实小鼠体内产生了抗 GD3 的抗体。

SLEX SLEX（Sialyated Lewis X-1）为唾液酸化的 Lewis X-1 糖脂抗原，正常血清的上限为 38 000U/L。对肺癌、大肠癌、乳腺癌和卵巢癌的阳性率分别是 37%、28%、19%和 10%，均不理想，但对这些恶性肿瘤的预后估计和病情追踪仍有相当价值。

神经节苷脂对神经再生有重大促进作用。加拿大金爵集团脑科学研究室首席科学家 Gatte Walker 博士进一步研究发现，神经生长因子（NGF）和神经节苷脂（GM）是脑神经再生发育必需物质，GM 介导 NGF 数十倍增强其活性，形成新的丰富的神经网络，修复并促使脑神经再次发育。GM 能够介导神经生长因子 NGF 促进脑神经细胞再生，表现出良好的生物效应。NGF 和 GM 目前无论在试验中，还是临床实践里都显示出对神经系统促进恢复效果，已成为研究的热点。如这两种药物协同作用能得到充分应用，必将能为中枢神经疾病患者带来更大希望。

在正常发育过程、肿瘤发生、细胞激活、病毒感染、神经性疾病如多发性硬化中，已有关于寡糖和神经鞘氨醇间微小异源性的报道。在先天性溶酶体沉积和神经节苷脂沉积症中，如 TaySachs、Nieman-Pick 和 Krabbe 病中，可见有异常的神经鞘脂聚积。在正常细胞功能、神经免疫学、肿瘤免疫学和自身免疫性疾病中，糖脂的作用复杂而又重要。淋巴细胞结合选择素的归巢过程，可通过硫脂和唾液酸化 Lewis x 糖脂的细胞表面密度来调节。转移细胞可模拟黏附和外渗机制，肿瘤可通过分泌和表达抑制性糖脂逃避宿主的抗肿瘤免疫反应，使 $CD8^{+}T$ 杀伤细胞失活，而激活 $CD4^{+}T$ 抑制细胞。

致病原还可通过分子模拟机制来逃避宿主免疫监视机制，维持慢性感染。如在分枝杆菌和脑硫脂、螺旋体和 GSLs 之间都存在着分子模拟。此外，产毒性细菌所产生的结合糖脂的毒素、病毒可直接与 GSLs 结合。感染可通过旁路激活引起自身反应性多克隆 B 细胞增殖，上调天然抗糖脂抗体反应，进一步下调糖脂网络及其对细胞免疫的影响。

二、糖蛋白类抗原

广义的糖蛋白包括了两大类，人们把碳水化合物少于 4%糖蛋白称为狭义糖蛋白（glycoprotein），把碳水化合物超过 4%的糖蛋白称为黏蛋白（mucoproteins）。糖蛋白所结合的碳水化合物是一类含氮的多糖（糖胺聚糖），比较常见的是唾液酸和岩藻糖。一般的细胞膜表面都有丰富的糖蛋白，当正常细胞转化为恶性细胞时，细胞表面的糖蛋白发生变异，从而导致细胞分泌性或细胞膜上的糖蛋白或糖脂中的糖基序列发生改变，形成了一种和正常糖蛋白不同的特殊抗原，可利用单克隆抗体技术检测这些抗原，结果诞生了糖蛋白类抗原。这是和酶、激素不同的新一代肿瘤标志，远较酶和激素类标志物敏感和特异，它们的诞生促进了肿瘤标志学的发展和临床应用。

糖蛋白按其物理性状分为黏液型和血浆型两大类。目前的 MoAb 识别的抗原多为黏液型糖蛋白。血浆型糖蛋白的典型代表是 CEA 和 AFP。黏液型糖蛋白在正常上皮组织及多种腺癌组织中均大量存在，其结构从外到内分成三个组分即 A. 外周碳水化合物；B. 中心碳水化合物；C. 核芯肽。因此，糖蛋白类抗原可粗分为两类；CA 125、CAl5-3、CA 549、CA 27-29（CA 意味癌症，后面的数字往往代表了制造该抗原的肿瘤细胞系编号）是哺乳动物上皮细胞分泌的大分子质量黏蛋白，其中有些如 CAl5-3、CA549、CA 27-29，实际上是异构体，都是乳腺癌的肿瘤标志物；而 CAl9-9、CAl9-5、CA50、CA 72-4、CA 242 是唾液酸岩藻糖的衍生物，常为消化道肿瘤、胰腺癌的标志。

（一）AFP

1. 生物化学特征 甲胎蛋白是由胚胎卵黄囊细胞、胚胎肝细胞和胎儿肠道细胞所合成的一种糖蛋白，分子质量为 69kDa。在妊娠 5 个月时达高峰，出生时下降。胎儿出生后 1 年，血清 AFP 应降至正常成人水平。正常成人血清中的含量极低，为 5.8μg/L 以下，男性略高于女性。恶性肿瘤的成人，妊娠第 2～3 个月或患有肝硬化、肝坏死患者血清中 AFP 水平可升高。AFP 是原发性肝癌的最灵敏、最特异的肿瘤标志，血清 AFP 测定结果大于 500μg/L 以上，或含量有不断增高者，更应高度警惕。

2. 临床意义 AFP 主要用于原发性肝细胞癌和性腺或性腺外某些生殖细胞肿瘤（如内胚窦瘤）的诊断和鉴别诊断。值得注意的是 AFP 在肝癌组织中的阳性表达只占 60%左右，部分病例则为阴性，而一些非肿瘤性肝病变（如肝硬化和肝炎）肝细胞以及肝转移性肿瘤的癌旁肝细胞亦有 AFP 表达。后者 AFP 的来源有三种可能性，一是癌旁肝细胞自己合成；二是癌旁肝细胞从癌灶内吸收 AFP；三是上述两种情况都有。值得注意的是，AFP 阴性不能排除肝细胞癌的诊断，应进一步作丙氨酸转氨酶免疫组化或结合血清学检查结果加以判断。另外，发生在骶尾部、腹膜后、纵隔或松果体的一些生殖细胞肿瘤，在常规 H·E 染色中常常诊断为未分化癌，因此有必要作 AFP 或人绒毛膜促性腺激素（human chorionic gonatotropin，HCG）免疫组化染色，以排除其他类型的肿瘤；一些非肝性肿瘤如肺癌、乳腺癌和胃肠癌，尤其是胃肝样腺癌，AFP 可呈阳性反应。

（二）CEA

1. 生物化学特征 癌胚蛋白（carcinoembryonic antigen，CEA）是从结肠癌中分离出来的一组酸性糖蛋白，由胆管上皮细胞合成。该蛋白在胚胎期含量较高，而成人则含量较低，小于 2.5μg/L。CEA 在正常组织中的表达包括有结肠、胃、小肠和胆囊的上皮细胞。免疫组化染色阳性表达部位均位于表面上皮细胞的刷状缘，呈线状分布。内外分泌腺的腺泡细胞和导管上皮细胞及其分泌物均见有 CEA 表达，而皮脂腺、皮肤鳞状上皮细胞和宫颈、食管及鼻咽黏膜的鳞状上皮细胞不含 CEA。CEA 偶见于良性上皮性肿瘤及癌前病变组织中，而在许多癌组织中则有大量表达，如胃肠道及胰腺癌、肺癌及甲状腺髓样癌。

2. 临床意义 CEA 与 EMA 一样均可作为上皮性肿瘤的重要标记，尤其是它不受肿瘤分化程度的影响，即使是低分化腺癌亦可呈阳性反应，这一点与 CK 不同，因此在转移癌的鉴别诊断上可与 EMA、CK 联合使用，以提高诊断正确率。由于 CEA 是一种分泌性抗原，该抗原可由肿瘤细胞分泌于血液中，可以在血清中测得其抗原水平，故临床可用于：胃肠道癌的粗筛普查；术前术后的 CEA 水平动态观察；及时发现癌肿的复发与转移。当 CEA 高于 20μg/L 时，则意味着可能有消化道肿瘤。应用时应注意：CEA 阳性不能作为确认肿瘤的组织来源标记；CEA 不能用作良、恶性上皮性肿瘤的鉴别诊断；不论是单克隆还是多克隆抗 CEA 抗体，在某些肿瘤组织中可表现有非特异性染色，应注意鉴别。

在正常成人的血液中 CEA 很难测出。CEA 是一种重要的肿瘤相关抗原，70%～90%的结肠腺癌患者 CEA 高度阳性，在其他恶性肿瘤中的阳性率顺序为胃癌（60%～90%）、胰腺癌（70%～80%）、小肠腺癌（60%～83%）、肺癌（56%～80%）、肝癌（62%～75%）、乳腺癌（40%～68%）、泌尿系癌肿（31%～46%）。胃液（胃癌）、唾液（口腔癌、鼻咽癌）及胸腹水（肺癌、肝癌）中 CEA 的阳性检测率更高，因为这些肿瘤“浸泡液”中的 CEA 可先于血中存在。CEA 含量与肿瘤大小、有无转移存在一定关系，当发生肝转移时，CEA 的升高尤为明显。

CEA 测定主要用于指导各种肿瘤的治疗及随访，对肿瘤患者血液或其他体液中的 CEA 浓度进行连续观察，能对病情判断、预后及疗效观察提供重要的依据。CEA 的检测对肿瘤术后复发的敏感度极高，可达 80%以上，往往早于临床、病理检查及 X 线检查。

大量临床实践证实，术前或治疗前 CEA 浓度能明确预示肿瘤的状态、存活期及有无手术指征等。术前 CEA 浓度越低，说明病期越早，肿瘤转移、复发的可能越小，其生存时间越长；反之，术前 CEA 浓度越高说明病期较晚，难于切除，预后差。在对恶性肿瘤进行手术切除时，连续测定 CEA 将有助于疗效观察。手术完全切除者，一般术后 6 周 CEA 恢复正常；术后有残留或微转移者，可见下降，但不恢复正常；无法切除而作姑息手术者，一般呈持续上升。CEA 浓度的检测也能较好地反映放疗和化疗疗效。其疗效不一定与肿瘤体积成正比，只要 CEA 浓度能随治疗而下降，则说明有效；若经治疗其浓度不变，甚至上升，则须更换治疗方案。

CEA 检测还可对经手术或其他方法治疗使 CEA 恢复正常的患者，进行长期随访，监测其复发和转移。通常采用以下方案：术后第六周一次；术后 3 年内，每月一次；3～5 年每三月一次；5～7 年每半年一次；7 年后一年一次。若发现升高，两周后再测一次，两次都升高则提示复发和转移。

（三）CA125

1. 生物化学特征 CAl25 是 1983 年由 Bast 等发现的，是一种大分子质量的糖蛋白（＞200kDa），含 24%的碳水化合物，是由鼠抗人乳头状囊性卵巢上皮细胞系 OC125 制备而成。CA125 位于染色体 19p13.2 区域，并含有 5797 个碱基对的跨膜糖蛋白，属于 IgG1。由于其氨基酸序列具有一些黏蛋白分子的特性，故将其命名为 CA125（基因为 *MUC16*），而且通过转染技术已经证实 *MUC16* 就是 CA125。OC125 的抗原决定簇和胚胎发育期卵巢腔上皮的大分子质量的糖蛋白相关，能检测出常见的非黏液性卵巢上皮细胞癌，但不易测出内膜细胞癌和透明细胞癌。健康人群血清 CA125 含量很低，其上限为 35kU/L。

2. 临床意义 CA125 是卵巢癌和子宫内膜癌的首选标志物，如果以 65U/ml 为阳性界限，Ⅲ-Ⅳ期癌变准确率可达 100%。CA125 迄今为止是用于卵巢癌的早期诊断、疗效观察、预后判断、监测复发及转移的最重要指标。50% Ⅰ期卵巢癌患者和 90%的Ⅱ期以上的卵巢癌患者血清 CA125 升高，CA125 值和肿瘤大小、肿瘤分期相关。CA125 在鉴别卵巢包块的良恶性上特别有价值。

CA125 测定和盆腔检查的结合可提高试验的特异性。对输卵管癌、子宫内膜癌、子宫颈癌、乳腺癌和间皮细胞癌诊断的符合率也很高，良性病变阳性率仅 2%。CA125 水平的升高是女性生殖系肿瘤复发的信号。动态观察血清 CA125 浓度有助于卵巢癌的预后评价和治疗控制，经治疗后，CA125 含量可明显下降，若不能恢复至正常范围，应考虑有残存肿瘤的可能。95%的残存肿瘤患者的血清 CA125 浓度大于 35U/ml。当卵巢癌复发时，在临床确诊前几个月便可呈现 CA125 增高，卵巢癌发生转移的患者血清中 CA125 更明显高于正常参考值。

各种恶性肿瘤引起的腹水中也可见 CA125 升高。CA125 升高也可见于多种妇科良性疾病，如卵巢囊肿、子宫内膜病、宫颈炎及子宫肌瘤、胃肠道癌、肝硬化、肝炎等。

（四）CA15-3

1. 生物化学特征 CA15-3 是 1984 年发现，分子质量 300～500kDa。CA15-3 包含两种抗体。一是用鼠抗人乳腺癌肝细胞转移株的膜的单克隆抗体 DF3 制备的，还有一种抗体 115DB 是鼠抗人乳小脂球抗体。和 DF3 抗体反应的是分子质量为 30～45kDa 的糖蛋白分子，多肽的上皮黏蛋白（mucin）。这种分子的基因位于 1 号染色体长臂。它的 cDNA 克隆表明 DF3 这种多肽的基因核心是前后序列重复的 60 个碱基对，这一抗原之所以呈现多样性是和基因核心重复次数差别有关。DF3 抗体识别的大约 20 个氨基酸的抗原决定簇，即是基因核心的表达产物。

2. 临床意义 在健康人群，血清 CA15-3 参考值上限为 25kU/L。5.5%的正常人、23%的原发性乳腺癌患者和 69%的有转移的乳腺癌患者超过了这一水平。在另一些恶性肿瘤中也能见到 CA15-3 升高，这包括 80%的胰腺癌、71%的肺癌、68%的乳腺癌、64%的卵巢癌、63%的直肠癌、28%的肝癌；CA15-3 升高还可见于一些良性疾病肝病和良性乳腺病（16%）。

由于原发性乳腺癌 CAl5-3 升高不显著，因而 CA15-3 常用于转移的乳腺癌患者的治疗监视和预后判断上。患者血清 CA15-3 水平的消长与乳腺癌病情变化相平行，是复发和转移的重要信号，而且这种信号的发出要比临床症状的出现和用诸如 B 超、X 线或 CT 等检出复发和转移的时间要早。有报道指出，CA15-3 水平超过 30U/ml、40U/ml 和 50U/ml 时，判断乳腺癌患者存在术后局部区域复发或远处转移，其敏感性均超过 90%，特异性分别为 95%、99%和 100%，正确判断率分别达到 56%、83%和 100%。此外，CA15-3 水平增高的乳腺癌患者发生转移的时间较 CA15-3 正常的患者要早许多。据分析研究，乳腺癌患者血清 CA15-3 水平变化与其局部淋巴结及远处转移情况之间存在改变的一致性，尤其是有远处转移灶者，其 CA15-3 表达水平及阳性率均显著增加，所以，CA15-3 具有对乳腺癌转移起监视的作用，如其血清水平持续升高，则应开始或加强化疗、放疗或改用内分泌治疗等。

当 CA15-3 比原来水平升高 25%预示病情进展或恶化。无变化意味病情稳定。肺癌、胃肠癌、卵巢癌及宫颈癌患者的血清 CA15-3 也可升高，应予以鉴别，特别要排除部分妊娠引起的含量升高。

（五）CA 27-29

1. 生物化学特征 CA27-29 是由乳腺癌转移至腹水中的细胞作为抗原所诱导的抗体（B27.29）组成，和 CA27-29 所反应的抗原决定簇是黏蛋白核心中的 8 个氨基酸，在竞争性抑制试验中，B27.29 抗体可和 DF3 抗体有效竞争，均可和 CA27-29 及 CA15-3 抗原结合。CA27-29 的参考值上限为 36.4kU/L。

2. 临床意义 CA27-29 临床作用和 CAl5-3 一样，其诊断转移性乳腺癌的特异性和敏感性略有差别。ASCO 关于乳腺癌应用指南上提出：CA27-29 发现复发的敏感性高于 CA15-3。在 193 例乳腺癌患者中，26 例复发，15 例 CA27-29 阳性，阳性率 57.75%，在患者复发症状出现前约 5 个月 CA27-29 又可升高。3 例假阳性，特异性为 98%。

（六）CA 549

1. 生物化学特征 CA549 是等电点为 pH5.2 的酸性糖蛋白，用 SDS-PAGE 电泳，CA549 可分离出分别为 400kDa 和 512kDa 两条带，CA549 是抗裸鼠的人乳腺癌细胞系 T417IgG 抗体和鼠抗人乳脂小球膜 IgM 抗体（HMFGM）组成。CA549 和 CA15-3 是来自相同的复合物分子不同的抗原决定簇，所以两者特性有许多相似之处。

2. 临床意义 在健康妇女中，95%的人 CA549 水平低于 11kU/L，怀孕妇女和良性乳腺瘤、肝病患者 CA 549 略微升高，非乳腺癌患者如卵巢癌（50%）、前列腺癌（40%）、肺癌（30%）也可上升。

作为乳腺癌的标志，CA549 在肿瘤的早期阳性率较低，阴性预期值仅为 0.51，所以它和 CA15-3 一样都不宜作为普查指标。但它有很高的特异性，临床常把 CA549 升高看成乳腺癌复发的信号，CA549 已处于稳定或下降时，突然的升高意味着转移。

（七）CA19-9

1. 生物化学特征 CA19-9 的特异单抗 1116NS199 是 1981 年从大肠腺癌细胞系和免疫鼠杂交瘤产物分离而来，分子质量 210kDa。其结构为 Le^a 血型抗原物质与唾液酸 Lex^a 的结合物。CA19-9 抗原决定簇是唾液酸化Ⅱ型乳酸岩藻糖，是肿瘤细胞神经节苷脂。它存在于胰腺，胃，结、直肠、胆囊等部位。

2. 临床意义 CA19-9 正常参考值上限为 37kU/L，99%正常人＜37kU/L。CA19-9 脏器特异性不强，在各种腺癌中都可升高，99%的胰腺癌、67%的肝胆管癌、40%～50%的胃癌、30%～50%的肝癌、30%的直肠癌、15%的乳腺癌 CA19-9 升高。CA19-9 是胰腺癌，胃癌，结、直肠癌、胆囊癌的相关标志物，大量研究证明 CA19-9 浓度与这些肿瘤大小有关，是至今报道的对胰腺癌敏感性最高的标志物。胰腺癌患者 85%～95%为阳性，CA19-9 测定有助于胰腺癌的鉴别诊断和病情监测。胃癌、结直肠癌、胆囊癌、胆管癌、肝癌的阳性率也会很高，若同时检测 CEA

和 AFP 可进一步提高阳性检测率（对于胃癌，建议做 CA72-4 和 CEA 联合检测）。

CA19-9 水平还和胰腺癌的分期有关。当 CA19-9 小于 1000U/ml 时，有一定的手术意义，肿瘤切除后 CA19-9 浓度会下降，如再上升，则可表示复发。对胰腺癌转移的诊断也有较高的阳性率，当血清 CA19-9 水平高于 10000U / ml 时，几乎均存在外周转移。

胃肠道和肝的多种良性和炎症病变，如胰腺炎、轻微的胆汁郁积和黄疸，CA19-9 浓度也可增高，但往往呈“一过性”，而且其浓度多低于 120U/ml，必须加以鉴别。

（八）CA50

1. 生物化学特征　CA50 是 1983 年发现的，CA50 和 CA19-5、CA19-9 有很小的差别。CA50 来自抗直肠腺癌细胞系（COLO 205）抗体，CA50 抗体可识别含两个碳水化合物的抗原决定簇，这一抗原在血清中存在形式是糖蛋白，是去岩藻糖基的 CA 19-9，唾液酸化的Ⅰ型乳糖系四糖，在组织中的存在形式是神经节苷脂。CA50 主要识别上皮细胞癌中唾液酸残基，这一抗原也可为 CA19-9 所识别。不同的方法测得的血清 CA50 的正常参考值不同。正常人血清浓度小于 20U/ml。

2. 临床意义　CA50 是胰腺和结、直肠癌的标志物，是最常用的糖类抗原肿瘤标志物，因其广泛存在胰腺、胆囊、肝、胃、结直肠、膀胱、子宫，它的肿瘤识别谱比 CA19-9 广，因此它又是一种普遍的肿瘤标志相关抗原，而不是特指某个器官的肿瘤标志物。CA50 在多种恶性肿瘤中可检出不同的阳性率，对胰腺癌和胆囊癌的阳性检出率居首位，占 94.4%；其他依次为肝癌（88%）、卵巢与子宫癌（88%）和恶性胸水（80%）等。可用于胰腺癌、胆囊癌等肿瘤的早期诊断，对肝癌、胃癌、结直肠癌及卵巢肿瘤诊断亦有较高价值。

值得指出的是 CA50 在 80%AFP 阴性的肝细胞癌中呈阳性结果，作为手术治疗彻底与否的指标也有较大的正确性。另外，CA50 对恶性胸水有很高的阳性检出率，而良性胸水尚无阳性报道，故 CA50 的检测对鉴别良、恶性胸水亦有较大的应用价值。

另有报道萎缩性胃炎患者胃液 CA50 的浓度与正常人比较有显著改变。通常认为萎缩性胃炎是癌前高危期，因此 CA50 可作为癌前诊断指标之一。在胰腺炎、结肠炎和肺炎发病时，CA50 也会升高，但随炎症消除而下降。

（九）CA242

CA242 是胰腺和直肠癌的标志，抗体来自直肠癌细胞系，Colo205 是一种唾液酸碳水化合物，CA242 能识别 CA50 和 CA 19-9 的抗原决定簇。

CA242 是一种黏蛋白型糖抗原，可作为胰腺癌和结肠癌较好的肿瘤标志物，其灵敏度与 CA19-9 相仿，但特异性、诊断效率则优于 CA19-9。当消化道发生肿瘤时，其含量升高。对胰腺癌、结直肠癌有较高的敏感性与特异性，分别有 86%和 62%的阳性检出率，对肺癌、乳腺癌也有一定的阳性检出率。用于胰腺癌和良性肝胆疾病的鉴别诊断及预后，也用于结直肠癌病人术前预后及复发鉴别。CA242 正常值小于 20IU/ml。

CA242 几乎总是和 CA50 一起表达，但两者受不同的单克隆抗体识别。与 CA19-9、CA50 相比，新一代的 CA242 在胰腺癌、胆囊癌和消化道癌中的灵敏度、特异性更高（CA50、CA19-9 易受肝功能以及胆汁郁积的影响，在良性阻塞性黄疸以及肝实质性损害及疾病时常出现假阳性）。

CEA 与 CA242 联合检测可提高敏感性，与单独采用 CEA 检测相比，对结肠癌可提高 40%～70%，对直肠癌提高达到 47%～62%。CEA 与 CA242 无相关性，具有独立的诊断价值，且两者之间具有互补性。对胰腺癌的诊断，CA242 优于 CA19-9，敏感性可达 66%～100%。

（十）CA 72-4

CA72-4在1989年发现，含有两种抗体：B72.3是抗乳腺癌肝转移细胞株单抗，CC49的抗原来自直肠腺癌株。CA72-4的正常值为6kU/L，升高可见下列情况：67%的卵巢癌、47%的大肠癌、45%的胃癌、40%的乳腺癌、42%的胰腺癌。正常参考值：0.1～7 U/ml。

CA72-4是目前诊断胃癌的最佳肿瘤标志物之一，对胃癌具有较高的特异性，其敏感性可达28%～80%，若与CA19-9及CEA联合检测可以监测70%以上的胃癌。CA72-4水平与胃癌的分期有明显的相关性，一般在胃癌的Ⅲ～Ⅳ期增高，对伴有转移的胃癌患者，CA72-4的阳性率更远远高于非转移者。CA72-4水平在术后可迅速下降至正常。在70%的复发病例中，CA72-4浓度首先升高。与其他标志物相比，CA72-4最主要的优势是其对良性病变的鉴别诊断有极高的特异性，在众多的良性胃病患者中，其检出率仅0.7%。

CA72-4对其他胃肠道癌、乳腺癌、肺癌、卵巢癌也有不同程度的检出率。CA72-4与CA125联合检测，作为诊断原发性及复发性卵巢肿瘤的标志，特异性可达100%。

（十一）CA 19-5

CA19-5为唾液酸化Lewis A抗原，主要存在于胃肠和卵巢肿瘤中。Anicoechea等通过单克隆抗体检测67例胰腺癌患者和138例胰腺良性疾病患者血清CA19-5水平，结果与CEA比较，发现CA19-5诊断胰腺癌的敏感度为89.5%，高于CEA的敏感度（53.78%），在统计学上有显著差异（$P<0.01$），CA19-5诊断胰腺癌的特异度为73.1%，略低于CEA的特异度（89.8%）。选择CA19-5联合CEA检测，敏感度可提高到92.5%，据此认为CA19-5检测胰腺癌相对特异，且有较高的敏感度。

（十二）CA 494

CA494抗原是人大肠癌细胞株免疫BALB/C小鼠后经细胞融合杂交瘤筛选后获得的一株单克隆抗体（BW494MAb）所识别的抗原物质。免疫组化研究CA494抗原主要在高、中分化胰腺癌组织中表达，阳性率达100%，低、未分化者仅为50%，正常胰腺组织中有27%的阳性率，但值得一提的是急慢性胰腺炎及大肠癌组织有较高的表达。ELISA法检测血清CA494浓度，以40U／ml为正常上限，对正常人群的特异性为99%，对胰腺癌诊断的敏感性达90%，特异性达94%，并发现血清CA494的浓度不受血清胆红素及临床黄疸的影响，与胰腺癌的临床分期有明显的关系，其临床病程越晚，血中CA494浓度越高。

（十三）DU-PAN-2

1982年，Metzgar以人胰腺癌腹水培养出的HPAF细胞株作为免疫原制作出DU-PAN-1，DU-PAN-2，DU-PAN-3，DU-PAN-4，DU-PAN-5五种单克隆抗体，其中DU-PAN-2单克隆抗体对消化道肿瘤，尤其是对胰腺癌的诊断有相对特异性。目前DU-PAN-2的RIA和EIA检测试剂盒已开始在临床上推广应用。以100U/ml为正常上限，对胰腺癌诊断的敏感性为72%～82%，消化道其他恶性肿瘤有10%～44%的阳性率，消化道肝、胆、胰良性疾病有30%～81%的阳性率。以400U／ml为正常上限，虽然降低了胰腺癌的敏感性，但也增高了诊断的特异性，有助于临床胰腺癌的鉴别诊断，动态观察还发现DU-PAN-2抗原的监测有助于了解肿瘤术后复发情况及手术切除可能的估计。

（十四）Span-1

Span-1是以人黏液腺癌细胞株SW1990免疫BALB／C小鼠后所获的一株单克隆抗体，体外及动物实验表明Span-1主要识别黏蛋白抗原。应用RIA法进行血清Span-1含量检测，以

400U/ml 为正常上限，对胰腺癌诊断的敏感性及特异性分别为 92.5%和 8209%，从临床分期来看，Ⅰ、Ⅱ、Ⅲ、Ⅳ期胰腺癌的阳性率分别为 50%、100%及 97%，诊断效果明显优于 CA19-9 及 DU-PAN-2，特别对Ⅰ期胰癌的诊断。

（十五）胰腺特异性抗原（PaA）

PaA 是一种分子质量 4.4kDa、等电点 4.9、3.4S 的酸性糖蛋白，电泳迁移于 a-b 带间不合涎酸，不被神经氨酸酶及 b-葡萄糖苷酶水解，但被蛋白水解酶水解，可被过氯酸破坏。免疫组化显示主要位于胰腺癌及正常人胰腺腺泡细胞内，应用 ELISA 法对胰腺癌血清学诊断的临床研究表明其阳性率为 70%，特异性 95%，与胰腺癌的临床分期无关。免疫组化研究示 PaA 与导管上皮起源的胰腺癌关系密切，低、未分化胰腺癌失去 PaA 的分泌能力。

（十六）胰腺癌相关抗原（PCAAc）

PCAA 是一种分子质量 l400kDa±15%，等电点 4.7，14S 的大分子质量糖蛋白，蛋白电泳迁移于 a-b 个带间，与 Con-A 县有较强的亲合力，不易被神经氨酸酶及 b-葡萄糖苷酶破坏，但可被多种蛋白水解酶、过硫氰酸、过氯酸、甘氨酸盐缓冲液及二碘水杨酸锂破坏。免疫组化证实胎胰、胰腺癌及结肠黏膜中呈阳性反应，胰癌组织中主要位于腺体基底部柱状上皮细胞质中。与胰腺癌细胞分化程度有关。应用 EIA 法进行血清 PCAAc 观测，结果对胰腺癌敏感性及特异性分别为 67%和 75%，其中Ⅰ期（可切除者）29%，Ⅱ期（不可切除者）67%，Ⅲ期（肝转移或远处转移者）78%的阳性率。肺癌、乳腺癌及大肠癌有 6%～27%的阳性率。Loor 等报道对胰腺癌诊断的敏感性和特异性分别为 53%和 91%。因 PCAA 在大肠癌组织有较高浓度的表达，故 Shimano 和 Kitada 等从正常人结肠黏膜中提纯了一种与 PCAA 生物学性状及免疫学特性相一致的结肠胰腺癌相关抗原（PCAAc），物理性状与 PCAA 有所差异。火箭免疫电泳检测 21 例胰腺癌血清，敏感性和特异性分别为 62%和 92.8%。

表 32-3 糖蛋白类抗原特性一览表

标志名	抗体	癌症
CA-125	OC 125	卵巢癌
CA 153	DF3，115D8	乳腺癌、卵巢癌
CA 549	BC4E549，BC4N154	乳腺癌、卵巢癌
CA 27-29	B27.29	乳腺癌
MCA	b-12	乳腺癌、卵巢癌
CA 19-5	CA 19-5	胃肠道癌、卵巢癌
Span-1	Span-1	胰腺癌
PaA	PaA	胰腺癌
PCAAc	PCAAc	胰腺癌
CA 494	CA 494	胰腺癌
DU-PAN-2	Du-PAN-2	胰腺癌、卵巢癌、胃肠道癌、肺癌
CA 19-9	19-9	胰腺癌、肝癌、胃肠道癌、
CA 19-5	19-5	胰腺癌、卵巢癌、胃肠道癌、
CA 50	C50	胰腺癌、直肠癌、胃肠道癌、
CA 72-4	B27.3，cc49	胃肠道癌、胰腺癌、卵巢癌、
CA 242	C242	胃肠道癌、胰腺癌

三、肿瘤相关糖抗原在实验室诊断中的应用

1. 胃癌的实验室诊断 目前缺乏特异性的血清学诊断方法。血清学诊断多采用多指标的联合测定，进行综合判断，常用于诊断胃癌的标志物（TM），CEA、CA724、CA19-9、CA50、AFP、CA242、β2-MG、胃癌抗原、组织多肽抗原等。

单一的阳性率>60%的标志物有CEA、CA724、CA19-9、β2-MG、CA50、胃癌抗原。其余标志物的阳性率<50%，除CA72-4和胃癌抗原外，其他特异性差，单独作为胃癌的诊断、鉴别诊断、疗效及预后评估的指标尚难满足临床应用的要求，联合检测能提高胃癌的检出率，可达80%以上。

多项TM的联合检测：

联合检测	检出胃癌的阳性率
MG-Ag+CA72-4	86.5%
CEA+CA19-9+CA72-4	70%～95%
CEA+CA50	56.7%～81.2%
MG-Ag+CA19-9	70%
CEA+CA19-9	60%～64.4%
CEA+CA24-2+CA50	83.8%
CEA+CA19-9+CA50	68%～77.3%
CA50+AFP+CEA+ß2-MG	82.4%

CA72-4、CA242、CEA、MG-Ag，四种标志物联合检测为最佳组合，必要时可增加检测CA19-9，以其中两种阳性即判为阳性，或其中一种为阳性，结合影像学检查即可诊断。

2. 肠癌的实验室诊断 肠癌（carcinomaofrectum）是胃肠道中常见的恶性肿瘤，发病率仅次于胃和食管癌，是大肠癌的最常见部分（占60%左右）。绝大多数病人在40岁以上，30岁以下者约占15%。男性较多见，男女之比为（2～3）∶1，肠癌应以积极预防为主。常用的诊断结/直肠癌的TM有CEA，CA50，CA242，TPA，CA19-9，*β*2-MG，SF等。单一TM的应用：CEA阳性率，CA50阳性率64%，CA19-9阳性率58%，*β*2-MG阳性率60%，CA24-2阳性率50%。

多项TM的联合检测常采用CEA+CA50+CA19-9，其中两种阳性即判为阳性，或其中一种为阳性，结合影象学检查即可诊断。

3. 肺癌的实验室诊断 肺癌是常见的恶性肿瘤，属于最难治的实体瘤之一，发病率逐年上升，死亡率在各类恶性肿瘤中居首位。5年生存率仅为13%，其中近60%的患者不能手术，大部分腺癌对化疗、放疗不敏感。常用的与肺癌有关的TM有SF，CEA，HCG，ACTH，CA125，NSE，CYFRA21-1，SCC，CA199，CA50，*β*2-MG等。肺癌的实验室诊断采用多项TM的联合检测。

无法确定病理类型时：CEA NSE CYFRA21-1 ACTH SF CA125 CA50

SCLC：CEA ACTH NSE CA50

NSCLC：CYFRA21-1 CEA SCC

鳞癌：CYFRA21-1 SCC

大细胞肺癌：CYFRA21-1 CA125

肺腺癌：CYFRA21-1 CEA

支气管肺癌：ACTH HCG

4. 卵巢癌的实验室诊断 卵巢癌是女性生殖系统肿瘤仅次于宫颈癌、宫体癌的第三位妇科肿瘤，居女性恶性肿瘤的第六位，死亡率居妇科恶性肿瘤的第一位。由于卵巢癌发病率逐年增高以及早、晚期预后差异显著，在临床上缺乏特异性的早期诊断方法，5年生存率仅15%～20%。

单项检测CA125阳性率75%～82%，CEA阳性率25%～58%，CA19-9，CA72-4，*β*2-MG

有一定的阳性率。联合检测 CA125+CEA：当 CA125 在浆液性卵巢癌中常为阳性，CEA 在黏液性卵巢癌中常为阳性。

5. 乳腺癌的实验室诊断　乳腺癌是女性排名第一的常见恶性肿瘤。2011 年美国 CA：*A Cancer Journal for Clinicians* 杂志公布的最新统计数据显示，美国 2011 年预计将有 230 480 例女性罹患乳腺癌，占女性新发恶性肿瘤的 30%，排名女性恶性肿瘤发病率第一位。在我国北京、上海、天津等大城市的统计显示乳腺癌同样是我国女性最常见的恶性肿瘤，且发病率呈逐年上升趋势。对于乳腺癌，常采用联合检测的方式。检测指标为 CA153+CEA+TPA+SF。

6. 胰腺癌的实验室诊断　胰腺有内分泌和外分泌两种功能，也就有内分泌和外分泌两种细胞。这两种细胞都会发生癌变，来源自内分泌细胞的癌，叫神经内分泌癌，比较少见，多数情况下恶性程度比较低，病程比较长，治疗方式与常见的胰腺癌也有所不同。来自外分泌细胞的癌，就是我们常说的胰腺癌，是一种恶性程度比较高的肿瘤。多发生于中老年人，发达国家发病率高于发展中国家。随着我国生活水平的提高和饮食结构的改变，近年来胰腺癌的发病率呈现上升的趋势，并且有年轻化的倾向。胰腺癌的实验室诊断：CA199+CA242+CEA。

四、基于肿瘤相关糖抗原的抗肿瘤疫苗

肿瘤相关糖抗原是肿瘤表面重要的分子标记物，基于 TACAs 的肿瘤疫苗已成为肿瘤免疫治疗的热点。寻找合适的糖抗原与大分子载体连接，或者在免疫过程中添加免疫佐剂，是目前抗肿瘤糖疫苗设计的主要思路，如将 TACAs 与蛋白载体共价结合制备糖结合物疫苗，或与 T 细胞肽表位或免疫刺激表位连接制备多组分糖疫苗。从天然糖抗原疫苗，到半合成和全合成的糖抗原疫苗，抗肿瘤糖疫苗的发展十分迅速，并有一些疫苗进入了临床研究。近年来，联合应用 TACAs 类似物糖疫苗和肿瘤细胞糖质工程在肿瘤免疫治疗中也取得了可喜的结果，更多有效的 TACAs 相关肿瘤免疫策略也在积极研究中，相信在不久的将来会取得重大的突破。

目前设计的抗肿瘤糖疫苗常由 3 个部分组成：第一部分是与靶点密切相关的糖抗原自身。第二部分是与糖抗原能共价结合并能帮助其发挥最佳抗体反应的载体蛋白，最常用的载体蛋白为钥孔戚血蓝素蛋白（keyhole limpet hemocyanin，KLH）；但这种结合不能影响抗原表位的识别，所以两者间有时需要连接物（如异双功能交联剂 MBS）。第三部分为免疫佐剂，如皂苷类佐剂 QS-21 便被认为是目前最有效的糖疫苗佐剂。因此，寻找合适的糖抗原，使其与大分子载体连接或者在免疫过程中添加免疫佐剂，为目前抗肿瘤糖疫苗设计的主要思路。

1. 天然糖抗原疫苗　研究者将提纯的 GM2 抗原单独免疫小鼠和肿瘤患者，未发现任何抗体的产生。但在纽约的一个随机临床试验中，采用 BCG 为免疫佐剂的 GM2 抗原在大部分患者体内能有效诱导 IgM 抗体的产生，只是产生的抗体滴度低且维持时间短。在 GD2 /BCG 和 GD3 /BCG 疫苗的研究中发现，只有低滴度的针对 GD2 抗原的 IgM 抗体产生，而 GD3/BCG 无法诱导任何抗体产生。

2. 半合成的糖抗原结合物疫苗　根据与蛋白载体偶联的 TACAs 的类型和数目，糖抗原结合物疫苗常被分为三类：①单价表位疫苗，只包含一个 TACA 表位；②单价表位簇疫苗，包含一种类型的 TACA 抗原表位簇；③多价表位疫苗，通常包含多种类型的 TACAs。单价表位糖结合物疫苗是目前研究最多的，一些疫苗的研究已进入了临床试验阶段。如 Globo-H 糖抗原疫苗，即将一个复杂的六糖 Globo-H 与 KLH 耦联而成，将疫苗与免疫佐剂 QS-21 对 27 名转移性乳腺癌患者进行Ⅰ期临床实验。通过 FACS 分析发现，有 16 名患者体内产生了 IgM 抗体，3 名患者体内有 IgG 抗体产生，更可喜的是 9 名患者体内发现了补体依赖的细胞毒作用，在 8 名患者体内观察到了抗体依赖的细胞毒反应。

一些糖抗原由于结构简单，如 TF、Tn、STn 等，将其直接与蛋白载体结合后免疫机体很

难诱导免疫反应的产生。让多个简单抗原与氨基酸或多肽形成的结构单元结合成糖抗原簇，则可以增加抗原表位数目和提高抗原结构的空间复杂性，从而增强了抗原的免疫原性。

Slovin 等发现，相较于二糖单体，MoAb B72.3 能优先识别 STn 抗原多聚体或抗原簇，STn（c）-KLH 疫苗能同时与天然黏蛋白以及表达 STn 的肿瘤细胞强烈反应。将 TF 与丝氨酸或苏氨酸联结形成的结构单元合成 TF 三聚体，用连接物 MBS 使其与 KLH 连接形成疫苗。以该疫苗和 QS-21 为佐剂对前列腺癌患者进行试验，血清 ELISA 实验结果表明，该疫苗能诱导高滴度的特异性 IgM 和 IgG 抗体，且这些抗体能有效介导补体细胞毒作用。

糖抗原与其他多肽表位连接形成的结构单元构成复杂的结合物，再与蛋白载体结合也是糖疫苗设计的一种策略。最近，Zhu 等[17]合成了 Gb3 抗原的 KLH 结合物疫苗[Gb3-MUC5AC（c）-KLH]，采用了从黏蛋白中得到的肿瘤表面标志物多肽 MUC5AC 为连接物，希望能够同时诱导针对 Gb3 和 MUC5AC 的强烈免疫应答。此外，MUC5AC 提供了 Th 细胞表位，能进一步促进 T 细胞的活化。

肿瘤细胞表面能表达多种 TACAs，且不同肿瘤细胞抗原的表达水平各不相同。研究表明，GM2-KLH、Globo H-KLH、Le^y-KLH、TF（c）-KLH、Tn（c）KLH、STn（c）-KLH 和糖基化 MUC1-KLH 混合物能诱导产生与各单独抗原反应的高滴度特异性 IgM 和 IgG 抗体。因此，针对某一特定类型的肿瘤，制备由多个糖抗原合成的多价糖疫苗势必会促使免疫系统产生更强的应答能力，从而也提高了免疫的靶向性。

将不同的糖抗原结合成一个多价分子，然后再将该多价分子与合适载体蛋白相连，是目前设计多价糖疫苗的策略之一。Ragupathi 等制备了一种三价糖疫苗，包含 Tn、Le^y、Globo H 等 3 种抗原，动物模型证明了这种疫苗能够激发针对每一个抗原的免疫应答，并产生了激活 Th 细胞的 IgG 抗体。GloboH-LeysTn-Tn- TF-KLH 疫苗也显示了相似的结果。

多价糖疫苗的另一设计策略便是将不同的糖抗原连接到同一载体分子上。O. jeda 等利用 GNP 技术将 STn、Le^y 糖抗原和 Th 细胞表位肽连接到同一载体分子 S-Au 上，设计合成了 GNP 1-10 疫苗，这种疫苗能保持数月的稳定性。Balb / c 小鼠体内实验证明，这些多功能 GNPs 诱导的抗血清能检测到纳米粒表面的 STn/Le^y 表位。这项技术为利用已知的化学成分合成多价抗肿瘤糖疫苗提供了更广阔的研究思路。

3. 全合成的糖抗原结合物疫苗 由于耦合物与佐剂的结构和组成不明确，以及分子载体可能会诱导机体产生非相关抗体，半合成的糖疫苗同样存在着局限性。为了解决这个问题，研究者们设计合成了包含能增强免疫原性的佐剂和其他免疫表位的全合成疫苗。Glunz 等设计合成了肿瘤细胞表面的 Le^y-mucin 类似物，其结构包含了一个 Le^y 三聚体、一个糖连接物和一个免疫刺激剂 PaβCys。在没有任何其他免疫佐剂存在的情况下，这种疫苗能够激发强烈的 IgM 免疫反应，产生的抗体能与天然的黏蛋白相关 Le^y 和 Le^y-ceramide 抗原紧密结合；同时这一生物学结果也证明了肿瘤细胞表面 Le^y-mucin 的免疫类似物是能够完全被人工合成的。同时包含 B 细胞表位和 T 细胞表位的两组分全合成糖结合物疫苗也在验证中。研究者将 Tn 抗原三聚体与 T 细胞表位多肽 PV 结合形成结构单元（Tn）3-PV，由 4 个结构单元形成最终的结合抗原簇，然后与多抗原糖肽 MAG 结合形成疫苗[(TN)3-PV]4-MAG。MAG 包含了一个 TACA 和一个合适的 $CD4^+$T 细胞表位，这样大大增强了免疫原性，且能激发更有效的抗肿瘤免疫反应。在肿瘤的预防和免疫治疗试验中[（TN）3-PV]4-MAG 疫苗都表现出了很好的效果。研究人员证实了[（TN）3-PV]4-MAG 疫苗能在体内诱导针对 TA3 /H a 腺癌细胞的抗体高表达，且能明显延长肿瘤小鼠的生存率。由此可见，将糖抗原簇插入 MAG 免疫原对于诱导长期高效的抗肿瘤免疫反应是十分重要的。然而两组分的疫苗缺乏 T 细胞刺激表位（如 Pam3Cys 结合物）或需要一个外在的佐剂。最新研究表明，To ll 样受体（TLR）的参与是激发最佳抗原反应的关键。Ingale 设计合成了一种由肿瘤相关 MUC1 糖蛋白、小鼠

MHCⅡ类分子限制性 PV Th 表位和内置佐剂（Pam2CysSK4 或 Pam3CysSK4）组成的 3 组分疫苗，能识别表达 MUC 1 的肿瘤细胞，并产生显著性的高滴度 IgG 抗体。Bettahi 等最近构建了一种 4 组分疫苗，包含一个 Tn 抗原簇、一个 $CD4^+$ Th 多肽表位（PADRE）、一个 $CD8^+$CTL 多肽表位（OVA257-264）和一内置佐剂（Pam3Cys）。这种疫苗不仅能刺激高效的 Tn 特异性 IgG/IgM 抗体产生，同时还能诱导强烈的 PADRE 特异性的 $CD4^+$ T 细胞反应和 OVA 257-264 特异性的 $CD8^+$ T 细胞反应，能减小接种小鼠 M05 肿瘤细胞导致的小鼠肿瘤体积，抑制 M05 肿瘤生长。

总结以上实验结果可知：使用与人源性越远的免疫刺激剂，免疫效果越好；合成的糖抗原的结构越复杂，免疫效果越好；非天然结构糖抗原也具有很好的免疫效果。

全合成含有肿瘤相关糖抗原的糖肽、糖蛋白类肿瘤治疗疫苗，虽然不能完全杀灭肿瘤细胞，但是在促进机体产生特异性 IgG，IgM 抗体和阻止肿瘤细胞转移方面，具有十分明显的效果。这为发现高效全合成糖脂、糖蛋白疫苗奠定了坚实的基础。但是，在全合成肿瘤疫苗研究中，仍有许多问题需要解决。

4. 糖类肿瘤标志物 糖基化改变是肿瘤发生发展中最重要特征，这种改变使特殊糖基化分子成为潜在早期诊断标志物或治疗靶标成为可能。

五、其他常见糖类肿瘤标志物

糖基化改变是肿瘤发生发展中最重要特征，这种改变使特殊糖基化分子成为潜在早期诊断标志物或治疗靶标成为可能。

1. 质谱技术 在质谱技术的应用中，研究者主要集中在 N-糖链和 O-糖链的改变作为肿瘤标志物的研究中。研究发现，在多种肿瘤中存在 N-糖链分支改变、O-糖链断裂及其唾液酸化和岩藻糖基化水平与位点的改变。表 32-3 小结了近些年应用质谱技术研究发现的各种肿瘤标志物。例如：在肝癌中，发现核心岩藻糖基化和外分支岩藻糖基化均升高；在乳腺癌中，发现岩藻糖基化 N-糖链显著升高；在前列腺癌中，发现有甘露糖基化和岩藻糖基化的改变，且存在特定的复杂型 N-糖链。

2. 凝集素技术 凝集素技术的应用中，主要应用于恶性肿瘤糖蛋白糖链结构分析中，在新型肿瘤聚糖生物标志物的筛选和确认中发挥重要作用，揭示糖链参与肿瘤活动的奥秘。胃肠道肿瘤：Ⅰ型黏蛋白的表达是胃腺癌良好的独立预后因素之一；SNA 结合型唾液酸化糖聚合物的阳性表达和恶性病理表型相关，MAL 结合型唾液酸化糖聚合物在转移性淋巴结组织中的表达与不良预后相关。肝癌：小扁豆凝集素（LCA）及豌豆凝集素是检测甲胎蛋白异质体（AFP-L3）优选探针；α-1，6 岩藻糖异常糖基化的糖蛋白对凝集素 RCA-Ⅰ和 LCA 有较高亲和力，膜联蛋白Ⅰ对凝集素 ConA 和 LCA 亲和力强，并发现高转移肝细胞癌细胞中有膜连蛋白Ⅱ存在，表明 α-1，6 岩藻糖的异常糖基化可能在肝细胞癌迁移过程中起关键作用。胰腺癌：黏蛋白（MUC）16 在胰腺癌患者中显著提高但没有糖修饰改变，而 MUC1 和 MUC5AC 蛋白量没有显著提高但糖修饰改变明显；胰腺癌患者的人血红素结合蛋白、激肽原-1、抗凝血酶-Ⅲ和人结合珠蛋白唾液酸和岩藻糖基化修饰增加，而蛋白酶抑制因子 c1 上唾液酸化减少。提示糖基化改变可用于鉴别胰腺癌和其他良性疾病。肺癌：凝集素 ConA、WGA、AIL 富集肺癌和正常组织中的糖蛋白，发现肺腺癌中糖蛋白的不同糖基化亚型是肺癌诊断、治疗、监测的潜在新标志物。乳腺癌：凝集素 VVA-糖结合物的表达与肿瘤进展阶段、淋巴结侵袭和转移有关。ConA、WGA 亲和层析发现了乳腺癌恶性表型相关的糖蛋白 γ 谷氨酰水解酶、CD44、半乳糖凝集素-3-结合蛋白及多配体蛋白聚糖可作为乳腺癌的潜在标志物。

3. 毛细管电泳法 目前该技术主要应用于原发性肝细胞癌的诊断研究中。在病毒感染相关的肝病诊断中，研究者应用这一技术，构建了三个新的诊断标志物。Glyco Fibro Test 用于监测肝纤维进展，Glyco Cirrho Test 用于诊断代偿期肝硬化，Glyco HCC Test 用于鉴别诊断肝硬化与原发性肝细胞癌。在 HBV 相关性肝癌中，应用 logistics 回归法建立数学诊断模型，CscoreA 与 CscoreB 在 HCC 组中敏感度均达到 80%以上，一定程度上填补了 AFP 阴性患者缺乏有效诊断的空白。

表 32-3 应用质谱技术在多种肿瘤中发现的潜在肿瘤标志物

肿瘤	样品	糖基化改变/潜在糖类标志物	变化趋势
肝癌	细胞系血清	Core fucosylated structures	↑
		Outer-arm fucosylation in highly branched glycans	↑
		A branched α（1，3）-fucosylated triantennary N-glycan	↑
胃癌	细胞系	Free complex-type N-glycans	↑
乳腺癌	细胞系血清	An α（1，3）-fucosylated monogalactosylated triantennary glycan	↑
		High mannose N-glycans	↑或↓
		N-glycan branching	↑
		Hybrid structures	↓
		Fucosylation in O-glycans	↑
		N-glycan sialylation and fucosylation	↑和↓
		Core 1 type O-glycans	↑或↓
		O-glycan sialylation	↑
卵巢癌	血清	Core fucosylated，agalactosyl biantennary glycans and sialyl Lewis x	↑
前列腺癌	血清	Complex N-glycans	↑或↓
		High-mannose glycans/mannosylation	↑和↓
		Total fucosylation	↑
		Fucose and α（2，3）-linked sialic acid content of PSA	↓
胰腺癌	细胞系	Fucosylation	↑

六、TF 相关性抗原与胃肠道肿瘤

TF（Thomsen-Friedenreieh，TF）相关性抗原是一组与肿瘤相关的糖抗原决定簇，在多种肿瘤中均有表达，且与肿瘤的生物学行为及其预后因素密切相关，对肿瘤的诊断、治疗和预后有重要意义。

1. TF 相关性抗原分类及结构 TF 相关性抗原包括 TF、Tn 和唾液酰基（s）-Tn，在结构上归属于Ⅲ型和Ⅳ型组织血型抗原，大多数存在于粘蛋白中。准确地说，TF 只是一种半抗原，有 TF-α 和 TF-β 两种类型。TF 抗原的基本结构为 D-半乳糖-β-1（Gal-1）和 3-N-乙酰-D-氨基半乳糖（3-N-GalNAc），是粘蛋白 O-寡糖链的Ⅰ型核心结构；TF 抗原的前体物质是 Tn 抗原（Gal-α1，4-GalNAc）；sTn 抗原的基本结构为唾液酰基-*α*-6 氨基半乳糖（sialyl-α-6-GalNAc）。Tn、TF-α 和 STn 抗原在生物合成通路上被序贯联系在一起。

最初的一步是通过多肽：α-N-乙酰氨基半乳糖基转移酶（polypeptide *α-N-* acetylgalactosaminyltransferase，ppGalNAcT）的作用把 GalNAc 从 UDP-GalNAc 转移到多肽上的丝氨酸/苏氨酸残基上形成 Tn 抗原（图 32-2）。在大多数情况下，核心 1 UDP-Gal：GalNAc-αl-O-ser/Thr β3-galactosyltransferase（core1β3 galactosyltransferase，core 1 β3GalT，T-合酶）将 Gal 从 UDP-Gal 转到 Tn 抗原上形成 Gal β1,3GalNAc-α-O-Ser/Thr 的核心 1 结构（core 1 structure），这个结构也被称为 T 抗原（T antigen）。这个核心 1 结构通常是进一步被核心 2 β6-N-乙酰氨基葡萄糖基转移酶（core 2 GnT）、核心 β 3- N-乙酰氨基葡萄糖基转移酶（core 1 GnT）、β-半乳糖基转移酶、唾液酰转移酶和磺酰基转移酶修饰或延长形成一系列复杂 O-聚糖。这些 O-聚糖包括单一或双一唾液酰化核心 1，带有唾液酰化 Lewis X（SLe^x 抗原）的核心 2 O-聚糖（带有 N-乙酰乳糖胺结构或多聚 N-乙酰乳糖胺结构），磺酰化后的核心 1 衍生的 O-聚糖，如磺酰并唾液酰化 Lewis X（MECA79 表位），这个表位在许多粘蛋白、膜糖蛋白、分泌性糖蛋白分子中出现。这些复杂的核心 1 衍生的 O-聚糖在免疫反应、细胞间的相互作用（选凝素及其配体）、血管生物学、血管生成和淋巴管生成中发挥重要作用。此外，在胃肠道（消化道）上皮细胞中，核心 3 β3-N-乙酰氨基葡萄糖基转移酶（UDP- GlcNAc：GalNAc-αl-O-Ser/ Thr β3-*N*- acetylglucosaminyltransferase，core 3 GnT，β3-GnT6）可以催化在 Tn 抗原上加一个 GlcNAc 以形成核心 3 结构（GlcNAcβ1-3GalNAc-αl-O-Ser/ Thr）。这个结构通常是进一步被延长为核心 4 结构[GlcNAcβ1-3（GlcNAcβ1-6）GalNAc-αl-O-Ser/ Thr]，并进一步修饰成复杂的 O-聚糖。分泌的粘蛋白 MUC2、MUC3、MUC13、MUC5AC，及其相关的 O-聚糖，包括以核心 1 结构和核心 3 结构衍生的 O-聚糖，是肠道黏液层的主要成分，覆盖肠道表面，保护胃肠道上皮细胞免受有害微生物和食物中刺激成分的损伤。第三个对 Tn 抗原的修饰是由 CMP-Neu5Ac：GalNAc-αl-O-Ser/ Thr α2，6 -sia lyltransferase（sT6GalNAc- Ⅰ）催化的唾液酰化，形成唾液酰化 Tn 抗原（Neu5Ac：GalNAc-αl-O-Ser/ Thr，sialyl Tn，STn），这是 Tn 抗原的最终修饰产物。STn 在牛羊颌下腺中被发现，但是通常情况下在人体组织中 ST6GalNAc- Ⅰ表达水平较低，不能合成可被检测到的 STn 抗原。

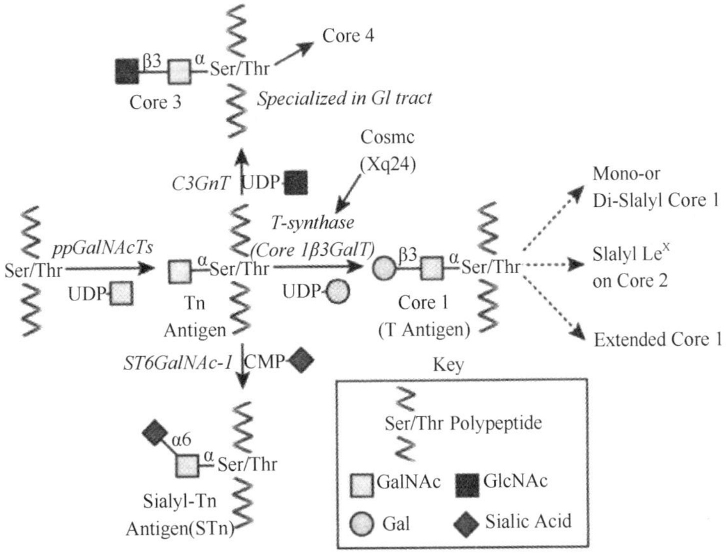

图 32-7 黏蛋白型 O-聚糖的生物合成

图中所示为常见的 O-聚糖核心结构 1、3、4 及其延伸。催化起始反应的糖基转移酶已标识。核心 1β3Gal T（T-合酶）需要分子伴侣 Cosmc（Xq 24）。T-合酶缺失会造成 Tn 抗原累积，有些 Tn 抗原可被低活性的 sT6GalNAc-I 转化为 sialylTn（sTn）。

2. TF 相关性抗原与胃癌的关系 BTF 的免疫反应性主要依赖于糖基化改变，即糖链缩短和核心糖基的暴露。Baldus 等观察到 TF 和 Mucl-TF 免疫反应阳性在 pTNM 分期为Ⅰ期的胃癌中是一个高危因素。Kurtenkov 等以人工合成的 TF-聚丙烯酰胺共轭化合物为抗原，用 ELISA 法测定 168 例献血者和 132 例胃癌患者血清中抗 TF 抗体（IgM 和 IgG）时发现：Le（a-b+）献血者血清中 IgM 型抗 TF 抗体表达率最高且与 ABO（H）血型无关，Le（a-b+）胃癌患者血清中 IgM 型抗 TF 抗体显著减低，而在 Le（b-）的献血者和胃癌患者中无显著性差异。上述结果表明，由于不同的血型中 TF 的临床意义不同，故以抗 TF 抗体作为肿瘤标记物或粘蛋白类疫苗时应充分考虑到患者的血型类型。Yoshida 等的研究结果提示，正常胃上皮细胞中表达 Tn，化生性分化与 Tn 的唾液酰基化有关，在胃癌中 Tn 和 STn 中的表达是降低的。因此，检测不同的 TF 相关性抗原对于区分胃上皮细胞的良恶性可能有重要的参考价值。

3. TF 相关性抗原与大肠癌的关系 TF 在正常大肠上皮细胞中无表达或仅有微量表达，在过度增生和恶性程度高的组织中表达则明显增高。因此，在正常组织一腺瘤一癌顺序变化过程中，PNA 反应性逐渐增高，即 TF 表达递增。业已证明，PNA 与结直肠腺瘤的结合和腺瘤细胞的异常程度或腺瘤的直径大小密切相关。Cao 等发现，大多数大肠癌组织均表达 TF 抗原，但一部分大肠癌只表达 Tn 和 sTn 而不表达 TF，少部分肿瘤则根本不表达 TF 相关性抗原；TF 可能是作为黏附分子而促进肝转移，在原发性大肠癌中 TF 阳性表达是大肠癌发生肝转移的危险因子。同时 TF 与 Mucl 肽核心存在共表达，是大肠癌预后的重要标记物，故 TF 和 Muc1 在大肠癌的治疗中可能是一个有效靶抗原。

4. TF 相关性抗原临床应用 已建立的特定肿瘤泛癌标志物和最近界定的白细胞分化型 TF 抗原（CD176）均强调 TF 抗原是一个潜在的肿瘤治疗的分子靶点。TF 抗原作为一个满足治疗条件的分子靶点，与恶性肿瘤的生长和分别明显相关，因为它在正常组织中几乎不表达，而在恶性肿瘤中表达阳性率却很高。尽管如此，TF 抗原尚未被作为一个分子靶点应用于放射免疫目标疗法和免疫毒素疗法，主要是因为大部分既定针对 TF 抗原的抗体都是 IgM 抗体类。IgM 分子量大，在血液中驻留时间短，生物利用度低。因此，有必要建立一个新技术来筛选抗体多价形式，调节重组抗体结合位点之间的距离，使其与 TF 抗原的表达模式一致，从而让多价体发生反应，以达到免疫治疗的目的。下面是近期 TF 抗原在应用方面的相关研究。

（1）糖肽疫苗：因为多聚糖生物微观的不均一性，健康细胞以及癌细胞均表达 MUC1 抗原。相比之下，合成包含有结合在 MUC1-VNTR 上糖链的肿瘤相关糖肽类抗原必定会促进、诱导并选择性地与上皮肿瘤细胞发生免疫反应，从而使接种疫苗更有优势。Hoffmann-Röder 等用破伤风类毒素和拥有 TF 抗原侧链的 MUC1 的糖肽合成疫苗，并同时在 TF 抗原的糖基氨基酸的基本结构中以氟取代 6-或 6′ 糖类的位置。跟有天然存在 TF 抗原糖类结构的疫苗相比，这种疫苗的糖类结构被类似物取代后变得更稳定，对酶的降解作用有更持久的抵抗力，而且也不会降低疫苗的免疫效果，而天然糖肽和多肽疫苗的免疫原性太低，不足以引起强烈的免疫反应。目前用黏蛋白糖肽和破伤风类毒素人工合成的疫苗已经以 TTox-based 疫苗的形式投入到临床应用当中。

（2）诱导细胞凋亡：诱导细胞凋亡 TF 抗原（CDl76，Gal l-3Gal-NAcl-R）是 MN 血型决定簇的前体物质，为一隐性血型糖抗原，它在多种恶性肿瘤细胞的表面均表达，如乳房癌、肠癌、白血病等，但在成人正常组织中不表达。易濒等直接用 TF 抗体（自然抗体和合成的人源化抗体）和配体[合成的结合 TF 抗原（CD176）的重组蛋白和多肽及提取的结合 TF 抗原（CD176）的植物或动物凝集素]结合恶性肿瘤细胞。

膜上的 TF 抗原（CD176），诱导恶性肿瘤细胞凋亡。这种发明的诱导恶性肿瘤细胞凋亡的方法可用于恶性肿瘤的生物学治疗，与现有技术相比，具有安全、适用范围广等优点（待发表）。

（3）光化学疗法：光化学疗法可用于实体瘤的治疗和各种血液疾病的体外治疗。然而，其在肿瘤治疗领域的发展仍然有限，因为光敏剂（PS）对人类肿瘤细胞有低选择性。为了提高 PS 的效率，Poiroux 等[30, 31]共价连接卟啉（TrMPyP）到与肿瘤相关 TF 抗原和 Tn 抗原有高亲和力的植物凝集素（Morniga G）上，使 TF 抗原和 Tn 抗原阳性的 Jurkat 白血病细胞高速吸收 PS 并高效产生 PS 介导的光毒性作用。这项研究也提示，TF 抗原与植物凝集素的共轭作用，可以允许异常糖基化的肿瘤细胞成为 PS 的新靶点，这使从血液中清除 TF 抗原和 Tn 抗原阳性的白血病细胞并保持正常白细胞在体外进行光化学治疗成为可能。

七、多聚乳糖胺简介

糖蛋白与糖脂通常带有包括直线型 2-型乳糖胺单元的多聚体聚糖，这样的结构被称为多聚乳糖胺（polylactosamine）。多聚乳糖胺的生物合成是在一种或几种 β1-4 半乳糖基转移酶与一种或几种 β1-3GlcNAc 转移酶的交替作用下完成的（图 32-8）。多聚乳糖胺结构已在多种糖蛋白中被发现，可以是 N-聚糖、O-聚糖和糖脂的组分，显然，有些糖蛋白或糖脂优先被多聚乳糖胺修饰。这些发现表面，负责多聚乳糖胺合成的酶促反应体系能区分不同的糖蛋白或糖脂分子，这些糖蛋白或糖脂分子上暴露出来的 GlcNAc 和半乳糖基相同，可作为多聚乳糖胺链合成的起始修饰位点。有报道指出多聚乳糖胺偏好定位于多天线的 N-聚糖上，特别是 β1-6 分支结构上，而 β1-6 分支的合成是由 GlcNAc-Ⅴ 控制的（图 32-9）。与此相似的是，粘蛋白型糖蛋白 O-糖链上多聚乳糖胺链通常偏好于出现在有核心 2β1-6GlcNAc 转移酶介导合成的 β1-6 分支上。多聚乳糖胺的长度显然也受调控，N-连接的多聚糖通常要比 O-连接的长。同时，多聚乳糖胺是进一步修饰的前体，如岩藻糖化和唾液酸化。

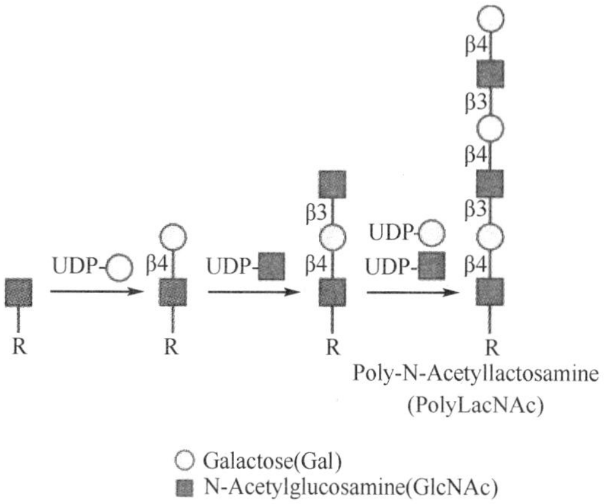

图 32-8　多聚乳糖胺的合成

根据糖链的线性特征及其二糖单元的亲水性预测，多聚乳糖胺可作为支撑特异的末端聚糖支架，特异的末端聚糖包括唾液酸化和岩藻糖基化结构，它们的功能要求它们出现在细胞糖被表面或表面之上。多聚乳糖胺可被哺乳动物 S-型凝集素高亲和力的识别，其方式为识别内部结构，与末端是否有半乳糖无关。但是某些半乳凝素对识别寡聚糖中的半乳糖残基明显有所不同。例如，半乳凝素 1 和 3 两者都和简单的乳糖胺单位以及多聚乳糖胺结合。如果倒数第二个半乳糖基被 Galαl-3，GalNAcαl-3，或 Fucαl-2 残基取代，半乳凝素-3 与寡糖的结合将会增强。与此相反，这种取代方式则显著降低与半乳凝素-1 的结合。

半乳凝素（尤其是半乳凝素-3）的表达增加也与肿瘤的发展有关。相关的分子意义是在设想半乳凝素与基质蛋白（如黏连蛋白）的多聚乳糖胺相互作用有助于细胞侵入的基础上提出的。由于多聚乳糖胺也在肿瘤黏蛋白上表达，并富含 β1-6 分支的 N-聚糖。这种分子间的相互作用亦可介导相同肿瘤细胞间的黏连。半乳凝素的识别也能用以解释为何在高尔基体缺乏 UDP-Gal 转运子的肿瘤细胞变种的表面添加半乳糖可加强其转移力。

β1，3-N 乙酰氨基葡萄糖转移酶家族（β3GnTs）也以 UDP-GlcNAc 为糖基供体，但与受体底物半乳糖之间形成 β1，3 连接（GlcNAcβ1，3Gal）。β3 GnT2 主要将 β1，3-GlcNAc 催化到半乳糖上或者半乳糖胺上，从而延伸多聚乳糖胺链。β3GnT8 也与多聚乳糖胺的合成有关，此酶在体外将 GlcNAc 转移至 N-糖链分支 Galβ1-4GlcNAc 非还原端。研究表明，β3GnT2 和 β3GnT8 在胃癌细胞系 AGS，SGC7901 中均有表达。胃癌细胞中多聚乳糖胺增多，可促进肿瘤的浸润

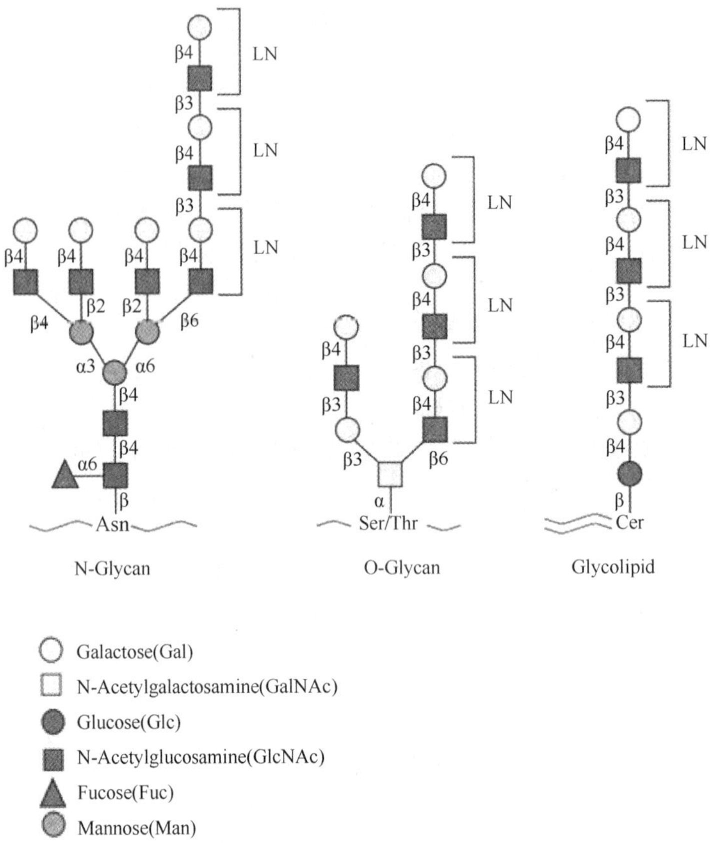

图 32-9 不同糖蛋白聚糖成分中的多聚乳糖胺链

转移。也有研究证实，侵袭能力越强的胃肠道肿瘤，N-糖链分支上的多聚乳糖胺结构越多。总之，多聚糖胺是如何改变癌的生物学性质还待进一步研究，才能确切阐明。

第五节 肿瘤细胞 O-GalNAc 聚糖的生物合成途径

糖基或糖链的还原端与蛋白质肽链中的 Ser、Thr 或羟赖氨酸残基中羟基的氧原子（O）相连称为 O-连接糖基或糖链。粘蛋白是 O-糖基化糖蛋白的主要类型，富含高度 O-糖基化的 Ser/Thr/Pro 串联重复区域。肿瘤细胞可含有富含 O-聚糖结构域的膜结合粘蛋白类糖蛋白。这些糖蛋白的基因表达具有细胞特异性并且在肿瘤细胞中常发生变异。

O-聚糖的功能复杂多样，包括维持蛋白构象；调控抗原决定簇的激活和抗原性；参与细胞黏附；决定细胞表面受体的表达并参与生长调控。O-聚糖对肿瘤细胞的黏附[1]、侵袭和在血流中的存活起重要的作用并很大程度上决定了其生物学、生理学和免疫学特性。本综述旨在叙述一些近来得到鉴定的肿瘤细胞中异常的 O-GalNAc 聚糖生物合成途径。

一、O-GalNAc 聚糖的结构和生物合成

最简单的 O-GalNAc 连接只有一个 GalNAc。已经发现的由两个糖基组成的聚糖有 4 种，含有两个以上糖基的 O-GalNAc 聚糖，其结构可分为核心、骨架（backbone）和非还原性末端 3 个部分。以 GalNAc O-糖苷连接 Ser 或 Thr 残基（Tn 抗原）是所有 O-聚糖的唯一共同结构。

O-GalNAc 聚糖是由分布在在高尔基体内的糖基转移酶和磺基转移酶所催化的一系列反应合成的。这些酶严格的识别专一的糖、糖序列、或底物的部分肽段，每种类型的酶只合成一个

键。酶的作用时相有一定的先后顺序。早期作用的酶位于内侧高尔基体；中期作用的酶位于中部高尔基体；而那些添加末端结构的酶位于外侧高尔基体。肿瘤细胞中，许多 O-GalNAc 聚糖合成相关的酶上调或下调了，位置也常发生变异。这些变异导致重要中间产物合成的错误或阻断前体结构向终末结构的转化，成为肿瘤糖基化改变的重要因素。

1. O-GalNAc 聚糖核心结构的合成　第一个将 UDP-GalNAc 中的 GalNAc 糖基转移至肽链上糖化位点的酶为多肽：α-GalNAc 转移酶。图 32-10 指出从 GalNAc-R（R 为肽链）分别经 β1，3GalT 和 β1，3GlcNAcT 合成核心 1 及核心 3 的途径。这两类核心再分别经 C2 及 C4（C 为核心之意）β1，6GlcNAcT 分支而分别转变成核心 2 及核心 4。合成核心 5 的 β1，6GlcNAcT 可能就是 C2 或 C4β1，6GlcNAcT 中的一个。另外 6、7、8 三类核心的合成应分别由 β1，3GlcNAcT、β1，6GlcNAcT、和 α1，3GalT 催化合成。

C1β1，3GalT 广泛存在于多种哺乳动物细胞中。肿瘤细胞中核心 1 常作为终末结构 T 抗原存在。少数肿瘤细胞因该酶缺乏而无法合成核心 1，只表达过多的 Tn 抗原。C2β1，6GlcNAcT 活性在白血病中有升高。

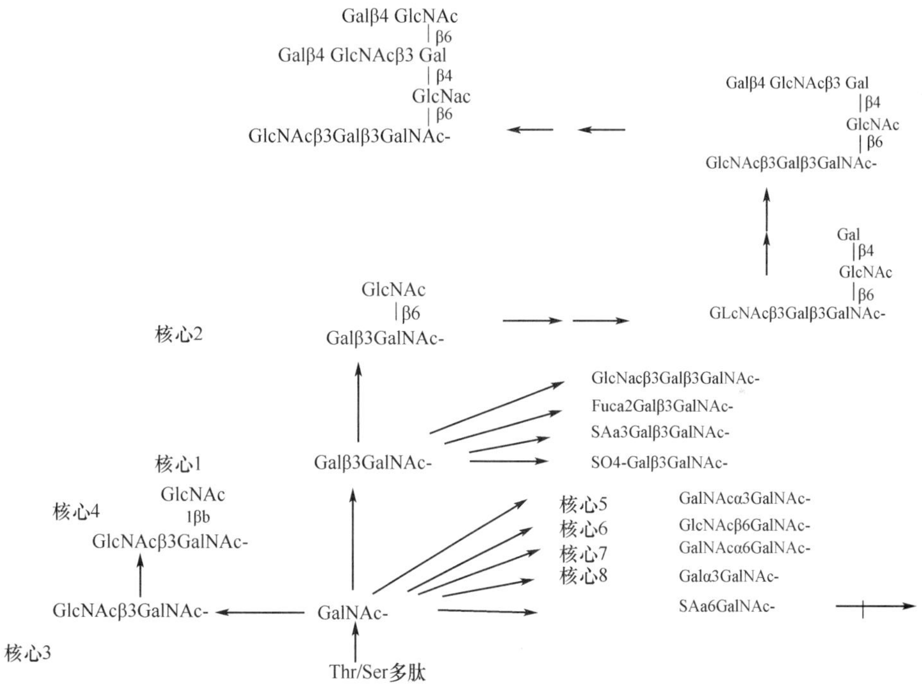

图 32-10　O-GalNAc 聚糖的生物合成途径。O-糖基化是由 GalNAc-转移到 Ser/Thr 多肽骨架上为起点的。其核心结构至少有 8 种，1～4 类核心较常见。图中 GlcNAc-为 N-乙酰胺基葡萄糖，GalNAc-为 N-乙酰胺基半乳糖，Gal-为半乳糖，Glc-为葡萄糖，SA-为唾液酸，Fuc-为岩藻糖。

乳房癌细胞缺乏 C2β1，6GlcNAcT 活性，导致 O-聚糖链变短和一些抗原决定簇暴露。C3β1，3GlcNAcT 在结肠癌细胞株和结肠癌组织中都有活性降低，这种变化更利于核心 1 的合成，使肿瘤组织中高表达 T 抗原。C4β1，6GlcNAcT 的活性在结肠组织和许多肿瘤细胞株中也有上调。

2. 糖链延长和分支　O-GalNAc 糖链的延伸是在核心的基础上再逐个添加糖基，一般是添加以 β1，3 连接的 GlcNAc 或 β1，4 连接的 Gal。这两种糖基的添加还可以交替进行。在外链骨架上的 β1，4Gal 还可分支，即由 β1，6GlcNAcT 催化而生成 GlcNAcβ1，6Galβ1，4 分支。在分支的 β1，6GlcNAc 外侧还可继续接上 β1，4Gal 并再延长，从而从 i 抗原合成Ⅰ抗原。

3. 末端结构的合成 O-GalNAc 聚糖非还原末端的基团大致有 3 种，唾液酸化、硫酸化和 L-岩藻糖化，其中 HSO_3^- 并不是糖基，只能修饰非还原端的糖基。

唾液酸化可发生在单糖、双糖和多糖阶段。即使已合成多糖基 O-GalNAc 聚糖后，其核心 GalNAc 仍可被 α2，6 唾液酸转移酶（ST6O）催化而唾液酸化。糖链末端的 Gal 的唾液酸化则往往生成 α2，3 键，由 α2，3 唾液酸转移酶（ST3O）催化。肿瘤细胞中唾液酸化酶的活性增高使 O-聚糖链因过度唾液酸化和分支反应受阻而变短。

少数情况下，HSO_3^- 基团可取代 SA 而成为 Gal 外侧的非糖末端，但核心的糖基一般不被 HSO_3^- 化。反应由高尔基体中的磺基转移酶催化。HSO_3^- 基团一般和 Gal 的 4 位相连接。肿瘤粘蛋白的硫酸化程度可发生明显的改变。乳房癌和结肠癌细胞株中磺基转移酶活性较正常组织降低[2]。

非还原末端的 L-岩藻糖化是血型抗原合成的必要步骤。以Ⅰ型或Ⅱ型糖链为基础，在 Gal 外侧以 α1，2 键连接 Fuc，分别生成 H-1 或 H-2 抗原，即血型 O 的抗原决定簇。在 Gal 的 3 位上再添加 α1，3GalNAc，就生成血型 A 抗原决定簇；在 H 抗原的 Gal3 位再接上一个 α1，3Gal，就生成血型 B 抗原决定簇。Lewis（Le）抗原也是在Ⅰ型或Ⅱ型糖链基础上，由 α1，3FucT 催化合成。肿瘤细胞中，多种糖基转移酶活性的变化使岩藻糖化的底物发生变化，各种酶的竞争作用使 ABO 血型抗原和 Lewis 抗原的合成发生变化。

二、肿瘤中异常的 O-GalNAc 聚糖合成途径

1. 胃肠道肿瘤 消化道肿瘤病人的粘蛋白总糖链减少，硫酸化减弱，O-GalNAc 聚糖链变短并有末端唾液酸化。糖蛋白抗原性也发生了变化。

TF（Thomsen-Friedenreich）相关血型抗原正常黏膜中很少见，在肿瘤病例中约有半数以上的表达。肿瘤样本中 α2，3-唾液酸转移酶 ST3Gal-I 和 ST3Gal-Ⅱ的表达及其酶活性有很明显的升高。结合组织病理学分析，有淋巴管侵袭病例 ST3Gal-Ⅱ mRNA 水平有显著的升高；沿主干淋巴管周围淋巴结转移的病例 ST6GalNAc-Ⅱ的表达有显著升高。对结肠癌细胞 SW480 基因转染的研究显示，TF 表达多少与 C2β1，6NAcGlcT 和 ST6GalNAc-Ⅱ的比例有关[3]。T 和 Tn 黏蛋白抗原常发生在肿瘤的晚期阶段。在胃肠肿瘤中，STn 和 T 抗原的表达被视为分化不良的腺癌和黏液癌的标志，并和肿瘤的侵袭性、高度增生性，转移性及不良的临床预后有关。对 STn 合成的亚细胞定位研究表明在结肠腺癌中 STn 唾液酸化主要在外侧高尔基体，在结肠癌中则发生在所有高尔基体部位和粗面内质网[4]。多聚凝集抗原 TK 抗原在正常组织细胞不表达，当消化道肿瘤尤其是结肠癌发生时，细胞表面 O-聚糖链上出现 TK 抗原表位。其表达和 STn 表达成正相关，具有潜在的免疫治疗前景[5]。

结肠癌及其临近正常结肠黏膜主要有 SulT-a 和 SulT-b 两种磺基转移酶。SulT-a 存在于非黏蛋白样黏液腺癌和正常粘膜组织中，癌组织中该酶活性显著低于临近正常黏膜组织。SulT-b 仅存在于粘蛋白样腺癌和有粘蛋白成分的腺癌中[6]。对 Gal/GalNAc/GlcNAc 6-*O*-SulT 家族的 7 种酶的进一步深入研究发现 GlcNAc6ST-2 的活性与黏蛋白样腺癌专一性 SulT-b 一致，GlcNAc6ST-3 的表达在结肠黏液腺癌中则被下调了[2]。

2. 胰腺癌 胰腺合成大量的细胞表面黏蛋白 MUCI，胰腺癌患者细胞表面黏蛋白分离，进入血液和其他体液中，患者因此产生抗 MUCI 的抗体。

胰腺癌组织和癌细胞株中 α2FucT 活性降低，α3FucTVI 活性则升高。这些变化使胰腺癌组织表达 Le^x 抗原而正常组织通常表达 Le^y 抗原。

对 β1，3 半乳糖基转移酶家族与胰腺肿瘤的相关性研究发现，β1，3GalT5 表达抑制使肿瘤

细胞 O-聚糖链中 Le^a 减少而 Le^x 抗原增多。β1，3GalT5 的表达可以抑制胰腺恶性糖基化表现，并为 CA19.9 的合成和分泌所必需[7]。

3. 卵巢癌和子宫内膜癌　CA-125 是一出现在卵巢癌中的粘蛋白样糖蛋白，存在于富含 Le^x 和 Le^y 决定簇和核心 2 结构的 O-GalNAc 聚糖中。作为肿瘤标志物出现在大多数上皮样卵巢癌中，但也可在良性卵巢疾病和子宫内膜异位症中表达。

STn 和 Tn 抗原在卵巢癌中高度表达并被认为发生在肿瘤的早期阶段。卵巢癌患者血清中出现 STn 抗原伴随着不良预后。α2-，α3-和 α4 岩藻糖转移酶活性在子宫内膜癌和卵巢癌中都有增强，使 ABH 血型抗原和 Lewis 抗原的合成增多。

人绒毛膜促性腺激素（hCG）是怀孕妇女胎盘合成的糖蛋白激素。绒毛膜癌患者尿 hCG 的 O-GalNAc 聚糖链主要是核心 2 结构，正常人则主要是核心 1 结构。这可能是因为绒毛膜癌患者 C2β 1，6 GlcNAcT 的上调。

4. 前列腺和输尿管肿瘤　前列腺腺癌中 α3-和 α4-FucT 的高度活性导致受侵袭的尿道上皮表达 Le^x 和 Le^y 抗原。尿道膀胱上皮肿瘤组织中，T、Tn 和 Lewis 抗原常有变异。此外，膀胱癌可能伴随 ABO 抗原的变化。

5. 肺癌　肺癌细胞中 α3FucT 激活显著增加了 Le^x、Le^y 抗原决定簇的合成。Le^x 和 Le^y 抗原的唾液酸化衍生物也有增加。SLe^x 表达和 α3 岩藻糖转移酶Ⅶ的 mRNA 水平相关。

肺癌组织细胞中有大量 C2 分支的 O-GalNAc 聚糖链。采用 RT-PCR 和原位杂交方法检测，73.2%的肺腺癌细胞中有较高的 C2GnTmRNA 表达，而正常肺组织中其表达仅局限于支气管粘膜的基底细胞中。统计学分析表明，C2GnT 的表达与肿瘤的血管侵袭和淋巴结转移相关性有重要意义。这可能为临床上判断肺腺癌病人恶性程度提供依据[8]。

6. 乳房癌　正常乳房细胞粘蛋白中 O-GalNAc 聚糖主要是核心 2 结构。乳房癌细胞糖链则以核心 1 结构为主。对 BT20 和 T47D 乳房癌细胞的研究表明，这些结构的改变是基于 C2β1，6GlcNAcT（主要是 C2GnT1）的失活和 α3-唾液酸转移酶（主要是 ST3Gal-I）活性的升高。唾液酸转移酶活性的升高阻断了 GlcNAc 连接到粘蛋白的 O-GalNAc 聚糖链上，使核心 2 结构合成受阻。O-聚糖的截短伴随肿瘤相关的粘蛋白抗原决定簇 SM3 的表达[9]。

乳房癌中 ABO 血型决定簇，Lewis、T 和 Tn 抗原都有变异。反常的岩藻糖化在乳房癌中同样可见。α3-岩藻糖化增强，许多乳房肿瘤丧失了 Le^b 抗原的表达，这和疾病的恶性程度和转移性相关。乳房癌组织中 SLe^x 也有增加。

三、肿 瘤 转 移

O-GalNAc 聚糖结构对肿瘤转移的形成是很关键的。对肝癌细胞株 PLC/PEF/5 的研究表明含大量核心 1、核心 2 结构的 O-GalNAc 聚糖与一种新型的肿瘤相关抗黏附素（dysadherin）结合，抑制了抗粘附素的稳定表达并导致 E-钙粘蛋白表达上调。结果促进了细胞之间的粘附作用，促进了肿瘤转移[1]。

在各种人类结肠癌细胞中，KM12 细胞表达与粘蛋白链结合的二聚 SLe^x，表现出高度转移性。KM12-HX 细胞表达 SLe^a 抗原，结果较无 SLe^a 表达的 KM12-LX 细胞表现出更强的黏附能力[10]。抑制唾液酸化可以减弱肿瘤细胞的转移能力。以上这些表明，唾液酸化链可能调节肿瘤细胞和其他细胞以及细胞基质之间的相互作用、影响肿瘤细胞的粘附和抗粘附性并延长其在血液中的生存期。

第六节　糖基化与病毒

糖类是生物体内除蛋白质及核酸以外又一类重要的生物分子。大多数蛋白质都以糖蛋白的形式存在。糖基化指糖通过共价键相连于蛋白质上，糖基化有多种重要的生物学功能，涉及到细胞识别、信息传递、免疫系统恒定等方面。病毒是一类非细胞形态的微生物，科学家发现糖链在病毒感染细胞过程中扮演重要角色。病毒结构蛋白的糖基化与病毒在细胞中运输、病毒的免疫原性等密切相关。

一、病毒的糖链结构

许多病毒的包膜均有糖基化现象。包膜中的蛋白质常与多糖构成糖蛋白亚单位，嵌合在脂质层，它们位于病毒体的表面。如引发非典型肺炎的病原体是 SARS 冠状病毒，其结构蛋白之一刺突蛋白（spike protein，S 蛋白）伸出包膜呈棒球形，它构成了冠状病毒科特征性的包膜子粒，即通常所说的冠状结构[1]。以 SARS-CoV 感染的 Vero 细胞裂解物为材料，通过串联质谱蛋白质鉴定技术发现了 S 蛋白形成糖基化[2]。S 蛋白的 SDS-PAGE 电泳发现其分子量也远大于氨基酸序列推定的分子量，这也提示了 S 蛋白被糖基化。

而人免疫缺陷病毒 HIV 的包膜糖蛋白 gp120 分子中有 24 个 N 糖链的结合部位，其分子中约一半为糖链。gp120 位于膜表面并能结合受体，其糖蛋白的多肽部分通常折叠成为致密的一团，而糖链则展开在蛋白质的表面上。可以说 gp120 分子是由糖链包起来的也可以说表面带有这种 gp120 分子的 HIV 自身也是由糖链覆盖着的[3]。

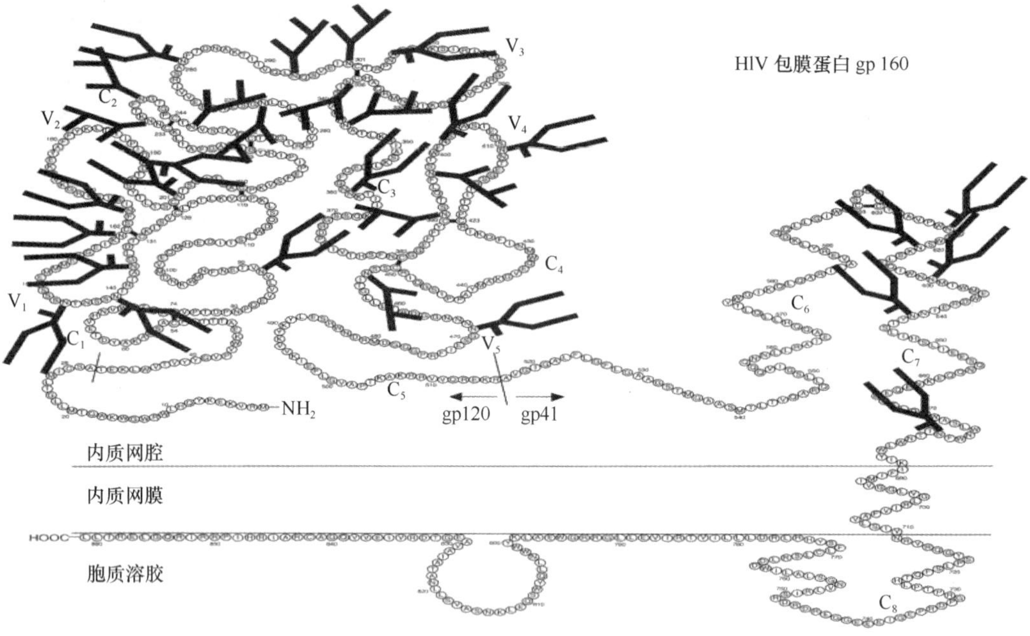

图 32-11 表面带有 gp120 分子的 HIV 自身也由糖链覆盖

由上可见病毒的糖链结构是复杂多样的。一般来说病毒的糖链都是借用宿主系统来进行糖基化修饰的。但也有例外，如小球藻病毒 PBCV-1 壳体蛋白 Vp54 聚糖的抗原突变体分析得出结果，Vp54 聚糖合成有关的糖基转移酶由 PBCV-1 的 a64r 基因编码[4]。

二、糖基化在病毒胞膜蛋白转运折叠和分泌中的作用

内质网一个主要功能是蛋白的 N-糖基化。SARS-CoV 的 S 蛋白 N 末端有信号序列，能转运到内质网，在那里蛋白被广泛糖基化。内质网腔还为蛋白质折叠提供了独一无二的环境，它的氧化环境允许二硫键形成。N 连接寡糖在病毒糖蛋白分子折叠过程中有多重功能，它使折叠后

的结构域保持稳定，增加蛋白质的可溶性，防止蛋白在折叠过程中凝集；它介导新合成的糖蛋白与内质网上凝集素类分子伴侣间的相互作用，如钙联接蛋白和钙网织蛋白等。

当糖链结构异常时，病毒蛋白的折叠就会遇到障碍。如 HIV 包膜蛋白 gp160 的一些 N-糖基化位点被去除时，蛋白就会折叠失败，滞留在内质网。错误折叠的蛋白将聚集并与分子伴侣 Bip 非共价结合，最终它们将被降解。另一方面，不是所有 N 连接的糖基化位点都是必须的。去除单个位点不影响蛋白的正确折叠，这取决于糖链和 CD4 结合能力和产生合胞体的能力。但去除多位点就会影响，例如去除 gp120 的信号序列或者用衣霉素处理就能形成无糖基化的 gp120，这种 gp120 就不能与 CD4 结合 [5]。

同时糖链对于病毒的包装和分泌也有重要影响。如人乙型肝炎病毒 HBV 包膜有三个不同的糖蛋白，称 L、M、S 乙型肝炎表面抗原。他们都包含有翻译后修饰的 N-连接寡糖链。N-连接寡糖链连接在多肽骨架上，它是由内质网上的酶催化的。HepG 2.2.15 培养细胞是能分泌 HBV 的肝胚细胞瘤细胞。用糖基化和聚糖修饰途径的抑制剂处理，发现糖基化的第一步加工步骤是病毒体分泌所必须的，但不是亚病毒颗粒分泌所必须。因此衣霉素处理后用高灵敏性的免疫沉淀/pcr 反应系统在 HepG 2.2.15 培养基中不能测得 HBV 包膜蛋白，而 HBV 亚病毒颗粒分泌却不被衣霉素抑制。α-糖苷酶 1（聚糖合成途径第一步）抑制剂能阻止病毒分泌，而甘露糖末端合成（后续步骤）和糖脂合成抑制剂不能阻止病毒分泌，这均由糖基化在分泌中的重要性决定[6]。

三、糖基化对病毒蛋白免疫原性的影响

糖基化与蛋白质的抗原属性关系密切。针对糖蛋白的抗体可以特异识别糖单位（糖抗原表位），也可以识别糖上下游毗邻的氨基酸残基（糖肽表位）。由于分子内部糖类与蛋白质的相互作用，糖蛋白经常受糖基化作用影响而使其抗原表位的构象和暴露方式发生变化。有证据表明糖基化对抗原属性的影响与 T 细胞依赖的细胞免疫相关。糖基化的多肽能与 MHC Ⅰ或者Ⅱ类分子结合并被递呈，激活糖肽特异的 T 细胞克隆。

抗原全部或部分去糖基化能增强抗体与之结合的能力。这表明天然糖蛋白的抗原表位或多或少受聚糖的保护，特别是大分子聚糖。

禽流感病毒荷兰毒株和罗斯托克毒株上的血凝素只有一个不同，即罗斯托克毒株在 149 位天冬酰胺携带一个复杂型的 N 聚糖，而荷兰毒株并没有携带。兔抗血凝素抗体的靶位在 143～162 位氨基酸残基，但它只能对荷兰毒株起作用，因为荷兰株此表位是非糖基化的。而罗斯托克毒株此表位由于有 N 聚糖而被掩敝，而且其掩蔽效果不依赖聚糖大小。连接在天冬酰胺的 N-乙酰氨基葡萄糖残基有效地阻止了抗体对抗原表位的识别，而要恢复抗原活性就必须移去糖链[7]。

四、糖链与病毒感染

病毒包膜糖蛋白有高度的抗原性，并能选择性地与宿主细胞受体结合，促使病毒囊膜与宿主细胞膜融合，感染性核衣壳进入胞内而导致感染。

SARS 冠状病毒同其他有包膜病毒一样，也是通过诱导细胞与病毒之间的膜融合来实现入侵，而这个过程是通过其糖蛋白 S 蛋白与其细胞表面受体血管紧张素转化酶 2（angiotensin-converting enzyme 2，ACE2）结合介导的[8]。

而流感病毒是通过它表面的糖蛋白分子与细胞表面糖链受体结合后，进入细胞质，继而感染细胞的。流感病毒与它的糖分子受体结合是侵袭细胞的开始。

病毒颗粒外表面的糖蛋白血凝素（HA）与宿主细胞外表面含唾液酸的多糖受体末端 N-乙酰神经氨酸结合，使病毒粒吸附在细胞表面，细胞膜内陷包裹病毒颗粒，通过包涵素依赖的胞饮作用形成内吞体进入细胞。流感病毒的型别不同，识别的糖链受体结构不同。A 型的 A/PR/8/43

病毒株和B型的B/Lee/40病毒株特异性结合不同的唾液酸分子，这两种唾液酸分子的组成相同，只有末端唾液酸连接与糖链的键型不同，提示糖链结构的细微差异就会导致功能的重大改变，流感病毒HA抗原结构变异可能与对糖链结构的选择有关[9]。

除了直接介导感染之外，膜蛋白的糖基化还使病毒进化成远非理想的免疫原，使得病毒能够逃避免疫系统的识别和攻击。HIV的gp120表面被高度糖基化修饰。gp120的每一个保守序列，包括与gp41、CD4和趋化因子受体结合的位点都被隐蔽起来，不能轻易被免疫系统发觉。由于病毒表面的糖蛋白原本就是由宿主细胞合成的，在内质网经翻译后被糖基化修饰，这种糖基化就封闭了gp120的大部分表位[10]。

五、糖与病毒防治

由于有包膜的病毒，如HIV能够利用宿主的糖基化作用来保护潜在的抗原表位而逃避免疫识别，同时也利用宿主的分泌途径来折叠和装配自身高度糖基化的外壳蛋白。目前一个可能的抗病毒策略就是运用糖基化抑制剂来干扰病毒包膜蛋白的分子折叠，例如人免疫缺陷病毒和乙型肝炎病毒。

乙型肝炎病毒的三个包膜糖蛋白（L、M和S）来自于同一个开放阅读框。M蛋白糖链合成时，糖苷酶1和2如被n丁基脱氧野尻霉素（NB-DNJ，糖类似物）抑制，就会发生错误折叠。错误的M蛋白装配病毒外壳，使病毒体不稳定，无法分泌而失活。然而，亚病毒颗粒（无DNA）能分泌，但由于抑制剂的存在它只包含S糖蛋白而不是M和S。

HIV-1包膜蛋白gp160是一个非共价连接的gp120和gp41复合物。当gp120在n丁基脱氧野尻霉素存在情况下表达时，其V1/V2环（128到199残基）折叠错误。相对乙型肝炎病毒错误折叠的M蛋白影响病毒外壳包装，IIV错误折叠的gp120 V1和V2环并不影响病毒包膜的装配，在n丁基脱氧野尻霉素培养基中gp160与CD4结合也不受影响。然而病毒感染细胞时V1/V2构型要发生变化，gp160释放gp120。当n丁基脱氧野尻霉素存在时这种重排就不会发生，结果gp41不能介导融合过程，阻止了病毒进入细胞。

抗病毒的另一个策略是研制以糖链为靶的抗体。2G12是目前发现的一个能广泛中和HIV的单克隆抗体，它可以直接对抗沉默状态的HIV，其识别表位就是由一组非常靠近的寡甘露糖排列组成[11]。

用疫苗预防HIV一个方法是通过树突状细胞上的HIV特异受体（DC-SIGN）。DC-SIGN是一种c型凝聚素，它与包膜糖蛋白gp120上聚糖结合而捕获HIV。结合了DC-SIGN的病毒能通过树状突细胞而游离扩散。特异抗gp120表位的抗体疫苗可以抑制DC-SIGN/gp120相互作用，由此阻止HIV-1的传播[12]。

由于DC-SIGN有结合糖蛋白的属性，科学家又发现它也能够与SARS-CoV的S蛋白相互作用，提示DC与SARS发病机制密切相关[13]。这为我们研制抗SARS疫苗提供了新思路。

对糖在微生物感染中的作用的研究，可阐明病原菌致病的机制，为疾病的治疗提供依据。病毒感染的糖生物学研究也是热点之一，以糖链为靶的抗病毒药物有期望比以酶为靶的抗病毒药效果更好。

第七节 糖链结构在神经系统中的功能作用

糖生物学最新进展表明糖链作为包括细胞间交流、蛋白质的质量控制和细胞内蛋白质的分选等多细胞机体的生物信号具有相当重要的作用。糖链是分支的，且位置异构体和异头结构，能够形成许多复杂多样的结构。在细胞表面上和细胞外区发现了承载着糖链的糖蛋白、糖脂或蛋白聚糖，它们对成人神经损伤后的神经系统发育、修饰突触活性和神经再生连接等方面起关键作用。糖链的生物合成没有模板的参与，但是受控于糖基转移酶的表达、酶的底物特异性和特定组织中的定位。通过基因敲除小鼠移去了一些特定的糖基转移酶基因，导致了神经异常表明一些糖基转移酶对于神经的发育至关重要[1]，最近又有报道 β4GalT-Ⅱ是合成参与神经系统发育的糖链的主要调节因子[2]。因此，神经系统中糖链的作用受到越来越多的关注。

一、硫酸软骨素（chondroitin sulfate，CS）在神经网络形成中的作用

在神经系统中，神经元经过精确而保守的途径发育成具有特征性的形态，延伸出轴突，从而形成有特定靶细胞的突触。研究发现，发育中的神经组织的软骨素酶 ABC（chondroitinase ABC）消化的结果导致神经元的异常形态发生和/或轴突的错误指向[3]，表明硫酸软骨素蛋白聚糖（chondroitin sulfate proteoglycan，CSPG）既是神经元形态发生的调节因子又是轴突的导向分子。直至近期，CS 的结构多样仍未引起人们重视。然而，不断有证据表明，有特定基序结构的 CS 调节了神经网络的形成[4]。

PTPζ 是一种受体型蛋白酪氨酸磷酸酶，PTPζ 利用肝素结合生长因子，即多效蛋白（pleiotrophin，PTN），作为其配体。这种受体的 CS 部分对于结合多效蛋白很有必要，包含 CS 的 D 单元[GlcUA（2S）-GalNAc（6S）]很可能参与了高亲合力结合和信号转换[5]。最近，发现 PTPζ-多效蛋白信号转导调节了小脑的普肯耶细胞（Purkinje cell）的形态形成[6]。抑制这种信号转导，可在大鼠小脑器官型薄片培养中诱导普肯耶细胞树突异常形态，并由参与结合多效蛋白的富含 CS 的 D 单元环绕着。

Hikino 等[7]发现过多硫酸化的 CS 和硫酸皮肤素（dermatan sulfate，DS）促进了胚胎鼠海马的神经元的神经突外生长。海马的神经元在涂有富含 CS 或 DS 的 D 或 iD 单元[GlcUA/IdoUA（2S）-GalNAc（6S）]培养基上培养，生长成多个树状突起，而富含 CS 或 DS 的 E 或 iE 单元[GlcUA/IdoUA-GalNAc（4S，6S）]诱导长轴突样神经突的向外生长。过多硫酸化的 CS 结合许多肝素结合生长因子，这些因子对海马神经元的神经突的发生起了一定作用。

在发育的神经系统中，CS 经常不连续地分布在某些边缘区域。这些 CS 富集区被认为是抑制了在生长中的轴突穿入和轴突传导通路的引导，如小鼠的视交叉和鸡间脑–端脑界面（diencephalo-telencepalic boundary）被软骨素酶 ABC 消化后，可破坏视网膜轴突的导航（navigation）[8]。研究表明[8]，关键部位的 CS 不管是浓度还是结构变化都影响轴突的导向。因为 CS 也被认为是轴突再生的抑制因子。

二、HNK-1 糖（sulfoglucuronyl carbohydrate，磺酸葡糖醛酸聚糖）在神经系统中的作用

HNK-1 糖特异地表达在一系列细胞黏附分子上，在神经系统发育过程中受到空间上和时间上的调节，表明 HNK-1 糖类对神经系统网络的形成起重要作用[9]。

葡糖醛酰转移酶（glucuronyltransferase）和硫转移酶（sulfotransferase）是生物合成 HNK-1 的关键酶，2 种葡糖醛酰转移酶（GlcAT-P and GlcAT-S）和 1 种硫转移酶（HNK-1 ST）已经被克隆。在神经系统中 GlcAT-P mRNA 水平高于 GlcAT-S。Yamamoto 等[10]得到靶向缺失 GlcAT-P 基因的小鼠，阐明 HNK-1 糖是脑部处于高功能状态所必需的。

HNK-1 糖在突触发生期间有高表达。有研究分析了 CA1 区的长时程突触增强（LTP）来观察 HNK-1 糖缺乏对突触可塑性（synaptic plasticity）的影响。高频率的刺激传入神经纤维会使野生型小鼠产生兴奋的突触传输 LTP，而 GlcAT-P 基因缺陷型小鼠中 LTP 要较野生型有显著下

降。鉴于 LTP 明显下降，进行了两种类型空间学习测试。在莫里斯水迷宫实验中，到达隐藏的平台所花的时间（逃跑反应时间），GlcAT-P 基因缺陷型小鼠明显比野生型长。在装满水的多 T 迷宫任务中，GlcAT-P 基因缺陷型型小鼠相较于野生型增加了逃跑反应时间[10]。这些结果表明，HNK-1 糖对突触可塑性和空间记忆的形成起了至关重要的作用。

另外，HNK-1 ST 基因缺陷小鼠中，海马 CA1 区的锥体细胞的基本突触传输增加了，而由 theta 脉冲刺激（theta-burst stimulation，TBS）激发的 LTP 下降了。在水迷宫测试中，HNK-1 ST 基因缺陷型小鼠又降低了空间学习能力[10, 11]。以上这三点证据明确表明了 HNK-1 糖对脑的高功能状态起了非常关键的作用。

三、串珠样蛋白聚糖对神经肌连接的作用

串珠样蛋白聚糖（perlecan）是大分子的硫酸乙酰肝素蛋白聚糖（heparan sulfate proteoglycan，HSPG），主要存在于基底膜和软骨等组织中[12]。串珠样蛋白聚糖包括一个 400kDa 核心蛋白，可以分成 5 个不同的结构域命名为Ⅰ-Ⅴ。核心蛋白包括在 N-和 C-端结构域上共价连接的糖胺聚糖（GAG）链。串珠样蛋白聚糖有各种不同的生物学活性，如细胞生长和分化、生长因子活性的调节以及结合胞外基质、生长因子和细胞表面受体等分子。最近基因敲除小鼠和人遗传失常的研究中观察了串珠样蛋白聚糖在发育和组织功能中的作用[13~15]。

串珠样蛋白聚糖出现在肌基底膜中，富集于神经肌接头（NMJ）。在 NMJ 中，烟碱乙酰胆碱（ACh）受体通过激活 Na 离子通道介导突触后的去极化，诱导肌肉收缩，而乙酰胆碱酯酶（AChE）通过水解 ACh，调节肌肉放松和 ACh 再循环等来终止以上过程。

AChE 胶原质尾部在肌肉受神经支配的区域中优先表达，在体外与串珠样蛋白聚糖结合。在串珠样蛋白聚糖敲除小鼠中，肌肉的发育和分化表现正常，在出生时形成正常的神经末梢[16]。突变小鼠肌肉的 NMJ 出现了聚集的分子，AChE 蛋白虽然仍能正常合成，但在新生的 NMJ 中没有出现 AChE。因此，串珠样蛋白聚糖对于 AChE 定位于 NMJ 至关重要。

四、多聚唾液酸（二/寡聚唾液酸）在神经系统中的作用

多聚唾液酸（PSA）是一种唾液酸聚合体，由 8～200 个唾液酸残基组成。PSA 最常见的结构是以 α2→8 为残基内连接的 Neu5Ac 聚合体，而它的构象是一个螺旋结构，其中 N-乙酰基取代 C5 位置面向外层空间的螺旋。

神经系统中的 PSA 是于 1982 年在鸡和鼠胚胎时期脑中的神经细胞黏附分子（NCAM）中被发现的。后来又在鱼类、爬行类和两栖类动物胚胎脑中的 NCAM 中发现有多聚唾液酸化现象[17]。1991 年，Seki[18, 19]在海马和前脑亚腔区也发现了被认为只局限于胚胎脑中的多唾液酸化的 NCAM。1992 年，在果蝇 Drosophila 的发育中的神经系统中也发现了 PSA[20]。同年，发现成年鼠脑的电压敏感型 Na 离子通道的 α 亚单位也是多聚唾液酸化的[21]。

从胚胎发育到成年的过程中，PSA 的结构发生了巨大的变化，从胚胎型（多聚唾液酸）转变为成年型[单/二（寡聚）唾液酸]。研究表明，PSA 对于细胞-细胞和细胞-胞外基质相互作用有抗黏附能力，这是由于它的庞大体积以及带有阴离子的性质决定的[22]。此外，通过以组织和阶段特异性的方式趋同性结合 NCAM 和异嗜性结合其他细胞黏附分子（CAMs），PSA 表现为一种参与神经细胞迁移、轴突导向、神经自发性收缩、突触发生和突触可塑性的分子[23]。较于野生型小鼠，NCAM 基因敲除小鼠表型为较小的嗅球、海马 CA3 区的 LTP 下降，缺乏专门学习能力，昼夜节律异常。为了研究多聚唾液酸的功能，研制了多聚唾液酰基转移酶[（ST8Sia Ⅱ（STX）和 ST8Sia Ⅳ（PST）]基因敲除小鼠，而此酶决定了 NCAM 上 PSA 的生物合成。敲除 ST8Sia Ⅳ 基因的小鼠表现出脑部特定区域多聚唾液酸的减少，海马 CA1 区 LTD（长期减弱作

用）和LTP的下降。但与NCAM缺陷小鼠不同的是，并没有观察到CA3区LTP的下降。敲除ST8Sia Ⅱ基因的小鼠没有削弱海马突触的可塑性，但导致了海马中次锥体的苔藓纤维的错误导向和异常突触的形成。ST8Sia Ⅱ缺陷型小鼠表现出更高的探究内驱力，降低了行为反应。ST8Sia Ⅱ 和 ST8Sia Ⅳ以特定和暂时的模式在神经组织中表达，而这两类基因缺陷型小鼠彼此之间表现出不同的表型。这些结果表明，每种合成多聚唾液酸的酶在脑中发挥着不同的作用。

最近，证实了一些糖蛋白上存在着二唾液酸和寡聚唾液酸，其聚合程度（DP）（2～7）短于多聚唾液酸（DP≥8）。二唾液酸结构与b系列神经节苷脂序列一致；二唾液酸–神经节苷脂和二唾液酸–糖蛋白在脑和神经系统中协同定位，二唾液酸有着其生物学意义[24]。在神经2A细胞中，能分化成神经元、CD166的鼠成神经细胞瘤细胞株被鉴定为包含有二唾液酸的糖蛋白。其中，CD166是一种细胞黏附分子，是免疫球蛋白超家族的一员。实验表明糖蛋白上的二唾液酸参与了神经向外生长[25]。

除上所述，糖基化的先天性不正常（由N-连接糖链中缺陷引起）导致张力减退、精神运动的延迟以及其他神经病理学症状，进一步强调了糖链对于神经系统的重要性。此外，异常的O-甘露糖化是一部分先天性肌肉萎缩症和神经元迁移：异常的主要原因[26]。

参考文献

[1] Lowe JB，Marth JD. A genetic approach to Mammalian glycan function. Ann Rev Biochem，2003，72：643-691.

[2] Sasaki N，Manya H，Okubo R，et al. beta4GalT-Ⅱ is a key regulator of glycosylation of the proteins involved in neuronal development. Biochem Biophys Res Commun，2005，333（1）：131-137.

[3] Chung KY，Taylor JS，Shum DK，et al. Axon routing at the optic chiasm after enzymatic removal of chondroitin sulfate in mouse embryos. Development，2000，127（12）：2673-2683.

[4] Inatani M，Tanihara H，Oohira A，et al. Neuroglycan C，a neural tissue-specific transmembrane chondroitin sulfate proteoglycan，in retinal neural network formation. Invest Ophthalmol Vis Sci，2000，41（13）：4338-4346.

[5] Maeda N，He J，Yajima Y，et al. Heterogeneity of the chondroitin sulfate portion of phosphacan/6B4 proteoglycan regulates its binding affinity for pleiotrophin/heparin binding growth-associated molecule. J Biol Chem，2003，278（37）：35805-35811.

[6] Tanaka M，Maeda N，Noda M，et al. A chondroitin sulfate proteoglycan PTPzeta/RPTPbeta regulates the morphogenesis of Purkinje cell dendrites in the developing cerebellum. J Neurosci，2003，23（7）：2804-2814.

[7] Hikino M，Mikami T，Faissner A，et al. Oversulfated dermatan sulfate exhibits neurite outgrowth-promoting activity toward embryonic mouse hippocampal neurons. J Biol Chem，2003，278（44）：43744-437351.

[8] Ichijo H. Proteoglycans as cues for axonal guidance in formation of retinotectal or retinocollicular projections. Mol Neurobiol，2004，30（1）：23-33.

[9] Kleene R，Schachner M. Glycans and neural cell interactions. Nature Rev Neurosci，2004，5（3）：195-208.

[10] Yamamoto S，Oka S，Inoue M，et al. Mice deficient in nervous system-specific carbohydrate epitope HNK-1 exhibit impaired synaptic plasticity and spatial learning. J Biol Chem，2002，277（30）：27227-27231.

[11] Sykova E，Vorisek I，Mazel T，et al. Reduced extracellular space in the brain of tenascin-R- and HNK-1-sulphotransferase deficient mice. Eur J Neurosci，2005，22（8）：1873-1880.

[12] 陈惠黎.生物大分子的结构和功能. 上海：上海医科大学出版社，1999，379-380.

[13] Arikawa-Hirasawa E，Watanabe H，Takami H，et al. Perlecan is essential for cartilage and cephalic development. Nat Genet，1999，23（3）：354-358.

[14] Arikawa-Hirasawa E，Wilcox WR，Le AH，et al. Dyssegmental dysplasia，Silverman-Handmaker type，is caused by functional null mutations of the perlecan gene. Nat Genet，2001，27（4）：431-434.

[15] Arikawa-Hirasawa E，Le AH，Nishino I，et al. Structural and functional mutations of the perlecan gene cause Schwartz-Jampel syndrome，with myotonic myopathy and chondrodysplasia. Am J Hum Genet，2002，70（5）：1368-1375.

[16] Arikawa-Hirasawa E，Rossi SG，Rotundo RL，et al. Absence of acetylcholinesterase at the neuromuscular junctions of perlecan-null mice. Nat Neurosci，2002，5（2）：119-123.

[17] Hoffman S，Chuong CM，Edelman GM. Evolutionary conservation of key structures and binding functions of neural cell adhesion molecules. Proc Natl Acad Sci USA，1984，81（21）：6881-6885.

[18] Seki T，Arai Y. Expression of highly polysialylated NCAM in the neocortex and piriform cortex of the developing and the adult rat. Anat Embryol（Berl），1991，184（4）：395-401.

[19] Seki T，Arai Y. The persistent expression of a highly polysialylated NCAM in the dentate gyrus of the adult rat. Neurosci Res，1991，12（4）：503-513.

[20] Roth J，Kempf A，Reuter G，et al. Occurrence of sialic acids in Drosophila melanogaster. Science，1992，256（5057）：673-675.

[21] Negishi M, van Kuik JA, Vliegenthart JF. Oligosaccharide composition of the neurotoxin-responsive sodium channel of mouse neuroblastoma and requirement of sialic acid for biological activity. Carbohydr Res, 1992, 236: 209-225.
[22] Durbec P, Cremer H. Revisiting the function of PSA-NCAM in the nervous system. Mol Neurobiol, 2001, 24（1-3）: 53-64.
[23] Bruses JL, Rutishauser U. Roles, regulation, and mechanism of polysialic acid function during neural development. Biochimie, 2001, 83（7）: 635-643.
[24] Sato C. Frequent occurrence and biological significance of degree of polymerization in sialic acid. Seikagaku, 2003, 75（12）: 1526-1530.
[25] Sato C, Matsuda T, Kitajima K. Neuronal differentiation-dependent expression of the disialic acid epitope on CD166 and its involvement in neurite formation in Neuro2A cells. J Biol Chem, 2002, 277（47）: 45299-45305.
[26] Endo T, Toda T. Glycosylation in congenital muscular dystrophies. Biol Pharm Bull, 2003, 26（12）: 1641-164.

第八节 蛋白质的糖基化作用分类及相关数据库

20世纪末提出的“糖组学”（Glycomics）概念，其分析研究对象主要为糖蛋白，[1][2]主要涉及研究蛋白质糖基化的基因信息、糖基化的位点信息、糖基化的结构信息及功能信息。[2]

真核细胞中的许多蛋白质是糖蛋白，其中寡糖链以共价键连接到特定的氨基酸残基上。糖蛋白糖链的生物学功能是通过糖链对蛋白质功能的修饰、糖缀合物糖链与蛋白质的识别来实现的，糖基化是生物体最常见的蛋白质修饰作用，它可以影响蛋白质的折叠、定位、分拣、投送以及蛋白质的可溶性、抗原性、生物活性等。

糖链结构的复杂性和它功能和调控的复杂性制约了其研究的速度，然而，随着生物信息学的快速发展，糖生物学领域的数据库和预测软件脱颖而出，相信随着糖基化作用和糖链在生命活动中的功能和调控机制研究的深入，在后基因组时代必将极大地促进功能基因组学、功能蛋白质组学和功能糖组学的研究。

一、糖基化作用分类与相关研究

根据糖蛋白中糖基或糖链和蛋白质的连接方式糖基化可以大致被分为四类：N-连接糖基化，O-连接糖基化，C-甘露糖糖基化，以及糖基磷脂酰肌醇（GPI）锚区。[3]

1. N-连接糖基化 寡糖中的N-乙酰葡萄糖与多肽链中天冬酰胺残基的酰胺氮连接，形成N-连接糖蛋白。一个蛋白质分子能否被糖基化不仅取决于是否含有潜在的糖基化位点：Asn-X-Ser/Thr（其中X可以是脯氨酸以外的任何氨基酸）3个氨基酸残基组成的序列段（sequon），还取决于周围的立体结构。N-乙酰氨基葡萄糖转移酶是一组参与天冬酰胺连接型（N-）聚糖合成加工的酶类，能将共同供体底物UDP-N-乙酰氨基葡萄糖中的GlcNAc（Gn）糖基转移至N-聚糖五糖核心的两个甘露糖上。N-乙酰氨基葡萄糖转移酶由于其功能不同而分为GnTI-Ⅶ等多种亚型，其中GnT-V和GnT-Ⅲ是人们研究最多、在N-型糖链合成中最重要的两种酶，它们与肿瘤的关系最为密切。Kobata A 等[4]报道了各种肿瘤中N-糖链的改变情况，指出GnT-Ⅲ，GnT-Ⅳ，GnT－V在肿瘤细胞糖链结构改变中起作用。

2. O-连接糖基化 寡糖中的N-乙酰半乳糖与多肽链的丝氨酸或苏氨酸残基的羟基相连而形成O-连接糖蛋白。它的糖基化位点的确切序列段还不清楚，但是通常存在于糖蛋白分子表面丝氨酸或苏氨酸比较集中且周围常有脯氨酸的序列段中。O-连接寡糖常由N-乙酰半乳糖与半乳糖构成核心二糖，核心二糖可重复延长及分支，再连接上岩藻糖、N-乙酰葡萄糖等单糖。与N-连接寡糖合成不同，O-连接寡糖合成是在多肽链合成后进行的，而且没有糖链载体。在GalNAc糖基转移酶作用下，将UDP-GalNAc中的GalNAc基转移至多肽链的丝氨酸（或苏氨酸）的羟基上，形成O-连接，然后逐个加上糖基，每一种糖基都有相应的专一性糖基转移酶。整个过程在内质网开始到高尔基体内完成。糖基或糖链和Ser或Thr的OH连接的连接方式的种类最多，有①岩藻糖Fuc和Ser/Thr连接；②N-乙酰葡糖胺（GlcNAc）和Ser/Thr连接；③N-乙酰氨基半乳糖胺（GalNAc）和 Ser/Thr 连接。

（1）N-乙酰葡糖胺（GlcNAc）和 Ser/Thr 连接（O-GlcNAc）：此连接方式每个连接位点只有一个糖基，但可以有多个连接位点。存在于细胞质、核或核膜的蛋白质中，包括神经细丝蛋白、突触囊泡蛋白、转录因子和癌基因蛋白等。O-GlcNAc 残基在多肽链主链存在 α 和 β 两种构型。在膜蛋白和分泌蛋白中是 O-α-GlcNAc，在细胞质和核蛋白中是 O-β-GlcNAc。此外，许多 O-GlcNAc 蛋白也是磷酸化蛋白，由于磷酸化位点也在 Ser/Thr 上，提示 O-GlcNAc 糖基化可能像磷酸化一样是体内调节的一种重要方式。生物体内有许多重要的 O-GlcNAc 修饰蛋白，如 Sp1、C-Myc、雌激素受体 β（ERβ）、肝细胞核因子 1（HNF1）、RNA 聚合酶Ⅱ、神经元蛋白等[6]。

（2）N-乙酰半乳糖胺（GalNAc）和 Ser/Thr 连接（O-GalNAc）：这是最常见的 O-连接方式，其糖基最少只有一个 GalNAc，多达 18 个以上。可连成长链或分支糖链，通过还原端的 GalNAc 以 α-1，4-键和蛋白质肽链的 Ser 或 Thr 连接。这类糖链在糖蛋白中普遍存在，一般狭义的 O-糖链或 O-聚糖就指这一类。因为主要存在于黏蛋白中又称黏蛋白型聚糖。哺乳动物黏蛋白型糖基化由多肽：N-乙酰氨基氨基半乳糖转移酶家族成员催化。N-乙酰氨基半乳糖转移酶（ppGalNAc-T）（EC2.4.1.4.1）是催化 O-聚糖合成的第一步，将 UDPGalNAc 上的 GalNAc 基团转移至蛋白质多肽链上特定序列中的 Thr 或 Ser 的羟基上从而合成 GalNAcα-O-Ser/Thr 多肽。现已知 ppGalNAc-T 是一个大家族，以被克隆的先后为序目前已有 15 种 ppGalNAc-T 问世。家族中每个成员的表达具有组织特异性和生长周期特异性，因细胞、组织和发育阶段而不同。Hang HC[7]等报道，在 SWISS—蛋白质数据库中已注释了超过 150 种黏蛋白型 O-连接糖蛋白，它们参与了各种各样的生物学过程，并且其 O-糖链也有着不同的生物学功能。

（3）岩藻糖 Fuc 和 Ser/Thr 连接：O-L-岩藻糖基化：核心岩藻糖基化被认为是糖蛋白糖链合成的终末反应，可参与构成某些重要黏附分子的糖链结构，在肿瘤转移方面起重要作用，核心岩藻糖是在 α1，6 岩藻糖基转移酶的作用下，将岩藻糖转移至糖链最内侧的 N-乙酰葡糖胺上形成的，能与扁豆凝集素（LCA）结合，存在于 α-ATP，整连蛋白等多种糖蛋白中。

3. C-甘露糖糖基化　此过程是通过 C-C 键将甘露吡喃糖（α-mannopyranosyl）残基连接到色氨酸吲哚环的 C2 上，通常是 W-X-X-W 或 W-X-X-C/W-X-X-F 模体的第一个色氨酸上。这种修饰作用很少有实验证实，但在 Swiss-Prot V.42.6 数据库中有近三千种哺乳动物蛋白质含有 W-X-X-W 模体。

4. 糖基磷脂酰肌醇锚区　GPI 糖基磷脂酰肌醇锚区为糖链通过磷脂酰肌醇与蛋白质相连接，主要分布在细胞膜。

二、与糖基化相关的糖生物学数据库[7]

糖蛋白是糖组学中的主要研究对象，对其结构信息分析也显得尤为重要，依托生物信息学的快速发展必将大大推进糖组学的发展，下面对糖蛋白研究方面的相关数据库和软件做一简单介绍。

1. 糖基化位点数据库

（1）O-GlycoBase http：//cbs.dtu.dk/databases/OGLYCBASE 预测蛋白质 O-糖基化和 O-糖基化。它搜集了至少有一个实验证实的糖基化位点的序列。它的一个子集 O-Unique 是不含相同糖基化位点的库，即非冗余库。例如，蛋白质糖基化位点数据库 6.00 版搜集了 242 个蛋白质条目。其包含的标准是有至少有一个实验证实的氧基或碳基糖基化位点。这些数据库提供蛋白质的氨基酸序列指明了它们的糖基化位点。

（2）从质谱中测定糖基化位点的工具：如 FindMod　www.expasy.org/tools/findmod/，GlycoMod www.expasy.org/tools/glycomod/。

Glypeps www.dkfz-heidelberg.de/spec/glypeps/ 这三个工具把实验测出的质谱与推测出的肽键质谱相对照来测定糖基化位点。

2. 聚糖结构数据库

（1）Complex Carbohydrate Structure Database（CCSD）由糖复合体研究中心创建的第一个复合糖类结构数据库，于 1998 年终止服务。Bijvoet 中心的生物大分子服务器仍然提供一个 CarbBank 服务器的界面 http：// www.boc.chem.uu.nl/sugabase/databases. html，但是从 1998 年开始未更新过，使用者可以通过 HTML 格式或者 Java 附属程序查询该数据库，可以通过输入结构、关键词、化学位移和参考文献进行检索。

（2）SugaBase 数据库

http：//www.boc.chem.uu.nl/sugabase/databases.html 该数据库是一个结构预测数据库，包含寡糖的核磁共振分析信息，可以通过输入结构、关键词、化学位移和参考文献进行检索。随着 SugaBase 数据库的不断扩展，现已经包含 C-NMR 数据及其他糖类复合体信息。

（3）Sweet-DB

http：//www.dkfz-heidelberg.de/spec2/sweetdb 糖类化合物数据库（免费）提供大分子的一级结构信息。Sweet-DB 数据库也包含合并了上述 SugaBase 数据库的内容。

（4）GlycoSuiteDB

www.glycosuite.com 聚糖结构数据库网站，它是一个已注释，辅助的聚糖结构关系数据库。该数据库包括了从 1990 年到 2002 年的文献里大多数已发表的氧连接与氮连接的聚糖。

（5）Glycomics database ™

www.glycomics.com 数据库是 Glycominds 公司商业化开发的，汇集糖缀合物的结构、功能以及与其他分子相互作用情况的信息。Glycomics 只提供给使用 Glycochip™ 技术的用户使用。

（6）PDB

www.rcsb.org/pdb/ 该数据库提供糖蛋白的构象信息，主要是糖蛋白的 3D 结构信息，使用者可以通过 PDB ID 号和关键词进行检索。

（7）Pdb2linucs

http：//www.dkfz-heidelberg.de/spec/ pdb2linucs，使用者可以通过 PDB ID 号检索到糖蛋白的构象信息。

3. 3D 结构数据库

（1）3D Monosaccharide database http：//www.cermav.fr/cgibin/monos/mons.cgi 该数据库包含 95 种单糖分子的 3D 结构，以及 17 个单糖家族的不同构型和取代基。使用者在浏览器中先选择单糖家族的名称然后选择异头碳的构型（α 或 β）、构型（D 或 L）、环状结构（吡喃糖或呋喃糖）和环的结构信息。该数据库还可以通过选择 expert mode 查询。

（2）3D Disaccharide database http：//www.cermav.cnrs.fr/cgi-bin/di/di.cgi 该数据库包含大概 50 种二糖分子的 3D 结构信息。查询需要已知蛋白质的结构。

4. 糖结合蛋白数据库

糖活性酶数据库（CAZy）http：//afmb.cnrsmrs.fr/CAZY/index.html 收录了以糖作为底物的酶包括糖苷酶、糖基转移酶和脂肪酶的信息，可以通过物种或 CAZy 家族搜索。此外，凝集素也是一种对生物活动很重要的蛋白质，它既没有催化活性也不是抗体。CERMAV 服务器，GRAL（动物凝集素基因组学资源）和 Thorkild’s lectin（与凝集素相关的综合信息资源表）三个服务器提供其相关信息。

三、糖基化相关的预测软件[8]

1. 聚糖构象模拟

（1）Sweet Ⅱ http：//www.dkfz-heidelberg.de/spec/sweet2/doc/index.html 对寡糖的 3D 结构进行模拟。

（2）Glydict http：//www.dkfz-heidelberg.de/spec/glydict 模拟 N-聚糖的构象。

2. 蛋白质糖基化状态预测

由于已知的糖蛋白结构有限，而新的糖蛋白的结构层出不穷，因此需要借助预测软件进行对未知的结构推测。

（1）NetOGlyc http：//www.cbs.dtu.dk/services/NetOGlyc/预测哺乳动物体内蛋白质的黏蛋白型 O-糖基化即 O-GalNAc 糖基化。

（2）DictyOGlyc http：//www.cbs.dtu.dk/services/DictyOGlyc/预测黏菌体内 GlcNAc -O-糖基化蛋白的糖基化位置。

（3）NetNGlyc http：//www.cbs.dtu.dk/services/NetNGlyc/通过 Asn-X-Ser/Thr（其中 X 是除脯氨酸以外的任何氨基酸）组成的序列段预测人蛋白质的 N-糖基化。上述三个工具界面是非常相似的。

（4）一些糖基化位点也是磷酸化的位点，提示 N-乙酰氨基葡萄糖基化与磷酸化之间是一个调控过程，这种现象有时被称为 Yin 和 Yang 现象。http：//www.cbs.dtu.dk/services/YinOYang/预测真核生物蛋白质序列上 O-β-GlcNAc 的附着位置。该软件运行时 NetPhos http：//www.cbs.dtu.dk/services/NetPhos 和 SignalP 两个程序平行启动。NetPhos 程序预测磷酸化位点，而 SignalP 程序预测分泌信号肽的存在与否。

此外，还有两种工具可以预测某一特定的蛋白质是否能被连接到一个 GPI 锚结合点上，DGPI 和 Big-PI，DGPI http：//129.194.185.165/dgpi/index_en.html 预测 GPI 的切点与锚定点的位点。Big-PI Predictor http：//mendel.imp.univie.ac.at/sat/gpi/gpi_server.html 预测 GPI 的修饰位置。它们都接受蛋白质序列信息，DGPI 允许使用 SWISS-PROT 登录号。

参考文献

[1] Seeberger PH. Nature，2005，437（7063）：1239.
[2] Taniguchi N et al. Proteomics，2001，1（2）：239-247.
[3] Blom N et al. Proteomics，2004，4（6）：1633-1649.
[4] Kobata A et al. Immunol Cell Biol，2005，83（4）：429-439.
[5] O'Donnell N. Biochim Biophys Acta，2002，1573（3）：336-345.
[6] Hang HC et al. Bioorg Med Chem，2005，13（17）：5021-5034.
[7] Marchal I et al. Biochimie，2003，85（1-2）：75-81.

思 考 题

1. 肿瘤相关糖抗原的定义和意义是什么？
2. 糖基化与肿瘤有何相关性？
3. 何谓唾液酸和唾液酸识别结合糖蛋白？
4. 什么是 Lewis 抗原？
5. 何谓 CA-19、CA-50、CA-19-5 等？
6. 什么叫多聚孔糖胺？它如何合成和分类？

（姜 智 华 东 沈宏杰等）